高 等 学 校 教 材 12

# 线性代数大题典

## PROBLEMS AND SOLUTIONS IN LINEAR ALGEBRA

徐诚浩 编著



哈爾濱工業大學出版社
HARBIN INSTITUTE OF TECHNOLOGY PRESS

## 内容简介

本书是关于线性代数的专用工具书，内容涉及线性代数学的基础内容：行列式与矩阵、向量与线性方程组、特征值理论及其应用、线性空间与线性映射以及欧氏空间.

本书是按题典模式编写的题库. 为了便于查找，除了将内容按章分列以外，在每一章中再按不同主题细分成若干小节. 在各节的开始处，一般都简述了本节所涉及的基本概念、公式与结论.

全书共精选了约 1 100 道例题，有深有浅，覆盖面广. 在题型方面，以计算题为主，也有大量证明题和选择题.

本书可作为各类高等院校学生的学习参考书和教师的教学参考书，以及科技人员的工作参考书，也可作为各类专业考研生的复习资料.

**图书在版编目(CIP)数据**

线性代数大题典/徐诚浩编著. —哈尔滨：哈尔滨工业大学出版社，2014.7(2024.3 重印)

ISBN 978-7-5603-4697-7

Ⅰ.①线… Ⅱ.①徐… Ⅲ.①线性代数-高等数学-习题集 Ⅳ.①O151.2-44

中国版本图书馆 CIP 数据核字(2014)第 093698 号

策划编辑 刘培杰 张永芹
责任编辑 张永芹 王勇钢
封面设计 孙茵艾
出版发行 哈尔滨工业大学出版社
社　　址 哈尔滨市南岗区复华四道街 10 号 邮编 150006
传　　真 0451-86414749
网　　址 http://hitpress.hit.edu.cn
印　　刷 哈尔滨圣铂印刷有限公司
开　　本 787mm×1092mm 1/16 印张 38.25 字数 750 千字
版　　次 2014 年 7 月第 1 版 2024 年 3 月第 2 次印刷
书　　号 ISBN 978-7-5603-4697-7
定　　价 98.00 元

---

# 编者的话

线性代数是高等教育中一门重要的数学基础课程，所有理、工、农、医、财经、管理各专业，都把线性代数作为一门重要的必修课. 通过本课程的学习，要使学生掌握线性代数学的基本内容、思想和方法，加强数学训练，培养学生抽象思维能力和逻辑推理能力，善于严密推理和谨慎计算，从而提高分析、归纳和解决实际问题的能力.

线性代数学的特点是：所引进的概念较多，有些内容比较抽象；特别注重于严密的逻辑推理；前后内容紧密关联，层层相依，是一条完整的知识链；解题方法变化较多，讲究解题技巧. 正因为如此，学生普遍认为这门课程学习很难，解题更难，故常常对这门课程望而生畏，甚至望而却步.

鉴于上述实际情况，作者根据几十年的教学实践，编写了这本题典，为读者释疑解惑. 当然，读者不能仅仅满足于从本书中找到疑难问题的参考答案或题解，更重要的是要真正掌握解题的思路、方法和技巧，善于融会贯通、举一反三. 作者不希望本书产生过多的习题集常有的负面效应：仅仅用来抄袭题解而不求甚解.

顺便强调一下，学习的重点应放在对概念和方法的正确理解和熟练运用上，善于对各种概念和结论举出正例与反例. 因为解题的熟练与技巧主要来源于对概念的透彻理解. 忽视概念而盲目解题，往往是面对题目，束手无策，甚至连题意都看不懂，或者答非所问. 解题必须抓住关键知识点和解题思路，不能死记硬背，机械地生搬硬套. 要在掌握有关理论与方法的前提下，手脑联动，独立完成解题.

本书与常见的线性代数习题集的区别在于：它不是为某本确定教材的习题提供解答，而是对线性代数各种课程的常见的典型题目作出解答与分析，并尽可能一题多解. 有必要时，还在题末加上注解或说明. 书中有些题目是不常见的难题，供有特殊需要的读者查阅.

本书是按题典模式编写的. 为了便于查找，除了将内容按章分列以外，在每一章中再按不同主题细分成若干小节. 在各节的开始处，一般都简述了本节所涉及的基本概念、公式与结论. 这不但能供解题时查阅，而且是对书中所用专用术语和记号作出的说明.

限于书的篇幅和根据实际需要，本书取材范围仅限于线性代数的基础内容. 书中的例题都是精选出来的，有深有浅，覆盖面广. 全书大大小小总题量约为 1 100 道，其中行列式和矩阵的题量占 40%；向量与线性方程组的题量占 20%；特征值理论的题量占 16%；线性空间与线性映射理论的题量占 24%. 在题型方面，以计算题为主，也有大量证明题和选择题，而这正是学习线性代数的难点所在.

本书不仅是在校学生的解题参考书，更是任课教师的教学参考书，他们可在书中找到合适的例题和试题. 科技人员也可在书中找到在工作中碰到的线性代数问题的解答. 本书还为各专业的考研生准备了丰富的例题.

在书末列出的仅仅是部分参考书，对用到的所有参考书的作者深表感谢.

**徐诚浩**

**2012 年 10 月于上海**

◎ 目录

# 第一章　行列式

## §1　行列式性质的简单应用

### 一、行列式展开公式

$$D_n = |a_{ij}|_n = \sum_{j=1}^{n} a_{ij}A_{ij} = \sum_{j=1}^{n} (-1)^{i+j}a_{ij}M_{ij} \quad (1 \leqslant i \leqslant n)$$

$$D_n = |a_{ij}|_n = \sum_{i=1}^{n} a_{ij}A_{ij} = \sum_{i=1}^{n} (-1)^{i+j}a_{ij}M_{ij} \quad (1 \leqslant j \leqslant n)$$

这里$A_{ij} = (-1)^{i+j}M_{ij}$为$a_{ij}$在$D_n$中的代数余子式,$M_{ij}$为$a_{ij}$在$D_n$中的余子式.

### 二、行列式拉普拉斯(Laplace)展开公式

对$n$阶行列式$D_n = |a_{ij}|_n$,任意取定一个正整数$1 \leqslant k \leqslant n$,任意取定$D_n$中的第$i_1, i_2, \cdots, i_k$行和第$j_1, j_2, \cdots, j_k$列,由在交叉处的$k^2$个元素组成的$k$阶行列式称为$D_n$的$k$阶子式,记为

$$D_k = D\begin{pmatrix} i_1, i_2, \cdots, i_k \\ j_1, j_2, \cdots, j_k \end{pmatrix}$$

由剩下的$(n-k)^2$个元素组成的$n-k$阶行列式称为$k$阶子式$D_k$在$D_n$中的余子式,记为

$$M_k = M\begin{pmatrix} i_1, i_2, \cdots, i_k \\ j_1, j_2, \cdots, j_k \end{pmatrix}$$

$D_k$在$D_n$中的代数余子式指的是$n-k$阶子式

$$A_k = A\begin{pmatrix} i_1, i_2, \cdots, i_k \\ j_1, j_2, \cdots, j_k \end{pmatrix} = (-1)^s M\begin{pmatrix} i_1, i_2, \cdots, i_k \\ j_1, j_2, \cdots, j_k \end{pmatrix}, \text{其中 } s = \sum_{t=1}^{k} (i_t + j_t)$$

则有按其第$i_1, i_2, \cdots, i_k$行的展开式

$$D_n = \sum_{j_1,j_2,\cdots,j_k} D\begin{pmatrix} i_1, i_2, \cdots, i_k \\ j_1, j_2, \cdots, j_k \end{pmatrix} A\begin{pmatrix} i_1, i_2, \cdots, i_k \\ j_1, j_2, \cdots, j_k \end{pmatrix}$$

这里 $\sum\limits_{j_1,j_2,\cdots,j_k}$ 表示对所有可能的 $k$ 阶排列 $j_1, j_2, \cdots, j_k$ 对应的乘积项求和.

1. 计算以下行列式的值:

(1) $D = \begin{vmatrix} 1 & -3 & 2 \\ -2 & 3 & 1 \\ -203 & 300 & 105 \end{vmatrix}$;

(2) $D = \begin{vmatrix} 5 & -1 & 3 \\ 2 & 2 & 2 \\ 196 & 203 & 199 \end{vmatrix}$;

(3) $D = \begin{vmatrix} -1 & 203 & 1/3 \\ 3 & 298 & 1/2 \\ 5 & 399 & 2/3 \end{vmatrix}$.

**【解】** (1) 先在第三行中减去第二行的 100 倍,再把第二行加到第一行上去,可得

$$D = \begin{vmatrix} 1 & -3 & 2 \\ -2 & 3 & 1 \\ -203 & 300 & 105 \end{vmatrix} = \begin{vmatrix} 1 & -3 & 2 \\ -2 & 3 & 1 \\ -3 & 0 & 5 \end{vmatrix} = \begin{vmatrix} -1 & 0 & 3 \\ -2 & 3 & 1 \\ -3 & 0 & 5 \end{vmatrix} = 3(-5+9) = 12$$

(2) 先在第三行中减去第二行的100倍,再利用 $a_{33}=-1$ 把第三行化简可求出

$$D = \begin{vmatrix} 5 & -1 & 3 \\ 2 & 2 & 2 \\ 196 & 203 & 199 \end{vmatrix} = \begin{vmatrix} 5 & -1 & 3 \\ 2 & 2 & 2 \\ -4 & 3 & -1 \end{vmatrix} = \begin{vmatrix} -7 & 8 & 3 \\ -6 & 8 & 2 \\ 0 & 0 & -1 \end{vmatrix}$$
$$=-(-56+48) = 8$$

(3) 先在第三列中提出公因数 $\frac{1}{6}$,再利用第三列把第二列化简,再利用 $a_{11}=-1$ 把第一列化简,再在第二列中减去第三列,可求出

$$D = \begin{vmatrix} -1 & 203 & 1/3 \\ 3 & 298 & 1/2 \\ 5 & 399 & 2/3 \end{vmatrix} = \frac{1}{6}\begin{vmatrix} -1 & 203 & 2 \\ 3 & 298 & 3 \\ 5 & 399 & 4 \end{vmatrix} = \frac{1}{6}\begin{vmatrix} -1 & 3 & 2 \\ 3 & -2 & 3 \\ 5 & -1 & 4 \end{vmatrix}$$
$$= \frac{1}{6}\begin{vmatrix} -1 & 3 & 2 \\ 0 & 7 & 9 \\ 0 & 14 & 14 \end{vmatrix} = \frac{1}{6}\begin{vmatrix} -1 & 1 & 2 \\ 0 & -2 & 9 \\ 0 & 0 & 14 \end{vmatrix} = \frac{28}{6} = \frac{14}{3}$$

2. 求出行列式 $D=\begin{vmatrix} 1 & 0 & a & 1 \\ 0 & -1 & b & -1 \\ -1 & -1 & c & -1 \\ -1 & 1 & d & 0 \end{vmatrix}$ 的值.

**【解一】** 把第一行分别加到第三行和第四行上去,再按第一列展开,化为3阶行列式计算

$$D=\begin{vmatrix} 1 & 0 & a & 1 \\ 0 & -1 & b & -1 \\ -1 & -1 & c & -1 \\ -1 & 1 & d & 0 \end{vmatrix}=\begin{vmatrix} -1 & b & -1 \\ -1 & a+c & 0 \\ 1 & a+d & 1 \end{vmatrix}=\begin{vmatrix} 0 & a+b+d & 0 \\ -1 & a+c & 0 \\ 1 & a+d & 1 \end{vmatrix}$$

$$=a+b+d$$

**【解二】** 也可以直接按第三列展开得到

$$D=a\begin{vmatrix} 0 & -1 & -1 \\ -1 & -1 & -1 \\ -1 & 1 & 0 \end{vmatrix}-b\begin{vmatrix} 1 & 0 & 1 \\ -1 & -1 & -1 \\ -1 & 1 & 0 \end{vmatrix}+c\begin{vmatrix} 1 & 0 & 1 \\ 0 & -1 & -1 \\ -1 & 1 & 0 \end{vmatrix}-$$

$$d\begin{vmatrix} 1 & 0 & 1 \\ 0 & -1 & -1 \\ -1 & -1 & -1 \end{vmatrix}$$

$$=a+b+d$$

3. 求出行列式 $D=\begin{vmatrix} 1 & 1 & 1 & 1 \\ x & 1 & -1 & -1 \\ x^2 & -1 & 1 & -1 \\ x^3 & -1 & -1 & 1 \end{vmatrix}$ 的表达式.

**【解】** 把后三行都加到第一行上去,得到

$$D=\begin{vmatrix} 1+x+x^2+x^3 & 0 & 0 & 0 \\ x & 1 & -1 & -1 \\ x^2 & -1 & 1 & -1 \\ x^3 & -1 & -1 & 1 \end{vmatrix}=(1+x+x^2+x^3)\begin{vmatrix} 1 & -1 & -1 \\ -1 & 1 & -1 \\ -1 & -1 & 1 \end{vmatrix}$$

$$=(1+x+x^2+x^3)\begin{vmatrix} 1 & -1 & -1 \\ 0 & 0 & -2 \\ 0 & -2 & 0 \end{vmatrix}=-4(1+x+x^2+x^3)$$

4. 求出行列式 $D_4=\begin{vmatrix}1+x&1&1&1\\1&1-x&1&1\\1&1&1+y&1\\1&1&1&1-y\end{vmatrix}$ 的表达式.

【解】 先在第二行中减去第一行,在第四行中减去第三行;再在第二列中减去第一列,在第四列中减去第三列,然后按第二行展开可得到

$$D_4=\begin{vmatrix}1+x&1&1&1\\-x&-x&0&0\\1&1&1+y&1\\0&0&-y&-y\end{vmatrix}=\begin{vmatrix}1+x&-x&1&0\\-x&0&0&0\\1&0&1+y&-y\\0&0&-y&0\end{vmatrix}$$

$$=-(-x)\begin{vmatrix}-x&1&0\\0&1+y&-y\\0&-y&0\end{vmatrix}$$

$$=x^2y^2$$

5. 设 $A(x_1,y_1)$ 和 $B(x_2,y_2)$ 是平面上两个不同的点,证明:过这两点的直线方程是

$$\begin{vmatrix}1&x&y\\1&x_1&y_1\\1&x_2&y_2\end{vmatrix}=0$$

【证】 将这两点的坐标 $x=x_i$ 和 $y=y_i$, $i=1,2$ 代入行列式,其值确为零.

【注】 按其第一行展开可得此直线方程为

$$\begin{vmatrix}1&x&y\\1&x_1&y_1\\1&x_2&y_2\end{vmatrix}=(y_1-y_2)x+(x_2-x_1)y+(x_1y_2-x_2y_1)=0$$

6. 计算以下行列式:

(1) $D_3=\begin{vmatrix}a_1-b_1&b_1-c_1&c_1-a_1\\a_2-b_2&b_2-c_2&c_2-a_2\\a_3-b_3&b_3-c_3&c_3-a_3\end{vmatrix}$;

(2) $D_3=\begin{vmatrix}a_1+b_1&a_1+b_2&a_1+b_3\\a_2+b_1&a_2+b_2&a_2+b_3\\a_3+b_1&a_3+b_2&a_3+b_3\end{vmatrix}$.

【解】 (1) 把后两列都加到第一列上去得到零列,所以 $D_3=0$.

(2) 在后两行中都减去第一行并提出公因式,得到一个第二行与第三行

相同的行列式

$$D_3=\begin{vmatrix} a_1+b_1 & a_1+b_2 & a_1+b_3 \\ a_2-a_1 & a_2-a_1 & a_2-a_1 \\ a_3-a_1 & a_3-a_1 & a_3-a_1 \end{vmatrix}$$

$$=(a_2-a_1)(a_3-a_1)\begin{vmatrix} a_1+b_1 & a_1+b_2 & a_1+b_3 \\ 1 & 1 & 1 \\ 1 & 1 & 1 \end{vmatrix}=0$$

7. 计算 $n$ 阶行列式 $D_n=\begin{vmatrix} a_1-b_1 & a_1-b_2 & \cdots & a_1-b_n \\ a_2-b_1 & a_2-b_2 & \cdots & a_2-b_n \\ \vdots & \vdots & & \vdots \\ a_n-b_1 & a_n-b_2 & \cdots & a_n-b_n \end{vmatrix}$.

**【解一】** $D_1=a_1-b_1$.

在 $D_2$ 的第二列中减去第一列可求出

$$D_2=\begin{vmatrix} a_1-b_1 & a_1-b_2 \\ a_2-b_1 & a_2-b_2 \end{vmatrix}=\begin{vmatrix} a_1-b_1 & b_1-b_2 \\ a_2-b_1 & b_1-b_2 \end{vmatrix}=(b_1-b_2)\begin{vmatrix} a_1-b_1 & 1 \\ a_2-b_1 & 1 \end{vmatrix}$$

$$=(a_1-a_2)(b_1-b_2)$$

当 $n\geqslant 3$ 时,可在最后两行中都减去第一行得到一个行列式,其最后两行成比例,值为零

$$D_n=\begin{vmatrix} a_1-b_1 & a_1-b_2 & \cdots & a_1-b_n \\ \vdots & \vdots & & \vdots \\ a_{n-1}-b_1 & a_{n-1}-b_2 & \cdots & a_{n-1}-b_n \\ a_n-b_1 & a_n-b_2 & \cdots & a_n-b_n \end{vmatrix}$$

$$=\begin{vmatrix} a_1-b_1 & a_1-b_2 & \cdots & a_1-b_n \\ \vdots & \vdots & & \vdots \\ a_{n-1}-a_1 & a_{n-1}-a_1 & \cdots & a_{n-1}-a_1 \\ a_n-a_1 & a_n-a_1 & \cdots & a_n-a_1 \end{vmatrix}=0$$

**【解二】** 当 $n\geqslant 3$ 时,也可用行列式乘法规则(见第二章)直接求出

$$D_n=\begin{vmatrix} a_1 & 1 & 0 & \cdots & 0 \\ a_2 & 1 & 0 & \cdots & 0 \\ \vdots & \vdots & \vdots & & \vdots \\ a_n & 1 & 0 & \cdots & 0 \end{vmatrix}_n \times \begin{vmatrix} 1 & 1 & \cdots & 1 \\ -b_1 & -b_2 & \cdots & -b_n \\ 0 & 0 & \cdots & 0 \\ \vdots & \vdots & & \vdots \\ 0 & 0 & \cdots & 0 \end{vmatrix}_n=0$$

8. 计算 $n$ 阶行列式 $D_n = \begin{vmatrix} a & 0 & 0 & \cdots & 0 & 1 \\ 0 & a & 0 & \cdots & 0 & 0 \\ 0 & 0 & a & \cdots & 0 & 0 \\ \vdots & \vdots & \vdots & \ddots & \vdots & \vdots \\ 0 & 0 & 0 & \cdots & a & 0 \\ 1 & 0 & 0 & \cdots & 0 & a \end{vmatrix}$.

**【解一】** 按第一行与第 $n$ 行作拉普拉斯展开立刻化成一个2阶行列式与一个对角行列式之乘积

$$D_n = \begin{vmatrix} a & 1 \\ 1 & a \end{vmatrix} \times \begin{vmatrix} a & 0 & \cdots & 0 \\ 0 & a & \cdots & 0 \\ \vdots & \vdots & \ddots & \vdots \\ 0 & 0 & \cdots & a \end{vmatrix} = (a^2 - 1)a^{n-2}$$

**【解二】** 也可按其第一行展开得到

$$D_n = a\begin{vmatrix} a & & & & \\ & a & & & \\ & & \ddots & & \\ & & & a & \\ & & & & a \end{vmatrix}_{n-1} + (-1)^{1+n}\begin{vmatrix} 0 & a & 0 & \cdots & 0 \\ 0 & 0 & a & \cdots & 0 \\ \vdots & \vdots & \vdots & \ddots & \vdots \\ 0 & 0 & 0 & \cdots & a \\ 1 & 0 & 0 & \cdots & 0 \end{vmatrix}_{n-1}$$

$$= a^n + (-1)^{2n+1}a^{n-2} = a^n - a^{n-2} = a^{n-2}(a^2 - 1)$$

9. 计算 $2n$ 阶行列式 $D_{2n} = \begin{vmatrix} a_1 & & & & & b_1 \\ & \ddots & & & \cdot^{\cdot^{\cdot}} & \\ & & a_n & b_n & & \\ & & c_n & d_n & & \\ & \cdot^{\cdot^{\cdot}} & & & \ddots & \\ c_1 & & & & & d_1 \end{vmatrix}$.

**【解】** 按第 $n$ 行与第 $n+1$ 行作拉普拉斯展开,并用数学归纳法求出

$$D_{2n} = \begin{vmatrix} a_n & b_n \\ c_n & d_n \end{vmatrix} \times D_{2(n-1)} = (a_nd_n - b_nc_n)\prod_{i=1}^{n-1}(a_id_i - b_ic_i) = \prod_{i=1}^{n}(a_id_i - b_ic_i)$$

10. 计算四阶行列式 $D = \begin{vmatrix} a_1 & 0 & b_1 & 0 \\ 0 & c_1 & 0 & d_1 \\ b_2 & 0 & a_2 & 0 \\ 0 & d_2 & 0 & c_2 \end{vmatrix}$.

**【解一】** 先互换 $D$ 中的第二列与第三列,再互换第二行与第三行得

$$D=\begin{vmatrix}a_1&0&b_1&0\\0&c_1&0&d_1\\b_2&0&a_2&0\\0&d_2&0&c_2\end{vmatrix}=\begin{vmatrix}a_1&b_1&0&0\\0&0&c_1&d_1\\b_2&a_2&0&0\\0&0&d_2&c_2\end{vmatrix}=\begin{vmatrix}a_1&b_1&0&0\\b_2&a_2&0&0\\0&0&c_1&d_1\\0&0&d_2&c_2\end{vmatrix}$$

$$=(a_1a_2-b_1b_2)(c_1c_2-d_1d_2)$$

**【解二】** 用拉普拉斯展开定理直接按第一行和第三行展开

$$D=\begin{vmatrix}a_1&b_1\\b_2&a_2\end{vmatrix}\times\begin{vmatrix}c_1&d_1\\d_2&c_2\end{vmatrix}=(a_1a_2-b_1b_2)(c_1c_2-d_1d_2)$$

11\. 已知 $n$ 阶行列式 $D_n=|a_{ij}|=c$. 如果把每一个元素 $a_{ij}$ 都换到第$(n-i+1,n-j+1)$位置上，求所得的行列式.

**【解】** 先以 $n=3$ 为例说明如下：

$i\to(3-i+1)=4-i$，$i=1,2,3$，满足 $i+(4-i)=4$.

$j\to(3-j+1)=4-j$，$j=1,2,3$，满足 $j+(4-j)=4$.

这个变换关系如下

$$\begin{matrix}a_{11}&a_{12}&a_{13}&a_{21}&a_{22}&a_{23}&a_{31}&a_{32}&a_{33}\\\downarrow&\downarrow&\downarrow&\downarrow&\downarrow&\downarrow&\downarrow&\downarrow&\downarrow\\a_{33}&a_{32}&a_{31}&a_{23}&a_{22}&a_{21}&a_{13}&a_{12}&a_{11}\end{matrix}$$

于是互换第一行与第三行；互换第一列与第三列，行列式的值不变

$$c=\begin{vmatrix}a_{11}&a_{12}&a_{13}\\a_{21}&a_{22}&a_{23}\\a_{31}&a_{32}&a_{33}\end{vmatrix}\to\begin{vmatrix}a_{33}&a_{32}&a_{31}\\a_{23}&a_{22}&a_{21}\\a_{13}&a_{12}&a_{11}\end{vmatrix}=c$$

类似地，对于 $n=4$ 有

$i\to(4-i+1)=5-i$，$i=1,2,3,4$，满足 $i+(5-i)=5$

$j\to(4-j+1)=5-j$，$j=1,2,3,4$，满足 $j+(5-j)=5$

于是互换第一行与第四行，互换第二行与第三行；互换第一列与第四列，互换第二列与第三列，也保持行列式的值不变

$$c=\begin{vmatrix}a_{11}&a_{12}&a_{13}&a_{14}\\a_{21}&a_{22}&a_{23}&a_{24}\\a_{31}&a_{32}&a_{33}&a_{34}\\a_{41}&a_{42}&a_{43}&a_{44}\end{vmatrix}\to\begin{vmatrix}a_{44}&a_{43}&a_{42}&a_{41}\\a_{34}&a_{33}&a_{32}&a_{31}\\a_{24}&a_{23}&a_{22}&a_{21}\\a_{14}&a_{13}&a_{12}&a_{11}\end{vmatrix}=c$$

一般地，是互换处于关于横中轴线对称位置的所有元素，且同时互换处于关于竖中轴线对称位置的所有元素，因为互换两行的次数与互换两列的次数

相同,所以这并不改变行列式的值.

12. 已知 $n$ 阶行列式 $D_n = |a_{ij}| = c$. 如果把每一个元素 $a_{ij}$ 都换成 $(-1)^{i+j}a_{ij}$, $1 \leqslant i, j \leqslant n$,求所得的行列式.

**【解一】** 先以 $n = 3$, $n = 4$ 为例说明如下:

在第二行与第二列中都提出公因数$(-1)$可得

$$c = \begin{vmatrix} a_{11} & a_{12} & a_{13} \\ a_{21} & a_{22} & a_{23} \\ a_{31} & a_{32} & a_{33} \end{vmatrix} \to \begin{vmatrix} a_{11} & -a_{12} & a_{13} \\ -a_{21} & a_{22} & -a_{23} \\ a_{31} & -a_{32} & a_{33} \end{vmatrix} = (-1)^2 c = c$$

在第二行与第四行以及第二列与第四列中都提出公因数$(-1)$可得

$$c = \begin{vmatrix} a_{11} & a_{12} & a_{13} & a_{14} \\ a_{21} & a_{22} & a_{23} & a_{24} \\ a_{31} & a_{32} & a_{33} & a_{34} \\ a_{41} & a_{42} & a_{43} & a_{44} \end{vmatrix} \to \begin{vmatrix} a_{11} & -a_{12} & a_{13} & -a_{14} \\ -a_{21} & a_{22} & -a_{23} & a_{24} \\ a_{31} & -a_{32} & a_{33} & -a_{34} \\ -a_{41} & a_{42} & -a_{43} & a_{44} \end{vmatrix} = (-1)^{2\times 2} c = c$$

一般地,当 $n = 2m + 1$ 时,$|(-1)^{i+j}a_{ij}| = (-1)^{2m}|a_{ij}| = c$.

当 $n = 2m$ 时,$|(-1)^{i+j}a_{ij}| = (-1)^{2m}|a_{ij}| = c$.

**【解二】** 记 $n$ 阶矩阵 $\boldsymbol{A} = (a_{ij})$, $\boldsymbol{B} = (b_{ij})$,其中 $b_{ij} = (-1)^{i+j}a_{ij}$, $i, j = 1, 2, \cdots, n$.

取 $n$ 阶对角矩阵

$$\boldsymbol{P} = \operatorname{diag}\{1, -1, 1, -1, \cdots, (-1)^{n+1}\}$$

有 $\boldsymbol{B} = \boldsymbol{PAP}$,于是必有 $|\boldsymbol{B}| = |\boldsymbol{A}|$.

13. 已知 $n$ 阶行列式 $D_n = |a_{ij}| = c$. 如果把每一个元素 $a_{ij}$ 都换成 $b^{i-j}a_{ij}$ $(b \neq 0, 1 \leqslant i, j \leqslant n)$,求所得的行列式.

**【解一】** 先以 $n = 4$ 为例说明如下

$$c = \begin{vmatrix} a_{11} & a_{12} & a_{13} & a_{14} \\ a_{21} & a_{22} & a_{23} & a_{24} \\ a_{31} & a_{32} & a_{33} & a_{34} \\ a_{41} & a_{42} & a_{43} & a_{44} \end{vmatrix} \to \begin{vmatrix} a_{11} & b^{-1}a_{12} & b^{-2}a_{13} & b^{-3}a_{14} \\ b^1 a_{21} & a_{22} & b^{-1}a_{23} & b^{-2}a_{24} \\ b^2 a_{31} & b^1 a_{32} & a_{33} & b^{-1}a_{34} \\ b^3 a_{41} & b^2 a_{42} & b^1 a_{43} & a_{44} \end{vmatrix}$$

在第二行提出公因子 $b$,第二列中提出公因子 $b^{-1}$;在第三行提出公因子 $b^2$,第三列中提出公因子 $b^{-2}$;在第四行提出公因子 $b^3$,第四列中提出公因子 $b^{-3}$,即知变换以后的行列式仍是 $c$.

一般地

$$c=\begin{vmatrix} a_{11} & a_{12} & \cdots & a_{1n} \\ a_{21} & a_{22} & \cdots & a_{2n} \\ \vdots & \vdots & & \vdots \\ a_{n1} & a_{n2} & \cdots & a_{nn} \end{vmatrix} \to \left(\prod_{i=1}^{n-1} b^{-i}\right)\left(\prod_{i=1}^{n-1} b^{i}\right)\begin{vmatrix} a_{11} & a_{12} & \cdots & a_{1n} \\ a_{21} & a_{22} & \cdots & a_{2n} \\ \vdots & \vdots & & \vdots \\ a_{n1} & a_{n2} & \cdots & a_{nn} \end{vmatrix}=c$$

**【解二】**　根据行列式的等价定义可得

$$\begin{aligned} D_n=|b_{ij}| &= \sum_{1\leqslant j_1<j_2<\cdots<j_n\leqslant n} b_{1j_1}b_{2j_2}\cdots b_{nj_n} \\ &= \sum_{1\leqslant j_1<j_2<\cdots<j_n\leqslant n} a_{1j_1}a_{2j_2}\cdots a_{nj_n}b^{l} \\ &= \sum_{1\leqslant j_1<j_2<\cdots<j_n\leqslant n} a_{1j_1}a_{2j_2}\cdots a_{nj_n}=|a_{ij}| \end{aligned}$$

其中 $b$ 的方次 $l=(1-j_1)+(2-j_2)+\cdots+(n-j_n)=0$.

## §2　求行列式方程的根

若$f(x)$是一个带参数$x$的行列式,则求方程$f(x)=0$的根称为求行列式方程的根.

1. 求出以下行列式方程的所有的根:

$$(1)f(x)=\begin{vmatrix} 1 & 1 & 1 & 1 \\ 1 & 1-x & 1 & 1 \\ 1 & 1 & 2-x & 1 \\ 1 & 1 & 1 & 3-x \end{vmatrix}=0;$$

$$(2)f(x)=\begin{vmatrix} x & 1 & 1 & 1 \\ 1 & x & 1 & 1 \\ 1 & 1 & x & 1 \\ 1 & 1 & 1 & x \end{vmatrix}=0;$$

$$(3)\ f(x)=\begin{vmatrix} 1 & 1 & 1 & 1 \\ 1 & 1 & -1 & -1 \\ 1 & -1 & 1 & -1 \\ x & -1 & -1 & 1 \end{vmatrix}=0.$$

**【解】**　(1) 当 $x=0,1,2$ 时,行列式中有两行相同,必有 $f(x)=0$,而 $f(x)=0$ 为三次方程,所以 $x=0,1,2$ 为 $f(x)=0$ 的全部根.

(2) 把后三列都加到第一列上去,提出公因式 $x+3$,再化简第一列可得

$$f(x)=(x+3)\begin{vmatrix}1&1&1&1\\1&x&1&1\\1&1&x&1\\1&1&1&x\end{vmatrix}=(x+3)\begin{vmatrix}1&1&1&1\\0&x-1&0&0\\0&0&x-1&0\\0&0&0&x-1\end{vmatrix}$$

$$=(x+3)(x-1)^3$$

所以四次方程 $f(x)=0$ 的所有的根为单根 $x=-3$ 和三重根 $x=1$.

(3) 把前三行都加到第四行上去,再按第四行展开可得

$$\begin{vmatrix}1&1&1&1\\1&1&-1&-1\\1&-1&1&-1\\x&-1&-1&1\end{vmatrix}=\begin{vmatrix}1&1&1&1\\1&1&-1&-1\\1&-1&1&-1\\x+3&0&0&0\end{vmatrix}=-(x+3)\begin{vmatrix}1&1&1\\1&-1&-1\\-1&1&-1\end{vmatrix}$$

$$=-4(x+3)=0\Leftrightarrow x=-3$$

所求的根为 $x=-3$.

2. 求出以下行列式方程的所有的根:

(1) $\begin{vmatrix}1&1&1&\cdots&1\\x&a_1&a_2&\cdots&a_{n-1}\\x^2&a_1^2&a_2^2&\cdots&a_{n-1}^2\\\vdots&\vdots&\vdots&&\vdots\\x^{n-1}&a_1^{n-1}&a_2^{n-1}&\cdots&a_{n-1}^{n-1}\end{vmatrix}=0$;

(2) $\begin{vmatrix}1&2&3&\cdots&n\\1&x+1&3&\cdots&n\\1&2&x+1&\cdots&n\\\vdots&\vdots&\vdots&&\vdots\\1&2&3&\cdots&x+1\end{vmatrix}=0$.

【解】 用直观法找出,当 $x$ 取哪些值时,有两行或两列相同使得行列式的值为零.

(1) 此 $n-1$ 次方程的所有的根为 $x=a_1,a_2,\cdots,a_{n-1}$.

(2) 此 $n-1$ 次方程的所有的根为 $x=1,2,3,\cdots,n-1$.

3. 求出行列式方程 $\begin{vmatrix}2&3&1&5\\2&3&1&9-x^2\\1&2&3&4\\2&4&x^2&8\end{vmatrix}=0$ 的所有的根.

【解】 当 $9-x^2=5$,即 $x^2=4$ 时,前两行相同;当 $x^2=2\times3=6$ 时,后两

行成比例，行列式均为零，所以此四次方程的根为 $x=\pm 2$，$\pm\sqrt{6}$.

4. 求出 $f(x)=\begin{vmatrix} x-2 & x-1 & x-2 & x-3 \\ 2x-2 & 2x-1 & 2x-2 & 2x-3 \\ 3x-3 & 3x-2 & 4x-5 & 3x-5 \\ 4x & 4x-3 & 5x-7 & 4x-3 \end{vmatrix}=0$ 的所有的根.

**【解】** 先在后三列中都减去第一列，再把第二列加到第四列上去，再在第二行中减去第一行，在第三列中减去第四列，然后按第一行与第二行作拉普拉斯展开，可得

$$f(x)=\begin{vmatrix} x-2 & 1 & 0 & -1 \\ 2x-2 & 1 & 0 & -1 \\ 3x-3 & 1 & x-2 & -2 \\ 4x & -3 & x-7 & -3 \end{vmatrix}=\begin{vmatrix} x-2 & 1 & 0 & 0 \\ 2x-2 & 1 & 0 & 0 \\ 3x-3 & 1 & x-2 & -1 \\ 4x & -3 & x-7 & -6 \end{vmatrix}$$

$$=\begin{vmatrix} x-2 & 1 & 0 & 0 \\ x & 0 & 0 & 0 \\ 3x-3 & 1 & x-1 & -1 \\ 4x & -3 & x-1 & -6 \end{vmatrix}$$

$$=-x(x-1)(-6+1)=5x(x-1)=0$$

所以它的根为 $x=0$ 和 $x=1$.

5. 求出方程 $\begin{vmatrix} 1 & x & a & b \\ x & 1 & 0 & 0 \\ a & 0 & 1 & 0 \\ b & 0 & 0 & 1 \end{vmatrix}=0$ 的所有的根，这里 $a^2+b^2\leqslant 1$.

**【解】** 利用后三列把第一列化简得上三角行列式

$$\begin{vmatrix} 1 & x & a & b \\ x & 1 & 0 & 0 \\ a & 0 & 1 & 0 \\ b & 0 & 0 & 1 \end{vmatrix}=\begin{vmatrix} 1-x^2-a^2-b^2 & x & a & b \\ 0 & 1 & 0 & 0 \\ 0 & 0 & 1 & 0 \\ 0 & 0 & 0 & 1 \end{vmatrix}=1-x^2-a^2-b^2$$

所以由 $1-x^2-a^2-b^2=0\Leftrightarrow x^2=1-a^2-b^2$ 知所求的根为 $x=\pm\sqrt{1-a^2-b^2}$.

6. 求出多项式 $f(x)=\begin{vmatrix} x+a_{11} & x+a_{12} & x+a_{13} \\ x+a_{21} & x+a_{22} & x+a_{23} \\ x+a_{31} & x+a_{32} & x+a_{33} \end{vmatrix}$ 的次数.

**【解】** 先在后两行中都减去第一行，再在后两列中都减去第一列，可求出

$$f(x)=\begin{vmatrix} x+a_{11} & x+a_{12} & x+a_{13} \\ b_1 & b_2 & b_3 \\ c_1 & c_2 & c_3 \end{vmatrix}=\begin{vmatrix} x+a_{11} & d_1 & e_1 \\ b_1 & d_2 & e_2 \\ c_1 & d_2 & e_3 \end{vmatrix}=ax+b$$

所以,多项式的次数不超过1.

**【说明】** 计算过程中出现的一些新元素都是不含变量 $x$ 的常数,它们都不必具体求出. 最后求出的 $a$ 可能是0,此时 $f(x)=b$.

7. 求出以下多项式的最高项、次高项的系数和常数项

$$f(x)=\begin{vmatrix} x+1 & 2 & x-3 & 2 \\ 1 & 2x+2 & 7 & 5 \\ 3x+1 & 3 & 3x+3 & 8 \\ 1 & 8 & 0 & 4x+4 \end{vmatrix}$$

**【解】** 设 $f(x)=a_4x^4+a_3x^3+a_2x^2+a_1x+a_0$. 按行列式的第四项展开得

$$f(x)=-\begin{vmatrix} 2 & x-3 & 2 \\ 2x+2 & 7 & 5 \\ 3 & 3x+3 & 8 \end{vmatrix}+8\begin{vmatrix} x+1 & x-3 & 2 \\ 1 & 7 & 5 \\ 3x+1 & 3x+3 & 8 \end{vmatrix}+$$
$$(4x+4)\begin{vmatrix} x+1 & 2 & x-3 \\ 1 & 2x+2 & 7 \\ 3x+1 & 3 & 3x+3 \end{vmatrix}$$

把它记为

$$f(x)=-D_1+8D_2+(4x+4)D_3$$

据3阶行列式计算公式知,在 $D_1$ 和 $D_2$ 中不存在 $x^4$ 项和 $x^3$ 项.

直接计算(只要写出在 $D_3$ 中含有 $x^2$ 和 $x^3$ 的项)

$$4(x+1)\begin{vmatrix} x+1 & 2 & x-3 \\ 1 & 2x+2 & 7 \\ 3x+1 & 3 & 3x+3 \end{vmatrix}$$
$$=4(x+1)[6(x+1)^3+\cdots-2(x-3)(x+1)(3x+1)-\cdots]$$
$$=24(x^4+4x^3+6x^2+4x+1)+\cdots-8[(x^2+2x+1)(3x^2-8x-3)]$$

易见

$$a_4=24-24=0,a_3=24\times4-8\times(6-8)=96+16=112$$

直接计算常数项

$$a_0=f(0)=\begin{vmatrix} 1 & 2 & -3 & 2 \\ 1 & 2 & 7 & 5 \\ 1 & 3 & 3 & 8 \\ 1 & 8 & 0 & 4 \end{vmatrix}=\begin{vmatrix} 1 & 2 & -3 & 2 \\ 0 & 0 & 10 & 3 \\ 0 & 1 & 6 & 6 \\ 0 & 6 & 3 & 2 \end{vmatrix}=$$

$$\begin{vmatrix} 0 & 10 & 3 \\ 1 & 6 & 6 \\ 6 & 3 & 2 \end{vmatrix} = \begin{vmatrix} 0 & 10 & 3 \\ 1 & 6 & 6 \\ 0 & -33 & -34 \end{vmatrix} = 241$$

所以
$$f(x) = 112x^3 + a_2x^2 + a_1x + 241$$

## §3　求代数余子式的和

1. 如果 $D = \begin{vmatrix} 2 & 2 & 3 \\ 1 & 1 & 2 \\ 2 & x & y \end{vmatrix}$ 的代数余子式满足 $A_{11} + A_{12} + A_{13} = 1$,求 $D$.

【解】　先在第一行中减去第二行,再按第一行展开即得

$$D = \begin{vmatrix} 2 & 2 & 3 \\ 1 & 1 & 2 \\ 2 & x & y \end{vmatrix} = \begin{vmatrix} 1 & 1 & 1 \\ 1 & 1 & 2 \\ 2 & x & y \end{vmatrix} = A_{11} + A_{12} + A_{13} = 1$$

【注】　进一步,可直接求出 $D = 2 - x$ 与 $y$ 无关. 由 $D = 2 - x = 1$ 可定出 $x = 1$.

2. 求出以下 4 阶行列式中的第二行元素的代数余子式之和

$$D_4 = \begin{vmatrix} 2 & -1 & 1 & -2 \\ 7 & 6 & 5 & 4 \\ 3 & 2 & -2 & 0 \\ 1 & 1 & 1 & 1 \end{vmatrix}$$

【解】　根据题意,把 $D_4$ 中第二行元素都改为 1,立刻求出

$$A_{21} + A_{22} + A_{23} + A_{24} = \begin{vmatrix} 2 & -1 & 1 & -2 \\ 1 & 1 & 1 & 1 \\ 3 & 2 & -2 & 0 \\ 1 & 1 & 1 & 1 \end{vmatrix} = 0$$

【说明】　根据行列式展开定理知道,将如此构造出来的行列式按其第二行展开即得

$$A_{21} + A_{22} + A_{23} + A_{24}$$

而这个有相同两行的行列式必为零.

3. 设 $D_4 = \begin{vmatrix} 1 & 1 & 1 & 2 \\ 1 & 1 & -2 & 0 \\ 1 & 2 & 0 & -1 \\ 2 & -3 & 4 & 3 \end{vmatrix}$,求 $A_{41} + A_{42} + A_{43} + A_{44}$.

【解】 根据题意，把 $D_4$ 中第四行元素都改为 1，立刻求出

$$A_{41}+A_{42}+A_{43}+A_{44}$$

$$=\begin{vmatrix}1&1&1&2\\1&1&-2&0\\1&2&0&-1\\1&1&1&1\end{vmatrix}=\begin{vmatrix}0&0&0&1\\1&1&-2&0\\1&2&0&-1\\1&1&1&1\end{vmatrix}=-\begin{vmatrix}1&1&-2\\1&2&0\\1&1&1\end{vmatrix}$$

$$=-\begin{vmatrix}1&0&-2\\1&1&0\\1&0&1\end{vmatrix}=-3$$

4. 对于 4 阶行列式 $D_4=\begin{vmatrix}2&-3&1&5\\-1&5&7&-8\\2&2&2&2\\0&1&-1&0\end{vmatrix}$，计算：

(1) $2A_{31}-3A_{32}+A_{33}+5A_{34}$；(2) $M_{14}+M_{24}+M_{34}+M_{44}$.

【解】 根据代数余子式的定义和行列式展开定理可依次求出：

(1) $2A_{31}-3A_{32}+A_{33}+5A_{34}=\begin{vmatrix}2&-3&1&5\\-1&5&7&-8\\2&-3&1&5\\0&1&-1&0\end{vmatrix}=0.$

(2) 用上述构造某个特殊行列式的方法，改写第四列中元素可以直接计算

$$M_{14}+M_{24}+M_{34}+M_{44}=-A_{14}+A_{24}-A_{34}+A_{44}$$

$$=\begin{vmatrix}2&-3&1&-1\\-1&5&7&1\\2&2&2&-1\\0&1&-1&1\end{vmatrix}=\begin{vmatrix}2&-2&0&-1\\-1&4&8&1\\2&3&1&-1\\0&0&0&1\end{vmatrix}$$

$$=\begin{vmatrix}2&-2&0\\-1&4&8\\2&3&1\end{vmatrix}=\begin{vmatrix}2&0&0\\-1&3&8\\2&5&1\end{vmatrix}=-74$$

5. 对于行列式 $D_5=\begin{vmatrix}2&1&0&-1&-2\\1&3&3&3&1\\3&4&5&6&7\\7&3&9&1&5\\2&1&1&1&2\end{vmatrix}$，求出 $A_{41}+A_{45}$.

【解】　按照题意改写第四行中元素，并在末列中减去第一列，再按第四行展开，可以求出

$$A_{41}+A_{45}=\begin{vmatrix}2&1&0&-1&-2\\1&3&3&3&1\\3&4&5&6&7\\1&0&0&0&1\\2&1&1&1&2\end{vmatrix}=\begin{vmatrix}2&1&0&-1&-4\\1&3&3&3&0\\3&4&5&6&4\\1&0&0&0&0\\2&1&1&1&0\end{vmatrix}$$

$$=-\begin{vmatrix}1&0&-1&-4\\3&3&3&0\\4&5&6&4\\1&1&1&0\end{vmatrix}=0$$

6. 求出以下 5 阶行列式第一行中所有元素的代数余子式之和

$$D_5=\begin{vmatrix}1&2&3&4&5\\1&-1&0&0&0\\0&2&-2&0&0\\0&0&3&-3&0\\0&0&0&4&-4\end{vmatrix}$$

【解】　按行列式展开公式，改写原行列式的第一行元素，把后四列都加到第一列上去可求出

$$\sum_{j=1}^{5}A_{1j}=\begin{vmatrix}1&1&1&1&1\\1&-1&0&0&0\\0&2&-2&0&0\\0&0&3&-3&0\\0&0&0&4&-4\end{vmatrix}=\begin{vmatrix}5&1&1&1&1\\0&-1&0&0&0\\0&2&-2&0&0\\0&0&3&-3&0\\0&0&0&4&-4\end{vmatrix}$$

$$=5(-1)^4 4!\ =5!$$

【注】　用同样方法可证以下 $n$ 阶行列式

$$D_n=\begin{vmatrix}1&2&3&4&\cdots&n-1&n\\1&-1&0&0&\cdots&0&0\\0&2&-2&0&\cdots&0&0\\0&0&3&-3&\cdots&0&0\\\vdots&\vdots&\vdots&\ddots&\ddots&\vdots&\vdots\\0&0&0&0&\cdots&-(n-2)&0\\0&0&0&0&\cdots&(n-1)&-(n-1)\end{vmatrix}$$

第一行中所有元素的代数余子式之和为$(-1)^{n-1}n!$.

7. 计算以下 $n$ 阶行列式

$$D_n = \begin{vmatrix} 1 & 2 & 3 & \cdots & n-1 & n \\ a & -a & 0 & \cdots & 0 & 0 \\ 0 & a & -a & \cdots & 0 & 0 \\ \vdots & \vdots & \ddots & \ddots & \vdots & \vdots \\ 0 & 0 & 0 & \ddots & -a & 0 \\ 0 & 0 & 0 & \cdots & a & -a \end{vmatrix}$$

第一行中所有元素的代数余子式之和.

【解】 直接计算(把后 $n-1$ 列都加到第一列上去)可得

$$\sum_{j=1}^{n} A_{1j} = \begin{vmatrix} 1 & 1 & 1 & \cdots & 1 & 1 \\ a & -a & 0 & \cdots & 0 & 0 \\ 0 & a & -a & \cdots & 0 & 0 \\ \vdots & \vdots & \ddots & \ddots & \vdots & \vdots \\ 0 & 0 & 0 & \ddots & -a & 0 \\ 0 & 0 & 0 & \cdots & a & -a \end{vmatrix}$$

$$= \begin{vmatrix} n & 1 & 1 & \cdots & 1 & 1 \\ 0 & -a & 0 & \cdots & 0 & 0 \\ 0 & a & -a & \cdots & 0 & 0 \\ \vdots & \vdots & \ddots & \ddots & \vdots & \vdots \\ 0 & 0 & 0 & \ddots & -a & 0 \\ 0 & 0 & 0 & \cdots & a & -a \end{vmatrix}$$

$$= n(-a)^{n-1}$$

8. 设 $D_4 = \begin{vmatrix} -1 & -2 & 1 & 2 \\ 7 & 6 & 5 & 4 \\ 3 & 4 & 2 & 1 \\ 2 & 2 & 2 & -6 \end{vmatrix}$,计算 $A_{21}+A_{22}+A_{23}-3A_{24}$ 的值.

【解】 改写原行列式的第二行元素可得有两行成比例的行列式,所以

$$A_{21}+A_{22}+A_{23}-3A_{24} = \begin{vmatrix} -1 & -2 & 1 & 2 \\ 1 & 1 & 1 & -3 \\ 3 & 4 & 2 & 1 \\ 2 & 2 & 2 & -6 \end{vmatrix} = 0$$

9. 对于以下行列式

$$D=\begin{vmatrix}4&2&1&3&5\\2&-1&-1&2&2\\9&-2&8&-1&7\\-3&5&5&-3&-3\\-1&3&-5&4&-2\end{vmatrix}$$

求出 $a=A_{31}+A_{34}+A_{35}$和 $b=A_{32}+A_{33}$.

**【解】**　因为所求的是第三行元素的代数余子式的两个部分和,而且在 $D$ 中元素恰好满足

$$a_{21}=a_{24}=a_{25}=2$$
$$a_{22}=a_{23}=-1$$
$$a_{41}=a_{44}=a_{45}=-3$$
$$a_{42}=a_{43}=5$$

所以可以将 $D$ 中第三行元素根据需要分别改写后,构造出以下两个值为零的行列式

$$D_1=\begin{vmatrix}4&2&1&3&5\\2&-1&-1&2&2\\2&-1&-1&2&2\\-3&5&5&-3&-3\\-1&3&-5&4&-2\end{vmatrix}=0$$

$$D_2=\begin{vmatrix}4&2&1&3&5\\2&-1&-1&2&2\\-3&5&5&-3&-3\\-3&5&5&-3&-3\\-1&3&-5&4&-2\end{vmatrix}=0$$

将 $D_1$ 按第三行展开得

$$2(A_{31}+A_{34}+A_{35})-(A_{32}+A_{33})=0$$

即

$$2a-b=0$$

将 $D_2$ 按第三行展开得

$$-3(A_{31}+A_{34}+A_{35})+5(A_{32}+A_{33})=0$$

即

$$-3a+5b=0$$

据此立刻可解出 $a=b=0$.

10. 设 $\prod_{k=1}^{n}a_k\neq 0$,求出以下 $n$ 阶行列式中所有元素的代数余子式之和:

$$(1)D_1=\begin{vmatrix}0&a_1&0&\cdots&0&0\\0&0&a_2&\cdots&0&0\\\vdots&\vdots&\vdots&\ddots&\vdots&\vdots\\0&0&0&\ddots&a_{n-2}&0\\0&0&0&\cdots&0&a_{n-1}\\a_n&0&0&\cdots&0&0\end{vmatrix};$$

$$(2)D_2=\begin{vmatrix}0&0&\cdots&0&a_1&0\\0&0&\iddots&a_2&0&0\\\vdots&\iddots&\iddots&\iddots&\iddots&\vdots\\0&a_{n-2}&\iddots&\iddots&0&0\\a_{n-1}&0&\iddots&\cdots&0&0\\0&0&\cdots&\cdots&0&a_n\end{vmatrix}.$$

**【解一】** 直接求出所有非零代数余子式.

(1) 由 $D_1$ 的特殊形状易见,除了以下 $n$ 个代数余子式以外,其他的代数余子式都是含零列的行列式,它们的值都是零,即

$$A_{12}=(-1)^{1+2}(-1)^{n-1+1}a_n\prod_{i=2}^{n-1}a_i=(-1)^{n+1}\prod_{i=2}^{n}a_i=(-1)^{n+1}\prod_{i=1}^{n}a_i\left(\frac{1}{a_1}\right)$$

$$A_{23}=(-1)^{2+3}(-1)^{n-1+1}a_n\prod_{i\neq2,\,i=1}^{n-1}a_i=(-1)^{n+1}\prod_{i\neq2,\,i=1}^{n}a_i=(-1)^{n+1}\prod_{i=1}^{n}a_i\left(\frac{1}{a_2}\right)$$

$$A_{34}=(-1)^{3+4}(-1)^{n-1+1}a_n\prod_{i\neq3,\,i=1}^{n-1}a_i=(-1)^{n+1}\prod_{i\neq3,\,i=1}^{n}a_i=(-1)^{n+1}\prod_{i=1}^{n}a_i\left(\frac{1}{a_3}\right)$$

$$\vdots$$

$$A_{n-1,n}=(-1)^{n-1+n}(-1)^{n-1+1}a_n\prod_{i\neq n-1,\,i=1}^{n-1}a_i=(-1)^{n+1}\prod_{i\neq n-1,\,i=1}^{n}a_i$$

$$=(-1)^{n+1}\prod_{i=1}^{n}a_i\left(\frac{1}{a_{n-1}}\right)$$

$$A_{n1}=(-1)^{n+1}\prod_{i=1}^{n-1}a_i=(-1)^{n+1}\prod_{i=1}^{n}a_i\left(\frac{1}{a_n}\right)$$

所以 $D_1$ 中元素代数余子式之和为

$$\sum_{i=1}^{n}\sum_{j=1}^{n}A_{ij}=(-1)^{n+1}\left(\prod_{i=1}^{n}a_i\right)\left(\sum_{i=1}^{n}\frac{1}{a_i}\right)$$

(2) 用到以下三角行列式求值公式

$$D_n=\begin{vmatrix} & & & a_1\\ & & a_2 & \\ & \iddots & & \\ a_n & & & \end{vmatrix}=(-1)^{\frac{(n-1)n}{2}}\prod_{i=1}^{n}a_i$$

由 $D_2$ 的特殊形状易见，除了以下 $n$ 个代数余子式以外，其他的代数余子式都是含零列的行列式，它们的值都是零，即

$$A_{1,(n-1)}=(-1)^{1+(n-1)}(-1)^{\frac{(n-3)(n-2)}{2}}\prod_{i\neq 1,i=1}^{n}a_i=(-1)^t\prod_{i=1}^{n}a_i\left(\frac{1}{a_1}\right)$$

$$=-(-1)^{\frac{n(n+1)}{2}}\prod_{i=1}^{n}a_i\left(\frac{1}{a_1}\right)$$

其中 $(-1)$ 的次数

$$t=n+\frac{(n-3)(n-2)}{2}=\frac{2n+n^2-5n+6}{2}=\frac{n(n+1)}{2}-(2n-3)$$

$$(-1)^t=-(-1)^{\frac{n(n+1)}{2}}$$

$$A_{2,(n-2)}=(-1)^{2+(n-2)}(-1)^{\frac{(n-3)(n-2)}{2}}\prod_{i\neq 2,i=1}^{n}a_i=(-1)^t\prod_{i=1}^{n}a_i\left(\frac{1}{a_2}\right)$$

$$=-(-1)^{\frac{n(n+1)}{2}}\prod_{i=1}^{n}a_i\left(\frac{1}{a_2}\right)$$

$$\vdots$$

$$A_{(n-1),1}=(-1)^{1+(n-1)}(-1)^{\frac{(n-3)(n-2)}{2}}\prod_{i\neq n-1,i=1}^{n}a_i=(-1)^t\prod_{i=1}^{n}a_i\left(\frac{1}{a_{n-1}}\right)$$

$$=-(-1)^{\frac{n(n+1)}{2}}\prod_{i=1}^{n}a_i\left(\frac{1}{a_{n-1}}\right)$$

$$A_{n,n}=(-1)^{\frac{(n-2)(n-1)}{2}}\prod_{i=1}^{n-1}a_i=-(-1)^{\frac{n(n+1)}{2}}\prod_{i=1}^{n}a_i\left(\frac{1}{a_n}\right)$$

所以 $D_2$ 中元素代数余子式之和为

$$\sum_{i=1}^{n}\sum_{j=1}^{n}A_{ij}=-(-1)^{\frac{n(n+1)}{2}}\left(\prod_{i=1}^{n}a_i\right)\left(\sum_{i=1}^{n}\frac{1}{a_i}\right)$$

**【解二】**　考虑 $n$ 阶行列式对应的 $n$ 阶方阵及其伴随矩阵和逆矩阵.

(1) 考虑 $D_1$ 对应的 $n$ 阶方阵 $\boldsymbol{A}_1$ 及其逆矩阵

$$A_1=\left(\begin{array}{c|ccccc}0 & a_1 & 0 & \cdots & 0 & 0\\ 0 & 0 & a_2 & \cdots & 0 & 0\\ \vdots & \vdots & \vdots & \ddots & \vdots & \vdots\\ 0 & 0 & 0 & \cdots & a_{n-2} & 0\\ 0 & 0 & 0 & \cdots & 0 & a_{n-1}\\ \hline a_n & 0 & 0 & \cdots & 0 & 0\end{array}\right),A_1^{-1}=\left(\begin{array}{ccccc|c}0 & 0 & \cdots & 0 & 0 & a_n^{-1}\\ \hline a_1^{-1} & 0 & \cdots & 0 & 0 & 0\\ 0 & a_2^{-1} & \cdots & 0 & 0 & 0\\ \vdots & \vdots & \ddots & \vdots & \vdots & \vdots\\ 0 & 0 & \cdots & a_{n-2}^{-1} & 0 & 0\\ 0 & 0 & \cdots & 0 & a_{n-1}^{-1} & 0\end{array}\right)$$

$D_1$ 中所有元素的代数余子式之和就是$A_1$ 的伴随矩阵中所有元素之和. 先求出行列式

$$|A_1|=D_1=(-1)^{n+1}\prod_{i=1}^{n}a_i$$

于是由伴随矩阵 $A_1^*=|A_1|A_1^{-1}$ 立即可求出 $D_1$ 中元素代数余子式之和为

$$\sum_{i=1}^{n}\sum_{j=1}^{n}A_{ij}=(-1)^{n+1}\left(\prod_{i=1}^{n}a_i\right)\left(\sum_{i=1}^{n}\frac{1}{a_i}\right)$$

(2) 考虑 $D_2$ 对应的 $n$ 阶方阵 $A_2$ 及其逆矩阵

$$A_2=\left(\begin{array}{ccccc|c}0 & 0 & \cdots & 0 & a_1 & 0\\ 0 & 0 & \iddots & a_2 & 0 & 0\\ \vdots & \iddots & \iddots & \iddots & \iddots & \vdots\\ 0 & a_{n-2} & \iddots & 0 & 0 & 0\\ a_{n-1} & 0 & \iddots & 0 & 0 & 0\\ \hline 0 & 0 & \cdots & 0 & 0 & a_n\end{array}\right),A_2^{-1}=\left(\begin{array}{ccccc|c}0 & 0 & \cdots & 0 & a_{n-1}^{-1} & 0\\ 0 & 0 & \iddots & a_{n-2}^{-1} & 0 & 0\\ \vdots & \iddots & \iddots & \iddots & \iddots & \vdots\\ 0 & a_2^{-1} & \iddots & 0 & 0 & 0\\ a_1^{-1} & 0 & \iddots & 0 & 0 & 0\\ \hline 0 & 0 & \cdots & 0 & 0 & a_n^{-1}\end{array}\right)$$

易求出

$$\begin{aligned}|A_2|=D_2&=(-1)^{\frac{(n-1)(n-2)}{2}}\prod_{i=1}^{n}a_i\\&=(-1)^{\frac{n^2-3n+2}{2}}\prod_{i=1}^{n}a_i\\&=-(-1)^{\frac{n(n+1)}{2}}\prod_{i=1}^{n}a_i\end{aligned}$$

所以据 $A_2^*=|A_2|A_2^{-1}$ 求出 $D_2$ 中元素代数余子式之和为

$$\sum_{i=1}^{n}\sum_{j=1}^{n}A_{ij}=-(-1)^{\frac{n(n+1)}{2}}\left(\prod_{i=1}^{n}a_i\right)\left(\sum_{i=1}^{n}\frac{1}{a_i}\right)$$

【注】 由

$$\begin{pmatrix} 0 & a_1 & 0 & \cdots & 0 & 0 \\ 0 & 0 & a_2 & \cdots & 0 & 0 \\ \vdots & \vdots & \vdots & \ddots & \vdots & \vdots \\ 0 & 0 & 0 & \ddots & a_{n-2} & 0 \\ 0 & 0 & 0 & \cdots & 0 & a_{n-1} \\ a_n & 0 & 0 & \cdots & 0 & 0 \end{pmatrix}\begin{pmatrix} 0 & 0 & \cdots & 0 & 0 & 1 \\ 0 & 0 & \iddots & 0 & 1 & 0 \\ \vdots & \iddots & \iddots & \iddots & \iddots & \vdots \\ 0 & 0 & \iddots & \iddots & 0 & 0 \\ 0 & 1 & \iddots & \cdots & 0 & 0 \\ 1 & 0 & \cdots & \cdots & 0 & 0 \end{pmatrix}$$

$$= \begin{pmatrix} 0 & 0 & \cdots & 0 & a_1 & 0 \\ 0 & 0 & \iddots & a_2 & 0 & 0 \\ \vdots & \iddots & \iddots & \iddots & \iddots & \vdots \\ 0 & a_{n-2} & \iddots & \iddots & 0 & 0 \\ a_{n-1} & 0 & \iddots & \cdots & 0 & 0 \\ 0 & 0 & \cdots & \cdots & 0 & a_n \end{pmatrix}$$

即

$$\boldsymbol{A}_1\boldsymbol{P} = \boldsymbol{A}_2$$

$$\boldsymbol{A}_2^* = |\boldsymbol{A}_2|\boldsymbol{A}_2^{-1} = |\boldsymbol{A}_2| \times \boldsymbol{P}^{-1}\boldsymbol{A}_1^{-1} = |\boldsymbol{A}_2| \times \boldsymbol{P}A_1^{-1}$$

因为$\boldsymbol{PA}_1^{-1}$中元素之和就是$\boldsymbol{A}_1^{-1}$中元素之和，所以$D_2$中元素代数余子式之和为

$$\sum_{i=1}^{n}\sum_{j=1}^{n}A_{ij} = -(-1)^{\frac{n(n+1)}{2}}\left(\prod_{i=1}^{n}a_i\right)\left(\sum_{i=1}^{n}\frac{1}{a_i}\right)$$

## §4　三角行列式

四种三角行列式的计算公式为

$$\begin{vmatrix} a_1 & 0 & 0 & \cdots & 0 \\ * & a_2 & 0 & \cdots & 0 \\ * & * & a_3 & \cdots & 0 \\ \vdots & \vdots & \vdots & \ddots & \vdots \\ * & * & * & \cdots & a_n \end{vmatrix} = \begin{vmatrix} a_1 & * & * & \cdots & * \\ 0 & a_2 & * & \cdots & * \\ 0 & 0 & a_3 & \cdots & * \\ \vdots & \vdots & \vdots & \ddots & \vdots \\ 0 & 0 & 0 & \cdots & a_n \end{vmatrix} = \prod_{i=1}^{n}a_i$$

$$\begin{vmatrix} 0 & \cdots & 0 & 0 & a_1 \\ 0 & \cdots & 0 & a_2 & * \\ 0 & \cdots & a_3 & * & * \\ \vdots & \iddots & \vdots & \vdots & \vdots \\ a_n & \cdots & * & * & * \end{vmatrix} = \begin{vmatrix} * & \cdots & * & * & a_1 \\ * & \cdots & * & a_2 & 0 \\ * & \cdots & a_3 & 0 & 0 \\ \vdots & \iddots & \vdots & \vdots & \vdots \\ a_n & \cdots & 0 & 0 & 0 \end{vmatrix} = (-1)^{\frac{(n-1)n}{2}}\prod_{i=1}^{n}a_i$$

左边那两个称为下三角行列式(那些可能不是零的数都在对角线的下面),右边那两个称为上三角行列式(那些可能不是零的数都在对角线的上面).

1. 计算 $D_5 = \begin{vmatrix} 0 & 0 & 0 & 1 & 0 \\ 0 & 0 & 2 & 0 & 0 \\ 0 & 3 & 8 & 0 & 0 \\ 4 & 0 & 0 & 7 & 0 \\ 6 & 0 & 0 & 0 & 5 \end{vmatrix}$.

**【解】** 按第五列展开得

$$D_5 = 5\begin{vmatrix} 0 & 0 & 0 & 1 \\ 0 & 0 & 2 & 0 \\ 0 & 3 & 8 & 0 \\ 4 & 0 & 0 & 7 \end{vmatrix}$$

$$= 5 \times (-1)^{\frac{3\times4}{2}}4! = 5!$$

2. 计算以下 $n$ 阶行列式:

(1) $\tilde{D} = \begin{vmatrix} 0 & 1 & 0 & \cdots & 0 \\ 0 & 0 & 2 & \cdots & 0 \\ \vdots & \vdots & \vdots & \ddots & \vdots \\ 0 & 0 & 0 & \cdots & n-1 \\ n & 0 & 0 & \cdots & 0 \end{vmatrix}$ 和 $D = \begin{vmatrix} 0 & a_1 & 0 & \cdots & 0 \\ 0 & 0 & a_2 & \cdots & 0 \\ \vdots & \vdots & \vdots & \ddots & \vdots \\ 0 & 0 & 0 & \cdots & a_{n-1} \\ a_n & 0 & 0 & \cdots & 0 \end{vmatrix}$.

(2) $\tilde{D} = \begin{vmatrix} 0 & 0 & \cdots & 0 & n \\ 1 & 0 & \cdots & 0 & 0 \\ 0 & 2 & \cdots & 0 & 0 \\ \vdots & \vdots & \ddots & \vdots & \vdots \\ 0 & 0 & \cdots & n-1 & 0 \end{vmatrix}$ 和 $D = \begin{vmatrix} 0 & 0 & \cdots & 0 & a_n \\ a_1 & 0 & \cdots & 0 & 0 \\ 0 & a_2 & \cdots & 0 & 0 \\ \vdots & \vdots & \ddots & \vdots & \vdots \\ 0 & 0 & 0 & a_{n-1} & 0 \end{vmatrix}$.

(3) $\tilde{D} = \begin{vmatrix} 0 & \cdots & 0 & 1 & 0 \\ 0 & \cdots & 2 & 0 & 0 \\ \vdots & \iddots & \vdots & \vdots & \vdots \\ n-1 & \cdots & 0 & 0 & 0 \\ 0 & \cdots & 0 & 0 & n \end{vmatrix}$ 和 $D = \begin{vmatrix} 0 & \cdots & 0 & a_1 & 0 \\ 0 & \cdots & a_2 & 0 & 0 \\ \vdots & \iddots & \vdots & \vdots & \vdots \\ a_{n-1} & \cdots & 0 & 0 & 0 \\ 0 & \cdots & 0 & 0 & a_n \end{vmatrix}$.

(4) $\widetilde{D}=\begin{vmatrix} n & 0 & \cdots & 0 & 0 \\ 0 & 0 & \cdots & 0 & 1 \\ 0 & 0 & \cdots & 2 & 0 \\ \vdots & \vdots & \iddots & \vdots & \vdots \\ 0 & n-1 & \cdots & 0 & 0 \end{vmatrix}$ 和 $D=\begin{vmatrix} a_n & 0 & \cdots & 0 & 0 \\ 0 & 0 & \cdots & 0 & a_1 \\ 0 & 0 & \cdots & a_2 & 0 \\ \vdots & \vdots & \iddots & \vdots & \vdots \\ 0 & a_{n-1} & \cdots & 0 & 0 \end{vmatrix}$.

**【解】** (1) 按第一列展开即得

$$\widetilde{D}=(-1)^{n+1}n\times(n-1)!=(-1)^{n+1}n!$$

$$D=(-1)^{n+1}a_n\prod_{i=1}^{n-1}a_i=(-1)^{n+1}\prod_{i=1}^{n}a_i$$

(2) 按第一行展开即得

$$\widetilde{D}=(-1)^{1+n}n\times(n-1)!=(-1)^{1+n}n!$$

$$D=(-1)^{1+n}a_n\prod_{i=1}^{n-1}a_i=(-1)^{1+n}\prod_{i=1}^{n}a_i$$

(3) 按末行展开得

$$\widetilde{D}=(-1)^{n+n}n\times(-1)^{\frac{(n-1)(n-2)}{2}}(n-1)!=(-1)^{\frac{(n-1)(n-2)}{2}}n!$$

$$D=(-1)^{n+n}a_n\times(-1)^{\frac{(n-1)(n-2)}{2}}\prod_{i=1}^{n-1}a_i=(-1)^{\frac{(n-1)(n-2)}{2}}\prod_{i=1}^{n}a_i$$

(4) 按第一行展开得

$$\widetilde{D}=n\times(-1)^{\frac{(n-1)(n-2)}{2}}(n-1)!=(-1)^{\frac{(n-1)(n-2)}{2}}n!$$

$$D=a_n(-1)^{\frac{(n-1)(n-2)}{2}}\prod_{i=1}^{n-1}a_i=(-1)^{\frac{(n-1)(n-2)}{2}}\prod_{i=1}^{n}a_i$$

**【注】** 在(1)与(2)中的两个行列式为转置关系,行列式的值相同. 在(3)与(4)中的两个行列式不是转置关系,但行列式的值也相同.

3. 计算 $n$ 阶行列式 $D_n=\begin{vmatrix} -a_1 & a_1 & 0 & \cdots & 0 & 0 \\ 0 & -a_2 & a_2 & \cdots & 0 & 0 \\ 0 & 0 & -a_3 & \ddots & 0 & 0 \\ \vdots & \vdots & \vdots & \ddots & \ddots & \vdots \\ 0 & 0 & 0 & \cdots & -a_{n-1} & a_{n-1} \\ 1 & 1 & 1 & \cdots & 1 & 1 \end{vmatrix}$.

**【解】** 先把后 $n-1$ 列都加到第一列上去,然后按第一列展开得到下三角行列式

$$D_n = \begin{vmatrix} 0 & a_1 & 0 & \cdots & 0 & 0 \\ 0 & -a_2 & a_2 & \cdots & 0 & 0 \\ 0 & 0 & -a_3 & \ddots & 0 & 0 \\ \vdots & \vdots & \vdots & \ddots & \ddots & \vdots \\ 0 & 0 & 0 & \cdots & -a_{n-1} & a_{n-1} \\ n & 1 & 1 & \cdots & 1 & 1 \end{vmatrix} = (-1)^{n+1} n \times \prod_{i=1}^{n-1} a_i$$

4. 计算 $n(n \geqslant 2)$ 阶行列式 $D_n = \begin{vmatrix} a & b & 0 & \cdots & 0 & 0 \\ 0 & a & b & \cdots & 0 & 0 \\ 0 & 0 & a & \ddots & 0 & 0 \\ \vdots & \vdots & \vdots & \ddots & \ddots & \vdots \\ 0 & 0 & 0 & \cdots & a & b \\ b & 0 & 0 & \cdots & 0 & a \end{vmatrix}$.

**【解】** 按第一列展开直接化为两个三角行列式求值

$$D_n = a \begin{vmatrix} a & b & \cdots & 0 & 0 \\ 0 & a & \cdots & 0 & 0 \\ \vdots & \vdots & \ddots & \vdots & \vdots \\ 0 & 0 & \cdots & a & b \\ 0 & 0 & \cdots & 0 & a \end{vmatrix} + (-1)^{n+1} b \begin{vmatrix} b & 0 & \cdots & 0 & 0 \\ a & b & \cdots & 0 & 0 \\ \vdots & \vdots & \ddots & \vdots & \vdots \\ 0 & 0 & \cdots & b & 0 \\ 0 & 0 & \cdots & a & b \end{vmatrix}$$

$$= a^n + (-1)^{n+1} b^n$$

5. 计算行列式 $D_4 = \begin{vmatrix} 1 & 1 & 1 & 1 \\ a_1 & a & a_2 & a_3 \\ a_2 & a_2 & a & a_3 \\ a_3 & a_3 & a_3 & a \end{vmatrix}$.

**【解】** 先在后三列中都减去第一列,再按第一行展开得到一个上三角行列式

$$D_4 = \begin{vmatrix} 1 & 1 & 1 & 1 \\ a_1 & a & a_2 & a_3 \\ a_2 & a_2 & a & a_3 \\ a_3 & a_3 & a_3 & a \end{vmatrix} = \begin{vmatrix} 1 & 0 & 0 & 0 \\ a_1 & a - a_1 & a_2 - a_1 & a_3 - a_1 \\ a_2 & 0 & a - a_2 & a_3 - a_2 \\ a_3 & 0 & 0 & a - a_3 \end{vmatrix}$$

$$= \prod_{i=1}^{3} (a - a_i)$$

**【注】** 一般地,对于 $n+1$ 阶行列式有

$$D_{n+1}=\begin{vmatrix}1&1&1&\cdots&1&1\\a_1&a&a_2&\cdots&a_{n-1}&a_n\\a_2&a_2&a&\cdots&a_{n-1}&a_n\\\vdots&\vdots&\vdots&\ddots&\vdots&\vdots\\a_{n-1}&a_{n-1}&a_{n-1}&\cdots&a&a_n\\a_n&a_n&a_n&\cdots&a_n&a\end{vmatrix}=\prod_{i=1}^{n}(a-a_i)$$

6. 计算行列式 $D_4=\begin{vmatrix}a&b&c&d\\a&a+b&a+b+c&a+b+c+d\\a&2a+b&3a+2b+c&4a+3b+2c+d\\a&3a+b&6a+3b+c&10a+6b+3c+d\end{vmatrix}$.

**【解】**　在第四行中减去第三行、在第三行中减去第二行、在第二行中减去第一行,可把第一列化简.

用同样的方法,从末行开始自下而上地在后一行中减去前一行,如此重复施行,就可把原行列式化成上三角行列式

$$D_4=\begin{vmatrix}a&b&c&d\\0&a&a+b&a+b+c\\0&a&2a+b&3a+2b+c\\0&a&3a+b&6a+3b+c\end{vmatrix}=\begin{vmatrix}a&b&c&d\\0&a&a+b&a+b+c\\0&0&a&2a+b\\0&0&a&3a+b\end{vmatrix}$$

$$=\begin{vmatrix}a&b&c&d\\0&a&a+b&a+b+c\\0&0&a&2a+b\\0&0&0&a\end{vmatrix}=a^4$$

7. 计算 $n$ 阶行列式 $D_n=\begin{vmatrix}x-1&2&3&\cdots&n\\1&x-2&1&\cdots&1\\1&1&x-3&\cdots&1\\\vdots&\vdots&\vdots&\ddots&\vdots\\1&1&1&\cdots&x-n\end{vmatrix}$.

**【解】**　先在后 $n-1$ 列中都减去第一列,然后再把后 $n-1$ 行都加到第一行上去,得到下三角行列式

$$D_n=\begin{vmatrix}x-1&3-x&4-x&\cdots&n+1-x\\1&x-3&0&\cdots&0\\1&0&x-4&\cdots&0\\\vdots&\vdots&\vdots&\ddots&\vdots\\1&0&0&\cdots&x-n-1\end{vmatrix}$$

$$
=\begin{vmatrix} x+n-2 & 0 & 0 & \cdots & 0 \\ 1 & x-3 & 0 & \cdots & 0 \\ 1 & 0 & x-4 & \cdots & 0 \\ \vdots & \vdots & \vdots & \ddots & \vdots \\ 1 & 0 & 0 & \cdots & x-n-1 \end{vmatrix}
$$

$$
=(x+n-2)\prod_{i=3}^{n+1}(x-i)
$$

8. 计算行列式 $D_4=\begin{vmatrix} 1 & 2 & 3 & 4 \\ 2 & 2 & 0 & 0 \\ 3 & 0 & 3 & 0 \\ 4 & 0 & 0 & 4 \end{vmatrix}$.

**【解】** 在第一列中减去后三列之和得到一个上三角行列式

$$
D_4=\begin{vmatrix} 1 & 2 & 3 & 4 \\ 2 & 2 & 0 & 0 \\ 3 & 0 & 3 & 0 \\ 4 & 0 & 0 & 4 \end{vmatrix}=\begin{vmatrix} -8 & 2 & 3 & 4 \\ 0 & 2 & 0 & 0 \\ 0 & 0 & 3 & 0 \\ 0 & 0 & 0 & 4 \end{vmatrix}=-8\times 2\times 3\times 4=-192
$$

**【注】** 一般地,$n$ 阶行列式

$$
D_n=\begin{vmatrix} 1 & 2 & 3 & \cdots & n \\ 2 & 2 & 0 & \cdots & 0 \\ 3 & 0 & 3 & \cdots & 0 \\ \vdots & \vdots & \vdots & \ddots & \vdots \\ n & 0 & 0 & \cdots & n \end{vmatrix}=\begin{vmatrix} 1-\sum\limits_{k=2}^{n}k & 2 & 3 & \cdots & n \\ 0 & 2 & 0 & \cdots & 0 \\ 0 & 0 & 3 & \cdots & 0 \\ \vdots & \vdots & \vdots & \ddots & \vdots \\ 0 & 0 & 0 & \cdots & n \end{vmatrix}
$$

$$
=\left(2-\sum_{k=1}^{n}k\right)n!\ =\left(2-\frac{n(n+1)}{2}\right)n!
$$

9. 计算 $n$ 阶行列式 $D_n=\begin{vmatrix} 1 & 2 & 2 & 2 & \cdots & 2 & 2 \\ 2 & 2 & 2 & 2 & \cdots & 2 & 2 \\ 2 & 2 & 3 & 2 & \cdots & 2 & 2 \\ 2 & 2 & 2 & 4 & \cdots & 2 & 2 \\ \vdots & \vdots & \vdots & \vdots & \ddots & \vdots & \vdots \\ 2 & 2 & 2 & 2 & \cdots & n-1 & 2 \\ 2 & 2 & 2 & 2 & \cdots & 2 & n \end{vmatrix}$.

**【解】** 在后 $n-1$ 行中都减去第一行,再按第二列展开

$$D_n=\begin{vmatrix}1&2&2&2&\cdots&2&2\\1&0&0&0&\cdots&0&0\\1&0&1&0&\cdots&0&0\\1&0&0&2&\cdots&0&0\\\vdots&\vdots&\vdots&\vdots&\ddots&\vdots&\vdots\\1&0&0&0&\cdots&n-3&0\\1&0&0&0&\cdots&0&n-2\end{vmatrix}=-2(n-2)!$$

10. 计算 $n$ 阶行列式

$$D_n=\begin{vmatrix}a_1&a_2&a_3&\cdots&a_{n-1}&a_n\\1&-1&0&\cdots&0&0\\0&2&-2&\cdots&0&0\\\vdots&\vdots&\ddots&\ddots&\vdots&\vdots\\0&0&0&\ddots&-(n-2)&0\\0&0&0&\cdots&n-1&-(n-1)\end{vmatrix}$$

【解】 当 $n=1$ 时，$D_1=a_1$.

对于 $n\geqslant 2$，把后 $n-1$ 列都加到第一列上去，再按第一列展开化为下三角行列式求值

$$D_n=\begin{vmatrix}\sum_{i=1}^{n}a_i&a_2&a_3&\cdots&a_{n-1}&a_n\\0&-1&0&\cdots&0&0\\0&2&-2&\cdots&0&0\\\vdots&\vdots&\ddots&\ddots&\vdots&\vdots\\0&0&0&\ddots&-(n-2)&0\\0&0&0&\cdots&n-1&-(n-1)\end{vmatrix}$$

$$=(-1)^{n-1}\left(\sum_{i=1}^{n}a_i\right)(n-1)!$$

11. 设 $f(x)=x(x-1)(x-2)\cdots(x-n+1)$，计算 $n+1$ 阶行列式

$$D_{n+1}=\begin{vmatrix}f(0)&f(1)&\cdots&f(n-1)&f(n)\\f(1)&f(2)&\cdots&f(n)&f(n+1)\\f(2)&f(3)&\iddots&f(n+1)&f(n+2)\\\vdots&\vdots&\iddots&\vdots&\vdots\\f(n)&f(n+1)&\cdots&f(2n-1)&f(n+n)\end{vmatrix}$$

【解】 由条件知

$$D_{n+1}=\begin{vmatrix} 0 & 0 & \cdots & 0 & n! \\ 0 & 0 & \cdots & n! & f(n+1) \\ 0 & 0 & \iddots & f(n+1) & f(n+2) \\ \vdots & \vdots & \iddots & \vdots & \vdots \\ n! & f(n+1) & \cdots & f(2n-1) & f(n+n) \end{vmatrix}_{n+1}$$

$$=(-1)^{\frac{n(n+1)}{2}}(n!)^{n+1}$$

12. 求出 $n$ 阶行列式 $D_n=|a_{ij}|$ 的值,其中 $a_{ij}=\max\{i,j\}$ ,$1\leqslant i,j\leqslant n$.

【解】 先在后 $n-1$ 行中都减去第一行,再按第 $n$ 列展开,即可化成下三角行列式求值

$$D_n=\begin{vmatrix} 1 & 2 & 3 & \cdots & n-1 & n \\ 2 & 2 & 3 & \cdots & n-1 & n \\ 3 & 3 & 3 & \cdots & n-1 & n \\ \vdots & \vdots & \ddots & \ddots & \vdots & \vdots \\ n-1 & n-1 & n-1 & \cdots & n-1 & n \\ n & n & n & \cdots & n & n \end{vmatrix}$$

$$=\begin{vmatrix} 1 & 2 & 3 & \cdots & n-1 & n \\ 1 & 0 & 0 & \cdots & 0 & 0 \\ 2 & 1 & 0 & \cdots & 0 & 0 \\ \vdots & \vdots & \ddots & \ddots & \vdots & \vdots \\ n-2 & n-3 & n-4 & \cdots & 0 & 0 \\ n-1 & n-2 & n-3 & \cdots & 1 & 0 \end{vmatrix}$$

$$=(-1)^{n+1}n$$

13. 求出 $n$ 阶行列式 $D_n=|a_{ij}|$ 的值,其中 $a_{ij}=|i-j|$ ,$1\leqslant i,j\leqslant n$.

【解】 从末行开始,自下而上地在后一行中减去前一行,可得

$$D_n=\begin{vmatrix} 0 & 1 & 2 & \cdots & n-2 & n-1 \\ 1 & 0 & 1 & \cdots & n-3 & n-2 \\ 2 & 1 & 0 & \ddots & n-4 & n-3 \\ \vdots & \vdots & \ddots & \ddots & \vdots & \vdots \\ n-2 & n-3 & n-4 & \cdots & 0 & 1 \\ n-1 & n-2 & n-3 & \cdots & 1 & 0 \end{vmatrix}$$

$$
=\begin{vmatrix}
0 & 1 & 2 & \cdots & n-2 & n-1 \\
1 & -1 & -1 & \cdots & -1 & -1 \\
1 & 1 & -1 & \ddots & -1 & -1 \\
\vdots & \vdots & \ddots & \ddots & \vdots & \vdots \\
1 & 1 & 1 & \cdots & -1 & -1 \\
1 & 1 & 1 & \cdots & 1 & -1
\end{vmatrix}
$$

再把末列分别加到前 $n-1$ 列上去可化成上三角行列式计算,即

$$
\begin{vmatrix}
n-1 & n & n+1 & \cdots & 2n-3 & n-1 \\
0 & -2 & -2 & \cdots & -2 & -1 \\
0 & 0 & -2 & \ddots & -2 & -1 \\
\vdots & \vdots & \ddots & \ddots & \vdots & \vdots \\
0 & 0 & 0 & \cdots & -2 & -1 \\
0 & 0 & 0 & \cdots & 0 & -1
\end{vmatrix}=(-1)^{n-1}(n-1)2^{n-2}
$$

# §5　同行(列)和行列式

每一行(列)中所有元素之和都相同的行列式称为同行(列)和行列式.它们有简易计算方法.

设 $\boldsymbol{A}$ 是 $n$ 阶方阵,$\boldsymbol{\alpha}$,$\boldsymbol{\beta}$ 分别是 $n$ 维列向量和 $n$ 维行向量,则有特殊行列式计算公式

$$|\boldsymbol{A}+\boldsymbol{\alpha\beta}|=|\boldsymbol{A}|\times(1+\boldsymbol{\beta A}^{-1}\boldsymbol{\alpha})$$ (见第二章 §4 行列式计算)

1. 计算以下 $n$ 阶行列式:

(1) $D_n=\begin{vmatrix}
0 & 1 & \cdots & 1 & 1 \\
1 & 0 & \cdots & 1 & 1 \\
\vdots & \vdots & \ddots & \vdots & \vdots \\
1 & 1 & \cdots & 0 & 1 \\
1 & 1 & \cdots & 1 & 0
\end{vmatrix}$;

(2) $D_n=\begin{vmatrix}
0 & 2 & 3 & \cdots & n-1 & n \\
1 & 0 & 3 & \cdots & n-1 & n \\
1 & 2 & 0 & \cdots & n-1 & n \\
\vdots & \vdots & \vdots & \ddots & \vdots & \vdots \\
1 & 2 & 3 & \cdots & 0 & n \\
1 & 2 & 3 & \cdots & n-1 & 0
\end{vmatrix}$.

**【解】**　(1) 把后 $n-1$ 列都加到第一列上去,提出公因数 $n-1$,再在后

$n-1$ 行都减去第一行得到一个三角行列式

$$D_n=(n-1)\begin{vmatrix}1&1&\cdots&1&1\\1&0&\cdots&1&1\\\vdots&\vdots&\ddots&\vdots&\vdots\\1&1&\cdots&0&1\\1&1&\cdots&1&0\end{vmatrix}$$

$$=(n-1)\begin{vmatrix}1&1&\cdots&1&1\\0&-1&\cdots&0&0\\\vdots&\vdots&\ddots&\vdots&\vdots\\0&0&\cdots&-1&0\\0&0&\cdots&0&-1\end{vmatrix}$$

$$=(-1)^{n-1}(n-1)$$

(2) 按列提出公因数化为同行和行列式求值

$$D_n=n!\times\begin{vmatrix}0&1&1&\cdots&1&1\\1&0&1&\cdots&1&1\\1&1&0&\cdots&1&1\\\vdots&\vdots&\vdots&\ddots&\vdots&\vdots\\1&1&1&\cdots&0&1\\1&1&1&\cdots&1&0\end{vmatrix}=(-1)^{n-1}(n-1)\times n!$$

2. 计算行列式 $D=\begin{vmatrix}x&y&x+y\\y&x+y&x\\x+y&x&y\end{vmatrix}$.

【解】 把后两列都加到第一列上去,并提出公因式得

$$D=2(x+y)\begin{vmatrix}1&y&x+y\\1&x+y&x\\1&x&y\end{vmatrix}=2(x+y)\begin{vmatrix}x&-y\\x-y&-x\end{vmatrix}$$

$$=2(x+y)(-x^2+xy-y^2)=-2(x^3+y^3)$$

【注】 此题也可直接用三阶行列式求值公式求出

$$D=3xy(x+y)-(x+y)^3-x^3-y^3=-2(x^3+y^3)$$

3. 求出 $D=\begin{vmatrix}a&b&c\\b&c&a\\c&a&b\end{vmatrix}=0$ 的充分必要条件.

【解】 计算

$$
\begin{aligned}
D &= \begin{vmatrix} a & b & c \\ b & c & a \\ c & a & b \end{vmatrix} \\
&= (a+b+c)\begin{vmatrix} 1 & b & c \\ 1 & c & a \\ 1 & a & b \end{vmatrix} \\
&= (a+b+c)(bc+ac+ab-c^2-b^2-a^2) \\
&= -\frac{1}{2}(a+b+c)(-2bc-2ac-2ab+2c^2+2b^2+2a^2) \\
&= -\frac{1}{2}(a+b+c)[(a-b)^2+(b-c)^2+(a-c)^2]
\end{aligned}
$$

所以　$D=0 \Leftrightarrow a+b+c=0$ 或 $a=b=c$

4. 已知 $a$，$b$，$c$ 是不完全三次方程 $x^3+px+q=0$ 的三个根（它的 $x^2$ 的系数是0），求出

$$
D=\begin{vmatrix} a & b & c \\ b & c & a \\ c & a & b \end{vmatrix}
$$

**【解】**　因为三次方程的三个根之和等于它的平方项的系数的改号，所以，$a+b+c=0$，于是

$$
D=\begin{vmatrix} a & b & c \\ b & c & a \\ c & a & b \end{vmatrix}=(a+b+c)\begin{vmatrix} 1 & b & c \\ 1 & c & a \\ 1 & a & b \end{vmatrix}=0
$$

**【注】**　此题可以推广到 $n$ 阶行列式的情形. 当 $a_1,a_2,\cdots,a_n$ 是不完全 $n$ 次方程（$x^{n-1}$ 的系数是0）

$$
x^n+b_{n-2}x^{n-2}+b_{n-3}x^{n-3}+\cdots+b_1x+b_0=0
$$

的 $n$ 个根时，根据 $x^{n-1}$ 的系数为0知道必有 $a_1+a_2+\cdots+a_n=0$，所以如下 $n$ 阶循环行列式（它必是同行和行列式，可按行提出公因式 $a_1+a_2+\cdots+a_n=0$）

$$
D_n=\begin{vmatrix} a_1 & a_2 & a_3 & \cdots & a_{n-1} & a_n \\ a_2 & a_3 & a_4 & \cdots & a_n & a_1 \\ a_3 & a_4 & a_5 & \cdots & a_1 & a_2 \\ \vdots & \vdots & \vdots & \ddots & \vdots & \vdots \\ a_{n-1} & a_n & a_1 & \cdots & a_{n-3} & a_{n-2} \\ a_n & a_1 & a_2 & \cdots & a_{n-2} & a_{n-1} \end{vmatrix}=0
$$

5. 计算行列式 $D=\begin{vmatrix}0 & a & b & c\\ a & 0 & c & b\\ b & c & 0 & a\\ c & b & a & 0\end{vmatrix}$.

【解】 把后三列都加到第一列上去,可提出公因数 $a+b+c$,然后再在后三行中都减去第一行得

$$D=(a+b+c)\begin{vmatrix}1 & a & b & c\\ 1 & 0 & c & b\\ 1 & c & 0 & a\\ 1 & b & a & 0\end{vmatrix}=(a+b+c)\begin{vmatrix}1 & a & b & c\\ 0 & -a & c-b & b-c\\ 0 & c-a & -b & a-c\\ 0 & b-a & a-b & -c\end{vmatrix}$$

按第一列展开后,把第二列加到第一列上去,再在第二行中减去第一行,可求出

$$\begin{aligned}D&=(a+b+c)\begin{vmatrix}-a+c-b & c-b & b-c\\ c-a-b & -b & a-c\\ 0 & a-b & -c\end{vmatrix}\\&=(a+b+c)\begin{vmatrix}-a+c-b & c-b & b-c\\ 0 & -c & a-b\\ 0 & a-b & -c\end{vmatrix}\\&=(a+b+c)(-a+c-b)(c^2-(a-b)^2)\\&=(a+b+c)(-a+c-b)(c-a+b)(c+a-b)\end{aligned}$$

6. 求出 $D=\begin{vmatrix}1 & -1 & 1 & x-1\\ 1 & -1 & x+1 & -1\\ 1 & x-1 & 1 & -1\\ x+1 & -1 & 1 & -1\end{vmatrix}$ 的表达式.

【解】 把后三列都加到第一列上去,并提出公因式 $x$,再在后三行中都减去第一行,可以求出

$$D=x\begin{vmatrix}1 & -1 & 1 & x-1\\ 1 & -1 & x+1 & -1\\ 1 & x-1 & 1 & -1\\ 1 & -1 & 1 & -1\end{vmatrix}=x\begin{vmatrix}1 & -1 & 1 & x-1\\ 0 & 0 & x & -x\\ 0 & x & 0 & -x\\ 0 & 0 & 0 & -x\end{vmatrix}=x\begin{vmatrix}0 & x & -x\\ x & 0 & -x\\ 0 & 0 & -x\end{vmatrix}=x^4$$

7. 求出 $D_n=\begin{vmatrix}x+a_1 & a_2 & \cdots & a_n\\ a_1 & x+a_2 & \cdots & a_n\\ \vdots & \vdots & \ddots & \vdots\\ a_1 & a_2 & \cdots & x+a_n\end{vmatrix}$ 的表达式.

【解一】　把后 $n-1$ 列都加到第一列上去，并提出公因式，再在后 $n-1$ 行中都减去第一行，得

$$D_n=\left(x+\sum_{i=1}^{n}a_i\right)\begin{vmatrix}1&a_2&\cdots&a_n\\1&x+a_2&\cdots&a_n\\\vdots&\vdots&\ddots&\vdots\\1&a_2&\cdots&x+a_n\end{vmatrix}=\left(x+\sum_{i=1}^{n}a_i\right)\begin{vmatrix}1&a_2&\cdots&a_n\\0&x&\cdots&0\\\vdots&\vdots&\ddots&\vdots\\0&0&\cdots&x\end{vmatrix}$$

$$=\left(x+\sum_{i=1}^{n}a_i\right)x^{n-1}$$

【解二】　把 $n$ 阶行列式 $D_n$ 对应的矩阵改写为

$$\boldsymbol{M}=\begin{pmatrix}x+a_1&a_2&\cdots&a_n\\a_1&x+a_2&\cdots&a_n\\\vdots&\vdots&\ddots&\vdots\\a_1&a_2&\cdots&x+a_n\end{pmatrix}=\boldsymbol{A}+\boldsymbol{\alpha\beta}$$

其中

$$\boldsymbol{A}=\begin{pmatrix}x&0&\cdots&0\\0&x&\cdots&0\\\vdots&\vdots&\ddots&\vdots\\0&0&\cdots&x\end{pmatrix},\boldsymbol{\alpha}=\begin{pmatrix}1\\1\\\vdots\\1\end{pmatrix},\boldsymbol{\beta}'=\begin{pmatrix}a_1\\a_2\\\vdots\\a_n\end{pmatrix}$$

则

$$D_n=|\boldsymbol{A}+\boldsymbol{\alpha\beta}|=|\boldsymbol{A}|\times(1+\boldsymbol{\beta A}^{-1}\boldsymbol{\alpha})=x^n\left(1+\frac{1}{x}\sum_{i=1}^{n}a_i\right)=x^{n-1}\left(x+\sum_{i=1}^{n}a_i\right)$$

8. 计算以下 $n$ 阶行列式 $D_n=\begin{vmatrix}x&a&\cdots&a&a\\a&x&\cdots&a&a\\\vdots&\vdots&\ddots&\vdots&\vdots\\a&a&\cdots&x&a\\a&a&\cdots&a&x\end{vmatrix}$.

【解一】　把后 $n-1$ 列都加到第一列上去，并提出公因数，再在后 $n-1$ 行中都减去第一行，得

$$D_n=[x+(n-1)a]\begin{vmatrix}1&a&\cdots&a&a\\1&x&\cdots&a&a\\\vdots&\vdots&\ddots&\vdots&\vdots\\1&a&\cdots&x&a\\1&a&\cdots&a&x\end{vmatrix}$$

$$=[x+(n-1)a]\begin{vmatrix} 1 & a & \cdots & a & a \\ 0 & x-a & \cdots & 0 & 0 \\ \vdots & \vdots & \ddots & \vdots & \vdots \\ 0 & 0 & \cdots & x-a & 0 \\ 0 & 0 & \cdots & 0 & x-a \end{vmatrix}$$

$$=[x+(n-1)a](x-a)^{n-1}$$

【解二】 把 $n$ 阶行列式 $D_n$ 对应的矩阵改写为

$$\boldsymbol{M}=\begin{pmatrix} x & a & \cdots & a \\ a & x & \cdots & a \\ \vdots & \vdots & \ddots & \vdots \\ a & a & \cdots & x \end{pmatrix}=\boldsymbol{A}+\boldsymbol{\alpha\beta}$$

其中

$$\boldsymbol{A}=\begin{pmatrix} x-a & 0 & \cdots & 0 \\ 0 & x-a & \cdots & 0 \\ \vdots & \vdots & \ddots & \vdots \\ 0 & 0 & \cdots & x-a \end{pmatrix},\ \boldsymbol{\alpha}=\begin{pmatrix} 1 \\ 1 \\ \vdots \\ 1 \end{pmatrix},\ \boldsymbol{\beta}'=\begin{pmatrix} a \\ a \\ \vdots \\ a \end{pmatrix}$$

则

$$D_n=|\boldsymbol{A}+\boldsymbol{\alpha\beta}|=|\boldsymbol{A}|\times(1+\boldsymbol{\beta A}^{-1}\boldsymbol{\alpha})$$

$$=(x-a)^n\left(1+\frac{1}{x-a}\sum_{i=1}^{n}a\right)$$

$$=[x+(n-1)a](x-a)^{n-1}$$

9. 计算 $n$ 阶循环行列式 $D_n=\begin{vmatrix} 1 & 2 & 3 & \cdots & n-1 & n \\ 2 & 3 & 4 & \iddots & n & 1 \\ 3 & 4 & 5 & \iddots & 1 & 2 \\ \vdots & \vdots & \iddots & \iddots & \vdots & \vdots \\ n-1 & n & 1 & \cdots & n-3 & n-2 \\ n & 1 & 2 & \cdots & n-2 & n-1 \end{vmatrix}$.

【解一】 将后 $n-1$ 列都加到第一列上去,提出公因数 $\sum_{k=1}^{n}k=\frac{n(n+1)}{2}$,得到

$$D_n=\frac{n(n+1)}{2}\begin{vmatrix}1&2&3&\cdots&n-2&n-1&n\\1&3&4&\cdots&n-1&n&1\\1&4&5&\cdots&n&1&2\\\vdots&\vdots&\iddots&\iddots&\iddots&\vdots&\vdots\\1&n-1&n&\cdots&n-5&n-4&n-3\\1&n&1&\cdots&n-4&n-3&n-2\\1&1&2&\cdots&n-3&n-2&n-1\end{vmatrix}$$

从末行开始，自下而上地在后行中减去前一行得

$$D_n=\frac{n(n+1)}{2}\begin{vmatrix}1&2&3&\cdots&n-2&n-1&n\\0&1&1&\cdots&1&1&1-n\\0&1&1&\cdots&1&1-n&1\\\vdots&\vdots&\iddots&\iddots&\iddots&\vdots&\vdots\\0&1&1&\cdots&1&1&1\\0&1&1-n&\cdots&1&1&1\\0&1-n&1&\cdots&1&1&1\end{vmatrix}$$

按第一列展开得到一个 $n-1$ 阶行列式，再从末行开始，自下而上地在后一行中减去前一行得到

$$D_n=\frac{n(n+1)}{2}\begin{vmatrix}1&1&1&\cdots&1&1-n\\0&0&0&\iddots&-n&n\\0&0&0&\iddots&n&0\\\vdots&\vdots&\iddots&\iddots&\vdots&\vdots\\0&-n&n&\cdots&0&0\\-n&n&0&\cdots&0&0\end{vmatrix}_{n-1}$$

把后 $n-2$ 列都加到第一列上去，然后按第一列展开得到

$$D_n=\frac{n(n+1)}{2}\begin{vmatrix}-1&1&1&\cdots&1&1-n\\0&0&0&\iddots&-n&n\\0&0&0&\iddots&n&0\\\vdots&\vdots&\iddots&\iddots&\vdots&\vdots\\0&-n&n&\cdots&0&0\\0&n&0&\cdots&0&0\end{vmatrix}_{n-1}$$

$$=-\frac{n(n+1)}{2}\begin{vmatrix} 0 & 0 & \cdots & -n & n \\ 0 & 0 & \iddots & n & 0 \\ \vdots & \iddots & \iddots & \vdots & \vdots \\ -n & n & \cdots & 0 & 0 \\ n & 0 & \cdots & 0 & 0 \end{vmatrix}_{n-2}$$

$$=\frac{n(n+1)}{2}(-1)^{\frac{(n-2)(n-3)}{2}+1}n^{n-2}=(-1)^{\frac{n(n-1)}{2}}\frac{(n+1)}{2}n^{n-1}$$

这里用到

$$(-1)^{\frac{(n-2)(n-3)}{2}+1}=(-1)^{\frac{n^2-5n+8}{2}}=(-1)^{\frac{n^2-n}{2}}=(-1)^{\frac{n(n-1)}{2}}$$

**【解二】** 将后 $n-1$ 列都加到第一列上去,提出公因数 $\sum_{k=1}^{n} k=\frac{n(n+1)}{2}$,得到

$$D_n=\frac{n(n+1)}{2}\begin{vmatrix} 1 & 2 & 3 & \cdots & n-2 & n-1 & n \\ 1 & 3 & 4 & \cdots & n-1 & n & 1 \\ 1 & 4 & 5 & \cdots & n & 1 & 2 \\ \vdots & \vdots & \iddots & \iddots & \iddots & \vdots & \vdots \\ 1 & n-1 & n & \cdots & n-5 & n-4 & n-3 \\ 1 & n & 1 & \cdots & n-4 & n-3 & n-2 \\ 1 & 1 & 2 & \cdots & n-3 & n-2 & n-1 \end{vmatrix}$$

在后 $n-1$ 行中都减去第一行得到

$$D_n=\frac{n(n+1)}{2}\begin{vmatrix} 1 & 2 & 3 & \cdots & n-2 & n-1 & n \\ 0 & 1 & 1 & \cdots & 1 & 1 & 1-n \\ 0 & 2 & 2 & \cdots & 2 & 2-n & 2-n \\ \vdots & \vdots & \iddots & \iddots & \iddots & \vdots & \vdots \\ 0 & n-3 & n-3 & \cdots & -3 & -3 & -3 \\ 0 & n-2 & -2 & \cdots & -2 & -2 & -2 \\ 0 & -1 & -1 & \cdots & -1 & -1 & -1 \end{vmatrix}$$

$$=\frac{n(n+1)}{2}\begin{vmatrix} 1 & 1 & \cdots & 1 & 1 & 1-n \\ 2 & 2 & \cdots & 2 & 2-n & 2-n \\ \vdots & \vdots & \iddots & \iddots & \iddots & \vdots \\ n-3 & n-3 & \cdots & -3 & -3 & -3 \\ n-2 & -2 & \cdots & -2 & -2 & -2 \\ -1 & -1 & \cdots & -1 & -1 & -1 \end{vmatrix}_{n-1}$$

在前 $n-1$ 列中都减去第 $n$ 列得到

$$D_n=\frac{n(n+1)}{2}\begin{vmatrix} n & n & \cdots & n & n & 1-n \\ n & n & \cdots & n & 0 & 2-n \\ \vdots & \vdots & \iddots & \iddots & \iddots & \vdots \\ n & n & \cdots & 0 & 0 & -3 \\ n & 0 & \cdots & 0 & 0 & -2 \\ 0 & 0 & \cdots & 0 & 0 & -1 \end{vmatrix}_{n-1}$$

$$=\frac{n(n+1)}{2}(-1)(-1)^{\frac{(n-2)(n-3)}{2}}n^{n-2}$$

于是

$$D_n=\frac{n(n+1)}{2}(-1)^{\frac{n(n-1)}{2}}n^{n-2}=(-1)^{\frac{n(n-1)}{2}}\frac{(n+1)}{2}n^{n-1}$$

**【注】** 关于文字循环行列式的一般结论见第二章 §7 第 24 题.

# §6　三对角行列式

三对角行列式的计算公式

$$D_n=\begin{vmatrix} a & b & & & & \\ c & a & b & & & \\ & c & a & \ddots & & \\ & & \ddots & \ddots & \ddots & \\ & & & \ddots & a & b \\ & & & & c & a \end{vmatrix}_n=\begin{cases}\dfrac{p^{n+1}-q^{n+1}}{p-q}, & 若\ p\neq q \\ (n+1)p^n, & 若\ p=q\end{cases}$$

其中 $p$ 和 $q$ 是 $x^2-ax+bc=0$ 的两个根,即满足 $a=p+q$, $bc=pq$.

因为 $x^2-(a+b)x+ab=(x-a)(x-b)=0$ 的根为 $x=a$ , $x=b$,所以常用公式为

$$D_n=\begin{vmatrix} a+b & a & & & & \\ b & a+b & a & & & \\ & b & a+b & \ddots & & \\ & & \ddots & \ddots & \ddots & \\ & & & \ddots & a+b & a \\ & & & & b & a+b \end{vmatrix}=\begin{cases}\dfrac{a^{n+1}-b^{n+1}}{a-b}, & 若\ a\neq b \\ (n+1)a^n, & 若\ a=b\end{cases}$$

三对角行列式计算公式证明如下:

把 $D_n$ 按其第一行展开可得递推关系式

$$D_n=aD_{n-1}-bcD_{n-2}=(p+q)D_{n-1}-pqD_{n-2}=pD_{n-1}+q(D_{n-1}-pD_{n-2})$$

据此可得

$$D_n - pD_{n-1} = q(D_{n-1} - pD_{n-2}) = q^2(D_{n-2} - pD_{n-3}) = \cdots = q^{n-2}(D_2 - pD_1)$$

因为

$$D_2 = a^2 - bc = (p+q)^2 - pq = p^2 + pq + q^2,\ D_1 = a = p + q$$

所以有

$$D_n - pD_{n-1} = q^{n-2}(p^2 + pq + q^2 - p^2 - pq) = q^n$$

因为 $x^2 - ax + bc = 0$ 的两个根 $p$ 和 $q$ 是对等的,所以同时又有关系式

$$D_n - qD_{n-1} = p^n$$

当 $p \neq q$ 时,可以从这两个关系式中消去 $D_{n-1}$,求出

$$D_n = \frac{p^{n+1} - q^{n+1}}{p - q}$$

当 $p = q$ 时,可以直接求出

$$\begin{aligned} D_n &= pD_{n-1} + p^n = p(pD_{n-2} + p^{n-1}) + p^n = p^2D_{n-2} + 2p^n \\ &= p^2(pD_{n-3} + p^{n-2}) + 2p^n = p^3D_{n-3} + 3p^n \\ &\ \ \vdots \\ &= p^{n-1}D_1 + (n-1)p^n = 2p^n + (n-1)p^n = (n+1)p^n \end{aligned}$$

1. 计算行列式 $D_5 = \begin{vmatrix} 4 & 3 & & & \\ 1 & 4 & 3 & & \\ & 1 & 4 & 3 & \\ & & 1 & 4 & 3 \\ & & & 1 & 4 \end{vmatrix}$.

**【解】** $D_5 = \begin{vmatrix} 3+1 & 3 & & & \\ 1 & 3+1 & 3 & & \\ & 1 & 3+1 & 3 & \\ & & 1 & 3+1 & 3 \\ & & & 1 & 3+1 \end{vmatrix} = \dfrac{3^6 - 1}{3 - 1} = \dfrac{728}{2} = 364.$

2. 计算以下两个 $n$ 阶行列式

$$D_n = \begin{vmatrix} 2 & 1 & 0 & \cdots & 0 & 0 \\ 1 & 2 & 1 & \cdots & 0 & 0 \\ 0 & 1 & 2 & \ddots & 0 & 0 \\ \vdots & \vdots & \ddots & \ddots & \ddots & \vdots \\ 0 & 0 & 0 & \ddots & 2 & 1 \\ 0 & 0 & 0 & \cdots & 1 & 2 \end{vmatrix}, D_n = \begin{vmatrix} 2 & -1 & 0 & \cdots & 0 & 0 \\ -1 & 2 & -1 & \cdots & 0 & 0 \\ 0 & -1 & 2 & \ddots & 0 & 0 \\ \vdots & \vdots & \ddots & \ddots & \ddots & \vdots \\ 0 & 0 & 0 & \ddots & 2 & -1 \\ 0 & 0 & 0 & \cdots & -1 & 2 \end{vmatrix}$$

**【解】** 因为 $x^2 - 2x + 1 = 0$ 的根为 1 , 1,所以这两个行列式都为 $D_n =$

$n+1$.

【注】 比较这两个行列式可知,在每一行和每一列都乘上$(-1)$即得另一个行列式,所以它们的值必定相同.

3. 计算 $n$ 阶行列式 $D_n=\begin{vmatrix} 3 & -2 & 0 & \cdots & 0 & 0 \\ -1 & 3 & -2 & \cdots & 0 & 0 \\ 0 & -1 & 3 & \ddots & 0 & 0 \\ \vdots & \vdots & \ddots & \ddots & \ddots & \vdots \\ 0 & 0 & 0 & \ddots & 3 & -2 \\ 0 & 0 & 0 & \cdots & -1 & 3 \end{vmatrix}$.

【解】 因为 $x^2-3x+2=(x-1)(x-2)=0$ 的根为 1, 2,所以

$$D_n=\frac{2^{n+1}-1}{2-1}=2^{n+1}-1$$

4. 计算 $n$ 阶行列式 $D_n=\begin{vmatrix} 1-a & a & \cdots & 0 & 0 \\ -1 & 1-a & \ddots & 0 & 0 \\ \vdots & \ddots & \ddots & \ddots & \vdots \\ 0 & 0 & \ddots & 1-a & a \\ 0 & 0 & \cdots & -1 & 1-a \end{vmatrix}$.

【解】 因为 $x^2-(1-a)x-a=(x+a)(x-1)=0$ 的根为 1, $-a$,所以

$$D_n=\frac{1-(-a)^{n+1}}{1-(-a)}=\frac{1+(-1)^n a^{n+1}}{1+a}$$

【注】 例如,$D_5=\dfrac{1-(-a)^6}{1-(-a)}=\dfrac{1-a^6}{1+a}=1-a+a^2-a^3+a^4-a^5$.

$D_6=\dfrac{1-(-a)^7}{1-(-a)}=\dfrac{1+a^7}{1+a}=1-a+a^2-a^3+a^4-a^5+a^6$.

5. 计算 $n$ 阶行列式 $D_n=\begin{vmatrix} 2a & a^2 & 0 & \cdots & 0 & 0 & 0 \\ 1 & 2a & a^2 & \cdots & 0 & 0 & 0 \\ 0 & 1 & 2a & \ddots & 0 & 0 & 0 \\ \vdots & \vdots & \ddots & \ddots & \ddots & \vdots & \vdots \\ 0 & 0 & 0 & \ddots & 2a & a^2 & 0 \\ 0 & 0 & 0 & \cdots & 1 & 2a & a^2 \\ 0 & 0 & 0 & \cdots & 0 & 1 & 2a \end{vmatrix}$.

【解】 因为 $x^2-2ax+a^2=(x-a)^2=0$ 的根为 $a$, $a$,所以

$$D_n=(n+1)a^n$$

6. 计算 $n$ 阶行列式 $D_n = \begin{vmatrix} 1+x^2 & x & \cdots & 0 & 0 \\ x & 1+x^2 & \ddots & 0 & 0 \\ \vdots & \ddots & \ddots & \ddots & \vdots \\ 0 & 0 & \ddots & 1+x^2 & x \\ 0 & 0 & \cdots & x & 1+x^2 \end{vmatrix}$.

【解】 因为 $y^2-(1+x^2)y+x^2=(y-1)(y-x^2)=0$ 的根为 $1$，$x^2$，所以

$$D_n=\frac{1-x^{2(n+1)}}{1-x^2}$$

7. 计算 $n$ 阶三对角行列式

$$D_n=\begin{vmatrix} 2\cos\theta & 1 & & & & \\ 1 & 2\cos\theta & 1 & & & \\ & 1 & 2\cos\theta & 1 & & \\ & & \ddots & \ddots & \ddots & \\ & & & 1 & 2\cos\theta & 1 \\ & & & & 1 & 2\cos\theta \end{vmatrix}$$

【解】 因为

$$\begin{aligned} x^2-2\cos\theta x+1 &= [x-(\cos\theta+\mathrm{i}\sin\theta)][x-(\cos\theta-\mathrm{i}\sin\theta)] \\ &= (x-p)(x-q) \end{aligned}$$

其中

$$p=\cos\theta+\mathrm{i}\sin\theta$$
$$q=\cos\theta-\mathrm{i}\sin\theta$$
$$\mathrm{i}=\sqrt{-1}$$

而

$$\begin{aligned} p^{n+1}-q^{n+1} &= \cos(n+1)\theta+\mathrm{i}\sin(n+1)\theta-\cos(n+1)\theta+\mathrm{i}\sin(n+1)\theta \\ &= 2\mathrm{i}\sin(n+1)\theta \end{aligned}$$

$$p-q=2\mathrm{i}\sin\theta$$

所以

$$D_n=\frac{\sin(n+1)\theta}{\sin\theta}$$

8. 计算以下 $n$ 阶行列式的值

$$D_n=\begin{vmatrix}\cos\theta & 1 & & & & \\ 1 & 2\cos\theta & 1 & & & \\ & 1 & 2\cos\theta & \ddots & & \\ & & \ddots & \ddots & \ddots & \\ & & & \ddots & 2\cos\theta & 1 \\ & & & 1 & 2\cos\theta & 1 \\ & & & & 1 & 2\cos\theta\end{vmatrix}$$

**【解一】** $D_n$ 不是三对角行列式,但是可化为三对角行列式求值. 对于 $D_n$ 按其第一行展开得

$$D_n=\cos\theta\begin{vmatrix}2\cos\theta & 1 & & & \\ 1 & 2\cos\theta & 1 & & \\ & 1 & 2\cos\theta & \ddots & \\ & & \ddots & \ddots & \ddots \\ & & & \ddots & 2\cos\theta & 1 \\ & & & & 1 & 2\cos\theta\end{vmatrix}_{n-1}-$$

$$\begin{vmatrix}1 & 1 & & & \\ 0 & 2\cos\theta & 1 & & \\ & 1 & 2\cos\theta & \ddots & \\ & & \ddots & \ddots & \ddots \\ & & & \ddots & 2\cos\theta & 1 \\ & & & & 1 & 2\cos\theta\end{vmatrix}_{n-1}$$

$$=\cos\theta\times T_{n-1}-T_{n-2}=\frac{\cos\theta\sin n\theta-\sin(n-1)\theta}{\sin\theta}$$

其中

$$T_n=\begin{vmatrix}2\cos\theta & 1 & & & \\ 1 & 2\cos\theta & 1 & & \\ & 1 & 2\cos\theta & \ddots & \\ & & \ddots & \ddots & \ddots \\ & & & \ddots & 2\cos\theta & 1 \\ & & & & 1 & 2\cos\theta\end{vmatrix}_n=\frac{\sin(n+1)\theta}{\sin\theta}$$

因为 $\sin(n-1)\theta=\sin(n\theta-\theta)=\sin(n\theta)\cos\theta-\cos(n\theta)\sin\theta$,所以

$$D_n=\frac{\cos\theta\sin n\theta-\sin(n-1)\theta}{\sin\theta}=\frac{\cos n\theta\sin\theta}{\sin\theta}=\cos n\theta$$

**【解二】** 对 $n$ 用归纳法证明 $D_n=\cos n\theta$,有

$$D_1 = \cos\theta$$

$$D_2 = 2\cos^2\theta - 1 = \cos 2\theta$$

假设对 $k \leqslant n-1$ 都有 $D_k = \cos k\theta$，则将 $D_n$ 按末行展开得递推关系式

$$\begin{aligned} D_n &= 2\cos\theta D_{n-1} - D_{n-2} \\ &= 2\cos\theta\cos(n-1)\theta - \cos(n-2)\theta \\ &= 2\cos\theta\cos(n-1)\theta - \cos[(n-1)\theta - \theta] \\ &= 2\cos\theta\cos(n-1)\theta - [\cos(n-1)\theta\cos\theta + \sin(n-1)\theta\sin\theta] \\ &= \cos\theta\cos(n-1)\theta - \sin\theta\sin(n-1)\theta \\ &= \cos n\theta \end{aligned}$$

9. 计算 $n+2$ 阶行列式

$$D_{n+2} = \begin{vmatrix} \alpha_1 & \beta_1 & 0 & 0 & \cdots & 0 & 0 \\ \gamma_1 & \alpha_2 & \beta_2 & 0 & \cdots & 0 & 0 \\ 0 & \gamma_2 & a+b & a & \cdots & 0 & 0 \\ 0 & 0 & b & a+b & \ddots & 0 & 0 \\ \vdots & \vdots & \vdots & \ddots & \ddots & \ddots & \vdots \\ 0 & 0 & 0 & 0 & \cdots & a+b & a \\ 0 & 0 & 0 & 0 & \cdots & b & a+b \end{vmatrix}_{n+2}$$

**【解一】** 把这种非标准三对角行列式化为标准三对角行列式后求值. 按其第一行展开得

$$D_{n+2} = \alpha_1 \begin{vmatrix} \alpha_2 & \beta_2 & 0 & \cdots & 0 & 0 \\ \gamma_2 & a+b & a & \cdots & 0 & 0 \\ 0 & b & a+b & \ddots & 0 & 0 \\ \vdots & \vdots & \ddots & \ddots & \ddots & \vdots \\ 0 & 0 & 0 & \ddots & a+b & a \\ 0 & 0 & 0 & \cdots & b & a+b \end{vmatrix}_{n+1} - \beta_1 \begin{vmatrix} \gamma_1 & \beta_2 & 0 & \cdots & 0 & 0 \\ 0 & a+b & a & \cdots & 0 & 0 \\ 0 & b & a+b & \ddots & 0 & 0 \\ \vdots & \vdots & \ddots & \ddots & \ddots & \vdots \\ 0 & 0 & 0 & \ddots & a+b & a \\ 0 & 0 & 0 & \cdots & b & a+b \end{vmatrix}_{n+1}$$

再将这两个行列式分别按其第一行和第一列展开可得

$$D_{n+2}=\alpha_1\alpha_2\begin{vmatrix} a+b & a & 0 & \cdots & 0 & 0 \\ b & a+b & a & \cdots & 0 & 0 \\ 0 & b & a+b & \ddots & 0 & 0 \\ \vdots & \vdots & \ddots & \ddots & \ddots & \vdots \\ 0 & 0 & 0 & \ddots & a+b & a \\ 0 & 0 & 0 & \cdots & b & a+b \end{vmatrix}_n -$$

$$\alpha_1\beta_2\begin{vmatrix} \gamma_2 & a & \cdots & 0 & 0 \\ 0 & a+b & \cdots & 0 & 0 \\ \vdots & \vdots & \ddots & \vdots & \vdots \\ 0 & 0 & \cdots & a+b & a \\ 0 & 0 & \cdots & b & a+b \end{vmatrix}_n -\beta_1\gamma_1 D_n$$

于是
$$D_{n+2}=(\alpha_1\alpha_2-\beta_1\gamma_1)D_n-\alpha_1\beta_2\gamma_2D_{n-1}$$
其中
$$D_n=\begin{vmatrix} a+b & a & & & & \\ b & a+b & a & & & \\ & b & a+b & \ddots & & \\ & & \ddots & \ddots & \ddots & \\ & & & \ddots & a+b & a \\ & & & & b & a+b \end{vmatrix}=\begin{cases}\dfrac{a^{n+1}-b^{n+1}}{a-b}, & 若 a\neq b \\ (n+1)a^n, & 若 a=b\end{cases}$$

**【解二】**　把 $D_{n+2}$ 按其第一、二行作拉普拉斯展开得

$$D_{n+2}=\begin{vmatrix} \alpha_1 & \beta_1 \\ \gamma_1 & \alpha_2 \end{vmatrix}\times\begin{vmatrix} a+b & a & & & & \\ b & a+b & a & & & \\ & b & a+b & \ddots & & \\ & & \ddots & \ddots & \ddots & \\ & & & \ddots & a+b & a \\ & & & & b & a+b \end{vmatrix} -$$

$$\begin{vmatrix} \alpha_1 & 0 \\ \gamma_1 & \beta_2 \end{vmatrix}\times\begin{vmatrix} \gamma_2 & a & & & & \\ 0 & a+b & a & & & \\ & b & a+b & \ddots & & \\ & & \ddots & \ddots & \ddots & \\ & & & \ddots & a+b & a \\ & & & & b & a+b \end{vmatrix}$$

$$=(\alpha_1\alpha_2-\beta_1\gamma_1)D_n-\alpha_1\beta_2\gamma_2D_{n-1}$$

10. 计算 $n$ 阶行列式 $F_n = \begin{vmatrix} 1 & 1 & 0 & \cdots & 0 & 0 & 0 \\ -1 & 1 & 1 & \cdots & 0 & 0 & 0 \\ 0 & -1 & 1 & \ddots & 0 & 0 & 0 \\ \vdots & \vdots & \ddots & \ddots & \ddots & \vdots & \vdots \\ 0 & 0 & 0 & \ddots & 1 & 1 & 0 \\ 0 & 0 & 0 & \cdots & -1 & 1 & 1 \\ 0 & 0 & 0 & \cdots & 0 & -1 & 1 \end{vmatrix}$.

【解】 $F_n$ 是三对角行列式. 因为 $x^2 - x - 1 = 0$ 的根为

$$x = \frac{1 \pm \sqrt{1+4}}{2} = \frac{1 \pm \sqrt{5}}{2}$$

所以代入三对角行列式计算公式得

$$F_n = \frac{\left(\frac{1+\sqrt{5}}{2}\right)^{n+1} - \left(\frac{1-\sqrt{5}}{2}\right)^{n+1}}{\frac{1+\sqrt{5}}{2} - \frac{1-\sqrt{5}}{2}} = \frac{1}{\sqrt{5}}\left[\left(\frac{1+\sqrt{5}}{2}\right)^{n+1} - \left(\frac{1-\sqrt{5}}{2}\right)^{n+1}\right]$$

【注】 由 $F_n$ 的定义知,显然有 $F_1 = 1$ , $F_2 = 2$ .

对 $n \geqslant 3$,把 $F_n$ 按其第一列展开即得

$$F_n = \begin{vmatrix} 1 & 1 & 0 & \cdots & 0 & 0 & 0 \\ -1 & 1 & 1 & \cdots & 0 & 0 & 0 \\ 0 & -1 & 1 & \ddots & 0 & 0 & 0 \\ \vdots & \vdots & \ddots & \ddots & \ddots & \vdots & \vdots \\ 0 & 0 & 0 & \ddots & 1 & 1 & 0 \\ 0 & 0 & 0 & \cdots & -1 & 1 & 1 \\ 0 & 0 & 0 & \cdots & 0 & -1 & 1 \end{vmatrix}_{n-1} + \begin{vmatrix} 1 & 0 & 0 & \cdots & 0 & 0 & 0 \\ -1 & 1 & 1 & \cdots & 0 & 0 & 0 \\ 0 & -1 & 1 & \ddots & 0 & 0 & 0 \\ \vdots & \vdots & \ddots & \ddots & \ddots & \vdots & \vdots \\ 0 & 0 & 0 & \ddots & 1 & 1 & 0 \\ 0 & 0 & 0 & \cdots & -1 & 1 & 1 \\ 0 & 0 & 0 & \cdots & 0 & -1 & 1 \end{vmatrix}_{n-1}$$

$$= F_{n-1} + F_{n-2}$$

据此可得著名的 Fibonacci 序列 $\{F_n\}$

$$1, 2, 3, 5, 8, 13, 21, 34, 55, 89, \cdots$$

另一种常见的 Fibonacci 序列是

$$1,1,2,3,5,8,13,21,34,55,89,\cdots$$

它的第 $n$ 项是

$$F_{n-1}=\frac{1}{\sqrt{5}}\left[\left(\frac{1+\sqrt{5}}{2}\right)^{n}-\left(\frac{1-\sqrt{5}}{2}\right)^{n}\right]$$

即第 1 项是

$$F_0=\frac{1}{\sqrt{5}}\left[\left(\frac{1+\sqrt{5}}{2}\right)-\left(\frac{1-\sqrt{5}}{2}\right)\right]=1$$

第 2 项是

$$\begin{aligned}F_1&=\frac{1}{\sqrt{5}}\left[\left(\frac{1+\sqrt{5}}{2}\right)^{2}-\left(\frac{1-\sqrt{5}}{2}\right)^{2}\right]\\&=\frac{1}{\sqrt{5}}\left(\frac{1+\sqrt{5}}{2}-\frac{1-\sqrt{5}}{2}\right)\left(\frac{1+\sqrt{5}}{2}+\frac{1-\sqrt{5}}{2}\right)=1\end{aligned}$$

第 $n+1(n\geqslant 2)$ 项是 $F_n=F_{n-1}+F_{n-2}$.

## §7　爪型行列式

所谓“爪型”行列式指的是如下形状的行列式(其中空白处全是数零)

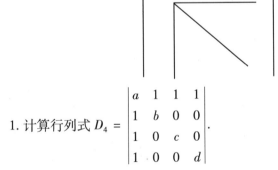

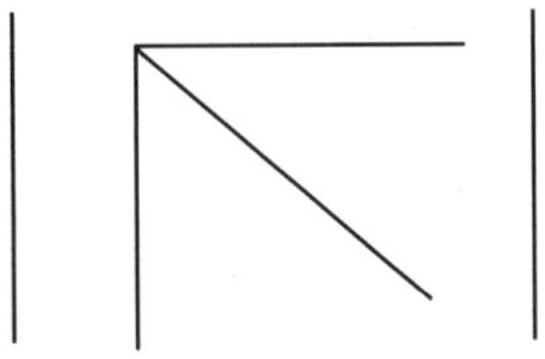

1. 计算行列式 $D_4=\begin{vmatrix}a&1&1&1\\1&b&0&0\\1&0&c&0\\1&0&0&d\end{vmatrix}$.

【解一】　按第一行展开可得

$$\begin{aligned}D_4&=a\begin{vmatrix}b&0&0\\0&c&0\\0&0&d\end{vmatrix}-\begin{vmatrix}1&0&0\\1&c&0\\1&0&d\end{vmatrix}+\begin{vmatrix}1&b&0\\1&0&0\\1&0&d\end{vmatrix}-\begin{vmatrix}1&b&0\\1&0&c\\1&0&0\end{vmatrix}\\&=abcd-cd-bd-bc\end{aligned}$$

【解二】　先假设 $bcd\neq 0$,在 $D_4$ 的第一列中减去第二列的 $b^{-1}$ 倍、第三列的 $c^{-1}$ 倍、第四列的 $d^{-1}$ 倍,可把 $D_4$ 化为上三角行列式求值

$$D_4=\begin{vmatrix}a&1&1&1\\1&b&0&0\\1&0&c&0\\1&0&0&d\end{vmatrix}=\begin{vmatrix}a-\frac{1}{b}-\frac{1}{c}-\frac{1}{d}&1&1&1\\0&b&0&0\\0&0&c&0\\0&0&0&d\end{vmatrix}=\left(a-\frac{1}{b}-\frac{1}{c}-\frac{1}{d}\right)bcd$$

由此式也可得到 $D_4=abcd-cd-bd-bc.$

当 $b=0$ 时,按第二列展开得 $D_4=-cd.$

当 $c=0$ 时,按第三列展开得 $D_4=-bd.$

当 $d=0$ 时,按第四列展开得 $D_4=-bc.$

所以 $D_4=abcd-cd-bd-bc$ 也是正确的.

**【注】** 利用这种求值方法,可一般地证明:当 $\prod_{i=1}^{n}a_i\neq 0$ 时,有

$$D_{n+1}=\begin{vmatrix}a_0&1&1&\cdots&1\\1&a_1&0&\cdots&0\\1&0&a_2&\cdots&0\\\vdots&\vdots&\vdots&\ddots&\vdots\\1&0&0&\cdots&a_n\end{vmatrix}=\prod_{i=1}^{n}a_i\left(a_0-\sum_{i=1}^{n}\frac{1}{a_i}\right)$$

或者,令 $\boldsymbol{\alpha}=(1,1,\cdots,1)$ 为 $n$ 维行向量,$\boldsymbol{\Lambda}$ 为对角元为 $a_1,a_2,\cdots,a_n$ 的 $n$ 阶对角矩阵,用第二章 §4 的行列式降阶公式立得

$$D_{n+1}=\begin{vmatrix}a_0&\boldsymbol{\alpha}\\\boldsymbol{\alpha}'&\boldsymbol{\Lambda}\end{vmatrix}=|\boldsymbol{\Lambda}|(a_0-\boldsymbol{\alpha}\boldsymbol{\Lambda}^{-1}\boldsymbol{\alpha}')=\prod_{i=1}^{n}a_i\left(a_0-\sum_{i=1}^{n}\frac{1}{a_i}\right)$$

2.(1) 计算 $n$ 阶行列式 $D_n=\begin{vmatrix}a_1&a_2&a_3&\cdots&a_n\\b_2&1&0&\cdots&0\\b_3&0&1&\cdots&0\\\vdots&\vdots&\vdots&\ddots&\vdots\\b_n&0&0&\cdots&1\end{vmatrix}$,其中 $n\geqslant 2$.

(2) 证明 $n+1(n\geqslant 2)$ 阶实行列式

$$D_{n+1}=\begin{vmatrix}1&a_1&a_2&\cdots&a_n\\a_1&1&0&\cdots&0\\a_2&0&1&\cdots&0\\\vdots&\vdots&\vdots&\ddots&\vdots\\a_n&0&0&\cdots&1\end{vmatrix}=1\Leftrightarrow a_1=a_2=\cdots=a_n=0$$

(1)**【解一】** 在第一列中减去第二列的 $(-b_2)$ 倍,第三列的 $(-b_3)$

倍,……,第 $n$ 列的$(-b_n)$倍,然后再按第一列展开即得上三角行列式

$$D_n=\begin{vmatrix} a_1-\sum\limits_{i=2}^{n}a_ib_i & a_2 & a_3 & \cdots & a_n \\ 0 & 1 & 0 & \cdots & 0 \\ 0 & 0 & 1 & \cdots & 0 \\ \vdots & \vdots & \vdots & \ddots & \vdots \\ 0 & 0 & 0 & \cdots & 1 \end{vmatrix}=a_1-\sum_{i=2}^{n}a_ib_i$$

**【解二】**　对阶数 $n$ 用归纳法证明 $D_n=a_1-\sum\limits_{i=2}^{n}a_ib_i$. 对于 $n=2$,显然有

$$D_2=\begin{vmatrix} a_1 & a_2 \\ b_2 & 1 \end{vmatrix}=a_1-a_2b_2$$

设 $D_{n-1}=a_1-\sum\limits_{i=2}^{n-1}a_ib_i$ 正确,则对于 $D_n$ 按其末列展开得到

$$D_n=(-1)^{1+n}a_n\begin{vmatrix} b_2 & 1 & \cdots & 0 & 0 \\ b_3 & 0 & \ddots & 0 & 0 \\ \vdots & \vdots & \ddots & \ddots & \vdots \\ b_{n-1} & 0 & \cdots & 0 & 1 \\ b_n & 0 & \cdots & 0 & 0 \end{vmatrix}_{n-1}+$$

$$\begin{vmatrix} a_1 & a_2 & \cdots & a_{n-2} & a_{n-1} \\ b_2 & 1 & \cdots & 0 & 0 \\ \vdots & \vdots & \ddots & \vdots & \vdots \\ b_{n-2} & 0 & \cdots & 1 & 0 \\ b_{n-1} & 0 & \cdots & 0 & 1 \end{vmatrix}_{n-1}$$

$$=(-1)^{n+1}(-1)^na_nb_n+D_{n-1}=a_1-\sum_{i=2}^{n-1}a_ib_i-a_nb_n$$

$$=a_1-\sum_{i=2}^{n}a_ib_i$$

(2)**【证】**　由(1)中公式知 $D_{n+1}=1-\sum\limits_{i=1}^{n}a_i^2$,所以根据所有的 $a_i$ 都是实数知道

$$D_{n+1}=1\Leftrightarrow\sum_{i=1}^{n}a_i^2=0\Leftrightarrow a_1=a_2=\cdots=a_n=0$$

3. 计算 $D_n = \begin{vmatrix} a_1+b_1 & a_2 & a_3 & \cdots & a_n \\ a_1 & a_2+b_2 & a_3 & \cdots & a_n \\ a_1 & a_2 & a_3+b_3 & \cdots & a_n \\ \vdots & \vdots & \vdots & \ddots & \vdots \\ a_1 & a_2 & a_3 & \cdots & a_n+b_n \end{vmatrix}$,其中 $b_i \neq 0$ , $i = 1, 2, \cdots, n$.

**【解一】** 先在后 $n-1$ 行中都减去第一行,化成爪型行列式,然后在各列中分别提出公因数 $b_1, b_2, \cdots, b_n$,再把后 $n-1$ 列都加到第一列上去,即得一个上三角行列式

$$D_n = \begin{vmatrix} a_1+b_1 & a_2 & a_3 & \cdots & a_n \\ -b_1 & b_2 & 0 & \cdots & 0 \\ -b_1 & 0 & b_3 & \cdots & 0 \\ \vdots & \vdots & \vdots & \ddots & \vdots \\ -b_1 & 0 & 0 & \cdots & b_n \end{vmatrix}$$

$$= \left(\prod_{i=1}^{n} b_i\right) \begin{vmatrix} 1+a_1/b_1 & a_2/b_2 & a_3/b_3 & \cdots & a_n/b_n \\ -1 & 1 & 0 & \cdots & 0 \\ -1 & 0 & 1 & \cdots & 0 \\ \vdots & \vdots & \vdots & \ddots & \vdots \\ -1 & 0 & 0 & \cdots & 1 \end{vmatrix}$$

$$= \left(\prod_{i=1}^{n} b_i\right) \begin{vmatrix} 1+\sum_{i=1}^{n} a_i/b_i & a_2/b_2 & a_3/b_3 & \cdots & a_n/b_n \\ 0 & 1 & 0 & \cdots & 0 \\ 0 & 0 & 1 & \cdots & 0 \\ \vdots & \vdots & \vdots & \ddots & \vdots \\ 0 & 0 & 0 & \cdots & 1 \end{vmatrix}$$

$$= \left(\prod_{i=1}^{n} b_i\right)\left(1+\sum_{i=1}^{n} \frac{a_i}{b_i}\right)$$

**【解二】** 用行列式简易公式

$$|\boldsymbol{A}+\boldsymbol{\alpha\beta}| = |\boldsymbol{A}| \times (1+\boldsymbol{\beta A}^{-1}\boldsymbol{\alpha})\text{(见第二章 §4)}$$

把行列式 $D_n$ 对应的矩阵改写为

$$M=\begin{pmatrix}a_1+b_1&a_2&a_3&\cdots&a_n\\a_1&a_2+b_2&a_3&\cdots&a_n\\a_1&a_2&a_3+b_3&\cdots&a_n\\\vdots&\vdots&\vdots&\ddots&\vdots\\a_1&a_2&a_3&\cdots&a_n+b_n\end{pmatrix}=A+\alpha\beta$$

其中

$$A=\begin{pmatrix}b_1&&&&\\&b_2&&&\\&&b_3&&\\&&&\ddots&\\&&&&b_n\end{pmatrix},\alpha=\begin{pmatrix}1\\1\\1\\\vdots\\1\end{pmatrix},\beta=(a_1\quad a_2\quad a_3\quad\cdots\quad a_n)$$

所以

$$D_n=|M|=|A+\alpha\beta|=|A|(1+\beta A^{-1}\alpha)=\prod_{i=1}^{n}b_i\left(1+\sum_{i=1}^{n}\frac{a_i}{b_i}\right)$$

**【注】** (1) 特别地,当 $b_1=b_2=\cdots=b_n=b$ 时,有

$$D_n=\begin{vmatrix}a_1+b&a_2&a_3&\cdots&a_n\\a_1&a_2+b&a_3&\cdots&a_n\\a_1&a_2&a_3+b&\cdots&a_n\\\vdots&\vdots&\vdots&\ddots&\vdots\\a_1&a_2&a_3&\cdots&a_n+b\end{vmatrix}=b^{n-1}\left(b+\sum_{i=1}^{n}a_i\right)$$

当然,这个公式也可以直接证明如下:在后 $n-1$ 行中都减去第一行,再把后 $n-1$ 列都加到第一列上去,即得一个上三角行列式

$$D_n=\begin{vmatrix}a_1+b&a_2&a_3&\cdots&a_n\\-b&b&0&\cdots&0\\-b&0&b&\cdots&0\\\vdots&\vdots&\vdots&\ddots&\vdots\\-b&0&0&\cdots&b\end{vmatrix}=\begin{vmatrix}\sum_{i=1}^{n}a_i+b&a_2&a_3&\cdots&a_n\\0&b&0&\cdots&0\\0&0&b&\cdots&0\\\vdots&\vdots&\vdots&\ddots&\vdots\\0&0&0&\cdots&b\end{vmatrix}$$

$$=b^{n-1}\left(b+\sum_{i=1}^{n}a_i\right)$$

(2) 特别地,当 $a_1=a_2=\cdots=a_n=1$ 时,有

$$D_n=\begin{vmatrix}1+b_1 & 1 & 1 & \cdots & 1\\ 1 & 1+b_2 & 1 & \cdots & 1\\ 1 & 1 & 1+b_3 & \cdots & 1\\ \vdots & \vdots & \vdots & \ddots & \vdots\\ 1 & 1 & 1 & \cdots & 1+b_n\end{vmatrix}$$

$$=\prod_{i=1}^{n} b_i\left(1+\sum_{i=1}^{n}\frac{1}{b_i}\right)$$

4. 求 $n$ 阶行列式 $D_n=\begin{vmatrix}1 & 2 & \cdots & n-1 & n\\ 1 & 2 & \cdots & 0 & 0\\ \vdots & \vdots & \ddots & \vdots & \vdots\\ 1 & 0 & \cdots & n-1 & 0\\ 1 & 0 & \cdots & 0 & n\end{vmatrix}$ 中第一行元素的代数余子式之和.

**【解】** 改写原行列式的第一行元素,可得爪型行列式. 在各列中提出公因数可求出

$$\sum_{j=1}^{n}A_{1j}=\begin{vmatrix}1 & 1 & \cdots & 1 & 1\\ 1 & 2 & \cdots & 0 & 0\\ \vdots & \vdots & \ddots & \vdots & \vdots\\ 1 & 0 & \cdots & n-1 & 0\\ 1 & 0 & \cdots & 0 & n\end{vmatrix}$$

$$=(n!)\times\begin{vmatrix}1 & 1/2 & \cdots & 1/(n-1) & 1/n\\ 1 & 1 & \cdots & 0 & 0\\ \vdots & \vdots & \ddots & \vdots & \vdots\\ 1 & 0 & \cdots & 1 & 0\\ 1 & 0 & \cdots & 0 & 1\end{vmatrix}$$

$$=(n!)\times\begin{vmatrix}\lambda & 1/2 & \cdots & 1/(n-1) & 1/n\\ 0 & 1 & \cdots & 0 & 0\\ \vdots & \vdots & \ddots & \vdots & \vdots\\ 0 & 0 & \cdots & 1 & 0\\ 0 & 0 & \cdots & 0 & 1\end{vmatrix}=\lambda n!$$

其中 $\lambda=1-\sum_{k=2}^{n}\frac{1}{k}$.

5. 计算 $n$ 阶行列式

$$D_n = \begin{vmatrix} 1 & 1 & \cdots & 1 & 1+a_1 \\ 1 & 1 & \cdots & 1+a_2 & 1 \\ \vdots & \vdots & \iddots & \vdots & \vdots \\ 1 & 1+a_{n-1} & \cdots & 1 & 1 \\ 1+a_n & 1 & \cdots & 1 & 1 \end{vmatrix}$$

其中 $\prod_{i=1}^{n} a_i \neq 0.$

**【解一】** 先在后 $n-1$ 行中都减去第一行，再在各列中提出公因数得到

$$D_n = \begin{vmatrix} 1 & 1 & \cdots & 1 & 1+a_1 \\ 0 & 0 & \cdots & a_2 & -a_1 \\ \vdots & \vdots & \iddots & \vdots & \vdots \\ 0 & a_{n-1} & \cdots & 0 & -a_1 \\ a_n & 0 & \cdots & 0 & -a_1 \end{vmatrix}$$

$$= \prod_{i=1}^{n} a_i \begin{vmatrix} 1/a_n & 1/a_{n-1} & \cdots & 1/a_2 & 1+1/a_1 \\ 0 & 0 & \cdots & 1 & -1 \\ \vdots & \vdots & \iddots & \vdots & \vdots \\ 0 & 1 & \cdots & 0 & -1 \\ 1 & 0 & \cdots & 0 & -1 \end{vmatrix}$$

再把后 $n-1$ 列都加到第一列上去，记 $\lambda = 1 + \sum_{i=1}^{n} \left(\frac{1}{a_i}\right)$，得到

$$D_n = \prod_{i=1}^{n} a_i \begin{vmatrix} \lambda & 1/a_{n-1} & \cdots & 1/a_2 & 1+1/a_1 \\ 0 & 0 & \cdots & 1 & -1 \\ \vdots & \vdots & \iddots & \vdots & \vdots \\ 0 & 1 & \cdots & 0 & -1 \\ 0 & 0 & \cdots & 0 & -1 \end{vmatrix}_n$$

$$= \lambda \prod_{i=1}^{n} a_i \begin{vmatrix} 0 & \cdots & 1 & -1 \\ \vdots & \iddots & \vdots & \vdots \\ 1 & \cdots & 0 & -1 \\ 0 & \cdots & 0 & -1 \end{vmatrix}_{n-1}$$

$$= (-1)(-1)^{\frac{(n-2)(n-3)}{2}} \lambda \prod_{i=1}^{n} a_i = (-1)^{\frac{n(n-1)}{2}} \lambda \prod_{i=1}^{n} a_i$$

$$= (-1)^{\frac{n(n-1)}{2}} \prod_{i=1}^{n} a_i \left[1 + \sum_{i=1}^{n} \left(\frac{1}{a_i}\right)\right]$$

这里,关于计算$(-1)$的方次的过程为

$$(-1)^{\frac{(n-2)(n-3)}{2}+1}=(-1)^{\frac{(n-2)(n-3)+2}{2}}=(-1)^{\frac{n^2-5n+8}{2}}=(-1)^{\frac{n^2-n-4n+8}{2}}=(-1)^{\frac{n(n-1)}{2}}$$

**【解二】** 把行列式$D_n$对应的矩阵改写为

$$\boldsymbol{M}=\begin{pmatrix}1 & 1 & \cdots & 1 & 1+a_1\\ 1 & 1 & \cdots & 1+a_2 & 1\\ \vdots & \vdots & ⋰ & \vdots & \vdots\\ 1 & 1+a_{n-1} & \cdots & 1 & 1\\ 1+a_n & 1 & \cdots & 1 & 1\end{pmatrix}$$

$$=\boldsymbol{A}+\boldsymbol{\alpha\alpha}'$$

其中

$$\boldsymbol{A}=\begin{pmatrix} & & & & a_1\\ & & & a_2 & \\ & & ⋰ & & \\ & a_{n-1} & & & \\ a_n & & & & \end{pmatrix},\ \boldsymbol{\alpha}=\begin{pmatrix}1\\1\\ \vdots\\1\\1\end{pmatrix}$$

所以

$$D_n=|\boldsymbol{M}|=|\boldsymbol{A}+\boldsymbol{\alpha\beta}|=|\boldsymbol{A}|\,(1+\boldsymbol{\alpha}'\boldsymbol{A}^{-1}\boldsymbol{\alpha})$$

$$=(-1)^{\frac{n(n-1)}{2}}\prod_{i=1}^{n}a_i\left(1+\sum_{i=1}^{n}\frac{1}{a_i}\right)$$

6. 计算$n(n\geqslant 2)$阶行列式$D_n=\begin{vmatrix}0 & 1 & 1 & \cdots & 1 & 1 & 1\\ 1 & 0 & x & \cdots & x & x & x\\ 1 & x & 0 & \cdots & x & x & x\\ \vdots & \vdots & \vdots & \ddots & \vdots & \vdots & \vdots\\ 1 & x & x & \cdots & 0 & x & x\\ 1 & x & x & \cdots & x & 0 & x\\ 1 & x & x & \cdots & x & x & 0\end{vmatrix}$.

**【解一】** 用数学归纳法. 显然$D_2=\begin{vmatrix}0 & 1\\ 1 & 0\end{vmatrix}=-1$.

当$n\geqslant 3$时,如果$x=0$,显然有$D_n=0$.

设$x\neq 0$,在后$n-1$行中每一行都提出公因数$x$,得

$$D_n = \begin{vmatrix} 0 & 1 & 1 & \cdots & 1 & 1 & 1 \\ 1 & 0 & x & \cdots & x & x & x \\ 1 & x & 0 & \cdots & x & x & x \\ \vdots & \vdots & \vdots & \ddots & \vdots & \vdots & \vdots \\ 1 & x & x & \cdots & 0 & x & x \\ 1 & x & x & \cdots & x & 0 & x \\ 1 & x & x & \cdots & x & x & 0 \end{vmatrix} = x^{n-1} \begin{vmatrix} 0 & 1 & 1 & \cdots & 1 & 1 & 1 \\ 1/x & 0 & 1 & \cdots & 1 & 1 & 1 \\ 1/x & 1 & 0 & \cdots & 1 & 1 & 1 \\ \vdots & \vdots & \vdots & \ddots & \vdots & \vdots & \vdots \\ 1/x & 1 & 1 & \cdots & 0 & 1 & 1 \\ 1/x & 1 & 1 & \cdots & 1 & 0 & 1 \\ 1/x & 1 & 1 & \cdots & 1 & 1 & 0 \end{vmatrix}$$

在后 $n-1$ 行中都减去第一行可得爪型行列式

$$D_n = x^{n-1} \begin{vmatrix} 0 & 1 & 1 & \cdots & 1 & 1 & 1 \\ 1/x & -1 & 0 & \cdots & 0 & 0 & 0 \\ 1/x & 0 & -1 & \cdots & 0 & 0 & 0 \\ \vdots & \vdots & \vdots & \ddots & \vdots & \vdots & \vdots \\ 1/x & 0 & 0 & \cdots & -1 & 0 & 0 \\ 1/x & 0 & 0 & \cdots & 0 & -1 & 0 \\ 1/x & 0 & 0 & \cdots & 0 & 0 & -1 \end{vmatrix}$$

把后 $n-1$ 行都加到第一行上去可得

$$D_n = x^{n-1} \begin{vmatrix} (n-1)/x & 0 & 0 & \cdots & 0 & 0 & 0 \\ 1/x & -1 & 0 & \cdots & 0 & 0 & 0 \\ 1/x & 0 & -1 & \cdots & 0 & 0 & 0 \\ \vdots & \vdots & \vdots & \ddots & \vdots & \vdots & \vdots \\ 1/x & 0 & 0 & \cdots & -1 & 0 & 0 \\ 1/x & 0 & 0 & \cdots & 0 & -1 & 0 \\ 1/x & 0 & 0 & \cdots & 0 & 0 & -1 \end{vmatrix}$$

$$= (-1)^{n-1}(n-1)x^{n-2}$$

此公式对于 $D_2$ 和 $n \geqslant 3$ 而 $x=0$,也是成立的.

**【解二】**　在第二列到第 $n-1$ 列中都减去第 $n$ 列,然后按第一行展开得到

$$D_n = \begin{vmatrix} 0 & 0 & 0 & \cdots & 0 & 0 & 1 \\ 1 & -x & 0 & \cdots & 0 & 0 & x \\ 1 & 0 & -x & \cdots & 0 & 0 & x \\ \vdots & \vdots & \vdots & \ddots & \vdots & \vdots & \vdots \\ 1 & 0 & 0 & \cdots & -x & 0 & x \\ 1 & 0 & 0 & \cdots & 0 & -x & x \\ 1 & x & x & \cdots & x & x & 0 \end{vmatrix}$$

$$= (-1)^{n+1}\begin{vmatrix} 1 & -x & 0 & \cdots & 0 & 0 \\ 1 & 0 & -x & \cdots & 0 & 0 \\ \vdots & \vdots & \vdots & \ddots & \vdots & \vdots \\ 1 & 0 & 0 & \cdots & -x & 0 \\ 1 & 0 & 0 & \cdots & 0 & -x \\ 1 & x & x & \cdots & x & x \end{vmatrix}_{n-1}$$

把前 $n-2$ 行都加到末行上去，再按末行展开可得

$$D_n = (-1)^{n+1}\begin{vmatrix} 1 & -x & 0 & \cdots & 0 & 0 \\ 1 & 0 & -x & \cdots & 0 & 0 \\ \vdots & \vdots & \vdots & \ddots & \vdots & \vdots \\ 1 & 0 & 0 & \cdots & -x & 0 \\ 1 & 0 & 0 & \cdots & 0 & -x \\ n-1 & 0 & 0 & \cdots & 0 & 0 \end{vmatrix}_{n-1}$$

$$= (-1)^{n+1}(-1)^{(n-1)+1}(n-1)\begin{vmatrix} -x & & & & \\ & -x & & & \\ & & \ddots & & \\ & & & -x & \\ & & & & -x \end{vmatrix}_{n-2}$$

$$= -(-1)^{n-2}(n-1)x^{n-2}$$
$$= (-1)^{n-1}(n-1)x^{n-2}$$

## §8　范德蒙德行列式

范德蒙德(Van de Monde)行列式的计算公式为

$$V_n = \begin{vmatrix} 1 & 1 & 1 & \cdots & 1 \\ x_1 & x_2 & x_3 & \cdots & x_n \\ x_1^2 & x_2^2 & x_3^2 & \cdots & x_n^2 \\ \vdots & \vdots & \vdots & & \vdots \\ x_1^{n-1} & x_2^{n-1} & x_3^{n-1} & \cdots & x_n^{n-1} \end{vmatrix} = \begin{vmatrix} 1 & x_1 & x_1^2 & \cdots & x_1^{n-1} \\ 1 & x_2 & x_2^2 & \cdots & x_2^{n-1} \\ 1 & x_3 & x_3^2 & \cdots & x_3^{n-1} \\ \vdots & \vdots & \vdots & & \vdots \\ 1 & x_n & x_n^2 & \cdots & x_n^{n-1} \end{vmatrix}$$

$$= \prod_{1 \leqslant j < i \leqslant n}(x_i - x_j)$$

它的变形范德蒙德行列式为

$$\widetilde{V}_n=\begin{vmatrix} x_1^{n-1} & x_2^{n-1} & x_3^{n-1} & \cdots & x_n^{n-1} \\ x_1^{n-2} & x_2^{n-2} & x_3^{n-2} & \cdots & x_n^{n-2} \\ \vdots & \vdots & \vdots & & \vdots \\ x_1 & x_2 & x_3 & \cdots & x_n \\ 1 & 1 & 1 & \cdots & 1 \end{vmatrix}=\begin{vmatrix} x_1^{n-1} & \cdots & x_1^2 & x_1 & 1 \\ x_2^{n-1} & \cdots & x_2^2 & x_2 & 1 \\ x_3^{n-1} & \cdots & x_3^2 & x_3 & 1 \\ \vdots & & \vdots & \vdots & \vdots \\ x_n^{n-1} & \cdots & x_n^2 & x_n & 1 \end{vmatrix}$$

$$=\prod_{1\leq i<j\leq n}(x_i-x_j)$$

1. 分别求出以下行列式的值

$$D_1=\begin{vmatrix} a & b & c & d \\ a^2 & b^2 & c^2 & d^2 \\ a^3 & b^3 & c^3 & d^3 \\ a^4 & b^4 & c^4 & d^4 \end{vmatrix},D_2=\begin{vmatrix} a^4 & b^4 & c^4 & d^4 \\ a^3 & b^3 & c^3 & d^3 \\ a^2 & b^2 & c^2 & d^2 \\ a & b & c & d \end{vmatrix}$$

**【解】** $D_1=\begin{vmatrix} a & b & c & d \\ a^2 & b^2 & c^2 & d^2 \\ a^3 & b^3 & c^3 & d^3 \\ a^4 & b^4 & c^4 & d^4 \end{vmatrix}=abcd\begin{vmatrix} 1 & 1 & 1 & 1 \\ a & b & c & d \\ a^2 & b^2 & c^2 & d^2 \\ a^3 & b^3 & c^3 & d^3 \end{vmatrix}$

$$=abcd(b-a)(c-a)(d-a)(c-b)(d-b)(d-c)$$

$$D_2=\begin{vmatrix} a^4 & b^4 & c^4 & d^4 \\ a^3 & b^3 & c^3 & d^3 \\ a^2 & b^2 & c^2 & d^2 \\ a & b & c & d \end{vmatrix}=abcd\begin{vmatrix} a^3 & b^3 & c^3 & d^3 \\ a^2 & b^2 & c^2 & d^2 \\ a & b & c & d \\ 1 & 1 & 1 & 1 \end{vmatrix}$$

$$=abcd(a-b)(a-c)(a-d)(b-c)(b-d)(c-d)$$

2. 计算行列式 $D_4=\begin{vmatrix} 1 & 1 & 1 & 1 \\ 16 & 9 & 49 & 25 \\ 4 & 3 & 7 & -5 \\ 64 & 27 & 343 & -125 \end{vmatrix}$.

**【解】** 互换它的第二行与第三行可把它改写成范德蒙德行列式

$$D_4=\begin{vmatrix} 1 & 1 & 1 & 1 \\ 16 & 9 & 49 & 25 \\ 4 & 3 & 7 & -5 \\ 64 & 27 & 343 & -125 \end{vmatrix}=-\begin{vmatrix} 1 & 1 & 1 & 1 \\ 4 & 3 & 7 & -5 \\ 16 & 9 & 49 & 25 \\ 64 & 27 & 343 & -125 \end{vmatrix}$$

$$=-[(3-4)(7-4)(-5-4)(7-3)(-5-3)(-5-7)]$$

$$=-10\,368$$

3. 求出 $D_4 = \begin{vmatrix} 1 & 1 & 1 & 1 \\ 16 & 8 & 2 & 4 \\ 81 & 27 & 3 & 9 \\ 256 & 64 & 4 & 16 \end{vmatrix}$ 的值.

**【解】** 先提出各行中的公因数

$$D_4 = \begin{vmatrix} 1 & 1 & 1 & 1 \\ 16 & 8 & 2 & 4 \\ 81 & 27 & 3 & 9 \\ 256 & 64 & 4 & 16 \end{vmatrix} = 2 \times 3 \times 4 \times \begin{vmatrix} 1 & 1 & 1 & 1 \\ 8 & 4 & 1 & 2 \\ 27 & 9 & 1 & 3 \\ 64 & 16 & 1 & 4 \end{vmatrix}$$

再经过 5 次相邻两列的互换,得到一个范德蒙德行列式(转置形式)

$$D_4 = -24 \times \begin{vmatrix} 1 & 1 & 1 & 1 \\ 1 & 2 & 4 & 8 \\ 1 & 3 & 9 & 27 \\ 1 & 4 & 16 & 64 \end{vmatrix}$$

$$= -24(2-1)(3-1)(4-1)(3-2)(4-2)(4-3)$$

$$= -288$$

**【注】** 在 $D_4$ 中,经过二次相邻两列的互换,把第二列变成新的第四列;再经过三次相邻两列的互换,把原来的第一列变成新的第四列,如此产生一个 4 阶范德蒙德行列式.

4. 设 $a_1, a_2, \cdots, a_{n-1}$ 是 $n-1$ 个两两互异的数,证明:行列式

$$f(x) = \begin{vmatrix} 1 & x & x^2 & \cdots & x^{n-1} \\ 1 & a_1 & a_1^2 & \cdots & a_1^{n-1} \\ 1 & a_2 & a_2^2 & \cdots & a_2^{n-1} \\ \vdots & \vdots & \vdots & & \vdots \\ 1 & a_{n-1} & a_{n-1}^2 & \cdots & a_{n-1}^{n-1} \end{vmatrix}$$

是 $x$ 的 $n-1$ 次多项式,并求出 $f(x)=0$ 的 $n-1$ 个根.

**【证】** 把 $n$ 阶行列式 $f(x)$ 按其第一行展开可知,$x^{n-1}$ 的系数就是 $(-1)^{1+n}V_{n-1}$,这里,$V_{n-1}$ 是对应 $a_1, a_2, \cdots, a_{n-1}$ 的范德蒙德行列式(转置形式).根据 $a_1, a_2, \cdots, a_{n-1}$ 是 $n-1$ 个两两互异的数知道

$$V_{n-1} = \prod_{1 \leqslant j < i \leqslant n-1} (a_i - a_j) \neq 0$$

所以 $f(x)$ 是 $x$ 的 $n-1$ 次多项式.因为当 $x = a_1, a_2, \cdots, a_{n-1}$ 时,行列式中有相同的行,必有 $f(x)=0$,所以 $f(x)=0$ 的 $n-1$ 个根就是 $a_1, a_2, \cdots, a_{n-1}$.

5. 计算行列式 $D=\begin{vmatrix} x & x^2 & (x+1)^2 \\ y & y^2 & (y+1)^2 \\ z & z^2 & (z+1)^2 \end{vmatrix}$.

**【解】** $D=\begin{vmatrix} x & x^2 & x^2+2x+1 \\ y & y^2 & y^2+2y+1 \\ z & z^2 & z^2+2z+1 \end{vmatrix}=\begin{vmatrix} x & x^2 & 1 \\ y & y^2 & 1 \\ z & z^2 & 1 \end{vmatrix}=\begin{vmatrix} 1 & x & x^2 \\ 1 & y & y^2 \\ 1 & z & z^2 \end{vmatrix}$

$=(y-x)(z-x)(z-y)$

**【注】** 先在第三列中减去第一列的两倍和第二列,再互换各列次序化成范德蒙德行列式求值.

6. 证明:任意一个一元二次函数 $y=ax^2+bx+c$,一定可以由其图像上的三个 $x$ 坐标互不相同的点所唯一确定.

**【证】** 在其图像上任意取定三点:$(x_1, y_1)$, $(x_2, y_2)$, $(x_3, y_3)$,其中,$x_1, x_2, x_3$ 两两互异. 将它们代入函数式,就得到非齐次线性方程组

$$\begin{cases} ax_1^2+bx_1+c=y_1 \\ ax_2^2+bx_2+c=y_2 \\ ax_3^2+bx_3+c=y_3 \end{cases}$$

这里是把 $a$, $b$, $c$ 看成三个待定常数. 由于此方程组的系数行列式为范德蒙德行列式

$$\begin{vmatrix} x_1^2 & x_1 & 1 \\ x_2^2 & x_2 & 1 \\ x_3^2 & x_3 & 1 \end{vmatrix}=(x_1-x_2)(x_1-x_3)(x_2-x_3)\neq 0$$

所以此方程组必有唯一解,这就证明了 $y=ax^2+bx+c$ 是由这三个点唯一确定的.

7. 求一个一元二次多项式 $f(x)=ax^2+bx+c$ 满足

$$f(-1)=-6,\ f(1)=-2,\ f(2)=-3$$

**【解】** 据所给条件可列出非齐次线性方程组

$$\begin{cases} a(-1)^2+b\times(-1)+c=-6 \\ a(1)^2+b\times(1)+c=-2 \\ a(2)^2+b\times(2)+c=-3 \end{cases}$$

即

$$\begin{cases} a-b+c=-6 \\ a+b+c=-2 \\ 4a+2b+c=-3 \end{cases}$$

容易解出：$b=2$，$a=-1$，$c=-3$，所以 $f(x)=-x^2+2x-3$.

8. 计算行列式 $D_3=\begin{vmatrix} a & b & c \\ a^2 & b^2 & c^2 \\ b+c & c+a & a+b \end{vmatrix}$.

【解】 把第一行加到第三行上去，并提出公因式化成范德蒙德行列式求值

$$D_3=(a+b+c)\begin{vmatrix} a & b & c \\ a^2 & b^2 & c^2 \\ 1 & 1 & 1 \end{vmatrix}$$

$$=(a+b+c)\begin{vmatrix} 1 & 1 & 1 \\ a & b & c \\ a^2 & b^2 & c^2 \end{vmatrix}$$

$$=(a+b+c)(b-a)(c-a)(c-b)$$

9. 计算以下行列式：

(1) $D_4=\begin{vmatrix} 1 & 1 & 1 & 1 \\ 1+a_1 & 1+a_2 & 1+a_3 & 1+a_4 \\ a_1+a_1^2 & a_2+a_2^2 & a_3+a_3^2 & a_4+a_4^2 \\ a_1^2+a_1^3 & a_2^2+a_2^3 & a_3^2+a_3^3 & a_4^2+a_4^3 \end{vmatrix}$；

(2) $D_n=\begin{vmatrix} 1 & 1 & 1 & \cdots & 1 \\ 1+a_1 & 1+a_2 & 1+a_3 & \cdots & 1+a_n \\ a_1+a_1^2 & a_2+a_2^2 & a_3+a_3^2 & \cdots & a_n+a_n^2 \\ \vdots & \vdots & \vdots & & \vdots \\ a_1^{n-2}+a_1^{n-1} & a_2^{n-2}+a_2^{n-1} & a_3^{n-2}+a_3^{n-1} & \cdots & a_n^{n-2}+a_n^{n-1} \end{vmatrix}$.

【解】 (1) 从第一行开始自上而下地在后一行中减去前一行得

$$D_4=\begin{vmatrix} 1 & 1 & 1 & 1 \\ 1+a_1 & 1+a_2 & 1+a_3 & 1+a_4 \\ a_1+a_1^2 & a_2+a_2^2 & a_3+a_3^2 & a_4+a_4^2 \\ a_1^2+a_1^3 & a_2^2+a_2^3 & a_3^2+a_3^3 & a_4^2+a_4^3 \end{vmatrix}=\begin{vmatrix} 1 & 1 & 1 & 1 \\ a_1 & a_2 & a_3 & a_4 \\ a_1^2 & a_2^2 & a_3^2 & a_4^2 \\ a_1^3 & a_2^3 & a_3^3 & a_4^3 \end{vmatrix}$$

$$=\prod_{1\leqslant j<i\leqslant 4}(a_i-a_j)$$

(2) 从第一行开始自上而下地在后一行中减去前一行得

$$D_n=\begin{vmatrix}1&1&1&\cdots&1\\a_1&a_2&a_3&\cdots&a_n\\a_1^2&a_2^2&a_3^2&\cdots&a_n^2\\\vdots&\vdots&\vdots&&\vdots\\a_1^{n-1}&a_2^{n-1}&a_3^{n-1}&\cdots&a_n^{n-1}\end{vmatrix}=\prod_{1\leqslant j<i\leqslant n}(a_i-a_j)$$

10. 求出以下不完全的范德蒙德行列式的值

$$D_1=\begin{vmatrix}1&1&1\\a&b&c\\a^3&b^3&c^3\end{vmatrix},\ D_2=\begin{vmatrix}1&a^2&a^3\\1&b^2&b^3\\1&c^2&c^3\end{vmatrix},\ D_3=\begin{vmatrix}a^3&a&1\\b^3&b&1\\c^3&c&1\end{vmatrix}$$

**【解】**　先用“升阶法”求出以下4阶范德蒙德行列式的值

$$D=\begin{vmatrix}1&1&1&1\\a&b&c&x\\a^2&b^2&c^2&x^2\\a^3&b^3&c^3&x^3\end{vmatrix}$$

$$=(b-a)(c-a)(c-b)(x-a)(x-b)(x-c)$$

$$=(b-a)(c-a)(c-b)[x^3-(a+b+c)x^2+(ab+bc+ac)x-abc]$$

因为 $D_1$ 就是 $D$ 的展开式中 $x^2$ 的系数的改号,所以

$$D_1=(b-a)(c-a)(c-b)(a+b+c)$$

考虑 $D_2$ 的转置形式,易见 $D_2$ 是 $D$ 的展开式中 $x$ 的系数,所以

$$D_2=(b-a)(c-a)(c-b)(ab+bc+ac)$$

考察 $D_1$ 的转置形式和 $D_3$ 的形状,易见

$$D_3=(-1)^3D_1=(b-a)(c-a)(c-b)(-a-b-c)=-D_1$$

**【说明】**　把这个4阶范德蒙德行列式 $D$,按其第四列展开可得

$$D=-\begin{vmatrix}a&b&c\\a^2&b^2&c^2\\a^3&b^3&c^3\end{vmatrix}+x\times\begin{vmatrix}1&1&1\\a^2&b^2&c^2\\a^3&b^3&c^3\end{vmatrix}-x^2\times\begin{vmatrix}1&1&1\\a&b&c\\a^3&b^3&c^3\end{vmatrix}+x^3\times\begin{vmatrix}1&1&1\\a&b&c\\a^2&b^2&c^2\end{vmatrix}$$

11. 计算 $n$ 阶行列式 $D_n=\begin{vmatrix}1&1&\cdots&1\\x_1&x_2&\cdots&x_n\\x_1^2&x_2^2&\cdots&x_n^2\\\vdots&\vdots&&\vdots\\x_1^{n-2}&x_2^{n-2}&\cdots&x_n^{n-2}\\x_1^n&x_2^n&\cdots&x_n^n\end{vmatrix}$.

【解】 这是一个不完全的范德蒙德行列式,可用升阶法求值. $n+1$ 阶范德蒙德行列式

$$V_{n+1}=\begin{vmatrix}1&1&1&\cdots&1\\y&x_1&x_2&\cdots&x_n\\y^2&x_1^2&x_2^2&\cdots&x_n^2\\\vdots&\vdots&\vdots&&\vdots\\y^{n-2}&x_1^{n-2}&x_2^{n-2}&\cdots&x_n^{n-2}\\y^{n-1}&x_1^{n-1}&x_2^{n-1}&\cdots&x_n^{n-1}\\y^n&x_1^n&x_2^n&\cdots&x_n^n\end{vmatrix}$$

$$=\prod_{i=1}^{n}(x_i-y)\times\prod_{1\leqslant j<i\leqslant n}(x_i-x_j)$$

因为

$$\prod_{i=1}^{n}(x_i-y)=(x_1-y)(x_2-y)\cdots(x_{n-1}-y)(x_n-y)$$

$$=(-1)^n y^n+(-1)^{n-1}\left(\sum_{i=1}^{n}x_i\right)y^{n-1}+\cdots$$

而 $D_n$ 是 $V_{n+1}$ 中 $y^{n-1}$ 的系数乘上 $(-1)^{n+1}=(-1)^{n-1}$,所以

$$D_n=\sum_{i=1}^{n}x_i\times\prod_{1\leqslant j<i\leqslant n}(x_i-x_j)$$

12. 计算以下行列式:

(1) $D_5=\begin{vmatrix}1&1&1&1&1\\2&2^2&2^3&2^4&2^5\\3&3^2&3^3&3^4&3^5\\4&4^2&4^3&4^4&4^5\\5&5^2&5^3&5^4&5^5\end{vmatrix}$;

(2) $D_n=\begin{vmatrix}1&1&1&\cdots&1\\2&2^2&2^3&\cdots&2^n\\3&3^2&3^3&\cdots&3^n\\\vdots&\vdots&\vdots&&\vdots\\n&n^2&n^3&\cdots&n^n\end{vmatrix}$.

【解】 (1) 按行提出公因数化为范德蒙德行列式(转置形式)

$$D_5 = 5! \times \begin{vmatrix} 1 & 1 & 1 & 1 & 1 \\ 1 & 2 & 2^2 & 2^3 & 2^4 \\ 1 & 3 & 3^2 & 3^3 & 3^4 \\ 1 & 4 & 4^2 & 4^3 & 4^4 \\ 1 & 5 & 5^2 & 5^3 & 5^4 \end{vmatrix} = 5! \times [(2-1)(3-1)(4-1)(5-1) \times$$

$$(3-2)(4-2)(5-2)(4-3)(5-3)(5-4)]$$

$$= 5! \times 4! \times 3! \times 2! \times 1! = \prod_{k=1}^{5} k!$$

(2) 按行提出公因数得到

$$D_n = n! \times \begin{vmatrix} 1 & 1 & 1 & \cdots & 1 \\ 1 & 2 & 2^2 & \cdots & 2^{n-1} \\ 1 & 3 & 3^2 & \cdots & 3^{n-1} \\ \vdots & \vdots & \vdots & & \vdots \\ 1 & n & n^2 & \cdots & n^{n-1} \end{vmatrix}$$

$$= n! \times \prod_{k=2}^{n}(k-1) \times \prod_{k=3}^{n}(k-2) \times \cdots \times \prod_{k=n-1}^{n}(k-(n-2)) \times$$

$$\prod_{k=n}^{n}(k-(n-1))$$

$$= n! \times (n-1)! \times (n-2)! \times \cdots \times 2! \times 1! = \prod_{k=1}^{n} k!$$

13. 计算以下行列式：

$$(1) D_4 = \begin{vmatrix} a^3 & (a-1)^3 & (a-2)^3 & (a-3)^3 \\ a^2 & (a-1)^2 & (a-2)^2 & (a-3)^2 \\ a & a-1 & a-2 & a-3 \\ 1 & 1 & 1 & 1 \end{vmatrix};$$

$$(2) D_{n+1} = \begin{vmatrix} a^n & (a-1)^n & \cdots & (a-n+1)^n & (a-n)^n \\ a^{n-1} & (a-1)^{n-1} & \cdots & (a-n+1)^{n-1} & (a-n)^{n-1} \\ \vdots & \vdots & & \vdots & \vdots \\ a & a-1 & \cdots & a-n+1 & a-n \\ 1 & 1 & \cdots & 1 & 1 \end{vmatrix}.$$

**【解】** (1) 根据范德蒙德行列式的变形公式可直接求出

$$D_4 = [a-(a-1)] \cdot [a-(a-2)] \cdot [a-(a-3)] \cdot [(a-1)-(a-2)] \cdot$$
$$[(a-1)-(a-3)] \cdot [(a-2)-(a-3)]$$
$$= 3! \times 2! \times 1! = 6 \times 2 \times 1 = 12$$

(2) 根据范德蒙德行列式的变形公式可直接求出

$$D_{n+1}=\prod_{0\leqslant i<j\leqslant n}[(a-i)-(a-j)]=\prod_{0\leqslant i<j\leqslant n}(j-i)$$

$$=(n!)\times(n-1)!\times(n-2)!\times\cdots\times(2!)\times(1!)=\prod_{k=1}^{n}k!$$

14. 计算 $n+1$ 阶行列式

$$D_{n+1}=\begin{vmatrix} a^n & (a+1)^n & (a+2)^n & \cdots & (a+n)^n \\ a^{n-1} & (a+1)^{n-1} & (a+2)^{n-1} & \cdots & (a+n)^{n-1} \\ \vdots & \vdots & \vdots & & \vdots \\ a & (a+1) & (a+2) & \cdots & (a+n) \\ 1 & 1 & 1 & \cdots & 1 \end{vmatrix}$$

【解】 根据范德蒙德行列式的变形公式可直接求出

$$D_{n+1}=\prod_{0\leqslant i<j\leqslant n}[(a+i)-(a+j)]$$

$$=\prod_{0\leqslant i<j\leqslant n}(i-j)=(-1)^{\frac{n(n+1)}{2}}\prod_{0\leqslant i<j\leqslant n}(j-i)$$

$$=(-1)^{\frac{n(n+1)}{2}}\prod_{k=1}^{n}k!$$

【注】 例如,当 $n=5$ 时,依次取 $i=0,1,2,3,4$ 可求出

$$\prod_{0\leqslant i<j\leqslant 5}(j-i)=(5!)(4!)(3!)(2!)(1!)$$

15. 计算以下行列式:

$$(1)D_5=\begin{vmatrix} b_1 & a_1 & a_1^2 & a_1^3 & a_1^4 \\ b_2 & a_2 & a_2^2 & a_2^3 & a_2^4 \\ b_3 & a_3 & a_3^2 & a_3^3 & a_3^4 \\ b_4 & a_4 & a_4^2 & a_4^3 & a_4^4 \\ b_5 & a_5 & a_5^2 & a_5^3 & a_5^4 \end{vmatrix};(2)D_n=\begin{vmatrix} b_1 & a_1 & a_1^2 & \cdots & a_1^{n-1} \\ \vdots & \vdots & \vdots & & \vdots \\ b_i & a_i & a_i^2 & \cdots & a_i^{n-1} \\ \vdots & \vdots & \vdots & & \vdots \\ b_n & a_n & a_n^2 & \cdots & a_n^{n-1} \end{vmatrix}.$$

【解】 (1) 按第一列展开得

$$D_5=b_1\begin{vmatrix} a_2 & a_2^2 & a_2^3 & a_2^4 \\ a_3 & a_3^2 & a_3^3 & a_3^4 \\ a_4 & a_4^2 & a_4^3 & a_4^4 \\ a_5 & a_5^2 & a_5^3 & a_5^4 \end{vmatrix}-b_2\begin{vmatrix} a_1 & a_1^2 & a_1^3 & a_1^4 \\ a_3 & a_3^2 & a_3^3 & a_3^4 \\ a_4 & a_4^2 & a_4^3 & a_4^4 \\ a_5 & a_5^2 & a_5^3 & a_5^4 \end{vmatrix}+b_3\begin{vmatrix} a_1 & a_1^2 & a_1^3 & a_1^4 \\ a_2 & a_2^2 & a_2^3 & a_2^4 \\ a_4 & a_4^2 & a_4^3 & a_4^4 \\ a_5 & a_5^2 & a_5^3 & a_5^4 \end{vmatrix}-$$

$$b_4\begin{vmatrix} a_1 & a_1^2 & a_1^3 & a_1^4 \\ a_2 & a_2^2 & a_2^3 & a_2^4 \\ a_3 & a_3^2 & a_3^3 & a_3^4 \\ a_5 & a_5^2 & a_5^3 & a_5^4 \end{vmatrix} + b_5\begin{vmatrix} a_1 & a_1^2 & a_1^3 & a_1^4 \\ a_2 & a_2^2 & a_2^3 & a_2^4 \\ a_3 & a_3^2 & a_3^3 & a_3^4 \\ a_4 & a_4^2 & a_4^3 & a_4^4 \end{vmatrix}$$

$$= b_1\prod_{j\neq 1} a_j\begin{vmatrix} 1 & a_2 & a_2^2 & a_2^3 \\ 1 & a_3 & a_3^2 & a_3^3 \\ 1 & a_4 & a_4^2 & a_4^3 \\ 1 & a_5 & a_5^2 & a_5^3 \end{vmatrix} - b_2\prod_{j\neq 2} a_j\begin{vmatrix} 1 & a_1 & a_1^2 & a_1^3 \\ 1 & a_3 & a_3^2 & a_3^3 \\ 1 & a_4 & a_4^2 & a_4^3 \\ 1 & a_5 & a_5^2 & a_5^3 \end{vmatrix} +$$

$$b_3\prod_{j\neq 3} a_j\begin{vmatrix} 1 & a_1 & a_1^2 & a_1^3 \\ 1 & a_2 & a_2^2 & a_2^3 \\ 1 & a_4 & a_4^2 & a_4^3 \\ 1 & a_5 & a_5^2 & a_5^3 \end{vmatrix} -$$

$$b_4\prod_{j\neq 4} a_j\begin{vmatrix} 1 & a_1 & a_1^2 & a_1^3 \\ 1 & a_2 & a_2^2 & a_2^3 \\ 1 & a_3 & a_3^2 & a_3^3 \\ 1 & a_5 & a_5^2 & a_5^3 \end{vmatrix} + b_5\prod_{j\neq 5} a_j\begin{vmatrix} 1 & a_1 & a_1^2 & a_1^3 \\ 1 & a_2 & a_2^2 & a_2^3 \\ 1 & a_3 & a_3^2 & a_3^3 \\ 1 & a_4 & a_4^2 & a_4^3 \end{vmatrix}$$

$$= b_1\prod_{j\neq 1} a_j \prod_{\substack{k\neq 1, j\neq 1\\ 1\leqslant j<k\leqslant 5}}(a_k - a_j) - b_2\prod_{j\neq 2} a_j \prod_{\substack{k\neq 2, j\neq 2\\ 1\leqslant j<k\leqslant 5}}(a_k - a_j) + b_3\prod_{j\neq 3} a_j \prod_{\substack{k\neq 3, j\neq 3\\ 1\leqslant j<k\leqslant 5}}(a_k - a_j) -$$

$$b_4\prod_{j\neq 4} a_j \prod_{\substack{k\neq 4, j\neq 4\\ 1\leqslant j<k\leqslant 5}}(a_k - a_j) + b_5\prod_{j\neq 5} a_j \prod_{\substack{k\neq 5, j\neq 5\\ 1\leqslant j<k\leqslant 5}}(a_k - a_j)$$

$$= \sum_{i=1}^{5}\left[(-1)^{i+1} b_i \times \prod_{j\neq i} a_j \times \prod_{\substack{1\leqslant j<k\leqslant 5\\ k\neq i,\ j\neq i}}(a_k - a_j)\right]$$

（2）把 $D_n$ 按其第一列展开得

$$D_n = \sum_{i=1}^{n}(-1)^{i+1} b_i \times \begin{vmatrix} a_1 & a_1^2 & a_1^3 & \cdots & a_1^{n-1} \\ \vdots & \vdots & \vdots & & \vdots \\ a_{i-1} & a_{i-1}^2 & a_{i-1}^3 & \cdots & a_{i-1}^{n-1} \\ a_{i+1} & a_{i+1}^2 & a_{i+1}^3 & \cdots & a_{i+1}^{n-1} \\ \vdots & \vdots & \vdots & & \vdots \\ a_n & a_n^2 & a_n^3 & \cdots & a_n^{n-1} \end{vmatrix}_{n-1}$$

$$= \sum_{i=1}^{n} (-1)^{i+1} b_i \times \prod_{j \neq i} a_j \times \begin{vmatrix} 1 & a_1 & a_1^2 & \cdots & a_1^{n-2} \\ \vdots & \vdots & \vdots & & \vdots \\ 1 & a_{i-1} & a_{i-1}^2 & \cdots & a_{i-1}^{n-2} \\ 1 & a_{i+1} & a_{i+1}^2 & \cdots & a_{i+1}^{n-2} \\ \vdots & \vdots & \vdots & & \vdots \\ 1 & a_n & a_n^2 & \cdots & a_n^{n-2} \end{vmatrix}_{n-1}$$

$$= \sum_{i=1}^{n} \left[ (-1)^{i+1} b_i \times \prod_{j \neq i} a_j \times \prod_{\substack{1 \leq j < k \leq n \\ k \neq i, j \neq i}} (a_k - a_j) \right]$$

16. 计算 $n+1$ 阶行列式

$$D_{n+1} = \begin{vmatrix} a_1^n & a_1^{n-1} b_1 & \cdots & a_1 b_1^{n-1} & b_1^n \\ a_2^n & a_2^{n-1} b_2 & \cdots & a_2 b_2^{n-1} & b_2^n \\ \vdots & \vdots & & \vdots & \vdots \\ a_n^n & a_n^{n-1} b_n & \cdots & a_n b_n^{n-1} & b_n^n \\ a_{n+1}^n & a_{n+1}^{n-1} b_{n+1} & \cdots & a_{n+1} b_{n+1}^{n-1} & b_{n+1}^n \end{vmatrix}$$

其中 $a_i \neq 0$，$i = 1, 2, \cdots, n+1$.

**【解】** 在各行中提出公因数化成范德蒙德行列式,并记 $c_i = \dfrac{b_i}{a_i}$，$i = 1, 2, \cdots, n, n+1$,可得

$$D_{n+1} = \left(\prod_{i=1}^{n+1} a_i^n\right) \begin{vmatrix} 1 & c_1 & \cdots & c_1^{n-1} & c_1^n \\ 1 & c_2 & \cdots & c_2^{n-1} & c_2^n \\ \vdots & \vdots & & \vdots & \vdots \\ 1 & c_n & \cdots & c_n^{n-1} & c_n^n \\ 1 & c_{n+1} & \cdots & c_{n+1}^{n-1} & c_{n+1}^n \end{vmatrix}$$

$$= \left(\prod_{i=1}^{n+1} a_i^n\right) \prod_{1 \leq j < i \leq n+1} (c_i - c_j) = \left(\prod_{i=1}^{n+1} a_i^n\right) \prod_{1 \leq j < i \leq n+1} \left(\frac{b_i}{a_i} - \frac{b_j}{a_j}\right)$$

$$= \left(\prod_{i=1}^{n+1} a_i^n\right) \prod_{1 \leq j < i \leq n+1} \left(\frac{a_j b_i - a_i b_j}{a_i a_j}\right) = \prod_{1 \leq j < i \leq n+1} (a_j b_i - a_i b_j)$$

**【注】** 例如,当 $n = 3$ 时,有

$$\prod_{1 \leq j < i \leq 4} a_i a_j = a_2 a_1 \times a_3 a_1 \times a_4 a_1 \times a_3 a_2 \times a_4 a_2 \times a_4 a_3 = \prod_{i=1}^{4} a_i^3$$

于是

$$D_4=\prod_{i=1}^{4}a_i^3\times\prod_{1\leqslant j<i\leqslant 4}\left(\frac{b_i}{a_i}-\frac{b_j}{a_j}\right)=\prod_{i=1}^{4}a_i^3\times\prod_{1\leqslant j<i\leqslant 4}\frac{a_jb_i-a_ib_j}{\prod_{i=1}^{4}a_i^3}=\prod_{1\leqslant j<i\leqslant 4}(a_jb_i-a_ib_j)$$

17. 计算 $n$ 阶行列式 $D_n=\begin{vmatrix} a_1/(a_1-1) & a_1 & a_1^2 & \cdots & a_1^{n-1} \\ \vdots & \vdots & \vdots & & \vdots \\ a_i/(a_i-1) & a_i & a_i^2 & \cdots & a_i^{n-1} \\ \vdots & \vdots & \vdots & & \vdots \\ a_n/(a_n-1) & a_n & a_n^2 & \cdots & a_n^{n-1} \end{vmatrix}$.

**【解】**　先按行提出公因数后再按第一列展开得

$$D_n=\left(\prod_{i=1}^{n}a_i\right)\begin{vmatrix} 1/(a_1-1) & 1 & a_1 & \cdots & a_1^{n-2} \\ \vdots & \vdots & \vdots & & \vdots \\ 1/(a_i-1) & 1 & a_i & \cdots & a_i^{n-2} \\ \vdots & \vdots & \vdots & & \vdots \\ 1/(a_n-1) & 1 & a_n & \cdots & a_n^{n-2} \end{vmatrix}$$

$$=\left(\prod_{i=1}^{n}a_i\right)\left[\sum_{i=1}^{n}(-1)^{i+1}\frac{1}{a_i-1}\Delta_i\right]$$

其中

$$\Delta_i=\begin{vmatrix} 1 & a_1 & a_1^2 & \cdots & a_1^{n-2} \\ \vdots & \vdots & \vdots & & \vdots \\ 1 & a_{i-1} & a_{i-1}^2 & \cdots & a_{i-1}^{n-2} \\ 1 & a_{i+1} & a_{i+1}^2 & \cdots & a_{i+1}^{n-2} \\ \vdots & \vdots & \vdots & & \vdots \\ 1 & a_n & a_n^2 & \cdots & a_n^{n-2} \end{vmatrix}_{n-1}=\prod_{\substack{1\leqslant j<k\leqslant n \\ k\neq i,\ j\neq i}}(a_k-a_j)$$

于是

$$D_n=\left(\prod_{i=1}^{n}a_i\right)\left[\sum_{i=1}^{n}(-1)^{i+1}\frac{1}{a_i-1}\prod_{\substack{1\leqslant j<k\leqslant n \\ k\neq i,\ j\neq i}}(a_k-a_j)\right]$$

18. 计算 $D_4=\begin{vmatrix} 1 & 1 & 1 & 1 \\ x_1(x_1-1) & x_2(x_2-1) & x_3(x_3-1) & x_4(x_4-1) \\ x_1^2(x_1-1) & x_2^2(x_2-1) & x_3^2(x_3-1) & x_4^2(x_4-1) \\ x_1^3(x_1-1) & x_2^3(x_2-1) & x_3^3(x_3-1) & x_4^3(x_4-1) \end{vmatrix}$.

**【解】**　先将第一行中元素依次改写成

$$x_j-(x_j-1),\ j=1,2,3,4$$

再按其第一行拆成两个行列式之和

$$D_4=\begin{vmatrix} x_1 & x_2 & x_3 & x_4 \\ x_1(x_1-1) & x_2(x_2-1) & x_3(x_3-1) & x_4(x_4-1) \\ x_1^2(x_1-1) & x_2^2(x_2-1) & x_3^2(x_3-1) & x_4^2(x_4-1) \\ x_1^3(x_1-1) & x_2^3(x_2-1) & x_3^3(x_3-1) & x_4^3(x_4-1) \end{vmatrix}+$$

$$\begin{vmatrix} -(x_1-1) & -(x_2-1) & -(x_3-1) & -(x_4-1) \\ x_1(x_1-1) & x_2(x_2-1) & x_3(x_3-1) & x_4(x_4-1) \\ x_1^2(x_1-1) & x_2^2(x_2-1) & x_3^2(x_3-1) & x_4^2(x_4-1) \\ x_1^3(x_1-1) & x_2^3(x_2-1) & x_3^3(x_3-1) & x_4^3(x_4-1) \end{vmatrix}$$

$$=\Delta_1+\Delta_2$$

在第一个行列式中,先按列提出公因式,再自上而下地将前一行加到后一行上去化为范德蒙德行列式,求得

$$\Delta_1=\left(\prod_{i=1}^{4}x_i\right)\begin{vmatrix} 1 & 1 & 1 & 1 \\ x_1-1 & x_2-1 & x_3-1 & x_4-1 \\ x_1^2-x_1 & x_2^2-x_2 & x_3^2-x_3 & x_4^2-x_4 \\ x_1^3-x_1^2 & x_2^3-x_2^2 & x_3^3-x_3^2 & x_4^3-x_4^2 \end{vmatrix}$$

$$=\left(\prod_{i=1}^{4}x_i\right)\begin{vmatrix} 1 & 1 & 1 & 1 \\ x_1 & x_2 & x_3 & x_4 \\ x_1^2 & x_2^2 & x_3^2 & x_4^2 \\ x_1^3 & x_2^3 & x_3^3 & x_4^3 \end{vmatrix}$$

$$=\left(\prod_{i=1}^{4}x_i\right)\left(\prod_{1\leqslant j<i\leqslant 4}(x_i-x_j)\right)$$

第二个行列式显然为

$$\Delta_2=-\prod_{i=1}^{4}(x_i-1)\begin{vmatrix} 1 & 1 & 1 & 1 \\ x_1 & x_2 & x_3 & x_4 \\ x_1^2 & x_2^2 & x_3^2 & x_4^2 \\ x_1^3 & x_2^3 & x_3^3 & x_4^3 \end{vmatrix}$$

$$=-\left(\prod_{i=1}^{4}(x_i-1)\right)\left(\prod_{1\leqslant j<i\leqslant 4}(x_i-x_j)\right)$$

所以 $$D_4=\prod_{1\leqslant j<i\leqslant 4}(x_i-x_j)\left[\prod_{i=1}^{4}x_i-\prod_{i=1}^{4}(x_i-1)\right]$$

19. 计算 $n$ 阶行列式 $D_n = \begin{vmatrix} 1+x_1 & 1+x_1^2 & \cdots & 1+x_1^{n-1} & 1+x_1^n \\ 1+x_2 & 1+x_2^2 & \cdots & 1+x_2^{n-1} & 1+x_2^n \\ 1+x_3 & 1+x_3^2 & \cdots & 1+x_3^{n-1} & 1+x_3^n \\ \vdots & \vdots & & \vdots & \vdots \\ 1+x_n & 1+x_n^2 & \cdots & 1+x_n^{n-1} & 1+x_n^n \end{vmatrix}$.

**【解】** 先将行列式升阶成 $n+1$ 阶行列式,再在后 $n$ 列中都减去第一列,再按第一行拆开,求得

$$D_n = \begin{vmatrix} 1 & 0 & 0 & \cdots & 0 \\ 1 & 1+x_1 & 1+x_1^2 & \cdots & 1+x_1^n \\ 1 & 1+x_2 & 1+x_2^2 & \cdots & 1+x_2^n \\ \vdots & \vdots & \vdots & & \vdots \\ 1 & 1+x_n & 1+x_n^2 & \cdots & 1+x_n^n \end{vmatrix}_{n+1} = \begin{vmatrix} 1 & -1 & -1 & \cdots & -1 \\ 1 & x_1 & x_1^2 & \cdots & x_1^n \\ 1 & x_2 & x_2^2 & \cdots & x_2^n \\ \vdots & \vdots & \vdots & & \vdots \\ 1 & x_n & x_n^2 & \cdots & x_n^n \end{vmatrix}_{n+1}$$

$$= \begin{vmatrix} 2 & 0 & 0 & \cdots & 0 \\ 1 & x_1 & x_1^2 & \cdots & x_1^n \\ 1 & x_2 & x_2^2 & \cdots & x_2^n \\ \vdots & \vdots & \vdots & & \vdots \\ 1 & x_n & x_n^2 & \cdots & x_n^n \end{vmatrix}_{n+1} + \begin{vmatrix} -1 & -1 & -1 & \cdots & -1 \\ 1 & x_1 & x_1^2 & \cdots & x_1^n \\ 1 & x_2 & x_2^2 & \cdots & x_2^n \\ \vdots & \vdots & \vdots & & \vdots \\ 1 & x_n & x_n^2 & \cdots & x_n^n \end{vmatrix}_{n+1}$$

$= \Delta_1 + \Delta_2$

显然

$$\Delta_1 = 2\left(\prod_{i=1}^{n} x_i\right)\left(\prod_{1 \leqslant j < i \leqslant n} (x_i - x_j)\right)$$

在第二个行列式中,从末列开始,自右往左地在后列中减去前列,再按第一行展开可得

$$\Delta_2 = \begin{vmatrix} -1 & -1 & -1 & \cdots & -1 \\ 1 & x_1 & x_1^2 & \cdots & x_1^n \\ 1 & x_2 & x_2^2 & \cdots & x_2^n \\ \vdots & \vdots & \vdots & & \vdots \\ 1 & x_n & x_n^2 & \cdots & x_n^n \end{vmatrix}_{n+1}$$

$$=\begin{vmatrix} -1 & 0 & 0 & \cdots & 0 \\ 1 & x_1-1 & x_1(x_1-1) & \cdots & x_1^{n-1}(x_1-1) \\ 1 & x_2-1 & x_2(x_2-1) & \cdots & x_2^{n-1}(x_2-1) \\ \vdots & \vdots & \vdots & & \vdots \\ 1 & x_n-1 & x_n(x_n-1) & \cdots & x_n^{n-1}(x_n-1) \end{vmatrix}_{n+1}$$

$$=-\left(\prod_{i=1}^{n}(x_i-1)\right)\left(\prod_{1\leqslant j<i\leqslant n}(x_i-x_j)\right)$$

于是
$$D_n=\left[2\prod_{i=1}^{n}x_i-\prod_{i=1}^{n}(x_i-1)\right]\prod_{1\leqslant j<i\leqslant n}(x_i-x_j)$$

20. (1) 设 $k$ 次多项式

$$\begin{aligned} f_k(x) &= x^k+a_{k1}x^{k-1}+a_{k2}x^{k-2}+\cdots+a_{k,k-1}x+a_{kk} \\ &= x^k+\sum_{j=1}^{k}a_{kj}x^{k-j},\ k=1,2,\cdots,n-1 \end{aligned}$$

求 $n$ 阶行列式

$$D_n=\begin{vmatrix} 1 & f_1(x_1) & f_2(x_1) & \cdots & f_{n-2}(x_1) & f_{n-1}(x_1) \\ 1 & f_1(x_2) & f_2(x_2) & \cdots & f_{n-2}(x_2) & f_{n-1}(x_2) \\ \vdots & \vdots & \vdots & & \vdots & \vdots \\ 1 & f_1(x_n) & f_2(x_n) & \cdots & f_{n-2}(x_n) & f_{n-1}(x_n) \end{vmatrix}$$

(2) 求 $n$ 阶行列式 $D_n=\begin{vmatrix} 1 & \cos\theta_1 & \cos 2\theta_1 & \cdots & \cos(n-1)\theta_1 \\ 1 & \cos\theta_2 & \cos 2\theta_2 & \cdots & \cos(n-1)\theta_2 \\ \vdots & \vdots & \vdots & & \vdots \\ 1 & \cos\theta_n & \cos 2\theta_n & \cdots & \cos(n-1)\theta_n \end{vmatrix}$.

**【解】** (1) 利用行列式性质,在每一列中减去前面各列的适当倍数,可使在每一项 $f_k(x_j)$ 中仅剩下 $x_j$ 的最高次项 $x_j^k$,于是所求的行列式为

$$D_n=\begin{vmatrix} 1 & x_1+a_{11} & x_1^2+a_{21}x_1+a_{22} & \cdots & x_1^{n-2}+\sum_{j=1}^{n-2}a_{n-2,j}x_1^{n-2-j} & x_1^{n-1}+\sum_{j=1}^{n-1}a_{n-1,j}x_1^{n-1-j} \\ 1 & x_2+a_{11} & x_2^2+a_{21}x_2+a_{22} & \cdots & x_2^{n-2}+\sum_{j=1}^{n-2}a_{n-2,j}x_2^{n-2-j} & x_2^{n-1}+\sum_{j=1}^{n-1}a_{n-1,j}x_2^{n-1-j} \\ \vdots & \vdots & \vdots & & \vdots & \vdots \\ 1 & x_n+a_{11} & x_n^2+a_{21}x_n+a_{22} & \cdots & x_n^{n-2}+\sum_{j=1}^{n-2}a_{n-2,j}x_n^{n-2-j} & x_n^{n-1}+\sum_{j=1}^{n-1}a_{n-1,j}x_n^{n-1-j} \end{vmatrix}$$

$$=\begin{vmatrix} 1 & x_1 & x_1^2 & \cdots & x_1^{n-2} & x_1^{n-1} \\ 1 & x_2 & x_2^2 & \cdots & x_2^{n-2} & x_2^{n-1} \\ \vdots & \vdots & \vdots & & \vdots & \vdots \\ 1 & x_n & x_n^2 & \cdots & x_n^{n-2} & x_n^{n-1} \end{vmatrix} = \prod_{1\leqslant j<i\leqslant n}(x_i - x_j)$$

(2) 首先要证明 $\cos k\theta$ 可表成 $\cos\theta$ 的 $k$ 次多项式.

记 $x=\cos\theta$，$y=\sin\theta$,有 $y^2=1-x^2$.

根据关于复数计算的棣莫菲(De Moivre) 公式和二项式展开定理可得

$$\cos k\theta + \mathrm{i}\sin k\theta = (\cos\theta + \mathrm{i}\sin\theta)^k = \sum_{l=0}^{k} \mathrm{C}_k^l(\cos\theta)^l(\mathrm{i}\sin\theta)^{k-l}$$

$$= \sum_{l=0}^{k} \mathrm{C}_k^l x^l \mathrm{i}^{k-l} y^{k-l}$$

$$= \mathrm{C}_k^k x^k + \mathrm{i}\mathrm{C}_k^{k-1}x^{k-1}y + \mathrm{i}^2\mathrm{C}_k^{k-2}x^{k-2}y^2 + \mathrm{i}^3\mathrm{C}_k^{k-3}x^{k-3}y^3 +$$
$$\mathrm{i}^4\mathrm{C}_k^{k-4}x^{k-4}y^4 + \cdots + \mathrm{i}^{k-2}\mathrm{C}_k^2x^2y^{k-2} + \mathrm{i}^{k-1}\mathrm{C}_k^1xy^{k-1} + \mathrm{i}^ky^k$$

① 当 $k=2m$ 时,比较等式两边的实部可得

$$\cos 2m\theta = x^{2m} - \mathrm{C}_{2m}^2x^{2m-2}y^2 + \mathrm{C}_{2m}^4x^{2m-4}y^4 - \cdots +$$
$$(-1)^{m-1}\mathrm{C}_{2m}^{2m-2}x^2y^{2m-2} + (-1)^m\mathrm{C}_{2m}^{2m}y^{2m}$$

将 $y^2=1-x^2$ 代入可知 $\cos 2m\theta = \lambda x^{2m} + \cdots$,其中

$$\lambda = \mathrm{C}_{2m}^0 + \mathrm{C}_{2m}^2 + \mathrm{C}_{2m}^4 + \cdots + \mathrm{C}_{2m}^{2m-2} + \mathrm{C}_{2m}^{2m}$$
$$= \mathrm{C}_{2m-1}^0 + (\mathrm{C}_{2m-1}^1 + \mathrm{C}_{2m-1}^2) + (\mathrm{C}_{2m-1}^3 + \mathrm{C}_{2m-1}^4) + \cdots +$$
$$(\mathrm{C}_{2m-1}^{2m-3} + \mathrm{C}_{2m-1}^{2m-2}) + \mathrm{C}_{2m-1}^{2m-1}$$
$$= (1+1)^{2m-1} = 2^{2m-1}$$

② 当 $k=2m+1$ 时,比较等式两边的实部可得

$$\cos(2m+1)\theta = x^{2m+1} - \mathrm{C}_{2m+1}^2x^{2m-1}y^2 + \mathrm{C}_{2m+1}^4x^{2m-3}y^4 - \cdots +$$
$$(-1)^{m-1}\mathrm{C}_{2m+1}^{2m-2}x^3y^{2m-2} + (-1)^m\mathrm{C}_{2m+1}^{2m}xy^{2m}$$

将 $y^2=1-x^2$ 代入可知 $\cos 2m\theta = \mu x^{2m+1} + \cdots$,其中

$$\mu = \mathrm{C}_{2m+1}^0 + \mathrm{C}_{2m+1}^2 + \mathrm{C}_{2m+1}^4 + \cdots + \mathrm{C}_{2m+1}^{2m-2} + \mathrm{C}_{2m+1}^{2m}$$
$$= \mathrm{C}_{2m}^0 + (\mathrm{C}_{2m}^1 + \mathrm{C}_{2m}^2) + (\mathrm{C}_{2m}^3 + \mathrm{C}_{2m}^4) + \cdots + (\mathrm{C}_{2m}^{2m-3} + \mathrm{C}_{2m}^{2m-2}) + (\mathrm{C}_{2m}^{2m-1} + \mathrm{C}_{2m}^{2m})$$
$$= (1+1)^{2m} = 2^{2m}$$

这就是说,对于 $x=\cos\theta$,必有

$$\cos k\theta = 2^{k-1}x^k + \cdots$$

一般地,记 $x_i=\cos\theta_i$, $i=1, 2, \cdots, n$,必有

$$\cos k\theta_i = 2^{k-1}x_i^k + \cdots, i=1, 2, \cdots, n$$

于是,据题(1) 结论可求出

$$D_n=\begin{vmatrix}1 & \cos\theta_1 & \cos 2\theta_1 & \cdots & \cos(n-1)\theta_1\\ 1 & \cos\theta_2 & \cos 2\theta_2 & \cdots & \cos(n-1)\theta_2\\ \vdots & \vdots & \vdots & & \vdots\\ 1 & \cos\theta_n & \cos 2\theta_n & \cdots & \cos(n-1)\theta_n\end{vmatrix}=$$

$$\begin{vmatrix}1 & x_1 & 2x_1^2 & \cdots & 2^{n-2}x_1^{n-1}\\ 1 & x_2 & 2x_2^2 & \cdots & 2^{n-2}x_2^{n-1}\\ \vdots & \vdots & \vdots & & \vdots\\ 1 & x_n & 2x_n^2 & \cdots & 2^{n-2}x_n^{n-1}\end{vmatrix}$$

$$=2^{\frac{(n-2)(n-1)}{2}}\prod_{1\leqslant j<i\leqslant n}(x_i-x_j)=2^{\frac{(n-2)(n-1)}{2}}\prod_{1\leqslant j<i\leqslant n}(\cos\theta_i-\cos\theta_j)$$

**【注】** 这里,在按列提出公因数后,需用求和公式

$$2\times 2^2\times 2^3\times\cdots\times 2^{n-2}=2^m$$

其中

$$m=1+2+3+\cdots+(n-2)=\frac{(n-2)(n-1)}{2}$$

在上述计算过程中,还需用到关于组合数的两个重要公式

$$C_n^0+C_n^1+C_n^2+\cdots+C_n^k+\cdots+C_n^{n-1}+C_n^n=(1+1)^n=2^n$$

$$C_n^k+C_n^{k+1}=\frac{n!}{k!\ (n-k)!}+\frac{n!}{(k+1)!\ (n-k-1)!}$$

$$=n!\ \left[\frac{(k+1)+(n-k)}{(k+1)!\ (n-k)!}\right]=\frac{(n+1)!}{(k+1)!\ (n-k)!}=C_{n+1}^{k+1}$$

由此可得关于组合数的杨辉三角

$$\begin{array}{c}1\\ 1\quad 1\\ 1\quad 2\quad 1\\ 1\quad 3\quad 3\quad 1\\ 1\quad 4\quad 6\quad 4\quad 1\\ 1\quad 5\quad 10\quad 10\quad 5\quad 1\\ 1\quad 6\quad 15\quad 20\quad 15\quad 6\quad 1\\ 1\quad 7\quad 21\quad 35\quad 35\quad 21\quad 7\quad 1\\ 1\quad 8\quad 28\quad 56\quad 70\quad 45\quad 28\quad 8\quad 1\\ \vdots\end{array}$$

$$C_n^0\quad C_n^1\quad C_n^2\quad C_n^3\quad\cdots\quad C_n^{k-1}\quad C_n^k\quad C_n^{k+1}\quad\cdots\quad C_n^{n-2}\quad C_n^{n-1}\quad C_n^n$$

$$C_{n+1}^0\quad C_{n+1}^1\quad C_{n+1}^2\quad C_{n+1}^3\quad\cdots\quad C_{n+1}^{k-1}\quad C_{n+1}^k\quad C_{n+1}^{k+1}\quad\cdots\quad C_{n+1}^{n-2}\quad C_{n+1}^{n-1}\quad C_{n+1}^n\quad C_{n+1}^{n+1}$$

# §9　证明题(一)

1. 若 $n$ 阶行列式 $D$ 中所有元素为 1 或 $-1$，证明：当 $n\geqslant 2$ 时，$D$ 必为偶数(可正、负或为零).

**【证】** 当 $n\geqslant 2$ 时，把第一行的元素加到第二行对应的元素上，使第二行的元素为 0，2 或 $-2$，于是可提出公因数 2，剩下元素组成的行列式必为整数，所以，$D$ 必为偶数.

2. 设 $a_1,a_2,a_3;b_1,b_2,b_3;c_1,c_2,c_3$ 是取之于 0 到 9 的九个个位数. 如果以下三个数

$$a_1a_2a_3,\quad b_1b_2b_3,\quad c_1c_2c_3$$

都是整数 $m$ 的倍数，证明 $D=\begin{vmatrix} a_1 & a_2 & a_3 \\ b_1 & b_2 & b_3 \\ c_1 & c_2 & c_3 \end{vmatrix}$ 一定是 $m$ 的倍数.

**【证】** 把第一列的 100 倍和第二列的 10 倍都加到第三列上去，得到

$$D=\begin{vmatrix} a_1 & a_2 & a_3 \\ b_1 & b_2 & b_3 \\ c_1 & c_2 & c_3 \end{vmatrix}=\begin{vmatrix} a_1 & a_2 & a_1a_2a_3 \\ b_1 & b_2 & b_1b_2b_3 \\ c_1 & c_2 & c_1c_2c_3 \end{vmatrix}$$

因为第三列中有公因数 $m$ 可以提出来，剩下的是一个元素都是整数的 3 阶行列式，当然，它的值是整数，所以，$D$ 必是 $m$ 的倍数.

3. 证明 $\sum\limits_{n!}\begin{vmatrix} a_{1j_1} & a_{1j_2} & \cdots & a_{1j_n} \\ a_{2j_1} & a_{2j_2} & \cdots & a_{2j_n} \\ \vdots & \vdots & & \vdots \\ a_{nj_1} & a_{nj_2} & \cdots & a_{nj_n} \end{vmatrix}=0$，这里 $\sum\limits_{n!}$ 表示对所有的 $n$ 阶排列 $j_1j_2\cdots j_n$ 求和.

**【证】** 若 $j_1j_2j_3\cdots j_n$ 为奇排列，则互换 $j_1$ 与 $j_2$，得到的 $j_2j_1j_3\cdots j_n$ 必为偶排列. 由这一对 $n$ 阶排列所确定的两个行列式仅相差一个负号，其和为零. 因为 $n$ 阶排列共有 $n!$ 个，其中奇排列与偶排列各占一半，所以，所求的行列式必为零.

4. 设 $a>b>c>0$，证明：$D_3=\begin{vmatrix} a & a^2 & bc \\ b & b^2 & ac \\ c & c^2 & ab \end{vmatrix}$ 的值必是负数.

**【证一】** 直接用行列式性质计算(在前一行中减去后一行)

$$D_3=\begin{vmatrix} a & a^2 & bc \\ b & b^2 & ac \\ c & c^2 & ab \end{vmatrix}=\begin{vmatrix} a-b & a^2-b^2 & (b-a)c \\ b-c & b^2-c^2 & a(c-b) \\ c & c^2 & ab \end{vmatrix}$$

$$=(a-b)(b-c)\begin{vmatrix} 1 & a+b & -c \\ 1 & b+c & -a \\ c & c^2 & ab \end{vmatrix}$$

$$=(a-b)(b-c)\begin{vmatrix} 1 & a+b & -c \\ 0 & c-a & c-a \\ c & c^2 & ab \end{vmatrix}$$

$$=(a-b)(b-c)(a-c)\begin{vmatrix} 1 & a+b & -c \\ 0 & -1 & -1 \\ c & c^2 & ab \end{vmatrix}$$

$$=(a-b)(b-c)(a-c)\begin{vmatrix} 1 & a+b & -a-b-c \\ 0 & -1 & 0 \\ c & c^2 & ab-c^2 \end{vmatrix}$$

$$=-(a-b)(b-c)(a-c)(ab+ac+bc)<0$$

**【证二】** 先在每一行中提出公因数,再把提出的公因数 $abc$ 乘到第三列上去,再在后两行中都减去第一行,可得

$$D_3=abc\begin{vmatrix} 1 & a & bc/a \\ 1 & b & ac/b \\ 1 & c & ab/c \end{vmatrix}=\begin{vmatrix} 1 & a & b^2c^2 \\ 1 & b & a^2c^2 \\ 1 & c & a^2b^2 \end{vmatrix}=$$

$$\begin{vmatrix} 1 & a & b^2c^2 \\ 0 & b-a & (a^2-b^2)c^2 \\ 0 & c-a & (a^2-c^2)b^2 \end{vmatrix}$$

$$=(b-a)(c-a)\begin{vmatrix} 1 & -(a+b)c^2 \\ 1 & -(a+c)b^2 \end{vmatrix}$$

$$=(b-a)(c-a)(ac^2+bc^2-ab^2-b^2c)$$

$$=(a-b)(a-c)[a(c^2-b^2)+bc(c-b)]$$

$$=(a-b)(a-c)(c-b)[a(c+b)+bc]<0$$

5. 证明行列式等式

$$D=\begin{vmatrix} a_1+b_1 & b_1+c_1 & c_1+a_1 \\ a_2+b_2 & b_2+c_2 & c_2+a_2 \\ a_3+b_3 & b_3+c_3 & c_3+a_3 \end{vmatrix}=2\begin{vmatrix} a_1 & b_1 & c_1 \\ a_2 & b_2 & c_2 \\ a_3 & b_3 & c_3 \end{vmatrix}$$

**【证一】** 用分块矩阵方法. 令 3 维列向量

$$\boldsymbol{\alpha}=\begin{pmatrix}a_1\\a_2\\a_3\end{pmatrix},\boldsymbol{\beta}=\begin{pmatrix}b_1\\b_2\\b_3\end{pmatrix},\boldsymbol{\gamma}=\begin{pmatrix}c_1\\c_2\\c_3\end{pmatrix}$$

用行列式按列拆开公式,其中有六个行列式有相同两列其值为零,证得

$$D=|\boldsymbol{\alpha}+\boldsymbol{\beta}\quad \boldsymbol{\beta}+\boldsymbol{\gamma}\quad \boldsymbol{\gamma}+\boldsymbol{\alpha}|=|\boldsymbol{\alpha}\quad \boldsymbol{\beta}\quad \boldsymbol{\gamma}|+|\boldsymbol{\beta}\quad \boldsymbol{\gamma}\quad \boldsymbol{\alpha}|=2|\boldsymbol{\alpha}\quad \boldsymbol{\beta}\quad \boldsymbol{\gamma}|$$

**【证二】** 把 $D$ 中的后两列加到第一列上去,提出公因数 2 以后得到

$$D=2\begin{vmatrix}a_1+b_1+c_1 & b_1+c_1 & c_1+a_1\\a_2+b_2+c_2 & b_2+c_2 & c_2+a_2\\a_3+b_3+c_3 & b_3+c_3 & c_3+a_3\end{vmatrix}$$

先在后两列中都减去第一列,再把后两列都加到第一列上去,得到

$$D=2\begin{vmatrix}a_1+b_1+c_1 & -a_1 & -b_1\\a_2+b_2+c_2 & -a_2 & -b_2\\a_3+b_3+c_3 & -a_3 & -b_3\end{vmatrix}=2\begin{vmatrix}c_1 & -a_1 & -b_1\\c_2 & -a_2 & -b_2\\c_3 & -a_3 & -b_3\end{vmatrix}=2\begin{vmatrix}a_1 & b_1 & c_1\\a_2 & b_2 & c_2\\a_3 & b_3 & c_3\end{vmatrix}$$

**【证三】** 把 $D$ 按其第一列拆开得到

$$D=\begin{vmatrix}a_1 & b_1+c_1 & c_1+a_1\\a_2 & b_2+c_2 & c_2+a_2\\a_3 & b_3+c_3 & c_3+a_3\end{vmatrix}+\begin{vmatrix}b_1 & b_1+c_1 & c_1+a_1\\b_2 & b_2+c_2 & c_2+a_2\\b_3 & b_3+c_3 & c_3+a_3\end{vmatrix}$$

在第一个行列式中,在第三列中减去第一列;在第二个行列式中,在第二列中减去第一列,得到

$$D=\begin{vmatrix}a_1 & b_1+c_1 & c_1\\a_2 & b_2+c_2 & c_2\\a_3 & b_3+c_3 & c_3\end{vmatrix}+\begin{vmatrix}b_1 & c_1 & c_1+a_1\\b_2 & c_2 & c_2+a_2\\b_3 & c_3 & c_3+a_3\end{vmatrix}$$

在第一个行列式中,第二列中减去第三列;在第二个行列式中,第三列中减去第二列,得到

$$D=\begin{vmatrix}a_1 & b_1 & c_1\\a_2 & b_2 & c_2\\a_3 & b_3 & c_3\end{vmatrix}+\begin{vmatrix}b_1 & c_1 & a_1\\b_2 & c_2 & a_2\\b_3 & c_3 & a_3\end{vmatrix}=2\begin{vmatrix}a_1 & b_1 & c_1\\a_2 & b_2 & c_2\\a_3 & b_3 & c_3\end{vmatrix}$$

这里,是在第二个行列式中,经过两次互换相邻两列,将原来的第三列换成第一列.

6. 证明行列式等式

$$D=\begin{vmatrix} xa_1+b_1 & yb_1+c_1 & zc_1+a_1 \\ xa_2+b_2 & yb_2+c_2 & zc_2+a_2 \\ xa_3+b_3 & yb_3+c_3 & zc_3+a_3 \end{vmatrix}=(xyz+1)\begin{vmatrix} a_1 & b_1 & c_1 \\ a_2 & b_2 & c_2 \\ a_3 & b_3 & c_3 \end{vmatrix}$$

**【证一】** 用分块矩阵方法. 令 3 维列向量

$$\boldsymbol{\alpha}=\begin{pmatrix} a_1 \\ a_2 \\ a_3 \end{pmatrix},\boldsymbol{\beta}=\begin{pmatrix} b_1 \\ b_2 \\ b_3 \end{pmatrix},\boldsymbol{\gamma}=\begin{pmatrix} c_1 \\ c_2 \\ c_3 \end{pmatrix}$$

用行列式按列拆开公式,其中有六个行列式中有两列成比例,其值都为零,于是证得

$$\begin{aligned} D &= |\, x\boldsymbol{\alpha}+\boldsymbol{\beta} \quad y\boldsymbol{\beta}+\gamma \quad z\boldsymbol{\gamma}+\boldsymbol{\alpha} \,| \\ &= |\, x\boldsymbol{\alpha} \quad y\boldsymbol{\beta} \quad z\boldsymbol{\gamma} \,| + |\, \boldsymbol{\beta} \quad \boldsymbol{\gamma} \quad \boldsymbol{\alpha} \,| \\ &= (xyz+1)\,|\, \boldsymbol{\alpha} \quad \boldsymbol{\beta} \quad \boldsymbol{\gamma} \,| \end{aligned}$$

**【证二】** 把 $D$ 按其第一列拆开得到

$$D=\begin{vmatrix} xa_1 & yb_1+c_1 & zc_1+a_1 \\ xa_2 & yb_2+c_2 & zc_2+a_2 \\ xa_3 & yb_3+c_3 & zc_3+a_3 \end{vmatrix}+\begin{vmatrix} b_1 & yb_1+c_1 & zc_1+a_1 \\ b_2 & yb_2+c_2 & zc_2+a_2 \\ b_3 & yb_3+c_3 & zc_3+a_3 \end{vmatrix}=\Delta_1+\Delta_2$$

在第一个行列式 $\Delta_1$ 中,先在第一列中提出公因数 $x$ 后,在第三列中减去第一列;再在第三列中提出公因数 $z$ 后,在第二列中减去第三列;再在第二列中提出公因数 $y$,最后得到

$$\Delta_1=\begin{vmatrix} xa_1 & yb_1+c_1 & zc_1+a_1 \\ xa_2 & yb_2+c_2 & zc_2+a_2 \\ xa_3 & yb_3+c_3 & zc_3+a_3 \end{vmatrix}=xyz\begin{vmatrix} a_1 & b_1 & c_1 \\ a_2 & b_2 & c_2 \\ a_3 & b_3 & c_3 \end{vmatrix}$$

在第二个行列式 $\Delta_2$ 中,先把第一列的 $(-y)$ 倍加到第二列上去,再把第二列的 $(-z)$ 倍加到第三列上去得到

$$\begin{aligned} \Delta_2 &= \begin{vmatrix} b_1 & yb_1+c_1 & zc_1+a_1 \\ b_2 & yb_2+c_2 & zc_2+a_2 \\ b_3 & yb_3+c_3 & zc_3+a_3 \end{vmatrix}=\begin{vmatrix} b_1 & c_1 & zc_1+a_1 \\ b_2 & c_2 & zc_2+a_2 \\ b_3 & c_3 & zc_3+a_3 \end{vmatrix} \\ &= \begin{vmatrix} b_1 & c_1 & a_1 \\ b_2 & c_2 & a_2 \\ b_3 & c_3 & a_3 \end{vmatrix}=\begin{vmatrix} a_1 & b_1 & c_1 \\ a_2 & b_2 & c_2 \\ a_3 & b_3 & c_3 \end{vmatrix} \end{aligned}$$

于是证得

$$D=(xyz+1)\begin{vmatrix} a_1 & b_1 & c_1 \\ a_2 & b_2 & c_2 \\ a_3 & b_3 & c_3 \end{vmatrix}$$

7. 证明行列式等式

$$D=\begin{vmatrix} ax+by & ay+bz & az+bx \\ ay+bz & az+bx & ax+by \\ az+bx & ax+by & ay+bz \end{vmatrix}=(a^3+b^3)\begin{vmatrix} x & y & z \\ y & z & x \\ z & x & y \end{vmatrix}$$

**【证一】**　把后两列都加到第一列上去,提出公因数$(a+b)(x+y+z)$得到

$$D=\begin{vmatrix} ax+by & ay+bz & az+bx \\ ay+bz & az+bx & ax+by \\ az+bx & ax+by & ay+bz \end{vmatrix}=(a+b)(x+y+z)\begin{vmatrix} 1 & ay+bz & az+bx \\ 1 & az+bx & ax+by \\ 1 & ax+by & ay+bz \end{vmatrix}$$

因为

$$(a^3+b^3)\begin{vmatrix} x & y & z \\ y & z & x \\ z & x & y \end{vmatrix}=(a+b)(a^2-ab+b^2)(x+y+z)\begin{vmatrix} 1 & y & z \\ 1 & z & x \\ 1 & x & y \end{vmatrix}$$

所以需要证明

$$\widetilde{D}=\begin{vmatrix} 1 & ay+bz & az+bx \\ 1 & az+bx & ax+by \\ 1 & ax+by & ay+bz \end{vmatrix}=(a^2-ab+b^2)\begin{vmatrix} 1 & y & z \\ 1 & z & x \\ 1 & x & y \end{vmatrix}$$

易见

$$\widetilde{D}=\begin{vmatrix} 1 & ay & az \\ 1 & az & ax \\ 1 & ax & ay \end{vmatrix}+\begin{vmatrix} 1 & ay & bx \\ 1 & az & by \\ 1 & ax & bz \end{vmatrix}+\begin{vmatrix} 1 & bz & az \\ 1 & bx & ax \\ 1 & by & ay \end{vmatrix}+\begin{vmatrix} 1 & bz & bx \\ 1 & bx & by \\ 1 & by & bz \end{vmatrix}$$

$$=a^2\begin{vmatrix} 1 & y & z \\ 1 & z & x \\ 1 & x & y \end{vmatrix}+ab\begin{vmatrix} 1 & y & x \\ 1 & z & y \\ 1 & x & z \end{vmatrix}+ab\begin{vmatrix} 1 & z & z \\ 1 & x & x \\ 1 & y & y \end{vmatrix}+b^2\begin{vmatrix} 1 & z & x \\ 1 & x & y \\ 1 & y & z \end{vmatrix}$$

因为

$$\begin{vmatrix} 1 & y & z \\ 1 & z & x \\ 1 & x & y \end{vmatrix}=-\begin{vmatrix} 1 & y & x \\ 1 & z & y \\ 1 & x & z \end{vmatrix}=\begin{vmatrix} 1 & z & x \\ 1 & x & y \\ 1 & y & z \end{vmatrix}=(xy+yz+xz)-(x^2+y^2+z^2)$$

所以

$$\widetilde{D} = \begin{vmatrix} 1 & ay+bz & az+bx \\ 1 & az+bx & ax+by \\ 1 & ax+by & ay+bz \end{vmatrix} = (a^2-ab+b^2)\begin{vmatrix} 1 & y & z \\ 1 & z & x \\ 1 & x & y \end{vmatrix}$$

这就证明了

$$D = (a^3+b^3)\begin{vmatrix} x & y & z \\ y & z & x \\ z & x & y \end{vmatrix}$$

**【证二】** 用分块矩阵法. 令 3 维列向量

$$\boldsymbol{\alpha} = \begin{pmatrix} a \\ b \\ c \end{pmatrix}, \boldsymbol{\beta} = \begin{pmatrix} b \\ c \\ a \end{pmatrix}, \boldsymbol{\gamma} = \begin{pmatrix} c \\ a \\ b \end{pmatrix}$$

则

$$\begin{aligned} D_3 &= |x\boldsymbol{\alpha}+y\boldsymbol{\beta} \quad x\boldsymbol{\beta}+y\boldsymbol{\gamma} \quad x\boldsymbol{\gamma}+y\boldsymbol{\alpha}| \\ &= |x\boldsymbol{\alpha} \quad x\boldsymbol{\beta} \quad x\boldsymbol{\gamma}| + |x\boldsymbol{\alpha} \quad x\boldsymbol{\beta} \quad y\boldsymbol{\alpha}| + |x\boldsymbol{\alpha} \quad y\boldsymbol{\gamma} \quad x\boldsymbol{\gamma}| + |x\boldsymbol{\alpha} \quad y\boldsymbol{\gamma} \quad y\boldsymbol{\alpha}| + \\ &\quad |y\boldsymbol{\beta} \quad x\boldsymbol{\beta} \quad x\boldsymbol{\gamma}| + |y\boldsymbol{\beta} \quad x\boldsymbol{\beta} \quad y\boldsymbol{\alpha}| + |y\boldsymbol{\beta} \quad y\boldsymbol{\gamma} \quad x\boldsymbol{\gamma}| + |y\boldsymbol{\beta} \quad y\boldsymbol{\gamma} \quad y\boldsymbol{\alpha}| \\ &= x^3|\boldsymbol{\alpha} \quad \boldsymbol{\beta} \quad \boldsymbol{\gamma}| + 0+0+0+0+0+0 + y^3|\boldsymbol{\beta} \quad \boldsymbol{\gamma} \quad \boldsymbol{\alpha}| \\ &= (x^3+y^3)|\boldsymbol{\alpha} \quad \boldsymbol{\beta} \quad \boldsymbol{\gamma}| \end{aligned}$$

这就是证明了

$$D_3 = (x^3+y^3)\begin{vmatrix} a & b & c \\ b & c & a \\ c & a & b \end{vmatrix}$$

8. 证明实行列式 $D_2 = \begin{vmatrix} \sum\limits_{i=1}^{n} a_i^2 & \sum\limits_{j=1}^{n} a_j b_j \\ \sum\limits_{i=1}^{n} a_i b_i & \sum\limits_{i=1}^{n} b_i^2 \end{vmatrix} \geqslant 0.$

**【证】** 可把所给的行列式 $D_2$ 详细写成

$$\begin{vmatrix} a_1^2+\cdots+a_i^2+\cdots+a_j^2+\cdots+a_n^2 & a_1b_1+\cdots+a_ib_i+\cdots+a_jb_j+\cdots+a_nb_n \\ a_1b_1+\cdots+a_ib_i+\cdots+a_jb_j+\cdots+a_nb_n & b_1^2+\cdots+b_i^2+\cdots+b_j^2+\cdots+b_n^2 \end{vmatrix}$$

在 $D_2$ 的第一列中取第 $i$ 项,第二列中取第 $j$ 项,可把 $D_2$ 按列拆成以下两类行列式之和:

第一类是对应 $1 \leqslant i = j \leqslant n$,必有 $\begin{vmatrix} a_i^2 & a_ib_i \\ a_ib_i & b_i^2 \end{vmatrix} = 0, i = 1, 2, \cdots, n$;

第二类是对应 $1 \leqslant i < j \leqslant n$,必有

$$\begin{vmatrix} a_i^2 & a_jb_j \\ a_ib_i & b_j^2 \end{vmatrix} + \begin{vmatrix} a_j^2 & a_ib_i \\ a_jb_j & b_i^2 \end{vmatrix} = a_i^2b_j^2 + a_j^2b_i^2 - 2a_ia_jb_ib_j = (a_ib_j - a_jb_i)^2 \geqslant 0$$

于是证得 $D_2 \geqslant 0$.

9. 证明数字恒等式

$$(a_1b_2 - a_2b_1)(c_1d_2 - c_2d_1) + (a_1d_2 - a_2d_1)(b_1c_2 - b_2c_1)$$
$$= (a_1c_2 - a_2c_1)(b_1d_2 - b_2d_1)$$

【证】　实际上需要证明的就是行列式等式

$$\begin{vmatrix} a_1 & a_2 \\ b_1 & b_2 \end{vmatrix} \times \begin{vmatrix} c_1 & c_2 \\ d_1 & d_2 \end{vmatrix} + \begin{vmatrix} a_1 & a_2 \\ d_1 & d_2 \end{vmatrix} \times \begin{vmatrix} b_1 & b_2 \\ c_1 & c_2 \end{vmatrix} = \begin{vmatrix} a_1 & a_2 \\ c_1 & c_2 \end{vmatrix} \times \begin{vmatrix} b_1 & b_2 \\ d_1 & d_2 \end{vmatrix}$$

考虑 4 阶行列式

$$D_4 = \begin{vmatrix} a_1 & a_2 & a_1 & a_2 \\ b_1 & b_2 & b_1 & b_2 \\ c_1 & c_2 & c_1 & c_2 \\ d_1 & d_2 & d_1 & d_2 \end{vmatrix} = 0$$

按其第一列和第二列作拉普拉斯展开得到

$$\begin{aligned} D_4 = & \begin{vmatrix} a_1 & a_2 \\ b_1 & b_2 \end{vmatrix} \times \begin{vmatrix} c_1 & c_2 \\ d_1 & d_2 \end{vmatrix} - \begin{vmatrix} a_1 & a_2 \\ c_1 & c_2 \end{vmatrix} \times \begin{vmatrix} b_1 & b_2 \\ d_1 & d_2 \end{vmatrix} + \begin{vmatrix} a_1 & a_2 \\ d_1 & d_2 \end{vmatrix} \times \begin{vmatrix} b_1 & b_2 \\ c_1 & c_2 \end{vmatrix} + \\ & \begin{vmatrix} b_1 & b_2 \\ c_1 & c_2 \end{vmatrix} \times \begin{vmatrix} a_1 & a_2 \\ d_1 & d_2 \end{vmatrix} - \begin{vmatrix} b_1 & b_2 \\ d_1 & d_2 \end{vmatrix} \times \begin{vmatrix} a_1 & a_2 \\ c_1 & c_2 \end{vmatrix} + \begin{vmatrix} c_1 & c_2 \\ d_1 & d_2 \end{vmatrix} \times \begin{vmatrix} a_1 & a_2 \\ b_1 & b_2 \end{vmatrix} \\ = & 2\left[ \begin{vmatrix} a_1 & a_2 \\ b_1 & b_2 \end{vmatrix} \times \begin{vmatrix} c_1 & c_2 \\ d_1 & d_2 \end{vmatrix} - \begin{vmatrix} a_1 & a_2 \\ c_1 & c_2 \end{vmatrix} \times \begin{vmatrix} b_1 & b_2 \\ d_1 & d_2 \end{vmatrix} + \begin{vmatrix} a_1 & a_2 \\ d_1 & d_2 \end{vmatrix} \times \begin{vmatrix} b_1 & b_2 \\ c_1 & c_2 \end{vmatrix} \right] \\ = & 0 \end{aligned}$$

于是证得

$$\begin{vmatrix} a_1 & a_2 \\ b_1 & b_2 \end{vmatrix} \times \begin{vmatrix} c_1 & c_2 \\ d_1 & d_2 \end{vmatrix} + \begin{vmatrix} a_1 & a_2 \\ d_1 & d_2 \end{vmatrix} \times \begin{vmatrix} b_1 & b_2 \\ c_1 & c_2 \end{vmatrix} = \begin{vmatrix} a_1 & a_2 \\ c_1 & c_2 \end{vmatrix} \times \begin{vmatrix} b_1 & b_2 \\ d_1 & d_2 \end{vmatrix}$$

10. 证明 $D_3 = \begin{vmatrix} (a+b)^2 & c^2 & c^2 \\ a^2 & (b+c)^2 & a^2 \\ b^2 & b^2 & (a+c)^2 \end{vmatrix} = 2abc(a+b+c)^3$.

【证】　先在第一列中减去第二列,再在第二列中减去第三列得到

$$D_3=\begin{vmatrix}(a+b)^2-c^2 & 0 & c^2\\ a^2-(b+c)^2 & (b+c)^2-a^2 & a^2\\ 0 & b^2-(a+c)^2 & (a+c)^2\end{vmatrix}$$

$$=\begin{vmatrix}(a+b+c)(a+b-c) & 0 & c^2\\ (a+b+c)(a-b-c) & (a+b+c)(b+c-a) & a^2\\ 0 & (a+b+c)(b-a-c) & (a+c)^2\end{vmatrix}$$

(按列提出公因数)

$$=(a+b+c)^2\begin{vmatrix}(a+b-c) & 0 & c^2\\ (a-b-c) & (b+c-a) & a^2\\ 0 & (b-a-c) & (a+c)^2\end{vmatrix}$$

(第二行中减去第一行)

$$=(a+b+c)^2\begin{vmatrix}(a+b-c) & 0 & c^2\\ -2b & (b+c-a) & (a+c)(a-c)\\ 0 & (b-a-c) & (a+c)^2\end{vmatrix}$$

(按第一列展开)

$$=(a+b+c)^2\left[(a+b-c)(a+c)\begin{vmatrix}(b+c-a) & (a-c)\\ (b-a-c) & (a+c)\end{vmatrix}+\right.$$

$$\left.2b\begin{vmatrix}0 & c^2\\ (b-a-c) & (a+c)^2\end{vmatrix}\right]$$

$$=(a+b+c)^2\left[(a+b-c)(a+c)\begin{vmatrix}(b+c-a) & (a-c)\\ -2c & 2c\end{vmatrix}-\right.$$

$$\left.2bc^2(b-a-c)\right]$$

$$=(a+b+c)^2[(a+b-c)(a+c)2bc-2bc^2(b-a-c)]$$

$$=(a+b+c)^2 2bc[(a+b-c)(a+c)-c(b-a-c)]$$

$$=(a+b+c)^2 2bc(a^2+ab+ac)=2(a+b+c)^3abc$$

11. 设 $D_n=|a_{ij}|_n$, $n\geqslant 3$,其中 $a_{ij}=\pm 1$,证明:它的绝对值

$$|D_n|\leqslant(n-1)\times(n-1)!$$

**【证】** 对 $n\geqslant 3$ 用归纳法. 先考虑 $n=3$ 的情形.

因为估算的是行列式的绝对值,所以对某些行与列乘以 $(-1)$ 以后,不失一般性可设

$$D_3=\begin{vmatrix}1 & -1 & -1\\ 1 & a & b\\ 1 & c & d\end{vmatrix}=\begin{vmatrix}1 & 0 & 0\\ 1 & 1+a & 1+b\\ 1 & 1+c & 1+d\end{vmatrix}=(1+a)(1+d)-(1+b)(1+c)$$

其中,$a,b,c,d=\pm 1,1+a,1+b,1+c,1+d=0$ 或2,于是确有

$$|D_3|\leqslant 4=(3-1)\times(3-1)!$$

设对于 $n-1$ 阶这种行列式结论成立,则将 $n$ 阶行列式 $D_n=|a_{ij}|_n$ 按其第一行展开,对于每一个代数余子式(它们必是元素为 $\pm 1$ 的行列式)用归纳假设,即得

$$\begin{aligned}|D_n|&=|a_{11}A_{11}+a_{12}A_{12}+\cdots+a_{1n}A_{1n}|\\&\leqslant n\cdot(n-2)\cdot(n-2)!\ \leqslant(n-1)^2\cdot(n-2)!\\&=(n-1)\cdot(n-1)!\end{aligned}$$

12. 证明 $n$ 阶行列式

$$D_n=\begin{vmatrix}a_1b_1 & a_1b_2 & \cdots & a_1b_{n-1} & a_1b_n\\ a_1b_2 & a_2b_2 & \cdots & a_2b_{n-1} & a_2b_n\\ \vdots & \vdots & \ddots & \vdots & \vdots\\ a_1b_{n-1} & a_2b_{n-1} & \cdots & a_{n-1}b_{n-1} & a_{n-1}b_n\\ a_1b_n & a_2b_n & \cdots & a_{n-1}b_n & a_nb_n\end{vmatrix}=a_1b_n\prod_{i=1}^{n-1}(a_{i+1}b_i-a_ib_{i+1})$$

**【证】** 从第一行中提出公因数 $a_1$,第 $n$ 列中提出公因数 $b_n$ 得到

$$D_n=a_1b_n\begin{vmatrix}b_1 & b_2 & \cdots & b_{n-1} & 1\\ a_1b_2 & a_2b_2 & \cdots & a_2b_{n-1} & a_2\\ \vdots & \vdots & \ddots & \vdots & \vdots\\ a_1b_{n-1} & a_2b_{n-1} & \cdots & a_{n-1}b_{n-1} & a_{n-1}\\ a_1b_n & a_2b_n & \cdots & a_{n-1}b_n & a_n\end{vmatrix}_n$$

把第一行的 $(-a_2)$ 倍加到第二行上去,……,第一行的 $(-a_{n-1})$ 倍加到第 $n-1$ 行上去,第一行的 $(-a_n)$ 倍加到第 $n$ 行上去,得到

$D_n=$

$$a_1b_n\begin{vmatrix}b_1 & b_2 & \cdots & b_{n-2} & b_{n-1} & 1\\ a_1b_2-a_2b_1 & 0 & \cdots & 0 & 0 & 0\\ * & a_2b_3-a_3b_2 & \cdots & 0 & 0 & 0\\ \vdots & \vdots & \ddots & \vdots & \vdots & \vdots\\ * & * & \cdots & a_{n-2}b_{n-1}-a_{n-1}b_{n-2} & 0 & 0\\ * & * & \cdots & * & a_{n-1}b_n-a_nb_{n-1} & 0\end{vmatrix}_n=$$

$a_1b_n(-1)^{n+1}[(a_1b_2-a_2b_1)(a_2b_3-a_3b_2)\cdots(a_{n-2}b_{n-1}-a_{n-1}b_{n-2})(a_{n-1}b_n-a_nb_{n-1})]=$

$$a_1b_n(-1)^{n-1}\prod_{i=1}^{n-1}(a_ib_{i+1}-a_{i+1}b_i)=$$

$a_1b_n\prod_{i=1}^{n-1}(a_{i+1}b_i - a_ib_{i+1})$

13. 设$f_k(x)$，$k=1,2,\cdots,n$，是$n$个次数都不超过$n-2$的多项式，证明：对任意数$a_1,a_2,\cdots,a_n$有

$$D_n=\begin{vmatrix} f_1(a_1) & f_1(a_2) & \cdots & f_1(a_n) \\ f_2(a_1) & f_2(a_2) & \cdots & f_2(a_n) \\ \vdots & \vdots & & \vdots \\ f_n(a_1) & f_n(a_2) & \cdots & f_n(a_n) \end{vmatrix}=0$$

**【证】** 先证明以下这个由$x$的次数不超过$n-2$的多项式所组成的行列式恒为零

$$g(x)=\begin{vmatrix} f_1(x) & f_1(a_2) & \cdots & f_1(a_n) \\ f_2(x) & f_2(a_2) & \cdots & f_2(a_n) \\ \vdots & \vdots & & \vdots \\ f_n(x) & f_n(a_2) & \cdots & f_n(a_n) \end{vmatrix}\equiv 0$$

当$a_2,a_3,\cdots,a_n$中有相同者时，有相同两列的行列式$g(x)=0$.

当$a_2,a_3,\cdots,a_n$两两互异时，将$x=a_i$，$i=2,3,\cdots,n$代入得$g(a_i)=0$，这说明$g(x)$有$n-1$个两两互异的根，$g(x)$的两两互异的根的个数超过$g(x)$的次数，因此$g(x)\equiv 0$. 于是证得

$$D_n=g(a_1)=0$$

14. 证明$n$阶行列式

$$D_n=\begin{vmatrix} 1 & a_1 & 0 & \cdots & 0 & 0 & 0 \\ -1 & 1-a_1 & a_2 & \cdots & 0 & 0 & 0 \\ 0 & -1 & 1-a_2 & \cdots & 0 & 0 & 0 \\ \vdots & \vdots & \ddots & \ddots & \vdots & \vdots & \vdots \\ 0 & 0 & 0 & \cdots & 1-a_{n-3} & a_{n-2} & 0 \\ 0 & 0 & 0 & \cdots & -1 & 1-a_{n-2} & a_{n-1} \\ 0 & 0 & 0 & \cdots & 0 & -1 & 1-a_{n-1} \end{vmatrix}=1$$

**【证一】** 从第一行开始，自上而下，把前一行加到后一行上去，即得

$$D_n=\begin{vmatrix}1&a_1&0&\cdots&0&0&0\\0&1&a_2&\cdots&0&0&0\\0&0&1&\cdots&0&0&0\\\vdots&\vdots&\ddots&\ddots&\vdots&\vdots&\vdots\\0&0&0&\cdots&1&a_{n-2}&0\\0&0&0&\cdots&0&1&a_{n-1}\\0&0&0&\cdots&0&0&1\end{vmatrix}=1$$

**【证二】**　对行列式的阶数用归纳法. 显然有

$$D_1=1$$

$$D_2=\begin{vmatrix}1&a_1\\-1&1-a_1\end{vmatrix}=\begin{vmatrix}1&a_1\\0&1\end{vmatrix}=1$$

设 $D_{n-1}=1$,先将 $D_n$ 中的前 $n-1$ 行都加到第 $n$ 行上去,然后再按末行展开即可证得

$$D_n=\begin{vmatrix}1&a_1&0&\cdots&0&0&0\\-1&1-a_1&a_2&\cdots&0&0&0\\0&-1&1-a_2&\cdots&0&0&0\\\vdots&\vdots&\ddots&\ddots&\vdots&\vdots&\vdots\\0&0&0&\cdots&1-a_{n-3}&a_{n-2}&0\\0&0&0&\cdots&-1&1-a_{n-2}&a_{n-1}\\0&0&0&\cdots&0&0&1\end{vmatrix}=D_{n-1}=1$$

**【证三】**　把后 $n-1$ 行都加到第一行上去,再按第一行展开即得

$$D_n=\begin{vmatrix}0&0&0&\cdots&0&0&1\\-1&1-a_1&a_2&\cdots&0&0&0\\0&-1&1-a_2&\cdots&0&0&0\\\vdots&\vdots&\ddots&\ddots&\ddots&\vdots&\vdots\\0&0&0&\cdots&1-a_{n-3}&a_{n-2}&0\\0&0&0&\cdots&-1&1-a_{n-2}&a_{n-1}\\0&0&0&\cdots&0&-1&1-a_{n-1}\end{vmatrix}$$

$$=(-1)^{1+n}(-1)^{n-1}=1$$

15. 证明 $n$ 阶行列式

$$D_n = \begin{vmatrix} 1-a_1 & a_2 & 0 & \cdots & 0 & 0 & 0 \\ -1 & 1-a_2 & a_3 & \cdots & 0 & 0 & 0 \\ 0 & -1 & 1-a_3 & \cdots & 0 & 0 & 0 \\ \vdots & \vdots & \ddots & \ddots & \ddots & \vdots & \vdots \\ 0 & 0 & 0 & \ddots & 1-a_{n-2} & a_{n-1} & 0 \\ 0 & 0 & 0 & \cdots & -1 & 1-a_{n-1} & a_n \\ 0 & 0 & 0 & \cdots & 0 & -1 & 1-a_n \end{vmatrix}$$

$$= 1 + \sum_{i=1}^{n} (-1)^i \prod_{k=1}^{i} a_k$$

【证】 要证明

$$D_n = 1 - a_1 + a_1a_2 - a_1a_2a_3 + a_1a_2a_3a_4 - \cdots + (-1)^i \prod_{k=1}^{i} a_k + \cdots + (-1)^n \prod_{k=1}^{n} a_k$$

对行列式的阶数用归纳法. 显然有 $D_1 = 1 - a_1$.

假设对 $D_{n-1}$ 公式成立,把 $D_n$ 中的后 $n-1$ 行都加到第一行上去,再按第一行展开,并据归纳假设可得到

$$D_n = \begin{vmatrix} -a_1 & 0 & 0 & \cdots & 0 & 0 & 1 \\ -1 & 1-a_2 & a_3 & \cdots & 0 & 0 & 0 \\ 0 & -1 & 1-a_3 & \cdots & 0 & 0 & 0 \\ \vdots & \vdots & \ddots & \ddots & \vdots & \vdots & \vdots \\ 0 & 0 & 0 & \cdots & 1-a_{n-2} & a_{n-1} & 0 \\ 0 & 0 & 0 & \cdots & -1 & 1-a_{n-1} & a_n \\ 0 & 0 & 0 & \cdots & 0 & -1 & 1-a_n \end{vmatrix}$$

(按第一行展开)

$$= (-1)^{1+n} \begin{vmatrix} -1 & 1-a_2 & & & \\ & -1 & \ddots & & \\ & & \ddots & \ddots & \\ & & & -1 & 1-a_{n-1} \\ & & & & -1 \end{vmatrix}_{n-1} - a_1 \times$$

$$\begin{vmatrix} 1-a_2 & a_3 & \cdots & 0 & 0 \\ -1 & 1-a_3 & \ddots & 0 & 0 \\ \vdots & \vdots & \ddots & \ddots & \vdots \\ 0 & 0 & \ddots & 1-a_{n-1} & a_n \\ 0 & 0 & \cdots & -1 & 1-a_n \end{vmatrix}_{n-1}$$

$$=1-a_1\left[1+\sum_{i=2}^{n}(-1)^{i-1}\prod_{k=2}^{i}a_k\right]=1+\sum_{i=1}^{n}(-1)^{i}\prod_{k=1}^{i}a_k$$

16. 证明 $n$ 阶行列式

$$D_n=\begin{vmatrix} a & a+b & a+2b & \cdots & a+(n-3)b & a+(n-2)b & a+(n-1)b \\ -a & a & 0 & \cdots & 0 & 0 & 0 \\ 0 & -a & a & \cdots & 0 & 0 & 0 \\ \vdots & \vdots & \ddots & \ddots & \vdots & \vdots & \vdots \\ 0 & 0 & 0 & \ddots & a & 0 & 0 \\ 0 & 0 & 0 & \cdots & -a & a & 0 \\ 0 & 0 & 0 & \cdots & 0 & -a & a \end{vmatrix}=\lambda a^{n-1}$$

其中

$$\lambda=na+\frac{n(n-1)}{2}b$$

**【证】**　先把后 $n-1$ 列都加到第一列上去，再按第一列展开，即得到

$$D_n=\begin{vmatrix} \lambda & a+b & a+2b & \cdots & a+(n-3)b & a+(n-2)b & a+(n-1)b \\ 0 & a & 0 & \cdots & 0 & 0 & 0 \\ 0 & -a & a & \cdots & 0 & 0 & 0 \\ \vdots & \vdots & \ddots & \ddots & \vdots & \vdots & \vdots \\ 0 & 0 & 0 & \ddots & a & 0 & 0 \\ 0 & 0 & 0 & \cdots & -a & a & 0 \\ 0 & 0 & 0 & \cdots & 0 & -a & a \end{vmatrix}=\lambda a^{n-1}$$

其中

$$\lambda=\sum_{k=0}^{n-1}(a+kb)=na+\frac{n(n-1)}{2}b$$

17. 证明 $n+1$ 阶行列式

$$D_{n+1}=\begin{vmatrix} a_1 & a_2 & \cdots & a_n & 0 \\ 1 & 0 & \cdots & 0 & b_1 \\ 0 & 1 & \cdots & 0 & b_2 \\ \vdots & \vdots & \ddots & \vdots & \vdots \\ 0 & 0 & \cdots & 1 & b_n \end{vmatrix}=(-1)^{n+1}\sum_{i=1}^{n}a_ib_i$$

**【证一】** 在第一行中减去第二行的 $a_1$ 倍,第三行的 $a_2$ 倍,……,第 $n+1$ 行的 $a_n$ 倍,化成

$$D_{n+1}=\begin{vmatrix} 0 & 0 & \cdots & 0 & -\sum\limits_{i=1}^{n}a_ib_i \\ 1 & 0 & \cdots & 0 & b_1 \\ 0 & 1 & \cdots & 0 & b_2 \\ \vdots & \vdots & \ddots & \vdots & \vdots \\ 0 & 0 & \cdots & 1 & b_n \end{vmatrix}_{n+1}$$

$$=(-1)^{1+n+1}(-1)\sum_{i=1}^{n}a_ib_i$$

$$=(-1)^{n+1}\sum_{i=1}^{n}a_ib_i$$

**【证二】** 用分块行列式求值方法. 记

$$\boldsymbol{\alpha}=(a_1\quad a_2\quad\cdots\quad a_n),\boldsymbol{\beta}'=(b_1\quad b_2\quad\cdots\quad b_n)$$

则由

$$\begin{pmatrix} 1 & -\boldsymbol{\alpha} \\ \boldsymbol{0} & \boldsymbol{I}_n \end{pmatrix}\begin{pmatrix} \boldsymbol{\alpha} & 0 \\ \boldsymbol{I}_n & \boldsymbol{\beta} \end{pmatrix}\begin{pmatrix} \boldsymbol{I}_n & -\boldsymbol{\beta} \\ \boldsymbol{0} & 1 \end{pmatrix}=\begin{pmatrix} \boldsymbol{0} & -\boldsymbol{\alpha\beta} \\ \boldsymbol{I}_n & \boldsymbol{\beta} \end{pmatrix}\begin{pmatrix} \boldsymbol{I}_n & -\boldsymbol{\beta} \\ \boldsymbol{0} & 1 \end{pmatrix}=\begin{pmatrix} \boldsymbol{0} & -\boldsymbol{\alpha\beta} \\ \boldsymbol{I}_n & \boldsymbol{0} \end{pmatrix}$$

和

$$\begin{vmatrix} 1 & -\boldsymbol{\alpha} \\ \boldsymbol{0} & \boldsymbol{I}_n \end{vmatrix}=\begin{vmatrix} \boldsymbol{I}_n & -\boldsymbol{\beta} \\ \boldsymbol{0} & 1 \end{vmatrix}=1$$

用行列式乘法规则,并将所得的行列式按第一行展开知

$$D_{n+1}=\begin{vmatrix} \boldsymbol{\alpha} & \boldsymbol{0} \\ \boldsymbol{I}_n & \boldsymbol{\beta} \end{vmatrix}=\begin{vmatrix} \boldsymbol{0} & -\boldsymbol{\alpha\beta} \\ \boldsymbol{I}_n & \boldsymbol{0} \end{vmatrix}=(-1)^{1+(n+1)}(-\boldsymbol{\alpha\beta})\mid\boldsymbol{I}_n\mid$$

$$=(-1)^{n+1}\boldsymbol{\alpha\beta}$$

$$=(-1)^{n+1}\sum_{i=1}^{n}a_ib_i$$

**【证三】** 也可以直接按第一行展开得

$$D_{n+1}=a_1\begin{vmatrix}0&0&\cdots&0&b_1\\1&0&\cdots&0&b_2\\0&1&\cdots&0&b_3\\\vdots&\vdots&\ddots&\vdots&\vdots\\0&0&\cdots&1&b_n\end{vmatrix}_n+(-1)^{1+2}a_2\begin{vmatrix}1&0&\cdots&0&b_1\\0&0&\cdots&0&b_2\\0&1&\cdots&0&b_3\\\vdots&\vdots&\ddots&\vdots&\vdots\\0&0&\cdots&1&b_n\end{vmatrix}_n+$$

$$(-1)^{1+3}a_3\begin{vmatrix}1&0&\cdots&0&b_1\\0&1&\cdots&0&b_2\\0&0&\cdots&0&b_3\\\vdots&\vdots&&\vdots&\vdots\\0&0&\cdots&1&b_n\end{vmatrix}_n+\cdots+$$

$$(-1)^{1+n}a_n\begin{vmatrix}1&0&\cdots&0&b_1\\0&1&\cdots&0&b_2\\\vdots&\vdots&\ddots&\vdots&\vdots\\0&0&\cdots&1&b_{n-1}\\0&0&\cdots&0&b_n\end{vmatrix}_n$$

$$=(-1)^{1+n}a_1b_1+(-1)^3(-1)^{2+n}a_2b_2+(-1)^4(-1)^{3+n}a_3b_3+\cdots+(-1)^{1+n}(-1)^{n+n}a_nb_n$$

$$=(-1)^{n+1}\sum_{i=1}^{n}a_ib_i$$

18. 证明 $n+1$ 阶行列式

$$D_{n+1}=\begin{vmatrix}a_0&-1&0&\cdots&0&0&0\\a_1&x&-1&\cdots&0&0&0\\a_2&0&x&\ddots&0&0&0\\\vdots&\vdots&\ddots&\ddots&\ddots&\vdots&\vdots\\a_{n-2}&0&0&\ddots&x&-1&0\\a_{n-1}&0&0&\cdots&0&x&-1\\a_n&0&0&\cdots&0&0&x\end{vmatrix}=\sum_{k=0}^{n}a_kx^{n-k}$$

**【证一】**　直接把 $D_{n+1}$ 按其第一列展开即得

$$D_{n+1}=\sum_{k=0}^{n}(-1)^{(k+1)+1}a_k(-1)^kx^{n-k}=\sum_{k=0}^{n}a_kx^{n-k}$$

**【证二】**　对行列式的阶数用归纳法证明. 对于 $n=1$,显然有

$$D_2 = \begin{vmatrix} a_0 & -1 \\ a_1 & x \end{vmatrix} = a_0 x + a_1$$

假设对于 $n$ 阶行列式有 $D_n = \sum_{k=0}^{n-1} a_k x^{n-1-k}$，则把 $D_{n+1}$ 按其末行展开即得

$$D_{n+1} = xD_n + (-1)^{n+1+1} a_n \begin{vmatrix} -1 & 0 & 0 & \cdots & 0 & 0 \\ x & -1 & 0 & \cdots & 0 & 0 \\ 0 & x & -1 & \cdots & 0 & 0 \\ \vdots & \vdots & \ddots & \ddots & \vdots & \vdots \\ 0 & 0 & 0 & \cdots & -1 & 0 \\ 0 & 0 & 0 & \cdots & x & -1 \end{vmatrix}_n$$

$$= x\sum_{k=0}^{n-1} a_k x^{n-1-k} + (-1)^n (-1)^n a_n$$

$$= \sum_{k=0}^{n-1} a_k x^{n-k} + a_n$$

$$= \sum_{k=0}^{n} a_k x^{n-k}$$

19. 证明 $D_n = \begin{vmatrix} x & 0 & 0 & \cdots & 0 & 0 & a_n \\ -1 & x & 0 & \cdots & 0 & 0 & a_{n-1} \\ 0 & -1 & x & \cdots & 0 & 0 & a_{n-2} \\ \vdots & \vdots & \ddots & \ddots & \vdots & \vdots & \vdots \\ 0 & 0 & 0 & \ddots & x & 0 & a_3 \\ 0 & 0 & 0 & \cdots & -1 & x & a_2 \\ 0 & 0 & 0 & \cdots & 0 & -1 & x + a_1 \end{vmatrix} = x^n + \sum_{k=1}^{n} a_k x^{n-k}$，

这里 $n \geqslant 2$.

**【证一】** 把行列式按末列拆开

$$D_n = \begin{vmatrix} x & 0 & 0 & \cdots & 0 & 0 & 0 \\ -1 & x & 0 & \cdots & 0 & 0 & 0 \\ 0 & -1 & x & \cdots & 0 & 0 & 0 \\ \vdots & \vdots & \ddots & \ddots & \vdots & \vdots & \vdots \\ 0 & 0 & 0 & \ddots & x & 0 & 0 \\ 0 & 0 & 0 & \cdots & -1 & x & 0 \\ 0 & 0 & 0 & \cdots & 0 & -1 & x \end{vmatrix} +$$

$$\begin{vmatrix} x & 0 & 0 & \cdots & 0 & 0 & a_n \\ -1 & x & 0 & \cdots & 0 & 0 & a_{n-1} \\ 0 & -1 & x & \cdots & 0 & 0 & a_{n-2} \\ \vdots & \vdots & \ddots & \ddots & \vdots & \vdots & \vdots \\ 0 & 0 & 0 & \ddots & x & 0 & a_3 \\ 0 & 0 & 0 & \cdots & -1 & x & a_2 \\ 0 & 0 & 0 & \cdots & 0 & -1 & a_1 \end{vmatrix}$$

其中第一个行列式显然为 $x^n$;把第二个行列式按末列展开

$$\begin{vmatrix} x & 0 & 0 & \cdots & 0 & 0 & a_n \\ -1 & x & 0 & \cdots & 0 & 0 & a_{n-1} \\ 0 & -1 & x & \cdots & 0 & 0 & a_{n-2} \\ \vdots & \vdots & \ddots & \ddots & \vdots & \vdots & \vdots \\ 0 & 0 & 0 & \ddots & x & 0 & a_3 \\ 0 & 0 & 0 & \cdots & -1 & x & a_2 \\ 0 & 0 & 0 & \cdots & 0 & -1 & a_1 \end{vmatrix}$$

$$= \sum_{k=1}^{n} (-1)^{(n-k+1)+n} (-1)^{k-1} a_k x^{n-k}$$

$$= \sum_{k=1}^{n} a_k x^{n-k}$$

所以
$$D_n = x^n + \sum_{k=1}^{n} a_k x^{n-k}$$

**【证二】**　对行列式的阶数用归纳法证明. 对于 $n=2$,显然有

$$D_2 = \begin{vmatrix} x & a_2 \\ -1 & x+a_1 \end{vmatrix} = x^2 + a_1 x + a_2$$

$$= x^2 + \sum_{k=1}^{2} a_k x^{2-k}$$

设对于 $n-1$ 阶行列式有

$$D_{n-1} = x^{n-1} + \sum_{k=1}^{n-1} a_k x^{n-1-k}$$

则对于 $D_n$ 按其第一行展开可得

$$D_n = x\begin{vmatrix} x & 0 & 0 & \cdots & 0 & a_{n-1} \\ -1 & x & 0 & \cdots & 0 & a_{n-2} \\ 0 & -1 & x & \cdots & 0 & a_{n-3} \\ \vdots & \vdots & \ddots & \ddots & \vdots & \vdots \\ 0 & 0 & 0 & \ddots & x & a_2 \\ 0 & 0 & 0 & \cdots & -1 & x+a_1 \end{vmatrix}_{n-1} +$$

$$(-1)^{1+n}a_n\begin{vmatrix} -1 & x & 0 & \cdots & 0 & 0 \\ 0 & -1 & x & \cdots & 0 & 0 \\ 0 & 0 & -1 & \ddots & 0 & 0 \\ \vdots & \vdots & \vdots & \ddots & \ddots & \vdots \\ 0 & 0 & 0 & \cdots & -1 & x \\ 0 & 0 & 0 & \cdots & 0 & -1 \end{vmatrix}_{n-1}$$

$$= xD_{n-1} + a_n = x\left[x^{n-1} + \sum_{k=1}^{n-1} a_k x^{n-1-k}\right] + a_n$$

$$= x^n + \sum_{k=1}^{n-1} a_k x^{n-k} + a_n$$

$$= x^n + \sum_{k=1}^{n} a_k x^{n-k}$$

20. 证明 $n+1$ 阶行列式

$$D_{n+1} = \begin{vmatrix} a & x_1 & x_2 & \cdots & x_{n-2} & x_{n-1} & 1 \\ x_1 & a & x_2 & \cdots & x_{n-2} & x_{n-1} & 1 \\ x_1 & x_2 & a & \cdots & x_{n-2} & x_{n-1} & 1 \\ \vdots & \vdots & \ddots & \ddots & \vdots & \vdots & \vdots \\ x_1 & x_2 & x_3 & \cdots & a & x_{n-1} & 1 \\ x_1 & x_2 & x_3 & \cdots & x_{n-1} & a & 1 \\ x_1 & x_2 & x_3 & \cdots & x_{n-1} & x_n & 1 \end{vmatrix}$$

$$= (-1)^n \prod_{i=1}^{n} (x_i - a)$$

**【证】** 从末行开始，自下而上地在后一行中减去前一行，即在第 $n$ 行中减去第 $n-1$ 行，第 $n-1$ 行中减去第 $n-2$ 行，……，第 2 行中减去第 1 行，再按末列展开得到

$$D_{n+1}=\begin{vmatrix} a & x_1 & x_2 & \cdots & x_{n-2} & x_{n-1} & 1 \\ x_1-a & a-x_1 & 0 & \cdots & 0 & 0 & 0 \\ 0 & x_2-a & a-x_2 & \cdots & 0 & 0 & 0 \\ \vdots & \vdots & \ddots & \ddots & \vdots & \vdots & \vdots \\ 0 & 0 & 0 & \cdots & a-x_{n-2} & 0 & 0 \\ 0 & 0 & 0 & \cdots & x_{n-1}-a & a-x_{n-1} & 0 \\ 0 & 0 & 0 & \cdots & 0 & x_n-a & 0 \end{vmatrix}_{n+1}$$

$$=(-1)^n\prod_{i=1}^{n}(x_i-a)$$

21. 证明

$$D_n=\begin{vmatrix} a_1 & a_2 & a_3 & \cdots & a_{n-1} & a_n \\ -y_1 & x_1 & 0 & \cdots & 0 & 0 \\ 0 & -y_2 & x_2 & \cdots & 0 & 0 \\ \vdots & \vdots & \ddots & \ddots & \vdots & \vdots \\ 0 & 0 & 0 & \ddots & x_{n-2} & 0 \\ 0 & 0 & 0 & \cdots & -y_{n-1} & x_{n-1} \end{vmatrix}$$

$$=\sum_{i=1}^{n}\left[a_i\left(\prod_{j=1}^{i-1}y_j\right)\left(\prod_{k=i}^{n-1}x_k\right)\right]$$

**【证一】**　把 $D_n$ 按其第一行展开. 为了便于确定第一行中各个元素的代数余子式,把 $D_n$ 中元素详细写出

$$D_n=\left|\begin{array}{ccccc|c|ccccc} a_1 & a_2 & a_3 & \cdots & a_{i-1} & a_i & a_{i+1} & \cdots & a_{n-2} & a_{n-1} & a_n \\ -y_1 & x_1 & 0 & \cdots & 0 & 0 & 0 & \cdots & 0 & 0 & 0 \\ 0 & -y_2 & x_2 & \cdots & 0 & 0 & 0 & \cdots & 0 & 0 & 0 \\ \vdots & \vdots & \ddots & \ddots & \vdots & \vdots & \vdots & & \vdots & \vdots & \vdots \\ 0 & 0 & 0 & \ddots & x_{i-2} & 0 & 0 & \cdots & 0 & 0 & 0 \\ 0 & 0 & 0 & \cdots & -y_{i-1} & x_{i-1} & 0 & \cdots & 0 & 0 & 0 \\ \hline 0 & 0 & 0 & \cdots & 0 & -y_i & x_i & \cdots & 0 & 0 & 0 \\ \vdots & \vdots & \vdots & & \vdots & \vdots & \ddots & \ddots & \vdots & \vdots & \vdots \\ 0 & 0 & 0 & \cdots & 0 & 0 & 0 & \ddots & x_{n-3} & 0 & 0 \\ 0 & 0 & 0 & \cdots & 0 & 0 & 0 & \cdots & -y_{n-2} & x_{n-2} & 0 \\ 0 & 0 & 0 & \cdots & 0 & 0 & 0 & \cdots & 0 & -y_{n-1} & x_{n-1} \end{array}\right|$$

$$= \sum_{i=1}^{n}(-1)^{1+i}a_i\begin{vmatrix} -y_1 & x_1 & \cdots & 0 & 0 & 0 & \cdots & 0 & 0 \\ 0 & -y_2 & \ddots & 0 & 0 & 0 & \cdots & 0 & 0 \\ \vdots & \vdots & \ddots & \ddots & \vdots & \vdots & & \vdots & \vdots \\ 0 & 0 & \cdots & -y_{i-1} & 0 & 0 & \cdots & 0 & 0 \\ 0 & 0 & \cdots & 0 & x_i & 0 & \cdots & 0 & 0 \\ 0 & 0 & \cdots & 0 & -y_{i+1} & x_{i+1} & \cdots & 0 & 0 \\ \vdots & \vdots & & \vdots & \vdots & \ddots & \ddots & \vdots & \vdots \\ 0 & 0 & \cdots & 0 & 0 & 0 & \cdots & x_{n-2} & 0 \\ 0 & 0 & \cdots & 0 & 0 & 0 & \cdots & -y_{n-1} & x_{n-1} \end{vmatrix}$$

$$= \sum_{i=1}^{n}(-1)^{1+i}a_i\left(\prod_{j=1}^{i-1}(-1)^{i-1}y_j\right)\left(\prod_{k=i}^{n-1}x_k\right) = \sum_{i=1}^{n}\left[a_i\left(\prod_{j=1}^{i-1}y_j\right)\left(\prod_{k=i}^{n-1}x_k\right)\right]$$

**【证二】** 先以 $n=4$ 为例,说明每次都按末列展开的方法

$$D_4 = \begin{vmatrix} a_1 & a_2 & a_3 & a_4 \\ -y_1 & x_1 & 0 & 0 \\ 0 & -y_2 & x_2 & 0 \\ 0 & 0 & -y_3 & x_3 \end{vmatrix}$$

$$= (-1)^{1+4}a_4\begin{vmatrix} -y_1 & x_1 & 0 \\ 0 & -y_2 & x_2 \\ 0 & 0 & -y_3 \end{vmatrix} + x_3\begin{vmatrix} a_1 & a_2 & a_3 \\ -y_1 & x_1 & 0 \\ 0 & -y_2 & x_2 \end{vmatrix}$$

$$= (-1)^{1+4}a_4\,(-1)^3\prod_{j=1}^{3}y_j + x_3\left[(-1)^{1+3}a_3\begin{vmatrix} -y_1 & x_1 \\ 0 & -y_2 \end{vmatrix} + x_2\begin{vmatrix} a_1 & a_2 \\ -y_1 & x_1 \end{vmatrix}\right]$$

$$= a_1x_1x_2x_3 + a_2y_1x_2x_3 + a_3y_1y_2x_3 + a_4y_1y_2y_3$$

$$= a_1\left(\prod_{i=1}^{3}x_i\right) + a_2y_1\left(\prod_{i=2}^{3}x_i\right) + a_3\left(\prod_{i=1}^{2}y_i\right)x_3 + a_4\left(\prod_{i=1}^{3}y_i\right)$$

$$= \sum_{i=1}^{4}\left[a_i\left(\prod_{j=1}^{i-1}y_j\right)\left(\prod_{k=i}^{3}x_k\right)\right]$$

用数学归纳法证明一般结论.

对 $n=2$ 显然有 $D_2 = \begin{vmatrix} a_1 & a_2 \\ -y_1 & x_1 \end{vmatrix} = a_1x_1 + a_2y_1$. 结论正确.

设

$$D_{n-1} = \sum_{i=1}^{n-1}\left[a_i\left(\prod_{j=1}^{i-1}y_j\right)\left(\prod_{k=i}^{n-2}x_k\right)\right]$$

正确,则将 $D_n$ 按末列展开得

$$D_n=(-1)^{1+n}a_n\prod_{i=1}^{n-1}(-y_i)+x_{n-1}D_{n-1}=a_n\prod_{i=1}^{n-1}y_i+x_{n-1}\sum_{i=1}^{n-1}\left[a_i\left(\prod_{j=1}^{i-1}y_j\right)\left(\prod_{k=i}^{n-2}x_k\right)\right]$$

$$=a_n\prod_{i=1}^{n-1}y_i+\sum_{i=1}^{n-1}\left[a_i\left(\prod_{j=1}^{i-1}y_j\right)\left(\prod_{k=i}^{n-1}x_k\right)\right]=\sum_{i=1}^{n}\left[a_i\left(\prod_{j=1}^{i-1}y_j\right)\left(\prod_{k=i}^{n-1}x_k\right)\right]$$

22. 证明

$$D_n=\begin{vmatrix} a+1 & a & a & \cdots & a \\ a & a+1/2 & a & \cdots & a \\ a & a & a+1/3 & \cdots & a \\ \vdots & \vdots & \vdots & \ddots & \vdots \\ a & a & a & \cdots & a+1/n \end{vmatrix}=\left[1+\frac{n(n+1)}{2}a\right]\times\frac{1}{n!}$$

**【证一】** 先在后 $n-1$ 行中都减去第一行,得到一个爪型行列式. 再在各列中分别提出公因数 $1/1$ , $1/2$ , $1/3$ , $\cdots$ , $1/n$ 后,再把后 $n-1$ 列都加到第一列上去,即得一个上三角行列式

$$D_n=\begin{vmatrix} a+1 & a & a & \cdots & a \\ -1 & 1/2 & 0 & \cdots & 0 \\ -1 & 0 & 1/3 & \cdots & 0 \\ \vdots & \vdots & \vdots & \ddots & \vdots \\ -1 & 0 & 0 & \cdots & 1/n \end{vmatrix}=\frac{1}{n!}\begin{vmatrix} a+1 & 2a & 3a & \cdots & na \\ -1 & 1 & 0 & \cdots & 0 \\ -1 & 0 & 1 & \cdots & 0 \\ \vdots & \vdots & \vdots & \ddots & \vdots \\ -1 & 0 & 0 & \cdots & 1 \end{vmatrix}$$

$$=\frac{1}{n!}\begin{vmatrix} 1+\sum\limits_{k=1}^{n}ka & 2a & 3a & \cdots & na \\ 0 & 1 & 0 & \cdots & 0 \\ 0 & 0 & 1 & \cdots & 0 \\ \vdots & \vdots & \vdots & \ddots & \vdots \\ 0 & 0 & 0 & \cdots & 1 \end{vmatrix}=\left[1+\frac{n(n+1)}{2}a\right]\times\frac{1}{n!}$$

**【证二】** 依次在第 $k$ 列中乘上 $k$, $k=1,2,\cdots,n$,得

$$D_n=\frac{1}{n!}\times\begin{vmatrix} a+1 & 2a & 3a & \cdots & na \\ a & 2a+1 & 3a & \cdots & na \\ a & 2a & 3a+1 & \cdots & na \\ \vdots & \vdots & \vdots & \ddots & \vdots \\ a & 2a & 3a & \cdots & na+1 \end{vmatrix}$$

把后 $n-1$ 列都加到第一列上去,提出公因数

$$\lambda=1+\left(\sum_{k=1}^{n}k\right)a=1+\frac{n(n+1)}{2}a$$

得

$$D_n = \frac{1}{n!} \times \lambda \times \begin{vmatrix} 1 & 2a & 3a & \cdots & na \\ 1 & 2a+1 & 3a & \cdots & na \\ 1 & 2a & 3a+1 & \cdots & na \\ \vdots & \vdots & \vdots & \ddots & \vdots \\ 1 & 2a & 3a & \cdots & na+1 \end{vmatrix}$$

在后 $n-1$ 行中都减去第一行得

$$D_n = \frac{1}{n!} \times \lambda \times \begin{vmatrix} 1 & 2a & 3a & \cdots & na \\ 0 & 1 & 0 & \cdots & 0 \\ 0 & 0 & 1 & \cdots & 0 \\ \vdots & \vdots & \vdots & \ddots & \vdots \\ 0 & 0 & 0 & \cdots & 1 \end{vmatrix}$$

$$= \left[1 + \frac{n(n+1)}{2}a\right] \times \frac{1}{n!}$$

**【证三】** 把行列式 $D_n$ 对应的矩阵改写为

$$\boldsymbol{M} = \begin{pmatrix} a+1 & a & a & \cdots & a \\ a & a+1/2 & a & \cdots & a \\ a & a & a+1/3 & \cdots & a \\ \vdots & \vdots & \vdots & \ddots & \vdots \\ a & a & a & \cdots & a+1/n \end{pmatrix}$$

$$= \boldsymbol{A} + a\boldsymbol{\alpha}\boldsymbol{\alpha}'$$

其中

$$\boldsymbol{A} = \begin{pmatrix} 1 & & & & \\ & 1/2 & & & \\ & & 1/3 & & \\ & & & \ddots & \\ & & & & 1/n \end{pmatrix}, \boldsymbol{\alpha} = \begin{pmatrix} 1 \\ 1 \\ 1 \\ \vdots \\ 1 \end{pmatrix}$$

于是

$$D_n = |\boldsymbol{M}| = |\boldsymbol{A} + a\boldsymbol{\alpha}\boldsymbol{\alpha}'| = |\boldsymbol{A}|(1 + a\boldsymbol{\alpha}'\boldsymbol{A}^{-1}\boldsymbol{\alpha})$$

$$= \left[1 + \frac{n(n+1)}{2}a\right] \times \frac{1}{n!}$$

**【注】** 这个行列式简易计算公式见第二章 §4.

23. 证明

$$D_n=\begin{vmatrix} a_1 & 1 & 1 & \cdots & 1 \\ 1 & a_2 & 1 & \cdots & 1 \\ 1 & 1 & a_3 & \cdots & 1 \\ \vdots & \vdots & \vdots & \ddots & \vdots \\ 1 & 1 & 1 & \cdots & a_n \end{vmatrix}$$

$$=\prod_{i=1}^{n}(a_i-1)\left(1+\sum_{i=1}^{n}\frac{1}{a_i-1}\right),a_i\neq 1,i=1,2,\cdots,n$$

**【证一】**　令 $a_i=b_i+1,i=1,2,\cdots,n$,则 $b_i\neq 0,i=1,2,\cdots,n$. 先在后 $n-1$ 行中都减去第一行化为爪型行列式,在各列中分别提出公因数 $b_1,b_2,\cdots,b_n$ 后,再把后 $n-1$ 列都加到第一列上去,即化为上三角行列式

$$D_n=\begin{vmatrix} b_1+1 & 1 & 1 & \cdots & 1 \\ 1 & b_2+1 & 1 & \cdots & 1 \\ 1 & 1 & b_3+1 & \cdots & 1 \\ \vdots & \vdots & \vdots & \ddots & \vdots \\ 1 & 1 & 1 & \cdots & b_n+1 \end{vmatrix}=\begin{vmatrix} b_1+1 & 1 & 1 & \cdots & 1 \\ -b_1 & b_2 & 0 & \cdots & 0 \\ -b_1 & 0 & b_3 & \cdots & 0 \\ \vdots & \vdots & \vdots & \ddots & \vdots \\ -b_1 & 0 & 0 & \cdots & b_n \end{vmatrix}$$

$$=\left(\prod_{i=1}^{n}b_i\right)\begin{vmatrix} 1+1/b_1 & 1/b_2 & 1/b_3 & \cdots & 1/b_n \\ -1 & 1 & 0 & \cdots & 0 \\ -1 & 0 & 1 & \cdots & 0 \\ \vdots & \vdots & \vdots & \ddots & \vdots \\ -1 & 0 & 0 & \cdots & 1 \end{vmatrix}$$

$$=\left(\prod_{i=1}^{n}b_i\right)\begin{vmatrix} 1+\sum_{i=1}^{n}(1/b_i) & 1/b_2 & 1/b_3 & \cdots & 1/b_n \\ 0 & 1 & 0 & \cdots & 0 \\ 0 & 0 & 1 & \cdots & 0 \\ \vdots & \vdots & \vdots & \ddots & \vdots \\ 0 & 0 & 0 & \cdots & 1 \end{vmatrix}$$

$$=\left(\prod_{i=1}^{n}b_i\right)\left[1+\sum_{i=1}^{n}\frac{1}{b_i}\right]$$

$$=\left(\prod_{i=1}^{n}(a_i-1)\right)\left[1+\sum_{i=1}^{n}\frac{1}{a_i-1}\right]$$

**【证二】**　把行列式 $D_n$ 对应的矩阵改写为

$$M=\begin{pmatrix} a_1 & 1 & 1 & \cdots & 1 \\ 1 & a_2 & 1 & \cdots & 1 \\ 1 & 1 & a_3 & \cdots & 1 \\ \vdots & \vdots & \vdots & \ddots & \vdots \\ 1 & 1 & 1 & \cdots & a_n \end{pmatrix}=A+\alpha\alpha'$$

其中

$$A=\begin{pmatrix} a_1-1 & 0 & 0 & \cdots & 0 \\ 0 & a_2-1 & 0 & \cdots & 0 \\ 0 & 0 & a_3-1 & \cdots & 0 \\ \vdots & \vdots & \vdots & \ddots & \vdots \\ 0 & 0 & 0 & \cdots & a_n-1 \end{pmatrix},\ \alpha=\begin{pmatrix} 1 \\ 1 \\ 1 \\ \vdots \\ 1 \end{pmatrix}$$

有

$$\alpha'A\alpha=(1\quad 1\quad 1\quad \cdots\quad 1)\begin{pmatrix} a_1-1 & 0 & 0 & \cdots & 0 \\ 0 & a_2-1 & 0 & \cdots & 0 \\ 0 & 0 & a_3-1 & \cdots & 0 \\ \vdots & \vdots & \vdots & \ddots & \vdots \\ 0 & 0 & 0 & \cdots & a_n-1 \end{pmatrix}^{-1}\begin{pmatrix} 1 \\ 1 \\ 1 \\ \vdots \\ 1 \end{pmatrix}$$

$$=\sum_{i=1}^{n}\frac{1}{a_i-1}$$

于是

$$D_n=|M|=|A+\alpha\alpha'|=|A|(1+\alpha'A^{-1}\alpha)$$

$$=\prod_{i=1}^{n}(a_i-1)(1+\sum_{i=1}^{n}\frac{1}{a_i-1})$$

24. 证明：$n$ 阶行列式

$$D_n(x)=\begin{vmatrix} a_{11}+x & a_{12}+x & \cdots & a_{1n}+x \\ a_{21}+x & a_{22}+x & \cdots & a_{2n}+x \\ \vdots & \vdots & & \vdots \\ a_{n1}+x & a_{n2}+x & \cdots & a_{nn}+x \end{vmatrix}$$

$$=D_n(0)+x\sum_{i=1}^{n}\sum_{j=1}^{n}A_{ij}$$

其中 $A_{ij}$ 是 $D_n(0)=|A|=|a_{ij}|_n$ 中元素 $a_{ij}$ 的代数余子式.

**【证一】** 把行列式 $D_n$ 对应的矩阵改写为

$$M=\begin{pmatrix} a_{11}+x & a_{12}+x & \cdots & a_{1n}+x \\ a_{21}+x & a_{22}+x & \cdots & a_{2n}+x \\ \vdots & \vdots & & \vdots \\ a_{n1}+x & a_{n2}+x & \cdots & a_{nn}+x \end{pmatrix}=\boldsymbol{A}+x\boldsymbol{\alpha}\boldsymbol{\alpha}'$$

其中

$$\boldsymbol{A}=\begin{pmatrix} a_{11} & a_{12} & \cdots & a_{1n} \\ a_{21} & a_{22} & \cdots & a_{2n} \\ \vdots & \vdots & & \vdots \\ a_{n1} & a_{n2} & \cdots & a_{nn} \end{pmatrix},\ \boldsymbol{\alpha}=\begin{pmatrix} 1 \\ 1 \\ \vdots \\ 1 \end{pmatrix}$$

于是

$$\begin{aligned} D_n(x) &= |\boldsymbol{M}| = |\boldsymbol{A}+x\boldsymbol{\alpha}\boldsymbol{\alpha}'| = |\boldsymbol{A}|\ (1+x\boldsymbol{\alpha}'\boldsymbol{A}^{-1}\boldsymbol{\alpha}) \\ &= |\boldsymbol{A}|+x\boldsymbol{\alpha}'\boldsymbol{A}^{*}\boldsymbol{\alpha}=D_n(0)+x\sum_{i=1}^{n}\sum_{j=1}^{n}A_{ij} \end{aligned}$$

**【证二】** 先以 $n=3$ 为例说明证明思路. 将 $D_3(x)$ 按其第一列拆开得(略去值为零的行列式)

$$D_3(x)=\begin{vmatrix} a_{11}+x & a_{12}+x & a_{13}+x \\ a_{21}+x & a_{22}+x & a_{23}+x \\ a_{31}+x & a_{32}+x & a_{33}+x \end{vmatrix}$$

$$=\begin{vmatrix} a_{11} & a_{12}+x & a_{13}+x \\ a_{21} & a_{22}+x & a_{23}+x \\ a_{31} & a_{32}+x & a_{33}+x \end{vmatrix}+\begin{vmatrix} x & a_{12}+x & a_{13}+x \\ x & a_{22}+x & a_{23}+x \\ x & a_{32}+x & a_{33}+x \end{vmatrix}$$

$$=\begin{vmatrix} a_{11} & a_{12} & a_{13}+x \\ a_{21} & a_{22} & a_{23}+x \\ a_{31} & a_{32} & a_{33}+x \end{vmatrix}+\begin{vmatrix} a_{11} & x & a_{13}+x \\ a_{21} & x & a_{23}+x \\ a_{31} & x & a_{33}+x \end{vmatrix}+\begin{vmatrix} x & a_{12} & a_{13} \\ x & a_{22} & a_{23} \\ x & a_{32} & a_{33} \end{vmatrix}$$

$$=\begin{vmatrix} a_{11} & a_{12} & a_{13} \\ a_{21} & a_{22} & a_{23} \\ a_{31} & a_{32} & a_{33} \end{vmatrix}+\begin{vmatrix} a_{11} & a_{12} & x \\ a_{21} & a_{22} & x \\ a_{31} & a_{32} & x \end{vmatrix}+\begin{vmatrix} a_{11} & x & a_{13} \\ a_{21} & x & a_{23} \\ a_{31} & x & a_{33} \end{vmatrix}+\begin{vmatrix} x & a_{12} & a_{13} \\ x & a_{22} & a_{23} \\ x & a_{32} & a_{33} \end{vmatrix}$$

$$=D_n(0)+x\sum_{i=1}^{3}A_{i3}+x\sum_{i=1}^{3}A_{i2}+x\sum_{i=1}^{3}A_{i1}$$

$$=D_n(0)+x\sum_{i=1}^{3}\sum_{j=1}^{3}A_{ij}$$

一般地,将 $D_n(x)$ 按其第一列拆开得

$$D_n(x)=\begin{vmatrix} a_{11} & a_{12}+x & \cdots & a_{1n}+x \\ a_{21} & a_{22}+x & \cdots & a_{2n}+x \\ \vdots & \vdots & & \vdots \\ a_{n1} & a_{n2}+x & \cdots & a_{nn}+x \end{vmatrix}+\begin{vmatrix} x & a_{12}+x & \cdots & a_{1n}+x \\ x & a_{22}+x & \cdots & a_{2n}+x \\ \vdots & \vdots & & \vdots \\ x & a_{n2}+x & \cdots & a_{nn}+x \end{vmatrix}$$

$$=\Delta_1+\delta_1$$

其中

$$\delta_1=\begin{vmatrix} x & a_{12}+x & \cdots & a_{1n}+x \\ x & a_{22}+x & \cdots & a_{2n}+x \\ \vdots & \vdots & & \vdots \\ x & a_{n2}+x & \cdots & a_{nn}+x \end{vmatrix}=x\begin{vmatrix} 1 & a_{12} & \cdots & a_{1n} \\ 1 & a_{22} & \cdots & a_{2n} \\ \vdots & \vdots & & \vdots \\ 1 & a_{n2} & \cdots & a_{nn} \end{vmatrix}=x\sum_{i=1}^{n}A_{i1}$$

再将 $\Delta_1$ 按其第二列拆开得

$$\Delta_1=\begin{vmatrix} a_{11} & a_{12} & \cdots & a_{1n}+x \\ a_{21} & a_{22} & \cdots & a_{2n}+x \\ \vdots & \vdots & & \vdots \\ a_{n1} & a_{n2} & \cdots & a_{nn}+x \end{vmatrix}+\begin{vmatrix} a_{11} & x & \cdots & a_{1n}+x \\ a_{21} & x & \cdots & a_{2n}+x \\ \vdots & \vdots & & \vdots \\ a_{n1} & x & \cdots & a_{nn}+x \end{vmatrix}$$

$$=\Delta_2+\delta_2$$

$$=\Delta_2+x\sum_{i=1}^{n}A_{i2}$$

再将 $\Delta_2$ 按其第三列拆开. 如此下去,最后可得

$$D_n(x)=D_n(0)+\sum_{j=1}^{n}\begin{vmatrix} \cdots & a_{1,j-1} & x & a_{1,j+1} & \cdots \\ & \vdots & \vdots & \vdots & \\ \cdots & a_{n,j-1} & x & a_{n,j+1} & \cdots \end{vmatrix}=D_n(0)+x\sum_{i=1}^{n}\sum_{j=1}^{n}A_{ij}$$

25. 证明 $n$ 阶行列式

$$D_n=\begin{vmatrix} a_{11}+x_1 & a_{12}+x_2 & \cdots & a_{1n}+x_n \\ a_{21}+x_1 & a_{22}+x_2 & \cdots & a_{2n}+x_n \\ \vdots & \vdots & & \vdots \\ a_{n1}+x_1 & a_{n2}+x_2 & \cdots & a_{nn}+x_n \end{vmatrix}=|\boldsymbol{A}|+\sum_{i=1}^{n}\sum_{j=1}^{n}x_jA_{ij}$$

其中 $A_{ij}$ 是 $|\boldsymbol{A}|=|a_{ij}|_n$ 中元素 $a_{ij}$ 的代数余子式.

**【证一】** 把行列式 $D_n$ 对应的矩阵改写为

$$\boldsymbol{M}=\begin{pmatrix} a_{11}+x_1 & a_{12}+x_2 & \cdots & a_{1n}+x_n \\ a_{21}+x_1 & a_{22}+x_2 & \cdots & a_{2n}+x_n \\ \vdots & \vdots & & \vdots \\ a_{n1}+x_1 & a_{n2}+x_2 & \cdots & a_{nn}+x_n \end{pmatrix}=\boldsymbol{A}+\boldsymbol{\alpha\beta}$$

其中

$$A=\begin{pmatrix}a_{11} & a_{12} & \cdots & a_{1n}\\ a_{21} & a_{22} & \cdots & a_{2n}\\ \vdots & \vdots & & \vdots\\ a_{n1} & a_{n2} & \cdots & a_{nn}\end{pmatrix},\ \alpha=\begin{pmatrix}1\\1\\ \vdots\\1\end{pmatrix},\ \beta'=\begin{pmatrix}x_1\\x_2\\ \vdots\\x_n\end{pmatrix}$$

于是

$$\begin{aligned}D_n&=|M|=|A+\alpha\beta|\\&=|A|\cdot(1+\beta A^{-1}\alpha)\\&=|A|+\beta A^{*}\alpha\\&=|A|+\sum_{i=1}^{n}\sum_{j=1}^{n}x_jA_{ij}\end{aligned}$$

**【证二】** 升阶法. 先把行列式升高一阶,然后在后 $n$ 行中都减去第一行,再按第一列展开得

$$D_n=\begin{vmatrix}1 & x_1 & \cdots & x_j & \cdots & x_n\\ 0 & a_{11}+x_1 & \cdots & a_{1j}+x_j & \cdots & a_{1n}+x_n\\ \vdots & \vdots & & \vdots & & \vdots\\ 0 & a_{i1}+x_1 & \cdots & a_{ij}+x_j & \cdots & a_{in}+x_n\\ \vdots & \vdots & & \vdots & & \vdots\\ 0 & a_{n1}+x_1 & \cdots & a_{nj}+x_j & \cdots & a_{nn}+x_n\end{vmatrix}_{n+1}$$

$$=\begin{vmatrix}1 & x_1 & \cdots & x_j & \cdots & x_n\\ -1 & a_{11} & \cdots & a_{1j} & \cdots & a_{1n}\\ \vdots & \vdots & & \vdots & & \vdots\\ -1 & a_{i1} & \cdots & a_{ij} & \cdots & a_{in}\\ \vdots & \vdots & & \vdots & & \vdots\\ -1 & a_{n1} & \cdots & a_{nj} & \cdots & a_{nn}+x_n\end{vmatrix}_{n+1}$$

$$=\begin{vmatrix}a_{11} & \cdots & a_{1j} & \cdots & a_{1n}\\ \vdots & & \vdots & & \vdots\\ a_{i1} & \cdots & a_{ij} & \cdots & a_{in}\\ \vdots & & \vdots & & \vdots\\ a_{n1} & \cdots & a_{nj} & \cdots & a_{nn}\end{vmatrix}+$$

$$\sum_{i=1}^{n}(-1)^{i+2}(-1)\begin{vmatrix} x_1 & \cdots & x_{j-1} & x_j & x_{j+1} & \cdots & x_n \\ a_{11} & \cdots & a_{1,j-1} & a_{1j} & a_{1,j+1} & \cdots & a_{1n} \\ \vdots & & \vdots & \vdots & \vdots & & \vdots \\ a_{i-1,1} & \cdots & a_{i-1,j-1} & a_{i-1,j} & a_{i-1,j+1} & \cdots & a_{i-1,n} \\ a_{i+1,1} & \cdots & a_{i+1,j-1} & a_{i+1,j} & a_{i+1,j+1} & \cdots & a_{i+1,n} \\ \vdots & & \vdots & \vdots & \vdots & & \vdots \\ a_{n1} & \cdots & a_{n,j-1} & a_{nj} & a_{n,j+1} & \cdots & a_{nn} \end{vmatrix}$$

经过 $i-1$ 次相邻两行互换把第一行换成第 $i$ 行可得

$$D_n = |a_{ij}| + \sum_{i=1}^{n}(-1)^{i+3}(-1)^{i-1}$$

$$\begin{vmatrix} a_{11} & \cdots & a_{1,j-1} & a_{1j} & a_{1,j+1} & \cdots & a_{1n} \\ \vdots & & \vdots & \vdots & \vdots & & \vdots \\ a_{i-1,1} & \cdots & a_{i-1,j-1} & a_{i-1,j} & a_{i-1,j+1} & \cdots & a_{i-1,n} \\ x_1 & \cdots & x_{j-1} & x_j & x_{j+1} & \cdots & x_n \\ a_{i+1,1} & \cdots & a_{i+1,j-1} & a_{i+1,j} & a_{i+1,j+1} & \cdots & a_{i+1,n} \\ \vdots & & \vdots & \vdots & \vdots & & \vdots \\ a_{n1} & \cdots & a_{n,j-1} & a_{nj} & a_{n,j+1} & \cdots & a_{nn} \end{vmatrix}$$

$$= |a_{ij}| + \sum_{i=1}^{n}\sum_{j=1}^{n} x_j A_{ij}$$

26. 证明 $n+1$ 阶行列式

$$D_{n+1} = \begin{vmatrix} a_{11} & \cdots & a_{1n} & x_1 \\ \vdots & & \vdots & \vdots \\ a_{n1} & \cdots & a_{nn} & x_n \\ y_1 & \cdots & y_n & 1 \end{vmatrix} = \begin{vmatrix} a_{11} & \cdots & a_{1n} \\ \vdots & & \vdots \\ a_{n1} & \cdots & a_{nn} \end{vmatrix} - \sum_{i=1}^{n}\sum_{j=1}^{n} x_i y_j A_{ij}$$

这里 $A_{ij}=(-1)^{i+j}M_{ij}$ 是 $n$ 阶行列式 $D=|a_{ij}|_n$ 中元素 $a_{ij}$ 的代数余子式.

**【证一】** 把行列式 $D_{n+1}$ 对应的矩阵记为 $\boldsymbol{M}=\begin{pmatrix} \boldsymbol{A} & \boldsymbol{x} \\ \boldsymbol{y} & 1 \end{pmatrix}$,其中

$$\boldsymbol{A}=\begin{pmatrix} a_{11} & \cdots & a_{1n} \\ \vdots & & \vdots \\ a_{n1} & \cdots & a_{nn} \end{pmatrix},\ \boldsymbol{x}=\begin{pmatrix} x_1 \\ \vdots \\ x_n \end{pmatrix},\ \boldsymbol{y}=(y_1 \ \cdots \ y_n)$$

于是

$$D_{n+1}=|\boldsymbol{M}|=\begin{vmatrix} \boldsymbol{A} & \boldsymbol{x} \\ \boldsymbol{y} & 1 \end{vmatrix}=|\boldsymbol{A}-\boldsymbol{xy}|=|\boldsymbol{A}|\times(1-\boldsymbol{yA}^{-1}\boldsymbol{x})$$

$$=|\boldsymbol{A}|-\boldsymbol{y}|\boldsymbol{A}|\boldsymbol{A}^{-1}\boldsymbol{x}$$

$$=|\boldsymbol{A}|-\boldsymbol{y}\boldsymbol{A}^{*}\boldsymbol{x}=D-\sum_{i=1}^{n}\sum_{j=1}^{n}x_iy_jA_{ij}.$$

**【注】** 这里用到以下两个行列式降阶公式(见第二章 §4)

$$\begin{vmatrix}\boldsymbol{A} & \boldsymbol{B}\\ \boldsymbol{C} & \boldsymbol{D}\end{vmatrix}=|\boldsymbol{D}|\times|\boldsymbol{A}-\boldsymbol{B}\boldsymbol{D}^{-1}\boldsymbol{C}|$$

和

$$|\boldsymbol{A}-\boldsymbol{B}\boldsymbol{D}^{-1}\boldsymbol{C}|=\frac{|\boldsymbol{A}|}{|\boldsymbol{D}|}\times|\boldsymbol{D}-\boldsymbol{C}\boldsymbol{A}^{-1}\boldsymbol{B}|$$

**【证二】** 将 $D_{n+1}=\begin{vmatrix}a_{11} & \cdots & a_{1j} & \cdots & a_{1n} & x_1\\ \vdots & & \vdots & & \vdots & \vdots\\ a_{i1} & \cdots & a_{ij} & \cdots & a_{in} & x_i\\ \vdots & & \vdots & & \vdots & \vdots\\ a_{n1} & \cdots & a_{nj} & \cdots & a_{nn} & x_n\\ y_1 & \cdots & y_j & \cdots & y_n & 1\end{vmatrix}$ 按末列展开得

$$D_{n+1}=$$

$$D+\sum_{i=1}^{n}(-1)^{i+n+1}x_i\begin{vmatrix}a_{11} & \cdots & a_{1,j-1} & a_{1j} & a_{1,j+1} & \cdots & a_{1n}\\ \vdots & & \vdots & \vdots & \vdots & & \vdots\\ a_{i-1,1} & \cdots & a_{i-1,j-1} & a_{i-1,j} & a_{i-1,j+1} & \cdots & a_{i-1,n}\\ a_{i+1,1} & \cdots & a_{i+1,j-1} & a_{i+1,j} & a_{i+1,j+1} & \cdots & a_{i+1,n}\\ \vdots & & \vdots & \vdots & \vdots & & \vdots\\ a_{n1} & \cdots & a_{n,j-1} & a_{nj} & a_{n,j+1} & \cdots & a_{nn}\\ y_1 & \cdots & y_{j-1} & y_j & y_{j+1} & \cdots & y_n\end{vmatrix}$$

在这 $n$ 个 $n$ 阶行列式中的每一个都施行 $n-i$ 次相邻两行的互换得到

$$D_{n+1}=D+$$

$$\sum_{i=1}^{n}(-1)^{i+n+1}(-1)^{n-i}x_i\begin{vmatrix}a_{11} & \cdots & a_{1,j-1} & a_{1j} & a_{1,j+1} & \cdots & a_{1n}\\ \vdots & & \vdots & \vdots & \vdots & & \vdots\\ a_{i-1,1} & \cdots & a_{i-1,j-1} & a_{i-1,j} & a_{i-1,j+1} & \cdots & a_{i-1,n}\\ y_1 & \cdots & y_{j-1} & y_j & y_{j+1} & \cdots & y_n\\ a_{i+1,1} & \cdots & a_{i+1,j-1} & a_{i+1,j} & a_{i+1,j+1} & \cdots & a_{i+1,n}\\ \vdots & & \vdots & \vdots & \vdots & & \vdots\\ a_{n1} & \cdots & a_{n,j-1} & a_{nj} & a_{n,j+1} & \cdots & a_{nn}\end{vmatrix}$$

$$= D - \sum_{i=1}^{n} x_i \begin{vmatrix} a_{11} & \cdots & a_{1,j-1} & a_{1j} & a_{1,j+1} & \cdots & a_{1n} \\ \vdots & & \vdots & \vdots & \vdots & & \vdots \\ a_{i-1,1} & \cdots & a_{i-1,j-1} & a_{i-1,j} & a_{i-1,j+1} & \cdots & a_{i-1,n} \\ y_1 & \cdots & y_{j-1} & y_j & y_{j+1} & \cdots & y_n \\ a_{i+1,1} & \cdots & a_{i+1,j-1} & a_{i+1,j} & a_{i+1,j+1} & \cdots & a_{i+1,n} \\ \vdots & & \vdots & \vdots & \vdots & & \vdots \\ a_{n1} & \cdots & a_{n,j-1} & a_{nj} & a_{n,j+1} & \cdots & a_{nn} \end{vmatrix}$$

$$= D - \sum_{i=1}^{n} \sum_{j=1}^{n} x_i y_j A_{ij}$$

27. 考虑两个 $n$ 阶行列式 $D_1 = |a_{ij}|_n$ 和 $D_2 = |b_{ij}|_n$. 如果

$$b_{ij} = a_{i1} + \cdots + a_{i,j-1} + a_{i,j+1} + \cdots + a_{in},\ i, j = 1, 2, \cdots, n$$

证明

$$D_2 = (-1)^{n-1}(n-1)D_1$$

【证】 把 $D_1 = |a_{ij}|_n = \begin{vmatrix} a_{11} & a_{12} & \cdots & a_{1,n-1} & a_{1n} \\ \vdots & \vdots & & \vdots & \vdots \\ a_{i1} & a_{i2} & \cdots & a_{i,n-1} & a_{in} \\ \vdots & \vdots & & \vdots & \vdots \\ a_{n1} & a_{n2} & \cdots & a_{n,n-1} & a_{nn} \end{vmatrix}$ 中第 $i$ 行中元素之和记为

$$\sigma_i = \sum_{j=1}^{n} a_{ij},\ i = 1, 2, \cdots, n$$

则 $b_{ij} = \sigma_i - a_{ij},\ i, j = 1, 2, \cdots, n$.

将

$$D_2 = |b_{ij}|_n = \begin{vmatrix} b_{11} & b_{12} & \cdots & b_{1,n-1} & b_{1n} \\ \vdots & \vdots & & \vdots & \vdots \\ b_{i1} & b_{i2} & \cdots & b_{i,n-1} & b_{in} \\ \vdots & \vdots & & \vdots & \vdots \\ b_{n1} & b_{n2} & \cdots & b_{n,n-1} & b_{nn} \end{vmatrix}$$

中的后 $n-1$ 列都加到第一列上去. 因为

$$\sum_{j=1}^{n} b_{ij} = \sum_{j=1}^{n} [\sigma_i - a_{ij}] = n\sigma_i - \sum_{j=1}^{n} a_{ij} = (n-1)\sigma_i,\ i = 1, 2, \cdots, n$$

所以在第一列中提出公因数 $n-1$ 以后得到

$$D_2=(n-1)\begin{vmatrix}\sigma_1 & b_{12} & \cdots & b_{1,n-1} & b_{1n}\\ \vdots & \vdots & & \vdots & \vdots\\ \sigma_i & b_{i2} & \cdots & b_{i,n-1} & b_{in}\\ \vdots & \vdots & & \vdots & \vdots\\ \sigma_n & b_{n2} & \cdots & b_{n,n-1} & b_{nn}\end{vmatrix}$$

因为 $b_{ij}=\sigma_i-a_{ij}$, $i,j=1,2,\cdots,n$,所以

$$D_2=(n-1)\begin{vmatrix}\sigma_1 & \sigma_1-a_{12} & \cdots & \sigma_1-a_{1,n-1} & \sigma_1-a_{1n}\\ \vdots & \vdots & & \vdots & \vdots\\ \sigma_i & \sigma_i-a_{i2} & \cdots & \sigma_i-a_{i,n-1} & \sigma_i-a_{in}\\ \vdots & \vdots & & \vdots & \vdots\\ \sigma_n & \sigma_n-a_{n2} & \cdots & \sigma_n-a_{n,n-1} & \sigma_n-a_{nn}\end{vmatrix}$$

先在后 $n-1$ 列都减去第一列,再把后 $n-1$ 列都加到第一列上去,并提出 $n-1$ 个公因数 $-1$ 就得到

$$D_2=(-1)^{n-1}(n-1)D_1$$

## §10　证明题(二)

1. 证明 $D_5=\begin{vmatrix}1 & 1 & 1 & 1 & 1\\ 1 & C_2^1 & C_3^1 & C_4^1 & C_5^1\\ 1 & C_3^2 & C_4^2 & C_5^2 & C_6^2\\ 1 & C_4^3 & C_5^3 & C_6^3 & C_7^3\\ 1 & C_5^4 & C_6^4 & C_7^4 & C_8^4\end{vmatrix}=1.$

**【证】**　应用公式 $C_n^k+C_n^{k+1}=C_{n+1}^{k+1}$,即 $C_{n+1}^{k+1}-C_n^k=C_n^{k+1}$.

在 $D_5$ 中,从末行开始,自下而上,在后一行中减去前一行得到

$$D_5=\begin{vmatrix}1 & 1 & 1 & 1 & 1\\ 1 & C_2^1 & C_3^1 & C_4^1 & C_5^1\\ 1 & C_3^2 & C_4^2 & C_5^2 & C_6^2\\ 1 & C_4^3 & C_5^3 & C_6^3 & C_7^3\\ 1 & C_5^4 & C_6^4 & C_7^4 & C_8^4\end{vmatrix}=\begin{vmatrix}1 & 1 & 1 & 1 & 1\\ 0 & C_1^1 & C_2^1 & C_3^1 & C_4^1\\ 0 & C_2^2 & C_3^2 & C_4^2 & C_5^2\\ 0 & C_3^3 & C_4^3 & C_5^3 & C_6^3\\ 0 & C_4^4 & C_5^4 & C_6^4 & C_7^4\end{vmatrix}$$

$$=\begin{vmatrix}1&1&1&1&1\\0&1&C_2^1&C_3^1&C_4^1\\0&0&C_2^2&C_3^2&C_4^2\\0&0&C_3^3&C_4^3&C_5^3\\0&0&C_4^4&C_5^4&C_6^4\end{vmatrix}=\begin{vmatrix}1&1&1&1&1\\0&1&C_2^1&C_3^1&C_4^1\\0&0&1&C_3^2&C_4^2\\0&0&0&C_3^3&C_4^3\\0&0&0&C_4^4&C_5^4\end{vmatrix}=\begin{vmatrix}1&1&1&1&1\\0&1&C_2^1&C_3^1&C_4^1\\0&0&1&C_3^2&C_4^2\\0&0&0&1&C_4^3\\0&0&0&0&C_4^4\end{vmatrix}=1$$

**【注】** 用同样的运算步骤可求出 $n$ 阶行列式

$$D_n=\begin{vmatrix}1&1&1&\cdots&1&1\\1&C_2^1&C_3^1&\cdots&C_{n-1}^1&C_n^1\\1&C_3^2&C_4^2&\cdots&C_n^2&C_{n+1}^2\\\vdots&\vdots&\vdots&&\vdots&\vdots\\1&C_{n-1}^{n-2}&C_n^{n-2}&\cdots&C_{2n-2}^{n-2}&C_{2n-3}^{n-2}\\1&C_n^{n-1}&C_{n+1}^{n-1}&\cdots&C_{2n-1}^{n-1}&C_{2n-2}^{n-1}\end{vmatrix}$$

$$=\begin{vmatrix}1&1&1&\cdots&1&1\\0&C_1^1&C_2^1&\cdots&C_{n-2}^1&C_{n-1}^1\\0&C_2^2&C_3^2&\cdots&C_{n-1}^2&C_n^2\\\vdots&\vdots&\vdots&&\vdots&\vdots\\0&C_{n-2}^{n-2}&C_{n-1}^{n-2}&\cdots&C_{2n-3}^{n-2}&C_{2n-4}^{n-2}\\0&C_{n-1}^{n-1}&C_n^{n-1}&\cdots&C_{2n-2}^{n-1}&C_{2n-3}^{n-1}\end{vmatrix}=\cdots=1$$

2. 证明 $n$ 阶行列式

$$D_n=\begin{vmatrix}x&1&1&1&\cdots&1\\\lambda&\mu&0&0&\cdots&0\\\lambda&0&\mu&0&\cdots&0\\\lambda&0&0&\mu&\cdots&0\\\vdots&\vdots&\vdots&\vdots&\ddots&\vdots\\\lambda&0&0&0&\cdots&\mu\end{vmatrix}_n=x\mu^{n-1}-(n-1)\lambda\mu^{n-2},n\geqslant 2$$

**【证一】** 如果 $\mu=0$,则按末行或列展开显然有 $D_n=0$,公式正确.

现设 $\mu\neq 0$. 运用分块行列式公式

$$\begin{vmatrix}\boldsymbol{A}&\boldsymbol{B}\\\boldsymbol{C}&\boldsymbol{D}\end{vmatrix}=|\boldsymbol{D}|\times|\boldsymbol{A}-\boldsymbol{B}\boldsymbol{D}^{-1}\boldsymbol{C}|$$

令 $\boldsymbol{\alpha}=(1\quad 1\quad\cdots\quad 1)$, $\boldsymbol{\beta}'=(\lambda\quad\lambda\quad\cdots\quad\lambda)$ 为 $n-1$ 维向量,可求出

$$D_n=\begin{vmatrix}x&\boldsymbol{\alpha}\\\boldsymbol{\beta}&\mu\boldsymbol{I}_{n-1}\end{vmatrix}=|\mu\boldsymbol{I}_{n-1}|\times[x-\boldsymbol{\alpha}(\mu\boldsymbol{I}_{n-1})^{-1}\boldsymbol{\beta}]=\mu^{n-1}\times\left[x-\frac{(n-1)\lambda}{\mu}\right]$$

$$= x\mu^{n-1} - (n-1)\lambda\mu^{n-2}$$

**【证二】** 这是一类爪型行列式. 此公式当 $\mu = 0$ 时,显然是正确的. 设 $\mu \neq 0$,在第一列中减去后 $n-1$ 列的 $\lambda/\mu$ 倍得

$$D_n = \begin{vmatrix} x & 1 & 1 & 1 & \cdots & 1 \\ \lambda & \mu & 0 & 0 & \cdots & 0 \\ \lambda & 0 & \mu & 0 & \cdots & 0 \\ \lambda & 0 & 0 & \mu & \cdots & 0 \\ \vdots & \vdots & \vdots & \vdots & \ddots & \vdots \\ \lambda & 0 & 0 & 0 & \cdots & \mu \end{vmatrix}_n = \begin{vmatrix} x-(n-1)\lambda/\mu & 1 & 1 & 1 & \cdots & 1 \\ 0 & \mu & 0 & 0 & \cdots & 0 \\ 0 & 0 & \mu & 0 & \cdots & 0 \\ 0 & 0 & 0 & \mu & \cdots & 0 \\ \vdots & \vdots & \vdots & \vdots & \ddots & \vdots \\ 0 & 0 & 0 & 0 & \cdots & \mu \end{vmatrix}$$

$$= \left[x - (n-1)\frac{\lambda}{\mu}\right]\mu^{n-1} = x\mu^{n-1} - (n-1)\lambda\mu^{n-2}$$

**【证三】** 对 $n$ 用归纳法. 确有

$$D_2 = \begin{vmatrix} x & 1 \\ \lambda & \mu \end{vmatrix} = x\mu - \lambda$$

假设

$$D_{n-1} = x\mu^{n-2} - (n-2)\lambda\mu^{n-3}$$

正确,则把 $D_n$ 按第 $n$ 列展开得

$$D_n = (-1)^{1+n}\begin{vmatrix} \lambda & \mu & 0 & \cdots & 0 \\ \lambda & 0 & \mu & \cdots & 0 \\ \vdots & \vdots & \ddots & \ddots & \vdots \\ 0 & 0 & 0 & \ddots & \mu \\ \lambda & 0 & 0 & \cdots & 0 \end{vmatrix}_{n-1} + \mu\begin{vmatrix} x & 1 & 1 & \cdots & 1 \\ \lambda & \mu & 0 & \cdots & 0 \\ \lambda & 0 & \mu & \cdots & 0 \\ \vdots & \vdots & \vdots & \ddots & \vdots \\ \lambda & 0 & 0 & \cdots & \mu \end{vmatrix}_{n-1}$$

$$= (-1)^{1+n}(-1)^{n-1+1}\lambda\mu^{n-2} + \mu D_{n-1}$$

$$= -\lambda\mu^{n-2} + \mu[x\mu^{n-2} - (n-2)\lambda\mu^{n-3}] = x\mu^{n-1} - (n-1)\lambda\mu^{n-2}$$

**【证四】** 直接按第一列展开也可证得此公式. 先以 $n=4$ 为例说明

$$D_4 = \begin{vmatrix} x & 1 & 1 & 1 \\ \lambda & \mu & 0 & 0 \\ \lambda & 0 & \mu & 0 \\ \lambda & 0 & 0 & \mu \end{vmatrix}$$

$$= x\mu^3 + (-1)^{2+1}\lambda\begin{vmatrix} 1 & 1 & 1 \\ 0 & \mu & 0 \\ 0 & 0 & \mu \end{vmatrix} + (-1)^{3+1}\lambda\begin{vmatrix} 1 & 1 & 1 \\ \mu & 0 & 0 \\ 0 & 0 & \mu \end{vmatrix} +$$

$$(-1)^{4+1}\lambda\begin{vmatrix}1&1&1\\\mu&0&0\\0&\mu&0\end{vmatrix}$$

$$=x\mu^3-\lambda\mu^2-\lambda\mu^2-\lambda\mu^2=x\mu^3-3\lambda\mu^2$$

一般地

$$D_n=x\mu^{n-1}+\sum_{i=2}^{n}(-1)^{i+1}(-1)^{1+(i-1)}\lambda\mu^{n-2}=x\mu^{n-1}-(n-1)\lambda\mu^{n-2}$$

3. 证明 $n$ 阶行列式

$$D_n=\begin{vmatrix}x&a&a&a&\cdots&a\\b&c&d&d&\cdots&d\\b&d&c&d&\cdots&d\\b&d&d&c&\cdots&d\\\vdots&\vdots&\vdots&\vdots&\ddots&\vdots\\b&d&d&d&\cdots&c\end{vmatrix}_n$$

$$=(c-d)^{n-2}[x(c-d)-(n-1)(ab-xd)],\ n\geqslant 2$$

【证】 在第二列到第 $n-1$ 列中都减去第 $n$ 列得到

$$D_n=\begin{vmatrix}x&a&a&\cdots&a&a\\b&c&d&\cdots&d&d\\b&d&c&\cdots&d&d\\\vdots&\vdots&\vdots&\ddots&\vdots&\vdots\\b&d&d&\cdots&c&d\\b&d&d&\cdots&d&c\end{vmatrix}=\begin{vmatrix}x&0&0&\cdots&0&a\\b&c-d&0&\cdots&0&d\\b&0&c-d&\cdots&0&d\\\vdots&\vdots&\vdots&\ddots&\vdots&\vdots\\b&0&0&\cdots&c-d&d\\b&d-c&d-c&\cdots&d-c&c\end{vmatrix}$$

把第二行到第 $n-1$ 行都加到第 $n$ 行上去得到

$$D_n=\begin{vmatrix}x&0&0&\cdots&0&a\\b&c-d&0&\cdots&0&d\\b&0&c-d&\cdots&0&d\\\vdots&\vdots&\vdots&\ddots&\vdots&\vdots\\b&0&0&\cdots&c-d&d\\(n-1)b&0&0&\cdots&0&c+(n-2)d\end{vmatrix}$$

对第一行和第 $n$ 行作拉普拉斯展开得

$$D_n=(c-d)^{n-2}\times\begin{vmatrix}x&a\\(n-1)b&c+(n-2)d\end{vmatrix}$$

$$=(c-d)^{n-2}\times\{x[c+(n-2)d]-a(n-1)b\}$$

$$=(c-d)^{n-2}\times\{x[c-d+(n-1)d]-a(n-1)b\}$$

$$=(c-d)^{n-2}\times[x(c-d)-(n-1)(ab-xd)]$$

4. 证明 $n$ 阶行列式

$$D_n=\begin{vmatrix} x & a & a & \cdots & a & a \\ -a & x & a & \cdots & a & a \\ -a & -a & x & \cdots & a & a \\ \vdots & \vdots & \vdots & \ddots & \vdots & \vdots \\ -a & -a & -a & \cdots & x & a \\ -a & -a & -a & \cdots & -a & x \end{vmatrix}=\frac{1}{2}[(x+a)^n+(x-a)^n]$$

**【证一】** 从末列开始，从右到左，在后列中减去前列可得

$$D_n=\begin{vmatrix} x & a & a & \cdots & a & a \\ -a & x & a & \cdots & a & a \\ -a & -a & x & \cdots & a & a \\ \vdots & \vdots & \vdots & \ddots & \vdots & \vdots \\ -a & -a & -a & \cdots & x & a \\ -a & -a & -a & \cdots & -a & x \end{vmatrix}$$

$$=\begin{vmatrix} x & a-x & 0 & \cdots & 0 & 0 \\ -a & a+x & a-x & \cdots & 0 & 0 \\ -a & 0 & a+x & \ddots & 0 & 0 \\ \vdots & \vdots & \vdots & \ddots & \vdots & \vdots \\ -a & 0 & 0 & \cdots & a+x & a-x \\ -a & 0 & 0 & \cdots & 0 & a+x \end{vmatrix}$$

$$=\frac{1}{2}\begin{vmatrix} 2x & a-x & 0 & \cdots & 0 & 0 \\ -2a & a+x & a-x & \cdots & 0 & 0 \\ -2a & 0 & a+x & \ddots & 0 & 0 \\ \vdots & \vdots & \vdots & \ddots & \vdots & \vdots \\ -2a & 0 & 0 & \cdots & a+x & a-x \\ -2a & 0 & 0 & \cdots & 0 & a+x \end{vmatrix}$$

（把后 $n-1$ 列都加到第一列上去）

$$=\frac{1}{2}\begin{vmatrix} x+a & a-x & 0 & \cdots & 0 & 0 \\ 0 & a+x & a-x & \cdots & 0 & 0 \\ 0 & 0 & a+x & \ddots & 0 & 0 \\ \vdots & \vdots & \vdots & \ddots & \vdots & \vdots \\ 0 & 0 & 0 & \cdots & a+x & a-x \\ x-a & 0 & 0 & \cdots & 0 & a+x \end{vmatrix}$$

（按第一列展开）

$$=\frac{1}{2}[(x+a)^n+(-1)^{n+1}(x-a)(a-x)^{n-1}]$$

$$=\frac{1}{2}[(x+a)^n+(x-a)^n]$$

**【证二】** 对行列式的阶数用归纳法证明.

当 $n=1$ 时显然有 $D_1=\frac{1}{2}[(x+a)+(x-a)]=x.$

当 $n=2$ 时有 $D_2=\begin{vmatrix} x & a \\ -a & x \end{vmatrix}=x^2+a^2=\frac{1}{2}[(x+a)^2+(x-a)^2].$

设对于 $n-1$ 阶行列式有

$$D_{n-1}=\frac{1}{2}[(x+a)^{n-1}+(x-a)^{n-1}]$$

则对 $n$ 阶行列式,从末行开始自下而上地在后一行中减去前一行得

$$D_n=\begin{vmatrix} x & a & a & \cdots & a & a \\ -a & x & a & \cdots & a & a \\ -a & -a & x & \cdots & a & a \\ \vdots & \vdots & \vdots & \ddots & \vdots & \vdots \\ -a & -a & -a & \cdots & x & a \\ -a & -a & -a & \cdots & -a & x \end{vmatrix}$$

$$=\begin{vmatrix} x & a & a & \cdots & a & a \\ -a-x & x-a & 0 & \cdots & 0 & 0 \\ 0 & -a-x & x-a & \cdots & 0 & 0 \\ \vdots & \vdots & \ddots & \ddots & \vdots & \vdots \\ 0 & 0 & 0 & \ddots & x-a & 0 \\ 0 & 0 & 0 & \cdots & -a-x & x-a \end{vmatrix}$$

再按末列展开可得

$$D_n=(-1)^{1+n}a\times\begin{vmatrix} -a-x & x-a & 0 & \cdots & 0 & 0 \\ 0 & -a-x & x-a & \cdots & 0 & 0 \\ 0 & 0 & -a-x & \ddots & 0 & 0 \\ \vdots & \vdots & \vdots & \ddots & \vdots & \vdots \\ 0 & 0 & 0 & \cdots & -a-x & x-a \\ 0 & 0 & 0 & \cdots & 0 & -a-x \end{vmatrix}_{n-1}+$$

$$(x-a)\begin{vmatrix} x & a & a & \cdots & a & a \\ -a-x & x-a & 0 & \cdots & 0 & 0 \\ 0 & -a-x & x-a & \cdots & 0 & 0 \\ \vdots & \vdots & \ddots & \ddots & \vdots & \vdots \\ 0 & 0 & 0 & \cdots & x-a & 0 \\ 0 & 0 & 0 & \cdots & -a-x & x-a \end{vmatrix}_{n-1}$$

$$=(-1)^{n+1}a(-a-x)^{n-1}+(x-a)D_{n-1}$$

$$=a(x+a)^{n-1}+(x-a)\frac{1}{2}[(x+a)^{n-1}+(x-a)^{n-1}]$$

$$=\frac{1}{2}[2a(x+a)^{n-1}+(x-a)(x+a)^{n-1}+(x-a)^{n}]$$

$$=\frac{1}{2}[(x+a)^{n}+(x-a)^{n}]$$

5. 证明 $n$ 阶行列式

$$D_n=\begin{vmatrix} x & a & a & \cdots & a & a \\ b & x & a & \cdots & a & a \\ b & b & x & \cdots & a & a \\ \vdots & \vdots & \vdots & \ddots & \vdots & \vdots \\ b & b & b & \cdots & x & a \\ b & b & b & \cdots & b & x \end{vmatrix}=\begin{cases} \dfrac{a(x-b)^n-b(x-a)^n}{a-b}, & 若\ a\neq b \\ [x+(n-1)a](x-a)^{n-1}, & 若\ a=b \end{cases}$$

**【证】**　对行列式的阶数用归纳法证明.

当 $n=1$ 时显然有 $D_1=x$. 公式正确.

当 $n=2$ 时有 $D_2=\begin{vmatrix} x & a \\ b & x \end{vmatrix}=x^2-ab$.

当 $a\neq b$ 时,确有

$$\frac{a(x-b)^2-b(x-a)^2}{a-b}=\frac{a(x^2-2bx+b^2)-b(x^2-2ax+a^2)}{a-b}=x^2-ab$$

当 $a=b$ 时,确有 $(x+a)(x-a)=x^2-a^2$. 所以公式正确.

设对于 $n-1$ 阶行列式有

$$D_{n-1}=\begin{cases} \dfrac{a(x-b)^{n-1}-b(x-a)^{n-1}}{a-b}, & 若\ a\neq b \\ [x+(n-2)a](x-a)^{n-2}, & 若\ a=b \end{cases}$$

则将 $n$ 阶行列式按其第一列拆开得

$$D_n = \begin{vmatrix} x-b & a & a & \cdots & a & a \\ 0 & x & a & \cdots & a & a \\ 0 & b & x & \cdots & a & a \\ \vdots & \vdots & \vdots & \ddots & \vdots & \vdots \\ 0 & b & b & \cdots & x & a \\ 0 & b & b & \cdots & b & x \end{vmatrix} + \begin{vmatrix} b & a & a & \cdots & a & a \\ b & x & a & \cdots & a & a \\ b & b & x & \cdots & a & a \\ \vdots & \vdots & \vdots & \ddots & \vdots & \vdots \\ b & b & b & \cdots & x & a \\ b & b & b & \cdots & b & x \end{vmatrix}$$

$$= (x-b)D_{n-1} + \begin{vmatrix} b & a & a & \cdots & a & a \\ 0 & x-a & 0 & \cdots & 0 & 0 \\ 0 & b-a & x-a & \cdots & 0 & 0 \\ \vdots & \vdots & \vdots & \ddots & \vdots & \vdots \\ 0 & b-a & b-a & \cdots & x-a & 0 \\ 0 & b-a & b-a & \cdots & b-a & x-a \end{vmatrix}$$

$$= (x-b)D_{n-1} + b(x-a)^{n-1}$$

当 $a \neq b$ 时,有

$$D_n = (x-b)\frac{a(x-b)^{n-1} - b(x-a)^{n-1}}{a-b} + b(x-a)^{n-1}$$

$$= \frac{1}{a-b}[a(x-b)^n - b(x-a)^{n-1}(x-b) + b(a-b)(x-a)^{n-1}]$$

$$= \frac{1}{a-b}\{a(x-b)^n - b(x-a)^{n-1}[(x-b)-(a-b)]\}$$

$$= \frac{1}{a-b}\{a(x-b)^n - b(x-a)^n\}$$

当 $a = b$ 时,有

$$D_n = (x-a)D_{n-1} + a(x-a)^{n-1}$$

$$= (x-a)[x+(n-2)a](x-a)^{n-2} + a(x-a)^{n-1}$$

$$= [x+(n-1)a](x-a)^{n-1}$$

**【注】** 当 $a = b$ 时,$D_n$ 是同行和行列式.

6. 证明 $n(\geqslant 2)$ 阶行列式

$$D_n = \begin{vmatrix} x_1 & a & a & \cdots & a & a \\ b & x_2 & a & \cdots & a & a \\ b & b & x_3 & \cdots & a & a \\ \vdots & \vdots & \vdots & \ddots & \vdots & \vdots \\ b & b & b & \cdots & x_{n-1} & a \\ b & b & b & \cdots & b & x_n \end{vmatrix}$$

$$=\begin{cases}\dfrac{1}{a-b}\left[a\prod\limits_{i=1}^{n}(x_i-b)-b\prod\limits_{i=1}^{n}(x_i-a)\right], & 若\ a\neq b\\ \prod\limits_{i=1}^{n}(x_i-a)+a\sum\limits_{i=1}^{n}\prod\limits_{j\neq i}^{1\sim n}(x_j-a), & 若\ a=b\end{cases}$$

**【证一】**　首先要建立递推关系式. 将 $D_n$ 按其第 $n$ 列拆开得到

$$D_n=\begin{vmatrix}x_1 & a & a & \cdots & a & a\\ b & x_2 & a & \cdots & a & a\\ b & b & x_3 & \cdots & a & a\\ \vdots & \vdots & \vdots & \ddots & \vdots & \vdots\\ b & b & b & \cdots & x_{n-1} & a\\ b & b & b & \cdots & b & a\end{vmatrix}+\begin{vmatrix}x_1 & a & a & \cdots & a & 0\\ b & x_2 & a & \cdots & a & 0\\ b & b & x_3 & \cdots & a & 0\\ \vdots & \vdots & \vdots & \ddots & \vdots & \vdots\\ b & b & b & \cdots & x_{n-1} & 0\\ b & b & b & \cdots & b & x_n-a\end{vmatrix}$$

对于第一个行列式,在前 $n-1$ 行中都减去末行;对于第二个行列式,按末列展开,可得

$$D_n=\begin{vmatrix}x_1-b & a-b & a-b & \cdots & a-b & 0\\ 0 & x_2-b & a-b & \cdots & a-b & 0\\ 0 & 0 & x_3-b & \cdots & a-b & 0\\ \vdots & \vdots & \vdots & \ddots & \vdots & \vdots\\ 0 & 0 & 0 & \cdots & x_{n-1}-b & 0\\ b & b & b & \cdots & b & a\end{vmatrix}+(x_n-a)D_{n-1}$$

于是得到

$$D_n=(x_n-a)D_{n-1}+a\prod_{i=1}^{n-1}(x_i-b)$$

考虑转置行列式(互换 $a$ 与 $b$) 也可得

$$D_n=(x_n-b)D_{n-1}+b\prod_{i=1}^{n-1}(x_i-a)$$

两式相减可得

$$(a-b)D_{n-1}=a\prod_{i=1}^{n-1}(x_i-b)-b\prod_{i=1}^{n-1}(x_i-a)$$

于是当 $a\neq b$ 时,有

$$D_{n-1}=\frac{1}{a-b}\left[a\prod_{i=1}^{n-1}(x_i-b)-b\prod_{i=1}^{n-1}(x_i-a)\right]$$

即证得

$$D_n=\frac{1}{a-b}\left[a\prod_{i=1}^{n}(x_i-b)-b\prod_{i=1}^{n}(x_i-a)\right]$$

当 $a=b$ 时,把行列式对应的矩阵分解为

$$M=\begin{pmatrix} x_1 & a & a & \cdots & a & a \\ a & x_2 & a & \cdots & a & a \\ a & a & x_3 & \cdots & a & a \\ \vdots & \vdots & \vdots & \ddots & \vdots & \vdots \\ a & a & a & \cdots & x_{n-1} & a \\ a & a & a & \cdots & a & x_n \end{pmatrix}=A+a\boldsymbol{\alpha}\boldsymbol{\alpha}'$$

其中

$$A=\begin{pmatrix} x_1-a & 0 & 0 & \cdots & 0 & 0 \\ 0 & x_2-a & 0 & \cdots & 0 & 0 \\ 0 & 0 & x_3-a & \cdots & 0 & 0 \\ \vdots & \vdots & \vdots & \ddots & \vdots & \vdots \\ 0 & 0 & 0 & \cdots & x_{n-1}-a & 0 \\ 0 & 0 & 0 & \cdots & 0 & x_n-a \end{pmatrix},\ \boldsymbol{\alpha}=\begin{pmatrix} 1 \\ 1 \\ 1 \\ \vdots \\ 1 \\ 1 \end{pmatrix}$$

于是

$$\begin{aligned} D_n &= |M|=|A+a\boldsymbol{\alpha}\boldsymbol{\alpha}'|=|A|\times(1-a\boldsymbol{\alpha}'A^{-1}\boldsymbol{\alpha}) \\ &= \prod_{i=1}^{n}(x_i-a)\times\left[1-a\sum_{i=1}^{n}\frac{1}{x_i-a}\right] \\ &= \prod_{i=1}^{n}(x_i-a)+a\sum_{i=1}^{n}\prod_{\substack{1\sim n\\ j\neq i}}(x_j-a) \end{aligned}$$

**【证二】** 用数学归纳法证明.

(1)$a\neq b$. 显然有

$$D_2=\begin{vmatrix} x_1 & a \\ b & x_2 \end{vmatrix}=x_1x_2-ab$$

$$D_2=\frac{1}{a-b}[a(x_1-b)(x_2-b)-b(x_1-a)(x_2-a)]=x_1x_2-ab$$

两者一致.

设 $D_{n-1}=\frac{1}{a-b}[a\prod_{i=1}^{n-1}(x_i-b)-b\prod_{i=1}^{n-1}(x_i-a)]$ 正确.

前已证明有递推关系式

$$D_n=(x_n-a)D_{n-1}+a\prod_{i=1}^{n-1}(x_i-b)$$

则可证得

$$D_n=(x_n-a)\frac{1}{a-b}\left[a\prod_{i=1}^{n-1}(x_i-b)-b\prod_{i=1}^{n-1}(x_i-a)\right]+a\prod_{i=1}^{n-1}(x_i-b)$$

$$=\frac{1}{a-b}\left[a\prod_{i=1}^{n-1}(x_i-b)(x_n-a)-b\prod_{i=1}^{n-1}(x_i-a)(x_n-a)\right]+a\prod_{i=1}^{n-1}(x_i-b)$$

$$=\frac{1}{a-b}\left[a\prod_{i=1}^{n-1}(x_i-b)(x_n-a)-b\prod_{i=1}^{n}(x_i-a)+a(a-b)\prod_{i=1}^{n-1}(x_i-b)\right]$$

$$=\frac{1}{a-b}\left[a\prod_{i=1}^{n-1}(x_i-b)(x_n-a+a-b)-b\prod_{i=1}^{n}(x_i-a)\right]$$

$$=\frac{1}{a-b}\left[a\prod_{i=1}^{n}(x_i-b)-b\prod_{i=1}^{n}(x_i-a)\right]$$

(2) $a=b$. 要证 $D_n=\prod\limits_{i=1}^{n}(x_i-a)+a\sum\limits_{i=1}^{n}\prod\limits_{j\neq i}^{1\sim n}(x_j-a)$.

$$D_2=(x_1-a)(x_2-a)+a[(x_1-a)+(x_2-a)]$$

$$=x_1x_2-a[x_1+x_2-a-x_1+a-x_2+a]=x_1x_2-a^2$$

正确.

设 $D_{n-1}=\prod\limits_{i=1}^{n-1}(x_i-a)+a\sum\limits_{i=1}^{n-1}\prod\limits_{j\neq i}^{1\sim n-1}(x_j-a)$ 正确,则

$$D_n=(x_n-a)\left[\prod_{i=1}^{n-1}(x_i-a)+a\sum_{i=1}^{n-1}\prod_{j\neq i}^{1\sim n-1}(x_j-a)\right]+a\prod_{i=1}^{n-1}(x_i-a)$$

$$=\prod_{i=1}^{n}(x_i-a)+a\sum_{i=1}^{n-1}\prod_{j\neq i}^{1\sim n-1}(x_j-a)(x_n-a)+a\prod_{i=1}^{n-1}(x_i-a)$$

$$=\prod_{i=1}^{n}(x_i-a)+a\sum_{i=1}^{n}\prod_{j\neq i}^{1\sim n}(x_j-a)$$

7. 证明当 $x_i\neq a_i$, $i=1,2,\cdots,n$ 时,$n$ 阶行列式

$$D_n=\begin{vmatrix} x_1 & a_2 & a_3 & \cdots & a_{n-1} & a_n\\ a_1 & x_2 & a_3 & \cdots & a_{n-1} & a_n\\ a_1 & a_2 & x_3 & \cdots & a_{n-1} & a_n\\ \vdots & \vdots & \vdots & \ddots & \vdots & \vdots\\ a_1 & a_2 & a_3 & \cdots & x_{n-1} & a_n\\ a_1 & a_2 & a_3 & \cdots & a_{n-1} & x_n \end{vmatrix}=\left[1+\sum_{i=1}^{n}\frac{a_i}{x_i-a_i}\right]\prod_{i=1}^{n}(x_i-a_i)$$

**【证一】**　把行列式对应的矩阵分解为

$$M=\begin{pmatrix} x_1 & a_2 & a_3 & \cdots & a_{n-1} & a_n \\ a_1 & x_2 & a_3 & \cdots & a_{n-1} & a_n \\ a_1 & a_2 & x_3 & \cdots & a_{n-1} & a_n \\ \vdots & \vdots & \vdots & \ddots & \vdots & \vdots \\ a_1 & a_2 & a_3 & \cdots & x_{n-1} & a_n \\ a_1 & a_2 & a_3 & \cdots & a_{n-1} & x_n \end{pmatrix}=A+\alpha\beta$$

其中

$$A=\begin{pmatrix} x_1-a_1 & 0 & 0 & \cdots & 0 & 0 \\ 0 & x_2-a_2 & 0 & \cdots & 0 & 0 \\ 0 & 0 & x_3-a_3 & \cdots & 0 & 0 \\ \vdots & \vdots & \vdots & \ddots & \vdots & \vdots \\ 0 & 0 & 0 & \cdots & x_{n-1}-a_{n-1} & 0 \\ 0 & 0 & 0 & \cdots & 0 & x_n-a_n \end{pmatrix}$$

$$\alpha=\begin{pmatrix} 1 \\ 1 \\ 1 \\ \vdots \\ 1 \\ 1 \end{pmatrix},\ \beta'=\begin{pmatrix} a_1 \\ a_2 \\ a_3 \\ \vdots \\ a_{n-1} \\ a_n \end{pmatrix}$$

于是

$$\begin{aligned} D_n &= |M| = |A+\alpha\beta'| = |A|(1-\beta' A^{-1}\alpha) \\ &= \prod_{i=1}^{n}(x_i-a_i)\times\left[1-\sum_{i=1}^{n}\frac{a_i}{x_i-a_i}\right] \end{aligned}$$

**【证二】** 先升高一阶,再在后 $n$ 行中都减去第一行得到

$$D_n=\begin{vmatrix} 1 & a_1 & a_2 & \cdots & a_{n-1} & a_n \\ 0 & x_1 & a_2 & \cdots & a_{n-1} & a_n \\ 0 & a_1 & x_2 & \cdots & a_{n-1} & a_n \\ \vdots & \vdots & \vdots & \ddots & \vdots & \vdots \\ 0 & a_1 & a_2 & \cdots & x_{n-1} & a_n \\ 0 & a_1 & a_2 & \cdots & a_{n-1} & x_n \end{vmatrix}_{n+1}$$

$$=\begin{vmatrix} 1 & a_1 & a_2 & \cdots & a_{n-1} & a_n \\ -1 & x_1-a_1 & 0 & \cdots & 0 & 0 \\ -1 & 0 & x_2-a_2 & \cdots & 0 & 0 \\ \vdots & \vdots & \vdots & \ddots & \vdots & \vdots \\ -1 & 0 & 0 & \cdots & x_{n-1}-a_{n-1} & 0 \\ -1 & 0 & 0 & \cdots & 0 & x_n-a_n \end{vmatrix}_{n+1} \text{（是爪型行列式）}$$

在后 $n$ 列中提出公因数后得到

$$D_n=\prod_{i=1}^{n}(x_i-a_i)\times$$
$$\begin{vmatrix} 1 & a_1/(x_1-a_1) & a_2/(x_2-a_2) & \cdots & a_{n-1}/(x_{n-1}-a_{n-1}) & a_n/(x_n-a_n) \\ -1 & 1 & 0 & \cdots & 0 & 0 \\ -1 & 0 & 1 & \cdots & 0 & 0 \\ \vdots & \vdots & \vdots & \ddots & \vdots & \vdots \\ -1 & 0 & 0 & \cdots & 1 & 0 \\ -1 & 0 & 0 & \cdots & 0 & 1 \end{vmatrix}$$

把后 $n$ 列都加到第一列上去得到

$$D_n=\left[1+\sum_{i=1}^{n}\frac{a_i}{x_i-a_i}\right]\prod_{i=1}^{n}(x_i-a_i)$$

8. 证明 $D_n=\begin{vmatrix} x_1+a_1^2 & a_1a_2 & \cdots & a_1a_n \\ a_1a_2 & x_2+a_2^2 & \cdots & a_2a_n \\ \vdots & \vdots & \ddots & \vdots \\ a_1a_n & a_2a_n & \cdots & x_n+a_n^2 \end{vmatrix}=\prod_{i=1}^{n}x_i\left(1+\sum_{i=1}^{n}\frac{a_i^2}{x_i}\right)$，其中 $\prod_{i=1}^{n}x_i\neq 0$.

**【证一】** 把此行列式对应的矩阵改写为

$$\boldsymbol{M}=\begin{pmatrix} x_1+a_1^2 & a_1a_2 & \cdots & a_1a_n \\ a_2a_1 & x_2+a_2^2 & \cdots & a_2a_n \\ \vdots & \vdots & \ddots & \vdots \\ a_na_1 & a_na_2 & \cdots & x_n+a_n^2 \end{pmatrix}=\boldsymbol{A}+\boldsymbol{\alpha}\boldsymbol{\alpha}'$$

其中
$$\boldsymbol{A}=\begin{pmatrix} x_1 & & & \\ & x_2 & & \\ & & \ddots & \\ & & & x_n \end{pmatrix},\ \boldsymbol{\alpha}=\begin{pmatrix} a_1 \\ a_2 \\ \vdots \\ a_n \end{pmatrix}$$

于是

$$D_n = |\boldsymbol{M}| = |\boldsymbol{A} + \boldsymbol{\alpha}\boldsymbol{\alpha}'| = |\boldsymbol{A}|(1 + \boldsymbol{\alpha}'\boldsymbol{A}^{-1}\boldsymbol{\alpha}) = \prod_{i=1}^{n} x_i\left(1 + \sum_{i=1}^{n}\frac{a_i^2}{x_i}\right)$$

**【证二】** 用升阶法得到

$$D_n = \begin{vmatrix} 1 & a_1 & a_2 & \cdots & a_n \\ 0 & x_1 + a_1^2 & a_1 a_2 & \cdots & a_1 a_n \\ 0 & a_1 a_2 & x_2 + a_2^2 & \cdots & a_2 a_n \\ \vdots & \vdots & \vdots & \ddots & \vdots \\ 0 & a_1 a_n & a_2 a_n & \cdots & x_n + a_n^2 \end{vmatrix}_{n+1}$$

把第一行的$(-a_1)$倍加到第二行上去,$(-a_2)$倍加到第三行上去,……,$(-a_n)$倍加到第$n+1$行上去,得

$$D_n = \begin{vmatrix} 1 & a_1 & a_2 & \cdots & a_n \\ -a_1 & x_1 & 0 & \cdots & 0 \\ -a_2 & 0 & x_2 & \cdots & 0 \\ \vdots & \vdots & \vdots & \ddots & \vdots \\ -a_n & 0 & 0 & \cdots & x_n \end{vmatrix}_{n+1} \quad \text{(是爪型行列式)}$$

在后$n$列中提出公因数$\prod_{i=1}^{n} x_i$得到

$$D_n = \prod_{i=1}^{n} x_i \begin{vmatrix} 1 & a_1/x_1 & a_2/x_2 & \cdots & a_n/x_n \\ -a_1 & 1 & 0 & \cdots & 0 \\ -a_2 & 0 & 1 & \cdots & 0 \\ \vdots & \vdots & \vdots & \ddots & \vdots \\ -a_n & 0 & 0 & \cdots & 1 \end{vmatrix}_{n+1}$$

再把第二列的$a_1$倍,第三列的$a_2$倍,第四列的$a_3$倍,……,第$n+1$列的$a_n$倍,都加到第一列上去把它化成上三角行列式

$$D_n = \prod_{i=1}^{n} x_i \begin{vmatrix} 1 + \sum_{i=1}^{n}\frac{a_i^2}{x_i} & a_1/x_1 & a_2/x_2 & \cdots & a_n/x_n \\ 0 & 1 & 0 & \cdots & 0 \\ 0 & 0 & 1 & \cdots & 0 \\ \vdots & \vdots & \vdots & \ddots & \vdots \\ 0 & 0 & 0 & \cdots & 1 \end{vmatrix} = \prod_{i=1}^{n} x_i\left(1 + \sum_{i=1}^{n}\frac{a_i^2}{x_i}\right)$$

9. 证明$n+1$阶行列式

$$D_{n+1}=\begin{vmatrix}1&0&0&0&\cdots&0&1\\1&a_1&0&0&\cdots&0&0\\1&1&a_2&0&\cdots&0&0\\1&0&1&a_3&\cdots&0&0\\\vdots&\vdots&\vdots&\ddots&\ddots&\vdots&\vdots\\1&0&0&0&\ddots&a_{n-1}&0\\1&0&0&0&\cdots&1&a_n\end{vmatrix}=\sum_{k=0}^{n-1}(-1)^k\prod_{i=1}^{n-k}a_i+(-1)^n$$

**【证】**　对 $n$ 用归纳法证明. 当 $n=1$ 时,$D_2=\begin{vmatrix}1&1\\1&a_1\end{vmatrix}=a_1-1$. 结论正确.

设当 $n=m$ 时,有

$$\begin{aligned}D_m&=\sum_{k=0}^{m-1}(-1)^k\prod_{i=1}^{m-k}a_i+(-1)^m\\&=(\prod_{i=1}^{m}a_i)-(\prod_{i=1}^{m-1}a_i)+\cdots+(-1)^k(\prod_{i=1}^{m-k}a_i)+\cdots+\\&\quad(-1)^{m-1}(\prod_{i=1}^{1}a_i)+(-1)^m\end{aligned}$$

则当 $n=m+1$ 时,将 $m+2$ 阶行列式 $D_{m+2}$ 按末列展开得

$$D_{m+2}=\begin{vmatrix}1&0&0&0&\cdots&0&1\\1&a_1&0&0&\cdots&0&0\\1&1&a_2&0&\cdots&0&0\\1&0&1&a_3&\cdots&0&0\\\vdots&\vdots&\vdots&\ddots&\ddots&\vdots&\vdots\\1&0&0&0&\ddots&a_m&0\\1&0&0&0&\cdots&1&a_{m+1}\end{vmatrix}$$

$$=a_{m+1}\begin{vmatrix}1&0&0&\cdots&0&0\\1&a_1&0&\cdots&0&0\\1&1&a_2&\cdots&0&0\\\vdots&\vdots&\ddots&\ddots&\vdots&\vdots\\1&0&0&\cdots&a_{m-1}&0\\1&0&0&\cdots&1&a_m\end{vmatrix}_{m+1}+$$

$$(-1)^{1+m+2}\begin{vmatrix} 1 & a_1 & 0 & \cdots & 0 & 0 \\ 1 & 1 & a_2 & \cdots & 0 & 0 \\ 1 & 0 & 1 & \ddots & 0 & 0 \\ \vdots & \vdots & \vdots & \ddots & \ddots & \vdots \\ 1 & 0 & 0 & \cdots & 1 & a_m \\ 1 & 0 & 0 & \cdots & 0 & 1 \end{vmatrix}_{m+1}$$

在第二个行列式中,经过 $m$ 次互换相邻两行,把末行换成第一行,保持其他行的相对位置不变,得

$$D_{m+2}=\prod_{i=1}^{m+1}a_i+(-1)^{3+m}(-1)^m\begin{vmatrix} 1 & 0 & 0 & \cdots & 0 & 1 \\ 1 & a_1 & 0 & \cdots & 0 & 0 \\ 1 & 1 & a_2 & \ddots & 0 & 0 \\ \vdots & \vdots & \vdots & \ddots & \ddots & \vdots \\ 1 & 0 & 0 & \cdots & a_{m-1} & 0 \\ 1 & 0 & 0 & \cdots & 1 & a_m \end{vmatrix}$$

$$=\prod_{i=1}^{m+1}a_i-D_{m+1}$$

$$=\left(\prod_{i=1}^{m+1}a_i\right)-\left(\prod_{i=1}^{m}a_i\right)+\left(\prod_{i=1}^{m-1}a_i\right)+\cdots+(-1)^{k+1}\left(\prod_{i=1}^{m-k}a_i\right)+\cdots+$$
$$(-1)^m\left(\prod_{i=1}^{1}a_i\right)+(-1)^{m+1}$$

10. 证明当 $\prod_{i=1}^{n}a_i\neq 0$ 时,$n$ 阶行列式

$$D_n=\begin{vmatrix} 1 & 1 & \cdots & 1 & 1+a_1 \\ 1 & 1 & \cdots & 1+a_2 & 1 \\ \vdots & \vdots & \iddots & \vdots & \vdots \\ 1 & 1+a_{n-1} & \cdots & 1 & 1 \\ 1+a_n & 1 & \cdots & 1 & 1 \end{vmatrix}=(-1)^{\frac{n(n-1)}{2}}\prod_{i=1}^{n}a_i\left[1+\sum_{i=1}^{n}\left(\frac{1}{a_i}\right)\right]$$

**【证一】** 把此行列式对应的矩阵分解为

$$\boldsymbol{M}=\begin{pmatrix} 1 & 1 & \cdots & 1 & 1+a_1 \\ 1 & 1 & \cdots & 1+a_2 & 1 \\ \vdots & \vdots & \iddots & \vdots & \vdots \\ 1 & 1+a_{n-1} & \cdots & 1 & 1 \\ 1+a_n & 1 & \cdots & 1 & 1 \end{pmatrix}=\boldsymbol{A}+\boldsymbol{\alpha}\boldsymbol{\alpha}'$$

其中

$$A=\begin{pmatrix}0&0&\cdots&0&a_1\\0&0&\cdots&a_2&0\\\vdots&\vdots&\iddots&\vdots&\vdots\\0&a_{n-1}&\cdots&0&0\\a_n&0&\cdots&0&0\end{pmatrix},\ \alpha=\begin{pmatrix}1\\1\\\vdots\\1\\1\end{pmatrix},A^{-1}=\begin{pmatrix}0&0&\cdots&0&a_n^{-1}\\0&0&\cdots&a_{n-1}^{-1}&0\\\vdots&\vdots&\iddots&\vdots&\vdots\\0&a_2^{-1}&\cdots&0&0\\a_1^{-1}&0&\cdots&0&0\end{pmatrix}$$

于是

$$\begin{aligned}D_n&=|M|=|A+\alpha\alpha'|=|A|(1+\alpha'A^{-1}\alpha)\\&=(-1)^{\frac{n(n-1)}{2}}\prod_{i=1}^n a_i\times\left[1+\sum_{i=1}^n\left(\frac{1}{a_i}\right)\right]\end{aligned}$$

**【证二】**　先在后 $n-1$ 行中都减去第一行，再在各列中提出公因数得到

$$D_n=\begin{vmatrix}1&1&\cdots&1&1+a_1\\0&0&\cdots&a_2&-a_1\\\vdots&\vdots&\iddots&\vdots&\vdots\\0&a_{n-1}&\cdots&0&-a_1\\a_n&0&\cdots&0&-a_1\end{vmatrix}$$

$$=\prod_{i=1}^n a_i\begin{vmatrix}1/a_n&1/a_{n-1}&\cdots&1/a_2&1+1/a_1\\0&0&\cdots&1&-1\\\vdots&\vdots&\iddots&\vdots&\vdots\\0&1&\cdots&0&-1\\1&0&\cdots&0&-1\end{vmatrix}$$

再把后 $n-1$ 列都加到第一列上去得到

$$D_n=\prod_{i=1}^n a_i\begin{vmatrix}\lambda&1/a_{n-1}&\cdots&1/a_2&1+1/a_1\\0&0&\cdots&1&-1\\\vdots&\vdots&\iddots&\vdots&\vdots\\0&1&\cdots&0&-1\\0&0&\cdots&0&-1\end{vmatrix}_n$$

其中

$$\lambda=1+\sum_{i=1}^n\left(\frac{1}{a_i}\right)$$

于是求出

$$D_n=\lambda\prod_{i=1}^{n}a_i\begin{vmatrix}0&\cdots&1&-1\\ \vdots&⋰&\vdots&\vdots\\ 1&\cdots&0&-1\\ 0&\cdots&0&-1\end{vmatrix}_{n-1}=-\lambda\prod_{i=1}^{n}a_i\begin{vmatrix}&&1\\&⋰&\\1&&\end{vmatrix}_{n-2}$$

$$=(-1)(-1)^{\frac{(n-2)(n-3)}{2}}\lambda\prod_{i=1}^{n}a_i=(-1)^{\frac{(n-2)(n-3)+2}{2}}\lambda\prod_{i=1}^{n}a_i$$

$$=(-1)^{\frac{n^2-5n+8}{2}}\lambda\prod_{i=1}^{n}a_i$$

$$=(-1)^{\frac{n(n-1)}{2}}\lambda\prod_{i=1}^{n}a_i=(-1)^{\frac{n(n-1)}{2}}\prod_{i=1}^{n}a_i\left[1+\sum_{i=1}^{n}\left(\frac{1}{a_i}\right)\right]$$

11. 证明当$\prod_{i=0}^{n}a_i\neq 0$时,$n$阶行列式

$$D_n=\begin{vmatrix}a_0+a_1&a_1&0&\cdots&0&0\\ a_1&a_1+a_2&a_2&\cdots&0&0\\ 0&a_2&a_2+a_3&\ddots&0&0\\ \vdots&\vdots&\ddots&\ddots&\ddots&\vdots\\ 0&0&0&\ddots&a_{n-2}+a_{n-1}&a_{n-1}\\ 0&0&0&\cdots&a_{n-1}&a_{n-1}+a_n\end{vmatrix}$$

$$=\left(\prod_{i=0}^{n}a_i\right)\left(\sum_{i=0}^{n}\frac{1}{a_i}\right)$$

【证】 对阶数$n$用归纳法证明. 显然有

$$D_1=a_0+a_1=a_0a_1\left(\frac{1}{a_0}+\frac{1}{a_1}\right)$$

$$D_2=\begin{vmatrix}a_0+a_1&a_1\\ a_1&a_1+a_2\end{vmatrix}=a_0a_1+a_0a_2+a_1a_2=\left(\prod_{i=0}^{2}a_i\right)\left(\sum_{i=0}^{2}\frac{1}{a_i}\right)$$

假设对于$D_{n-1}$和$D_{n-2}$公式成立,则将$D_n$按其第$n$列展开得到

$D_n=(a_{n-1}+a_n)D_{n-1}-$

$$a_{n-1}\begin{vmatrix}a_0+a_1&a_1&0&\cdots&0&0\\ a_1&a_1+a_2&a_2&\cdots&0&0\\ 0&a_2&a_2+a_3&\ddots&0&0\\ \vdots&\vdots&\ddots&\ddots&\ddots&\vdots\\ 0&0&0&\ddots&a_{n-3}+a_{n-2}&a_{n-2}\\ 0&0&0&\cdots&0&a_{n-1}\end{vmatrix}_{n-1}$$

$$= (a_{n-1} + a_n)D_{n-1} - a_{n-1}^2 D_{n-2}$$

$$= (a_{n-1} + a_n)\left(\prod_{i=0}^{n-1} a_i\right)\left(\sum_{i=0}^{n-1} \frac{1}{a_i}\right) - a_{n-1}^2\left(\prod_{i=0}^{n-2} a_i\right)\left(\sum_{i=0}^{n-2} \frac{1}{a_i}\right)$$

$$= a_{n-1}\left(\prod_{i=0}^{n-1} a_i\right)\left(\sum_{i=0}^{n-1} \frac{1}{a_i}\right) + a_n\left(\prod_{i=0}^{n-1} a_i\right)\left(\sum_{i=0}^{n-1} \frac{1}{a_i}\right) -$$

$$a_{n-1}^2\left(\prod_{i=0}^{n-2} a_i\right)\left(\sum_{i=0}^{n-2} \frac{1}{a_i}\right)$$

$$= a_{n-1}^2\left(\prod_{i=0}^{n-2} a_i\right)\left[\sum_{i=0}^{n-2} \frac{1}{a_i} + \frac{1}{a_{n-1}}\right] + \left(\prod_{i=0}^{n} a_i\right)\left(\sum_{i=0}^{n-1} \frac{1}{a_i}\right) -$$

$$a_{n-1}^2\left(\prod_{i=0}^{n-2} a_i\right)\left(\sum_{i=0}^{n-2} \frac{1}{a_i}\right)$$

$$= a_{n-1}^2\left(\prod_{i=0}^{n-2} a_i\right)\frac{1}{a_{n-1}} + \left(\prod_{i=0}^{n} a_i\right)\left(\sum_{i=0}^{n-1} \frac{1}{a_i}\right)$$

$$= \prod_{i=0}^{n-1} a_i + \left(\prod_{i=0}^{n} a_i\right)\left(\sum_{i=0}^{n-1} \frac{1}{a_i}\right)$$

$$= \left(\prod_{i=0}^{n} a_i\right)\left(\sum_{i=0}^{n} \frac{1}{a_i}\right)$$

【注】　容易证明

$$D_n = \left(\prod_{i=0}^{n} a_i\right)\left(\sum_{i=0}^{n} \frac{1}{a_i}\right) = \sum_{i=0}^{n} \prod_{j\neq i}^{0\sim n} a_j$$

以 $n = 3$ 为例

$$\left(\prod_{i=0}^{3} a_i\right)\left(\sum_{j=0}^{3} \frac{1}{a_j}\right) = a_0a_1a_2a_3\left(\frac{1}{a_0} + \frac{1}{a_1} + \frac{1}{a_2} + \frac{1}{a_3}\right)$$

$$= a_1a_2a_3 + a_0a_2a_3 + a_0a_1a_3 + a_0a_1a_3 = \sum_{i=0}^{3} \prod_{j\neq i}^{0\sim 3} a_j$$

12. 证明 $n(\geqslant 2)$ 阶 Cauchy 行列式

$$D_n = \begin{vmatrix} \frac{1}{x_1 + y_1} & \frac{1}{x_1 + y_2} & \cdots & \frac{1}{x_1 + y_n} \\ \frac{1}{x_2 + y_1} & \frac{1}{x_2 + y_2} & \cdots & \frac{1}{x_2 + y_n} \\ \vdots & \vdots & & \vdots \\ \frac{1}{x_n + y_1} & \frac{1}{x_n + y_2} & \cdots & \frac{1}{x_n + y_n} \end{vmatrix} = \frac{\prod\limits_{1\leqslant j<i\leqslant n} (x_i - x_j)(y_i - y_j)}{\prod\limits_{i=1}^{n}\prod\limits_{j=1}^{n} (x_i + y_j)}$$

【证一】　对阶数 $n$ 用归纳法证明. 先考虑 $n = 2$ 的情形. 记

$$\Delta=(x_1+y_1)(x_1+y_2)(x_2+y_1)(x_2+y_2)=\prod_{i=1}^{2}\prod_{j=1}^{2}(x_i+y_j)$$

直接计算

$$D_2=\begin{vmatrix}\dfrac{1}{x_1+y_1} & \dfrac{1}{x_1+y_2}\\ \dfrac{1}{x_2+y_1} & \dfrac{1}{x_2+y_2}\end{vmatrix}=\frac{1}{(x_1+y_1)(x_1+y_2)}\begin{vmatrix}x_1+y_2 & x_1+y_1\\ \dfrac{1}{x_2+y_1} & \dfrac{1}{x_2+y_2}\end{vmatrix}$$

$$=\frac{1}{\Delta}\begin{vmatrix}x_1+y_2 & x_1+y_1\\ x_2+y_2 & x_2+y_1\end{vmatrix}=\frac{1}{\Delta}\begin{vmatrix}x_1-x_2 & x_1-x_2\\ x_2+y_2 & x_2+y_1\end{vmatrix}$$

$$=\frac{(x_1-x_2)}{\Delta}\begin{vmatrix}1 & 1\\ x_2+y_2 & x_2+y_1\end{vmatrix}$$

$$=\frac{(x_1-x_2)}{\Delta}\begin{vmatrix}1 & 0\\ x_2+y_2 & y_1-y_2\end{vmatrix}$$

$$=\frac{(x_2-x_1)(y_2-y_1)}{\Delta}$$

这说明归纳基础正确.

一般地,记

$$a_{ij}=x_i+y_j,\ b_{ij}=x_i-x_j,\ c_{ij}=y_i-y_j,\ i,j=1,2,\cdots,n$$

设

$$D_{n-1}=\frac{\prod\limits_{1\leqslant j<i\leqslant n-1} b_{ij}\times c_{ij}}{\prod\limits_{i=1}^{n-1}\prod\limits_{j=1}^{n-1}a_{ij}}$$

成立,要证明必有

$$D_n=\frac{\prod\limits_{1\leqslant j<i\leqslant n} b_{ij}\times c_{ij}}{\prod\limits_{i=1}^{n}\prod\limits_{j=1}^{n}a_{ij}}$$

首先,对于 $i=1,2,3,\cdots,n-1$; $j=1,2,3,\cdots,n$,计算

$$\frac{1}{a_{ij}}-\frac{1}{a_{nj}}=\frac{a_{nj}-a_{ij}}{a_{ij}\cdot a_{nj}}=\frac{(x_n+y_j)-(x_i+y_j)}{a_{ij}\cdot a_{nj}}=\frac{b_{ni}}{a_{ij}\cdot a_{nj}}$$

在 $D_n$ 中的前 $n-1$ 行中都减去第 $n$ 行得到

$$D_n = \begin{vmatrix} \frac{1}{a_{11}} & \frac{1}{a_{12}} & \cdots & \frac{1}{a_{1n}} \\ \frac{1}{a_{21}} & \frac{1}{a_{22}} & \cdots & \frac{1}{a_{2n}} \\ \vdots & \vdots & & \vdots \\ \frac{1}{a_{n-1,1}} & \frac{1}{a_{n-1,2}} & \cdots & \frac{1}{a_{n-1,n}} \\ \frac{1}{a_{n1}} & \frac{1}{a_{n2}} & \cdots & \frac{1}{a_{nn}} \end{vmatrix}$$

$$= \begin{vmatrix} \frac{b_{n1}}{a_{11} \times a_{n1}} & \frac{b_{n1}}{a_{12} \times a_{n2}} & \cdots & \frac{b_{n1}}{a_{1n} \times a_{nn}} \\ \frac{b_{n2}}{a_{21} \times a_{n1}} & \frac{b_{n2}}{a_{22} \times a_{n2}} & \cdots & \frac{b_{n2}}{a_{2n} \times a_{nn}} \\ \vdots & \vdots & & \vdots \\ \frac{b_{n,n-1}}{a_{n-1,1} \times a_{n1}} & \frac{b_{n,n-1}}{a_{n-1,2} \times a_{n2}} & \cdots & \frac{b_{n,n-1}}{a_{n-1,n} \times a_{nn}} \\ \frac{1}{a_{n1}} & \frac{1}{a_{n2}} & \cdots & \frac{1}{a_{nn}} \end{vmatrix}$$

$$= \frac{\prod_{j=1}^{n-1} b_{nj}}{\prod_{j=1}^{n} a_{nj}} \begin{vmatrix} \frac{1}{a_{11}} & \frac{1}{a_{12}} & \cdots & \frac{1}{a_{1n}} \\ \frac{1}{a_{21}} & \frac{1}{a_{22}} & \cdots & \frac{1}{a_{2n}} \\ \vdots & \vdots & & \vdots \\ \frac{1}{a_{n-1,1}} & \frac{1}{a_{n-1,2}} & \cdots & \frac{1}{a_{n-1,n}} \\ 1 & 1 & \cdots & 1 \end{vmatrix}$$

其次,对于 $i = 1, 2, 3, \cdots, n-1$; $j = 1, 2, 3, \cdots, n-1$,计算

$$\frac{1}{a_{ij}} - \frac{1}{a_{in}} = \frac{a_{in} - a_{ij}}{a_{ij} \times a_{in}} = \frac{(x_i + y_n) - (x_i + y_j)}{a_{ij} \times a_{in}}$$

$$= \frac{c_{nj}}{a_{ij} \times a_{in}}$$

在 $D_n$ 中的前 $n-1$ 列中都减去第 $n$ 列进一步可得到

$$D_n = \frac{\prod_{j=1}^{n-1} b_{nj}}{\prod_{j=1}^{n} a_{nj}} \begin{vmatrix} \frac{c_{n1}}{a_{11} \times a_{1n}} & \cdots & \frac{c_{n,n-1}}{a_{1,n-1} \times a_{1n}} & \frac{1}{a_{1n}} \\ \frac{c_{n1}}{a_{21} \times a_{2n}} & \cdots & \frac{c_{n,n-1}}{a_{2,n-1} \times a_{2n}} & \frac{1}{a_{2n}} \\ \vdots & & \vdots & \vdots \\ \frac{c_{n1}}{a_{n-1,1} \times a_{n-1,n}} & \cdots & \frac{c_{n,n-1}}{a_{n-1,n-1} \times a_{n-1,n}} & \frac{1}{a_{n-1,n}} \\ 0 & \cdots & 0 & 1 \end{vmatrix}$$

$$= \frac{\prod_{j=1}^{n-1} b_{nj}}{\prod_{j=1}^{n} a_{nj}} \times \frac{\prod_{j=1}^{n-1} c_{nj}}{\prod_{i=1}^{n-1} a_{in}} \begin{vmatrix} \frac{1}{a_{11}} & \cdots & \frac{1}{a_{1,n-1}} & \frac{1}{a_{1n}} \\ \frac{1}{a_{21}} & \cdots & \frac{1}{a_{2,n-1}} & \frac{1}{a_{2n}} \\ \vdots & & \vdots & \vdots \\ \frac{1}{a_{n-1,1}} & \cdots & \frac{1}{a_{n-1,n-1}} & \frac{1}{a_{n-1,n}} \\ 0 & \cdots & 0 & 1 \end{vmatrix}$$

$$= \frac{\prod_{j=1}^{n-1} b_{nj}}{\prod_{j=1}^{n} a_{nj}} \times \frac{\prod_{j=1}^{n-1} c_{nj}}{\prod_{i=1}^{n-1} a_{in}} \times D_{n-1}$$

$$= \frac{\prod_{j=1}^{n-1} b_{nj}}{\prod_{j=1}^{n} a_{nj}} \times \frac{\prod_{j=1}^{n-1} c_{nj}}{\prod_{i=1}^{n-1} a_{in}} \times \frac{\prod_{1 \leqslant j < i \leqslant n-1} b_{ij} \times c_{ij}}{\prod_{i=1}^{n-1} \prod_{j=1}^{n-1} a_{ij}}$$

$$= \frac{\prod_{1 \leqslant j < i \leqslant n-1} b_{ij} \times c_{ij}}{\prod_{i=1}^{n} \prod_{j=1}^{n} a_{ij}}$$

**【证二】** 也可用分析因子法. 记

$$a_{ij} = x_i + y_j,\ b_{ij} = x_i - x_j,\ c_{ij} = y_i - y_j,\ i, j = 1, 2, \cdots, n$$

$$\pi_{ij} = \prod_{k \neq j}^{1 \sim n} a_{ik} = \prod_{k \neq j}^{1 \sim n} (x_i + y_k),\ i, j = 1, 2, \cdots, n$$

$$\Delta = \prod_{i=1}^{n} \prod_{j=1}^{n} a_{ij} = \prod_{i=1}^{n} \prod_{j=1}^{n} (x_i + y_j)$$

在 $D_n$ 中的 $n$ 个行和 $n$ 个列中,经过通分再提出公因数可得

$$D_n=\begin{vmatrix}\frac{1}{a_{11}}&\frac{1}{a_{12}}&\cdots&\frac{1}{a_{1n}}\\\frac{1}{a_{21}}&\frac{1}{a_{22}}&\cdots&\frac{1}{a_{2n}}\\\vdots&\vdots&&\vdots\\\frac{1}{a_{n1}}&\frac{1}{a_{n2}}&\cdots&\frac{1}{a_{nn}}\end{vmatrix}=\frac{1}{\Delta}\begin{vmatrix}\pi_{11}&\pi_{12}&\cdots&\pi_{1n}\\\pi_{21}&\pi_{22}&\cdots&\pi_{2n}\\\vdots&\vdots&&\vdots\\\pi_{n1}&\pi_{n2}&\cdots&\pi_{nn}\end{vmatrix}=\frac{1}{\Delta}\widetilde{D}_n$$

因此只要证明

$$\widetilde{D}_n=\begin{vmatrix}\pi_{11}&\pi_{12}&\cdots&\pi_{1,n-1}&\pi_{1n}\\\pi_{21}&\pi_{22}&\cdots&\pi_{2,n-1}&\pi_{2n}\\\vdots&\vdots&\vdots&\vdots&\vdots\\\pi_{n-1,1}&\pi_{n-1,2}&\cdots&\pi_{n-1,n-1}&\pi_{n-1,n}\\\pi_{n1}&\pi_{n2}&\cdots&\pi_{n,n-1}&\pi_{nn}\end{vmatrix}=\prod_{1\leqslant j<i\leqslant n-1}b_{ij}\times c_{ij}$$

因为当 $x_i=x_l,i\neq l$ 时,有

$$\pi_{ij}-\pi_{lj}=\prod_{k\neq j}^{1\sim n}(x_i+y_k)-\prod_{k\neq j}^{1\sim n}(x_l+y_k)=0\ ,j=1\ ,2\ ,\cdots\ ,n$$

即当 $x_i=x_l,i\neq l$ 时,$\widetilde{D}_n$ 中有两行相同,必有 $\widetilde{D}_n=0$. 这说明在 $\widetilde{D}_n$ 中必有因子

$$b_{il}=(x_i-x_l)\ ,\ \forall\ 1\leqslant l<i\leqslant n$$

类似地,因为当 $y_j=y_l,j\neq l$ 时,有

$$\pi_{ij}-\pi_{il}=\frac{\prod_{k=1}^{n}(x_i+y_k)}{x_i+y_j}-\frac{\prod_{k=1}^{n}(x_i+y_k)}{x_i+y_l}=0\ ,i=1\ ,2\ ,\cdots\ ,n$$

即当 $y_j=y_l,j\neq l$ 时,$\widetilde{D}_n$ 中有两列相同,必有 $\widetilde{D}_n=0$. 这说明在 $\widetilde{D}_n$ 中必有因子

$$c_{jl}=(x_j-x_l)\ ,\ \forall\ 1\leqslant l<j\leqslant n$$

于是必有

$$\widetilde{D}_n=k\times\prod_{1\leqslant l<i\leqslant n}b_{il}\times\prod_{1\leqslant l<j\leqslant n}c_{jl}=k\times\prod_{1\leqslant j<i\leqslant n}b_{ij}\times\prod_{1\leqslant j<i\leqslant n}c_{ij}=k\times\prod_{1\leqslant j<i\leqslant n}b_{ij}c_{ij}$$

因为在 $\widetilde{D}_n$ 中 $x_i$ 和 $y_j$ 的次数都是 $n-1$,所以这里的 $k$ 是待定常数,于是只要证明 $k=1$.

在 $\widetilde{D}_n$ 中取 $x_i=-y_i,i=1\ ,2\ ,\cdots\ ,n$,则 $a_{11}=a_{22}=\cdots=a_{nn}=0$,必有

$$\pi_{ij}=\prod_{k\neq j}^{1\sim n}a_{ik}=a_{i1}\cdots a_{i,j-1}a_{i,j+1}\cdots a_{in}=0,\forall\,i\neq j$$

此时,$\widetilde{D}_n$ 为对角行列式

$$\widetilde{D}_n = \begin{vmatrix} \pi_{11} & & & \\ & \pi_{22} & & \\ & & \ddots & \\ & & & \pi_{nn} \end{vmatrix} = \pi_{11}\pi_{22}\cdots\pi_{nn} = \prod_{1\leqslant i\neq j\leqslant n} a_{ij}$$

因为当 $x_i = -y_i$, $i = 1, 2, \cdots, n$ 时,必有

$$b_{ij} = x_i - x_j = x_i + y_j = a_{ij}, c_{ij} = y_i - y_j = y_i + x_j = a_{ji}$$

所以此时必有

$$\widetilde{D}_n = \prod_{1\leqslant i\neq j\leqslant n} a_{ij} = \prod_{1\leqslant i<j\leqslant n} a_{ij} \times \prod_{1\leqslant j<i\leqslant n} a_{ij} = \prod_{1\leqslant j<i\leqslant n} a_{ji} \times \prod_{1\leqslant j<i\leqslant n} b_{ij} = \prod_{1\leqslant j<i\leqslant n} b_{ij}c_{ij}$$

据此就可判定 $k = 1$. 这就证明了

$$D_n = \frac{\prod\limits_{1\leqslant j<i\leqslant n-1} b_{ij} \times c_{ij}}{\prod\limits_{i=1}^{n}\prod\limits_{j=1}^{n} a_{ij}}$$

# 第二章　矩　阵

## §1　矩阵运算

1. 设 $\boldsymbol{I}=\begin{pmatrix}1&0&0&0\\0&1&0&0\\0&0&1&0\\0&0&0&1\end{pmatrix}$,$\boldsymbol{J}=\begin{pmatrix}1&1&1&1\\1&1&1&1\\1&1&1&1\\1&1&1&1\end{pmatrix}$,$\boldsymbol{A}=\begin{pmatrix}a&b&b&b\\b&a&b&b\\b&b&a&b\\b&b&b&a\end{pmatrix}$,求 $x$ 和 $y$ 的值使得

$$\boldsymbol{A}=x\boldsymbol{I}+y\boldsymbol{J}$$

**【解】**　由 $\boldsymbol{A}=x\boldsymbol{I}+y\boldsymbol{J}$ 知有矩阵等式

$$\begin{pmatrix}a&b&b&b\\b&a&b&b\\b&b&a&b\\b&b&b&a\end{pmatrix}=\begin{pmatrix}x+y&y&y&y\\y&x+y&y&y\\y&y&x+y&y\\y&y&y&x+y\end{pmatrix}$$

由矩阵相等定义知 $x+y=a,y=b$,于是解得 $x=a-b,y=b$.

2. 计算 $(x,y,1)\begin{pmatrix}a_{11}&a_{12}&a_2\\a_{12}&a_{22}&a_1\\a_2&a_1&a_0\end{pmatrix}\begin{pmatrix}x\\y\\1\end{pmatrix}$.

**【解】**

$$(x,y,1)\begin{pmatrix}a_{11}&a_{12}&a_1\\a_{12}&a_{22}&a_2\\a_1&a_2&a_0\end{pmatrix}\begin{pmatrix}x\\y\\1\end{pmatrix}$$

$$=(x,y,1)\begin{pmatrix}a_{11}x+a_{12}y+a_1\\a_{12}x+a_{22}y+a_2\\a_1x+a_2y+a_0\end{pmatrix}$$

$$=a_{11}x^2+2a_{12}xy+a_{22}y^2+2a_1x+2a_2y+a_0$$

3. 计算以下矩阵($n$ 是任意正整数):

(1)$\begin{pmatrix}1 & -1\\1 & -1\end{pmatrix}^n$;(2)$\begin{pmatrix}1 & 1\\0 & 0\end{pmatrix}^n$;(3)$\begin{pmatrix}1 & 1\\1 & -1\end{pmatrix}^n$;(4)$\begin{pmatrix}1 & 0\\0 & -1\end{pmatrix}^n$;

(5)$\begin{pmatrix}0 & 1 & 0\\0 & 0 & 1\\0 & 0 & 0\end{pmatrix}^n$;(6)$\begin{pmatrix}\lambda & 1 & 0\\0 & \lambda & 1\\0 & 0 & \lambda\end{pmatrix}^n$.

**【解】** (1)因为$\begin{pmatrix}1 & -1\\1 & -1\end{pmatrix}^2=\begin{pmatrix}0 & 0\\0 & 0\end{pmatrix}$,所以当 $n\geqslant 2$ 时$\begin{pmatrix}1 & -1\\1 & -1\end{pmatrix}^n=\boldsymbol{O}$.

(2)因为$\begin{pmatrix}1 & 1\\0 & 0\end{pmatrix}^2=\begin{pmatrix}1 & 1\\0 & 0\end{pmatrix}$,所以$\begin{pmatrix}1 & 1\\0 & 0\end{pmatrix}^n=\begin{pmatrix}1 & 1\\0 & 0\end{pmatrix}$.

(3)因为$\begin{pmatrix}1 & 1\\1 & -1\end{pmatrix}^2=\begin{pmatrix}1 & 1\\1 & -1\end{pmatrix}\begin{pmatrix}1 & 1\\1 & -1\end{pmatrix}=\begin{pmatrix}2 & 0\\0 & 2\end{pmatrix}=2\begin{pmatrix}1 & 0\\0 & 1\end{pmatrix}=2\boldsymbol{I}_2$,所以对 $n\geqslant 1$,有

$$\begin{pmatrix}1 & 1\\1 & -1\end{pmatrix}^{2n}=\left[\begin{pmatrix}1 & 1\\1 & -1\end{pmatrix}^2\right]^n=(2\boldsymbol{I}_2)^n=2^n\boldsymbol{I}_2$$

据此即知对 $n\geqslant 1$ 有

$$\begin{pmatrix}1 & 1\\1 & -1\end{pmatrix}^{2n+1}=2^n\begin{pmatrix}1 & 1\\1 & -1\end{pmatrix}$$

和
$$\begin{pmatrix}1 & 1\\1 & -1\end{pmatrix}^{2n-1}=\begin{pmatrix}1 & 1\\1 & -1\end{pmatrix}^{2(n-1)+1}=2^{n-1}\begin{pmatrix}1 & 1\\1 & -1\end{pmatrix}$$

(4)由$\begin{pmatrix}1 & 0\\0 & -1\end{pmatrix}^2=\begin{pmatrix}1 & 0\\0 & 1\end{pmatrix}=\boldsymbol{I}_2$ 即得对 $n\geqslant 1$,必有

$$\begin{pmatrix}1 & 0\\1 & -1\end{pmatrix}^{2n}=\begin{pmatrix}1 & 0\\0 & 1\end{pmatrix}$$

和
$$\begin{pmatrix}1 & 0\\0 & -1\end{pmatrix}^{2n-1}=\begin{pmatrix}1 & 0\\0 & -1\end{pmatrix}^{2(n-1)+1}=\begin{pmatrix}1 & 0\\0 & -1\end{pmatrix}$$

(5)因为

$$\begin{pmatrix}0 & 1 & 0\\0 & 0 & 1\\0 & 0 & 0\end{pmatrix}^2=\begin{pmatrix}0 & 1 & 0\\0 & 0 & 1\\0 & 0 & 0\end{pmatrix}\begin{pmatrix}0 & 1 & 0\\0 & 0 & 1\\0 & 0 & 0\end{pmatrix}=\begin{pmatrix}0 & 0 & 1\\0 & 0 & 0\\0 & 0 & 0\end{pmatrix}$$

$$\begin{pmatrix}0 & 1 & 0\\0 & 0 & 1\\0 & 0 & 0\end{pmatrix}^3=\begin{pmatrix}0 & 0 & 0\\0 & 0 & 0\\0 & 0 & 0\end{pmatrix}\begin{pmatrix}0 & 1 & 0\\0 & 0 & 1\\0 & 0 & 0\end{pmatrix}=\begin{pmatrix}0 & 0 & 0\\0 & 0 & 0\\0 & 0 & 0\end{pmatrix}$$

所以对于 $n\geqslant 3$,必有

$$\begin{pmatrix}0&1&0\\0&0&1\\0&0&0\end{pmatrix}^n=\boldsymbol{O}$$

（6）可用数学归纳法证明

$$\begin{pmatrix}\lambda&1&0\\0&\lambda&1\\0&0&\lambda\end{pmatrix}^n=\begin{pmatrix}\lambda^n&\mathrm{C}_n^1\lambda^{n-1}&\mathrm{C}_n^2\lambda^{n-2}\\0&\lambda^n&\mathrm{C}_n^1\lambda^{n-1}\\0&0&\lambda^n\end{pmatrix}$$

事实上，对于 $n=2$ 确有

$$\begin{pmatrix}\lambda&1&0\\0&\lambda&1\\0&0&\lambda\end{pmatrix}^2=\begin{pmatrix}\lambda&1&0\\0&\lambda&1\\0&0&\lambda\end{pmatrix}\begin{pmatrix}\lambda&1&0\\0&\lambda&1\\0&0&\lambda\end{pmatrix}=\begin{pmatrix}\lambda^2&2\lambda&1\\0&\lambda^2&2\lambda\\0&0&\lambda^2\end{pmatrix}$$

设
$$\begin{pmatrix}\lambda&1&0\\0&\lambda&1\\0&0&\lambda\end{pmatrix}^n=\begin{pmatrix}\lambda^n&\mathrm{C}_n^1\lambda^{n-1}&\mathrm{C}_n^2\lambda^{n-2}\\0&\lambda^n&\mathrm{C}_n^1\lambda^{n-1}\\0&0&\lambda^n\end{pmatrix}$$

正确，则

$$\begin{aligned}\begin{pmatrix}\lambda&1&0\\0&\lambda&1\\0&0&\lambda\end{pmatrix}^{n+1}&=\begin{pmatrix}\lambda^n&\mathrm{C}_n^1\lambda^{n-1}&\mathrm{C}_n^2\lambda^{n-2}\\0&\lambda^n&\mathrm{C}_n^1\lambda^{n-1}\\0&0&\lambda^n\end{pmatrix}\begin{pmatrix}\lambda&1&0\\0&\lambda&1\\0&0&\lambda\end{pmatrix}\\&=\begin{pmatrix}\lambda^{n+1}&\mathrm{C}_{n+1}^1\lambda^n&\mathrm{C}_{n+1}^2\lambda^{n-1}\\0&\lambda^{n+1}&\mathrm{C}_{n+1}^1\lambda^n\\0&0&\lambda^{n+1}\end{pmatrix}\end{aligned}$$

**【注】**　这里用到组合数关系式 $\mathrm{C}_n^k+\mathrm{C}_n^{k+1}=\mathrm{C}_{n+1}^{k+1}$. 它可证明如下

$$\begin{aligned}\mathrm{C}_n^k+\mathrm{C}_n^{k+1}&=\frac{n!}{k!\,(n-k)!}+\frac{n!}{(k+1)!\,(n-k-1)!}\\&=\frac{(k+1)n!+(n-k)n!}{(k+1)!\,(n-k)!}=\frac{(n+1)!}{(k+1)!\,(n-k)!}=\mathrm{C}_{n+1}^{k+1}\end{aligned}$$

4. 设 $\boldsymbol{A}=\begin{pmatrix}1&a&b\\0&1&a\\0&0&1\end{pmatrix}$，求 $\boldsymbol{A}^n$.

**【解】**　用归纳法证明. 对 $n\geqslant 2$ 有 $\boldsymbol{A}^n=\begin{pmatrix}1&na&\mathrm{C}_n^2a^2+nb\\0&1&na\\0&0&1\end{pmatrix}$.

对 $n=2$ 确有

$$A^2=\begin{pmatrix}1&a&b\\0&1&a\\0&0&1\end{pmatrix}\begin{pmatrix}1&a&b\\0&1&a\\0&0&1\end{pmatrix}=\begin{pmatrix}1&2a&a^2+2b\\0&1&2a\\0&0&1\end{pmatrix}$$

设

$$A^k=\begin{pmatrix}1&ka&C_k^2a^2+kb\\0&1&ka\\0&0&1\end{pmatrix}$$

正确,则

$$A^{k+1}=\begin{pmatrix}1&ka&C_k^2a^2+kb\\0&1&ka\\0&0&1\end{pmatrix}\begin{pmatrix}1&a&b\\0&1&a\\0&0&1\end{pmatrix}$$

$$=\begin{pmatrix}1&(k+1)a&(C_k^2+C_k^1)a^2+(k+1)b\\0&1&(k+1)a\\0&0&1\end{pmatrix}$$

$$=\begin{pmatrix}1&(k+1)a&C_{k+1}^2a^2+(k+1)b\\0&1&(k+1)a\\0&0&1\end{pmatrix}$$

5. 对于 $A=\begin{pmatrix}0&1\\0&0\end{pmatrix}$,$B=\begin{pmatrix}0&1\\0&0\end{pmatrix}$,是不是成立以下矩阵等式

$$(A+B)^2=A^2+2AB+B^2,A^2-B^2=(A+B)(A-B)$$

【解】 答案都是否定的.因为

$$A+B=\begin{pmatrix}1&1\\0&0\end{pmatrix},A-B=\begin{pmatrix}-1&1\\0&0\end{pmatrix},A^2=\begin{pmatrix}0&0\\0&0\end{pmatrix}=O,B^2=\begin{pmatrix}1&0\\0&0\end{pmatrix}=B$$

$$AB=\begin{pmatrix}0&0\\0&0\end{pmatrix}=O,BA=\begin{pmatrix}0&1\\0&0\end{pmatrix}=A$$

所以

$$(A+B)^2=\begin{pmatrix}1&1\\0&0\end{pmatrix}\begin{pmatrix}1&1\\0&0\end{pmatrix}=\begin{pmatrix}1&1\\0&0\end{pmatrix}=A+B$$

$$A^2+2AB+B^2=\begin{pmatrix}1&0\\0&0\end{pmatrix}=B\neq A+B$$

$$A^2-B^2=\begin{pmatrix}-1&0\\0&0\end{pmatrix}=-B$$

$$(A+B)(A-B)=\begin{pmatrix}1&1\\0&0\end{pmatrix}\begin{pmatrix}-1&1\\0&0\end{pmatrix}=\begin{pmatrix}-1&1\\0&0\end{pmatrix}=A-B\neq-B$$

6. 对于$\boldsymbol{A}=\begin{pmatrix}1&0\\0&0\end{pmatrix}$，$\boldsymbol{B}=\begin{pmatrix}1&1\\1&1\end{pmatrix}$，是不是对任意正整数$k$必有以下矩阵等式成立

$$(\boldsymbol{AB})^k=\boldsymbol{A}^k\boldsymbol{B}^k$$

**【解】** 答案是否定的，因为

$$\boldsymbol{AB}=\begin{pmatrix}1&1\\0&0\end{pmatrix},(\boldsymbol{AB})^k=\begin{pmatrix}1&1\\0&0\end{pmatrix}=\boldsymbol{AB},\boldsymbol{A}^k=\begin{pmatrix}1&0\\0&0\end{pmatrix}=\boldsymbol{A}$$

用数学归纳法容易证明矩阵等式

$$\boldsymbol{B}^k=\begin{pmatrix}1&1\\1&1\end{pmatrix}^k=2^{k-1}\begin{pmatrix}1&1\\1&1\end{pmatrix}=2^{k-1}\boldsymbol{B}$$

所以当$k>1$时，有

$$\boldsymbol{A}^k\boldsymbol{B}^k=\boldsymbol{A}\times 2^{k-1}\boldsymbol{B}=2^{k-1}\boldsymbol{AB}\neq\boldsymbol{AB}$$

**【注】** 证明矩阵等式$\boldsymbol{B}^k=\begin{pmatrix}1&1\\1&1\end{pmatrix}^k=2^{k-1}\begin{pmatrix}1&1\\1&1\end{pmatrix}$. 当$k=1$时，显然正确. 设

$$\boldsymbol{B}^k=\begin{pmatrix}1&1\\1&1\end{pmatrix}^k=2^{k-1}\begin{pmatrix}1&1\\1&1\end{pmatrix}$$

正确，则

$$\boldsymbol{B}^{k+1}=\begin{pmatrix}1&1\\1&1\end{pmatrix}^k\begin{pmatrix}1&1\\1&1\end{pmatrix}=2^{k-1}\begin{pmatrix}1&1\\1&1\end{pmatrix}\begin{pmatrix}1&1\\1&1\end{pmatrix}=2^k\begin{pmatrix}1&1\\1&1\end{pmatrix}$$

7. 举例说明关于矩阵乘法不满足消去律的以下结论：

（1）由$\boldsymbol{AB}=\boldsymbol{O},\boldsymbol{A}\neq\boldsymbol{O}$未必能推出$\boldsymbol{B}=\boldsymbol{O}$.

（2）由$\boldsymbol{A}^2=\boldsymbol{O}$未必能推出$\boldsymbol{A}=\boldsymbol{O}$.

（3）由$\boldsymbol{AB}=\boldsymbol{AC},\boldsymbol{A}\neq\boldsymbol{O}$未必能推出$\boldsymbol{B}=\boldsymbol{C}$.

（4）由$\boldsymbol{A}^2=\boldsymbol{B}^2$未必能推出$(\boldsymbol{A}+\boldsymbol{B})(\boldsymbol{A}-\boldsymbol{B})=\boldsymbol{O}$和$\boldsymbol{A}=\pm\boldsymbol{B}$.

**【解】** （1）例如：$\begin{pmatrix}0&1\\0&0\end{pmatrix}\begin{pmatrix}1&0\\0&0\end{pmatrix}=\begin{pmatrix}0&0\\0&0\end{pmatrix}$.

（2）例如：$\begin{pmatrix}0&0\\1&0\end{pmatrix}\begin{pmatrix}0&0\\1&0\end{pmatrix}=\begin{pmatrix}0&0\\0&0\end{pmatrix}$.

（3）例如：$\begin{pmatrix}1&0\\0&0\end{pmatrix}\begin{pmatrix}0&0\\0&0\end{pmatrix}=\begin{pmatrix}1&0\\0&0\end{pmatrix}\begin{pmatrix}0&0\\0&1\end{pmatrix}=\begin{pmatrix}0&0\\0&0\end{pmatrix}$，$\begin{pmatrix}0&0\\0&0\end{pmatrix}\neq\begin{pmatrix}0&0\\0&1\end{pmatrix}$.

（4）例如，取$\boldsymbol{A}=\begin{pmatrix}1&0\\1&-1\end{pmatrix}$，$\boldsymbol{B}=\begin{pmatrix}-1&1\\0&1\end{pmatrix}$，不难验证，$\boldsymbol{A}^2=\boldsymbol{B}^2=\boldsymbol{I}_2$，可是

$$(\boldsymbol{A}+\boldsymbol{B})(\boldsymbol{A}-\boldsymbol{B})=\begin{pmatrix}0&1\\1&0\end{pmatrix}\begin{pmatrix}2&-1\\1&-2\end{pmatrix}=\begin{pmatrix}1&-2\\2&-1\end{pmatrix}$$

8. 分别求出与以下方阵 $\boldsymbol{A}$ 相乘可交换的方阵的一般形状：

(1) $\boldsymbol{A}_1=\begin{pmatrix}0&0\\1&0\end{pmatrix}$；(2) $\boldsymbol{A}_2=\begin{pmatrix}1&0\\1&1\end{pmatrix}$；(3) $\boldsymbol{A}_3=\begin{pmatrix}0&0&0\\1&0&0\\0&1&0\end{pmatrix}$；

(4) $\boldsymbol{A}_4=\begin{pmatrix}1&0&0\\1&1&0\\0&1&1\end{pmatrix}$.

【解】 (1) 设 $\boldsymbol{X}=\begin{pmatrix}a&b\\c&d\end{pmatrix}$ 满足 $\boldsymbol{A}_1\boldsymbol{X}=\boldsymbol{X}\boldsymbol{A}_1$，则由

$$\begin{pmatrix}0&0\\1&0\end{pmatrix}\begin{pmatrix}a&b\\c&d\end{pmatrix}=\begin{pmatrix}a&b\\c&d\end{pmatrix}\begin{pmatrix}0&0\\1&0\end{pmatrix}$$

得
$$\begin{pmatrix}0&0\\a&b\end{pmatrix}=\begin{pmatrix}b&0\\d&0\end{pmatrix}$$

必有 $b=0,a=d$，所以，与 $\boldsymbol{A}_1$ 可交换的方阵的一般形状为 $\begin{pmatrix}a&0\\c&a\end{pmatrix}$.

(2) 设 $\boldsymbol{X}=\begin{pmatrix}a&b\\c&d\end{pmatrix}$ 满足 $\boldsymbol{A}_2\boldsymbol{X}=\boldsymbol{X}\boldsymbol{A}_2$，则由

$$\begin{pmatrix}1&0\\1&1\end{pmatrix}\begin{pmatrix}a&b\\c&d\end{pmatrix}=\begin{pmatrix}a&b\\c&d\end{pmatrix}\begin{pmatrix}1&0\\1&1\end{pmatrix}$$

得
$$\begin{pmatrix}a&b\\a+c&b+d\end{pmatrix}=\begin{pmatrix}a+b&b\\c+d&d\end{pmatrix}$$

必有 $b=0,a=d$，所以，与 $\boldsymbol{A}_2$ 可交换的方阵的一般形状也为 $\begin{pmatrix}a&0\\c&a\end{pmatrix}$. 或者，根据

$$\boldsymbol{A}_2=\begin{pmatrix}1&0\\1&1\end{pmatrix}=\begin{pmatrix}0&0\\1&0\end{pmatrix}+\begin{pmatrix}1&0\\0&1\end{pmatrix}=\boldsymbol{A}_1+\boldsymbol{I}_2$$

和
$$\boldsymbol{A}\boldsymbol{X}=\boldsymbol{X}\boldsymbol{A}\Leftrightarrow(\boldsymbol{A}_1+\boldsymbol{I}_2)\boldsymbol{X}=\boldsymbol{X}(\boldsymbol{A}_1+\boldsymbol{I}_2)\Leftrightarrow\boldsymbol{A}_1\boldsymbol{X}=\boldsymbol{X}\boldsymbol{A}_1$$

也可得到 $\boldsymbol{X}=\begin{pmatrix}a&0\\c&a\end{pmatrix}$.

(3) 设 $\boldsymbol{X}=\begin{pmatrix}a_1&b_1&c_1\\a_2&b_2&c_2\\a_3&b_3&c_3\end{pmatrix}$ 满足 $\boldsymbol{A}_3\boldsymbol{X}=\boldsymbol{X}\boldsymbol{A}_3$，则由

$$\begin{pmatrix}0&0&0\\1&0&0\\0&1&0\end{pmatrix}\begin{pmatrix}a_1&b_1&c_1\\a_2&b_2&c_2\\a_3&b_3&c_3\end{pmatrix}=\begin{pmatrix}a_1&b_1&c_1\\a_2&b_2&c_2\\a_3&b_3&c_3\end{pmatrix}\begin{pmatrix}0&0&0\\1&0&0\\0&1&0\end{pmatrix}$$

即

$$\begin{pmatrix}0&0&0\\a_1&b_1&c_1\\a_2&b_2&c_2\end{pmatrix}=\begin{pmatrix}b_1&c_1&0\\b_2&c_2&0\\b_3&c_3&0\end{pmatrix}$$

知道必有 $b_1=c_1=c_2=0$，$a_1=b_2=c_3$，$a_2=b_3$，所以，与 $\boldsymbol{A}_3$ 相乘可交换的方阵为

$$\boldsymbol{X}=\begin{pmatrix}a&0&0\\b&a&0\\c&b&a\end{pmatrix}$$

（4）设 $\boldsymbol{X}=\begin{pmatrix}a_1&b_1&c_1\\a_2&b_2&c_2\\a_3&b_3&c_3\end{pmatrix}$ 满足 $\boldsymbol{A}_4\boldsymbol{X}=\boldsymbol{X}\boldsymbol{A}_4$，则由

$$\begin{pmatrix}1&0&0\\1&1&0\\0&1&1\end{pmatrix}\begin{pmatrix}a_1&b_1&c_1\\a_2&b_2&c_2\\a_3&b_3&c_3\end{pmatrix}=\begin{pmatrix}a_1&b_1&c_1\\a_2&b_2&c_2\\a_3&b_3&c_3\end{pmatrix}\begin{pmatrix}1&0&0\\1&1&0\\0&1&1\end{pmatrix}$$

即

$$\begin{pmatrix}a_1&b_1&c_1\\a_1+a_2&b_1+b_2&c_1+c_2\\a_2+a_3&b_2+b_3&c_2+c_3\end{pmatrix}=\begin{pmatrix}a_1+b_1&b_1+c_1&c_1\\a_2+b_2&b_2+c_2&c_2\\a_3+b_3&b_3+c_3&c_3\end{pmatrix}$$

知道必有 $b_1=c_1=c_2=0$，$a_1=b_2=c_3$，$a_2=b_3$，所以，与 $\boldsymbol{A}_4$ 相乘可交换的方阵也为

$$\boldsymbol{X}=\begin{pmatrix}a&0&0\\b&a&0\\c&b&a\end{pmatrix}$$

或者，根据 $\boldsymbol{A}_4=\boldsymbol{A}_3+\boldsymbol{I}_3$ 和 $\boldsymbol{A}_4\boldsymbol{X}=\boldsymbol{X}\boldsymbol{A}_4\Leftrightarrow\boldsymbol{X}\boldsymbol{A}_3=\boldsymbol{A}_3\boldsymbol{X}$ 和

$$\boldsymbol{X}=\begin{pmatrix}a&0&0\\b&a&0\\c&b&a\end{pmatrix}$$

9. 当 $x$ 与 $y$ 满足什么关系式时，$\boldsymbol{A}=\begin{pmatrix}1&2\\4&3\end{pmatrix}$ 与 $\boldsymbol{B}=\begin{pmatrix}x&1\\2&y\end{pmatrix}$ 相乘可交换？

**【解】**　由

$$\begin{pmatrix}1&2\\4&3\end{pmatrix}\begin{pmatrix}x&1\\2&y\end{pmatrix}=\begin{pmatrix}x&1\\2&y\end{pmatrix}\begin{pmatrix}1&2\\4&3\end{pmatrix}$$

得到

$$\begin{cases}1+2y=2x+3\\4x+6=2+4y\end{cases}$$

即

$$y=x+1$$

所以 $\boldsymbol{A}$ 与 $\boldsymbol{B}$ 相乘可交换当且仅当 $y=x+1$.

10. 设 $\boldsymbol{\alpha}=\begin{pmatrix}1\\0\\-1\end{pmatrix}$, $\boldsymbol{A}=\boldsymbol{\alpha}\boldsymbol{\alpha}'$, $n$ 为正整数,求出 $\boldsymbol{A}^n$ 以及行列式 $|a\boldsymbol{I}_3-\boldsymbol{A}^n|$ 的值.

【解】 因为 $\boldsymbol{\alpha}'\boldsymbol{\alpha}=2$,所以根据矩阵乘法的结合律即得

$$\boldsymbol{A}^n=\boldsymbol{\alpha}\boldsymbol{\alpha}'\boldsymbol{\alpha}\boldsymbol{\alpha}'\cdots\boldsymbol{\alpha}\boldsymbol{\alpha}'=\boldsymbol{\alpha}(\boldsymbol{\alpha}'\boldsymbol{\alpha})^{n-1}\boldsymbol{\alpha}'=2^{n-1}\boldsymbol{\alpha}\boldsymbol{\alpha}'\begin{pmatrix}1&0&-1\\0&0&0\\-1&0&1\end{pmatrix}$$

据此即可求出

$$\begin{aligned}|a\boldsymbol{I}_3-\boldsymbol{A}^n|&=\begin{vmatrix}a-2^{n-1}&0&2^{n-1}\\0&a&0\\2^{n-1}&0&a-2^{n-1}\end{vmatrix}\\&=a\begin{vmatrix}a-2^{n-1}&2^{n-1}\\2^{n-1}&a-2^{n-1}\end{vmatrix}\\&=\begin{vmatrix}a&a\\2^{n-1}&a-2^{n-1}\end{vmatrix}\\&=a^2(a-2^n)\end{aligned}$$

【注】 这里 $\boldsymbol{\alpha}'=(1,0,-1)$ 是 $\boldsymbol{\alpha}$ 的转置, $\boldsymbol{\alpha}'\boldsymbol{\alpha}$ 是数,而 $\boldsymbol{\alpha}\boldsymbol{\alpha}'$ 是3阶矩阵,两者不同. 由于需要计算 $\boldsymbol{A}^n$,就想到要先求出 $\boldsymbol{\alpha}'\boldsymbol{\alpha}=2$.

11. 设 $\boldsymbol{\alpha}$ 为3维列向量,如果 $\boldsymbol{\alpha}\boldsymbol{\alpha}'=\begin{pmatrix}1&-1&1\\-1&1&-1\\1&-1&1\end{pmatrix}$,求出 $\boldsymbol{\alpha}'\boldsymbol{\alpha}$ 和 $\boldsymbol{\alpha}$.

【解】 设 $\boldsymbol{\alpha}=\begin{pmatrix}x_1\\x_2\\x_3\end{pmatrix}$,则由

$$\boldsymbol{\alpha}\boldsymbol{\alpha}'=\begin{pmatrix}x_1^2&x_1x_2&x_1x_3\\x_2x_1&x_2^2&x_2x_3\\x_3x_1&x_3x_2&x_3^2\end{pmatrix}=\begin{pmatrix}1&-1&1\\-1&1&-1\\1&-1&1\end{pmatrix}$$

知道 $$x_1^2 = x_2^2 = x_3^2 = 1$$
于是一定有
$$\boldsymbol{\alpha}'\boldsymbol{\alpha} = x_1^2 + x_2^2 + x_3^2 = 3$$

根据 $x_1^2 = x_2^2 = x_3^2 = 1$ 可以推出一定有 $x_i = \pm 1, i = 1,2,3$. 再根据
$$x_1x_2 = -1, x_1x_3 = 1, x_2x_3 = -1$$
可以推出 $x_1 = 1, x_2 = -1, x_3 = 1$ 或者 $x_1 = -1, x_2 = 1, x_3 = -1$. 于是，$\alpha = \pm(1, -1, 1)$.

12. 设 $\boldsymbol{A} = \begin{pmatrix} 1 & 0 & 1 \\ 0 & 2 & 0 \\ 1 & 0 & 1 \end{pmatrix}$，对任意正整数 $n \geqslant 2$，求出 $\boldsymbol{A}^n - 2\boldsymbol{A}^{n-1}$.

**【解】** 先求出 $\boldsymbol{A}^2 = \begin{pmatrix} 1 & 0 & 1 \\ 0 & 2 & 0 \\ 1 & 0 & 1 \end{pmatrix}\begin{pmatrix} 1 & 0 & 1 \\ 0 & 2 & 0 \\ 1 & 0 & 1 \end{pmatrix} = 2\begin{pmatrix} 1 & 0 & 1 \\ 0 & 2 & 0 \\ 1 & 0 & 1 \end{pmatrix} = 2\boldsymbol{A}$，于是
$$\boldsymbol{A}^n = \boldsymbol{A}^2\boldsymbol{A}^{n-2} = 2\boldsymbol{A}^{n-1}, \boldsymbol{A}^n - 2\boldsymbol{A}^{n-1} = \boldsymbol{O}$$

13. 设 $\boldsymbol{A}$ 是 $n$ 阶矩阵，$\boldsymbol{B}$ 是 $\boldsymbol{A}$ 中互换某两列所得之矩阵. 如果已知 $|\boldsymbol{A}| \neq |\boldsymbol{B}|$，则(　　).

(A) $|\boldsymbol{A}| = 0$　　(B) $|\boldsymbol{A}| \neq 0$

(C) $|\boldsymbol{A} + \boldsymbol{B}| = 0$　　(D) $|\boldsymbol{A} - \boldsymbol{B}| \neq 0$

**【解】** 由题设条件知道，必有 $|\boldsymbol{A}| = -|\boldsymbol{B}|$. 如果 $|\boldsymbol{A}| = 0$，则必有 $|\boldsymbol{B}| = -|\boldsymbol{A}| = 0$，这与假设矛盾，所以必有 $|\boldsymbol{A}| \neq 0$. 应选(B).

**【注】** 设 $\boldsymbol{B}$ 是 $\boldsymbol{A}$ 中互换第 $i$ 列与第 $j$ 列所得之方阵，则在 $\boldsymbol{A} + \boldsymbol{B}$ 中，第 $i$ 列与第 $j$ 列相同，必有 $|\boldsymbol{A} + \boldsymbol{B}| = 0$；在 $\boldsymbol{A} - \boldsymbol{B}$ 中，第 $i$ 列与第 $j$ 列仅相差一个负号，所以必有 $|\boldsymbol{A} - \boldsymbol{B}| = 0$，所以(C) 和(D) 都是错误结论.

14. 设 $\boldsymbol{A} = \begin{pmatrix} a_{11} & a_{12} & a_{13} \\ a_{21} & a_{22} & a_{23} \\ a_{31} & a_{32} & a_{33} \end{pmatrix}$，已知 $D = |\boldsymbol{A}| = a$. 求出以下诸方阵的行列式值
$$\boldsymbol{A}_1 = \begin{pmatrix} a_{31} & a_{32} & a_{33} \\ a_{21} & a_{22} & a_{23} \\ a_{11} & a_{12} & a_{13} \end{pmatrix}, \boldsymbol{A}_2 = \begin{pmatrix} a_{13} & a_{12} & a_{11} \\ a_{23} & a_{22} & a_{21} \\ a_{33} & a_{32} & a_{31} \end{pmatrix}, \boldsymbol{A}_3 = \begin{pmatrix} a_{33} & a_{32} & a_{31} \\ a_{23} & a_{22} & a_{21} \\ a_{13} & a_{12} & a_{11} \end{pmatrix}$$
$$\boldsymbol{A}_4 = \begin{pmatrix} a_{31} & a_{21} & a_{11} \\ a_{32} & a_{22} & a_{12} \\ a_{33} & a_{23} & a_{13} \end{pmatrix}, \boldsymbol{A}_5 = \begin{pmatrix} a_{13} & a_{23} & a_{33} \\ a_{12} & a_{22} & a_{32} \\ a_{11} & a_{21} & a_{31} \end{pmatrix}, \boldsymbol{A}_6 = \begin{pmatrix} a_{33} & a_{23} & a_{13} \\ a_{32} & a_{22} & a_{12} \\ a_{31} & a_{21} & a_{11} \end{pmatrix}$$

【解】 令$P=\begin{pmatrix}0&0&1\\0&1&0\\1&0&0\end{pmatrix}$,有$|P|=\begin{vmatrix}0&0&1\\0&1&0\\1&0&0\end{vmatrix}=-1$. 易证有如下矩阵等式

$$PA=A_1,AP=A_2,PAP=A_1P=A_3,A_4=A'_1,A_5=A'_2,A_6=A'_3$$

所以用行列式乘法规则即得

$$|A_1|=|A_2|=-|A|=-a,\ |A_3|=|A|=a$$

$$|A_4|=|A_1|=-a,\ |A_5|=|A_2|=-a,\ |A_6|=|A_3|=a$$

【注】 行列式乘法规则:当$A,B$都是$n$阶方阵时,必有

$$|AB|=|A|\times|B|$$

把$A$上下翻转得$A_1$;左右翻转得$A_2$;上下翻转且左右翻转得$A_3$;顺时针转$90°$得$A_4$;逆时针转$90°$得$A_5$;按$A$的次对角线翻转得$A_6$.

这个方法可把本题关于3阶方阵的结论推广到$n$阶方阵上去.

15. 设$A$是$n$阶方阵,满足$A^2=A$,$k$是正整数,求$(A+I_n)^k$.

【解】 由条件知对任意正整数$l$都有$A^l=A$,于是由二项式定理知(注意到$A^0=I_n$)

$$(A+I_n)^k=\sum_{l=0}^{k}C_k^lA^lI_n^{k-l}=\left(\sum_{l=1}^{k}C_k^l\right)A+I_n=(2^k-1)A+I_n$$

【注】 利用$(a+b)^k=\sum\limits_{l=0}^{k}C_k^la^kb^{k-l}$知$2^k=(1+1)^k=\sum\limits_{l=0}^{k}C_k^l=1+\sum\limits_{l=1}^{k}C_k^l$.

16. 设$A$和$B$是两个$n$阶矩阵,$A^2=A,B^2=B$,证明

$$(A+B)^2=A+B\Leftrightarrow AB=BA=O$$

【证】 $(A+B)^2=A^2+B^2+AB+BA=A+B+AB+BA$.

当$AB=BA=O$时,显然有$(A+B)^2=A+B$.

反之,当$(A+B)^2=A+B$时,必有$AB+BA=O$. 由$AB=-BA$可得

$$AAB=-ABA,AB=-ABA\text{ 和 }ABA=-BAA,\ -ABA=BA$$

所以$AB=BA$,代入$AB+BA=O$得$AB=O$.

17. 设$A$和$B$是两个$n$阶矩阵,$A^2=A,B^2=B$,证明

$$(A-B)^2=A-B\Leftrightarrow AB=BA=B$$

【证】 $(A-B)^2=(A-B)(A-B)=A^2+B^2-AB-BA=A+B-AB-BA$.

当$AB=BA=B$时,显然有$(A-B)^2=A-B$.

当$(A-B)^2=A-B$时,必有$AB+BA=2B$. 据此就得

$$ABA+BA=2BA,ABA=BA$$

和 $$AB+ABA=2AB, ABA=AB$$

于是必有 $AB=BA$，再代入 $AB+BA=2B$，即得 $AB=BA=B$.

18. 设 $A$ 和 $B$ 是两个 $n$ 阶矩阵，$A^2=A$，$B^2=B$，如果 $AB=BA$，证明

$$(A+B-AB)^2=A+B-AB$$

【证】　因为 $AB=BA$，所以

$$\begin{aligned}&(A+B-AB)^2\\&=(A+B-AB)(A+B-AB)\\&=A+AB-AB+BA+B-BAB-ABA-AB+ABAB\\&=A+AB-AB+AB+B-ABB-AAB-AB+AABB\\&=A+B-AB\end{aligned}$$

19. 设 $A,B,C$ 是三个 $n$ 阶矩阵，证明：

(1) $(I-A)^2=I-A \Leftrightarrow A^2=A$.

(2) 设 $A^2=A$，$B^2=B$，$C^2=C$. 如果 $A+B+C=I$，证明

$$AB=BA=O, BC=CB=O, AC=CA=O$$

【证】　(1) $(I-A)^2=I-A \Leftrightarrow I^2-2A+A^2=I-A \Leftrightarrow A^2=A$.

(2) 由 $A+B+C=I$ 得 $B+C=I-A$. 由 $A^2=A$ 得 $(I-A)^2=I-A$，即

$$(B+C)^2=B+C$$

由 16 题所证必有 $BC=CB=O$.

同理，由 $A+C=I-B$ 和 $(A+C)^2=A+C$ 得 $AC=CA=O$.

由 $A+B=I-C$ 和 $(A+B)^2=A+B$ 得 $AB=BA=O$.

# §2　可逆矩阵

## 一、可逆矩阵等价定义

$n$ 阶方阵 $A$ 为可逆矩阵（非奇异阵）

$\Leftrightarrow$ 存在 $n$ 阶方阵 $B$，使 $AB=BA=I_n$

$\Leftrightarrow$ 存在 $n$ 阶可逆矩阵 $B$，使得 $AB=I_n$

$\Leftrightarrow$ 存在 $n$ 阶可逆矩阵 $B$，使得 $BA=I_n \Leftrightarrow |A|\neq 0$

$\Leftrightarrow$ $A$ 的秩为 $n$

$\Leftrightarrow$ $A$ 的 $n$ 个行向量线性无关

$\Leftrightarrow$ $A$ 的 $n$ 个列向量线性无关

$\Leftrightarrow$ 齐次线性方程组 $Ax=0$ 只有零解

$\Leftrightarrow$ 非齐次线性方程组 $Ax=b$ 有唯一解 $x=A^{-1}b$

$\Leftrightarrow$ 存在 $n$ 阶可逆矩阵 $\boldsymbol{P}$ 和 $\boldsymbol{Q}$ 使得 $\boldsymbol{PAQ}=\boldsymbol{I}_n$

$\Leftrightarrow$ $\boldsymbol{A}$ 可写成若干个初等方阵的乘积

$\Leftrightarrow$ $\boldsymbol{A}$ 的 $n$ 个特征值都不是零.

## 二、伴随矩阵与求逆矩阵方法

设 $\boldsymbol{A}=(A_{ij})$ 为 $n$ 阶方阵,$\boldsymbol{A}$ 的伴随矩阵为 $\boldsymbol{A}^*=(A_{ji})$,其中位置$(i,j)$ 元素为 $A_{ji}$.

(1)$(\boldsymbol{A}')^*=(\boldsymbol{A}^*)'$,$(\boldsymbol{A}^{-1})^*=(\boldsymbol{A}^*)^{-1}$,$(\boldsymbol{AB})^*=\boldsymbol{B}^*\boldsymbol{A}^*$. 这里 $\boldsymbol{A}'$ 是 $\boldsymbol{A}$ 的转置矩阵.

(2)$\boldsymbol{AA}^*=|\boldsymbol{A}|\boldsymbol{I}_n$,$|\boldsymbol{A}^*|=|\boldsymbol{A}|^{n-1}$.

(3)$(\boldsymbol{A}^*)^*=|\boldsymbol{A}|^{n-2}\boldsymbol{A}$,$n\geqslant 2$.

(4)$\boldsymbol{A}^{-1}=\dfrac{1}{|\boldsymbol{A}|}\boldsymbol{A}^*$.

(5) 只许用初等行变换求逆矩阵:$(\boldsymbol{A}\quad \boldsymbol{I}_n)\rightarrow(\boldsymbol{I}_n\quad \boldsymbol{A}^{-1})$.

(6) 凑逆矩阵法:把 $n$ 阶可逆矩阵 $\boldsymbol{A}$ 所满足的方阵多项式 $f(\boldsymbol{A})=\boldsymbol{O}$,改写成 $\boldsymbol{AX}=\boldsymbol{IB}_n$ 或 $\boldsymbol{XA}=\boldsymbol{I}_n$,于是可得 $\boldsymbol{A}^{-1}=\boldsymbol{X}$.

## 三、求解矩阵方程

(1) 设 $\boldsymbol{A}$ 是 $n$ 阶可逆矩阵,$\boldsymbol{B}$ 是 $n\times m$ 矩阵,求矩阵 $\boldsymbol{X}$ 满足 $\boldsymbol{AX}=\boldsymbol{B}$.

方法:只许用初等行变换把分块矩阵$(\boldsymbol{A}\quad \boldsymbol{B})\rightarrow(\boldsymbol{I}_n\quad \boldsymbol{X})$,则 $\boldsymbol{X}=\boldsymbol{A}^{-1}\boldsymbol{B}$.

(2) 设 $\boldsymbol{A}$ 是 $n$ 阶可逆矩阵,$\boldsymbol{B}$ 是 $m\times n$ 矩阵,求矩阵 $\boldsymbol{X}$ 满足 $\boldsymbol{XA}=\boldsymbol{B}$.

方法:只许用初等行变换把$(\boldsymbol{A}'\quad \boldsymbol{B}')\rightarrow(\boldsymbol{I}_n\quad \boldsymbol{Y})$,则

$$\boldsymbol{Y}=(\boldsymbol{A}')^{-1}\boldsymbol{B}'=(\boldsymbol{A}^{-1})'\boldsymbol{B}'=(\boldsymbol{BA}^{-1})'$$

于是

$$\boldsymbol{X}=\boldsymbol{BA}^{-1}=\boldsymbol{Y}'$$

1. 在下列叙述的结论中,(　　)是错误命题.

(A) 可逆矩阵的伴随矩阵一定是可逆矩阵

(B) 可逆矩阵的转置矩阵一定是可逆矩阵

(C) 两个可逆矩阵的乘积一定是可逆矩阵

(D) 两个可逆矩阵相加一定是可逆矩阵

【解】 应选(D). 例如,可逆矩阵 $\boldsymbol{I}_n$ 与 $-\boldsymbol{I}_n$ 相加为零矩阵,它不是可逆矩阵.

【注】 由 $|\boldsymbol{A}^*|=|\boldsymbol{A}|^{n-1}$,$|\boldsymbol{A}'|=|\boldsymbol{A}|$ 和 $|\boldsymbol{AB}|=|\boldsymbol{A}|\cdot|\boldsymbol{B}|$ 知(A),(B) 和(C) 都是正确命题.

2. 在下述命题中,(　　) 是错误命题.

(A) 若 $\boldsymbol{A}$ 是可逆矩阵,则 $\boldsymbol{A}$ 与 $\boldsymbol{A}^{-1}$ 的乘积一定可交换

(B) 可逆矩阵与任意一个同阶的初等方阵的乘积一定是可交换的

(C) 任意一个 $n$ 阶矩阵 $\boldsymbol{A}$ 与任意一个 $n$ 阶数量矩阵 $a\boldsymbol{I}_n$ 的乘积一定是可交换的

(D) 两个同阶的初等方阵的乘积未必是可交换的

**【解】** (B) 是错误命题. 同一个初等方阵左乘矩阵 $\boldsymbol{A}$ 与右乘矩阵 $\boldsymbol{A}$ 未必是相同的.

**【注】** 因为 $\boldsymbol{A}\boldsymbol{A}^{-1}=\boldsymbol{A}^{-1}\boldsymbol{A}=\boldsymbol{I}_n$,所以(A) 正确.

因为 $\boldsymbol{A}\cdot a\boldsymbol{I}_n=a\boldsymbol{I}_n\cdot\boldsymbol{A}=a\boldsymbol{A}$,所以(C) 正确.

(D) 是正确命题. 例如

$$\begin{pmatrix}0&1\\1&0\end{pmatrix}\begin{pmatrix}1&1\\0&1\end{pmatrix}=\begin{pmatrix}0&1\\1&1\end{pmatrix},\begin{pmatrix}1&1\\0&1\end{pmatrix}\begin{pmatrix}0&1\\1&0\end{pmatrix}=\begin{pmatrix}1&1\\1&0\end{pmatrix}$$

3. 在下述命题中,(　　) 是错误命题.

(A) 两个初等方阵的乘积一定是初等方阵

(B) 两个初等方阵的乘积一定是可逆矩阵

(C) 任意一类初等方阵的逆矩阵一定是同一类初等方阵

(D) 任意一个可逆矩阵一定可以写成有限个初等方阵的乘积

**【解】** (A) 是错误命题. 两个初等方阵的乘积未必是初等方阵. 例如

$$\begin{pmatrix}k_1&0\\0&1\end{pmatrix}\cdot\begin{pmatrix}1&0\\0&k_2\end{pmatrix}=\begin{pmatrix}k_1&0\\0&k_2\end{pmatrix}$$

不是初等方阵.

**【注】** 因为任何一类初等方阵一定是可逆矩阵,有限个可逆矩阵的乘积一定是可逆矩阵,所以(B) 正确. (C) 和(D) 是关于初等方阵的两个重要的命题.

4. 设 $\boldsymbol{A},\boldsymbol{B},\boldsymbol{C}$ 都是 $n$ 阶矩阵,则(　　) 是正确命题.

(A) 当 $\boldsymbol{A}$ 是可逆矩阵时,从 $\boldsymbol{AB}=\boldsymbol{AC}$ 一定可以推出 $\boldsymbol{BA}=\boldsymbol{CA}$

(B) 当 $\boldsymbol{A}^2=\boldsymbol{B}^2$ 时,一定有 $\boldsymbol{A}=\pm\boldsymbol{B}$

(C) 当 $\boldsymbol{A}\neq\boldsymbol{O}$ 时,从 $\boldsymbol{AB}=\boldsymbol{AC}$ 一定可以推出 $\boldsymbol{B}=\boldsymbol{C}$

(D) 当 $\boldsymbol{B}\neq\boldsymbol{C}$ 时,一定有 $\boldsymbol{AB}\neq\boldsymbol{AC}$

**【解】** 因为可逆矩阵一定可以从矩阵等式的同侧消去,所以从 $\boldsymbol{AB}=\boldsymbol{AC}$ 可以推出 $\boldsymbol{B}=\boldsymbol{C}$,再在 $\boldsymbol{B}=\boldsymbol{C}$ 的两边都右乘 $\boldsymbol{A}$,即得 $\boldsymbol{BA}=\boldsymbol{CA}$. 所以(A) 正确.

**【注】** (B) 不正确. 例如 $\boldsymbol{A}=\begin{pmatrix}1&0\\0&-1\end{pmatrix}$,$\boldsymbol{B}=\begin{pmatrix}1&0\\0&1\end{pmatrix}$,$\boldsymbol{A}^2=\boldsymbol{B}^2=\boldsymbol{I}_2$,$\boldsymbol{A}\neq\pm\boldsymbol{B}$.

对于任意 $n$ 阶矩阵 $\boldsymbol{A}$，当 $\boldsymbol{A}\neq\boldsymbol{O}$ 时，$\boldsymbol{A}$ 未必是可逆矩阵，所以未必可从矩阵等式的同侧消去. 所以(C) 不正确.

(D) 也是不正确的，例如，取 $\boldsymbol{A}=\boldsymbol{O}$，对任何 $\boldsymbol{B},\boldsymbol{C}$，都有 $\boldsymbol{AB}=\boldsymbol{AC}=\boldsymbol{O}$.

5. 在下列叙述的结论中，(　　) 是正确结论.

(A) 一个不可逆矩阵经过适当的初等变换可以变成可逆矩阵

(B) 一个可逆矩阵经过任何的初等变换后，得到的仍然是可逆矩阵

(C) 一个可逆矩阵经过适当的初等变换可以变成不可逆矩阵

(D) 一个不可逆矩阵有可能等价于单位矩阵

**【解】** 因为初等方阵一定是可逆矩阵，可逆矩阵的乘积一定是可逆矩阵，所以应选(B).

**【注】** 因为对矩阵施行初等变换就是乘以初等方阵，初等方阵一定是可逆矩阵，初等变换必把可逆矩阵变成可逆矩阵，把不可逆矩阵变成不可逆矩阵，所以，(A) 和(C) 是错误结论.

如果 $n$ 阶矩阵 $\boldsymbol{A}$ 等价于单位矩阵，即有 $\boldsymbol{PAQ}=\boldsymbol{I}_n$，则由 $\boldsymbol{P},\boldsymbol{Q},\boldsymbol{I}_n$ 都是可逆矩阵知道 $\boldsymbol{A}$ 一定是可逆矩阵，所以，(D) 是错误结论.

6. 设 $\boldsymbol{A},\boldsymbol{B},\boldsymbol{C}$ 和 $\boldsymbol{D}$ 都是 $n$ 阶矩阵，满足 $\boldsymbol{ABCD}=\boldsymbol{I}_n$，则必有(　　).

(A) $\boldsymbol{CBAD}=\boldsymbol{I}_n$　　(B) $\boldsymbol{BADC}=\boldsymbol{I}_n$

(C) $\boldsymbol{DCBA}=\boldsymbol{I}_n$　　(D) $\boldsymbol{BCDA}=\boldsymbol{I}_n$

**【解】** 由 $\boldsymbol{ABCD}=\boldsymbol{I}_n$ 知 $\boldsymbol{A}^{-1}(\boldsymbol{ABCD})\boldsymbol{A}=\boldsymbol{A}^{-1}\boldsymbol{I}_n\boldsymbol{A}=\boldsymbol{I}_n$，$\boldsymbol{BCDA}=\boldsymbol{I}_n$. 应选(D).

7. 设 $\boldsymbol{A}=\begin{pmatrix}a_{11} & \cdots & a_{1n}\\ \vdots & & \vdots\\ a_{n1} & \cdots & a_{nn}\end{pmatrix}$，$\boldsymbol{B}=\begin{pmatrix}A_{11} & \cdots & A_{1n}\\ \vdots & & \vdots\\ A_{n1} & \cdots & A_{nn}\end{pmatrix}$，$\boldsymbol{C}=\begin{pmatrix}M_{11} & \cdots & M_{1n}\\ \vdots & & \vdots\\ M_{n1} & \cdots & M_{nn}\end{pmatrix}$，

$M_{ij}$ 是 $a_{ij}$ 在 $|\boldsymbol{A}|$ 中的余子式，$A_{ij}$ 是 $a_{ij}$ 在 $|\boldsymbol{A}|$ 中的代数余子式，则(　　) 是正确命题.

(A) $\boldsymbol{C}$ 是 $\boldsymbol{A}$ 的伴随矩阵　　(B) $\boldsymbol{B}$ 是 $\boldsymbol{A}$ 的伴随矩阵

(C) $\boldsymbol{B}$ 是 $\boldsymbol{A}'$ 的伴随矩阵　　(D) $\boldsymbol{C}$ 是 $\boldsymbol{A}'$ 的伴随矩阵

**【解】** 由伴随矩阵的定义知 $\boldsymbol{B}=(\boldsymbol{A}^*)'=(\boldsymbol{A}')^*$，$\boldsymbol{B}$ 是 $\boldsymbol{A}'$ 的伴随矩阵，所以应选(C).

**【注】** $\boldsymbol{A}$ 的伴随矩阵是 $\boldsymbol{A}^*=\begin{pmatrix}A_{11} & \cdots & A_{n1}\\ \vdots & & \vdots\\ A_{n1} & \cdots & A_{nn}\end{pmatrix}=\boldsymbol{B}'$.

8. 设 $\boldsymbol{A}$ 是 $n$ 阶矩阵，已知 $|\boldsymbol{A}|=5$，求行列式 $|(5\boldsymbol{A}')^{-1}|$.

【解】 $|(5A')^{-1}|=\dfrac{1}{|5A'|}=\dfrac{1}{|5A|}=\dfrac{1}{5^n\cdot|A|}=\dfrac{1}{5^{n+1}}=5^{-n-1}$.

9. 已知 3 阶方阵 $A$ 的行列式为$\dfrac{1}{2}$,求出行列式$\left|(2A)^{-1}-\dfrac{1}{5}A^*\right|$.

【解一】 根据 $AA^*=|A|I_3$ 可以求出 $A^*=|A|A^{-1}=\dfrac{1}{2}A^{-1}$,于是

$$\left|(2A)^{-1}-\frac{1}{5}A^*\right|=\left|\frac{1}{2}A^{-1}-\frac{1}{10}A^{-1}\right|=\left|\frac{2}{5}A^{-1}\right|=\left(\frac{2}{5}\right)^3|A^{-1}|=\frac{16}{125}$$

【解二】 据 $A^{-1}=\dfrac{1}{|A|}A^*=2A^*$ 可以求出

$$\left|(2A)^{-1}-\frac{1}{5}A^*\right|=\left|\frac{1}{2}A^{-1}-\frac{1}{5}A^*\right|=\left|\frac{4}{5}A^*\right|=\left(\frac{4}{5}\right)^3|A^*|=\frac{64}{125}\times\frac{1}{4}=\frac{16}{125}$$

10. 设 3 阶方阵 $A,B$ 满足 $A^2B-A-B=I_3$,若 $A=\begin{pmatrix}1&0&1\\0&2&0\\-2&0&1\end{pmatrix}$,求行列式 $|B|$.

【解】 由条件知 $(A^2-I_3)B=A+I_3$,$(A+I_3)(A-I_3)B=A+I_3$. 易见

$$|A+I_3|=\begin{vmatrix}2&0&1\\0&3&0\\-2&0&2\end{vmatrix}=3\times6=18\neq0,\ |A-I_3|=\begin{vmatrix}0&0&1\\0&1&0\\-2&0&0\end{vmatrix}=2$$

于是消去可逆矩阵 $A+I_3$,得 $(A-I_3)B=I_3$,所以 $|B|=0.5$.

11. 设 $A=(a_{ij})$ 是 $n(n\geqslant3)$ 阶非零实方阵,且 $a_{ij}=A_{ij}$,$1\leqslant i,j\leqslant n$,$A_{ij}$ 是 $a_{ij}$ 在 $|A|$ 中的代数余子式,求出行列式 $|A|=|a_{ij}|$,并证明 $A$ 必是正交矩阵($AA'=I_n$).

【解】 由 $a_{ij}=A_{ij}$,$1\leqslant i,j\leqslant n$ 知 $A^*=A'$.

由 $AA'=AA^*=|A|I_n$ 知道 $|A|^2=|A|^n$.

如果 $|A|=0$,则 $AA'=|A|I_n=O$. 因为 $A$ 是实方阵,必有 $A=O$,这与 $A$ 是非零方阵的假设矛盾,所以 $|A|\neq0$,于是必有 $|A|^{n-2}=1$.

因为 $A$ 是实方阵,所以 $|A|$ 必是 $x^{n-2}=1$ 的实根. 再根据

$$|A|=\sum_{j=1}^{n}a_{ij}A_{ij}=\sum_{j=1}^{n}a_{ij}^2>0$$

和 $x^{n-2}=1$ 的正实根就是 1,知道必有 $|A|=1$.

再由 $AA'=|A|I_n=I_n$ 知 $A$ 必是正交矩阵.

【注】 当 $n=2$ 时,$A=\begin{pmatrix}a&b\\c&d\end{pmatrix}$,由 $A^*=A'$ 知

$$\begin{pmatrix} d & -b \\ -c & a \end{pmatrix} = \begin{pmatrix} a & c \\ b & d \end{pmatrix}, \boldsymbol{A} = \begin{pmatrix} a & b \\ -b & a \end{pmatrix}$$

于是必有 $|\boldsymbol{A}| = a^2 + b^2 > 0$,它可以是任意正实数.

12. 已知 4 阶方阵 $\boldsymbol{A}$ 的伴随矩阵 $\boldsymbol{A}^* = \begin{pmatrix} 0 & 0 & 2 & 1 \\ 0 & 0 & 0 & 4 \\ 1 & 2 & 0 & 0 \\ 2 & 3 & 0 & 0 \end{pmatrix}$,求 $\boldsymbol{A}$.

【解】 由 $|\boldsymbol{A}^*| = |\boldsymbol{A}|^3 = -8$ 知 $|\boldsymbol{A}| = -2$. 由 $\boldsymbol{A}\boldsymbol{A}^* = |\boldsymbol{A}|\boldsymbol{I}_4 = -2\boldsymbol{I}_4$ 知

$$\boldsymbol{A} = -2(\boldsymbol{A}^*)^{-1} = -2\begin{pmatrix} 0 & 0 & -3 & 2 \\ 0 & 0 & 2 & -1 \\ 1/2 & -1/8 & 0 & 0 \\ 0 & 1/4 & 0 & 0 \end{pmatrix} = \begin{pmatrix} 0 & 0 & 6 & -4 \\ 0 & 0 & -4 & 2 \\ -1 & -1/4 & 0 & 0 \\ 0 & -1/2 & 0 & 0 \end{pmatrix}$$

【注】 这里用到分块矩阵求逆矩阵公式(见本章 §3)

$$\begin{pmatrix} \boldsymbol{O} & \boldsymbol{B} \\ \boldsymbol{C} & \boldsymbol{O} \end{pmatrix}^{-1} = \begin{pmatrix} \boldsymbol{O} & \boldsymbol{C}^{-1} \\ \boldsymbol{B}^{-1} & \boldsymbol{O} \end{pmatrix} \begin{pmatrix} 2 & 1 \\ 0 & 4 \end{pmatrix}^{-1} = \begin{pmatrix} 1/2 & -1/8 \\ 0 & 1/4 \end{pmatrix}, \begin{pmatrix} 1 & 2 \\ 2 & 3 \end{pmatrix}^{-1} = \begin{pmatrix} -3 & 2 \\ 2 & -1 \end{pmatrix}$$

13. 设 $\boldsymbol{A} = \begin{pmatrix} 2 & 1 & 1 \\ 1 & 2 & 1 \\ 1 & 1 & a \end{pmatrix}$ 为可逆矩阵,$\boldsymbol{\alpha} = \begin{pmatrix} 1 \\ b \\ 1 \end{pmatrix}$. 如果 $\boldsymbol{A}^*\boldsymbol{\alpha} = \lambda\boldsymbol{\alpha}$,试求 $a, b$ 和 $\lambda$ 的值.

【解】 由 $\boldsymbol{A}$ 是可逆矩阵知 $\boldsymbol{A}^*$ 也是可逆矩阵. 如果 $\lambda = 0$,则 $\boldsymbol{A}^*\boldsymbol{\alpha} = \lambda\boldsymbol{\alpha} = \boldsymbol{0}$,因为 $\boldsymbol{A}^*$ 是可逆矩阵,必有 $\boldsymbol{\alpha} = \boldsymbol{0}$,矛盾,所以必有 $\lambda \neq 0$. 据

$$\lambda\boldsymbol{\alpha} = \boldsymbol{A}^*\boldsymbol{\alpha} \quad 知 \quad \lambda\boldsymbol{A}\boldsymbol{\alpha} = \boldsymbol{A}\boldsymbol{A}^*\boldsymbol{\alpha} = |\boldsymbol{A}|\boldsymbol{\alpha}$$

于是,$\boldsymbol{A}\boldsymbol{\alpha} = \dfrac{|\boldsymbol{A}|}{\lambda}\boldsymbol{\alpha}$,即

$$\begin{pmatrix} 2 & 1 & 1 \\ 1 & 2 & 1 \\ 1 & 1 & a \end{pmatrix}\begin{pmatrix} 1 \\ b \\ 1 \end{pmatrix} = \frac{|\boldsymbol{A}|}{\lambda}\begin{pmatrix} 1 \\ b \\ 1 \end{pmatrix}$$

得到

$$\begin{cases} 3 + b = \dfrac{|\boldsymbol{A}|}{\lambda} \\ 2 + 2b = \dfrac{|\boldsymbol{A}|}{\lambda}b \\ a + b + 1 = \dfrac{|\boldsymbol{A}|}{\lambda} \end{cases}$$

由第一和第三两式即可定出 $a = 2$. 由前两式可得

$\frac{|A|}{\lambda}b=2+2b=3b+b^2, b^2+b-2=(b-1)(b+2)=0, b=1$ 或 $b=-2$

再由 $|A|=\begin{vmatrix}2&1&1\\1&2&1\\1&1&2\end{vmatrix}=4$ 就可求出 $\lambda=\frac{4}{3+b}=1$ 或 4.

14. 设 $A$ 和 $B$ 是 $n$ 阶矩阵,证明伴随矩阵乘法满足反序律 $(AB)^*=B^*A^*$.

【证】　设 $C=AB$. 用 $L_{ij},M_{ij},N_{ij}$ 分别表示 $A,B,C$ 中 $(i,j)$ 元素的余子式.

由伴随矩阵的定义知

$$B^*=\begin{pmatrix}B_{11}&B_{21}&\cdots&B_{n1}\\\vdots&\vdots&&\vdots\\B_{1i}&B_{2i}&\cdots&B_{ni}\\\vdots&\vdots&&\vdots\\B_{1n}&B_{2n}&\cdots&B_{nn}\end{pmatrix},A^*=\begin{pmatrix}A_{11}&\cdots&A_{j1}&\cdots&A_{n1}\\A_{12}&\cdots&A_{j2}&\cdots&A_{n2}\\\vdots&&\vdots&&\vdots\\A_{1N}&\cdots&A_{jn}&\cdots&A_{nn}\end{pmatrix}$$

易见 $B^*A^*$ 的 $(i,j)$ 元素为 $\sum_{k=1}^{n}B_{ki}A_{jK}$.

因为 $C=AB$,由行列式计算的 Cauchy-Binet 公式知,$C$ 的 $(j,i)$ 元素的余子式为

$$N_{ji}=\sum_{k=1}^{n}L_{jk}M_{ki}$$

因为 $A,B,C$ 中相应元素的代数余子式依次为

$$A_{jk}=(-1)^{j+k}L_{jk},B_{ki}=(-1)^{k+i}M_{ki},C_{ji}=(-1)^{j+i}N_{ji}$$

所以 $C^*$ 的 $(i,j)$ 的元素为

$$C_{ji}=(-1)^{j+i}N_{ji}=\sum_{k=1}^{n}(-1)^{k+i}M_{ki}(-1)^{j+k}L_{jk}=\sum_{k=1}^{n}B_{ki}A_{jk}$$

这就证明了 $(AB)^*=C^*=B^*A^*$.

【注】　当 $A$ 和 $B$ 是 $n$ 阶可逆矩阵时,可简单地证明 $(AB)^*=B^*A^*$. 显然有矩阵等式

$$(AB)(AB)^*=|AB|I_n=|A|\times|B|I_n$$

由 $AA^*=|A|I_n,BB^*=|B|I_n$ 也得

$$ABB^*A^*=|B|AA^*=|A|\times|B|I_n$$

于是成立 $(AB)(AB)^*=ABB^*A$. 因为 $A$ 和 $B$ 都是可逆矩阵,所以必有 $(AB)^*=B^*A^*$.

【说明】　关于 Cauchy-Binet 公式的正确性,可用 3 阶方阵的实例说明如

下:设

$$A=\begin{pmatrix}1&2&3\\4&5&6\\7&8&9\end{pmatrix},B=\begin{pmatrix}2&4&6\\8&-3&1\\-1&3&0\end{pmatrix},C=AB=\begin{pmatrix}c_{11}&c_{12}&c_{13}\\c_{21}&c_{22}&c_{23}\\c_{31}&c_{32}&c_{33}\end{pmatrix}$$

如果要求出 $C$ 中元素 $c_{21}$ 的余子式,那么只要在 $A$ 中求出第二行中三个元素的余子式

$$L_{21}=\begin{vmatrix}2&3\\8&9\end{vmatrix}=-6,L_{22}=\begin{vmatrix}1&3\\7&9\end{vmatrix}=-12,L_{23}=\begin{vmatrix}1&2\\7&8\end{vmatrix}=-6$$

和在 $B$ 中求出第一列中三个元素的余子式

$$M_{11}=\begin{vmatrix}-3&1\\3&0\end{vmatrix}=-3,M_{21}=\begin{vmatrix}4&6\\3&0\end{vmatrix}=-18,M_{31}=\begin{vmatrix}4&6\\-3&1\end{vmatrix}=22$$

据此就可求出 $c_{21}$ 的余子式

$$\begin{aligned}N_{21}&=L_{21}\times M_{11}+L_{22}\times M_{21}+L_{23}\times M_{31}\\&=(-6)\times(-3)+(-12)\times(-18)+(-6)\times(22)\\&=102\end{aligned}$$

实际上,对

$$C=AB=\begin{pmatrix}1&2&3\\4&5&6\\7&8&9\end{pmatrix}\begin{pmatrix}2&4&6\\8&-3&1\\-1&3&0\end{pmatrix}=\begin{pmatrix}15&7&8\\42&19&29\\69&31&50\end{pmatrix}$$

确有 $N_{21}=\begin{vmatrix}7&8\\31&50\end{vmatrix}=102.$

15. 设 $A$ 是 $n(n>1)$ 阶可逆矩阵,互换 $A$ 的第一行与第二行得到 $B$,问互换 $A^*$ 的第一列与第二列得到的矩阵是 $B^*$ 还是 $-B^*$?

【解一】 互换被乘矩阵的第一行(列)与第二行(列)的初等方阵为

$$P=\begin{pmatrix}0&1&&&\\1&0&&&\\&&1&&\\&&&\ddots&\\&&&&1\end{pmatrix},P^{-1}=P,P^*=|P|P^{-1}=-P$$

由 $B=PA$ 得 $B^*=A^*P^*=-A^*P$,所以 $A^*P=-B^*$.

【解二】 由 $B=PA$ 知 $B^{-1}=A^{-1}P^{-1}=A^{-1}P$. 因为 $A^*=|A|A^{-1}$,所以

$$A^*P=|A|A^{-1}P=|A|B^{-1}=-|B|B^{-1}=-B^*$$

16. 设 $A$ 是 $n$ 阶矩阵,问以下矩阵等式是不是成立?

(1) $(kA)^* = k^{n-1}A^*$, $k$ 是一个数.

(2) 当 $A$ 是可逆矩阵时, $(A^{-1})^* = (A^*)^{-1}$.

【解一】　用求伴随矩阵乘积的反序律 $(AB)^* = B^*A^*$.

(1) 因为由伴随矩阵的定义知道数量矩阵的伴随矩阵 $(kI_n)^* = k^{n-1}I_n$, 所以

$$(kA)^* = (A(kI_n))^* = (kI_n)^*A^* = k^{n-1}A^*$$

(2) 因为 $I_n = (I_n)^* = (AA^{-1})^* = (A^{-1})^*(A)^*$, 所以 $(A^{-1})^* = (A^*)^{-1}$.

【解二】　用伴随矩阵的定义与性质.

(1) 设 $A = (a_{ij})_{n\times n}$, 则 $A^* = (A_{ji})_{n\times n}$. 因为 $kA = (ka_{ij})$, 所以

$$(kA)^* = (ka_{ij})^* = (k^{n-1}A_{ji}) = k^{n-1}(A_{ji}) = k^{n-1}A^*$$

(2) 由 $AA^* = |A|I_n$ 知有 $(A^*)^{-1} = \frac{1}{|A|}A$. 另一方面, 在矩阵等式

$$A^{-1}(A^{-1})^* = |A^{-1}|I_n = \frac{1}{|A|}I_n$$

的左边都乘 $A$ 又得 $(A^{-1})^* = \frac{1}{|A|}A$, 于是必有 $(A^{-1})^* = (A^*)^{-1}$.

17. 已知 3 阶矩阵 $A$ 的逆矩阵为 $A^{-1} = \begin{pmatrix} 1 & 1 & 1 \\ 1 & 2 & 1 \\ 1 & 1 & 3 \end{pmatrix}$, 求 $A^*$ 的逆矩阵.

【解】　$(A^*)^{-1} = (A^{-1})^* = \begin{pmatrix} 1 & 1 & 1 \\ 1 & 2 & 1 \\ 1 & 1 & 3 \end{pmatrix}^* = \begin{pmatrix} 5 & -2 & -1 \\ -2 & 2 & 0 \\ -1 & 0 & 1 \end{pmatrix}$.

18. 设 $n$ 阶矩阵 $A$ 与 $B$ 相似, 问 $A^*$ 与 $B^*$ 是不是相似?

【解】　设 $B = P^{-1}AP$, 则有

$$B^* = (P^{-1}AP)^* = P^*A^*(P^{-1})^* = P^*A^*(P^*)^{-1}$$

$A^*$ 与 $B^*$ 必相似.

19. 设 $A$ 是 $n$ 阶可逆对称矩阵, $B$ 是 $n$ 阶可逆反对称矩阵, 证明:

(1) $(AB)^{-1}$ 是反对称矩阵当且仅当 $AB = BA$.

(2) $(AB)^{-1}$ 是对称矩阵当且仅当 $AB = -BA$.

【证一】　因为 $(AB)' = B'A' = -BA$, 所以

$$((AB)^{-1})' = ((AB)')^{-1} = -(BA)^{-1}$$

(1) $(AB)^{-1}$ 是反对称矩阵 $\Leftrightarrow ((AB)^{-1})' = -(AB)^{-1} \Leftrightarrow -(BA)^{-1} = -(AB)^{-1} \Leftrightarrow AB = BA$.

(2) $(AB)^{-1}$ 是对称矩阵 $\Leftrightarrow ((AB)^{-1})' = (AB)^{-1} \Leftrightarrow -(BA)^{-1} =$

$(\boldsymbol{AB})^{-1} \Leftrightarrow \boldsymbol{AB} = -\boldsymbol{BA}$.

**【证二】** (1) $(\boldsymbol{AB})^{-1}$ 是反对称矩阵 $\Leftrightarrow \boldsymbol{AB}$ 是反对称矩阵 $\Leftrightarrow \boldsymbol{AB} = \boldsymbol{BA}$.

(2) $(\boldsymbol{AB})^{-1}$ 是对称矩阵 $\Leftrightarrow \boldsymbol{AB}$ 是对称矩阵 $\Leftrightarrow \boldsymbol{AB} = -\boldsymbol{BA}$.

**【注】** 对于任意 $n$ 阶可逆矩阵 $\boldsymbol{M}$,有以下结论:

$\boldsymbol{M}$ 是对称矩阵当且仅当

$$\boldsymbol{M}' = \boldsymbol{M} \Leftrightarrow (\boldsymbol{M}^{-1})' = (\boldsymbol{M}')^{-1} = \boldsymbol{M}^{-1}$$

当且仅当 $\boldsymbol{M}^{-1}$ 是对称矩阵;

$\boldsymbol{M}$ 是反对称矩阵当且仅当

$$\boldsymbol{M}' = -\boldsymbol{M} \Leftrightarrow (\boldsymbol{M}^{-1})' = (\boldsymbol{M}')^{-1} = -\boldsymbol{M}^{-1}$$

当且仅当 $\boldsymbol{M}^{-1}$ 是反对称矩阵.

因为 $\boldsymbol{A}' = \boldsymbol{A}, \boldsymbol{B}' = -\boldsymbol{B}$,由 $(\boldsymbol{AB})' = \boldsymbol{B}'\boldsymbol{A}' = -\boldsymbol{BA}$ 知 $\boldsymbol{AB}$ 是对称阵 $\Leftrightarrow \boldsymbol{AB} = -\boldsymbol{BA}$. $\boldsymbol{AB}$ 是反对称矩阵 $\Leftrightarrow \boldsymbol{AB} = \boldsymbol{BA}$.

20. 证明以下结论:

(1) 设 $\boldsymbol{A}$ 是 $n$ 阶对称矩阵,则 $\boldsymbol{A}^*$ 必是对称矩阵.

(2) 设 $\boldsymbol{A}$ 是 $2n$ 阶反对称矩阵,则 $\boldsymbol{A}^*$ 必是反对称矩阵.

(3) 设 $\boldsymbol{A}$ 是 $2n+1$ 阶反对称矩阵,则 $\boldsymbol{A}^*$ 必是对称矩阵.

**【证】** (1) 由 $(\boldsymbol{A}^*)' = (\boldsymbol{A}')^* = \boldsymbol{A}^*$ 知 $\boldsymbol{A}^*$ 是对称矩阵.

(2) 设 $\boldsymbol{A}$ 是 $2n$ 阶反对称矩阵,由伴随矩阵的定义知道,当 $\boldsymbol{A}$ 中元素 $a_{ij}$ 的代数余子式为 $A_{ij}$ 时,$-\boldsymbol{A}$ 中元素 $b_{ij} = -a_{ij}$ 的代数余子式为

$$\tilde{A}_{ij} = (-1)^{2n-1}A_{ij} = -A_{ij}$$

于是证得

$$(\boldsymbol{A}^*)' = (\boldsymbol{A}')^* = (-\boldsymbol{A})^* = (\tilde{A}_{ji}) = (-A_{ji}) = -\boldsymbol{A}^*$$

$\boldsymbol{A}^*$ 是反对称矩阵.

(3) 设 $\boldsymbol{A}$ 是 $2n+1$ 阶反对称矩阵,有 $\tilde{A}_{ij} = (-1)^{2n}A_{ij} = A_{ij}$,于是证得

$$(\boldsymbol{A}^*)' = (\boldsymbol{A}')^* = (-\boldsymbol{A})^* = (\tilde{A}_{ji}) = (A_{ji}) = \boldsymbol{A}^*$$

$\boldsymbol{A}^*$ 是对称矩阵.

21. 证明可逆对称矩阵 $\boldsymbol{A}$ 的逆矩阵和伴随矩阵必是可逆对称矩阵.

**【证】** 因为

$$\boldsymbol{A}' = \boldsymbol{A}, (\boldsymbol{A}^{-1})' = (\boldsymbol{A}')^{-1} = \boldsymbol{A}^{-1}, |\boldsymbol{A}^{-1}| = |\boldsymbol{A}|^{-1} \neq 0$$

所以,$\boldsymbol{A}^{-1}$ 为可逆对称矩阵.

由 $(\boldsymbol{A}^*)' = (\boldsymbol{A}')^* = \boldsymbol{A}^*$ 和 $|\boldsymbol{A}^*| = |\boldsymbol{A}|^{n-1} \neq 0$ 知 $\boldsymbol{A}^*$ 为可逆对称矩阵.

22. 设 $\boldsymbol{A}$ 和 $\boldsymbol{B}$ 同是 $n$ 阶对称矩阵,$\boldsymbol{I}_n + \boldsymbol{AB}$ 是可逆矩阵,证明 $(\boldsymbol{I}_n + \boldsymbol{AB})^{-1}\boldsymbol{A}$ 是对称矩阵.

**【证】** 首先,由 $\boldsymbol{A}(\boldsymbol{I}_n + \boldsymbol{BA}) = (\boldsymbol{I}_n + \boldsymbol{AB})\boldsymbol{A}$ 知

$$(\boldsymbol{I}_n+\boldsymbol{AB})^{-1}\boldsymbol{A}=\boldsymbol{A}(\boldsymbol{I}_n+\boldsymbol{BA})^{-1}$$

于是得

$$((\boldsymbol{I}_n+\boldsymbol{AB})^{-1}\boldsymbol{A})'=\boldsymbol{A}'(\boldsymbol{I}_n+\boldsymbol{B}'\boldsymbol{A}')^{-1}=\boldsymbol{A}(\boldsymbol{I}_n+\boldsymbol{AB})^{-1}=(\boldsymbol{I}_n+\boldsymbol{AB})^{-1}\boldsymbol{A}$$

23. 设$\boldsymbol{A}$为$m\times n$矩阵,$\boldsymbol{A}'\boldsymbol{A}$是可逆矩阵,证明$\boldsymbol{B}=\boldsymbol{I}_m-\boldsymbol{A}(\boldsymbol{A}'\boldsymbol{A})^{-1}\boldsymbol{A}'$必是对称矩阵和幂等矩阵($\boldsymbol{B}^2=\boldsymbol{B}$).

【证】　直接验证

$$\boldsymbol{B}'=(\boldsymbol{I}_m-\boldsymbol{A}(\boldsymbol{A}'\boldsymbol{A})^{-1}\boldsymbol{A}')'=\boldsymbol{I}_m-\boldsymbol{A}[(\boldsymbol{A}'\boldsymbol{A})']^{-1}\boldsymbol{A}'=\boldsymbol{I}_m-\boldsymbol{A}(\boldsymbol{A}'\boldsymbol{A})^{-1}\boldsymbol{A}'=\boldsymbol{B}$$

$$\begin{aligned}\boldsymbol{B}^2&=(\boldsymbol{I}_m-\boldsymbol{A}(\boldsymbol{A}'\boldsymbol{A})^{-1}\boldsymbol{A}')(\boldsymbol{I}_m-\boldsymbol{A}(\boldsymbol{A}'\boldsymbol{A})^{-1}\boldsymbol{A}')\\&=\boldsymbol{I}_m-2\boldsymbol{A}(\boldsymbol{A}'\boldsymbol{A})^{-1}\boldsymbol{A}'+(\boldsymbol{A}(\boldsymbol{A}'\boldsymbol{A})^{-1}\boldsymbol{A}')(\boldsymbol{A}(\boldsymbol{A}'\boldsymbol{A})^{-1}\boldsymbol{A}')\\&=\boldsymbol{I}_m-\boldsymbol{A}(\boldsymbol{A}'\boldsymbol{A})^{-1}\boldsymbol{A}'=\boldsymbol{B}\end{aligned}$$

24. 设$n$阶矩阵$\boldsymbol{A}$和$\boldsymbol{B}$满足$\boldsymbol{A}^2=\boldsymbol{I}_n,\boldsymbol{B}^2=\boldsymbol{I}_n$,证明$(\boldsymbol{AB})^2=\boldsymbol{I}_n\Leftrightarrow\boldsymbol{AB}=\boldsymbol{BA}$.

【证一】　由$\boldsymbol{A}^2=\boldsymbol{I}_n,\boldsymbol{B}^2=\boldsymbol{I}_n$立刻得到

$$(\boldsymbol{AB})^2=\boldsymbol{I}_n\Leftrightarrow\boldsymbol{ABAB}=\boldsymbol{I}_n\Leftrightarrow\boldsymbol{A}^2\boldsymbol{BAB}^2=\boldsymbol{AB}\Leftrightarrow\boldsymbol{BA}=\boldsymbol{AB}$$

【证二】　由$\boldsymbol{A}^2=\boldsymbol{I}_n,\boldsymbol{B}^2=\boldsymbol{I}_n$知$\boldsymbol{A}$和$\boldsymbol{B}$都是可逆矩阵,$\boldsymbol{A}=\boldsymbol{A}^{-1},\boldsymbol{B}=\boldsymbol{B}^{-1}$,于是

$$(\boldsymbol{AB})^2=\boldsymbol{I}_n\Leftrightarrow\boldsymbol{ABAB}=\boldsymbol{I}_n\Leftrightarrow\boldsymbol{BA}=\boldsymbol{A}^{-1}\boldsymbol{I}_n\boldsymbol{B}^{-1}=\boldsymbol{AB}$$

25. 设$n$阶方阵$\boldsymbol{A}$满足$\boldsymbol{A}^2=\boldsymbol{I}_n,|\boldsymbol{A}+\boldsymbol{I}_n|\neq0$,证明$\boldsymbol{A}=\boldsymbol{I}_n$.

【证】　由$\boldsymbol{A}^2=\boldsymbol{I}_n$知道$(\boldsymbol{A}+\boldsymbol{I}_n)(\boldsymbol{A}-\boldsymbol{I}_n)=\boldsymbol{O}$. 因为$\boldsymbol{A}+\boldsymbol{I}_n$为可逆矩阵,所以

$$\boldsymbol{A}-\boldsymbol{I}_n=\boldsymbol{O},\boldsymbol{A}=\boldsymbol{I}_n$$

26. 设$\boldsymbol{A}$为$n$阶对合矩阵:$\boldsymbol{A}^2=\boldsymbol{I}_n,\boldsymbol{A}\neq\pm\boldsymbol{I}_n$,证明$\boldsymbol{I}_n\pm\boldsymbol{A}$都是不可逆矩阵.

【证】　由$\boldsymbol{A}^2=\boldsymbol{I}_n$知$(\boldsymbol{I}_n-\boldsymbol{A})(\boldsymbol{I}_n+\boldsymbol{A})=\boldsymbol{O}$.

如果$\boldsymbol{I}_n+\boldsymbol{A}$是可逆矩阵,则必有$\boldsymbol{I}_n-\boldsymbol{A}=\boldsymbol{O},\boldsymbol{A}=\boldsymbol{I}_n$;

如果$\boldsymbol{I}_n-\boldsymbol{A}$是可逆矩阵,则必有$\boldsymbol{I}_n+\boldsymbol{A}=\boldsymbol{O},\boldsymbol{A}=-\boldsymbol{I}_n$.

这都与假设矛盾,所以$\boldsymbol{I}_n\pm\boldsymbol{A}$都是不可逆矩阵.

27. 设$n$阶矩阵$\boldsymbol{A}=(a_{ij})$满足$\boldsymbol{A}^2=\boldsymbol{I}_n,\boldsymbol{A}_{ij}$是$a_{ij}$在$|\boldsymbol{A}|$中的代数余子式,证明

$$\boldsymbol{A}^*=\begin{cases}\boldsymbol{A},&|\boldsymbol{A}|>0\\-\boldsymbol{A},&|\boldsymbol{A}|<0\end{cases}$$

【证】　由$\boldsymbol{A}^2=\boldsymbol{I}_n$知$|\boldsymbol{A}|=\pm1$,有

$$\boldsymbol{A}=\boldsymbol{A}^{-1}=\frac{1}{|\boldsymbol{A}|}\boldsymbol{A}^*,\boldsymbol{A}^*=|\boldsymbol{A}|\boldsymbol{A}=\pm\boldsymbol{A}$$

28. 设$n$阶矩阵$\boldsymbol{A}$和$\boldsymbol{B}$满足$\boldsymbol{A}^2=\boldsymbol{I}_n,\boldsymbol{B}^2=\boldsymbol{I}_n,|\boldsymbol{A}|+|\boldsymbol{B}|=0$,证明$|\boldsymbol{A}+$

$\boldsymbol{B}| = 0$.

【证】 由已知条件知必有 $|\boldsymbol{A}| = \pm 1$, $|\boldsymbol{B}| = \pm 1$, $\boldsymbol{A}^{-1} = \boldsymbol{A}$, $\boldsymbol{B}^{-1} = \boldsymbol{B}$, $|\boldsymbol{B}| = -|\boldsymbol{A}|$.

对矩阵等式

$$\boldsymbol{A} + \boldsymbol{B} = \boldsymbol{A}(\boldsymbol{B}^{-1} + \boldsymbol{A}^{-1})\boldsymbol{B} = \boldsymbol{A}(\boldsymbol{B} + \boldsymbol{A})\boldsymbol{B}$$

运用行列式乘法规则得到

$$|\boldsymbol{A} + \boldsymbol{B}| = |\boldsymbol{A}| \cdot |\boldsymbol{B} + \boldsymbol{A}| \cdot |\boldsymbol{B}| = -|\boldsymbol{A}|^2 \cdot |\boldsymbol{A} + \boldsymbol{B}| = -|\boldsymbol{A} + \boldsymbol{B}|$$

于是根据 $|\boldsymbol{A} + \boldsymbol{B}|$ 是一个数,证得 $|\boldsymbol{A} + \boldsymbol{B}| = 0$.

29. 证明满足 $\boldsymbol{A}^2 + \boldsymbol{A} + \boldsymbol{I}_n = \boldsymbol{O}$ 的 $n$ 阶矩阵 $\boldsymbol{A}$ 必满足 $\boldsymbol{A}^3 = \boldsymbol{I}_n$.

【证】 当 $\boldsymbol{A}$ 满足 $\boldsymbol{A}^2 + \boldsymbol{A} + \boldsymbol{I}_n = \boldsymbol{O}$ 时,必有

$$\boldsymbol{A}^3 - \boldsymbol{I}_n = (\boldsymbol{A} - \boldsymbol{I}_n)(\boldsymbol{A}^2 + \boldsymbol{A} + \boldsymbol{I}_n) = \boldsymbol{O}, \boldsymbol{A}^3 = \boldsymbol{I}_n$$

30. 设 $\boldsymbol{A}$ 是 $n$ 阶可逆矩阵,$\boldsymbol{A}$ 的每一行元素之和同为 $a$,证明 $\boldsymbol{A}^{-1}$ 的每一行元素之和同为 $a^{-1}$.

【证】 取 $n$ 维列向量 $\boldsymbol{p} = (1 \quad 1 \quad \cdots \quad 1)'$,由条件知 $\boldsymbol{A}\boldsymbol{p} = a\boldsymbol{p}$.

因为 $\boldsymbol{A}$ 是 $n$ 阶可逆矩阵,如果 $a = 0$,则有 $\boldsymbol{A}\boldsymbol{p} = \boldsymbol{0}$, $\boldsymbol{p} = \boldsymbol{0}$,矛盾,所以必有 $a \neq 0$. 于是由 $\boldsymbol{A}^{-1}\boldsymbol{p} = a^{-1}\boldsymbol{p}$ 知道 $\boldsymbol{A}^{-1}$ 的每一行元素之和同为 $a^{-1}$.

31. 设 $n$ 阶方阵 $\boldsymbol{A}$ 满足 $\boldsymbol{A}^2 = \boldsymbol{A}$,证明 $\boldsymbol{A}$ 或者是单位矩阵,或者是不可逆矩阵.

【证】 如果 $\boldsymbol{A}$ 是不可逆矩阵,则结论正确. 如果 $\boldsymbol{A}$ 是可逆矩阵,则在 $\boldsymbol{A}^2 = \boldsymbol{A}$ 的两边消去 $\boldsymbol{A}$,即可得到 $\boldsymbol{A} = \boldsymbol{I}_n$,结论也正确.

【注】 这种证明思路与推理方法非常重要. 在两个需要证明的结论中,否定其中的某一个,证明另一个一定成立. 两者必取其一.

32. 设 $\boldsymbol{A}$ 是 $n$ 阶方阵,证明当:

(1)$\boldsymbol{A}\boldsymbol{A}' = \boldsymbol{I}_n$;(2)$\boldsymbol{A}' = \boldsymbol{A}$;(3)$\boldsymbol{A}^2 = \boldsymbol{I}_n$.

中有两个条件满足时,必定满足第三个条件.

【证一】 (1),(2)⇒(3):$\boldsymbol{A}^2 = \boldsymbol{A}\boldsymbol{A} = \boldsymbol{A}\boldsymbol{A}' = \boldsymbol{I}_n$.

(2),(3)⇒(1):$\boldsymbol{A}\boldsymbol{A}' = \boldsymbol{A}\boldsymbol{A} = \boldsymbol{I}_n$.

(3),(1)⇒(2):由 $\boldsymbol{A}\boldsymbol{A}' = \boldsymbol{I}_n$,得 $\boldsymbol{A}^2\boldsymbol{A}' = \boldsymbol{A}\boldsymbol{I}_n = \boldsymbol{A}$. 再据 $\boldsymbol{A}^2 = \boldsymbol{I}_n$ 得 $\boldsymbol{A}' = \boldsymbol{A}$.

【证二】 (3),(1)⇒(2):由 $\boldsymbol{A}^2 = \boldsymbol{I}_n$ 知 $|\boldsymbol{A}| = \pm 1$,$\boldsymbol{A}$ 必是可逆矩阵. 再由 $\boldsymbol{A}\boldsymbol{A}' = \boldsymbol{I}_n$ 和 $\boldsymbol{A}\boldsymbol{A} = \boldsymbol{I}_n$ 得 $\boldsymbol{A}\boldsymbol{A}' = \boldsymbol{A}\boldsymbol{A}$. 消去可逆矩阵 $\boldsymbol{A}$ 即得 $\boldsymbol{A}' = \boldsymbol{A}$.

33. 设 $n$ 维列向量 $\boldsymbol{\alpha} = (k, 0, \cdots, 0, k)'$, $k \neq 0$,求出 $k$ 的值使得

$$\boldsymbol{A} = \boldsymbol{I}_n - \boldsymbol{\alpha}\boldsymbol{\alpha}' \text{ 与 } \boldsymbol{B} = \boldsymbol{I}_n + \frac{1}{k}\boldsymbol{\alpha}\boldsymbol{\alpha}'$$

互为逆矩阵.

【解】　由 $\boldsymbol{AB}=(\boldsymbol{I}_n-\boldsymbol{\alpha\alpha}')(\boldsymbol{I}_n+\frac{1}{k}\boldsymbol{\alpha\alpha}')=\boldsymbol{I}_n$ 得到

$$\boldsymbol{I}_n-\boldsymbol{\alpha\alpha}'+\frac{1}{k}\boldsymbol{\alpha\alpha}'-\boldsymbol{\alpha\alpha}'\frac{1}{k}\boldsymbol{\alpha\alpha}'=\boldsymbol{I}_n,\frac{1}{k}\boldsymbol{\alpha\alpha}'-\boldsymbol{\alpha\alpha}'-\frac{1}{k}\boldsymbol{\alpha\alpha}'\boldsymbol{\alpha\alpha}'=\boldsymbol{O}$$

将 $\boldsymbol{\alpha}'\boldsymbol{\alpha}=2k^2$ 代入可得 $\boldsymbol{\alpha\alpha}'\left(\frac{1}{k}-1-2k\right)=\boldsymbol{O}$. 因为 $k\neq 0,\boldsymbol{\alpha\alpha}'\neq\boldsymbol{O}$,所以必有

$$\frac{1}{k}-1-2k=0,2k^2+k-1=0,(2k-1)(k+1)=0$$

于是求出 $k=0.5$ 或者 $k=-1$.

【注】　因为 $\boldsymbol{\alpha}$ 是 $n$ 维列向量,所以 $\boldsymbol{\alpha}'\boldsymbol{\alpha}=2k^2$ 是非零数,而 $\boldsymbol{\alpha\alpha}'$ 是 $n$ 阶非零方阵.

34. 设 $\boldsymbol{A}=\begin{pmatrix}0&a&b\\a&0&c\\b&c&0\end{pmatrix}$,$\boldsymbol{B}=\begin{pmatrix}0&0&0\\0&k&0\\0&0&l\end{pmatrix}$,求出 $\boldsymbol{AB}+\boldsymbol{I}_3$ 为可逆矩阵的充分必要条件.

【解】　因为

$$\boldsymbol{AB}+\boldsymbol{I}_3=\begin{pmatrix}0&a&b\\a&0&c\\b&c&0\end{pmatrix}\begin{pmatrix}0&0&0\\0&k&0\\0&0&l\end{pmatrix}+\begin{pmatrix}1&0&0\\0&1&0\\0&0&1\end{pmatrix}=\begin{pmatrix}1&ak&bl\\0&1&cl\\0&ck&1\end{pmatrix}$$

为可逆矩阵当且仅当 $|\boldsymbol{AB}+\boldsymbol{I}_3|=1-c^2kl\neq 0$,所以,$\boldsymbol{AB}+\boldsymbol{I}_3$ 为可逆矩阵的充分必要条件是 $c^2kl\neq 1$.

35. 设 $n$ 阶方阵 $\boldsymbol{A}$ 满足 $\boldsymbol{A}^m=\boldsymbol{O}$,其中 $m$ 是某个正整数,求出 $\boldsymbol{I}_n+\boldsymbol{A}$ 和 $\boldsymbol{I}_n-\boldsymbol{A}$ 的逆矩阵.

【解】　因为 $(\boldsymbol{I}_n-\boldsymbol{A})(\boldsymbol{I}_n+\boldsymbol{A}+\boldsymbol{A}^2+\cdots+\boldsymbol{A}^{m-2}+\boldsymbol{A}^{m-1})=\boldsymbol{I}_n-\boldsymbol{A}^m=\boldsymbol{I}_n$,所以

$$(\boldsymbol{I}_n-\boldsymbol{A})^{-1}=\boldsymbol{I}_n+\boldsymbol{A}+\boldsymbol{A}^2+\cdots+\boldsymbol{A}^{m-2}+\boldsymbol{A}^{m-1}$$

$$(\boldsymbol{I}_n+\boldsymbol{A})^{-1}=(\boldsymbol{I}_n-(-\boldsymbol{A}))^{-1}=\boldsymbol{I}_n-\boldsymbol{A}+\boldsymbol{A}^2-\cdots+(-1)^{m-2}\boldsymbol{A}^{m-2}+(-1)^{m-1}\boldsymbol{A}^{m-1}$$

【说明】　这里用到多项式的因式分解

$$1-x^m=(1-x)(1+x+x^2+\cdots+x^{m-1})$$

通过 $\boldsymbol{I}_n+\boldsymbol{A}=\boldsymbol{I}_n-(-\boldsymbol{A})$ 求 $\boldsymbol{I}_n+\boldsymbol{A}$ 的逆矩阵时,只需要把 $\boldsymbol{I}_n-\boldsymbol{A}$ 的逆矩阵表达式中的 $\boldsymbol{A}$ 换成 $-\boldsymbol{A}$ 即可. 当然,也可根据以下矩阵等式直接求出 $\boldsymbol{I}_n+\boldsymbol{A}$ 的逆矩阵

$$(\boldsymbol{I}_n+\boldsymbol{A})(\boldsymbol{I}_n-\boldsymbol{A}+\boldsymbol{A}^2-\cdots+(-1)^{m-2}\boldsymbol{A}^{m-2}+(-1)^{m-1}\boldsymbol{A}^{m-1})=$$
$$\boldsymbol{I}_n+(-1)^{m-1}\boldsymbol{A}^m$$

特别地,当 $\boldsymbol{A}^2=\boldsymbol{O}$ 时,$\boldsymbol{I}_n+\boldsymbol{A}$ 和 $\boldsymbol{I}_n-\boldsymbol{A}$ 互为逆矩阵.

36. 设 $n$ 阶矩阵 $\boldsymbol{A}$ 满足 $\boldsymbol{A}^2-2\boldsymbol{A}-4\boldsymbol{I}_n=\boldsymbol{O}$,求 $\boldsymbol{I}_n+\boldsymbol{A}$ 的逆矩阵.

【解】 因为

$$(\boldsymbol{I}_n+\boldsymbol{A})(\boldsymbol{A}-3\boldsymbol{I}_n)=\boldsymbol{A}+\boldsymbol{A}^2-3\boldsymbol{I}_n-3\boldsymbol{A}=\boldsymbol{A}^2-2\boldsymbol{A}-3\boldsymbol{I}_n=\boldsymbol{I}_n$$

所以 $\boldsymbol{I}_n+\boldsymbol{A}$ 的逆矩阵为 $\boldsymbol{A}-3\boldsymbol{I}_n$.

37. 设 $\omega\neq 1$ 是 $\omega^3-1=0$ 的根,求 $\boldsymbol{A}=\begin{pmatrix}1&1&1\\1&\omega&\omega^2\\1&\omega^2&\omega\end{pmatrix}$ 的逆矩阵.

【解】 由 $\omega^3-1=(\omega-1)(\omega^2+\omega+1)=0$,$\omega\neq 1$ 知 $\omega^2+\omega+1=0$,注意到 $\omega^4=\omega$ 可求出

$$\boldsymbol{A}^2=\begin{pmatrix}1&1&1\\1&\omega&\omega^2\\1&\omega^2&\omega\end{pmatrix}\begin{pmatrix}1&1&1\\1&\omega&\omega^2\\1&\omega^2&\omega\end{pmatrix}=3\begin{pmatrix}1&0&0\\0&0&1\\0&1&0\end{pmatrix}$$

因为

$$\boldsymbol{A}\boldsymbol{A}\begin{pmatrix}1&0&0\\0&0&1\\0&1&0\end{pmatrix}=3\begin{pmatrix}1&0&0\\0&0&1\\0&1&0\end{pmatrix}\begin{pmatrix}1&0&0\\0&0&1\\0&1&0\end{pmatrix}=3\begin{pmatrix}1&0&0\\0&1&0\\0&0&1\end{pmatrix}=3\boldsymbol{I}_3$$

所以

$$\boldsymbol{A}^{-1}=\frac{1}{3}\boldsymbol{A}\begin{pmatrix}1&0&0\\0&0&1\\0&1&0\end{pmatrix}=\frac{1}{3}\begin{pmatrix}1&1&1\\1&\omega&\omega^2\\1&\omega^2&\omega\end{pmatrix}\begin{pmatrix}1&0&0\\0&0&1\\0&1&0\end{pmatrix}=\frac{1}{3}\begin{pmatrix}1&1&1\\1&\omega^2&\omega\\1&\omega&\omega^2\end{pmatrix}$$

38. 设 $\boldsymbol{A}(a)=\begin{pmatrix}1&a&a^2/2\\0&1&a\\0&0&1\end{pmatrix}$,证明

$$\boldsymbol{A}(a)\boldsymbol{A}(b)=\boldsymbol{A}(a+b),(\boldsymbol{A}(a))^{-1}=\boldsymbol{A}(-a)$$

【证】 直接计算

$$\boldsymbol{A}(a)\boldsymbol{A}(b)=\begin{pmatrix}1&a&a^2/2\\0&1&a\\0&0&1\end{pmatrix}\begin{pmatrix}1&b&b^2/2\\0&1&b\\0&0&1\end{pmatrix}=\begin{pmatrix}1&a+b&\lambda\\0&1&a+b\\0&0&1\end{pmatrix}=\boldsymbol{A}(a+b)$$

其中 $\lambda=\frac{a^2}{2}+ab+\frac{b^2}{2}=\frac{(a+b)^2}{2}$. 据此即知 $(\boldsymbol{A}(a))^{-1}=\boldsymbol{A}(-a)$.

39. 设 $\boldsymbol{A}$ 与 $\boldsymbol{B}$ 同为 3 阶矩阵,已知 $\boldsymbol{AB}=2\boldsymbol{A}+\boldsymbol{B}$,$\boldsymbol{B}=\begin{pmatrix}2&0&2\\0&4&0\\2&0&2\end{pmatrix}$,求 $(\boldsymbol{A}-\boldsymbol{I}_3)^{-1}$.

【解】　由条件知 $(\boldsymbol{A}-\boldsymbol{I}_3)(\boldsymbol{B}-2\boldsymbol{I}_3)=\boldsymbol{AB}-2\boldsymbol{A}-\boldsymbol{B}+2\boldsymbol{I}_3=2\boldsymbol{I}_3$,于是

$$(\boldsymbol{A}-\boldsymbol{I}_3)^{-1}=\frac{1}{2}(\boldsymbol{B}-2\boldsymbol{I}_3)=\frac{1}{2}\begin{pmatrix}0&0&2\\0&2&0\\2&0&0\end{pmatrix}=\begin{pmatrix}0&0&1\\0&1&0\\1&0&0\end{pmatrix}$$

40. 当 $n$ 阶矩阵 $\boldsymbol{A}$ 满足以下条件时,分别求出 $\boldsymbol{I}_n-\boldsymbol{A}$ 的逆矩阵:

(1) $3\boldsymbol{A}(\boldsymbol{A}-\boldsymbol{I}_n)=\boldsymbol{A}^3$;(2) $2\boldsymbol{A}(\boldsymbol{A}-\boldsymbol{I}_n)=\boldsymbol{A}^3$.

【解】　(1) 由 $3\boldsymbol{A}(\boldsymbol{A}-\boldsymbol{I}_n)=\boldsymbol{A}^3$ 知道 $-3\boldsymbol{A}+3\boldsymbol{A}^2-\boldsymbol{A}^3=\boldsymbol{O}$,于是根据

$$(\boldsymbol{I}_n-\boldsymbol{A})^3=\boldsymbol{I}_n-3\boldsymbol{A}+3\boldsymbol{A}^2-\boldsymbol{A}^3=\boldsymbol{I}_n$$

就可求出 $(\boldsymbol{I}_n-\boldsymbol{A})^{-1}=(\boldsymbol{I}_n-\boldsymbol{A})^2$.

(2) 由 $2\boldsymbol{A}(\boldsymbol{A}-\boldsymbol{I}_n)=\boldsymbol{A}^3$ 知道 $\boldsymbol{A}^3-2\boldsymbol{A}^2+2\boldsymbol{A}=\boldsymbol{O}$. 于是根据

$$(\boldsymbol{I}_n-\boldsymbol{A})(\boldsymbol{A}^2-\boldsymbol{A}+\boldsymbol{I}_n)=-(\boldsymbol{A}^3-2\boldsymbol{A}^2+2\boldsymbol{A})+\boldsymbol{I}_n=\boldsymbol{I}_n$$

立刻求出 $(\boldsymbol{I}_n-\boldsymbol{A})^{-1}=\boldsymbol{A}^2-\boldsymbol{A}+\boldsymbol{I}_n$.

41. 设 $\boldsymbol{A}=\begin{pmatrix}1&0&0&0\\-2&3&0&0\\0&-4&5&0\\0&0&-6&7\end{pmatrix}$,$\boldsymbol{B}=(\boldsymbol{I}_4+\boldsymbol{A})^{-1}(\boldsymbol{I}_4-\boldsymbol{A})$,求 $\boldsymbol{I}_4+\boldsymbol{B}$ 的逆矩阵.

【解】　由条件可得 $(\boldsymbol{I}_4+\boldsymbol{A})\boldsymbol{B}=\boldsymbol{I}_4-\boldsymbol{A}$,$\boldsymbol{A}+\boldsymbol{B}+\boldsymbol{AB}=\boldsymbol{I}_4$,$(\boldsymbol{I}_4+\boldsymbol{A})(\boldsymbol{I}_4+\boldsymbol{B})=2\boldsymbol{I}_4$,于是

$$(\boldsymbol{I}_4+\boldsymbol{B})^{-1}=\frac{1}{2}(\boldsymbol{I}_4+\boldsymbol{A})=\begin{pmatrix}1&0&0&0\\-1&2&0&0\\0&-2&3&0\\0&0&-3&4\end{pmatrix}$$

42. 求 4 阶矩阵 $\boldsymbol{A}=\begin{pmatrix}1&a&a^2&a^3\\0&1&a&a^2\\0&0&1&a\\0&0&0&1\end{pmatrix}$ 的逆矩阵.

【解】　用初等行变换化简(依次在前一行中减去后一行的 $a$ 倍)

$$(\boldsymbol{A}\quad \boldsymbol{I}_n)=\begin{pmatrix}1&a&a^2&a^3&1&0&0&0\\0&1&a&a^2&0&1&0&0\\0&0&1&a&0&0&1&0\\0&0&0&1&0&0&0&1\end{pmatrix}$$

$$\rightarrow\begin{pmatrix}1&0&0&0&1&-a&0&0\\0&1&0&0&0&1&-a&0\\0&0&1&0&0&0&1&-a\\0&0&0&1&0&0&0&1\end{pmatrix}$$

所以

$$\boldsymbol{A}^{-1}=\begin{pmatrix}1&-a&0&0\\0&1&-a&0\\0&0&1&-a\\0&0&0&1\end{pmatrix}$$

【注】 一般地有

$$\begin{pmatrix}1&a&a^2&a^3&\cdots&a^{n-1}\\&1&a&a^2&\cdots&a^{n-2}\\&&1&a&\cdots&a^{n-3}\\&&&1&\ddots&a^{n-4}\\&&&&\ddots&\vdots\\&&&&&1\end{pmatrix}=\begin{pmatrix}1&-a&0&0&\cdots&0\\0&1&-a&0&\cdots&0\\0&0&1&-a&\cdots&0\\0&0&0&1&\ddots&0\\\vdots&\vdots&\vdots&\vdots&\ddots&\vdots\\0&0&0&0&\cdots&1\end{pmatrix}$$

43. 设$\boldsymbol{A},\boldsymbol{B}$和$\boldsymbol{A}+\boldsymbol{B}$都是$n$阶可逆矩阵,求出$\boldsymbol{A}^{-1}+\boldsymbol{B}^{-1}$的逆矩阵.

【解】 在矩阵等式$\boldsymbol{A}^{-1}(\boldsymbol{A}+\boldsymbol{B})\boldsymbol{B}^{-1}=\boldsymbol{A}^{-1}+\boldsymbol{B}^{-1}$的两边求逆矩阵即可求出

$$(\boldsymbol{A}^{-1}+\boldsymbol{B}^{-1})^{-1}=\boldsymbol{B}(\boldsymbol{A}+\boldsymbol{B})^{-1}\boldsymbol{A}$$

【注】 同理,由$\boldsymbol{B}^{-1}(\boldsymbol{A}+\boldsymbol{B})\boldsymbol{A}^{-1}=\boldsymbol{A}^{-1}+\boldsymbol{B}^{-1}$又可得到

$$(\boldsymbol{A}^{-1}+\boldsymbol{B}^{-1})^{-1}=\boldsymbol{A}(\boldsymbol{A}+\boldsymbol{B})^{-1}\boldsymbol{B}$$

这说明一定有$\boldsymbol{A}(\boldsymbol{A}+\boldsymbol{B})^{-1}\boldsymbol{B}=\boldsymbol{B}(\boldsymbol{A}+\boldsymbol{B})^{-1}\boldsymbol{A}$,即$\boldsymbol{A}$与$\boldsymbol{B}$可以互相交换位置.

44. 设$\boldsymbol{A},\boldsymbol{B}$和$\boldsymbol{AB}-\boldsymbol{I}_n$都是$n$阶可逆矩阵,依次求出以下矩阵的逆矩阵

$$\boldsymbol{BA}-\boldsymbol{I}_n,\boldsymbol{A}-\boldsymbol{B}^{-1},(\boldsymbol{A}-\boldsymbol{B}^{-1})^{-1}-\boldsymbol{A}^{-1}$$

【解】 因为$\boldsymbol{BA}-\boldsymbol{I}_n=\boldsymbol{B}(\boldsymbol{AB}-\boldsymbol{I}_n)\boldsymbol{B}^{-1}$,所以

$$(\boldsymbol{BA}-\boldsymbol{I}_n)^{-1}=[\boldsymbol{B}(\boldsymbol{AB}-\boldsymbol{I}_n)\boldsymbol{B}^{-1}]^{-1}=\boldsymbol{B}(\boldsymbol{AB}-\boldsymbol{I}_n)^{-1}\boldsymbol{B}^{-1}$$

因为$\boldsymbol{A}-\boldsymbol{B}^{-1}=(\boldsymbol{AB}-\boldsymbol{I}_n)\boldsymbol{B}^{-1}$,所以$(\boldsymbol{A}-\boldsymbol{B}^{-1})^{-1}=\boldsymbol{B}(\boldsymbol{AB}-\boldsymbol{I}_n)^{-1}$.

因为

$$(\boldsymbol{A}-\boldsymbol{B}^{-1})^{-1}-\boldsymbol{A}^{-1}=(\boldsymbol{A}-\boldsymbol{B}^{-1})^{-1}[\boldsymbol{I}_n-(\boldsymbol{A}-\boldsymbol{B}^{-1})\boldsymbol{A}^{-1}]$$
$$=(\boldsymbol{A}-\boldsymbol{B}^{-1})^{-1}\boldsymbol{B}^{-1}\boldsymbol{A}^{-1}$$

所以
$$[(\boldsymbol{A}-\boldsymbol{B}^{-1})^{-1}-\boldsymbol{A}^{-1}]^{-1}=\boldsymbol{AB}(\boldsymbol{A}-\boldsymbol{B}^{-1})$$

45. 设 $\boldsymbol{A},\boldsymbol{B}$ 为 $n$ 阶矩阵，$\boldsymbol{A}+\boldsymbol{I}_n$ 和 $\boldsymbol{B}$ 都为可逆矩阵，且满足 $\boldsymbol{A}^2-\boldsymbol{B}^2+\boldsymbol{A}+2\boldsymbol{B}=\boldsymbol{O}$，证明：

(1) $\boldsymbol{AB}=\boldsymbol{BA}$；(2) $\boldsymbol{A}+\boldsymbol{B}$ 为可逆矩阵；

(3) $(\boldsymbol{A}+\boldsymbol{B})^{-1}=-(\boldsymbol{A}-\boldsymbol{B}+\boldsymbol{I}_n)\boldsymbol{B}^{-1}$.

**【证】** (1) 在条件等式 $\boldsymbol{A}^2-\boldsymbol{B}^2+\boldsymbol{A}+2\boldsymbol{B}=\boldsymbol{O}$ 的两边分别右乘 $\boldsymbol{B}$ 或左乘 $\boldsymbol{B}$ 可分别得到

$$\boldsymbol{A}^2\boldsymbol{B}-\boldsymbol{B}^3+\boldsymbol{AB}+2\boldsymbol{B}^2=\boldsymbol{O}$$

和

$$\boldsymbol{BA}^2-\boldsymbol{B}^3+\boldsymbol{BA}+2\boldsymbol{B}^2=\boldsymbol{O}$$

即

$$\boldsymbol{A}^2\boldsymbol{B}+\boldsymbol{AB}=\boldsymbol{B}^3-2\boldsymbol{B}^2=\boldsymbol{BA}^2+\boldsymbol{B},\boldsymbol{AB}(\boldsymbol{A}+\boldsymbol{I}_n)=\boldsymbol{BA}(\boldsymbol{A}+\boldsymbol{I}_n)$$

由 $\boldsymbol{A}+\boldsymbol{I}_n$ 为可逆矩阵知 $\boldsymbol{AB}=\boldsymbol{BA}$.

(2) 由所给条件即得

$$(\boldsymbol{A}+\boldsymbol{B})(\boldsymbol{A}-\boldsymbol{B}+\boldsymbol{I}_n)=\boldsymbol{A}^2-\boldsymbol{B}^2+\boldsymbol{A}+\boldsymbol{B}=-\boldsymbol{B}$$

这说明 $\boldsymbol{A}+\boldsymbol{B}$ 为可逆矩阵.

(3) 由 $(\boldsymbol{A}+\boldsymbol{B})(\boldsymbol{A}-\boldsymbol{B}+\boldsymbol{I}_n)(-\boldsymbol{B}^{-1})=\boldsymbol{I}_n$ 即得

$$(\boldsymbol{A}+\boldsymbol{B})^{-1}=-(\boldsymbol{A}-\boldsymbol{B}+\boldsymbol{I}_n)\boldsymbol{B}^{-1}$$

46. 设 $n$ 阶矩阵 $\boldsymbol{A},\boldsymbol{B},\boldsymbol{C}$ 满足 $\boldsymbol{B}=\boldsymbol{I}_n+\boldsymbol{AB},\boldsymbol{C}=\boldsymbol{A}+\boldsymbol{CA}$，证明 $\boldsymbol{B}-\boldsymbol{C}=\boldsymbol{I}_n$.

**【证】** 由 $\boldsymbol{B}=\boldsymbol{I}_n+\boldsymbol{AB}$ 得 $(\boldsymbol{I}_n-\boldsymbol{A})\boldsymbol{B}=\boldsymbol{I}_n$，$\boldsymbol{I}_n-\boldsymbol{A}$ 为可逆矩阵，且

$$\boldsymbol{B}=(\boldsymbol{I}_n-\boldsymbol{A})^{-1}$$

由 $\boldsymbol{C}=\boldsymbol{A}+\boldsymbol{CA}$ 得 $\boldsymbol{C}(\boldsymbol{I}_n-\boldsymbol{A})=\boldsymbol{A}$，又得

$$\boldsymbol{C}=\boldsymbol{A}(\boldsymbol{I}_n-\boldsymbol{A})^{-1}$$

于是

$$\boldsymbol{B}-\boldsymbol{C}=(\boldsymbol{I}_n-\boldsymbol{A})^{-1}-\boldsymbol{A}(\boldsymbol{I}_n-\boldsymbol{A})^{-1}=(\boldsymbol{I}_n-\boldsymbol{A})(\boldsymbol{I}_n-\boldsymbol{A})^{-1}=\boldsymbol{I}_n$$

47. 设 $\boldsymbol{A}$ 和 $\boldsymbol{B}$ 都是 $n$ 阶矩阵，如果 $\boldsymbol{B}$ 和 $\boldsymbol{A}-\boldsymbol{I}_n$ 都是可逆矩阵，且 $(\boldsymbol{A}-\boldsymbol{I}_n)^{-1}=(\boldsymbol{B}-\boldsymbol{I}_n)'$，证明 $\boldsymbol{A}$ 是可逆矩阵.

**【证】** 由条件知 $(\boldsymbol{A}-\boldsymbol{I}_n)(\boldsymbol{B}'-\boldsymbol{I}_n)=(\boldsymbol{A}-\boldsymbol{I}_n)(\boldsymbol{B}-\boldsymbol{I}_n)'=\boldsymbol{I}_n$，即

$$(\boldsymbol{A}-\boldsymbol{I}_n)\boldsymbol{B}'-\boldsymbol{A}+\boldsymbol{I}_n=\boldsymbol{I}_n,(\boldsymbol{A}-\boldsymbol{I}_n)\boldsymbol{B}'=\boldsymbol{A}$$

因为 $\boldsymbol{B}$ 和 $\boldsymbol{A}-\boldsymbol{I}_n$ 都是可逆矩阵，所以 $\boldsymbol{A}$ 是可逆矩阵.

48. 设 $n$ 阶矩阵 $\boldsymbol{A}$ 和 $\boldsymbol{B}$ 满足 $\boldsymbol{A}+\boldsymbol{B}=\boldsymbol{AB}$，证明 $(\boldsymbol{I}_n-\boldsymbol{A})$ 与 $(\boldsymbol{I}_n-\boldsymbol{B})$ 互为

逆矩阵,且 $AB = BA$.

【证】 由条件 $A + B = AB$ 得

$$(I_n - A)(I_n - B) = I_n - A - B + AB = I_n$$

这就说明$(I_n - A)$与$(I_n - B)$互为逆矩阵,于是必有

$$(I_n - B)(I_n - A) = I_n - A - B + BA = I_n$$

又得 $A + B = BA$,这就证明了一定有 $AB = BA$.

【注】 不能仅仅根据 $A + B = AB$ 和 $A + B = B + A$ 推出 $B + A = BA$ 和 $AB = BA$,因为 $A$ 和 $B$ 是两个确定的矩阵.

49. 设 $n$ 阶矩阵 $A$ 和 $B$ 满足 $2A^{-1}B = B - 4I_n$,证明 $A - 2I_n$ 是可逆矩阵且 $AB = BA$.

【证一】 由 $2A^{-1}B = B - 4I_n$ 知

$$4I_n = B - 2A^{-1}B = (A - 2I_n)A^{-1}B$$

和

$$2B = AB - 4A, 4A = (A - 2I_n)B, 4I_n = (A - 2I_n)BA^{-1}$$

所以 $A - 2I_n$ 是可逆矩阵,且必有 $A^{-1}B = BA^{-1}$, $AB = BA$.

【证二】 由 $2B = AB - 4A$ 可得

$$(A - 2I_n)(B - 4I_n) = AB - 2B - 4A + 8I_n = 8I_n, (A - 2I_n)^{-1} = \frac{1}{8}(B - 4I_n)$$

和

$$4A = (A - 2I_n)B, 4I_n = (A - 2I_n)BA^{-1}, (A - 2I_n)^{-1} = \frac{1}{4}BA^{-1}$$

于是

$$\frac{1}{8}(B - 4I_n) = \frac{1}{4}BA^{-1}, 2BA^{-1} = B - 4I_n$$

又可得 $2B = BA - 4A$. 再与 $2B = AB - 4A$ 联立,可得 $AB = BA$.

【注】 可求出$(A - 2I_n)^{-1} = \frac{1}{4}A^{-1}B = \frac{1}{4}BA^{-1}$.

50. 设 $I_n + AB$ 和 $B$ 是可逆矩阵,证明$(I_n + BA)^{-1} = I_n - B(I_n + AB)^{-1}A$.

【证】 首先,由 $B(I_n + AB) = (I_n + BA)B$ 知

$$(I_n + BA)^{-1}B = B(I_n + AB)^{-1}$$

于是可直接验证

$$\begin{aligned}(I_n + BA)[I_n - B(I_n + AB)^{-1}A] &= (I_n + AB)[I_n - (I_n + BA)^{-1}BA] \\ &= (I_n + BA) - BA = I_n\end{aligned}$$

51. 分别求出如下矩阵方程的解:

(1) $\begin{pmatrix} 3 & -1 \\ -4 & 2 \end{pmatrix} X = \begin{pmatrix} -1 & 5 \\ 2 & -6 \end{pmatrix}$；(2) $Y\begin{pmatrix} 3 & -1 \\ -4 & 2 \end{pmatrix} = \begin{pmatrix} -1 & 5 \\ 2 & -6 \end{pmatrix}$.

**【解】** (1) $X = \begin{pmatrix} 3 & -1 \\ -4 & 2 \end{pmatrix}^{-1}\begin{pmatrix} -1 & 5 \\ 2 & -6 \end{pmatrix} = \frac{1}{2}\begin{pmatrix} 2 & 1 \\ 4 & 3 \end{pmatrix}\begin{pmatrix} -1 & 5 \\ 2 & -6 \end{pmatrix} = \frac{1}{2}\begin{pmatrix} 0 & 4 \\ 2 & 2 \end{pmatrix} = \begin{pmatrix} 0 & 2 \\ 1 & 1 \end{pmatrix}$.

(2) $Y = \begin{pmatrix} -1 & 5 \\ 2 & -6 \end{pmatrix}\begin{pmatrix} 3 & -1 \\ -4 & 2 \end{pmatrix}^{-1} = \frac{1}{2}\begin{pmatrix} -1 & 5 \\ 2 & -6 \end{pmatrix}\begin{pmatrix} 2 & 1 \\ 4 & 3 \end{pmatrix} = \frac{1}{2}\begin{pmatrix} 18 & 14 \\ -20 & -16 \end{pmatrix} = \begin{pmatrix} 9 & 7 \\ -10 & -8 \end{pmatrix}$.

52. 求出如下矩阵方程的解：

(1) $\begin{pmatrix} 2 & 2 & 3 \\ 1 & -1 & 0 \\ -1 & 2 & 1 \end{pmatrix} X = \begin{pmatrix} 4 & 2 & 3 \\ 1 & 1 & 0 \\ -1 & 2 & 3 \end{pmatrix}$；

(2) $X\begin{pmatrix} 1 & 1 & -1 \\ 2 & 1 & 0 \\ 1 & -1 & 1 \end{pmatrix} = \begin{pmatrix} 1 & 1 & 3 \\ 4 & 3 & 2 \\ 1 & 2 & 5 \end{pmatrix}$.

**【解】**　用初等行变换法

$$(1)\ (A\quad B) = \begin{pmatrix} 2 & 2 & 3 & 4 & 2 & 3 \\ 1 & -1 & 0 & 1 & 1 & 0 \\ -1 & 2 & 1 & -1 & 2 & 3 \end{pmatrix} \to \begin{pmatrix} 1 & -1 & 0 & 1 & 1 & 0 \\ 0 & 4 & 3 & 2 & 0 & 3 \\ 0 & 1 & 1 & 0 & 3 & 3 \end{pmatrix}$$

$$\to \begin{pmatrix} 1 & 0 & 1 & 1 & 4 & 3 \\ 0 & 1 & 1 & 0 & 3 & 3 \\ 0 & 0 & -1 & 2 & -12 & -9 \end{pmatrix}$$

$$\to \begin{pmatrix} 1 & 0 & 0 & 3 & -8 & -6 \\ 0 & 1 & 0 & 2 & -9 & -6 \\ 0 & 0 & 1 & -2 & 12 & 9 \end{pmatrix}$$

求出
$$X = \begin{pmatrix} 3 & -8 & -6 \\ 2 & -9 & -6 \\ -2 & 12 & 9 \end{pmatrix}$$

$$(2)\ (A'\quad B') = \begin{pmatrix} 1 & 2 & 1 & 1 & 4 & 1 \\ 1 & 1 & -1 & 1 & 3 & 2 \\ -1 & 0 & 1 & 3 & 2 & 5 \end{pmatrix}$$

$$\rightarrow\begin{pmatrix}1 & 2 & 1 & 1 & 4 & 1\\0 & -1 & -2 & 0 & -1 & 1\\0 & 2 & 2 & 4 & 6 & 6\end{pmatrix}$$

$$\rightarrow\begin{pmatrix}1 & 0 & -3 & 1 & 2 & 3\\0 & 1 & 2 & 0 & 1 & -1\\0 & 0 & -2 & 4 & 4 & 8\end{pmatrix}$$

$$\rightarrow\begin{pmatrix}1 & 0 & -3 & 1 & 2 & 3\\0 & 1 & 2 & 0 & 1 & -1\\0 & 0 & -1 & 2 & 2 & 4\end{pmatrix}$$

$$\rightarrow\begin{pmatrix}1 & 0 & 0 & -5 & -4 & -9\\0 & 1 & 0 & 4 & 5 & 7\\0 & 0 & -1 & 2 & 2 & 4\end{pmatrix}$$

$$\rightarrow\begin{pmatrix}1 & 0 & 0 & -5 & -4 & -9\\0 & 1 & 0 & 4 & 5 & 7\\0 & 0 & 1 & -2 & -2 & -4\end{pmatrix}$$

于是,经过转置就可以求出 $\boldsymbol{X}=\begin{pmatrix}-5 & 4 & -2\\-4 & 5 & -2\\-9 & 7 & -4\end{pmatrix}$.

**【注】** 对于(2)也可先求出 $\boldsymbol{A}=\begin{pmatrix}1 & 1 & -1\\2 & 1 & 0\\1 & -1 & 1\end{pmatrix}$ 的逆矩阵 $\boldsymbol{A}^{-1}=\frac{1}{2}\begin{pmatrix}1 & 0 & 1\\-2 & 2 & -2\\-3 & 2 & -1\end{pmatrix}$.

为此,既可用初等行变换求出所需的逆矩阵

$$\begin{pmatrix}1 & 1 & -1 & 1 & 0 & 0\\2 & 1 & 0 & 0 & 1 & 0\\1 & -1 & 1 & 0 & 0 & 1\end{pmatrix}$$

$$\rightarrow\begin{pmatrix}1 & 1 & -1 & 1 & 0 & 0\\0 & -1 & 2 & -2 & 1 & 0\\0 & -2 & 2 & -1 & 0 & 1\end{pmatrix}$$

$$\rightarrow\begin{pmatrix}1 & 0 & 1 & -1 & 1 & 0\\0 & 1 & -2 & 2 & -1 & 0\\0 & 0 & -2 & 3 & -1 & 1\end{pmatrix}$$

$$\to\begin{pmatrix}1&0&1&-1&1&0\\0&1&-2&2&-1&0\\0&0&1&-3/2&1&-1/2\end{pmatrix}$$

$$\to\begin{pmatrix}1&0&0&-1/2&0&1/2\\0&1&0&-1&1&-1\\0&0&1&-3/2&1&-1/2\end{pmatrix}$$

也可先求出 $|A|=\begin{vmatrix}1&1&-1\\2&1&0\\1&-1&1\end{vmatrix}=\begin{vmatrix}2&0&0\\2&1&0\\1&-1&1\end{vmatrix}=2$ 和伴随矩阵

$$A^*=\begin{pmatrix}M_{11}&-M_{21}&M_{31}\\-M_{12}&M_{22}&-M_{32}\\M_{13}&-M_{23}&M_{33}\end{pmatrix}$$

$$=\begin{pmatrix}\begin{vmatrix}1&0\\-1&1\end{vmatrix}&-\begin{vmatrix}1&-1\\-1&1\end{vmatrix}&\begin{vmatrix}1&-1\\1&0\end{vmatrix}\\-\begin{vmatrix}2&0\\1&1\end{vmatrix}&\begin{vmatrix}1&-1\\1&1\end{vmatrix}&-\begin{vmatrix}1&-1\\2&0\end{vmatrix}\\\begin{vmatrix}2&1\\1&-1\end{vmatrix}&-\begin{vmatrix}1&1\\1&-1\end{vmatrix}&\begin{vmatrix}1&1\\2&1\end{vmatrix}\end{pmatrix}=\begin{pmatrix}1&0&1\\-2&2&-2\\-3&2&-1\end{pmatrix}$$

再得到上述 $A$ 的逆矩阵.

于是所求的解为

$$X=\begin{pmatrix}1&1&3\\4&3&2\\1&2&5\end{pmatrix}\begin{pmatrix}1&0&1\\-2&2&-2\\-3&2&-1\end{pmatrix}\frac{1}{2}=\begin{pmatrix}-5&4&-2\\-4&5&-2\\-9&7&-4\end{pmatrix}$$

53. 求出如下矩阵方程的解：$\begin{pmatrix}0&1&0\\1&0&0\\0&0&1\end{pmatrix}X\begin{pmatrix}1&0&0\\0&0&1\\0&1&0\end{pmatrix}=\begin{pmatrix}1&-4&3\\2&0&-1\\1&-2&0\end{pmatrix}$.

**【解】**　应用第一类初等方阵 $P_{ij}$ 的性质与功能，可以立刻求出

$$X=\begin{pmatrix}0&1&0\\1&0&0\\0&0&1\end{pmatrix}\begin{pmatrix}1&-4&3\\2&0&-1\\1&-2&0\end{pmatrix}\begin{pmatrix}1&0&0\\0&0&1\\0&1&0\end{pmatrix}=\begin{pmatrix}2&-1&0\\1&3&-4\\1&0&-2\end{pmatrix}$$

**【注】**　$P_{ij}$ 左(右) 乘矩阵 $A$，就是互换被乘矩阵 $A$ 的第 $i$ 行(列) 与第 $j$ 行(列)，$P_{ij}^{-1}=P_{ij}$. 因为所给出的矩阵方程是 $P_{12}XP_{23}=B$，所以可直接写出

$$X=P_{12}^{-1}BP_{23}^{-1}=P_{12}BP_{23}$$

54. 设$A=\begin{pmatrix}1&-3&0\\2&1&0\\0&0&2\end{pmatrix}$,求出矩阵$X$使得$A+X=XA$.

【解】 因为$A=XA-X=X(A-I_3)$,而$A-I_3$显然是可逆矩阵,所以

$$X=A(A-I_3)^{-1}=A\begin{pmatrix}0&-3&0\\2&0&0\\0&0&1\end{pmatrix}^{-1}=\begin{pmatrix}1&-3&0\\2&1&0\\0&0&2\end{pmatrix}\begin{pmatrix}0&1/2&0\\-1/3&0&0\\0&0&1\end{pmatrix}=\begin{pmatrix}1&1/2&0\\-1/3&1&0\\0&0&2\end{pmatrix}$$

55. 已知$A=\begin{pmatrix}1&-1&1\\-1&1&-1\\1&-1&1\end{pmatrix}$,$B=\begin{pmatrix}1\\-1\\1\end{pmatrix}$,求$X$满足$XA=X+BB'$.

【解】 因为$A=BB'$,所以由$XA=X+A$知$XA-X=X(A-I_3)=A$,于是

$$X=A(A-I_3)^{-1}=\begin{pmatrix}1&-1&1\\-1&1&-1\\1&-1&1\end{pmatrix}\begin{pmatrix}0&-1&1\\-1&0&-1\\1&-1&0\end{pmatrix}^{-1}=\frac{1}{2}\begin{pmatrix}1&-1&1\\-1&1&-1\\1&-1&1\end{pmatrix}\begin{pmatrix}-1&-1&1\\-1&-1&-1\\1&-1&-1\end{pmatrix}=\frac{1}{2}\begin{pmatrix}1&-1&1\\-1&1&-1\\1&-1&1\end{pmatrix}=\frac{1}{2}A$$

56. 设$A=\begin{pmatrix}1&1&-1\\-1&1&1\\1&-1&1\end{pmatrix}$,求$X$满足$A^*X=A^{-1}+2X$.

【解】 由$|A|=4$知$AA^*=|A|I_3=4I_3$. 由条件知$AA^*X=I_3+2AX$,即

$$(4\boldsymbol{I}_3-2\boldsymbol{A})\boldsymbol{X}=\boldsymbol{I}_3$$

于是

$$\boldsymbol{X}=\frac{1}{2}(2\boldsymbol{I}_3-\boldsymbol{A})^{-1}=\frac{1}{2}\begin{pmatrix}1&-1&1\\1&1&-1\\-1&1&1\end{pmatrix}^{-1}=\frac{1}{4}\begin{pmatrix}1&1&0\\0&1&1\\1&0&1\end{pmatrix}$$

57. 设矩阵 $\boldsymbol{A}=\begin{pmatrix}1&1&0\\1&0&-1\\2&2&-2\end{pmatrix}$,求 $\boldsymbol{X}$ 满足 $\boldsymbol{A}^*\boldsymbol{X}+4\boldsymbol{A}^{-1}=\boldsymbol{A}+\boldsymbol{X}$.

【解】　先求出 $|\boldsymbol{A}|=2,\boldsymbol{A}\boldsymbol{A}^*=2\boldsymbol{I}_3$. 用 $\boldsymbol{A}$ 左乘条件等式得

$$\boldsymbol{A}\boldsymbol{A}^*\boldsymbol{X}+4\boldsymbol{I}_3=\boldsymbol{A}^2+\boldsymbol{A}\boldsymbol{X},(\boldsymbol{A}-2\boldsymbol{I}_3)\boldsymbol{X}=4\boldsymbol{I}_3-\boldsymbol{A}^2=(2\boldsymbol{I}_3-\boldsymbol{A})(2\boldsymbol{I}_3+\boldsymbol{A})$$

因为

$$|2\boldsymbol{I}_3-\boldsymbol{A}|=\begin{vmatrix}1&-1&0\\-1&2&1\\-2&-2&4\end{vmatrix}=8\neq 0$$

所以 $2\boldsymbol{I}_3-\boldsymbol{A}$ 为可逆矩阵,于是求出

$$\boldsymbol{X}=-(2\boldsymbol{I}_3+\boldsymbol{A})=\begin{pmatrix}-3&-1&0\\-1&-2&1\\-2&-2&0\end{pmatrix}$$

58. 已知 $\boldsymbol{A}=\begin{pmatrix}1&-1&0&0\\0&1&-1&0\\0&0&1&-1\\0&0&0&1\end{pmatrix}$,$\boldsymbol{B}=\begin{pmatrix}2&1&3&4\\0&2&1&3\\0&0&2&1\\0&0&0&2\end{pmatrix}$,求 $\boldsymbol{X}$ 满足 $(\boldsymbol{I}_4-\boldsymbol{B}^{-1}\boldsymbol{A})'\boldsymbol{B}'\boldsymbol{X}=\boldsymbol{I}_4$.

【解】　先计算

$$\boldsymbol{B}-\boldsymbol{A}=\begin{pmatrix}2&1&3&4\\0&2&1&3\\0&0&2&1\\0&0&0&2\end{pmatrix}-\begin{pmatrix}1&-1&0&0\\0&1&-1&0\\0&0&1&-1\\0&0&0&1\end{pmatrix}$$

$$=\begin{pmatrix}1&2&3&4\\0&1&2&3\\0&0&1&2\\0&0&0&1\end{pmatrix}$$

由 $(\boldsymbol{I}_4-\boldsymbol{B}^{-1}\boldsymbol{A})'\boldsymbol{B}'\boldsymbol{X}=\boldsymbol{I}_4$ 知

$$[\boldsymbol{B}(\boldsymbol{I}_4-\boldsymbol{B}^{-1}\boldsymbol{A})]'\boldsymbol{X}=(\boldsymbol{B}-\boldsymbol{A})'\boldsymbol{X}=\boldsymbol{I}_4$$

于是求出

$$X=[(B-A)']^{-1}=\begin{pmatrix}1&0&0&0\\2&1&0&0\\3&2&1&0\\4&3&2&1\end{pmatrix}=\begin{pmatrix}1&0&0&0\\-2&1&0&0\\0&-2&1&0\\0&0&-2&1\end{pmatrix}$$

59. 已知 $A=\begin{pmatrix}1&0&0\\1&1&0\\1&1&1\end{pmatrix}$, $B=\begin{pmatrix}0&1&1\\1&0&1\\1&1&0\end{pmatrix}$,求出矩阵 $X$ 满足

$$AXA+BXB=AXB+BXA+I_3$$

【解】 由条件可得矩阵等式

$$(A-B)X(A-B)=AXA+BXB-AXB-BXA=1$$

于是

$$X=(A-B)^{-2}=\begin{pmatrix}1&-1&-1\\0&1&-1\\0&0&1\end{pmatrix}^{-2}=\begin{pmatrix}1&1&2\\0&1&1\\0&0&1\end{pmatrix}^{2}=\begin{pmatrix}1&2&5\\0&1&2\\0&0&1\end{pmatrix}$$

60. 已知 $A$ 的伴随矩阵 $A^*=\begin{pmatrix}1&0&0&0\\0&1&0&0\\1&0&1&0\\0&-3&0&8\end{pmatrix}$,求 $B$ 满足 $ABA^{-1}=BA^{-1}+3I_4$.

【解】 在所给矩阵等式的两边同时左乘 $A^{-1}$ 和右乘 $A$ 可得

$$A^{-1}ABA^{-1}A=A^{-1}BA^{-1}A+3A^{-1}I_4A, B=A^{-1}B+3I_4$$

即

$$(I_4-A^{-1})B=3I_4$$

由 $8=|A^*|=|A|^3$ 知 $|A|=2$,于是,由 $A^{-1}=\frac{1}{|A|}A^*=\frac{1}{2}A^*$ 可求出

$$B=3(I_4-A^{-1})^{-1}=3(I_4-\frac{1}{2}A^*)^{-1}=6(2I_4-A^*)^{-1}$$

$$=6\begin{pmatrix}1&0&0&0\\0&1&0&0\\-1&0&1&0\\0&3&0&-6\end{pmatrix}^{-1}=6\begin{pmatrix}1&0&0&0\\0&1&0&0\\1&0&1&0\\0&1/2&0&-1/6\end{pmatrix}=\begin{pmatrix}6&0&0&0\\0&6&0&0\\6&0&6&0\\0&3&0&-1\end{pmatrix}$$

61. 设 $B=\begin{pmatrix}1/4&1&0&0\\0&1/4&1&0\\0&0&1/4&1\\0&0&0&1/4\end{pmatrix}$, $C=\begin{pmatrix}2&15&3&4\\0&2&15&3\\0&0&2&15\\0&0&0&2\end{pmatrix}$,求矩阵 $A$ 满足

$$A(I_4 - C^*B)'C' = I_4$$

【解】 易见 $|C| = 16, CC^* = 16I_4$. 化简所给的条件等式

$$I_4 = A[C(I_4 - C^*B)]' = A[C - CC^*B]' = A(C - 16B)'$$

求出

$$C - 16B = \begin{pmatrix} 2 & 15 & 3 & 4 \\ 0 & 2 & 15 & 3 \\ 0 & 0 & 2 & 15 \\ 0 & 0 & 0 & 2 \end{pmatrix} - \begin{pmatrix} 4 & 16 & 0 & 0 \\ 0 & 4 & 16 & 0 \\ 0 & 0 & 4 & 16 \\ 0 & 0 & 0 & 4 \end{pmatrix} = \begin{pmatrix} -2 & -1 & 3 & 4 \\ 0 & -2 & -1 & 3 \\ 0 & 0 & -2 & -1 \\ 0 & 0 & 0 & -2 \end{pmatrix}$$

就得

$$A = [(C - 16B)']^{-1} = \begin{pmatrix} -2 & 0 & 0 & 0 \\ -1 & -2 & 0 & 0 \\ 3 & -1 & -2 & 0 \\ 4 & 3 & -1 & -2 \end{pmatrix}^{-1}$$

$$= \begin{pmatrix} -1/2 & 0 & 0 & 0 \\ 1/4 & -1/2 & 0 & 0 \\ -7/8 & 1/4 & -1/2 & 0 \\ -3/16 & -7/8 & 1/4 & -1/2 \end{pmatrix}$$

62. 设3阶矩阵 $A, B, C$ 都为满足 $AC^{-1}(BC^{-1} - I_n)^{-1} = ABA - ACA$,已知其中 $A$ 为可逆矩阵, $B = \begin{pmatrix} 1 & 2 & 3 \\ 4 & 5 & 6 \\ 7 & 8 & 9 \end{pmatrix}$, $C = \begin{pmatrix} 0 & 2 & 2 \\ 4 & 4 & 6 \\ 7 & 8 & 8 \end{pmatrix}$,求 $A^n$.

【解】 因为 $AC^{-1}(BC^{-1} - I_n)^{-1} = AC^{-1}[(B - C)C^{-1}]^{-1} = A(B - C)^{-1}$,所以由条件知

$$A(B - C)^{-1} = ABA - ACA = A(B - C)A$$

所以,在左边消去可逆矩阵 $A$ 即得 $(B - C)^{-1} = (B - C)A$,于是

$$A^{-1} = (B - C)^2 = \begin{pmatrix} 1 & 0 & 1 \\ 0 & 1 & 0 \\ 0 & 0 & 1 \end{pmatrix}^2 = \begin{pmatrix} 1 & 0 & 2 \\ 0 & 1 & 0 \\ 0 & 0 & 1 \end{pmatrix}, A = \begin{pmatrix} 1 & 0 & -2 \\ 0 & 1 & 0 \\ 0 & 0 & 1 \end{pmatrix}$$

用归纳法易证

$$A^n = \begin{pmatrix} 1 & 0 & -2n \\ 0 & 1 & 0 \\ 0 & 0 & 1 \end{pmatrix}$$

## §3 分块矩阵

求分块矩阵的逆矩阵公式:

考虑可逆分块矩阵$\begin{pmatrix}\boldsymbol{A} & \boldsymbol{B}\\ \boldsymbol{C} & \boldsymbol{D}\end{pmatrix}$.

(1) 若$\boldsymbol{A}$是$n$阶可逆矩阵,$\boldsymbol{D}$是$m$阶可逆矩阵,则可直接证求逆矩阵公式

$$\begin{pmatrix}\boldsymbol{A} & \boldsymbol{B}\\ \boldsymbol{O} & \boldsymbol{D}\end{pmatrix}^{-1}=\begin{pmatrix}\boldsymbol{A}^{-1} & -\boldsymbol{A}^{-1}\boldsymbol{B}\boldsymbol{D}^{-1}\\ \boldsymbol{O} & \boldsymbol{D}^{-1}\end{pmatrix},\begin{pmatrix}\boldsymbol{I}_n & \boldsymbol{B}\\ \boldsymbol{O} & \boldsymbol{I}_m\end{pmatrix}^{-1}=\begin{pmatrix}\boldsymbol{I}_n & -\boldsymbol{B}\\ \boldsymbol{O} & \boldsymbol{I}_m\end{pmatrix}$$

$$\begin{pmatrix}\boldsymbol{A} & \boldsymbol{O}\\ \boldsymbol{C} & \boldsymbol{D}\end{pmatrix}^{-1}=\begin{pmatrix}\boldsymbol{A}^{-1} & \boldsymbol{O}\\ -\boldsymbol{D}^{-1}\boldsymbol{C}\boldsymbol{A}^{-1} & \boldsymbol{D}^{-1}\end{pmatrix},\begin{pmatrix}\boldsymbol{I}_n & \boldsymbol{O}\\ \boldsymbol{C} & \boldsymbol{I}_m\end{pmatrix}^{-1}=\begin{pmatrix}\boldsymbol{I}_n & \boldsymbol{O}\\ -\boldsymbol{C} & \boldsymbol{I}_m\end{pmatrix}$$

(2) 若$\boldsymbol{B}$是$n$阶可逆矩阵,$\boldsymbol{C}$是$m$阶可逆矩阵,则可直接验证求逆矩阵公式

$$\begin{pmatrix}\boldsymbol{O} & \boldsymbol{B}\\ \boldsymbol{C} & \boldsymbol{D}\end{pmatrix}^{-1}=\begin{pmatrix}-\boldsymbol{C}^{-1}\boldsymbol{D}\boldsymbol{B}^{-1} & \boldsymbol{C}^{-1}\\ \boldsymbol{B}^{-1} & \boldsymbol{O}\end{pmatrix},\begin{pmatrix}\boldsymbol{O} & \boldsymbol{I}_n\\ \boldsymbol{I}_m & \boldsymbol{D}\end{pmatrix}^{-1}=\begin{pmatrix}-\boldsymbol{D} & -\boldsymbol{I}_n\\ \boldsymbol{I}_m & \boldsymbol{O}\end{pmatrix}$$

$$\begin{pmatrix}\boldsymbol{A} & \boldsymbol{B}\\ \boldsymbol{C} & \boldsymbol{O}\end{pmatrix}^{-1}=\begin{pmatrix}\boldsymbol{O} & \boldsymbol{C}^{-1}\\ \boldsymbol{B}^{-1} & -\boldsymbol{B}^{-1}\boldsymbol{A}\boldsymbol{C}^{-1}\end{pmatrix},\begin{pmatrix}\boldsymbol{A} & \boldsymbol{I}_n\\ \boldsymbol{I}_m & \boldsymbol{O}\end{pmatrix}^{-1}=\begin{pmatrix}\boldsymbol{O} & \boldsymbol{I}_n\\ \boldsymbol{I}_m & -\boldsymbol{A}\end{pmatrix}$$

1. 设4阶方阵$\boldsymbol{A}=(\boldsymbol{\alpha}_1\ \ \boldsymbol{\alpha}_2\ \ \boldsymbol{\alpha}_3\ \ \boldsymbol{\beta})$,$\boldsymbol{B}=(\boldsymbol{\alpha}_1\ \ \boldsymbol{\alpha}_2\ \ \boldsymbol{\alpha}_3\ \ \boldsymbol{\gamma})$,其中$\boldsymbol{\alpha}_1$,$\boldsymbol{\alpha}_2$,$\boldsymbol{\alpha}_3$,$\boldsymbol{\beta}$,$\boldsymbol{\gamma}$都是四维列向量.已知$|\boldsymbol{A}|=-2$,$|\boldsymbol{B}|=1$,求出$|\boldsymbol{A}+\boldsymbol{B}|$的值.

【解】 根据矩阵加法的定义和行列式性质可求出

$$\begin{aligned}|\boldsymbol{A}+\boldsymbol{B}|&=|2\boldsymbol{\alpha}_1\ \ 2\boldsymbol{\alpha}_2\ \ 2\boldsymbol{\alpha}_3\ \ \boldsymbol{\beta}+\boldsymbol{\gamma}|\\&=2^3\times|\boldsymbol{\alpha}_1\ \ \boldsymbol{\alpha}_2\ \ \boldsymbol{\alpha}_3\ \ \boldsymbol{\beta}+\boldsymbol{\gamma}|\\&=2^3(|\boldsymbol{\alpha}_1\ \ \boldsymbol{\alpha}_2\ \ \boldsymbol{\alpha}_3\ \ \boldsymbol{\beta}|+|\boldsymbol{\alpha}_1\ \ \boldsymbol{\alpha}_2\ \ \boldsymbol{\alpha}_3\ \ \boldsymbol{\gamma}|)\\&=2^3(|\boldsymbol{A}|+|\boldsymbol{B}|)=-8\end{aligned}$$

2. 设3阶方阵$\boldsymbol{A}=\begin{pmatrix}\boldsymbol{\alpha}\\ 2\boldsymbol{\gamma}_1\\ 3\boldsymbol{\gamma}_2\end{pmatrix}$,$\boldsymbol{B}=\begin{pmatrix}\boldsymbol{\beta}\\ \boldsymbol{\gamma}_1\\ \boldsymbol{\gamma}_2\end{pmatrix}$,其中$\boldsymbol{\alpha}$,$\boldsymbol{\beta}$,$\boldsymbol{\gamma}_1$,$\boldsymbol{\gamma}_2$都是3维行向量.已知$|\boldsymbol{A}|=18$,$|\boldsymbol{B}|=2$,求出$|\boldsymbol{A}-\boldsymbol{B}|$的值.

【解】 因为$\boldsymbol{A}-\boldsymbol{B}=\begin{pmatrix}\boldsymbol{\alpha}-\boldsymbol{\beta}\\ \boldsymbol{\gamma}_1\\ 2\boldsymbol{\gamma}_2\end{pmatrix}$,所以

$$|\boldsymbol{A}-\boldsymbol{B}|=\begin{vmatrix}\boldsymbol{\alpha}-\boldsymbol{\beta}\\ \boldsymbol{\gamma}_1\\ 2\boldsymbol{\gamma}_2\end{vmatrix}=\begin{vmatrix}\boldsymbol{\alpha}\\ \boldsymbol{\gamma}_1\\ 2\boldsymbol{\gamma}_2\end{vmatrix}-\begin{vmatrix}\boldsymbol{\beta}\\ \boldsymbol{\gamma}_1\\ 2\boldsymbol{\gamma}_2\end{vmatrix}$$

分别求出

$$\begin{vmatrix}\boldsymbol{\alpha}\\ \boldsymbol{\gamma}_1\\ 2\boldsymbol{\gamma}_2\end{vmatrix}=\frac{1}{2}\begin{vmatrix}\boldsymbol{\alpha}\\ 2\boldsymbol{\gamma}_1\\ 2\boldsymbol{\gamma}_2\end{vmatrix}=\begin{vmatrix}\boldsymbol{\alpha}\\ 2\boldsymbol{\gamma}_1\\ \boldsymbol{\gamma}_2\end{vmatrix}=\frac{1}{3}\begin{vmatrix}\boldsymbol{\alpha}\\ \boldsymbol{\gamma}_1\\ 3\boldsymbol{\gamma}_2\end{vmatrix}=\frac{1}{3}|\boldsymbol{A}|=6$$

$$\begin{vmatrix}\boldsymbol{\beta}\\ \boldsymbol{\gamma}_1\\ 2\boldsymbol{\gamma}_2\end{vmatrix}=2\begin{vmatrix}\boldsymbol{\beta}\\ \boldsymbol{\gamma}_1\\ \boldsymbol{\gamma}_2\end{vmatrix}=2|\boldsymbol{B}|=4$$

所以

$$|\boldsymbol{A}-\boldsymbol{B}|=\begin{vmatrix}\boldsymbol{\alpha}\\ \boldsymbol{\gamma}_1\\ 2\boldsymbol{\gamma}_2\end{vmatrix}-\begin{vmatrix}\boldsymbol{\beta}\\ \boldsymbol{\gamma}_1\\ 2\boldsymbol{\gamma}_2\end{vmatrix}=6-4=2$$

3. 设 $\boldsymbol{A}$ 是 $n$ 阶矩阵，$\boldsymbol{\alpha},\boldsymbol{\beta}$ 为 $n$ 维列向量，$a,b,c$ 为数. 已知 $|\boldsymbol{A}|=a$，$\begin{vmatrix}b & \boldsymbol{\alpha}'\\ \boldsymbol{\beta} & \boldsymbol{A}\end{vmatrix}=0$，求出 $\begin{vmatrix}c & \boldsymbol{\alpha}'\\ \boldsymbol{\beta} & \boldsymbol{A}\end{vmatrix}$.

【解】　直接可求出

$$\begin{vmatrix}c & \boldsymbol{\alpha}'\\ \boldsymbol{\beta} & \boldsymbol{A}\end{vmatrix}=\begin{vmatrix}c-b & \boldsymbol{\alpha}'\\ \boldsymbol{0} & \boldsymbol{A}\end{vmatrix}+\begin{vmatrix}b & \boldsymbol{\alpha}'\\ \boldsymbol{\beta} & \boldsymbol{A}\end{vmatrix}=(c-b)|\boldsymbol{A}|=(c-b)a$$

4. 设 $\boldsymbol{A}$ 是 $n$ 阶可逆矩阵，$\boldsymbol{\alpha}$ 是 $n$ 维列向量，$b$ 是常数，证明 $\boldsymbol{Q}=\begin{pmatrix}\boldsymbol{A} & \boldsymbol{\alpha}\\ \boldsymbol{\alpha}' & b\end{pmatrix}$ 是可逆矩阵当且仅当 $b\neq\boldsymbol{\alpha}'\boldsymbol{A}^{-1}\boldsymbol{\alpha}$.

【证】　由 $\begin{pmatrix}\boldsymbol{I}_n & \boldsymbol{0}\\ -\boldsymbol{\alpha}'\boldsymbol{A}^{-1} & 1\end{pmatrix}\begin{vmatrix}\boldsymbol{A} & \boldsymbol{\alpha}\\ \boldsymbol{\alpha}' & b\end{vmatrix}=\begin{pmatrix}\boldsymbol{A} & \boldsymbol{\alpha}\\ \boldsymbol{0} & b-\boldsymbol{\alpha}'\boldsymbol{A}^{-1}\boldsymbol{\alpha}\end{pmatrix}$，知

$$\begin{vmatrix}\boldsymbol{I}_n & \boldsymbol{0}\\ -\boldsymbol{\alpha}'\boldsymbol{A}^{-1} & 1\end{vmatrix}\times\begin{vmatrix}\boldsymbol{A} & \boldsymbol{\alpha}\\ \boldsymbol{\alpha}' & b\end{vmatrix}=\begin{vmatrix}\boldsymbol{A} & \boldsymbol{\alpha}\\ \boldsymbol{0} & b-\boldsymbol{\alpha}'\boldsymbol{A}^{-1}\boldsymbol{\alpha}\end{vmatrix}=|\boldsymbol{A}|\times(b-\boldsymbol{\alpha}'\boldsymbol{A}^{-1}\boldsymbol{\alpha})$$

所以 $\boldsymbol{Q}$ 是可逆矩阵 $\Leftrightarrow|\boldsymbol{Q}|\neq0\Leftrightarrow b\neq\boldsymbol{\alpha}'\boldsymbol{A}^{-1}\boldsymbol{\alpha}$.

5. 设 $\boldsymbol{S}$ 是 $2n$ 阶可逆反对称矩阵，$\boldsymbol{\alpha}$ 是 $2n$ 维实列向量，证明 $2n+1$ 阶方阵 $\boldsymbol{A}=\begin{pmatrix}\boldsymbol{S} & \boldsymbol{\alpha}\\ \boldsymbol{\alpha}' & k\end{pmatrix}$ 是可逆矩阵当且仅当 $k\neq0$.

【证】　由 $\boldsymbol{S}'=-\boldsymbol{S}$ 知 $(\boldsymbol{S}^{-1})'=(\boldsymbol{S}')^{-1}=-\boldsymbol{S}^{-1}$，$\boldsymbol{S}^{-1}$ 也是反对称矩阵. 因为 $\boldsymbol{\alpha}'\boldsymbol{S}^{-1}\boldsymbol{\alpha}$ 是一个数，必有

$$\alpha' S^{-1}\alpha = (\alpha' S^{-1}\alpha)' = \alpha'(S^{-1})'\alpha = -\alpha' S^{-1}\alpha, \alpha' S^{-1}\alpha = 0$$

于是 $A$ 是可逆矩阵当且仅当

$$|A| = \begin{vmatrix} S & \alpha \\ \alpha' & k \end{vmatrix} = |S| \times (k - \alpha' S^{-1}\alpha) = k \cdot |S| \neq 0 \Leftrightarrow k \neq 0$$

【注】 这里用到分块行列式计算公式(见本章 §4)

$$\begin{vmatrix} A & B \\ C & D \end{vmatrix} = |A| \times |D - CA^{-1}B|$$

6. 设 $A$ 和 $B$ 分别是 $n$ 和 $m$ 阶可逆矩阵,求出准对角矩阵 $C = \begin{pmatrix} A & O \\ O & B \end{pmatrix}$ 的伴随矩阵.

【解】 据 $AA^* = |A| I_n, BB^* = |B| I_m, CC^* = |C| I_{n+m}$ 知道

$$C^* = |C| C^{-1} = |A| \times |B| \times \begin{pmatrix} A^{-1} & O \\ O & B^{-1} \end{pmatrix} = \begin{pmatrix} |B| A^* & O \\ O & |A| B^* \end{pmatrix}$$

7. 设 $A$ 为 3 阶方阵, $|A| = a \neq 0$,若 $G = \begin{pmatrix} O & 2A \\ -A^* & A + A^* \end{pmatrix}$,求 $(G^*)^{-1}$.

【解】 因为

$$|G| = (-1)^{3\times 3} |2A| \times |-A^*| = -8|A| \times (-1)^3 |A|^2 = 8a^3$$

所以由 $GG^* = |G| I_6$ 求出

$$(G^*)^{-1} = \frac{1}{|G|}G = \frac{1}{8a^3}G$$

【注】 用到分块矩阵求行列式公式(见本章 §4):设 $A$ 和 $B$ 分别是 $n$ 阶和 $m$ 阶方阵,则有

$$\begin{vmatrix} O & A \\ B & C \end{vmatrix} = (-1)^{m\times n} |A| \times |B|$$

8. 已知 $n$ 阶行列式 $D_n = |\alpha_1 \quad \alpha_2 \quad \cdots \quad \alpha_{n-1} \quad \alpha_n| = c$,证明 $n$ 阶行列式

$$\widetilde{D}_n = |\alpha_n + \alpha_1 \quad \alpha_1 + \alpha_2 \quad \cdots \quad \alpha_{n-2} + \alpha_{n-1} \quad \alpha_{n-1} + \alpha_n| = \begin{cases} 0, n = 2m \\ 2c, n = 2m + 1 \end{cases}$$

【证】 考虑分块矩阵等式

$$\widetilde{A} = (\alpha_n + \alpha_1 \quad \alpha_1 + \alpha_2 \quad \cdots \quad \alpha_{n-2} + \alpha_{n-1} \quad \alpha_{n-1} + \alpha_n)$$

$$=(\boldsymbol{\alpha}_1\quad \boldsymbol{\alpha}_2\quad \boldsymbol{\alpha}_3\quad \boldsymbol{\alpha}_4\quad \cdots\quad \boldsymbol{\alpha}_{n-1}\quad \boldsymbol{\alpha}_n)\begin{pmatrix}1 & 1 & & & & & \\ & 1 & 1 & & & & \\ & & 1 & 1 & & & \\ & & & \ddots & \ddots & & \\ & & & & \ddots & \ddots & \\ & & & & & 1 & 1 \\ & & & & & & 1 \\ 1 & & & & & & 1\end{pmatrix}$$

把它记为 $\widetilde{\boldsymbol{A}}=\boldsymbol{AP}$,则有

$\widetilde{D}_n=|\widetilde{\boldsymbol{A}}|=|\boldsymbol{A}|\times|\boldsymbol{P}|=c|\boldsymbol{P}|$,其中(按行列式 $|\boldsymbol{P}|$ 的第一列展开)

$$|\boldsymbol{P}|=1+(-1)^{1+n}=\begin{cases}0, n=2m\\ 2, n=2m+1\end{cases}$$

9. 求出以下方阵的逆矩阵:

$$(1)\boldsymbol{A}=\begin{pmatrix}1&2&0&0\\3&4&0&0\\0&0&5&6\\0&0&7&8\end{pmatrix};(2)\boldsymbol{A}=\begin{pmatrix}0&0&1&2\\0&0&3&4\\5&6&0&0\\7&8&0&0\end{pmatrix};(3)\boldsymbol{A}=\begin{pmatrix}1&0&1&2\\0&1&3&4\\0&0&1&0\\0&0&0&1\end{pmatrix}.$$

**【解】**　先求出其中的两个 2 阶方阵的逆矩阵

$$\boldsymbol{B}=\begin{pmatrix}1&2\\3&4\end{pmatrix},\boldsymbol{B}^{-1}=\begin{pmatrix}1&2\\3&4\end{pmatrix}^{-1}=\frac{1}{4-6}\begin{pmatrix}4&-2\\-3&1\end{pmatrix}=\begin{pmatrix}-2&1\\3/2&-1/2\end{pmatrix}$$

$$\boldsymbol{C}=\begin{pmatrix}5&6\\7&8\end{pmatrix},\boldsymbol{C}^{-1}=\begin{pmatrix}5&6\\7&8\end{pmatrix}^{-1}=\frac{1}{40-42}\begin{pmatrix}8&-6\\-7&5\end{pmatrix}=\begin{pmatrix}-4&3\\7/2&-5/2\end{pmatrix}$$

于是可求出分块矩阵的逆矩阵:

$$(1)\boldsymbol{A}=\begin{pmatrix}\boldsymbol{B}&\boldsymbol{O}\\\boldsymbol{O}&\boldsymbol{C}\end{pmatrix},\boldsymbol{A}^{-1}=\begin{pmatrix}\boldsymbol{B}^{-1}&\boldsymbol{O}\\\boldsymbol{O}&\boldsymbol{C}^{-1}\end{pmatrix}.$$

$$(2)\boldsymbol{A}=\begin{pmatrix}\boldsymbol{O}&\boldsymbol{B}\\\boldsymbol{C}&\boldsymbol{O}\end{pmatrix},\boldsymbol{A}^{-1}=\begin{pmatrix}\boldsymbol{O}&\boldsymbol{C}^{-1}\\\boldsymbol{B}^{-1}&\boldsymbol{O}\end{pmatrix}.$$

$$(3)\boldsymbol{A}=\begin{pmatrix}\boldsymbol{I}_2&\boldsymbol{B}\\\boldsymbol{O}&\boldsymbol{I}_2\end{pmatrix},\boldsymbol{A}^{-1}=\begin{pmatrix}\boldsymbol{I}_2&-\boldsymbol{B}\\\boldsymbol{O}&\boldsymbol{I}_2\end{pmatrix}.$$

10. 设 $\boldsymbol{A}=\begin{pmatrix}1&2&0&0\\2&4&0&0\\0&0&1&2\\0&0&2&-1\end{pmatrix}$,求出 $\boldsymbol{A}^{100}$.

【解】 记$\boldsymbol{B}=\begin{pmatrix}1&2\\2&4\end{pmatrix}$,$\boldsymbol{C}=\begin{pmatrix}1&2\\2&-1\end{pmatrix}$,则

$$\boldsymbol{A}=\begin{pmatrix}\boldsymbol{B}&\boldsymbol{O}\\\boldsymbol{O}&\boldsymbol{C}\end{pmatrix},\boldsymbol{A}^{100}=\begin{pmatrix}\boldsymbol{B}^{100}&\boldsymbol{O}\\\boldsymbol{O}&\boldsymbol{C}^{100}\end{pmatrix}$$

因为

$$\boldsymbol{B}^2=\begin{pmatrix}1&2\\2&4\end{pmatrix}\begin{pmatrix}1&2\\2&4\end{pmatrix}=\begin{pmatrix}5&10\\10&20\end{pmatrix}=5\boldsymbol{B},\boldsymbol{B}^{100}=5^{99}\boldsymbol{B}=5^{99}\begin{pmatrix}1&2\\2&4\end{pmatrix}$$

$$\boldsymbol{C}^2=\begin{pmatrix}1&2\\2&-1\end{pmatrix}\begin{pmatrix}1&2\\2&-1\end{pmatrix}=\begin{pmatrix}5&\\&5\end{pmatrix}=5\boldsymbol{I}_2,\boldsymbol{C}^{100}=5^{50}\boldsymbol{I}_2=5^{59}\begin{pmatrix}1&\\&1\end{pmatrix}$$

所以

$$\boldsymbol{A}^{100}=\begin{pmatrix}5^{99}&2\times5^{99}&0&0\\2\times5^{99}&4\times5^{99}&0&0\\0&0&5^{50}&0\\0&0&0&5^{50}\end{pmatrix}$$

11. 设$\boldsymbol{B}=\begin{pmatrix}1&2&-3&-2\\0&1&2&-3\\0&0&1&2\\0&0&0&1\end{pmatrix}$,$\boldsymbol{C}=\begin{pmatrix}1&2&0&1\\0&1&2&0\\0&0&1&2\\0&0&0&1\end{pmatrix}$,求 $\boldsymbol{X}$ 满足$(2\boldsymbol{I}_4-\boldsymbol{C}^{-1}\boldsymbol{B})\boldsymbol{X}'=\boldsymbol{C}^{-1}$.

【解】 在条件等式$(2\boldsymbol{I}_4-\boldsymbol{C}^{-1}\boldsymbol{B})\boldsymbol{X}'=\boldsymbol{C}^{-1}$两边都左乘$\boldsymbol{C}$得

$$(2\boldsymbol{C}-\boldsymbol{B})\boldsymbol{X}'=\boldsymbol{I}_4,\boldsymbol{X}'=(2\boldsymbol{C}-\boldsymbol{B})^{-1},\boldsymbol{X}=[(2\boldsymbol{C}-\boldsymbol{B})']^{-1}$$

先求出

$$2\boldsymbol{C}-\boldsymbol{B}=2\begin{pmatrix}1&2&0&1\\0&1&2&0\\0&0&1&2\\0&0&0&1\end{pmatrix}-\begin{pmatrix}1&2&-3&-2\\0&1&2&-3\\0&0&1&2\\0&0&0&1\end{pmatrix}=\begin{pmatrix}1&2&3&4\\0&1&2&3\\0&0&1&2\\0&0&0&1\end{pmatrix}$$

再把它分块即可求得

$$\boldsymbol{X}=\left(\begin{array}{cc:cc}1&0&0&0\\2&1&0&0\\\hdashline3&2&1&0\\4&3&2&1\end{array}\right)^{-1}=\begin{pmatrix}\boldsymbol{A}_1&\boldsymbol{O}\\\boldsymbol{C}_1&\boldsymbol{D}_1\end{pmatrix}^{-1}=\begin{pmatrix}\boldsymbol{A}_1^{-1}&\boldsymbol{O}\\-\boldsymbol{D}_1^{-1}\boldsymbol{C}_1\boldsymbol{A}_1^{-1}&\boldsymbol{D}_1^{-1}\end{pmatrix}=\begin{pmatrix}1&0&0&0\\-2&1&0&0\\1&-2&1&0\\0&1&-2&1\end{pmatrix}$$

这里只要求出

$$-\boldsymbol{D}_1^{-1}\boldsymbol{C}_1\boldsymbol{A}_1^{-1}=-\begin{pmatrix}1&0\\-2&1\end{pmatrix}\begin{pmatrix}3&2\\4&3\end{pmatrix}\boldsymbol{A}_1^{-1}=\begin{pmatrix}-3&-2\\2&1\end{pmatrix}\begin{pmatrix}1&0\\-2&1\end{pmatrix}=\begin{pmatrix}1&-2\\0&1\end{pmatrix}$$

12. 计算 $D_n = \begin{vmatrix} 0 & 1 & 0 & \cdots & 0 \\ 0 & 0 & 2 & \cdots & 0 \\ \vdots & \vdots & \vdots & \ddots & \vdots \\ 0 & 0 & 0 & \cdots & n-1 \\ n & 0 & 0 & \cdots & 0 \end{vmatrix}$ 中第 $k(1 \leqslant k \leqslant n)$ 行中元素的代数余子式之和.

【解】　把 $D_n$ 对应的 $n$ 阶矩阵记为 $\boldsymbol{A}$，用分块矩阵求逆矩阵的方法求出逆矩阵 $\boldsymbol{A}^{-1}$

$$\boldsymbol{A} = \left|\begin{array}{c:cccc} 0 & 1 & 0 & \cdots & 0 \\ 0 & 0 & 2 & \cdots & 0 \\ \vdots & \vdots & \vdots & \ddots & \vdots \\ 0 & 0 & 0 & \cdots & n-1 \\ \hdashline n & 0 & 0 & \cdots & 0 \end{array}\right|, \boldsymbol{A}^{-1} = \left(\begin{array}{cccc:c} 0 & 0 & \cdots & 0 & 1/n \\ \hdashline 1 & 0 & \cdots & 0 & 0 \\ 0 & 1/2 & \cdots & 0 & 0 \\ \vdots & \vdots & \ddots & \vdots & \vdots \\ 0 & 0 & 0 & 1/(n-1) & 0 \end{array}\right)$$

再求出 $D_n = (-1)^{n+1} n!$. 于是根据 $\boldsymbol{A}$ 的伴随矩阵 $\boldsymbol{A}^*$ 的定义知道，$D_n$ 中第 $k$ 行中元素的代数余子式之和 $\boldsymbol{A}_{k1} + \boldsymbol{A}_{k2} + \cdots + \boldsymbol{A}_{kn}$ 就是 $\boldsymbol{A}^*$ 中第 $k$ 列元素之和，所以由 $\boldsymbol{A}^* = |\boldsymbol{A}| \boldsymbol{A}^{-1} = D_n \boldsymbol{A}^{-1}$ 知道

$$\boldsymbol{A}_{k1} + \boldsymbol{A}_{k2} + \cdots + \boldsymbol{A}_{kn} = (-1)^{n+1} \frac{n!}{k}$$

13. 设 $\boldsymbol{A} = \begin{pmatrix} 2 & 2 & 2 & \cdots & 2 \\ 0 & 1 & 1 & \cdots & 1 \\ 0 & 0 & 1 & \cdots & 1 \\ \vdots & \vdots & \vdots & \ddots & \vdots \\ 0 & 0 & 0 & \cdots & 1 \end{pmatrix}$，求 $\sum\limits_{i=1}^{n} \sum\limits_{j=1}^{n} \boldsymbol{A}_{ij}$，这里 $\boldsymbol{A}_{ij}$ 是 $|\boldsymbol{A}|$ 中元素的代数余子式.

【解】　因为

$$\boldsymbol{A}^* = |\boldsymbol{A}| \boldsymbol{A}^{-1} = 2\left(\begin{array}{c:cccc} 2 & 2 & 2 & \cdots & 2 \\ \hdashline 0 & 1 & 1 & \cdots & 1 \\ 0 & 0 & 1 & \cdots & 1 \\ \vdots & \vdots & \vdots & \ddots & \vdots \\ 0 & 0 & 0 & \cdots & 1 \end{array}\right)^{-1}$$

$$=2\begin{pmatrix}1/2 & -1 & & & & \\ & 1 & -1 & & & \\ & & 1 & \ddots & & \\ & & & \ddots & \ddots & \\ & & & & 1 & -1 \\ & & & & & 1\end{pmatrix}$$

所以$\sum_{i=1}^{n}\sum_{j=1}^{n}A_{ij}=2\times\frac{1}{2}=1.$

## §4 行列式计算

借用矩阵工具计算行列式,是线性代数重要内容与方法之一,特别可得以下常用公式:

1. 行列式乘法规则:设$\boldsymbol{A},\boldsymbol{B}$都是$n$阶方阵,则有$|\boldsymbol{AB}|=|\boldsymbol{A}|\times|\boldsymbol{B}|$.

2. 准三角分块行列式计算公式:设$\boldsymbol{A}$和$\boldsymbol{B}$分别是$n$阶和$m$阶方阵,则有:

(1) $\begin{vmatrix}\boldsymbol{O} & \boldsymbol{I}_n \\ \boldsymbol{I}_m & \boldsymbol{O}\end{vmatrix}=(-1)^{m\times n}$.

(2) $\begin{vmatrix}\boldsymbol{A} & \boldsymbol{O} \\ \boldsymbol{C} & \boldsymbol{B}\end{vmatrix}=\begin{vmatrix}\boldsymbol{A} & \boldsymbol{C} \\ \boldsymbol{O} & \boldsymbol{B}\end{vmatrix}=|\boldsymbol{A}|\times|\boldsymbol{B}|$.

(3) $\begin{vmatrix}\boldsymbol{O} & \boldsymbol{A} \\ \boldsymbol{B} & \boldsymbol{C}\end{vmatrix}=\begin{vmatrix}\boldsymbol{C} & \boldsymbol{A} \\ \boldsymbol{B} & \boldsymbol{O}\end{vmatrix}=(-1)^{m\times n}|\boldsymbol{A}|\times|\boldsymbol{B}|$.

3. 行列式降阶公式:设$\boldsymbol{A}_{m\times m},\boldsymbol{B}_{m\times n},\boldsymbol{C}_{n\times m},\boldsymbol{D}_{n\times n}$为四个矩阵,则

(1) 当$\boldsymbol{A}$是可逆矩阵时,有

$$\begin{vmatrix}\boldsymbol{A} & \boldsymbol{B} \\ \boldsymbol{C} & \boldsymbol{D}\end{vmatrix}=|\boldsymbol{A}|\times|\boldsymbol{D}-\boldsymbol{C}\boldsymbol{A}^{-1}\boldsymbol{B}|$$

当$\boldsymbol{AC}=\boldsymbol{CA}$时

$$\begin{vmatrix}\boldsymbol{A} & \boldsymbol{B} \\ \boldsymbol{C} & \boldsymbol{D}\end{vmatrix}=|\boldsymbol{AD}-\boldsymbol{CB}|$$

(2) 当$\boldsymbol{D}$是可逆矩阵时,有

$$\begin{vmatrix}\boldsymbol{A} & \boldsymbol{B} \\ \boldsymbol{C} & \boldsymbol{D}\end{vmatrix}=|\boldsymbol{D}|\times|\boldsymbol{A}-\boldsymbol{B}\boldsymbol{D}^{-1}\boldsymbol{C}|$$

当$\boldsymbol{BD}=\boldsymbol{DB}$时

$$\begin{vmatrix}\boldsymbol{A} & \boldsymbol{B} \\ \boldsymbol{C} & \boldsymbol{D}\end{vmatrix}=|\boldsymbol{DA}-\boldsymbol{BC}|$$

(3) 当 $\boldsymbol{A}$ 和 $\boldsymbol{D}$ 都是可逆矩阵时,有

$$|\boldsymbol{A}-\boldsymbol{B}\boldsymbol{D}^{-1}\boldsymbol{C}|=\frac{|\boldsymbol{A}|}{|\boldsymbol{D}|}\times|\boldsymbol{D}-\boldsymbol{C}\boldsymbol{A}^{-1}\boldsymbol{B}|$$

$$|\boldsymbol{A}+\boldsymbol{B}\boldsymbol{D}^{-1}\boldsymbol{C}|=\frac{|\boldsymbol{A}|}{|\boldsymbol{D}|}\times|\boldsymbol{D}+\boldsymbol{C}\boldsymbol{A}^{-1}\boldsymbol{B}|$$

4. 特殊行列式计算公式:

(1) 当 $\boldsymbol{A}$ 是 $n$ 阶可逆矩阵,$\boldsymbol{\alpha},\boldsymbol{\beta}$ 分别是 $n$ 维列向量和 $n$ 维行向量时,有

$$|\boldsymbol{A}+\boldsymbol{\alpha}\boldsymbol{\beta}|=|\boldsymbol{A}|\times(1+\boldsymbol{\beta}\boldsymbol{A}^{-1}\boldsymbol{\alpha})$$

(2) 对 $n$ 维列向量 $\boldsymbol{\alpha}$ 和 $n$ 维行向量 $\boldsymbol{\beta}$,当 $n>1$ 时,有

$$|\lambda\boldsymbol{I}_n+\boldsymbol{\alpha}\boldsymbol{\beta}|=\lambda^{n-1}(\lambda+\boldsymbol{\beta}\boldsymbol{\alpha})$$

(3) 对于矩阵 $\boldsymbol{A}_{m\times n}$ 和 $\boldsymbol{B}_{n\times m}$ 和 $\lambda\neq0$,有

$$|\lambda\boldsymbol{I}_m+\boldsymbol{A}\boldsymbol{B}|=\lambda^{m-n}|\lambda\boldsymbol{I}_n+\boldsymbol{B}\boldsymbol{A}|,m\geqslant n$$

特别地,对任何正整数 $m$ 和 $n$,都有 $|\boldsymbol{I}_m+\boldsymbol{A}\boldsymbol{B}|=|\boldsymbol{I}_n+\boldsymbol{B}\boldsymbol{A}|$.

1. 证明分块行列式计算公式:$\begin{vmatrix}\boldsymbol{O}&\boldsymbol{I}_n\\\boldsymbol{I}_m&\boldsymbol{O}\end{vmatrix}=(-1)^{m\times n}$.

**【证】** 用行列式的拉普拉斯展开公式. 按前 $n$ 行展开即得

$$\begin{vmatrix}\boldsymbol{O}&\boldsymbol{I}_n\\\boldsymbol{I}_m&\boldsymbol{O}\end{vmatrix}=(-1)^s|\boldsymbol{I}_n|\times|\boldsymbol{I}_m|=(-1)^{n\times m}$$

其中

$$s=\sum_{k=1}^{n}k+\sum_{k=1}^{n}(m+k)=2\sum_{k=1}^{n}k+nm$$

2. 设 $\boldsymbol{A}$ 和 $\boldsymbol{B}$ 分别是 $n$ 阶和 $m$ 阶方阵,证明分块行列式计算公式:

(1) $\begin{vmatrix}\boldsymbol{A}&\boldsymbol{O}\\\boldsymbol{C}&\boldsymbol{B}\end{vmatrix}=\begin{vmatrix}\boldsymbol{A}&\boldsymbol{C}\\\boldsymbol{O}&\boldsymbol{B}\end{vmatrix}=|\boldsymbol{A}|\times|\boldsymbol{B}|$;

(2) $\begin{vmatrix}\boldsymbol{O}&\boldsymbol{A}\\\boldsymbol{B}&\boldsymbol{C}\end{vmatrix}=\begin{vmatrix}\boldsymbol{C}&\boldsymbol{A}\\\boldsymbol{B}&\boldsymbol{O}\end{vmatrix}=(-1)^{m\times n}|\boldsymbol{A}|\times|\boldsymbol{B}|$.

**【证一】** 用行列式的拉普拉斯展开公式.

(1) 按前 $n$ 行展开得

$$\begin{vmatrix}\boldsymbol{A}&\boldsymbol{O}\\\boldsymbol{C}&\boldsymbol{B}\end{vmatrix}=(-1)^{2\times\sum_{k=1}^{n}k}|\boldsymbol{A}|\times|\boldsymbol{B}|=|\boldsymbol{A}|\times|\boldsymbol{B}|$$

$$\begin{vmatrix}\boldsymbol{A}&\boldsymbol{C}\\\boldsymbol{O}&\boldsymbol{B}\end{vmatrix}=\begin{vmatrix}\boldsymbol{A}'&\boldsymbol{O}'\\\boldsymbol{C}'&\boldsymbol{B}'\end{vmatrix}=|\boldsymbol{A}'|\times|\boldsymbol{B}'|=|\boldsymbol{A}|\times|\boldsymbol{B}|$$

(2) 按前 $n$ 行展开得

$$\begin{vmatrix} O & A \\ B & C \end{vmatrix} = (-1)^{\sum\limits_{k=1}^{n} k + \sum\limits_{k=1}^{n}(m+k)} |A| \times |B| = (-1)^{m\times n} |A| \times |B|$$

按后 $n$ 列展开得

$$\begin{vmatrix} C & A \\ B & O \end{vmatrix} = (-1)^{\sum\limits_{k=1}^{n} k + \sum\limits_{k=1}^{n}(m+k)} |A| \times |B| = (-1)^{m\times n} |A| \times |B|$$

**【证二】** (2) 用行列式乘法规则. 因为

$$\begin{pmatrix} O & A \\ B & C \end{pmatrix} = \begin{pmatrix} A & O \\ C & B \end{pmatrix} \begin{pmatrix} O & I_m \\ I_n & O \end{pmatrix}$$

所以必有

$$\begin{vmatrix} O & A \\ B & C \end{vmatrix} = \begin{vmatrix} A & O \\ C & B \end{vmatrix} \times \begin{vmatrix} O & I_m \\ I_n & O \end{vmatrix} = (-1)^{m\times n} |A| \times |B|$$

同理,由

$$\begin{pmatrix} C & A \\ B & O \end{pmatrix} = \begin{pmatrix} O & I_m \\ I_n & O \end{pmatrix} \begin{pmatrix} B & O \\ C & A \end{pmatrix}$$

可得

$$\begin{vmatrix} C & A \\ B & O \end{vmatrix} = (-1)^{m\times n} |A| \times |B|$$

3. 设 $A_{m\times m}, B_{m\times n}, C_{n\times m}, D_{n\times n}$ 为四个矩阵,证明:

(1) 当 $A$ 是可逆矩阵时,有

$$\begin{vmatrix} A & B \\ C & D \end{vmatrix} = |A| \times |D - CA^{-1}B|$$

当 $AC = CA$ 时

$$\begin{vmatrix} A & B \\ C & D \end{vmatrix} = |AD - CB|$$

(2) 当 $D$ 是可逆矩阵时,有

$$\begin{vmatrix} A & B \\ C & D \end{vmatrix} = |D| \times |A - BD^{-1}C|$$

当 $BD = DB$ 时

$$\begin{vmatrix} A & B \\ C & D \end{vmatrix} = |DA - BC|$$

(3) 当 $A$ 和 $D$ 都是可逆矩阵时,有

$$|A - BD^{-1}C| = \frac{|A|}{|D|} \times |D - CA^{-1}B|$$

$$|A+BD^{-1}C|=\frac{|A|}{|D|}\times|D+CA^{-1}B|$$

【证】（1）由

$$\begin{pmatrix} I & O \\ -CA^{-1} & I \end{pmatrix}\begin{pmatrix} A & B \\ C & D \end{pmatrix}=\begin{pmatrix} A & B \\ O & D-CA^{-1}B \end{pmatrix}$$

和行列式乘法规则立得

$$\begin{vmatrix} A & B \\ C & D \end{vmatrix}=|A|\times|D-CA^{-1}B|$$

当 $AC=CA$ 时

$$\begin{vmatrix} A & B \\ C & D \end{vmatrix}=|AD-ACA^{-1}B|=|AD-CAA^{-1}B|=|AD-CB|$$

（2）由

$$\begin{pmatrix} A & B \\ C & D \end{pmatrix}\begin{pmatrix} I & O \\ -D^{-1}C & I \end{pmatrix}=\begin{pmatrix} A-BD^{-1}C & B \\ O & D \end{pmatrix}$$

和行列式乘法规则立得

$$\begin{vmatrix} A & B \\ C & D \end{vmatrix}=|D|\times|A-BD^{-1}C|$$

当 $BD=DB$ 时

$$\begin{vmatrix} A & B \\ C & D \end{vmatrix}=|DA-DBD^{-1}C|=|DA-BDD^{-1}C|=|DA-BC|$$

（3）由

$$\begin{vmatrix} A & B \\ C & D \end{vmatrix}=|A|\times|D-CA^{-1}B|=|D|\times|A-BD^{-1}C|$$

得

$$|A-BD^{-1}C|=\frac{|A|}{|D|}\times|D-CA^{-1}B|$$

把 $B$ 改为 $-B$ 即得

$$|A+BD^{-1}C|=\frac{|A|}{|D|}\times|D+CA^{-1}B|$$

4. 证明以下特殊行列式计算公式：

（1）当 $A$ 是 $n$ 阶可逆矩阵，$\alpha$，$\beta$ 分别是 $n$ 维列向量和 $n$ 维行向量时，有

$$|A+\alpha\beta|=|A|\times(1+\beta A^{-1}\alpha)$$

（2）对 $n$ 维列向量 $\alpha$ 和 $n$ 维行向量 $\beta$，当 $n>1$ 时，有

$$|\lambda I_n+\alpha\beta|=\lambda^{n-1}(\lambda+\beta\alpha)$$

(3) 对于矩阵 $\boldsymbol{A}_{m\times n}$ 和 $\boldsymbol{B}_{n\times m}$ 和 $\lambda\neq 0$,有

$$|\lambda\boldsymbol{I}_m+\boldsymbol{AB}|=\lambda^{m-n}|\lambda\boldsymbol{I}_n+\boldsymbol{BA}|,m\geqslant n$$

特别地,对任何正整数 $m$ 和 $n$,都有

$$|\boldsymbol{I}_m+\boldsymbol{AB}|=|\boldsymbol{I}_n+\boldsymbol{BA}|$$

【证】 利用降阶公式 $|\boldsymbol{A}+\boldsymbol{BD}^{-1}\boldsymbol{C}|=\dfrac{|\boldsymbol{A}|}{|\boldsymbol{D}|}\times|\boldsymbol{D}+\boldsymbol{CA}^{-1}\boldsymbol{B}|$.

(1) 取 $\boldsymbol{B}=\boldsymbol{\alpha},\boldsymbol{C}=\boldsymbol{\beta},\boldsymbol{D}=1$,即得 $|\boldsymbol{A}+\boldsymbol{\alpha\beta}|=|\boldsymbol{A}|\times(1+\boldsymbol{\beta A}^{-1}\boldsymbol{\alpha})$.

(2) 在(1) 中取 $\boldsymbol{A}=\lambda\boldsymbol{I}_n$. 当 $\lambda\neq 0$ 时,即得

$$|\lambda\boldsymbol{I}_n+\boldsymbol{\alpha\beta}|=\lambda^n(1+\boldsymbol{\beta}\lambda^{-1}\boldsymbol{\alpha})=\lambda^{n-1}(\lambda+\boldsymbol{\beta\alpha})$$

当 $\lambda=0$ 时,由 $n>1$ 知 $|\lambda\boldsymbol{I}_n+\boldsymbol{\alpha\beta}|=|\boldsymbol{\alpha\beta}|=0$. 公式也成立.

(3) 由 $\lambda\neq 0$ 知

$$\begin{aligned}|\lambda\boldsymbol{I}_m+\boldsymbol{AB}|&=|\lambda\boldsymbol{I}_m+\boldsymbol{AI}_n\boldsymbol{B}|=\frac{|\lambda\boldsymbol{I}_m|}{|\boldsymbol{I}_n|}\times|\boldsymbol{I}_n+\boldsymbol{B}(\lambda\boldsymbol{I}_m)^{-1}\boldsymbol{A}|\\&=\lambda^m\times|\boldsymbol{I}_n+\frac{1}{\lambda}\boldsymbol{BA}|\\&=\lambda^{m-n}|\lambda\boldsymbol{I}_n+\boldsymbol{BA}|\end{aligned}$$

取 $\lambda=1$ 即得 $|\boldsymbol{I}_m+\boldsymbol{AB}|=|\boldsymbol{I}_n+\boldsymbol{BA}|$.

5. 设 $\boldsymbol{A}$ 和 $\boldsymbol{B}$ 同为 $n$ 阶方阵,$\mathrm{i}=\sqrt{-1}$,证明:

(1) $\begin{vmatrix}\boldsymbol{A}&\boldsymbol{B}\\\boldsymbol{B}&\boldsymbol{A}\end{vmatrix}=|\boldsymbol{A}+\boldsymbol{B}|\times|\boldsymbol{A}-\boldsymbol{B}|$;

(2) $\begin{vmatrix}\boldsymbol{A}&\boldsymbol{B}\\-\boldsymbol{B}&\boldsymbol{A}\end{vmatrix}=|\boldsymbol{A}+\mathrm{i}\boldsymbol{B}|\times|\boldsymbol{A}-\mathrm{i}\boldsymbol{B}|$;

(3) $\begin{vmatrix}\boldsymbol{A}&\boldsymbol{B}\\\boldsymbol{B}&-\boldsymbol{A}\end{vmatrix}=|\boldsymbol{A}+\mathrm{i}\boldsymbol{B}|\times|-\boldsymbol{A}+\mathrm{i}\boldsymbol{B}|$;

(4) 当 $\boldsymbol{AB}=\boldsymbol{BA}$ 时,有

$$\begin{vmatrix}\boldsymbol{A}&\boldsymbol{B}\\\boldsymbol{B}&\boldsymbol{A}\end{vmatrix}=|\boldsymbol{A}^2-\boldsymbol{B}^2|,\begin{vmatrix}\boldsymbol{A}&\boldsymbol{B}\\-\boldsymbol{B}&\boldsymbol{A}\end{vmatrix}=|\boldsymbol{A}^2+\boldsymbol{B}^2|,\begin{vmatrix}\boldsymbol{A}&\boldsymbol{B}\\\boldsymbol{B}&-\boldsymbol{A}\end{vmatrix}=|-\boldsymbol{A}^2-\boldsymbol{B}^2|$$

**证** (1) 由矩阵等式

$$\begin{aligned}\begin{pmatrix}\boldsymbol{I}_n&\boldsymbol{I}_n\\\boldsymbol{O}&\boldsymbol{I}_n\end{pmatrix}\begin{pmatrix}\boldsymbol{A}&\boldsymbol{B}\\\boldsymbol{B}&\boldsymbol{A}\end{pmatrix}\begin{pmatrix}\boldsymbol{I}_n&-\boldsymbol{I}_n\\\boldsymbol{O}&\boldsymbol{I}_n\end{pmatrix}&=\begin{pmatrix}\boldsymbol{A}+\boldsymbol{B}&\boldsymbol{B}+\boldsymbol{A}\\\boldsymbol{B}&\boldsymbol{A}\end{pmatrix}\begin{pmatrix}\boldsymbol{I}_n&-\boldsymbol{I}_n\\\boldsymbol{O}&\boldsymbol{I}_n\end{pmatrix}\\&=\begin{pmatrix}\boldsymbol{A}+\boldsymbol{B}&\boldsymbol{O}\\\boldsymbol{B}&\boldsymbol{A}-\boldsymbol{B}\end{pmatrix}\end{aligned}$$

和行列式乘法规则立得

$$\begin{vmatrix} \boldsymbol{A} & \boldsymbol{B} \\ \boldsymbol{B} & \boldsymbol{A} \end{vmatrix} = |\boldsymbol{A}+\boldsymbol{B}| \times |\boldsymbol{A}-\boldsymbol{B}|$$

(2) 由矩阵等式

$$\begin{pmatrix} \boldsymbol{I}_n & -\mathrm{i}\boldsymbol{I}_n \\ \boldsymbol{O} & \boldsymbol{I}_n \end{pmatrix} \begin{pmatrix} \boldsymbol{A} & \boldsymbol{B} \\ -\boldsymbol{B} & \boldsymbol{A} \end{pmatrix} \begin{pmatrix} \boldsymbol{I}_n & \mathrm{i}\boldsymbol{I}_n \\ \boldsymbol{O} & \boldsymbol{I}_n \end{pmatrix} = \begin{pmatrix} \boldsymbol{A}+\mathrm{i}\boldsymbol{B} & \boldsymbol{B}-\mathrm{i}\boldsymbol{A} \\ -\boldsymbol{B} & \boldsymbol{A} \end{pmatrix} \begin{pmatrix} \boldsymbol{I}_n & \mathrm{i}\boldsymbol{I}_n \\ \boldsymbol{O} & \boldsymbol{I}_n \end{pmatrix}$$

$$= \begin{pmatrix} \boldsymbol{A}+\mathrm{i}\boldsymbol{B} & \boldsymbol{O} \\ -\boldsymbol{B} & \boldsymbol{A}-i\boldsymbol{B} \end{pmatrix}$$

和行列式乘法规则立得

$$\begin{vmatrix} \boldsymbol{A} & \boldsymbol{B} \\ -\boldsymbol{B} & \boldsymbol{A} \end{vmatrix} = |\boldsymbol{A}+\mathrm{i}\boldsymbol{B}| \times |\boldsymbol{A}-\mathrm{i}\boldsymbol{B}|$$

(3) 由矩阵等式

$$\begin{pmatrix} \boldsymbol{I}_n & \mathrm{i}\boldsymbol{I}_n \\ \boldsymbol{O} & \boldsymbol{I}_n \end{pmatrix} \begin{pmatrix} \boldsymbol{A} & \boldsymbol{B} \\ \boldsymbol{B} & -\boldsymbol{A} \end{pmatrix} \begin{pmatrix} \boldsymbol{I}_n & \mathrm{i}\boldsymbol{I}_n \\ \boldsymbol{O} & \boldsymbol{I}_n \end{pmatrix} = \begin{pmatrix} \boldsymbol{A}+\mathrm{i}\boldsymbol{B} & \boldsymbol{B}-\mathrm{i}\boldsymbol{A} \\ \boldsymbol{B} & -\boldsymbol{A} \end{pmatrix} \begin{pmatrix} \boldsymbol{I}_n & \mathrm{i}\boldsymbol{I}_n \\ \boldsymbol{O} & \boldsymbol{I}_n \end{pmatrix}$$

$$= \begin{pmatrix} \boldsymbol{A}+\mathrm{i}\boldsymbol{B} & \boldsymbol{O} \\ \boldsymbol{B} & -\boldsymbol{A}+\mathrm{i}\boldsymbol{B} \end{pmatrix}$$

和行列式乘法规则立得

$$\begin{vmatrix} \boldsymbol{A} & \boldsymbol{B} \\ \boldsymbol{B} & -\boldsymbol{A} \end{vmatrix} = |\boldsymbol{A}+\mathrm{i}\boldsymbol{B}| \times |-\boldsymbol{A}+\mathrm{i}\boldsymbol{B}|$$

(4) 当 $\boldsymbol{AB}=\boldsymbol{BA}$ 时

$$\begin{vmatrix} \boldsymbol{A} & \boldsymbol{B} \\ \boldsymbol{B} & \boldsymbol{A} \end{vmatrix} = |\boldsymbol{A}+\boldsymbol{B}| \times |\boldsymbol{A}-\boldsymbol{B}| = |(\boldsymbol{A}+\boldsymbol{B})(\boldsymbol{A}-\boldsymbol{B})| = |\boldsymbol{A}^2-\boldsymbol{B}^2|$$

$$\begin{vmatrix} \boldsymbol{A} & \boldsymbol{B} \\ -\boldsymbol{B} & \boldsymbol{A} \end{vmatrix} = |\boldsymbol{A}+\mathrm{i}\boldsymbol{B}| \times |\boldsymbol{A}-\mathrm{i}\boldsymbol{B}| = |\boldsymbol{A}^2-(\mathrm{i}\boldsymbol{B})^2| = |\boldsymbol{A}^2+\boldsymbol{B}^2|$$

$$\begin{vmatrix} \boldsymbol{A} & \boldsymbol{B} \\ \boldsymbol{B} & -\boldsymbol{A} \end{vmatrix} = |\mathrm{i}\boldsymbol{B}+\boldsymbol{A}| \times |\mathrm{i}\boldsymbol{B}-\boldsymbol{A}| = |(\mathrm{i}\boldsymbol{B}+\boldsymbol{A})(\mathrm{i}\boldsymbol{B}-\boldsymbol{A})| = |-\boldsymbol{A}^2-\boldsymbol{B}^2|$$

6. 计算行列式 $D = \begin{vmatrix} \cos(x+x) & \cos(x+y) & \cos(x+z) \\ \cos(y+x) & \cos(y+y) & \cos(y+z) \\ \cos(z+x) & \cos(z+y) & \cos(z+z) \end{vmatrix}$.

**【解】** 用三角函数求和公式

$$\cos(x+y) = \cos x\cos y - \sin x\sin y$$

和行列式乘法规则立刻求出

$$D = \begin{vmatrix} \cos x & \sin x & 0 \\ \cos y & \sin y & 0 \\ \cos z & \sin z & 0 \end{vmatrix} \times \begin{vmatrix} \cos x & \cos y & \cos z \\ -\sin x & -\sin y & -\sin z \\ 0 & 0 & 0 \end{vmatrix} = 0$$

【注】 这种解题思路如下:把行列式 $D$ 对应的矩阵分解为两个矩阵的乘积

$$\begin{pmatrix} \cos(x+x) & \cos(x+y) & \cos(x+z) \\ \cos(y+x) & \cos(y+y) & \cos(y+z) \\ \cos(z+x) & \cos(z+y) & \cos(z+z) \end{pmatrix} = \begin{pmatrix} \cos x & \sin x & 0 \\ \cos y & \sin y & 0 \\ \cos z & \sin z & 0 \end{pmatrix} \times \begin{pmatrix} \cos x & \cos y & \cos z \\ -\sin x & -\sin y & -\sin z \\ 0 & 0 & 0 \end{pmatrix}$$

再用行列式乘法规则即证得 $D=0$.

7. 计算 $n$ 阶行列式

$$D_n = \begin{vmatrix} \cos(\alpha_1-\beta_1) & \cos(\alpha_1-\beta_2) & \cdots & \cos(\alpha_1-\beta_n) \\ \cos(\alpha_2-\beta_1) & \cos(\alpha_2-\beta_2) & \cdots & \cos(\alpha_2-\beta_n) \\ \vdots & \vdots & \ddots & \vdots \\ \cos(\alpha_n-\beta_1) & \cos(\alpha_n-\beta_2) & \cdots & \cos(\alpha_n-\beta_n) \end{vmatrix}$$

【解】 $D_1=\cos(\alpha_1-\beta_1)$.

用三角函数求和公式

$$\cos(\alpha-\beta)=\cos\alpha\cos\beta+\sin\alpha\sin\beta$$

可求出

$$D_2 = \begin{vmatrix} \cos(\alpha_1-\beta_1) & \cos(\alpha_1-\beta_2) \\ \cos(\alpha_2-\beta_1) & \cos(\alpha_2-\beta_2) \end{vmatrix} = \begin{vmatrix} \cos\alpha_1 & \sin\alpha_1 \\ \cos\alpha_2 & \sin\alpha_2 \end{vmatrix} \times \begin{vmatrix} \cos\beta_1 & \cos\beta_2 \\ \sin\beta_1 & \sin\beta_2 \end{vmatrix}$$

$$=\sin(\alpha_2-\alpha_1)\sin(\beta_2-\beta_1)=\sin(\alpha_1-\alpha_2)\sin(\beta_1-\beta_2)$$

当 $n\geqslant 3$ 时,直接用于行列式乘法规则得

$$D_n = \begin{vmatrix} \cos\alpha_1 & \sin\alpha_1 & 0 & \cdots & 0 \\ \cos\alpha_2 & \sin\alpha_2 & 0 & \cdots & 0 \\ \cos\alpha_3 & \sin\alpha_3 & 0 & \cdots & 0 \\ \vdots & \vdots & \vdots & & \vdots \\ \cos\alpha_n & \sin\alpha_n & 0 & \cdots & 0 \end{vmatrix} \times \begin{vmatrix} \cos\beta_1 & \cos\beta_2 & \cos\beta_3 & \cdots & \cos\beta_n \\ \sin\beta_1 & \sin\beta_2 & \sin\beta_3 & \cdots & \sin\beta_n \\ 0 & 0 & 0 & \cdots & 0 \\ \vdots & \vdots & \vdots & & \vdots \\ 0 & 0 & 0 & \cdots & 0 \end{vmatrix} = 0$$

8. 计算 $n$ 阶行列式 $D_n=\begin{vmatrix}1+x_1y_1 & 1+x_1y_2 & \cdots & 1+x_1y_n\\ 1+x_2y_1 & 1+x_2y_2 & \cdots & 1+x_2y_n\\ \vdots & \vdots & \ddots & \vdots\\ 1+x_ny_1 & 1+x_ny_2 & \cdots & 1+x_ny_n\end{vmatrix}$.

**【解】** $D_1=1+x_1y_1$. 对 $n\geqslant 2$,直接用行列式乘法规则.

当 $n=2$ 时

$$D_2=\begin{vmatrix}1 & x_1\\ 1 & x_2\end{vmatrix}\times\begin{vmatrix}1 & 1\\ y_1 & y_2\end{vmatrix}=(x_2-x_1)(y_2-y_1)=(x_1-x_2)(y_1-y_2)$$

当 $n\geqslant 3$ 时立得

$$D_n=\begin{vmatrix}1 & x_1 & 0 & \cdots & 0\\ 1 & x_2 & 0 & \cdots & 0\\ \vdots & \vdots & \vdots & & \vdots\\ 1 & x_n & 0 & \cdots & 0\end{vmatrix}_n\times\begin{vmatrix}1 & 1 & \cdots & 1\\ y_1 & y_2 & \cdots & y_n\\ 0 & 0 & \cdots & 0\\ \vdots & \vdots & & \vdots\\ 0 & 0 & \cdots & 0\end{vmatrix}_n=0$$

9. 计算行列式 $D_5=\begin{vmatrix}0 & 0 & 0 & 1 & 2\\ 0 & 0 & 0 & 3 & 4\\ 1 & -3 & 1 & 1 & 4\\ 2 & 1 & 2 & 2 & 5\\ 1 & -1 & 3 & 3 & 6\end{vmatrix}$.

**【解】** $D_5=(-1)^{2\times 3}\begin{vmatrix}1 & 2\\ 3 & 4\end{vmatrix}\times\begin{vmatrix}1 & -3 & 1\\ 2 & 1 & 2\\ 1 & -1 & 3\end{vmatrix}=-2\times\begin{vmatrix}1 & -3 & 1\\ 0 & 7 & -4\\ 0 & 2 & 2\end{vmatrix}=$
$-2(14+8)=-44$.

10. 计算行列式 $D=\begin{vmatrix}0 & 0 & 0 & -1 & 0 & 0\\ 0 & 0 & 0 & a & -2 & 0\\ 0 & 0 & 0 & b & c & -3\\ x & y & 1 & 1 & 1 & 1\\ z & 2 & 0 & k_1 & k_2 & k_3\\ 3 & 0 & 0 & k_1^2 & k_2^2 & k_3^2\end{vmatrix}$.

**【解】** $D=(-1)^{3\times 3}\begin{vmatrix}-1 & 0 & 0\\ a & -2 & 0\\ b & c & -3\end{vmatrix}\times\begin{vmatrix}x & y & 1\\ z & 2 & 0\\ 3 & 0 & 0\end{vmatrix}=(-1)(-6)\times$
$(-6)=-36$.

11. 计算行列式 $D_4 = \begin{vmatrix} -a & b & c & d \\ b & -a & d & c \\ c & d & -a & b \\ d & c & b & -a \end{vmatrix}$.

【解】 $D_4 = \left|\begin{array}{cc:cc} -a & b & c & d \\ b & -a & d & c \\ \hdashline c & d & -a & b \\ d & c & b & -a \end{array}\right| = \begin{vmatrix} \boldsymbol{A} & \boldsymbol{B} \\ \boldsymbol{B} & \boldsymbol{A} \end{vmatrix} = |\boldsymbol{A}+\boldsymbol{B}| \times |\boldsymbol{A}-\boldsymbol{B}|$

$$= \begin{vmatrix} c-a & b+d \\ b+d & c-a \end{vmatrix} \times \begin{vmatrix} -c-a & b-d \\ b-d & -c-a \end{vmatrix}$$

$$= [(c-a)^2-(b+d)^2] \times [(c+a)^2-(b-d)^2]$$

$$= (c-a+b+d)(c-a-b-d) \times (c+a+b-d)(c+a-b+d)$$

$$= (-a+b+c+d)(-a-b+c-d) \times (a+b+c-d)(a-b+c+d)$$

12. 计算行列式:

(1) $D_4 = \begin{vmatrix} a & -b & -c & -d \\ b & a & -d & c \\ c & d & a & -b \\ d & -c & b & -a \end{vmatrix}$; (2) $\widetilde{D}_4 = \begin{vmatrix} a & -b & -c & -d \\ b & a & -d & c \\ -c & -d & -a & b \\ -d & c & -b & -a \end{vmatrix}$.

【解】 (1) $D_4 = \left|\begin{array}{cc:cc} a & -b & -c & -d \\ b & a & -d & c \\ \hdashline c & d & a & -b \\ d & -c & b & a \end{array}\right| = \begin{vmatrix} \boldsymbol{A} & \boldsymbol{B} \\ -\boldsymbol{B} & \boldsymbol{A} \end{vmatrix}$

$$= |\boldsymbol{A}+\mathrm{i}\boldsymbol{B}| \times |\boldsymbol{A}-\mathrm{i}\boldsymbol{B}|$$

$$= \left| \begin{pmatrix} a & -b \\ b & a \end{pmatrix} + \mathrm{i}\begin{pmatrix} -c & -d \\ -d & c \end{pmatrix} \right| \times \left| \begin{pmatrix} a & -b \\ b & a \end{pmatrix} - \mathrm{i}\begin{pmatrix} -c & -d \\ -d & c \end{pmatrix} \right|$$

$$= \begin{vmatrix} a-\mathrm{i}c & -b-\mathrm{i}d \\ b-\mathrm{i}d & a+\mathrm{i}c \end{vmatrix} \times \begin{vmatrix} a+\mathrm{i}c & -b+\mathrm{i}d \\ b+\mathrm{i}d & a-\mathrm{i}c \end{vmatrix}$$

$$= (a^2+c^2+b^2+d^2)^2$$

$$(2)\widetilde{D}_4=\left|\begin{array}{cc:cc} a & -b & -c & -d \\ b & a & -d & c \\ \hdashline -c & -d & -a & b \\ -d & c & -b & -a \end{array}\right|=\begin{vmatrix} \boldsymbol{A} & \boldsymbol{B} \\ \boldsymbol{B} & -\boldsymbol{A} \end{vmatrix}=|\boldsymbol{A}+\mathrm{i}\boldsymbol{B}|\times|-\boldsymbol{A}+\mathrm{i}\boldsymbol{B}|$$

$$=\left|\begin{pmatrix} a & -b \\ b & a \end{pmatrix}+\mathrm{i}\begin{pmatrix} -c & -d \\ -d & c \end{pmatrix}\right|\times\left|\begin{pmatrix} -a & b \\ -b & -a \end{pmatrix}+\mathrm{i}\begin{pmatrix} -c & -d \\ -d & c \end{pmatrix}\right|$$

$$=\begin{vmatrix} a-\mathrm{i}c & -b-\mathrm{i}d \\ b-\mathrm{i}d & a+\mathrm{i}c \end{vmatrix}\times\begin{vmatrix} -a-\mathrm{i}c & b-\mathrm{i}d \\ -b-\mathrm{i}d & -a+\mathrm{i}c \end{vmatrix}$$

$$=(a^2+c^2+b^2+d^2)^2$$

**【注】**　在第三行与第四行中提出公因数$(-1)$即得

$$\widetilde{D}_4=\begin{vmatrix} a & -b & -c & -d \\ b & a & -d & c \\ -c & -d & -a & b \\ -d & c & -b & -a \end{vmatrix}=(-1)^2\begin{vmatrix} a & -b & -c & -d \\ b & a & -d & c \\ c & d & a & -b \\ d & -c & b & a \end{vmatrix}=D_4$$

13. 求$\boldsymbol{A}=\begin{pmatrix} a & b & c & d \\ -b & a & -d & c \\ -c & d & a & -b \\ -d & -c & b & a \end{pmatrix}$的行列式和逆矩阵,其中实数$\delta=a^2+b^2+c^2+d^2>0$.

**【解】**　直接求出$\boldsymbol{A}\boldsymbol{A}'=\delta\boldsymbol{I}_4$,有$|\boldsymbol{A}|^2=\delta^4$,$|\boldsymbol{A}|=\pm(a^2+b^2+c^2+d^2)^2$.

因为由行列式定义知$|\boldsymbol{A}|$中$a^4$前面的符号为1,所以必有$|\boldsymbol{A}|=\delta^2$,且$\boldsymbol{A}^{-1}=\dfrac{1}{\delta}\boldsymbol{A}'$.

14. 计算行列式$D=\begin{vmatrix} x & y & z & w \\ y & -x & w & -z \\ z & -w & -x & y \\ w & z & -y & -x \end{vmatrix}$.

**【解一】**　在第四列中提出公因数$(-1)$即得

$$D=-\left|\begin{array}{cc:cc} x & y & z & -w \\ y & -x & w & z \\ \hdashline z & -w & -x & -y \\ w & z & -y & x \end{array}\right|=-\begin{vmatrix} \boldsymbol{A} & \boldsymbol{B} \\ \boldsymbol{B} & -\boldsymbol{A} \end{vmatrix}=-|\boldsymbol{A}+\mathrm{i}\boldsymbol{B}|\times|-\boldsymbol{A}+\mathrm{i}\boldsymbol{B}|$$

$$=-\begin{vmatrix} x+\mathrm{i}z & y-\mathrm{i}w \\ y+\mathrm{i}w & -x+\mathrm{i}z \end{vmatrix}\times\begin{vmatrix} -x+\mathrm{i}z & -y-\mathrm{i}w \\ -y+\mathrm{i}w & x+\mathrm{i}z \end{vmatrix}$$

$$=-(-x^2-y^2-z^2-w^2)^2=-\delta^2$$

**【解二】** 因为

$$\begin{pmatrix} x & y & z & w \\ y & -x & w & -z \\ z & -w & -x & y \\ w & z & -y & -x \end{pmatrix}\begin{pmatrix} x & y & z & w \\ y & -x & -w & z \\ z & w & -x & -y \\ w & -z & y & -x \end{pmatrix}=\begin{pmatrix} \delta & & & \\ & \delta & & \\ & & \delta & \\ & & & \delta \end{pmatrix}$$

其中 $\delta=x^2+y^2+z^2+w^2$，所以 $D^2=\delta^4$，$D=\pm\delta^2$. 因为 $D=-x^4+\cdots$，这说明 $D$ 中 $x^4$ 的系数是 $-1$，所以必有

$$D=-\delta^2=-(x^2+y^2+z^2+w^2)^2$$

15. 计算 $D_4=\begin{vmatrix} a & b & c & d \\ b & a & -d & c \\ -c & -d & a & b \\ d & -c & b & a \end{vmatrix}$.

**【解】** $D_4=\left|\begin{array}{cc:cc} a & b & c & d \\ b & a & -d & c \\ \hdashline -c & -d & a & b \\ d & -c & b & a \end{array}\right|=\left|\begin{pmatrix} a & b \\ b & a \end{pmatrix}+\mathrm{i}\begin{pmatrix} c & d \\ -d & c \end{pmatrix}\right|\times$

$$\left|\begin{pmatrix} a & b \\ b & a \end{pmatrix}-\mathrm{i}\begin{pmatrix} c & d \\ -d & c \end{pmatrix}\right|$$

$$=\begin{vmatrix} a+\mathrm{i}c & b+\mathrm{i}d \\ b-\mathrm{i}d & a+\mathrm{i}c \end{vmatrix}\times\begin{vmatrix} a-\mathrm{i}c & b-\mathrm{i}d \\ b+\mathrm{i}d & a-\mathrm{i}c \end{vmatrix}$$

$$=[(a^2-b^2-c^2-d^2)+2\mathrm{i}ac]\times$$

$$[(a^2-b^2-c^2-d^2)-2\mathrm{i}ac]$$

$$=(a^2-c^2-b^2-d^2)^2+4a^2c^2$$

16. 记 $n$ 阶方阵 $\boldsymbol{I}_n=\begin{pmatrix} 1 & 0 & \cdots & 0 \\ 0 & 1 & \cdots & 0 \\ \vdots & \vdots & \ddots & \vdots \\ 0 & 0 & \cdots & 1 \end{pmatrix}$，$\boldsymbol{J}_n=\begin{pmatrix} 0 & \cdots & 0 & 1 \\ 0 & \cdots & 1 & 0 \\ \vdots & ⋰ & \vdots & \vdots \\ 1 & \cdots & 0 & 0 \end{pmatrix}$，$ab\neq0$，

计算以下 $2n$ 阶行列式：

(1) $D_1=\begin{vmatrix} a\boldsymbol{I}_n & b\boldsymbol{J}_n \\ b\boldsymbol{J}_n & a\boldsymbol{I}_n \end{vmatrix}$；(2) $D_2=\begin{vmatrix} a\boldsymbol{I}_n & b\boldsymbol{J}_n \\ b\boldsymbol{J}_n & -a\boldsymbol{I}_n \end{vmatrix}$.

**【解】** 由 $\boldsymbol{I}_n\boldsymbol{J}_n=\boldsymbol{J}_n\boldsymbol{I}_n=\boldsymbol{J}_n$ 和 $\boldsymbol{J}_n\boldsymbol{J}_n=\boldsymbol{I}_n$，并利用公式

$$\begin{vmatrix} \boldsymbol{A} & \boldsymbol{B} \\ \boldsymbol{B} & \boldsymbol{A} \end{vmatrix}=|\boldsymbol{A}^2-\boldsymbol{B}^2| \quad 和 \quad \begin{vmatrix} \boldsymbol{A} & \boldsymbol{B} \\ \boldsymbol{B} & -\boldsymbol{A} \end{vmatrix}=|-\boldsymbol{A}^2-\boldsymbol{B}^2|$$

知

$$D_1=\begin{vmatrix} a\boldsymbol{I}_n & b\boldsymbol{J}_n \\ b\boldsymbol{J}_n & a\boldsymbol{I}_n \end{vmatrix}=|a^2\boldsymbol{I}_n^2-b^2\boldsymbol{J}_n^2|=|(a^2-b^2)\boldsymbol{I}_n|=(a^2-b^2)^n$$

$$\begin{aligned} D_2=\begin{vmatrix} a\boldsymbol{I}_n & b\boldsymbol{J}_n \\ b\boldsymbol{J}_n & -a\boldsymbol{I}_n \end{vmatrix}&=(-1)^n|a^2\boldsymbol{I}_n^2+b^2\boldsymbol{J}_n^2| \\ &=(-1)^n|(a^2+b^2)\boldsymbol{I}_n| \\ &=(-1)^n(a^2+b^2)^n \end{aligned}$$

**【注】**　实际上，由$\begin{vmatrix} a & b \\ b & a \end{vmatrix}=a^2-b^2$和拉普拉斯展开立刻求出$D_1=(a^2-b^2)^n$.

由$\begin{vmatrix} a & b \\ b & -a \end{vmatrix}=-a^2-b^2=-(a^2+b^2)$和拉普拉斯展开立刻求出

$$D_2=(-1)^n(a^2+b^2)^n$$

17. 计算 $2n$ 阶行列式 $D_{2n}=\begin{vmatrix} 1 & \cdots & 0 & 1 & \cdots & 0 \\ \vdots & \ddots & \vdots & \vdots & \ddots & \vdots \\ 0 & \cdots & 1 & 0 & \cdots & 1 \\ -1/2 & \cdots & 0 & 1/2 & \cdots & 0 \\ \vdots & \ddots & \vdots & \vdots & \ddots & \vdots \\ 0 & \cdots & -1/2 & 0 & \cdots & 1/2 \end{vmatrix}$.

**【解一】**　由$\begin{vmatrix} 1 & 1 \\ -1/2 & 1/2 \end{vmatrix}=\dfrac{1}{2}+\dfrac{1}{2}=1$和拉普拉斯展开即可求出$D_{2n}=\begin{vmatrix} 1 & 1 \\ -1/2 & 1/2 \end{vmatrix}^n=1$.

**【解二】**　用行列式降阶公式求出

$$D_{2n}=\left|\begin{array}{ccc|ccc} 1 & \cdots & 0 & 1 & \cdots & 0 \\ \vdots & \ddots & \vdots & \vdots & \ddots & \vdots \\ 0 & \cdots & 1 & 0 & \cdots & 1 \\ \hline -1/2 & \cdots & 0 & 1/2 & \cdots & 0 \\ \vdots & \ddots & \vdots & \vdots & \ddots & \vdots \\ 0 & \cdots & -1/2 & 0 & \cdots & 1/2 \end{array}\right|=\begin{vmatrix} \boldsymbol{A} & \boldsymbol{B} \\ \boldsymbol{C} & \boldsymbol{D} \end{vmatrix}=|\boldsymbol{A}|\times|\boldsymbol{D}-\boldsymbol{C}\boldsymbol{A}^{-1}\boldsymbol{B}|$$

$$=|\boldsymbol{I}_n|\times\left|\frac{1}{2}\boldsymbol{I}_n-\left(-\frac{1}{2}\boldsymbol{I}_n\right)\boldsymbol{I}_n^{-1}\boldsymbol{I}_n\right|=1$$

18. 计算行列式 $D_6 = \begin{vmatrix} 1 & 1 & 1 & 0 & 0 & a \\ 1 & 1 & 1 & 0 & a & 0 \\ 1 & 1 & 1 & a & 0 & 0 \\ 0 & 0 & b & 1 & 0 & 0 \\ 0 & b & 0 & 0 & 1 & 0 \\ b & 0 & 0 & 0 & 0 & 1 \end{vmatrix}$.

**【解】** $D_6 = \begin{vmatrix} 1 & 1 & 1 & 0 & 0 & a \\ 1 & 1 & 1 & 0 & a & 0 \\ 1 & 1 & 1 & a & 0 & 0 \\ 0 & 0 & b & 1 & 0 & 0 \\ 0 & b & 0 & 0 & 1 & 0 \\ b & 0 & 0 & 0 & 0 & 1 \end{vmatrix} = \begin{vmatrix} \boldsymbol{A} & \boldsymbol{B} \\ \boldsymbol{C} & \boldsymbol{D} \end{vmatrix} = |\boldsymbol{D}| \times |\boldsymbol{A} - \boldsymbol{B}\boldsymbol{D}^{-1}\boldsymbol{C}|$

因为 $|\boldsymbol{D}| = 1$ 和

$$\boldsymbol{A} - \boldsymbol{B}\boldsymbol{D}^{-1}\boldsymbol{C} = \begin{pmatrix} 1 & 1 & 1 \\ 1 & 1 & 1 \\ 1 & 1 & 1 \end{pmatrix} - \begin{pmatrix} 0 & 0 & a \\ 0 & a & 0 \\ a & 0 & 0 \end{pmatrix}\begin{pmatrix} 0 & 0 & b \\ 0 & b & 0 \\ b & 0 & 0 \end{pmatrix} = \begin{pmatrix} 1-ab & 1 & 1 \\ 1 & 1-ab & 1 \\ 1 & 1 & 1-ab \end{pmatrix}$$

所以计算同行和行列式求出

$$D_6 = \begin{vmatrix} 1-ab & 1 & 1 \\ 1 & 1-ab & 1 \\ 1 & 1 & 1-ab \end{vmatrix} = (3-ab)\begin{vmatrix} 1 & 1 & 1 \\ 1 & 1-ab & 1 \\ 1 & 1 & 1-ab \end{vmatrix}$$

$$= (3-ab)\begin{vmatrix} 1 & 1 & 1 \\ 0 & -ab & 0 \\ 0 & 0 & -ab \end{vmatrix}$$

$$= a^2b^2(3-ab)$$

19. 计算行列式 $D_5 = \begin{vmatrix} 2 & 1 & 0 & 1 & -1 \\ 3 & 2 & 1 & 0 & 2 \\ 1 & 1 & 2 & -1 & 5 \\ 0 & -1 & 6 & 1 & 4 \\ 4 & 5 & 8 & 7 & -1 \end{vmatrix}$.

**【解】** $D_5 = \begin{vmatrix} 2 & 1 & 0 & 1 & -1 \\ 3 & 2 & 1 & 0 & 2 \\ 1 & 1 & 2 & -1 & 5 \\ 0 & -1 & 6 & 1 & 4 \\ 4 & 5 & 8 & 7 & -1 \end{vmatrix} = \begin{vmatrix} \boldsymbol{A} & \boldsymbol{B} \\ \boldsymbol{C} & \boldsymbol{D} \end{vmatrix} = |\boldsymbol{A}| \times |\boldsymbol{D} - \boldsymbol{C}\boldsymbol{A}^{-1}\boldsymbol{B}|$.

先求出

$$CA^{-1}B=\begin{pmatrix}1&1\\0&-1\\4&5\end{pmatrix}\begin{pmatrix}2&1\\3&2\end{pmatrix}^{-1}\begin{pmatrix}0&1&-1\\1&0&2\end{pmatrix}$$

$$=\begin{pmatrix}1&1\\0&-1\\4&5\end{pmatrix}\begin{pmatrix}2&-1\\-3&2\end{pmatrix}\begin{pmatrix}0&1&-1\\1&0&2\end{pmatrix}$$

$$=\begin{pmatrix}-1&1\\3&-2\\-7&6\end{pmatrix}\begin{pmatrix}0&1&-1\\1&0&2\end{pmatrix}=\begin{pmatrix}1&-1&3\\-2&3&-7\\6&-7&19\end{pmatrix}$$

所以

$$D-CA^{-1}B=\begin{pmatrix}2&-1&5\\6&1&4\\8&7&-1\end{pmatrix}-\begin{pmatrix}1&-1&3\\-2&3&-7\\6&-7&19\end{pmatrix}=\begin{pmatrix}1&0&2\\8&-2&11\\2&14&-20\end{pmatrix}$$

于是

$$D_5=\begin{vmatrix}2&1\\3&2\end{vmatrix}\times\begin{vmatrix}1&0&2\\8&-2&11\\2&14&-20\end{vmatrix}=\begin{vmatrix}1&0&2\\8&-2&-5\\2&14&-24\end{vmatrix}=48+70=118$$

20. 设 $n$ 阶行列式 $D_n=|a_{ij}|\neq 0$，用 $D_n$ 中元素 $a_{ij}$ 的代数余子式 $A_{ij}$ 表示以下 $n+1$ 阶行列式的计算公式：

$$(1)D_{n+1}=\begin{vmatrix}a_{11}&\cdots&a_{1n}&x_1\\\vdots&&\vdots&\vdots\\a_{n1}&\cdots&a_{nn}&x_n\\y_1&\cdots&y_n&1\end{vmatrix};(2)D_{n+1}=\begin{vmatrix}a_{11}&\cdots&a_{1n}&x_1\\\vdots&&\vdots&\vdots\\a_{n1}&\cdots&a_{nn}&x_n\\y_1&\cdots&y_n&0\end{vmatrix}.$$

**【解】** 记 $\boldsymbol{A}=(a_{ij})_{n\times n},\boldsymbol{x}=(x_1,x_2,\cdots,x_n)',\boldsymbol{y}=(y_1,y_2,\cdots,y_n)$，则

$$(1)D_{n+1}=\begin{vmatrix}\boldsymbol{A}&\boldsymbol{x}\\\boldsymbol{y}&1\end{vmatrix}=|\boldsymbol{A}|\times(1-\boldsymbol{y}\boldsymbol{A}^{-1}\boldsymbol{x})=|\boldsymbol{A}|-\boldsymbol{y}\boldsymbol{A}^{*}\boldsymbol{x}=|\boldsymbol{A}|-\sum_{i=1}^{n}\sum_{j=1}^{n}A_{ij}x_iy_j.$$

$$(2)D_{n+1}=\begin{vmatrix}\boldsymbol{A}&\boldsymbol{x}\\\boldsymbol{y}&0\end{vmatrix}=|\boldsymbol{A}|\times(0-\boldsymbol{y}\boldsymbol{A}^{-1}\boldsymbol{x})=-\boldsymbol{y}\boldsymbol{A}^{*}\boldsymbol{x}=-\sum_{i=1}^{n}\sum_{j=1}^{n}A_{ij}x_iy_j.$$

21. 计算 $n+1$ 阶行列式 $D_{n+1}=\begin{vmatrix} 0 & 1 & 2 & \cdots & n \\ 1 & 1 & 0 & \cdots & 0 \\ 2 & 0 & 2 & \cdots & 0 \\ \vdots & \vdots & \vdots & \ddots & \vdots \\ n & 0 & 0 & \cdots & n \end{vmatrix}$.

**【解一】** $$D_{n+1}=\left|\begin{array}{c:cccc} 0 & 1 & 2 & \cdots & n \\ \hdashline 1 & 1 & 0 & \cdots & 0 \\ 2 & 0 & 2 & \cdots & 0 \\ \vdots & \vdots & \vdots & \ddots & \vdots \\ n & 0 & 0 & \cdots & n \end{array}\right|=\begin{vmatrix} 0 & \boldsymbol{\alpha}' \\ \boldsymbol{\alpha} & \boldsymbol{\Lambda} \end{vmatrix}=|\boldsymbol{\Lambda}|\times(0-\boldsymbol{\alpha}'\boldsymbol{\Lambda}^{-1}\boldsymbol{\alpha})$$

$$=\begin{vmatrix} 1 & & & \\ & 2 & & \\ & & \ddots & \\ & & & n \end{vmatrix}\times$$

$$\left[-(1,2,\cdots,n)\begin{pmatrix} 1 & & & \\ & 2 & & \\ & & \ddots & \\ & & & n \end{pmatrix}^{-1}\begin{pmatrix} 1 \\ 2 \\ \vdots \\ n \end{pmatrix}\right]$$

$$=n!\times\left[-(1,1,\cdots,1)\begin{pmatrix} 1 \\ 2 \\ \vdots \\ n \end{pmatrix}\right]$$

$$=-\frac{n(n+1)}{2}\times n!$$

**【解二】** $D_{n+1}$ 是爪型行列式. 在后 $n$ 列中分别提出公因数可得

$$D_{n+1}=\begin{vmatrix} 0 & 1 & 2 & \cdots & n \\ 1 & 1 & 0 & \cdots & 0 \\ 2 & 0 & 2 & \cdots & 0 \\ \vdots & \vdots & \vdots & \ddots & \vdots \\ n & 0 & 0 & \cdots & n \end{vmatrix}=\frac{1}{n!}\begin{vmatrix} 0 & 1 & 1 & \cdots & 1 \\ 1 & 1 & 0 & \cdots & 0 \\ 2 & 0 & 1 & \cdots & 0 \\ \vdots & \vdots & \vdots & \ddots & \vdots \\ n & 0 & 0 & \cdots & n \end{vmatrix}$$

利用后 $n$ 列可把第一列化简得

$$D_{n+1}=\frac{1}{n!}\begin{vmatrix}\lambda & 1 & 1 & \cdots & 1\\ 0 & 1 & 0 & \cdots & 0\\ 0 & 0 & 1 & \cdots & 0\\ \vdots & \vdots & \vdots & \ddots & \vdots\\ 0 & 0 & 0 & \cdots & 1\end{vmatrix}$$

$$=\frac{1}{n!}\times\lambda$$

其中 $\lambda=-\left(\sum_{k=1}^{n}k\right)=-\frac{n(n+1)}{2}$.

22. 计算 $D_4=\begin{vmatrix}2 & 1 & 1 & 1\\ 1 & 3 & 1 & 1\\ 1 & 1 & 4 & 1\\ 1 & 1 & 1 & 5\end{vmatrix}$.

**【解】**　因为矩阵

$$\boldsymbol{M}=\begin{pmatrix}2 & 1 & 1 & 1\\ 1 & 3 & 1 & 1\\ 1 & 1 & 4 & 1\\ 1 & 1 & 1 & 5\end{pmatrix}=\boldsymbol{\Lambda}+\boldsymbol{\alpha}\boldsymbol{\alpha}'$$

其中

$$\boldsymbol{\Lambda}=\begin{pmatrix}1 & & & \\ & 2 & & \\ & & 3 & \\ & & & 4\end{pmatrix},\boldsymbol{\alpha}=\begin{pmatrix}1\\1\\1\\1\end{pmatrix}$$

所以

$$D_4=|\boldsymbol{M}|=|\boldsymbol{\Lambda}+\boldsymbol{\alpha}\boldsymbol{\alpha}'|=|\boldsymbol{\Lambda}|\times(1+\boldsymbol{\alpha}'\boldsymbol{\Lambda}^{-1}\boldsymbol{\alpha})$$

$$=24\left(1+\sum_{k=1}^{4}\frac{1}{k}\right)=24\left(1+1+\frac{1}{2}+\frac{1}{3}+\frac{1}{4}\right)$$

$$=24\times\frac{37}{12}=74$$

23. 求出 $n$ 阶行列式 $D_n=\begin{vmatrix}2 & 1 & 1 & \cdots & 1 & 1\\ 1 & 3 & 1 & \cdots & 1 & 1\\ 1 & 1 & 4 & \cdots & 1 & 1\\ \vdots & \vdots & \vdots & \ddots & \vdots & \vdots\\ 1 & 1 & 1 & \cdots & n & 1\\ 1 & 1 & 1 & \cdots & 1 & n+1\end{vmatrix}$.

【解一】 因为 $$M=\begin{pmatrix}2&1&1&\cdots&1&1\\1&3&1&\cdots&1&1\\1&1&4&\cdots&1&1\\\vdots&\vdots&\vdots&\ddots&\vdots&\vdots\\1&1&1&\cdots&n&1\\1&1&1&\cdots&1&n+1\end{pmatrix}=\boldsymbol{\Lambda}+\boldsymbol{\alpha}\boldsymbol{\alpha}'$$

其中

$$\boldsymbol{\Lambda}=\begin{pmatrix}1&0&0&\cdots&0&0\\0&2&0&\cdots&0&0\\0&0&3&\cdots&0&0\\\vdots&\vdots&\vdots&\ddots&\vdots&\vdots\\0&0&0&\cdots&n-1&0\\0&0&0&\cdots&0&n\end{pmatrix},\boldsymbol{\alpha}=\begin{pmatrix}1\\1\\1\\\vdots\\1\\1\end{pmatrix}$$

所以

$$D_n=|\boldsymbol{M}|=|\boldsymbol{\Lambda}+\boldsymbol{\alpha}\boldsymbol{\alpha}'|=|\boldsymbol{\Lambda}|\times(1+\boldsymbol{\alpha}'\boldsymbol{\Lambda}^{-1}\boldsymbol{\alpha})=\left(1+\sum_{k=1}^{n}\frac{1}{k}\right)\times n!$$

【解二】 在 $D_n$ 的后 $n-1$ 行中都减去第一行得

$$D_n=\left|\begin{array}{c:ccccc}2&1&1&\cdots&1&1\\\hdashline-1&2&0&\cdots&0&0\\-1&0&3&\cdots&0&0\\\vdots&\vdots&\vdots&\ddots&\vdots&\vdots\\-1&0&0&\cdots&n-1&0\\-1&0&0&\cdots&0&n\end{array}\right|=\begin{vmatrix}A&\boldsymbol{\alpha}'\\-\boldsymbol{\alpha}&\boldsymbol{D}\end{vmatrix}=|\boldsymbol{D}|\times(2+\boldsymbol{\alpha}'\boldsymbol{D}^{-1}\boldsymbol{\alpha})$$

其中 $\boldsymbol{\alpha}=\begin{pmatrix}1\\1\\\vdots\\1\end{pmatrix}$,可求出

$$D_n=(n!)\times\left[2+(1\ \ 1\ \ \cdots\ \ 1\ \ 1)\begin{pmatrix}2&&&&\\&3&&&\\&&\ddots&&\\&&&n-1&\\&&&&n\end{pmatrix}^{-1}\begin{pmatrix}1\\1\\\vdots\\1\\1\end{pmatrix}\right]$$

$$=(2+\sum_{k=2}^{n}\frac{1}{k})\times n!=(1+\sum_{k=1}^{n}\frac{1}{k})\times n!$$

24. 计算 $n$ 阶行列式 $D_n=\begin{vmatrix}1+a_1^2 & a_1a_2 & \cdots & a_1a_n\\ a_2a_1 & 1+a_2^2 & \cdots & a_2a_n\\ \vdots & \vdots & \ddots & \vdots\\ a_na_1 & a_na_2 & \cdots & 1+a_n^2\end{vmatrix}$.

**【解】**　令 $\boldsymbol{\alpha}=(a_1\quad a_2\quad\cdots\quad a_n)'$. 因为

$$\boldsymbol{A}=\begin{pmatrix}1+a_1^2 & a_1a_2 & \cdots & a_1a_n\\ a_2a_1 & 1+a_2^2 & \cdots & a_2a_n\\ \vdots & \vdots & \ddots & \vdots\\ a_na_1 & a_na_2 & \cdots & 1+a_n^2\end{pmatrix}=\boldsymbol{I}_n+\boldsymbol{\alpha\alpha}'$$

所以用行列式降阶公式得

$$D_n=|\boldsymbol{A}|=|\boldsymbol{I}_n+\boldsymbol{\alpha\alpha}'|=|\boldsymbol{I}_n|\,(1+\boldsymbol{\alpha}'\boldsymbol{I}_n^{-1}\boldsymbol{\alpha})=1+\boldsymbol{\alpha}'\boldsymbol{\alpha}=1+\sum_{i=1}^{n}a_i^2$$

25. 计算 $n$ 阶行列式

$$D_n=\begin{vmatrix}x_1+a_1^2 & a_1a_2 & \cdots & a_1a_n\\ a_1a_2 & x_2+a_2^2 & \cdots & a_2a_n\\ \vdots & \vdots & \ddots & \vdots\\ a_1a_n & a_2a_n & \cdots & x_n+a_n^2\end{vmatrix}$$

其中 $\prod_{i=1}^{n}x_i\neq 0$.

**【解】**　因为矩阵

$$\boldsymbol{M}=\begin{vmatrix}x_1+a_1^2 & a_1a_2 & \cdots & a_1a_n\\ a_2a_1 & x_2+a_2^2 & \cdots & a_2a_n\\ \vdots & \vdots & \ddots & \vdots\\ a_na_1 & a_na_2 & \cdots & x_n+a_n^2\end{vmatrix}=\boldsymbol{\Lambda}+\boldsymbol{\alpha\alpha}'$$

其中

$$\boldsymbol{\Lambda}=\begin{pmatrix}x_1 & & & \\ & x_2 & & \\ & & \ddots & \\ & & & x_n\end{pmatrix},\boldsymbol{\alpha}=\begin{pmatrix}a_1\\ a_2\\ \vdots\\ a_n\end{pmatrix}$$

所以

$$D_n=|\boldsymbol{M}|=|\boldsymbol{\Lambda}+\boldsymbol{\alpha\alpha}'|=|\boldsymbol{\Lambda}|\times(1+\boldsymbol{\alpha}'\boldsymbol{\Lambda}^{-1}\boldsymbol{\alpha})$$

$$=\left(\prod_{i=1}^{n}x_i\right)\left(1+\sum_{i=1}^{n}\frac{a_i^2}{x_i}\right)$$

26. 计算以下 $n$ 阶行列式:

$$(1)D_n=\begin{vmatrix}\lambda+a_1 & a_2 & \cdots & a_n\\ a_1 & \lambda+a_2 & \cdots & a_n\\ \vdots & \vdots & \ddots & \vdots\\ a_1 & a_2 & \cdots & \lambda+a_n\end{vmatrix};$$

$$(2)D_n=\begin{vmatrix}\lambda-a_1b_1 & -a_1b_2 & \cdots & -a_1b_n\\ -a_2b_1 & \lambda-a_2b_2 & \cdots & -a_{2n}\\ \vdots & \vdots & \ddots & \vdots\\ -a_nb_1 & -a_nb_2 & \cdots & \lambda-a_nb_n\end{vmatrix}.$$

**【解一】** 用行列式降阶公式.

(1) 因为

$$\boldsymbol{M}=\begin{pmatrix}\lambda+a_1 & a_2 & \cdots & a_n\\ a_1 & \lambda+a_2 & \cdots & a_n\\ \vdots & \vdots & \ddots & \vdots\\ a_1 & a_2 & \cdots & \lambda+a_n\end{pmatrix}=\lambda\boldsymbol{I}_n+\boldsymbol{\alpha\beta}$$

其中

$$\boldsymbol{\alpha}=\begin{pmatrix}1\\1\\\vdots\\1\end{pmatrix},\boldsymbol{\beta}=(a_1\quad a_2\quad\cdots\quad a_n)$$

所以

$$D_n=|\boldsymbol{M}|=|\lambda\boldsymbol{I}_n+\boldsymbol{\alpha\beta}|=\lambda^{n-1}(\lambda-\boldsymbol{\beta\alpha})=\lambda^{n-1}(\lambda-\sum_{i=1}^{n}a_i)$$

(2) 因为

$$\boldsymbol{M}=\begin{pmatrix}\lambda-a_1b_1 & -a_1b_2 & \cdots & -a_1b_n\\ -a_2b_1 & \lambda-a_2b_2 & \cdots & -a_2b_n\\ \vdots & \vdots & \ddots & \vdots\\ -a_nb_1 & -a_nb_2 & \cdots & \lambda-a_nb_n\end{pmatrix}=\lambda\boldsymbol{I}_n-\boldsymbol{\alpha\beta}$$

其中

$$\boldsymbol{\alpha}=\begin{pmatrix}a_1\\a_2\\\vdots\\a_n\end{pmatrix},\boldsymbol{\beta}=(b_1\quad b_2\quad\cdots\quad b_n)$$

所以

$$D_n=|\lambda\boldsymbol{I}_n-\boldsymbol{\alpha}\boldsymbol{\beta}|=\lambda^{n-1}(\lambda-\boldsymbol{\beta}\boldsymbol{\alpha})=\lambda^{n-1}(\lambda-\sum_{i=1}^{n}a_ib_i)$$

**【解二】**　可用以下行列式计算公式

$$\begin{aligned}D_n&=|\lambda\boldsymbol{I}_n-\boldsymbol{A}|\\&=\lambda^n-\sigma_1\lambda^{n-1}+\sigma_2\lambda^{n-2}+\cdots+(-1)^k\sigma_k\lambda^{n-k}+\cdots+\\&\quad(-1)^{n-1}\sigma_{n-1}\lambda+\\&\quad(-1)^n\sigma_n\end{aligned}$$

其中 $\sigma_k$ 是 $\boldsymbol{A}$ 的所有 $k$ 阶主子式之和，$k=1,2,\cdots,n$.

(1) 记 $\boldsymbol{A}=\begin{pmatrix}a_1&a_2&\cdots&a_n\\a_1&a_2&\cdots&a_n\\\vdots&\vdots&&\vdots\\a_1&a_2&\cdots&a_n\end{pmatrix}=\begin{pmatrix}1\\1\\\vdots\\1\end{pmatrix}(a_1\quad a_2\quad\cdots\quad a_n)$.

显然有 $\sigma_1=\sum_{i=1}^{n}a_i,\sigma_k=0,k\geqslant2$，于是即可求出

$$D_n=|\lambda\boldsymbol{I}_n-\boldsymbol{A}|=\lambda^n-(\sum_{i=1}^{n}a_i)\lambda^{n-1}$$

(2) 记 $\boldsymbol{A}=\begin{pmatrix}a_1b_1&a_1b_2&\cdots&a_1b_n\\a_2b_1&a_2b_2&\cdots&a_2b_n\\\vdots&\vdots&\ddots&\vdots\\a_nb_1&a_nb_2&\cdots&a_nb_n\end{pmatrix}=\begin{pmatrix}a_1\\a_2\\\vdots\\a_n\end{pmatrix}(b_1\quad b_2\quad\cdots\quad b_n)$.

显然有 $\sigma_1=\sum_{i=1}^{n}a_ib_i,\sigma_k=0,k\geqslant2$，于是即可求出

$$D_n=|\lambda\boldsymbol{I}_n-\boldsymbol{A}|=\lambda^n-(\sum_{i=1}^{n}a_ib_i)\lambda^{n-1}$$

**【注】** $\boldsymbol{A}=(a_{ij})$ 的 $k$ 阶主子式指的是 $\boldsymbol{A}$ 的 $k$ 阶子式 $D_k=D\begin{pmatrix}i_1&i_2&\cdots&i_k\\i_1&i_2&\cdots&i_k\end{pmatrix}$，即 $D_k$ 的所有对角元素都是 $\boldsymbol{A}$ 的对角元素.

27. 计算 $n$ 阶行列式 $D_n=\begin{vmatrix}\lambda_1 & a_1b_2 & \cdots & a_1b_n\\ a_2b_1 & \lambda_2 & \cdots & a_2b_n\\ \vdots & \vdots & \ddots & \vdots\\ a_nb_1 & a_nb_2 & \cdots & \lambda_n\end{vmatrix}$.

【解】 因为 $\boldsymbol{M}=\begin{pmatrix}\lambda_1 & a_1b_2 & \cdots & a_1b_n\\ a_2b_1 & \lambda_2 & \cdots & a_2b_n\\ \vdots & \vdots & \ddots & \vdots\\ a_nb_1 & a_nb_2 & \cdots & \lambda_n\end{pmatrix}=\boldsymbol{\Lambda}+\boldsymbol{\alpha\beta}$,其中

$$\boldsymbol{\Lambda}=\begin{pmatrix}\lambda_1-a_1b_1 & & & \\ & \lambda_2-a_2b_2 & & \\ & & \ddots & \\ & & & \lambda_n-a_nb_n\end{pmatrix},\boldsymbol{\alpha}=\begin{pmatrix}a_1\\ a_2\\ \vdots\\ a_n\end{pmatrix},\boldsymbol{\beta}'=\begin{pmatrix}b_1\\ b_2\\ \vdots\\ b_n\end{pmatrix}$$

所以

$$D_n=|\boldsymbol{\Lambda}+\boldsymbol{\alpha\beta}|=|\boldsymbol{\Lambda}|\times(1+\boldsymbol{\beta\Lambda}^{-1}\boldsymbol{\alpha})=\prod_{i=1}^{n}(\lambda_i-a_ib_i)\times\left[1+\sum_{i=1}^{n}\frac{a_ib_i}{\lambda_i-a_ib_i}\right]$$

28. 计算 $n$ 阶行列式 $D_n=\begin{vmatrix}a_{11}+x_1 & a_{12}+x_2 & \cdots & a_{1n}+x_n\\ a_{21}+x_1 & a_{22}+x_2 & \cdots & a_{2n}+x_n\\ \vdots & \vdots & & \vdots\\ a_{n1}+x_1 & a_{n2}+x_2 & \cdots & a_{nn}+x_n\end{vmatrix}$.

【解】 因为矩阵

$$\boldsymbol{M}=\begin{pmatrix}a_{11}+x_1 & a_{12}+x_2 & \cdots & a_{1n}+x_n\\ a_{21}+x_1 & a_{22}+x_2 & \cdots & a_{2n}+x_n\\ \vdots & \vdots & & \vdots\\ a_{n1}+x_1 & a_{n2}+x_2 & \cdots & a_{nn}+x_n\end{pmatrix}=\boldsymbol{A}+\boldsymbol{\alpha\beta}$$

其中

$$\boldsymbol{A}=(a_{ij}),\boldsymbol{\alpha}'=(1\quad 1\quad\cdots\quad 1),\boldsymbol{\beta}=(x_1\quad x_2\quad\cdots\quad x_n)$$

所以

$$D_n=|\boldsymbol{M}|=|\boldsymbol{A}+\boldsymbol{\alpha\beta}|=|\boldsymbol{A}|\ (1+\boldsymbol{\beta\alpha}^{-1}\boldsymbol{\alpha})=|\boldsymbol{A}|+\boldsymbol{\beta A}^*\boldsymbol{\alpha}$$

$$=|\boldsymbol{A}|+\sum_{i=1}^{n}\sum_{j=1}^{n}x_jA_{ij}$$

其中 $A_{ij}$ 是 $|\boldsymbol{A}|=|a_{ij}|_n$ 中元素 $a_{ij}$ 的代数余子式.

29. 计算 $n$ 阶行列式

$$D_n=\begin{vmatrix} x_1+a_1b_1 & a_1b_2 & \cdots & a_1b_{n-1} & a_1b_n \\ a_1b_2 & x_2+a_2b_2 & \cdots & a_2b_{n-1} & a_2b_n \\ \vdots & \vdots & \ddots & \vdots & \vdots \\ a_1b_{n-1} & a_2b_{n-1} & \cdots & x_{n-1}+a_{n-1}b_{n-1} & a_{n-1}b_n \\ a_1b_n & a_2b_n & \cdots & a_{n-1}b_n & x_n+a_nb_n \end{vmatrix}$$

其中$\prod_{i=1}^{n}x_i\neq 0$.

**【解】** 因为

$$\boldsymbol{M}=\begin{pmatrix} x_1+a_1b_1 & a_1b_2 & \cdots & a_1b_{n-1} & a_1b_n \\ a_1b_2 & x_2+a_2b_2 & \cdots & a_2b_{n-1} & a_2b_n \\ \vdots & \vdots & \ddots & \vdots & \vdots \\ a_1b_{n-1} & a_2b_{n-1} & \cdots & x_{n-1}+a_{n-1}b_{n-1} & a_{n-1}b_n \\ a_1b_n & a_2b_n & \cdots & a_{n-1}b_n & x_n+a_nb_n \end{pmatrix}=\boldsymbol{\Lambda}+\boldsymbol{\alpha\beta}$$

其中

$$\boldsymbol{\Lambda}=\begin{pmatrix} x_1 & & & \\ & x_2 & & \\ & & \ddots & \\ & & & x_n \end{pmatrix},\boldsymbol{\alpha}=\begin{pmatrix} a_1 \\ a_2 \\ \vdots \\ a_n \end{pmatrix},\boldsymbol{\beta}=\begin{pmatrix} b_1 \\ b_2 \\ \vdots \\ b_n \end{pmatrix}$$

于是

$$D_n=|\boldsymbol{\Lambda}+\boldsymbol{\alpha\beta}|=|\boldsymbol{\Lambda}|\times(1+\boldsymbol{\beta\Lambda}^{-1}\boldsymbol{\alpha})=\left(\prod_{i=1}^{n}x_i\right)\left(1+\sum_{i=1}^{n}\frac{a_ib_i}{x_i}\right)$$

30\. 计算行列式 $D_n=\begin{vmatrix} \lambda_1 & 1+a_2 & \cdots & 1+a_n \\ 1+a_1 & \lambda_2 & \cdots & 1+a_n \\ \vdots & \vdots & \ddots & \vdots \\ 1+a_1 & 1+a_2 & \cdots & \lambda_n \end{vmatrix}$.

**【解】** 因为 $\boldsymbol{M}=\begin{pmatrix} \lambda_1 & 1+a_2 & \cdots & 1+a_n \\ 1+a_1 & \lambda_2 & \cdots & 1+a_n \\ \vdots & \vdots & \ddots & \vdots \\ 1+a_1 & 1+a_2 & \cdots & \lambda_n \end{pmatrix}=\boldsymbol{\Lambda}+\boldsymbol{\alpha\beta}$

其中

$$\boldsymbol{\Lambda}=\begin{pmatrix}\lambda_1-(1+a_1) & & & \\ & \lambda_2-(1+a_2) & & \\ & & \ddots & \\ & & & \lambda_n-(1+a_n)\end{pmatrix}$$

$$\boldsymbol{\alpha}=\begin{pmatrix}1\\1\\\vdots\\1\end{pmatrix},\boldsymbol{\beta}=\begin{pmatrix}1+a_1\\1+a_2\\\vdots\\1+a_n\end{pmatrix}$$

所以

$$\begin{aligned}D_n&=|\boldsymbol{\Lambda}+\boldsymbol{\alpha\beta}|=|\boldsymbol{\Lambda}|+(1+\boldsymbol{\beta\Lambda}^{-1}\boldsymbol{\alpha})\\&=\prod_{i=1}^{n}[\lambda_i-(1+a_i)]\times\left[1+\sum_{i=1}^{n}\frac{1+a_i}{\lambda_i-(1+a_i)}\right]\end{aligned}$$

31. 计算 $n$ 阶行列式 $D_n=\begin{vmatrix}1+a_1+b_1 & a_1+b_2 & \cdots & a_1+b_n\\ a_2+b_1 & 1+a_2+b_2 & \cdots & a_2+b_n\\ \vdots & \vdots & \ddots & \vdots\\ a_n+b_1 & a_n+b_2 & \cdots & 1+a_n+b_n\end{vmatrix}$.

【解】 $D_1=1+a_1+b_1=(1+a_1)(1+b_1)-a_1b_1$.

对 $n\geqslant 2$,用行列式等式 $|\boldsymbol{I}_n+\boldsymbol{AB}|=|\boldsymbol{I}_m+\boldsymbol{BA}|$,可求出

$$D_n=\left|\boldsymbol{I}_n+\begin{pmatrix}a_1 & 1\\a_2 & 1\\\vdots & \vdots\\a_n & 1\end{pmatrix}\begin{pmatrix}1 & 1 & \cdots & 1\\b_1 & b_2 & \cdots & b_n\end{pmatrix}\right|=\left|\boldsymbol{I}_2+\begin{pmatrix}1 & 1 & \cdots & 1\\b_1 & b_2 & \cdots & b_n\end{pmatrix}\begin{pmatrix}a_1 & 1\\a_2 & 1\\\vdots & \vdots\\a_n & 1\end{pmatrix}\right|$$

$$=\begin{vmatrix}1+\sum_{i=1}^{n}a_i & n\\ \sum_{i=1}^{n}a_ib_i & 1+\sum_{i=1}^{n}b_i\end{vmatrix}=(1+\sum_{i=1}^{n}a_i)(1+\sum_{i=1}^{n}b_i)-n\sum_{i=1}^{n}a_ib_i$$

【注】 此公式对 $n=1$ 也成立.

32. 设 $\prod_{i=1}^{n}a_i\neq 0$,计算行列式 $D_n=\begin{vmatrix}0 & a_1+a_2 & \cdots & a_1+a_n\\ a_2+a_1 & 0 & \cdots & a_2+a_n\\ \vdots & \vdots & \ddots & \vdots\\ a_n+a_1 & a_n+a_2 & \cdots & 0\end{vmatrix}$,$n\geqslant$ 2.

【解】 因为

$$M=\begin{pmatrix}0 & a_1+a_2 & \cdots & a_1+a_n\\ a_2+a_1 & 0 & \cdots & a_2+a_n\\ \vdots & \vdots & \ddots & \vdots\\ a_n+a_1 & a_n+a_2 & \cdots & 0\end{pmatrix}=\boldsymbol{\Lambda}+\boldsymbol{BC}$$

其中

$$\boldsymbol{\Lambda}=\begin{pmatrix}-2a_1 & & & \\ & -2a_2 & & \\ & & \ddots & \\ & & & -2a_n\end{pmatrix},\boldsymbol{B}=\begin{pmatrix}a_1 & 1\\ a_2 & 1\\ \vdots & \vdots\\ a_n & 1\end{pmatrix},\boldsymbol{C}=\begin{pmatrix}1 & 1 & \cdots & 1\\ a_1 & a_2 & \cdots & a_n\end{pmatrix}$$

于是

$$D_n=|\boldsymbol{\Lambda}+\boldsymbol{BC}|=|\boldsymbol{\Lambda}+\boldsymbol{BI}_2\boldsymbol{C}|=|\boldsymbol{\Lambda}|\times|\boldsymbol{I}_2+\boldsymbol{C\Lambda}^{-1}\boldsymbol{B}|$$

先计算

$$\boldsymbol{C\Lambda}^{-1}\boldsymbol{B}=\begin{pmatrix}1 & 1 & \cdots & 1\\ a_1 & a_2 & \cdots & a_n\end{pmatrix}\begin{pmatrix}-2a_1 & & & \\ & -2a_2 & & \\ & & \ddots & \\ & & & -2a_n\end{pmatrix}^{-1}\begin{pmatrix}a_1 & 1\\ a_2 & 1\\ \vdots & \vdots\\ a_n & 1\end{pmatrix}$$

$$=\begin{pmatrix}1 & 1 & \cdots & 1\\ a_1 & a_2 & \cdots & a_n\end{pmatrix}\left(-\frac{1}{2}\right)\begin{pmatrix}1/a_1 & & & \\ & 1/a_2 & & \\ & & \ddots & \\ & & & 1/a_n\end{pmatrix}\begin{pmatrix}a_1 & 1\\ a_2 & 1\\ \vdots & \vdots\\ a_n & 1\end{pmatrix}$$

$$=\left(-\frac{1}{2}\right)\begin{pmatrix}1 & 1 & \cdots & 1\\ a_1 & a_2 & \cdots & a_n\end{pmatrix}\begin{pmatrix}1 & 1/a_1\\ 1 & 1/a_2\\ \vdots & \vdots\\ 1 & 1/a_n\end{pmatrix}$$

$$=\left(-\frac{1}{2}\right)\begin{pmatrix}n & \sum_{i=1}^{n}(1/a_i)\\ \sum_{j=1}^{n}a_j & n\end{pmatrix}$$

所以

$$|\boldsymbol{I}_2+\boldsymbol{C}\boldsymbol{\Lambda}^{-1}\boldsymbol{B}|=\left|\begin{pmatrix}1&0\\0&1\end{pmatrix}+\left(-\frac{1}{2}\right)\begin{pmatrix}n&\sum\limits_{i=1}^{n}(1/a_i)\\\sum\limits_{j=1}^{n}a_j&n\end{pmatrix}\right|$$

$$=\begin{vmatrix}1-\dfrac{n}{2}&-\dfrac{1}{2}\sum\limits_{i=1}^{n}\dfrac{1}{a_i}\\-\dfrac{1}{2}\sum\limits_{j=1}^{n}a_i&1-\dfrac{n}{2}\end{vmatrix}$$

于是

$$D_n=(-2)^n\prod_{i=1}^{n}a_i\times\begin{vmatrix}1-\dfrac{n}{2}&-\dfrac{1}{2}\sum\limits_{i=1}^{n}\dfrac{1}{a_i}\\-\dfrac{1}{2}\sum\limits_{j=1}^{n}a_j&1-\dfrac{n}{2}\end{vmatrix}$$

$$=(-2)^{n-2}\prod_{i=1}^{n}a_i\left[(2-n)^2-\sum_{i=1}^{n}\sum_{j=1}^{n}\frac{a_j}{a_i}\right]$$

33. 计算 $n(n\geqslant 2)$ 阶行列式

$$D_n=\begin{vmatrix}a_1^2&a_1a_2+1&a_1a_3+1&\cdots&a_1a_n+1\\a_2a_1+1&a_2^2&a_2a_3+1&\cdots&a_2a_n+1\\a_3a_1+1&a_3a_2+1&a_3^2&\cdots&a_3a_n+1\\\vdots&\vdots&\vdots&\ddots&\vdots\\a_na_1+1&a_na_2+1&a_na_3+1&\cdots&a_n^2\end{vmatrix}$$

**【解一】** 因为

$$\boldsymbol{M}=\begin{pmatrix}a_1^2&a_1a_2+1&a_1a_3+1&\cdots&a_1a_n+1\\a_2a_1+1&a_2^2&a_2a_3+1&\cdots&a_2a_n+1\\a_3a_1+1&a_3a_2+1&a_3^2&\cdots&a_3a_n+1\\\vdots&\vdots&\vdots&\ddots&\vdots\\a_na_1+1&a_na_2+1&a_na_3+1&\cdots&a_n^2\end{pmatrix}$$

$$=-\boldsymbol{I}_n+\begin{pmatrix} a_1^2+1 & a_1a_2+1 & a_1a_3+1 & \cdots & a_1a_n+1 \\ a_2a_1+1 & a_2^2+1 & a_2a_3+1 & \cdots & a_2a_n+1 \\ a_3a_1+1 & a_3a_2+1 & a_3^2+1 & \cdots & a_3a_n+1 \\ \vdots & \vdots & \vdots & \ddots & \vdots \\ a_na_1+1 & a_na_2+1 & a_na_3+1 & \cdots & a_n^2+1 \end{pmatrix}$$

$$=-\boldsymbol{I}_n+\begin{pmatrix} 1 & a_1 \\ 1 & a_2 \\ \vdots & \vdots \\ 1 & a_n \end{pmatrix}\begin{pmatrix} 1 & 1 & \cdots & 1 \\ a_1 & a_2 & \cdots & a_n \end{pmatrix}=-\boldsymbol{I}_n+\boldsymbol{B}\boldsymbol{B}'$$

所以

$$D_n=|-\boldsymbol{I}_n+\boldsymbol{B}\boldsymbol{B}'|=(-1)^n|\boldsymbol{I}_n-\boldsymbol{B}\boldsymbol{B}'|=(-1)^n|\boldsymbol{I}_n-\boldsymbol{B}'\boldsymbol{B}|$$

$$=(-1)^n\left[\boldsymbol{I}_2-\begin{pmatrix} 1 & 1 & \cdots & 1 \\ a_1 & a_2 & \cdots & a_n \end{pmatrix}\begin{pmatrix} 1 & a_1 \\ 1 & a_2 \\ \vdots & \vdots \\ 1 & a_n \end{pmatrix}\right]$$

$$=(-1)^n\left|\begin{pmatrix} 1 & 0 \\ 0 & 1 \end{pmatrix}-\begin{pmatrix} n & \sum\limits_{i=1}^n a_i \\ \sum\limits_{i=1}^n a_j & \sum\limits_{i=1}^n a_i^2 \end{pmatrix}\right|=(-1)^n\begin{vmatrix} 1-n & -\sum\limits_{i=1}^n a_i \\ -\sum\limits_{i=1}^n a_i & 1-\sum\limits_{i=1}^n a_i^2 \end{vmatrix}$$

$$=(-1)^n\left[(1-n)\left(1-\sum_{i=1}^n a_i^2\right)-\left(\sum_{i=1}^n a_i\right)^2\right]$$

**【解二】**　因为

$$\boldsymbol{M}=\begin{pmatrix} a_1^2 & a_1a_2+1 & a_1a_3+1 & \cdots & a_1a_n+1 \\ a_2a_1+1 & a_2^2 & a_2a_3+1 & \cdots & a_2a_n+1 \\ a_3a_1+1 & a_3a_2+1 & a_3^2 & \cdots & a_3a_n+1 \\ \vdots & \vdots & \vdots & \ddots & \vdots \\ a_na_1+1 & a_na_2+1 & a_na_3+1 & \cdots & a_n^2 \end{pmatrix}=\boldsymbol{A}+\boldsymbol{\alpha}\boldsymbol{\alpha}'$$

其中

$$\boldsymbol{A}=\begin{pmatrix}0&1&\cdots&1\\1&0&\cdots&1\\\vdots&\vdots&\ddots&\vdots\\1&1&\cdots&0\end{pmatrix},\boldsymbol{\alpha}=\begin{pmatrix}a_1\\a_2\\\vdots\\a_n\end{pmatrix}$$

所以

$$D_n=|\boldsymbol{A}+\boldsymbol{\alpha}\boldsymbol{\alpha}'|=|\boldsymbol{A}|\times(1+\boldsymbol{\alpha}'\boldsymbol{A}^{-1}\boldsymbol{\alpha})$$

先求出同行和行列式

$$|\boldsymbol{A}|=\begin{vmatrix}0&1&\cdots&1\\1&0&\cdots&1\\\vdots&\vdots&\ddots&\vdots\\1&1&\cdots&0\end{vmatrix}=(n-1)\begin{vmatrix}1&1&\cdots&1\\1&0&\cdots&1\\\vdots&\vdots&\ddots&\vdots\\1&1&\cdots&0\end{vmatrix}$$

$$=(n-1)\begin{vmatrix}1&1&\cdots&1\\1&-1&\cdots&1\\\vdots&\vdots&\ddots&\vdots\\1&1&\cdots&-1\end{vmatrix}=(-1)^{n-1}(n-1)$$

再求出

$$\boldsymbol{A}^{-1}=\begin{pmatrix}0&1&\cdots&1\\1&0&\cdots&1\\\vdots&\vdots&\ddots&\vdots\\1&1&\cdots&0\end{pmatrix}^{-1}=\frac{1}{n-1}\begin{pmatrix}-(n-2)&1&\cdots&1\\1&-(n-2)&\cdots&1\\\vdots&\vdots&\ddots&\vdots\\1&1&\cdots&-(n-2)\end{pmatrix}$$

$$=\frac{1}{n-1}\left[\begin{pmatrix}-(n-1)&0&\cdots&0\\1&-(n-1)&\cdots&0\\\vdots&\vdots&\ddots&\vdots\\1&1&\cdots&-(n-1)\end{pmatrix}+\begin{pmatrix}1&1&\cdots&1\\1&1&\cdots&1\\\vdots&\vdots&\ddots&\vdots\\1&1&\cdots&1\end{pmatrix}\right]$$

$$=-\boldsymbol{I}_n+\frac{1}{n-1}\begin{pmatrix}1\\1\\\vdots\\1\end{pmatrix}(1\quad 1\quad\cdots\quad 1)=-\boldsymbol{I}_n+\frac{1}{n-1}\boldsymbol{\beta}\boldsymbol{\beta}',\text{其中}\boldsymbol{\beta}=\begin{pmatrix}1\\1\\\vdots\\1\end{pmatrix}$$

再计算

$$\boldsymbol{\alpha}'\boldsymbol{A}^{-1}\boldsymbol{\alpha}=\boldsymbol{\alpha}'\left[\frac{1}{n-1}\boldsymbol{\beta}\boldsymbol{\beta}'-\boldsymbol{I}_n\right]\boldsymbol{\alpha}=\frac{1}{n-1}\boldsymbol{\alpha}'\boldsymbol{\beta}\boldsymbol{\beta}'\boldsymbol{\alpha}-\boldsymbol{\alpha}'\boldsymbol{\alpha}$$

$$=\frac{1}{n-1}\left(\sum_{i=1}^{n}a_i\right)^2-\sum_{i=1}^{n}a_i^2$$

于是

$$D_n = |\boldsymbol{A}| \times (1 + \boldsymbol{\alpha}'\boldsymbol{A}^{-1}\boldsymbol{\alpha}) = (-1)^{n-1}(n-1)\left[1 + \frac{1}{n-1}\left(\sum_{i=1}^{n} a_i\right)^2 - \sum_{i=1}^{n} a_i^2\right]$$

$$= (-1)^n\left[(1-n)\left(1 - \sum_{i=1}^{n} a_i^2\right) - \left(\sum_{i=1}^{n} a_i\right)^2\right]$$

34. (1) 计算 $n$ 阶行列式 $D_n = \begin{vmatrix} x_1 & a_2 & a_3 & \cdots & a_n \\ a_1 & x_2 & a_3 & \cdots & a_n \\ a_1 & a_2 & x_3 & \cdots & a_n \\ \vdots & \vdots & \vdots & \ddots & \vdots \\ a_1 & a_2 & a_3 & \cdots & x_n \end{vmatrix}$.

(2) 设 $x_1, x_2, \cdots, x_n$ 是 $x^n = 1$ 的两两互异的根,证明

$$D_n = \begin{vmatrix} x_1 & a & a & \cdots & a \\ a & x_2 & a & \cdots & a \\ a & a & x_3 & \cdots & a \\ \vdots & \vdots & \vdots & \ddots & \vdots \\ a & a & a & \cdots & x_n \end{vmatrix} = (-1)^{n+1}[1 + (n-1)a^n]$$

(1)**【解一】**　因为　$\boldsymbol{M} = \begin{pmatrix} x_1 & a_2 & a_3 & \cdots & a_n \\ a_1 & x_2 & a_3 & \cdots & a_n \\ a_1 & a_2 & x_3 & \cdots & a_n \\ \vdots & \vdots & \vdots & \ddots & \vdots \\ a_1 & a_2 & a_3 & \cdots & x_n \end{pmatrix} = \boldsymbol{\Lambda} + \boldsymbol{\alpha\beta}$

其中

$$\boldsymbol{\Lambda} = \begin{pmatrix} x_1 - a_1 & & & & \\ & x_2 - a_2 & & & \\ & & x_3 - a_3 & & \\ & & & \ddots & \\ & & & & x_n - a_n \end{pmatrix}, \boldsymbol{\alpha} = \begin{pmatrix} 1 \\ 1 \\ 1 \\ \vdots \\ 1 \end{pmatrix}, \boldsymbol{\beta}' = \begin{pmatrix} a_1 \\ a_2 \\ a_3 \\ \vdots \\ a_n \end{pmatrix}$$

所以

$$D_n = |\boldsymbol{\Lambda} + \boldsymbol{\alpha\beta}| = |\boldsymbol{\Lambda}| \times (1 + \boldsymbol{\beta}\boldsymbol{\Lambda}^{-1}\boldsymbol{\alpha}) = \prod_{i=1}^{n}(x_i - a_i)\left(1 + \sum_{i=1}^{n}\frac{a_i}{x_i - a_i}\right)$$

**【解二】**　升阶法

$$D_n = \begin{vmatrix} 1 & a_1 & a_2 & a_3 & \cdots & a_n \\ 0 & x_1 & a_2 & a_3 & \cdots & a_n \\ 0 & a_1 & x_2 & a_3 & \cdots & a_n \\ 0 & x_1 & a_2 & x_3 & \cdots & a_n \\ \vdots & \vdots & \vdots & \vdots & \ddots & \vdots \\ 0 & a_1 & a_2 & a_3 & \cdots & x_n \end{vmatrix}$$

$$= \begin{vmatrix} 1 & a_1 & a_2 & a_3 & \cdots & a_n \\ -1 & x_1 - a_1 & 0 & 0 & \cdots & 0 \\ -1 & 0 & x_2 - a_2 & 0 & \cdots & 0 \\ -1 & 0 & 0 & x_3 - a_3 & \cdots & 0 \\ \vdots & \vdots & \vdots & \vdots & \ddots & \vdots \\ -1 & 0 & 0 & 0 & \cdots & x_n - a_n \end{vmatrix}$$

$$= \begin{vmatrix} x_1 - a_1 & & & \\ & x_2 - a_2 & & \\ & & \ddots & \\ & & & x_n - a_n \end{vmatrix} \times$$

$$\left[ 1 + (a_1 \quad a_2 \quad \cdots \quad a_n) \begin{pmatrix} x_1 - a_1 & & & \\ & x_2 - a_2 & & \\ & & \ddots & \\ & & & x_n - a_n \end{pmatrix}^{-1} \begin{pmatrix} 1 \\ 1 \\ \vdots \\ 1 \end{pmatrix} \right]$$

$$= \prod_{i=1}^{n} (x_i - a_i) \left( 1 + \sum_{i=1}^{n} \frac{a_i}{x_i - a_i} \right)$$

(2) 已证

$$D_n = \begin{vmatrix} x_1 & a & a & \cdots & a \\ a & x_2 & a & \cdots & a \\ a & a & x_3 & \cdots & a \\ \vdots & \vdots & \vdots & \ddots & \vdots \\ a & a & a & \cdots & x_n \end{vmatrix} = \prod_{i=1}^{n} (x_i - a) \left( 1 + a \sum_{i=1}^{n} \frac{1}{x_i - a} \right)$$

因为 $x_1, x_2, \cdots, x_n$ 是 $x^n = 1$ 的所有的根:$x^n - 1 = (x - x_1)(x - x_2)\cdots(x - x_n)$,所以

$$\prod_{i=1}^{n} (x_i - a) = (-1)^n \prod_{i=1}^{n} (a - x_i) = (-1)^n (a^n - 1)$$

于是

$$D_n=(-1)^n(a^n-1)\left(1+a\sum_{i=1}^{n}\frac{1}{x_i-a}\right)=(-1)^n\left[a^n-1-a\sum_{i=1}^{n}\frac{a^n-1}{a-x_i}\right]$$

计算

$$\begin{aligned}\sum_{i=1}^{n}\frac{a^n-1}{a-x_i}&=\sum_{i=1}^{n}\frac{a^n-x_i^n}{a-x_i}=\sum_{i=1}^{n}(a^{n-1}+a^{n-2}x_i+a^{n-3}x_i^2+\cdots+ax_i^{n-2}+x_i^{n-1})\\&=\sum_{i=1}^{n}a^{n-1}+a^{n-2}\sum_{i=1}^{n}x_i+a^{n-3}\sum_{i=1}^{n}x_i^2+\cdots+a\sum_{i=1}^{n}x_i^{n-2}+\sum_{i=1}^{n}x_i^{n-1}\end{aligned}$$

因为 $x_1,x_2,\cdots,x_n$ 满足 $x^n-1=(x-x_1)(x-x_2)\cdots(x-x_n)$，所以必有

$$\sum_{i=1}^{n}x_i=0,\sum_{i=1}^{n}x_i^2=0,\cdots,\sum_{i=1}^{n}x_i^{n-1}=0,\sum_{i=1}^{n}\frac{a^n-1}{a-x_i}=\sum_{i=1}^{n}a^{n-1}=na^{n-1}$$

于是

$$D_n=(-1)^n[a^n-1-naa^{n-1}]=(-1)^{n+1}[1+(n-1)a^n]$$

**【注】**　证明：$\sum_{i=1}^{n}x_i=0,\sum_{i=1}^{n}x_i^2=0,\cdots,\sum_{i=1}^{n}x_i^k=0,\cdots,\sum_{i=1}^{n}x_i^{n-1}=0.$

$n$ 个 $n$ 次单位根为 $1,\omega,\omega^2,\cdots,\omega^{n-1},\omega=e^{i\theta}=\cos\theta+i\sin\theta,\theta=\frac{2\pi}{n}$，即

$$x_1=1,x_2=\omega,x_3=\omega^2,\cdots,x_n=\omega^{n-1}$$

$$x_1^k=1,x_2^k=\omega^k,x_3^k=(\omega^k)^2,\cdots,x_n^k=(\omega^k)^{n-1},1\leqslant k\leqslant n$$

记 $\lambda=\omega^k,1\leqslant k\leqslant n-1$，必有

$$\sum_{i=1}^{n}x_i^k=1+\lambda+\lambda^2+\lambda^3+\cdots+\lambda^{n-1}=\frac{\lambda^n-1}{\lambda-1}=0$$

例如：四次单位根为 $1,i,-1,-i$. 有

$$\sum_{i=1}^{n}x_i=0,\sum_{i=1}^{n}x_i^2=1-1+1-1=0,\sum_{i=1}^{n}x_i^3=1+(-i)+(-1)+i=0$$

## §5　矩阵的秩

关于矩阵的秩，有以下结论：

(1) 三类初等变换都不改变矩阵 $\boldsymbol{A}$ 中非零子式的最高阶数，也就是不改变 $\boldsymbol{A}$ 的秩.

(2) 对于任意一个 $m\times n$ 矩阵 $\boldsymbol{A}$，必存在 $m$ 阶可逆矩阵 $\boldsymbol{P}$ 和 $n$ 阶可逆矩阵 $\boldsymbol{Q}$ 使得 $\boldsymbol{PAQ}=\begin{pmatrix}\boldsymbol{I}_r&\boldsymbol{O}\\\boldsymbol{O}&\boldsymbol{O}\end{pmatrix}$，称为 $\boldsymbol{A}$ 的等价标准形，其中 $r=R(\boldsymbol{A})$ 为 $\boldsymbol{A}$ 的秩，这里 $\boldsymbol{P}$ 是若干个 $m$ 阶初等方阵的乘积，$\boldsymbol{Q}$ 是若干个 $n$ 阶初等方阵的乘积.

(3) 当 $\boldsymbol{P}$ 为可逆矩阵时,必有 $R(\boldsymbol{PA})=R(\boldsymbol{A}),R(\boldsymbol{BP})=R(\boldsymbol{B})$.

(4) $n$ 阶方阵 $\boldsymbol{A}$ 为可逆矩阵 $\Leftrightarrow R(\boldsymbol{A})=n \Leftrightarrow \boldsymbol{A}$ 可写成若干个初等方阵的乘积.

可逆矩阵称为满秩矩阵.

秩是 $m$ 的 $m\times n$ 矩阵称为行满秩矩阵;秩是 $n$ 的 $m\times n$ 矩阵称为列满秩矩阵.

(5) $R(\boldsymbol{A}')=R(\boldsymbol{A})$.

(6) $R(\boldsymbol{A}+\boldsymbol{B})\leqslant R(\boldsymbol{A},\boldsymbol{B})\leqslant R(\boldsymbol{A})+R(\boldsymbol{B})$.

(7) $R\begin{pmatrix}\boldsymbol{A} & \boldsymbol{O}\\ \boldsymbol{O} & \boldsymbol{B}\end{pmatrix}=R\begin{pmatrix}\boldsymbol{O} & \boldsymbol{A}\\ \boldsymbol{B} & \boldsymbol{O}\end{pmatrix}=R(\boldsymbol{A})+R(\boldsymbol{B})$.

$R\begin{pmatrix}\boldsymbol{A} & \boldsymbol{C}\\ \boldsymbol{O} & \boldsymbol{B}\end{pmatrix}\geqslant R(\boldsymbol{A})+R(\boldsymbol{B}),R\begin{pmatrix}\boldsymbol{A} & \boldsymbol{O}\\ \boldsymbol{C} & \boldsymbol{B}\end{pmatrix}\geqslant R(\boldsymbol{A})+R(\boldsymbol{B})$.

(8) 设 $\boldsymbol{A}$ 是 $m\times n$ 矩阵,$\boldsymbol{B}$ 是 $n\times k$ 矩阵,则有秩估计式(Sylvester 公式)

$$R(\boldsymbol{A})+R(\boldsymbol{B})-n\leqslant R(\boldsymbol{AB})\leqslant \min\{R(\boldsymbol{A}),R(\boldsymbol{B})\}$$

特别地,当 $\boldsymbol{AB}=\boldsymbol{O}$ 时,必有 $R(\boldsymbol{A})+R(\boldsymbol{B})\leqslant n$.

1. 如果在一个 $m\times n$ 矩阵 $\boldsymbol{A}$ 中,已经找到某个 $r$ 阶子行列式 $D_r\neq 0$,那么 $\boldsymbol{A}$ 的秩(　　).

(A) $R(\boldsymbol{A})=r$　　(B) $R(\boldsymbol{A})\leqslant r$

(C) $R(\boldsymbol{A})\geqslant r$　　(D) 可以是任意正整数

**【解】** 矩阵 $\boldsymbol{A}$ 的秩是 $\boldsymbol{A}$ 中非零子式的最高阶数. 既然存在某个 $D_r\neq 0$,那么一定有 $R(\boldsymbol{A})\geqslant r$. 所以应选(C).

**【注】** 因为可能存在阶数大于 $r$ 的非零子式,所以不能说 $R(\boldsymbol{A})=r$.

2. 如果在一个 $m\times n$ 矩阵 $\boldsymbol{A}$ 中,发现所有的 $r+1$ 阶子行列式 $D_{r+1}=0$,$r$ 是某个确定的正整数,那么 $\boldsymbol{A}$ 的秩(　　).

(A) $R(\boldsymbol{A})=r$　　(B) $R(\boldsymbol{A})\leqslant r$

(C) $R(\boldsymbol{A})\geqslant r$　　(D) 可以是任意正整数

**【解】** 既然所有的 $r+1$ 阶子行列式 $D_{r+1}=0$,而所有阶数高于 $r+1$ 的子式都可以展开成 $r+1$ 阶子行列式的和,其值必为零. 由此可见,所有阶数大于 $r+1$ 的子式都为零,于是一定有 $R(\boldsymbol{A})\leqslant r$. 所以应选(B).

**【注】** 因为非零子式的最高阶数可能小于 $r$,所以不能说 $R(\boldsymbol{A})=r$.

3. 设 $\boldsymbol{A}$ 是 $m\times n$ 矩阵,则 $\boldsymbol{A}$ 的秩为 $r(r<\min\{m,n\})$ 的充要条件是(　　).

(A) $\boldsymbol{A}$ 中至少有一个 $r$ 阶子式不为零,且没有等于零的 $r-1$ 阶子式

(B) $\boldsymbol{A}$ 中必有不等于零的 $r$ 阶子式,且所有 $r+1$ 阶子式都为零

(C) $\boldsymbol{A}$ 中必有等于零的 $r$ 阶子式，且没有不等于零的 $r+1$ 阶子式

(D) $\boldsymbol{A}$ 中没有等于零的 $r$ 阶子式，但所有 $r+1$ 阶子式都为零

**【解】** 应选(B). 因为 $\boldsymbol{A}$ 的秩 $r<\min\{m,n\}$，所以 $\boldsymbol{A}$ 中一定存在阶数大于 $r$ 的子行列式. 因为所有 $r+1$ 阶子式都为零，而阶数大于 $r+1$ 的子行列式必可展开成 $r+1$ 的子行列式的和，它们都是零，所以当(B) 满足时，$r$ 就是 $\boldsymbol{A}$ 中非零子式的最高阶数，(B) 正确.

**【注】** 当 $\boldsymbol{A}$ 中至少有一个 $r$ 阶子式不为零时，只能断定 $R(\boldsymbol{A})\geqslant r$. 此时，允许有等于零的 $r-1$ 阶子式. 所以(A) 错误.

当(C) 满足时，说明 $\boldsymbol{A}$ 中所有高于 $r$ 阶的子式都是零，此时只能断定 $R(\boldsymbol{A})\leqslant r$. 所以(C) 错误.

当(D) 满足时，说明 $\boldsymbol{A}$ 中所有 $r$ 阶子式都不是零，而且 $r$ 就是 $\boldsymbol{A}$ 中非零子式的最高阶数. 此时，当然可以断定 $R(\boldsymbol{A})=r$. 但是，当 $R(\boldsymbol{A})=r$ 时，也允许存在 $r$ 阶零子式. 这就是说，(D) 是 $R(\boldsymbol{A})=r$ 的充分条件而不是必要条件，所以(D) 错误.

4. 设 $\boldsymbol{A}$ 和 $\boldsymbol{B}$ 都是 $n$ 阶方阵. 如果 $\boldsymbol{A}$ 和 $\boldsymbol{B}$ 的秩分别为 $r$ 和 $n$，则 $R(\boldsymbol{AB})-R(\boldsymbol{A})=(\quad)$.

(A) 0　　(B) $r$　　(C) $n$　　(D) $rn-r$

**【解】** 由条件知 $\boldsymbol{B}$ 是可逆矩阵，必有 $R(\boldsymbol{AB})-R(\boldsymbol{A})=R(\boldsymbol{A})-R(\boldsymbol{A})=0$. 应选(A).

5. 求出矩阵 $\boldsymbol{A}=\begin{pmatrix}3&2&-1&-3&-2\\2&-1&3&1&-3\\7&0&5&-1&-8\end{pmatrix}$ 的秩.

**【解】** $\boldsymbol{A}=\begin{pmatrix}3&2&-1&-3&-2\\2&-1&3&1&-3\\7&0&5&-1&-8\end{pmatrix}\to\begin{pmatrix}7&0&5&-1&-8\\2&-1&3&1&-3\\7&0&5&-1&-8\end{pmatrix}=\boldsymbol{B}$.

$R(\boldsymbol{A})=R(\boldsymbol{B})=2$.

**【注】** 利用 $a_{22}=-1\neq0$ 把 $\boldsymbol{A}$ 中第二列中其他元素化为0. 因为 $\boldsymbol{B}$ 中的第一行与第三行相同，所以 $\boldsymbol{B}$ 中任意3阶子式都是零. 但 $\boldsymbol{B}$ 中有2阶非零子式，所以 $R(\boldsymbol{A})=R(\boldsymbol{B})=2$.

6. 求出矩阵 $\boldsymbol{A}=\begin{pmatrix}1&4&-1&2&2\\2&-2&1&1&0\\-2&-1&3&2&0\end{pmatrix}$ 的秩.

【解】 $A=\begin{pmatrix}1&4&-1&2&2\\2&-2&1&1&0\\-2&-1&3&2&0\end{pmatrix}\to\begin{pmatrix}1&4&-1&2&2\\2&-2&1&1&0\\-6&3&1&0&0\end{pmatrix}=B.$

$R(A)=R(B)=3.$

【注】 利用 $a_{24}=1\neq0$ 把 $A$ 中第三行与第四列交叉处的元素化为0. 因为 $B$ 中的后三列构成3阶可逆矩阵,所以 $R(A)=R(B)=3.$

7. 求出矩阵 $A=\begin{pmatrix}1&1&1&0&1\\2&1&-1&1&1\\1&2&-1&1&2\\0&1&2&3&3\end{pmatrix}$ 的秩.

【解】 $A=\begin{pmatrix}1&1&1&0&1\\2&1&-1&1&1\\1&2&-1&1&2\\0&1&2&3&3\end{pmatrix}\to\begin{pmatrix}1&1&1&0&1\\0&-1&-3&1&-1\\0&1&-2&1&1\\0&1&2&3&3\end{pmatrix}\to$

$$\begin{pmatrix}1&1&1&0&1\\0&-1&-3&1&-1\\0&0&-5&2&0\\0&0&-1&4&2\end{pmatrix}\to\begin{pmatrix}1&1&1&0&1\\0&-1&-3&1&-1\\0&0&0&-18&-10\\0&0&-1&4&2\end{pmatrix}=B$$

易见 $R(A)=R(B)=4.$

【注】 虽然 $B$ 不是行阶梯形矩阵,但是,其中有4阶非零子式,所以,它的秩显然为4.

8. 证明以下分块矩阵秩估计式:

(1) $R\begin{pmatrix}A&C\\O&B\end{pmatrix}\geqslant R(A)+R(B).$

(2) $R\begin{pmatrix}A&O\\C&B\end{pmatrix}\geqslant R(A)+R(B).$

(3) 当 $A$ 或 $B$ 是可逆矩阵时, $R\begin{pmatrix}A&C\\O&B\end{pmatrix}=R\begin{pmatrix}A&O\\C&B\end{pmatrix}=R(A)+R(B).$

(4) $R\begin{pmatrix}C&A\\B&O\end{pmatrix}\geqslant R(A)+R(B).$

(5) $R\begin{pmatrix}O&A\\B&C\end{pmatrix}\geqslant R(A)+R(B).$

(6) 当 $A$ 或 $B$ 是可逆矩阵时, $R\begin{pmatrix}O&A\\B&C\end{pmatrix}=R\begin{pmatrix}C&A\\B&O\end{pmatrix}=R(A)+R(B).$

【证】　(1) 记 $M=\begin{pmatrix}A & C\\ O & B\end{pmatrix}$. 设 $R(A)=r,R(B)=s$.

取 $A$ 的最高阶非零子式 $D_1=|A_1|_r$, $B$ 的最高阶非零子式 $D_2=|B_1|_s$, 则 $M$ 中必有 $r+s$ 阶子式 $D=\begin{vmatrix}A_1 & *\\ O & B_1\end{vmatrix}=D_1D_2\neq 0$, 于是必有 $R(M)\geqslant R(A)+R(B)$.

(2) 记 $M=\begin{pmatrix}A & O\\ C & B\end{pmatrix}$, 则 $M'=\begin{pmatrix}A' & C'\\ O & B'\end{pmatrix}$, 必有

$$R(M)=R(M')\geqslant R(A')+R(B')=R(A)+R(B)$$

(3) 当 $A$ 是可逆矩阵时, 由

$$\begin{pmatrix}A & C\\ O & B\end{pmatrix}\begin{pmatrix}I & -A^{-1}C\\ O & I\end{pmatrix}=\begin{pmatrix}A & O\\ O & B\end{pmatrix} \text{和} R\begin{pmatrix}A & C\\ O & B\end{pmatrix}=R(A)+R(B)$$

当 $B$ 是可逆矩阵时, 由

$$\begin{pmatrix}I & -CB^{-1}\\ O & I\end{pmatrix}\begin{pmatrix}A & C\\ O & B\end{pmatrix}=\begin{pmatrix}A & O\\ O & B\end{pmatrix} \text{和} R\begin{pmatrix}A & C\\ O & B\end{pmatrix}=R(A)+R(B)$$

当 $A$ 或 $B$ 是可逆矩阵时

$$R\begin{pmatrix}A & O\\ C & B\end{pmatrix}=R\begin{pmatrix}A' & C'\\ O & B'\end{pmatrix}=R(A')+R(B')=R(A)+R(B)$$

利用矩阵等式

$$\begin{pmatrix}A & C\\ O & B\end{pmatrix}\begin{pmatrix}O & I\\ I & O\end{pmatrix}=\begin{pmatrix}C & A\\ B & O\end{pmatrix} \quad \text{和} \quad \begin{pmatrix}A & O\\ C & B\end{pmatrix}\begin{pmatrix}O & I\\ I & O\end{pmatrix}=\begin{pmatrix}O & A\\ B & C\end{pmatrix}$$

和 $\begin{pmatrix}O & I\\ I & O\end{pmatrix}$ 是可逆矩阵可证其余三个结论.

【注】　$R\begin{pmatrix}A & C\\ O & B\end{pmatrix}\geqslant R(A)+R(B)$, $R\begin{pmatrix}A & O\\ C & B\end{pmatrix}\geqslant R(A)+R(B)$ 中的等号未必成立.

例如, 对于 2 阶矩阵就有 $R\begin{pmatrix}0 & 1\\ 0 & 0\end{pmatrix}=1>R(0)+R(0)=0$.

9. 设 $A$ 是 $m\times n$ 矩阵, $B$ 是 $n\times k$ 矩阵, 证明有秩估计式

$$R(AB)\leqslant \min\{R(A),R(B)\}$$

【证】　设 $R(A)=r,R(B)=s$. 用矩阵的等价标准形可设

$$A=P\begin{pmatrix}I_r & O\\ O & O\end{pmatrix}Q, B=S\begin{pmatrix}I_s & O\\ O & O\end{pmatrix}T$$

其中 $\boldsymbol{P},\boldsymbol{Q},\boldsymbol{S},\boldsymbol{T}$ 都是可逆矩阵. 设 $\boldsymbol{QS}=\begin{pmatrix}\boldsymbol{X} & \boldsymbol{Y}\\ \boldsymbol{Z} & \boldsymbol{W}\end{pmatrix}$,其中 $\boldsymbol{X}$ 为 $r\times s$ 矩阵,则

$$\boldsymbol{AB}=\boldsymbol{P}\begin{pmatrix}\boldsymbol{I}_r & \boldsymbol{O}\\ \boldsymbol{O} & \boldsymbol{O}\end{pmatrix}\begin{pmatrix}\boldsymbol{X} & \boldsymbol{Y}\\ \boldsymbol{Z} & \boldsymbol{W}\end{pmatrix}\begin{pmatrix}\boldsymbol{I}_s & \boldsymbol{O}\\ \boldsymbol{O} & \boldsymbol{O}\end{pmatrix}\boldsymbol{T}=\boldsymbol{P}\begin{pmatrix}\boldsymbol{X} & \boldsymbol{O}\\ \boldsymbol{O} & \boldsymbol{O}\end{pmatrix}\boldsymbol{T}$$

因为 $\boldsymbol{P},\boldsymbol{T}$ 都是可逆矩阵,所以

$$R(\boldsymbol{AB})=R(\boldsymbol{X})\leqslant\min\{r,s\}=\min\{R(\boldsymbol{A}),R(\boldsymbol{B})\}$$

10. 设 $\boldsymbol{A}$ 是 $m\times n$ 矩阵,$\boldsymbol{P}$ 是 $m$ 阶可逆矩阵,$\boldsymbol{Q}$ 是 $n$ 阶可逆矩阵,则必有

$$R(\boldsymbol{PA})=R(\boldsymbol{A}),R(\boldsymbol{AQ})=R(\boldsymbol{A})$$

【证】 记 $\boldsymbol{B}=\boldsymbol{PA}$,则必有 $\boldsymbol{A}=\boldsymbol{P}^{-1}\boldsymbol{B}$,于是由

$$R(\boldsymbol{B})=R(\boldsymbol{PA})\leqslant R(\boldsymbol{A}),R(\boldsymbol{A})=R(\boldsymbol{P}^{-1}\boldsymbol{B})\leqslant R(\boldsymbol{B})$$

如 $R(\boldsymbol{B})=R(\boldsymbol{A})$,则 $R(\boldsymbol{PA})=R(\boldsymbol{A})$.

据此即可证得

$$R(\boldsymbol{AQ})=R(\boldsymbol{AQ})'=R(\boldsymbol{Q}'\boldsymbol{A}')=R(\boldsymbol{A}')=R(\boldsymbol{A})$$

11. 设 $\boldsymbol{A}$ 是 $m\times n$ 矩阵,$\boldsymbol{B}$ 是 $n\times k$ 矩阵,证明有秩估计式(Sylvester 公式)

$$R(\boldsymbol{AB})\geqslant R(\boldsymbol{A})+R(\boldsymbol{B})-n$$

当 $\boldsymbol{AB}=\boldsymbol{O}$ 时,必有 $R(\boldsymbol{A})+R(\boldsymbol{B})\leqslant n$.

【证】 因为

$$\begin{pmatrix}\boldsymbol{I}_n & \boldsymbol{O}\\ \boldsymbol{A} & \boldsymbol{I}_m\end{pmatrix}\begin{pmatrix}\boldsymbol{I}_n & \boldsymbol{O}\\ \boldsymbol{O} & \boldsymbol{AB}\end{pmatrix}\begin{pmatrix}\boldsymbol{I}_n & -\boldsymbol{B}\\ \boldsymbol{O} & \boldsymbol{I}_k\end{pmatrix}=\begin{pmatrix}\boldsymbol{I}_n & \boldsymbol{O}\\ \boldsymbol{A} & \boldsymbol{AB}\end{pmatrix}\begin{pmatrix}\boldsymbol{I}_n & -\boldsymbol{B}\\ \boldsymbol{O} & \boldsymbol{I}_k\end{pmatrix}=\begin{pmatrix}\boldsymbol{I}_n & -\boldsymbol{B}\\ \boldsymbol{A} & \boldsymbol{O}\end{pmatrix}$$

所以

$$R(\boldsymbol{I}_n)+R(\boldsymbol{AB})=R\begin{pmatrix}\boldsymbol{I}_n & \boldsymbol{O}\\ \boldsymbol{O} & \boldsymbol{AB}\end{pmatrix}=R\begin{pmatrix}\boldsymbol{I}_n & -\boldsymbol{B}\\ \boldsymbol{A} & \boldsymbol{O}\end{pmatrix}\geqslant R(\boldsymbol{A})+R(\boldsymbol{B})$$

即

$$R(\boldsymbol{AB})\geqslant R(\boldsymbol{A})+R(\boldsymbol{B})-n$$

当 $\boldsymbol{AB}=\boldsymbol{O}$ 时,必有 $R(\boldsymbol{A})+R(\boldsymbol{B})-n\leqslant R(\boldsymbol{AB})=0,R(\boldsymbol{A})+R(\boldsymbol{B})\leqslant n$.

12. 证明 $R(\boldsymbol{ABC})\geqslant R(\boldsymbol{AB})+R(\boldsymbol{BC})-R(\boldsymbol{B})$.

【证】 因为

$$\begin{pmatrix}\boldsymbol{I} & \boldsymbol{A}\\ \boldsymbol{O} & \boldsymbol{I}\end{pmatrix}\begin{pmatrix}\boldsymbol{ABC} & \boldsymbol{O}\\ \boldsymbol{O} & \boldsymbol{B}\end{pmatrix}\begin{pmatrix}\boldsymbol{I} & \boldsymbol{O}\\ -\boldsymbol{C} & \boldsymbol{I}\end{pmatrix}=\begin{pmatrix}\boldsymbol{ABC} & \boldsymbol{AB}\\ \boldsymbol{O} & \boldsymbol{B}\end{pmatrix}\begin{pmatrix}\boldsymbol{I} & \boldsymbol{O}\\ -\boldsymbol{C} & \boldsymbol{I}\end{pmatrix}=\begin{pmatrix}\boldsymbol{O} & \boldsymbol{AB}\\ -\boldsymbol{BC} & \boldsymbol{B}\end{pmatrix}$$

所以

$$R(\boldsymbol{ABC})+R(\boldsymbol{B})=R\begin{pmatrix}\boldsymbol{ABC} & \boldsymbol{O}\\ \boldsymbol{O} & \boldsymbol{B}\end{pmatrix}=R\begin{pmatrix}\boldsymbol{O} & \boldsymbol{AB}\\ -\boldsymbol{BC} & \boldsymbol{B}\end{pmatrix}\geqslant R(\boldsymbol{AB})+R(\boldsymbol{BC})$$

即

$$R(\boldsymbol{ABC}) \geqslant R(\boldsymbol{AB}) + R(\boldsymbol{BC}) - R(\boldsymbol{B})$$

【注】　在本章 §6 题 6 中将用矩阵的满秩分解证明这公式.

13. 设 $\boldsymbol{A}$ 和 $\boldsymbol{B}$ 都是 $m \times n$ 矩阵,证明:

(1) 如果对于某个秩为 $n$ 的 $n \times k$ 矩阵 $\boldsymbol{C}$ 有 $\boldsymbol{AC} = \boldsymbol{BC}$,则有 $\boldsymbol{A} = \boldsymbol{B}$.

(2) 如果对于某个秩为 $k$ 的 $n \times k$ 矩阵 $\boldsymbol{C}$ 有 $\boldsymbol{CA} = \boldsymbol{CB}$,则有 $\boldsymbol{A} = \boldsymbol{B}$.

【证】　(1) 由 $\boldsymbol{AC} = \boldsymbol{BC}$ 知$(\boldsymbol{A} - \boldsymbol{B})\boldsymbol{C} = \boldsymbol{O}$. 不妨设 $\boldsymbol{C} = (\boldsymbol{C}_1 \quad \boldsymbol{C}_2)$,其中 $\boldsymbol{C}_1$ 为 $n$ 阶可逆矩阵(只要适当重排 $\boldsymbol{C}$ 的各列次序,而它仍保持 $\boldsymbol{C}$ 的秩不变),则由 $(\boldsymbol{A} - \boldsymbol{B})(\boldsymbol{C}_1 \quad \boldsymbol{C}_2) = \boldsymbol{O}$ 知

$$(\boldsymbol{A} - \boldsymbol{B})\boldsymbol{C}_1 = \boldsymbol{O}, \boldsymbol{A} - \boldsymbol{B} = \boldsymbol{O}, \boldsymbol{A} = \boldsymbol{B}$$

或者,由 $\boldsymbol{AC} = \boldsymbol{BC}$ 知$(\boldsymbol{A} - \boldsymbol{B})\boldsymbol{C} = \boldsymbol{O}$. 因为 $\boldsymbol{C}$ 是行满秩矩阵,它的 $n$ 个行向量线性无关,所以必有 $\boldsymbol{A} - \boldsymbol{B} = \boldsymbol{O}, \boldsymbol{A} = \boldsymbol{B}$.

(2) 由 $\boldsymbol{CA} = \boldsymbol{CB}$ 和 $\boldsymbol{A}'\boldsymbol{C}' = \boldsymbol{B}'\boldsymbol{C}'$. 因为 $\boldsymbol{C}'$ 是秩为 $k$ 的 $k \times n$ 矩阵,由(1)所证知

$$\boldsymbol{A}' = \boldsymbol{B}', \boldsymbol{A} = \boldsymbol{B}$$

【注】　这说明任意一个行满秩矩阵必可从矩阵等式的右侧消去;任意一个列满秩矩阵必可从矩阵等式的左侧消去.

14. 设 $\boldsymbol{A}$ 是 $m \times n$ 矩阵.

(1) 如果 $\boldsymbol{P}$ 是 $k \times m$ 列满秩矩阵,则 $R(\boldsymbol{PA}) = R(\boldsymbol{A})$.

(2) 如果 $\boldsymbol{Q}$ 是 $n \times s$ 行满秩矩阵,则 $R(\boldsymbol{AQ}) = R(\boldsymbol{A})$.

【证】　(1) 由

$$R(\boldsymbol{P}) = m \text{ 和 } R(\boldsymbol{A}) \geqslant R(\boldsymbol{PA}) \geqslant R(\boldsymbol{P}) + R(\boldsymbol{A}) - m = R(\boldsymbol{A})$$

知

$$R(\boldsymbol{PA}) = R(\boldsymbol{A})$$

或者,因为 $\boldsymbol{P}$ 是列满秩矩阵,$\boldsymbol{PAx} = \boldsymbol{0}$ 与 $\boldsymbol{Ax} = \boldsymbol{0}$ 必为同解齐次线性方程组,两个同解的齐次线性方程组的系数矩阵的秩必相同,所以必有

$$R(\boldsymbol{PA}) = R(\boldsymbol{A})$$

(2) 由 $\boldsymbol{Q}$ 是行满秩矩阵知 $\boldsymbol{Q}'$ 是列满秩矩阵,所以

$$R(\boldsymbol{AQ}) = R(\boldsymbol{Q}'\boldsymbol{A}') = R(\boldsymbol{A}') = R(\boldsymbol{A})$$

或者,由

$$R(\boldsymbol{Q}) = n \text{ 和 } R(\boldsymbol{A}) \geqslant R(\boldsymbol{AQ}) \geqslant R(\boldsymbol{A}) + R(\boldsymbol{Q}) - n = R(\boldsymbol{A})$$

也可证得 $R(\boldsymbol{AQ}) = R(\boldsymbol{A})$.

15. 证明以下秩估计式:

(1) 设 $\boldsymbol{A}$ 是 $m \times n$ 矩阵,$\boldsymbol{B}$ 是 $l \times n$ 矩阵,则

$$\max\{R(\boldsymbol{A}),R(\boldsymbol{B})\} \leqslant R\begin{pmatrix}\boldsymbol{A}\\ \boldsymbol{B}\end{pmatrix} \leqslant R(\boldsymbol{A}) + R(\boldsymbol{B})$$

(2) 设 $\boldsymbol{A}$ 和 $\boldsymbol{B}$ 都是 $m \times n$ 矩阵,则

$$|R(\boldsymbol{A}) - R(\boldsymbol{B})| \leqslant R(\boldsymbol{A} \pm \boldsymbol{B}) \leqslant R(\boldsymbol{A}) + R(\boldsymbol{B})$$

**【证】** (1) 因为矩阵的秩就是它的非零子式的最高阶数,所以显然有

$$R\begin{pmatrix}\boldsymbol{A}\\ \boldsymbol{B}\end{pmatrix} \geqslant \max\{R(\boldsymbol{A}),R(\boldsymbol{B})\}$$

取 $\boldsymbol{A}$ 的最高阶非零子式 $D_1 = |\boldsymbol{A}_1|_r$,$\boldsymbol{B}$ 的最高阶非零子式 $D_2 = |\boldsymbol{B}_1|_s$,则 $\begin{pmatrix}\boldsymbol{A}\\ \boldsymbol{B}\end{pmatrix}$ 中可能出现的阶数最高的非零子式对应的子矩阵为 $\begin{pmatrix}\boldsymbol{A}_1 & \boldsymbol{O}\\ \boldsymbol{O} & \boldsymbol{B}_1\end{pmatrix}$,所以必有 $R\begin{pmatrix}\boldsymbol{A}\\ \boldsymbol{B}\end{pmatrix} \leqslant R(\boldsymbol{A}) + R(\boldsymbol{B})$.

(2) 因为 $(\boldsymbol{I}_m \quad \boldsymbol{I}_m)\begin{pmatrix}\boldsymbol{A}\\ \boldsymbol{B}\end{pmatrix} = \boldsymbol{A} + \boldsymbol{B}$,所以

$$R(\boldsymbol{A} + \boldsymbol{B}) \leqslant R\begin{pmatrix}\boldsymbol{A}\\ \boldsymbol{B}\end{pmatrix} \leqslant R(\boldsymbol{A}) + R(\boldsymbol{B})$$

取 $\boldsymbol{B}$ 为 $-\boldsymbol{B}$,即得

$$R(\boldsymbol{A} - \boldsymbol{B}) \leqslant R(\boldsymbol{A}) + R(-\boldsymbol{B}) = R(\boldsymbol{A}) + R(\boldsymbol{B})$$

因为 $R(\boldsymbol{A}) = R[(\boldsymbol{A} - \boldsymbol{B}) + \boldsymbol{B}] \leqslant R(\boldsymbol{A} - \boldsymbol{B}) + R(\boldsymbol{B})$,所以

$$R(\boldsymbol{A} - \boldsymbol{B}) \geqslant R(\boldsymbol{A}) - R(\boldsymbol{B})$$

$$R(\boldsymbol{A} - \boldsymbol{B}) = R(\boldsymbol{B} - \boldsymbol{A}) \geqslant R(\boldsymbol{B}) - R(\boldsymbol{A})$$

于是必有

$$R(\boldsymbol{A} - \boldsymbol{B}) \geqslant |R(\boldsymbol{A}) - R(\boldsymbol{B})|$$

取 $\boldsymbol{B}$ 为 $-\boldsymbol{B}$,即得

$$R(\boldsymbol{A} + \boldsymbol{B}) \geqslant |R(\boldsymbol{A}) - R(\boldsymbol{B})|$$

16. 证明对任一 $n$ 阶矩阵 $\boldsymbol{A}$ 有 $R(\boldsymbol{A}) + R(\boldsymbol{I}_n + \boldsymbol{A}) \geqslant n$.

**【证】** $R(\boldsymbol{A}) + R(\boldsymbol{I}_n + \boldsymbol{A}) = R(-\boldsymbol{A}) + R(\boldsymbol{I}_n + \boldsymbol{A}) \geqslant R(-\boldsymbol{A} + \boldsymbol{I}_n + \boldsymbol{A}) = R(\boldsymbol{I}_n) = n$.

17. 证明对于任意 $n$ 阶矩阵 $\boldsymbol{A}$,必有行列式计算公式 $|\boldsymbol{A}^*| = |\boldsymbol{A}|^{n-1}$.

**【证】** 由 $\boldsymbol{A}\boldsymbol{A}^* = |\boldsymbol{A}|\boldsymbol{I}_n$ 知 $|\boldsymbol{A}| \times |\boldsymbol{A}^*| = |\boldsymbol{A}|^n$.

如果 $|\boldsymbol{A}| \neq 0$,则立刻得到 $|\boldsymbol{A}^*| = |\boldsymbol{A}|^{n-1}$.

如果 $|\boldsymbol{A}| = 0$,要证 $|\boldsymbol{A}^*| = 0$. 用反证法. 如果 $|\boldsymbol{A}^*| \neq 0$,则 $\boldsymbol{A}^*$ 是可逆矩阵,由 $\boldsymbol{A}\boldsymbol{A}^* = |\boldsymbol{A}|\boldsymbol{I}_n = \boldsymbol{O}$ 知 $\boldsymbol{A} = \boldsymbol{O}$,必有 $\boldsymbol{A}^* = \boldsymbol{O}$,这与 $|\boldsymbol{A}^*| \neq \boldsymbol{O}$ 矛盾,所

以 $|A^*|=0$.

18. 设 $A^*$ 是 $n$ 阶矩阵 $A$ 的伴随矩阵,证明

$$R(A^*)=\begin{cases}n, 若 R(A)=n\\1, 若 R(A)=n-1\\0, 若 R(A)<n-1\end{cases}$$

由此可知,任意一个不可逆矩阵的伴随矩阵的秩不会大于1.

【证】　当 $R(A)=n$ 时,$|A|\neq 0$,必有 $|A^*|=|A|^{n-1}\neq 0$,于是必有 $R(A^*)=n$.

当 $R(A)<n-1$ 时,由秩的定义知道,$A$ 的任意一个 $n-1$ 阶子式全为零,所以,$A^*$ 中的 $n^2$ 个元素 $A_{ij}=(-1)^{i+j}M_{ij}$ 全为零,即 $A^*=O$,必有 $R(A^*)=0$.

当 $R(A)=n-1$ 时,$A$ 中至少有某个 $n-1$ 阶子式 $M_{ij}\neq 0$,这说明 $A^*\neq O$,必有 $R(A^*)\geqslant 1$. 另一方面,由 $R(A)=n-1$ 知道 $|A|=0$,于是必有

$$AA^*=|A|I_n=O, R(A)+R(A^*)\leqslant n$$

于是,$R(A^*)\leqslant n-R(A)=n-(n-1)=1$. 这就证明了 $R(A^*)=1$.

19. 设 $A$ 是 $n$ 阶矩阵,证明 $(A^*)^*=|A|^{n-2}A$.

【证】　因为对任意一个 $n$ 阶矩阵 $A$ 都有

$$AA^*=|A|\times I_n, |A^*|=|A|^{n-1}$$

所以对 $n$ 阶矩阵 $A^*$ 必有

$$A^*(A^*)^*=|A^*|\times I_n=|A|^{n-1}\times I_n$$

用 $A$ 左乘上式进一步得到

$$AA^*(A^*)^*=|A|^{n-1}A, |A|(A^*)^*=|A|^{n-1}A$$

当 $|A|\neq 0$ 时,立得 $(A^*)^*=|A|^{n-2}A$.

当 $|A|=0$ 时,则 $R(A^*)\leqslant 1$.

对于 $n\geqslant 3, n-1\geqslant 2$,因为 $(A^*)^*$ 中元素都是 $A^*$ 中元素的代数余子式,它们都是 $n-1$ 阶行列式. 根据 $R(A^*)\leqslant 1<2\leqslant n-1$ 知 $(A^*)^*=O$. 此时 $(A^*)^*=|A|^{n-2}A$ 也成立.

对于 $n=2$,可直接验证

$$(A^*)^*=\left(\begin{pmatrix}a & b\\ c & d\end{pmatrix}^*\right)^*=\begin{pmatrix}d & -b\\ -c & a\end{pmatrix}^*=\begin{pmatrix}a & b\\ c & d\end{pmatrix}=A$$

【注】　这里用到题18中的结论:任意一个不可逆矩阵的伴随矩阵的秩不会大于1.

20. 设3阶矩阵 $A=\begin{pmatrix}a & b & b\\ b & a & b\\ b & b & a\end{pmatrix}$. 若 $A$ 的伴随矩阵的秩为1,证明 $a=-2b\neq$

0.

【证】 因为 $\boldsymbol{A}$ 的伴随矩阵 $\boldsymbol{A}^*$ 中的每个元素 $A_{ij}=(-1)^{i+j}M_{ij}$,其中 $M_{ij}$,都是 $\boldsymbol{A}$ 中的 2 阶子式,由 $R(\boldsymbol{A}^*)=1>0$ 知 $\boldsymbol{A}^*\neq\boldsymbol{O}$,这说明 $\boldsymbol{A}$ 中必有 2 阶非零子式,必有 $R(\boldsymbol{A})\geqslant 2$;但据 $\boldsymbol{A}^*$ 不是可逆矩阵知 $\boldsymbol{A}$ 也不是可逆矩阵,所以 $R(\boldsymbol{A})=2$,于是由

$$|\boldsymbol{A}|=\begin{vmatrix} a & b & b \\ b & a & b \\ b & b & a \end{vmatrix}=(a+2b)(a-b)^2=0$$

知 $a=b$ 或 $a+2b=0$. 再由 $R(\boldsymbol{A})=2$ 知必有 $a\neq b$,故 $a=-2b\neq 0$.

【注】 也可直接应用题18结论:$R(\boldsymbol{A}^*)=1\Leftrightarrow R(\boldsymbol{A})=n-1=3-1=2$.

21. 设 $\boldsymbol{A},\boldsymbol{B}$ 同为 $n$ 阶矩阵,且 $\boldsymbol{A}+\boldsymbol{B}=\boldsymbol{I}_n,\boldsymbol{AB}=\boldsymbol{BA}=\boldsymbol{O}$,证明

$$\boldsymbol{A}^2=\boldsymbol{A},\boldsymbol{B}^2=\boldsymbol{B},R(\boldsymbol{A})+R(\boldsymbol{B})=n$$

【证】 由 $\boldsymbol{I}_n=(\boldsymbol{A}+\boldsymbol{B})^2=\boldsymbol{A}^2+\boldsymbol{B}^2=\boldsymbol{A}^2+(\boldsymbol{I}_n-\boldsymbol{A})^2=2\boldsymbol{A}^2-2\boldsymbol{A}+\boldsymbol{I}_n$ 知 $\boldsymbol{A}^2=\boldsymbol{A}$.

由 $\boldsymbol{I}_n=(\boldsymbol{A}+\boldsymbol{B})^2=\boldsymbol{A}^2+\boldsymbol{B}^2=(\boldsymbol{I}_n-\boldsymbol{B})^2+\boldsymbol{B}^2=2\boldsymbol{B}^2-2\boldsymbol{B}+\boldsymbol{I}_n$ 知 $\boldsymbol{B}^2=\boldsymbol{B}$.

由 $\boldsymbol{AB}=\boldsymbol{O}$ 知 $R(\boldsymbol{A})+R(\boldsymbol{B})\leqslant n$,所以由

$$n=R(\boldsymbol{I}_n)=R(\boldsymbol{A}+\boldsymbol{B})\leqslant R(\boldsymbol{A})+R(\boldsymbol{B})\leqslant n$$

证得 $R(\boldsymbol{A})+R(\boldsymbol{B})=n$.

22. 证明 $m\times n$ 矩阵 $\boldsymbol{A}$ 和 $\boldsymbol{B}$ 等价 $\Leftrightarrow R(\boldsymbol{A})=R(\boldsymbol{B})$.

【证】 必要性:设 $\boldsymbol{A}$ 和 $\boldsymbol{B}$ 等价,即存在 $m$ 阶可逆矩阵 $\boldsymbol{P}$ 和 $n$ 阶可逆矩阵 $\boldsymbol{Q}$ 使得 $\boldsymbol{B}=\boldsymbol{PAQ}$. 因为矩阵乘可逆矩阵以后,它的秩保持不变,所以必有 $R(\boldsymbol{A})=R(\boldsymbol{B})$.

充分性:设 $R(\boldsymbol{A})=R(\boldsymbol{B})=r$,则 $\boldsymbol{A}$ 和 $\boldsymbol{B}$ 有相同的等价标准形,即有

$$\boldsymbol{P}_1\boldsymbol{A}\boldsymbol{Q}_1=\begin{pmatrix} \boldsymbol{I}_r & \boldsymbol{O} \\ \boldsymbol{O} & \boldsymbol{O} \end{pmatrix},\boldsymbol{P}_2\boldsymbol{A}\boldsymbol{Q}_2=\begin{pmatrix} \boldsymbol{I}_r & \boldsymbol{O} \\ \boldsymbol{O} & \boldsymbol{O} \end{pmatrix}$$

于是,根据矩阵的等价关系的对称性和传递性,即知 $\boldsymbol{A}$ 和 $\boldsymbol{B}$ 等价.

23. 设 $\boldsymbol{A}$ 是秩为 1 的 $n$ 阶矩阵,证明必存在 $n$ 维列向量 $\boldsymbol{\alpha},\boldsymbol{\beta}$ 使得 $\boldsymbol{A}=\boldsymbol{\alpha}\boldsymbol{\beta}'$,且 $\boldsymbol{A}^2=\mathrm{tr}(\boldsymbol{A})\boldsymbol{A}$.

【证】 因为 $\boldsymbol{A}$ 是秩为 1 的 $n$ 阶矩阵,考虑 $\boldsymbol{A}$ 的等价标准形可设

$$\boldsymbol{A}=\boldsymbol{P}\begin{pmatrix} 1 & \boldsymbol{0} \\ \boldsymbol{0} & \boldsymbol{O} \end{pmatrix}\boldsymbol{Q}=\boldsymbol{P}\begin{pmatrix} 1 \\ \boldsymbol{0} \end{pmatrix}(1\quad \boldsymbol{0})\boldsymbol{Q}=\boldsymbol{\alpha}\boldsymbol{\beta}'$$

其中

$$\boldsymbol{\alpha}=\boldsymbol{P}\begin{pmatrix} 1 \\ \boldsymbol{0} \end{pmatrix}=(a_1\quad a_2\quad \cdots\quad a_n)',\boldsymbol{\beta}'=(1,\boldsymbol{0})\boldsymbol{Q}=(b_1\quad b_2\quad \cdots\quad b_n)$$

于是必有

$$A^2=\boldsymbol{\alpha\beta}'\boldsymbol{\alpha\beta}'=(\boldsymbol{\beta}'\boldsymbol{\alpha})\boldsymbol{\alpha\beta}'=\left(\sum_{i=1}^{n}a_ib_i\right)A=\mathrm{tr}(A)A$$

24. 若矩阵 $A$ 与 $B=\begin{pmatrix}0&0&1\\0&1&0\\1&0&0\end{pmatrix}$ 相似,证明 $R(A-2I_3)+R(A-I_3)=4$.

【证】　先求出

$$B-2I_3=\begin{pmatrix}-2&0&1\\0&-1&0\\1&0&-2\end{pmatrix},B-I_3=\begin{pmatrix}-1&0&1\\0&0&0\\1&0&-1\end{pmatrix}$$

由 $A$ 与 $B$ 相似知 $A-2I_3$ 与 $B-2I_3$ 相似;$A-I_3$ 与 $B-I_3$ 相似. 因为相似矩阵必有相同的秩,所以

$$R(A-2I_3)=R(B-2I_3)=3 \text{ 和 } R(A-I_3)=R(B-I_3)=1$$

于是必有

$$R(A-2I_3)+R(A-I_3)=4$$

【注】　两个 $n$ 阶矩阵 $A$ 与 $B$ 相似指的是存在 $n$ 阶可逆矩阵 $P$ 使得 $B=P^{-1}AP$. 由 $P$ 是可逆矩阵知 $A$ 与 $B$ 有相同的秩.

25. 设 $A$ 是 3 阶矩阵,$\boldsymbol{\beta}_1,\boldsymbol{\beta}_2,\boldsymbol{\beta}_3$ 是三个 3 维列向量,它们中至少有一个不是 $A\boldsymbol{x}=\boldsymbol{0}$ 的解. 若 $B=(\boldsymbol{\beta}_1\ \ \boldsymbol{\beta}_2\ \ \boldsymbol{\beta}_3)$ 满足 $R(AB)<R(A)$,$R(AB)<R(B)$,证明 $R(AB)=1$.

【证】　因为 $\boldsymbol{\beta}_1,\boldsymbol{\beta}_2,\boldsymbol{\beta}_3$ 中至少有一个不是 $A\boldsymbol{x}=\boldsymbol{0}$ 的解,所以必有

$$AB=A(\boldsymbol{\beta}_1\ \ \boldsymbol{\beta}_2\ \ \boldsymbol{\beta}_3)\neq O,R(AB)\geqslant 1$$

另一方面,由 $R(AB)<R(A)$ 知 $B$ 不是可逆矩阵,必有 $R(B)\leqslant 2$. 于是

$$R(AB)<R(B)\leqslant 2,R(AB)\leqslant 1$$

这就证得 $R(AB)=1$.

26. 设 $A=(a_{ij})$,$B=(b_{ij})$ 为 $n$ 阶矩阵,如果 $b_{ij}=(-1)^{i+j}a_{ij}$,$1\leqslant i,j\leqslant n$,证明

$$R(A)=R(B) \text{ 且 } |A|=|B|$$

【证】　取 $n$ 阶对角矩阵

$$P=\begin{pmatrix}(-1)^1&&&&\\&\ddots&&&\\&&(-1)^i&&\\&&&\ddots&\\&&&&(-1)^n\end{pmatrix},\text{有 } P^2=I_n$$

因为 $$PAP = P(a_{ij})P = ((-1)^{i+j}a_{ij}) = (b_{ij}) = B$$

$P$ 是可逆矩阵，所以

$$R(A) = R(B), \text{且} |B| = |PAP| = |P|^2 |A| = |A|$$

27. 设 $A,B$ 同为 $n$ 阶矩阵，证明 $R(AB - I_n) \leqslant R(A - I_n) + R(B - I_n)$.

【证】 因为 $AB - I_n = A(B - I_n) + (A - I_n)$，所以

$$R(AB - I_n) \leqslant R(A(B - I_n)) + R(A - I_n) \leqslant R(B - I_n) + R(A - I_n)$$

28. 设 $n$ 阶矩阵 $A,B$ 满足 $ABA = B^{-1}$，证明 $R(I_n - AB) + R(I_n + AB) = n$.

【证】 由 $ABA = B^{-1}$ 得 $ABAB = I_n$，$(I_n - AB)(I_n + AB) = O$，必有

$$R(I_n - AB) + R(I_n + AB) \leqslant n$$

另一方面，又有

$$n = R(2I_n) = R(I_n - AB + I_n + AB) \leqslant R(I_n - AB) + R(I_n + AB)$$

所以必有 $R(I_n - AB) + R(I_n + AB) = n$.

29. 设 $\begin{pmatrix} A & C \\ O & B \end{pmatrix}$ 中 $A$ 是 $m \times t$ 矩阵，$C$ 是 $m \times k$ 矩阵，$B$ 是 $n \times k$ 矩阵，证明

$$R(A) + R(B) \leqslant R\begin{pmatrix} A & C \\ O & B \end{pmatrix} \leqslant \min\{m + R(B), k + R(A)\}$$

【证】 在题 8 中已证 $R\begin{pmatrix} A & C \\ O & B \end{pmatrix} \geqslant R(A) + R(B)$.

因为

$$\begin{pmatrix} A & C \\ O & B \end{pmatrix} = \begin{pmatrix} I_m & O \\ O & B \end{pmatrix}\begin{pmatrix} A & C \\ O & I_k \end{pmatrix}, \begin{pmatrix} I_m & -C \\ O & I_k \end{pmatrix}\begin{pmatrix} A & C \\ O & I_k \end{pmatrix} = \begin{pmatrix} A & O \\ O & I_k \end{pmatrix}$$

$$R\begin{pmatrix} I_m & O \\ O & B \end{pmatrix} = m + R(B), R\begin{pmatrix} A & C \\ O & I_k \end{pmatrix} = R\begin{pmatrix} A & O \\ O & I_k \end{pmatrix} = k + R(A)$$

所以

$$R\begin{pmatrix} A & C \\ O & B \end{pmatrix} \leqslant \min\left\{R\begin{pmatrix} I_m & O \\ O & B \end{pmatrix}, R\begin{pmatrix} A & C \\ O & I_k \end{pmatrix}\right\} = \min\{m + R(B), k + R(A)\}$$

30. 设 $M = \begin{pmatrix} A & B \\ C & D \end{pmatrix}$ 是 $m \times n$ 矩阵，证明以下求秩降阶公式：

(1) 当 $A$ 是可逆矩阵时，$R(M) = R(A) + R(D - CA^{-1}B)$.

(2) 当 $D$ 是可逆矩阵时，$R(M) = R(D) + R(A - BD^{-1}C)$.

(3) 当 $A$ 和 $D$ 都是可逆矩阵时，有秩等式

$$R(A) + R(D - CA^{-1}B) = R(D) + R(A - BD^{-1}C)$$

(4) 当 $A$ 是可逆矩阵或 $D$ 是可逆矩阵时

$$R\begin{pmatrix} A & B \\ O & D \end{pmatrix} = R(A) + R(D) \quad R\begin{pmatrix} A & O \\ C & D \end{pmatrix} = R(A) + R(D)$$

(5) 当 $A$ 是可逆矩阵或 $D$ 是可逆矩阵时

$$R\begin{pmatrix} O & D \\ A & B \end{pmatrix} = R(A) + R(D) \quad R\begin{pmatrix} C & D \\ A & O \end{pmatrix} = R(A) + R(D)$$

【证】 (1) 设 $A$ 是 $r$ 阶可逆矩阵. 由

$$\begin{pmatrix} I_r & O \\ -CA^{-1} & I_{m-r} \end{pmatrix} \begin{pmatrix} A & B \\ C & D \end{pmatrix} \begin{pmatrix} I_r & -A^{-1}B \\ O & I_{m-r} \end{pmatrix} = \begin{pmatrix} A & O \\ O & D-CA^{-1}B \end{pmatrix}$$

和 $\begin{pmatrix} I_r & O \\ -CA^{-1} & I_{m-r} \end{pmatrix}$ 与 $\begin{pmatrix} I_r & -A^{-1}B \\ O & I_{m-r} \end{pmatrix}$ 都是可逆矩阵知

$$R(M) = R(A) + R(D - CA^{-1}B)$$

(2) 设 $D$ 是 $s$ 阶可逆矩阵. 由

$$\begin{pmatrix} I_{m-s} & -BD^{-1} \\ O & I_s \end{pmatrix} \begin{pmatrix} A & B \\ C & D \end{pmatrix} \begin{pmatrix} I_{m-s} & -CD^{-1} \\ O & I_s \end{pmatrix} = \begin{pmatrix} A-BD^{-1}C & O \\ O & D \end{pmatrix}$$

知

$$R(M) = R(D) + R(A - BD^{-1}C)$$

由(1)和(2)即证得(3)和(4).

(5) $R\begin{pmatrix} O & D \\ A & B \end{pmatrix} = R\left[\begin{pmatrix} O & I \\ I & O \end{pmatrix}\begin{pmatrix} A & B \\ O & D \end{pmatrix}\right] = R\begin{pmatrix} A & B \\ O & D \end{pmatrix} = R(A) + R(D)$

$$R\begin{pmatrix} C & D \\ A & O \end{pmatrix} = R\left[\begin{pmatrix} O & I \\ I & O \end{pmatrix}\begin{pmatrix} A & O \\ C & D \end{pmatrix}\right] = R\begin{pmatrix} A & O \\ C & D \end{pmatrix} = R(A) + R(D)$$

31. 设 $A$ 是 $n$ 阶可逆矩阵, $\alpha,\beta$ 是 $n$ 维列向量, 证明 $R(A+\alpha\beta') \geqslant n-1$, 且

$$R(A+\alpha\beta') = n \Leftrightarrow \beta' A^{-1}\alpha \neq -1$$

【证】 由一般求秩降阶公式

$$R(A) + R(D - CA^{-1}B) = R(D) + R(A - BD^{-1}C)$$

可得

$$R(I_1) + R(A + \alpha I_1^{-1}\beta') = R(A) + R(I_1 + \beta' A^{-1}\alpha)$$

即

$$1 + R(A+\alpha\beta') = n + R(1 + \beta' A^{-1}\alpha)$$

$$R(A+\alpha\beta') = n - 1 + R(1 + \beta' A^{-1}\alpha) \geqslant n-1$$

显然, $R(A+\alpha\beta') = n \Leftrightarrow R(1+\beta' A^{-1}\alpha) = 1 \Leftrightarrow 1+\beta' A^{-1}\alpha \neq 0, \beta' A^{-1}\alpha \neq -1$.

32. 设 $\boldsymbol{A}$ 是 $n$ 阶可逆矩阵, $\boldsymbol{\alpha}$ 是 $n$ 维列向量, $b$ 是常数. 证明 $\boldsymbol{Q}=\begin{pmatrix}\boldsymbol{A} & \boldsymbol{\alpha}\\ \boldsymbol{\alpha}' & b\end{pmatrix}$ 是可逆矩阵 $\Leftrightarrow \boldsymbol{\alpha}'\boldsymbol{A}^{-1}\boldsymbol{\alpha}\neq b$.

【证一】 用行列式降阶公式得

$$|\boldsymbol{Q}|=\begin{vmatrix}\boldsymbol{A} & \boldsymbol{\alpha}\\ \boldsymbol{\alpha}' & b\end{vmatrix}=|\boldsymbol{A}|\times(b-\boldsymbol{\alpha}'\boldsymbol{A}^{-1}\boldsymbol{\alpha})\neq 0\Leftrightarrow \boldsymbol{\alpha}'\boldsymbol{A}^{-1}\boldsymbol{\alpha}\neq b$$

【证二】 记 $\boldsymbol{P}=\begin{pmatrix}\boldsymbol{I}_n & \boldsymbol{O}\\ -\boldsymbol{\alpha}'\boldsymbol{A}^* & |\boldsymbol{A}|\end{pmatrix}$. 先利用 $\boldsymbol{A}^*\boldsymbol{A}=|\boldsymbol{A}|\boldsymbol{I}_n$ 求出

$$-\boldsymbol{\alpha}'\boldsymbol{A}^*\boldsymbol{A}+|\boldsymbol{A}|\boldsymbol{\alpha}'=-\boldsymbol{\alpha}'|\boldsymbol{A}|+|\boldsymbol{A}|\boldsymbol{\alpha}'=\boldsymbol{0}$$

于是由 $\boldsymbol{A}^*=|\boldsymbol{A}|\boldsymbol{A}^{-1}$ 知

$$\boldsymbol{PQ}=\begin{pmatrix}\boldsymbol{I}_n & \boldsymbol{O}\\ -\boldsymbol{\alpha}'\boldsymbol{A}^* & |\boldsymbol{A}|\end{pmatrix}\begin{pmatrix}\boldsymbol{A} & \boldsymbol{\alpha}\\ \boldsymbol{\alpha}' & b\end{pmatrix}=\begin{pmatrix}\boldsymbol{A} & \boldsymbol{\alpha}\\ \boldsymbol{0} & |\boldsymbol{A}|b-\boldsymbol{\alpha}'\boldsymbol{A}^*\boldsymbol{\alpha}\end{pmatrix}$$

$$=\begin{pmatrix}\boldsymbol{A} & \boldsymbol{\alpha}\\ \boldsymbol{0} & |\boldsymbol{A}|(b-\boldsymbol{\alpha}'\boldsymbol{A}^{-1}\boldsymbol{\alpha})\end{pmatrix}$$

因为 $\boldsymbol{P}$ 和 $\boldsymbol{A}$ 都是可逆矩阵, 所以 $\boldsymbol{Q}$ 可逆 $\Leftrightarrow \boldsymbol{\alpha}'\boldsymbol{A}^{-1}\boldsymbol{\alpha}\neq b$.

33. 设 $\boldsymbol{A}$ 是 $n$ 阶可逆反对称矩阵, $\boldsymbol{\alpha}$ 是 $n$ 维列向量, 证明 $R\begin{pmatrix}\boldsymbol{A} & \boldsymbol{\alpha}\\ \boldsymbol{\alpha}' & 0\end{pmatrix}=n$.

【证一】 因为 $\boldsymbol{A}$ 是可逆反对称矩阵, 所以 $\boldsymbol{A}^{-1}$ 也是反对称矩阵, 必有 $\boldsymbol{\alpha}'\boldsymbol{A}^{-1}\boldsymbol{\alpha}=0$, 于是利用求秩降阶公式可直接求出

$$R\begin{pmatrix}\boldsymbol{A} & \boldsymbol{\alpha}\\ \boldsymbol{\alpha}' & 0\end{pmatrix}=R(\boldsymbol{A})+R(0-\boldsymbol{\alpha}\boldsymbol{A}^{-1}\boldsymbol{\alpha}')=R(\boldsymbol{A})=n$$

【证二】 根据 $\boldsymbol{\alpha}'\boldsymbol{A}^{-1}\boldsymbol{\alpha}=0$, 由

$$\begin{pmatrix}\boldsymbol{I}_n & \boldsymbol{0}\\ -\boldsymbol{\alpha}'\boldsymbol{A}^{-1} & 1\end{pmatrix}\begin{pmatrix}\boldsymbol{A} & \boldsymbol{\alpha}\\ \boldsymbol{\alpha}' & 0\end{pmatrix}\begin{pmatrix}\boldsymbol{I}_n & -\boldsymbol{A}^{-1}\boldsymbol{\alpha}\\ \boldsymbol{0} & 1\end{pmatrix}=\begin{pmatrix}\boldsymbol{A} & \boldsymbol{\alpha}\\ \boldsymbol{0} & 0\end{pmatrix}\begin{pmatrix}\boldsymbol{I}_n & -\boldsymbol{A}^{-1}\boldsymbol{\alpha}\\ \boldsymbol{0} & 1\end{pmatrix}=\begin{pmatrix}\boldsymbol{A} & \boldsymbol{0}\\ \boldsymbol{0} & 0\end{pmatrix}$$

知 $R\begin{pmatrix}\boldsymbol{A} & \boldsymbol{\alpha}\\ \boldsymbol{\alpha}' & 0\end{pmatrix}=R(\boldsymbol{A})=n$.

【注】 据题32所证, 由 $\boldsymbol{\alpha}'\boldsymbol{A}^{-1}\boldsymbol{\alpha}=0$ 知 $\begin{pmatrix}\boldsymbol{A} & \boldsymbol{\alpha}\\ \boldsymbol{\alpha}' & 0\end{pmatrix}$ 必是不可逆矩阵, 而 $\boldsymbol{A}$ 是 $n$ 阶可逆矩阵, 于是必有 $R\begin{pmatrix}\boldsymbol{A} & \boldsymbol{\alpha}\\ \boldsymbol{\alpha}' & 0\end{pmatrix}=n$.

因为奇数阶反对称矩阵必是不可逆矩阵, 所以可逆实反对称矩阵 $\boldsymbol{A}$ 的阶数必是偶数.

34. 设 $\prod_{i=1}^{n} a_i \neq 0, n \geq 2, \boldsymbol{A} = \begin{pmatrix} 0 & a_1+a_2 & \cdots & a_1+a_n \\ a_2+a_1 & 0 & \cdots & a_2+a_n \\ \vdots & \vdots & \ddots & \vdots \\ a_n+a_1 & a_n+a_2 & \cdots & 0 \end{pmatrix}$，证明 $R(\boldsymbol{A}) \geq n-2$.

【证】　因为

$$\boldsymbol{A} = -2\begin{pmatrix} a_1 & & & \\ & a_2 & & \\ & & \ddots & \\ & & & a_n \end{pmatrix} + \begin{pmatrix} a_1 & 1 \\ a_2 & 1 \\ \vdots & \vdots \\ a_n & 1 \end{pmatrix}\begin{pmatrix} 1 & 1 & \cdots & 1 \\ a_1 & a_2 & \cdots & a_n \end{pmatrix} = -2\boldsymbol{\Lambda} + \boldsymbol{BC}$$

所以由求秩降阶公式知

$$\begin{aligned} R(\boldsymbol{A}) &= R[-2\boldsymbol{\Lambda} + \boldsymbol{B}\boldsymbol{I}_2^{-1}\boldsymbol{C}] = R(-2\boldsymbol{\Lambda}) - R(\boldsymbol{I}_2) + R[\boldsymbol{I}_2 + \boldsymbol{C}(-2\boldsymbol{\Lambda})^{-1}\boldsymbol{B}] \\ &= n - 2 + R[\boldsymbol{I}_2 + \boldsymbol{C}(-2\boldsymbol{\Lambda})^{-1}\boldsymbol{B}] \geq n-2 \end{aligned}$$

【注】　求秩降阶公式为

$$R(\boldsymbol{D} - \boldsymbol{C}\boldsymbol{A}^{-1}\boldsymbol{B}) = R(\boldsymbol{D}) - R(\boldsymbol{A}) + R(\boldsymbol{A} - \boldsymbol{B}\boldsymbol{D}^{-1}\boldsymbol{C})$$

35. 设 $\boldsymbol{P}$ 是 3 阶非零方阵，$\boldsymbol{Q} = \begin{pmatrix} 1 & 2 & 3 \\ 2 & 4 & t \\ 3 & 6 & 9 \end{pmatrix}$，其中 $t \neq 6$. 如果 $\boldsymbol{PQ} = \boldsymbol{O}$，证明 $R(\boldsymbol{P}) = 1$.

【证】　由 $\boldsymbol{PQ} = \boldsymbol{O}$ 知道 $R(\boldsymbol{P}) + R(\boldsymbol{Q}) \leq 3$. 因为当 $t \neq 6$ 时，$R(\boldsymbol{Q}) = 2$，所以，$R(\boldsymbol{P}) \leq 1$. 再由 $\boldsymbol{P}$ 是非零方阵知道必有 $R(\boldsymbol{P}) \geq 1$. 于是 $R(\boldsymbol{P}) = 1$.

36. 设 $\boldsymbol{A},\boldsymbol{B},\boldsymbol{C},\boldsymbol{D}$ 都是 4 阶非零矩阵，其中，$\boldsymbol{B},\boldsymbol{C}$ 都是可逆矩阵，且满足 $\boldsymbol{ABCD} = \boldsymbol{O}$. 如果 $R(\boldsymbol{A}) + R(\boldsymbol{B}) + R(\boldsymbol{C}) + R(\boldsymbol{D}) = k$，证明 $10 \leq k \leq 12$.

【证】　由条件知

$$k = R(\boldsymbol{A}) + R(\boldsymbol{B}) + R(\boldsymbol{C}) + R(\boldsymbol{D}) \geq 1 + 4 + 4 + 1 = 10$$

另一方面，由 $\boldsymbol{B},\boldsymbol{C}$ 都是可逆矩阵且 $(\boldsymbol{AB})(\boldsymbol{CD}) = \boldsymbol{O}$ 知

$$R(\boldsymbol{A}) + R(\boldsymbol{D}) = R(\boldsymbol{AB}) + R(\boldsymbol{CD}) \leq 4$$

又得

$$k = R(\boldsymbol{A}) + R(\boldsymbol{B}) + R(\boldsymbol{C}) + R(\boldsymbol{D}) \leq 4 + 4 + 4 = 12$$

所以 $10 \leq k \leq 12$.

37. 设 $\boldsymbol{A}$ 为 $n$ 阶矩阵，证明：

(1) 当 $\boldsymbol{A}^2 = \boldsymbol{A}$ 时，必有 $R(\boldsymbol{A}) + R(\boldsymbol{I}_n - \boldsymbol{A}) = n$.

(2) 当 $\boldsymbol{A}^2 = \boldsymbol{I}_n$ 时，必有 $R(\boldsymbol{I}_n + \boldsymbol{A}) + R(\boldsymbol{I}_n - \boldsymbol{A}) = n$.

【证】 (1) 因为 $\boldsymbol{A}^2=\boldsymbol{A}$, $\boldsymbol{A}(\boldsymbol{I}_n-\boldsymbol{A})=\boldsymbol{O}$, 必有 $R(\boldsymbol{A})+R(\boldsymbol{I}_n-\boldsymbol{A})\leqslant n$. 另一方面,又有

$$n=R(\boldsymbol{I}_n)=R(\boldsymbol{A}+(\boldsymbol{I}_n-\boldsymbol{A}))\leqslant R(\boldsymbol{A})+R(\boldsymbol{I}_n-\boldsymbol{A})$$

所以 $R(\boldsymbol{A})+R(\boldsymbol{I}_n-\boldsymbol{A})=n$.

(2) 因为 $\boldsymbol{A}^2=\boldsymbol{I}_n$, $(\boldsymbol{I}_n+\boldsymbol{A})(\boldsymbol{I}_n-\boldsymbol{A})=\boldsymbol{O}$, 必有 $R(\boldsymbol{I}_n+\boldsymbol{A})+R(\boldsymbol{I}_n-\boldsymbol{A})\leqslant n$.

另一方面,又有

$$n=R(2\boldsymbol{I}_n)=R((\boldsymbol{I}_n+\boldsymbol{A})+(\boldsymbol{I}_n-\boldsymbol{A}))\leqslant R(\boldsymbol{I}_n+\boldsymbol{A})+R(\boldsymbol{I}_n-\boldsymbol{A})$$

所以 $R(\boldsymbol{I}_n+\boldsymbol{A})+R(\boldsymbol{I}_n-\boldsymbol{A})=n$.

【注】 满足 $\boldsymbol{A}^2=\boldsymbol{A}$ 的矩阵称为幂等矩阵;满足 $\boldsymbol{A}^2=\boldsymbol{I}_n$ 的矩阵称为对合矩阵.

在本章 §6 题 8 和题 9 中将证明:

$n$ 阶矩阵 $\boldsymbol{A}$ 为幂等矩阵当且仅当 $R(\boldsymbol{A})+R(\boldsymbol{I}_n-\boldsymbol{A})=n$;

$n$ 阶矩阵 $\boldsymbol{A}$ 为对合矩阵当且仅当 $R(\boldsymbol{I}_n+\boldsymbol{A})+R(\boldsymbol{I}_n-\boldsymbol{A})=n$.

38. 设 $\boldsymbol{B}_1,\boldsymbol{B}_2,\cdots,\boldsymbol{B}_k$ 都是 $n$ 阶幂等矩阵

$$\boldsymbol{B}_i^2=\boldsymbol{B}_i, i=1,2,\cdots,k, \boldsymbol{A}=\boldsymbol{B}_1\boldsymbol{B}_2\cdots\boldsymbol{B}_k$$

证明

$$R(\boldsymbol{I}_n-\boldsymbol{A})\leqslant k[n-R(\boldsymbol{A})]$$

【证】 因为 $\boldsymbol{B}_i^2=\boldsymbol{B}_i$,所以

$$R(\boldsymbol{I}_n-\boldsymbol{B}_i)+R(\boldsymbol{B}_i)=n$$

因为

$$\boldsymbol{I}_n-\boldsymbol{A}=(\boldsymbol{I}_n-\boldsymbol{B}_1)+\boldsymbol{B}_1(\boldsymbol{I}_n-\boldsymbol{B}_2)+\boldsymbol{B}_1\boldsymbol{B}_2(\boldsymbol{I}_n-\boldsymbol{B}_3)+\cdots+\boldsymbol{B}_1\boldsymbol{B}_2\cdots\boldsymbol{B}_{k-1}(\boldsymbol{I}_n-\boldsymbol{B}_k)$$

所以

$$R(\boldsymbol{I}_n-\boldsymbol{A})\leqslant\sum_{i=1}^{k}R(\boldsymbol{I}_n-\boldsymbol{B}_i)=\sum_{i=1}^{k}[n-R(\boldsymbol{B}_i)]$$

因为 $R(\boldsymbol{A})\leqslant R(\boldsymbol{B}_i)$, $n-R(\boldsymbol{B}_i)\leqslant n-R(\boldsymbol{A})$,所以

$$R(\boldsymbol{I}_n-\boldsymbol{A})\leqslant\sum_{i=1}^{k}[n-R(\boldsymbol{A})]=k[n-R(\boldsymbol{A})]$$

## §6 矩阵的等价标准形

两个 $m\times n$ 矩阵 $\boldsymbol{A}$ 和 $\boldsymbol{B}$ 称为等价,如果 $\boldsymbol{A}$ 经若干次初等行变换和初等列变换成为 $\boldsymbol{B}$. 也就是说,存在 $m$ 阶可逆矩阵 $\boldsymbol{P}$ 和 $n$ 阶可逆矩阵 $\boldsymbol{Q}$ 使得 $\boldsymbol{PAQ}=\boldsymbol{B}$.

对于任意一个 $m\times n$ 矩阵 $\boldsymbol{A}$,必存在 $m$ 阶可逆矩阵 $\boldsymbol{P}$ 和 $n$ 阶可逆矩阵 $\boldsymbol{Q}$ 使

得

$$PAQ=\begin{pmatrix} I_r & O \\ O & O \end{pmatrix}$$

称为 $A$ 的等价标准形，其中 $r=R(A)$. 这里 $P$ 是若干个 $m$ 阶初等方阵的乘积，$Q$ 是若干个 $n$ 阶初等方阵的乘积.

矩阵 $A$ 的等价标准形在证明题中往往能发挥奇效.

用矩阵 $A$ 的等价标准形可建立矩阵的满秩分解，它有重要应用.

1. 对于矩阵 $A_{m\times n}$ 和 $B_{n\times m}$ 和 $\lambda\neq 0$，有

$$|\lambda I_m+AB|=\lambda^{m-n}|\lambda I_n+BA|,m\geqslant n$$

特别地，对任何正整数 $m$ 和 $n$，都有 $|I_m+AB|=|I_n+BA|$.

**【证一】** 用矩阵的等价标准形. 设 $A$ 的秩为 $r$，则存在 $m$ 阶可逆矩阵 $P$ 和 $n$ 阶可逆矩阵 $Q$ 使得

$$PAQ=\begin{pmatrix} I_r & O \\ O & O \end{pmatrix}$$

设 $Q^{-1}BP^{-1}=\begin{pmatrix} B_{11} & B_{12} \\ B_{21} & B_{22} \end{pmatrix}$，其中 $B_{11}$ 为 $r$ 阶方阵，则有

$$PABP^{-1}=PAQQ^{-1}BP^{-1}=\begin{pmatrix} I_r & O \\ O & O \end{pmatrix}\begin{pmatrix} B_{11} & B_{12} \\ B_{21} & B_{22} \end{pmatrix}=\begin{pmatrix} B_{11} & B_{12} \\ O & O \end{pmatrix}$$

$$Q^{-1}BAQ=Q^{-1}BP^{-1}PAQ=\begin{pmatrix} B_{11} & B_{12} \\ B_{21} & B_{22} \end{pmatrix}\begin{pmatrix} I_r & O \\ O & O \end{pmatrix}=\begin{pmatrix} B_{11} & O \\ B_{21} & O \end{pmatrix}$$

于是把以下两式相除

$$|\lambda I_m-AB|=|\lambda I_m-PABP^{-1}|=\begin{vmatrix} \lambda I_r-B_{11} & -B_{12} \\ O & \lambda I_{m-r} \end{vmatrix}=\lambda^{m-r}|\lambda I_r-B_{11}|$$

$$|\lambda I_n-BA|=|\lambda I_n-Q^{-1}BAQ|=\begin{vmatrix} \lambda I_r-B_{11} & O \\ -B_{21} & \lambda I_{n-r} \end{vmatrix}=\lambda^{n-r}|\lambda I_r-B_{11}|$$

立得 $|\lambda I_m-AB|=\lambda^{m-n}|\lambda I_n-BA|$.

**【证二】** 在本章 §4 题4 中，用行列式降阶公式证明了这个公式

$$\begin{aligned}|\lambda I_m+AB|&=\frac{|\lambda I_m|}{|I_n|}\times|I_n+B(\lambda I_m)^{-1}A|=\lambda^m\times\left|I_n+\frac{1}{\lambda}BA\right|\\&=\lambda^{m-n}|\lambda I_n+BA|\end{aligned}$$

2. 设 $A$ 是秩为 $r$ 的 $n$ 阶矩阵，证明必存在 $n$ 阶可逆矩阵 $P$ 使得

$$P^{-1}AP=\begin{pmatrix} B \\ O \end{pmatrix}，其中 B 为秩为 r 的 r\times n 矩阵$$

【证】 $A$ 的等价标准形为 $P^{-1}AQ^{-1}=\begin{pmatrix} I_r & O \\ O & O \end{pmatrix}$. 记 $QP=\begin{pmatrix} B \\ C \end{pmatrix}$，$B$ 为秩为 $r$ 的 $r\times n$ 矩阵,则有

$$P^{-1}AP=P^{-1}AQ^{-1}QP=\begin{pmatrix} I_r & O \\ O & O \end{pmatrix}\begin{pmatrix} B \\ C \end{pmatrix}=\begin{pmatrix} B \\ O \end{pmatrix}$$

3. (1) 设 $A$ 是 $m\times n$ 列满秩矩阵,证明必存在 $n\times m$ 行满秩矩阵 $B$ 使得 $BA=I_n$.

(2) 设 $A$ 是 $m\times n$ 行满秩矩阵,证明必存在 $n\times m$ 列满秩矩阵 $B$ 使得 $AB=I_m$.

【证】 (1) 因为 $R(A)=n$,必有 $n\leqslant m$,所以必存在 $m$ 阶可逆阵 $P$(若干个第一类初等方阵的乘积) 使得

$$PA=\begin{pmatrix} A_1 \\ A_2 \end{pmatrix}，\text{其中 } A_1 \text{ 为 } n \text{ 可逆矩阵}$$

于是必有

$$I_n=(A_1^{-1}\quad O)\begin{pmatrix} A_1 \\ A_2 \end{pmatrix}=(A_1^{-1}\quad O)PA=BA$$

其中 $B=(A_1^{-1}\quad O)P$ 显然是秩为 $n$ 的 $n\times m$ 行满秩矩阵.

(2) 因为 $A$ 是 $m\times n$ 行满秩矩阵,$A'$ 是 $n\times m$ 列满秩矩阵,必存在 $m\times n$ 行满秩矩阵 $B'$ 使得 $B'A'=I_m$,$(AB)'=I_m$,$AB=I_m$,就是存在 $n\times m$ 列满秩矩阵 $B$ 使得 $AB=I_m$.

4. 设 $A$ 是 $m\times n(m\geqslant n)$ 矩阵,若 $A$ 的等价标准形为 $PAQ=\begin{pmatrix} I_n \\ O \end{pmatrix}$，证明:

(1) 由 $AB=O$ 必可推出 $B=O$. (2) 由 $AB=AC$ 必可推出 $B=C$.

【证】 由条件知 $A$ 是列满秩矩阵.

(1) 由 $PAQ=\begin{pmatrix} I_n \\ O \end{pmatrix}$ 得 $PA=\begin{pmatrix} I_n \\ O \end{pmatrix}Q^{-1}$. 由 $AB=O$ 得

$$PAB=\begin{pmatrix} I_n \\ O \end{pmatrix}Q^{-1}B=O,\begin{pmatrix} Q^{-1}B \\ O \end{pmatrix}=O,Q^{-1}B=O,B=O$$

或者,由 $A$ 是列满秩矩阵知 $A$ 的 $n$ 个列向量线性无关,所以当 $AB=O$ 时必有 $B=O$.

(2) 由 $AB=AC$ 可推出 $AB-AC=A(B-C)=O,B-C=O,B=C$.

【注】 这就是说,列满秩矩阵必可从矩阵等式的左侧消去.

与此平行的有:行满秩矩阵 $A$ 必可从矩阵等式的右侧消去,即由 $BA=CA$

必可推出 $\boldsymbol{B}=\boldsymbol{C}$.

5. 设 $\boldsymbol{A}$ 是秩为 $r$ 的 $m\times n$ 矩阵,证明必存在秩为 $r$ 的 $m\times r$ 矩阵 $\boldsymbol{H}$ 和秩为 $r$ 的 $r\times n$ 矩阵 $\boldsymbol{L}$ 使得 $\boldsymbol{A}=\boldsymbol{HL}$. 称为矩阵 $\boldsymbol{A}$ 的满秩分解.

【证一】　考虑 $\boldsymbol{A}$ 的等价标准形可得

$$\boldsymbol{A}=\boldsymbol{P}\begin{pmatrix}\boldsymbol{I}_r & \boldsymbol{O}\\ \boldsymbol{O} & \boldsymbol{O}\end{pmatrix}\boldsymbol{Q}=\boldsymbol{P}\begin{pmatrix}\boldsymbol{I}_r\\ \boldsymbol{O}\end{pmatrix}(\boldsymbol{I}_r\quad \boldsymbol{O})\boldsymbol{Q}=\boldsymbol{HL}$$

其中 $\boldsymbol{H}=\boldsymbol{P}\begin{pmatrix}\boldsymbol{I}_r\\ \boldsymbol{O}\end{pmatrix}$ 和 $L=(\boldsymbol{I}_r\quad \boldsymbol{O})\boldsymbol{Q}$ 即是所求的列满秩矩阵和行满秩矩阵.

【证二】　考虑 $\boldsymbol{A}$ 的等价标准形可得

$$\boldsymbol{A}=\boldsymbol{P}\begin{pmatrix}\boldsymbol{I}_r & \boldsymbol{O}\\ \boldsymbol{O} & \boldsymbol{O}\end{pmatrix}\boldsymbol{Q}=\boldsymbol{P}\begin{pmatrix}\boldsymbol{I}_r & \boldsymbol{O}\\ \boldsymbol{O} & \boldsymbol{O}\end{pmatrix}\begin{pmatrix}\boldsymbol{I}_r & \boldsymbol{O}\\ \boldsymbol{O} & \boldsymbol{O}\end{pmatrix}\boldsymbol{Q}$$

将 $\boldsymbol{P}$ 和 $\boldsymbol{Q}$ 作如下分块

$$\boldsymbol{P}=(\boldsymbol{H}\quad \boldsymbol{H}_1)\text{ 和 }\boldsymbol{Q}=\begin{pmatrix}\boldsymbol{L}\\ \boldsymbol{L}_1\end{pmatrix}$$

其中 $\boldsymbol{H}$ 和 $\boldsymbol{L}$ 分别是秩为 $r$ 的 $m\times r$ 列满秩矩阵和 $r\times n$ 行满秩矩阵,则

$$\boldsymbol{A}=(\boldsymbol{H}\quad \boldsymbol{H}_1)\begin{pmatrix}\boldsymbol{I}_r & \boldsymbol{O}\\ \boldsymbol{O} & \boldsymbol{O}\end{pmatrix}\begin{pmatrix}\boldsymbol{I}_r & \boldsymbol{O}\\ \boldsymbol{O} & \boldsymbol{O}\end{pmatrix}\begin{pmatrix}\boldsymbol{L}\\ \boldsymbol{L}_1\end{pmatrix}=(\boldsymbol{H}\quad \boldsymbol{O})\begin{pmatrix}\boldsymbol{L}\\ \boldsymbol{O}\end{pmatrix}=\boldsymbol{HL}$$

6. 设 $\boldsymbol{A},\boldsymbol{B},\boldsymbol{C}$ 分别是 $m\times n,n\times k,k\times p$ 矩阵,证明(Sylvester 推广公式)

$$R(\boldsymbol{ABC})\geqslant R(\boldsymbol{AB})+R(\boldsymbol{BC})-R(\boldsymbol{B})$$

【证】　记 $R(\boldsymbol{A})=r,R(\boldsymbol{B})=s,R(\boldsymbol{C})=t$.

作满秩分解 $\boldsymbol{B}=\boldsymbol{HL}$,其中 $\boldsymbol{H}$ 是秩为 $s$ 的 $n\times s$ 矩阵,$\boldsymbol{L}$ 是秩为 $s$ 的 $s\times k$ 矩阵. 根据 Sylvester 公式(见本章 §5 题 11) 知

$$R(\boldsymbol{ABC})=R((\boldsymbol{AH})(\boldsymbol{LC}))\geqslant R(\boldsymbol{AH})+R(\boldsymbol{LC})-s$$

因为 $\boldsymbol{L}$ 是秩为 $s$ 的行满秩矩阵,所以 $R(\boldsymbol{AB})=R(\boldsymbol{AHL})=R(\boldsymbol{AH})$.

因为 $\boldsymbol{H}$ 是秩为 $s$ 的列满秩矩阵,所以 $R(\boldsymbol{BC})=R(\boldsymbol{HLC})=R(\boldsymbol{LC})$.

于是证得

$$R(\boldsymbol{ABC})\geqslant R(\boldsymbol{AB})+4(\boldsymbol{BC})-R(\boldsymbol{B})$$

【注】　在本章 §5 题 12 中用分块矩阵初等变换证明了这个公式.

这里用到在本章 §5 题 14 中证明的结论:设 $\boldsymbol{A}$ 是 $m\times n$ 矩阵.

若 $\boldsymbol{P}$ 是列满秩矩阵,则 $R(\boldsymbol{PA})=R(\boldsymbol{A})$;若 $\boldsymbol{Q}$ 是行满秩矩阵,则 $R(\boldsymbol{AQ})=R(\boldsymbol{A})$.

7. 设 $\boldsymbol{A}$ 是秩为 $r$ 的 $n$ 阶方阵,$\boldsymbol{A}=\boldsymbol{HL}$ 是它的满秩分解,记 $\boldsymbol{B}=\boldsymbol{LH}$,证明:

(1) $\boldsymbol{B}$ 是 $r$ 阶可逆矩阵.

(2)$\boldsymbol{A}$ 是幂等矩阵当且仅当 $\boldsymbol{B}=\boldsymbol{LH}=\boldsymbol{I}_r$.

(3)$\boldsymbol{A}$ 是对称幂等矩阵当且仅当 $\boldsymbol{A}=\boldsymbol{H}(\boldsymbol{H}'\boldsymbol{H})^{-1}\boldsymbol{H}'$，当且仅当 $\boldsymbol{A}=\boldsymbol{L}'(\boldsymbol{LL}')^{-1}\boldsymbol{L}$.

【证】 (1) 因为 $\boldsymbol{H}$ 是 $n\times r$ 矩阵,$\boldsymbol{L}$ 是 $r\times n$ 矩阵,$\boldsymbol{B}=\boldsymbol{LH}$ 是 $r$ 阶矩阵,且

$$R(\boldsymbol{HL})=R(\boldsymbol{H})=R(\boldsymbol{L})=r$$

所以 $\boldsymbol{B}=\boldsymbol{LH}$ 是 $r$ 阶可逆矩阵.

(2) 因为列满秩矩阵 $\boldsymbol{H}$ 可从矩阵等式的左侧消去,行满秩矩阵 $\boldsymbol{L}$ 可从矩阵等式的右侧消去,所以

$$\boldsymbol{A}^2=\boldsymbol{A}\Leftrightarrow\boldsymbol{HLHL}=\boldsymbol{HL}\Leftrightarrow\boldsymbol{HLH}=\boldsymbol{H}\Leftrightarrow\boldsymbol{LH}=\boldsymbol{I}_r\Leftrightarrow\boldsymbol{B}=\boldsymbol{I}_r$$

(3) 当 $\boldsymbol{A}=\boldsymbol{H}(\boldsymbol{H}'\boldsymbol{H})^{-1}\boldsymbol{H}'$ 时,必有

$$\boldsymbol{A}'=(\boldsymbol{H}(\boldsymbol{H}'\boldsymbol{H})^{-1}\boldsymbol{H}')'=\boldsymbol{H}(\boldsymbol{H}'\boldsymbol{H})^{-1}\boldsymbol{H}'=\boldsymbol{A}, \boldsymbol{A}\text{ 是对称矩阵}$$

$$\boldsymbol{A}^2=\boldsymbol{H}(\boldsymbol{H}'\boldsymbol{H})^{-1}\boldsymbol{H}'\boldsymbol{H}(\boldsymbol{H}'\boldsymbol{H})^{-1}\boldsymbol{H}'=\boldsymbol{H}(\boldsymbol{H}'\boldsymbol{H})^{-1}=\boldsymbol{A}, \boldsymbol{A}\text{ 是幂等矩阵}$$

当 $\boldsymbol{A}=\boldsymbol{L}'(\boldsymbol{LL}')^{-1}\boldsymbol{L}$ 时,必有

$$\boldsymbol{A}'=\boldsymbol{L}'(\boldsymbol{LL}')^{-1}\boldsymbol{L}=\boldsymbol{A}, \boldsymbol{A}\text{ 是对称矩阵}$$

$$\boldsymbol{A}^2=\boldsymbol{L}'(\boldsymbol{LL}')^{-1}\boldsymbol{LL}'(\boldsymbol{LL}')^{-1}\boldsymbol{L}=\boldsymbol{A}, \boldsymbol{A}\text{ 是幂等矩阵}$$

反之,设 $\boldsymbol{A}$ 是对称幂等矩阵,则有

$$\boldsymbol{HL}=\boldsymbol{A}=\boldsymbol{A}'=\boldsymbol{L}'\boldsymbol{H}'$$

且 $\boldsymbol{LH}=\boldsymbol{I}_r$,$\boldsymbol{LL}'$ 和 $\boldsymbol{H}'\boldsymbol{H}$ 显然都是 $r$ 阶可逆矩阵.

由 $\boldsymbol{LH}=\boldsymbol{I}_r$ 知 $\boldsymbol{HLH}=\boldsymbol{H}$,即 $\boldsymbol{L}'\boldsymbol{H}'\boldsymbol{H}=\boldsymbol{H}$,有 $\boldsymbol{L}'=\boldsymbol{H}(\boldsymbol{H}'\boldsymbol{H})^{-1}$,所以

$$\boldsymbol{A}=\boldsymbol{L}'\boldsymbol{H}'=\boldsymbol{H}(\boldsymbol{H}'\boldsymbol{H})^{-1}\boldsymbol{H}'$$

由 $\boldsymbol{LH}=\boldsymbol{I}_r$ 知 $\boldsymbol{LHL}=\boldsymbol{L}$,$\boldsymbol{LL}'\boldsymbol{H}'=\boldsymbol{L}$,$\boldsymbol{H}'=(\boldsymbol{LL}')^{-1}\boldsymbol{L}$,所以

$$\boldsymbol{A}=\boldsymbol{L}'\boldsymbol{H}'=\boldsymbol{L}'(\boldsymbol{LL}')^{-1}\boldsymbol{L}$$

8. 设 $\boldsymbol{A}$ 是 $n$ 阶幂等矩阵:$\boldsymbol{A}^2=\boldsymbol{A}$,证明以下结论:

(1) 必存在 $n$ 阶可逆矩阵 $\boldsymbol{P}$ 使得 $\boldsymbol{P}^{-1}\boldsymbol{AP}=\begin{pmatrix}\boldsymbol{I}_r & \boldsymbol{O}\\ \boldsymbol{O} & \boldsymbol{O}\end{pmatrix}$,$r$ 是 $\boldsymbol{A}$ 的秩.

(2)$R(\boldsymbol{A})+R(\boldsymbol{I}_n-\boldsymbol{A})=n$.

(3)$\boldsymbol{A}$ 必可分解成两个对称矩阵之乘积.

(4) 若 $n$ 阶矩阵 $\boldsymbol{A}$ 满足 $R(\boldsymbol{A})+R(\boldsymbol{I}_n-\boldsymbol{A})=n$,则 $\boldsymbol{A}$ 必是幂等矩阵.

【证】 (1) 由矩阵的等价标准形知必存在可逆阵 $\boldsymbol{Q}$ 和 $\boldsymbol{R}$ 使得

$$\boldsymbol{QAR}=\begin{pmatrix}\boldsymbol{I}_r & \boldsymbol{O}\\ \boldsymbol{O} & \boldsymbol{O}\end{pmatrix}$$

设 $\boldsymbol{R}^{-1}\boldsymbol{Q}^{-1}=\begin{pmatrix}\boldsymbol{B}_1 & \boldsymbol{B}_2\\ \boldsymbol{B}_3 & \boldsymbol{B}_4\end{pmatrix}$,计算

$$R^{-1}AR=(R^{-1}Q^{-1})(QAR)=\begin{pmatrix}B_1 & B_2\\ B_3 & B_4\end{pmatrix}\begin{pmatrix}I_r & O\\ O & O\end{pmatrix}=\begin{pmatrix}B_1 & O\\ B_3 & O\end{pmatrix}$$

其中 $B_1$ 为 $r$ 阶可逆矩阵,因为 $A^2=A$,所以必有

$$R^{-1}A^2R=R^{-1}AR,\begin{pmatrix}B_1 & O\\ B_3 & O\end{pmatrix}\begin{pmatrix}B_1 & O\\ B_3 & O\end{pmatrix}=\begin{pmatrix}B_1^2 & O\\ B_3B_1 & O\end{pmatrix}=\begin{pmatrix}B_1 & O\\ B_3 & O\end{pmatrix}$$

即$\begin{pmatrix}B_1\\ B_3\end{pmatrix}B_1=\begin{pmatrix}B_1\\ B_3\end{pmatrix}$. 因为$\begin{pmatrix}B_1\\ B_3\end{pmatrix}$是列满秩矩阵,所以必有 $B_1=I_r$,于是有

$$R^{-1}AR=\begin{pmatrix}I_r & O\\ B_3 & O\end{pmatrix}$$

进一步作相似变换

$$\begin{pmatrix}I_r & O\\ -B_3 & I_{n-r}\end{pmatrix}\begin{pmatrix}I_r & O\\ B_3 & O\end{pmatrix}\begin{pmatrix}I_r & O\\ B_3 & I_{n-r}\end{pmatrix}=\begin{pmatrix}I_r & O\\ O & O\end{pmatrix}\begin{pmatrix}I_r & O\\ B_3 & I_{n-r}\end{pmatrix}=\begin{pmatrix}I_r & O\\ O & O\end{pmatrix}$$

于是取 $P=R\begin{pmatrix}I_r & O\\ B_3 & I_{n-r}\end{pmatrix}$,即得

$$P^{-1}AP=\begin{pmatrix}I_r & O\\ O & O\end{pmatrix}$$

(2) 因为

$$P^{-1}AP=\begin{pmatrix}I_r & O\\ O & O\end{pmatrix},P^{-1}(I_n-A)P=\begin{pmatrix}I_r & O\\ O & I_{n-r}\end{pmatrix}-\begin{pmatrix}I_r & O\\ O & O\end{pmatrix}=\begin{pmatrix}O & O\\ O & I_{n-r}\end{pmatrix}$$

所以

$$R(A)+R(I_n-A)=r+n-r=n$$

(3) 因为 $P^{-1}AP=\begin{pmatrix}I_r & O\\ O & O\end{pmatrix}$,所以

$$A=P\begin{pmatrix}I_r & O\\ O & O\end{pmatrix}P^{-1}=P\begin{pmatrix}I_r & O\\ O & O\end{pmatrix}P'(P^{-1})'P^{-1}=S_1S_2$$

其中 $S_1=P\begin{pmatrix}I_r & O\\ O & O\end{pmatrix}P',S_2=(P^{-1})'P^{-1}$ 显然都是对称矩阵.

(4) 若 $n$ 阶矩阵 $A$ 满足 $R(A)+R(I_n-A)=n$,要证 $A^2=A$. 考虑 $A$ 的满秩分解 $A=HL$,其中 $H$ 和 $L$ 分别是秩为 $r$ 的 $n\times r$ 列满秩矩阵和 $r\times n$ 行满秩矩阵,于是根据秩的降阶定理得

$$\begin{aligned}R(I_r)+R(I_n-A)&=R(I_r)+R(I_n-HL)=R(I_r)+R(I_n-HI_rL)\\&=R(I_n)+R(I_r-LI_nH)=R(I_n)+R(I_r-LH)\end{aligned}$$

即

$$r+R(\boldsymbol{I}_n-\boldsymbol{A})=n+R(\boldsymbol{I}_r-\boldsymbol{LH}),R(\boldsymbol{A})+R(\boldsymbol{I}_n-\boldsymbol{A})=n+R(\boldsymbol{I}_r-\boldsymbol{LH})$$

因为 $R(\boldsymbol{A})+R(\boldsymbol{I}_n-\boldsymbol{A})=n$,所以 $R(\boldsymbol{I}_r-\boldsymbol{LH})=0,\boldsymbol{LH}=\boldsymbol{I}_r$,于是证得

$$\boldsymbol{A}^2=\boldsymbol{HLHL}=\boldsymbol{HL}=\boldsymbol{A}$$

**【注】** 对于(2)可简证如下:由 $\boldsymbol{A}^2=\boldsymbol{A}$ 和 $\boldsymbol{A}-\boldsymbol{A}^2=\boldsymbol{O},\boldsymbol{A}(\boldsymbol{I}_n-\boldsymbol{A})=\boldsymbol{O}$,必有

$$R(\boldsymbol{A})+R(\boldsymbol{I}_n-\boldsymbol{A})\leqslant n$$

反之,又由 $\boldsymbol{I}_n=\boldsymbol{A}+(\boldsymbol{I}_n-\boldsymbol{A})$ 知 $n=R(\boldsymbol{I}_n)\leqslant R(\boldsymbol{A})+R(\boldsymbol{I}_n-\boldsymbol{A})$. 于是必有

$$R(\boldsymbol{A})+R(\boldsymbol{I}_n-\boldsymbol{A})=n$$

9. 设 $\boldsymbol{A}$ 是 $n$ 阶对合矩阵:$\boldsymbol{A}^2=\boldsymbol{I}_n$,证明以下结论:

(1) 若 $R(\boldsymbol{I}_n+\boldsymbol{A})=r$,则必存在 $n$ 阶可逆矩阵 $\boldsymbol{P}$ 使得

$$\boldsymbol{P}^{-1}\boldsymbol{AP}=\begin{pmatrix}\boldsymbol{I}_r & \boldsymbol{O}\\ \boldsymbol{O} & -\boldsymbol{I}_{n-r}\end{pmatrix}$$

(2) $R(\boldsymbol{I}_n+\boldsymbol{A})+R(\boldsymbol{I}_n-\boldsymbol{A})=n$.

(3) $\boldsymbol{A}$ 必可分解成两个对称矩阵之乘积.

(4) 若 $n$ 阶阵 $\boldsymbol{A}$ 满足 $R(\boldsymbol{I}_n+\boldsymbol{A})+R(\boldsymbol{I}_n-\boldsymbol{A})=n$,则 $\boldsymbol{A}$ 必是对合矩阵.

**【证】** (1) 因为 $R(\boldsymbol{I}_n+\boldsymbol{A})=r$,所以由矩阵的等价标准形知必存在可逆矩阵 $\boldsymbol{Q}$ 和 $\boldsymbol{R}$ 使得

$$\boldsymbol{Q}(\boldsymbol{I}_n+\boldsymbol{A})\boldsymbol{R}=\begin{pmatrix}\boldsymbol{I}_r & \boldsymbol{O}\\ \boldsymbol{O} & \boldsymbol{O}\end{pmatrix}$$

设 $\boldsymbol{R}^{-1}\boldsymbol{Q}^{-1}=\begin{pmatrix}\boldsymbol{B}_1 & \boldsymbol{B}_2\\ \boldsymbol{B}_3 & \boldsymbol{B}_4\end{pmatrix}$,计算

$$\begin{aligned}\boldsymbol{R}^{-1}(\boldsymbol{I}_n+\boldsymbol{A})\boldsymbol{R}&=(\boldsymbol{R}^{-1}\boldsymbol{Q}^{-1})(\boldsymbol{Q}(\boldsymbol{I}_n+\boldsymbol{A})\boldsymbol{R})\\&=\begin{pmatrix}\boldsymbol{B}_1 & \boldsymbol{B}_2\\ \boldsymbol{B}_3 & \boldsymbol{B}_4\end{pmatrix}\begin{pmatrix}\boldsymbol{I}_r & \boldsymbol{O}\\ \boldsymbol{O} & \boldsymbol{O}\end{pmatrix}=\begin{pmatrix}\boldsymbol{B}_1 & \boldsymbol{O}\\ \boldsymbol{B}_3 & \boldsymbol{O}\end{pmatrix}\end{aligned}$$

即

$$\boldsymbol{I}_n+\boldsymbol{R}^{-1}\boldsymbol{AR}=\begin{pmatrix}\boldsymbol{B}_1 & \boldsymbol{O}\\ \boldsymbol{B}_3 & \boldsymbol{O}\end{pmatrix},\boldsymbol{R}^{-1}\boldsymbol{AR}=\begin{pmatrix}\boldsymbol{B}_1-\boldsymbol{I}_r & \boldsymbol{O}\\ \boldsymbol{B}_3 & -\boldsymbol{I}_{n-r}\end{pmatrix}$$

其中 $\boldsymbol{B}_1-\boldsymbol{I}_r$ 必为 $r$ 阶可逆矩阵,因为 $\boldsymbol{A}^2=\boldsymbol{I}_n$,所以必有

$$\boldsymbol{R}^{-1}\boldsymbol{A}^2\boldsymbol{R}=\boldsymbol{R}^{-1}\boldsymbol{R}=\boldsymbol{I}_n,\begin{pmatrix}\boldsymbol{B}_1-\boldsymbol{I}_r & \boldsymbol{O}\\ \boldsymbol{B}_3 & -\boldsymbol{I}_{n-r}\end{pmatrix}\begin{pmatrix}\boldsymbol{B}_1-\boldsymbol{I}_r & \boldsymbol{O}\\ \boldsymbol{B}_3 & -\boldsymbol{I}_{n-r}\end{pmatrix}=\boldsymbol{I}_n$$

即

$$\begin{pmatrix} (\boldsymbol{B}_1 - \boldsymbol{I}_r)^2 & \boldsymbol{O} \\ \boldsymbol{B}_3\boldsymbol{B}_1 - 2\boldsymbol{B}_3 & \boldsymbol{I}_{n-r} \end{pmatrix} = \boldsymbol{I}_n = \begin{pmatrix} \boldsymbol{I}_r & \boldsymbol{O} \\ \boldsymbol{O} & \boldsymbol{I}_{n-r} \end{pmatrix}$$

必有

$$\boldsymbol{B}_1^2 - 2\boldsymbol{B}_1 = \boldsymbol{O}, \boldsymbol{B}_3\boldsymbol{B}_1 - 2\boldsymbol{B}_3 = \boldsymbol{O}$$

即

$$\begin{pmatrix} \boldsymbol{B}_1 \\ \boldsymbol{B}_3 \end{pmatrix} (\boldsymbol{B}_1 - 2\boldsymbol{I}_r) \begin{pmatrix} \boldsymbol{B}_1^2 - 2\boldsymbol{B}_1 \\ \boldsymbol{B}_3\boldsymbol{B}_1 - 2\boldsymbol{B}_3 \end{pmatrix} = \boldsymbol{O}$$

因为$\begin{pmatrix} \boldsymbol{B}_1 \\ \boldsymbol{B}_3 \end{pmatrix}$必是列满秩矩阵，所以 $\boldsymbol{B}_1 = 2\boldsymbol{I}_r$，有 $\boldsymbol{R}^{-1}\boldsymbol{A}\boldsymbol{R} = \begin{pmatrix} \boldsymbol{I}_r & \boldsymbol{O} \\ \boldsymbol{B}_3 & -\boldsymbol{I}_{n-r} \end{pmatrix}$.

进一步作相似变换

$$\begin{pmatrix} \boldsymbol{I}_r & \boldsymbol{O} \\ -0.5\boldsymbol{B}_3 & \boldsymbol{I}_{n-r} \end{pmatrix} \begin{pmatrix} \boldsymbol{I}_r & \boldsymbol{O} \\ \boldsymbol{B}_3 & -\boldsymbol{I}_{n-r} \end{pmatrix} \begin{pmatrix} \boldsymbol{I}_r & \boldsymbol{O} \\ 0.5\boldsymbol{B}_3 & \boldsymbol{I}_{n-r} \end{pmatrix}$$
$$= \begin{pmatrix} \boldsymbol{I}_r & \boldsymbol{O} \\ 0.5\boldsymbol{B}_3 & -\boldsymbol{I}_{n-r} \end{pmatrix} \begin{pmatrix} \boldsymbol{I}_r & \boldsymbol{O} \\ 0.5\boldsymbol{B}_3 & \boldsymbol{I}_{n-r} \end{pmatrix} = \begin{pmatrix} \boldsymbol{I}_r & \boldsymbol{O} \\ \boldsymbol{O} & -\boldsymbol{I}_{n-r} \end{pmatrix}$$

于是取 $\boldsymbol{P} = \boldsymbol{R}\begin{pmatrix} \boldsymbol{I}_r & \boldsymbol{O} \\ 0.5\boldsymbol{B}_3 & \boldsymbol{I}_{n-r} \end{pmatrix}$ 即得 $\boldsymbol{P}^{-1}\boldsymbol{A}\boldsymbol{P} = \begin{pmatrix} \boldsymbol{I}_r & \boldsymbol{O} \\ \boldsymbol{O} & -\boldsymbol{I}_{n-r} \end{pmatrix}$.

(2) 因为

$$\boldsymbol{P}^{-1}\boldsymbol{A}\boldsymbol{P} = \begin{pmatrix} \boldsymbol{I}_r & \boldsymbol{O} \\ \boldsymbol{O} & -\boldsymbol{I}_{n-r} \end{pmatrix}$$

$$\boldsymbol{P}^{-1}(\boldsymbol{I}_n - \boldsymbol{A})\boldsymbol{P} = \boldsymbol{I}_n - \boldsymbol{P}^{-1}\boldsymbol{A}\boldsymbol{P} = \boldsymbol{I}_n - \begin{pmatrix} \boldsymbol{I}_r & \boldsymbol{O} \\ \boldsymbol{O} & -\boldsymbol{I}_{n-r} \end{pmatrix} = \begin{pmatrix} \boldsymbol{O} & \boldsymbol{O} \\ \boldsymbol{O} & 2\boldsymbol{I}_{n-r} \end{pmatrix}$$

所以
$$R(\boldsymbol{I}_n + \boldsymbol{A}) + R(\boldsymbol{I}_n - \boldsymbol{A}) = r + (n - r) = n$$

(3) 因为 $\boldsymbol{P}^{-1}\boldsymbol{A}\boldsymbol{P} = \begin{pmatrix} \boldsymbol{I}_r & \boldsymbol{O} \\ \boldsymbol{O} & -\boldsymbol{I}_{n-r} \end{pmatrix}$，则

$$\boldsymbol{A} = \boldsymbol{P}\begin{pmatrix} \boldsymbol{I}_r & \boldsymbol{O} \\ \boldsymbol{O} & -\boldsymbol{I}_{n-r} \end{pmatrix}\boldsymbol{P}^{-1} = \boldsymbol{P}\begin{pmatrix} \boldsymbol{I}_r & \boldsymbol{O} \\ \boldsymbol{O} & -\boldsymbol{I}_{n-r} \end{pmatrix}\boldsymbol{P}'(\boldsymbol{P}^{-1})'\boldsymbol{P}^{-1} = \boldsymbol{S}_1\boldsymbol{S}_2$$

其中 $\boldsymbol{S}_1 = \boldsymbol{P}\begin{pmatrix} \boldsymbol{I}_r & \boldsymbol{O} \\ \boldsymbol{O} & -\boldsymbol{I}_{n-r} \end{pmatrix}\boldsymbol{P}'$，$\boldsymbol{S}_2 = (\boldsymbol{P}^{-1})'\boldsymbol{P}^{-1}$ 显然都是对称矩阵.

(4) 设 $n$ 阶矩阵 $\boldsymbol{A}$ 满足 $R(\boldsymbol{I}_n + \boldsymbol{A}) + R(\boldsymbol{I}_n - \boldsymbol{A}) = n$，要证 $\boldsymbol{A}^2 = \boldsymbol{I}_n$.

记 $R(\boldsymbol{I}_n + \boldsymbol{A}) = r$. 考虑 $\boldsymbol{I}_n + \boldsymbol{A}$ 的满秩分解

$$\boldsymbol{I}_n + \boldsymbol{A} = \boldsymbol{H}\boldsymbol{L}$$

其中 $\boldsymbol{H}$ 和 $\boldsymbol{L}$ 分别是秩为 $r$ 的 $n\times r$ 列满秩矩阵和 $r\times n$ 行满秩矩阵. 根据秩的降阶定理得

$$\begin{aligned}R(\boldsymbol{I}_n-\boldsymbol{A})&=R(2\boldsymbol{I}_n-(\boldsymbol{I}_n+\boldsymbol{A}))=R(2\boldsymbol{I}_n-\boldsymbol{HL})=R(2\boldsymbol{I}_n-\boldsymbol{HI}_r\boldsymbol{L})\\&=R(2\boldsymbol{I}_n)-R(\boldsymbol{I}_r)+R(\boldsymbol{I}_r-0.5\boldsymbol{LI}_n\boldsymbol{H})=n-r+R(\boldsymbol{I}_r-0.5\boldsymbol{LH})\end{aligned}$$

因为 $R(\boldsymbol{I}_n+\boldsymbol{A})+R(\boldsymbol{I}_n-\boldsymbol{A})=n$,所以 $R(\boldsymbol{I}_n-\boldsymbol{A})=n-r$,于是必有

$$R(\boldsymbol{I}_r-0.5\boldsymbol{LH})=0,\boldsymbol{LH}=2\boldsymbol{I}_r$$

据此,由 $\boldsymbol{A}=\boldsymbol{HL}-\boldsymbol{I}_n$ 即可证得

$$\boldsymbol{A}^2=(\boldsymbol{HL}-\boldsymbol{I}_n)(\boldsymbol{HL}-\boldsymbol{I}_n)=\boldsymbol{HLHL}-2\boldsymbol{HL}+\boldsymbol{I}_n=\boldsymbol{I}_n$$

【注1】 秩的降阶定理为 $R(\boldsymbol{A})+R(\boldsymbol{D}-\boldsymbol{CA}^{-1}\boldsymbol{B})=R(\boldsymbol{D})+R(\boldsymbol{A}-\boldsymbol{BD}^{-1}\boldsymbol{C})$.

取 $\boldsymbol{A}=2\boldsymbol{I}_n,\boldsymbol{D}=\boldsymbol{I}_n$ 得

$$R(2\boldsymbol{I}_n)+R(\boldsymbol{I}_n-0.5\boldsymbol{CI}_n\boldsymbol{B})=R(\boldsymbol{I}_n)+R(2\boldsymbol{I}_n-\boldsymbol{BI}_n\boldsymbol{C})$$

【注2】 关于结论(2)也有简单证法. 由 $\boldsymbol{A}^2=\boldsymbol{I}_n$ 知 $(\boldsymbol{I}_n+\boldsymbol{A})(\boldsymbol{I}_n-\boldsymbol{A})=\boldsymbol{O}$,必有

$$R(\boldsymbol{I}_n+\boldsymbol{A})+R(\boldsymbol{I}_n-\boldsymbol{A})\leqslant n$$

反之,又由 $2\boldsymbol{I}_n=(\boldsymbol{I}_n+\boldsymbol{A})+(\boldsymbol{I}_n-\boldsymbol{A})$ 知 $n=R(2\boldsymbol{I}_n)\leqslant R(\boldsymbol{I}_n+\boldsymbol{A})+R(\boldsymbol{I}_n-\boldsymbol{A})$. 于是必有

$$R(\boldsymbol{I}_n+\boldsymbol{A})+R(\boldsymbol{I}_n-\boldsymbol{A})=n$$

【注3】 注意到幂等矩阵与对合矩阵之间有以下关系:

设 $\boldsymbol{A}^2=\boldsymbol{I}_n$,令 $\boldsymbol{B}=\frac{1}{2}(\boldsymbol{I}_n+\boldsymbol{A})$,则

$$\boldsymbol{B}^2=\frac{1}{4}(\boldsymbol{I}_n+2\boldsymbol{A}+\boldsymbol{A}^2)=\frac{1}{2}(\boldsymbol{I}_n+\boldsymbol{A})=\boldsymbol{B}$$

反之,当 $\boldsymbol{B}^2=\boldsymbol{B}$ 时必有 $\frac{1}{4}(\boldsymbol{I}_n+2\boldsymbol{A}+\boldsymbol{A}^2)=\frac{1}{2}(\boldsymbol{I}_n+\boldsymbol{A}),\boldsymbol{A}^2=\boldsymbol{I}_n$.

于是利用关于幂等矩阵的已知结论,就可证出关于对合矩阵的有关结论.

设 $\boldsymbol{A}^2=\boldsymbol{I}_n$,令 $\boldsymbol{B}=\frac{1}{2}(\boldsymbol{I}_n+\boldsymbol{A})$,必有 $\boldsymbol{B}^2=\boldsymbol{B}$.

(1) 设 $R(\boldsymbol{I}_n+\boldsymbol{A})=r$,则 $r$ 是 $\boldsymbol{B}$ 的秩. 因为 $\boldsymbol{B}^2=\boldsymbol{B}$,存在可逆矩阵 $\boldsymbol{P}$ 使得

$$\boldsymbol{P}^{-1}\boldsymbol{BP}=\begin{pmatrix}\boldsymbol{I}_r&\boldsymbol{O}\\\boldsymbol{O}&\boldsymbol{O}\end{pmatrix}$$

于是

$$\frac{1}{2}\boldsymbol{P}^{-1}(\boldsymbol{I}_n+\boldsymbol{A})\boldsymbol{P}=\begin{pmatrix}\boldsymbol{I}_r&\boldsymbol{O}\\\boldsymbol{O}&\boldsymbol{O}\end{pmatrix},\boldsymbol{I}_n+\boldsymbol{P}^{-1}\boldsymbol{AP}=\begin{pmatrix}2\boldsymbol{I}_r&\boldsymbol{O}\\\boldsymbol{O}&\boldsymbol{O}\end{pmatrix}$$

$$P^{-1}AP=\begin{pmatrix} I_r & O \\ O & -I_{n-r} \end{pmatrix}$$

(2) 因为 $B^2=B$，所以 $R(B)+R(I_n-B)=n$. 因为

$$I_n-B=I_n-\frac{1}{2}I_n-\frac{1}{2}A=\frac{1}{2}(I_n-A)$$

所以由

$$R(B)=R(I_n+A) \text{ 和 } R(I_n-B)=R(I_n-A)$$

立得 $R(I_n+A)+R(I_n-A)=n$.

(4) 设 $R(I_n+A)+R(I_n-A)=n$，要证 $A^2=I_n$，只要证 $B^2=B$，只要证明

$$R(B)+R(I_n-B)=n$$

因为 $I_n-B=I_n-\frac{1}{2}I_n-\frac{1}{2}A=\frac{1}{2}(I_n-A)$ 和

$$R(B)=R(I_n+A),R(I_n-B)=R(I_n-A)$$

所以由 $R(I_n+A)+R(I_n-A)=n$ 立得 $R(B)+R(I_n-B)=n$.

10. (1) 设 $A$ 是秩为 $r$ 的 $n$ 阶矩阵，且 $A^2=kA, k\neq 0$，证明必存在可逆矩阵 $P$ 使得

$$P^{-1}AP=\begin{pmatrix} kI_r & O \\ O & O \end{pmatrix}$$

(2) 证明对于 $n$ 阶矩阵

$$A=\begin{pmatrix} 1 & 1 & \cdots & 1 \\ 1 & 1 & \cdots & 1 \\ \vdots & \vdots & \ddots & \vdots \\ 1 & 1 & \cdots & 1 \end{pmatrix}, B=\begin{pmatrix} n & 0 & \cdots & 0 \\ 0 & 0 & \cdots & 0 \\ \vdots & \vdots & \ddots & \vdots \\ 0 & 0 & \cdots & 0 \end{pmatrix}$$

必存在可逆矩阵 $P$ 使得 $P^{-1}AP=B$.

**【证】** (1) 令 $B=\dfrac{A}{k}$. 由 $A^2=kA, k\neq 0$ 知 $B^2=\left(\dfrac{A}{k}\right)^2=\dfrac{A}{k}=B$. 于是必存在可逆矩阵 $P$ 使得

$$P^{-1}BP=\begin{pmatrix} I_r & O \\ O & O \end{pmatrix}, P^{-1}AP=\begin{pmatrix} kI_r & O \\ O & O \end{pmatrix}$$

(2) 因为 $A^2=nA, R(A)=1$，所以必存在可逆矩阵 $P$ 使得

$$P^{-1}AP=\begin{pmatrix} nI_1 & O \\ O & O \end{pmatrix}=B$$

11. 设 $A$ 是 $n$ 阶矩阵，且 $A^2=k^2I_n, k\neq 0$，证明必存在可逆矩阵 $P$ 使得

$$P^{-1}AP=\begin{pmatrix} kI_r & O \\ O & -kI_{n-r} \end{pmatrix}$$

【证】 由$\left(\frac{A}{k}\right)^2=I_n$知必存在$n$阶可逆矩阵$P$使得

$$P^{-1}\left(\frac{A}{k}\right)P=\begin{pmatrix} I_r & O \\ O & -I_{n-r} \end{pmatrix},P^{-1}AP=\begin{pmatrix} kI_r & O \\ O & -kI_{n-r} \end{pmatrix}$$

12. 设$A$是秩为$r$的$n$阶矩阵,且$A^3=A$,证明必存在可逆矩阵$P$使得

$$P^{-1}AP=\begin{pmatrix} I_s & O & O \\ O & -I_{r-s} & O \\ O & O & O \end{pmatrix},s\leqslant r,I_0=0$$

【证】 由矩阵的等价标准形知必存在可逆矩阵$Q$和$R$使得

$$QAR=\begin{pmatrix} I_r & O \\ O & O \end{pmatrix}$$

设$R^{-1}Q^{-1}=\begin{pmatrix} B_1 & B_2 \\ B_3 & B_4 \end{pmatrix}$,计算

$$R^{-1}AR=(R^{-1}Q^{-1})(QAR)=\begin{pmatrix} B_1 & B_2 \\ B_3 & B_4 \end{pmatrix}\begin{pmatrix} I_r & O \\ O & O \end{pmatrix}=\begin{pmatrix} B_1 & O \\ B_3 & O \end{pmatrix}$$

其中$B_1$为$r$阶可逆矩阵. 因为$A^3=A$,所以必有

$$(R^{-1}AR)^3=R^{-1}A^3R=R^{-1}AR$$

因为

$$\begin{pmatrix} B_1 & O \\ B_3 & O \end{pmatrix}^2=\begin{pmatrix} B_1 & O \\ B_3 & O \end{pmatrix}\begin{pmatrix} B_1 & O \\ B_3 & O \end{pmatrix}=\begin{pmatrix} B_1^2 & O \\ B_3B_1 & O \end{pmatrix}$$

$$\begin{pmatrix} B_1 & O \\ B_3 & O \end{pmatrix}^3=\begin{pmatrix} B_1 & O \\ B_3 & O \end{pmatrix}\begin{pmatrix} B_1^2 & O \\ B_3B_1 & O \end{pmatrix}=\begin{pmatrix} B_1^3 & O \\ B_3B_1^2 & O \end{pmatrix}$$

所以

$$\begin{pmatrix} B_1 & O \\ B_3 & O \end{pmatrix}=\begin{pmatrix} B_1^3 & O \\ B_3B_1^2 & O \end{pmatrix}$$

即

$$\begin{pmatrix} B_1 \\ B_3 \end{pmatrix}=\begin{pmatrix} B_1^3 \\ B_3B_1^2 \end{pmatrix}=\begin{pmatrix} B_1 \\ B_3 \end{pmatrix}B_1^2$$

因为$\begin{pmatrix} B_1 \\ B_3 \end{pmatrix}$是列满秩矩阵,所以必有$B_1^2=I_r$,必存在$r$阶可逆矩阵$P_1$使得

$$P_1^{-1}B_1P_1=\begin{pmatrix} I_s & O \\ O & -I_{r-s} \end{pmatrix}$$

于是

$$\begin{pmatrix} P_1 & O \\ O & I_{n-r} \end{pmatrix}^{-1} R^{-1}AR\begin{pmatrix} P_1 & O \\ O & I_{n-r} \end{pmatrix}=\begin{pmatrix} P_1^{-1} & O \\ O & I_{n-r} \end{pmatrix}\begin{pmatrix} B_1 & O \\ B_3 & O \end{pmatrix}\begin{pmatrix} P_1 & O \\ O & I_{n-r} \end{pmatrix}$$

$$=\begin{pmatrix} P_1^{-1}B_1P_1 & O \\ B_3 & O \end{pmatrix}=\begin{pmatrix} I_s & O & O \\ O & -I_{r-s} & O \\ B_3 & O & O \end{pmatrix}$$

进一步作相似变换

$$\begin{pmatrix} I_s & O & O \\ O & I_{r-s} & O \\ -B_3 & O & I_{n-r} \end{pmatrix}\begin{pmatrix} I_s & O & O \\ O & -I_{r-s} & O \\ B_3 & O & O \end{pmatrix}\begin{pmatrix} I_s & O & O \\ O & -I_{r-s} & O \\ B_3 & O & I_{n-r} \end{pmatrix}$$

$$=\begin{pmatrix} I_s & O & O \\ O & -I_{r-s} & O \\ O & O & O \end{pmatrix}\begin{pmatrix} I_s & O & O \\ O & I_{r-s} & O \\ B_3 & O & I_{n-r} \end{pmatrix}=\begin{pmatrix} I_s & O & O \\ O & -I_{r-s} & O \\ O & O & O \end{pmatrix}$$

于是所需求的可逆矩阵就是

$$P=R\begin{pmatrix} P_1 & O \\ O & I_{n-r} \end{pmatrix}\begin{pmatrix} I_s & O & O \\ O & I_{r-s} & O \\ B_3 & O & I_{n-r} \end{pmatrix}$$

有

$$P^{-1}AP=\begin{pmatrix} I_s & O & O \\ O & -I_{r-s} & O \\ O & O & O \end{pmatrix},s\leqslant r,I_0=0$$

13. 设 $A$ 是秩为 $r$ 的 $n$ 阶二次幂零矩阵：$A^2=O$，证明必存在可逆矩阵 $P$ 使得

$$P^{-1}AP=\begin{pmatrix} O & O \\ B & O \end{pmatrix}$$

其中 $B$ 是 $(n-r)\times r$ 列满秩矩阵，且必有 $2r\leqslant n$.

【证】 $A$ 的等价标准形为 $QAR=\begin{pmatrix} I_r & O \\ O & O \end{pmatrix}$，记 $R^{-1}Q^{-1}=\begin{pmatrix} B_1 & B_2 \\ B_3 & B_4 \end{pmatrix}$，则有

$$R^{-1}AR=\begin{pmatrix} B_1 & B_2 \\ B_3 & B_4 \end{pmatrix}\begin{pmatrix} I_r & O \\ O & O \end{pmatrix}=\begin{pmatrix} B_1 & O \\ B_3 & O \end{pmatrix}$$

由 $\boldsymbol{A}^2=\boldsymbol{O}$ 知

$$\begin{pmatrix}\boldsymbol{B}_1 & \boldsymbol{O}\\ \boldsymbol{B}_3 & \boldsymbol{O}\end{pmatrix}\begin{pmatrix}\boldsymbol{B}_1 & \boldsymbol{O}\\ \boldsymbol{B}_3 & \boldsymbol{O}\end{pmatrix}=\begin{pmatrix}\boldsymbol{B}_1^2 & \boldsymbol{O}\\ \boldsymbol{B}_3\boldsymbol{B}_1 & \boldsymbol{O}\end{pmatrix}=\begin{pmatrix}\boldsymbol{O} & \boldsymbol{O}\\ \boldsymbol{O} & \boldsymbol{O}\end{pmatrix},\begin{pmatrix}\boldsymbol{B}_1\\ \boldsymbol{B}_3\end{pmatrix}\boldsymbol{B}_1=\begin{pmatrix}\boldsymbol{O}\\ \boldsymbol{O}\end{pmatrix}$$

因为 $R\begin{pmatrix}\boldsymbol{B}_1\\ \boldsymbol{B}_3\end{pmatrix}=R(\boldsymbol{A})=r$，所以 $\begin{pmatrix}\boldsymbol{B}_1\\ \boldsymbol{B}_3\end{pmatrix}$ 是列满秩矩阵，由

$$\begin{pmatrix}\boldsymbol{B}_1\\ \boldsymbol{B}_3\end{pmatrix}\boldsymbol{B}_1=\begin{pmatrix}\boldsymbol{O}\\ \boldsymbol{O}\end{pmatrix}$$

得 $\boldsymbol{B}_1=\boldsymbol{O}$. 于是必有

$$\boldsymbol{P}^{-1}\boldsymbol{A}\boldsymbol{P}=\begin{pmatrix}\boldsymbol{O} & \boldsymbol{O}\\ \boldsymbol{B}_3 & \boldsymbol{O}\end{pmatrix}$$

且由 $R(\boldsymbol{B}_3)=R(\boldsymbol{A})=r$ 和 $\boldsymbol{B}_3$ 是 $(n-r)\times r$ 矩阵知必有 $r\leqslant n-r,2r\leqslant n$.

14. 设 $\boldsymbol{A}$ 是 $n$ 阶可逆矩阵，满足 $\boldsymbol{A}^{-1}=2\boldsymbol{I}_n-\boldsymbol{A}$. 如果 $R(\boldsymbol{I}_n-\boldsymbol{A})=r$，证明：

(1) 必存在可逆矩阵 $\boldsymbol{P}$ 使得 $\boldsymbol{P}^{-1}\boldsymbol{A}\boldsymbol{P}=\begin{pmatrix}\boldsymbol{I}_r & \boldsymbol{O} & \boldsymbol{O}\\ \boldsymbol{O} & \boldsymbol{I}_{n-2r} & \boldsymbol{O}\\ \boldsymbol{I}_r & \boldsymbol{O} & \boldsymbol{I}_r\end{pmatrix}$.

(2) $\boldsymbol{A}$ 必可分解成两个实对称矩阵之积.

【证】 (1) 由 $\boldsymbol{A}^{-1}=2\boldsymbol{I}_n-\boldsymbol{A}$ 知 $(\boldsymbol{I}_n-\boldsymbol{A})^2=\boldsymbol{I}_n-2\boldsymbol{A}+\boldsymbol{A}^2=\boldsymbol{O}$，$\boldsymbol{I}_n-\boldsymbol{A}$ 是二次幂零矩阵. 由 $R(\boldsymbol{I}_n-\boldsymbol{A})=r$，据题 13 所证知必存在可逆矩阵 $\boldsymbol{R}$ 使得

$$\boldsymbol{R}^{-1}(\boldsymbol{I}_n-\boldsymbol{A})\boldsymbol{R}=\begin{pmatrix}\boldsymbol{O} & \boldsymbol{O}\\ \boldsymbol{B} & \boldsymbol{O}\end{pmatrix},\boldsymbol{R}^{-1}\boldsymbol{A}\boldsymbol{R}=\begin{pmatrix}\boldsymbol{I}_r & \boldsymbol{O}\\ -\boldsymbol{B} & \boldsymbol{I}_{n-r}\end{pmatrix}$$

其中 $\boldsymbol{B}$ 为秩为 $r$ 的 $(n-r)\times r$ 矩阵，必有 $r\leqslant n-r,2r\leqslant n$.

设 $-\boldsymbol{B}=\begin{pmatrix}\boldsymbol{B}_1\\ \boldsymbol{B}_2\end{pmatrix}$，其中 $\boldsymbol{B}_2$ 为 $r$ 阶方阵，则

$$\boldsymbol{R}^{-1}\boldsymbol{A}\boldsymbol{R}=\begin{pmatrix}\boldsymbol{I}_r & \boldsymbol{O} & \boldsymbol{O}\\ \boldsymbol{B}_1 & \boldsymbol{I}_{n-2r} & \boldsymbol{O}\\ \boldsymbol{B}_2 & \boldsymbol{O} & \boldsymbol{I}_r\end{pmatrix}$$

因为 $\begin{pmatrix}\boldsymbol{B}_1\\ \boldsymbol{B}_2\end{pmatrix}$ 的 $n-r$ 个行向量中有 $r$ 个是极大线性无关组，经过若干行的互换（同时作相应列的互换，确保所作的是相似变换），可不妨设 $\boldsymbol{B}_2$ 为 $r$ 阶可逆方阵，于是再经过相似变换

$$\begin{pmatrix} I_r & O & O \\ O & I_{n-2r} & O \\ O & O & B_2^{-1} \end{pmatrix}\begin{pmatrix} I_r & O & O \\ B_1 & I_{n-2r} & O \\ B_2 & O & I_r \end{pmatrix}\begin{pmatrix} I_r & O & O \\ O & I_{n-2r} & O \\ O & O & B_2 \end{pmatrix}$$

$$=\begin{pmatrix} I_r & O & O \\ B_1 & I_{n-2r} & O \\ I_r & O & B_2^{-1} \end{pmatrix}\begin{pmatrix} I_r & O & O \\ O & I_{n-2r} & O \\ O & O & B_2 \end{pmatrix}=\begin{pmatrix} I_r & O & O \\ B_1 & I_{n-2r} & O \\ I_r & O & I_r \end{pmatrix}$$

和相似变换可得

$$\begin{pmatrix} I_r & O & O \\ O & I_{n-2r} & -B_1 \\ O & O & I_r \end{pmatrix}\begin{pmatrix} I_r & O & O \\ B_1 & I_{n-2r} & O \\ I_r & O & I_r \end{pmatrix}\begin{pmatrix} I_r & O & O \\ O & I_{n-2r} & B_1 \\ O & O & I_r \end{pmatrix}$$

$$=\begin{pmatrix} I_r & O & O \\ O & I_{n-2r} & -B_1 \\ I_r & O & I_r \end{pmatrix}\begin{pmatrix} I_r & O & O \\ O & I_{n-2r} & O \\ O & O & I_r \end{pmatrix}=\begin{pmatrix} I_r & O & O \\ O & I_{n-2r} & O \\ I_r & O & I_r \end{pmatrix}$$

于是所需求的可逆矩阵就是

$$P=R\begin{pmatrix} I_r & O & O \\ O & I_{n-2r} & O \\ O & O & B_2 \end{pmatrix}\begin{pmatrix} I_r & O & O \\ O & I_{n-2r} & B_1 \\ O & O & B_2 \end{pmatrix}$$

使得

$$P^{-1}AP=\begin{pmatrix} I_r & O & O \\ O & I_{n-2r} & O \\ I_r & O & I_r \end{pmatrix}$$

（2）由 $P^{-1}AP=\begin{pmatrix} I_r & O & O \\ O & I_{n-2r} & O \\ I_r & O & I_r \end{pmatrix}$ 知

$$A=P\begin{pmatrix} I_r & O & O \\ O & I_{n-2r} & O \\ I_r & O & I_r \end{pmatrix}P^{-1}=P\begin{pmatrix} O & O & I_r \\ O & I_{n-2r} & O \\ I_r & O & O \end{pmatrix}\begin{pmatrix} I_r & O & I_r \\ O & I_{n-2r} & O \\ I_r & O & O \end{pmatrix}P^{-1}$$

$$=P\begin{pmatrix} O & O & I_r \\ O & I_{n-2r} & O \\ I_r & O & O \end{pmatrix}P'(P^{-1})'\begin{pmatrix} I_r & O & I_r \\ O & I_{n-2r} & O \\ I_r & O & O \end{pmatrix}P^{-1}=S_1S_2$$

其中

$$S_1=P\begin{pmatrix}O&O&I_r\\O&I_{n-2r}&O\\I_r&O&O\end{pmatrix}P',S_2=(P^{-1})'\begin{pmatrix}I_r&O&I_r\\O&I_{n-2r}&O\\I_r&O&O\end{pmatrix}P^{-1}$$

是两个对称矩阵.

15. 设 $A_1,A_2,\cdots,A_k$ 都是 $n$ 阶矩阵,$R(A_i)=r_i,i=1,2,\cdots,k$,满足 $\sum\limits_{i=1}^{k}A_i=I_n$,证明:

(1) 如果 $A_iA_j=O,\forall 1\leqslant i\neq j\leqslant k$,则 $A_i^2=A_i,\forall 1\leqslant i\leqslant k$,而且 $\sum\limits_{i=1}^{k}r_i=n$.

(2) 如果 $\sum\limits_{i=1}^{k}r_i=n$,则 $A_iA_j=\delta_{ij}A_j,i,j=1,2,\cdots,k$. 这里 $\delta_{ij}=\begin{cases}1,i=j\\0,i\neq j\end{cases}$.

【证】 (1) 因为 $A_1+A_2+\cdots+A_k=I_n$ 和 $A_iA_j=O,\forall 1\leqslant i\neq j\leqslant k$,所以

$$(A_1+\cdots+A_i+\cdots+A_k)A_i=A_i^2=A_i,i=1,2,\cdots,k$$

对幂等矩阵 $A_i$ 作满秩分解

$$A_i=H_iL_i,i=1,2,\cdots,k$$

其中 $H_i$ 为 $n\times r_i$ 列满秩矩阵,$L_i$ 为 $r_i\times n$ 行满秩矩阵. 记 $r=\sum\limits_{i=1}^{k}r_i$.

由 $A_iA_j=\delta_{ij}A_j$ 知 $H_iL_iH_jL_j=\delta_{ij}H_jL_j$,可证 $L_iH_j=\delta_{ij}I_{r_j}$. 事实上,当 $i\neq j$ 时,由 $H_iL_iH_jL_j=O$ 和 $H_i$ 是列满秩矩阵和 $L_j$ 是行满秩矩阵立得 $L_iH_j=O$;当 $i=j$ 时,有 $H_iL_iH_iL_i=H_iL_i$. 根据 $H_i$ 是列满秩矩阵和 $L_i$ 是行满秩矩阵立得 $L_iH_i=I_{r_i}$. 于是证得 $L_iH_j=\delta_{ij}I_{r_j}$,这就是说有矩阵等式

$$\begin{pmatrix}L_1\\L_2\\\vdots\\L_k\end{pmatrix}(H_1\quad H_2\quad\cdots\quad H_k)=\begin{pmatrix}I_{r_1}&O&\cdots&O\\O&I_{r_2}&\cdots&O\\\vdots&\vdots&\ddots&\vdots\\O&O&\cdots&I_{r_k}\end{pmatrix},\text{记成 } LH=I$$

因此 $L$ 是 $r\times n$ 行满秩矩阵,$H$ 是 $n\times r$ 列满秩矩阵,必有 $r\leqslant n$. 但另一方面,由

$$A_1+A_2+\cdots+A_k=I_n \text{ 得 } H_1L_1+H_2L_2+\cdots+H_kL_k=I_n$$

必有

$$n=R(I_n)=R(\sum_{i=1}^{k}H_iL_i)\leqslant\sum_{i=1}^{k}R(A_i)=\sum_{i=1}^{k}r_i=r$$

所以证得 $r=\sum_{i=1}^{k}r_i=n$.

(2) 设 $\sum_{i=1}^{k}r_i=n$,要证 $\boldsymbol{A}_i\boldsymbol{A}_j=\delta_{ij}\boldsymbol{A}_j,i,j=1,2,\cdots,k$. 因为

$$\boldsymbol{A}_1+\boldsymbol{A}_2+\cdots+\boldsymbol{A}_k=\boldsymbol{I}_n$$

即

$$\boldsymbol{H}_1\boldsymbol{L}_1+\boldsymbol{H}_2\boldsymbol{L}_2+\cdots+\boldsymbol{H}_k\boldsymbol{L}_k=\boldsymbol{I}_n$$

所以有矩阵等式

$$(\boldsymbol{H}_1\quad \boldsymbol{H}_2\quad \cdots\quad \boldsymbol{H}_k)\begin{pmatrix}\boldsymbol{L}_1\\ \boldsymbol{L}_2\\ \vdots\\ \boldsymbol{L}_k\end{pmatrix}=\boldsymbol{I}_n,\text{记成 }\boldsymbol{HL}=\boldsymbol{I}_n$$

于是由 $\sum_{i=1}^{k}r_i=n$ 知 $\boldsymbol{H}$ 和 $\boldsymbol{L}$ 都是 $n$ 阶可逆矩阵,因而必有 $\boldsymbol{LH}=\boldsymbol{I}_n$,即

$$\begin{pmatrix}\boldsymbol{L}_1\\ \boldsymbol{L}_2\\ \vdots\\ \boldsymbol{L}_k\end{pmatrix}(\boldsymbol{H}_1\quad \boldsymbol{H}_2\quad \cdots\quad \boldsymbol{H}_k)=\begin{pmatrix}\boldsymbol{I}_{r_1} & \boldsymbol{O} & \cdots & \boldsymbol{O}\\ \boldsymbol{O} & \boldsymbol{I}_{r_2} & \cdots & \boldsymbol{O}\\ \vdots & \vdots & \ddots & \vdots\\ \boldsymbol{O} & \boldsymbol{O} & \cdots & \boldsymbol{I}_{r_k}\end{pmatrix}$$

于是必有 $\boldsymbol{L}_i\boldsymbol{H}_j=\delta_{ij}\boldsymbol{I}_{r_j}$. 据此就可证明 $\boldsymbol{A}_i\boldsymbol{A}_j=\delta_{ij}\boldsymbol{A}_j$. 事实上,当 $i\neq j$ 时,由 $\boldsymbol{L}_i\boldsymbol{H}_j=\boldsymbol{O}$ 知 $\boldsymbol{H}_i\boldsymbol{L}_i\boldsymbol{H}_j\boldsymbol{L}_j=\boldsymbol{O}$,即 $\boldsymbol{A}_i\boldsymbol{A}_j=\boldsymbol{O}$;当 $i=j$ 时,由 $\boldsymbol{L}_i\boldsymbol{H}_i=\boldsymbol{I}_{r_i}$ 知 $\boldsymbol{H}_i\boldsymbol{L}_i\boldsymbol{H}_i\boldsymbol{L}_i=\boldsymbol{H}_i\boldsymbol{L}_i$,即 $\boldsymbol{A}_i\boldsymbol{A}_j=\boldsymbol{A}_j$.

【注】　当 $k=2$ 时,简单证明见本章 §5 题 21.

## §7　证明题

1. 设 $\boldsymbol{A}$ 为 $n$ 阶对合矩阵:$\boldsymbol{A}^2=\boldsymbol{I}_n$. 若 $\boldsymbol{P}=\boldsymbol{AD}_1\boldsymbol{A},\boldsymbol{Q}=\boldsymbol{AD}_2\boldsymbol{A}$,其中,$\boldsymbol{D}_1,\boldsymbol{D}_2$ 为 $n$ 阶对角矩阵,证明 $\boldsymbol{PQ}=\boldsymbol{QP}$.

【证】　由条件知

$$\boldsymbol{PQ}=\boldsymbol{AD}_1\boldsymbol{AAD}_2\boldsymbol{A}=\boldsymbol{AD}_1\boldsymbol{D}_2\boldsymbol{A},\boldsymbol{QP}=\boldsymbol{AD}_2\boldsymbol{AAD}_1\boldsymbol{A}=\boldsymbol{AD}_2\boldsymbol{D}_1\boldsymbol{A}$$

因为同阶对角矩阵必可交换

$$\boldsymbol{D}_1\boldsymbol{D}_2=\boldsymbol{D}_2\boldsymbol{D}_1$$

所以 $\boldsymbol{PQ}=\boldsymbol{QP}$.

2. 证明与某个对角元两两互异的对角方阵相乘可以交换的方阵一定是对

角方阵.

【证】 设 $\boldsymbol{X}=(a_{ij})_{n\times n}$ 满足 $\boldsymbol{X\Lambda}=\boldsymbol{\Lambda X}$,这里 $\boldsymbol{\Lambda}$ 是某个对角元两两互异的 $n$ 阶对角方阵. 考察矩阵等式 $\boldsymbol{X\Lambda}=\boldsymbol{\Lambda X}$ 两边的第 $i$ 行与第 $j$ 列交叉处的元素. 由

$$\begin{pmatrix} a_{11} & \cdots & a_{1j} & \cdots & a_{1n} \\ \vdots & & \vdots & & \vdots \\ a_{i1} & \cdots & a_{ij} & \cdots & a_{in} \\ \vdots & & \vdots & & \vdots \\ a_{n1} & \cdots & a_{nj} & \cdots & a_{nn} \end{pmatrix}\begin{pmatrix} \lambda_1 & & & & \\ & \ddots & & & \\ & & \lambda_j & & \\ & & & \ddots & \\ & & & & \lambda_n \end{pmatrix}$$

$$=\begin{pmatrix} \lambda_1 & & & & \\ & \ddots & & & \\ & & \lambda_i & & \\ & & & \ddots & \\ & & & & \lambda_n \end{pmatrix}\begin{pmatrix} a_{11} & \cdots & a_{1j} & \cdots & a_{1n} \\ \vdots & & \vdots & & \vdots \\ a_{i1} & \cdots & a_{ij} & \cdots & a_{in} \\ \vdots & & \vdots & & \vdots \\ a_{n1} & \cdots & a_{nj} & \cdots & a_{nn} \end{pmatrix}$$

知道必有 $a_{ij}\lambda_j=\lambda_i a_{ij}$. 因为当 $i\neq j$ 时,$\lambda_j\neq\lambda_i$,所以必有 $a_{ij}=0,\ \forall i\neq j$. 这就证明了 $\boldsymbol{X}$ 一定是对角方阵.

【注】 反之,任意两个同阶的对角方阵的乘积都是可以交换的. 因此"与任意对角方阵都可交换的方阵一定是对角方阵". 但是,与某个确定的对角方阵可交换的方阵就不一定是对角方阵. 例如,单位矩阵当然是对角方阵,但是任意方阵与同阶单位矩阵相乘都是可以交换的.

3. 设 $\boldsymbol{A}=(a_{ij})$ 是对角元都是零的 3 阶上三角矩阵,证明 $\boldsymbol{A}^3=\boldsymbol{O}$.

【证】 设 $\boldsymbol{A}=\begin{pmatrix} 0 & a & b \\ 0 & 0 & c \\ 0 & 0 & 0 \end{pmatrix}$,则

$$\boldsymbol{A}^3=\begin{pmatrix} 0 & a & b \\ 0 & 0 & c \\ 0 & 0 & 0 \end{pmatrix}\begin{pmatrix} 0 & a & b \\ 0 & 0 & c \\ 0 & 0 & 0 \end{pmatrix}^2=\begin{pmatrix} 0 & a & b \\ 0 & 0 & c \\ 0 & 0 & 0 \end{pmatrix}\begin{pmatrix} 0 & 0 & ac \\ 0 & 0 & 0 \\ 0 & 0 & 0 \end{pmatrix}=\begin{pmatrix} 0 & 0 & 0 \\ 0 & 0 & 0 \\ 0 & 0 & 0 \end{pmatrix}$$

【注】 一般地,若 $\boldsymbol{A}=(a_{ij})$ 是对角元都是零的 $n$ 阶上三角矩阵,则必有 $\boldsymbol{A}^n=\boldsymbol{O}$.

4. 设 $\boldsymbol{A}=\begin{pmatrix} a & b \\ c & d \end{pmatrix}$. 如果存在某个正整数 $m\geqslant 3$ 使得 $\boldsymbol{A}^m=\boldsymbol{O}$,证明一定有 $\boldsymbol{A}^2=\boldsymbol{O}$.

【证】 由 $\boldsymbol{A}^m=\boldsymbol{O}$ 知道 $|\boldsymbol{A}|^m=|\boldsymbol{A}^m|=0$,必有

$$|\boldsymbol{A}|=\begin{vmatrix} a & b \\ c & d \end{vmatrix}=ad-bc=0,bc=ad$$

计算

$$A^2=\begin{pmatrix}a&b\\c&d\end{pmatrix}\begin{pmatrix}a&b\\c&d\end{pmatrix}=\begin{pmatrix}a^2+bc&b(a+d)\\c(a+d)&d^2+bc\end{pmatrix}=\begin{pmatrix}a(a+d)&b(a+d)\\c(a+d)&d(a+d)\end{pmatrix}$$

$$=(a+d)A$$

据此立刻得到

$$A^m=(a+d)^{m-1}A$$

由 $A^m=O$ 知道 $A=O$ 或 $a+d=0$，于是总有 $A^2=O$.

**【注】** 当 $A^2=O$ 时，对于任何 $m\geqslant 2$，显然有 $A^m=O$，但是未必有 $A=O$.

对于一般的 $n$ 阶方阵 $A$，由 $A^m=O$ 不能推出 $A^2=O$. 例如

$$A=\begin{pmatrix}0&1&0\\0&0&1\\0&0&0\end{pmatrix},A^2=\begin{pmatrix}0&0&1\\0&0&0\\0&0&0\end{pmatrix},A^3=O$$

5.（1）设 $A$ 是 $n$ 阶实对称矩阵，证明 $A^2=O\Leftrightarrow A=O$.

（2）设 $A_1,A_2,\cdots,A_k$ 是 $k$ 个 $n$ 阶实对称矩阵，证明

$$\sum_{l=1}^{k}A_l^2=O\Leftrightarrow A_l=O,l=1,2,\cdots,k$$

**【证】**（1）设 $A=(a_{ij})$ 是 $n$ 阶实对称矩阵，则由矩阵乘法定义知 $A^2=AA'$ 的 $n$ 个对角元为

$$\sum_{j=1}^{n}a_{1j}^2,\sum_{j=1}^{n}a_{2j}^2,\cdots,\sum_{j=1}^{n}a_{nj}^2$$

因此，当 $A^2=O$ 时，这些 $A$ 中的元素的平方和都是数零. 因为 $A$ 中的元素都是实数，所以它们都是零，即 $A=O$. 反之，对于 $A=O$，当然有 $A^2=O$.

（2）考虑方阵的迹（全体对角元之和）. 因为 $A_l=(a_{ij})$ 都是实对称矩阵，必有

$$\mathrm{tr}(A_l^2)=\mathrm{tr}(A_lA'_l)=\sum_{i=1}^{n}\sum_{j=1}^{n}a_{ij}^2\geqslant 0,\text{而且 }\mathrm{tr}(A_l^2)=0\Leftrightarrow A_l=O$$

所以当 $\sum_{l=1}^{k}A_l^2=O$ 时，必有

$$\mathrm{tr}\left(\sum_{l=1}^{k}A_l^2\right)=\sum_{l=1}^{k}\mathrm{tr}(A_l^2)=0,\ \forall\,\mathrm{tr}(A_l^2)=0,\ \forall A_l=O,l=1,2,\cdots,k$$

当 $A_l=O,l=1,2,\cdots,k$ 时，显然有 $\sum_{l=1}^{k}A_l^2=O$.

**【注】** 用此方法可证一般结论：对于任意一个 $m\times n$ 实矩阵 $A$，必有

$$AA'=O\Leftrightarrow A=O\Leftrightarrow A'A=O$$

当 $\boldsymbol{A}$ 是对称矩阵时,必有 $\boldsymbol{A}=\boldsymbol{A}'$,所以 $\boldsymbol{A}^2=\boldsymbol{O}\Leftrightarrow\boldsymbol{AA}'=\boldsymbol{O}\Leftrightarrow\boldsymbol{A}=\boldsymbol{O}$.

对于一般的 $n$ 阶实矩阵 $\boldsymbol{A}$,由 $\boldsymbol{A}^2=\boldsymbol{O}$ 不能推出 $\boldsymbol{A}=\boldsymbol{O}$. 例如

$$\boldsymbol{A}=\begin{pmatrix}0&1\\0&0\end{pmatrix}\neq\boldsymbol{O},\boldsymbol{A}^2=\boldsymbol{O}$$

6. 证明以下结论:

(1) 设 $\boldsymbol{A}$ 是 $m\times n$ 矩阵,$\boldsymbol{B}$ 是 $n\times m$ 矩阵,则 $\operatorname{tr}(\boldsymbol{AB})=\operatorname{tr}(\boldsymbol{BA})$.

(2) 对任意 $n$ 阶可逆矩阵 $\boldsymbol{P}$ 都有 $\operatorname{tr}(\boldsymbol{P}^{-1}\boldsymbol{AP})=\operatorname{tr}(\boldsymbol{A})$.

(3) 设 $\boldsymbol{A}$ 和 $\boldsymbol{B}$ 是两个 $n$ 阶矩阵,则 $\boldsymbol{AB}-\boldsymbol{BA}\neq k\boldsymbol{I}_n,k\neq 0$.

【证】 (1) 设 $\boldsymbol{A}=(a_{ij})_{m\times n},\boldsymbol{B}=(b_{ij})_{n\times m}$,则

$\boldsymbol{AB}$ 的对角元为 $\sum\limits_{j=1}^{n}a_{ij}b_{ji},i=1,2,\cdots,m$.

$\boldsymbol{BA}$ 的对角元为 $\sum\limits_{j=1}^{m}b_{ij}a_{ji},i=1,2,\cdots,n$.

于是

$$\operatorname{tr}(\boldsymbol{AB})=\sum_{i=1}^{m}\sum_{j=1}^{n}a_{ij}b_{ji}=\sum_{i=1}^{n}\sum_{j=1}^{m}b_{ij}a_{ji}=\operatorname{tr}(\boldsymbol{BA})$$

(2) $\operatorname{tr}(\boldsymbol{P}^{-1}\boldsymbol{AP})=\operatorname{tr}(\boldsymbol{APP}^{-1})=\operatorname{tr}(\boldsymbol{A})$.

(3) 因为 $\operatorname{tr}(\boldsymbol{AB}-\boldsymbol{BA})=\operatorname{tr}(\boldsymbol{AB})-\operatorname{tr}(\boldsymbol{BA})=0,\operatorname{tr}(k\boldsymbol{I}_n)=nk\neq 0$,所以

$$\boldsymbol{AB}-\boldsymbol{BA}\neq k\boldsymbol{I}_n,k\neq 0$$

7. 设 $\boldsymbol{A}=(a_{ij})$ 是 $n$ 阶复数方阵,证明:

(1) $\operatorname{tr}(\boldsymbol{A}\overline{\boldsymbol{A}}')=0\Leftrightarrow\boldsymbol{A}=\boldsymbol{O}$.

(2) 如果 $\overline{\boldsymbol{A}}'=-\boldsymbol{A}$,且存在 $n$ 阶复数方阵 $\boldsymbol{B}$ 使得 $\boldsymbol{AB}=\boldsymbol{B}$,则必有 $\boldsymbol{B}=\boldsymbol{O}$.

【证】 (1) 考虑复数 $a_{ij}$ 的模 $|a_{ij}|=\sqrt{a_{ij}\times\overline{a_{ij}}}\geqslant 0$,显然有

$$\operatorname{tr}(\boldsymbol{A}\overline{\boldsymbol{A}}')=\sum_{i=1}^{n}\sum_{j=1}^{n}|a_{ij}|^2=0\Leftrightarrow\forall a_{ij}=0\Leftrightarrow\boldsymbol{A}=\boldsymbol{O}$$

(2) 由 $\boldsymbol{AB}=\boldsymbol{B}$ 知

$$\overline{\boldsymbol{B}}'(\boldsymbol{I}_n-\boldsymbol{A})\boldsymbol{B}=\overline{\boldsymbol{B}}'\boldsymbol{B}-\overline{\boldsymbol{B}}'\boldsymbol{AB}=\overline{\boldsymbol{B}}'\boldsymbol{B}-\overline{\boldsymbol{B}}'\boldsymbol{B}=\boldsymbol{O}$$

两边取转置共轭又得

$$\overline{\boldsymbol{B}}'(\boldsymbol{I}_n-\overline{\boldsymbol{A}}')\boldsymbol{B}=\overline{\boldsymbol{B}}'(\boldsymbol{I}_n+\boldsymbol{A})\boldsymbol{B}=\boldsymbol{O}$$

由此两式相等可得

$$\overline{\boldsymbol{B}}'(\boldsymbol{I}_n+\boldsymbol{A})\boldsymbol{B}=\overline{\boldsymbol{B}}'(\boldsymbol{I}_n-\boldsymbol{A})\boldsymbol{B},\overline{\boldsymbol{B}}'\boldsymbol{B}+\overline{\boldsymbol{B}}'\boldsymbol{AB}=\overline{\boldsymbol{B}}'\boldsymbol{B}-\overline{\boldsymbol{B}}'\boldsymbol{AB}$$

$$2\overline{\boldsymbol{B}}'\boldsymbol{AB}=\boldsymbol{O},\overline{\boldsymbol{B}}'\boldsymbol{AB}=\boldsymbol{O},\overline{\boldsymbol{B}}'\boldsymbol{B}=\boldsymbol{O}$$

于是必有迹 $\operatorname{tr}(\boldsymbol{B}\overline{\boldsymbol{B}}')=0$ 和 $\boldsymbol{B}=\boldsymbol{O}$.

8. 设 $\boldsymbol{A}$ 是 $n$ 阶矩阵,如果对任意 $n$ 阶矩阵 $\boldsymbol{X}$ 都有 $\operatorname{tr}(\boldsymbol{XA})=0$,证明 $\boldsymbol{A}=\boldsymbol{O}$.

【证】　取 $n^2$ 个基础方阵 $\boldsymbol{E}_{ij}, i,j=1,2,\cdots,n$，其 $(i,j)$ 元素为 1，其余元素都是零. 因为

$$\boldsymbol{E}_{ij}\boldsymbol{A}=\begin{pmatrix}0 & & & & & & \\ & \ddots & & & & & \\ & & 0 & & 1 & & \\ & & & \ddots & & & \\ & & & & 0 & & \\ & & & & & \ddots & \\ & & & & & & 0\end{pmatrix}\begin{pmatrix}a_{11} & \cdots & a_{1i} & \cdots & a_{1n}\\ \vdots & & \vdots & & \vdots\\ a_{j1} & \cdots & a_{ji} & \cdots & a_{jn}\\ \vdots & & \vdots & & \vdots\\ a_{n1} & \cdots & a_{ni} & \cdots & a_{nn}\end{pmatrix}$$

$$=\begin{pmatrix}0 & \cdots & 0 & \cdots & 0\\ \vdots & & \vdots & & \vdots\\ a_{j1} & \cdots & a_{ji} & \cdots & a_{jn}\\ \vdots & & \vdots & & \vdots\\ 0 & \cdots & 0 & \cdots & 0\end{pmatrix}$$

必有 $\operatorname{tr}(\boldsymbol{E}_{ij}\boldsymbol{A})=a_{ji}=0, \forall 1\leqslant i,j\leqslant n$，所以 $\boldsymbol{A}=\boldsymbol{O}$.

9. 设 $\boldsymbol{A}$ 和 $\boldsymbol{B}$ 是两个 $n$ 阶矩阵. 如果对任意 $n$ 阶矩阵 $\boldsymbol{X}$ 都有 $\operatorname{tr}(\boldsymbol{XA})=\operatorname{tr}(\boldsymbol{BX})$，证明 $\boldsymbol{A}=\boldsymbol{B}$.

【证一】　由 $\operatorname{tr}(\boldsymbol{BX})=\operatorname{tr}(\boldsymbol{XB})$ 知，对任意 $n$ 阶矩阵 $\boldsymbol{X}$ 都有

$$\operatorname{tr}(\boldsymbol{XA})=\operatorname{tr}(\boldsymbol{XB}),\operatorname{tr}(\boldsymbol{XA}-\boldsymbol{XB})=0,\operatorname{tr}[\boldsymbol{X}(\boldsymbol{A}-\boldsymbol{B})]=0$$

于是必有 $\boldsymbol{A}-\boldsymbol{B}=\boldsymbol{O},\boldsymbol{A}=\boldsymbol{B}$.

【证二】　取 $n^2$ 个基础方阵 $\boldsymbol{E}_{ij}, i,j=1,2,\cdots,n$，其 $(i,j)$ 元素为 1，其余元素都是零. 因为

$$\boldsymbol{E}_{ij}\boldsymbol{A}=\begin{pmatrix}0 & & & & & & \\ & \ddots & & & & & \\ & & 0 & & 1 & & \\ & & & \ddots & & & \\ & & & & 0 & & \\ & & & & & \ddots & \\ & & & & & & 0\end{pmatrix}\begin{pmatrix}a_{11} & \cdots & a_{1i} & \cdots & a_{1n}\\ \vdots & & \vdots & & \vdots\\ a_{j1} & \cdots & a_{ji} & \cdots & a_{jn}\\ \vdots & & \vdots & & \vdots\\ a_{n1} & \cdots & a_{ni} & \cdots & a_{nn}\end{pmatrix}$$

$$=\begin{pmatrix}0 & \cdots & 0 & \cdots & 0\\ \vdots & & \vdots & & \vdots\\ a_{j1} & \cdots & a_{ji} & \cdots & a_{jn}\\ \vdots & & \vdots & & \vdots\\ 0 & \cdots & 0 & \cdots & 0\end{pmatrix}$$

$$BE_{ij}=\begin{pmatrix} b_{11} & \cdots & b_{1i} & \cdots & b_{1n} \\ \vdots & \vdots & & & \vdots \\ b_{j1} & \cdots & b_{ji} & \cdots & b_{jn} \\ \vdots & & \vdots & & \vdots \\ b_{n1} & \cdots & b_{ni} & \cdots & b_{nn} \end{pmatrix}\begin{pmatrix} 0 & & & & & & \\ & \ddots & & & & & \\ & & 0 & & 1 & & \\ & & & \ddots & & & \\ & & & & 0 & & \\ & & & & & \ddots & \\ & & & & & & 0 \end{pmatrix}$$

$$=\begin{pmatrix} 0 & \cdots & b_{1i} & \cdots & 0 \\ \vdots & & \vdots & & \vdots \\ 0 & \cdots & b_{ji} & \cdots & 0 \\ \vdots & & \vdots & & \vdots \\ 0 & \cdots & b_{ni} & \cdots & 0 \end{pmatrix}$$

于是据 $\mathrm{tr}(E_{ij}A)=\mathrm{tr}(BE_{ij})$ 得出 $a_{ji}=b_{ji},i,j=1,2,\cdots,n$. 即 $A=B$.

10. 设 $A$ 是任意一个非零矩阵,证明一定存在非零列向量 $x,y$ 使得 $x'Ay\neq 0$.

【证】 设 $A=(a_{ij})$ 是任意一个 $m\times n$ 非零矩阵,设某个元素 $a_{ij}\neq 0$. 取 $m$ 维标准单位列向量

$e_i=(0\quad\cdots\quad 0\quad 1\quad 0\quad\cdots\quad 0)'$,其中第 $i$ 个元素为1,其余都为0

和 $n$ 维标准单位列向量

$e_i=(0\quad\cdots\quad 0\quad 1\quad 0\quad\cdots\quad 0)'$,其中第 $j$ 个元素为1,其余都为0

于是必有 $e'_iAe_j=a_{ij}\neq 0$.

11. 证明:(1) $n$ 阶矩阵 $A$ 是反对称矩阵 $\Leftrightarrow$ 对于任何 $n$ 维列向量 $x$ 都有 $x'Ax=0$.

(2) 设 $A$ 是 $n$ 阶对称矩阵,则对于任何 $n$ 维列向量 $x$ 都有 $x'Ax=0$ 当且仅当 $A=O$.

【证】 (1) 必要性:设 $A'=-A$. 因为 $x'Ax$ 是一个数,所以由

$$x'Ax=(x'Ax)'=x'A'x=-x'Ax$$

知 $x'Ax=0$.

充分性:设 $A=(a_{ij})$. 因为对于任何 $n$ 维列向量 $x$ 都有 $x'Ax=0$,取标准单位列向量

$$e_i=(0\quad\cdots\quad 0\quad 1\quad 0\quad\cdots\quad 0)',1\leqslant i\leqslant n$$

立刻得到 $a_{ii}=e'_iAe_i=0,i=1,2,\cdots,n$.

再取 $x=e_i+e_j,1\leqslant i\neq j\leqslant n$,根据 $e'_iAe_j=a_{ij}=0$ 知道

$$x'Ax=(e_i+e_j)'A(e_i+e_j)=e'_iAe_j+e'_jAe_j=a_{ij}+a_{ji}=0$$

于是 $a_{ij}=-a_{ji}$,$1\leqslant i\neq j\leqslant n$. 这就证明了 $A'=-A$.

(2) 设对于任何 $n$ 维列向量 $x$ 都有 $x'Ax=0$,则取 $x=e_i$,$1\leqslant i\leqslant n$ 得

$$a_{ii}=e'_iAe_i=0,i=1,2,\cdots,n$$

再取 $x=e_i+e_j$,$1\leqslant i\neq j\leqslant n$. 根据

$$x'Ax=(e_i+e_j)'A(e_i+e_j)=e'_iAe_j+e'_jAe_i=a_{ij}+a_{ji}=0$$

知道 $a_{ij}=-a_{ji}$,$1\leqslant i\neq j\leqslant n$. 因为 $A$ 是 $n$ 阶对称矩阵,必有 $a_{ij}=a_{ji}$,$\forall 1\leqslant i,j\leqslant n$,于是

$$a_{ij}=0,1\leqslant i\neq j\leqslant n$$

所以 $A=0$.

反之,当 $A=O$ 时,显然对于任何 $n$ 维列向量 $x$ 都有 $x'Ax=0$.

12. 设 $A$ 是任意一个 $m\times n$ 实矩阵,$S$ 为 $n$ 阶实反对称矩阵,证明对任一 $n$ 维实例向量 $x$ 必有:

(1)$x'(I_n+S)x\geqslant 0$,且 $x'(I_n+S)x=0\Leftrightarrow x=\mathbf{0}$.

(2)$x'(A'A+S)x\geqslant 0$. 若 $x'(A'A+S)x=0$,问是否必有 $x=\mathbf{0}$?

【证】　因为 $S$ 为 $n$ 阶实反对称矩阵,$x'Sx$ 是一个数,有

$$x'Sx=(x'Sx)'=x'S'x=-x'Sx$$

所以必有 $x'Sx=0$.

(1) 任取 $n$ 维实列向量 $x=(x_1,x_2,\cdots,x_n)'$,必有

$$x'(I_n+S)x=x'I_nx+x'Sx=x'x=\sum_{i=1}^{n}x_i^2\geqslant 0$$

且
$$x'(I_n+S)x=0\Leftrightarrow\sum_{i=1}^{n}x_i^2=0\Leftrightarrow x=\mathbf{0}$$

(2) 首先必有

$$x'(A'A+S)x=x'A'Ax+x'Sx=(Ax)'(Ax)\geqslant\mathbf{0}$$

且

$$x'(A'A+S)x=0\Leftrightarrow Ax=\mathbf{0}$$

因为齐次线性方程组 $Ax=\mathbf{0}$ 可能有非零解,所以当 $x'(A'A+S)x=0$ 时,未必有 $x=\mathbf{0}$.

13. 设 $A$ 和 $B$ 是 $n$ 阶可逆实方阵,证明 $A'A=B'B\Leftrightarrow$ 存在 $n$ 阶矩阵 $Q$,满足 $QQ'=I_n$ 使得 $A=QB$.

【证一】　只要令 $Q=AB^{-1}$,就有 $A=QB$.

当 $A'A=B'B$ 成立时可直接验证

$$QQ'=(AB^{-1})(AB^{-1})'=AB^{-1}(B^{-1})'A'=A(B'B)^{-1}A'=A(A'A)^{-1}A'$$

$$=AA^{-1}(A')^{-1}A'=I_n$$

反之,若 $A=QB$,且 $QQ'=I_n$,则必有 $A'A=B'Q'QB=B'B$.

【证二】 因为$A'A=B'B\Leftrightarrow(B^{-1})'A'AB^{-1}=I_n\Leftrightarrow(AB^{-1})'(AB^{-1})=I_n$,所以只要令 $Q=AB^{-1}$,就有 $A'A=B'B\Leftrightarrow QQ'=I_n$.

【注】 满足 $QQ'=I_n$ 的矩阵 $Q$ 称为正交矩阵,必有 $Q'=Q^{-1}$,$Q'Q=I_n$.

14. 设 $A=B-C$,其中 $B'=B$,$C'=-C$,证明 $AA'=A'A\Leftrightarrow BC=CB$.

【证】 因为

$$AA'=(B-C)(B'-C')=(B-C)(B+C)=B^2-C^2-CB+BC$$

$$A'A=(B-C')(B-C)=(B+C)(B-C)=B^2-C^2+CB-BC$$

所以 $$AA'=A'A\Leftrightarrow 2BC=2CB\Leftrightarrow BC=CB$$

15. 设 $n$ 阶矩阵 $A$ 和 $B$ 满足 $A=\frac{1}{2}(I_n\pm B)$,证明 $A^2=A\Leftrightarrow B^2=I_n$.

【证一】 若 $A=\frac{1}{2}(I_n+B)$,则

$$A^2=A\Leftrightarrow\frac{1}{4}(I_n+2B+B^2)=\frac{1}{2}(I_n+B)$$

$$\Leftrightarrow I_n+2B+B^2=2(I_n+B)\Leftrightarrow B^2=I_n$$

若 $A=\frac{1}{2}(I_n-B)$,则 $A=\frac{1}{2}(I_n+(-B))$,于是

$$A^2=A\Leftrightarrow(-B)^2=I_n\Leftrightarrow B^2=I_n$$

【证二】 由 $A=\frac{1}{2}(I_n+B)$ 知 $B=2A-I_n$,于是

$$B^2=I_n\Leftrightarrow(2A-I_n)^2=I_n\Leftrightarrow 4A^2-4A=O\Leftrightarrow A^2=A$$

由 $A=\frac{1}{2}(I_n-B)$ 知 $B=I_n-2A$,于是

$$B^2=I_n\Leftrightarrow(I_n-2A)^2=I_n\Leftrightarrow 4A^2-4A=O\Leftrightarrow A^2=A$$

16. 设 $A$ 是 $n$ 阶正交矩阵:$AA'=I_n$,证明:

(1) 当 $|A|=-1$ 时,$|I_n+A|=0$.

(2) 当 $|A|=1$ 且 $n$ 是奇数时,$|I_n-A|=0$.

【证一】 (1) 利用行列式乘法规则和行列式性质可得以下等式

$$|I_n+A|=|AA'+A|=|A(A'+I_n)|=|A|\times|(A'+I_n)|=-|A+I_n|$$

因为 $|I_n+A|$ 是数,所以 $|I_n+A|=0$.

(2) 注意到 $|A|=1$ 且 $n$ 是奇数,可求出

$$|I_n-A|=|AA'-A|=|A(A'-I_n)|=|A-I_n|$$

$$=(-1)^n|I_n-A|=-|I_n-A|$$

因为 $|I_n - A|$ 是数,所以 $|I_n - A| = 0$.

**【证二】** (1) 在矩阵等式

$$(A + I_n)A' = AA' + A' = I_n + A' = (I_n + A)'$$

两边取行列式,运用行列式乘法规则和行列式性质,当 $|A| = -1$ 时即得

$$|A + I_n| \times |A| = |I_n + A|,\ -|A + I_n| = |A + I_n|,\ |A + I_n| = 0$$

(2) 类似地,在矩阵等式

$$(I_n - A)A' = A' - AA' = A' - I_n = -(I_n - A)'$$

两边取行列式,运用行列式乘法规则和行列式性质,当 $|A| = 1$ 且 $n$ 是奇数时,即得

$$|I_n - A| \times |A'| = (-1)^n |I_n - A| = -|I_n - A|,\ |I_n - A| = 0$$

17. 形如 $A = \begin{pmatrix} a_1 & a_2 \\ -\bar{a}_2 & \bar{a}_1 \end{pmatrix}$, $B = \begin{pmatrix} b_1 & b_2 \\ -\bar{b}_2 & \bar{b}_1 \end{pmatrix}$ 的复矩阵称为四元数矩阵,这里 $\bar{a}$ 表示复数 $a$ 的共轭复数,证明:

(1) $AB$ 也是四元数矩阵.

(2) 当 $A,B$ 都是实矩阵时,必有 $AB = BA$.

(3) 当 $A,B$ 都是复矩阵时,未必有 $AB = BA$.

**【证】** 直接计算矩阵乘积.

(1) $AB = \begin{pmatrix} a_1 & a_2 \\ -\bar{a}_2 & \bar{a}_1 \end{pmatrix}\begin{pmatrix} b_1 & b_2 \\ -\bar{b}_2 & \bar{b}_1 \end{pmatrix} = \begin{pmatrix} a_1b_1 - a_2\bar{b}_2 & a_1b_2 + a_2\bar{b}_1 \\ -\bar{a}_2b_1 - \bar{a}_1\bar{b}_2 & -\bar{a}_2b_2 + \bar{a}_1\bar{b}_1 \end{pmatrix} = \begin{pmatrix} c_1 & c_2 \\ -\bar{c}_2 & \bar{c}_1 \end{pmatrix}$.

(2) 当 $A,B$ 都是实矩阵时

$$AB = \begin{pmatrix} a_1 & a_2 \\ -a_2 & a_1 \end{pmatrix}\begin{pmatrix} b_1 & b_2 \\ -b_2 & b_1 \end{pmatrix} = \begin{pmatrix} a_1b_1 - a_2b_2 & a_1b_2 + a_2b_1 \\ -a_2b_1 - a_1b_2 & -a_2b_2 + a_1b_1 \end{pmatrix}$$

$$BA = \begin{pmatrix} b_1 & b_2 \\ -b_2 & b_1 \end{pmatrix}\begin{pmatrix} a_1 & a_2 \\ -a_2 & a_1 \end{pmatrix} = \begin{pmatrix} a_1b_1 - a_2b_2 & a_1b_2 + a_2b_1 \\ -a_2b_1 - a_1b_2 & -a_2b_2 + a_1b_1 \end{pmatrix} = AB$$

(3) 当 $A,B$ 都是复矩阵时

$$AB = \begin{pmatrix} a_1 & a_2 \\ -\bar{a}_2 & \bar{a}_1 \end{pmatrix}\begin{pmatrix} b_1 & b_2 \\ -\bar{b}_2 & \bar{b}_1 \end{pmatrix} = \begin{pmatrix} a_1b_1 - a_2\bar{b}_2 & a_1b_2 + a_2\bar{b}_1 \\ -\bar{a}_2b_1 - \bar{a}_1\bar{b}_2 & -\bar{a}_2b_2 + \bar{a}_1\bar{b}_1 \end{pmatrix}$$

$$BA = \begin{pmatrix} b_1 & b_2 \\ -\bar{b}_2 & \bar{b}_1 \end{pmatrix}\begin{pmatrix} a_1 & a_2 \\ -\bar{a}_2 & \bar{a}_1 \end{pmatrix} = \begin{pmatrix} b_1a_1 - b_2\bar{a}_2 & b_1a_2 + b_2\bar{a}_1 \\ -\bar{b}_2a_1 - \bar{b}_1\bar{a}_2 & -\bar{b}_2a_2 + \bar{b}_1\bar{a}_1 \end{pmatrix} = \begin{pmatrix} d_1 & d_2 \\ -\bar{d}_2 & \bar{d}_1 \end{pmatrix}$$

未必有 $AB = BA$.

【注】 例如以下两个四元数矩阵不可交换(这里 $\mathrm{i}=\sqrt{-1}$)

$$\begin{pmatrix} \mathrm{i} & \mathrm{i} \\ \mathrm{i} & -\mathrm{i} \end{pmatrix}\begin{pmatrix} -\mathrm{i} & \mathrm{i} \\ \mathrm{i} & \mathrm{i} \end{pmatrix}=\begin{pmatrix} 0 & -2 \\ 2 & 0 \end{pmatrix},\begin{pmatrix} -\mathrm{i} & \mathrm{i} \\ \mathrm{i} & \mathrm{i} \end{pmatrix}\begin{pmatrix} \mathrm{i} & \mathrm{i} \\ \mathrm{i} & -\mathrm{i} \end{pmatrix}=\begin{pmatrix} 0 & 2 \\ -2 & 0 \end{pmatrix}$$

18. 证明以下结论:

(1) 对于任意四个数 $a_1,a_2$ 和 $b_1,b_2$,一定存在数 $c_1,c_2$ 使得

$$(a_1^2+a_2^2)(b_1^2+b_2^2)=c_1^2+c_2^2$$

(2) 对于任意六个数 $a_1,a_2,a_3$ 和 $b_1,b_2,b_3$,一定存在数 $c_1,c_2,c_3$ 使得

$$(a_1^3+a_2^3+a_3^3-3a_1a_2a_3)(b_1^3+b_2^3+b_3^3-3b_1b_2b_3)=c_1^3+c_2^3+c_3^3-3c_1c_2c_3$$

【证】 (1) 计算

$$\begin{pmatrix} a_1 & a_2 \\ -a_2 & a_1 \end{pmatrix}\begin{pmatrix} b_1 & b_2 \\ -b_2 & b_1 \end{pmatrix}=\begin{pmatrix} c_1 & c_2 \\ -c_2 & c_1 \end{pmatrix}$$

其中 $c_1=a_1b_1-a_2b_2,c_2=a_1b_2+a_2b_1$.

由行列式乘法规则,两边取行列式即得

$$(a_1^2+a_2^2)(b_1^2+b_2^2)=c_1^2+c_2^2$$

(2) 容易求出循环行列式

$$\begin{vmatrix} a_1 & a_2 & a_3 \\ a_3 & a_1 & a_2 \\ a_2 & a_3 & a_1 \end{vmatrix}=a_1^3+a_2^3+a_3^3-3a_1a_2a_3$$

根据矩阵乘法知道

$$\begin{pmatrix} a_1 & a_2 & a_3 \\ a_3 & a_1 & a_2 \\ a_2 & a_3 & a_1 \end{pmatrix}\begin{pmatrix} b_1 & b_2 & b_3 \\ b_3 & b_1 & b_2 \\ b_2 & b_3 & b_1 \end{pmatrix}=\begin{pmatrix} c_1 & c_2 & c_3 \\ c_3 & c_1 & c_2 \\ c_2 & c_3 & c_1 \end{pmatrix}$$

其中

$$c_1=a_1b_1+a_2b_3+a_3b_2,c_2=a_1b_2+a_2b_1+a_3b_3,c_3=a_1b_3+a_2b_2+a_3b_1$$

于是由行列式乘法规则可得

$$(a_1^3+a_2^3+a_3^3-3a_1a_2a_3)(b_1^3+b_2^3+b_3^3-3b_1b_2b_3)=c_1^3+c_2^3+c_3^3-3c_1c_2c_3$$

19. 记 $S_i^k=\sum\limits_{i=1}^{n}x_i^k,k=0,1,2,\cdots,2n-2,x_1,x_2,\cdots,x_n$ 为数,证明 $n$ 阶行列式

$$S=\begin{vmatrix} S_0 & S_1 & S_2 & \cdots & S_{n-1} \\ S_1 & S_2 & S_3 & \cdots & S_n \\ S_2 & S_3 & S_4 & \cdots & S_{n+1} \\ \vdots & \vdots & \vdots & & \vdots \\ S_{n-1} & S_{n-2} & S_{n-3} & \cdots & S_{2n-2} \end{vmatrix}=\prod_{1\leqslant i<j\leqslant n}(x_i-x_j)^2$$

【证】　根据行列式乘法规则立得

$$S=\begin{vmatrix}1&1&1&\cdots&1\\x_1&x_2&x_3&\cdots&x_n\\x_1^2&x_2^2&x_3^2&\cdots&x_n^2\\\vdots&\vdots&\vdots&&\vdots\\x_1^{n-1}&x_2^{n-1}&x_3^{n-1}&\cdots&x_n^{n-1}\end{vmatrix}\times\begin{vmatrix}1&x_1&x_1^2&\cdots&x_1^{n-1}\\1&x_2&x_2^2&\cdots&x_2^{n-1}\\1&x_3&x_3^2&\cdots&x_3^{n-1}\\\vdots&\vdots&\vdots&&\vdots\\1&x_n&x_n^2&\cdots&x_n^{n-1}\end{vmatrix}$$

$$=\prod_{1\leqslant i<j\leqslant n}(x_i-x_j)^2$$

20. 证明 $n+1$ 阶行列式

$$|\boldsymbol{A}|=\begin{vmatrix}(a_0+b_0)^n&(a_0+b_1)^n&\cdots&(a_0+b_n)^n\\(a_1+b_0)^n&(a_1+b_1)^n&\cdots&(a_1+b_n)^n\\\vdots&\vdots&\ddots&\vdots\\(a_n+b_0)^n&(a_n+b_1)^n&\cdots&(a_n+b_n)^n\end{vmatrix}$$

$$=\prod_{k=1}^{n}\mathrm{C}_n^k\times\prod_{0\leqslant j<i\leqslant n}(a_i-a_j)(b_j-b_i)$$

【证】　据二项式展开公式

$$(b+a)^n=b^n+\mathrm{C}_n^1ab^{n-1}+\mathrm{C}_n^2a^2b^{n-2}+\cdots+\mathrm{C}_n^ka^kb^{n-k}+\cdots+\mathrm{C}_n^na^n$$

并用行列式乘法规则立得

$$|\boldsymbol{A}|=\begin{vmatrix}1&\mathrm{C}_n^1a_0&\mathrm{C}_n^2a_0^2&\cdots&\mathrm{C}_n^na_0^n\\1&\mathrm{C}_n^1a_1&\mathrm{C}_n^2a_1^2&\cdots&\mathrm{C}_n^na_1^n\\1&\mathrm{C}_n^1a_2&\mathrm{C}_n^2a_2^2&\cdots&\mathrm{C}_n^na_2^n\\\vdots&\vdots&\vdots&\ddots&\vdots\\1&\mathrm{C}_n^1a_n&\mathrm{C}_n^2a_n^2&\cdots&\mathrm{C}_n^na_n^n\end{vmatrix}\times\begin{vmatrix}b_0^n&b_1^n&b_2^n&\cdots&b_n^n\\b_0^{n-1}&b_1^{n-1}&b_2^{n-1}&\cdots&b_n^{n-1}\\b_0^{n-2}&b_1^{n-2}&b_2^{n-2}&\cdots&b_n^{n-2}\\\vdots&\vdots&\vdots&&\vdots\\1&1&1&\cdots&1\end{vmatrix}$$

$$=\prod_{k=1}^{n}\mathrm{C}_n^k\times\prod_{0\leqslant j<i\leqslant n}(a_i-a_j)(b_j-b_i)$$

21. 设 $\boldsymbol{A}=\boldsymbol{I}_n-2\boldsymbol{uu}',\boldsymbol{u}'\boldsymbol{u}=1$，证明 $|\boldsymbol{A}|=-1$.

【证】　用行列式降阶公式立得

$$|\boldsymbol{I}_n-2\boldsymbol{uu}'|=1-2\boldsymbol{u}'\boldsymbol{u}=-1$$

【注】　这里 $\boldsymbol{u}$ 是 $n$ 维列向量，$\boldsymbol{uu}'$ 是 $n$ 阶矩阵，$\boldsymbol{u}'\boldsymbol{u}=1$ 是一个数. 行列式降阶公式为

$$|\boldsymbol{I}_m-\boldsymbol{AB}|=|\boldsymbol{I}_n-\boldsymbol{BA}|$$

22. 当 $\boldsymbol{A}$ 是 $n$ 阶可逆矩阵，$\boldsymbol{\alpha},\boldsymbol{\beta}$ 是 $n$ 维列向量时，证明 $\boldsymbol{A}+\boldsymbol{\alpha\beta}'$ 为可逆矩阵当且仅当 $1+\boldsymbol{\beta}'\boldsymbol{A}^{-1}\boldsymbol{\alpha}\neq0$.

【证】 用行列式降阶公式立得

$$|A+\alpha\beta'|=|A+\alpha\times 1\times\beta'|=\frac{|A|}{1}\times(1+\beta'A^{-1}\alpha)=|A|\times(1+\beta'A^{-1}\alpha)$$

因为$A$是可逆矩阵，$|A|\neq 0$，所以$A+\alpha\beta'$为可逆矩阵当且仅当$1+\beta'A^{-1}\alpha\neq 0$.

23. 证明3阶循环行列式计算公式

$$D_3=\begin{vmatrix} a_1 & a_2 & a_3 \\ a_3 & a_1 & a_2 \\ a_2 & a_3 & a_1 \end{vmatrix}=\prod_{i=1}^{3}(a_1+x_ia_2+x_i^2a_3)$$

其中，$x_1,x_2,x_3$是$x^3=1$的三个互异根.

【证】 考虑范德蒙德行列式

$$V_3=\begin{vmatrix} 1 & 1 & 1 \\ 1 & \omega & \omega^2 \\ 1 & \omega^2 & \omega^4 \end{vmatrix}=\begin{vmatrix} 1 & 1 & 1 \\ 1 & \omega & \omega^2 \\ 1 & \omega^2 & \omega \end{vmatrix}$$

其中$\omega$是三次本原单位根：$\omega=\dfrac{-1+\sqrt{-3}}{2}$，它是$x^2+x+1=0$的一个根. 因为

$$x^3=1\Leftrightarrow x^3-1=(x-1)(x^2+x+1)=0$$

所以，$x^3=1$的三个根为$x_1=1$，$x_2=\omega=\dfrac{-1+\sqrt{-3}}{2}$，$x_3=\omega^2=\dfrac{-1-\sqrt{-3}}{2}$.

据行列式乘法规则知

$$V_3D_3=\begin{vmatrix} 1 & 1 & 1 \\ 1 & \omega & \omega^2 \\ 1 & \omega^2 & \omega \end{vmatrix}\times\begin{vmatrix} a_1 & a_2 & a_3 \\ a_3 & a_1 & a_2 \\ a_2 & a_3 & a_1 \end{vmatrix}$$

$$=\begin{vmatrix} a_1+a_3+a_2 & a_2+a_1+a_3 & a_3+a_2+a_1 \\ a_1+\omega a_3+\omega^2a_2 & a_2+\omega a_1+\omega^2a_3 & a_3+\omega a_2+\omega^2a_1 \\ a_1+\omega^2a_3+\omega a_2 & a_2+\omega^2a_1+\omega a_3 & a_3+\omega^2a_2+\omega a_1 \end{vmatrix}$$

$$=\begin{vmatrix} a_1+a_2+a_3 & a_1+a_2+a_3 & a_1+a_2+a_3 \\ a_1+\omega^2a_2+\omega a_3 & \omega(a_1+\omega^2a_2+\omega a_3) & \omega^2(a_1+\omega^2a_2+\omega a_3) \\ a_1+\omega a_2+\omega^2a_3 & \omega^2(a_1+\omega a_2+\omega^2a_3) & \omega(a_1+\omega a_2+\omega^2a_3) \end{vmatrix}$$

$$=(a_1+a_2+a_3)(a_1+\omega^2a_2+\omega a_3)(a_1+\omega a_2+\omega^2a_3)\begin{vmatrix} 1 & 1 & 1 \\ 1 & \omega & \omega^2 \\ 1 & \omega^2 & \omega \end{vmatrix}$$

$$= (a_1 + a_2 + a_3)(a_1 + \omega a_2 + \omega^2 a_3)(a_1 + \omega^2 a_2 + \omega a_3) V_3$$

于是可求出

$$D_3 = (a_1 + a_2 + a_3)(a_1 + \omega a_2 + \omega^2 a_3)(a_1 + \omega^2 a_2 + \omega a_3)$$

$$= (a_1 + a_2 + a_3)(a_1 + \omega a_2 + \omega^2 a_3)(a_1 + \omega^2 a_2 + \omega^4 a_3)$$

$$= \prod_{i=1}^{3} (a_1 + x_i a_2 + x_i^2 a_3)$$

**24.** 证明以下 $n$ 阶循环行列式

$$D_n = \begin{vmatrix} a_1 & a_2 & a_3 & \cdots & a_{n-1} & a_n \\ a_n & a_1 & a_2 & \ddots & a_{n-2} & a_{n-1} \\ a_{n-1} & a_n & a_1 & \ddots & a_{n-3} & a_{n-2} \\ \vdots & \vdots & \vdots & \ddots & \ddots & \vdots \\ a_3 & a_4 & a_5 & \cdots & a_1 & a_2 \\ a_2 & a_3 & a_4 & \cdots & a_n & a_1 \end{vmatrix} = \prod_{i=1}^{n} (x_i^0 a_1 + x_i^1 a_2 + \cdots + x_i^{n-1} a_n)$$

其中 $x_i, i = 1, 2, \cdots, n$ 是 $n$ 个两两互异的 $n$ 次单位根：$x_i^n = 1$.

**【证一】** $x^n - 1 = 0$ 的 $n$ 个两两互异的根为

$$x_1 = 1, x_2 = \omega, x_3 = \omega^2, \cdots, x_n = \omega^{n-1}$$

这里取 $n$ 次本原单位根

$$\omega = e^{i\theta} = \cos\theta + i\sin\theta, i = \sqrt{-1}, \theta = \frac{2\pi}{n}, 有 \omega^n = 1$$

引入

$$V_n = \begin{vmatrix} 1 & 1 & 1 & \cdots & 1 \\ 1 & \omega & \omega^2 & \cdots & \omega^{n-1} \\ 1 & \omega^2 & \omega^4 & \cdots & \omega^{n-2} \\ \vdots & \vdots & \vdots & & \vdots \\ 1 & \omega^{n-1} & \omega^{2(n-1)} & \cdots & \omega^{(n-1)^2} \end{vmatrix} = \begin{vmatrix} 1 & 1 & 1 & \cdots & 1 \\ 1 & \omega & \omega^2 & \cdots & \omega^{n-1} \\ 1 & \omega^2 & \omega^4 & \cdots & \omega^{n-2} \\ \vdots & \vdots & \vdots & & \vdots \\ 1 & \omega^{n-1} & \omega^{n-2} & \cdots & \omega \end{vmatrix}$$

因为

$$V_n D_n = \begin{vmatrix} 1 & 1 & 1 & \cdots & 1 \\ 1 & \omega & \omega^2 & \cdots & \omega^{n-1} \\ 1 & \omega^2 & \omega^4 & \cdots & \omega^{n-2} \\ \vdots & \vdots & \vdots & & \vdots \\ 1 & \omega^{n-1} & \omega^{n-1} & \cdots & \omega \end{vmatrix} \times \begin{vmatrix} a_1 & a_2 & a_3 & \cdots & a_n \\ a_n & a_1 & a_2 & \cdots & a_{n-1} \\ a_{n-1} & a_n & a_1 & \cdots & a_{n-2} \\ \vdots & \vdots & \vdots & & \vdots \\ a_2 & a_3 & a_4 & \cdots & a_1 \end{vmatrix}$$

$$= \begin{vmatrix} 1 & 1 & 1 & \cdots & 1 \\ 1 & \omega & \omega^2 & \cdots & \omega^{n-1} \\ 1 & \omega^2 & \omega^4 & \cdots & \omega^{n-2} \\ \vdots & \vdots & \vdots & & \vdots \\ 1 & \omega^{n-1} & \omega^{n-2} & \cdots & \omega \end{vmatrix} \times \prod_{i=1}^{n}(x_i^0 a_1 + x_i^1 a_2 + \cdots + x_i^{n-1} a_n)$$

所以
$$D_n = \prod_{i=1}^{n}(x_i^0 a_1 + x_i^1 a_2 + \cdots + x_i^{n-1} a_n)$$

**【证二】** 记$f(x) = a_1 + a_2 x + a_3 x^2 + \cdots + a_n x^{n-1}$.引入

$$V_n = \begin{vmatrix} 1 & 1 & 1 & \cdots & 1 \\ x_1 & x_2 & x_3 & \cdots & x_n \\ x_1^2 & x_2^2 & x_3^2 & \cdots & x_n^2 \\ \vdots & \vdots & \vdots & & \vdots \\ x_1^{n-1} & x_2^{n-1} & x_3^{n-1} & \cdots & x_n^{n-1} \end{vmatrix}$$

注意到$x_i^n = 1$,可求出

$$D_n V_n = \begin{vmatrix} a_1 & a_2 & a_3 & \cdots & a_n \\ a_n & a_1 & a_2 & \cdots & a_{n-1} \\ a_{n-1} & a_n & a_1 & \cdots & a_{n-2} \\ \vdots & \vdots & \vdots & & \vdots \\ a_2 & a_3 & a_4 & \cdots & a_1 \end{vmatrix} \times \begin{vmatrix} 1 & 1 & 1 & \cdots & 1 \\ x_1 & x_2 & x_3 & \cdots & x_n \\ x_1^2 & x_2^2 & x_3^2 & \cdots & x_n^2 \\ \vdots & \vdots & \vdots & & \vdots \\ x_1^{n-1} & x_2^{n-1} & x_3^{n-1} & \cdots & x_n^{n-1} \end{vmatrix}$$

$$= \begin{vmatrix} f(x_1) & f(x_2) & f(x_3) & \cdots & f(x_n) \\ x_1 f(x_1) & x_2 f(x_2) & x_3 f(x_3) & \cdots & x_n f(x_n) \\ x_1^2 f(x_1) & x_2^2 f(x_2) & x_3^2 f(x_3) & \cdots & x_n^2 f(x_n) \\ \vdots & \vdots & \vdots & & \vdots \\ x_1^{n-1} f(x_1) & x_2^{n-1} f(x_2) & x_3^{n-1} f(x_3) & \cdots & x_n^{n-1} f(x_n) \end{vmatrix}$$

$$= \prod_{i=1}^{n} f(x_i) \times \begin{vmatrix} 1 & 1 & 1 & \cdots & 1 \\ 1 & \omega & \omega^2 & \cdots & \omega^{n-1} \\ 1 & \omega^2 & \omega^4 & \cdots & \omega^{2(n-1)} \\ \vdots & \vdots & \vdots & & \vdots \\ 1 & \omega^{n-1} & \omega^{2(n-1)} & \cdots & \omega^{(n-1)(n-1)} \end{vmatrix}$$

$$= \prod_{i=1}^{n} f(x_i) \times V_n$$

所以
$$D_n = \prod_{i=1}^{n} f(x_i)$$

25. 证明以下 $n$ 阶行列式

$$D_n=\begin{vmatrix} a_1 & a_2 & a_3 & \cdots & a_{n-1} & a_n \\ -a_n & a_1 & a_2 & \ddots & a_{n-2} & a_{n-1} \\ -a_{n-1} & -a_n & a_1 & \ddots & a_{n-3} & a_{n-2} \\ \vdots & \vdots & \vdots & \ddots & \ddots & \vdots \\ -a_3 & -a_4 & -a_5 & \cdots & a_1 & a_2 \\ -a_2 & -a_3 & -a_4 & \cdots & -a_n & a_1 \end{vmatrix}$$

$$=\prod_{i=1}^{n}(a_1+a_2x_i+a_3x_i^2+\cdots+a_nx_i^{n-1})$$

其中 $x_i,i=1,2,\cdots,n$ 是 $x^n=-1$ 的 $n$ 个两两互异的根.

**【证】**　记 $f(x)=a_1+a_2x+a_3x^2+\cdots+a_nx^{n-1}$. 引入

$$V_n=\begin{vmatrix} 1 & 1 & 1 & \cdots & 1 \\ x_1 & x_2 & x_3 & \cdots & x_n \\ x_1^2 & x_2^2 & x_3^2 & \cdots & x_n^2 \\ \vdots & \vdots & \vdots & & \vdots \\ x_1^{n-1} & x_2^{n-1} & x_3^{n-1} & \cdots & x_n^{n-1} \end{vmatrix}$$

注意到 $x_i^n=-1$, 可求出

$$D_nV_n=\begin{vmatrix} a_1 & a_2 & a_3 & \cdots & a_n \\ -a_n & a_1 & a_2 & \cdots & a_{n-1} \\ -a_{n-1} & -a_n & a_1 & \cdots & a_{n-2} \\ \vdots & \vdots & \vdots & & \vdots \\ -a_2 & -a_3 & -a_4 & \cdots & a_1 \end{vmatrix}\times\begin{vmatrix} 1 & 1 & 1 & \cdots & 1 \\ x_1 & x_2 & x_3 & \cdots & x_n \\ x_1^2 & x_2^2 & x_3^2 & \cdots & x_n^2 \\ \vdots & \vdots & \vdots & & \vdots \\ x_1^{n-1} & x_2^{n-1} & x_3^{n-1} & \cdots & x_n^{n-1} \end{vmatrix}$$

$$=\begin{vmatrix} a_1 & a_2 & a_3 & \cdots & a_n \\ x_1^na_n & a_1 & a_2 & \cdots & a_{n-1} \\ x_1^na_{n-1} & x_1^na_n & a_1 & \cdots & a_{n-2} \\ \vdots & \vdots & \vdots & & \vdots \\ x_1^na_2 & x_1^na_3 & x_1^na_4 & \cdots & a_1 \end{vmatrix}\times\begin{vmatrix} 1 & 1 & 1 & \cdots & 1 \\ x_1 & x_2 & x_3 & \cdots & x_n \\ x_1^2 & x_2^2 & x_3^2 & \cdots & x_n^2 \\ \vdots & \vdots & \vdots & & \vdots \\ x_1^{n-1} & x_2^{n-1} & x_3^{n-1} & \cdots & x_n^{n-1} \end{vmatrix}$$

$$= \begin{vmatrix} f(x_1) & f(x_2) & f(x_3) & \cdots & f(x_n) \\ x_1f(x_1) & x_2f(x_2) & x_3f(x_3) & \cdots & x_nf(x_n) \\ x_1^2f(x_1) & x_2^2f(x_2) & x_3^2f(x_3) & \cdots & x_n^2f(x_n) \\ \vdots & \vdots & \vdots & & \vdots \\ x_1^{n-1}f(x_1) & x_2^{n-1}f(x_2) & x_3^{n-1}f(x_3) & \cdots & x_n^{n-1}f(x_n) \end{vmatrix}$$

$$= \prod_{i=1}^{n} f(x_i) \times \begin{vmatrix} 1 & 1 & 1 & \cdots & 1 \\ 1 & \omega & \omega^2 & \cdots & \omega^{n-1} \\ 1 & \omega^2 & \omega^4 & \cdots & \omega^{2(n-1)} \\ \vdots & \vdots & \vdots & & \vdots \\ 1 & \omega^{n-1} & \omega^{2(n-1)} & \cdots & \omega^{(n-1)(n-1)} \end{vmatrix}$$

所以
$$D_n = \prod_{i=1}^{n} f(x_i)$$

**【注】** 以 $n = 4$ 为例. $x^4 = -1$ 的根为

$$x^4 + 1 = (x^2 - \mathrm{i})(x^2 + \mathrm{i}) = (x - \sqrt{\mathrm{i}})(x + \sqrt{\mathrm{i}})(x - \sqrt{-\mathrm{i}})(x + \sqrt{-\mathrm{i}}) = 0$$

$$x = \pm\sqrt{\pm \mathrm{i}}$$

$$D_4V_4 = \begin{vmatrix} a_1 & a_2 & a_3 & a_4 \\ -a_4 & a_1 & a_2 & a_3 \\ -a_3 & -a_4 & a_1 & a_2 \\ -a_2 & -a_3 & -a_4 & a_1 \end{vmatrix} \times \begin{vmatrix} 1 & 1 & 1 & 1 \\ x_1 & x_2 & x_3 & x_4 \\ x_1^2 & x_2^2 & x_3^2 & x_4^2 \\ x_1^3 & x_2^3 & x_3^3 & x_4^3 \end{vmatrix}$$

$$= \begin{vmatrix} a_1 & a_2 & a_3 & a_4 \\ x_1^4a_4 & a_1 & a_2 & a_3 \\ x_1^4a_3 & x_1^4a_4 & a_1 & a_2 \\ x_1^4a_2 & x_1^4a_3 & x_1^4a_4 & a_1 \end{vmatrix} \times \begin{vmatrix} 1 & 1 & 1 & 1 \\ x_1 & x_2 & x_3 & x_4 \\ x_1^2 & x_2^2 & x_3^2 & x_4^2 \\ x_1^3 & x_2^3 & x_3^3 & x_4^3 \end{vmatrix}$$

$$= \begin{vmatrix} f(x_1) & f(x_2) & f(x_3) & f(x_4) \\ x_1f(x_1) & x_2f(x_2) & x_3f(x_3) & x_4f(x_4) \\ x_1^2f(x_1) & x_2^2f(x_2) & x_3^2f(x_3) & x_4^2f(x_4) \\ x_1^3f(x_1) & x_2^3f(x_2) & x_3^3f(x_3) & x_4^3f(x_4) \end{vmatrix}$$

$$= \prod_{i=1}^{4} f(x_i) \times \begin{vmatrix} 1 & 1 & 1 & 1 \\ x_1 & x_2 & x_3 & x_4 \\ x_1^2 & x_2^2 & x_3^2 & x_4^2 \\ x_1^3 & x_2^3 & x_3^3 & x_4^3 \end{vmatrix}$$

所以
$$D_4=\prod_{i=1}^{4}f(x_i)$$

26. 证明

$$D_n=\begin{vmatrix}\cos\varphi & \cos 2\varphi & \cos 3\varphi & \cdots & \cos n\varphi\\ \cos n\varphi & \cos\varphi & \cos 2\varphi & \cdots & \cos(n-1)\varphi\\ \cos(n-1)\varphi & \cos n\varphi & \cos\varphi & \cdots & \cos(n-2)\varphi\\ \vdots & \vdots & \vdots & \ddots & \vdots\\ \cos 2\varphi & \cos 3\varphi & \cos 4\varphi & \cdots & \cos\varphi\end{vmatrix}$$
$$=2^{n-2}\left(\sin\frac{n\varphi}{2}\right)^{n-2}\left[\left(\sin\frac{(n+2)\varphi}{2}\right)^{n}-\left(\sin\frac{n\varphi}{2}\right)^{n}\right]$$

【证】　这是一个 $n$ 阶循环行列式. 记
$$a_1=\cos\varphi,a_2=\cos 2\varphi,\cdots,a_n=\cos n\varphi$$
和
$$f(x)=\cos\varphi+x\cos 2\varphi+x^2\cos 3\varphi+\cdots+x^{n-1}\cos n\varphi$$
则
$$D_n=\prod_{i=1}^{n}(a_1+a_2x_i+a_3x_i^2+\cdots+a_nx_i^{n-1})=\prod_{i=1}^{n}f(x_i)$$
为了求出 $f(x)$ 的简洁表达式,我们引入
$$g(x)=\sin\varphi+x\sin 2\varphi+x^2\sin 3\varphi+\cdots+x^{n-1}\sin n\varphi$$
再记 $q=xe^{i\varphi}=x(\cos\varphi+i\sin\varphi)$,则
$$f(x)+ig(x)=e^{i\varphi}+xe^{i2\varphi}+x^2e^{i3\varphi}+\cdots+x^{n-1}e^{in\varphi}$$
$$=e^{i\varphi}(1+q+q^2+\cdots+q^{n-1})=e^{i\varphi}\frac{1-q^n}{1-q}=e^{i\varphi}\frac{(1-q^n)(1-\bar{q})}{(1-q)(1-\bar{q})}$$
分母
$$(1-q)(1-\bar{q})=1-(q+\bar{q})+q\bar{q}=1-2x\cos\varphi+x^2$$
分子
$$\begin{aligned}e^{i\varphi}(1-q^n)(1-\bar{q})&=e^{i\varphi}(1-x^ne^{in\varphi})(1-xe^{-i\varphi})\\&=e^{i\varphi}(1-x^ne^{in\varphi}-xe^{-i\varphi}+x^{n+1}e^{i(n-1)\varphi})\\&=e^{i\varphi}-x^ne^{i(n+1)\varphi}-x+x^{n+1}e^{in\varphi}\end{aligned}$$
所以取 $f(x)+ig(x)$ 的实部即得
$$f(x)=\frac{x^{n+1}\cos n\varphi-x^n\cos(n+1)\varphi-x+\cos\varphi}{x^2-2x\cos\varphi+1}$$
对于任意一个 $n$ 次单位根 $x_i$,必有
$$\begin{aligned}x_i^2-2x_i\cos\varphi+1&=(e^{i\varphi}-x_i)(e^{-i\varphi}-x_i)\\&=(\cos\varphi+i\sin\varphi-x_i)(\cos\varphi-i\sin\varphi-x_i)\end{aligned}$$
于是由 $x_i^n=1$ 立得

$$f(x_i)=\frac{x_i\cos n\varphi-\cos(n+1)\varphi-x_i+\cos\varphi}{(\cos\varphi+\mathrm{i}\sin\varphi-x_i)(\cos\varphi-\mathrm{i}\sin\varphi-x_i)}$$
$$=\frac{(\cos\varphi-\cos(n+1)\varphi)-x_i(1-\cos n\varphi)}{(\cos\varphi+\mathrm{i}\sin\varphi-x_i)(\cos\varphi-\mathrm{i}\sin\varphi-x_i)}$$

取 $x_i,i=1,2,\cdots,n$ 是 $n$ 个两两互异的 $n$ 次单位根,有

$$x^n-1=\prod_{i=1}^{n}(x-x_i)$$

于是对于数 $a,b\neq 0$,有分解式

$$a^n-b^n=b^n\left[\left(\frac{a}{b}\right)^n-1\right]=b^n\prod_{i=1}^{n}\left(\frac{a}{b}-x_i\right)=\prod_{i=1}^{n}(a-bx_i)$$

据此可求出

$$D_n=\prod_{i=1}^{n}f(x_i)=\prod_{i=1}^{n}\frac{(\cos\varphi-\cos(n+1)\varphi)-x_i(1-\cos n\varphi)}{(\cos\varphi+\mathrm{i}\sin\varphi-x_i)(\cos\varphi-\mathrm{i}\sin\varphi-x_i)}$$
$$=\frac{[\cos\varphi-\cos(n+1)\varphi]^n-(1-\cos n\varphi)^n}{[(\cos\varphi+\mathrm{i}\sin\varphi)^n-1][(\cos\varphi-\mathrm{i}\sin\varphi)^n-1]}$$

再利用公式 $\cos\alpha-\cos\beta=-2\sin\frac{\alpha+\beta}{2}\sin\frac{\alpha-\beta}{2},1-\cos\alpha=2\left(\sin\frac{\alpha}{2}\right)^2$ 就可求出

$$D_n=\frac{2^n\left(\sin\frac{n+2}{2}\varphi\right)^n\left(\sin\frac{n}{2}\varphi\right)^n-2^n\left(\sin\frac{n}{2}\varphi\right)^{2n}}{(\mathrm{e}^{\mathrm{i}n\varphi}-1)(\mathrm{e}^{-\mathrm{i}n\varphi}-1)}$$
$$=\frac{2^n\left(\sin\frac{n}{2}\varphi\right)^n\left[\left(\sin\frac{n+2}{2}\varphi\right)^n-\left(\sin\frac{n}{2}\varphi\right)^n\right]}{2(1-\cos n\varphi)}$$
$$=\frac{2^n\left(\sin\frac{n}{2}\varphi\right)^n\left[\left(\sin\frac{n+2}{2}\varphi\right)^n-\left(\sin\frac{n}{2}\varphi\right)^n\right]}{4\left(\sin\frac{n}{2}\varphi\right)^2}$$
$$=2^{n-2}\left(\sin\frac{n\varphi}{2}\right)^{n-2}\left[\left(\sin\frac{(n+2)\varphi}{2}\right)^n-\left(\sin\frac{n\varphi}{2}\right)^n\right]$$

27. 设 $\boldsymbol{A}=\begin{pmatrix}a_0&a_1&a_2&\cdots&a_{n-1}\\a_{n-1}&a_0&a_1&\cdots&a_{n-2}\\a_{n-2}&a_{n-1}&a_0&\cdots&a_{n-3}\\\vdots&\vdots&\vdots&\ddots&\vdots\\a_1&a_2&a_3&\cdots&a_0\end{pmatrix},\boldsymbol{B}=\begin{pmatrix}b_0&b_1&b_2&\cdots&b_{n-1}\\b_{n-1}&b_0&b_1&\cdots&b_{n-2}\\b_{n-2}&b_{n-1}&b_0&\cdots&b_{n-3}\\\vdots&\vdots&\vdots&\ddots&\vdots\\b_1&b_2&b_3&\cdots&b_0\end{pmatrix}$

是两个循环矩阵,证明 $\boldsymbol{AB}$ 也是循环矩阵.

【证】　取循环矩阵 $\boldsymbol{J}=\begin{pmatrix}\boldsymbol{0} & \boldsymbol{I}_{n-1}\\ 1 & \boldsymbol{0}\end{pmatrix}$. 依次求出

$$\boldsymbol{J}^2=\begin{pmatrix}\boldsymbol{0} & \boldsymbol{I}_{n-1}\\ 1 & \boldsymbol{0}\end{pmatrix}\begin{pmatrix}\boldsymbol{0} & \boldsymbol{I}_{n-1}\\ 1 & \boldsymbol{0}\end{pmatrix}=\begin{pmatrix}\boldsymbol{0} & \boldsymbol{I}_{n-1}\\ \boldsymbol{I}_2 & \boldsymbol{0}\end{pmatrix}$$

$$\boldsymbol{J}^3=\begin{pmatrix}\boldsymbol{0} & \boldsymbol{I}_{n-1}\\ 1 & \boldsymbol{0}\end{pmatrix}\begin{pmatrix}\boldsymbol{0} & \boldsymbol{I}_{n-2}\\ \boldsymbol{I}_2 & \boldsymbol{0}\end{pmatrix}=\begin{pmatrix}\boldsymbol{0} & \boldsymbol{I}_{n-3}\\ \boldsymbol{I}_3 & \boldsymbol{0}\end{pmatrix}$$

$$\vdots$$

$$\boldsymbol{J}^{n-1}=\begin{pmatrix}\boldsymbol{0} & \boldsymbol{I}_{n-1}\\ 1 & \boldsymbol{0}\end{pmatrix}\begin{pmatrix}\boldsymbol{0} & \boldsymbol{I}_2\\ \boldsymbol{I}_{n-2} & \boldsymbol{0}\end{pmatrix}=\begin{pmatrix}\boldsymbol{0} & 1\\ \boldsymbol{I}_{n-1} & \boldsymbol{0}\end{pmatrix}$$

$$\boldsymbol{J}^n=\boldsymbol{I}_n$$

则循环矩阵 $\boldsymbol{A}$ 和 $\boldsymbol{B}$ 可表成

$$\boldsymbol{A}=a_0\boldsymbol{I}_n+a_1\boldsymbol{J}+a_2\boldsymbol{J}^2+\cdots+a_{n-2}\boldsymbol{J}^{n-2}+a_{n-1}\boldsymbol{J}^{n-1}$$

$$\boldsymbol{B}=b_0\boldsymbol{I}_n+b_1\boldsymbol{J}+b_2\boldsymbol{J}^2+\cdots+b_{n-2}\boldsymbol{J}^{n-2}+b_{n-1}\boldsymbol{J}^{n-1}$$

于是注意到 $\boldsymbol{J}^n=\boldsymbol{I}_n$，可求出

$$\boldsymbol{AB}=c_0\boldsymbol{I}_n+c_1\boldsymbol{J}+c_2\boldsymbol{J}^2+\cdots+c_{n-2}\boldsymbol{J}^{n-2}+c_{n-1}\boldsymbol{J}^{n-1}$$

它显然是循环矩阵.

【注】　以 $n=4$ 为例说明如下

$$\boldsymbol{J}=\begin{pmatrix}0&1&0&0\\0&0&1&0\\0&0&0&1\\1&0&0&0\end{pmatrix}$$

$$\boldsymbol{J}^2=\begin{pmatrix}0&1&0&0\\0&0&1&0\\0&0&0&1\\1&0&0&0\end{pmatrix}\begin{pmatrix}0&1&0&0\\0&0&1&0\\0&0&0&1\\1&0&0&0\end{pmatrix}=\begin{pmatrix}0&0&1&0\\0&0&0&1\\1&0&0&0\\0&1&0&0\end{pmatrix}$$

$$\boldsymbol{J}^3=\begin{pmatrix}0&1&0&0\\0&0&1&0\\0&0&0&1\\1&0&0&0\end{pmatrix}\begin{pmatrix}0&0&1&0\\0&0&0&1\\1&0&0&0\\0&1&0&0\end{pmatrix}=\begin{pmatrix}0&0&0&1\\1&0&0&0\\0&1&0&0\\0&0&1&0\end{pmatrix}$$

$$\boldsymbol{J}^4=\boldsymbol{I}_4$$

$$A=\begin{pmatrix}a_0&a_1&a_2&a_3\\a_3&a_0&a_1&a_2\\a_2&a_3&a_0&a_1\\a_1&a_2&a_3&a_0\end{pmatrix}=a_0I_4+a_1J+a_2J^2+a_3J^3$$

$$B=\begin{pmatrix}b_0&b_1&b_2&b_3\\b_3&b_0&b_1&b_2\\b_2&b_3&b_0&b_1\\b_1&b_2&b_3&b_0\end{pmatrix}=b_0I_4+b_1J+b_2J^2+b_3J^3$$

$$\begin{aligned}AB&=(a_0I_4+a_1J+a_2J^2+a_3J^3)(b_0I_4+b_1J+b_2J^2+b_3J^3)\\&=(a_0b_0+a_1b_3+a_2b_2+a_3b_1)I_4+(a_0b_1+a_1b_0+a_2b_3+a_3b_2)J+\\&\quad(a_0b_2+a_1b_1+a_2b_0+a_3b_3)J_4+\\&\quad(a_0b_3+a_1b_2+a_2b_1+a_3b_0)J^3\\&=c_0I_4+c_1J+c_2J^2+c_3J^3\end{aligned}$$

其中

$$c_0=a_0b_0+a_1b_3+a_2b_2+a_3b_1,c_1=a_0b_1+a_1b_0+a_2b_3+a_3b_2$$
$$c_2=a_0b_2+a_1b_1+a_2b_0+a_3b_3,c_3=a_0b_3+a_1b_2+a_2b_1+a_3b_0$$

一般地,对 $n$ 阶循环矩阵有

$$A=a_0I_n+a_1J+a_2J^2+\cdots+a_{n-2}J^{n-2}+a_{n-1}J^{n-1}=\sum_{i=0}^{n-1}a_iJ^i$$

$$B=b_0I_n+b_1J+b_2J^2+\cdots+b_{n-2}J^{n-2}+b_{n-1}J^{n-1}=\sum_{j=0}^{n-1}b_iJ^j$$

$$AB=c_0I_n+c_1J+c_2J^2+\cdots+c_{n-2}J^{n-2}+c_{n-1}J^{n-1}\sum_{k=0}^{n-1}c_kJ^k$$

其中 $c_k=\sum\limits_{i+j\equiv k(\bmod n)}a_ib_j$.

28. (1) 设 $A$ 是 $m\times n$ 矩阵,$B$ 是 $n\times m$ 矩阵,$I_n+AB$ 和 $I_n+BA$ 都是可逆矩阵,证明

$$(I_n+BA)^{-1}=I_n-B(I_m+AB)^{-1}A$$

(2) 设 $A$ 是 $n$ 阶可逆矩阵,$\alpha,\beta$ 是 $n$ 维列向量,且 $1+\beta'A\alpha\neq0$,证明

$$(A+\alpha\beta')^{-1}=A^{-1}-\frac{A-\alpha\beta'A^{-1}}{1+\beta'A^{-1}\alpha}$$

称为 Sherman-Morrison 公式.

**【证】** (1) 由 $B(I_m+AB)=(I_n+BA)B$ 可直接验证

$$(I_n+BA)[I_n-B(I_m+AB)^{-1}A]=(I_n+BA)-(I_n+BA)B(I_m+AB)^{-1}A$$

$$= (I_n + BA) - B(I_m + AB)(I_m + AB)^{-1}A = I_n$$

所以$(I_n + BA)^{-1} = I_n - B(I_m + AB)^{-1}A$.

(2) 改写

$$A + \alpha\beta' = A[I_n + (A^{-1}\alpha)\beta']$$

在上述公式中取$B = A^{-1}\alpha, A = \beta', m = 1$,得

$$[I_n + (A^{-1}\alpha)\beta']^{-1} = I_n - (A^{-1}\alpha)[1 + \beta'(A^{-1}\alpha)]^{-1}\beta' = I_n - \frac{A^{-1}\alpha\beta'}{1 + \beta' A^{-1}\alpha}$$

于是

$$(A + \alpha\beta')^{-1} = [I_n + (A^{-1}\alpha)\beta']^{-1}A^{-1} = A^{-1} - \frac{A^{-1}\alpha\beta' A^{-1}}{1 + \beta' A^{-1}\alpha}$$

29. 设$\prod\limits_{i=1}^{n} a_i \neq 0$,证明$M = \begin{pmatrix} 0 & a_2 & a_3 & \cdots & a_n \\ a_1 & 0 & a_3 & \cdots & a_n \\ a_1 & a_2 & 0 & \cdots & a_n \\ \vdots & \vdots & \vdots & \ddots & \vdots \\ a_1 & a_2 & a_3 & \cdots & 0 \end{pmatrix}$的逆矩阵为

$$M^{-1} = -\begin{pmatrix} a_1^{-1} & & & \\ & a_2^{-1} & & \\ & & \ddots & \\ & & & a_n^{-1} \end{pmatrix} + \frac{1}{n-1}\begin{pmatrix} a_1^{-1} & a_1^{-1} & \cdots & a_1^{-1} \\ a_2^{-1} & a_2^{-1} & \cdots & a_2^{-1} \\ \vdots & \vdots & \ddots & \vdots \\ a_n^{-1} & a_n^{-1} & \cdots & a_n^{-1} \end{pmatrix}$$

【证】 $M = \begin{pmatrix} -a_1 & & & \\ & -a_2 & & \\ & & \ddots & \\ & & & -a_n \end{pmatrix} + \begin{pmatrix} 1 \\ 1 \\ \vdots \\ 1 \end{pmatrix}(a_1 \quad a_2 \quad \cdots \quad a_n) = A + \alpha\beta'$

先计算

$$1 + \beta' A^{-1}\alpha = 1 + (a_1 \quad a_2 \quad \cdots \quad a_n)\begin{pmatrix} -a_1^{-1} & & & \\ & -a_2^{-1} & & \\ & & \ddots & \\ & & & -a_n^{-1} \end{pmatrix}\begin{pmatrix} 1 \\ 1 \\ \vdots \\ 1 \end{pmatrix} = 1 - n$$

$$A^{-1}\alpha\beta' A^{-1} = \begin{pmatrix} -a_1^{-1} & & & \\ & -a_2^{-1} & & \\ & & \ddots & \\ & & & -a_n^{-1} \end{pmatrix}\begin{pmatrix} a_1 & a_1 & \cdots & a_n \\ a_1 & a_2 & \cdots & a_n \\ \vdots & \vdots & \ddots & \vdots \\ a_1 & a_2 & \cdots & a_n \end{pmatrix}.$$

$$\begin{pmatrix} -a_1^{-1} & & & \\ & -a_2^{-1} & & \\ & & \ddots & \\ & & & -a_n^{-1} \end{pmatrix}$$

$$=\begin{pmatrix} a_1^{-1} & a_1^{-1} & \cdots & a_1^{-1} \\ a_2^{-1} & a_2^{-1} & \cdots & a_2^{-1} \\ \vdots & \vdots & \ddots & \vdots \\ a_n^{-1} & a_n^{-1} & \cdots & a_n^{-1} \end{pmatrix}$$

于是

$$\boldsymbol{M}^{-1}=\boldsymbol{A}^{-1}-\frac{\boldsymbol{A}^{-1}\boldsymbol{\alpha}\boldsymbol{\beta}'\boldsymbol{A}^{-1}}{1+\boldsymbol{\beta}'\boldsymbol{A}^{-1}\boldsymbol{\alpha}}=$$

$$-\begin{pmatrix} a_1^{-1} & & & \\ & a_2^{-1} & & \\ & & \ddots & \\ & & & a_n^{-1} \end{pmatrix}+$$

$$\frac{1}{n-1}\begin{pmatrix} a_1^{-1} & a_1^{-1} & \cdots & a_1^{-1} \\ a_2^{-1} & a_2^{-1} & \cdots & a_2^{-1} \\ \vdots & \vdots & \ddots & \vdots \\ a_n^{-1} & a_n^{-1} & \cdots & a_n^{-1} \end{pmatrix}$$

**【验证】**

$\boldsymbol{M}\boldsymbol{M}^{-1}=$

$$\begin{pmatrix} 0 & a_2 & a_3 & \cdots & a_n \\ a_1 & 0 & a_3 & \cdots & a_n \\ a_1 & a_2 & 0 & \cdots & a_n \\ \vdots & \vdots & \vdots & \ddots & \vdots \\ a_1 & a_2 & a_3 & \cdots & 0 \end{pmatrix}\left[-\begin{pmatrix} a_1^{-1} & & & \\ & a_2^{-1} & & \\ & & \ddots & \\ & & & a_n^{-1} \end{pmatrix}+\frac{1}{n-1}\begin{pmatrix} a_1^{-1} & a_1^{-1} & \cdots & a_1^{-1} \\ a_2^{-1} & a_2^{-1} & \cdots & a_2^{-1} \\ \vdots & \vdots & \ddots & \vdots \\ a_n^{-1} & a_n^{-1} & \cdots & a_n^{-1} \end{pmatrix}\right]=$$

$$\begin{pmatrix} 0 & -1 & -1 & \cdots & -1 \\ -1 & 0 & -1 & \cdots & -1 \\ -1 & -1 & 0 & \cdots & -1 \\ \vdots & \vdots & \vdots & \ddots & \vdots \\ -1 & -1 & -1 & \cdots & 0 \end{pmatrix}+\frac{n-1}{n-1}\begin{pmatrix} 1 & 1 & \cdots & 1 \\ 1 & 1 & \cdots & 1 \\ \vdots & \vdots & \ddots & \vdots \\ 1 & 1 & \cdots & 1 \end{pmatrix}=\boldsymbol{I}_n$$

【特例】

$$\begin{pmatrix} 0 & 1 & 1 & \cdots & 1 \\ 1 & 0 & 1 & \cdots & 1 \\ 1 & 1 & 0 & \cdots & 1 \\ \vdots & \vdots & \vdots & \ddots & \vdots \\ 1 & 1 & 1 & \cdots & 0 \end{pmatrix}^{-1} = -\begin{pmatrix} 1 & & & \\ & 1 & & \\ & & \ddots & \\ & & & 1 \end{pmatrix} + \frac{1}{n-1}\begin{pmatrix} 1 & 1 & \cdots & 1 \\ 1 & 1 & \cdots & 1 \\ \vdots & \vdots & \ddots & \vdots \\ 1 & 1 & \cdots & 1 \end{pmatrix}$$

$$= \frac{1}{n-1}\begin{pmatrix} 2-n & 1 & \cdots & 1 \\ 1 & 2-n & \cdots & 1 \\ \vdots & \vdots & \ddots & \vdots \\ 1 & 1 & \cdots & 2-n \end{pmatrix}$$

30. 设$\prod_{i=1}^{n} a_i \neq 0$,证明$\boldsymbol{M} = \begin{pmatrix} 1+a_1 & 1 & 1 & \cdots & 1 \\ 1 & 1+a_2 & 1 & \cdots & 1 \\ 1 & 1 & 1+a_3 & \cdots & 1 \\ \vdots & \vdots & \vdots & \ddots & \vdots \\ 1 & 1 & 1 & \cdots & 1+a_n \end{pmatrix}$的逆矩阵为

$$\boldsymbol{M}^{-1} = -\frac{1}{\sigma}\begin{pmatrix} \frac{1-\sigma a_1}{a_1^2} & \frac{1}{a_1 a_2} & \frac{1}{a_1 a_3} & \cdots & \frac{1}{a_1 a_n} \\ \frac{1}{a_2 a_1} & \frac{1-\sigma a_2}{a_2^2} & \frac{1}{a_2 a_3} & \cdots & \frac{1}{a_2 a_n} \\ \frac{1}{a_3 a_1} & \frac{1}{a_3 a_2} & \frac{1-\sigma a_3}{a_3^2} & \cdots & \frac{1}{a_3 a_n} \\ \vdots & \vdots & \vdots & \ddots & \vdots \\ \frac{1}{a_n a_1} & \frac{1}{a_n a_2} & \frac{1}{a_n a_3} & \cdots & \frac{1-\sigma a_n}{a_n^2} \end{pmatrix}$$

其中$\sigma = 1 + \frac{1}{a_1} + \frac{1}{a_2} + \cdots + \frac{1}{a_n}$.

【证】 $\boldsymbol{M} = \begin{pmatrix} 1+a_1 & 1 & 1 & \cdots & 1 \\ 1 & 1+a_2 & 1 & \cdots & 1 \\ 1 & 1 & 1+a_3 & \cdots & 1 \\ \vdots & \vdots & \vdots & \ddots & \vdots \\ 1 & 1 & 1 & \cdots & 1+a_n \end{pmatrix}$

$$=\begin{pmatrix} a_1 & & & & \\ & a_2 & & & \\ & & a_3 & & \\ & & & \ddots & \\ & & & & a_n \end{pmatrix}+\begin{pmatrix}1\\1\\1\\\vdots\\1\end{pmatrix}(1\quad 1\quad 1\quad \cdots\quad 1)=\boldsymbol{A}+\boldsymbol{\alpha\beta}'$$

先计算

$$1+\boldsymbol{\beta}'\boldsymbol{A}^{-1}\boldsymbol{\alpha}=1+(1\quad 1\quad \cdots\quad 1)\begin{pmatrix} a_1^{-1} & & & \\ & a_2^{-1} & & \\ & & \ddots & \\ & & & a_n^{-1} \end{pmatrix}\begin{pmatrix}1\\1\\\vdots\\1\end{pmatrix}=\sigma$$

$$\boldsymbol{A}^{-1}\boldsymbol{\alpha\beta}'\boldsymbol{A}^{-1}=\begin{pmatrix} a_1^{-1} & & & \\ & a_2^{-1} & & \\ & & \ddots & \\ & & & a_n^{-1} \end{pmatrix}\begin{pmatrix}1\\1\\1\\\vdots\\1\end{pmatrix}(1\quad 1\quad 1\quad \cdots\quad 1)\begin{pmatrix} a_1^{-1} & & & \\ & a_2^{-1} & & \\ & & \ddots & \\ & & & a_n^{-1} \end{pmatrix}$$

$$=\begin{pmatrix} \frac{1}{a_1a_1} & \frac{1}{a_1a_2} & \cdots & \frac{1}{a_1a_n} \\ \frac{1}{a_2a_1} & \frac{1}{a_2a_2} & \cdots & \frac{1}{a_2a_n} \\ \vdots & \vdots & & \vdots \\ \frac{1}{a_na_1} & \frac{1}{a_na_2} & \cdots & \frac{1}{a_nn_n} \end{pmatrix}$$

于是

$$\boldsymbol{M}^{-1}=\begin{pmatrix} \frac{1}{a_1} & & & \\ & \frac{1}{a_2} & & \\ & & \ddots & \\ & & & \frac{1}{a_n} \end{pmatrix}-\frac{1}{\sigma}\begin{pmatrix} \frac{1}{a_1a_1} & \frac{1}{a_1a_2} & \cdots & \frac{1}{a_1a_n} \\ \frac{1}{a_2a_1} & \frac{1}{a_2a_2} & \cdots & \frac{1}{a_2a_n} \\ \vdots & \vdots & \vdots & \vdots \\ \frac{1}{a_na_1} & \frac{1}{a_na_2} & \cdots & \frac{1}{a_nn_n} \end{pmatrix}$$

$$
=-\frac{1}{\sigma}\begin{pmatrix}
\frac{1-\sigma a_1}{a_1^2} & \frac{1}{a_1a_2} & \frac{1}{a_1a_3} & \cdots & \frac{1}{a_1a_n}\\
\frac{1}{a_2a_1} & \frac{1-\sigma a_2}{a_2^2} & \frac{1}{a_2a_3} & \cdots & \frac{1}{a_2a_n}\\
\frac{1}{a_3a_1} & \frac{1}{a_3a_2} & \frac{1-\sigma a_3}{a_3^2} & \cdots & \frac{1}{a_3a_n}\\
\vdots & \vdots & \vdots & \ddots & \vdots\\
\frac{1}{a_na_1} & \frac{1}{a_na_2} & \frac{1}{a_na_3} & \cdots & \frac{1-\sigma a_n}{a_n^2}
\end{pmatrix}
$$

31. 考虑 $n$ 阶 Frobenius 矩阵 $F=\begin{pmatrix} 0 & 0 & \cdots & 0 & -a_n\\ 1 & 0 & \cdots & 0 & -a_{n-1}\\ 0 & 1 & \cdots & 0 & -a_{n-2}\\ \vdots & \vdots & \ddots & \vdots & \vdots\\ 0 & 0 & \cdots & 1 & -a_1 \end{pmatrix}$.

（1）求出 $F$ 的行列式.

（2）求出可逆矩阵 $F$ 的逆矩阵.

（3）求出 $F^k,k=1,2,\cdots,n$ 的表达式.

（4）证明 $F^n+a_1F^{n-1}+a_2F^{n-2}+\cdots+a_{n-1}F+a_n\boldsymbol{I}_n=\boldsymbol{O}$.

（5）证明对任一正整数 $k=1,2,\cdots,n-1$ 和任意一组不全为零的数 $b_0,b_1,b_2,\cdots,b_k$,必有

$$b_k\boldsymbol{F}^k+b_{k-1}\boldsymbol{F}^{k-1}+b_{k-2}\boldsymbol{F}^{k-2}+\cdots+b_1\boldsymbol{F}+b_0\boldsymbol{I}_n\neq\boldsymbol{O}$$

**【解】**（1）按第一行展开得

$$
|\boldsymbol{F}|=\begin{vmatrix} 0 & 0 & \cdots & 0 & -a_n\\ 1 & 0 & \cdots & 0 & -a_{n-1}\\ 0 & 1 & \cdots & 0 & -a_{n-2}\\ \vdots & \vdots & \ddots & \vdots & \vdots\\ 0 & 0 & \cdots & 1 & -a_1 \end{vmatrix}
$$

$$=(-1)^{1+n}(-1)a_n=(-1)^na_n$$

（2）已知 $a_n\neq0$. 用分块矩阵求逆矩阵公式可求出

$$A=\left(\begin{array}{cccc:c}0&0&\cdots&0&-a_n\\ \hdashline 1&0&\cdots&0&-a_{n-1}\\0&1&\cdots&0&-a_{n-2}\\ \vdots&\vdots&\ddots&\vdots&\vdots\\0&0&\cdots&1&-a_1\end{array}\right)=\begin{pmatrix}\boldsymbol{O}&-a_n\\ \boldsymbol{I}_{n-1}&\boldsymbol{\beta}\end{pmatrix}$$

$$A^{-1}=\begin{pmatrix}\dfrac{1}{a_n}\boldsymbol{\beta}&\boldsymbol{I}_{n-1}\\ -1/a_n&\boldsymbol{O}\end{pmatrix}=\left(\begin{array}{c:cccc}-a_{n-1}/a_n&1&0&\cdots&0\\-a_{n-2}/a_n&0&1&\cdots&0\\ \vdots&\vdots&\vdots&\ddots&\vdots\\-a_1/a_n&0&0&\cdots&0\\ \hdashline -1/a_n&0&0&\cdots&0\end{array}\right)$$

(3) 用 $\boldsymbol{e}_i=(0,\cdots,0,1,0,\cdots,0)'$，$1\leqslant i\leqslant n$ 表示第 $i$ 个标准单位列向量，可把 Frobenius 矩阵写成

$$\boldsymbol{F}=(\boldsymbol{e}_2\quad \boldsymbol{e}_3\quad \cdots\quad \boldsymbol{e}_n\quad \boldsymbol{\alpha}),\text{其中}\boldsymbol{\alpha}=(-a_n,-a_{n-1},-a_{n-2},\cdots,a_1)'$$

则

$$\boldsymbol{e}_2=\boldsymbol{F}\boldsymbol{e}_1,\boldsymbol{e}_3=\boldsymbol{F}\boldsymbol{e}_2=\boldsymbol{F}^2\boldsymbol{e}_1,\cdots,\boldsymbol{e}_n=\boldsymbol{F}\boldsymbol{e}_{n-1}=\boldsymbol{F}^2\boldsymbol{e}_{n-2}=\cdots=\boldsymbol{F}^{n-1}\boldsymbol{e}_1,\boldsymbol{\alpha}=\boldsymbol{F}\boldsymbol{e}_n$$

即对于 $i=2,3,\cdots,n$ 有

$$\boldsymbol{e}_i=\boldsymbol{F}\boldsymbol{e}_{i-1}=\boldsymbol{F}^2\boldsymbol{e}_{i-2}=\cdots=\boldsymbol{F}^{i-1}\boldsymbol{e}_1$$

取定某个 $2\leqslant k\leqslant n$. 设

$$\boldsymbol{F}^k=(\boldsymbol{\beta}_1\quad \boldsymbol{\beta}_2\quad \boldsymbol{\beta}_3\quad \cdots\quad \boldsymbol{\beta}_n)$$

则

$$\boldsymbol{\beta}_1=\boldsymbol{F}^k\boldsymbol{e}_1$$

当 $2\leqslant k\leqslant n-1$ 时

$$\boldsymbol{\beta}_1=\boldsymbol{F}^k\boldsymbol{e}_1=\boldsymbol{e}_{k+1}$$

当 $k=n$ 时

$$\boldsymbol{\beta}_1=\boldsymbol{F}^n\boldsymbol{e}_1=\boldsymbol{F}(\boldsymbol{F}^{n-1}\boldsymbol{e}_1)=\boldsymbol{F}\boldsymbol{e}_n=\boldsymbol{\alpha}$$

这说明 $\boldsymbol{\beta}_1$ 总可以求出

$$\boldsymbol{\beta}_1=\begin{cases}\boldsymbol{e}_{k+1}&2\leqslant k\leqslant n-1\\ \boldsymbol{\alpha}&k=n\end{cases},\boldsymbol{\beta}_1\text{ 依赖于 }k$$

对于 $i=2,3,\cdots,n$ 有

$$\boldsymbol{\beta}_i=\boldsymbol{F}^i\boldsymbol{e}_i=\boldsymbol{F}^k(\boldsymbol{F}^{i-1}\boldsymbol{e}_1)=\boldsymbol{F}^{i-1}(\boldsymbol{F}^k\boldsymbol{e}_1)=\boldsymbol{F}^{i-1}\boldsymbol{\beta}_1$$

因此对于 $2\leqslant k\leqslant n$，都可以求出

$$\boldsymbol{F}^k=(\boldsymbol{\beta}_1\quad \boldsymbol{\beta}_2\quad \boldsymbol{\beta}_3\quad \cdots\quad \boldsymbol{\beta}_n)=(\boldsymbol{\beta}_1\quad \boldsymbol{F}\boldsymbol{\beta}_1\quad \boldsymbol{F}^2\boldsymbol{\beta}_1\quad \cdots\quad \boldsymbol{F}^{n-1}\boldsymbol{\beta}_1)$$

(4) 要证明 $\boldsymbol{B}=\boldsymbol{F}^n+a_1\boldsymbol{F}^{n-1}+a_2\boldsymbol{F}^{n-2}+\cdots+a_{n-1}\boldsymbol{F}+a_n\boldsymbol{I}_n=\boldsymbol{O}$. 依次写出

$$\boldsymbol{F}^n=(\boldsymbol{\alpha}\quad \boldsymbol{F\alpha}\quad \boldsymbol{F}^2\boldsymbol{\alpha}\quad \cdots\quad \boldsymbol{F}^{n-1}\boldsymbol{\alpha})$$

$$\boldsymbol{F}^{n-1}=(\boldsymbol{e}_n\quad \boldsymbol{Fe}_n\quad \boldsymbol{F}^2\boldsymbol{e}_n\quad \cdots\quad \boldsymbol{F}^{n-1}\boldsymbol{e}_n)$$

$$\boldsymbol{F}^{n-2}=(\boldsymbol{e}_{n-1}\quad \boldsymbol{Fe}_{n-1}\quad \boldsymbol{F}^2\boldsymbol{e}_{n-1}\quad \cdots\quad \boldsymbol{F}^{n-1}\boldsymbol{e}_{n-1})$$

$$\vdots$$

$$\boldsymbol{F}^2=(\boldsymbol{e}_3\quad \boldsymbol{Fe}_3\quad \boldsymbol{F}^2\boldsymbol{e}_3\quad \cdots\quad \boldsymbol{F}^{n-1}\boldsymbol{e}_3)$$

$$\boldsymbol{F}=(\boldsymbol{e}_2\quad \boldsymbol{e}_3\quad \boldsymbol{e}_4\quad \cdots\quad \boldsymbol{\alpha})=(\boldsymbol{e}_2\quad \boldsymbol{Fe}_2\quad \boldsymbol{F}^2\boldsymbol{e}_2\quad \cdots\quad \boldsymbol{Fe}_n)$$

$$=(\boldsymbol{e}_2\quad \boldsymbol{Fe}_2\quad \boldsymbol{F}^2\boldsymbol{e}_2\quad \cdots\quad \boldsymbol{F}^{n-1}\boldsymbol{e}_2)$$

$$\boldsymbol{I}_n=(\boldsymbol{e}_1\quad \boldsymbol{e}_2\quad \boldsymbol{e}_3\quad \cdots\quad \boldsymbol{e}_n)=(\boldsymbol{e}_1\quad \boldsymbol{Fe}_1\quad \boldsymbol{F}^2\boldsymbol{e}_1\quad \cdots\quad \boldsymbol{F}^{n-1}\boldsymbol{e}_1)$$

设 $\boldsymbol{B}=\boldsymbol{F}^n+a_1\boldsymbol{F}^{n-1}+a_2\boldsymbol{F}^{n-2}+\cdots+a_{n-1}\boldsymbol{F}+a_n\boldsymbol{I}_n=(\boldsymbol{p}_1\quad \boldsymbol{p}_2\quad \cdots\quad \boldsymbol{p}_n)$,则可依次求出

$$\boldsymbol{p}_1=\boldsymbol{\alpha}+a_1\boldsymbol{e}_n+a_2\boldsymbol{e}_{n-1}+\cdots+a_{n-2}\boldsymbol{e}_3+a_{n-1}\boldsymbol{e}_2+a_n\boldsymbol{e}_1=\boldsymbol{0}$$

$$\boldsymbol{p}_2=\boldsymbol{F\alpha}+a_1\boldsymbol{Fe}_n+a_2\boldsymbol{Fe}_{n-1}+\cdots+a_{n-2}\boldsymbol{Fe}_3+a_{n-1}\boldsymbol{Fe}_2+a_n\boldsymbol{F}^2\boldsymbol{e}_1$$

$$=\boldsymbol{Fp}_1=\boldsymbol{F}\times\boldsymbol{0}=\boldsymbol{0}$$

$$\boldsymbol{p}_3=\boldsymbol{F}^2\boldsymbol{\alpha}+a_1\boldsymbol{F}^2\boldsymbol{e}_n+a_2\boldsymbol{F}^2\boldsymbol{e}_{n-1}+\cdots+a_{n-2}\boldsymbol{F}^2\boldsymbol{e}_3+a_{n-1}\boldsymbol{Fe}_2+a_n\boldsymbol{F}^2\boldsymbol{e}_1$$

$$=\boldsymbol{F}^2\boldsymbol{p}_1=\boldsymbol{0}$$

$$\vdots$$

$$\boldsymbol{p}_{n-1}=\boldsymbol{F}^{n-2}\boldsymbol{\alpha}+a_1\boldsymbol{F}^{n-2}\boldsymbol{e}_n+a_2\boldsymbol{F}^{n-2}\boldsymbol{e}_{n-1}+\cdots+a_{n-2}\boldsymbol{F}^{n-2}\boldsymbol{e}_3+a_{n-1}\boldsymbol{F}^{n-2}\boldsymbol{e}_2+a_n\boldsymbol{F}^{n-2}\boldsymbol{e}_1=\boldsymbol{F}^{n-2}\boldsymbol{p}_1=\boldsymbol{0}$$

$$\boldsymbol{p}_n=\boldsymbol{F}^{n-1}\boldsymbol{\alpha}+a_1\boldsymbol{F}^{n-1}\boldsymbol{e}_n+a_2\boldsymbol{F}^{n-1}\boldsymbol{e}_{n-1}+\cdots+a_{n-2}\boldsymbol{F}^{n-1}\boldsymbol{e}_3+a_{n-1}\boldsymbol{F}^{n-1}\boldsymbol{e}_2+a_n\boldsymbol{F}^{n-1}\boldsymbol{e}_1=\boldsymbol{F}^{n-1}\boldsymbol{p}_1=\boldsymbol{0}$$

于是证得

$$\boldsymbol{B}=\boldsymbol{F}^n+a_1\boldsymbol{F}^{n-1}+a_2\boldsymbol{F}^{n-2}+\cdots+a_{n-1}\boldsymbol{F}+a_n\boldsymbol{I}_n=\boldsymbol{O}$$

(5) 已知

$$\boldsymbol{F}=(\boldsymbol{e}_2\quad \boldsymbol{e}_3\quad \cdots\quad \boldsymbol{e}_n\quad \boldsymbol{\alpha}),\boldsymbol{\alpha}=(-a_n,-a_{n-1},-a_{n-2},\cdots,-a_1)'$$

前已证明,对于 $2\leqslant k\leqslant n-1$,有

$$\boldsymbol{F}^k=(\boldsymbol{\beta}_1\quad \boldsymbol{\beta}_2\quad \boldsymbol{\beta}_3\quad \cdots\quad \boldsymbol{\beta}_n)=(\boldsymbol{\beta}_1\quad \boldsymbol{F\beta}_1\quad \boldsymbol{F}^2\boldsymbol{\beta}_1\quad \cdots\quad \boldsymbol{F}^{n-1}\boldsymbol{\beta}_1)$$

其中 $\boldsymbol{\beta}_1=\boldsymbol{e}_{k+1}$.

设 $b_k\boldsymbol{F}^k+b_{k-1}\boldsymbol{F}^{k-1}+b_{k-2}\boldsymbol{F}^{k-2}+\cdots+b_1\boldsymbol{F}+b_0\boldsymbol{I}_n=(\boldsymbol{q}_1\quad \boldsymbol{q}_2\quad \cdots\quad \boldsymbol{q}_{n-1}\quad \boldsymbol{q}_n)$

则

$$\boldsymbol{q}_1=(b_k\boldsymbol{F}^k+b_{k-1}\boldsymbol{F}^{k-1}+b_{k-2}\boldsymbol{F}^{k-2}+\cdots+b_1\boldsymbol{F}+b_0\boldsymbol{I}_n)\boldsymbol{e}_1$$

$$= b_k\boldsymbol{F}^k\boldsymbol{e}_1 + b_{k-1}\boldsymbol{F}^{k-1}\boldsymbol{e}_1 + b_{k-2}\boldsymbol{F}^{k-2}\boldsymbol{e}_1 + \cdots + b_1\boldsymbol{F}\boldsymbol{e}_1 + b_0\boldsymbol{I}_n\boldsymbol{e}_1$$
$$= b_k\boldsymbol{e}_{k+1} + b_{k-1}\boldsymbol{e}_k + b_{k-2}\boldsymbol{e}_{k-1} + \cdots + b_1\boldsymbol{e}_2 + b_0\boldsymbol{e}_1$$
$$= (b_0, b_1, \cdots, b_{k-2}, b_{k-1}, b_k, 0, \cdots, 0)' \neq \boldsymbol{0}$$

（因为 $b_0, b_1, b_2, \cdots, b_k$ 是不全为零的数）

因此 $b_k\boldsymbol{F}^k + b_{k-1}\boldsymbol{F}^{k-1} + b_{k-2}\boldsymbol{F}^{k-2} + \cdots + b_1\boldsymbol{F} + b_0\boldsymbol{I}_n \neq \boldsymbol{O}$.

**【注】** 特殊分块方阵求逆公式 $\begin{pmatrix} \boldsymbol{O} & \boldsymbol{B} \\ \boldsymbol{C} & \boldsymbol{D} \end{pmatrix}^{-1} = \begin{pmatrix} -\boldsymbol{C}^{-1}\boldsymbol{D}\boldsymbol{B}^{-1} & \boldsymbol{C}^{-1} \\ \boldsymbol{B}^{-1} & \boldsymbol{O} \end{pmatrix}$.

# 第三章　向　量

## §1　向量的线性组合

向量是一类特殊的矩阵. 任意一个 $m \times n$ 矩阵,都可以看成是由 $m$ 个 $n$ 维行向量拼成的;也可以看成是由 $n$ 个 $m$ 维列向量拼成的. 通过对向量的研究,可进一步研究矩阵.

$n$ 维实列向量空间指的是 $n$ 维实列向量全体

$$\mathbf{R}^n = \{\boldsymbol{\alpha} = (a_1, a_2, \cdots, a_n)' \mid \forall a_i \in \mathbf{R}\}$$

$n$ 维实行向量空间可平行讨论.

如果对于列向量 $\boldsymbol{\alpha}_1, \boldsymbol{\alpha}_2, \cdots, \boldsymbol{\alpha}_m$ 和 $\boldsymbol{\beta} \in \mathbf{R}^n$,存在数 $k_1, k_2, \cdots, k_m$,使得

$$\boldsymbol{\beta} = k_1\boldsymbol{\alpha}_1 + k_2\boldsymbol{\alpha}_2 + \cdots + k_m\boldsymbol{\alpha}_m$$

即

$$\boldsymbol{\beta} = (\boldsymbol{\alpha}_1 \quad \boldsymbol{\alpha}_2 \quad \cdots \quad \boldsymbol{\alpha}_m)\begin{pmatrix} k_1 \\ k_2 \\ \vdots \\ k_m \end{pmatrix}$$

则称 $\boldsymbol{\beta}$ 是 $\boldsymbol{\alpha}_1, \boldsymbol{\alpha}_2, \cdots, \boldsymbol{\alpha}_m$ 的线性组合,或者称 $\boldsymbol{\beta}$ 可用(由) $\boldsymbol{\alpha}_1, \boldsymbol{\alpha}_2, \cdots, \boldsymbol{\alpha}_m$ 线性表出(线性表示). 称 $k_1, k_2, \cdots, k_m$ 为线性组合系数,可以简称为组合系数或者表出系数或者表示系数.

令 $\boldsymbol{A} = (\boldsymbol{\alpha}_1 \quad \boldsymbol{\alpha}_2 \quad \cdots \quad \boldsymbol{\alpha}_m)$,它是 $n \times m$ 矩阵. 需要求出的组合系数 $k_1, k_2, \cdots, k_m$, 就是非齐次线性方程组 $\boldsymbol{Ax} = \boldsymbol{\beta}$ 的解. 如果 $\boldsymbol{Ax} = \boldsymbol{\beta}$ 无解,则 $\boldsymbol{\beta}$ 不能表成 $\boldsymbol{\alpha}_1, \boldsymbol{\alpha}_2, \cdots, \boldsymbol{\alpha}_m$ 的线性组合.

求组合系数的常用方法是, 只用初等行变换把分块矩阵 $(\boldsymbol{A} \quad \boldsymbol{\beta}) \to (\boldsymbol{T} \quad \boldsymbol{\gamma})$,这里 $\boldsymbol{T}$ 是某个行阶梯形矩阵,$\boldsymbol{\gamma}$ 是某个 $n$ 维列向量. $\boldsymbol{Ax} = \boldsymbol{\beta}$ 与 $\boldsymbol{Tx} = \boldsymbol{\gamma}$ 必同解. 归之于判断 $\boldsymbol{Tx} = \boldsymbol{\gamma}$ 是否有解并求出其解.

注意: 所述线性方程组的方程个数就是所讨论的向量的维数(分量个数) $n$.

所述线性方程组的变量个数就是所讨论的向量个数 $m$,即组合系数个数.

设$R$和$S$是两个同维向量组,如果$R$中任意一个向量都可用$S$中向量线性表出,则称$R$可用$S$线性表出. 两个可以互相线性表出的向量组$R$和$S$称为等价向量组,记为$R \sim S$.

注意:两个向量组等价与两个矩阵等价,是两个完全不同的概念. 矩阵等价又称为相抵.

两个矩阵$\boldsymbol{A}$和$\boldsymbol{B}$等价指的是$\boldsymbol{B}=\boldsymbol{PAQ}$,这里,$\boldsymbol{P}$和$\boldsymbol{Q}$必须是两个可逆方阵. 此时,显然不能据此断言:$\boldsymbol{B}$中的行(列)向量组$S$与$\boldsymbol{A}$中的行(列)向量组$R$等价. 因为矩阵等式$\boldsymbol{B}=\boldsymbol{PAQ}$并不能保证$R$和$S$之间有线性表出关系. 反之,当两个$n$维行向量组$R$和$S$等价时,由$R$和$S$拼成的矩阵分别为$\boldsymbol{A}$和$\boldsymbol{B}$,那么,只能保证$\boldsymbol{B}=\boldsymbol{PA}$和$\boldsymbol{A}=\boldsymbol{QB}$. 因为$R$和$S$中的向量个数$r$和$s$未必相等,所以$\boldsymbol{P}$和$\boldsymbol{Q}$未必是方阵,更未必是可逆矩阵,所以,决不能说由它们拼成的两个矩阵一定等价. 当$R$和$S$是两个等价的线性无关的向量组时,必有$r=s$,此时$\boldsymbol{P}$和$\boldsymbol{Q}$必是可逆矩阵,因而$\boldsymbol{A}$和$\boldsymbol{B}$必等价.

1. 以下向量$\boldsymbol{\beta}$能否表成$\boldsymbol{\alpha}_1,\boldsymbol{\alpha}_2,\boldsymbol{\alpha}_3$的线性组合?若能,则写出其所有的线性表出式.

(1)$\boldsymbol{\beta}=(4,0)$; $\boldsymbol{\alpha}_1=(-1,2)$, $\boldsymbol{\alpha}_2=(3,2)$, $\boldsymbol{\alpha}_3=(6,4)$.

(2)$\boldsymbol{\beta}=(-3,3,7)$; $\boldsymbol{\alpha}_1=(1,-1,2)$, $\boldsymbol{\alpha}_2=(2,1,0)$, $\boldsymbol{\alpha}_3=(-1,2,1)$.

(3)$\boldsymbol{\beta}=(1,2,3,4)$; $\boldsymbol{\alpha}_1=(0,-1,2,3)$, $\boldsymbol{\alpha}_2=(2,3,8,10)$, $\boldsymbol{\alpha}_3=(2,3,6,8)$.

**【解】** (1)【消元法】

$$\begin{cases}-x+3y+6z=4\\2x+2y+4z=0\end{cases}$$

消去$x$得$y=1-2z$. 代入任一式都可求出$x=-1$. 于是$\boldsymbol{\beta}=-\boldsymbol{\alpha}_1+(1-2k)\boldsymbol{\alpha}_2+k\boldsymbol{\alpha}_3$,$k$为任意数.

【初等行变换法】

$$\left(\begin{array}{ccc:c}-1&3&6&4\\2&2&4&0\end{array}\right)\rightarrow\left(\begin{array}{ccc:c}1&-3&-6&-4\\0&8&16&8\end{array}\right)\rightarrow\left(\begin{array}{ccc:c}1&0&0&-1\\0&1&2&1\end{array}\right)$$

(2)【消元法】

$$\begin{cases}x+2y-z=-3\\-x+y+2z=3\\2x+z=7\end{cases}$$

由第三式得$z=7-2x$. 再由前两式相加得

$$3y+z=0, y=-\frac{1}{3}z=-\frac{7}{3}+\frac{2}{3}x$$

代入第一式可得

$$x-\frac{14}{3}+\frac{4}{3}x-7+2x=-3, \frac{13}{3}x=\frac{26}{3}, x=2$$

于是，$y=-1$，$z=3$，即$\boldsymbol{\beta}=2\boldsymbol{\alpha}_1-\boldsymbol{\alpha}_2+3\boldsymbol{\alpha}_3$.

【初等行变换法】

$$\left(\begin{array}{ccc|c}1&2&-1&-3\\-1&1&2&3\\2&0&1&7\end{array}\right)\to\left(\begin{array}{ccc|c}1&2&-1&-3\\0&3&1&0\\0&-4&3&13\end{array}\right)\to\left(\begin{array}{ccc|c}1&2&-1&-3\\0&-1&4&13\\0&-4&3&13\end{array}\right)$$

$$\to\left(\begin{array}{ccc|c}1&0&7&23\\0&1&-4&-13\\0&0&-13&-39\end{array}\right)\to\left(\begin{array}{ccc|c}1&0&7&23\\0&1&-4&-13\\0&0&1&3\end{array}\right)\to\left(\begin{array}{ccc|c}1&0&0&2\\0&1&0&-1\\0&0&1&3\end{array}\right)$$

(3)【消元法】

$$\begin{cases}0x_1+2x_2+2x_3=1\\-x_1+3x_2+3x_3=2\\2x_1+8x_2+6x_3=3\\3x_1+10x_2+8x_3=4\end{cases}$$

$\boldsymbol{\beta}$ 不能表成$\boldsymbol{\alpha}_1,\boldsymbol{\alpha}_2,\boldsymbol{\alpha}_3$ 的线性组合. 因为第四式减去第三式得 $x_1+2x_2+2x_3=1$. 由第一式知 $x_1=0$. 于是前两式是矛盾方程.

【初等行变换法】

$$\left(\begin{array}{ccc|c}0&2&2&1\\-1&3&3&2\\2&8&6&3\\3&10&8&4\end{array}\right)\to\left(\begin{array}{ccc|c}0&1&1&1/2\\-1&3&3&2\\0&14&12&7\\0&19&17&10\end{array}\right)\to\to\left(\begin{array}{ccc|c}0&1&1&1/2\\-1&0&0&1/2\\0&0&-2&0\\0&0&-2&1/2\end{array}\right)$$

最后两个为矛盾方程.

2. $t$ 为何值时，$\boldsymbol{\beta}=(7,-2,t)$ 可由$\boldsymbol{\alpha}_1=(1,3,0)$，$\boldsymbol{\alpha}_2=(3,7,8)$，$\boldsymbol{\alpha}_3=(1,-6,36)$ 线性表出？

**【解】**　把所给的4个3维行向量转置成列向量拼成一个$3\times4$矩阵，只许用初等行变换把它变为行阶梯矩阵

$$\left(\begin{array}{ccc|c}1&3&1&7\\3&7&-6&-2\\0&8&36&t\end{array}\right)\to\left(\begin{array}{ccc|c}1&3&1&7\\0&-2&-9&-23\\0&8&36&t\end{array}\right)\to\left(\begin{array}{ccc|c}1&3&1&7\\0&-2&-9&-23\\0&0&0&t-92\end{array}\right)$$

由第三个方程知道，当且仅当 $t=92$ 时，$\boldsymbol{\beta}$ 可由$\boldsymbol{\alpha}_1$，$\boldsymbol{\alpha}_2$，$\boldsymbol{\alpha}_3$ 的线性表出.

**【注】** 当$t \neq 92$时，第三个方程是矛盾方程，$\boldsymbol{\beta}$不可由$\boldsymbol{\alpha}_1, \boldsymbol{\alpha}_2, \boldsymbol{\alpha}_3$线性表出.

当$t = 92$时，同解方程组可以进一步化简

$$\left(\begin{array}{ccc:c} 1 & 3 & 1 & 7 \\ 0 & -2 & -9 & -23 \end{array}\right) \to \left(\begin{array}{ccc:c} 1 & 3 & 1 & 7 \\ 0 & 1 & 9/2 & 23/2 \end{array}\right) \to \left(\begin{array}{ccc:c} 1 & 0 & -25/2 & -55/2 \\ 0 & 1 & 9/2 & 23/2 \end{array}\right)$$

同解方程组为

$$\begin{cases} x_1 - \dfrac{25}{2}x_3 = -\dfrac{55}{2} \\ x_2 + \dfrac{9}{2}x_3 = \dfrac{23}{2} \end{cases}, \quad \begin{cases} x_1 = -\dfrac{55}{2} + \dfrac{25}{2}x_3 \\ x_2 = \dfrac{23}{2} - \dfrac{9}{2}x_3 \end{cases}$$

由此得到线性表出式

$$\boldsymbol{\beta} = \left(-\frac{55}{2} + \frac{25}{2}k\right)\boldsymbol{\alpha}_1 + \left(\frac{23}{2} - \frac{9}{2}k\right)\boldsymbol{\alpha}_2 + k\boldsymbol{\alpha}_3, \ k \text{ 为任意实数}$$

3. 讨论当$a, b$为何值时，$\boldsymbol{\beta} = (1, 1, b+3, 5)$能由

$$\boldsymbol{\alpha}_1 = (1, 0, 2, 3), \boldsymbol{\alpha}_2 = (1, 1, 3, 5)$$

$$\boldsymbol{\alpha}_3 = (1, -1, a+2, 1), \boldsymbol{\alpha}_4 = (1, 2, 4, a+8)$$

线性表出？并写出线性表出式.

**【解】** 把所给的行向量转置成列向量拼成一个$4 \times 5$矩阵，只用初等行变换化简矩阵

$$\left(\begin{array}{cccc:c} 1 & 1 & 1 & 1 & 1 \\ 0 & 1 & -1 & 2 & 1 \\ 2 & 3 & a+2 & 4 & b+3 \\ 3 & 5 & 1 & a+8 & 5 \end{array}\right) \to \left(\begin{array}{cccc:c} 1 & 1 & 1 & 1 & 1 \\ 0 & 1 & -1 & 2 & 1 \\ 0 & 1 & a & 2 & b+1 \\ 0 & 2 & -2 & a+5 & 2 \end{array}\right)$$

$$\to \left(\begin{array}{cccc:c} 1 & 0 & 2 & -1 & 0 \\ 0 & 1 & -1 & 2 & 1 \\ 0 & 0 & a+1 & 0 & b \\ 0 & 0 & 0 & a+1 & 0 \end{array}\right)$$

(1) 当$a \neq -1$时，可继续化简

$$\left(\begin{array}{cccc:c} 1 & 0 & 2 & -1 & 0 \\ 0 & 1 & -1 & 2 & 1 \\ 0 & 0 & a+1 & 0 & b \\ 0 & 0 & 0 & a+1 & 0 \end{array}\right) \to \left(\begin{array}{cccc:c} 1 & 0 & 2 & -1 & 0 \\ 0 & 1 & -1 & 2 & 1 \\ 0 & 0 & 1 & 0 & b/(a+1) \\ 0 & 0 & 0 & 1 & 0 \end{array}\right)$$

$$\rightarrow\left(\begin{array}{cccc:c}1&0&0&-1&-2b/(a+1)\\0&1&0&2&(a+b+1)/(a+1)\\0&0&1&0&b/(a+1)\\0&0&0&1&0\end{array}\right)$$

$$\rightarrow\left(\begin{array}{cccc:c}1&0&0&0&-2b/(a+1)\\0&1&0&0&(a+b+1)/(a+1)\\0&0&1&0&b/(a+1)\\0&0&0&1&0\end{array}\right)$$

此时,有唯一的线性表出式

$$\boldsymbol{\beta}=-\frac{2b}{a+1}\boldsymbol{\alpha}_1+\frac{a+b+1}{a+1}\boldsymbol{\alpha}_2+\frac{b}{a+1}\boldsymbol{\alpha}_3$$

(2) 当 $a=-1$ , $b\neq 0$ 时,第三个是矛盾方程. 此时,$\boldsymbol{\beta}$ 不能用$\boldsymbol{\alpha}_1$, $\boldsymbol{\alpha}_2$, $\boldsymbol{\alpha}_3$, $\boldsymbol{\alpha}_4$ 线性表出.

(3) 当 $a=-1$ , $b=0$ 时,同解方程组为

$$\left(\begin{array}{cccc:c}1&0&2&-1&0\\0&1&-1&2&1\end{array}\right)$$

即

$$\begin{cases}x_1=-2x_3+x_4\\x_2=1+x_3-2x_4\end{cases}$$

此时有

$\boldsymbol{\beta}=(-2k+l)\boldsymbol{\alpha}_1+(1+k-2l)\boldsymbol{\alpha}_2+k\boldsymbol{\alpha}_3+l\boldsymbol{\alpha}_4$, $k$, $l$ 为任何实数

4. 设向量组$\boldsymbol{\alpha}_1=\begin{pmatrix}a\\2\\10\end{pmatrix}$, $\boldsymbol{\alpha}_2=\begin{pmatrix}-2\\1\\5\end{pmatrix}$, $\boldsymbol{\alpha}_3=\begin{pmatrix}-1\\1\\4\end{pmatrix}$, $\boldsymbol{\beta}=\begin{pmatrix}1\\b\\c\end{pmatrix}$, 当 $a$, $b$, $c$ 满足什么条件时,

(1)$\boldsymbol{\beta}$ 不能表为$\boldsymbol{\alpha}_1$, $\boldsymbol{\alpha}_2$, $\boldsymbol{\alpha}_3$ 的线性组合?

(2)$\boldsymbol{\beta}$ 可唯一地表为$\boldsymbol{\alpha}_1$, $\boldsymbol{\alpha}_2$, $\boldsymbol{\alpha}_3$ 的线性组合?

(3)$\boldsymbol{\beta}$ 可不唯一地表为$\boldsymbol{\alpha}_1$, $\boldsymbol{\alpha}_2$, $\boldsymbol{\alpha}_3$ 的线性组合? 求出一般表示式.

**【解】** 设$\boldsymbol{\beta}=x_1\boldsymbol{\alpha}_1+x_2\boldsymbol{\alpha}_2+x_3\boldsymbol{\alpha}_3$. 用初等行变换化简如下分块矩阵 $(\boldsymbol{A}\quad\boldsymbol{\beta})$

$$\left(\begin{array}{ccc:c}a&-2&-1&1\\2&1&1&b\\10&5&4&c\end{array}\right)\rightarrow\left(\begin{array}{ccc:c}a+4&0&1&1+2b\\2&1&1&b\\0&0&-1&c-5b\end{array}\right)$$

$$\to\left(\begin{array}{ccc:c} a+4 & 0 & 0 & c-3b+1 \\ 2 & 1 & 0 & c-4b \\ 0 & 0 & -1 & c-5b \end{array}\right)$$

(1) 当 $a=-4$，$3b-c\neq 1$ 时，第一个方程是矛盾方程，此时 $\boldsymbol{\beta}$ 不能表为 $\boldsymbol{\alpha}_1,\boldsymbol{\alpha}_2,\boldsymbol{\alpha}_3$ 的线性组合.

(2) 当 $a\neq -4$ 时，$R(\boldsymbol{A}\quad\boldsymbol{\beta})=R(\boldsymbol{A})=3$，$\boldsymbol{\beta}$ 可唯一地表为 $\boldsymbol{\alpha}_1,\boldsymbol{\alpha}_2,\boldsymbol{\alpha}_3$ 的线性组合，组合系数为

$$x_1=\frac{c-3b+1}{a+4}$$

$$x_2=c-4b-2x_1=c-4b-\frac{2c-6b+2}{a+4}=\frac{(a+2)(c-4b)-2(b+1)}{a+4}$$

$$x_3=5b-c$$

(3) 当 $a=-4$，$3b-c=1$ 时，即 $a=-4$，$c=3b-1$，此时 $(\boldsymbol{A}\quad\boldsymbol{\beta})$ 已化为

$$\left(\begin{array}{ccc:c} 0 & 0 & 0 & 0 \\ 2 & 1 & 0 & -1-b \\ 0 & 0 & -1 & -1-2b \end{array}\right)$$

即

$$x_2=-1-b-2x_1,x_3=1+2b$$

所以 $\boldsymbol{\beta}$ 可表为 $\boldsymbol{\alpha}_1,\boldsymbol{\alpha}_2,\boldsymbol{\alpha}_3$ 的线性组合，一般表出式为

$$\boldsymbol{\beta}=k\boldsymbol{\alpha}_1-(1+b+2k)\boldsymbol{\alpha}_2+(1+2b)\boldsymbol{\alpha}_3,k\text{ 为任何实数}$$

5. 设向量 $\boldsymbol{\beta}$ 可由向量组 $S=\{\boldsymbol{\alpha}_1,\boldsymbol{\alpha}_2,\cdots,\boldsymbol{\alpha}_m\}$ 线性表出，但不可由 $S_0=\{\boldsymbol{\alpha}_1,\boldsymbol{\alpha}_2,\cdots,\boldsymbol{\alpha}_{m-1}\}$ 线性表出，记 $T=\{\boldsymbol{\alpha}_1,\boldsymbol{\alpha}_2,\cdots,\boldsymbol{\alpha}_{m-1},\boldsymbol{\beta}\}$，则结论(　　)正确.

(A) $\boldsymbol{\alpha}_m$ 不可由 $S_0$ 线性表出，也不可由 $T$ 线性表出.

(B) $\boldsymbol{\alpha}_m$ 不可由 $S_0$ 线性表出，但可由 $T$ 线性表出.

(C) $\boldsymbol{\alpha}_m$ 可由 $S_0$ 线性表出，但不可由 $T$ 线性表出.

(D) $\boldsymbol{\alpha}_m$ 可由 $S_0$ 线性表出，也可由 $T$ 线性表出.

**【解】** 由假设条件知道必有

$$\boldsymbol{\beta}=k_1\boldsymbol{\alpha}_1+\cdots+k_{m-1}\boldsymbol{\alpha}_{m-1}+k_m\boldsymbol{\alpha}_m,\ k_m\neq 0$$

于是必有

$$\boldsymbol{\alpha}_m=\frac{1}{k_m}(\boldsymbol{\beta}-k_1\boldsymbol{\alpha}_1-\cdots-k_{m-1}\boldsymbol{\alpha}_{m-1})$$

这说明 $\boldsymbol{\alpha}_m$ 可由 $T$ 线性表出.

如果 $\boldsymbol{\alpha}_m$ 可由向量组 $S_0$ 线性表出，则根据 $\boldsymbol{\beta}$ 可由 $S$ 线性表出，知 $\boldsymbol{\beta}$ 可由 $S_0$

线性表出,这与假设矛盾,所以$\boldsymbol{\alpha}_m$不可由向量组$S_0$线性表出. 所以应选(B).

6. 设$S=\{\boldsymbol{\alpha}_1,\boldsymbol{\alpha}_2,\cdots,\boldsymbol{\alpha}_{m-1},\boldsymbol{\alpha}_m\}$,$T=\{\boldsymbol{\alpha}_1,\boldsymbol{\alpha}_2,\cdots,\boldsymbol{\alpha}_{m-1},\boldsymbol{\beta}\}$是两个同维向量组. 已知$\boldsymbol{\beta}$可由$S$线性表出,但不可由$S_0=\{\boldsymbol{\alpha}_1,\boldsymbol{\alpha}_2,\cdots,\boldsymbol{\alpha}_{m-1}\}$线性表出,证明$S$与$T$一定等价.

**【证】** 因为$\boldsymbol{\beta}$可由$S$线性表出,而$\boldsymbol{\alpha}_1,\boldsymbol{\alpha}_2,\cdots,\boldsymbol{\alpha}_{m-1}$属于$S$,所以,$T$一定可由$S$线性表出.

反之,要证明$S$可由$T$线性表出,只需证明$\boldsymbol{\alpha}_m$可由$T$线性表出. 由假设条件知道必有

$$\boldsymbol{\beta}=k_1\boldsymbol{\alpha}_1+\cdots+k_{m-1}\boldsymbol{\alpha}_{m-1}+k_m\boldsymbol{\alpha}_m,\ k_m\neq 0$$

于是必有

$$\boldsymbol{\alpha}_m=\frac{1}{k_m}(\boldsymbol{\beta}-k_1\boldsymbol{\alpha}_1-\cdots-k_{m-1}\boldsymbol{\alpha}_{m-1})$$

这就证明了$S$与$T$等价.

7. 给定以下两个向量组:

$$(\text{I})\ \boldsymbol{\alpha}_1=\begin{pmatrix}1\\0\\1\\0\end{pmatrix},\boldsymbol{\alpha}_2=\begin{pmatrix}0\\2\\0\\0\end{pmatrix},\boldsymbol{\alpha}_3=\begin{pmatrix}0\\0\\3\\0\end{pmatrix};$$

$$(\text{II})\ \boldsymbol{\beta}_1=\begin{pmatrix}0\\0\\0\\3\end{pmatrix},\boldsymbol{\beta}_2=\begin{pmatrix}0\\0\\2\\0\end{pmatrix},\boldsymbol{\beta}_3=\begin{pmatrix}0\\1\\0\\1\end{pmatrix}.$$

记$\boldsymbol{A}=(\boldsymbol{\alpha}_1\ \ \boldsymbol{\alpha}_2\ \ \boldsymbol{\alpha}_3)$,$\boldsymbol{B}=(\boldsymbol{\beta}_1\ \ \boldsymbol{\beta}_2\ \ \boldsymbol{\beta}_3)$,则结论(  )正确.

(A) $\boldsymbol{A}$与$\boldsymbol{B}$等价,但(Ⅰ)与(Ⅱ)不等价

(B) $\boldsymbol{A}$与$\boldsymbol{B}$不等价,但(Ⅰ)与(Ⅱ)等价

(C) $\boldsymbol{A}$与$\boldsymbol{B}$等价,(Ⅰ)与(Ⅱ)也等价

(D) $\boldsymbol{A}$与$\boldsymbol{B}$不等价,(Ⅰ)与(Ⅱ)也不等价

**【解】**

$$\boldsymbol{A}=(\boldsymbol{\alpha}_1\ \ \boldsymbol{\alpha}_2\ \ \boldsymbol{\alpha}_3)=\begin{pmatrix}1&0&0\\0&2&0\\1&0&3\\0&0&0\end{pmatrix}$$

$$\boldsymbol{B}=(\boldsymbol{\beta}_1\ \ \boldsymbol{\beta}_2\ \ \boldsymbol{\beta}_3)=\begin{pmatrix}0&0&0\\0&0&1\\0&2&0\\3&0&1\end{pmatrix}$$

易见，$R(\boldsymbol{A})=R(\boldsymbol{B})=3$，所以等秩的矩阵 $\boldsymbol{A}$ 与 $\boldsymbol{B}$ 一定等价.

考察第四个分量就可以知道$\boldsymbol{\beta}_1$ 和$\boldsymbol{\beta}_3$ 都不可能表成$\boldsymbol{\alpha}_1$，$\boldsymbol{\alpha}_2$，$\boldsymbol{\alpha}_3$ 的线性组合，这说明这两个向量组不等价. 所以应选(A).

【注】 由此例可见，向量组等价与矩阵等价是两个不可混淆的概念.

由

$$\boldsymbol{A}=\begin{pmatrix}1&0&0\\0&2&0\\1&0&3\\0&0&0\end{pmatrix}\to\begin{pmatrix}0&0&1\\0&2&0\\3&0&1\\0&0&0\end{pmatrix}\to\begin{pmatrix}0&0&0\\0&0&1\\0&2&0\\3&0&1\end{pmatrix}=\boldsymbol{B}$$

也可推出 $\boldsymbol{A}$ 与 $\boldsymbol{B}$ 等价.

8. 证明以下两个向量组等价

$$S=\{\boldsymbol{\alpha}_1=(1,1,0,0),\boldsymbol{\alpha}_2=(1,0,1,1)\}$$
$$T=\{\boldsymbol{\beta}_1=(2,-1,3,3),\boldsymbol{\beta}_2=(0,1,-1,-1)\}$$

【证】 设$\boldsymbol{\beta}_1=x_1\boldsymbol{\alpha}_1+x_2\boldsymbol{\alpha}_2$，$\boldsymbol{\beta}_2=y_1\boldsymbol{\alpha}_1+y_2\boldsymbol{\alpha}_2$，则有

$$\begin{cases}x_1+x_2=2\\x_1=-1\\x_2=3\end{cases},\begin{cases}y_1+y_2=0\\y_1=1\\y_2=-1\end{cases}$$

即

$$\boldsymbol{\beta}_1=-\boldsymbol{\alpha}_1+3\boldsymbol{\alpha}_2,\boldsymbol{\beta}_2=\boldsymbol{\alpha}_1-\boldsymbol{\alpha}_2$$

把此两式相加即得

$$\boldsymbol{\alpha}_2=\frac{1}{2}\boldsymbol{\beta}_1+\frac{1}{2}\boldsymbol{\beta}_2,\ \boldsymbol{\alpha}_1=\boldsymbol{\alpha}_2+\boldsymbol{\beta}_2=\frac{1}{2}\boldsymbol{\beta}_1+\frac{3}{2}\boldsymbol{\beta}_2$$

【注】 由$\begin{pmatrix}\boldsymbol{\beta}_1\\\boldsymbol{\beta}_2\end{pmatrix}=\begin{pmatrix}-1&3\\1&-1\end{pmatrix}\begin{pmatrix}\boldsymbol{\alpha}_1\\\boldsymbol{\alpha}_2\end{pmatrix}$可立刻得到

$$\begin{pmatrix}\boldsymbol{\alpha}_1\\\boldsymbol{\alpha}_2\end{pmatrix}=\begin{pmatrix}-1&3\\1&-1\end{pmatrix}^{-1}\begin{pmatrix}\boldsymbol{\beta}_1\\\boldsymbol{\beta}_2\end{pmatrix}=\frac{1}{2}\begin{pmatrix}1&3\\1&1\end{pmatrix}\begin{pmatrix}\boldsymbol{\beta}_1\\\boldsymbol{\beta}_2\end{pmatrix}$$

对于本题来说，可以证明这两个线性无关的向量组 $S$ 与 $T$ 对应的两个矩阵也等价

$$\boldsymbol{A}=\begin{pmatrix}1&1&0&0\\1&0&1&1\end{pmatrix}\to\begin{pmatrix}0&1&-1&-1\\1&0&1&1\end{pmatrix}\to\begin{pmatrix}0&1&-1&-1\\2&0&2&2\end{pmatrix}$$
$$\to\begin{pmatrix}0&1&-1&-1\\2&-1&3&3\end{pmatrix}\to\begin{pmatrix}2&-1&3&3\\0&1&-1&-1\end{pmatrix}=\boldsymbol{B}$$

这就是说，在特殊情况下，两个向量组是不是等价与由它们拼成的两个矩阵是不是等价是一致的.

9. 设 $S=\{\boldsymbol{\alpha}_1,\boldsymbol{\alpha}_2,\cdots,\boldsymbol{\alpha}_m\}$ 和 $T=\{\boldsymbol{\beta}_1,\boldsymbol{\beta}_2,\cdots,\boldsymbol{\beta}_m\}$ 是两个 $n$ 维列向量组,$m\geqslant 3$. 如果

$$\begin{aligned}\boldsymbol{\alpha}_1&=-\boldsymbol{\beta}_1+\boldsymbol{\beta}_2+\cdots+\boldsymbol{\beta}_{m-1}+\boldsymbol{\beta}_m\\ \boldsymbol{\alpha}_2&=\boldsymbol{\beta}_1-\boldsymbol{\beta}_2+\cdots+\boldsymbol{\beta}_{m-1}+\boldsymbol{\beta}_m\\ &\vdots\\ \boldsymbol{\alpha}_m&=\boldsymbol{\beta}_1+\boldsymbol{\beta}_2+\cdots+\boldsymbol{\beta}_{m-1}-\boldsymbol{\beta}_m\end{aligned}$$

证明这两个向量组等价.

【证】　由条件知有矩阵等式

$$(\boldsymbol{\alpha}_1\ \ \boldsymbol{\alpha}_2\ \ \cdots\ \ \boldsymbol{\alpha}_{m-1}\ \ \boldsymbol{\alpha}_m)=(\boldsymbol{\beta}_1\ \ \boldsymbol{\beta}_2\ \ \cdots\ \ \boldsymbol{\beta}_{m-1}\ \ \boldsymbol{\beta}_m)\begin{pmatrix}-1&1&\cdots&1&1\\1&-1&\cdots&1&1\\\vdots&\vdots&\ddots&\vdots&\vdots\\1&1&\cdots&-1&1\\1&1&\cdots&1&-1\end{pmatrix}$$

把它记为 $\boldsymbol{A}=\boldsymbol{BP}$. 计算 $m$ 阶表出矩阵 $\boldsymbol{P}$ 的行列式(同行和行列式)

$$\begin{vmatrix}-1&1&\cdots&1&1\\1&-1&\cdots&1&1\\\vdots&\vdots&\ddots&\vdots&\vdots\\1&1&\cdots&-1&1\\1&1&\cdots&1&-1\end{vmatrix}=(m-2)\begin{vmatrix}1&1&\cdots&1&1\\0&-2&\cdots&0&0\\\vdots&\vdots&\ddots&\vdots&\vdots\\0&0&\cdots&-2&0\\0&0&\cdots&0&-2\end{vmatrix}$$

$$=(m-2)(-2)^{m-1}\neq 0$$

$\boldsymbol{P}$ 是可逆矩阵,又有 $\boldsymbol{B}=\boldsymbol{A}\boldsymbol{P}^{-1}$,这说明 $T=\{\boldsymbol{\beta}_1,\boldsymbol{\beta}_2,\cdots,\boldsymbol{\beta}_m\}$ 与 $S=\{\boldsymbol{\alpha}_1,\boldsymbol{\alpha}_2,\cdots,\boldsymbol{\alpha}_m\}$ 可以互相线性表出,所以它们等价.

# §2　线性无关向量组

## 一、定义

称向量组 $\boldsymbol{\alpha}_1,\boldsymbol{\alpha}_2,\cdots,\boldsymbol{\alpha}_m\in\mathbf{R}^n$ 线性相关指的是,存在 $m$ 个不全为零的数 $k_1,k_2,\cdots,k_m$,使得

$$k_1\boldsymbol{\alpha}_1+k_2\boldsymbol{\alpha}_2+\cdots+k_m\boldsymbol{\alpha}_m=\mathbf{0}$$

即

$$(\boldsymbol{\alpha}_1 \quad \boldsymbol{\alpha}_2 \quad \cdots \quad \boldsymbol{\alpha}_m)\begin{pmatrix} k_1 \\ k_2 \\ \vdots \\ k_m \end{pmatrix} = \mathbf{0}$$

$k_1, k_2, \cdots, k_m$ 称为相关系数. 不是线性相关的向量组称为线性无关向量组.

对于任意向量组$\boldsymbol{\alpha}_1, \boldsymbol{\alpha}_2, \cdots, \boldsymbol{\alpha}_m$,一定有平凡表出式

$$0 \cdot \boldsymbol{\alpha}_1 + 0 \cdot \boldsymbol{\alpha}_2 + \cdots + 0 \cdot \boldsymbol{\alpha}_m = \mathbf{0}$$

即零向量$\mathbf{0}$一定可以表成任意同维向量组的线性组合.

可以这样来理解向量之间的线性相关性与线性无关性:记 $S = \{\boldsymbol{\alpha}_1, \boldsymbol{\alpha}_2, \cdots, \boldsymbol{\alpha}_m\}$. 如果零向量$\mathbf{0}$表成$S$中向量的线性组合时,只有平凡表出式这一种,则$S$为线性无关向量组;否则,$S$为线性相关向量组,此时,必有无穷多种表示方法把零向量$\mathbf{0}$表成$S$中向量的线性组合.

当$\boldsymbol{\alpha}_1, \boldsymbol{\alpha}_2, \cdots, \boldsymbol{\alpha}_m$ 是 $n$ 维实列向量时,构造 $n \times m$ 矩阵 $\boldsymbol{A} = (\boldsymbol{\alpha}_1 \quad \boldsymbol{\alpha}_2 \quad \cdots \quad \boldsymbol{\alpha}_m)$.

$\boldsymbol{\alpha}_1, \boldsymbol{\alpha}_2, \cdots, \boldsymbol{\alpha}_m$ 线性相关当且仅当齐次线性方程组$\boldsymbol{Ax} = \mathbf{0}$有非零解.

判别方法:只用初等行变换把矩阵$\boldsymbol{A} \to \boldsymbol{T}$,这里$\boldsymbol{T}$是某个行阶梯形矩阵. $\boldsymbol{Ax} = \mathbf{0}$与$\boldsymbol{Tx} = \mathbf{0}$必同解. 归之于判断$\boldsymbol{Tx} = \mathbf{0}$是否有非零解并求出其解.

**二、重要结论:**

(1) 单个向量$\boldsymbol{\alpha}$线性相关$\Leftrightarrow \boldsymbol{\alpha} = \mathbf{0}$,即单个向量$\boldsymbol{\alpha}$线性无关$\Leftrightarrow \boldsymbol{\alpha} \neq \mathbf{0}$.

(2) 两个非零向量$\boldsymbol{\alpha}, \boldsymbol{\beta} \in \mathbf{R}^n$线性相关$\Leftrightarrow \boldsymbol{\alpha} = k\boldsymbol{\beta}$,即它们的对应分量成比例,$\boldsymbol{\alpha}$与$\boldsymbol{\beta}$共线.

(3) 三个非零向量$\boldsymbol{\alpha}, \boldsymbol{\beta}, \boldsymbol{\gamma} \in \mathbf{R}^n$线性相关当且仅当其中至少有一个向量可表成另外两个向量的线性组合,即$\boldsymbol{\alpha}, \boldsymbol{\beta}$与$\boldsymbol{\gamma}$在一个平面上.

(4) 当$m > n$时,$m$个$n$维向量$\boldsymbol{\alpha}_1, \boldsymbol{\alpha}_2, \cdots, \boldsymbol{\alpha}_m$必线性相关. 因为,此时,$\boldsymbol{Ax} = \mathbf{0}$中变量个数$m$大于方程个数$n$,它一定有可以任意取值的自由变量,因而必有非零解.

(5) $n$个$n$维向量$\boldsymbol{\alpha}_1, \boldsymbol{\alpha}_2, \cdots, \boldsymbol{\alpha}_n$线性相关当且仅当由它们拼成的$n$阶方阵$\boldsymbol{A}$是不可逆矩阵,也就是说,由它们拼成的$n$阶行列式为零. 因为,当$|\boldsymbol{A}| = 0$时,$\boldsymbol{Ax} = \mathbf{0}$必有非零解;当$|\boldsymbol{A}| \neq 0$时,$\boldsymbol{Ax} = \mathbf{0}$只有零解.

(6) 设$\boldsymbol{\alpha}_1, \boldsymbol{\alpha}_2, \cdots, \boldsymbol{\alpha}_m$为线性相关组,则任意扩充后的同维向量组

$$\boldsymbol{\alpha}_1, \boldsymbol{\alpha}_2, \cdots, \boldsymbol{\alpha}_m, \boldsymbol{\alpha}_{m+1}, \cdots, \boldsymbol{\alpha}_{m+r}$$

一定为线性相关组,即"相关组的扩充向量组一定为相关组",即"无关组的子向量组一定为无关组".

因此,凡是含有零向量的向量组一定是线性相关组.

(7) 考虑如下两个有相同向量个数的向量组,它们的前 $n$ 个分量对应相同

$$\boldsymbol{\alpha}_i=(a_{i1},a_{i2},\cdots,a_{in}),i=1,2,\cdots,m$$
$$\boldsymbol{\beta}_i=(a_{i1},a_{i2},\cdots,a_{in},a_{i,n+1}),i=1,2,\cdots,m$$

如果$\boldsymbol{\beta}_1,\boldsymbol{\beta}_2,\cdots,\boldsymbol{\beta}_m$ 为线性相关组,则$\boldsymbol{\alpha}_1,\boldsymbol{\alpha}_2,\cdots,\boldsymbol{\alpha}_m$ 一定为线性相关组,即“相关组的截短向量组一定为相关组”, 即“无关组的接长向量组一定为无关组”.

注意:“扩充” 与“子组” 是向量维数不变,只是向量个数增减;

“接长” 与“截短” 是向量个数不变,只是向量维数(分量个数) 增减.

可在任意的相应分量上进行接长或截短,而且增、减分量的个数也可多于一个.

### 三、基本定理

(1) $m$ 个向量$\boldsymbol{\alpha}_1,\boldsymbol{\alpha}_2,\cdots,\boldsymbol{\alpha}_m(m\geqslant 2)$ 线性相关$\Leftrightarrow$至少存在某个$\boldsymbol{\alpha}_i$ 是其余向量的线性组合,即$\boldsymbol{\alpha}_1,\boldsymbol{\alpha}_2,\cdots,\boldsymbol{\alpha}_m(m\geqslant 2)$ 线性无关$\Leftrightarrow$任意一个$\boldsymbol{\alpha}_i$ 都不能表为其余向量的线性组合.

(2) 如果$\boldsymbol{\alpha}_1,\boldsymbol{\alpha}_2,\cdots,\boldsymbol{\alpha}_m$ 为线性无关组,而添加一个同维向量$\boldsymbol{\beta}$ 后成为线性相关组,则此$\boldsymbol{\beta}$ 一定可以唯一地表为$\boldsymbol{\alpha}_1,\boldsymbol{\alpha}_2,\cdots,\boldsymbol{\alpha}_m$ 的线性组合.

(3) 设$n$维向量组 $R=\{\boldsymbol{\alpha}_1,\boldsymbol{\alpha}_2,\cdots,\boldsymbol{\alpha}_r\}$ 可用$n$维向量组$S=\{\boldsymbol{\beta}_1,\boldsymbol{\beta}_2,\cdots,\boldsymbol{\beta}_s\}$ 线性表出. 如果$r>s$,则$R$一定是线性相关组,也就是说,当$R$为线性无关组时,一定有 $r\leqslant s$.

当 $R$ 与 $S$ 是两个等价的线性无关组时,必有 $r=s$.

1. 设 $\boldsymbol{\alpha}$ 和$\boldsymbol{\beta}$ 是两个线性无关的向量,$k$ 为任意实数,则(　　).

(A) $\boldsymbol{\alpha}+\boldsymbol{\beta}$ 线性无关　　(B) $\boldsymbol{\alpha}-\boldsymbol{\beta}$ 线性相关

(C) $k\boldsymbol{\alpha}$ 线性无关　　(D) $k\boldsymbol{\alpha}$ 线性相关

**【解】**　如果单个向量 $\boldsymbol{\alpha}+\boldsymbol{\beta}$ 线性相关,则 $\boldsymbol{\alpha}+\boldsymbol{\beta}=\mathbf{0}$ , $\boldsymbol{\alpha}=-\boldsymbol{\beta}$,这与 $\boldsymbol{\alpha}$ 和 $\boldsymbol{\beta}$ 是线性无关的假设矛盾. 所以应选(A).

**【注】**　若 $\boldsymbol{\alpha}-\boldsymbol{\beta}$ 线性相关,则 $\boldsymbol{\alpha}-\boldsymbol{\beta}=\mathbf{0}$,这与 $\boldsymbol{\alpha}$ 和$\boldsymbol{\beta}$ 是线性无关的假设矛盾. 所以(B) 不正确.

当 $k=0$ 时,$k\boldsymbol{\alpha}=\mathbf{0}$ 线性相关,所以(C) 不正确.

当 $k\neq 0$ 时,因为 $\boldsymbol{\alpha}\neq\mathbf{0}$,$k\boldsymbol{\alpha}\neq\mathbf{0}$ 线性无关,所以(D) 不正确.

2. 在下述诸命题中,(　　) 是错误命题.

(A) 含零向量的向量组一定是线性相关组

(B) 在线性相关向量组中一定含有零向量

(C) 含有两个成比例的向量的向量组一定是线性相关组

(D) 线性无关向量组的任意一个部分向量组一定是线性无关组

**【解】** 应选(B). 例如,$\boldsymbol{\alpha}=(1,2,3)$ 与 $\boldsymbol{\beta}=(2,4,6)$ 线性相关,其中没有零向量.

**【注】** 线性相关向量组的扩充向量组一定是线性相关组;两个成比例的向量一定线性相关;线性无关向量组的部分向量组一定是线性无关组,所以,(A)、(C) 和(D) 都是正确命题.

3. 设 $\boldsymbol{\alpha}_1,\boldsymbol{\alpha}_2,\boldsymbol{\alpha}_3$ 线性无关,$\boldsymbol{\beta}_1$ 可由 $\boldsymbol{\alpha}_1,\boldsymbol{\alpha}_2,\boldsymbol{\alpha}_3$ 线性表出,$\boldsymbol{\beta}_2$ 不可由 $\boldsymbol{\alpha}_1,\boldsymbol{\alpha}_2,\boldsymbol{\alpha}_3$ 线性表出,则对任意常数 $k$,必有结论(　　).

(A) $\boldsymbol{\alpha}_1,\boldsymbol{\alpha}_2,\boldsymbol{\alpha}_3,k\boldsymbol{\beta}_1+\boldsymbol{\beta}_2$ 线性无关

(B) $\boldsymbol{\alpha}_1,\boldsymbol{\alpha}_2,\boldsymbol{\alpha}_3,k\boldsymbol{\beta}_1+\boldsymbol{\beta}_2$ 线性相关

(C) $\boldsymbol{\alpha}_1,\boldsymbol{\alpha}_2,\boldsymbol{\alpha}_3,\boldsymbol{\beta}_1+k\boldsymbol{\beta}_2$ 线性无关

(D) $\boldsymbol{\alpha}_1,\boldsymbol{\alpha}_2,\boldsymbol{\alpha}_3,\boldsymbol{\beta}_1+k\boldsymbol{\beta}_2$ 线性相关

**【解】** 用反证法可以证明(A) 正确. 如果 $\boldsymbol{\alpha}_1,\boldsymbol{\alpha}_2,\boldsymbol{\alpha}_3,k\boldsymbol{\beta}_1+\boldsymbol{\beta}_2$ 线性相关,则由 $\boldsymbol{\alpha}_1,\boldsymbol{\alpha}_2,\boldsymbol{\alpha}_3$ 线性无关知道 $k\boldsymbol{\beta}_1+\boldsymbol{\beta}_2$ 可由 $\boldsymbol{\alpha}_1,\boldsymbol{\alpha}_2,\boldsymbol{\alpha}_3$ 线性表出. 取 $k=0$ 知道 $\boldsymbol{\beta}_2$ 可由 $\boldsymbol{\alpha}_1,\boldsymbol{\alpha}_2,\boldsymbol{\alpha}_3$ 线性表出. 这与题设条件矛盾,所以应选(A).

**【注】** 也可以如此证明(A) 正确. 如果 $\boldsymbol{\alpha}_1,\boldsymbol{\alpha}_2,\boldsymbol{\alpha}_3,k\boldsymbol{\beta}_1+\boldsymbol{\beta}_2$ 线性相关,则由 $\boldsymbol{\alpha}_1,\boldsymbol{\alpha}_2,\boldsymbol{\alpha}_3$ 线性无关知道 $k\boldsymbol{\beta}_1+\boldsymbol{\beta}_2$ 可由 $\boldsymbol{\alpha}_1,\boldsymbol{\alpha}_2,\boldsymbol{\alpha}_3$ 线性表出. 但是已知 $k\boldsymbol{\beta}_1$ 可由 $\boldsymbol{\alpha}_1,\boldsymbol{\alpha}_2,\boldsymbol{\alpha}_3$ 线性表出,所以 $\boldsymbol{\beta}_2$ 一定可由 $\boldsymbol{\alpha}_1,\boldsymbol{\alpha}_2,\boldsymbol{\alpha}_3$ 线性表出. 这与题设条件矛盾,所以(A) 正确.

因为(A) 正确,所以(B) 不正确.

用反证法可证(C) 不正确. 如果对任意常数 $k$,$\boldsymbol{\alpha}_1,\boldsymbol{\alpha}_2,\boldsymbol{\alpha}_3,k\boldsymbol{\beta}_1+\boldsymbol{\beta}_2$ 线性无关,则取 $k=0$,知道 $\boldsymbol{\alpha}_1,\boldsymbol{\alpha}_2,\boldsymbol{\alpha}_3,\boldsymbol{\beta}_1$ 线性无关,这与 $\boldsymbol{\beta}_1$ 可由 $\boldsymbol{\alpha}_1,\boldsymbol{\alpha}_2,\boldsymbol{\alpha}_3$ 线性表出的假设矛盾.

用反证法可证(D) 不正确. 如果对任意常数 $k$,$\boldsymbol{\alpha}_1,\boldsymbol{\alpha}_2,\boldsymbol{\alpha}_3,k\boldsymbol{\beta}_1+\boldsymbol{\beta}_2$ 线性相关,取 $k=1$ 知道 $\boldsymbol{\alpha}_1,\boldsymbol{\alpha}_2,\boldsymbol{\alpha}_3,\boldsymbol{\beta}_1+\boldsymbol{\beta}_2$ 线性相关. 因为 $\boldsymbol{\alpha}_1,\boldsymbol{\alpha}_2,\boldsymbol{\alpha}_3$ 线性无关,所以 $\boldsymbol{\beta}_1+\boldsymbol{\beta}_2$ 可由 $\boldsymbol{\alpha}_1,\boldsymbol{\alpha}_2,\boldsymbol{\alpha}_3$ 线性表出. 但是已知 $\boldsymbol{\beta}_1$ 可由 $\boldsymbol{\alpha}_1,\boldsymbol{\alpha}_2,\boldsymbol{\alpha}_3$ 线性表出,所以 $\boldsymbol{\beta}_2$ 一定可由 $\boldsymbol{\alpha}_1,\boldsymbol{\alpha}_2,\boldsymbol{\alpha}_3$ 线性表出,这与题设条件矛盾.

4. 设 $\boldsymbol{A}$ 是 $m\times n$ 矩阵,$S=\{\boldsymbol{\alpha}_1,\boldsymbol{\alpha}_2,\cdots,\boldsymbol{\alpha}_s\}$ 是 $n$ 维列向量组,$T=\{\boldsymbol{A}\boldsymbol{\alpha}_1,\boldsymbol{A}\boldsymbol{\alpha}_2,\cdots,\boldsymbol{A}\boldsymbol{\alpha}_s\}$,则结论(　　) 正确.

(A) 当 $S$ 是线性相关组时,$T$ 必是线性相关组

(B) 当 $S$ 是线性相关组时,$T$ 必是线性无关组

(C) 当 $S$ 是线性无关组时,$T$ 必是线性相关组

(D) 当 $S$ 是线性无关组时,$T$ 必是线性无关组

**【解】**　若 $S$ 是线性相关组,则存在不全为零的数 $k_1, k_2, \cdots, k_s$ 使得

$$k_1\boldsymbol{\alpha}_1+k_2\boldsymbol{\alpha}_2+\cdots+k_s\boldsymbol{\alpha}_s=\mathbf{0}$$

当然必有

$$k_1\boldsymbol{A}\boldsymbol{\alpha}_1+k_2\boldsymbol{A}\boldsymbol{\alpha}_2+\cdots+k_s\boldsymbol{A}\boldsymbol{\alpha}_s=\boldsymbol{A}(k_1\boldsymbol{\alpha}_1+k_2\boldsymbol{\alpha}_2+\cdots+k_s\boldsymbol{\alpha}_s)=\mathbf{0}$$

所以 $T$ 必是线性相关组. 所以应选(A).

**【注】**　由(A) 正确知(B) 错误. 可证(C) 和(D) 都未必正确,与 $A$ 的列秩有关.

设 $S$ 是线性无关组,如果 $R(\boldsymbol{A})=n$,$\boldsymbol{A}$ 的列向量线性无关,则当

$$k_1\boldsymbol{A}\boldsymbol{\alpha}_1+k_2\boldsymbol{A}\boldsymbol{\alpha}_2+\cdots+k_s\boldsymbol{A}\boldsymbol{\alpha}_s=\boldsymbol{A}(k_1\boldsymbol{\alpha}_1+k_2\boldsymbol{\alpha}_2+\cdots+k_s\boldsymbol{\alpha}_s)=\mathbf{0}$$

时,必有 $k_1\boldsymbol{\alpha}_1+k_2\boldsymbol{\alpha}_2+\cdots+k_s\boldsymbol{\alpha}_s=\mathbf{0}$,再由 $S$ 是线性无关组知 $k_1=k_2=\cdots=k_s=0$,所以 $T$ 必是线性无关组. 如果 $R(\boldsymbol{A})<n$,例如 $\boldsymbol{A}=\boldsymbol{O}$,则 $T$ 就是线性相关组.

5. 设 $n$ 维列向量 $\boldsymbol{\alpha}_1, \boldsymbol{\alpha}_2, \cdots, \boldsymbol{\alpha}_m (m<n)$ 线性无关,则 $n$ 维列向量 $\boldsymbol{\beta}_1, \boldsymbol{\beta}_2, \cdots, \boldsymbol{\beta}_m$ 线性无关的充分必要条件是(　　).

(A) $\boldsymbol{\alpha}_1, \boldsymbol{\alpha}_2, \cdots, \boldsymbol{\alpha}_m$ 可由 $\boldsymbol{\beta}_1, \boldsymbol{\beta}_2, \cdots, \boldsymbol{\beta}_m$ 线性表出

(B) $\boldsymbol{\beta}_1, \boldsymbol{\beta}_2, \cdots, \boldsymbol{\beta}_m$ 可由 $\boldsymbol{\alpha}_1, \boldsymbol{\alpha}_2, \cdots, \boldsymbol{\alpha}_m$ 线性表出

(C) 向量组 $\{\boldsymbol{\alpha}_1, \boldsymbol{\alpha}_2, \cdots, \boldsymbol{\alpha}_m\}$ 与 $\{\boldsymbol{\beta}_1, \boldsymbol{\beta}_2, \cdots, \boldsymbol{\beta}_m\}$ 等价

(D) 矩阵 $\boldsymbol{A}=(\boldsymbol{\alpha}_1\ \ \boldsymbol{\alpha}_2\ \ \cdots\ \ \boldsymbol{\alpha}_m)$ 与 $\boldsymbol{B}=(\boldsymbol{\beta}_1\ \ \boldsymbol{\beta}_2\ \ \cdots\ \ \boldsymbol{\beta}_m)$ 等价

**【解】**　可证(D) 正确. $\boldsymbol{A}$ 和 $\boldsymbol{B}$ 都是 $n\times m$ 矩阵,且 $R(\boldsymbol{A})=m$.

如果 $\boldsymbol{\beta}_1, \boldsymbol{\beta}_2, \cdots, \boldsymbol{\beta}_m$ 线性无关,则 $R(\boldsymbol{B})=m=R(\boldsymbol{A})$. 此时,同秩矩阵 $\boldsymbol{A}$ 和 $\boldsymbol{B}$ 必有相同的等价标准形,故 $\boldsymbol{A}$ 和 $\boldsymbol{B}$ 必等价.

反之,若 $\boldsymbol{A}$ 和 $\boldsymbol{B}$ 等价,即有 $\boldsymbol{B}=\boldsymbol{PAQ}$,则由 $\boldsymbol{P}$ 和 $\boldsymbol{Q}$ 为可逆矩阵知 $R(\boldsymbol{B})=R(\boldsymbol{A})=m$,所以 $\boldsymbol{\beta}_1, \boldsymbol{\beta}_2, \cdots, \boldsymbol{\beta}_m$ 必线性无关.

**【注】**　实际上,因为 $\boldsymbol{A}$ 和 $\boldsymbol{B}$ 等价 $\Leftrightarrow R(\boldsymbol{A})=R(\boldsymbol{B})$,$\boldsymbol{\alpha}_1, \boldsymbol{\alpha}_2, \cdots, \boldsymbol{\alpha}_m$ 线性无关 $\Leftrightarrow R(\boldsymbol{A})=m$,$\boldsymbol{\beta}_1, \boldsymbol{\beta}_2, \cdots, \boldsymbol{\beta}_m$ 线性无关 $\Leftrightarrow R(\boldsymbol{B})=m$,所以(D) 正确.

当 $m<n$ 时,两个同维的无关向量组之间未必有线性表出关系,所以(A)、(B)、(C) 都不正确. 但当(A) 或(C) 成立时,可证 $\boldsymbol{\beta}_1, \boldsymbol{\beta}_2, \cdots, \boldsymbol{\beta}_m$ 必线性无关. 因为,只要列向量组 $\boldsymbol{\alpha}_1, \boldsymbol{\alpha}_2, \cdots, \boldsymbol{\alpha}_m$ 可由 $\boldsymbol{\beta}_1, \boldsymbol{\beta}_2, \cdots, \boldsymbol{\beta}_m$ 线性表出,就有矩阵等式

$$(\boldsymbol{\alpha}_1\ \ \boldsymbol{\alpha}_2\ \ \cdots\ \ \boldsymbol{\alpha}_m)=(\boldsymbol{\beta}_1\ \ \boldsymbol{\beta}_2\ \ \cdots\ \ \boldsymbol{\beta}_m)\boldsymbol{P}, \boldsymbol{A}=\boldsymbol{BP}$$

此时就可由 $R(\boldsymbol{A})=m$ 推出 $R(\boldsymbol{B})=m$ 且 $\boldsymbol{P}$ 必为可逆矩阵,$\boldsymbol{\beta}_1, \boldsymbol{\beta}_2, \cdots, \boldsymbol{\beta}_m$ 必线性无关. 所以(A) 和(C) 都是 $\boldsymbol{\beta}_1, \boldsymbol{\beta}_2, \cdots, \boldsymbol{\beta}_m$ 线性无关的充分非必要条件.

当 $\boldsymbol{\beta}_1, \boldsymbol{\beta}_2, \cdots, \boldsymbol{\beta}_m$ 可由 $\boldsymbol{\alpha}_1, \boldsymbol{\alpha}_2, \cdots, \boldsymbol{\alpha}_m$ 线性表出时,$\boldsymbol{\beta}_1, \boldsymbol{\beta}_2, \cdots, \boldsymbol{\beta}_m$ 未必

是线性无关组.(B)不正确.

6. 设 $S=\{\boldsymbol{\alpha}_1,\boldsymbol{\alpha}_2,\cdots,\boldsymbol{\alpha}_m\}$ 是线性无关向量组. 如果$\boldsymbol{\beta}_1$ 可用 $S$ 线性表出, $\boldsymbol{\beta}_2$ 不可用 $S$ 线性表出,证明:

(1) 对任何非零实数 $k$, $T=\{\boldsymbol{\alpha}_1,\boldsymbol{\alpha}_2,\cdots,\boldsymbol{\alpha}_m,\boldsymbol{\beta}_1+k\boldsymbol{\beta}_2\}$ 必是线性无关向量组.

(2) 对任何实数 $k$, $T=\{\boldsymbol{\alpha}_1,\boldsymbol{\alpha}_2,\cdots,\boldsymbol{\alpha}_m,k\boldsymbol{\beta}_1+\boldsymbol{\beta}_2\}$ 必是线性无关向量组.

**【证】** 用反证法.

(1) 如果 $T$ 是线性相关组,则由 $S$ 是线性无关组知$\boldsymbol{\beta}_1+k\boldsymbol{\beta}_2$ 必可用 $S$ 线性表出. 但已知$\boldsymbol{\beta}_1$ 可用 $S$ 线性表出,所以 $k\boldsymbol{\beta}_2$ 必可用 $S$ 线性表出. 由 $k\neq 0$ 知$\boldsymbol{\beta}_2$ 必可用 $S$ 线性表出,这与假设矛盾. 所以 $T$ 必是线性无关向量组.

(2) 当 $k=0$ 时,如果 $T$ 是线性相关组,则由 $S$ 是线性无关组知$\boldsymbol{\beta}_2$ 必可用 $S$ 线性表出,矛盾.

当 $k\neq 0$ 时,如果 $T$ 是线性相关组,则由 $S$ 是线性无关组知 $k\boldsymbol{\beta}_1+\boldsymbol{\beta}_2$ 必可用 $S$ 线性表出,但已知$\boldsymbol{\beta}_1$ 可用 $S$ 线性表出,所以 $k\boldsymbol{\beta}_1$ 必可用 $S$ 线性表出,于是 $\boldsymbol{\beta}_2$ 必可用 $S$ 线性表出,这与假设矛盾. 所以 $T$ 必是线性无关向量组.

7. 求 $a$ 的值使得

$$\boldsymbol{\alpha}_1=\left(a,-\frac{1}{2},-\frac{1}{2}\right),\boldsymbol{\alpha}_2=\left(-\frac{1}{2},a,-\frac{1}{2}\right),\boldsymbol{\alpha}_3=\left(-\frac{1}{2},-\frac{1}{2},a\right)$$

为线性相关向量组.

**【解】** 因为

$$\begin{vmatrix} a & -\frac{1}{2} & -\frac{1}{2} \\ -\frac{1}{2} & a & -\frac{1}{2} \\ -\frac{1}{2} & -\frac{1}{2} & a \end{vmatrix}=(a-1)\begin{vmatrix} 1 & 1 & 1 \\ -\frac{1}{2} & a & -\frac{1}{2} \\ -\frac{1}{2} & -\frac{1}{2} & a \end{vmatrix}$$

$$=(a-1)\begin{vmatrix} 1 & 0 & 0 \\ -\frac{1}{2} & a+\frac{1}{2} & 0 \\ -\frac{1}{2} & 0 & a+\frac{1}{2} \end{vmatrix}$$

$$=(a-1)\left(a+\frac{1}{2}\right)^2=0\Leftrightarrow a=1\text{ 或 }a=-\frac{1}{2}$$

所以,当 $a=1$ 或 $a=-\frac{1}{2}$ 时,$\boldsymbol{\alpha}_1,\boldsymbol{\alpha}_2,\boldsymbol{\alpha}_3$ 线性相关.

【注】　这是一个同行和行列式.

当 $a=1$ 时,有$\boldsymbol{\alpha}_1+\boldsymbol{\alpha}_2+\boldsymbol{\alpha}_3=\mathbf{0}$;当 $a=-\dfrac{1}{2}$ 时,有$\boldsymbol{\alpha}_1=\boldsymbol{\alpha}_2=\boldsymbol{\alpha}_3$,它们都是线性相关向量组.

8. 求出向量组

$$\boldsymbol{\alpha}_1=(2,2,4,a_1),\boldsymbol{\alpha}_2=(-1,0,2,a_2)$$
$$\boldsymbol{\alpha}_3=(3,2,2,a_3),\boldsymbol{\alpha}_4=(1,6,7,a_4)$$

线性相关的充分必要条件.

【解】　因为

$$\begin{vmatrix} 2 & 2 & 4 & a_1 \\ -1 & 0 & 2 & a_2 \\ 3 & 2 & 2 & a_3 \\ 1 & 6 & 7 & a_4 \end{vmatrix}=\begin{vmatrix} 2 & 2 & 4 & a_1 \\ -1 & 0 & 2 & a_2 \\ 1 & 0 & -2 & a_3-a_1 \\ -5 & 0 & -5 & a_4-3a_1 \end{vmatrix}=-2\begin{vmatrix} -1 & 2 & a_2 \\ 1 & -2 & a_3-a_1 \\ -5 & -5 & a_4-3a_1 \end{vmatrix}$$

$$=-2\begin{vmatrix} -1 & 2 & a_2 \\ 0 & 0 & a_3-a_1+a_2 \\ -5 & -5 & a_4-3a_1 \end{vmatrix}=0\Leftrightarrow a_1=a_2+a_3$$

所以,这四个向量线性相关的充分必要条件是 $a_1=a_2+a_3$.

【注】　先在第三行中减去第一行,在第四行中减去第一行的 3 倍,再按其第二列展开得到一个 3 阶行列式,把第一行加到第二行上去,即可看出行列式为 0 当且仅当 $a_1=a_2+a_3$.

9. 设$\boldsymbol{\alpha}_1,\boldsymbol{\alpha}_2,\cdots,\boldsymbol{\alpha}_m$ 是 $m$ 个线性无关的 $n$ 维行向量

$$\boldsymbol{\beta}_i=\sum_{j=1}^{m}k_{ij}\boldsymbol{\alpha}_j,\ i=1,2,\cdots,m$$

证明$\boldsymbol{\beta}_1,\boldsymbol{\beta}_2,\cdots,\boldsymbol{\beta}_m$ 线性无关当且仅当表出方阵 $\boldsymbol{K}=(k_{ij})$ 为 $m$ 阶可逆矩阵.

【证】　由已知条件可以得到矩阵等式

$$\boldsymbol{B}=\begin{pmatrix} \boldsymbol{\beta}_1 \\ \boldsymbol{\beta}_2 \\ \vdots \\ \boldsymbol{\beta}_m \end{pmatrix}=\begin{pmatrix} k_{11} & k_{12} & \cdots & k_{1m} \\ k_{21} & k_{22} & \cdots & k_{2m} \\ \vdots & \vdots & & \vdots \\ k_{m1} & k_{m2} & \cdots & k_{mm} \end{pmatrix}\begin{pmatrix} \boldsymbol{\alpha}_1 \\ \boldsymbol{\alpha}_2 \\ \vdots \\ \boldsymbol{\alpha}_m \end{pmatrix}=\boldsymbol{KA}$$

这里表出矩阵 $\boldsymbol{K}=(k_{ij})$ 是 $m$ 阶方阵. 因为$\boldsymbol{\beta}_1,\boldsymbol{\beta}_2,\cdots,\boldsymbol{\beta}_m$ 线性无关$\Leftrightarrow R(\boldsymbol{B})=m$,所以,只要证明 $R(\boldsymbol{B})=m\Leftrightarrow\boldsymbol{K}$ 为可逆矩阵.

如果 $R(\boldsymbol{B})=m$,则由 $m=R(\boldsymbol{B})=R(\boldsymbol{KA})\leqslant R(\boldsymbol{K})\leqslant m$ 知道 $R(\boldsymbol{K})=m$,$\boldsymbol{K}$ 为可逆矩阵.

反之,若$\boldsymbol{K}$为可逆矩阵,则一定有$R(\boldsymbol{B})=R(\boldsymbol{KA})=R(\boldsymbol{A})=m$.

【注】 当$\boldsymbol{K}$为可逆矩阵时,又有$\boldsymbol{A}=\boldsymbol{K}^{-1}\boldsymbol{B}$,这说明$\boldsymbol{\alpha}_1,\boldsymbol{\alpha}_2,\cdots,\boldsymbol{\alpha}_m$也可由$\boldsymbol{\beta}_1,\boldsymbol{\beta}_2,\cdots,\boldsymbol{\beta}_m$线性表出.此时,两个向量组$\boldsymbol{\alpha}_1,\boldsymbol{\alpha}_2,\cdots,\boldsymbol{\alpha}_m$与$\boldsymbol{\beta}_1,\boldsymbol{\beta}_2,\cdots,\boldsymbol{\beta}_m$一定等价,也一定同秩.

10. 设$\boldsymbol{\alpha}_1,\boldsymbol{\alpha}_2,\boldsymbol{\alpha}_3$中任意两个向量都是线性无关的,问$\boldsymbol{\alpha}_1,\boldsymbol{\alpha}_2,\boldsymbol{\alpha}_3$是否必为线性无关组?

【解】 不一定.例如,$\boldsymbol{\alpha}_1=(1,0,0)$,$\boldsymbol{\alpha}_2=(0,1,0)$,$\boldsymbol{\alpha}_3=(0,0,1)$线性无关;$\boldsymbol{\alpha}_1=(1,0,0)$,$\boldsymbol{\alpha}_2=(0,1,0)$,$\boldsymbol{\alpha}_3=(1,1,0)$线性相关.但是各组中任意两个向量都不成比例,所以任意两个向量都是线性无关的.

11. 设$\boldsymbol{\alpha}_1,\boldsymbol{\alpha}_2,\boldsymbol{\alpha}_3$线性相关,$\boldsymbol{\alpha}_2,\boldsymbol{\alpha}_3,\boldsymbol{\alpha}_4$线性无关,问:

(1) $\boldsymbol{\alpha}_1$可否由$\boldsymbol{\alpha}_2,\boldsymbol{\alpha}_3$线性表出?

(2) $\boldsymbol{\alpha}_4$可否由$\boldsymbol{\alpha}_1,\boldsymbol{\alpha}_2,\boldsymbol{\alpha}_3$线性表出?

【解】 (1) 因为线性无关组$\{\boldsymbol{\alpha}_2,\boldsymbol{\alpha}_3,\boldsymbol{\alpha}_4\}$的子组$\{\boldsymbol{\alpha}_2,\boldsymbol{\alpha}_3\}$是线性无关组,所以由$\boldsymbol{\alpha}_1,\boldsymbol{\alpha}_2,\boldsymbol{\alpha}_3$线性相关知道$\boldsymbol{\alpha}_1$可由$\boldsymbol{\alpha}_2,\boldsymbol{\alpha}_3$线性表出.

(2) 如果$\boldsymbol{\alpha}_4$可由$\boldsymbol{\alpha}_1,\boldsymbol{\alpha}_2,\boldsymbol{\alpha}_3$线性表出,那么由$\boldsymbol{\alpha}_1$可由$\boldsymbol{\alpha}_2,\boldsymbol{\alpha}_3$线性表出知道,$\boldsymbol{\alpha}_4$可由$\boldsymbol{\alpha}_2,\boldsymbol{\alpha}_3$线性表出,这与$\boldsymbol{\alpha}_2,\boldsymbol{\alpha}_3,\boldsymbol{\alpha}_4$线性无关的假设矛盾,所以,$\boldsymbol{\alpha}_4$不可由$\boldsymbol{\alpha}_1,\boldsymbol{\alpha}_2,\boldsymbol{\alpha}_3$线性表出.

12. 设向量组$\boldsymbol{\alpha}_1,\boldsymbol{\alpha}_2,\cdots,\boldsymbol{\alpha}_{n-1},\boldsymbol{\alpha}_n$中,前$n-1$个向量线性相关,后$n-1$个向量线性无关,证明:

(1) $\boldsymbol{\alpha}_1$可用$\boldsymbol{\alpha}_2,\cdots,\boldsymbol{\alpha}_{n-1}$线性表出.

(2) $\boldsymbol{\alpha}_n$不可用$\boldsymbol{\alpha}_1,\boldsymbol{\alpha}_2,\cdots,\boldsymbol{\alpha}_{n-1}$线性表出.

【证】 (1) 因为$\boldsymbol{\alpha}_1,\boldsymbol{\alpha}_2,\cdots,\boldsymbol{\alpha}_{n-1}$线性相关,$\{\boldsymbol{\alpha}_2,\cdots,\boldsymbol{\alpha}_{n-1}\}$是线性无关组$\{\boldsymbol{\alpha}_2,\cdots,\boldsymbol{\alpha}_n\}$的子组,必线性无关,所以$\boldsymbol{\alpha}_1$可用$\boldsymbol{\alpha}_2,\cdots,\boldsymbol{\alpha}_{n-1}$线性表出.

(2) 用反证法.如果$\boldsymbol{\alpha}_n$可用$\boldsymbol{\alpha}_1,\boldsymbol{\alpha}_2,\cdots,\boldsymbol{\alpha}_{n-1}$线性表出,因为已证$\boldsymbol{\alpha}_1$可用$\boldsymbol{\alpha}_2,\cdots,\boldsymbol{\alpha}_{n-1}$线性表出,所以$\boldsymbol{\alpha}_n$可用$\boldsymbol{\alpha}_2,\cdots,\boldsymbol{\alpha}_{n-1}$线性表出,这与$\boldsymbol{\alpha}_2,\cdots,\boldsymbol{\alpha}_n$是线性无关的假设矛盾,所以$\boldsymbol{\alpha}_n$不可用$\boldsymbol{\alpha}_1,\boldsymbol{\alpha}_2,\cdots,\boldsymbol{\alpha}_{n-1}$线性表出.

【注】 (2) 的另一种证法.如果$\boldsymbol{\alpha}_n$可用$\boldsymbol{\alpha}_1,\boldsymbol{\alpha}_2,\cdots,\boldsymbol{\alpha}_{n-1}$线性表出,有

$$\boldsymbol{\alpha}_n=k_1\boldsymbol{\alpha}_1+k_2\boldsymbol{\alpha}_2+\cdots+k_{n-1}\boldsymbol{\alpha}_{n-1}$$

则由$\boldsymbol{\alpha}_2,\cdots,\boldsymbol{\alpha}_n$线性无关知必有$k_1\neq 0$,必有

$$\boldsymbol{\alpha}_1=\frac{1}{k_1}(-k_2\boldsymbol{\alpha}_2-\cdots-k_{n-1}\boldsymbol{\alpha}_{n-1}+\boldsymbol{\alpha}_n)$$

因为$\boldsymbol{\alpha}_2,\cdots,\boldsymbol{\alpha}_n$线性无关,所以$\boldsymbol{\alpha}_1$的上述表出式必是唯一的,且$\boldsymbol{\alpha}_n$的系数不是零.但在(1)中已证必有$\boldsymbol{\alpha}_1=l_2\boldsymbol{\alpha}_2+\cdots+l_{n-1}\boldsymbol{\alpha}_{n-1}$,其中$\boldsymbol{\alpha}_n$的系数是零,得到矛盾.

13. 设 $S=\{\boldsymbol{\alpha}_1,\boldsymbol{\alpha}_2,\cdots,\boldsymbol{\alpha}_n\}$ 是线性无关向量组. 如果

$\boldsymbol{\alpha}_{n+1}=k_1\boldsymbol{\alpha}_1+k_2\boldsymbol{\alpha}_2+\cdots+k_n\boldsymbol{\alpha}_n$,其中 $k_1,k_2,\cdots,k_n$ 全不为零

证明 $\boldsymbol{\alpha}_1,\boldsymbol{\alpha}_2,\cdots,\boldsymbol{\alpha}_n,\boldsymbol{\alpha}_{n+1}$ 中任意 $n$ 个向量都是线性无关组.

**【证】** 因为 $S$ 是线性无关向量组,所以所给出的表出式

$$\boldsymbol{\alpha}_{n+1}=k_1\boldsymbol{\alpha}_1+k_2\boldsymbol{\alpha}_2+\cdots+k_n\boldsymbol{\alpha}_n$$

是唯一的,其中 $k_1,k_2,\cdots,k_n$ 全不为零.

用反证法. 不失一般性,如果 $\boldsymbol{\alpha}_1,\boldsymbol{\alpha}_2,\cdots,\boldsymbol{\alpha}_{n-1},\boldsymbol{\alpha}_{n+1}$ 是线性相关组,则由无关组 $S$ 的子组 $\{\boldsymbol{\alpha}_1,\boldsymbol{\alpha}_2,\cdots,\boldsymbol{\alpha}_{n-1}\}$ 必是线性无关组,知有

$$\boldsymbol{\alpha}_{n+1}=l_1\boldsymbol{\alpha}_1+l_2\boldsymbol{\alpha}_2+\cdots+l_{n-1}\boldsymbol{\alpha}_{n-1},\text{其中}\boldsymbol{\alpha}_n\text{ 的系数是零}$$

这与上述表出式的唯一性矛盾,所以 $\boldsymbol{\alpha}_1,\boldsymbol{\alpha}_2,\cdots,\boldsymbol{\alpha}_n,\boldsymbol{\alpha}_{n+1}$ 中任意 $n$ 个向量都是线性无关组.

14. 设向量组 $\boldsymbol{\alpha}_1,\boldsymbol{\alpha}_2,\cdots,\boldsymbol{\alpha}_n,\boldsymbol{\alpha}_{n+1}$ 线性相关,而其中任意 $n$ 个向量都线性无关,证明必存在全不为零的 $k_1,k_2,\cdots,k_n,k_{n+1}$,使得

$$k_1\boldsymbol{\alpha}_1+k_2\boldsymbol{\alpha}_2+\cdots+k_n\boldsymbol{\alpha}_n+k_{n+1}\boldsymbol{\alpha}_{n+1}=\mathbf{0}$$

**【证一】** 因为 $\boldsymbol{\alpha}_1,\boldsymbol{\alpha}_2,\cdots,\boldsymbol{\alpha}_n,\boldsymbol{\alpha}_{n+1}$ 线性相关,而 $\boldsymbol{\alpha}_1,\boldsymbol{\alpha}_2,\cdots,\boldsymbol{\alpha}_n$ 线性无关,所以必有

$$\boldsymbol{\alpha}_{n+1}=k_1\boldsymbol{\alpha}_1+k_2\boldsymbol{\alpha}_2+\cdots+k_n\boldsymbol{\alpha}_n$$

如果 $k_1,k_2,\cdots,k_n$ 中有零,例如 $k_n=0$,则 $n$ 个向量 $\boldsymbol{\alpha}_1,\boldsymbol{\alpha}_2,\cdots,\boldsymbol{\alpha}_{n-1},\boldsymbol{\alpha}_{n+1}$ 线性相关,这与假设矛盾,所以 $k_1,k_2,\cdots,k_n$ 全不为零,而且有

$$k_1\boldsymbol{\alpha}_1+k_2\boldsymbol{\alpha}_2+\cdots+k_n\boldsymbol{\alpha}_n-\boldsymbol{\alpha}_{n+1}=\mathbf{0}$$

**【证二】** 因为 $\boldsymbol{\alpha}_1,\boldsymbol{\alpha}_2,\cdots,\boldsymbol{\alpha}_n,\boldsymbol{\alpha}_{n+1}$ 线性相关,存在不全为零的 $k_1,k_2,\cdots,k_n,k_{n+1}$,使得

$$k_1\boldsymbol{\alpha}_1+k_2\boldsymbol{\alpha}_2+\cdots+k_n\boldsymbol{\alpha}_n+k_{n+1}\boldsymbol{\alpha}_{n+1}=\mathbf{0}$$

如果 $k_{n+1}=0$,则 $k_1,k_2,\cdots,k_n$ 不全为零,有

$$k_1\boldsymbol{\alpha}_1+k_2\boldsymbol{\alpha}_2+\cdots+k_n\boldsymbol{\alpha}_n=\mathbf{0}$$

这与 $\boldsymbol{\alpha}_1,\boldsymbol{\alpha}_2,\cdots,\boldsymbol{\alpha}_n$ 线性无关的假设矛盾,所以 $k_{n+1}\neq 0$. 类似可证 $k_1,k_2,\cdots,k_n$ 全不为零.

15. 求出两个列向量组 $\boldsymbol{\alpha}_1,\boldsymbol{\alpha}_2,\boldsymbol{\alpha}_3$ 与 $\boldsymbol{\beta}_1=a\boldsymbol{\alpha}_2-\boldsymbol{\alpha}_1,\boldsymbol{\beta}_2=b\boldsymbol{\alpha}_3-\boldsymbol{\alpha}_2,\boldsymbol{\beta}_3=a\boldsymbol{\alpha}_1-\boldsymbol{\alpha}_3$ 都是线性无关组的充分必要条件.

**【解】** 据条件建立矩阵等式

$$(\boldsymbol{\beta}_1\quad\boldsymbol{\beta}_2\quad\boldsymbol{\beta}_3)=(\boldsymbol{\alpha}_1\quad\boldsymbol{\alpha}_2\quad\boldsymbol{\alpha}_3)\begin{pmatrix}-1&0&a\\a&-1&0\\0&b&-1\end{pmatrix}$$

所给向量组都是线性无关组的充分必要条件为表出矩阵是可逆矩阵,即

$$\begin{vmatrix} -1 & 0 & a \\ a & -1 & 0 \\ 0 & b & -1 \end{vmatrix} = -1 + abc \neq 0 \text{ , } abc \neq 1$$

16. 设$\boldsymbol{\alpha}_1,\boldsymbol{\alpha}_2,\boldsymbol{\alpha}_3$线性无关,判断以下向量组是否为线性无关组?

(1) $\boldsymbol{\alpha}_1+\boldsymbol{\alpha}_2,\boldsymbol{\alpha}_2+\boldsymbol{\alpha}_3,\boldsymbol{\alpha}_3-\boldsymbol{\alpha}_1$.

(2) $\boldsymbol{\alpha}_1+2\boldsymbol{\alpha}_2,2\boldsymbol{\alpha}_2+3\boldsymbol{\alpha}_3,\boldsymbol{\alpha}_1+3\boldsymbol{\alpha}_3$.

(3) $\boldsymbol{\alpha}_1+\boldsymbol{\alpha}_2+\boldsymbol{\alpha}_3,2\boldsymbol{\alpha}_1-3\boldsymbol{\alpha}_2+22\boldsymbol{\alpha}_3,3\boldsymbol{\alpha}_1+5\boldsymbol{\alpha}_2-5\boldsymbol{\alpha}_3$.

【解】 不妨设所考虑的都是行向量. 已知$R\{\boldsymbol{\alpha}_1,\boldsymbol{\alpha}_2,\boldsymbol{\alpha}_3\}=3$.

(1) 因为

$$\begin{pmatrix} \boldsymbol{\alpha}_1+\boldsymbol{\alpha}_2 \\ \boldsymbol{\alpha}_2+\boldsymbol{\alpha}_3 \\ -\boldsymbol{\alpha}_1+\boldsymbol{\alpha}_3 \end{pmatrix} = \begin{pmatrix} 1 & 1 & 0 \\ 0 & 1 & 1 \\ -1 & 0 & 1 \end{pmatrix}\begin{pmatrix} \boldsymbol{\alpha}_1 \\ \boldsymbol{\alpha}_2 \\ \boldsymbol{\alpha}_3 \end{pmatrix}\text{,其中 } R\begin{pmatrix} \boldsymbol{\alpha}_1 \\ \boldsymbol{\alpha}_2 \\ \boldsymbol{\alpha}_3 \end{pmatrix}=3,\ \begin{vmatrix} 1 & 1 & 0 \\ 0 & 1 & 1 \\ -1 & 0 & 1 \end{vmatrix}=0$$

表出矩阵为不可逆矩阵,所以$\boldsymbol{\alpha}_1+\boldsymbol{\alpha}_2,\boldsymbol{\alpha}_2+\boldsymbol{\alpha}_3,\boldsymbol{\alpha}_3-\boldsymbol{\alpha}_1$线性相关. 事实上有

$$(\boldsymbol{\alpha}_1+\boldsymbol{\alpha}_2)-(\boldsymbol{\alpha}_2+\boldsymbol{\alpha}_3)+(\boldsymbol{\alpha}_3-\boldsymbol{\alpha}_1)=\mathbf{0}$$

(2) 因为

$$\begin{pmatrix} \boldsymbol{\alpha}_1+2\boldsymbol{\alpha}_2 \\ 2\boldsymbol{\alpha}_2+3\boldsymbol{\alpha}_3 \\ \boldsymbol{\alpha}_1+3\boldsymbol{\alpha}_3 \end{pmatrix} = \begin{pmatrix} 1 & 2 & 0 \\ 0 & 2 & 3 \\ 1 & 0 & 3 \end{pmatrix}\begin{pmatrix} \boldsymbol{\alpha}_1 \\ \boldsymbol{\alpha}_2 \\ \boldsymbol{\alpha}_3 \end{pmatrix}\text{,其中}\begin{vmatrix} 1 & 2 & 0 \\ 0 & 2 & 3 \\ 1 & 0 & 3 \end{vmatrix}=12\neq 0$$

表出矩阵为可逆矩阵,所以$\boldsymbol{\alpha}_1+2\boldsymbol{\alpha}_2,2\boldsymbol{\alpha}_2+3\boldsymbol{\alpha}_3,\boldsymbol{\alpha}_1+3\boldsymbol{\alpha}_3$线性无关.

(3) 因为

$$\begin{pmatrix} \boldsymbol{\alpha}_1+\boldsymbol{\alpha}_2+\boldsymbol{\alpha}_3 \\ 2\boldsymbol{\alpha}_1-3\boldsymbol{\alpha}_2+22\boldsymbol{\alpha}_3 \\ 3\boldsymbol{\alpha}_1+5\boldsymbol{\alpha}_2-5\boldsymbol{\alpha}_3 \end{pmatrix} = \begin{pmatrix} 1 & 1 & 1 \\ 2 & -3 & 22 \\ 3 & 5 & -5 \end{pmatrix}\begin{pmatrix} \boldsymbol{\alpha}_1 \\ \boldsymbol{\alpha}_2 \\ \boldsymbol{\alpha}_3 \end{pmatrix}$$

$$\begin{vmatrix} 1 & 1 & 1 \\ 2 & -3 & 22 \\ 3 & 5 & -5 \end{vmatrix} = \begin{vmatrix} 1 & 0 & 0 \\ 2 & -5 & 20 \\ 3 & 2 & -8 \end{vmatrix}=0$$

表出矩阵为不可逆矩阵,所以$\boldsymbol{\alpha}_1+\boldsymbol{\alpha}_2+\boldsymbol{\alpha}_3,2\boldsymbol{\alpha}_1-3\boldsymbol{\alpha}_2+22\boldsymbol{\alpha}_3,3\boldsymbol{\alpha}_1+5\boldsymbol{\alpha}_2-5\boldsymbol{\alpha}_3$线性相关. 事实上有

$$19(\boldsymbol{\alpha}_1+\boldsymbol{\alpha}_2+\boldsymbol{\alpha}_3)-2(2\boldsymbol{\alpha}_1-3\boldsymbol{\alpha}_2+22\boldsymbol{\alpha}_3)-5(3\boldsymbol{\alpha}_1+5\boldsymbol{\alpha}_2-5\boldsymbol{\alpha}_3)=\mathbf{0}$$

【注】 当$\begin{pmatrix} \boldsymbol{\beta}_1 \\ \boldsymbol{\beta}_2 \\ \boldsymbol{\beta}_3 \end{pmatrix}=\boldsymbol{P}\begin{pmatrix} \boldsymbol{\alpha}_1 \\ \boldsymbol{\alpha}_2 \\ \boldsymbol{\alpha}_3 \end{pmatrix}$中$\boldsymbol{P}$为可逆矩阵时,必有秩等式$R\begin{pmatrix} \boldsymbol{\beta}_1 \\ \boldsymbol{\beta}_2 \\ \boldsymbol{\beta}_3 \end{pmatrix}=R\begin{pmatrix} \boldsymbol{\alpha}_1 \\ \boldsymbol{\alpha}_2 \\ \boldsymbol{\alpha}_3 \end{pmatrix}$.

17. 设$\boldsymbol{A}$是$n$阶方阵,$\boldsymbol{\alpha}_1,\boldsymbol{\alpha}_2,\cdots,\boldsymbol{\alpha}_s$是$n$维线性无关列向量组. 若$\boldsymbol{A}\boldsymbol{\alpha}_1$,

$A\boldsymbol{\alpha}_2,\cdots,A\boldsymbol{\alpha}_s$ 线性相关,证明 $A$ 必是不可逆矩阵. 反之,若 $A$ 是不可逆矩阵,问 $A\boldsymbol{\alpha}_1,A\boldsymbol{\alpha}_2,\cdots,A\boldsymbol{\alpha}_s$ 是否必线性相关?

**【解】** (1) 由 $A\boldsymbol{\alpha}_1,A\boldsymbol{\alpha}_2,\cdots,A\boldsymbol{\alpha}_s$ 是线性相关组知存在不全为零的数 $k_1,k_2,\cdots,k_s$,使

$$k_1A\boldsymbol{\alpha}_1+k_2A\boldsymbol{\alpha}_2+\cdots+k_sA\boldsymbol{\alpha}_s=A(k_1\boldsymbol{\alpha}_1+k_2\boldsymbol{\alpha}_2+\cdots+k_s\boldsymbol{\alpha}_s)=\mathbf{0}$$

如果 $A$ 是可逆矩阵,必有

$$k_1\boldsymbol{\alpha}_1+k_2\boldsymbol{\alpha}_2+\cdots+k_s\boldsymbol{\alpha}_s=\mathbf{0}$$

这与 $\boldsymbol{\alpha}_1,\boldsymbol{\alpha}_2,\cdots,\boldsymbol{\alpha}_s$ 是线性无关组的假设矛盾,所以 $A$ 必是不可逆矩阵.

(2) 当 $A$ 是不可逆矩阵时,$A\boldsymbol{\alpha}_1,A\boldsymbol{\alpha}_2,\cdots,A\boldsymbol{\alpha}_s$ 也可能线性无关. 例如

$$A=\begin{pmatrix}1&0&0\\0&1&0\\0&0&0\end{pmatrix},\ \boldsymbol{\alpha}_1=\begin{pmatrix}1\\0\\0\end{pmatrix},\ \boldsymbol{\alpha}_2=\begin{pmatrix}0\\1\\0\end{pmatrix},\ A\boldsymbol{\alpha}_1=\boldsymbol{\alpha}_1,\ A\boldsymbol{\alpha}_2=\boldsymbol{\alpha}_2$$

18. 考虑如下两个有相同向量个数的向量组,它们的前 $n$ 个分量对应相同

$$\boldsymbol{\alpha}_i=(a_{i1},a_{i2},\cdots,a_{in}),i=1,2,\cdots,m$$

$$\boldsymbol{\beta}_i=(a_{i1},a_{i2},\cdots,a_{in},a_{i,n+1}),i=1,2,\cdots,m$$

如果 $\boldsymbol{\beta}_1,\boldsymbol{\beta}_2,\cdots,\boldsymbol{\beta}_m$ 为线性相关组,则 $\boldsymbol{\alpha}_1,\boldsymbol{\alpha}_2,\cdots,\boldsymbol{\alpha}_m$ 一定为线性相关组.

**【证】** 因为 $\boldsymbol{\beta}_1,\boldsymbol{\beta}_2,\cdots,\boldsymbol{\beta}_m$ 为线性相关组,所以存在不全为零的数 $k_1,k_2,\cdots,k_m$,使得

$$k_1\boldsymbol{\beta}_1+k_2\boldsymbol{\beta}_2+\cdots+k_m\boldsymbol{\beta}_m=\mathbf{0}$$

写出它们的全体分量就是

$$\begin{array}{rl} & k_1(a_{11}\quad\cdots\quad a_{1j}\quad\cdots\quad a_{1n}\quad a_{1,n+1})\\ + & k_2(a_{21}\quad\cdots\quad a_{2j}\quad\cdots\quad a_{2n}\quad a_{2,n+1})\\ & \vdots\\ + & k_m(a_{m1}\quad\cdots\quad a_{mj}\quad\cdots\quad a_{mn}\quad a_{m,n+1})\\ \hline = & (0\quad\cdots\quad 0\quad\cdots\quad 0\quad 0)\end{array}$$

把最后一个分量截去即得

$$\begin{array}{rl} & k_1(a_{11}\quad\cdots\quad a_{1j}\quad\cdots\quad a_{1n})\\ + & k_2(a_{21}\quad\cdots\quad a_{2j}\quad\cdots\quad a_{2n})\\ & \vdots\\ + & k_m(a_{m1}\quad\cdots\quad a_{mj}\quad\cdots\quad a_{mn})\\ \hline = & (0\quad\cdots\quad 0\quad\cdots\quad 0)\end{array}$$

这说明存在不全为零的数 $k_1, k_2, \cdots, k_m$,使得

$$k_1\boldsymbol{\alpha}_1 + k_2\boldsymbol{\alpha}_2 + \cdots + k_m\boldsymbol{\alpha}_m = \mathbf{0}$$

所以$\boldsymbol{\alpha}_1, \boldsymbol{\alpha}_2, \cdots, \boldsymbol{\alpha}_m$ 一定为线性相关组.

19. 设 $t_1, t_2, \cdots, t_r$ 是 $r\ (r \leqslant n)$ 个两两不同的数,证明以下 $n$ 维行向量组必线性无关

$$\boldsymbol{\alpha}_i = (1, t_i, t_i^2, \cdots, t_i^{n-1}), i = 1, 2, \cdots, r$$

【证】 由条件知以下 $r$ 阶 Var der Monde 行列式

$$V_r = \begin{vmatrix} 1 & 1 & 1 & \cdots & 1 \\ t_1 & t_2 & t_3 & \cdots & t_r \\ t_1^2 & t_2^2 & t_3^2 & \cdots & t_r^2 \\ \vdots & \vdots & \vdots & \ddots & \vdots \\ t_1^{r-1} & t_2^{r-1} & t_3^{r-1} & \cdots & t_r^{r-1} \end{vmatrix} = \prod_{1 \leqslant j < i \leqslant r} (t_i - t_j) \neq 0$$

所以 $r$ 个 $r$ 维行向量组

$$\boldsymbol{\beta}_i = (1, t_i, t_i^2, \cdots, t_i^{r-1}), i = 1, 2, \cdots, r$$

线性无关,于是它的接长向量组

$$\boldsymbol{\alpha}_i = (1 \quad t_i \quad t_i^2 \quad \cdots \quad t_i^{n-1}), i = 1, 2, \cdots, r$$

必线性无关.

20. 证明 $n$ 个 $n$ 维实列向量$\boldsymbol{\alpha}_1, \boldsymbol{\alpha}_2, \cdots, \boldsymbol{\alpha}_n$ 线性无关 $\Leftrightarrow$ 以下 $n$ 阶方阵 $\boldsymbol{D}$ 的行列式

$$|\boldsymbol{D}| = \begin{vmatrix} \boldsymbol{\alpha}'_1\boldsymbol{\alpha}_1 & \boldsymbol{\alpha}'_1\boldsymbol{\alpha}_2 & \cdots & \boldsymbol{\alpha}'_1\boldsymbol{\alpha}_n \\ \boldsymbol{\alpha}'_2\boldsymbol{\alpha}_1 & \boldsymbol{\alpha}'_2\boldsymbol{\alpha}_2 & \cdots & \boldsymbol{\alpha}'_2\boldsymbol{\alpha}_n \\ \vdots & \vdots & \ddots & \vdots \\ \boldsymbol{\alpha}'_n\boldsymbol{\alpha}_1 & \boldsymbol{\alpha}'_n\boldsymbol{\alpha}_2 & \cdots & \boldsymbol{\alpha}'_n\boldsymbol{\alpha}_n \end{vmatrix} \neq 0$$

【证】 记 $\boldsymbol{A} = (\boldsymbol{\alpha}_1 \quad \boldsymbol{\alpha}_2 \quad \cdots \quad \boldsymbol{\alpha}_n)$,则

$$\boldsymbol{D} = \begin{pmatrix} \boldsymbol{\alpha}'_1\boldsymbol{\alpha}_1 & \boldsymbol{\alpha}'_1\boldsymbol{\alpha}_2 & \cdots & \boldsymbol{\alpha}'_1\boldsymbol{\alpha}_n \\ \boldsymbol{\alpha}'_2\boldsymbol{\alpha}_1 & \boldsymbol{\alpha}'_2\boldsymbol{\alpha}_2 & \cdots & \boldsymbol{\alpha}'_2\boldsymbol{\alpha}_n \\ \vdots & \vdots & \ddots & \vdots \\ \boldsymbol{\alpha}'_n\boldsymbol{\alpha}_1 & \boldsymbol{\alpha}'_n\boldsymbol{\alpha}_2 & \cdots & \boldsymbol{\alpha}'_n\boldsymbol{\alpha}_n \end{pmatrix} = \begin{pmatrix} \boldsymbol{\alpha}'_1 \\ \boldsymbol{\alpha}'_2 \\ \vdots \\ \boldsymbol{\alpha}'_n \end{pmatrix} (\boldsymbol{\alpha}_1 \quad \boldsymbol{\alpha}_2 \quad \cdots \quad \boldsymbol{\alpha}_n) = \boldsymbol{A}'\boldsymbol{A}$$

$$|\boldsymbol{D}| = |\boldsymbol{A}'\boldsymbol{A}| = |\boldsymbol{A}|^2$$

所以,$\boldsymbol{\alpha}_1, \boldsymbol{\alpha}_2, \cdots, \boldsymbol{\alpha}_n$ 线性无关 $\Leftrightarrow |\boldsymbol{A}| \neq 0 \Leftrightarrow |\boldsymbol{D}| \neq 0$.

【注】 称 $\boldsymbol{D} = \boldsymbol{A}'\boldsymbol{A}$ 为由 $\boldsymbol{A}$ 确定的 Cramer 矩阵,必有 $R(\boldsymbol{D}) = R(\boldsymbol{A}'\boldsymbol{A}) = R(\boldsymbol{A})$. 据此也可证得

$$\boldsymbol{\alpha}_1, \boldsymbol{\alpha}_2, \cdots, \boldsymbol{\alpha}_n \text{ 线性无关} \Leftrightarrow R(\boldsymbol{A}) = n \Leftrightarrow R(\boldsymbol{D}) = n \Leftrightarrow |\boldsymbol{D}| \neq 0$$

21. 设 $\boldsymbol{A}$ 是 3 阶矩阵，$\boldsymbol{\alpha}_1, \boldsymbol{\alpha}_2, \boldsymbol{\alpha}_3$ 是三个线性无关的 3 维列向量. 已知

$$\boldsymbol{A}\boldsymbol{\alpha}_1 = \boldsymbol{\alpha}_1 + \boldsymbol{\alpha}_2, \boldsymbol{A}\boldsymbol{\alpha}_2 = -\boldsymbol{\alpha}_1 + \boldsymbol{\alpha}_2 - 3\boldsymbol{\alpha}_3, \boldsymbol{A}\boldsymbol{\alpha}_3 = \boldsymbol{\alpha}_2 - \boldsymbol{\alpha}_2$$

求行列式 $|\boldsymbol{A}|$.

【解】　由条件可得矩阵等式

$$\boldsymbol{A}(\boldsymbol{\alpha}_1 \quad \boldsymbol{\alpha}_2 \quad \boldsymbol{\alpha}_3) = (\boldsymbol{\alpha}_1 \quad \boldsymbol{\alpha}_2 \quad \boldsymbol{\alpha}_3)\begin{pmatrix} 1 & -1 & 0 \\ 1 & 1 & 1 \\ 0 & -3 & -1 \end{pmatrix}$$

已知行列式 $|\boldsymbol{\alpha}_1 \quad \boldsymbol{\alpha}_2 \quad \boldsymbol{\alpha}_3| \neq 0$，由行列式乘法规则即得

$$|\boldsymbol{A}| = \begin{vmatrix} 1 & -1 & 0 \\ 1 & 1 & 1 \\ 0 & -3 & -1 \end{vmatrix} = \begin{vmatrix} 1 & 0 & 0 \\ 1 & 2 & 1 \\ 0 & -3 & -1 \end{vmatrix} = -2 + 3 = 1$$

22. 设 $\boldsymbol{A} = (\boldsymbol{\beta}_1 \quad \boldsymbol{\beta}_2 \quad \cdots \quad \boldsymbol{\beta}_n)$ 是 $n$ 阶可逆矩阵，$\boldsymbol{b}$ 是 $n$ 维非零列向量. 如果 $\boldsymbol{b}$ 与 $\boldsymbol{A}$ 中的 $n$ 个列向量都正交，证明 $\boldsymbol{B} = (\boldsymbol{\beta}_1 \quad \boldsymbol{\beta}_2 \quad \cdots \quad \boldsymbol{\beta}_{n-1} \quad \boldsymbol{b})$ 必是可逆矩阵.

【证】　只要证明 $\boldsymbol{B}$ 中的 $n$ 个列向量线性无关. 设

$$k_1\boldsymbol{\beta}_1 + k_2\boldsymbol{\beta}_2 + \cdots + k_{n-1}\boldsymbol{\beta}_{n-1} + k_n\boldsymbol{b} = \boldsymbol{0}$$

用行向量 $\boldsymbol{b}'$ 左乘此向量等式的两边，由

$$\boldsymbol{b}'\boldsymbol{\beta}_1 = \boldsymbol{0}, \boldsymbol{b}'\boldsymbol{\beta}_2 = \boldsymbol{0}, \cdots, \boldsymbol{b}'\boldsymbol{\beta}_{n-1} = \boldsymbol{0}$$

知 $k_n\boldsymbol{b}'\boldsymbol{b} = \boldsymbol{0}$. 再据 $\boldsymbol{b}$ 是非零列向量知必有 $\boldsymbol{b}'\boldsymbol{b} \neq \boldsymbol{0}$，$k_n = 0$，因而

$$k_1\boldsymbol{\beta}_1 + k_2\boldsymbol{\beta}_2 + \cdots + k_{n-1}\boldsymbol{\beta}_{n-1} = \boldsymbol{0}$$

再由 $\boldsymbol{A}$ 是可逆矩阵知它的列向量线性无关，所以必有

$$k_1 = k_2 = \cdots = k_{n-1} = 0$$

这就证明了 $\boldsymbol{B}$ 是可逆矩阵.

【注】　两个 $n$ 维列向量 $\boldsymbol{\alpha}$ 与 $\boldsymbol{\beta}$ 正交指的是满足 $\boldsymbol{\alpha}'\boldsymbol{\beta} = 0$. 见第五章 §3.

23. 若对 $n$ 阶方阵 $\boldsymbol{A}$，存在正整数 $k$ 和 $n$ 维列向量 $\boldsymbol{\alpha}$，使 $\boldsymbol{A}^k\boldsymbol{\alpha} = \boldsymbol{0}$ 而 $\boldsymbol{A}^{k-1}\boldsymbol{\alpha} \neq \boldsymbol{0}$，证明向量组 $\boldsymbol{\alpha}, \boldsymbol{A}\boldsymbol{\alpha}, \boldsymbol{A}^2\boldsymbol{\alpha}, \cdots, \boldsymbol{A}^{k-1}\boldsymbol{\alpha}$ 一定线性无关.

【证】　设

$$\lambda_0\boldsymbol{\alpha} + \lambda_1\boldsymbol{A}\boldsymbol{\alpha} + \lambda_2\boldsymbol{A}^2\boldsymbol{\alpha} + \cdots + \lambda_{k-2}\boldsymbol{A}^{k-2}\boldsymbol{\alpha} + \lambda_{k-1}\boldsymbol{A}^{k-1}\boldsymbol{\alpha} = \boldsymbol{0}$$

在等式两边都左乘 $\boldsymbol{A}^{k-1}$，由 $\boldsymbol{A}^k\boldsymbol{\alpha} = \boldsymbol{0}$ 即得 $\lambda_0\boldsymbol{A}^{k-1}\boldsymbol{\alpha} = \boldsymbol{0}$. 再由 $\boldsymbol{A}^{k-1}\boldsymbol{\alpha} \neq \boldsymbol{0}$ 知道 $\lambda_0 = 0$，于是必有

$$\lambda_1\boldsymbol{A}\boldsymbol{\alpha} + \lambda_2\boldsymbol{A}^2\boldsymbol{\alpha} + \cdots + \lambda_{k-2}\boldsymbol{A}^{k-2}\boldsymbol{\alpha} + \lambda_{k-1}\boldsymbol{A}^{k-1}\boldsymbol{\alpha} = \boldsymbol{0}$$

同理，再在等式两边都左乘 $\boldsymbol{A}^{k-2}$ 又可以得到 $\lambda_1\boldsymbol{A}^{k-1}\boldsymbol{\alpha} = \boldsymbol{0}$. 再由 $\boldsymbol{A}^{k-1}\boldsymbol{\alpha} \neq \boldsymbol{0}$ 知道 $\lambda_1 = \boldsymbol{0}$.

……

依此下去,直到在

$$\lambda_{k-2} \boldsymbol{A}^{k-2}\boldsymbol{\alpha} + \lambda_{k-1} \boldsymbol{A}^{k-1}\boldsymbol{\alpha} = \mathbf{0}$$

两边都左乘 $\boldsymbol{A}$ 可得 $\lambda_{k-2} = 0$. 最后,由 $\lambda_{k-1} \boldsymbol{A}^{k-1}\boldsymbol{\alpha} = \mathbf{0}$ 和 $\boldsymbol{A}^{k-1}\boldsymbol{\alpha} \neq \mathbf{0}$ 知道 $\lambda_{k-1} = 0$.

这就证明了 $\boldsymbol{\alpha}, \boldsymbol{A\alpha}, \boldsymbol{A}^2\boldsymbol{\alpha}, \cdots, \boldsymbol{A}^{k-1}\boldsymbol{\alpha}$ 一定线性无关.

24. 设向量组 $\boldsymbol{\alpha}_1, \boldsymbol{\alpha}_2, \cdots, \boldsymbol{\alpha}_n$ 线性无关,证明以下向量组

$$\boldsymbol{\alpha}_1 + \boldsymbol{\alpha}_2, \boldsymbol{\alpha}_2 + \boldsymbol{\alpha}_3, \boldsymbol{\alpha}_3 + \boldsymbol{\alpha}_4, \cdots, \boldsymbol{\alpha}_{n-1} + \boldsymbol{\alpha}_n, \boldsymbol{\alpha}_n + \boldsymbol{\alpha}_1$$

线性无关的充分必要条件是 $n$ 为奇数.

【证】 不妨设它们都是行向量. 写出这两个行向量之间的矩阵表出式

$$\begin{pmatrix} \boldsymbol{\alpha}_1 + \boldsymbol{\alpha}_2 \\ \boldsymbol{\alpha}_2 + \boldsymbol{\alpha}_3 \\ \boldsymbol{\alpha}_3 + \boldsymbol{\alpha}_4 \\ \vdots \\ \boldsymbol{\alpha}_{n-1} + \boldsymbol{\alpha}_n \\ \boldsymbol{\alpha}_n + \boldsymbol{\alpha}_1 \end{pmatrix} = \begin{pmatrix} 1 & 1 & 0 & \cdots & 0 & 0 \\ 0 & 1 & 1 & \cdots & 0 & 0 \\ 0 & 0 & 1 & \cdots & 0 & 0 \\ \vdots & \vdots & \vdots & \ddots & \vdots & \vdots \\ 0 & 0 & 0 & \cdots & 1 & 1 \\ 1 & 0 & 0 & \cdots & 0 & 1 \end{pmatrix} \begin{pmatrix} \boldsymbol{\alpha}_1 \\ \boldsymbol{\alpha}_2 \\ \boldsymbol{\alpha}_3 \\ \vdots \\ \boldsymbol{\alpha}_{n-1} \\ \boldsymbol{\alpha}_n \end{pmatrix}$$

即 $\boldsymbol{B} = \boldsymbol{PA}, R(\boldsymbol{A}) = n$,其中表出矩阵的行列式

$$|\boldsymbol{P}| = \begin{vmatrix} 1 & 1 & 0 & \cdots & 0 & 0 \\ 0 & 1 & 1 & \cdots & 0 & 0 \\ 0 & 0 & 1 & \cdots & 0 & 0 \\ \vdots & \vdots & \vdots & \ddots & \vdots & \vdots \\ 0 & 0 & 0 & \cdots & 1 & 1 \\ 1 & 0 & 0 & \cdots & 0 & 1 \end{vmatrix} = 1 + (-1)^{n+1} \neq 0 \Leftrightarrow n \text{ 为奇数}$$

所以给出的向量组线性无关当且仅当 $R(\boldsymbol{B}) = n$,即 $|\boldsymbol{P}| \neq 0$, $n$ 为奇数.

25. 设 $S = \{\boldsymbol{\alpha}_1, \boldsymbol{\alpha}_2, \cdots, \boldsymbol{\alpha}_m\}$ 为 $n$ 维列向量组,构造 $n \times m$ 阵 $\boldsymbol{A} = (\boldsymbol{\alpha}_1 \quad \boldsymbol{\alpha}_2 \quad \cdots \quad \boldsymbol{\alpha}_m)$. 只用初等行变换把 $\boldsymbol{A}$ 化成阶梯形矩阵 $\boldsymbol{B}$

$$\boldsymbol{A} = (\boldsymbol{\alpha}_1 \quad \boldsymbol{\alpha}_2 \quad \cdots \quad \boldsymbol{\alpha}_m) \to (\boldsymbol{\beta}_1 \quad \boldsymbol{\beta}_2 \quad \cdots \quad \boldsymbol{\beta}_m) = \boldsymbol{B}$$

记 $n$ 维列向量组 $T = \{\boldsymbol{\beta}_1, \boldsymbol{\beta}_2, \cdots, \boldsymbol{\beta}_m\}$. 如果 $\{\boldsymbol{\beta}_{j_1}, \boldsymbol{\beta}_{j_2}, \cdots, \boldsymbol{\beta}_{j_r}\}$ 是线性无关组,证明对应的 $\{\boldsymbol{\alpha}_{j_1}, \boldsymbol{\alpha}_{j_2}, \cdots, \boldsymbol{\alpha}_{j_r}\}$ 一定是线性无关组. 反之也正确.

【证】 由条件知必存在 $n$ 阶可逆矩阵 $\boldsymbol{P}$ 使得 $\boldsymbol{B} = \boldsymbol{PA}$,即

$(\boldsymbol{\beta}_1 \quad \boldsymbol{\beta}_2 \quad \cdots \quad \boldsymbol{\beta}_m) = \boldsymbol{P}(\boldsymbol{\alpha}_1 \quad \boldsymbol{\alpha}_2 \quad \cdots \quad \boldsymbol{\alpha}_m)$, $\boldsymbol{\beta}_j = \boldsymbol{P}\boldsymbol{\alpha}_j, j = 1, 2, \cdots, m$

因为

$$\sum_{t=1}^{r} k_{j_t} \boldsymbol{\beta}_{j_t} = \mathbf{0} \Leftrightarrow \boldsymbol{P}\left(\sum_{t=1}^{r} k_{j_t} \boldsymbol{\alpha}_{j_t}\right) = \mathbf{0} \Leftrightarrow \sum_{t=1}^{r} k_{j_t} \boldsymbol{\alpha}_{j_t} = \mathbf{0}$$

所以$\{\boldsymbol{\beta}_{j_1},\boldsymbol{\beta}_{j_2},\cdots,\boldsymbol{\beta}_{j_r}\}$线性无关当且仅当$\{\boldsymbol{\alpha}_{j_1},\boldsymbol{\alpha}_{j_2},\cdots,\boldsymbol{\alpha}_{j_r}\}$线性无关.

26. 考虑向量组

$$\boldsymbol{\alpha}_1=\begin{pmatrix}1\\1\\1\\3\end{pmatrix},\boldsymbol{\alpha}_2=\begin{pmatrix}1\\3\\-5\\-1\end{pmatrix},\boldsymbol{\alpha}_3=\begin{pmatrix}3\\1\\10\\15\end{pmatrix},\boldsymbol{\alpha}_4=\begin{pmatrix}3\\7\\-9\\3-2a\end{pmatrix}$$

(1) 给出这四个向量线性相关的充要条件.

(2) 当它们线性相关时,$\boldsymbol{\alpha}_4$能否由$\boldsymbol{\alpha}_1,\boldsymbol{\alpha}_2,\boldsymbol{\alpha}_3$线性表出? $\boldsymbol{\alpha}_3$能否由$\boldsymbol{\alpha}_1,\boldsymbol{\alpha}_2,\boldsymbol{\alpha}_4$线性表出?

**【解】** (1) 只用初等行变换化简

$$(\boldsymbol{\alpha}_1\quad\boldsymbol{\alpha}_2\quad\boldsymbol{\alpha}_3\quad\boldsymbol{\alpha}_4)=\begin{pmatrix}1&1&3&3\\1&3&1&7\\1&-5&10&-9\\3&-1&15&3-2a\end{pmatrix}\to\begin{pmatrix}1&1&3&3\\0&2&-2&4\\0&-6&7&-12\\0&-4&6&-6-2a\end{pmatrix}$$

$$\to\begin{pmatrix}1&1&3&3\\0&1&-1&2\\0&-6&7&-12\\0&-2&3&-3-a\end{pmatrix}\to\begin{pmatrix}1&0&4&1\\0&1&-1&2\\0&0&1&0\\0&0&1&1-a\end{pmatrix}$$

$$\to\begin{pmatrix}1&0&0&1\\0&1&0&2\\0&0&1&0\\0&0&0&1-a\end{pmatrix}=(\boldsymbol{\beta}_1\quad\boldsymbol{\beta}_2\quad\boldsymbol{\beta}_3\quad\boldsymbol{\beta}_4)$$

这说明存在可逆阵$\boldsymbol{P}$使得

$$\boldsymbol{P}(\boldsymbol{\alpha}_1\quad\boldsymbol{\alpha}_2\quad\boldsymbol{\alpha}_3\quad\boldsymbol{\alpha}_4)=(\boldsymbol{\beta}_1\quad\boldsymbol{\beta}_2\quad\boldsymbol{\beta}_3\quad\boldsymbol{\beta}_4)$$

因此,$\boldsymbol{\alpha}_1,\boldsymbol{\alpha}_2,\boldsymbol{\alpha}_3,\boldsymbol{\alpha}_4$线性相关当且仅当$\boldsymbol{\beta}_1,\boldsymbol{\beta}_2,\boldsymbol{\beta}_3,\boldsymbol{\beta}_4$线性相关,当且仅当$a=1$.

(2) 当$a=1$时,由最后一个矩阵知道必有$\boldsymbol{\beta}_4=\boldsymbol{\beta}_1+2\boldsymbol{\beta}_2$,于是对应地有$\boldsymbol{\alpha}_4=\boldsymbol{\alpha}_1+2\boldsymbol{\alpha}_2$,所以,$\boldsymbol{\alpha}_4$可由$\boldsymbol{\alpha}_1,\boldsymbol{\alpha}_2,\boldsymbol{\alpha}_3$线性表出.

当$a=1$时,因为非齐次线性方程组

$$(\boldsymbol{\beta}_1\quad\boldsymbol{\beta}_2\quad\boldsymbol{\beta}_4\ \vdots\ \boldsymbol{\beta}_3)=\left(\begin{array}{ccc:c}1&0&1&0\\0&1&2&0\\0&0&0&1\\0&0&0&0\end{array}\right)$$

中第三个是矛盾方程,这说明$\boldsymbol{\beta}_3$不可由$\boldsymbol{\beta}_1,\boldsymbol{\beta}_2,\boldsymbol{\beta}_4$线性表出,所以,对应地,$\boldsymbol{\alpha}_3$不可由$\boldsymbol{\alpha}_1,\boldsymbol{\alpha}_2,\boldsymbol{\alpha}_4$线性表出.

27. 若5阶方阵$\boldsymbol{A}=(\boldsymbol{\alpha}_1\quad\boldsymbol{\alpha}_2\quad\boldsymbol{\alpha}_3\quad\boldsymbol{\alpha}_4\quad\boldsymbol{\alpha}_5)$经过若干次初等行变换后化为

$$\boldsymbol{B}=\begin{pmatrix}1&3&7&-1&5\\0&1&2&1&2\\0&0&0&1&0\\0&0&0&0&0\\0&0&0&0&0\end{pmatrix}=(\boldsymbol{\beta}_1\quad\boldsymbol{\beta}_2\quad\boldsymbol{\beta}_3\quad\boldsymbol{\beta}_4\quad\boldsymbol{\beta}_5)$$

证明$\boldsymbol{\alpha}_5$能由$\boldsymbol{\alpha}_1,\boldsymbol{\alpha}_2,\boldsymbol{\alpha}_3$线性表出,且表示法有无穷多个.

**【证】** 在$\boldsymbol{B}=(\boldsymbol{\beta}_1\quad\boldsymbol{\beta}_2\quad\boldsymbol{\beta}_3\quad\boldsymbol{\beta}_4\quad\boldsymbol{\beta}_5)$中可直观看出:$\boldsymbol{\beta}_1,\boldsymbol{\beta}_2$线性无关,$\boldsymbol{\beta}_1,\boldsymbol{\beta}_2,\boldsymbol{\beta}_3$线性相关,$\boldsymbol{\beta}_1,\boldsymbol{\beta}_2,\boldsymbol{\beta}_3,\boldsymbol{\beta}_5$线性相关,所以$\boldsymbol{\alpha}_1,\boldsymbol{\alpha}_2$线性无关,$\boldsymbol{\alpha}_1,\boldsymbol{\alpha}_2,\boldsymbol{\alpha}_3$线性相关,$\boldsymbol{\alpha}_3$能由$\boldsymbol{\alpha}_1,\boldsymbol{\alpha}_2$线性表出. 因为$\boldsymbol{\alpha}_1,\boldsymbol{\alpha}_2,\boldsymbol{\alpha}_3,\boldsymbol{\alpha}_5$线性相关,而$\boldsymbol{\alpha}_1,\boldsymbol{\alpha}_2,\boldsymbol{\alpha}_3$线性相关,所以$\boldsymbol{\alpha}_5$能由$\boldsymbol{\alpha}_1,\boldsymbol{\alpha}_2,\boldsymbol{\alpha}_3$线性表出,且表示法有无穷多个.

**【注】** 实际上,用初等行变换把

$$\left(\begin{array}{ccc:c}1&3&7&5\\0&1&2&2\end{array}\right)\rightarrow\left(\begin{array}{ccc:c}1&0&1&-1\\0&1&2&2\end{array}\right)$$

线性方程组为

$$\begin{cases}x_1=-1-x_3\\x_2=2-2x_3\end{cases}$$

所以有无穷多个表示式

$$\boldsymbol{\beta}_5=-(1+k)\boldsymbol{\beta}_1+2(1-k)\boldsymbol{\beta}_2+k\boldsymbol{\beta}_3$$
$$\boldsymbol{\alpha}_5=-(1+k)\boldsymbol{\alpha}_1+2(1-k)\boldsymbol{\alpha}_2+k\boldsymbol{\alpha}_3$$

28. 求出向量组$\boldsymbol{\alpha}_1=\begin{pmatrix}1\\-1\\2\\3\end{pmatrix},\boldsymbol{\alpha}_2=\begin{pmatrix}0\\2\\5\\8\end{pmatrix},\boldsymbol{\alpha}_3=\begin{pmatrix}2\\2\\0\\-1\end{pmatrix},\boldsymbol{\alpha}_4=\begin{pmatrix}-1\\7\\-1\\-2\end{pmatrix}$的所有极大无关组.

**【解】** 只用初等行变换把

$$(\boldsymbol{\alpha}_1\quad\boldsymbol{\alpha}_2\quad\boldsymbol{\alpha}_3\quad\boldsymbol{\alpha}_4)=\begin{pmatrix}1&0&2&-1\\-1&2&2&7\\2&5&0&-1\\3&8&-1&-2\end{pmatrix}\rightarrow\begin{pmatrix}1&0&2&-1\\0&2&4&6\\0&5&-4&1\\0&8&-7&1\end{pmatrix}$$

$$\to\begin{pmatrix}1&0&2&-1\\0&1&2&3\\0&5&-4&1\\0&8&-7&1\end{pmatrix}\to\begin{pmatrix}1&0&2&-1\\0&1&2&3\\0&0&-14&-14\\0&0&-23&-23\end{pmatrix}$$

$$\to\begin{pmatrix}1&0&2&-1\\0&1&2&3\\0&0&1&1\\0&0&0&0\end{pmatrix}\to\begin{pmatrix}1&0&0&-3\\0&1&0&1\\0&0&1&1\\0&0&0&0\end{pmatrix}$$

$$=(\boldsymbol{\beta}_1\quad\boldsymbol{\beta}_2\quad\boldsymbol{\beta}_3\quad\boldsymbol{\beta}_4)=\boldsymbol{B}$$

用直观方法找出 $\boldsymbol{B}$ 中所有的3阶非零子式,可确定$\{\boldsymbol{\beta}_1,\boldsymbol{\beta}_2,\boldsymbol{\beta}_3,\boldsymbol{\beta}_4\}$ 中极大无关组为

$$\{\boldsymbol{\beta}_1,\boldsymbol{\beta}_2,\boldsymbol{\beta}_3\},\ \{\boldsymbol{\beta}_1,\boldsymbol{\beta}_2,\boldsymbol{\beta}_4\},\ \{\boldsymbol{\beta}_1,\boldsymbol{\beta}_3,\boldsymbol{\beta}_4\},\ \{\boldsymbol{\beta}_2,\boldsymbol{\beta}_3,\boldsymbol{\beta}_4\}$$

所以$\{\boldsymbol{\alpha}_1,\boldsymbol{\alpha}_2,\boldsymbol{\alpha}_3,\boldsymbol{\alpha}_4\}$ 中极大无关组为

$$\{\boldsymbol{\alpha}_1,\boldsymbol{\alpha}_2,\boldsymbol{\alpha}_3\},\ \{\boldsymbol{\alpha}_1,\boldsymbol{\alpha}_2,\boldsymbol{\alpha}_4\},\{\boldsymbol{\alpha}_1,\boldsymbol{\alpha}_3,\boldsymbol{\alpha}_4\},\{\boldsymbol{\alpha}_2,\boldsymbol{\alpha}_3,\boldsymbol{\alpha}_4\}$$

29. 求$\boldsymbol{\alpha}_1=(1,0,0)$,$\boldsymbol{\alpha}_2=(2,1,0)$,$\boldsymbol{\alpha}_3=(0,3,0)$,$\boldsymbol{\alpha}_4=(2,2,2)$的所有的极大无关组.

**【解】** 把所给的行向量都转置成列向量,只用初等行变换化简

$$\boldsymbol{A}=(\boldsymbol{\alpha}'_1\quad\boldsymbol{\alpha}'_2\quad\boldsymbol{\alpha}'_3\quad\boldsymbol{\alpha}'_4)=\begin{pmatrix}1&2&0&2\\0&1&3&2\\0&0&0&2\end{pmatrix}\to\begin{pmatrix}1&0&-6&-2\\0&1&3&2\\0&0&0&1\end{pmatrix}$$

$$\to\begin{pmatrix}1&0&-6&0\\0&1&3&0\\0&0&0&1\end{pmatrix}=\boldsymbol{B}$$

由直观方法容易看出 $\boldsymbol{B}=(\boldsymbol{\beta}_1\quad\boldsymbol{\beta}_2\quad\boldsymbol{\beta}_3\quad\boldsymbol{\beta}_4)$ 的列向量组中极大无关组为

$$\{\boldsymbol{\beta}_1,\boldsymbol{\beta}_2,\boldsymbol{\beta}_4\},\ \{\boldsymbol{\beta}_1,\boldsymbol{\beta}_3,\boldsymbol{\beta}_4\},\ \{\boldsymbol{\beta}_2,\boldsymbol{\beta}_3,\boldsymbol{\beta}_4\}$$

所以$\{\boldsymbol{\alpha}_1,\boldsymbol{\alpha}_2,\boldsymbol{\alpha}_3,\boldsymbol{\alpha}_4\}$ 的极大无关组为

$$\{\boldsymbol{\alpha}_1,\boldsymbol{\alpha}_2,\boldsymbol{\alpha}_4\},\ \{\boldsymbol{\alpha}_1,\boldsymbol{\alpha}_3,\boldsymbol{\alpha}_4\},\ \{\boldsymbol{\alpha}_2,\boldsymbol{\alpha}_3,\boldsymbol{\alpha}_4\}$$

30. 设 $S=\{\boldsymbol{\alpha}_1,\boldsymbol{\alpha}_2,\cdots,\boldsymbol{\alpha}_s\}$ 和 $T=\{\boldsymbol{\beta}_1,\boldsymbol{\beta}_2,\cdots,\boldsymbol{\beta}_t\}$ 是两个 $n$ 维行向量组,有线性表出式

$$\begin{cases}\boldsymbol{\beta}_1=k_{11}\boldsymbol{\alpha}_1+k_{12}\boldsymbol{\alpha}_2+\cdots+k_{1s}\boldsymbol{\alpha}_s\\\boldsymbol{\beta}_2=k_{21}\boldsymbol{\alpha}_1+k_{22}\boldsymbol{\alpha}_2+\cdots+k_{2s}\boldsymbol{\alpha}_s\\\qquad\qquad\vdots\\\boldsymbol{\beta}_t=k_{t1}\boldsymbol{\alpha}_1+k_{t2}\boldsymbol{\alpha}_2+\cdots+k_{ts}\boldsymbol{\alpha}_s\end{cases}$$

记表出矩阵

$$\boldsymbol{K}=\begin{pmatrix}k_{11}&k_{12}&\cdots&k_{1s}\\k_{21}&k_{22}&\cdots&k_{2s}\\\vdots&\vdots&\ddots&\vdots\\k_{t1}&k_{t2}&\cdots&k_{ts}\end{pmatrix}$$

如果 $S=\{\boldsymbol{\alpha}_1,\boldsymbol{\alpha}_2,\cdots,\boldsymbol{\alpha}_s\}$ 是线性无关向量组,证明向量组 $T$ 的秩 $R(T)=R(\boldsymbol{K})$.

【证】 将已知线性表出式写成矩阵等式 $\boldsymbol{B}=\boldsymbol{KA}$,其中

$$\boldsymbol{B}=\begin{pmatrix}\boldsymbol{\beta}_1\\\boldsymbol{\beta}_2\\\vdots\\\boldsymbol{\beta}_t\end{pmatrix},\quad \boldsymbol{A}=\begin{pmatrix}\boldsymbol{\alpha}_1\\\boldsymbol{\alpha}_2\\\vdots\\\boldsymbol{\alpha}_s\end{pmatrix},\text{有}\quad \begin{pmatrix}\boldsymbol{\beta}_1\\\boldsymbol{\beta}_2\\\vdots\\\boldsymbol{\beta}_t\end{pmatrix}=\boldsymbol{K}\begin{pmatrix}\boldsymbol{\alpha}_1\\\boldsymbol{\alpha}_2\\\vdots\\\boldsymbol{\alpha}_s\end{pmatrix}$$

记 $R(\boldsymbol{K})=r$,要证 $R(\boldsymbol{B})=r$.

首先,由 $\boldsymbol{B}=\boldsymbol{KA}$ 知必有 $R(\boldsymbol{B})\leqslant R(\boldsymbol{K})=r$.

为了证明 $R(\boldsymbol{B})\geqslant r$,我们把表出矩阵 $\boldsymbol{K}$ 写成行向量表示

$$\boldsymbol{K}=\begin{pmatrix}k_{11}&k_{12}&\cdots&k_{1s}\\k_{21}&k_{22}&\cdots&k_{2s}\\\vdots&\vdots&\ddots&\vdots\\k_{t1}&k_{t2}&\cdots&k_{ts}\end{pmatrix}=\begin{pmatrix}\boldsymbol{\gamma}_1\\\boldsymbol{\gamma}_2\\\vdots\\\boldsymbol{\gamma}_t\end{pmatrix}$$

不妨设 $\boldsymbol{\gamma}_1,\boldsymbol{\gamma}_2,\cdots,\boldsymbol{\gamma}_r$ 线性无关,$r=R(\boldsymbol{K})$. 截取前 $r$ 个方程就有

$$\begin{pmatrix}\boldsymbol{\beta}_1\\\boldsymbol{\beta}_2\\\vdots\\\boldsymbol{\beta}_r\end{pmatrix}=\begin{pmatrix}\boldsymbol{\gamma}_1\\\boldsymbol{\gamma}_2\\\vdots\\\boldsymbol{\gamma}_r\end{pmatrix}\begin{pmatrix}\boldsymbol{\alpha}_1\\\boldsymbol{\alpha}_2\\\vdots\\\boldsymbol{\alpha}_s\end{pmatrix}$$

据此可证 $\boldsymbol{\beta}_1,\boldsymbol{\beta}_2,\cdots,\boldsymbol{\beta}_r$ 必线性无关. 事实上,如果有

$$(k_1\quad k_2\quad\cdots\quad k_r)\begin{pmatrix}\boldsymbol{\beta}_1\\\boldsymbol{\beta}_2\\\vdots\\\boldsymbol{\beta}_r\end{pmatrix}=k_1\boldsymbol{\beta}_1+k_2\boldsymbol{\beta}_2+\cdots+k_r\boldsymbol{\beta}_r=\boldsymbol{0}$$

则必有

$$(k_1 \quad k_2 \quad \cdots \quad k_r)\begin{pmatrix}\boldsymbol{\gamma}_1\\ \boldsymbol{\gamma}_2\\ \vdots\\ \boldsymbol{\gamma}_r\end{pmatrix}\begin{pmatrix}\boldsymbol{\alpha}_1\\ \boldsymbol{\alpha}_2\\ \vdots\\ \boldsymbol{\alpha}_s\end{pmatrix}=\mathbf{0}$$

因为 $S=\{\boldsymbol{\alpha}_1,\boldsymbol{\alpha}_2,\cdots,\boldsymbol{\alpha}_s\}$ 是线性无关向量组,所以必有

$$(k_1 \quad k_2 \quad \cdots \quad k_r)\begin{pmatrix}\boldsymbol{\gamma}_1\\ \boldsymbol{\gamma}_2\\ \vdots\\ \boldsymbol{\gamma}_r\end{pmatrix}=\mathbf{0}$$

再由$\boldsymbol{\gamma}_1,\boldsymbol{\gamma}_2,\cdots,\boldsymbol{\gamma}_r$ 线性无关知必有 $k_1=k_2=\cdots=k_r=0$. 这就证明了$\boldsymbol{\beta}_1$,$\boldsymbol{\beta}_2,\cdots,\boldsymbol{\beta}_r$ 必线性无关. 于是又有 $R(\boldsymbol{B})\geqslant r$. 于是证得 $R(\boldsymbol{B})=r$.

【注】　根据$\boldsymbol{A}$是行满秩矩阵就可得知$R(\boldsymbol{KA})=R(\boldsymbol{K})$.(见第二章 §5 题 14)

31. 设$\boldsymbol{A}$ 是 $n$ 阶矩阵,$\boldsymbol{\alpha}_1,\boldsymbol{\alpha}_2,\boldsymbol{\alpha}_3$ 是 $n$ 维列向量. 已知

$$\boldsymbol{A}\boldsymbol{\alpha}_1=c_1\boldsymbol{\alpha}_1,\ \boldsymbol{A}\boldsymbol{\alpha}_2=c_2\boldsymbol{\alpha}_1+c_1\boldsymbol{\alpha}_2,\ \boldsymbol{A}\boldsymbol{\alpha}_3=c_2\boldsymbol{\alpha}_2+c_1\boldsymbol{\alpha}_3,\ c_2\neq 0$$

如果$\boldsymbol{\alpha}_1,\boldsymbol{\alpha}_2$ 线性无关,证明$\boldsymbol{\alpha}_1,\boldsymbol{\alpha}_2,\boldsymbol{\alpha}_3$ 线性无关.

【证】　设 $k_1\boldsymbol{\alpha}_1+k_2\boldsymbol{\alpha}_2+k_3\boldsymbol{\alpha}_3=\mathbf{0}$. 用 $\boldsymbol{A}-c_1\boldsymbol{I}_n$ 左乘此式可得

$$k_1(\boldsymbol{A}-c_1\boldsymbol{I}_n)\boldsymbol{\alpha}_1+k_2(\boldsymbol{A}-c_1\boldsymbol{I}_n)\boldsymbol{\alpha}_2+k_3(\boldsymbol{A}-c_1\boldsymbol{I}_n)\boldsymbol{\alpha}_3=\mathbf{0}$$

即

$$k_1(\boldsymbol{A}\boldsymbol{\alpha}_1-c_1\boldsymbol{\alpha}_1)+k_2(\boldsymbol{A}\boldsymbol{\alpha}_2-c_1\boldsymbol{\alpha}_2)+k_3(\boldsymbol{A}\boldsymbol{\alpha}_3-c_1\boldsymbol{\alpha}_3)=\mathbf{0}$$

$$k_2(c_2\boldsymbol{\alpha}_1)+k_3(c_2\boldsymbol{\alpha}_2)=\mathbf{0}$$

$$c_2(k_2\boldsymbol{\alpha}_1+k_3\boldsymbol{\alpha}_2)=\mathbf{0}$$

由 $c_2\neq 0$ 知必有 $k_2\boldsymbol{\alpha}_1+k_3\boldsymbol{\alpha}_2=\mathbf{0}$.

因为$\boldsymbol{\alpha}_1,\boldsymbol{\alpha}_2$ 线性无关,必有 $k_2=k_3=0$. 代入 $k_1\boldsymbol{\alpha}_1+k_2\boldsymbol{\alpha}_2+k_3\boldsymbol{\alpha}_3=\mathbf{0}$ 得 $k_1\boldsymbol{\alpha}_1=\mathbf{0}$. 再由$\boldsymbol{\alpha}_1,\boldsymbol{\alpha}_2$ 线性无关知$\boldsymbol{\alpha}_1\neq\mathbf{0}$,所以必有 $k_1=0$. 于是证得$\boldsymbol{\alpha}_1,\boldsymbol{\alpha}_2,\boldsymbol{\alpha}_3$ 线性无关.

32. 设 $S=\{\boldsymbol{\alpha}_1,\boldsymbol{\alpha}_2,\cdots,\boldsymbol{\alpha}_m\}$ 是线性无关的向量组. 证明以下结论:

(1) 对于任意实数 $k$ 和任意一对下标 $1\leqslant i\neq j\leqslant m$

$$T_1=\{\boldsymbol{\alpha}_1,\cdots,\boldsymbol{\alpha}_{i-1},\boldsymbol{\alpha}_i+k\boldsymbol{\alpha}_j,\boldsymbol{\alpha}_{i+1},\cdots,\boldsymbol{\alpha}_m\}$$

必是线性无关组.

(2) 若$\boldsymbol{\beta}=k_1\boldsymbol{\alpha}_1+k_2\boldsymbol{\alpha}_2+\cdots+k_m\boldsymbol{\alpha}_m$,其中,$k_1,k_2,\cdots,k_n$ 全不为零,则

$$T_2=\{\boldsymbol{\alpha}_1,\cdots,\boldsymbol{\alpha}_{i-1},\boldsymbol{\beta},\boldsymbol{\alpha}_{i+1},\cdots,\boldsymbol{\alpha}_m\}$$

必是线性无关组.

(3) 若$\boldsymbol{\beta}=l_1\boldsymbol{\alpha}_1+l_2\boldsymbol{\alpha}_2+\cdots+l_m\boldsymbol{\alpha}_m\neq\mathbf{0}$,则$\boldsymbol{\alpha}_1,\boldsymbol{\alpha}_2,\cdots,\boldsymbol{\alpha}_m$中必有某个向量$\boldsymbol{\alpha}_i$可用

$$T_3=\{\boldsymbol{\alpha}_1,\cdots,\boldsymbol{\alpha}_{i-1},\boldsymbol{\beta},\boldsymbol{\alpha}_{i+1},\cdots,\boldsymbol{\alpha}_m\}$$

线性表出.

**【证】** (1) 设

$$\lambda_1\boldsymbol{\alpha}_1+\cdots+\lambda_{i-1}\boldsymbol{\alpha}_{i-1}+\lambda_i(\boldsymbol{\alpha}_i+k\boldsymbol{\alpha}_j)+\lambda_{i+1}\boldsymbol{\alpha}_{i+1}+\cdots+\lambda_j\boldsymbol{\alpha}_j+\cdots+\lambda_m\boldsymbol{\alpha}_m=\mathbf{0}$$

则有

$$\lambda_1\boldsymbol{\alpha}_1+\cdots+\lambda_{i-1}\boldsymbol{\alpha}_{i-1}+\lambda_i\boldsymbol{\alpha}_i+\lambda_{i+1}\boldsymbol{\alpha}_{i+1}+\cdots+(\lambda_j+k\lambda_i)\boldsymbol{\alpha}_j+\cdots+\lambda_m\boldsymbol{\alpha}_m=\mathbf{0}$$

因为$S=\{\boldsymbol{\alpha}_1,\boldsymbol{\alpha}_2,\cdots,\boldsymbol{\alpha}_m\}$是线性无关组,必有

$$\lambda_1=\cdots=\lambda_{i-1}=\lambda_i=\lambda_{i+1}=\cdots=(\lambda_j+k\lambda_i)=\cdots=\lambda_m=0$$

这就是说,$\lambda_1=\cdots=\lambda_{i-1}=\lambda_i=\lambda_{i+1}=\cdots=\lambda_j=\cdots=\lambda_m=0$,所以$T_1$必是线性无关组.

(2) 设$\lambda_1\boldsymbol{\alpha}_1+\cdots+\lambda_{i-1}\boldsymbol{\alpha}_{i-1}+\lambda_i\boldsymbol{\beta}+\lambda_{i+1}\boldsymbol{\alpha}_{i+1}+\cdots+\lambda_m\boldsymbol{\alpha}_m=\mathbf{0}$,则有

$$\lambda_1\boldsymbol{\alpha}_1+\cdots+\lambda_{i-1}\boldsymbol{\alpha}_{i-1}+\lambda_i(k_1\boldsymbol{\alpha}_1+\cdots+k_i\boldsymbol{\alpha}_i+\cdots+k_m\boldsymbol{\alpha}_m)+\lambda_{i+1}\boldsymbol{\alpha}_{i+1}+\cdots+\lambda_m\boldsymbol{\alpha}_m=\mathbf{0}$$

$$(\lambda_1+\lambda_ik_1)\boldsymbol{\alpha}_1+\cdots+(\lambda_{i-1}+\lambda_ik_{i-1})\boldsymbol{\alpha}_{i-1}+\lambda_ik_i\boldsymbol{\alpha}_i+(\lambda_{i+1}+\lambda_ik_{i+1})\boldsymbol{\alpha}_{i+1}+\cdots+(\lambda_m+\lambda_ik_m)\boldsymbol{\alpha}_m=\mathbf{0}$$

因为$S=\{\boldsymbol{\alpha}_1,\boldsymbol{\alpha}_2,\cdots,\boldsymbol{\alpha}_m\}$是线性无关组,必有

$$(\lambda_1+\lambda_ik_1)=\cdots=(\lambda_{i-1}+\lambda_ik_{i-1})=\lambda_ik_i=(\lambda_{i+1}+\lambda_ik_{i+1})=\cdots=(\lambda_m+\lambda_ik_m)=0$$

再由$\lambda_ik_i=0$, $k_i\neq0$知$\lambda_i=0$,$\lambda_1=\cdots=\lambda_{i-1}=\lambda_{i+1}=\cdots=\lambda_m=0$,所以$T_2$必是线性无关组.

(3) 因为$\boldsymbol{\beta}=l_1\boldsymbol{\alpha}_1+l_2\boldsymbol{\alpha}_2+\cdots+l_m\boldsymbol{\alpha}_m\neq\mathbf{0}$,所以$l_1,l_2,\cdots,l_m$不全为零.不妨设$l_i\neq0$,则有

$$\boldsymbol{\alpha}_i=-\frac{1}{l_i}(l_1\boldsymbol{\alpha}_1+\cdots+l_{i-1}\boldsymbol{\alpha}_{i-1}+\boldsymbol{\beta}+l_{i+1}\boldsymbol{\alpha}_{i+1}+\cdots+l_m\boldsymbol{\alpha}_m)$$

所以$\boldsymbol{\alpha}_i$可用$T_3=\{\boldsymbol{\alpha}_1,\cdots,\boldsymbol{\alpha}_{i-1},\boldsymbol{\beta},\boldsymbol{\alpha}_{i+1},\cdots,\boldsymbol{\alpha}_m\}$线性表出.

33. 设3阶矩阵$\boldsymbol{A}$和3维列向量$\boldsymbol{x}$形成3阶可逆矩阵$\boldsymbol{P}=(\boldsymbol{x}\quad\boldsymbol{Ax}\quad\boldsymbol{A}^2\boldsymbol{x})$.如果满足

$$3\boldsymbol{Ax}-2\boldsymbol{A}^2\boldsymbol{x}-\boldsymbol{A}^3\boldsymbol{x}=\mathbf{0}$$

求$\boldsymbol{B}=\boldsymbol{P}^{-1}\boldsymbol{AP}$.

【解】　设$\boldsymbol{B}=\begin{pmatrix}a_1 & a_2 & a_3\\ b_1 & b_2 & b_3\\ c_1 & c_2 & c_3\end{pmatrix}$. 由$\boldsymbol{B}=\boldsymbol{P}^{-1}\boldsymbol{AP}$知$\boldsymbol{AP}=\boldsymbol{PB}$,则有

$$\boldsymbol{A}(\boldsymbol{x}\quad \boldsymbol{Ax}\quad \boldsymbol{A}^2\boldsymbol{x})=(\boldsymbol{Ax}\quad \boldsymbol{A}^2\boldsymbol{x}\quad \boldsymbol{A}^3\boldsymbol{x})=(\boldsymbol{x}\quad \boldsymbol{Ax}\quad \boldsymbol{A}^2\boldsymbol{x})\begin{pmatrix}a_1 & a_2 & a_3\\ b_1 & b_2 & b_3\\ c_1 & c_2 & c_3\end{pmatrix}$$

即

$$\boldsymbol{Ax}=a_1\boldsymbol{x}+b_1\boldsymbol{Ax}+c_1\boldsymbol{A}^2\boldsymbol{x}$$
$$\boldsymbol{A}^2\boldsymbol{x}=a_2\boldsymbol{x}+b_2\boldsymbol{Ax}+c_2\boldsymbol{A}^2\boldsymbol{x}$$
$$\boldsymbol{A}^3\boldsymbol{x}=a_3\boldsymbol{x}+b_3\boldsymbol{Ax}+c_3\boldsymbol{A}^2\boldsymbol{x}=3\boldsymbol{Ax}-2\boldsymbol{A}^2\boldsymbol{x}$$

这里是据$3\boldsymbol{Ax}-2\boldsymbol{A}^2\boldsymbol{x}-\boldsymbol{A}^3\boldsymbol{x}=\boldsymbol{0}$得$\boldsymbol{A}^3\boldsymbol{x}=3\boldsymbol{Ax}-2\boldsymbol{A}^2\boldsymbol{x}$.

因为$\boldsymbol{P}=(\boldsymbol{x}\quad \boldsymbol{Ax}\quad \boldsymbol{A}^2\boldsymbol{x})$是可逆矩阵,$\boldsymbol{x}$,$\boldsymbol{Ax}$,$\boldsymbol{A}^2\boldsymbol{x}$线性无关,所以必可求出

$a_1=0$,$b_1=1$,$c_1=0$;$a_2=0$,$b_2=0$,$c_2=1$;$a_3=0$,$b_3=3$,$c_3=-2$

于是求出

$$\boldsymbol{B}=\begin{pmatrix}0 & 0 & 0\\ 1 & 0 & 3\\ 0 & 1 & -2\end{pmatrix}$$

34. 设$\boldsymbol{\alpha}_i=(a_{i1}\quad a_{i2}\quad \cdots\quad a_{in})$,$i=1,2,\cdots,m$,$m\geqslant 2$,其中$a_{ij}=b_i+(i+j)c_i$,$i,j=1,2,\cdots,m$;$b_i$,$c_i(i=1,2,\cdots,m)$为实数给出$\boldsymbol{\alpha}_1,\boldsymbol{\alpha}_2,\cdots,\boldsymbol{\alpha}_m$为线性无关向量组的充分必要条件.

【解】　因为$a_{ij}=b_i+(i+j)c_i=(b_i+ic_i)+jc_i$,即

$$a_{i1}=b_i+(i+1)c_i=(b_i+ic_i)+c_i$$
$$a_{i2}=b_i+(i+2)c_i=(b_i+ic_i)+2c_i$$
$$\vdots$$
$$a_{in}=b_i+(i+n)c_i=(b_i+ic_i)+nc_i$$

所以对$i=1,2,\cdots,m$有

$\boldsymbol{\alpha}_i=(a_{i1}\quad a_{i2}\quad \cdots,a_{in})=(b_i+ic_i)(1,1,\cdots,1)+c_i(1,2,\cdots,n)$

即$\boldsymbol{\alpha}_1,\boldsymbol{\alpha}_2,\cdots,\boldsymbol{\alpha}_m$可由两个向量$\boldsymbol{\beta}=(1\quad 1\quad \cdots\quad 1)$,$\boldsymbol{\gamma}=(1\quad 2\quad \cdots\quad n)$线性表出.

如果$m\geqslant 3$,则$\boldsymbol{\alpha}_1,\boldsymbol{\alpha}_2,\cdots,\boldsymbol{\alpha}_m$必线性相关.

如果$m=2$,则$\boldsymbol{\alpha}_1=(b_1+c_1)\boldsymbol{\beta}+c_1\boldsymbol{\gamma}$,$\boldsymbol{\alpha}_2=(b_2+2c_2)\boldsymbol{\beta}+c_2\boldsymbol{\gamma}$.

因为$\boldsymbol{\beta}=(1\quad 1\quad \cdots\quad 1)$,$\boldsymbol{\gamma}=(1\quad 2\quad \cdots\quad n)$线性无关,而

$$\begin{pmatrix}\boldsymbol{\alpha}_1\\\boldsymbol{\alpha}_2\end{pmatrix}=\begin{pmatrix}b_1+c_1 & c_1\\b_2+2c_2 & c_2\end{pmatrix}\begin{pmatrix}\boldsymbol{\beta}\\\boldsymbol{\gamma}\end{pmatrix},\ \begin{vmatrix}b_1+c_1 & c_1\\b_2+2c_2 & c_2\end{vmatrix}=b_1c_2-b_2c_1-c_1c_2$$

所以$\boldsymbol{\alpha}_1,\boldsymbol{\alpha}_2$线性无关当且仅当$b_1c_2-b_2c_1-c_1c_2\neq 0$.

于是证得$\boldsymbol{\alpha}_1,\boldsymbol{\alpha}_2,\cdots,\boldsymbol{\alpha}_m$线性无关的充分必要条件是$m=2$且$b_1c_2-b_2c_1-c_1c_2\neq 0$.

35. 给出以下$n+1$个$n+1$维行向量的线性无关的充分必要条件:(其中$b\neq 0$)

$$\begin{aligned}\boldsymbol{\alpha}_1&=(1\quad a_{11}\quad a_{12}\quad \cdots\quad a_{1\ n-2}\quad a_{1,n-1}\quad a_{1n})\\\boldsymbol{\alpha}_2&=(b\quad 1\quad a_{22}\quad \cdots\quad a_{2,n-2}\quad a_{2,n-1}\quad a_{2n})\\&\vdots\\\boldsymbol{\alpha}_n&=(b^{n-1}\quad b^{n-1}\quad b^{n-2}\quad \cdots\quad b\quad 1\quad a_{nn})\\\boldsymbol{\alpha}_{n+1}&=(b^n\quad b^{n-1}\quad b^{n-2}\quad \cdots\quad b^2\quad b\quad 1)\end{aligned}$$

**【解】** 计算$n+1$阶行列式

$$D=\begin{vmatrix}1 & a_{11} & a_{12} & \cdots & a_{1,n-2} & a_{1,n-1} & a_{1n}\\b & 1 & a_{22} & \cdots & a_{2,n-2} & a_{2,n-1} & a_{2n}\\b^2 & b & 1 & \cdots & a_{3,n-2} & a_{3,n-1} & a_{3n}\\\vdots & \ddots & \ddots & \ddots & \vdots & \vdots & \vdots\\b^{n-2} & b^{n-3} & b^2 & \ddots & 1 & a_{n-1,n-1} & a_{n-1,n}\\b^{n-1} & b^{n-2} & b^{n-3} & \ddots & b & 1 & a_{nn}\\b^n & b^{n-1} & b^{n-2} & \cdots & b^2 & b & 1\end{vmatrix}$$

从第2行中提出公因数$b$,第3行中提出公因数$b^2$,……,第$n$行中提出公因数$b^{n-1}$,第$n+1$行中提出公因数$b^n$,并记$k=1+2+\cdots+n=\dfrac{n(n+1)}{2}$,可得

$$D=b^k\begin{vmatrix}1 & a_{11} & a_{12} & \cdots & a_{1,n-2} & a_{1,n-1} & a_{1n}\\1 & 1/b & * & \cdots & * & * & *\\1 & 1/b & 1/b^2 & \cdots & * & * & *\\\vdots & \ddots & \ddots & \ddots & \vdots & \vdots & \vdots\\1 & 1/b & 1/b^2 & \ddots & 1/b^{n-2} & a_{n-1,n-1}/b^{n-2} & *\\1 & 1/b & 1/b^2 & \ddots & 1/b^{n-2} & 1/b^{n-1} & a_{nn}/b^{n-1}\\1 & 1/b & 1/b^2 & \cdots & 1/b^{n-2} & 1/b^{n-1} & 1/b^n\end{vmatrix}$$

(其中,* 处元素不必写出,因为它们不影响行列式的值) 再从末行开始,在

后一行中减去前一行,可得

$$D = b^k \begin{vmatrix} 1 & a_{11} & a_{12} & \cdots & a_{1,n-2} & a_{1,n-1} & a_{1n} \\ 0 & b^{-1}-a_{11} & * & \cdots & * & * & * \\ 0 & 0 & \dfrac{b^{-1}-a_{22}}{b} & \cdots & * & * & * \\ \vdots & \ddots & \ddots & \ddots & \vdots & \vdots & \vdots \\ 0 & 0 & 0 & \ddots & \dfrac{b^{-1}-a_{n-2,n-2}}{b^{n-3}} & * & * \\ 0 & 0 & 0 & \ddots & 0 & \dfrac{b^{-1}-a_{n-1,n-1}}{b^{n-2}} & * \\ 0 & 0 & 0 & \cdots & 0 & 0 & \dfrac{b^{-1}-a_{nn}}{b^{n-1}} \end{vmatrix}$$

于是所给的向量组线性无关当且仅当 $b^{-1} \neq a_{ii}$, $i=1,2,\cdots,n$.

## §3 向量组的秩

设 $T$ 是由若干个(有限或无限多个)$n$ 维向量组成的向量组. $T$ 的有限子组

$$S=\{\boldsymbol{\alpha}_1,\boldsymbol{\alpha}_2,\cdots,\boldsymbol{\alpha}_r\} \subseteq T \subseteq \mathbf{R}^n$$

是 $T$ 的一个极大无关组 $\Leftrightarrow$ 任意一个 $\boldsymbol{\beta} \in T$,都可以唯一地表为 $S$ 中向量的线性组合.

向量组 $T$ 必与 $T$ 中的任意一个极大无关组等价,因而 $T$ 的任意两个极大无关组必等价.

$\mathbf{R}^n$ 中的向量组 $T$ 的秩指的是 $T$ 中任意一个极大无关组中所含的向量个数,它是由 $T$ 唯一确定的,记为 $R(T)$,它就是 $T$ 中线性无关向量的最大个数. 线性无关向量组的秩就是向量个数.

若向量组 $S$ 可用向量组 $T$ 线性表出,则 $R(S) \leqslant R(T)$.

等价的向量组一定有相同的秩. 但是,两个秩相同的向量组未必等价,因为它们之间未必有线性表出关系. 如果 $S$ 和 $T$ 是两个秩相同的同维向量组,且 $S$ 可用 $T$ 线性表出,则 $S$ 一定与 $T$ 等价.

对于任意一个 $m\times n$ 矩阵 $\boldsymbol{A}$,可以产生两个向量组(分别为 $n$ 维行向量组和 $m$ 维列向量组)

$$M=\{\boldsymbol{\alpha}_1,\boldsymbol{\alpha}_2,\cdots,\boldsymbol{\alpha}_m\},\ N=\{\boldsymbol{\beta}_1,\boldsymbol{\beta}_2,\cdots,\boldsymbol{\beta}_n\}$$

把行向量组 $M$ 的秩称为 $\boldsymbol{A}$ 的行秩，把列向量组 $N$ 的秩称为 $\boldsymbol{A}$ 的列秩，则

$$R(\boldsymbol{A})=\boldsymbol{A}\text{ 的行秩}=\boldsymbol{A}\text{ 的列秩}=\text{“}\boldsymbol{A}\text{ 中非零子式的最高阶数”}$$

因此

$$R(\boldsymbol{A})=\text{“}\boldsymbol{A}\text{ 的 } m \text{ 个 } n \text{ 维行向量中线性无关向量的最大个数”}$$

$$R(\boldsymbol{A})=\text{“}\boldsymbol{A}\text{ 的 } n \text{ 个 } m \text{ 维列向量中线性无关向量的最大个数”}$$

设 $\boldsymbol{\beta}_1,\boldsymbol{\beta}_2,\cdots,\boldsymbol{\beta}_m$ 是 $m$ 个 $n$ 维列向量，构造 $n\times m$ 矩阵 $\boldsymbol{A}=(\boldsymbol{\beta}_1,\boldsymbol{\beta}_2,\cdots,\boldsymbol{\beta}_m)$，则

$$R\{\boldsymbol{\beta}_1,\boldsymbol{\beta}_2,\cdots,\boldsymbol{\beta}_m\}=R(\boldsymbol{A})$$

1. 设向量组 $S=\{\boldsymbol{\alpha}_1,\boldsymbol{\alpha}_2,\cdots,\boldsymbol{\alpha}_r\}$ 是向量组 $T$ 的极大无关组，证明 $S$ 必是线性无关组.

**【证】** 用反证法. 如果 $S$ 是线性相关组，则必存在不全为零的 $k_1,k_2,\cdots,k_r$ 使得

$$k_1\boldsymbol{\alpha}_1+k_2\boldsymbol{\alpha}_2+\cdots+k_r\boldsymbol{\alpha}_r=\mathbf{0}$$

由 $S$ 是 $T$ 的极大无关组知，任意一个 $\boldsymbol{\beta}\in T$，都可以唯一地表为 $S$ 中向量的线性组合. 因为当

$$\boldsymbol{\beta}=l_1\boldsymbol{\alpha}_1+l_2\boldsymbol{\alpha}_2+\cdots+l_r\boldsymbol{\alpha}_r$$

成立时，对于任意常数 $a$ 都有

$$\boldsymbol{\beta}=l_1\boldsymbol{\alpha}_1+l_2\boldsymbol{\alpha}_2+\cdots+l_r\boldsymbol{\alpha}_r+a(k_1\boldsymbol{\alpha}_1+k_2\boldsymbol{\alpha}_2+\cdots+k_r\boldsymbol{\alpha}_r)$$

这与表出唯一性的假设矛盾，所以 $S$ 必是线性无关组.

2. 考虑 $n$ 维向量组 $S=\{\boldsymbol{\alpha}_1,\boldsymbol{\alpha}_2,\cdots,\boldsymbol{\alpha}_r\}\subset T\subseteq\mathbf{R}^n$，已知 $S$ 为线性无关组. 如果对任取的 $\boldsymbol{\beta}\in T$，$\tilde{S}=\{\boldsymbol{\alpha}_1,\boldsymbol{\alpha}_2,\cdots,\boldsymbol{\alpha}_r,\boldsymbol{\beta}\}$ 都是线性相关组，证明 $S$ 必是 $T$ 的极大无关组.

**【证】** 因为 $S$ 为线性无关组，而它的扩充向量组 $\tilde{S}$ 为线性相关组，所以 $\boldsymbol{\beta}$ 必可表为

$$\boldsymbol{\beta}=k_1\boldsymbol{\alpha}_1+k_2\boldsymbol{\alpha}_2+\cdots+k_r\boldsymbol{\alpha}_r$$

如果又有

$$\boldsymbol{\beta}=l_1\boldsymbol{\alpha}_1+l_2\boldsymbol{\alpha}_2+\cdots+l_r\boldsymbol{\alpha}_r$$

则必有

$$(k_1-l_1)\boldsymbol{\alpha}_1+(k_2-l_2)\boldsymbol{\alpha}_2+\cdots+(k_r-l_r)\boldsymbol{\alpha}_r=\mathbf{0}$$

因为 $S$ 为线性无关组，所以必有

$$k_1-l_1=k_2-l_2=\cdots=k_r-l_r=0,\ k_i=l_i,\ \forall i=1,2,\cdots,r$$

这说明，任一 $\boldsymbol{\beta}\in T$，必可唯一地用 $S$ 线性表出. 这就证明了 $S$ 是 $T$ 的极大无关组.

【注】 $S$是$T$的极大无关组$\Leftrightarrow S$为线性无关组，且任一$\boldsymbol{\beta}\in T$，都可用$S$线性表出.

3. 设 $S_0$ 是向量组 $S$ 的极大无关组，如果$\boldsymbol{\beta}$ 可用 $S$ 线性表出，证明 $S_0$ 也是 $T=S\cup\{\boldsymbol{\beta}\}$ 的极大无关组.

【证】 因为$\boldsymbol{\beta}$ 可用 $S$ 线性表出，而 $S$ 可用 $S_0$ 线性表出，所以$\boldsymbol{\beta}$ 可用 $S_0$ 线性表出，于是 $T$ 可用 $S_0$ 线性表出. 因为 $S_0$ 是无关组，所以 $S_0$ 也是 $T$ 的极大无关组.

4. 已知向量组 $S=\{\boldsymbol{\alpha}_1,\boldsymbol{\alpha}_2,\cdots,\boldsymbol{\alpha}_r,\boldsymbol{\alpha}_{r+1},\cdots,\boldsymbol{\alpha}_m\}$ 的秩为 $r<m$. 如果向量$\boldsymbol{\alpha}_{r+1},\cdots,\boldsymbol{\alpha}_m$ 可用向量组 $S_0=\{\boldsymbol{\alpha}_1,\boldsymbol{\alpha}_2,\cdots,\boldsymbol{\alpha}_r\}$ 线性表出，证明 $S_0$ 必是 $S$ 的极大无关组.

【证】 只要证明 $S_0$ 必是线性无关组. 用反证法. 如果 $S_0$ 是线性相关组，则必存在某个向量，例如$\boldsymbol{\alpha}_r$，可用其余 $r-1$ 个向量线性表出，而已知向量$\boldsymbol{\alpha}_{r+1}$，$\boldsymbol{\alpha}_{r+2},\cdots,\boldsymbol{\alpha}_m$ 都可用 $S_0$ 线性表出，所以 $S$ 的秩必小于 $r$，这与假设矛盾. 所以 $S_0=\{\boldsymbol{\alpha}_1,\boldsymbol{\alpha}_2,\cdots,\boldsymbol{\alpha}_r\}$ 是线性无关组.

再由$\boldsymbol{\alpha}_{r+1},\boldsymbol{\alpha}_{r+2},\cdots,\boldsymbol{\alpha}_m$ 都可用 $S_0$ 线性表出知 $S_0$ 必是 $S$ 的极大无关组.

5. 考虑两个 $n$ 维向量组：(Ⅰ) $\boldsymbol{\alpha}_1,\boldsymbol{\alpha}_2,\cdots,\boldsymbol{\alpha}_s$ 和(Ⅱ) $\boldsymbol{\beta}_1,\boldsymbol{\beta}_2,\cdots,\boldsymbol{\beta}_t$. 已知它们等价，证明它们必同秩. 并问其逆命题是否成立?

【证】 设 $S$ 是向量组(Ⅰ)的极大无关组，$T$ 是向量组(Ⅱ)的极大无关组. 由(Ⅰ)与(Ⅱ)等价知 $S$ 与 $T$ 等价. 但 $S$ 和 $T$ 都是无关组，必有 $R(\text{Ⅰ})=R(S)=R(T)=R(\text{Ⅱ})$.

其逆命题不成立. 同秩的向量组未必等价. 因为它们之间未必有线性表出关系. 例如

$$\boldsymbol{\alpha}_1=\begin{pmatrix}1\\0\\0\end{pmatrix},\boldsymbol{\alpha}_2=\begin{pmatrix}1\\1\\0\end{pmatrix};\quad \boldsymbol{\beta}_1=\begin{pmatrix}0\\0\\1\end{pmatrix},\boldsymbol{\beta}_2=\begin{pmatrix}0\\1\\1\end{pmatrix}$$

6. 设向量组 $T=\{\boldsymbol{\beta}_1,\boldsymbol{\beta}_2,\cdots,\boldsymbol{\beta}_t\}$ 可用向量组 $S=\{\boldsymbol{\alpha}_1,\boldsymbol{\alpha}_2,\cdots,\boldsymbol{\alpha}_s\}$ 线性表出，则(　　).

(A) 当 $t>s$ 时，向量组 $S$ 一定线性相关

(B) 当 $t<s$ 时，向量组 $S$ 一定线性相关

(C) 当 $t>s$ 时，向量组 $T$ 一定线性相关

(D) 当 $t<s$ 时，向量组 $T$ 一定线性相关

【解】 由条件知，一定有 $R\{T\}\leqslant R\{S\}\leqslant s$，所以，当 $t>s$ 时，$R\{T\}\leqslant s<t$，向量组 $T$ 一定线性相关. 所以应选(C).

【注】 (A)、(B)、(D) 都是错误命题. 例如，当 $S$ 是 $\mathbf{R}^n$ 的极大无关组时

(一定有 $s=n$),不管 $t$ 是不是大于 $s$,也不管 $T$ 是不是线性相关组,$T$ 中任意向量都可由 $S$ 线性表出.

7. 设 $n$ 维向量组 $S$,$T$ 和它们的并集 $S\cup T$ 的秩依次为 $s$,$t$ 和 $r$,则必有关系式(　　).

(A) $r\leqslant s+t$　(B) $r=s+t$　(C) $r\geqslant s+t$　(D) 不能确定

**【解】** 因为 $S$ 和 $T$ 中线性无关向量的最大个数分别为 $s$ 和 $t$,而线性无关组的扩充向量组可能是线性相关组,所以 $S\cup T$ 中线性无关向量的最大个数 $r\leqslant s+t$. 所以应选(A).

8. 设 $n$ 维向量组 $\boldsymbol{\alpha}_1,\boldsymbol{\alpha}_2,\cdots,\boldsymbol{\alpha}_s$ 的秩为 $r$,则(　　)是错误命题.

(A) 若 $r=n$,则任何 $n$ 维向量都可由 $\boldsymbol{\alpha}_1,\boldsymbol{\alpha}_2,\cdots,\boldsymbol{\alpha}_s$ 线性表出

(B) 若 $r=s$,则任何 $n$ 维向量都可由 $\boldsymbol{\alpha}_1,\boldsymbol{\alpha}_2,\cdots,\boldsymbol{\alpha}_s$ 唯一线性表出

(C) 若 $r<n$,则存在 $n$ 维向量不能由 $\boldsymbol{\alpha}_1,\boldsymbol{\alpha}_2,\cdots,\boldsymbol{\alpha}_s$ 线性表出

(D) 若 $r<s$,若有 $n$ 维向量可由 $\boldsymbol{\alpha}_1,\boldsymbol{\alpha}_2,\cdots,\boldsymbol{\alpha}_s$ 线性表出,则表出式必有无穷多个

**【解】** (B) 是错误命题. 线性无关组 $\boldsymbol{\alpha}_1,\boldsymbol{\alpha}_2,\cdots,\boldsymbol{\alpha}_s$ 未必是 $\mathbf{R}^n$ 的极大无关组.

$$\text{例如,}\boldsymbol{\beta}=\begin{pmatrix}0\\1\\0\end{pmatrix}\neq k\begin{pmatrix}1\\0\\0\end{pmatrix}+l\begin{pmatrix}0\\1\\1\end{pmatrix}=\begin{pmatrix}k\\l\\l\end{pmatrix},\text{其中}\begin{pmatrix}1\\0\\0\end{pmatrix},\begin{pmatrix}0\\1\\1\end{pmatrix}\text{为线性无关组.}$$

**【注】** (A) 正确. 当 $r=n\leqslant s$ 时,$\boldsymbol{\alpha}_1,\boldsymbol{\alpha}_2,\cdots,\boldsymbol{\alpha}_s$ 的任一极大无关组必是 $n$ 维向量空间 $\mathbf{R}^n$ 的极大无关组,所以,任何 $n$ 维向量都可由 $\boldsymbol{\alpha}_1,\boldsymbol{\alpha}_2,\cdots,\boldsymbol{\alpha}_s$ 线性表出.

(C) 正确. 当 $r<n$ 时,$\boldsymbol{\alpha}_1,\boldsymbol{\alpha}_2,\cdots,\boldsymbol{\alpha}_s$ 的任一极大无关组必不是 $n$ 维向量空间 $\mathbf{R}^n$ 的极大无关组,所以,必存在 $n$ 维向量不能由 $\boldsymbol{\alpha}_1,\boldsymbol{\alpha}_2,\cdots,\boldsymbol{\alpha}_s$ 线性表出.

(D) 正确. 当 $r<s$ 时,$\boldsymbol{\alpha}_1,\boldsymbol{\alpha}_2,\cdots,\boldsymbol{\alpha}_s$ 为线性相关组,所以,当某向量可由 $\boldsymbol{\alpha}_1,\boldsymbol{\alpha}_2,\cdots,\boldsymbol{\alpha}_s$ 线性表出时,表出式必有无穷多个.

9. 设向量组 $S$ 的秩为 $r$,$S_1$ 是 $S$ 的部分向量组. 如果 $S$ 和 $S_1$ 中分别有 $s$ 个和 $t$ 个向量,证明必有 $R(S_1)\geqslant r+t-s$.

**【证】** 因为 $S_1$ 是从 $S$ 中去掉 $s-t$ 个向量得到的,而 $S$ 中线性无关向量的最大个数是 $r$,所以 $S_1$ 中线性无关向量的个数至少有 $r-(s-t)=r+t-s$(个),所以必有 $R(S_1)\geqslant r+t-s$.

10. 设 $n$ 阶矩阵 $\boldsymbol{A}$ 的秩 $R(\boldsymbol{A})=r<n$,在 $\boldsymbol{A}$ 的 $n$ 个行向量中任取 $m$ 个组成一个 $m\times n$ 矩阵 $\boldsymbol{B}$,证明 $R(\boldsymbol{B})\geqslant m+r-n$.

【证】　不失一般性可设

$$A=\begin{pmatrix}\boldsymbol{\alpha}_1\\ \vdots\\ \boldsymbol{\alpha}_m\\ \boldsymbol{\alpha}_{m+1}\\ \vdots\\ \boldsymbol{\alpha}_n\end{pmatrix}=\begin{pmatrix}\boldsymbol{B}\\ \boldsymbol{\alpha}_{m+1}\\ \vdots\\ \boldsymbol{\alpha}_n\end{pmatrix},\text{其中 }\boldsymbol{B}=\begin{pmatrix}\boldsymbol{\alpha}_1\\ \vdots\\ \boldsymbol{\alpha}_m\end{pmatrix}$$

把 $\boldsymbol{A}$ 中的 $n$ 个行向量中任取的极大线性无关的 $r$ 个向量分成两组：

第一组取之于（Ⅰ）：$\{\boldsymbol{\alpha}_1,\cdots,\boldsymbol{\alpha}_m\}$；

第二组取之于（Ⅱ）：$\{\boldsymbol{\alpha}_{m+1},\cdots,\boldsymbol{\alpha}_n\}$.

在第二组中线性无关向量的最大个数是 $n-m$，所以至少有 $r-(n-m)$ 个线性无关向量取之于第一组，这就证明了 $R(\boldsymbol{B})\geqslant r-(n-m)=m+r-n$.

11. 设 $S_0$ 是向量组 $S$ 的子组. 如果 $R(S)=R(S_0)$，证明 $S$ 与 $S_0$ 等价.

【证】　$S_0$ 显然可用 $S$ 线性表出. 设 $R(S)=R(S_0)=r$，则 $S_0$ 的任意一个极大无关组必是 $S$ 的极大无关组（否则，$R(S)>R(S_0)$），所以 $S$ 可用 $S_0$ 线性表出，这就证明了 $S$ 与 $S_0$ 等价.

12. 设 $S$ 和 $T$ 是两个秩相同的向量组，如果 $S$ 可用 $T$ 线性表出，证明 $S$ 与 $T$ 等价.

【证】　设 $R(S)=R(T)=r$. 在 $S$ 和 $T$ 中分别取极大无关组

$$S_1=\{\boldsymbol{\alpha}_1,\boldsymbol{\alpha}_2,\cdots,\boldsymbol{\alpha}_r\},T_1=\{\boldsymbol{\beta}_1,\boldsymbol{\beta}_2,\cdots,\boldsymbol{\beta}_r\}$$

不妨设 $S$ 和 $T$ 都是行向量组. 由 $S$ 可用 $T$ 线性表出和 $T$ 可用 $T_1$ 线性表出知 $S$ 可用 $T_1$ 线性表出，再据 $S_1\subset S$ 知 $S_1$ 可用 $T_1$ 线性表出，于是可设

$$\begin{pmatrix}\boldsymbol{\alpha}_1\\ \boldsymbol{\alpha}_2\\ \vdots\\ \boldsymbol{\alpha}_r\end{pmatrix}=\boldsymbol{P}\begin{pmatrix}\boldsymbol{\beta}_1\\ \boldsymbol{\beta}_2\\ \vdots\\ \boldsymbol{\beta}_r\end{pmatrix}$$

即 $\boldsymbol{A}=\boldsymbol{P}\boldsymbol{B}$，$\boldsymbol{P}$ 为 $r$ 阶方阵，由

$$r=R(\boldsymbol{A})\leqslant R(\boldsymbol{P})\leqslant r$$

知 $R(\boldsymbol{P})=r$，$\boldsymbol{P}$ 为可逆矩阵，必有 $\boldsymbol{B}=\boldsymbol{P}^{-1}\boldsymbol{A}$，即

$$\begin{pmatrix}\boldsymbol{\beta}_1\\ \boldsymbol{\beta}_2\\ \vdots\\ \boldsymbol{\beta}_r\end{pmatrix}=\boldsymbol{P}^{-1}\begin{pmatrix}\boldsymbol{\alpha}_1\\ \boldsymbol{\alpha}_2\\ \vdots\\ \boldsymbol{\alpha}_r\end{pmatrix}$$

这说明 $T_1$ 也可用 $S_1$ 线性表出. 再由 $T$ 可用 $T_1$ 线性表出知 $T$ 可用 $S_1$ 线性表出，但 $S_1 \subset S$,所以,$T$ 可用 $S$ 线性表出. 这就证明了 $S$ 与 $T$ 等价.

13. 设 $S=\{\boldsymbol{\alpha}_1,\boldsymbol{\alpha}_2,\cdots,\boldsymbol{\alpha}_s\}$ 和 $T=\{\boldsymbol{\beta}_1,\boldsymbol{\beta}_2,\cdots,\boldsymbol{\beta}_t\}$ 是两个 $n$ 维列向量组. 如果 $S$ 可用 $T$ 线性表出,证明：

(1) 向量组等价

$$S\cup T=\{\boldsymbol{\alpha}_1,\boldsymbol{\alpha}_2,\cdots,\boldsymbol{\alpha}_s,\boldsymbol{\beta}_1,\boldsymbol{\beta}_2,\cdots,\boldsymbol{\beta}_t\}\sim T=\{\boldsymbol{\beta}_1,\boldsymbol{\beta}_2,\cdots,\boldsymbol{\beta}_t\}$$

(2) 如果 $R(S)=R(T)$,则 $S=\{\boldsymbol{\alpha}_1,\boldsymbol{\alpha}_2,\cdots,\boldsymbol{\alpha}_s\}\sim T=\{\boldsymbol{\beta}_1,\boldsymbol{\beta}_2,\cdots,\boldsymbol{\beta}_t\}$.

【证】 (1) 因为 $S$ 可用 $T$ 线性表出,$T$ 可用 $T$ 线性表出,所以 $S\cup T$ 可用 $T$ 线性表出. 另一方面,$T$ 显然可用 $S\cup T$ 线性表出,所以 $S\cup T\sim T$.

(2) 设 $R(S)=R(T)=r$. 任取 $S=\{\boldsymbol{\alpha}_1,\boldsymbol{\alpha}_2,\cdots,\boldsymbol{\alpha}_s\}$ 的一个极大无关组，不妨设是 $S_0=\{\boldsymbol{\alpha}_1,\boldsymbol{\alpha}_2,\cdots,\boldsymbol{\alpha}_r\}$. 因为 $S\cup T\sim T$,必有

$$R(S\cup T)=R(T)=r$$

所以 $S_0$ 必是 $S\cup T$ 的极大无关组. 于是 $T$ 可用 $S_0$ 线性表出. 因为 $S_0\subset S$,所以 $T$ 可用 $S$ 线性表出. 因为 $S$ 可用 $T$ 线性表出,所以 $S\sim T$.

【注】 命题(2) 就是题 12,证明方法不同.

14. 证明以下两个 $n$ 维列向量组的秩相同：

(Ⅰ) $\boldsymbol{\alpha}_1,\boldsymbol{\alpha}_2,\cdots,\boldsymbol{\alpha}_r$;

(Ⅱ) $\boldsymbol{\beta}_1=\boldsymbol{\alpha}_1-\boldsymbol{\alpha}_2,\boldsymbol{\beta}_2=\boldsymbol{\alpha}_2-\boldsymbol{\alpha}_3,\cdots,\boldsymbol{\beta}_{r-1}=\boldsymbol{\alpha}_{r-1}-\boldsymbol{\alpha}_r,\boldsymbol{\beta}_r=\boldsymbol{\alpha}_r+\boldsymbol{\alpha}_1$.

【证】 根据所给的两个向量组的关系可写出矩阵等式

$$(\boldsymbol{\beta}_1\ \ \boldsymbol{\beta}_2\ \ \cdots\ \ \boldsymbol{\beta}_{r-1}\ \ \boldsymbol{\beta}_r)$$
$$=(\boldsymbol{\alpha}_1\ \ \boldsymbol{\alpha}_2\ \ \cdots\ \ \boldsymbol{\alpha}_{r-1}\ \ \boldsymbol{\alpha}_r)\begin{pmatrix}1&&&&&&1\\-1&1&&&&&\\&-1&1&&&&\\&&-1&1&&&\\&&&\ddots&\ddots&&\\&&&&&1&\\&&&&&-1&1\end{pmatrix}$$

记为 $\boldsymbol{B}=\boldsymbol{AP}$.

把后 $r-1$ 列都加到第一列上去,易求出表出矩阵 $\boldsymbol{P}$ 的行列式为 2,故它为可逆矩阵,它不变被乘矩阵的秩,所以所述的两个向量组的秩相同.

15. 设 $\boldsymbol{A}$ 是 $n\times m$ 矩阵,$\boldsymbol{B}$ 是 $m\times n$ 矩阵,其中 $m>n$. 若 $\boldsymbol{AB}=\boldsymbol{I}_n$,证明 $\boldsymbol{A}$ 的行向量组线性无关,$\boldsymbol{A}$ 的列向量组线性相关;$\boldsymbol{B}$ 的列向量组线性无关,$\boldsymbol{B}$ 的行向量组线性相关.

【证】 因为

$$n = R(\boldsymbol{I}_n) = R(\boldsymbol{AB}) \leqslant R(\boldsymbol{A}) \leqslant n$$

所以 $R(\boldsymbol{A}) = n < m$,$\boldsymbol{A}$ 的行向量组线性无关,$\boldsymbol{A}$ 的列向量组线性相关.

因为　$n = R(\boldsymbol{I}_n) = R(\boldsymbol{AB}) \leqslant R(\boldsymbol{B}) \leqslant n, R(\boldsymbol{B}) = n < m$

所以 $\boldsymbol{B}$ 的列向量组线性无关,$\boldsymbol{B}$ 的行向量组线性相关.

【注】　这说明当 $\boldsymbol{AB} = \boldsymbol{I}_n$ 时,$\boldsymbol{A}$ 必是行满秩矩阵,$\boldsymbol{B}$ 必是列满秩矩阵.

16. (1) 设 $\boldsymbol{A}$ 是 $m \times n$ 列满秩矩阵,证明必存在 $n \times m$ 行满秩矩阵 $\boldsymbol{B}$ 使得 $\boldsymbol{BA} = \boldsymbol{I}_n$.

(2) 设 $\boldsymbol{A}$ 是 $n \times m$ 行满秩矩阵,证明必存在 $m \times n$ 列满秩矩阵 $\boldsymbol{B}$ 使得 $\boldsymbol{AB} = \boldsymbol{I}_n$.

【证】　(1) 因为 $R(\boldsymbol{A}) = n, n \leqslant m$,$\boldsymbol{A}$ 中必有 $n$ 个行向量线性无关,可用一些第一类初等行变换把它们变换成前 $n$ 行,这就是说,必存在 $m$ 阶可逆阵 $\boldsymbol{P}$(若干个第一类初等方阵的乘积)使得

$$\boldsymbol{PA} = \begin{pmatrix} \boldsymbol{A}_1 \\ \boldsymbol{A}_2 \end{pmatrix}$$

其中$\boldsymbol{A}_1$ 为 $n$ 阶可逆矩阵,于是必有

$$\boldsymbol{I}_n = (\boldsymbol{A}_1^{-1} \quad \boldsymbol{O}) \begin{pmatrix} \boldsymbol{A}_1 \\ \boldsymbol{A}_2 \end{pmatrix} = (\boldsymbol{A}_1^{-1} \quad \boldsymbol{O})\, \boldsymbol{PA} = \boldsymbol{BA}$$

其中 $\boldsymbol{B} = (\boldsymbol{A}_1^{-1} \quad \boldsymbol{O})\, \boldsymbol{P}$ 显然是秩为 $n$ 的 $n \times m$ 行满秩矩阵.

(2) 由 $\boldsymbol{A}$ 是 $n \times m$ 行满秩矩阵知 $\boldsymbol{A}'$ 是 $m \times n$ 列满秩矩阵,由(1) 所证知必存在 $n \times m$ 行满秩矩阵 $\boldsymbol{B}'$ 使得 $\boldsymbol{B}'\boldsymbol{A}' = \boldsymbol{I}_n$,即存在 $m \times n$ 列满秩矩阵 $\boldsymbol{B}$ 使得 $\boldsymbol{AB} = \boldsymbol{I}_n$.

17. 设以下三个向量组

$S_1 = \{\boldsymbol{\alpha}_1, \boldsymbol{\alpha}_2, \boldsymbol{\alpha}_3\}$, $S_2 = \{\boldsymbol{\alpha}_1, \boldsymbol{\alpha}_2, \boldsymbol{\alpha}_3, \boldsymbol{\alpha}_4\}$, $S_3 = \{\boldsymbol{\alpha}_1, \boldsymbol{\alpha}_2, \boldsymbol{\alpha}_3, \boldsymbol{\alpha}_5\}$

的秩依次为 3 , 3 , 4,证明 $S = \{\boldsymbol{\alpha}_1, \boldsymbol{\alpha}_2, \boldsymbol{\alpha}_3, \boldsymbol{\alpha}_5 - \boldsymbol{\alpha}_4\}$ 的秩为4.

【证】　由条件知,$S_1$和 $S_3$ 都是线性无关组,而 $S_2$ 是线性相关组.

因为 $S_1$ 是线性无关组,而 $S_1 \subset S$,所以 $3 \leqslant R(S) \leqslant 4$,再据 $S_2$ 是线性相关组知,$\boldsymbol{\alpha}_4$ 可由 $S_1$ 线性表出. 如果 $R(S) = 3$,则$\boldsymbol{\alpha}_5 - \boldsymbol{\alpha}_4$ 可由 $S_1$ 线性表出,因而$\boldsymbol{\alpha}_5$ 也可由 $S_1$ 线性表出,这与 $S_3$ 是线性无关向量组的假设矛盾,所以 $R(S) = 4$.

18. 设 $n$ 维列向量组 $T = \{\boldsymbol{\beta}_1, \boldsymbol{\beta}_2, \cdots, \boldsymbol{\beta}_t\}$ 可由 $S = \{\boldsymbol{\alpha}_1, \boldsymbol{\alpha}_2, \cdots, \boldsymbol{\alpha}_s\}$ 线性表出,已知 $T$ 是线性无关组,$S$ 是线性相关组,证明一定有 $t < s$.

【证一】　当 $T$ 可由 $S$ 线性表出时,一定有 $R(T) \leqslant R(S)$. 因为 $T$ 是线性无关组,而 $S$ 是线性相关组,所以一定有 $t = R(T) \leqslant R(S) < s$.

【证二】记 $\boldsymbol{B}=(\boldsymbol{\beta}_1\quad\boldsymbol{\beta}_2\quad\cdots\quad\boldsymbol{\beta}_t)$，$\boldsymbol{A}=(\boldsymbol{\alpha}_1\quad\boldsymbol{\alpha}_2\quad\cdots\quad\boldsymbol{\alpha}_s)$. 由列向量组 $T$ 可由 $S$ 线性表出知道一定有 $\boldsymbol{B}=\boldsymbol{AK}$,其中表出矩阵 $\boldsymbol{K}$ 为 $s\times t$ 矩阵. 因为 $T$ 是线性无关组,所以,根据

$$t=R(\boldsymbol{B})\leqslant R(\boldsymbol{K})\leqslant t$$

知道,一定有 $t=R(\boldsymbol{K})\leqslant s$.

如果 $t=s$,则 $R(\boldsymbol{K})=t$,$\boldsymbol{K}$ 是 $t$ 阶可逆方阵,一定有 $R(\boldsymbol{A})=R(\boldsymbol{B})=t=s$,这与 $S$ 是线性相关组的假设矛盾,所以必有 $t<s$.

## §4 向量空间

(1) $n$ 维向量空间 $\mathbf{R}^n$ 中的非空子集合 $V$ 是 $\mathbf{R}^n$ 中的一个向量(子)空间指的是,对于任何 $\boldsymbol{\alpha},\boldsymbol{\beta}\in V$,和任意 $k,l\in\mathbf{R}$,都有 $k\boldsymbol{\alpha}+l\boldsymbol{\beta}\in V$. 它又可称为线性空间.

特别地,$V=\{\mathbf{0}\}$ 是向量空间,称为零空间.

在任意一个向量空间 $V$ 中一定有零向量.

任意取定 $\boldsymbol{\alpha}_1,\boldsymbol{\alpha}_2,\cdots,\boldsymbol{\alpha}_m\in\mathbf{R}^n$. 由 $\boldsymbol{\alpha}_1,\boldsymbol{\alpha}_2,\cdots,\boldsymbol{\alpha}_m$ 生成的向量空间指的是

$$V=L(\boldsymbol{\alpha}_1,\boldsymbol{\alpha}_2,\cdots,\boldsymbol{\alpha}_m)=\{\sum_{i=1}^{m}k_i\boldsymbol{\alpha}_i\mid\forall k_i\in\mathbf{R}\}$$

等价的向量组生成的是同一个向量空间.

(2) 向量空间 $V$ 中的任意一个极大无关组 $\{\boldsymbol{\alpha}_1,\boldsymbol{\alpha}_2,\cdots,\boldsymbol{\alpha}_r\}$ 都称为 $V$ 的一个基,基中的向量 $\boldsymbol{\alpha}_1,\boldsymbol{\alpha}_2,\cdots,\boldsymbol{\alpha}_r$ 称为基向量. 一定有

$$V=L(\boldsymbol{\alpha}_1,\boldsymbol{\alpha}_2,\cdots,\boldsymbol{\alpha}_r)=\{\sum_{i=1}^{r}k_i\boldsymbol{\alpha}_i\mid\forall k_i\in\mathbf{R}\}$$

这就是说,任意一个向量空间都是由它的任意一个基生成的.

零空间中没有基. 每一个非零向量空间一定有无穷多个基.

(3) 向量空间 $V$ 的维数指的是向量组 $V$ 的秩 $r$,记为 $\dim V=r$. 它就是 $V$ 的任意一个基中的基向量的个数,也就是 $V$ 中线性无关向量的最大个数.

① $V$ 中的每个向量的维数 $n$ 是指向量中的分量个数;向量空间 $V$ 的维数 $r$ 是指 $V$ 的基中的基向量的个数. 这是两个极易混淆的概念. 有 $\dim V=r\leqslant n$.

② $r$ 维向量空间 $V$ 的任意两个基都是等价的线性无关组,它们都含有 $r$ 个向量.

③ 若 $\dim V=r$,则 $V$ 中 $r$ 个向量 $S=\{\boldsymbol{\alpha}_1,\boldsymbol{\alpha}_2,\cdots,\boldsymbol{\alpha}_r\}$ 是 $V$ 的基 $\Leftrightarrow S$ 为线性无关组. 因此,$r$ 维向量空间 $V$ 中任意 $r$ 个线性无关向量都是 $V$ 的基.

(4) 在 $r$ 维向量空间 $V$ 中任意取定一个基 $S=\{\boldsymbol{\alpha}_1,\boldsymbol{\alpha}_2,\cdots,\boldsymbol{\alpha}_r\}$. 任意一个 $\boldsymbol{\alpha}\in V$ 一定可以唯一地表为

$$\boldsymbol{\alpha}=k_1\boldsymbol{\alpha}_1+k_2\boldsymbol{\alpha}_2+\cdots+k_r\boldsymbol{\alpha}_r$$

由 $r$ 个表出系数组成的 $r$ 维向量 $(k_1,k_2,\cdots,k_r)$ 称为向量 $\boldsymbol{\alpha}$ 在此基 $S$ 下的坐标向量(简称坐标).

当然,向量的坐标向量依赖于基的选择. 同一个向量在不同的基下可以有相同的坐标向量.

注意:$\mathbf{R}^n$ 中的 $r$ 维向量空间 $V$ 中的向量都是 $n$ 维向量;$V$ 中的向量在 $V$ 的基 $S$ 下的坐标都是 $r$ 维向量,一定有 $r\leqslant n$.

求列向量 $\boldsymbol{\alpha}$ 在取定基 $S=\{\boldsymbol{\alpha}_1,\boldsymbol{\alpha}_2,\cdots,\boldsymbol{\alpha}_r\}$ 下的坐标的方法就是求表出系数,也就是解线性方程组 $\boldsymbol{Ax}=\boldsymbol{\alpha}$,其中 $\boldsymbol{A}=(\boldsymbol{\alpha}_1\ \ \boldsymbol{\alpha}_2\ \ \cdots\ \ \boldsymbol{\alpha}_r)$ 为 $n\times r$ 矩阵.

(5) 设 $S=\{\boldsymbol{\alpha}_1,\boldsymbol{\alpha}_2,\cdots,\boldsymbol{\alpha}_n\}$ 和 $T=\{\boldsymbol{\beta}_1,\boldsymbol{\beta}_2,\cdots,\boldsymbol{\beta}_n\}$ 是 $n$ 维列向量空间 $\mathbf{R}^n$ 中的两个基,则必有矩阵等式

$$(\boldsymbol{\beta}_1\ \ \boldsymbol{\beta}_2\ \ \cdots\ \ \boldsymbol{\beta}_n)=(\boldsymbol{\alpha}_1\ \ \boldsymbol{\alpha}_2\ \ \cdots\ \ \boldsymbol{\alpha}_n)\boldsymbol{P}$$

其中新基 $T$ 关于旧基 $S$ 的表出矩阵 $\boldsymbol{P}$(必为可逆矩阵) 称为旧基 $S$ 到新基 $T$ 的过渡矩阵.

任取 $\boldsymbol{\alpha}\in\mathbf{R}^n$,当

$$\boldsymbol{\alpha}=(\boldsymbol{\alpha}_1\ \ \boldsymbol{\alpha}_2\ \ \cdots\ \ \boldsymbol{\alpha}_n)\boldsymbol{x}=(\boldsymbol{\beta}_1\ \ \boldsymbol{\beta}_2\ \ \cdots\ \ \boldsymbol{\beta}_n)\boldsymbol{y}$$

成立时,有坐标变换公式 $\boldsymbol{x}=\boldsymbol{P}\boldsymbol{y}$, $\boldsymbol{y}=\boldsymbol{P}^{-1}\boldsymbol{x}$.

1. 设 $V$ 是 $\mathbf{R}^n$ 中的某一个向量空间,则在以下诸说法中,(　　) 是正确的.

(A) $V$ 中可以只含一个向量

(B) $V$ 中可以只含多于一个的有限个向量

(C) $V$ 中可以不含零向量

(D) $V$ 中必须含有无穷多个向量

**【解】** 应选(A). 因为 $V=\{\mathbf{0}\}$ 的确是一个向量空间.

**【注】** 除了 $V=\{\mathbf{0}\}$ 以外,任何一个向量空间 $V$ 中必有基,而基向量的任意线性组合一定是 $V$ 中向量,所以,非零向量空间 $V$ 中必含有无穷多个向量,故(B) 是不正确的.

在任意一个向量空间中,因为 $\boldsymbol{\alpha}+(-1)\boldsymbol{\alpha}=\mathbf{0}\in V$,$V$ 中必须含有零向量,故(C) 是不正确的.

2. 证明 3 维行向量空间 $\mathbf{R}^3$ 中的向量集合 $V=\{(x,y,z)\mid x+y+z=0\}$ 是向量空间,并求出它的维数和一个基.

【证】 由 $\mathbf{0}=(0,0,0)\in V$ 知道 $V$ 不是空集合.

任取 $\boldsymbol{\alpha}=(x_1,y_1,z_1),\boldsymbol{\beta}=(x_2,y_2,z_2)\in V,k,l\in\mathbf{R}$,必有

$$x_1+y_1+z_1=0,x_2+y_2+z_2=0$$

则由 $k\boldsymbol{\alpha}+l\boldsymbol{\beta}=(kx_1+lx_2,ky_1+ly_2,kz_1+lz_2)$ 满足

$$kx_1+lx_2+ky_1+ly_2+kz_1+lz_2=k(x_1+y_1+z_1)+l(x_2+y_2+z_2)=0$$

知道 $k\boldsymbol{\alpha}+l\boldsymbol{\beta}\in V$,所以,$V$ 是向量空间.

$V$ 是 $\mathbf{R}^3$ 中过原点的平面 $z=-x-y$,它是 2 维向量空间,其中任意两个线性无关向量都是基.

例如,取 $\boldsymbol{\alpha}_1=(-1,1,0),\boldsymbol{\alpha}_2=(-1,0,1)$,$V$ 中任意一个向量都可以唯一地表为

$$(a,b,c)=(-b-c,b,c)=b(-1,1,0)+c(-1,0,1)$$

3. 证明 $\boldsymbol{\alpha}_1=(1,1,0),\boldsymbol{\alpha}_2=(0,0,2),\boldsymbol{\alpha}_3=(0,3,2)$ 为 $\mathbf{R}^3$ 的基,并求出 $\boldsymbol{\beta}=(5,9,-2)$ 在此基下的坐标向量.

【证】 因为 $\begin{vmatrix}1&1&0\\0&0&2\\0&3&2\end{vmatrix}=-6\neq0$,所以,它们为 $\mathbf{R}^3$ 中三个线性无关向量,因而必是基.

设 $\boldsymbol{\beta}=x_1\boldsymbol{\alpha}_1+x_2\boldsymbol{\alpha}_2+x_3\boldsymbol{\alpha}_3$,则需要解线性方程组

$$\begin{cases}x_1=5\\x_1+3x_3=9\\2x_2+2x_3=-2\end{cases}\quad 即 \quad\begin{cases}x_1=5\\x_3=4/3\\x_2=-7/3\end{cases}$$

于是求得坐标向量 $\left(5,-\dfrac{7}{3},\dfrac{4}{3}\right)$.

4. 若给定向量 $\boldsymbol{\alpha}_1=(1,0,2),\boldsymbol{\alpha}_2=(2,0,-3),\boldsymbol{\alpha}_3=(1,2,1),\boldsymbol{\alpha}_4=(0,0,-7)$,则任意一个 3 维行向量 $\boldsymbol{\beta}$ 都可由向量组(　　)线性表出.

(A) $\boldsymbol{\alpha}_1,\boldsymbol{\alpha}_2$　(B) $\boldsymbol{\alpha}_1,\boldsymbol{\alpha}_2,\boldsymbol{\alpha}_3$　(C) $\boldsymbol{\alpha}_1,\boldsymbol{\alpha}_2,\boldsymbol{\alpha}_4$　(D) $\boldsymbol{\alpha}_3,\boldsymbol{\alpha}_4$

【解】 应选(B). 因为由

$$\begin{vmatrix}\boldsymbol{\alpha}_1\\\boldsymbol{\alpha}_2\\\boldsymbol{\alpha}_3\end{vmatrix}=\begin{vmatrix}1&0&2\\2&0&-3\\1&2&1\end{vmatrix}=-2\times(-7)=14\neq0$$

知 $\boldsymbol{\alpha}_1,\boldsymbol{\alpha}_2,\boldsymbol{\alpha}_3$ 线性无关,一定是 $\mathbf{R}^3$ 的基,所以任意一个 3 维行向量 $\boldsymbol{\beta}$ 都可由 $\boldsymbol{\alpha}_1,\boldsymbol{\alpha}_2,\boldsymbol{\alpha}_3$ 线性表出.

【注】　因为 $\begin{vmatrix} \boldsymbol{\alpha}_1 \\ \boldsymbol{\alpha}_2 \\ \boldsymbol{\alpha}_4 \end{vmatrix} = \begin{vmatrix} 1 & 0 & 2 \\ 2 & 0 & -3 \\ 0 & 0 & -7 \end{vmatrix} = 0$,所以 $\boldsymbol{\alpha}_1, \boldsymbol{\alpha}_2, \boldsymbol{\alpha}_4$ 线性相关. 它们不是 $\mathbf{R}^3$ 的基.

线性无关向量组 $\boldsymbol{\alpha}_1, \boldsymbol{\alpha}_2$ 和 $\boldsymbol{\alpha}_3, \boldsymbol{\alpha}_4$ 都不是 $\mathbf{R}^3$ 中的极大无关组,所以都不是 $\mathbf{R}^3$ 的基.

5. 设 $\boldsymbol{\alpha}_1, \boldsymbol{\alpha}_2, \cdots, \boldsymbol{\alpha}_n$ 是 $n$ 维列向量空间 $\mathbf{R}^n$ 的基,$\boldsymbol{A}$ 是任意一个 $n$ 阶可逆矩阵,证明 $n$ 维列向量组 $\boldsymbol{A}\boldsymbol{\alpha}_1, \boldsymbol{A}\boldsymbol{\alpha}_2, \cdots, \boldsymbol{A}\boldsymbol{\alpha}_n$ 一定是 $\mathbf{R}^n$ 的基.

【证】　设 $k_1\boldsymbol{A}\boldsymbol{\alpha}_1 + k_2\boldsymbol{A}\boldsymbol{\alpha}_2 + \cdots + k_m\boldsymbol{A}\boldsymbol{\alpha}_n = \mathbf{0}$,则一定有

$$\boldsymbol{A}(k_1\boldsymbol{\alpha}_1 + k_2\boldsymbol{\alpha}_2 + \cdots + k_m\boldsymbol{\alpha}_n) = \mathbf{0}$$

由 $\boldsymbol{A}$ 是可逆矩阵知道,一定有

$$k_1\boldsymbol{\alpha}_1 + k_2\boldsymbol{\alpha}_2 + \cdots + k_m\boldsymbol{\alpha}_n = \mathbf{0}$$

因为 $\boldsymbol{\alpha}_1, \boldsymbol{\alpha}_2, \cdots, \boldsymbol{\alpha}_n$ 线性无关,所以一定有 $k_1 = k_2 = \cdots = k_m = \mathbf{0}$,这就证明了

$$\boldsymbol{A}\boldsymbol{\alpha}_1, \boldsymbol{A}\boldsymbol{\alpha}_2, \cdots, \boldsymbol{A}\boldsymbol{\alpha}_n$$

也是 $n$ 个线性无关的向量,因而它们也是 $\mathbf{R}^n$ 的基.

【注】　也可根据 $(\boldsymbol{A}\boldsymbol{\alpha}_1 \quad \boldsymbol{A}\boldsymbol{\alpha}_2 \quad \cdots \quad \boldsymbol{A}\boldsymbol{\alpha}_n) = \boldsymbol{A}(\boldsymbol{\alpha}_1 \quad \boldsymbol{\alpha}_2 \quad \cdots \quad \boldsymbol{\alpha}_n)$ 和 $\boldsymbol{A}$ 是可逆矩阵知道

$$R(\boldsymbol{A}\boldsymbol{\alpha}_1 \quad \boldsymbol{A}\boldsymbol{\alpha}_2 \quad \cdots \quad \boldsymbol{A}\boldsymbol{\alpha}_n) = R(\boldsymbol{\alpha}_1 \quad \boldsymbol{\alpha}_2 \quad \cdots \quad \boldsymbol{\alpha}_n) = n$$

所以 $\boldsymbol{A}\boldsymbol{\alpha}_1, \boldsymbol{A}\boldsymbol{\alpha}_2, \cdots, \boldsymbol{A}\boldsymbol{\alpha}_n$ 是 $n$ 个线性无关的向量.

6. 考虑以下两个向量组

$$S = \left\{\boldsymbol{\alpha}_1 = \begin{pmatrix} 1 \\ 1 \\ 1 \end{pmatrix}, \boldsymbol{\alpha}_2 = \begin{pmatrix} 1 \\ 0 \\ -1 \end{pmatrix}, \boldsymbol{\alpha}_3 = \begin{pmatrix} 1 \\ 0 \\ 1 \end{pmatrix}\right\}$$

$$T = \left\{\boldsymbol{\beta}_1 = \begin{pmatrix} 1 \\ 2 \\ 1 \end{pmatrix}, \boldsymbol{\beta}_2 = \begin{pmatrix} 2 \\ 3 \\ 4 \end{pmatrix}, \boldsymbol{\beta}_3 = \begin{pmatrix} 3 \\ 4 \\ 3 \end{pmatrix}\right\}$$

(1) 证明 $S$ 和 $T$ 都是 $\mathbf{R}^3$ 的基.

(2) 求出 $S$ 到 $T$ 的过渡矩阵 $\boldsymbol{P}$ 和 $T$ 到 $S$ 的过渡矩阵 $\boldsymbol{Q}$.

(3) 分别求出向量 $\boldsymbol{\gamma} = (1, 2, 3)'$ 在基 $S$ 下的坐标 $\boldsymbol{x}$ 和在基 $T$ 下的坐标 $\boldsymbol{y}$.

【解】　(1) 因为

$$\begin{vmatrix} 1 & 1 & 1 \\ 1 & 0 & 0 \\ 1 & -1 & 1 \end{vmatrix} = -2 \neq 0, \begin{vmatrix} 1 & 2 & 3 \\ 2 & 3 & 4 \\ 1 & 4 & 3 \end{vmatrix} = \begin{vmatrix} 1 & 2 & 3 \\ 0 & -1 & -2 \\ 0 & 2 & 0 \end{vmatrix} = 4 \neq 0$$

所以 $S$ 和 $T$ 都是 $\mathbf{R}^3$ 的基.

(2) $S$ 到 $T$ 的过渡矩阵 $\boldsymbol{P}$ 满足的矩阵等式 $(\boldsymbol{\beta}_1\ \ \boldsymbol{\beta}_2\ \ \boldsymbol{\beta}_3)=(\boldsymbol{\alpha}_1\ \ \boldsymbol{\alpha}_2\ \ \boldsymbol{\alpha}_3)\boldsymbol{P}$,就是

$$\begin{pmatrix}1&2&3\\2&3&4\\1&4&3\end{pmatrix}=\begin{pmatrix}1&1&1\\1&0&0\\1&-1&1\end{pmatrix}\boldsymbol{P}$$

解此矩阵方程可求出

$$\boldsymbol{P}=\begin{pmatrix}1&1&1\\1&0&0\\1&-1&1\end{pmatrix}^{-1}\begin{pmatrix}1&2&3\\2&3&4\\1&4&3\end{pmatrix}=-\frac{1}{2}\begin{pmatrix}0&-2&0\\-1&0&1\\-1&2&-1\end{pmatrix}\begin{pmatrix}1&2&3\\2&3&4\\1&4&3\end{pmatrix}$$

$$=\begin{pmatrix}2&3&4\\0&-1&0\\-1&0&-1\end{pmatrix}$$

$T$ 到 $S$ 的过渡矩阵

$$\boldsymbol{Q}=\boldsymbol{P}^{-1}=\begin{pmatrix}2&3&4\\0&-1&0\\-1&0&-1\end{pmatrix}^{-1}=-\frac{1}{2}\begin{pmatrix}1&3&4\\0&2&0\\-1&-3&-2\end{pmatrix}$$

(3) $\boldsymbol{\gamma}=(1\ \ 2\ \ 3)'$ 在基 $S$ 下的坐标 $\boldsymbol{x}$ 满足 $(\boldsymbol{\alpha}_1\ \ \boldsymbol{\alpha}_2\ \ \boldsymbol{\alpha}_3)\boldsymbol{x}=\boldsymbol{\gamma}$,可求出

$$\boldsymbol{x}=\begin{pmatrix}1&1&1\\1&0&0\\1&-1&1\end{pmatrix}^{-1}\begin{pmatrix}1\\2\\3\end{pmatrix}=-\frac{1}{2}\begin{pmatrix}0&-2&0\\-1&0&1\\-1&2&-1\end{pmatrix}\begin{pmatrix}1\\2\\3\end{pmatrix}=\begin{pmatrix}2\\-1\\0\end{pmatrix}$$

$\boldsymbol{\gamma}=(1\ \ 2\ \ 3)'$ 在基 $T$ 下的坐标 $\boldsymbol{x}$ 满足 $(\boldsymbol{\beta}_1\ \ \boldsymbol{\beta}_2\ \ \boldsymbol{\beta}_3)\boldsymbol{y}=\boldsymbol{\gamma}$,可求出

$$\boldsymbol{y}=\begin{pmatrix}1&2&3\\2&3&4\\1&4&3\end{pmatrix}^{-1}\begin{pmatrix}1\\2\\3\end{pmatrix}=\frac{1}{4}\begin{pmatrix}-7&6&-1\\-2&0&2\\5&-2&-1\end{pmatrix}\begin{pmatrix}1\\2\\3\end{pmatrix}=\frac{1}{2}\begin{pmatrix}1\\2\\-1\end{pmatrix}$$

**【注】** 检验确有

$$\boldsymbol{y}=\boldsymbol{P}^{-1}\boldsymbol{x}=\begin{pmatrix}2&3&4\\0&-1&0\\-1&0&-1\end{pmatrix}^{-1}\begin{pmatrix}2\\-1\\0\end{pmatrix}=-\frac{1}{2}\begin{pmatrix}1&3&4\\0&2&0\\-1&-3&-2\end{pmatrix}\begin{pmatrix}2\\-1\\0\end{pmatrix}=\frac{1}{2}\begin{pmatrix}1\\2\\-1\end{pmatrix}$$

用初等行变换求过渡矩阵 $\boldsymbol{P}$ 的过程为

$$\begin{pmatrix}1&1&1&1&2&3\\1&0&0&2&3&4\\1&-1&1&1&4&3\end{pmatrix}\to\begin{pmatrix}1&1&1&1&2&3\\0&-1&-1&1&1&1\\0&-2&0&0&2&0\end{pmatrix}\to$$

$$\begin{pmatrix}1&1&1&1&2&3\\0&-1&-1&1&1&1\\0&1&0&0&-1&0\end{pmatrix}\rightarrow\begin{pmatrix}1&0&1&1&3&3\\0&0&-1&1&0&1\\0&1&0&0&-1&0\end{pmatrix}\rightarrow$$

$$\begin{pmatrix}1&0&1&1&3&3\\0&0&1&-1&0&-1\\0&1&0&0&-1&0\end{pmatrix}\rightarrow\begin{pmatrix}1&0&0&2&3&4\\0&1&0&0&-1&0\\0&0&1&-1&0&-1\end{pmatrix}$$

7. 设$\boldsymbol{\alpha}_1,\boldsymbol{\alpha}_2,\cdots,\boldsymbol{\alpha}_n$和$\boldsymbol{\beta}_1,\boldsymbol{\beta}_2,\cdots,\boldsymbol{\beta}_n$是$n$维向量空间$\mathbf{R}^n$的两个基,证明

$$W=\left\{\boldsymbol{\alpha}\in\mathbf{R}^n\,\middle|\,\boldsymbol{\alpha}=\sum_{i=1}^n x_i\boldsymbol{\alpha}_i=\sum_{i=1}^n x_i\boldsymbol{\beta}_i\right\}$$

是向量空间.

【证】　显然零向量$\mathbf{0}=\sum_{i=1}^n(0\times\boldsymbol{\alpha}_i)=\sum_{i=1}^n(0\times\boldsymbol{\beta}_i)\in W$,所以$W$是$\mathbf{R}^n$中的非空集合.

任取$\boldsymbol{\alpha},\boldsymbol{\beta}\in W$, $k\in\mathbf{R}$. 设

$$\boldsymbol{\alpha}=\sum_{i=1}^n x_i\boldsymbol{\alpha}_i=\sum_{i=1}^n x_i\boldsymbol{\beta}_i,\boldsymbol{\beta}=\sum_{i=1}^n y_i\boldsymbol{\alpha}_i=\sum_{i=1}^n y_i\boldsymbol{\beta}_i$$

则一定有

$$\boldsymbol{\alpha}+\boldsymbol{\beta}=\sum_{i=1}^n(x_i+y_i)\boldsymbol{\alpha}_i=\sum_{i=1}^n(x_i+y_i)\boldsymbol{\beta}_i\in W$$

$$k\boldsymbol{\alpha}=\sum_{i=1}^n kx_i\boldsymbol{\alpha}_i=\sum_{i=1}^n kx_i\boldsymbol{\beta}_i\in W$$

所以$W$是向量空间.

【注】　$\mathbf{R}^n$中的向量$\boldsymbol{\alpha}$属于向量空间$W$,当且仅当它在给定两个基下的坐标向量是相同的.

8. 在$\mathbf{R}^4$中取两个基

$$\boldsymbol{B}_1=\left\{\boldsymbol{e}_1=\begin{pmatrix}1\\0\\0\\0\end{pmatrix},\boldsymbol{e}_2=\begin{pmatrix}0\\1\\0\\0\end{pmatrix},\boldsymbol{e}_3=\begin{pmatrix}0\\0\\1\\0\end{pmatrix},\boldsymbol{e}_4=\begin{pmatrix}0\\0\\0\\1\end{pmatrix}\right\}$$

$$\boldsymbol{B}_2=\left\{\boldsymbol{\eta}_1=\begin{pmatrix}2\\1\\-1\\1\end{pmatrix},\boldsymbol{\eta}_2=\begin{pmatrix}0\\3\\1\\0\end{pmatrix},\boldsymbol{\eta}_3=\begin{pmatrix}5\\3\\2\\1\end{pmatrix},\boldsymbol{\eta}_4=\begin{pmatrix}6\\6\\1\\3\end{pmatrix}\right\}$$

求出所有的向量$\boldsymbol{\alpha}\in\mathbf{R}^4$,使得它在这两个基下的坐标向量相同.

【解】 $\boldsymbol{\alpha}=(x_1,x_2,x_3,x_4)'$ 在基 $\boldsymbol{B}_1$ 下的坐标向量就是 $\boldsymbol{\alpha}=(x_1,x_2,x_3,x_4)'$.

由

$$(\boldsymbol{\eta}_1\quad\boldsymbol{\eta}_2\quad\boldsymbol{\eta}_3\quad\boldsymbol{\eta}_4)=(\boldsymbol{e}_1\quad\boldsymbol{e}_2\quad\boldsymbol{e}_3\quad\boldsymbol{e}_4)\begin{pmatrix}2&0&5&6\\1&3&3&6\\-1&1&2&1\\1&0&1&3\end{pmatrix}=(\boldsymbol{e}_1\quad\boldsymbol{e}_2\quad\boldsymbol{e}_3\quad\boldsymbol{e}_4)\boldsymbol{P}$$

知 $\boldsymbol{\alpha}=(x_1,x_2,x_3,x_4)'$ 在基 $\boldsymbol{B}_2$ 下的坐标向量为 $\boldsymbol{\eta}=\boldsymbol{P}^{-1}\boldsymbol{\alpha}$,所以要求 $\boldsymbol{\alpha}=(x_1,x_2,x_3,x_4)'$ 满足$\boldsymbol{P}^{-1}\boldsymbol{\alpha}=\boldsymbol{\alpha}$,即 $\boldsymbol{\alpha}=\boldsymbol{P}\boldsymbol{\alpha}$,即求解齐次线性方程组

$$(\boldsymbol{P}-\boldsymbol{I}_4)\boldsymbol{\alpha}=\boldsymbol{0}$$

$$\begin{pmatrix}1&0&5&6\\1&2&3&6\\-1&1&1&1\\1&0&1&2\end{pmatrix}\begin{pmatrix}x_1\\x_2\\x_3\\x_4\end{pmatrix}=\begin{pmatrix}0\\0\\0\\0\end{pmatrix}$$

用初等行变换化简系数矩阵

$$\begin{pmatrix}1&0&5&6\\1&2&3&6\\-1&1&1&1\\1&0&1&2\end{pmatrix}\to\begin{pmatrix}1&0&5&6\\0&2&-2&0\\0&1&6&7\\0&0&-4&-4\end{pmatrix}\to\begin{pmatrix}1&0&5&6\\0&0&-14&-14\\0&1&6&7\\0&0&1&1\end{pmatrix}$$

$$\to\begin{pmatrix}1&0&0&1\\0&0&0&0\\0&1&0&1\\0&0&1&1\end{pmatrix}$$

同解方程组为 $x_1=x_2=x_3=-x_4$,可求出基础解系

$$\boldsymbol{\xi}=\begin{pmatrix}1\\1\\1\\-1\end{pmatrix}$$

于是所求的向量为 $\boldsymbol{\alpha}=k\begin{pmatrix}1\\1\\1\\-1\end{pmatrix}$, $k$ 为非零常数.

# 第四章　线性方程组

## §1　齐次线性方程组

### 一、定义

齐次线性方程组的一般形式为$\boldsymbol{Ax}=\boldsymbol{0}$,其中$\boldsymbol{A}=(a_{ij})_{m\times n}$为系数矩阵,$\boldsymbol{x}$为$n$维未知列向量,$\boldsymbol{0}$为$m$维零列向量.

$\boldsymbol{Ax}=\boldsymbol{0}$的解空间为$V=\{\boldsymbol{\xi}\mid \boldsymbol{A\xi}=\boldsymbol{0}\}$.

$\boldsymbol{Ax}=\boldsymbol{0}$的基础解系是解空间$V$中的极大无关组$\{\boldsymbol{\xi}_1,\boldsymbol{\xi}_2,\cdots,\boldsymbol{\xi}_s\}$,也就是$V$的基.

$\boldsymbol{Ax}=\boldsymbol{0}$的通解为

$$\boldsymbol{\xi}=k_1\boldsymbol{\xi}_1+k_2\boldsymbol{\xi}_2+\cdots+k_s\boldsymbol{\xi}_s$$

这里$k_1,k_2,\cdots,k_s$为任意常数.

### 二、基本结论

(1)$\boldsymbol{Ax}=\boldsymbol{0}$的任意多个解的任意线性组合必是其解.

(2)$\boldsymbol{Ax}=\boldsymbol{0}$的每一个基础解系中都含有$n-r$个解向量,这里,$r=R(\boldsymbol{A})$,即解空间$V$的维数$\dim V=n-r$,它就是$\boldsymbol{Ax}=\boldsymbol{0}$的自由变量个数. $\boldsymbol{Ax}=\boldsymbol{0}$的任意$n-r$个线性无关的解向量都是解空间$V$中的极大无关组,因而都是$\boldsymbol{Ax}=\boldsymbol{0}$的基础解系. 这就是基础解系缺一不可的“三要素”:它们必须是线性无关的解,而且向量个数必须是$n-r$.

(3) 当$\boldsymbol{A}$是$m\times n$矩阵时,$\boldsymbol{Ax}=\boldsymbol{0}$只有零解$\Leftrightarrow R(\boldsymbol{A})=n$. 此时,$\boldsymbol{Ax}=\boldsymbol{0}$没有基础解系;

$\boldsymbol{Ax}=\boldsymbol{0}$有非零解$\Leftrightarrow R(\boldsymbol{A})<n$. 此时,$\boldsymbol{Ax}=\boldsymbol{0}$有无穷多个基础解系.

当$m<n$时,$\boldsymbol{Ax}=\boldsymbol{0}$必有非零解,因此必有无穷多个基础解系.

(4) 当$\boldsymbol{A}$是$n$阶方阵时,$\boldsymbol{Ax}=\boldsymbol{0}$有非零解$\Leftrightarrow|\boldsymbol{A}|=0$;$\boldsymbol{Ax}=\boldsymbol{0}$只有零解$\Leftrightarrow|\boldsymbol{A}|\neq 0$.

(5) 若$\boldsymbol{Ax}=\boldsymbol{0}$与$\boldsymbol{Bx}=\boldsymbol{0}$是同解的齐次线性方程组,则必有$R(\boldsymbol{A})=R(\boldsymbol{B})$.

反之不成立.

(6) 对任意一个 $m\times n$ 矩阵 $\boldsymbol{A}$,都有秩关系式 $R(\boldsymbol{A}'\boldsymbol{A})=R(\boldsymbol{A})=R(\boldsymbol{A}\boldsymbol{A}')$.

## 三、求通解方法

先把系数矩阵 $\boldsymbol{A}$ 只用初等行变换化成行阶梯形矩阵 $\boldsymbol{T}$,则 $\boldsymbol{Ax}=\boldsymbol{0}$ 与 $\boldsymbol{Tx}=\boldsymbol{0}$ 是同解的,所以只需要求出 $\boldsymbol{Tx}=\boldsymbol{0}$ 的通解. 在求解时,尽量把行阶梯形矩阵 $\boldsymbol{T}$ 化简.

$\boldsymbol{Ax}=\boldsymbol{0}$ 的通解为

$$\boldsymbol{\xi}=k_1\boldsymbol{\xi}_1+k_2\boldsymbol{\xi}_2+\cdots+k_{n-r}\boldsymbol{\xi}_{n-r}$$

这里 $k_1,k_2,\cdots,k_{n-r}$ 为任意实数,$r=R(\boldsymbol{A})$.

1. 设 $\boldsymbol{A}$ 是 $m\times n$ 矩阵,它的秩为 $r\ (r<n)$,证明齐次线性方程组 $\boldsymbol{Ax}=\boldsymbol{0}$ 的任意 $n-r$ 个线性无关的解向量组必是它的基础解系.

【证】 设 $T=\{\boldsymbol{\eta}_1,\boldsymbol{\eta}_2,\cdots,\boldsymbol{\eta}_{n-r}\}$ 是由 $\boldsymbol{Ax}=\boldsymbol{0}$ 的 $n-r$ 个线性无关的解所组成的向量组.

任取 $\boldsymbol{Ax}=\boldsymbol{0}$ 的基础解系 $S=\{\boldsymbol{\xi}_1,\boldsymbol{\xi}_2,\cdots,\boldsymbol{\xi}_{n-r}\}$. 任取 $\boldsymbol{Ax}=\boldsymbol{0}$ 的解 $\boldsymbol{\eta}$.

因为 $\boldsymbol{Ax}=\boldsymbol{0}$ 的解空间 $V$ 的维数为 $n-r$,所以解向量组

$$\{\boldsymbol{\eta}_1,\boldsymbol{\eta}_2,\cdots,\boldsymbol{\eta}_{n-r},\boldsymbol{\eta}\}$$

必是线性相关组. 但 $T$ 是线性无关组,所以 $\boldsymbol{\eta}$ 必可由 $T$ 线性表出. 这就证明了 $T$ 是 $\boldsymbol{Ax}=\boldsymbol{0}$ 的解空间 $V$ 中的极大无关组,也就是 $\boldsymbol{Ax}=\boldsymbol{0}$ 的基础解系.

2. 考虑齐次线性方程组 $\boldsymbol{Ax}=\boldsymbol{0}$,其中 $\boldsymbol{A}$ 为 $n$ 阶不可逆矩阵. 如果 $\boldsymbol{A}$ 中存在某个元素 $a_{kl}$,它在行列式 $|\boldsymbol{A}|$ 中的代数余子式 $A_{kl}\neq 0$,证明以下列向量必是 $\boldsymbol{Ax}=\boldsymbol{0}$ 的基础解系

$$\boldsymbol{\xi}=(A_{k1}\ \ \cdots\ \ A_{kl}\ \ \cdots\ \ A_{kn})'$$

【证】 由 $|\boldsymbol{A}|=0$ 知 $R(\boldsymbol{A})=r<n$. 再据 $\boldsymbol{A}$ 中存在某个 $n-1$ 阶行列式 $M_{kl}=(-1)^{i+j}A_{kl}\neq 0$ 知 $R(\boldsymbol{A})=n-1$,所以 $\boldsymbol{Ax}=\boldsymbol{0}$ 的任意一个非零解必是 $\boldsymbol{Ax}=\boldsymbol{0}$ 的基础解系.

由行列式按一行的展开定理知

$$\boldsymbol{A\xi}=\begin{pmatrix} a_{11} & \cdots & a_{1l} & \cdots & a_{1n}\\ \vdots & & \vdots & & \vdots\\ a_{k1} & \cdots & a_{kl} & \cdots & a_{kn}\\ \vdots & & \vdots & & \vdots\\ a_{n1} & \cdots & a_{nl} & \cdots & a_{nn}\end{pmatrix}\begin{pmatrix} A_{k1}\\ \vdots\\ A_{kl}\\ \vdots\\ A_{kn}\end{pmatrix}=\begin{pmatrix} 0\\ \vdots\\ |\boldsymbol{A}|\\ \vdots\\ 0\end{pmatrix}=0$$

而 $\boldsymbol{\xi}$ 显然是非零向量,所以 $\boldsymbol{\xi}$ 必是 $\boldsymbol{Ax}=\boldsymbol{0}$ 的基础解系.

3. 设 $T=\{\boldsymbol{\xi}_1,\boldsymbol{\xi}_2,\cdots,\boldsymbol{\xi}_t\}$ 是 $n$ 元齐次线性方程组 $\boldsymbol{Ax}=\boldsymbol{0}$ 的基础解系,证明与 $T$ 等价的任意一个线性无关向量组 $M=\{\boldsymbol{\eta}_1,\boldsymbol{\eta}_2,\cdots,\boldsymbol{\eta}_m\}$ 一定也是 $\boldsymbol{Ax}=\boldsymbol{0}$ 的基础解系.

【证】　因为等价的线性无关向量组一定有相同个数的向量,所以必有 $m=t=n-R(\boldsymbol{A})$.

根据两个向量组等价的定义知道,每一个列向量 $\boldsymbol{\eta}_j$, $j=1,2,\cdots,t$,都是 $\boldsymbol{Ax}=\boldsymbol{0}$ 的基础解系 $T$ 的线性组合,所以它们都是 $\boldsymbol{Ax}=\boldsymbol{0}$ 的解,于是 $\boldsymbol{Ax}=\boldsymbol{0}$ 的 $t$ 个线性无关的解集 $M$ 一定也是 $\boldsymbol{Ax}=\boldsymbol{0}$ 的基础解系.

4. 设向量组 $\{\boldsymbol{\alpha}_1,\boldsymbol{\alpha}_2\}$ 是齐次线性方程组 $\boldsymbol{Ax}=\boldsymbol{0}$ 的基础解系

$$\boldsymbol{\beta}_1=k_{11}\boldsymbol{\alpha}_1+k_{12}\boldsymbol{\alpha}_2,\boldsymbol{\beta}_2=k_{21}\boldsymbol{\alpha}_1+k_{22}\boldsymbol{\alpha}_2$$

证明 $\{\boldsymbol{\beta}_1,\boldsymbol{\beta}_2\}$ 是 $\boldsymbol{Ax}=\boldsymbol{0}$ 的基础解系当且仅当 $\boldsymbol{P}=\begin{pmatrix}k_{11} & k_{12}\\ k_{21} & k_{22}\end{pmatrix}$ 是可逆矩阵.

【证】　$\{\boldsymbol{\beta}_1,\boldsymbol{\beta}_2\}$ 显然是 $\boldsymbol{Ax}=\boldsymbol{0}$ 的两个解. 由条件知有矩阵等式

$$(\boldsymbol{\beta}_1\quad\boldsymbol{\beta}_2)=(\boldsymbol{\alpha}_1\quad\boldsymbol{\alpha}_2)\begin{pmatrix}k_{11} & k_{21}\\ k_{12} & k_{22}\end{pmatrix}$$

记为 $\boldsymbol{B}=\boldsymbol{AP}$.

两个解向量 $\{\boldsymbol{\beta}_1,\boldsymbol{\beta}_2\}$ 是 $\boldsymbol{Ax}=\boldsymbol{0}$ 的基础解系当且仅当它们线性无关,即 $R(\boldsymbol{B})=2$.

因为 $R(\boldsymbol{A})=2$,所以 $R(\boldsymbol{B})=2\Leftrightarrow R(\boldsymbol{P})=2\Leftrightarrow\boldsymbol{P}$ 为可逆矩阵.

5. 设 $\boldsymbol{A}$ 是 $m\times n$ 矩阵. 如果 $\{\boldsymbol{\alpha}_1,\boldsymbol{\alpha}_2,\cdots,\boldsymbol{\alpha}_s\}$ 与 $\{\boldsymbol{\beta}_1,\boldsymbol{\beta}_2,\cdots,\boldsymbol{\beta}_t\}$ 都是齐次线性方程组 $\boldsymbol{Ax}=\boldsymbol{0}$ 的基础解系,证明必有可逆矩阵 $\boldsymbol{P}$ 使得

$$(\boldsymbol{\alpha}_1\quad\boldsymbol{\alpha}_2\quad\cdots\quad\boldsymbol{\alpha}_s)=(\boldsymbol{\beta}_1\quad\boldsymbol{\beta}_2\quad\cdots\quad\boldsymbol{\beta}_t)\boldsymbol{P}$$

【证】　首先有 $s=t=n-R(\boldsymbol{A})$.

因为 $\{\boldsymbol{\alpha}_1,\boldsymbol{\alpha}_2,\cdots,\boldsymbol{\alpha}_s\}$ 与 $\{\boldsymbol{\beta}_1,\boldsymbol{\beta}_2,\cdots,\boldsymbol{\beta}_t\}$ 是同一个方程组 $\boldsymbol{Ax}=\boldsymbol{0}$ 的基础解系,它们必等价,所以必存在 $t$ 阶方阵 $\boldsymbol{P}$ 和 $\boldsymbol{Q}$ 使得

$$(\boldsymbol{\alpha}_1\quad\boldsymbol{\alpha}_2\quad\cdots\quad\boldsymbol{\alpha}_t)=(\boldsymbol{\beta}_1\quad\boldsymbol{\beta}_2\quad\cdots\quad\boldsymbol{\beta}_t)\boldsymbol{P}$$

和

$$(\boldsymbol{\beta}_1\quad\boldsymbol{\beta}_2\quad\cdots\quad\boldsymbol{\beta}_t)=(\boldsymbol{\alpha}_1\quad\boldsymbol{\alpha}_2\quad\cdots\quad\boldsymbol{\alpha}_t)\boldsymbol{Q}$$

于是

$$(\boldsymbol{\beta}_1\quad\boldsymbol{\beta}_2\quad\cdots\quad\boldsymbol{\beta}_t)=(\boldsymbol{\beta}_1\quad\boldsymbol{\beta}_2\quad\cdots\quad\boldsymbol{\beta}_t)\boldsymbol{PQ}$$

$$(\boldsymbol{\beta}_1\quad\boldsymbol{\beta}_2\quad\cdots\quad\boldsymbol{\beta}_t)(\boldsymbol{I}_t-\boldsymbol{PQ})=\boldsymbol{O}$$

因为 $(\boldsymbol{\beta}_1,\boldsymbol{\beta}_2,\cdots,\boldsymbol{\beta}_t)$ 是列满秩矩阵,所以必有 $\boldsymbol{I}_t=\boldsymbol{PQ}$. 这就证明了 $\boldsymbol{P}$ 是 $t$ 阶可逆矩阵使得

$$(\boldsymbol{\alpha}_1\quad\boldsymbol{\alpha}_2\quad\cdots\quad\boldsymbol{\alpha}_t)=(\boldsymbol{\beta}_1\quad\boldsymbol{\beta}_2\quad\cdots\quad\boldsymbol{\beta}_t)\boldsymbol{P}$$

6. 设 $n$ 元齐次线性方程组 $\boldsymbol{Ax}=\boldsymbol{0}$ 的系数矩阵的秩为 $r$,$S=\{\boldsymbol{\xi}_1,\boldsymbol{\xi}_2,\cdots,\boldsymbol{\xi}_m\}$ 是它的任意一个解向量组,证明秩 $R(S)\leqslant n-r$.

【证】 因为 $\boldsymbol{Ax}=\boldsymbol{0}$ 的解空间 $V$ 的维数 $\dim V=n-r$,而 $S\subset V$,所以 $S$ 中线性无关向量最大个数

$$R(S)\leqslant \dim V=n-r$$

7. 设 $\boldsymbol{A}$ 是 $m\times n$ 矩阵. 如果 $R(\boldsymbol{A})=r<n$,证明必存在秩为 $n-r$ 的 $n\times(n-r)$ 矩阵 $\boldsymbol{B}$ 使得 $\boldsymbol{AB}=\boldsymbol{O}$.

【证】 因为 $R(\boldsymbol{A})=r<n$,所以齐次线性方程组 $\boldsymbol{Ax}=\boldsymbol{0}$ 必有基础解系 $\{\boldsymbol{\xi}_1,\boldsymbol{\xi}_2,\cdots,\boldsymbol{\xi}_{n-r}\}$. 令

$$\boldsymbol{B}=(\boldsymbol{\xi}_1,\boldsymbol{\xi}_2,\cdots,\boldsymbol{\xi}_{n-r})$$

必有 $\boldsymbol{AB}=\boldsymbol{O}$,且 $\boldsymbol{B}$ 是秩为 $n-r$ 的 $n\times(n-r)$ 矩阵.

8. 设 $\boldsymbol{D}=\begin{pmatrix}\lambda\boldsymbol{I}_r & \boldsymbol{O}\\ \boldsymbol{O} & \mu\boldsymbol{I}_{n-r}\end{pmatrix}$,$\lambda\neq\mu$,证明齐次线性方程组 $(\lambda\boldsymbol{I}_n-\boldsymbol{D})\boldsymbol{x}=\boldsymbol{0}$ 的线性无关的解向量的最大个数为 $r$.

【证】 因为 $\lambda\neq\mu$,$\lambda\boldsymbol{I}_n-\boldsymbol{D}=\begin{pmatrix}\boldsymbol{O} & \boldsymbol{O}\\ \boldsymbol{O} & (\lambda-\mu)\boldsymbol{I}_{n-r}\end{pmatrix}$ 的秩为 $n-r$,所以 $(\lambda\boldsymbol{I}_n-\boldsymbol{D})\boldsymbol{x}=\boldsymbol{0}$ 的基础解系中解向量的个数为 $n-(n-r)=r$,即它的线性无关的解向量的最大个数为 $r$.

9. 设 $\boldsymbol{\alpha}_1,\boldsymbol{\alpha}_2,\boldsymbol{\alpha}_3$ 是 $\boldsymbol{Ax}=\boldsymbol{0}$ 的基础解系,问以下向量组是不是它的基础解系?

(1) $\boldsymbol{\alpha}_1,\boldsymbol{\alpha}_1-\boldsymbol{\alpha}_2,\boldsymbol{\alpha}_1-\boldsymbol{\alpha}_2-\boldsymbol{\alpha}_3$.

(2) $\boldsymbol{\alpha}_1-\boldsymbol{\alpha}_2,\boldsymbol{\alpha}_2-\boldsymbol{\alpha}_3,\boldsymbol{\alpha}_3-\boldsymbol{\alpha}_1$.

(3) $\boldsymbol{\alpha}_1+\boldsymbol{\alpha}_2,\boldsymbol{\alpha}_1+3\boldsymbol{\alpha}_2+2\boldsymbol{\alpha}_3,2\boldsymbol{\alpha}_1+\boldsymbol{\alpha}_2$.

【解】 (1) 因为

$$(\boldsymbol{\alpha}_1\quad \boldsymbol{\alpha}_1-\boldsymbol{\alpha}_2\quad \boldsymbol{\alpha}_1-\boldsymbol{\alpha}_2-\boldsymbol{\alpha}_3)=(\boldsymbol{\alpha}_1\quad\boldsymbol{\alpha}_2\quad\boldsymbol{\alpha}_3)\begin{pmatrix}1&1&1\\0&-1&-1\\0&0&-1\end{pmatrix}$$

中的表出矩阵是可逆矩阵,而 $\boldsymbol{\alpha}_1,\boldsymbol{\alpha}_2,\boldsymbol{\alpha}_3$ 线性无关,所以 $\boldsymbol{\alpha}_1,\boldsymbol{\alpha}_1-\boldsymbol{\alpha}_2,\boldsymbol{\alpha}_1-\boldsymbol{\alpha}_2-\boldsymbol{\alpha}_3$ 必线性无关. 于是,这三个线性无关解必是 $\boldsymbol{Ax}=\boldsymbol{0}$ 的基础解系.

(2) 用直观法可以看出,$\boldsymbol{\alpha}_1-\boldsymbol{\alpha}_2,\boldsymbol{\alpha}_2-\boldsymbol{\alpha}_3,\boldsymbol{\alpha}_3-\boldsymbol{\alpha}_1$ 之和为零向量,这说明这三个向量线性相关,所以,它们不是 $\boldsymbol{Ax}=\boldsymbol{0}$ 的基础解系.

(3) 因为

$$(\boldsymbol{\alpha}_1+\boldsymbol{\alpha}_2\quad \boldsymbol{\alpha}_1+3\boldsymbol{\alpha}_2+2\boldsymbol{\alpha}_3\quad 2\boldsymbol{\alpha}_1+\boldsymbol{\alpha}_2)=(\boldsymbol{\alpha}_1\quad\boldsymbol{\alpha}_2\quad\boldsymbol{\alpha}_3)\begin{pmatrix}1&1&2\\1&3&1\\0&2&0\end{pmatrix}$$

中的表出矩阵是可逆矩阵，而$\boldsymbol{\alpha}_1$，$\boldsymbol{\alpha}_2$，$\boldsymbol{\alpha}_3$ 线性无关，所以$\boldsymbol{\alpha}_1+\boldsymbol{\alpha}_2$，$\boldsymbol{\alpha}_1+3\boldsymbol{\alpha}_2+2\boldsymbol{\alpha}_3$，$2\boldsymbol{\alpha}_1+\boldsymbol{\alpha}_2$ 线性无关，这三个线性无关解必是 $\boldsymbol{Ax}=\boldsymbol{0}$ 的基础解系.

**【注】**　由$\boldsymbol{\alpha}_1$，$\boldsymbol{\alpha}_2$，$\boldsymbol{\alpha}_3$ 是 $\boldsymbol{Ax}=\boldsymbol{0}$ 的基础解系知 $n-R(\boldsymbol{A})=3$，所以 $\boldsymbol{Ax}=\boldsymbol{0}$ 的任意三个线性无关的解都是 $\boldsymbol{Ax}=\boldsymbol{0}$ 的基础解系.

因为上述这些向量都是 $\boldsymbol{Ax}=\boldsymbol{0}$ 的解$\boldsymbol{\alpha}_1$，$\boldsymbol{\alpha}_2$，$\boldsymbol{\alpha}_3$ 的线性组合，显然都是 $\boldsymbol{Ax}=\boldsymbol{0}$ 的解，所以只要判定它们是不是线性无关组，即可判定它们是不是 $\boldsymbol{Ax}=\boldsymbol{0}$ 的基础解系. 当

$$\boldsymbol{B}=(\boldsymbol{\alpha}_1\quad\boldsymbol{\alpha}_2\quad\boldsymbol{\alpha}_3)\boldsymbol{P}$$

中的表出矩阵 $\boldsymbol{P}$ 是可逆矩阵时，必有 $R(\boldsymbol{B})=R(\boldsymbol{\alpha}_1\quad\boldsymbol{\alpha}_2\quad\boldsymbol{\alpha}_3)=3$，$\boldsymbol{B}$ 中的三个列向量线性无关.

(1) 也可直接证明$\boldsymbol{\beta}_1=\boldsymbol{\alpha}_1$，$\boldsymbol{\beta}_2=\boldsymbol{\alpha}_1-\boldsymbol{\alpha}_2$，$\boldsymbol{\beta}_3=\boldsymbol{\alpha}_1-\boldsymbol{\alpha}_2-\boldsymbol{\alpha}_3$ 是线性无关向量组. 设

$$k_1\boldsymbol{\beta}_1+k_2\boldsymbol{\beta}_2+k_3\boldsymbol{\beta}_3=\boldsymbol{0}$$

即

$$k_1\boldsymbol{\alpha}_1+k_2(\boldsymbol{\alpha}_1-\boldsymbol{\alpha}_2)+k_3(\boldsymbol{\alpha}_1-\boldsymbol{\alpha}_2-\boldsymbol{\alpha}_3)=\boldsymbol{0}$$
$$(k_1+k_2+k_3)\boldsymbol{\alpha}_1-(k_2+k_3)\boldsymbol{\alpha}_2-k_3\boldsymbol{\alpha}_3=\boldsymbol{0}$$

因为$\boldsymbol{\alpha}_1$，$\boldsymbol{\alpha}_2$，$\boldsymbol{\alpha}_3$ 线性无关，所以必有 $k_1+k_2+k_3=0$，$k_2+k_3=0$，$k_3=0$，即 $k_1=k_2=k_3=0$.

(2) 也可根据

$$(\boldsymbol{\alpha}_1-\boldsymbol{\alpha}_2\quad\boldsymbol{\alpha}_2-\boldsymbol{\alpha}_3\quad-\boldsymbol{\alpha}_1+\boldsymbol{\alpha}_3)=(\boldsymbol{\alpha}_1\quad\boldsymbol{\alpha}_2\quad\boldsymbol{\alpha}_3)\begin{pmatrix}1&0&-1\\-1&1&0\\0&-1&1\end{pmatrix}$$

中的表出矩阵是不可逆矩阵，知道$\boldsymbol{\alpha}_1-\boldsymbol{\alpha}_2$，$\boldsymbol{\alpha}_2-\boldsymbol{\alpha}_3$，$\boldsymbol{\alpha}_3-\boldsymbol{\alpha}_1$ 线性相关.

本题中所用的建立矩阵等式，并用矩阵的秩的理论证明向量组的线性无关性，是一种常用的方法

10. 设 $\boldsymbol{A}$ 为 $m\times k$ 矩阵，$\boldsymbol{B}$ 为 $n\times k$ 矩阵，如果齐次线性方程组 $\boldsymbol{Ax}=\boldsymbol{0}$ 与 $\boldsymbol{Bx}=\boldsymbol{0}$ 同解，证明 $R(\boldsymbol{A})=R(\boldsymbol{B})$.

**【证】**　若 $\boldsymbol{Ax}=\boldsymbol{0}$ 与 $\boldsymbol{Bx}=\boldsymbol{0}$ 同解，则必有相同的基础解系，所以由 $n-R(\boldsymbol{A})=n-R(\boldsymbol{B})$ 即得 $R(\boldsymbol{A})=R(\boldsymbol{B})$.

**【注】**　当 $R(\boldsymbol{A})=R(\boldsymbol{B})$ 时，$\boldsymbol{Ax}=\boldsymbol{0}$ 与 $\boldsymbol{Bx}=\boldsymbol{0}$ 未必同解.

11. 证明对任意一个 $m\times n$ 实矩阵 $\boldsymbol{A}$，都有秩关系式

$$R(\boldsymbol{A}'\boldsymbol{A})=R(\boldsymbol{A})=R(\boldsymbol{AA}')$$

**【证】**　只要证明 $\boldsymbol{A}'\boldsymbol{Ax}=\boldsymbol{0}$ 与 $\boldsymbol{Ax}=\boldsymbol{0}$ 是同解的齐次线性方程组.

当 $\boldsymbol{A\xi}=\boldsymbol{0}$ 时必有 $\boldsymbol{A}'\boldsymbol{A\xi}=\boldsymbol{0}$. 反之，当 $\boldsymbol{A}'\boldsymbol{A\xi}=\boldsymbol{0}$ 时，必有 $\boldsymbol{\xi}'\boldsymbol{A}'\boldsymbol{A\xi}=\boldsymbol{0}$. 令

$$y = A\boldsymbol{\xi} = (y_1, y_2, \cdots, y_m)'$$

则有
$$y'y = \sum_{i=1}^{m} y_i^2 = 0$$

因为 $y$ 是实向量，必有 $y = A\boldsymbol{\xi} = \mathbf{0}$.

这就证明了 $A'Ax = \mathbf{0}$ 与 $Ax = \mathbf{0}$ 是同解的齐次线性方程组，于是必有 $R(A'A) = R(A)$ 和

$$R(AA') = R((A')'A') = R(A') = R(A)$$

12. $m < n$ 是含 $m$ 个方程、$n$ 个变量的齐次线性方程组 $Ax = \mathbf{0}$ 有非零解的(　　)条件.

(A) 充分非必要　　(B) 必要非充分

(C) 充分必要　　(D) 无关

【解】 应选(A). 因为当 $m < n$ 时，一定有 $R(A) \leqslant \min\{m,n\} \leqslant m < n$，$Ax = \mathbf{0}$ 必有非零解.

但当 $m \geqslant n$ 时，$Ax = \mathbf{0}$ 也可能有非零解.

例如，$\begin{cases} x + y = 0 \\ 2x + 2y = 0 \end{cases}$ 有非零解，所以 $m < n$ 不是 $Ax = \mathbf{0}$ 有非零解的必要条件.

13. 设 $\{\boldsymbol{\xi}_1, \boldsymbol{\xi}_2, \boldsymbol{\xi}_3\}$ 是齐次线性方程组 $Ax = \mathbf{0}$ 的基础解系，则(　　)也是它的基础解系.

(A) $\boldsymbol{\xi}_1, \boldsymbol{\xi}_2, \boldsymbol{\xi}_3$ 的任意一个等价向量组

(B) $\boldsymbol{\xi}_1, \boldsymbol{\xi}_2, \boldsymbol{\xi}_3$ 的任意一个等秩向量组

(C) $\boldsymbol{\xi}_1 + \boldsymbol{\xi}_2, \boldsymbol{\xi}_2 + \boldsymbol{\xi}_3, \boldsymbol{\xi}_3 - \boldsymbol{\xi}_1$

(D) $\boldsymbol{\xi}_1 + \boldsymbol{\xi}_2, \boldsymbol{\xi}_2 - \boldsymbol{\xi}_3, \boldsymbol{\xi}_3 - \boldsymbol{\xi}_1$

【解】 因为已知三个向量 $\{\boldsymbol{\xi}_1, \boldsymbol{\xi}_2, \boldsymbol{\xi}_3\}$ 是 $Ax = \mathbf{0}$ 的基础解系，所以某三个向量是 $Ax = \mathbf{0}$ 的基础解系当且仅当它们是 $Ax = \mathbf{0}$ 的线性无关的解.

考察(D) 中的三个向量. 因为

$$(\boldsymbol{\xi}_1 + \boldsymbol{\xi}_2 \quad \boldsymbol{\xi}_2 - \boldsymbol{\xi}_3 \quad \boldsymbol{\xi}_3 - \boldsymbol{\xi}_1) = (\boldsymbol{\xi}_1 \quad \boldsymbol{\xi}_2 \quad \boldsymbol{\xi}_3)\begin{pmatrix} 1 & 0 & -1 \\ 1 & 1 & 0 \\ 0 & -1 & 1 \end{pmatrix}$$

中的表出矩阵是可逆矩阵，所以 $\boldsymbol{\xi}_1 + \boldsymbol{\xi}_2, \boldsymbol{\xi}_2 - \boldsymbol{\xi}_3, \boldsymbol{\xi}_3 - \boldsymbol{\xi}_1$ 是 $Ax = \mathbf{0}$ 的三个线性无关的解向量，一定是 $Ax = \mathbf{0}$ 的基础解系. 所以应选(D).

【注】 (A) 不正确. 因为与 $\{\boldsymbol{\xi}_1, \boldsymbol{\xi}_2, \boldsymbol{\xi}_3\}$ 等价的向量组中向量的个数未必为三个，且未必线性无关.

(B) 不正确. 因为与 $\{\boldsymbol{\xi}_1, \boldsymbol{\xi}_2, \boldsymbol{\xi}_3\}$ 等秩的向量组未必是 $Ax = \mathbf{0}$ 的解，且未

必线性无关,向量的个数未必为三个.

(C) 不正确. 因为$\boldsymbol{\xi}_1+\boldsymbol{\xi}_2,\boldsymbol{\xi}_2+\boldsymbol{\xi}_3,\boldsymbol{\xi}_3-\boldsymbol{\xi}_1$是三个线性相关的向量,它们满足

$$\boldsymbol{\xi}_3-\boldsymbol{\xi}_1=(\boldsymbol{\xi}_2+\boldsymbol{\xi}_3)-(\boldsymbol{\xi}_1+\boldsymbol{\xi}_2)$$

14. 设$\boldsymbol{\xi}_1,\boldsymbol{\xi}_2,\cdots,\boldsymbol{\xi}_s$是含$n$个变量的齐次线性方程组$\boldsymbol{Ax}=\boldsymbol{0}$的基础解系,则(　　).

(A)$s-R(\boldsymbol{A})=n$

(B)$\boldsymbol{Ax}=\boldsymbol{0}$的任意$s+1$个解向量一定线性相关

(C)$\boldsymbol{\xi}_1,\boldsymbol{\xi}_2,\cdots,\boldsymbol{\xi}_s$可能是线性相关向量组

(D)$\boldsymbol{Ax}=\boldsymbol{0}$的任意$s-1$个解向量一定线性相关

**【解】**　因为$\boldsymbol{\xi}_1,\boldsymbol{\xi}_2,\cdots,\boldsymbol{\xi}_s$是$\boldsymbol{Ax}=\boldsymbol{0}$的解空间的极大无关组,所以任意$s+1$个解向量一定线性相关. 应选(B).

**【注】**　正确的关系式是$s=n-R(\boldsymbol{A})$,所以(A) 不正确.

(C) 不正确. 因为$\boldsymbol{\xi}_1,\boldsymbol{\xi}_2,\cdots,\boldsymbol{\xi}_s$一定是线性无关向量组.

(D) 显然不正确. 例如,$\boldsymbol{\xi}_1,\boldsymbol{\xi}_2,\cdots,\boldsymbol{\xi}_{s-1}$就是线性无关的解向量组.

15. 设$\boldsymbol{A}$和$\boldsymbol{B}$是两个同阶方阵,则$\boldsymbol{A}$与$\boldsymbol{B}$等价的充分必要条件是(　　).

(A) $\boldsymbol{A}$与$\boldsymbol{B}$相似

(B) $\boldsymbol{A}$与$\boldsymbol{B}$合同

(C) 方程组$\boldsymbol{Ax}=\boldsymbol{0}$与$\boldsymbol{B}x=\boldsymbol{0}$的解空间有相同的维数

(D) 方程组$\boldsymbol{Ax}=\boldsymbol{0}$与$\boldsymbol{Bx}=\boldsymbol{0}$是同解方程组

**【解】**　(C) 是正确选择. 因为$\boldsymbol{A}$和$\boldsymbol{B}$等价当且仅当$\boldsymbol{A}$和$\boldsymbol{B}$同秩,即$n-R(\boldsymbol{A})=n-R(\boldsymbol{B})$,即$\boldsymbol{Ax}=\boldsymbol{0}$与$\boldsymbol{Bx}=\boldsymbol{0}$的解空间有相同的维数,所以应选(C).

**【注】**　当$\boldsymbol{A}$与$\boldsymbol{B}$等价时,它们的秩相同,$\boldsymbol{Ax}=\boldsymbol{0}$与$\boldsymbol{Bx}=\boldsymbol{0}$的解空间有相同的维数,但这并不是说,它们一定是同解的方程组,所以(D) 不正确. 反之,当$\boldsymbol{Ax}=\boldsymbol{0}$与$\boldsymbol{Bx}=\boldsymbol{0}$同解时,必有$R(\boldsymbol{A})=R(\boldsymbol{B})$,$\boldsymbol{A}$与$\boldsymbol{B}$必等价. 所以(D) 是$\boldsymbol{A}$和$\boldsymbol{B}$等价的充分而非必要条件.

两个$n$阶方阵$\boldsymbol{A}$与$\boldsymbol{B}$相似指的是存在$n$阶可逆矩阵$\boldsymbol{P}$使得$\boldsymbol{B}=\boldsymbol{P}^{-1}\boldsymbol{AP}$;$\boldsymbol{A}$与$\boldsymbol{B}$合同指的是存在$n$阶可逆矩阵$\boldsymbol{P}$使得$\boldsymbol{B}=\boldsymbol{P}'\boldsymbol{AP}$. 相似方阵一定等价,合同方阵一定等价,但等价的方阵未必相似,也未必合同,所以(A) 和(B) 都是$\boldsymbol{A}$和$\boldsymbol{B}$等价的充分而非必要条件.

16. 设$\boldsymbol{A}$是$m\times n$矩阵,$\boldsymbol{B}$是$n\times m$矩阵,则对$\boldsymbol{ABx}=\boldsymbol{0}$,命题(　　)正确.

(A) 当$n>m$时,它只有零解

(B) 当$n>m$时,它一定有非零解

(C) 当$m>n$时,它只有零解

(D) 当 $m>n$ 时,它一定有非零解

【解】 $\boldsymbol{AB}$ 是 $m$ 阶方阵. 当 $m>n$ 时, 必有 $R(\boldsymbol{AB})\leqslant\min\{R(\boldsymbol{A}),R(\boldsymbol{B})\}\leqslant n<m$,于是,$\boldsymbol{ABx}=\boldsymbol{0}$ 一定有非零解. 故(D) 正确.

【注】 由(D) 正确知道(C) 不正确.

若 $n>m$,则有 $R(\boldsymbol{AB})\leqslant m<n$. 当 $R(\boldsymbol{AB})=m$ 时,$\boldsymbol{AB}$ 为 $m$ 阶可逆矩阵,$\boldsymbol{ABx}=\boldsymbol{0}$ 仅有零解;当 $R(\boldsymbol{AB})<m$ 时,$\boldsymbol{ABx}=\boldsymbol{0}$ 有无穷多解. 这说明仅根据 $n>m$,并不能断定 $\boldsymbol{ABx}=\boldsymbol{0}$ 是否有非零解. 故(A) 和(B) 都不正确.

17. 设在齐次线性方程组 $\boldsymbol{Ax}=\boldsymbol{0}$ , $\boldsymbol{Bx}=\boldsymbol{0}$ 中,$\boldsymbol{A}$ 和 $\boldsymbol{B}$ 都是 $m\times n$ 矩阵. 现有以下四个命题:

(1) 若 $\boldsymbol{Ax}=\boldsymbol{0}$ 的解都是 $\boldsymbol{Bx}=\boldsymbol{0}$ 的解,则一定有 $R(\boldsymbol{A})\geqslant R(\boldsymbol{B})$.

(2) 若 $R(\boldsymbol{A})\geqslant R(\boldsymbol{B})$,则 $\boldsymbol{Ax}=\boldsymbol{0}$ 的解一定都是 $\boldsymbol{Bx}=\boldsymbol{0}$ 的解.

(3) 若 $\boldsymbol{Ax}=\boldsymbol{0}$ 与 $\boldsymbol{Bx}=\boldsymbol{0}$ 同解,则一定有 $R(\boldsymbol{A})=R(\boldsymbol{B})$.

(4) 若 $R(\boldsymbol{A})=R(\boldsymbol{B})$,则 $\boldsymbol{Ax}=\boldsymbol{0}$ 与 $\boldsymbol{Bx}=\boldsymbol{0}$ 一定同解.

在以上四个命题中,正确的是(　　).

(A)(1) 和(2)　　　　(B) (1) 和(3)

(C)(2) 和(4)　　　　(D)(3) 和(4)

【解】 应选(B). 设 $\boldsymbol{Ax}=\boldsymbol{0}$ 的基础解系为 $S=\{\boldsymbol{\alpha}_1,\boldsymbol{\alpha}_2,\cdots,\boldsymbol{\alpha}_s\}$ , $s=n-R(\boldsymbol{A})$,$\boldsymbol{Bx}=\boldsymbol{0}$ 的基础解系为 $T=\{\boldsymbol{\beta}_1,\boldsymbol{\beta}_2,\cdots,\boldsymbol{\beta}_t\}$ , $t=n-R(\boldsymbol{B})$.

若 $\boldsymbol{Ax}=\boldsymbol{0}$ 的解都是 $\boldsymbol{Bx}=\boldsymbol{0}$ 的解,则 $S$ 可由 $T$ 线性表出,但 $S$ 是线性无关组,所以一定有 $s\leqslant t$ ,即 $n-R(\boldsymbol{A})\leqslant n-R(\boldsymbol{B})$,于是必有 $R(\boldsymbol{A})\geqslant R(\boldsymbol{B})$. 这说明命题(1) 正确.

若 $\boldsymbol{Ax}=\boldsymbol{0}$ 与 $\boldsymbol{Bx}=\boldsymbol{0}$ 同解,则 $n-R(\boldsymbol{A})=n-R(\boldsymbol{B})$,即 $R(\boldsymbol{A})=R(\boldsymbol{B})$. 这说明命题(3) 正确.

【注】 另证命题(1) 是正确的. 若 $\boldsymbol{Ax}=\boldsymbol{0}$ 的解都是 $\boldsymbol{Bx}=\boldsymbol{0}$ 的解,则 $\boldsymbol{Ax}=\boldsymbol{0}$ 的解空间必是 $\boldsymbol{Bx}=\boldsymbol{0}$ 的解空间的子集,所以一定有 $n-R(\boldsymbol{A})\leqslant n-R(\boldsymbol{B})$ , $R(\boldsymbol{A})\geqslant R(\boldsymbol{B})$.

命题(2) 和(4) 显然不正确. 当 $R(\boldsymbol{A})\geqslant R(\boldsymbol{B})$ 或者 $R(\boldsymbol{A})=R(\boldsymbol{B})$ 时,$\boldsymbol{Ax}=\boldsymbol{0}$ 与 $\boldsymbol{Bx}=\boldsymbol{0}$ 的解之间可能毫无关系.

18. 若齐次线性方程组 $\begin{cases}a_{11}x_1+a_{12}x_2+a_{13}x_3=0.5x_1\\a_{21}x_1+a_{22}x_2+a_{23}x_3=0.5x_2\\a_{31}x_1+a_{32}x_2+a_{33}x_3=0.5x_3\end{cases}$ 中所有 $a_{ij}$ 都是整数,则(　　).

(A) 此方程组必有唯一解

(B) 此方程组必无解

(C) 此方程组必有无穷多解

(D) 此方程组既可能无解,也可能有无穷多解

**【解】** 因为齐次线性方程组必有解,所以(B) 和(D) 显然不正确. 再求系数矩阵的行列式

$$|A| = \begin{vmatrix} a_{11}-0.5 & a_{12} & a_{13} \\ a_{21} & a_{22}-0.5 & a_{23} \\ a_{31} & a_{32} & a_{33}-0.5 \end{vmatrix}$$

$$= \frac{1}{8}\begin{vmatrix} 2a_{11}-1 & 2a_{12} & 2a_{13} \\ 2a_{21} & 2a_{22}-1 & 2a_{23} \\ 2a_{31} & 2a_{32} & 2a_{33}-1 \end{vmatrix} = \frac{1}{8}D$$

在3阶行列式 $D$ 的展开式中,共有六项. 除三个对角元的乘积这一项是奇数以外,其余五项显然都是偶数,所以必有 $|D| \neq 0$ , $|A| \neq 0$,$A$ 为可逆矩阵. $Ax = 0$ 只有唯一(零) 解,故应选(A).

19. 设 $M_i(x_i, y_i, z_i)$ $(i = 1, 2, \cdots, n)$ 是三维空间中 $n$ $(n \geqslant 4)$ 个相异的点. 记

$$A = \begin{pmatrix} x_1 & y_1 & z_1 & 1 \\ x_2 & y_2 & z_2 & 1 \\ \vdots & \vdots & \vdots & \vdots \\ x_n & y_n & z_n & 1 \end{pmatrix},\ R(A) = r$$

则 $M_1, M_2, \cdots, M_n$ 共面的充要条件是(　　).

(A) $r = 1$　　(B) $r = 2$　　(C) $r = 3$　　(D) $2 \leqslant r \leqslant 3$

**【解】** 首先,由这 $n$ 个点为两两互异点知 $r \geqslant 2$.

其次,如果这 $n$ 个点都在平面

$$aX + bY + cZ + d = 0$$

即　　$ax_i + by_i + cz_i + d = 0$ , $i = 1, 2, \cdots, n$

上,这说明如下三元非齐次线性方程组就有非零解$(a, b, c)$

$$\begin{cases} x_1X + y_1Y + z_1Z + d = 0 \\ x_2X + y_2Y + z_2Z + d = 0 \\ \vdots \\ x_nX + y_nY + z_nZ + d = 0 \end{cases}$$

于是必有 $r = R(A) \leqslant 3$.

反之,若 $2 \leqslant r \leqslant 3$,则此方程组必有非零解,这 $n$ 个点必共面. 故应选(D).

20. 设 $a$ , $b$ , $c$ , $d$ 是不全为零的实数,证明以下线性方程组只有零解

$$\begin{cases} ax_1 + bx_2 + cx_3 + dx_4 = 0 \\ bx_1 - ax_2 + dx_3 - cx_4 = 0 \\ cx_1 - dx_2 - ax_3 + bx_4 = 0 \\ dx_1 + cx_2 - bx_3 - ax_4 = 0 \end{cases}$$

**【解】** 系数矩阵 $\boldsymbol{A} = \begin{pmatrix} a & b & c & d \\ b & -a & d & -c \\ c & -d & -a & b \\ d & c & -b & -a \end{pmatrix}$ 满足

$$\boldsymbol{A}\boldsymbol{A}' = \begin{pmatrix} a & b & c & d \\ b & -a & d & -c \\ c & -d & -a & b \\ d & c & -b & -a \end{pmatrix}\begin{pmatrix} a & b & c & d \\ b & -a & -d & c \\ c & d & -a & -b \\ d & -c & b & -a \end{pmatrix} = \delta \boldsymbol{I}_4$$

其中 $\delta = a^2 + b^2 + c^2 + d^2 > 0$,必有 $|\boldsymbol{A}| \neq 0$,线性方程组只有零解.

21. 求出 $\begin{cases} x_1 + 2x_2 + 3x_3 - x_4 = 0 \\ 2x_1 + 4x_2 + 5x_3 - 3x_4 - x_5 = 0 \\ -x_1 - 2x_2 - 3x_3 + 3x_4 + 4x_5 = 0 \end{cases}$ 的通解.

**【解】** 把系数矩阵只用初等行变换化成最简行阶梯矩阵

$$\begin{pmatrix} 1 & 2 & 3 & -1 & 0 \\ 2 & 4 & 5 & -3 & -1 \\ -1 & -2 & -3 & 3 & 4 \end{pmatrix} \to \begin{pmatrix} 1 & 2 & 3 & -1 & 0 \\ 0 & 0 & -1 & -1 & -1 \\ 0 & 0 & 0 & 2 & 4 \end{pmatrix}$$

$$\to \begin{pmatrix} 1 & 2 & 0 & -4 & -3 \\ 0 & 0 & 1 & 1 & 1 \\ 0 & 0 & 0 & 1 & 2 \end{pmatrix}$$

$$\to \begin{pmatrix} 1 & 2 & 0 & 0 & 5 \\ 0 & 0 & 1 & 0 & -1 \\ 0 & 0 & 0 & 1 & 2 \end{pmatrix}$$

据此写出同解方程组 $\begin{cases} x_1 = -2x_2 - 5x_5 \\ x_3 = x_5 \\ x_4 = -2x_5 \end{cases}$ .

两个自由变量 $x_2$, $x_5$ 分别取 $x_2 = 1$ , $x_5 = 0$ 和 $x_2 = 0$ , $x_5 = 1$,可求出一个基础解系

$$\boldsymbol{\xi}_1=\begin{pmatrix}-2\\1\\0\\0\\0\end{pmatrix},\boldsymbol{\xi}_2=\begin{pmatrix}-5\\0\\1\\-2\\1\end{pmatrix}$$

于是通解为 $\boldsymbol{\xi}=k_1\boldsymbol{\xi}_1+k_2\boldsymbol{\xi}_2$，$k_1$，$k_2$ 为任意实数.

22. 求出以下线性方程组有非零解的充分必要条件：

$$(1)\begin{cases}(\lambda-6)x_1+2x_2-2x_3=0\\2x_1+(\lambda-3)x_2-4x_3=0\\-2x_1-4x_2+(\lambda-3)x_3=0\end{cases};(2)\begin{cases}ax_1+x_2+x_3=0\\x_1+bx_2+x_3=0\\x_1+2bx_2+x_3=0\end{cases}.$$

**【解】** (1) 因为系数行列式

$$\begin{vmatrix}\lambda-6&2&-2\\2&\lambda-3&-4\\-2&-4&\lambda-3\end{vmatrix}=\begin{vmatrix}\lambda-6&2&-2\\2&\lambda-3&-4\\0&\lambda-7&\lambda-7\end{vmatrix}=\begin{vmatrix}\lambda-6&4&-2\\2&\lambda+1&-4\\0&0&\lambda-7\end{vmatrix}$$

$$=(\lambda-7)(\lambda^2-5\lambda-14)=(\lambda-7)^2(\lambda+2)$$

所以线性方程组有非零解的充分必要条件为 $\lambda=-2$ 或 $\lambda=7$.

(2) 因为系数行列式

$$\begin{vmatrix}a&1&1\\1&b&1\\1&2b&1\end{vmatrix}=\begin{vmatrix}a-1&1-2b&0\\0&-b&0\\1&2b&1\end{vmatrix}=-(a-1)b$$

所以线性方程组有非零解的充分必要条件为 $a=1$ 或 $b=0$.

23. 当参数 $a$ 为何值时，以下齐次线性方程组

$$\begin{cases}2x_1-x_2+3x_3=0\\x_1-3x_2+4x_3=0\\-x_1+2x_2+ax_3=0\end{cases}$$

有非零解？若有非零解，则求出其通解.

**【解】** 用初等行变换把系数矩阵化简

$$\boldsymbol{A}=\begin{pmatrix}2&-1&3\\1&-3&4\\-1&2&a\end{pmatrix}\to\begin{pmatrix}0&5&-5\\1&-3&4\\0&-1&a+4\end{pmatrix}\to\begin{pmatrix}0&1&-1\\1&0&-3a-8\\0&-1&a+4\end{pmatrix}$$

$$\to\begin{pmatrix}0&1&-1\\1&0&-3a-8\\0&0&a+3\end{pmatrix}$$

它有非零解当且仅当 $R(\boldsymbol{A}) < 3$，即 $a=-3$. 此时，系数矩阵可化为

$$\begin{pmatrix} 0 & 1 & -1 \\ 1 & 0 & 1 \\ 0 & 0 & 0 \end{pmatrix}$$

同解方程组为 $\begin{cases} x_2 - x_3 = 0 \\ x_1 + x_3 = 0 \end{cases}$. 通解为 $\boldsymbol{\xi} = k\begin{pmatrix} -1 \\ 1 \\ 1 \end{pmatrix}$，$k$ 为任意实数.

24. 设 $n$ 阶矩阵 $\boldsymbol{A}=(a_{ij})$ 中每一行的元素之和都是零，且 $R(\boldsymbol{A})=n-1$，求出 $\boldsymbol{Ax}=\boldsymbol{0}$ 的通解.

【解】 令 $\boldsymbol{\xi} = \begin{pmatrix} 1 \\ 1 \\ \vdots \\ 1 \end{pmatrix}$. 据已知条件知 $\boldsymbol{A\xi} = \begin{pmatrix} a_{11} & a_{12} & \cdots & a_{1n} \\ a_{21} & a_{22} & \cdots & a_{2n} \\ \vdots & \vdots & & \vdots \\ a_{n1} & a_{n2} & \cdots & a_{nn} \end{pmatrix}\begin{pmatrix} 1 \\ 1 \\ \vdots \\ 1 \end{pmatrix} = 0.$

再据 $n-R(\boldsymbol{A})=n-(n-1)=1$ 知道非零解向量 $\boldsymbol{\xi}$ 就是 $\boldsymbol{A}x=\boldsymbol{0}$ 的基础解系，于是 $\boldsymbol{Ax}=\boldsymbol{0}$ 的通解为

$$k\boldsymbol{\xi} = k\begin{pmatrix} 1 \\ 1 \\ \vdots \\ 1 \end{pmatrix}, k \text{ 为任意实数}$$

25. 设 $\boldsymbol{A}$ 是 $5\times 3$ 矩阵，$R(\boldsymbol{A})=3$，$\boldsymbol{B}$ 和 $\boldsymbol{C}$ 都是 3 阶方阵，且满足 $\boldsymbol{ABC}=\boldsymbol{A}$，求 $\boldsymbol{B}^{-1}$.

【解】 由条件知道 $\boldsymbol{A}(\boldsymbol{BC}-\boldsymbol{I}_3)=\boldsymbol{O}$. 因为 $\boldsymbol{A}$ 是列满秩矩阵，$\boldsymbol{A}$ 的 3 个列向量线性无关，齐次线性方程组 $\boldsymbol{Ax}=\boldsymbol{0}$ 只有零解，所以必有 $\boldsymbol{BC}-\boldsymbol{I}_3=\boldsymbol{O}$，即 $\boldsymbol{BC}=\boldsymbol{I}_3$，$\boldsymbol{B}^{-1}=\boldsymbol{C}$.

26. 设 $\boldsymbol{A}$ 是 $m\times n$ 矩阵. 如果存在非零矩阵 $\boldsymbol{B}$ 满足 $\boldsymbol{AB}=\boldsymbol{O}$，证明 $R(\boldsymbol{A}) < n$.

【证一】 因为 $\boldsymbol{B}$ 不是零矩阵，其中一定有某个列向量 $\boldsymbol{\beta}\neq\boldsymbol{0}$，所以，由 $\boldsymbol{AB}=\boldsymbol{O}$ 知道一定有 $\boldsymbol{A\beta}=\boldsymbol{0}$. 这说明齐次线性方程组 $\boldsymbol{Ax}=\boldsymbol{0}$ 有非零解，所以一定有 $R(\boldsymbol{A}) < n$.

【证二】 由 $\boldsymbol{AB}=\boldsymbol{O}$ 知道一定有 $R(\boldsymbol{A})+R(\boldsymbol{B})\leqslant n$. 因为 $\boldsymbol{B}\neq\boldsymbol{O}$，一定有 $R(\boldsymbol{B})\geqslant 1$，所以一定有 $R(\boldsymbol{A}) < n$.

27. 设 $\boldsymbol{\alpha}_1,\boldsymbol{\alpha}_2,\cdots,\boldsymbol{\alpha}_t$ 是 $\boldsymbol{Ax}=\boldsymbol{0}$ 的基础解系，向量 $\boldsymbol{\beta}$ 不是 $\boldsymbol{Ax}=\boldsymbol{0}$ 的解，证明 $\boldsymbol{\beta},\boldsymbol{\beta}+\boldsymbol{\alpha}_1,\boldsymbol{\beta}+\boldsymbol{\alpha}_2,\cdots,\boldsymbol{\beta}+\boldsymbol{\alpha}_t$ 一定线性无关.

【证】　设

$$k_0\boldsymbol{\beta}+k_1(\boldsymbol{\beta}+\boldsymbol{\alpha}_1)+k_2(\boldsymbol{\beta}+\boldsymbol{\alpha}_2)+\cdots+k_t(\boldsymbol{\beta}+\boldsymbol{\alpha}_t)=\mathbf{0}$$

即

$$(k_0+k_1+k_2+\cdots+k_t)\boldsymbol{\beta}+k_1\boldsymbol{\alpha}_1+k_2\boldsymbol{\alpha}_2+\cdots+k_t\boldsymbol{\alpha}_t=\mathbf{0}$$

在此向量等式两边左乘 $\boldsymbol{A}$，由 $\boldsymbol{A}\boldsymbol{\alpha}_j=\mathbf{0}$，$j=1,2,\cdots,t$ 得到

$$(k_0+k_1+k_2+\cdots+k_t)\boldsymbol{A\beta}=\mathbf{0}$$

再由 $\boldsymbol{\beta}$ 不是 $\boldsymbol{Ax}=\mathbf{0}$ 的解，即 $\boldsymbol{A\beta}\neq\mathbf{0}$ 知道 $k_0+k_1+\cdots+k_t=0$，于是有

$$k_1\boldsymbol{\alpha}_1+k_2\boldsymbol{\alpha}_2+\cdots+k_t\boldsymbol{\alpha}_t=\mathbf{0}$$

再由 $\boldsymbol{\alpha}_1,\boldsymbol{\alpha}_2,\cdots,\boldsymbol{\alpha}_t$ 是线性无关的，知道 $k_1=k_2=\cdots=k_t=0$，于是一定有 $k_0=0$. 这就证明了 $\boldsymbol{\beta},\boldsymbol{\beta}+\boldsymbol{\alpha}_1,\boldsymbol{\beta}+\boldsymbol{\alpha}_2,\cdots,\boldsymbol{\beta}+\boldsymbol{\alpha}_t$ 一定线性无关.

28. 设 $\boldsymbol{A}$ 是 5 阶方阵，满足 $\boldsymbol{A}^2=\boldsymbol{O}$，问齐次线性方程组 $\boldsymbol{Ax}=\mathbf{0}$ 的基础解系中解向量的个数至少有几个？

【解】　由 $\boldsymbol{AA}=\boldsymbol{O}$ 知道 $R(\boldsymbol{A})+R(\boldsymbol{A})=2R(\boldsymbol{A})\leqslant 5$，即 $R(\boldsymbol{A})\leqslant 2$，所以，$\boldsymbol{Ax}=\mathbf{0}$ 的基础解系中解向量的个数 $n-R(\boldsymbol{A})\geqslant 5-2=3$.

【注】　当 $\boldsymbol{AB}=\boldsymbol{O}$ 时，必有 $R(\boldsymbol{A})+R(\boldsymbol{B})\leqslant n$，$n$ 为 $\boldsymbol{A}$ 的列数，$\boldsymbol{B}$ 的行数.

29. 设 $\boldsymbol{A}$ 是 $n$ 阶实反对称矩阵，证明 $\boldsymbol{A}+\boldsymbol{I}_n$ 与 $\boldsymbol{A}-\boldsymbol{I}_n$ 都是可逆矩阵.

【证】　考虑齐次线性方程组 $(\boldsymbol{A}+\boldsymbol{I}_n)\boldsymbol{x}=\mathbf{0}$. 因为 $\boldsymbol{A}$ 是 $n$ 阶反对称矩阵，对任意 $n$ 维列向量 $\boldsymbol{x}=(x_1,x_2,\cdots,x_n)'$，都有 $\boldsymbol{x}'\boldsymbol{Ax}=0$，所以

$$\boldsymbol{x}'(\boldsymbol{A}+\boldsymbol{I}_n)\boldsymbol{x}=\boldsymbol{x}'\boldsymbol{Ax}+\boldsymbol{x}'\boldsymbol{x}=\boldsymbol{x}'\boldsymbol{x}=\sum_{i=1}^{n}x_i^2=0$$

因为 $\boldsymbol{x}$ 是实向量，所以必有 $\boldsymbol{x}=\mathbf{0}$. 这说明 $(\boldsymbol{A}+\boldsymbol{I}_n)\boldsymbol{x}=\mathbf{0}$ 只有零解，必有 $|\boldsymbol{A}+\boldsymbol{I}_n|\neq 0$，这就证明了 $\boldsymbol{A}+\boldsymbol{I}_n$ 为可逆矩阵.

类似考虑 $(\boldsymbol{A}-\boldsymbol{I}_n)\boldsymbol{x}=\mathbf{0}$ 可证明 $\boldsymbol{A}-\boldsymbol{I}_n$ 为可逆矩阵.

【注】　由 $\boldsymbol{A}$ 是实反对称矩阵知 $-\boldsymbol{A}$ 也是实反对称矩阵，所以 $\boldsymbol{A}-\boldsymbol{I}_n=-(-\boldsymbol{A}+\boldsymbol{I}_n)$ 必是可逆矩阵.

30. 线性方程组 $\begin{cases}x_1+x_2+x_3=0\\ ax_1+bx_2+cx_3=0\\ a^2x_1+b^2x_2+c^2x_3=0\end{cases}$ 何时只有零解？有无穷多个解？并求出其通解.

【解】　系数矩阵的行列式为范德蒙德行列式

$$V_3=\begin{vmatrix}1&1&1\\a&b&c\\a^2&b^2&c^2\end{vmatrix}=(b-a)(c-a)(c-b)$$

当 $a,b,c$ 两两互异时，系数行列式不为零，线性方程组只有零解.

当$a$,$b$,$c$中有相等元素时,系数行列式为零,线性方程组有无穷多个解.此时可先化简系数矩阵

$$\boldsymbol{A}=\begin{pmatrix}1&1&1\\a&b&c\\a^2&b^2&c^2\end{pmatrix}\to\begin{pmatrix}1&1&1\\0&b-a&c-a\\0&b^2-a^2&c^2-a^2\end{pmatrix}$$

再区别以下四种可能性:

(1)$a=b=c$.同解方程组为

$$x_1+x_2+x_3=0$$

通解为

$$\boldsymbol{\xi}=k_1\begin{pmatrix}-1\\1\\0\end{pmatrix}+k_2\begin{pmatrix}-1\\0\\1\end{pmatrix}$$

(2)$a=b\neq c$.同解方程组为

$$\begin{pmatrix}1&1&1\\0&0&c-a\\0&0&c^2-a^2\end{pmatrix}\to\begin{pmatrix}1&1&0\\0&0&1\\0&0&0\end{pmatrix}$$

通解为

$$\boldsymbol{\xi}=k\begin{pmatrix}-1\\1\\0\end{pmatrix}$$

(3)$a=c\neq b$.同解方程组为

$$\begin{pmatrix}1&1&1\\0&b-a&0\\0&b^2-a^2&0\end{pmatrix}\to\begin{pmatrix}1&0&1\\0&1&0\\0&0&0\end{pmatrix}$$

通解为

$$\boldsymbol{\xi}=k\begin{pmatrix}-1\\0\\1\end{pmatrix}$$

(4)$b=c\neq a$.同解方程组为

$$\begin{pmatrix}1&1&1\\0&b-a&c-a\\0&b^2-a^2&c^2-a^2\end{pmatrix}\to\begin{pmatrix}1&0&0\\0&1&1\\0&0&0\end{pmatrix}$$

通解为

$$\boldsymbol{\xi}=k\begin{pmatrix}0\\-1\\1\end{pmatrix}$$

以上,$k_1$, $k_2$ 和 $k$ 都是任意实数.

31. 当 $a_1$, $a_2$, $a_3$, $a_4$, $b$ 满足什么条件时,以下齐次线性方程组只有零解?当此线性方程组有非零解时,求出它的一个基础解系.

$$\begin{cases}(a_1+b)x_1+a_2x_2+a_3x_3+a_4x_4=0\\a_1x_1+(a_2+b)x_2+a_3x_3+a_4x_4=0\\a_1x_1+a_2x_2+(a_3+b)x_3+a_4x_4=0\\a_1x_1+a_2x_2+a_3x_3+(a_4+b)x_4=0\end{cases},\ \sum_{i=1}^{4}a_i\neq 0$$

**【解】**　此线性方程组的系数行列式为同行和行列式

$$\begin{vmatrix}a_1+b&a_2&a_3&a_4\\a_1&a_2+b&a_3&a_4\\a_1&a_2&a_3+b&a_4\\a_1&a_2&a_3&a_4+b\end{vmatrix}=\left(\sum_{i=1}^{4}a_i+b\right)\begin{vmatrix}1&a_2&a_3&a_4\\1&a_2+b&a_3&a_4\\1&a_2&a_3+b&a_4\\1&a_2&a_3&a_4+b\end{vmatrix}$$

$$=\left(\sum_{i=1}^{4}a_i+b\right)\begin{vmatrix}1&a_2&a_3&a_4\\0&b&0&0\\0&0&b&0\\0&0&0&b\end{vmatrix}$$

$$=\left(\sum_{i=1}^{4}a_i+b\right)b^3$$

(1) 当 $b\neq 0$ 且 $b\neq-\sum_{i=1}^{4}a_i$ 时,系数矩阵为可逆矩阵,齐次线性方程组只有零解.

(2) 当 $b=0$ 时,线性方程组为 $a_1x_1+a_2x_2+a_3x_3+a_4x_4=0$. 由 $\sum_{i=1}^{4}a_i\neq 0$ 知 $a_1$, $a_2$, $a_3$, $a_4$ 不全为零,例如 $a_4\neq 0$,则可求出一个基础解系

$$\boldsymbol{\xi}_1=\begin{pmatrix}1\\0\\0\\-a_1/a_4\end{pmatrix},\ \boldsymbol{\xi}_2=\begin{pmatrix}0\\1\\0\\-a_2/a_4\end{pmatrix},\ \boldsymbol{\xi}_3=\begin{pmatrix}0\\0\\1\\-a_3/a_4\end{pmatrix}$$

(3) 当 $b=-\sum_{i=1}^{4}a_i$ 时,用初等行变换把原线性方程组的系数矩阵化为

$$\begin{pmatrix} a_1+b & a_2 & a_3 & a_4 \\ a_1 & a_2+b & a_3 & a_4 \\ a_1 & a_2 & a_3+b & a_4 \\ a_1 & a_2 & a_3 & a_4+b \end{pmatrix} \to \begin{pmatrix} a_1+b & a_2 & a_3 & a_4 \\ -b & b & 0 & 0 \\ -b & 0 & b & 0 \\ -b & 0 & 0 & b \end{pmatrix}$$

$$\to \begin{pmatrix} 0 & a_2 & a_3 & a_4 \\ 0 & 1 & 0 & 0 \\ 0 & 0 & 1 & 0 \\ 0 & 0 & 0 & 1 \end{pmatrix}$$

可求出一个基础解系 $\boldsymbol{\xi}_1 = \begin{pmatrix} 1 \\ 0 \\ 0 \\ 0 \end{pmatrix}$.

32. 设 $n$ 维列向量组 $\boldsymbol{\alpha}_1, \boldsymbol{\alpha}_2, \boldsymbol{\alpha}_3, \boldsymbol{\alpha}_4$ 是齐次线性方程组 $\boldsymbol{Ax}=\boldsymbol{0}$ 的基础解系. 令

$$\boldsymbol{\beta}_1 = \boldsymbol{\alpha}_1 + t\boldsymbol{\alpha}_2, \boldsymbol{\beta}_2 = \boldsymbol{\alpha}_2 + t\boldsymbol{\alpha}_3, \boldsymbol{\beta}_3 = \boldsymbol{\alpha}_3 + t\boldsymbol{\alpha}_4, \boldsymbol{\beta}_4 = \boldsymbol{\alpha}_4 + t\boldsymbol{\alpha}_1$$

讨论实数 $t$ 取什么值时, $\boldsymbol{\beta}_1, \boldsymbol{\beta}_2, \boldsymbol{\beta}_3, \boldsymbol{\beta}_4$ 也是 $\boldsymbol{Ax}=\boldsymbol{0}$ 的基础解系?

**【解】** 显然 $\boldsymbol{\beta}_1, \boldsymbol{\beta}_2, \boldsymbol{\beta}_3, \boldsymbol{\beta}_4$ 是 $\boldsymbol{Ax}=\boldsymbol{0}$ 的四个解. 根据条件建立矩阵等式

$$(\boldsymbol{\beta}_1 \quad \boldsymbol{\beta}_2 \quad \boldsymbol{\beta}_3 \quad \boldsymbol{\beta}_4) = (\boldsymbol{\alpha}_1 \quad \boldsymbol{\alpha}_2 \quad \boldsymbol{\alpha}_3 \quad \boldsymbol{\alpha}_4)\begin{pmatrix} 1 & 0 & 0 & t \\ t & 1 & 0 & 0 \\ 0 & t & 1 & 0 \\ 0 & 0 & t & 1 \end{pmatrix}$$

$\boldsymbol{\beta}_1, \boldsymbol{\beta}_2, \boldsymbol{\beta}_3, \boldsymbol{\beta}_4$ 是 $\boldsymbol{Ax}=\boldsymbol{0}$ 的基础解系当且仅当 $\boldsymbol{\beta}_1, \boldsymbol{\beta}_2, \boldsymbol{\beta}_3, \boldsymbol{\beta}_4$ 线性无关,当且仅当上式中的表出矩阵 $\boldsymbol{P}$ 为可逆矩阵,即它的行列式不是零. 把行列式 $|\boldsymbol{P}|$ 按其第一行展开可求出

$$\begin{vmatrix} 1 & 0 & 0 & t \\ t & 1 & 0 & 0 \\ 0 & t & 1 & 0 \\ 0 & 0 & t & 1 \end{vmatrix} = 1 + (-1)^{1+4} t \begin{vmatrix} t & 1 & 0 \\ 0 & t & 1 \\ 0 & 0 & t \end{vmatrix} = 1 - t^4 = (1-t^2)(1+t^2)$$

因为 $t$ 是实数,必有 $1+t^2>0$,所以 $\boldsymbol{\beta}_1, \boldsymbol{\beta}_2, \boldsymbol{\beta}_3, \boldsymbol{\beta}_4$ 是 $\boldsymbol{Ax}=\boldsymbol{0}$ 的基础解系当且仅当 $t \neq \pm 1$.

33. 设 $n$ 维列向量组 $\boldsymbol{\alpha}_1, \boldsymbol{\alpha}_2, \cdots, \boldsymbol{\alpha}_s$ 是齐次线性方程组 $\boldsymbol{Ax}=\boldsymbol{0}$ 的基础解系,讨论实数 $t_1, t_2$ 满足什么条件时,向量组

$$\boldsymbol{\beta}_1 = t_1\boldsymbol{\alpha}_1 + t_2\boldsymbol{\alpha}_2, \boldsymbol{\beta}_2 = t_1\boldsymbol{\alpha}_2 + t_2\boldsymbol{\alpha}_3, \cdots, \boldsymbol{\beta}_{s-1} = t_1\boldsymbol{\alpha}_{s-1} + t_2\boldsymbol{\alpha}_s$$

$$\boldsymbol{\beta}_s = t_1\boldsymbol{\alpha}_s + t_2\boldsymbol{\alpha}_1$$

也是 $\boldsymbol{Ax}=\boldsymbol{0}$ 的基础解系？

**【解】**　显然 $\boldsymbol{\beta}_1,\boldsymbol{\beta}_2,\cdots,\boldsymbol{\beta}_s$ 是 $\boldsymbol{Ax}=\boldsymbol{0}$ 的 $s$ 个解. 根据条件建立矩阵等式

$$(\boldsymbol{\beta}_1\quad\boldsymbol{\beta}_2\quad\cdots\quad\boldsymbol{\beta}_s)=(\boldsymbol{\alpha}_1\quad\boldsymbol{\alpha}_2\quad\cdots\quad\boldsymbol{\alpha}_s)\begin{pmatrix}t_1&0&\cdots&0&t_2\\t_2&t_1&\cdots&0&0\\\vdots&\ddots&\ddots&\vdots&\vdots\\0&0&\ddots&t_1&0\\0&0&\cdots&t_2&t_1\end{pmatrix}$$

$\boldsymbol{\beta}_1,\boldsymbol{\beta}_2,\cdots,\boldsymbol{\beta}_s$ 是 $\boldsymbol{Ax}=\boldsymbol{0}$ 的基础解系当且仅当 $\boldsymbol{\beta}_1,\boldsymbol{\beta}_2,\cdots,\boldsymbol{\beta}_s$ 线性无关,即表出矩阵的行列式不是零. 按其第一行展开可求出

$$D=\begin{vmatrix}t_1&0&\cdots&0&t_2\\t_2&t_1&\cdots&0&0\\\vdots&\ddots&\ddots&\vdots&\vdots\\0&0&\ddots&t_1&0\\0&0&\cdots&t_2&t_1\end{vmatrix}=t_1^s+(-1)^{1+s}t_2^s$$

当 $s=2m$ 时,$D=t_1^{2m}-t_2^{2m}=(t_1^m-t_2^m)(t_1^m+t_2^m)\neq 0\Leftrightarrow t_1\neq\pm t_2$.

当 $s=2m-1$ 时,$D=t_1^{2m-1}+t_2^{2m-1}\neq 0\Leftrightarrow t_1\neq -t_2$.

34. 设 $\boldsymbol{A}=\begin{pmatrix}\boldsymbol{\alpha}_1\\\boldsymbol{\alpha}_2\\\vdots\\\boldsymbol{\alpha}_m\end{pmatrix}$ 是 $m\times n$ 矩阵,$\boldsymbol{B}=\begin{pmatrix}\boldsymbol{\beta}_1\\\boldsymbol{\beta}_2\\\vdots\\\boldsymbol{\beta}_{n-m}\end{pmatrix}$ 是 $(n-m)\times n$ 矩阵,$m<n$. 如果

$$\{\boldsymbol{\beta}'_1,\boldsymbol{\beta}'_2,\cdots,\boldsymbol{\beta}'_{n-m}\}$$

是 $\boldsymbol{Ax}=\boldsymbol{0}$ 的基础解系,证明 $\{\boldsymbol{\alpha}'_1,\boldsymbol{\alpha}'_2,\cdots,\boldsymbol{\alpha}'_m\}$ 必是 $\boldsymbol{Bx}=\boldsymbol{0}$ 的基础解系.

**【证】**　由 $\{\boldsymbol{\beta}'_1,\boldsymbol{\beta}'_2,\cdots,\boldsymbol{\beta}'_{n-m}\}$ 是 $\boldsymbol{Ax}=\boldsymbol{0}$ 的解向量组知 $\boldsymbol{AB}'=\boldsymbol{O}$,于是必有

$$\boldsymbol{BA}'=(\boldsymbol{A}\,\boldsymbol{B}')'=\boldsymbol{O}$$

这说明 $\{\boldsymbol{\alpha}'_1,\boldsymbol{\alpha}'_2,\cdots,\boldsymbol{\alpha}'_m\}$ 必是 $\boldsymbol{Bx}=\boldsymbol{0}$ 的解向量组.

因为 $\{\boldsymbol{\beta}'_1,\boldsymbol{\beta}'_2,\cdots,\boldsymbol{\beta}'_{n-m}\}$ 是 $\boldsymbol{Ax}=\boldsymbol{0}$ 的基础解系,必有

$$R(\boldsymbol{B})=n-m=n-R(\boldsymbol{A}),\text{和 } R(\boldsymbol{A})=m=n-R(\boldsymbol{B})$$

这就证明了 $\{\boldsymbol{\alpha}'_1,\boldsymbol{\alpha}'_2,\cdots,\boldsymbol{\alpha}'_m\}$ 必是 $\boldsymbol{Bx}=\boldsymbol{0}$ 的基础解系.

35. 设 $\boldsymbol{B}$ 是一个 $m$ 阶可逆矩阵,如果 $n\times m$ 矩阵 $\boldsymbol{A}'=(\boldsymbol{\alpha}_1\quad\boldsymbol{\alpha}_2\quad\cdots\quad\boldsymbol{\alpha}_m)$ 的

$m$ 个列向量构成某个齐次线性方程组 $\boldsymbol{Cx}=\boldsymbol{0}$ 的基础解系,证明 $m\times n$ 矩阵 $\boldsymbol{BA}$ 的 $m$ 个行向量的转置向量也构成 $\boldsymbol{Cx}=\boldsymbol{0}$ 的基础解系.

**【证】** 由条件知必有

$$\boldsymbol{CA}'=\boldsymbol{C}(\boldsymbol{\alpha}_1\quad\boldsymbol{\alpha}_2\quad\cdots\quad\boldsymbol{\alpha}_m)=(\boldsymbol{0}\quad\boldsymbol{0}\quad\cdots\quad\boldsymbol{0})=\boldsymbol{O}$$

设 $\boldsymbol{BA}=\begin{pmatrix}\boldsymbol{\beta}_1\\\boldsymbol{\beta}_2\\\vdots\\\boldsymbol{\beta}_m\end{pmatrix}$,于是必有

$$\boldsymbol{C}(\boldsymbol{\beta}'_1\quad\boldsymbol{\beta}'_2\quad\cdots\quad\boldsymbol{\beta}'_m)=\boldsymbol{C}(\boldsymbol{BA})'=\boldsymbol{C}(\boldsymbol{A}'\boldsymbol{B}')=(\boldsymbol{CA}')\boldsymbol{B}'=\boldsymbol{O}$$

这说明 $\boldsymbol{BA}$ 的 $m$ 个行向量的转置向量都是 $\boldsymbol{Cx}=\boldsymbol{0}$ 的解.

因为 $\boldsymbol{B}$ 是一个 $m$ 阶可逆矩阵,必有 $R(\boldsymbol{BA})=R(\boldsymbol{A})=m$,$\{\boldsymbol{\beta}_1,\boldsymbol{\beta}_2,\cdots,\boldsymbol{\beta}_m\}$ 必为线性无关组,所以 $\{\boldsymbol{\beta}_1,\boldsymbol{\beta}_2,\cdots,\boldsymbol{\beta}_m\}$ 构成 $\boldsymbol{Cx}=\boldsymbol{0}$ 的基础解系.

36. 设 $\boldsymbol{A}$ 是 $n$ 阶可逆矩阵,$\boldsymbol{\alpha}$ ,$\boldsymbol{\beta}$ 是 $n$ 维非零列向量,证明 $(\boldsymbol{\beta}'\boldsymbol{A}^{-1}\boldsymbol{\alpha})\boldsymbol{A}-\boldsymbol{\alpha\beta}'$ 必是不可逆矩阵.

**【证一】** 注意到 $(\boldsymbol{\beta}'\boldsymbol{A}^{-1}\boldsymbol{\alpha})$ 是一个数,所以有

$$\begin{aligned}[(\boldsymbol{\beta}'\boldsymbol{A}^{-1}\boldsymbol{\alpha})\boldsymbol{A}-\boldsymbol{\alpha\beta}']\boldsymbol{A}^{-1}\boldsymbol{\alpha}&=(\boldsymbol{\beta}'\boldsymbol{A}^{-1}\boldsymbol{\alpha})\boldsymbol{\alpha}-\boldsymbol{\alpha}(\boldsymbol{\beta}'\boldsymbol{A}^{-1}\boldsymbol{\alpha})\\&=(\boldsymbol{\beta}'\boldsymbol{A}^{-1}\boldsymbol{\alpha})\boldsymbol{\alpha}-(\boldsymbol{\beta}'\boldsymbol{A}^{-1}\boldsymbol{\alpha})\boldsymbol{\alpha}=\boldsymbol{0}\end{aligned}$$

这说明齐次线性方程组 $[(\boldsymbol{\beta}'\boldsymbol{A}^{-1}\boldsymbol{\alpha})\boldsymbol{A}-\boldsymbol{\alpha\beta}']\boldsymbol{x}=\boldsymbol{0}$ 有非零解 $\boldsymbol{A}^{-1}\boldsymbol{\alpha}$,于是必有 $|(\boldsymbol{\beta}'\boldsymbol{A}^{-1}\boldsymbol{\alpha})\boldsymbol{A}-\boldsymbol{\alpha\beta}'|=0$,$(\boldsymbol{\beta}'\boldsymbol{A}^{-1}\boldsymbol{\alpha})\boldsymbol{A}-\boldsymbol{\alpha\beta}'$ 必是不可逆矩阵.

**【证二】** 若 $n=1$,则数 $\boldsymbol{A\alpha\beta}\neq0$,$(\boldsymbol{\beta}'\boldsymbol{A}^{-1}\boldsymbol{\alpha})\boldsymbol{A}-\boldsymbol{\alpha\beta}'=\boldsymbol{\beta\alpha}-\boldsymbol{\alpha\beta}=0$,当然没有倒数(不可逆).

设 $n\geqslant2$.

如果 $\boldsymbol{\beta}'\boldsymbol{A}^{-1}\boldsymbol{\alpha}=0$,则 $(\boldsymbol{\beta}'\boldsymbol{A}^{-1}\boldsymbol{\alpha})\boldsymbol{A}-\boldsymbol{\alpha\beta}'=-\boldsymbol{\alpha\beta}'$ 显然是秩为 1 的不可逆矩阵.

如果 $\boldsymbol{\beta}'\boldsymbol{A}^{-1}\boldsymbol{\alpha}\neq0$,则由行列式降阶定理即得

$$\begin{aligned}|(\boldsymbol{\beta}'\boldsymbol{A}^{-1}\boldsymbol{\alpha})\boldsymbol{A}-\boldsymbol{\alpha\beta}'|&=\frac{|(\boldsymbol{\beta}'\boldsymbol{A}^{-1}\boldsymbol{\alpha})\boldsymbol{A}|}{1}\left[1-\boldsymbol{\beta}'\frac{1}{\boldsymbol{\beta}'\boldsymbol{A}^{-1}\boldsymbol{\alpha}}\boldsymbol{A}^{-1}\boldsymbol{\alpha}\right]\\&=|(\boldsymbol{\beta}'\boldsymbol{A}^{-1}\boldsymbol{\alpha})\boldsymbol{A}|\times0=0\end{aligned}$$

**【注】** 行列式降阶定理为 $|\boldsymbol{A}-\boldsymbol{B}\boldsymbol{D}^{-1}\boldsymbol{C}|=\dfrac{|\boldsymbol{A}|}{|\boldsymbol{D}|}\times|\boldsymbol{D}-\boldsymbol{C}\boldsymbol{A}^{-1}\boldsymbol{B}|$.

37. 设 $\boldsymbol{A}$ 是 $n$ 阶实矩阵,如果对于任意 $n$ 维非零实列向量 $\boldsymbol{x}$ 都有 $\boldsymbol{x}'\boldsymbol{Ax}>0$,证明:

(1) $\boldsymbol{A}$ 必是可逆矩阵;(2) $|\boldsymbol{A}|>0$.

**【证】** (1) 用反证法. 如果 $\boldsymbol{A}$ 是不可逆矩阵,$|\boldsymbol{A}|=0$,则齐次线性方程组

$\boldsymbol{Ax}=\boldsymbol{0}$ 必有非零解 $\boldsymbol{\alpha}$，即 $\boldsymbol{A\alpha}=\boldsymbol{0}$，此时必有 $\boldsymbol{\alpha}'\boldsymbol{A\alpha}=0$，与假设矛盾，所以 $\boldsymbol{A}$ 必是可逆矩阵.

（2）考虑 $[0,+\infty)$ 上连续函数

$$f(t)=|t\boldsymbol{I}_n+\boldsymbol{A}|,\ t\boldsymbol{I}_n+\boldsymbol{A}\text{ 是 } n \text{ 阶实矩阵}, t \text{ 是参数}$$

因为根据条件知道，对于任意 $n$ 维非零实列向量 $\boldsymbol{x}=(x_1,x_2,\cdots,x_n)'$ 都有

$$\boldsymbol{x}'(t\boldsymbol{I}_n+\boldsymbol{A})\boldsymbol{x}=t\boldsymbol{x}'\boldsymbol{x}+\boldsymbol{x}'\boldsymbol{Ax}=t\sum_{i=1}^{n}x_i^2+\boldsymbol{x}'\boldsymbol{Ax}>0$$

所以，根据结论（1），对任何 $t\in[0,+\infty)$ 都有

$$f(t)=|t\boldsymbol{I}_n+\boldsymbol{A}|\neq 0$$

这说明区间 $[0,+\infty)$ 上的连续函数 $f(t)$ 是不会改变正负号的. 因为当 $t\to+\infty$ 时，显然有

$$f(t)=|t\boldsymbol{I}_n+\boldsymbol{A}|>0$$

所以在 $[0,+\infty)$ 上必有 $f(t)=|t\boldsymbol{I}_n+\boldsymbol{A}|>0$.

特别取 $t=0$ 必有 $|\boldsymbol{A}|>0$.

**【注】** 因为 $\boldsymbol{A}$ 未必是对称矩阵，所以此时不能说 $\boldsymbol{A}$ 是正定矩阵和 $\boldsymbol{x}'\boldsymbol{Ax}$ 是正定二次型.

38. 设 $\boldsymbol{A}$ 是 $n$ 阶实反对称矩阵，$\boldsymbol{D}=\begin{pmatrix} d_1 & & & \\ & d_2 & & \\ & & \ddots & \\ & & & d_n \end{pmatrix}$，$\forall\ d_i>0$，证明

$$|\boldsymbol{D}\pm\boldsymbol{A}|>0$$

**【证】** 考虑齐次线性方程组 $(\boldsymbol{D}+\boldsymbol{A})\boldsymbol{x}=\boldsymbol{0}$. 因为 $\boldsymbol{A}$ 是 $n$ 阶反对称矩阵，对任意实 $n$ 维列向量 $\boldsymbol{x}=(x_1,x_2,\cdots,x_n)'$，都有 $\boldsymbol{x}'\boldsymbol{Ax}=0$，所以

$$\boldsymbol{x}'(\boldsymbol{D}+\boldsymbol{A})\boldsymbol{x}=\boldsymbol{x}'\boldsymbol{Dx}+\boldsymbol{x}'\boldsymbol{Ax}=\boldsymbol{x}'\boldsymbol{Dx}=\sum_{i=1}^{n}d_ix_i^2=0$$

因为 $d_1,d_2,\cdots,d_n>0$，所以 $\boldsymbol{x}=\boldsymbol{0}$. 这说明 $(\boldsymbol{D}+\boldsymbol{A})\boldsymbol{x}=\boldsymbol{0}$ 只有零解，必有

$$|\boldsymbol{D}+\boldsymbol{A}|\neq 0$$

因为 $\boldsymbol{A}$ 是 $n$ 阶反对称矩阵，所以 $t\boldsymbol{A}$ 也是 $n$ 阶反对称矩阵，$t$ 是参变量. 按上所证，对于任意参变量 $t$，必有 $|\boldsymbol{D}+t\boldsymbol{A}|\neq 0$. 因为当 $t=0$ 时，$|\boldsymbol{D}|=\prod_{i=1}^{n}d_i>0$，而 $|\boldsymbol{D}+t\boldsymbol{A}|$ 是 $t$ 的连续函数，所以必有 $|\boldsymbol{D}+t\boldsymbol{A}|>0$. 特别取 $t=\pm 1$，得 $|\boldsymbol{D}\pm\boldsymbol{A}|>0$.

39. 设 $\boldsymbol{A}$ 是 $n$ 阶可逆实对称矩阵，$\boldsymbol{B}$ 是 $n$ 阶实反对称矩阵，且 $\boldsymbol{AB}=\boldsymbol{BA}$，证明 $\boldsymbol{A}^{-1}\boldsymbol{B}$ 是反对称矩阵，$\boldsymbol{A}+\boldsymbol{B}$ 是可逆矩阵，且当 $|\boldsymbol{A}|>0$ 时，必有 $|\boldsymbol{A}+\boldsymbol{B}|>$

0.

【证】 由条件知 $A' = A$，$B' = -B$，$BA^{-1} = A^{-1}B$，于是

$$(A^{-1}B)' = B'(A')^{-1} = -BA^{-1} = -A^{-1}B$$

这说明 $A^{-1}B$ 是反对称矩阵，对任何 $n$ 维实列向量 $\xi$ 都有 $\xi'(A^{-1}B)\xi = 0$.

因为 $A+B=A(I_n+A^{-1}B)$，所以 $A+B$ 是可逆矩阵当且仅当 $(I_n+A^{-1}B)$ 是可逆矩阵.

考虑齐次线性方程组 $(I_n+A^{-1}B)x=0$. 如果 $\xi=(x_1, x_2, \cdots, x_n)'$ 是它的解，则必有

$$(I_n+A^{-1}B)\xi=0, \quad \xi'(I_n+A^{-1}B)\xi=\xi'\xi+\xi'(A^{-1}B)\xi=\xi'\xi=0$$

即 $\xi'\xi=\sum_{i=1}^{n} x_i^2=0$. 因为 $\xi$ 是实向量，所以必有 $\xi=0$，$(I_n+A^{-1}B)x=0$ 只有零解. 这就证明了 $(I_n+A^{-1}B)$ 是可逆矩阵. 因而 $A+B$ 是可逆矩阵.

考虑 $[0,1]$ 上的连续函数 $f(t)=|A+tB|$. 因为 $A$ 是可逆实对称矩阵，$tB$ 是实反对称矩阵，且

$$A(tB)=(tB)A$$

所以据上所证，在 $[0,1]$ 上，必有 $f(t)=|A+tB|\neq 0$. 于是由 $f(0)=|A|>0$，知必有

$$f(1)=|A+B|>0$$

40. 设 $A$ 为 $m\times k$ 矩阵，$B$ 为 $k\times n$ 矩阵.

(1) 若 $R(A)=k$，证明 $R(AB)=R(B)$.

(2) 若 $R(B)=k$，证明 $R(AB)=R(A)$.

【证一】 已知同解的齐次线性方程组的系数矩阵必同秩.

(1) 只要证明 $ABx=0$ 与 $Bx=0$ 是同解方程组，就必有 $R(AB)=R(B)$.

当 $B\xi=0$ 时，显然一定有 $AB\xi=0$.

反之，因为 $R(A)=k$，所以 $m\times k$ 矩阵 $A$ 是列满秩矩阵，$A$ 的 $k$ 个列向量线性无关，线性方程组 $Ax=0$ 只有零解，所以，当 $AB\xi=0$ 时，由 $A(B\xi)=0$ 知道 $k$ 维列向量 $B\xi=0$.

这就证明了 $ABx=0$ 与 $Bx=0$ 同解.

(2) 因为 $R(B)=k$，$k\times n$ 矩阵 $B$ 是行满秩矩阵，$n\times k$ 矩阵 $B'$ 是列满秩矩阵，一定有

$$R(AB)=R((AB)')=R(B'A')=R(A')=R(A)$$

【证二】 (1) 用 Sylvester 秩估计公式. 当 $R(A)=k$ 时，由

$$R(B)\geqslant R(AB)\geqslant R(A)+R(B)-k=R(B)$$

知 $R(AB)=R(B)$.

【注】　不能根据 $R(\boldsymbol{B})=k$ 推出 $\boldsymbol{AB\xi}=\boldsymbol{0}$ 与 $\boldsymbol{A\xi}=\boldsymbol{0}$ 是同解方程组.

41. 设 $\boldsymbol{A}$ 是 $n$ 阶矩阵,证明 $R(\boldsymbol{A}^n)=R(\boldsymbol{A}^{n+1})$.

【证】　只要证明 $\boldsymbol{A}^n\boldsymbol{x}=\boldsymbol{0}$ 与 $\boldsymbol{A}^{n+1}\boldsymbol{x}=\boldsymbol{0}$ 是同解方程组.

由 $\boldsymbol{A}^n\boldsymbol{\alpha}=\boldsymbol{0}$ 显然必可推出 $\boldsymbol{A}^{n+1}\boldsymbol{\alpha}=\boldsymbol{0}$.

反之,要证明:当 $\boldsymbol{A}^{n+1}\boldsymbol{\alpha}=\boldsymbol{0}$ 时必可推出 $\boldsymbol{A}^n\boldsymbol{\alpha}=\boldsymbol{0}$. 可用反证法证明如下:

如果 $\boldsymbol{A}^n\boldsymbol{\alpha}\neq\boldsymbol{0}$,则 $n+1$ 个 $n$ 维列向量 $\boldsymbol{\alpha},\boldsymbol{A\alpha},\boldsymbol{A}^2\boldsymbol{\alpha},\cdots,\boldsymbol{A}^n\boldsymbol{\alpha}$ 必线性相关,必存在不全为零的数 $k_0,k_1,k_2,\cdots,k_n$,使得

$$k_0\boldsymbol{\alpha}+k_1\boldsymbol{A\alpha}+k_2\boldsymbol{A}^2\boldsymbol{\alpha}+\cdots+k_n\boldsymbol{A}^n\boldsymbol{\alpha}=\boldsymbol{0}$$

两边左乘 $\boldsymbol{A}^n$,由 $\boldsymbol{A}^{n+1}\boldsymbol{\alpha}=\boldsymbol{0}$ 知 $k_0\boldsymbol{A}^n\boldsymbol{\alpha}=\boldsymbol{0}$. 因为 $\boldsymbol{A}^n\boldsymbol{\alpha}\neq\boldsymbol{0}$,所以 $k_0=0$,必有

$$k_1\boldsymbol{A\alpha}+k_2\boldsymbol{A}^2\boldsymbol{\alpha}+\cdots+k_n\boldsymbol{A}^n\boldsymbol{\alpha}=\boldsymbol{0}$$

再在两边左乘 $\boldsymbol{A}^{n-1}$,又得 $k_1=0$,……. 如此下去,最后可得 $k_0=k_1=k_2=\cdots=k_n=0$. 这与假设矛盾,所以 $\boldsymbol{A}^n\boldsymbol{\alpha}=\boldsymbol{0}$.

【注】　因为在证明中用到 $n+1$ 个 $n$ 维列向量 $\boldsymbol{\alpha},\boldsymbol{A\alpha},\boldsymbol{A}^2\boldsymbol{\alpha},\cdots,\boldsymbol{A}^n\boldsymbol{\alpha}$ 必线性相关,这里 $n$ 就是 $\boldsymbol{A}$ 的阶数,所以不能说,对任何正整数 $k$,有 $R(\boldsymbol{A}^k)=R(\boldsymbol{A}^{k+1})$. 例如

$$\boldsymbol{A}=\begin{pmatrix}0&1&0\\0&0&1\\0&0&0\end{pmatrix},\boldsymbol{A}^2=\begin{pmatrix}0&0&1\\0&0&0\\0&0&0\end{pmatrix},\boldsymbol{A}^3=\begin{pmatrix}0&0&0\\0&0&0\\0&0&0\end{pmatrix}$$

它们的秩都不相同.

42. 设5阶矩阵 $\boldsymbol{A}=(\boldsymbol{\beta}_1\quad\boldsymbol{\beta}_2\quad\boldsymbol{\beta}_3\quad\boldsymbol{\beta}_4\quad\boldsymbol{\beta}_5)$. 已知齐次线性方程组 $\boldsymbol{Ax}=\boldsymbol{0}$ 有一个基础解系

$$\boldsymbol{\xi}_1=\begin{pmatrix}-1\\0\\1\\0\\0\end{pmatrix},\boldsymbol{\xi}_2=\begin{pmatrix}0\\2\\0\\1\\1\end{pmatrix}$$

证明 $S_0=\{\boldsymbol{\beta}_3,\boldsymbol{\beta}_4,\boldsymbol{\beta}_5\}$ 必是向量组 $S=\{\boldsymbol{\beta}_1,\boldsymbol{\beta}_2,\boldsymbol{\beta}_3,\boldsymbol{\beta}_4,\boldsymbol{\beta}_5\}$ 的一个极大无关组.

【证】　因为已知5元齐次线性方程组 $\boldsymbol{Ax}=\boldsymbol{0}$ 的基础解系所含的向量个数为 $5-R(\boldsymbol{A})=2$,这说明 $R(\boldsymbol{A})=3$,即 $S$ 中任意三个线性无关向量都是 $S$ 的极大无关组. 由已知条件知

$$\boldsymbol{A\xi}_1=-\boldsymbol{\beta}_1+\boldsymbol{\beta}_3=\boldsymbol{0},\boldsymbol{A\xi}_2=2\boldsymbol{\beta}_2+\boldsymbol{\beta}_4+\boldsymbol{\beta}_5=\boldsymbol{0}$$

这说明必有

$$\boldsymbol{\beta}_1=\boldsymbol{\beta}_3,\ \boldsymbol{\beta}_2=-0.5(\boldsymbol{\beta}_4+\boldsymbol{\beta}_5)$$

所以$\{\boldsymbol{\beta}_3,\boldsymbol{\beta}_4,\boldsymbol{\beta}_5\}$有可能是$S$的极大无关组. 如果它是线性相关组, 则$R(\boldsymbol{A})<3$,矛盾,所以$\{\boldsymbol{\beta}_3,\boldsymbol{\beta}_4,\boldsymbol{\beta}_5\}$必是$S$的极大无关组.

43. 已知3维列向量组$\boldsymbol{\alpha}_1,\boldsymbol{\alpha}_2$线性无关,$\boldsymbol{\beta}_1,\boldsymbol{\beta}_2$线性无关.

(1) 证明存在非零向量$\boldsymbol{\xi}$,$\boldsymbol{\xi}$既可由$\boldsymbol{\alpha}_1,\boldsymbol{\alpha}_2$线性表出,也可由$\boldsymbol{\beta}_1,\boldsymbol{\beta}_2$线性表出.

(2) 设$\boldsymbol{\alpha}_1=\begin{pmatrix}-1\\2\\6\end{pmatrix}$,$\boldsymbol{\alpha}_2=\begin{pmatrix}2\\1\\4\end{pmatrix}$; $\boldsymbol{\beta}_1=\begin{pmatrix}4\\-3\\2\end{pmatrix}$,$\boldsymbol{\beta}_2=\begin{pmatrix}-1\\-8\\4\end{pmatrix}$,求出(1)中所述的向量$\boldsymbol{\xi}$.

【证】 (1) 因为四个3维向量必线性相关,所以可设

$$\lambda_1\boldsymbol{\alpha}_1+\lambda_2\boldsymbol{\alpha}_2+\mu_1\boldsymbol{\beta}_1+\mu_2\boldsymbol{\beta}_2=\mathbf{0},\lambda_1,\lambda_2,\mu_1,\mu_2\text{不全为零}$$

则
$$\boldsymbol{\xi}=\lambda_1\boldsymbol{\alpha}_1+\lambda_2\boldsymbol{\alpha}_2=-\mu_1\boldsymbol{\beta}_1-\mu_2\boldsymbol{\beta}_2$$

即为所求的向量. 由$\boldsymbol{\alpha}_1,\boldsymbol{\alpha}_2$线性无关,$\boldsymbol{\beta}_1,\boldsymbol{\beta}_2$线性无关知$\boldsymbol{\xi}\neq\mathbf{0}$.

(2) 解线性方程组$\lambda_1\boldsymbol{\alpha}_1+\lambda_2\boldsymbol{\alpha}_2+\mu_1\boldsymbol{\beta}_1+\mu_2\boldsymbol{\beta}_2=\mathbf{0}$. 用初等行变换把系数矩阵化简

$$\begin{pmatrix}-1&2&4&-1\\2&1&-3&-8\\6&4&2&4\end{pmatrix}\to\begin{pmatrix}-1&2&4&-1\\0&5&5&-10\\0&16&26&-2\end{pmatrix}\to\begin{pmatrix}-1&2&4&-1\\0&1&1&-2\\0&16&26&-2\end{pmatrix}$$

$$\to\begin{pmatrix}-1&0&2&3\\0&1&1&-2\\0&0&10&30\end{pmatrix}\to\begin{pmatrix}-1&0&2&3\\0&1&1&-2\\0&0&1&3\end{pmatrix}\to\begin{pmatrix}-1&0&0&-3\\0&1&0&-5\\0&0&1&3\end{pmatrix}$$

其通解为$\boldsymbol{\xi}=k\begin{pmatrix}-3\\5\\-3\\1\end{pmatrix}$. 于是所需求的向量$\boldsymbol{\xi}=-3\boldsymbol{\alpha}_1+5\boldsymbol{\alpha}_2=\begin{pmatrix}13\\-1\\2\end{pmatrix}=3\boldsymbol{\beta}_1-\boldsymbol{\beta}_2$.

44. 设$\boldsymbol{\xi}_1,\boldsymbol{\xi}_2,\cdots,\boldsymbol{\xi}_r$是$r$个线性无关的$n$维列向量,证明必存在齐次线性方程组$\boldsymbol{Ax}=\mathbf{0}$,使得$\boldsymbol{\xi}_1,\boldsymbol{\xi}_2,\cdots,\boldsymbol{\xi}_r$是它的基础解系.

【证】 令$\boldsymbol{B}=(\boldsymbol{\xi}_1\quad\boldsymbol{\xi}_2\quad\cdots\quad\boldsymbol{\xi}_r)$,它是秩为$r$的$n\times r$矩阵.

考虑齐次线性方程组$\boldsymbol{B}'\boldsymbol{x}=\mathbf{0}$. 任取$\boldsymbol{B}'\boldsymbol{x}=\mathbf{0}$的基础解系$\boldsymbol{\eta}_1,\boldsymbol{\eta}_2,\cdots,\boldsymbol{\eta}_{n-r}$,令

$$\boldsymbol{A}'=(\boldsymbol{\eta}_1\quad\boldsymbol{\eta}_2\quad\cdots\quad\boldsymbol{\eta}_{n-r})$$

它是秩为$n-r$的$n\times(n-r)$矩阵,于是必有

$$B'A' = B'(\boldsymbol{\eta}_1 \quad \boldsymbol{\eta}_2 \quad \cdots \quad \boldsymbol{\eta}_{n-r}) = O$$

即
$$AB = A(\boldsymbol{\xi}_1 \quad \boldsymbol{\xi}_2 \quad \cdots \quad \boldsymbol{\xi}_r) = O$$

因为 $A$ 的秩为 $n-r$,$Ax=0$ 的任意 $n-(n-r)=r$ 个线性无关的解都是它的基础解系,这就证明了$\boldsymbol{\xi}_1,\boldsymbol{\xi}_2,\cdots,\boldsymbol{\xi}_r$ 就是 $Ax=0$ 的基础解系.

**【注】** 本题的证明思路如下:按题意要求$\boldsymbol{\xi}_1,\boldsymbol{\xi}_2,\cdots,\boldsymbol{\xi}_r$是$Ax=0$的基础解系,必有

$$A(\boldsymbol{\xi}_1 \quad \boldsymbol{\xi}_2 \quad \cdots \quad \boldsymbol{\xi}_r) = O$$

记 $B=(\boldsymbol{\xi}_1 \quad \boldsymbol{\xi}_2 \quad \cdots \quad \boldsymbol{\xi}_r)$,有 $AB=O$. 因为是已知$\boldsymbol{\xi}_1,\boldsymbol{\xi}_2,\cdots,\boldsymbol{\xi}_r$要求出 $A$,所以需考虑 $B'A'=O$,即需用 $B'x=0$ 的基础解系构造 $A'$.

45. 设 $m\times n\ (m<n)$ 矩阵 $A=\begin{pmatrix}\boldsymbol{\alpha}_1\\ \boldsymbol{\alpha}_2\\ \vdots\\ \boldsymbol{\alpha}_m\end{pmatrix}$,$Ax=0$ 有基础解系

$$\boldsymbol{\beta}_i=\begin{pmatrix}b_{i1}\\ b_{i2}\\ \vdots\\ b_{in}\end{pmatrix},\ i=1,2,\cdots,n-m$$

证明$\{\boldsymbol{\alpha}'_1,\boldsymbol{\alpha}'_2,\cdots,\boldsymbol{\alpha}'_m\}$必是以下线性方程组的基础解系

$$\begin{cases}b_{11}y_1+b_{12}y_2+\cdots+b_{1n}y_n=0\\ b_{21}y_1+b_{22}y_2+\cdots+b_{2n}y_n=0\\ \vdots\\ b_{n-m,1}y_1+b_{n-m,2}y_2+\cdots+b_{n-m,n}y_n=0\end{cases}$$

**【证】** 记 $B=(\boldsymbol{\beta}_1 \quad \boldsymbol{\beta}_2 \quad \cdots \quad \boldsymbol{\beta}_{n-m})=\begin{pmatrix}b_{11} & b_{21} & \cdots & b_{n-m,1}\\ b_{12} & b_{22} & \cdots & b_{n-m,2}\\ \vdots & \vdots & \ddots & \vdots\\ b_{1n} & b_{2n} & \cdots & b_{n-m,n}\end{pmatrix}$,需求 $B'y=0$ 的基础解系.

由条件知 $AB=A(\boldsymbol{\beta}_1 \quad \boldsymbol{\beta}_2 \quad \cdots \quad \boldsymbol{\beta}_{n-m})=O$,必有 $B'A'=O$,即

$$\begin{pmatrix}\boldsymbol{\beta}'_1\\ \boldsymbol{\beta}'_2\\ \vdots\\ \boldsymbol{\beta}'_{n-m}\end{pmatrix}(\boldsymbol{\alpha}'_1 \quad \boldsymbol{\alpha}'_2 \quad \cdots \quad \boldsymbol{\alpha}'_m)=O$$

因为 $R(\boldsymbol{B}') = R(\boldsymbol{B}) = n - m$，而由 $n - R(\boldsymbol{A}) = n - m$ 知 $R(\boldsymbol{A}) = m$，所以 $\{\boldsymbol{\alpha}'_1, \boldsymbol{\alpha}'_2, \cdots, \boldsymbol{\alpha}'_m\}$ 就是 $\boldsymbol{B}'\boldsymbol{y} = \boldsymbol{0}$ 的基础解系.

46. 设 $\boldsymbol{A} = \begin{pmatrix} \boldsymbol{\alpha}_1 \\ \boldsymbol{\alpha}_2 \\ \vdots \\ \boldsymbol{\alpha}_m \end{pmatrix}$ 是 $m \times n$ 矩阵. 如果齐次线性方程组 $\boldsymbol{Ax} = \boldsymbol{0}$ 的解也是线性方程

$$b_1x_1 + b_2x_2 + \cdots + b_nx_n = 0$$

的解，证明 $\boldsymbol{\beta} = (b_1, b_2, \cdots, b_n)$ 必是行向量组 $\boldsymbol{\alpha}_1, \boldsymbol{\alpha}_2, \cdots, \boldsymbol{\alpha}_n$ 的线性组合.

【证】 线性方程 $b_1x_1 + b_2x_2 + \cdots + b_nx_n = 0$ 可写成 $\boldsymbol{\beta x} = \boldsymbol{0}$. 由条件知齐次线性方程组

$$\boldsymbol{Ax} = \boldsymbol{0} \text{ 与} \begin{pmatrix} \boldsymbol{A} \\ \boldsymbol{\beta} \end{pmatrix} \boldsymbol{x} = \boldsymbol{0} \text{ 同解，必有 } R\begin{pmatrix} \boldsymbol{A} \\ \boldsymbol{\beta} \end{pmatrix} = R(\boldsymbol{A})$$

这就证明了 $\boldsymbol{\beta} = (b_1, b_2, \cdots, b_n)$ 必是 $\boldsymbol{\alpha}_1, \boldsymbol{\alpha}_2, \cdots, \boldsymbol{\alpha}_n$ 的线性组合.

47. 记 $\boldsymbol{A} = \begin{pmatrix} \boldsymbol{\alpha}_1 \\ \boldsymbol{\alpha}_2 \\ \vdots \\ \boldsymbol{\alpha}_m \end{pmatrix}$ 和 $\boldsymbol{B} = \begin{pmatrix} \boldsymbol{\beta}_1 \\ \boldsymbol{\beta}_2 \\ \vdots \\ \boldsymbol{\beta}_s \end{pmatrix}$ 分别是 $m \times n$ 和 $s \times n$ 矩阵，证明线性方程组 $\boldsymbol{Ax} = \boldsymbol{0}$ 与 $\boldsymbol{Bx} = \boldsymbol{0}$ 同解当且仅当向量组 $M = \{\boldsymbol{\alpha}_1, \boldsymbol{\alpha}_2, \cdots, \boldsymbol{\alpha}_m\}$ 与 $S = \{\boldsymbol{\beta}_1, \boldsymbol{\beta}_2, \cdots, \boldsymbol{\beta}_s\}$ 等价.

【证】 当 $\boldsymbol{Ax} = \boldsymbol{0}$ 与 $\boldsymbol{Bx} = \boldsymbol{0}$ 同解时，必有

$$\begin{pmatrix} \boldsymbol{A} \\ \boldsymbol{B} \end{pmatrix} \boldsymbol{x} = \boldsymbol{0} \text{ 与 } \boldsymbol{Ax} = \boldsymbol{0} \text{ 同解，} \begin{pmatrix} \boldsymbol{A} \\ \boldsymbol{B} \end{pmatrix} \boldsymbol{x} = \boldsymbol{0} \text{ 与 } \boldsymbol{Bx} = \boldsymbol{0} \text{ 同解}$$

此时必有

$$R\begin{pmatrix} \boldsymbol{A} \\ \boldsymbol{B} \end{pmatrix} = R(\boldsymbol{A}), \quad R\begin{pmatrix} \boldsymbol{A} \\ \boldsymbol{B} \end{pmatrix} = R(\boldsymbol{B})$$

这说明 $S$ 可用 $M$ 线性表出，$M$ 可用 $S$ 线性表出，$M$ 与 $S$ 等价.

反之，当 $M$ 与 $S$ 等价时，必有

$$\begin{pmatrix} \boldsymbol{A} \\ \boldsymbol{B} \end{pmatrix} \boldsymbol{x} = \boldsymbol{0} \text{ 与 } \boldsymbol{Ax} = \boldsymbol{0} \text{ 同解，} \begin{pmatrix} \boldsymbol{A} \\ \boldsymbol{B} \end{pmatrix} \boldsymbol{x} = \boldsymbol{0} \text{ 与 } \boldsymbol{Bx} = \boldsymbol{0} \text{ 同解}$$

所以 $\boldsymbol{Ax} = \boldsymbol{0}$ 与 $\boldsymbol{Bx} = \boldsymbol{0}$ 同解.

48. 已知两个 4 元齐次线性方程组 $\boldsymbol{Ax} = \boldsymbol{0}$ 和 $\boldsymbol{Bx} = \boldsymbol{0}$ 的基础解系分别为

$$\boldsymbol{\alpha}_1=\begin{pmatrix}1\\0\\1\\1\end{pmatrix},\boldsymbol{\alpha}_2=\begin{pmatrix}-1\\0\\1\\0\end{pmatrix},\boldsymbol{\alpha}_3=\begin{pmatrix}0\\1\\1\\0\end{pmatrix}\quad\text{和}\quad\boldsymbol{\beta}_1=\begin{pmatrix}0\\1\\0\\1\end{pmatrix},\boldsymbol{\beta}_2=\begin{pmatrix}1\\1\\-1\\0\end{pmatrix}$$

求这两个线性方程组的公共解.

**【解】**　设公共解为

$$\boldsymbol{\eta}=k_1\boldsymbol{\alpha}_1+k_2\boldsymbol{\alpha}_2+k_3\boldsymbol{\alpha}_3=t_1\boldsymbol{\beta}_1+t_2\boldsymbol{\beta}_2$$

需求出其中的表出系数. 考虑以下三元方程组(其中 $t_1$, $t_2$ 为参数)

$$k_1\begin{pmatrix}1\\0\\1\\1\end{pmatrix}+k_2\begin{pmatrix}-1\\0\\1\\0\end{pmatrix}+k_3\begin{pmatrix}0\\1\\1\\0\end{pmatrix}=t_1\begin{pmatrix}0\\1\\0\\1\end{pmatrix}+t_2\begin{pmatrix}1\\1\\-1\\0\end{pmatrix}=\begin{pmatrix}t_2\\t_1+t_2\\-t_1\\t_1\end{pmatrix}$$

为了求表出系数 $k_1$, $k_2$, $k_3$,用初等行变换化简如下矩阵

$$\left(\begin{array}{ccc:c}1&-1&0&t_2\\0&0&1&t_1+t_2\\1&1&1&-t_2\\1&0&0&t_1\end{array}\right)\to\left(\begin{array}{ccc:c}1&-1&0&t_2\\0&0&1&t_1+t_2\\0&2&1&-2t_2\\0&1&0&t_1-t_2\end{array}\right)\to\left(\begin{array}{ccc:c}1&0&0&t_1\\0&0&1&t_1+t_2\\0&0&1&-2t_1\\0&1&0&t_1-t_2\end{array}\right)$$

由此可知,两个方程组有非零公共解当且仅当 $t_1+t_2=-2t_1$,即 $t_2=-3t_1$. 于是得解

$$k_1=t_1,\ k_2=t_1-t_2=4t_1,\ k_3=-2t_1$$

即公共解为 $\boldsymbol{\eta}=t(\boldsymbol{\alpha}_1+4\boldsymbol{\alpha}_2-2\boldsymbol{\alpha}_3)=t(\boldsymbol{\beta}_1-3\boldsymbol{\beta}_2)$,$t$ 为任意实数,即

$$\boldsymbol{\eta}=t\left[\begin{pmatrix}1\\0\\1\\1\end{pmatrix}+4\begin{pmatrix}-1\\0\\1\\0\end{pmatrix}-2\begin{pmatrix}0\\1\\1\\0\end{pmatrix}\right]=t\left[\begin{pmatrix}0\\1\\0\\1\end{pmatrix}-3\begin{pmatrix}1\\1\\-1\\0\end{pmatrix}\right]=t\begin{pmatrix}-3\\-2\\3\\1\end{pmatrix},t\text{ 为任意实数}$$

49. 求 $a$, $b$, $c$ 的值使得以下两个方程组同解:

$$(\text{Ⅰ})\begin{cases}x_1+2x_2+3x_3=0\\2x_1+3x_2+5x_3=0\\x_1+x_2+ax_3=0\end{cases};(\text{Ⅱ})\begin{cases}x_1+bx_2+cx_3=0\\2x_1+b^2x_2+(c+1)x_3=0\end{cases}.$$

**【解】**　考虑系数矩阵的秩.

$$(\text{Ⅰ})\begin{pmatrix}1&2&3\\2&3&5\\1&1&a\end{pmatrix}\to\begin{pmatrix}1&2&3\\0&-1&-1\\0&-1&a-3\end{pmatrix}\to\begin{pmatrix}1&2&3\\0&-1&-1\\0&0&a-2\end{pmatrix}=\boldsymbol{A}.2\leqslant$$

$R(\boldsymbol{A}) \leqslant 3$.

(Ⅱ) $\begin{pmatrix}1 & b & c \\ 2 & b^2 & c+1\end{pmatrix} \to \begin{pmatrix}1 & b & c \\ 0 & b^2-2b & 1-c\end{pmatrix} = \boldsymbol{B}$. $1 \leqslant R(\boldsymbol{B}) \leqslant 2$.

首先,当(Ⅰ)与(Ⅱ)同解时,必有

$$2 \leqslant R(\boldsymbol{A}) = R(\boldsymbol{B}) \leqslant 2\ ,\ R(\boldsymbol{A}) = 2$$

据此可定出 $a = 2$.

其次,当 $a = 2$ 时,可求出(Ⅰ)的通解

$$\boldsymbol{A} = \begin{pmatrix}1 & 2 & 3 \\ 0 & -1 & -1 \\ 0 & 0 & 0\end{pmatrix} \to \begin{pmatrix}1 & 0 & 1 \\ 0 & 1 & 1 \\ 0 & 0 & 0\end{pmatrix}, \boldsymbol{\xi} = t\begin{pmatrix}1 \\ 1 \\ -1\end{pmatrix}, t \text{ 为任意实数}$$

再将此解 $\boldsymbol{\xi}$ 代入(Ⅱ)可得

$$\begin{cases}1 + b - c = 0 \\ 2 + b^2 - (c+1) = 0\end{cases}, \begin{cases}b - c = -1 \\ b^2 - c = -1\end{cases}, b = b^2, b = 0 \text{ 或 } b = 1$$

如果 $b = 0$,则 $c = 1$,此时 $R(\boldsymbol{B}) = 1$,不可能,所以必有 $b = 1\ ,\ c = 2$.

这就证明了当(Ⅰ)与(Ⅱ)同解时,必有 $a = 2, b = 1\ ,\ c = 2$.

反之,当 $a = 2\ ,\ b = 1\ ,\ c = 2$ 时,由

$$\boldsymbol{A} = \begin{pmatrix}1 & 2 & 3 \\ 0 & -1 & -1 \\ 0 & 0 & 0\end{pmatrix} \to \begin{pmatrix}1 & 0 & 1 \\ 0 & 1 & 1 \\ 0 & 0 & 0\end{pmatrix}, \boldsymbol{B} = \begin{pmatrix}1 & 1 & 2 \\ 0 & -1 & -1\end{pmatrix} \to \begin{pmatrix}1 & 0 & 1 \\ 0 & 1 & 1\end{pmatrix}$$

知(Ⅰ)与(Ⅱ)必同解.

50. (1) 求出四元齐次线性方程组(Ⅰ)$\begin{cases}x_1 + x_2 = 0 \\ x_2 - x_4 = 0\end{cases}$的基础解系.

(2) 已知某四元齐次线性方程组(Ⅱ)的通解为

$$\boldsymbol{\xi} = k_1\begin{pmatrix}0 \\ 1 \\ 1 \\ 0\end{pmatrix} + k_2\begin{pmatrix}-1 \\ 2 \\ 2 \\ 1\end{pmatrix}$$

求(Ⅰ)与(Ⅱ)的非零公共解.

**【解】** (1) 方程组(Ⅰ)的解为 $x_1 = -x_2 = -x_4$, $x_3$ 和 $x_4$ 是两个自由变量. 可取基础解系

$$\boldsymbol{\xi}_1 = \begin{pmatrix}0 \\ 0 \\ 1 \\ 0\end{pmatrix}, \boldsymbol{\xi}_2 = \begin{pmatrix}-1 \\ 1 \\ 0 \\ 1\end{pmatrix}$$

(2) 设$\boldsymbol{\xi}$是(Ⅰ)与(Ⅱ)的非零公共解. 因为$\boldsymbol{\xi}$是(Ⅱ)的解,所以可写成

$$\boldsymbol{\xi}=k_1\begin{pmatrix}0\\1\\1\\0\end{pmatrix}+k_2\begin{pmatrix}-1\\2\\2\\1\end{pmatrix}=\begin{pmatrix}-k_2\\k_1+2k_2\\k_1+2k_2\\k_2\end{pmatrix}$$

因为$\boldsymbol{\xi}$也是(Ⅰ)的解,必满足

$$x_1+x_2=-k_2+(k_1+2k_2)=k_1+k_2=0\ ,\ k_2=-k_1$$

所以(Ⅰ)与(Ⅱ)的非零公共解为

$$\boldsymbol{\xi}=\begin{pmatrix}k_1\\-k_1\\-k_1\\-1\end{pmatrix}=k_1\begin{pmatrix}1\\-1\\-1\\-1\end{pmatrix},k_1\text{ 为任意实数}$$

51. 设四元齐次线性方程组(Ⅰ)为$\begin{cases}2x_1+3x_2-x_3=0\\x_1+2x_2+x_3-x_4=0\end{cases}$,已知另一个四元齐次线性方程组(Ⅱ)的一个基础解系为

$$\boldsymbol{\alpha}_1=\begin{pmatrix}2\\-1\\a+2\\1\end{pmatrix},\boldsymbol{\alpha}_2=\begin{pmatrix}-1\\2\\4\\a+8\end{pmatrix}$$

(1) 求(Ⅰ)的一个基础解系.

(2) 当$a$为何值时,(Ⅰ)与(Ⅱ)有非零公共解?并求出其全部公共解.

(3) 当$a$为何值时,(Ⅰ)与(Ⅱ)同解?

**【解】** (1) 对(Ⅰ)的系数矩阵施行初等行变换

$$\begin{pmatrix}1&2&1&-1\\2&3&-1&0\end{pmatrix}\to\begin{pmatrix}1&2&1&-1\\0&-1&-3&2\end{pmatrix}\to\begin{pmatrix}1&0&-5&3\\0&1&3&-2\end{pmatrix}$$

得同解方程组$\begin{cases}x_1=5x_3-3x_4\\x_2=-3x_3+2x_4\end{cases}$. 可取基础解系$\boldsymbol{\beta}_1=\begin{pmatrix}5\\-3\\1\\0\end{pmatrix},\boldsymbol{\beta}_2=\begin{pmatrix}-3\\2\\0\\1\end{pmatrix}$.

(2) 将(Ⅱ)的通解$\boldsymbol{\xi}=k_1\boldsymbol{\alpha}_1+k_2\boldsymbol{\alpha}_2=\begin{pmatrix}2k_1-k_2\\-k_1+2k_2\\(a+2)k_1+4k_2\\k_1+(a+8)k_2\end{pmatrix}$代入(Ⅰ)的同

解方程组得

$$\begin{cases}(2k_1-k_2)-5[(a+2)k_1+4k_2]+3[k_1+(a+8)k_2]=0\\(-k_1+2k_2)+3[(a+2)k_1+4k_2]-2[k_1+(a+8)k_2]=0\end{cases}$$

即

$$\begin{cases}-5ak_1-5k_1=0\\3ak_1+3k_1-2ak_2-2k_2=0\end{cases},\begin{cases}(a+1)k_1=0\\3(a+1)k_1-2(a+1)k_2=0\end{cases}$$

$$\begin{cases}(a+1)k_1=0\\(a+1)k_2=0\end{cases}$$

当 $a\neq-1$ 时,$k_1=k_2=0$. 此时,(Ⅰ)与(Ⅱ)没有非零公共解.

当 $a=-1$ 时,$k_1$ 和 $k_2$ 可任取,说明(Ⅱ)的通解就是(Ⅰ)与(Ⅱ)全部公共解.

(3) 进一步,当 $a=-1$ 时,(Ⅰ)与(Ⅱ)必同解. 这是由于有矩阵等式

$$(\boldsymbol{\beta}_1\quad\boldsymbol{\beta}_2)=\begin{pmatrix}5&-3\\-3&2\\1&0\\0&1\end{pmatrix}=\begin{pmatrix}2&-1\\-1&2\\1&4\\1&7\end{pmatrix}\begin{pmatrix}7&-4\\-1&1\end{pmatrix}\frac{1}{3}$$

$$=(\boldsymbol{\alpha}_1\quad\boldsymbol{\alpha}_2)\boldsymbol{P}$$

$$|\boldsymbol{P}|=\frac{1}{3}\begin{vmatrix}7&-4\\-1&1\end{vmatrix}\neq0$$

这说明 $\{\boldsymbol{\alpha}_1,\boldsymbol{\alpha}_2\}$ 与 $\{\boldsymbol{\beta}_1,\boldsymbol{\beta}_2\}$ 是等价的线性无关组,它们生成同一个向量空间,即(Ⅰ)与(Ⅱ)有同一个解空间.

**【注】** 对于 $\boldsymbol{A}_{m\times n}$, $\boldsymbol{B}_{l\times n}$,如何求 $\boldsymbol{Ax}=\boldsymbol{0}$ 与 $\boldsymbol{Bx}=\boldsymbol{0}$ 的公共解? 常用以下两种方法.

(1) 直接求 $\begin{pmatrix}\boldsymbol{A}\\\boldsymbol{B}\end{pmatrix}\boldsymbol{x}=\boldsymbol{0}$ 的解.

(2) 先分别求出 $\boldsymbol{Ax}=\boldsymbol{0}$ 与 $\boldsymbol{Bx}=\boldsymbol{0}$ 的基础解系,再利用线性表出关系确定公共解.

52. 求出某个以

$$\boldsymbol{\eta}_1=\begin{pmatrix}0\\1\\1\\0\\0\end{pmatrix},\boldsymbol{\eta}_2=\begin{pmatrix}0\\1\\0\\1\\0\end{pmatrix},\boldsymbol{\eta}_3=\begin{pmatrix}1\\-5\\0\\0\\3\end{pmatrix}$$

为基础解系的齐次线性方程组.

**【解】** 根据基础解系的定义知道,此齐次线性方程组的通解为

$$\begin{pmatrix}x_1\\x_2\\x_3\\x_4\\x_5\end{pmatrix}=a\boldsymbol{\eta}_1+b\boldsymbol{\eta}_2+c\boldsymbol{\eta}_3=\begin{pmatrix}0\\a\\a\\0\\0\end{pmatrix}+\begin{pmatrix}0\\b\\0\\b\\0\end{pmatrix}+\begin{pmatrix}c\\-5c\\0\\0\\3c\end{pmatrix}$$

这也就是说,它是线性方程组$\begin{cases}x_1=c\\x_2=a+b-5c\\x_3=a\\x_4=b\\x_5=3c\end{cases}$的通解.

据此即可写出一个满足要求的齐次线性方程组$\begin{cases}x_2=x_3+x_4-5x_1\\x_5=3x_1\end{cases}$.

**【注】** 满足要求的齐次线性方程组有无穷多个,它们都与已求出的线性方程组同解.

53. 已知齐次线性方程组(Ⅰ)有基础解系

$$\boldsymbol{\xi}_1=\begin{pmatrix}1\\0\\1\\1\end{pmatrix},\boldsymbol{\xi}_2=\begin{pmatrix}2\\1\\0\\-1\end{pmatrix},\boldsymbol{\xi}_3=\begin{pmatrix}0\\2\\1\\-1\end{pmatrix}$$

在方程组(Ⅰ)上添加两个方程$\begin{cases}x_1+x_2+x_3+x_4=0\\x_1+2x_2+2x_4=0\end{cases}$组成方程组(Ⅱ),求(Ⅱ)的基础解系.

**【解】** 先写出方程组(Ⅰ)的通解

$$\boldsymbol{\xi}=k_1\begin{pmatrix}1\\0\\1\\1\end{pmatrix}+k_2\begin{pmatrix}2\\1\\0\\-1\end{pmatrix}+k_3\begin{pmatrix}0\\2\\1\\-1\end{pmatrix}=\begin{pmatrix}k_1+2k_2\\k_2+2k_3\\k_1+k_3\\k_1-k_2-k_3\end{pmatrix},k_1,k_2,k_3\text{ 为任意实数}$$

若能求出方程组(Ⅱ)的通解,则就可得到(Ⅱ)的一个基础解系.

显然,(Ⅱ)的解就是在(Ⅰ)的解空间中那些满足两个添加方程的解.

把(Ⅰ)的通解代入两个添加方程得到

$$\begin{cases}(k_1+2k_2)+(k_2+2k_3)+(k_1+k_3)+(k_1-k_2-k_3)=3k_1+2k_2+2k_3=0\\(k_1+2k_2)+2(k_2+2k_3)+2(k_1-k_2-k_3)=3k_1+2k_2+2k_3=0\end{cases}$$

即满足 $3k_1+2k_2+2k_3=0$. 据此即得(Ⅱ)的通解

$$\left(-\frac{2}{3}k_2-\frac{2}{3}k_3\right)\begin{pmatrix}1\\0\\1\\1\end{pmatrix}+k_2\begin{pmatrix}2\\1\\0\\-1\end{pmatrix}+k_3\begin{pmatrix}0\\2\\1\\-1\end{pmatrix}$$

即

$$\boldsymbol{\eta}=(-2k_2-2k_3)\begin{pmatrix}1\\0\\1\\1\end{pmatrix}+3k_2\begin{pmatrix}2\\1\\0\\-1\end{pmatrix}+3k_3\begin{pmatrix}0\\2\\1\\-1\end{pmatrix}=k_2\begin{pmatrix}4\\3\\-2\\-5\end{pmatrix}+k_3\begin{pmatrix}-2\\6\\1\\-5\end{pmatrix}$$

于是,$\boldsymbol{\eta}_1=\begin{pmatrix}4\\3\\-2\\-5\end{pmatrix},\boldsymbol{\eta}_2=\begin{pmatrix}-2\\6\\1\\-5\end{pmatrix}$ 就是(Ⅱ)的一个基础解系.

**【注】** 也可求出已经求出的方程 $3k_1+2k_2+2k_3=0$ 的基础解系

$$\boldsymbol{\zeta}_1=\begin{pmatrix}2\\-3\\0\end{pmatrix},\boldsymbol{\zeta}_2=\begin{pmatrix}0\\1\\-1\end{pmatrix}$$

据此可得到方程组(Ⅱ)的另一个基础解系

$$\boldsymbol{\eta}_1=2\boldsymbol{\xi}_1-3\boldsymbol{\xi}_2=\begin{pmatrix}-4\\-3\\2\\5\end{pmatrix},\boldsymbol{\eta}_2=\boldsymbol{\xi}_2-\boldsymbol{\xi}_3=\begin{pmatrix}2\\-1\\-1\\0\end{pmatrix}$$

54. 已知线性方程组

$$(\mathrm{I})\begin{cases}a_{11}x_1+a_{12}x_2+a_{13}x_3+a_{14}x_4=0\\a_{21}x_1+a_{22}x_2+a_{23}x_3+a_{24}x_4=0\end{cases}$$

有通解

$$k_1\boldsymbol{\xi}_1+k_2\boldsymbol{\xi}_2=k_1\begin{pmatrix}1\\2\\1\\-1\end{pmatrix}+k_2\begin{pmatrix}0\\-1\\-3\\2\end{pmatrix}$$

$$(\mathrm{II})\begin{cases}b_{11}x_1+b_{12}x_2+b_{13}x_3+b_{14}x_4=0\\b_{21}x_1+b_{22}x_2+b_{23}x_3+b_{24}x_4=0\end{cases}$$

有通解

$$\lambda_1\boldsymbol{\eta}_1+\lambda_2\boldsymbol{\eta}_2=\lambda_1\begin{pmatrix}2\\-1\\a+2\\1\end{pmatrix}+\lambda_2\begin{pmatrix}-1\\2\\4\\a+8\end{pmatrix}$$

试确定常数 $a$ 使以下方程组有非零解

$$(\mathrm{III})\begin{cases}a_{11}x_1+a_{12}x_2+a_{13}x_3+a_{14}x_4=0\\a_{21}x_1+a_{22}x_2+a_{23}x_3+a_{24}x_4=0\\b_{11}x_1+b_{12}x_2+b_{13}x_3+b_{14}x_4=0\\b_{21}x_1+b_{22}x_2+b_{23}x_3+b_{24}x_4=0\end{cases}$$

**【解】**　设 $\boldsymbol{\beta}$ 是方程组(Ⅲ)的非零解,它必是(Ⅰ)和(Ⅱ)的公共解,可设

$$\boldsymbol{\beta}=k_1\boldsymbol{\xi}_1+k_2\boldsymbol{\xi}_2=\lambda_1\boldsymbol{\eta}_1+\lambda_2\boldsymbol{\eta}_2$$

这等价于齐次线性方程组 $k_1\boldsymbol{\xi}_1+k_2\boldsymbol{\xi}_2-\lambda_1\boldsymbol{\eta}_1-\lambda_2\boldsymbol{\eta}_2=\mathbf{0}$ 有非零解,也等价于其系数矩阵为不可逆矩阵,即其系数行列式为零

$$|\boldsymbol{\xi}_1\quad\boldsymbol{\xi}_2\quad-\boldsymbol{\eta}_1\quad-\boldsymbol{\eta}_2|=\begin{vmatrix}1&0&-2&1\\2&-1&1&-2\\1&-3&-(a+2)&-4\\-1&2&-1&-(a+8)\end{vmatrix}$$

$$=\begin{vmatrix}1&0&-2&1\\0&-1&5&-4\\0&-3&-a&-5\\0&2&-3&-a-7\end{vmatrix}$$

$$=\begin{vmatrix}1 & 0 & -2 & 1\\0 & -1 & 5 & -4\\0 & 0 & -a-15 & 7\\0 & 0 & 7 & -a-15\end{vmatrix}$$

$$=-[(a+15)^2-49]=-(a+8)(a+22)=0$$

所以,方程组(Ⅲ)有非零解的充分必要条件为 $a=-8$ 或 $a=-22$.

## §2　非齐次线性方程组

### 一、定义

非齐次线性方程组的一般形式为 $\boldsymbol{Ax}=\boldsymbol{b}$,其中 $\boldsymbol{A}=(a_{ij})_{m\times n}$ 为系数矩阵,$\boldsymbol{x}$ 为 $n$ 维未知列向量,$\boldsymbol{b}$ 为已知的 $m$ 维列向量.

分块矩阵 $(\boldsymbol{A}\quad \boldsymbol{b})$ 称为 $\boldsymbol{Ax}=\boldsymbol{b}$ 的增广矩阵,它是 $m\times(n+1)$ 矩阵.

$\boldsymbol{Ax}=\boldsymbol{b}$ 的相伴(导出)方程组是 $\boldsymbol{Ax}=\boldsymbol{0}$,它们有相同的系数矩阵 $\boldsymbol{A}$.

设 $\boldsymbol{A}$ 是 $m\times n$ 矩阵,且 $R(\boldsymbol{A}\quad \boldsymbol{b})=R(\boldsymbol{A})=r$,则 $\boldsymbol{Ax}=\boldsymbol{b}$ 的通解为

$\boldsymbol{\eta}=\boldsymbol{\eta}^*+k_1\boldsymbol{\xi}_1+k_2\boldsymbol{\xi}_2+\cdots+k_{n-r}\boldsymbol{\xi}_{n-r}$,$k_1,k_2,\cdots,k_{n-r}$ 为任意实数

其中,$\boldsymbol{\eta}^*$ 为 $\boldsymbol{Ax}=\boldsymbol{b}$ 的任意一个特解,$\{\boldsymbol{\xi}_1,\boldsymbol{\xi}_2,\cdots,\boldsymbol{\xi}_{n-r}\}$ 为 $\boldsymbol{Ax}=\boldsymbol{0}$ 的任意一个基础解系.

### 二、基本结论

(1) $\boldsymbol{Ax}=\boldsymbol{b}$ 有解 $\Leftrightarrow R(\boldsymbol{A}\quad \boldsymbol{b})=R(\boldsymbol{A})$.

(2) 当 $\boldsymbol{b}\neq\boldsymbol{0}$ 时,$\boldsymbol{Ax}=\boldsymbol{b}$ 的解的线性组合未必是解. 因此,根本不存在解空间和基础解系.

$\boldsymbol{Ax}=\boldsymbol{b}$ 的解 $\boldsymbol{\eta}_1,\boldsymbol{\eta}_2,\cdots,\boldsymbol{\eta}_n$ 的线性组合 $\boldsymbol{\eta}=\sum\limits_{i=1}^{m}k_i\boldsymbol{\eta}_i$ 是 $\boldsymbol{Ax}=\boldsymbol{b}$ 的解的充要条件是

$$\sum_{i=1}^{m}k_i=1$$

(3) $\boldsymbol{Ax}=\boldsymbol{b}$ 的任意两个解的差必是其相伴方程组 $\boldsymbol{Ax}=\boldsymbol{0}$ 的解.

(4) $\boldsymbol{Ax}=\boldsymbol{b}$ 的解 $\boldsymbol{\eta}$ 与其相伴方程组 $\boldsymbol{Ax}=\boldsymbol{0}$ 的解 $\boldsymbol{\xi}$ 之和 $\boldsymbol{\eta}+\boldsymbol{\xi}$ 与差 $\boldsymbol{\eta}-\boldsymbol{\xi}$ 仍是 $\boldsymbol{Ax}=\boldsymbol{b}$ 的解.

(5) 设 $\boldsymbol{A}$ 是 $m\times n$ 矩阵,而且 $R(\boldsymbol{A}\quad \boldsymbol{b})=R(\boldsymbol{A})=r$,则:

当 $r=n$ 时,$\boldsymbol{Ax}=\boldsymbol{b}$ 有唯一解;

当 $r < n$ 时，$\boldsymbol{Ax}=\boldsymbol{b}$ 有无穷多个解.

因此，当 $R(\boldsymbol{A}\quad\boldsymbol{b})=R(\boldsymbol{A})$ 时，$\boldsymbol{Ax}=\boldsymbol{b}$ 的解是唯一的 $\Leftrightarrow R(\boldsymbol{A})=n$.

(6) 设 $\boldsymbol{A}$ 是 $n$ 阶方阵，则

当 $|\boldsymbol{A}|\neq 0$ 时，$\boldsymbol{A}$ 为可逆矩阵，$\boldsymbol{Ax}=\boldsymbol{b}$ 必有唯一解 $\boldsymbol{x}=\boldsymbol{A}^{-1}\boldsymbol{b}$；

当 $|\boldsymbol{A}|=0$ 时，即 $R(\boldsymbol{A})<n$ 时，如果 $R(\boldsymbol{A}\quad\boldsymbol{b})=R(\boldsymbol{A})$，则 $\boldsymbol{Ax}=\boldsymbol{b}$ 有无穷多个解.

如果 $R(\boldsymbol{A}\quad\boldsymbol{b})=R(\boldsymbol{A})+1$，则 $\boldsymbol{Ax}=\boldsymbol{b}$ 无解.

因此，当 $\boldsymbol{A}$ 是 $n$ 阶方阵时，$\boldsymbol{Ax}=\boldsymbol{b}$ 有唯一解 $\Leftrightarrow|\boldsymbol{A}|\neq 0\Leftrightarrow\boldsymbol{A}$ 是可逆矩阵.

## 三、求通解方法

把增广矩阵 $(\boldsymbol{A}\quad\boldsymbol{b})$ 只用初等行变换化成行阶梯形矩阵 $(\boldsymbol{T}\quad\boldsymbol{d})$，则 $\boldsymbol{Ax}=\boldsymbol{b}$ 与 $\boldsymbol{Tx}=\boldsymbol{d}$ 同解，因此只要求出 $\boldsymbol{Tx}=\boldsymbol{d}$ 的解. 在求解时，尽量把行阶梯形矩阵 $(\boldsymbol{T}\quad\boldsymbol{d})$ 化简.

1. $m\times n$ 矩阵 $\boldsymbol{A}$ 的秩等于 $n$ 是线性方程组 $\boldsymbol{Ax}=\boldsymbol{b}$ 有唯一解的(　　).

(A) 充分必要条件　　(B) 充分非必要条件

(C) 必要非充分条件　　(D) 无关条件

**【解】** 应选(C). 当 $R(\boldsymbol{A})=n$ 时，它不能确保 $\boldsymbol{Ax}=\boldsymbol{b}$ 有解. 若 $\boldsymbol{Ax}=\boldsymbol{b}$ 有解，当 $R(\boldsymbol{A})<n$ 时，它必有无穷多个解；当 $R(\boldsymbol{A})=n$ 时，它必有唯一解，所以，$R(\boldsymbol{A})=n$ 是 $\boldsymbol{Ax}=\boldsymbol{b}$ 有唯一解的必要非充分条件.

**【注】** 当 $\boldsymbol{Ax}=\boldsymbol{b}$ 有唯一解时，必有 $R(\boldsymbol{A})=n$. 但当 $R(\boldsymbol{A})=n$ 时，$\boldsymbol{Ax}=\boldsymbol{b}$ 未必有解(如果它有解，则必有唯一解).

$\boldsymbol{Ax}=\boldsymbol{b}$ 有唯一解的充分必要条件是 $R(\boldsymbol{A}\quad\boldsymbol{b})=R(\boldsymbol{A})=n$.

2. 已知 $n$ 维列向量 $\boldsymbol{\alpha}_1,\boldsymbol{\alpha}_2,\cdots,\boldsymbol{\alpha}_r$ 是列向量组 $\boldsymbol{\alpha}_1,\boldsymbol{\alpha}_2,\cdots,\boldsymbol{\alpha}_r,\boldsymbol{\beta}$ 的极大无关组. 作矩阵

$$\boldsymbol{A}=(\boldsymbol{\alpha}_1\quad\boldsymbol{\alpha}_2\quad\cdots\quad\boldsymbol{\alpha}_r)$$

则线性方程组 $\boldsymbol{Ax}=\boldsymbol{\beta}$(　　).

(A) 必无解　　(B) 必有唯一解

(C) 必有无穷多解　　(D) 不能确定是否有解

**【解一】** $\boldsymbol{Ax}=\boldsymbol{\beta}$ 有解就是 $\boldsymbol{\beta}$ 可由 $\boldsymbol{\alpha}_1,\boldsymbol{\alpha}_2,\cdots,\boldsymbol{\alpha}_r$ 线性表出. 由条件知 $\boldsymbol{\beta}$ 可由 $\boldsymbol{\alpha}_1,\boldsymbol{\alpha}_2,\cdots,\boldsymbol{\alpha}_r$ 线性表出，再由 $\boldsymbol{\alpha}_1,\boldsymbol{\alpha}_2,\cdots,\boldsymbol{\alpha}_r$ 是线性无关组知其表法唯一，所以应选(B).

**【解二】** 由条件知必有

$$R(\boldsymbol{\alpha}_1\quad\boldsymbol{\alpha}_2\quad\cdots\quad\boldsymbol{\alpha}_r\quad\boldsymbol{\beta})=R(\boldsymbol{\alpha}_1\quad\boldsymbol{\alpha}_2\quad\cdots\quad\boldsymbol{\alpha}_r)=r$$

而 $\boldsymbol{A}$ 是 $n\times r$ 矩阵,所以 $\boldsymbol{Ax}=\boldsymbol{\beta}$ 必有唯一解.

3. 设 $\boldsymbol{\alpha}$ 和 $\boldsymbol{\beta}$ 是非齐次线性方程组 $\boldsymbol{Ax}=\boldsymbol{b}$ 的任意两个解,则(　　).

(A) $\boldsymbol{\alpha}+\boldsymbol{\beta}$ 是 $\boldsymbol{Ax}=\boldsymbol{0}$ 的解

(B) $\boldsymbol{\alpha}-\boldsymbol{\beta}$ 是 $\boldsymbol{Ax}=\boldsymbol{b}$ 的解

(C) $k\boldsymbol{\alpha}+l\boldsymbol{\beta}\ (k+l=1)$ 是 $\boldsymbol{Ax}=\boldsymbol{b}$ 的解

(D) $k\boldsymbol{\alpha}+l\boldsymbol{\beta}\ (k+l=1)$ 是 $\boldsymbol{Ax}=\boldsymbol{0}$ 的解

【解】　直接验证 $\boldsymbol{A}(k\boldsymbol{\alpha}+l\boldsymbol{\beta})=(k+l)\boldsymbol{b}=\boldsymbol{b}$. 应选(C).

【注】　$\boldsymbol{A}(\boldsymbol{\alpha}+\boldsymbol{\beta})=2\boldsymbol{b}$,所以(A)不正确. $\boldsymbol{A}(\boldsymbol{\alpha}-\boldsymbol{\beta})=\boldsymbol{b}-\boldsymbol{b}=\boldsymbol{0}$,所以(B)不正确.

当 $k+l=1$ 时,$\boldsymbol{A}(k\boldsymbol{\alpha}+l\boldsymbol{\beta})=(k+l)\boldsymbol{b}=\boldsymbol{b}\neq\boldsymbol{0}$,所以(D)不正确.

4. 设 $\boldsymbol{\eta}_1$ 和 $\boldsymbol{\eta}_2$ 是非齐次线性方程组 $\boldsymbol{Ax}=\boldsymbol{b}$ 的任意两个解,$\boldsymbol{\xi}_1$ 和 $\boldsymbol{\xi}_2$ 是其相伴方程组 $\boldsymbol{Ax}=\boldsymbol{0}$ 的任意两个解,则(　　).

(A) $2\boldsymbol{\xi}_1+\boldsymbol{\eta}_1$ 是 $\boldsymbol{Ax}=\boldsymbol{0}$ 的解

(B) $\boldsymbol{\eta}_1+\boldsymbol{\eta}_2$ 是 $\boldsymbol{Ax}=\boldsymbol{b}$ 的解

(C) $\boldsymbol{\xi}_1+\boldsymbol{\xi}_2$ 是 $\boldsymbol{Ax}=\boldsymbol{0}$ 的解

(D) $\boldsymbol{\eta}_1-\boldsymbol{\eta}_2$ 是 $\boldsymbol{Ax}=\boldsymbol{b}$ 的解

【解】　直接验证 $\boldsymbol{A}(\boldsymbol{\xi}_1+\boldsymbol{\xi}_2)=\boldsymbol{A}\boldsymbol{\xi}_1+\boldsymbol{A}\boldsymbol{\xi}_2=\boldsymbol{0}$. 应选(C).

【注】　$\boldsymbol{A}(2\boldsymbol{\xi}_1+\boldsymbol{\eta}_1)=\boldsymbol{b}$,$\boldsymbol{A}(\boldsymbol{\eta}_1+\boldsymbol{\eta}_2)=2\boldsymbol{b}$,$\boldsymbol{A}(\boldsymbol{\eta}_1-\boldsymbol{\eta}_2)=\boldsymbol{0}$,(A),(B),(D)都不正确.

5. 已知 $\boldsymbol{\beta}_1,\boldsymbol{\beta}_2$ 是 $\boldsymbol{Ax}=\boldsymbol{b}$ 的两个不同的解,$\boldsymbol{\alpha}_1,\boldsymbol{\alpha}_2$ 是 $\boldsymbol{Ax}=\boldsymbol{0}$ 的基础解系,$k_1$,$k_2$ 是任意常数,则(　　)必为 $\boldsymbol{Ax}=\boldsymbol{b}$ 的通解.

(A) $k_1\boldsymbol{\alpha}_1+k_2(\boldsymbol{\alpha}_1+\boldsymbol{\alpha}_2)+\dfrac{1}{2}(\boldsymbol{\beta}_1-\boldsymbol{\beta}_2)$

(B) $k_1\boldsymbol{\alpha}_1+k_2(\boldsymbol{\alpha}_1-\boldsymbol{\alpha}_2)+\dfrac{1}{2}(\boldsymbol{\beta}_1+\boldsymbol{\beta}_2)$

(C) $k_1\boldsymbol{\alpha}_1+k_2(\boldsymbol{\beta}_1+\boldsymbol{\beta}_2)+\dfrac{1}{2}(\boldsymbol{\beta}_1-\boldsymbol{\beta}_2)$

(D) $k_1\boldsymbol{\alpha}_1+k_2(\boldsymbol{\beta}_1-\boldsymbol{\beta}_2)+\dfrac{1}{2}(\boldsymbol{\beta}_1+\boldsymbol{\beta}_2)$

【解】　应选(B). $\dfrac{1}{2}(\boldsymbol{\beta}_1+\boldsymbol{\beta}_2)$ 显然是 $\boldsymbol{Ax}=\boldsymbol{b}$ 的特解. 因为 $\boldsymbol{\alpha}_1,\boldsymbol{\alpha}_2$ 线性无关,所以 $\boldsymbol{\alpha}_1$ 与 $\boldsymbol{\alpha}_1-\boldsymbol{\alpha}_2$ 线性无关,它们构成 $\boldsymbol{Ax}=\boldsymbol{0}$ 的基础解系,所以(B)是 $\boldsymbol{Ax}=\boldsymbol{b}$ 的通解.

【注】　当 $\boldsymbol{\alpha}_1,\boldsymbol{\alpha}_2$ 线性无关时,如果 $\boldsymbol{\alpha}_1$ 与 $\boldsymbol{\alpha}_1-\boldsymbol{\alpha}_2$ 线性相关,则

$$\boldsymbol{\alpha}_1=k(\boldsymbol{\alpha}_1-\boldsymbol{\alpha}_2),\ (k-1)\boldsymbol{\alpha}_1-k\boldsymbol{\alpha}_2=\boldsymbol{0},\ k\neq 0$$

这与$\boldsymbol{\alpha}_1$，$\boldsymbol{\alpha}_2$线性无关的假设矛盾，所以$\boldsymbol{\alpha}_1$与$\boldsymbol{\alpha}_1-\boldsymbol{\alpha}_2$必线性无关.

在(A)中，$k_1\boldsymbol{\alpha}_1+k_2(\boldsymbol{\alpha}_1+\boldsymbol{\alpha}_2)+\frac{1}{2}(\boldsymbol{\beta}_1-\boldsymbol{\beta}_2)$是$\boldsymbol{Ax}=\boldsymbol{0}$的解，不可能是$\boldsymbol{Ax}=\boldsymbol{b}$的通解.

在(C)中，$k_1\boldsymbol{\alpha}_1+k_2(\boldsymbol{\beta}_1+\boldsymbol{\beta}_2)+\frac{1}{2}(\boldsymbol{\beta}_1-\boldsymbol{\beta}_2)$根本不是$\boldsymbol{Ax}=\boldsymbol{b}$的解.

在(D)中，$\boldsymbol{\alpha}_1$，$\boldsymbol{\beta}_1-\boldsymbol{\beta}_2$未必是$\boldsymbol{Ax}=\boldsymbol{0}$的基础解系，所以，(D)未必是$\boldsymbol{Ax}=\boldsymbol{b}$的通解.

6. 设$\boldsymbol{A}$是$m\times n$矩阵，$\boldsymbol{b}$为$m$维列向量. 如果对任何非零的$n$维列向量$x$都有$\boldsymbol{Ax}=\boldsymbol{b}$，证明$\boldsymbol{b}=\boldsymbol{0}$，$\boldsymbol{A}=\boldsymbol{O}$.

【证】　设$\boldsymbol{A\alpha}=\boldsymbol{b}$，则由$\boldsymbol{A}(2\boldsymbol{\alpha})=\boldsymbol{b}$和$\boldsymbol{A}(2\boldsymbol{\alpha})=2\boldsymbol{A}(\boldsymbol{\alpha})=2\boldsymbol{b}$知$2\boldsymbol{b}=\boldsymbol{b}$，$\boldsymbol{b}=\boldsymbol{0}$. 于是对任何$n$维列向量$\boldsymbol{x}$都有$\boldsymbol{Ax}=\boldsymbol{0}$.

依次取$\boldsymbol{x}$为$n$维标准单位列向量

$$\boldsymbol{e}_i=(0\quad\cdots\quad 0\quad 1\quad 0\quad\cdots\quad 0)',\ i=1,2,\cdots,n$$

它的第$i$个分量为1，其余都是0. 由$\boldsymbol{A}\,\boldsymbol{e}_i=\boldsymbol{0}$，$i=1,2,\cdots,n$知

$$\boldsymbol{A}(\boldsymbol{e}_1\quad\boldsymbol{e}_2\quad\cdots\quad\boldsymbol{e}_n)=(\boldsymbol{0}\quad\boldsymbol{0}\quad\cdots\quad\boldsymbol{0})=\boldsymbol{O}\text{，即}\boldsymbol{A}=\boldsymbol{O}$$

7. 设$\boldsymbol{A}$为$n$阶矩阵. 如果对任何$n$维列向量$\boldsymbol{b}$，线性方程组$\boldsymbol{Ax}=\boldsymbol{b}$都有解，证明对每个取定的$\boldsymbol{b}$，$\boldsymbol{Ax}=\boldsymbol{b}$必有唯一解.

【证】　依次取$\boldsymbol{b}$为$n$维标准单位列向量

$$\boldsymbol{e}_i=(0\quad\cdots\quad 0\quad 1\quad 0\quad\cdots\quad 0)',\ i=1,2,\cdots,n$$

它的第$i$个分量为1，其余都是0. 记$\boldsymbol{Ax}=\boldsymbol{e}_i$的解为$\boldsymbol{\eta}_i$，即

$$\boldsymbol{A}\,\boldsymbol{\eta}_i=\boldsymbol{e}_i,\ i=1,2,\cdots,n$$

则由
$$\boldsymbol{A}(\boldsymbol{\eta}_1\quad\boldsymbol{\eta}_2\quad\cdots\quad\boldsymbol{\eta}_n)=(\boldsymbol{e}_1\quad\boldsymbol{e}_2\quad\cdots\quad\boldsymbol{e}_n)=\boldsymbol{I}_n$$

知$\boldsymbol{A}$为可逆矩阵，于是$\boldsymbol{Ax}=\boldsymbol{b}$必有唯一解$\boldsymbol{x}=\boldsymbol{A}^{-1}\boldsymbol{b}$.

8. 设$S=\{\boldsymbol{\alpha}_1,\boldsymbol{\alpha}_2,\cdots,\boldsymbol{\alpha}_n\}$是$n$维列向量组. 考虑$n$个$n$维标准单位列向量

$$\boldsymbol{e}_i=(0,\cdots,0,1,0,\cdots,0)',i=1,2,\cdots,n$$

在$\boldsymbol{e}_i$中的第$i$个分量为1，其余分量都为0. 证明：

(1) 如果$\boldsymbol{e}_1,\boldsymbol{e}_2,\cdots,\boldsymbol{e}_n$可由向量组$S$线性表出，则$S$一定是线性无关组.

(2) $S$为线性无关组$\Leftrightarrow$任意一个$n$维列向量$\boldsymbol{\beta}$都可由$S$线性表出.

(3) $n$元非齐次线性方程组$\boldsymbol{Ax}=\boldsymbol{b}$对于任何$\boldsymbol{b}\in\mathbf{R}^n$都有解$\Leftrightarrow|\boldsymbol{A}|\neq 0$.

【证】　(1) 根据$\boldsymbol{e}_1,\boldsymbol{e}_2,\cdots,\boldsymbol{e}_n$可由向量组$S=\{\boldsymbol{\alpha}_1,\boldsymbol{\alpha}_2,\cdots,\boldsymbol{\alpha}_n\}$线性表出，知道一定有

$$(\boldsymbol{e}_1\quad\boldsymbol{e}_2\quad\cdots\quad\boldsymbol{e}_n)=(\boldsymbol{\alpha}_1\quad\boldsymbol{\alpha}_2\quad\cdots\quad\boldsymbol{\alpha}_n)\boldsymbol{P}$$

其中表出矩阵$\boldsymbol{P}$为$n$阶方阵,把它写成矩阵形式就是$\boldsymbol{I}_n=\boldsymbol{AP}$,这就证明了$\boldsymbol{A}$是可逆矩阵,也就是说,$S$为线性无关组.

(2) 如果$S=\{\boldsymbol{\alpha}_1,\boldsymbol{\alpha}_2,\cdots,\boldsymbol{\alpha}_n\}$为线性无关组,则$\boldsymbol{\alpha}_1,\boldsymbol{\alpha}_2,\cdots,\boldsymbol{\alpha}_n$就是$n$维列向量空间$\mathbf{R}^n$中的极大无关组,所以任意一个$\boldsymbol{\beta}\in\mathbf{R}^n$都可由$S$线性表出.

反之,如果任意一个$n$维列向量$\boldsymbol{\beta}$都可由$S$线性表出,那么,$\boldsymbol{e}_1,\boldsymbol{e}_2,\cdots,\boldsymbol{e}_n$都可由$S$线性表出,于是据(1)所证,知道$S$必为线性无关组.

(3) 如果$n$元非齐次线性方程组$\boldsymbol{Ax}=\boldsymbol{b}$对于任何$\boldsymbol{b}\in\mathbf{R}^n$都有解.设$\boldsymbol{A}=(\boldsymbol{\alpha}_1\quad\boldsymbol{\alpha}_2\quad\cdots\quad\boldsymbol{\alpha}_n)$为$\boldsymbol{A}$的列向量表示法.设$\boldsymbol{Ax}=\boldsymbol{e}_i$的解为$\boldsymbol{p}_i$, $i=1,2,\cdots,n$,则由

$$\boldsymbol{A}(\boldsymbol{p}_1\quad\boldsymbol{p}_2\quad\cdots\quad\boldsymbol{p}_n)=(\boldsymbol{e}_1\quad\boldsymbol{e}_2\quad\cdots\quad\boldsymbol{e}_n)$$

即$\boldsymbol{AP}=\boldsymbol{I}_n$,知道$\boldsymbol{A}$是可逆矩阵,必有$|\boldsymbol{A}|\neq 0$.

反之,当$|\boldsymbol{A}|\neq 0$时,$\boldsymbol{A}$是可逆矩阵,对于任何$\boldsymbol{b}\in\mathbf{R}^n$,$\boldsymbol{Ax}=\boldsymbol{b}$都有解$\boldsymbol{x}=\boldsymbol{A}^{-1}\boldsymbol{b}$.

9. 设$\boldsymbol{A}$是$m\times n$矩阵,$R(\boldsymbol{A})=m$,证明非齐次线性方程组$\boldsymbol{Ax}=\boldsymbol{b}$一定有解.

**【证】** 因为$(\boldsymbol{A}\quad\boldsymbol{b})$为$m\times(n+1)$矩阵,所以,由

$$m=R(\boldsymbol{A})\leqslant R(\boldsymbol{A}\quad\boldsymbol{b})\leqslant m$$

知道必有

$$R(\boldsymbol{A}\quad\boldsymbol{b})=R(\boldsymbol{A})=m$$

所以$\boldsymbol{Ax}=\boldsymbol{b}$一定有解.

10. 设$\boldsymbol{A}$和$\boldsymbol{B}$分别是$m\times n$和$m\times k$矩阵,且$R(\boldsymbol{A})=R(\boldsymbol{A}\quad\boldsymbol{B})$,证明矩阵方程$\boldsymbol{AX}=\boldsymbol{B}$必有解.

**【证】** 把$\boldsymbol{B}$作列向量分块:$\boldsymbol{B}=(\boldsymbol{b}_1\quad\boldsymbol{b}_2\quad\cdots\quad\boldsymbol{b}_k)$. 因为

$$R(\boldsymbol{A})=R(\boldsymbol{A}\quad\boldsymbol{B})=R(\boldsymbol{A}\quad\boldsymbol{b}_1\quad\boldsymbol{b}_2\quad\cdots\quad\boldsymbol{b}_k)$$

这说明任意一个$\boldsymbol{b}_j$, $j=1,2,\cdots,k$,都是$\boldsymbol{A}$的列向量组的线性组合,即$\boldsymbol{Ax}=\boldsymbol{b}_j$, $1\leqslant j\leqslant k$都有解,所以$\boldsymbol{AX}=\boldsymbol{B}$必有解.

11. 设$\boldsymbol{A}=(a_{ij})_{n\times n}$, $a_{ij}$在行列式$|a_{ij}|$中的代数余子式为$A_{ij}$, $\boldsymbol{B}=(A_{ij})_{n\times n}$,记

$$\boldsymbol{b}=(b_1\quad b_2\quad\cdots\quad b_n)',\ \boldsymbol{c}=(c_1\quad c_2\quad\cdots\quad c_n)'$$

证明线性方程组$\boldsymbol{Ax}=\boldsymbol{b}$有唯一解当且仅当$\boldsymbol{Bx}=\boldsymbol{c}$有唯一解.

**【证】** 因为$\boldsymbol{B}=(\boldsymbol{A}^*)'$, $|\boldsymbol{B}|=|\boldsymbol{A}^*|=|\boldsymbol{A}|^{n-1}$, $|\boldsymbol{B}|\neq 0\Leftrightarrow|\boldsymbol{A}|\neq 0$,所以$\boldsymbol{Ax}=\boldsymbol{b}$有唯一解当且仅当$\boldsymbol{Bx}=\boldsymbol{c}$有唯一解.

12. 设$\boldsymbol{A}$是3阶矩阵,已知$\boldsymbol{\eta}_1=\begin{pmatrix}1\\2\\-2\end{pmatrix}$,$\boldsymbol{\eta}_2=\begin{pmatrix}2\\1\\-1\end{pmatrix}$,$\boldsymbol{\eta}_3=\begin{pmatrix}1\\1\\t\end{pmatrix}$是非齐次线

性方程组 $\boldsymbol{Ax}=\boldsymbol{b}$ 的解向量，证明对任意参数 $t$，都有 $R(\boldsymbol{A})=1$.

**【证】** 需要讨论 $\boldsymbol{Ax}=\boldsymbol{b}$ 的解向量组 $\boldsymbol{B}=(\boldsymbol{\eta}_1\quad\boldsymbol{\eta}_2\quad\boldsymbol{\eta}_3)$ 的秩. 由

$$\boldsymbol{B}=(\boldsymbol{\eta}_1\quad\boldsymbol{\eta}_2\quad\boldsymbol{\eta}_3)=\begin{pmatrix}1&2&1\\2&1&1\\-2&-1&t\end{pmatrix}\to\begin{pmatrix}1&2&1\\0&-3&-1\\0&3&t+2\end{pmatrix}\to\begin{pmatrix}1&2&1\\0&3&1\\0&0&t+1\end{pmatrix}$$

知 $2\leqslant R(\boldsymbol{B})\leqslant 3$，且 $R(\boldsymbol{B})=3\Leftrightarrow t\neq-1$.

当 $t\neq-1$ 时，$\boldsymbol{B}$ 为可逆矩阵，$R(\boldsymbol{AB})=R(\boldsymbol{A})$. 因为 $\boldsymbol{AB}=(\boldsymbol{b}\quad\boldsymbol{b}\quad\boldsymbol{b})$ 的秩为 1，所以 $R(\boldsymbol{A})=1$.

当 $t=-1$ 时，因为

$$\boldsymbol{\xi}_1=\boldsymbol{\eta}_1-\boldsymbol{\eta}_2=\begin{pmatrix}-1\\1\\-1\end{pmatrix},\ \boldsymbol{\xi}_2=\boldsymbol{\eta}_1-\boldsymbol{\eta}_3=\begin{pmatrix}0\\1\\-1\end{pmatrix}$$

是 $\boldsymbol{Ax}=\boldsymbol{0}$ 的线性无关的解，必有 $3-R(\boldsymbol{A})\geqslant 2$，$R(\boldsymbol{A})\leqslant 1$；再由 $\boldsymbol{A}\neq\boldsymbol{O}$ 可确定 $R(\boldsymbol{A})=1$.

13. 求出非齐次线性方程组 $\begin{cases}x_1+x_2+2x_3+3x_4=1\\x_1+2x_2+3x_3-x_4=-4\\3x_1-x_2-x_3-2x_4=-4\\2x_1+3x_2-x_3-x_4=-6\end{cases}$ 的通解.

**【解】** 只用初等行变换把增广矩阵化为行阶梯矩阵

$$\left(\begin{array}{cccc:c}1&1&2&3&1\\1&2&3&-1&-4\\3&-1&-1&-2&-4\\2&3&-1&-1&-6\end{array}\right)\to\left(\begin{array}{cccc:c}1&1&2&3&1\\0&1&1&-4&-5\\0&-4&-7&-11&-7\\0&1&-5&-7&-8\end{array}\right)\to$$

$$\left(\begin{array}{cccc:c}1&0&1&7&6\\0&1&1&-4&-5\\0&0&-3&-27&-27\\0&0&-6&-3&-3\end{array}\right)\to\left(\begin{array}{cccc:c}1&0&1&7&6\\0&1&1&-4&-5\\0&0&1&9&9\\0&0&2&1&1\end{array}\right)\to$$

$$\left(\begin{array}{cccc:c}1&0&0&-2&-3\\0&1&0&-13&-14\\0&0&1&9&9\\0&0&0&-17&-17\end{array}\right)\to\left(\begin{array}{cccc:c}1&0&0&-2&-3\\0&1&0&-13&-14\\0&0&1&9&9\\0&0&0&1&1\end{array}\right)\to$$

$$\left(\begin{array}{cccc:c}1&0&0&0&-1\\0&1&0&0&-1\\0&0&1&0&0\\0&0&0&1&1\end{array}\right)$$

此方程组有唯一解 $\boldsymbol{\eta}=\begin{pmatrix}-1\\-1\\0\\1\end{pmatrix}$.

14. 求出非齐次线性方程组 $\begin{cases}x_1-2x_2+x_3+3x_4=5\\2x_1+x_2-x_3+x_4=2\\3x_1+4x_2-3x_3-x_4=-1\\x_1+3x_2-2x_4=-1\end{cases}$ 的通解.

【解】 只用初等行变换把增广矩阵化简

$$\left(\begin{array}{cccc:c}1&-2&1&3&5\\2&1&-1&1&2\\3&4&-3&-1&-1\\1&3&0&-2&-1\end{array}\right)\to\left(\begin{array}{cccc:c}1&-2&1&3&5\\0&5&-3&-5&-8\\0&10&-6&-10&-16\\0&5&-1&-5&-6\end{array}\right)\to$$

$$\left(\begin{array}{cccc:c}1&-2&1&3&5\\0&1&-3/5&-1&-8/5\\0&0&0&0&0\\0&0&2&0&2\end{array}\right)\to\left(\begin{array}{cccc:c}1&0&-1/5&1&9/5\\0&1&-3/5&-1&-8/5\\0&0&0&0&0\\0&0&1&0&1\end{array}\right)\to$$

$$\left(\begin{array}{ccccc:c}1&0&0&1&1&2\\0&1&0&-1&-1&-1\\0&0&0&0&0&0\\0&0&1&0&1&1\end{array}\right)$$

同解方程组是 $\begin{cases}x_1=2-x_4\\x_2=-1+x_4\\x_3=1\end{cases}$,相伴方程组为 $\begin{cases}x_1=-x_4\\x_2=x_4\\x_3=0\end{cases}$.

可求出通解

$$\boldsymbol{\eta}=\begin{pmatrix}2\\-1\\1\\0\end{pmatrix}+k\begin{pmatrix}-1\\1\\0\\1\end{pmatrix},k\text{ 为任意实数}$$

15. 求出线性方程组$\begin{cases}x_1-5x_2-2x_3=4\\2x_1-3x_2+x_3=7\\-x_1+12x_2+7x_3=-5\\x_1+16x_2+13x_3=1\end{cases}$的通解.

【解】　只用初等行变换把增广矩阵化为行阶梯矩阵

$$\left(\begin{array}{ccc:c}1&-5&-2&4\\2&-3&1&7\\-1&12&7&-5\\1&16&13&1\end{array}\right)\to\left(\begin{array}{ccc:c}1&-5&-2&4\\0&7&5&-1\\0&7&5&-1\\0&21&15&-3\end{array}\right)\to$$

$$\left(\begin{array}{ccc:c}1&-5&-2&4\\0&7&5&-1\\0&0&0&0\\0&0&0&0\end{array}\right)\to\left(\begin{array}{ccc:c}1&-5&-2&4\\0&1&5/7&-1/7\\0&0&0&0\\0&0&0&0\end{array}\right)\to$$

$$\left(\begin{array}{ccc:c}1&0&11/7&23/7\\0&1&5/7&-1/7\\0&0&0&0\\0&0&0&\end{array}\right)$$

同解方程组为$\begin{cases}x_1=-\dfrac{11}{7}x_3+\dfrac{23}{7}\\x_2=-\dfrac{5}{7}x_3-\dfrac{1}{7}\end{cases}$，相伴方程组为$\begin{cases}x_1=-\dfrac{11}{7}x_3\\x_2=-\dfrac{5}{7}x_3\end{cases}$.

可求出通解

$$\boldsymbol{\eta}=\frac{1}{7}\begin{pmatrix}23\\-1\\0\end{pmatrix}+k\begin{pmatrix}-11\\-5\\7\end{pmatrix},k\text{ 为任意实数}$$

16. 求出线性方程组$\begin{cases}2x_1-3x_2+x_3+5x_4=6\\-3x_1+x_2+2x_3-4x_4=5\\-x_1-2x_2+3x_3+x_4=11\end{cases}$的通解.

【解】　只用初等行变换把增广矩阵化简为

$$\left(\begin{array}{cccc:c}2&-3&1&5&6\\-3&1&2&-4&5\\-1&-2&3&1&11\end{array}\right)\to\left(\begin{array}{cccc:c}0&-7&7&7&28\\0&7&-7&-7&-28\\-1&-2&3&1&11\end{array}\right)\to$$

$$\left(\begin{array}{cccc:c}0 & 1 & -1 & -1 & -4\\0 & 0 & 0 & 0 & 0\\-1 & -2 & 3 & 1 & 11\end{array}\right)\to\left(\begin{array}{cccc:c}0 & 1 & -1 & -1 & -4\\0 & 0 & 0 & 0 & 0\\-1 & 0 & 1 & -1 & 3\end{array}\right)\to$$

$$\begin{pmatrix}0 & 1 & -1 & -1 & -4\\0 & 0 & 0 & 0 & 0\\1 & 0 & -1 & 1 & -3\end{pmatrix}$$

同解方程组为$\begin{cases}x_1=x_3-x_4-3\\x_2=x_3+x_4-4\end{cases}$，相伴方程组为$\begin{cases}x_1=x_3-x_4\\x_2=x_3+x_4\end{cases}$.

可求出通解

$$\boldsymbol{\eta}=\begin{pmatrix}-3\\-4\\0\\0\end{pmatrix}+k_1\begin{pmatrix}1\\1\\1\\0\end{pmatrix}+k_2\begin{pmatrix}-1\\1\\0\\1\end{pmatrix},k_1,k_2\text{ 为任意实数}$$

17. 当参数 $a,b,c,d$ 两两不同时,下述线性方程组

$$\begin{cases}x_1+x_2+x_3=1\\ax_1+bx_2+cx_3=d\\a^2x_1+b^2x_2+c^2x_3=d^2\\a^3x_1+b^3x_2+c^3x_3=d^3\end{cases}$$

是否有解?

【解】 由 $a,b,c,d$ 两两不同知,增广矩阵的行列式为4阶范德蒙德行列式

$$V_4=\begin{vmatrix}1 & 1 & 1 & 1\\a & b & c & d\\a^2 & b^2 & c^2 & d^2\\a^3 & b^3 & c^3 & d^3\end{vmatrix}\neq 0$$

因为增广矩阵的秩为 $4>n=3$(系数矩阵的秩),所以此线性方程组必无解.

18. 当参数 $a,b,c$ 满足什么条件时,下述线性方程组

$$\begin{cases}ax_1+ax_2+bx_3=1\\ax_1+bx_2+ax_3=1\\bx_1+ax_2+ax_3=1\end{cases}$$

有解？并求出它的解.

【解】 用初等行变换把增广矩阵化简

$$\left(\begin{array}{ccc:c}a & a & b & 1\\ a & b & a & 1\\ b & a & a & 1\end{array}\right)\rightarrow\left(\begin{array}{ccc:c}a & a & b & 1\\ 0 & b-a & a-b & 0\\ b-a & 0 & a-b & 0\end{array}\right)$$

当 $a=b=0$ 时,线性方程组无解.

当 $a=b\neq 0$ 时,线性方程组为

$$a(x_1+x_2+x_3)=1\ ,\ x_1=\frac{1}{a}-x_2-x_3$$

它有无穷多个解,通解为

$$\boldsymbol{\eta}=\begin{pmatrix}1/a\\ 0\\ 0\end{pmatrix}+k_1\begin{pmatrix}-1\\ 1\\ 0\end{pmatrix}+k_2\begin{pmatrix}-1\\ 0\\ 1\end{pmatrix},k_1,\ k_2 \text{ 为任意实数}$$

当 $a\neq b$ 时,增广矩阵可继续化简

$$\left(\begin{array}{ccc:c}a & a & b & 1\\ 0 & 1 & -1 & 0\\ 1 & 0 & -1 & 0\end{array}\right)\rightarrow\left(\begin{array}{ccc:c}0 & 0 & 2a+b & 0\\ 0 & 1 & -1 & 0\\ 1 & 0 & -1 & 0\end{array}\right)$$

如果 $2a+b=0$,则线性方程组无解.

如果 $2a+b\neq 0$,则线性方程组有唯一解 $x_1=x_2=x_3=\dfrac{1}{2a+b}$.

19. 当参数 $a$ 为何值时,线性方程组 $\begin{cases}x_1+x_2+x_3=0\\ -2x_1+x_3=-1\\ x_1+3x_2+4x_3=a\end{cases}$ 有解? 并求出它的通解.

**【解】**

$$\left(\begin{array}{ccc:c}1 & 1 & 1 & 0\\ -2 & 0 & 1 & -1\\ 1 & 3 & 4 & a\end{array}\right)\rightarrow\left(\begin{array}{ccc:c}1 & 1 & 1 & 0\\ 0 & 2 & 3 & -1\\ 0 & 2 & 3 & a\end{array}\right)\rightarrow\left(\begin{array}{ccc:c}1 & 1 & 1 & 0\\ 0 & 2 & 3 & -1\\ 0 & 0 & 0 & a+1\end{array}\right).$$

它有解当且仅当 $a=-1$. 当 $a=-1$ 时,可进一步化简

$$\left(\begin{array}{ccc:c}1 & 1 & 1 & 0\\ 0 & 2 & 3 & -1\\ 0 & 0 & 0 & 0\end{array}\right)\rightarrow\left(\begin{array}{ccc:c}1 & 1 & 1 & 0\\ 0 & 1 & 3/2 & -1/2\\ 0 & 0 & 0 & 0\end{array}\right)\rightarrow\left(\begin{array}{ccc:c}1 & 0 & -1/2 & 1/2\\ 0 & 1 & 3/2 & -1/2\\ 0 & 0 & 0 & 0\end{array}\right)$$

同解方程组 $\begin{cases}x_1=\dfrac{1}{2}+\dfrac{1}{2}x_3\\ x_2=-\dfrac{1}{2}-\dfrac{3}{2}x_3\end{cases}$. 通解为 $\boldsymbol{\eta}=\begin{pmatrix}1/2\\ -1/2\\ 0\end{pmatrix}+k\begin{pmatrix}1\\ -3\\ 2\end{pmatrix}$,$k$ 为任意实数.

**【注】**　此非齐次线性方程组的特解可有很多不同的取法. 例如,满足

$$\begin{cases}x_1+x_2+x_3=0\\2x_2+3x_3=-1\end{cases}$$

的特解可取为

$$\boldsymbol{\eta}^*=\frac{1}{3}\begin{pmatrix}1\\0\\-1\end{pmatrix},\begin{pmatrix}0\\1\\-1\end{pmatrix},\begin{pmatrix}1\\-2\\1\end{pmatrix},\cdots$$

20. 当参数 $a$，$b$，$c$ 满足什么条件时，下述线性方程组有解？

(1)$\begin{cases}x_1+x_2+2x_3=a\\x_1+x_3=b\\2x_1+x_2+3x_3=c\end{cases}$；(2)$\begin{cases}x_1-x_2+3x_3=a\\3x_1-3x_2+9x_3=b\\-2x_1+2x_2-6x_3=c\end{cases}$；

(3)$\begin{cases}x_1-x_2+5x_3=c\\3x_1+5x_2-x_3=a\\4x_1-2x_2+x_3=b\end{cases}$.

**【解】** (1)$\left(\begin{array}{ccc:c}1&1&2&a\\1&0&1&b\\2&1&3&c\end{array}\right)\to\left(\begin{array}{ccc:c}1&1&2&a\\0&-1&-1&b-a\\0&-1&-1&c-2a\end{array}\right)$

$$\to\left(\begin{array}{ccc:c}1&1&2&a\\0&-1&-1&b-a\\0&0&0&c-b-a\end{array}\right)$$

$$\to\begin{pmatrix}1&0&1&b\\0&-1&-1&b-a\\0&0&0&c-b-a\end{pmatrix}$$

所以方程组有解 $\Leftrightarrow c=a+b$.

(2) $\left(\begin{array}{ccc:c}1&-1&3&a\\3&-3&9&b\\-2&2&-6&c\end{array}\right)\to\left(\begin{array}{ccc:c}1&-1&3&a\\0&0&0&b-3a\\0&0&0&c+2a\end{array}\right)$

所以方程组有解 $\Leftrightarrow b=3a$ 且 $c=-2a\Leftrightarrow a:b:c=1:3:(-2)$.

(3) $\left(\begin{array}{ccc:c}1&-1&5&c\\3&5&-1&a\\4&-2&1&b\end{array}\right)\to\left(\begin{array}{ccc:c}1&-1&5&c\\0&8&-16&a-3c\\0&2&-19&b-4c\end{array}\right)$

$$\to\left(\begin{array}{ccc:c}1&-1&5&c\\0&2&-19&b-4c\\0&0&60&a-4b+13c\end{array}\right)$$

因为对任意 $a$，$b$，$c$，都有 $R(\boldsymbol{A}\quad \boldsymbol{b}) = R(\boldsymbol{A}) = 3$，所以，方程组 $\boldsymbol{Ax} = \boldsymbol{b}$ 都有唯一解 $\boldsymbol{x} = \boldsymbol{A}^{-1}\boldsymbol{b}$.

**【注】** 本题中(2) 一个常见的错误：增广矩阵中的第一行是第二行与第三行之和，据此就断言：

"方程组有解当且仅当 $b + c = a$."

事实上，由 $b = 3a$ 且 $c = -2a$ 可以推出 $b + c = a$，但由 $b + c = a$ 并不能推出 $b = 3a$ 且 $c = -2a$. 所以 $b + c = a$ 仅是此方程组有解的必要条件但不是充分条件.

21. 当参数 $a$ 为何值时，以下非齐次线性方程组

$$\begin{cases} x_1 + 5x_2 - x_3 - x_4 = -1 \\ x_1 + 7x_2 + x_3 + 3x_4 = 3 \\ 3x_1 + 17x_2 - x_3 + x_4 = a \\ x_1 + 3x_2 - 3x_3 - 5x_4 = -5 \end{cases}$$

有解？并求出其通解.

**【解】** 先用初等行变换把增广矩阵化为行阶梯矩阵

$$\left(\begin{array}{cccc:c} 1 & 5 & -1 & -1 & -1 \\ 1 & 7 & 1 & 3 & 3 \\ 3 & 17 & -1 & 1 & a \\ 1 & 3 & -3 & -5 & -5 \end{array}\right) \to \left(\begin{array}{cccc:c} 1 & 5 & -1 & -1 & -1 \\ 0 & 2 & 2 & 4 & 4 \\ 0 & 2 & 2 & 4 & a+3 \\ 0 & -2 & -2 & -4 & -4 \end{array}\right)$$

$$\to \left(\begin{array}{cccc:c} 1 & 5 & -1 & -1 & -1 \\ 0 & 1 & 1 & 2 & 2 \\ 0 & 0 & 0 & 0 & a-1 \\ 0 & 0 & 0 & 0 & 0 \end{array}\right)$$

当 $a \neq 1$ 时，方程组无解.

当 $a = 1$ 时，可继续化简得(略去两个零方程)

$$\left(\begin{array}{cccc:c} 1 & 0 & -6 & -11 & -11 \\ 0 & 1 & 1 & 2 & 2 \end{array}\right)$$

此时，有无穷多个解，通解为

$$\boldsymbol{\eta} = \begin{pmatrix} -11 \\ 2 \\ 0 \\ 0 \end{pmatrix} + k\begin{pmatrix} 6 \\ -1 \\ 1 \\ 0 \end{pmatrix} + l\begin{pmatrix} 11 \\ -2 \\ 0 \\ 1 \end{pmatrix}, k, l \text{ 为任意实数}$$

22. 当参数 $a$ 为何值时，以下线性方程组

$$\begin{cases}3x_1+x_2-x_3-2x_4=2\\ x_1-5x_2+2x_3+x_4=-1\\ 2x_1+6x_2-3x_3-3x_4=a+1\\ -x_1-11x_2+5x_3+4x_4=-4\end{cases}$$

有解？在有解时，求出它的通解.

**【解】** 先用初等行变换把增广矩阵化简

$$\left(\begin{array}{cccc:c}3&1&-1&-2&2\\1&-5&2&1&-1\\2&6&-3&-3&a+1\\-1&-11&5&4&-4\end{array}\right)\to\left(\begin{array}{cccc:c}0&16&-7&-5&5\\1&-5&2&1&-1\\0&16&-7&-5&a+3\\0&-16&7&5&-5\end{array}\right)$$

$$\to\left(\begin{array}{cccc:c}0&16&-7&-5&5\\1&-5&2&1&-1\\0&0&0&0&a-2\\0&0&0&0&0\end{array}\right)$$

它有解的充分必要条件是 $a=2$. 此时可进一步化简（略去两个零方程）

$$\left(\begin{array}{cccc:c}1&-5&2&1&-1\\0&16&-7&-5&5\end{array}\right)\to\left(\begin{array}{cccc:c}1&-5&2&1&-1\\0&1&-7/16&-5/16&5/16\end{array}\right)$$

$$\to\left(\begin{array}{cccc:c}1&0&-3/16&-9/16&9/16\\0&1&-7/16&-5/16&5/16\end{array}\right)$$

同解方程组为 $\begin{cases}x_1=\dfrac{3}{16}x_3+\dfrac{9}{16}x_4+\dfrac{9}{16}\\ x_2=\dfrac{7}{16}x_3+\dfrac{5}{16}x_4+\dfrac{5}{16}\end{cases}$，相伴方程组为 $\begin{cases}x_1=\dfrac{3}{16}x_3+\dfrac{9}{16}x_4\\ x_2=\dfrac{7}{16}x_3+\dfrac{5}{16}x_4\end{cases}$.

通解为

$$\boldsymbol{\eta}=\begin{pmatrix}9/16\\5/16\\0\\0\end{pmatrix}+k_1\begin{pmatrix}3\\7\\16\\0\end{pmatrix}+k_2\begin{pmatrix}9\\5\\0\\16\end{pmatrix},k_1,k_2\text{ 为任意实数}$$

23. 当参数 $a$ 和 $b$ 满足什么条件时，以下线性方程组

$$\begin{cases}x_1+x_2+x_3+x_4+x_5=1\\ 3x_1+2x_2+x_3+x_4-3x_5=a\\ x_2+2x_3+2x_4+6x_5=3\\ 5x_1+4x_2+3x_3+3x_4-x_5=b\end{cases}$$

有解？在有解时，求出它的通解.

【解】　先用初等行变换把增广矩阵化简

$$\left(\begin{array}{ccccc:c}1&1&1&1&1&1\\3&2&1&1&-3&a\\0&1&2&2&6&3\\5&4&3&3&-1&b\end{array}\right)\to\left(\begin{array}{ccccc:c}1&1&1&1&1&1\\0&-1&-2&-2&-6&a-3\\0&1&2&2&6&3\\0&-1&-2&-2&-6&b-5\end{array}\right)$$

$$\to\left(\begin{array}{ccccc:c}1&0&-1&-1&-5&a-2\\0&-1&-2&-2&-6&a-3\\0&0&0&0&0&a\\0&0&0&0&0&b-a-2\end{array}\right)$$

线性方程组有解当且仅当 $a=0$ 且 $b=2$. 此时可得同解方程组

$$\begin{cases}x_1=x_3+x_4+5x_5-2\\x_2=-2x_3-2x_4-6x_5+3\end{cases}$$

相伴方程组为

$$\begin{cases}x_1=x_3+x_4+5x_5\\x_2=-2x_3-2x_4-6x_5\end{cases}$$

通解为

$$\boldsymbol{\eta}=\begin{pmatrix}-2\\3\\0\\0\\0\end{pmatrix}+k_1\begin{pmatrix}1\\-2\\1\\0\\0\end{pmatrix}+k_2\begin{pmatrix}1\\-2\\0\\1\\0\end{pmatrix}+k_3\begin{pmatrix}5\\-6\\0\\0\\1\end{pmatrix},k_1,k_2,k_3\text{ 为任意实数}$$

24. 当参数 $a$，$b$ 为何值时，以下非齐次线性方程组

$$\begin{cases}x_1+x_2+x_3+x_4=0\\x_2+2x_3+2x_4=1\\-x_2+(a-3)x_3-2x_4=b\\3x_1+2x_2+x_3+ax_4=-1\end{cases}$$

无解？有唯一解？ 有无穷多个解？ 并求出其解.

【解】　先用初等行变换把增广矩阵化简

$$\left(\begin{array}{cccc:c}1&1&1&1&0\\0&1&2&2&1\\0&-1&a-3&-2&b\\3&2&1&a&-1\end{array}\right)\to\left(\begin{array}{cccc:c}1&1&1&1&0\\0&1&2&2&1\\0&0&a-1&0&b+1\\0&-1&-2&a-3&-1\end{array}\right)$$

$$\rightarrow\left(\begin{array}{cccc:c}1 & 1 & 1 & 1 & 0\\ 0 & 1 & 2 & 2 & 1\\ 0 & 0 & a-1 & 0 & b+1\\ 0 & 0 & 0 & a-1 & 0\end{array}\right)$$

（1）当 $a=1$，$b\neq -1$ 时，第三个是矛盾方程，方程组无解.

（2）当 $a=1$，$b=-1$ 时，可继续化简得（略去两个零方程）

$$\left(\begin{array}{cccc:c}1 & 0 & -1 & -1 & -1\\ 0 & 1 & 2 & 2 & 1\end{array}\right)$$

此时，有无穷多个解，通解为

$$\boldsymbol{\eta}=\begin{pmatrix}-1\\1\\0\\0\end{pmatrix}+k\begin{pmatrix}1\\-2\\1\\0\end{pmatrix}+l\begin{pmatrix}1\\-2\\0\\1\end{pmatrix},k,l\text{ 为任意实数}$$

（3）当 $a\neq 1$ 时，可继续化简得

$$\left(\begin{array}{cccc:c}1 & 0 & -1 & -1 & -1\\ 0 & 1 & 2 & 2 & 1\\ 0 & 0 & 1 & 0 & (b+1)/(a-1)\\ 0 & 0 & 0 & 1 & 0\end{array}\right)\rightarrow$$

$$\left(\begin{array}{cccc:c}1 & 0 & 0 & -1 & (-a+b+2)/(a-1)\\ 0 & 1 & 0 & 2 & (a-2b-3)/(a-1)\\ 0 & 0 & 1 & 0 & (b+1)/(a-1)\\ 0 & 0 & 0 & 1 & 0\end{array}\right)$$

此时，有唯一解

$$x_1=\frac{-a+b+2}{a-1},x_2=\frac{a-2b-3}{a-1},x_3=\frac{b+1}{a-1},x_4=0$$

25. 讨论当参数 $a$ 和 $b$ 取何值时，以下线性方程组

$$\begin{cases}ax_1+x_2+x_3=2\\ x_1+bx_2+x_3=1\\ x_1+2bx_2+x_3=2\end{cases}$$

无解？有唯一解？ 有无穷多个解？

**【解】** 用初等行变换把增广矩阵化简如下

$$\left(\begin{array}{ccc:c}a & 1 & 1 & 2\\ 1 & b & 1 & 1\\ 1 & 2b & 1 & 2\end{array}\right)\rightarrow\left(\begin{array}{ccc:c}0 & 1-ab & 1-a & 2-a\\ 1 & b & 1 & 1\\ 0 & b & 0 & 1\end{array}\right)$$

当 $b=0$ 时，第三个是矛盾方程，线性方程组无解.

当 $b\neq 0$ 时，如果 $a\neq 1$，则 $R(\boldsymbol{A}\quad\boldsymbol{b})=R(\boldsymbol{A})=3=n$，线性方程组有唯一解.

如果 $a=1$，此时可继续化简

$$\left(\begin{array}{ccc:c}0&1-b&0&1\\1&b&1&1\\0&b&0&1\end{array}\right)\to\left(\begin{array}{ccc:c}0&1&0&2\\1&0&1&0\\0&b&0&1\end{array}\right)\to\left(\begin{array}{ccc:c}0&1&0&2\\1&0&1&0\\0&1&0&1/b\end{array}\right)$$

$$\to\left(\begin{array}{ccc:c}0&0&0&2-1/b\\1&0&1&0\\0&1&0&1/b\end{array}\right)$$

如果 $b\neq\frac{1}{2}$，则线性方程组无解. 如果 $b=\frac{1}{2}$，此时可继续化简

$$\left(\begin{array}{ccc:c}0&0&0&0\\1&0&1&0\\0&1&0&0\end{array}\right)$$

线性方程组有无穷多个解 $\begin{cases}x_1=-x_3\\x_2=2\end{cases}$.

结论：当 $b=0$ 时，线性方程组无解.

当 $b\neq 0$ 时，如果 $a\neq 1$，则线性方程组必有唯一解.

如果 $a=1$ 且 $b=1/2$，则线性方程组有无穷多个解.

如果 $a=1$ 且 $b\neq 1/2$，则线性方程组无解.

26. 讨论参数 $\lambda$ 为何值时，如下非齐次线性方程组有解？并求出其通解？

(1) $\begin{cases}x_1+x_2+x_3=\lambda\\\lambda x_1+x_2+x_3=1\\x_1+x_2+\lambda x_3=1\end{cases}$；(2) $\begin{cases}\lambda x_1+x_2+x_3=1\\x_1+\lambda x_2+x_3=1\\x_1+x_2+\lambda x_3=1\end{cases}$；

(3) $\begin{cases}x_1+2x_2+x_3=4\\x_2+2x_3=2\\(\lambda-1)(\lambda-2)x_3=(\lambda-3)(\lambda-4)\end{cases}$.

**【解】** (1) $\left(\begin{array}{ccc:c}1&1&1&\lambda\\\lambda&1&1&1\\1&1&\lambda&1\end{array}\right)\to\left(\begin{array}{ccc:c}1&1&1&\lambda\\0&1-\lambda&1-\lambda&1-\lambda^2\\0&0&\lambda-1&1-\lambda\end{array}\right)\xrightarrow{\text{当}\lambda\neq 1\text{时}}$

$$\left(\begin{array}{ccc:c}1&1&1&\lambda\\0&1&1&1+\lambda\\0&0&1&-1\end{array}\right)\to\left(\begin{array}{ccc:c}1&0&0&-1\\0&1&0&2+\lambda\\0&0&1&-1\end{array}\right)$$

当 $\lambda \neq 1$ 时,它有唯一解 $x_1=-1$, $x_2=2+\lambda$, $x_3=-1$.

当 $\lambda=1$ 时,同解方程组为 $x_1+x_2+x_3=1$,它有两个自由变量可任意取值,方程组有无穷多个解,其通解为

$$\boldsymbol{\eta}=\begin{pmatrix}1\\0\\0\end{pmatrix}+k_1\begin{pmatrix}1\\0\\-1\end{pmatrix}+k_2\begin{pmatrix}0\\1\\-1\end{pmatrix}, k_1, k_2 \text{ 为任意实数}$$

(2) 先调整方程次序,使得增广矩阵的左上角元素为1,再化简增广矩阵

$$\left(\begin{array}{ccc:c}1&1&\lambda&1\\\lambda&1&1&1\\1&\lambda&1&1\end{array}\right)\to\left(\begin{array}{ccc:c}1&1&\lambda&1\\0&1-\lambda&1-\lambda^2&1-\lambda\\0&\lambda-1&1-\lambda&0\end{array}\right)$$

$$\xrightarrow{\text{当 }\lambda\neq 1\text{ 时}}\left(\begin{array}{ccc:c}1&1&\lambda&1\\0&1&1+\lambda&1\\0&1&-1&0\end{array}\right)$$

$$\to\left(\begin{array}{ccc:c}1&0&-1&0\\0&1&1+\lambda&1\\0&0&-2-\lambda&-1\end{array}\right)$$

$$\xrightarrow{\text{当 }\lambda\neq -2\text{ 时}}\left(\begin{array}{ccc:c}1&0&-1&0\\0&1&1+\lambda&1\\0&0&1&1/(\lambda+2)\end{array}\right)$$

$$\to\left(\begin{array}{ccc:c}1&0&0&1/(\lambda+2)\\0&1&0&1/(\lambda+2)\\0&0&1&1/(\lambda+2)\end{array}\right)$$

当 $\lambda\neq 1$ 且 $\lambda\neq -2$ 时,方程组有唯一解 $x_1=x_2=x_3=\dfrac{1}{\lambda+2}$.

当 $\lambda=-2$ 时,第三个方程为矛盾方程,无解.

当 $\lambda=1$ 时,同解方程组为 $x_1+x_2+x_3=1$,其通解为

$$\boldsymbol{\eta}=\begin{pmatrix}1\\0\\0\end{pmatrix}+k_1\begin{pmatrix}1\\0\\-1\end{pmatrix}+k_2\begin{pmatrix}0\\1\\-1\end{pmatrix}, k_1, k_2 \text{ 为任意实数}$$

(3) 当 $\lambda\neq 1, 2$ 时,记 $a=\dfrac{(\lambda-3)(\lambda-4)}{(\lambda-1)(\lambda-2)}$. 此时,增广矩阵可作如下化简

$$\left(\begin{array}{ccc:c}1&2&-1&4\\0&1&2&2\\0&0&(\lambda-1)(\lambda-2)&(\lambda-3)(\lambda-4)\end{array}\right)$$

$$\rightarrow\left(\begin{array}{ccc:c}1 & 0 & -5 & 0\\0 & 1 & 2 & 2\\0 & 0 & 1 & a\end{array}\right)\rightarrow\left(\begin{array}{ccc:c}1 & 0 & 0 & 5a\\0 & 1 & 0 & 2-2a\\0 & 0 & 1 & a\end{array}\right)$$

于是,方程组有唯一解:$x_1 = 5a$ , $x_2 = 2(1-a)$ , $x_3 = a$.

当 $\lambda = 1$ 或 $\lambda = 2$ 时,有矛盾方程,方程组无解.

27. 设$\boldsymbol{\eta}_1,\boldsymbol{\eta}_2,\boldsymbol{\eta}_3,\boldsymbol{\eta}_4$, $2a\boldsymbol{\eta}_1+\boldsymbol{\eta}_2-b\boldsymbol{\eta}_3+5\boldsymbol{\eta}_4$是非齐次线性方程组$\boldsymbol{Ax}=\boldsymbol{b}$的五个解,$\boldsymbol{\eta}_1+a\boldsymbol{\eta}_2+2b\boldsymbol{\eta}_3+4\boldsymbol{\eta}_4$是其相伴方程组$\boldsymbol{Ax}=\boldsymbol{0}$的解,求出 $a$ 和 $b$ 的值.

【解】 $\boldsymbol{A}(2a\boldsymbol{\eta}_1+\boldsymbol{\eta}_2-b\boldsymbol{\eta}_3+5\boldsymbol{\eta}_4)=(2a-b+6)\boldsymbol{b}=\boldsymbol{b}$ ,$2a-b+6=1$.

$\boldsymbol{A}(\boldsymbol{\eta}_1+a\boldsymbol{\eta}_2+2b\boldsymbol{\eta}_3+4\boldsymbol{\eta}_4)=(a+2b+5)\boldsymbol{b}=\boldsymbol{0}$ ,$a+2b+5=0$.

由此可以解出 $a=-3$ , $b=-1$.

28. 设$\boldsymbol{\eta}_1$, $\boldsymbol{\eta}_2$, $\boldsymbol{\eta}_3$ 是某个含四个变量的非齐次线性方程组 $\boldsymbol{Ax}=\boldsymbol{b}$ 的三个解,它们满足

$$\boldsymbol{\eta}_1+\boldsymbol{\eta}_2=\begin{pmatrix}3\\4\\5\\6\end{pmatrix},\boldsymbol{\eta}_3=\begin{pmatrix}1\\2\\3\\4\end{pmatrix}$$

如果已知 $R(\boldsymbol{A})=3$,求出 $\boldsymbol{Ax}=\boldsymbol{b}$ 的通解.

【解】 因为 $n-R(\boldsymbol{A})=4-3=1$,所以,其相伴方程组$\boldsymbol{Ax}=\boldsymbol{0}$的任意一个非零解就是它的基础解系. 因为

$$\boldsymbol{\xi}=(\boldsymbol{\eta}_1-\boldsymbol{\eta}_3)+(\boldsymbol{\eta}_2-\boldsymbol{\eta}_3)=\boldsymbol{\eta}_1+\boldsymbol{\eta}_2-2\boldsymbol{\eta}_3=\begin{pmatrix}1\\0\\-1\\-2\end{pmatrix}\neq\boldsymbol{0}$$

且

$$\boldsymbol{A\xi}=\boldsymbol{b}+\boldsymbol{b}-2\boldsymbol{b}=\boldsymbol{0}$$

所以,$\boldsymbol{\xi}$ 就是 $\boldsymbol{Ax}=\boldsymbol{0}$ 的一个基础解系. $\boldsymbol{Ax}=\boldsymbol{b}$ 的通解为

$$\boldsymbol{\eta}=\boldsymbol{\eta}_3+k\boldsymbol{\xi}=\begin{pmatrix}1\\2\\3\\4\end{pmatrix}+k\begin{pmatrix}1\\0\\-1\\-2\end{pmatrix},k\text{ 为任意实数}$$

29. 设三元线性方程组$\boldsymbol{Ax}=\boldsymbol{b}$,$\boldsymbol{A}$的秩为2,$\boldsymbol{\eta}_1$, $\boldsymbol{\eta}_2$, $\boldsymbol{\eta}_3$ 为方程组的解,已知

$$\boldsymbol{\eta}_1+\boldsymbol{\eta}_2=\begin{pmatrix}2\\0\\4\end{pmatrix},\ \boldsymbol{\eta}_1+\boldsymbol{\eta}_3=\begin{pmatrix}1\\-2\\1\end{pmatrix}$$

求方程组 $\boldsymbol{Ax}=\boldsymbol{b}$ 的通解.

【解】 因为 $\boldsymbol{A}$ 的秩为2,变量个数 $n=3$,所以 $\boldsymbol{Ax}=\boldsymbol{0}$ 的任意一个非零解都是它的基础解系.

因为 $\boldsymbol{A}[(\boldsymbol{\eta}_1+\boldsymbol{\eta}_2)-(\boldsymbol{\eta}_1+\boldsymbol{\eta}_3)]=2\boldsymbol{b}-2\boldsymbol{b}=\boldsymbol{0}$,所以

$$\boldsymbol{\xi}=(\boldsymbol{\eta}_1+\boldsymbol{\eta}_2)-(\boldsymbol{\eta}_1+\boldsymbol{\eta}_3)=\begin{pmatrix}2\\0\\4\end{pmatrix}-\begin{pmatrix}1\\-2\\1\end{pmatrix}=\begin{pmatrix}1\\2\\3\end{pmatrix}$$

必是 $\boldsymbol{Ax}=\boldsymbol{0}$ 的非零解,它就是 $\boldsymbol{Ax}=\boldsymbol{0}$ 的基础解系. 因为

$$\boldsymbol{A}\begin{pmatrix}2\\0\\4\end{pmatrix}=\boldsymbol{A}(\boldsymbol{\eta}_1+\boldsymbol{\eta}_2)=2\boldsymbol{b},\boldsymbol{A}\begin{pmatrix}1\\0\\2\end{pmatrix}=\boldsymbol{b}$$

所以$\boldsymbol{\eta}^*=\begin{pmatrix}1\\0\\2\end{pmatrix}$必是 $\boldsymbol{Ax}=\boldsymbol{b}$ 的一个特解. 于是 $\boldsymbol{Ax}=\boldsymbol{b}$ 的通解为

$$\begin{pmatrix}1\\0\\2\end{pmatrix}+k\begin{pmatrix}1\\2\\3\end{pmatrix},k\text{ 为任意实数}$$

【注】 利用条件$\boldsymbol{\eta}_1+\boldsymbol{\eta}_3=\begin{pmatrix}1\\-2\\1\end{pmatrix}$也可求出 $\boldsymbol{Ax}=\boldsymbol{b}$ 的另一个特解

$$\boldsymbol{\eta}^*=\frac{1}{2}\begin{pmatrix}1\\-2\\1\end{pmatrix}$$

30. 已知实平面上三条不同平面直线的方程分别为

$$l_1:ax+2by+3c=0,l_2:bx+2cy+3a=0,l_3:cx+2ay+3b=0$$

证明这三条直线交于一点的充分必要条件是 $a+b+c=0$.

【证】 这三条两两互异直线交于一点的充分必要条件是如下二元非齐次线性方程组

$$\begin{cases}ax+2by=-3c\\bx+2cy=-3a\\cx+2ay=-3b\end{cases}$$

即

$$(\boldsymbol{A}\quad\boldsymbol{b})=\left(\begin{array}{cc:c}a&2b&-3c\\b&2c&-3a\\c&2a&-3b\end{array}\right)$$

有唯一解$(x_0, y_0)$，即$R(\boldsymbol{A}) = R(\boldsymbol{A} \quad \boldsymbol{b}) = 2$.

记$\delta = a + b + c$. 这个二元非齐次线性方程组的增广矩阵的行列式

$$\begin{vmatrix} a & 2b & -3c \\ b & 2c & -3a \\ c & 2a & -3b \end{vmatrix} = -6\begin{vmatrix} a & b & c \\ b & c & a \\ c & a & b \end{vmatrix} = -6\delta\begin{vmatrix} 1 & b & c \\ 1 & c & a \\ 1 & a & b \end{vmatrix}$$

$$= 6\delta(a^2 + b^2 + c^2 - ab - bc - ac)$$

$$= 3\delta[(a-b)^2 + (a-c)^2 + (b-c)^2]$$

它等于$0 \Leftrightarrow \delta = a + b + c = 0$或$a = b = c$.

如果$a = b = c$，则$R(\boldsymbol{A}) = R(\boldsymbol{A} \quad \boldsymbol{b}) = 1$，说明此三条直线平行或重合为一条直线，这不合题意，所以这三条两两互异直线交于一点的充分必要条件是$a + b + c = 0$.

31. 记$\boldsymbol{\alpha}_1 = \begin{pmatrix} a_1 \\ a_2 \\ a_3 \end{pmatrix}$，$\boldsymbol{\alpha}_2 = \begin{pmatrix} b_1 \\ b_2 \\ b_3 \end{pmatrix}$，$\boldsymbol{\alpha}_3 = \begin{pmatrix} c_1 \\ c_2 \\ c_3 \end{pmatrix}$，证明三条互异平面直线

$$a_1x + b_1y + c_1 = 0,\ a_2x + b_2y + c_2 = 0,\ a_3x + b_3y + c_3 = 0$$

交于一点当且仅当$\boldsymbol{\alpha}_1, \boldsymbol{\alpha}_2$线性无关而$\boldsymbol{\alpha}_1, \boldsymbol{\alpha}_2, \boldsymbol{\alpha}_3$线性相关.

**【证】**　三条直线交于一点当且仅当以下二元非齐次线性方程组有唯一解

$$\begin{cases} a_1x + b_1y = -c_1 \\ a_2x + b_2y = -c_2 \\ a_3x + b_3y = -c_3 \end{cases} \text{即} (\boldsymbol{\alpha}_1 \quad \boldsymbol{\alpha}_2)\begin{pmatrix} x \\ y \end{pmatrix} = -\boldsymbol{\alpha}_3$$

即有秩等式

$$R\{\boldsymbol{\alpha}_1, \boldsymbol{\alpha}_2, \boldsymbol{\alpha}_3\} = R\{\boldsymbol{\alpha}_1, \boldsymbol{\alpha}_2\} = 2$$

这说明$\boldsymbol{\alpha}_1, \boldsymbol{\alpha}_2$线性无关而$\boldsymbol{\alpha}_1, \boldsymbol{\alpha}_2, \boldsymbol{\alpha}_3$线性相关.

32. 证明其图像经过以下四点

$$\boldsymbol{A}_1(1, 2), \boldsymbol{A}_2(-1, 3), \boldsymbol{A}_3(-4, 5), \boldsymbol{A}_4(0, 2)$$

的平面二次曲线$y = ax^2 + bx + c$是不存在的.

**【证】**　如果曲线$y = ax^2 + bx + c$过上述四点，则依次以$x = 1, -1, -4, 0$代入可得线性方程组

$$\begin{cases} a + b + c = 2 \\ a - b + c = 3 \\ 16a - 4b + c = 5 \\ c = 2 \end{cases}$$

将 $c=2$ 代入前两式可求出 $a+b=0$，$a-b=1$，解出 $a=0.5$，$b=-0.5$. 这与第三个方程矛盾,所以这个曲线不存在.

33. (1) 证明通过平面上不在一条直线上的三点 $(x_i, y_i)$，$i=1,2,3$ 的圆方程为

$$\begin{vmatrix} x^2+y^2 & x & y & 1 \\ x_1^2+y_1^2 & x_1 & y_1 & 1 \\ x_2^2+y_2^2 & x_2 & y_2 & 1 \\ x_3^2+y_3^2 & x_3 & y_3 & 1 \end{vmatrix}=0$$

(2) 给出平面上不在一条直线上的四点 $(x_i, y_i)$，$i=1,2,3,4$ 在同一个圆上的充分必要条件.

【证】 (1) 圆方程为 $a_1(x^2+y^2)+a_2x+a_3y+a_4=0$. 将三个点的坐标代入可得

$$\begin{cases} (x_1^2+y_1^2)a_1+x_1a_2+y_1a_3+a_4=0 \\ (x_2^2+y_2^2)a_1+x_2a_2+y_2a_3+a_4=0 \\ (x_3^2+y_3^2)a_1+x_3a_2+y_3a_3+a_4=0 \end{cases}$$

这四个方程形成含四个变量 $a_1, a_2, a_3, a_4$ 的齐次线性方程组

$$\begin{cases} (x^2+y^2)a_1+xa_2+ya_3+a_4=0 \\ (x_1^2+y_1^2)a_1+x_1a_2+y_1a_3+a_4=0 \\ (x_2^2+y_2^2)a_1+x_2a_2+y_2a_3+a_4=0 \\ (x_3^2+y_3^2)a_1+x_3a_2+y_3a_3+a_4=0 \end{cases}$$

它有非零解当且仅当它的系数行列式

$$\begin{vmatrix} x^2+y^2 & x & y & 1 \\ x_1^2+y_1^2 & x_1 & y_1 & 1 \\ x_2^2+y_2^2 & x_2 & y_2 & 1 \\ x_3^2+y_3^2 & x_3 & y_3 & 1 \end{vmatrix}=0$$

(2) 四点 $(x_i, y_i)$，$i=1,2,3,4$ 在同一个圆上的充分必要条件是

$$\begin{vmatrix} x_1^2+y_1^2 & x_1 & y_1 & 1 \\ x_2^2+y_2^2 & x_2 & y_2 & 1 \\ x_3^2+y_3^2 & x_3 & y_3 & 1 \\ x_4^2+y_4^2 & x_4 & y_4 & 1 \end{vmatrix}=0$$

34. 已知 4 阶方阵 $\boldsymbol{A}=(\boldsymbol{\alpha}_1 \quad \boldsymbol{\alpha}_2 \quad \boldsymbol{\alpha}_3 \quad \boldsymbol{\alpha}_4)$ 中 $\boldsymbol{\alpha}_2, \boldsymbol{\alpha}_3, \boldsymbol{\alpha}_4$ 是线性无关列向

量，$\boldsymbol{\alpha}_1 = 2\boldsymbol{\alpha}_2 - \boldsymbol{\alpha}_3$.

令 $\boldsymbol{\beta} = \boldsymbol{\alpha}_1 + \boldsymbol{\alpha}_2 + \boldsymbol{\alpha}_3 + \boldsymbol{\alpha}_4$，求 $\boldsymbol{A}\boldsymbol{x} = \boldsymbol{\beta}$ 的通解.

**【解】**　由条件知 $n - R(\boldsymbol{A}) = 4 - 3 = 1$，所以 $\boldsymbol{A}\boldsymbol{x} = \boldsymbol{0}$ 的任一非零解都是它的基础解系. 由

$$\boldsymbol{\alpha}_1 - 2\boldsymbol{\alpha}_2 + \boldsymbol{\alpha}_3 + 0\boldsymbol{\alpha}_4 = \boldsymbol{0}$$

知 $\boldsymbol{\xi} = (1, -2, 1, 0)'$ 就是 $\boldsymbol{A}\boldsymbol{x} = \boldsymbol{0}$ 的基础解系. 再由

$$\boldsymbol{\beta} = \boldsymbol{\alpha}_1 + \boldsymbol{\alpha}_2 + \boldsymbol{\alpha}_3 + \boldsymbol{\alpha}_4 = (\boldsymbol{\alpha}_1 \quad \boldsymbol{\alpha}_2 \quad \boldsymbol{\alpha}_3 \quad \boldsymbol{\alpha}_4)\begin{pmatrix}1\\1\\1\\1\end{pmatrix} = \boldsymbol{A}\begin{pmatrix}1\\1\\1\\1\end{pmatrix}$$

知 $\boldsymbol{\eta}^* = (1, 1, 1, 1)'$ 是 $\boldsymbol{A}\boldsymbol{x} = \boldsymbol{\beta}$ 的特解，所以可求出 $\boldsymbol{A}\boldsymbol{x} = \boldsymbol{\beta}$ 的通解

$$\boldsymbol{\eta} = \begin{pmatrix}1\\1\\1\\1\end{pmatrix} + k\begin{pmatrix}1\\-2\\1\\0\end{pmatrix}, k \text{ 为任意实数}$$

**【注】**　本题可求出 $\boldsymbol{A}\boldsymbol{x} = \boldsymbol{\beta}$ 的另一通解表示式. 将 $\boldsymbol{A}\boldsymbol{x} = \boldsymbol{\beta}$ 改写成

$$x_1\boldsymbol{\alpha}_1 + x_2\boldsymbol{\alpha}_2 + x_3\boldsymbol{\alpha}_3 + x_4\boldsymbol{\alpha}_4 = \boldsymbol{\alpha}_1 + \boldsymbol{\alpha}_2 + \boldsymbol{\alpha}_3 + \boldsymbol{\alpha}_4$$

将 $\boldsymbol{\alpha}_1 = 2\boldsymbol{\alpha}_2 - \boldsymbol{\alpha}_3$ 代入得

$$x_1(2\boldsymbol{\alpha}_2 - \boldsymbol{\alpha}_3) + x_2\boldsymbol{\alpha}_2 + x_3\boldsymbol{\alpha}_3 + x_4\boldsymbol{\alpha}_4 = 2\boldsymbol{\alpha}_2 - \boldsymbol{\alpha}_3 + \boldsymbol{\alpha}_2 + \boldsymbol{\alpha}_3 + \boldsymbol{\alpha}_4$$

即

$$(2x_1 + x_2 - 3)\boldsymbol{\alpha}_2 + (-x_1 + x_3)\boldsymbol{\alpha}_3 + (x_4 - 1)\boldsymbol{\alpha}_4 = \boldsymbol{0}$$

由 $\boldsymbol{\alpha}_2, \boldsymbol{\alpha}_3, \boldsymbol{\alpha}_4$ 线性无关知

$$\begin{cases}2x_1 + x_2 - 3 = 0\\-x_1 + x_3 = 0\\x_4 - 1 = 0\end{cases}$$

解出

$$\begin{cases}x_2 = 3 - 2x_1\\x_3 = x_1\\x_4 = 1\end{cases}$$

于是，$\boldsymbol{A}\boldsymbol{x} = \boldsymbol{\beta}$ 的通解为

$$\boldsymbol{\eta} = \begin{pmatrix}0\\3\\0\\1\end{pmatrix} + k\begin{pmatrix}1\\-2\\1\\0\end{pmatrix}, k \text{ 为任意实数}$$

35. 设 $\boldsymbol{\eta}$ 是非齐次线性方程组 $\boldsymbol{Ax}=\boldsymbol{b}$ 的任意一个解，$\boldsymbol{\xi}_1,\boldsymbol{\xi}_2,\cdots,\boldsymbol{\xi}_m$ 是其相伴方程组 $\boldsymbol{Ax}=\boldsymbol{0}$ 的任意 $m$ 个线性无关的解，证明 $\boldsymbol{\eta},\boldsymbol{\xi}_1,\boldsymbol{\xi}_2,\cdots,\boldsymbol{\xi}_m$ 必线性无关.

【证】 设 $$k_0\boldsymbol{\eta}+k_1\boldsymbol{\xi}_1+k_2\boldsymbol{\xi}_2+\cdots+k_m\boldsymbol{\xi}_m=\boldsymbol{0}$$
则由
$$\boldsymbol{A}(k_0\boldsymbol{\eta}+k_1\boldsymbol{\xi}_1+k_2\boldsymbol{\xi}_2+\cdots+k_m\boldsymbol{\xi}_m)=\boldsymbol{A0}=\boldsymbol{0}$$
知道
$$k_0\boldsymbol{A\eta}+k_1\boldsymbol{A}\boldsymbol{\xi}_1+k_2\boldsymbol{A}\boldsymbol{\xi}_2+\cdots+k_m\boldsymbol{A}\boldsymbol{\xi}_m=k_0\boldsymbol{b}=\boldsymbol{0}$$
但 $\boldsymbol{b}\neq\boldsymbol{0}$，所以 $k_0=0$. 于是
$$k_1\boldsymbol{\xi}_1+k_2\boldsymbol{\xi}_2+\cdots+k_m\boldsymbol{\xi}_m=\boldsymbol{0}$$
再由 $\boldsymbol{\xi}_1,\boldsymbol{\xi}_2,\cdots,\boldsymbol{\xi}_m$ 线性无关知道
$$k_1=k_2=\cdots=k_m=0$$
于是 $\boldsymbol{\eta},\boldsymbol{\xi}_1,\boldsymbol{\xi}_2,\cdots,\boldsymbol{\xi}_m$ 线性无关.

36. 设 $\boldsymbol{\eta}^*$ 是 $\boldsymbol{Ax}=\boldsymbol{b}$ 的任意一个特解，$\boldsymbol{\xi}_1,\boldsymbol{\xi}_2,\cdots,\boldsymbol{\xi}_t$ 为其相伴方程组 $\boldsymbol{Ax}=\boldsymbol{0}$ 的任意一个基础解系. 令 $\boldsymbol{\eta}_j=\boldsymbol{\eta}^*+\boldsymbol{\xi}_j$，$j=1,2,\cdots,t$. 证明 $\boldsymbol{Ax}=\boldsymbol{b}$ 的通解为
$$\boldsymbol{\eta}=k_0\boldsymbol{\eta}^*+k_1\boldsymbol{\eta}_1+k_2\boldsymbol{\eta}_2+\cdots+k_t\boldsymbol{\eta}_t,\ \sum_{j=0}^{t}k_j=1$$

【证】 首先，必有 $\boldsymbol{A}\boldsymbol{\eta}_j=\boldsymbol{A}\boldsymbol{\eta}^*+\boldsymbol{A}\boldsymbol{\xi}_j=\boldsymbol{b}$，$j=1,2,\cdots,t$.

其次，由 $\boldsymbol{\xi}_j=\boldsymbol{\eta}_j-\boldsymbol{\eta}^*$，$j=1,2,\cdots,t$ 是 $\boldsymbol{Ax}=\boldsymbol{0}$ 的基础解系知道，$\boldsymbol{Ax}=\boldsymbol{b}$ 的通解为
$$\begin{aligned}\boldsymbol{\eta}&=\boldsymbol{\eta}^*+k_1\boldsymbol{\xi}_1+k_2\boldsymbol{\xi}_2+\cdots+k_t\boldsymbol{\xi}_t\\&=(1-k_1-\cdots-k_t)\boldsymbol{\eta}^*+k_1\boldsymbol{\eta}_1+k_2\boldsymbol{\eta}_2+\cdots+k_t\boldsymbol{\eta}_t\end{aligned}$$
令 $k_0=1-k_1-\cdots-k_t$，则必有 $\sum\limits_{j=0}^{t}k_j=1$.

37. 设非齐次线性方程组 $\boldsymbol{Ax}=\boldsymbol{\beta}$ 有解，其中 $m\times n$ 矩阵 $\boldsymbol{A}$ 的秩 $R(\boldsymbol{A})=r$，证明它必有 $n-r+1$ 个线性无关的解，且每个解向量都可由它们线性表示.

【证】 任取 $\boldsymbol{Ax}=\boldsymbol{\beta}$ 的特解 $\boldsymbol{\eta}^*$，任取 $\boldsymbol{Ax}=\boldsymbol{0}$ 的基础解系 $\boldsymbol{\xi}_1,\boldsymbol{\xi}_2,\cdots,\boldsymbol{\xi}_{n-r}$，可证
$$\boldsymbol{\eta}^*,\boldsymbol{\eta}^*+\boldsymbol{\xi}_1,\boldsymbol{\eta}^*+\boldsymbol{\xi}_2,\cdots,\boldsymbol{\eta}^*+\boldsymbol{\xi}_{n-r}$$
就是 $\boldsymbol{Ax}=\boldsymbol{\beta}$ 的 $n-r+1$ 个线性无关的解. 它们显然都是 $\boldsymbol{Ax}=\boldsymbol{\beta}$ 的解. 设
$$k_0\boldsymbol{\eta}^*+k_1(\boldsymbol{\eta}^*+\boldsymbol{\xi}_1)+k_2(\boldsymbol{\eta}^*+\boldsymbol{\xi}_2)+\cdots+k_{n-r}(\boldsymbol{\eta}^*+\boldsymbol{\xi}_{n-r})=\boldsymbol{0}$$
即
$$(k_0+k_1+k_2+\cdots+k_{n-r})\boldsymbol{\eta}^*+k_1\boldsymbol{\xi}_1+k_2\boldsymbol{\xi}_2+\cdots+k_{n-r}\boldsymbol{\xi}_{n-r}=\boldsymbol{0}$$
用 $\boldsymbol{A}$ 左乘此式. 因为 $\boldsymbol{A}\boldsymbol{\eta}^*=\boldsymbol{\beta}\neq\boldsymbol{0}$，$\boldsymbol{A}\boldsymbol{\xi}_j=\boldsymbol{0}$，$j=1,2,\cdots,n-r$，所以必有

$$k_0+k_1+k_2+\cdots+k_{n-r}=0, k_1\boldsymbol{\xi}_1+k_2\boldsymbol{\xi}_2+\cdots+k_{n-r}\boldsymbol{\xi}_{n-r}=\mathbf{0}$$

因为$\boldsymbol{\xi}_1,\boldsymbol{\xi}_2,\cdots,\boldsymbol{\xi}_{n-r}$线性无关,所以$k_1=k_2=\cdots=k_{n-r}=0$,又得$k_0=0$.

这说明$\boldsymbol{\eta}^*,\boldsymbol{\eta}^*+\boldsymbol{\xi}_1,\boldsymbol{\eta}^*+\boldsymbol{\xi}_2,\cdots,\boldsymbol{\eta}^*+\boldsymbol{\xi}_{n-r}$线性无关.

任取$\boldsymbol{A}\boldsymbol{x}=\boldsymbol{\beta}$的解$\boldsymbol{\eta}$.因为$\boldsymbol{\xi}=\boldsymbol{\eta}-\boldsymbol{\eta}^*$是$\boldsymbol{A}\boldsymbol{x}=\mathbf{0}$的解,必有

$$\boldsymbol{\eta}-\boldsymbol{\eta}^*=k_1\boldsymbol{\xi}_1+k_2\boldsymbol{\xi}_2+\cdots+k_{n-r}\boldsymbol{\xi}_{n-r}$$

即

$$\boldsymbol{\eta}=(1-k_1-k_2-\cdots-k_{n-r})\boldsymbol{\eta}^*+k_1(\boldsymbol{\eta}^*+\boldsymbol{\xi}_1)+k_2(\boldsymbol{\eta}^*+\boldsymbol{\xi}_2)+\cdots+k_{n-r}(\boldsymbol{\eta}^*+\boldsymbol{\xi}_{n-r})$$

38. 设$\boldsymbol{A}$是3阶非零矩阵,满足$\boldsymbol{A}^2=\boldsymbol{O}$,证明非齐次线性方程组$\boldsymbol{A}\boldsymbol{x}=\boldsymbol{b}$的线性无关的解向量的最大个数为3.

【证】　由$\boldsymbol{A}^2=\boldsymbol{A}\boldsymbol{A}=\boldsymbol{O}$和$\boldsymbol{A}$是3阶非零矩阵知

$$2\leqslant R(\boldsymbol{A})+R(\boldsymbol{A})=2R(\boldsymbol{A})\leqslant 3, R(\boldsymbol{A})=1$$

所以,齐次方程组$\boldsymbol{A}\boldsymbol{x}=\mathbf{0}$的线性无关的解向量的最大个数为$n-1=3-1=2$.不妨设$\boldsymbol{\xi}_1,\boldsymbol{\xi}_2$是$\boldsymbol{A}\boldsymbol{x}=\mathbf{0}$的两个线性无关的解.

如果$\boldsymbol{A}\boldsymbol{x}=\boldsymbol{b}$有解,任取$\boldsymbol{A}\boldsymbol{x}=\boldsymbol{b}$的某个特解$\boldsymbol{\eta}^*$,可证$\boldsymbol{\eta}^*,\boldsymbol{\eta}^*+\boldsymbol{\xi}_1,\boldsymbol{\eta}^*+\boldsymbol{\xi}_2$就是$\boldsymbol{A}\boldsymbol{x}=\boldsymbol{b}$的3个线性无关的解.事实上,设

$$k_1\boldsymbol{\eta}^*+k_2(\boldsymbol{\eta}^*+\boldsymbol{\xi}_1)+k_3(\boldsymbol{\eta}^*+\boldsymbol{\xi}_2)=\mathbf{0}$$

即

$$(k_1+k_2+k_3)\boldsymbol{\eta}^*+k_2\boldsymbol{\xi}_1+k_3\boldsymbol{\xi}_2=\mathbf{0}$$

因为

$$\begin{aligned}\boldsymbol{A}[(k_1+k_2+k_3)\boldsymbol{\eta}^*+k_2\boldsymbol{\xi}_1+k_3\boldsymbol{\xi}_2]&=(k_1+k_2+k_3)\boldsymbol{A}\boldsymbol{\eta}^*\\&=(k_1+k_2+k_3)\boldsymbol{b}=\mathbf{0}\end{aligned}$$

和$\boldsymbol{b}\neq\mathbf{0}$,所以$k_1+k_2+k_3=0$.于是必有$k_2\boldsymbol{\xi}_1+k_3\boldsymbol{\xi}_2=\mathbf{0}$.再由$\boldsymbol{\xi}_1,\boldsymbol{\xi}_2$线性无关得$k_2=0$ , $k_3=0, k_1=0$.这就证明了$\boldsymbol{\eta}^*,\boldsymbol{\eta}^*+\boldsymbol{\xi}_1,\boldsymbol{\eta}^*+\boldsymbol{\xi}_2$线性无关.

如果$\boldsymbol{A}\boldsymbol{x}=\boldsymbol{b}$的线性无关的解向量的最大个数大于3,例如有4个:$\boldsymbol{\eta}_1,\boldsymbol{\eta}_2,\boldsymbol{\eta}_3,\boldsymbol{\eta}_4$,则

$$\boldsymbol{\xi}_1=\boldsymbol{\eta}_1-\boldsymbol{\eta}_4, \boldsymbol{\xi}_2=\boldsymbol{\eta}_2-\boldsymbol{\eta}_4, \boldsymbol{\xi}_3=\boldsymbol{\eta}_3-\boldsymbol{\eta}_4$$

就是$\boldsymbol{A}\boldsymbol{x}=\mathbf{0}$的三个线性无关的解向量,这与已知的$n-R(\boldsymbol{A})=2$矛盾.

39. 证明非齐次线性方程组$\begin{cases}x_1-x_2+3x_3-2x_4=4\\x_1-3x_2+2x_3-6x_4=1\\x_1+5x_2-x_3+10x_4=6\end{cases}$的线性无关解向量的最大个数是2.

【证】　用初等行变换把增广矩阵化简

$$\left(\begin{array}{cccc:c}1 & -1 & 3 & -2 & 4\\1 & -3 & 2 & -6 & 1\\1 & 5 & -1 & 10 & 6\end{array}\right)\to\left(\begin{array}{cccc:c}1 & -1 & 3 & -2 & 4\\0 & -2 & -1 & -4 & -3\\0 & 6 & -4 & 12 & 2\end{array}\right)$$

$$\to\left(\begin{array}{cccc:c}1 & -1 & 3 & -2 & 4\\0 & 2 & 1 & 4 & 3\\0 & 0 & -7 & 0 & -7\end{array}\right)$$

这说明 $R(\boldsymbol{A}\quad\boldsymbol{b})=R(\boldsymbol{A})=3$,$\boldsymbol{Ax}=\boldsymbol{b}$ 必有解,且据 $n-R(\boldsymbol{A})=4-3=1$ 知,其相伴方程组 $\boldsymbol{Ax}=\boldsymbol{0}$ 的基础解系由一个非零解向量 $\boldsymbol{\xi}$ 组成,即 $\boldsymbol{Ax}=\boldsymbol{0}$ 的线性无关解向量的最大个数是 1.

设$\boldsymbol{\eta}_1,\boldsymbol{\eta}_2,\cdots,\boldsymbol{\eta}_t$ 是 $\boldsymbol{Ax}=\boldsymbol{b}$ 的最大线性无关解向量组,则$\boldsymbol{\eta}_1-\boldsymbol{\eta}_t,\boldsymbol{\eta}_2-\boldsymbol{\eta}_t,\cdots,\boldsymbol{\eta}_{t-1}-\boldsymbol{\eta}_t$ 必是 $\boldsymbol{Ax}=\boldsymbol{0}$ 的最大线性无关解向量组,于是必有 $t-1=1$,$t=2$.

40. 设$\boldsymbol{\alpha}_1,\boldsymbol{\alpha}_2,\boldsymbol{\alpha}_3$ 线性无关,求出 $a$,$b$ 的值使得线性方程组

$$(\boldsymbol{\alpha}_1-\boldsymbol{\alpha}_2+2\boldsymbol{\alpha}_3\quad 2\boldsymbol{\alpha}_1-\boldsymbol{\alpha}_2-3\boldsymbol{\alpha}_3\quad \boldsymbol{\alpha}_2+a\boldsymbol{\alpha}_3)\boldsymbol{x}=\boldsymbol{\alpha}_1+b\boldsymbol{\alpha}_2+\boldsymbol{\alpha}_3$$

有无穷多个解.

【解】 把此方程组改写成

$$(\boldsymbol{\alpha}_1\quad\boldsymbol{\alpha}_2\quad\boldsymbol{\alpha}_3)\begin{pmatrix}1 & 2 & 0\\-1 & -1 & 1\\2 & -3 & a\end{pmatrix}\boldsymbol{x}=(\boldsymbol{\alpha}_1\quad\boldsymbol{\alpha}_2\quad\boldsymbol{\alpha}_3)\begin{pmatrix}1\\b\\1\end{pmatrix}$$

因为$\boldsymbol{\alpha}_1,\boldsymbol{\alpha}_2,\boldsymbol{\alpha}_3$ 线性无关,所以得同解方程组

$$\begin{pmatrix}1 & 2 & 0\\-1 & -1 & 1\\2 & -3 & a\end{pmatrix}\boldsymbol{x}=\begin{pmatrix}1\\b\\1\end{pmatrix}$$

用初等行变换把它的增广矩阵化简

$$(\boldsymbol{A}\quad\boldsymbol{\beta})=\left(\begin{array}{ccc:c}1 & 2 & 0 & 1\\-1 & -1 & 1 & b\\2 & -3 & a & 1\end{array}\right)\to\left(\begin{array}{ccc:c}1 & 2 & 0 & 1\\0 & 1 & 1 & b+1\\0 & -7 & a & -1\end{array}\right)$$

$$\to\left(\begin{array}{ccc:c}1 & 2 & 0 & 1\\0 & 1 & 1 & b+1\\0 & 0 & a+7 & 7b+6\end{array}\right)$$

它有无穷多个解当且仅当 $R(\boldsymbol{A}\quad\boldsymbol{\beta})=R(\boldsymbol{A})=2$,即 $a=-7$,$b=-\dfrac{6}{7}$.

41. 设$\boldsymbol{\alpha}_1,\boldsymbol{\alpha}_2,\cdots,\boldsymbol{\alpha}_s$ 是线性方程组

$$\begin{cases}x_1+x_2+2x_3+3x_4=1\\x_1+3x_2+6x_3+x_4=3\\3x_1-x_2-2x_3+15x_4=3\\x_1-5x_2-10x_3+12x_4=1\end{cases}$$

的 $s$ 个不同的解，证明向量组

$$S=\{\boldsymbol{\alpha}_j-\boldsymbol{\alpha}_i \mid i<j;i=1,2,\cdots,s-1;j=2,3,\cdots,s\}$$

的秩为 1.

**【证】** 因为此线性方程组的相伴方程组的系数矩阵

$$\boldsymbol{A}=\begin{pmatrix}1&1&2&3\\1&3&6&1\\3&-1&-2&15\\1&-5&-10&12\end{pmatrix}\to\begin{pmatrix}1&1&2&3\\0&2&4&-2\\0&-4&-8&6\\0&-6&-12&9\end{pmatrix}\to\begin{pmatrix}1&1&2&3\\0&2&4&-2\\0&2&4&-3\\0&0&0&0\end{pmatrix}$$

$$\to\begin{pmatrix}1&1&2&3\\0&2&4&-2\\0&0&0&-1\\0&0&0&0\end{pmatrix}$$

的秩为 3，$n-R(\boldsymbol{A})=4-3=1$，所以它的任意一个非零解都是它的基础解系. 因为 $S$ 中的任一向量都是此相伴方程组的非零解，所以 $R(S)=1$.

**【注】** 也可先用初等行变换把此线性方程组的增广矩阵化简

$$\left(\begin{array}{cccc:c}1&1&2&3&1\\1&3&6&1&3\\3&-1&-2&15&3\\1&-5&-10&12&1\end{array}\right)\to\left(\begin{array}{cccc:c}1&1&2&3&1\\0&2&4&-2&2\\0&-4&-8&6&0\\0&-6&-12&9&0\end{array}\right)\to\left(\begin{array}{cccc:c}1&1&2&3&1\\0&2&4&-2&2\\0&0&0&2&4\\0&0&0&3&6\end{array}\right)$$

因为此 4 元线性方程组的增广矩阵和系数矩阵的秩同为 3，所以它必有解，而且它的相伴方程组的解空间的维数为 $4-3=1$. 易见所给的向量组 $S$ 中的任一向量都是此相伴方程组的非零解向量，其中任何两个都是线性相关的，所以此向量组的秩为 1.

42. 设 $\boldsymbol{A}$ 是 $m\times n$ 实矩阵，$\boldsymbol{b}$ 是 $n$ 维实列向量，证明 $\boldsymbol{A}'\boldsymbol{A}\boldsymbol{x}=\boldsymbol{A}'\boldsymbol{b}$ 必有解.

**【证一】** 由 $R(\boldsymbol{A}'\boldsymbol{A})\leqslant R(\boldsymbol{A}'\boldsymbol{A}\quad\boldsymbol{A}'\boldsymbol{b})=R(\boldsymbol{A}'(\boldsymbol{A}\quad\boldsymbol{b}))\leqslant R(\boldsymbol{A}')=R(\boldsymbol{A}'\boldsymbol{A})$ 知

$$R(\boldsymbol{A}'\boldsymbol{A}\quad\boldsymbol{A}'\boldsymbol{b})=R(\boldsymbol{A}\boldsymbol{A}')$$

所以 $\boldsymbol{A}'\boldsymbol{A}\boldsymbol{x}=\boldsymbol{A}'\boldsymbol{b}$ 必有解.

**【证二】** 因为 $\boldsymbol{A}'\boldsymbol{A}\boldsymbol{x}=\boldsymbol{0}$ 与 $\boldsymbol{A}\boldsymbol{x}=\boldsymbol{0}$ 必是同解方程组，所以

$$\boldsymbol{A}'\boldsymbol{A}\boldsymbol{x}=\boldsymbol{0} \text{ 与} \begin{pmatrix}\boldsymbol{A}'\boldsymbol{A}\\ \boldsymbol{b}'\boldsymbol{A}\end{pmatrix}\boldsymbol{x}=\begin{pmatrix}\boldsymbol{0}\\ \boldsymbol{0}\end{pmatrix}$$

也是同解的齐次线性方程组,必有

$$R(\boldsymbol{A}'\boldsymbol{A})=R\begin{pmatrix}\boldsymbol{A}'\boldsymbol{A}\\ \boldsymbol{b}'\boldsymbol{A}\end{pmatrix}=R\begin{pmatrix}\boldsymbol{A}'\boldsymbol{A}\\ \boldsymbol{b}'\boldsymbol{A}\end{pmatrix}'=R(\boldsymbol{A}'\boldsymbol{A}\quad \boldsymbol{A}'\boldsymbol{b})$$

因此,$(\boldsymbol{A}'\boldsymbol{A})\boldsymbol{x}=\boldsymbol{A}'\boldsymbol{b}$ 必有解.

43. 证明 $\boldsymbol{A}\boldsymbol{y}=\boldsymbol{b}$ 有解当且仅当 $\boldsymbol{A}'\boldsymbol{x}=\boldsymbol{0}$ 的任意一解 $\boldsymbol{\beta}$ 必满足 $\boldsymbol{b}'\boldsymbol{\beta}=0$.

【证】 必要性:设 $\boldsymbol{A}\boldsymbol{\alpha}=\boldsymbol{b}$,则由 $\boldsymbol{A}'\boldsymbol{\beta}=\boldsymbol{0}$ 知必有 $\boldsymbol{b}'\boldsymbol{\beta}=\boldsymbol{\alpha}'\boldsymbol{A}'\boldsymbol{\beta}=\boldsymbol{\alpha}'\boldsymbol{0}=0$.

充分性:如果由 $\boldsymbol{A}'\boldsymbol{\beta}=\boldsymbol{0}$ 必可推出 $\boldsymbol{b}'\boldsymbol{\beta}=0$,这说明 $\boldsymbol{A}'\boldsymbol{x}=\boldsymbol{0}$ 与 $\begin{pmatrix}\boldsymbol{A}'\\ \boldsymbol{b}'\end{pmatrix}\boldsymbol{x}=\begin{pmatrix}\boldsymbol{0}\\ 0\end{pmatrix}$ 同解,必有

$$R(\boldsymbol{A}')=R\begin{pmatrix}\boldsymbol{A}'\\ \boldsymbol{b}'\end{pmatrix}$$

即 $R(\boldsymbol{A}\quad \boldsymbol{b})=R(\boldsymbol{A})$,所以 $\boldsymbol{A}\boldsymbol{y}=\boldsymbol{b}$ 有解.

44. 设有两个线性方程组

$$(\text{I})\begin{cases}a_{11}x_1+a_{12}x_2+\cdots+a_{1n}x_n=b_1\\ a_{21}x_1+a_{22}x_2+\cdots+a_{2n}x_n=b_2\\ \vdots\\ a_{m1}x_1+a_{m2}x_2+\cdots+a_{mn}x_n=b_m\end{cases}$$

$$(\text{II})\begin{cases}a_{11}x_1+a_{21}x_2+\cdots+a_{m1}x_n=0\\ a_{12}x_1+a_{22}x_2+\cdots+a_{m2}x_n=0\\ \vdots\\ a_{1n}x_1+a_{2n}x_2+\cdots+a_{mn}x_n=0\\ b_1x_1+b_2x_2+\cdots+b_mx_n=1\end{cases}$$

证明方程组(Ⅰ)有解的充分必要条件是(Ⅱ)无解.

【证】 记 $\boldsymbol{A}=(a_{ij})_{m\times n}$, $\boldsymbol{b}=\begin{pmatrix}b_1\\ b_2\\ \vdots\\ b_m\end{pmatrix}$,则两个方程组为

$$(\text{I})\ \boldsymbol{A}\boldsymbol{x}=\boldsymbol{b} \text{ 与 } (\text{II})\begin{pmatrix}\boldsymbol{A}'\\ \boldsymbol{b}'\end{pmatrix}\boldsymbol{y}=\begin{pmatrix}\boldsymbol{0}\\ 1\end{pmatrix}$$

要证明(Ⅰ)有解当且仅当(Ⅱ)无解.

当 $\boldsymbol{Ax}=\boldsymbol{b}$ 有解时，必有 $R(\boldsymbol{A}\quad \boldsymbol{b})=R(\boldsymbol{A})$. 此时由

$$\begin{pmatrix}\boldsymbol{A}' & \boldsymbol{0}\\ \boldsymbol{b}' & 1\end{pmatrix}\begin{pmatrix}\boldsymbol{I}_m & \boldsymbol{0}\\ -\boldsymbol{b}' & 1\end{pmatrix}=\begin{pmatrix}\boldsymbol{A}' & \boldsymbol{0}\\ \boldsymbol{0} & 1\end{pmatrix}$$

知

$$R\begin{pmatrix}\boldsymbol{A}' & \boldsymbol{0}\\ \boldsymbol{b}' & 1\end{pmatrix}=R(\boldsymbol{A}')+1=R(\boldsymbol{A})+1=R(\boldsymbol{A}\quad \boldsymbol{b})+1=R\begin{pmatrix}\boldsymbol{A}'\\ \boldsymbol{b}'\end{pmatrix}+1$$

这说明 $\begin{pmatrix}\boldsymbol{A}'\\ \boldsymbol{b}'\end{pmatrix}\boldsymbol{y}=\begin{pmatrix}\boldsymbol{0}\\ 1\end{pmatrix}$ 无解.

当 $\begin{pmatrix}\boldsymbol{A}'\\ \boldsymbol{b}'\end{pmatrix}\boldsymbol{y}=\begin{pmatrix}\boldsymbol{0}\\ 1\end{pmatrix}$ 无解时，$R\begin{pmatrix}\boldsymbol{A}' & \boldsymbol{0}\\ \boldsymbol{b}' & 1\end{pmatrix}=R\begin{pmatrix}\boldsymbol{A}'\\ \boldsymbol{b}'\end{pmatrix}+1$. 但

$$R\begin{pmatrix}\boldsymbol{A}' & \boldsymbol{0}\\ \boldsymbol{b}' & 1\end{pmatrix}=R\begin{pmatrix}\boldsymbol{A}'\\ \boldsymbol{b}'\end{pmatrix}+1=R(\boldsymbol{A}\quad \boldsymbol{b})+1$$

所以必有 $R(\boldsymbol{A}\quad \boldsymbol{b})=R(\boldsymbol{A})$，$\boldsymbol{Ax}=\boldsymbol{b}$ 有解.

**【注】** 实际上，由 43 题的结论知，当 $\boldsymbol{A}'\boldsymbol{\beta}=\boldsymbol{0}$ 时，必有 $\boldsymbol{b}'\boldsymbol{\beta}=0$，不可能有 $\boldsymbol{b}'\boldsymbol{\beta}=1$.

45. 设 $\boldsymbol{B}=\begin{pmatrix}\boldsymbol{A} & \boldsymbol{b}\\ \boldsymbol{b}' & c\end{pmatrix}$，其中 $\boldsymbol{A}$ 为 $n$ 阶方阵，$\boldsymbol{b}$ 为 $n$ 维列向量，$c$ 是常数，已知 $R(\boldsymbol{B})=R(\boldsymbol{A})$，证明：

(1) 非齐次线性方程组 $\boldsymbol{Ax}=\boldsymbol{b}$ 必有解.

(2) 齐次线性方程组 $\begin{pmatrix}\boldsymbol{A} & \boldsymbol{b}\\ \boldsymbol{b}' & c\end{pmatrix}\begin{pmatrix}\boldsymbol{x}\\ \boldsymbol{y}\end{pmatrix}=\begin{pmatrix}\boldsymbol{0}\\ 0\end{pmatrix}$ 必有非零解.

**【证】** (1) 因为

$$R(\boldsymbol{A})=R(\boldsymbol{B})\geqslant R(\boldsymbol{A}\quad \boldsymbol{b})\geqslant R(\boldsymbol{A})$$

必有 $R(\boldsymbol{A}\quad \boldsymbol{b})=R(\boldsymbol{A})$，所以 $\boldsymbol{Ax}=\boldsymbol{b}$ 必有解.

(2) 因为 $R(\boldsymbol{B})=R(\boldsymbol{A})\leqslant n<n+1$，所以

$$\boldsymbol{B}\begin{pmatrix}\boldsymbol{x}\\ y\end{pmatrix}=\begin{pmatrix}\boldsymbol{A} & \boldsymbol{b}\\ \boldsymbol{b}' & c\end{pmatrix}\begin{pmatrix}\boldsymbol{x}\\ \boldsymbol{y}\end{pmatrix}=\begin{pmatrix}\boldsymbol{0}\\ 0\end{pmatrix}$$

必有非零解.

46. 讨论当参数 $a$，$b$ 取何值时，以下线性方程组

$$\begin{cases}x_1+x_2+x_3+2x_4=3\\ 2x_1+3x_2+ax_3+7x_4=8\\ x_1+2x_2+3x_4=4\\ -x_2+x_3+(a-2)x_4=b-1\end{cases}$$

无解？有解？并求出其通解.

【解】 用初等行变换把增广矩阵化为

$$\left(\begin{array}{cccc:c}1&1&1&2&3\\2&3&a&7&8\\1&2&0&3&4\\0&-1&1&a-2&b-1\end{array}\right)\to\left(\begin{array}{cccc:c}1&1&1&2&3\\0&1&a-2&3&2\\0&1&-1&1&1\\0&-1&1&a-2&b-1\end{array}\right)$$

$$\to\left(\begin{array}{cccc:c}1&0&2&1&2\\0&0&a-1&2&1\\0&1&-1&1&1\\0&0&0&a-1&b\end{array}\right)$$

(1) 由第四个方程知,当 $a=1$ , $b\neq 0$ 时,线性方程组无解.

(2) 当 $a=1$ , $b=0$ 时,增广矩阵化为

$$\left(\begin{array}{cccc:c}1&0&2&1&2\\0&0&0&2&1\\0&1&-1&1&1\\0&0&0&0&0\end{array}\right)\to\left(\begin{array}{cccc:c}1&0&2&1&2\\0&0&0&1&1/2\\0&1&-1&1&1\\0&0&0&0&0\end{array}\right)$$

$$\to\left(\begin{array}{cccc:c}1&0&2&0&3/2\\0&0&0&1&1/2\\0&1&-1&0&1/2\\0&0&0&0&0\end{array}\right)$$

同解方程组为 $\begin{cases}x_1=\dfrac{3}{2}-2x_3\\ x_2=\dfrac{1}{2}+x_3\\ x_4=\dfrac{1}{2}\end{cases}$. 通解为 $\boldsymbol{\eta}=\dfrac{1}{2}\begin{pmatrix}3\\1\\0\\1\end{pmatrix}+k\begin{pmatrix}-2\\1\\1\\0\end{pmatrix}$ ,$k$ 为任意实数.

(3) 当 $a\neq 1$ 时,记 $\lambda=\dfrac{1}{a-1}$. 增广矩阵化为

$$\left(\begin{array}{cccc:c}1&0&2&1&2\\0&0&1&2\lambda&\lambda\\0&1&-1&1&1\\0&0&0&1&\lambda b\end{array}\right)\to\left(\begin{array}{cccc:c}1&0&2&0&2-\lambda b\\0&0&1&0&\lambda-2\lambda^2 b\\0&1&-1&0&1-\lambda b\\0&0&0&1&\lambda b\end{array}\right)$$

$$\rightarrow\left(\begin{array}{cccc:c}1&0&0&0&\nu\\0&0&1&0&\lambda-2\lambda^2b\\0&1&0&0&\mu\\0&0&0&1&\lambda b\end{array}\right)$$

其中$\mu=\lambda-2\lambda^2b+1-\lambda b$，$\nu=2-\lambda b-2(\lambda-2\lambda^2b)$，求出唯一解

$$x_1=\nu,\ x_2=\mu,\ x_3=\lambda-2\lambda^2b,\ x_4=\lambda b$$

47. 已知非齐次线性方程组$\begin{cases}a_1x_1+2x_2+a_3x_3+a_4x_4=d_1\\4x_1+b_2x_2+3x_3+b_4x_4=d_2\\3x_1+c_2x_2+5x_3+c_4x_4=d_3\end{cases}$的三个解

$\boldsymbol{\alpha}=(1\quad -1\quad 0\quad 2)'$，$\boldsymbol{\beta}=(2\quad 1\quad -1\quad 4)'$，$\boldsymbol{\gamma}=(4\quad 5\quad -3\quad 11)'$

求出它的通解.

**【解】** 令

$\boldsymbol{\xi}_1=\boldsymbol{\alpha}-\boldsymbol{\beta}=(-1\quad -2\quad 1\quad -2)'$，$\boldsymbol{\xi}_2=\boldsymbol{\alpha}-\boldsymbol{\gamma}=(-3\quad -6\quad 3\quad -9)'$

它们显然是相伴方程组的两个线性无关的解，这说明$n-R(\boldsymbol{A})=4-R(\boldsymbol{A})\geqslant 2$，$R(\boldsymbol{A})\leqslant 2$. 因为系数矩阵

$$\boldsymbol{A}=\begin{pmatrix}a_1&2&a_3&a_4\\4&b_2&3&b_4\\3&c_2&5&c_4\end{pmatrix}$$

中有二阶非零子式$\begin{vmatrix}4&3\\3&5\end{vmatrix}\neq 0$，它的秩$R(\boldsymbol{A})\geqslant 2$，所以必有$R(\boldsymbol{A})=2$，这说明所求出的$\boldsymbol{\xi}_1$，$\boldsymbol{\xi}_2$就是相伴方程组的基础解系，于是可求出非齐次线性方程组的通解

$$\boldsymbol{\eta}=\boldsymbol{\alpha}+k_1(\boldsymbol{\alpha}-\boldsymbol{\gamma})+k_2(\boldsymbol{\beta}-\boldsymbol{\gamma}),\ k_1,\ k_2\text{ 为任意实数}$$

48. 已知线性方程组$\begin{cases}x_1+x_2+x_3+x_4=-1\\4x_1+3x_2+5x_3-x_4=-1\\ax_1+x_2+3x_3+bx_4=1\end{cases}$有三个线性无关解.

(1) 证明方程组的系数矩阵的秩为2.

(2) 求$a$，$b$的值及方程组的通解.

**【证】** 设$\boldsymbol{\alpha}_1$，$\boldsymbol{\alpha}_2$，$\boldsymbol{\alpha}_3$是$\boldsymbol{Ax}=\boldsymbol{\beta}$的三个线性无关解.

(1) 显然$\boldsymbol{A}=\begin{pmatrix}1&1&1&1\\4&3&5&-1\\a&1&3&b\end{pmatrix}$的秩$R(\boldsymbol{A})\geqslant 2$. 因为$\boldsymbol{\alpha}_1$，$\boldsymbol{\alpha}_2$，$\boldsymbol{\alpha}_3$是$\boldsymbol{Ax}=\boldsymbol{\beta}$的线性无关解，所以$\boldsymbol{\xi}_1=\boldsymbol{\alpha}_1-\boldsymbol{\alpha}_2$，$\boldsymbol{\xi}_2=\boldsymbol{\alpha}_1-\boldsymbol{\alpha}_3$是相伴方程组$\boldsymbol{Ax}=\boldsymbol{0}$的两个线

性无关解，这说明

$$n - R(\boldsymbol{A}) = 4 - R(\boldsymbol{A}) \geqslant 2 \text{ , } R(\boldsymbol{A}) \leqslant 2$$

所以必有 $R(\boldsymbol{A}) = 2$.

(2) 把增广矩阵化简

$$\left(\begin{array}{cccc:c} 1 & 1 & 1 & 1 & -1 \\ 4 & 3 & 5 & -1 & -1 \\ a & 1 & 3 & b & 1 \end{array}\right) \to \left(\begin{array}{cccc:c} 1 & 1 & 1 & 1 & -1 \\ 1 & 0 & 2 & -4 & 2 \\ a-1 & 0 & 2 & b-1 & 2 \end{array}\right)$$

$$\to \left(\begin{array}{cccc:c} 1 & 1 & 1 & 1 & -1 \\ 1 & 0 & 2 & -4 & 2 \\ a-2 & 0 & 0 & b+3 & 0 \end{array}\right)$$

因为 $R(\boldsymbol{A}) = 2$，所以 $a = 2$ , $b = -3$. 此时增广矩阵化为

$$\left(\begin{array}{cccc:c} 1 & 1 & 1 & 1 & -1 \\ 1 & 0 & 2 & -4 & 2 \\ 0 & 0 & 0 & 0 & 0 \end{array}\right) \to \left(\begin{array}{cccc:c} 0 & 1 & -1 & 5 & -3 \\ 1 & 0 & 2 & -4 & 2 \\ 0 & 0 & 0 & 0 & 0 \end{array}\right)$$

$$\begin{cases} x_1 = 2 - 2x_3 + 4x_4 \\ x_2 = -3 + x_3 - 5x_4 \end{cases}$$

通解为 $\boldsymbol{\eta} = \begin{pmatrix} 2 \\ -3 \\ 0 \\ 0 \end{pmatrix} + t_1 \begin{pmatrix} -2 \\ 1 \\ 1 \\ 0 \end{pmatrix} + t_2 \begin{pmatrix} 4 \\ -5 \\ 0 \\ 1 \end{pmatrix}$，$t_1$, $t_2$ 为任意实数.

49. 设 $\boldsymbol{\alpha}_1 = \begin{pmatrix} 1 \\ 1 \\ 4 \\ 2 \end{pmatrix}$，$\boldsymbol{\alpha}_2 = \begin{pmatrix} 1 \\ -1 \\ -2 \\ 4 \end{pmatrix}$；$\boldsymbol{\beta}_1 = \begin{pmatrix} 0 \\ 2 \\ 6 \\ -2 \end{pmatrix}$，$\boldsymbol{\beta}_2 = \begin{pmatrix} 3 \\ -1 \\ 3 \\ 4 \end{pmatrix}$，$\boldsymbol{\beta}_3 = \begin{pmatrix} -1 \\ 0 \\ -4 \\ -7 \end{pmatrix}$，求所有的 $\boldsymbol{\eta}$ 使得 $\boldsymbol{\eta}$ 既可用 $\boldsymbol{\alpha}_1$, $\boldsymbol{\alpha}_2$ 线性表示，又可用 $\boldsymbol{\beta}_1$, $\boldsymbol{\beta}_2$, $\boldsymbol{\beta}_3$ 线性表示.

**【解】** 设 $\boldsymbol{\eta} = t_1\boldsymbol{\alpha}_1 + t_2\boldsymbol{\alpha}_2 = k_1\boldsymbol{\beta}_1 + k_2\boldsymbol{\beta}_2 + k_3\boldsymbol{\beta}_3$，用初等行变换化简如下矩阵

$$(\boldsymbol{\beta}_1 \quad \boldsymbol{\beta}_1 \quad \boldsymbol{\beta}_1 \mid t_1\boldsymbol{\alpha}_1 + t_2\boldsymbol{\alpha}_2)$$

$$= \left(\begin{array}{ccc:c} 0 & 3 & -1 & t_1 + t_2 \\ 2 & -1 & 0 & t_1 - t_2 \\ 6 & 3 & -4 & 4t_1 - 2t_2 \\ -2 & 4 & -7 & 2t_1 + 4t_2 \end{array}\right)$$

$$\rightarrow\left(\begin{array}{ccc:c}0 & 3 & -1 & t_1+t_2\\ 2 & -1 & 0 & t_1-t_2\\ 6 & -9 & 0 & -6t_2\\ -2 & -17 & 0 & -5t_1-3t_2\end{array}\right)$$

$$\rightarrow\left(\begin{array}{ccc:c}0 & 3 & -1 & t_1+t_2\\ 2 & -1 & 0 & t_1-t_2\\ 0 & -6 & 0 & -3(t_1+t_2)\\ 0 & -18 & 0 & -4(t_1+t_2)\end{array}\right)\rightarrow\left(\begin{array}{ccc:c}0 & 3 & -1 & t_1+t_2\\ 2 & -1 & 0 & t_1-t_2\\ 0 & -6 & 0 & -3(t_1+t_2)\\ 0 & 0 & 0 & 5(t_1+t_2)\end{array}\right)$$

它有解当且仅当 $t_1+t_2=0$. 于是即可求出

$$\boldsymbol{\eta}=t_1\boldsymbol{\alpha}_1+t_2\boldsymbol{\alpha}_2=t_1(\boldsymbol{\alpha}_1-\boldsymbol{\alpha}_2)=t_1\begin{pmatrix}0\\2\\6\\-2\end{pmatrix}=t_1\boldsymbol{\beta}_1,t_1\text{ 为任意实数}$$

**【注】** 当 $t_1+t_2=0$ 时,$(\boldsymbol{\beta}_1\ \ \boldsymbol{\beta}_1\ \ \boldsymbol{\beta}_1 \,\vdots\, t_1\boldsymbol{\alpha}_1+t_2\boldsymbol{\alpha}_2)$ 可继续化简

$$\left(\begin{array}{ccc:c}0 & 3 & -1 & 0\\ 2 & -1 & 0 & 2t_1\\ 0 & -6 & 0 & 0\\ 0 & 0 & 0 & 0\end{array}\right)\rightarrow\left(\begin{array}{ccc:c}0 & 3 & -1 & 0\\ 2 & -1 & 0 & 2t_1\\ 0 & 1 & 0 & 0\\ 0 & 0 & 0 & 0\end{array}\right)\rightarrow\left(\begin{array}{ccc:c}0 & 0 & -1 & 0\\ 1 & 0 & 0 & t_1\\ 0 & 1 & 0 & 0\\ 0 & 0 & 0 & 0\end{array}\right)$$

据此也可得 $k_1=t_1,k_2=k_3=0$,于是得 $\boldsymbol{\eta}=t_1\boldsymbol{\beta}_1$.

50. 求出常数 $a,b,c$ 的值使得以下

$$(\text{Ⅰ})\begin{cases}-2x_1+x_2+ax_3-5x_4=1\\ x_1+x_2-x_3+bx_4=4\\ 3x_1+x_2+x_3+2x_4=c\end{cases}\qquad(\text{Ⅱ})\begin{cases}x_1+x_4=1\\ x_2-2x_4=2\\ x_3+x_4=-1\end{cases}$$

为同解的非齐次线性方程组.

**【解一】** 直接把线性方程组(Ⅱ)$\begin{cases}x_1=1-x_4\\ x_2=2+2x_4\\ x_3=-1-x_4\end{cases}$ 代入线性方程组(Ⅰ)

可得

$$\begin{cases}-2(1-x_4)+2+2x_4+a(-1-x_4)-5x_4=1\\ 1-x_4+2+2x_4+1+x_4+bx_4=4\\ 3(1-x_4)+2+2x_4-1-x_4+2x_4=c\end{cases}$$

即
$$\begin{cases}(-1-a)x_4=1+a\\(b+2)x_4=0\\4=c\end{cases}$$

因为 $x_4$ 是可任意取值的自由变量,所以必有 $a=-1$ , $b=-2$ , $c=4$.

**【解二】** 线性方程组(Ⅱ)为 $\begin{cases}x_1=1-x_4\\x_2=2+2x_4\\x_3=-1-x_4\end{cases}$,其通解为

$$\boldsymbol{\eta}=\boldsymbol{\eta}^*+k\boldsymbol{\xi}=\begin{pmatrix}1\\2\\-1\\0\end{pmatrix}+k\begin{pmatrix}-1\\2\\-1\\1\end{pmatrix},k\text{ 为任意实数}$$

因为它也是(Ⅰ)的通解,把这个特解 $\boldsymbol{\eta}^*$ 代入线性方程组(Ⅰ)就得

$$\begin{cases}-2+2-a=1\\3+2-1=c\end{cases},a=-1,c=4$$

把(Ⅱ)的相伴方程组的这个基础解系 $\boldsymbol{\xi}$ 代入(Ⅰ)的相伴方程组

$$\begin{cases}-2x_1+x_2+ax_3-5x_4=0\\x_1+x_2-x_3+bx_4=0\\3x_1+x_2+x_3+2x_4=0\end{cases}$$

中的含有 $b$ 的第二个方程,又可得 $-1+2+1+b=0$ , $b=-2$.

51. 已知两个4元非齐次线性方程组(Ⅰ)和(Ⅱ)的通解分别为

$$\boldsymbol{\xi}=\begin{pmatrix}5\\-3\\0\\0\end{pmatrix}+k_1\begin{pmatrix}-6\\5\\1\\0\end{pmatrix}+k_2\begin{pmatrix}-5\\4\\0\\1\end{pmatrix}\text{ 和 }\boldsymbol{\eta}=\begin{pmatrix}-11\\3\\0\\0\end{pmatrix}+l_1\begin{pmatrix}8\\-1\\1\\0\end{pmatrix}+l_2\begin{pmatrix}10\\-2\\0\\1\end{pmatrix}$$

求它们的公共解.

**【解】** 设有公共解

$$\boldsymbol{\zeta}=\begin{pmatrix}5\\-3\\0\\0\end{pmatrix}+k_1\begin{pmatrix}-6\\5\\1\\0\end{pmatrix}+k_2\begin{pmatrix}-5\\4\\0\\1\end{pmatrix}=\begin{pmatrix}-11\\3\\0\\0\end{pmatrix}+l_1\begin{pmatrix}8\\-1\\1\\0\end{pmatrix}+l_2\begin{pmatrix}10\\-2\\0\\1\end{pmatrix}$$

则有

$$\begin{pmatrix}5\\-3\\0\\0\end{pmatrix}-\begin{pmatrix}-11\\3\\0\\0\end{pmatrix}+k_1\begin{pmatrix}-6\\5\\1\\0\end{pmatrix}+k_2\begin{pmatrix}-5\\4\\0\\1\end{pmatrix}=l_1\begin{pmatrix}8\\-1\\1\\0\end{pmatrix}+l_2\begin{pmatrix}10\\-2\\0\\1\end{pmatrix}$$

即

$$l_1\begin{pmatrix}8\\-1\\1\\0\end{pmatrix}+l_2\begin{pmatrix}10\\-2\\0\\1\end{pmatrix}=\begin{pmatrix}16\\-6\\0\\0\end{pmatrix}+k_1\begin{pmatrix}-6\\5\\1\\0\end{pmatrix}+k_2\begin{pmatrix}-5\\4\\0\\1\end{pmatrix}=\begin{pmatrix}16-6k_1-5k_2\\-6+5k_1+4k_2\\k_1\\k_2\end{pmatrix}$$

考虑非齐次线性方程组

$$\left(\begin{array}{cc:c}8&10&16-6k_1-5k_2\\-1&-2&-6+5k_1+4k_2\\1&0&k_1\\0&1&k_2\end{array}\right)\to\left(\begin{array}{cc:c}0&10&16-14k_1-5k_2\\0&-2&-6+6k_1+4k_2\\1&0&k_1\\0&1&k_2\end{array}\right)$$

$$\to\left(\begin{array}{cc:c}0&0&16-14k_1-15k_2\\0&0&-6+6k_1+6k_2\\1&0&k_1\\0&1&k_2\end{array}\right)$$

它有解当且仅当

$$\begin{cases}14k_1+15k_2=16\\k_1+k_2=1\end{cases},\begin{cases}14+k_2=16\\k_1+k_2=1\end{cases},k_2=2,k_1=-1$$

于是公共解为

$$\boldsymbol{\zeta}=\begin{pmatrix}5\\-3\\0\\0\end{pmatrix}-\begin{pmatrix}-6\\5\\1\\0\end{pmatrix}+2\begin{pmatrix}-5\\4\\0\\1\end{pmatrix}=\begin{pmatrix}1\\0\\-1\\2\end{pmatrix}$$

52. 设有线性方程组

$$(\text{Ⅰ})\begin{cases}x_1+x_2-2x_4=-6\\4x_1-x_2-x_3-x_4=1\\3x_1-x_2-x_3=3\end{cases}\text{和}(\text{Ⅱ})\begin{cases}x_1+mx_2-x_3-x_4=-5\\nx_2-x_3-2x_4=-11\\x_3-2x_4=-t+1\end{cases}$$

(1) 求出方程组(Ⅰ)的通解.

(2) 当 $m$，$n$ 为何值时，它们同解.

【解】 (1) 用初等行变换化简增广矩阵

$$\left(\begin{array}{cccc:c}1&1&0&-2&-6\\4&-1&-1&-1&1\\3&-1&-1&0&3\end{array}\right)\to\left(\begin{array}{cccc:c}1&1&0&-2&-6\\0&-5&-1&7&25\\0&-4&-1&6&21\end{array}\right)$$

$$\to\left(\begin{array}{cccc:c}1&1&0&-2&-6\\0&-1&0&1&4\\0&-4&-1&6&21\end{array}\right)$$

$$\to\left(\begin{array}{cccc:c}1&1&0&-2&-6\\0&-1&0&1&4\\0&0&-1&2&5\end{array}\right)$$

$$\to\left(\begin{array}{cccc:c}1&0&0&-1&-2\\0&-1&0&1&4\\0&0&-1&2&5\end{array}\right)$$

得同解方程组$\begin{cases}x_1=-2+x_4\\x_2=-4+x_4\\x_3=-5+2x_4\end{cases}$.

可求出(Ⅰ)的通解$\boldsymbol{\eta}=\begin{pmatrix}-2\\-4\\-5\\0\end{pmatrix}+k\begin{pmatrix}1\\1\\2\\1\end{pmatrix}$,$k$为任意实数.

(2) 定出(Ⅰ)与(Ⅱ)同解的充分必要条件. 把(Ⅰ)的通解代入(Ⅱ)得

$$\begin{cases}k-2+m(k-4)-(2k-5)-k=-5\\n(k-4)-(2k-5)-2k=-11\\2k-5-2k=1-t\end{cases},\begin{cases}(m-2)k=4(m-2)\\(n-4)k=4(n-4)\\t=6\end{cases}$$

因为$k$为任意实数,所以必有$m=2$, $n=4$, $t=6$.

反之,当$m=2$, $n=4$, $t=6$时,方程组(Ⅱ)为

$$\begin{cases}x_1+2x_2-x_3-x_4=-5\\4x_2-x_3-2x_4=-11\\x_3-2x_4=-5\end{cases}$$

$$\left(\begin{array}{cccc:c}1&2&-1&-1&-5\\0&4&-1&-2&-11\\0&0&1&-2&-5\end{array}\right)\to\left(\begin{array}{cccc:c}1&2&0&-3&-10\\0&4&0&-4&-16\\0&0&1&-2&-5\end{array}\right)$$

$$\rightarrow\left(\begin{array}{cccc:c}1 & 2 & 0 & -3 & -10\\0 & 1 & 0 & -1 & -4\\0 & 0 & 1 & -2 & -5\end{array}\right)$$

$$\rightarrow\left(\begin{array}{cccc:c}1 & 0 & 0 & -1 & -2\\0 & 1 & 0 & -1 & -4\\0 & 0 & 1 & -2 & -5\end{array}\right)$$

它与(Ⅰ)的同解方程组完全相同,所以(Ⅰ)与(Ⅱ)同解.

53. 设 $n$ 维列向量组 $\boldsymbol{\alpha}_1,\boldsymbol{\alpha}_2,\cdots,\boldsymbol{\alpha}_s$ 线性无关,其中 $s$ 为偶数. 构作 $n\times s$ 矩阵

$$\boldsymbol{A}=(\boldsymbol{\alpha}_1+\boldsymbol{\alpha}_2\quad \boldsymbol{\alpha}_2+\boldsymbol{\alpha}_3\quad \cdots\quad \boldsymbol{\alpha}_{s-1}+\boldsymbol{\alpha}_s\quad \boldsymbol{\alpha}_s+\boldsymbol{\alpha}_1)$$

证明非齐次线性方程组 $\boldsymbol{Ax}=\boldsymbol{\alpha}_1+\boldsymbol{\alpha}_s$ 的通解为

$$\boldsymbol{\eta}=\boldsymbol{\eta}^*+k\boldsymbol{\xi},k\text{ 为任意实数}$$

其中

$$\boldsymbol{\eta}^*=(0\quad 0\quad \cdots\quad 0\quad 1)',\boldsymbol{\xi}=(1\quad -1\quad 1\quad -1\quad \cdots\quad 1\quad -1)'$$

**【证】**　首先证明 $R(\boldsymbol{A})=s-1$. 因为 $s$ 为偶数,且

$$(\boldsymbol{\alpha}_1+\boldsymbol{\alpha}_2)-(\boldsymbol{\alpha}_2+\boldsymbol{\alpha}_3)+(\boldsymbol{\alpha}_3+\boldsymbol{\alpha}_4)-(\boldsymbol{\alpha}_4+\boldsymbol{\alpha}_5)+\cdots+$$
$$(\boldsymbol{\alpha}_{s-1}+\boldsymbol{\alpha}_s)-(\boldsymbol{\alpha}_s+\boldsymbol{\alpha}_1)=\boldsymbol{0}$$

所以 $R(\boldsymbol{A})\leqslant s-1$. 再由

$$(\boldsymbol{\alpha}_1+\boldsymbol{\alpha}_2\quad \boldsymbol{\alpha}_2+\boldsymbol{\alpha}_3\quad \cdots\quad \boldsymbol{\alpha}_{s-1}+\boldsymbol{\alpha}_s)=(\boldsymbol{\alpha}_1\quad \boldsymbol{\alpha}_2\quad \boldsymbol{\alpha}_3\quad \cdots\quad \boldsymbol{\alpha}_{s-1}\quad \boldsymbol{\alpha}_s)\boldsymbol{P}$$

其中表出矩阵为秩为 $s-1$ 的 $s\times(s-1)$ 矩阵

$$\boldsymbol{P}=\begin{pmatrix}1 & 0 & \cdots & 0\\1 & 1 & \cdots & 0\\0 & 1 & \ddots & 0\\0 & 0 & \ddots & 1\\0 & 0 & \cdots & 1\end{pmatrix}$$

由 $\boldsymbol{\alpha}_1,\boldsymbol{\alpha}_2,\cdots,\boldsymbol{\alpha}_s$ 线性无关知 $\boldsymbol{A}$ 中前 $s-1$ 列线性无关,所以

$$R(\boldsymbol{A})=s-1$$

再由 $R(\boldsymbol{A})=s-1$ 和 $\boldsymbol{A}$ 为 $n\times s$ 矩阵知 $\boldsymbol{Ax}=\boldsymbol{0}$ 的任意一个非零解都是它的基础解系. 于是由

$$(\boldsymbol{\alpha}_1+\boldsymbol{\alpha}_2)-(\boldsymbol{\alpha}_2+\boldsymbol{\alpha}_3)+(\boldsymbol{\alpha}_3+\boldsymbol{\alpha}_4)-(\boldsymbol{\alpha}_4+\boldsymbol{\alpha}_5)+\cdots+$$
$$(\boldsymbol{\alpha}_{s-1}+\boldsymbol{\alpha}_s)-(\boldsymbol{\alpha}_s+\boldsymbol{\alpha}_1)=\boldsymbol{0}$$

知 $\boldsymbol{\xi}=(1\quad -1\quad 1\quad -1\quad \cdots\quad 1\quad -1)'$ 是 $\boldsymbol{Ax}=\boldsymbol{0}$ 基础解系,$\boldsymbol{Ax}=\boldsymbol{\alpha}_1+\boldsymbol{\alpha}_s$ 显然有特解

$$\boldsymbol{\eta}^* = (0, 0, \cdots, 0, 1)'$$

所以可求出 $\boldsymbol{A}\boldsymbol{x} = \boldsymbol{\alpha}_1 + \boldsymbol{\alpha}_s$ 的通解 $\boldsymbol{\eta} = \boldsymbol{\eta}^* + k\boldsymbol{\xi}$，$k$ 为任意实数.

54. 已知实数 $a_1, a_2, a_3, a_4$ 两两不同，求解以下非齐次线性方程组

$$\begin{cases} x_1 + a_1x_2 + a_1^2x_3 + a_1^3x_4 = a_1^4 \\ x_1 + a_2x_2 + a_2^2x_3 + a_2^3x_4 = a_2^4 \\ x_1 + a_3x_2 + a_3^2x_3 + a_3^3x_4 = a_3^4 \\ x_1 + a_4x_2 + a_4^2x_3 + a_4^3x_4 = a_4^4 \end{cases}$$

**【解】** 用 Cramer 法则求出它的解

$$x_j = \frac{D_j}{D}, j = 1, 2, 3, 4$$

先求出以下系数行列式

$$D = \begin{vmatrix} 1 & a_1 & a_1^2 & a_1^3 \\ 1 & a_2 & a_2^2 & a_2^3 \\ 1 & a_3 & a_3^2 & a_3^3 \\ 1 & a_4 & a_4^2 & a_4^3 \end{vmatrix} = \prod_{1 \leqslant j < i \leqslant 4} (a_i - a_j)$$

为了计算另外四个行列式 $D_j$，先计算以下五阶范德蒙德行列式

$$\tilde{D} = \begin{vmatrix} 1 & x & x^2 & x^3 & x^4 \\ 1 & a_1 & a_1^2 & a_1^3 & a_1^4 \\ 1 & a_2 & a_2^2 & a_2^3 & a_2^4 \\ 1 & a_3 & a_3^2 & a_3^3 & a_3^4 \\ 1 & a_4 & a_4^2 & a_4^3 & a_4^4 \end{vmatrix} = \left(\prod_{i=1}^{4}(a_i - x)\right) \prod_{1 \leqslant j < i \leqslant 4}(a_i - a_j) = \left(\prod_{i=1}^{4}(x - a_i)\right) \times D$$

其中

$$\begin{aligned} \prod_{i=1}^{4}(x - a_i) &= (x - a_1)(x - a_2)(x - a_3)(x - a_4) \\ &= [x^2 - (a_1 + a_2)x + a_1a_2][x^2 - (a_3 + a_4)x + a_3a_4] \\ &= x^4 - \left(\sum_{i=1}^{4} a_i\right)x^3 + [a_1a_2 + a_3a_4 + (a_1 + a_2)(a_3 + a_4)]x^2 - \\ &\quad [a_1a_2(a_3 + a_4) + a_3a_4(a_1 + a_2)]x + \prod_{i=1}^{4} a_i \end{aligned}$$

显然

$$D_1 = \begin{vmatrix} a_1^4 & a_1 & a_1^2 & a_1^3 \\ a_2^4 & a_2 & a_2^2 & a_2^3 \\ a_3^4 & a_3 & a_3^2 & a_3^3 \\ a_4^4 & a_4 & a_4^2 & a_4^3 \end{vmatrix} = - \begin{vmatrix} a_1 & a_1^2 & a_1^3 & a_1^4 \\ a_2 & a_2^2 & a_2^3 & a_2^4 \\ a_3 & a_3^2 & a_3^3 & a_3^4 \\ a_4 & a_4^2 & a_4^3 & a_4^4 \end{vmatrix}$$

就是 $\widetilde{D}$ 中的 $x^0 = 1$ 的系数的改号,所以可求出

$$D_1 = -\left(\prod_{i=1}^{4} a_i\right) \times D$$

因为

$$D_2 = \begin{vmatrix} 1 & a_1^4 & a_1^2 & a_1^3 \\ 1 & a_2^4 & a_2^2 & a_2^3 \\ 1 & a_3^4 & a_3^2 & a_3^3 \\ 1 & a_4^4 & a_4^2 & a_4^3 \end{vmatrix} = \begin{vmatrix} 1 & a_1^2 & a_1^3 & a_1^4 \\ 1 & a_2^2 & a_2^3 & a_2^4 \\ 1 & a_3^2 & a_3^3 & a_3^4 \\ 1 & a_4^2 & a_4^3 & a_4^4 \end{vmatrix}$$

它就是 $\widetilde{D}$ 中的 $x$ 的系数的改号,所以

$$D_2 = [a_1a_2(a_3 + a_4) + a_3a_4(a_1 + a_2)] \times D$$

因为

$$D_3 = \begin{vmatrix} 1 & a_1 & a_1^4 & a_1^3 \\ 1 & a_2 & a_2^4 & a_2^3 \\ 1 & a_3 & a_3^4 & a_3^3 \\ 1 & a_4 & a_4^4 & a_4^3 \end{vmatrix} = - \begin{vmatrix} 1 & a_1 & a_1^3 & a_1^4 \\ 1 & a_2 & a_2^3 & a_2^4 \\ 1 & a_3 & a_3^3 & a_3^4 \\ 1 & a_4 & a_4^3 & a_4^4 \end{vmatrix}$$

它就是 $\widetilde{D}$ 中的 $x^2$ 的系数的改号,所以

$$D_3 = -[a_1a_2 + a_3a_4 + (a_1 + a_2)(a_3 + a_4)] \times D$$

因为

$$D_4 = \begin{vmatrix} 1 & a_1 & a_1^2 & a_1^4 \\ 1 & a_2 & a_2^2 & a_2^4 \\ 1 & a_3 & a_3^2 & a_3^4 \\ 1 & a_4 & a_4^2 & a_4^4 \end{vmatrix}$$

它就是 $\widetilde{D}$ 中的 $x^3$ 的系数的改号,所以 $D_4 = \left(\sum_{i=1}^{4} a_i\right) \times D$.

据此就可求出线性方程组的解

$$x_1 = -\left(\prod_{i=1}^{4} a_i\right)$$

$$x_2 = a_1a_2(a_3 + a_4) + a_3a_4(a_1 + a_2) = \sum_{i\neq j\neq k}^{1\sim 4} a_ia_ja_k$$

$$x_3 = -[a_1a_2 + a_3a_4 + (a_1 + a_2)(a_3 + a_4)] = -\sum_{i\neq j}^{1\sim 4} a_ia_j$$

$$x_4 = \sum_{i=1}^{4} a_i$$

【注】 $D_1 = \begin{vmatrix} a_1^4 & a_1 & a_1^2 & a_1^3 \\ a_2^4 & a_2 & a_2^2 & a_2^3 \\ a_3^4 & a_3 & a_3^2 & a_3^3 \\ a_4^4 & a_4 & a_4^2 & a_4^3 \end{vmatrix} = (\prod_{i=1}^{4} a_i) \begin{vmatrix} a_1^3 & 1 & a_1 & a_1^2 \\ a_2^3 & 1 & a_2 & a_2^2 \\ a_3^3 & 1 & a_3 & a_3^2 \\ a_4^3 & 1 & a_4 & a_4^2 \end{vmatrix} = -(\prod_{i=1}^{4} a_i) D.$

55. 给出以下两个向量组等价的充分必要条件:

(Ⅰ) $\boldsymbol{\alpha}_1 = \begin{pmatrix} 1 \\ 0 \\ 2 \end{pmatrix}, \boldsymbol{\alpha}_2 = \begin{pmatrix} 1 \\ 1 \\ 3 \end{pmatrix}, \boldsymbol{\alpha}_3 = \begin{pmatrix} 1 \\ -1 \\ a+2 \end{pmatrix}$;

(Ⅱ) $\boldsymbol{\beta}_1 = \begin{pmatrix} 1 \\ 2 \\ a+3 \end{pmatrix}, \boldsymbol{\beta}_2 = \begin{pmatrix} 2 \\ 1 \\ a+6 \end{pmatrix}, \boldsymbol{\beta}_3 = \begin{pmatrix} 2 \\ 1 \\ a+4 \end{pmatrix}$.

【解】 考虑矩阵方程 $\boldsymbol{AX} = \boldsymbol{B}$,其中

$$\boldsymbol{A} = (\boldsymbol{\alpha}_1 \quad \boldsymbol{\alpha}_2 \quad \boldsymbol{\alpha}_3) = \begin{pmatrix} 1 & 1 & 1 \\ 0 & 1 & -1 \\ 2 & 3 & a+2 \end{pmatrix}$$

$$\boldsymbol{B} = (\boldsymbol{\beta}_1 \quad \boldsymbol{\beta}_2 \quad \boldsymbol{\beta}_3) = \begin{pmatrix} 1 & 2 & 2 \\ 2 & 1 & 1 \\ a+3 & a+6 & a+4 \end{pmatrix}$$

计算行列式

$$|\boldsymbol{A}| = \begin{vmatrix} 1 & 1 & 1 \\ 0 & 1 & -1 \\ 2 & 3 & a+2 \end{vmatrix} = \begin{vmatrix} 1 & -1 \\ 1 & a \end{vmatrix} = a + 1$$

$\boldsymbol{A}$ 为可逆矩阵当且仅当 $a \neq -1$

$$|\boldsymbol{B}| = \begin{vmatrix} 1 & 2 & 2 \\ 2 & 1 & 1 \\ a+3 & a+6 & a+4 \end{vmatrix} = \begin{vmatrix} -3 & -3 \\ -a & -a-2 \end{vmatrix} = 6$$

$\boldsymbol{B}$ 必是可逆矩阵.

用初等行变换求矩阵方程 $\boldsymbol{AX} = \boldsymbol{B}$ 的解

$$(\boldsymbol{A}\quad \boldsymbol{B})=\begin{pmatrix}1&1&1&1&2&2\\0&1&-1&2&1&1\\2&3&a+2&a+3&a+6&a+4\end{pmatrix}$$

$$\to\begin{pmatrix}1&0&2&-1&1&1\\0&1&-1&2&1&1\\0&0&a+1&a-1&a+1&a-1\end{pmatrix}$$

当 $a\neq-1$ 时,$\boldsymbol{A}$ 为可逆矩阵,必有唯一解 $\boldsymbol{X}=\boldsymbol{A}^{-1}\boldsymbol{B}$ ,$\boldsymbol{B}=\boldsymbol{AX}$. 再由 $\boldsymbol{B}$ 为可逆矩阵知 $\boldsymbol{X}$ 必为可逆矩阵,又有 $\boldsymbol{A}=\boldsymbol{B}\boldsymbol{X}^{-1}$. 这说明所给出的两个列向量组必等价.

当 $a=-1$ 时,$\boldsymbol{AX}=\boldsymbol{B}$ 无解,这说明向量组(Ⅱ)不可表为向量组(Ⅰ)的线性组合. 因而,它们不等价.

因此,两向量组等价的充分必要条件是 $a\neq-1$.

**【注】** $\boldsymbol{AX}=\boldsymbol{B}$,即$(\boldsymbol{\beta}_1\quad\boldsymbol{\beta}_2\quad\boldsymbol{\beta}_3)=(\boldsymbol{\alpha}_1\quad\boldsymbol{\alpha}_2\quad\boldsymbol{\alpha}_3)\boldsymbol{X}$.

$\boldsymbol{AX}=\boldsymbol{B}$ 有解当且仅当$\{\boldsymbol{\beta}_1\quad\boldsymbol{\beta}_2\quad\boldsymbol{\beta}_3\}$可用$\{\boldsymbol{\alpha}_1\quad\boldsymbol{\alpha}_2\quad\boldsymbol{\alpha}_3\}$线性表出.

$\boldsymbol{A}=\boldsymbol{B}\boldsymbol{X}^{-1}$ 有解当且仅当$\{\boldsymbol{\alpha}_1\quad\boldsymbol{\alpha}_2\quad\boldsymbol{\alpha}_3\}$可用$\{\boldsymbol{\beta}_1\quad\boldsymbol{\beta}_2\quad\boldsymbol{\beta}_3\}$线性表出.

56. 考虑线性方程组

$$(\text{Ⅰ})\begin{cases}a_{11}x_1+a_{12}x_2+a_{13}x_3+a_{14}x_4=b_1\\a_{21}x_1+a_{22}x_2+a_{23}x_3+a_{24}x_4=b_2\\a_{31}x_1+a_{32}x_2+a_{33}x_3+a_{34}x_4=b_3\end{cases}$$

$$(\text{Ⅱ})\begin{cases}a_{11}x_1+a_{12}x_2+a_{13}x_3=b_1\\a_{21}x_1+a_{22}x_2+a_{23}x_3=b_2\\a_{31}x_1+a_{32}x_2+a_{33}x_3=b_3\end{cases}$$

如果(Ⅰ)有通解 $k\begin{pmatrix}1\\-1\\2\\-3\end{pmatrix}+\begin{pmatrix}1\\1\\3\\3\end{pmatrix}$,$k$ 为任意实数,证明 $\boldsymbol{\eta}=\begin{pmatrix}2\\0\\5\\0\end{pmatrix}$ 必是方程组(Ⅱ)的解.

**【证】** 比较这两个方程组的关系可知,方程组(Ⅰ)的解中,凡 $x_4=0$ 者必是方程组(Ⅱ)的解. 再据(Ⅰ)的通解的表达式即知,取 $k=1$ 即证得 $(2\quad 0\quad 5\quad 0)'$ 是(Ⅱ)的解.

57. 设 $\boldsymbol{A}=(\boldsymbol{\alpha}_1\quad\boldsymbol{\alpha}_2\quad\boldsymbol{\alpha}_3)$ 为 3 阶方阵. 已知线性方程组 $\boldsymbol{Ax}=\boldsymbol{b}$ 有通解

$$\boldsymbol{\eta}^*+k\boldsymbol{\xi}=\begin{pmatrix}2\\-1\\1\end{pmatrix}+k\begin{pmatrix}1\\2\\-3\end{pmatrix},k\text{ 为任意实数}$$

(1) 证明 $R(\boldsymbol{A})=2$.

(2) 设 $\boldsymbol{B}=(\boldsymbol{\alpha}_1+\boldsymbol{\alpha}_2+\boldsymbol{\alpha}_3+\boldsymbol{b}\quad \boldsymbol{\alpha}_1\quad \boldsymbol{\alpha}_2\quad \boldsymbol{\alpha}_3)$,证明 $R(\boldsymbol{B})=R(\boldsymbol{A})$.

(3) 求 $\boldsymbol{B}\boldsymbol{y}=\boldsymbol{b}$ 的通解.

**【证】** (1) 因为单个向量$\begin{pmatrix}1\\2\\-3\end{pmatrix}$是三元齐次线性方程组 $\boldsymbol{A}\boldsymbol{x}=\boldsymbol{0}$ 的基础解系,所以

$$n-R(\boldsymbol{A})=1\ ,\ R(\boldsymbol{A})=n-1=3-1=2$$

(2) 由$\boldsymbol{\eta}^*+k\boldsymbol{\xi}$ 是 $\boldsymbol{A}\boldsymbol{x}=\boldsymbol{b}$ 的通解得到

$$\boldsymbol{A}\boldsymbol{\xi}=(\boldsymbol{\alpha}_1\quad \boldsymbol{\alpha}_2\quad \boldsymbol{\alpha}_3)\begin{pmatrix}1\\2\\-3\end{pmatrix}=\boldsymbol{\alpha}_1+2\boldsymbol{\alpha}_2-3\boldsymbol{\alpha}_3=\boldsymbol{0}$$

$$\boldsymbol{A}\boldsymbol{\eta}^*=(\boldsymbol{\alpha}_1\quad \boldsymbol{\alpha}_2\quad \boldsymbol{\alpha}_3)\begin{pmatrix}2\\-1\\1\end{pmatrix}=2\boldsymbol{\alpha}_1-\boldsymbol{\alpha}_2+\boldsymbol{\alpha}_3=\boldsymbol{b}$$

再由 $\boldsymbol{b}=2\boldsymbol{\alpha}_1-\boldsymbol{\alpha}_2+\boldsymbol{\alpha}_3$ 知

$$\begin{aligned}\boldsymbol{B}&=(\boldsymbol{\alpha}_1+\boldsymbol{\alpha}_2+\boldsymbol{\alpha}_3+\boldsymbol{b}\quad \boldsymbol{\alpha}_1\quad \boldsymbol{\alpha}_2\quad \boldsymbol{\alpha}_3)\\&=(3\boldsymbol{\alpha}_1+2\boldsymbol{\alpha}_3\quad \boldsymbol{\alpha}_1\quad \boldsymbol{\alpha}_2\quad \boldsymbol{\alpha}_3)\\&=(\boldsymbol{\alpha}_1\quad \boldsymbol{\alpha}_2\quad \boldsymbol{\alpha}_3)\begin{pmatrix}3&1&0&0\\0&0&1&0\\2&0&0&1\end{pmatrix}\\&=(\boldsymbol{\alpha}_1\quad \boldsymbol{\alpha}_2\quad \boldsymbol{\alpha}_3)\boldsymbol{P}\end{aligned}$$

其中 $\boldsymbol{P}$ 是行满秩矩阵,所以必有 $R(\boldsymbol{B})=R(\boldsymbol{A}\boldsymbol{P})=R(\boldsymbol{A})=2$.

(3) 已证 $R(\boldsymbol{B})=2$ , $n-R(\boldsymbol{B})=4-2=2$,这说明四元齐次线性方程组 $\boldsymbol{B}\boldsymbol{y}=\boldsymbol{0}$ 的基础解系由两个线性无关的解向量组成.

因为

$$(\boldsymbol{\alpha}_1+\boldsymbol{\alpha}_2+\boldsymbol{\alpha}_3+\boldsymbol{b}\quad \boldsymbol{\alpha}_1\quad \boldsymbol{\alpha}_2\quad \boldsymbol{\alpha}_3)\begin{pmatrix}0\\1\\2\\-3\end{pmatrix}=\boldsymbol{\alpha}_1+2\boldsymbol{\alpha}_2-3\boldsymbol{\alpha}_3=\boldsymbol{0}$$

所以$\boldsymbol{\xi}_1=\begin{pmatrix}0\\1\\2\\-3\end{pmatrix}$ 是 $\boldsymbol{B}\boldsymbol{y}=\boldsymbol{0}$ 的非零解.

因为

$$(\boldsymbol{\alpha}_1+\boldsymbol{\alpha}_2+\boldsymbol{\alpha}_3+\boldsymbol{b}\quad \boldsymbol{\alpha}_1\quad \boldsymbol{\alpha}_2\quad \boldsymbol{\alpha}_3)\begin{pmatrix}0\\2\\-1\\1\end{pmatrix}=2\boldsymbol{\alpha}_1-\boldsymbol{\alpha}_2+\boldsymbol{\alpha}_3=\boldsymbol{b}$$

$$(\boldsymbol{\alpha}_1+\boldsymbol{\alpha}_2+\boldsymbol{\alpha}_3+\boldsymbol{b}\quad \boldsymbol{\alpha}_1\quad \boldsymbol{\alpha}_2\quad \boldsymbol{\alpha}_3)\begin{pmatrix}1\\-1\\-1\\-1\end{pmatrix}=\boldsymbol{b}$$

所以$\boldsymbol{\eta}_1^*=\begin{pmatrix}0\\2\\-1\\1\end{pmatrix}$ 和 $\boldsymbol{\eta}_2^*=\begin{pmatrix}1\\-1\\-1\\-1\end{pmatrix}$是 $\boldsymbol{By}=\boldsymbol{b}$ 的两个特解.

这就是说 $\boldsymbol{By}=\boldsymbol{0}$ 的基础解系可由两个线性无关的解向量$\boldsymbol{\xi}_1$ 和 $\boldsymbol{\xi}_2=\boldsymbol{\eta}_1^*-\boldsymbol{\eta}_2^*$ 组成,于是求出 $\boldsymbol{By}=\boldsymbol{b}$ 的通解 $\boldsymbol{\eta}=\boldsymbol{\eta}_2^*+k_1\boldsymbol{\xi}_1+k_2\boldsymbol{\xi}_2$,$k_1$, $k_2$ 为任意实数.

58. 讨论参数 $a$ , $b$ , $c$ , $d$ 满足什么条件时,下述线性方程组

$$\begin{cases}x_1+\ x_2+\ x_3=1\\ax_1+bx_2+cx_3=d\\a^2x_1+b^2x_2+c^2x_3=d^2\end{cases}$$

无解? 有解? 有解时求出其解.

【解】　用初等行变换把增广矩阵化为阶梯矩阵

$$\left(\begin{array}{ccc:c}1&1&1&1\\a&b&c&d\\a^2&b^2&c^2&d^2\end{array}\right)\to\left(\begin{array}{ccc:c}1&1&1&1\\0&b-a&c-a&d-a\\0&b^2-a^2&c^2-a^2&d^2-a^2\end{array}\right)$$

$$\to\left(\begin{array}{ccc:c}1&1&1&1\\0&b-a&c-a&d-a\\0&(b-a)(b+a)&(c-a)(c+a)&(d-a)(d+a)\end{array}\right)$$

$$\to\left(\begin{array}{ccc:c}1&1&1&1\\0&b-a&c-a&d-a\\0&0&(c-a)(c-b)&(d-a)(d-b)\end{array}\right)$$

(1) 当 $a$ , $b$ , $c$ 两两不同时,可先求出

$$x_3=\frac{(d-a)(d-b)}{(c-a)(c-b)}\underset{\text{记为}}{=}\nu$$

继续化简阶梯矩阵

$$\left(\begin{array}{ccc|c}1 & 1 & 1 & 1 \\ 0 & 1 & \dfrac{c-a}{b-a} & \dfrac{d-a}{b-a} \\ 0 & 0 & 1 & \nu\end{array}\right) \to \left(\begin{array}{ccc|c}1 & 1 & 1 & 1 \\ 0 & 1 & 0 & \mu \\ 0 & 0 & 1 & \nu\end{array}\right) \to \left(\begin{array}{ccc|c}1 & 0 & 0 & \lambda \\ 0 & 1 & 0 & \mu \\ 0 & 0 & 1 & \nu\end{array}\right)$$

其中

$$\mu = \frac{(d-a)(d-c)}{(c-b)(a-b)}, \lambda = 1-\mu-\nu = \frac{(b-d)(d-c)}{(c-a)(a-b)}$$

此时方程组有唯一解

$$x_1 = \lambda = \frac{(d-b)(d-c)}{(b-a)(c-a)}, x_2 = \mu = \frac{(d-a)(d-c)}{(b-a)(b-c)}$$

$$x_3 = \nu = \frac{(d-a)(d-b)}{(c-a)(c-b)}$$

**【注】** 考察方程组的结构可见,互换 $a$ 与 $b$ 等价于互换 $x_1$ 与 $x_2$;互换 $b$ 与 $c$ 等价于互换 $x_2$ 与 $x_3$,据此可见,一旦求出一个解分量,就可直接写出另外两个解分量.

(2) 当 $a = b \neq c = d$ 时,增广矩阵化为

$$\left(\begin{array}{ccc|c}1 & 1 & 1 & 1 \\ 0 & 0 & c-a & c-a \\ 0 & 0 & (c-a)(c-b) & (c-a)(c-b)\end{array}\right) \to \left(\begin{array}{ccc|c}1 & 1 & 1 & 1 \\ 0 & 0 & 1 & 1 \\ 0 & 0 & 1 & 1\end{array}\right)$$

$$\to \left(\begin{array}{ccc|c}1 & 1 & 0 & 0 \\ 0 & 0 & 1 & 1 \\ 0 & 0 & 0 & 10\end{array}\right)$$

同解方程组为 $\begin{cases}x_1 + x_2 = 0 \\ x_3 = 1\end{cases}$. 通解为 $\boldsymbol{\eta} = \begin{pmatrix}0 \\ 0 \\ 1\end{pmatrix} + k\begin{pmatrix}1 \\ -1 \\ 0\end{pmatrix}$,$k$ 为任意实数.

(3) 当 $a = c \neq b = d$ 时,增广矩阵化为

$$\left(\begin{array}{ccc|c}1 & 1 & 1 & 1 \\ 0 & b-a & 0 & b-a \\ 0 & 0 & 0 & \end{array}\right) \to \left(\begin{array}{ccc|c}1 & 1 & 1 & 1 \\ 0 & 1 & 0 & 1 \\ 0 & 0 & 0 & 0\end{array}\right) \to \left(\begin{array}{ccc|c}1 & 0 & 1 & 0 \\ 0 & 1 & 0 & 1 \\ 0 & 0 & 0 & 0\end{array}\right)$$

同解方程组为 $\begin{cases}x_1 + x_3 = 0 \\ x_2 = 1\end{cases}$. 通解为 $\boldsymbol{\eta} = \begin{pmatrix}0 \\ 1 \\ 0\end{pmatrix} + k\begin{pmatrix}1 \\ 0 \\ -1\end{pmatrix}$,$k$ 为任意实数.

(4) 当 $a = d \neq b = c$ 时,增广矩阵化为

$$\left(\begin{array}{ccc|c}1&1&1&1\\0&b-a&b-a&0\\0&0&0&0\end{array}\right)\rightarrow\left(\begin{array}{ccc|c}1&1&1&1\\0&1&1&0\\0&0&0&0\end{array}\right)\rightarrow\left(\begin{array}{ccc|c}1&0&0&1\\0&1&1&0\\0&0&0&0\end{array}\right)$$

同解方程组为$\begin{cases}x_2+x_3=0\\x_1=1\end{cases}$. 通解为$\boldsymbol{\eta}=\begin{pmatrix}1\\0\\0\end{pmatrix}+k\begin{pmatrix}0\\1\\-1\end{pmatrix}$,$k$为任意实数.

(5) 当$a=b=c\neq d$时,增广矩阵化为

$$\left(\begin{array}{ccc|c}1&1&1&1\\0&0&0&d-a\\0&0&0&(d-a)(d-b)\end{array}\right)$$

方程组无解.

(6) 当$a=b=d\neq c$时,增广矩阵化为

$$\left(\begin{array}{ccc|c}1&1&1&1\\0&0&c-a&0\\0&0&(c-a)(c-b)&0\end{array}\right)\rightarrow\left(\begin{array}{ccc|c}1&1&1&1\\0&0&1&0\\0&0&1&0\end{array}\right)\rightarrow\left(\begin{array}{ccc|c}1&1&0&1\\0&0&1&0\\0&0&0&0\end{array}\right)$$

同解方程组为$\begin{cases}x_1+x_2=1\\x_3=0\end{cases}$. 通解为$\boldsymbol{\eta}=\begin{pmatrix}1\\0\\0\end{pmatrix}+k\begin{pmatrix}1\\-1\\0\end{pmatrix}$,$k$为任意实数.

(7) 当$a=c=d\neq b$时,增广矩阵化为

$$\left(\begin{array}{ccc|c}1&1&1&1\\0&b-a&0&0\\0&0&0&0\end{array}\right)\rightarrow\left(\begin{array}{ccc|c}1&1&1&1\\0&1&0&0\\0&0&0&0\end{array}\right)\rightarrow\left(\begin{array}{ccc|c}1&0&1&1\\0&1&0&0\\0&0&0&0\end{array}\right)$$

同解方程组为$\begin{cases}x_1+x_3=1\\x_2=0\end{cases}$. 通解为$\boldsymbol{\eta}=\begin{pmatrix}1\\0\\0\end{pmatrix}+k\begin{pmatrix}1\\0\\-1\end{pmatrix}$,$k$为任意实数.

(8) 当$b=c=d\neq a$时,增广矩阵化为

$$\left(\begin{array}{ccc|c}1&1&1&1\\0&b-a&b-a&b-a\\0&0&0&0\end{array}\right)\rightarrow\left(\begin{array}{ccc|c}1&0&0&0\\0&1&1&1\\0&0&0&0\end{array}\right)$$

同解方程组为$\begin{cases}x_2+x_3=1\\x_1=0\end{cases}$. 通解为$\boldsymbol{\eta}=\begin{pmatrix}0\\1\\0\end{pmatrix}+k\begin{pmatrix}0\\1\\-1\end{pmatrix}$,$k$为任意实数.

(9) 当 $a=b=c=d$ 时，增广矩阵化为$\left(\begin{array}{ccc:c}1&1&1&1\\0&0&0&0\\0&0&0&0\end{array}\right)$.

同解方程组为 $x_1+x_2+x_3=1$. 通解为 $\boldsymbol{\eta}=\begin{pmatrix}0\\1\\0\end{pmatrix}+k_1\begin{pmatrix}1\\0\\-1\end{pmatrix}+k_2\begin{pmatrix}0\\1\\-1\end{pmatrix}$, $k_1$, $k_2$ 为任意实数.

(10) 当 $a=b\neq c\neq d$ 时，增广矩阵化为

$$\left(\begin{array}{ccc:c}1&1&1&1\\0&0&c-a&d-a\\0&0&(c-a)(c-b)&(d-a)(d-b)\end{array}\right)\left(\text{记 }\lambda=\frac{d-a}{c-a}\neq 0,1\right)$$

$$\to\left(\begin{array}{ccc:c}1&1&1&1\\0&0&1&\lambda\\0&0&1&\lambda^2\end{array}\right)\to\left(\begin{array}{ccc:c}1&1&0&1-\lambda\\0&0&1&\lambda\\0&0&0&\lambda(\lambda-1)\end{array}\right)$$

方程组无解.

(11) 当 $a=c\neq b\neq d$ 时，增广矩阵化为

$$\left(\begin{array}{ccc:c}1&1&1&1\\0&b-a&0&d-a\\0&0&0&(d-a)(d-b)\end{array}\right)$$

方程组无解.

(12) 当 $a=d\neq b\neq c$ 时，增广矩阵化为

$$\left(\begin{array}{ccc:c}1&1&1&1\\0&b-a&c-a&0\\0&0&(c-a)(c-b)&0\end{array}\right)\to\left(\begin{array}{ccc:c}1&1&1&1\\0&b-a&0&0\\0&0&(c-a)(c-b)&0\end{array}\right)$$

$$\to\left(\begin{array}{ccc:c}1&1&1&1\\0&1&0&0\\0&0&1&0\end{array}\right)\to\left(\begin{array}{ccc:c}1&0&0&1\\0&1&0&0\\0&0&1&0\end{array}\right)$$

方程组有唯一解 $x_1=1$, $x_2=0$, $x_3=0$.

(13) 当 $b=c\neq a\neq d$ 时，增广矩阵化为

$$\left(\begin{array}{ccc:c}1&1&1&1\\0&b-a&c-a&d-a\\0&0&0&(d-a)(d-b)\end{array}\right)$$

方程组无解.

(14) 当 $b=d\neq a\neq c$ 时，增广矩阵化为

$$\left(\begin{array}{ccc:c}1 & 1 & 1 & 1\\ 0 & b-a & 0 & b-a\\ 0 & 0 & (c-a)(c-b) & 0\end{array}\right)\to\left(\begin{array}{ccc:c}1 & 1 & 1 & 1\\ 0 & 1 & 0 & 1\\ 0 & 0 & 1 & 0\end{array}\right)$$

$$\to\left(\begin{array}{ccc:c}1 & 0 & 0 & 0\\ 0 & 1 & 0 & 1\\ 0 & 0 & 1 & 0\end{array}\right)$$

方程组有唯一解 $x_1=0$ , $x_2=1$ , $x_3=0$.

(15) 当 $c=d\neq a\neq b$ 时,增广矩阵化为

$$\left(\begin{array}{ccc:c}1 & 1 & 1 & 1\\ 0 & b-a & c-a & c-a\\ 0 & 0 & (c-a)(c-b) & (c-a)(c-b)\end{array}\right)$$

$$\to\left(\begin{array}{ccc:c}1 & 1 & 1 & 1\\ 0 & b-a & c-a & c-a\\ 0 & 0 & 1 & 1\end{array}\right)$$

$$\to\left(\begin{array}{ccc:c}1 & 1 & 0 & 0\\ 0 & 1 & 0 & 0\\ 0 & 0 & 1 & 1\end{array}\right)$$

$$\to\left(\begin{array}{ccc:c}1 & 0 & 0 & 0\\ 0 & 1 & 0 & 0\\ 0 & 0 & 1 & 1\end{array}\right)$$

方程组有唯一解 $x_1=0$ , $x_2=0$ , $x_3=1$.

# 第五章　特征值与特征向量

## §1 特征值与特征向量

### 一、定义

设 $\boldsymbol{A}=(a_{ij})$ 为 $n$ 阶实方阵. 如果有某个数 $\lambda$ 和某个 $n$ 维非零列向量 $\boldsymbol{p}$ 满足 $\boldsymbol{A}\boldsymbol{p}=\lambda\boldsymbol{p}$,则称 $\lambda$ 是 $\boldsymbol{A}$ 的一个特征值,称 $\boldsymbol{p}$ 是 $\boldsymbol{A}$ 的属于这个特征值 $\lambda$ 的一个特征向量.

### 二、求法

(1) $\boldsymbol{A}$ 的特征方程

$$|\lambda\boldsymbol{I}_n-\boldsymbol{A}|=\begin{vmatrix}\lambda-a_{11} & -a_{12} & \cdots & -a_{1n}\\ -a_{21} & \lambda-a_{22} & \cdots & -a_{2n}\\ \vdots & \vdots & \ddots & \vdots\\ -a_{n1} & -a_{n2} & \cdots & \lambda-a_{nn}\end{vmatrix}=\prod_{i=1}^{n}(\lambda-\lambda_i)=0$$

的 $n$ 个根 $\lambda_1,\lambda_2,\cdots,\lambda_n$(复根,包括实根或虚根,几重根就算几个根) 就是 $\boldsymbol{A}$ 的 $n$ 个特征值.

(2) 任意取定 $\boldsymbol{A}$ 的一个特征值 $\lambda_0$,齐次线性方程组 $(\lambda_0\boldsymbol{I}_n-\boldsymbol{A})\boldsymbol{x}=\boldsymbol{0}$ 的任意一个基础解系

$$\{\boldsymbol{\xi}_1,\boldsymbol{\xi}_2,\cdots,\boldsymbol{\xi}_s\}$$

其中 $s=n-R(\lambda_0\boldsymbol{I}_n-\boldsymbol{A})$,即 $(\lambda_0\boldsymbol{I}_n-\boldsymbol{A})\boldsymbol{x}=\boldsymbol{0}$ 的自由变量个数,就是 $\boldsymbol{A}$ 的属于特征值 $\lambda_0$ 的极大线性无关的特征向量组,$\boldsymbol{A}$ 的属于特征值 $\lambda_0$ 的特征向量全体就是

$$\boldsymbol{\xi}=\sum_{i=1}^{s}k_i\boldsymbol{\xi}_i,\ k_1,k_2,\cdots,k_s\ \text{为不全为零的任意实数}$$

(3) 重要公式　设 $\boldsymbol{A}$ 为 $m\times n$ 矩阵,$\boldsymbol{B}$ 为 $n\times m$ 矩阵,$m\geqslant n$,则

$$|\lambda\boldsymbol{I}_m-\boldsymbol{AB}|=\lambda^{m-n}|\lambda\boldsymbol{I}_n-\boldsymbol{BA}|\ \text{(见第二章 §4 题4)}$$

即 $\boldsymbol{AB}$ 与 $\boldsymbol{BA}$ 必有相同的非零特征值组.

## 三、若干基本结论

(1) 实方阵的特征值未必是实数,特征向量也未必是实向量.

(2) 三角方阵的特征值就是它的全体对角元.

(3) $\boldsymbol{A}$ 和 $\boldsymbol{A}'$ 有相同的特征值,但未必有相同的特征向量.

(4) 设 $\boldsymbol{A}$ 为 $n$ 阶实方阵,$f(x)=a_m x^m+a_{m-1}x^{m-1}+\cdots+a_1 x+a_0$ 为实系数多项式. 如果 $\boldsymbol{A}\boldsymbol{p}=\lambda\boldsymbol{p}$,则 $f(\boldsymbol{A})\boldsymbol{p}=f(\lambda)\boldsymbol{p}$,即 $f(\lambda)$ 一定是方阵多项式

$$f(\boldsymbol{A})=a_m\boldsymbol{A}^m+a_{m-1}\boldsymbol{A}^{m-1}+\cdots+a_1\boldsymbol{A}+a_0\boldsymbol{I}_n$$

的特征值. 特别地,当 $f(\boldsymbol{A})=\boldsymbol{O}$ 时,必有 $f(\lambda)=0$,即 $\boldsymbol{A}$ 的特征值一定是 $f(x)=0$ 的根.

注意:$f(x)=0$ 的根未必都是 $\boldsymbol{A}$ 的特征值.

(5) 设 $\lambda_1,\lambda_2,\cdots,\lambda_n$ 是 $n$ 阶方阵 $\boldsymbol{A}=(a_{ij})$ 的全体特征值,则必有

$$\sum_{i=1}^{n}\lambda_i=\sum_{i=1}^{n}a_{ii}=\operatorname{tr}(\boldsymbol{A})$$

称为 $\boldsymbol{A}$ 的迹(trace),$\prod_{i=1}^{n}\lambda_i=|\boldsymbol{A}|$.

$\boldsymbol{A}$ 是可逆矩阵当且仅当它的特征值都不为零.

(6) 属于 $\boldsymbol{A}$ 的同一个特征值的特征向量之非零和必是 $\boldsymbol{A}$ 的属于这个特征值的特征向量.

属于 $\boldsymbol{A}$ 的两个不同特征值的特征向量之和一定不是 $\boldsymbol{A}$ 的特征向量.

(7) 属于方阵 $\boldsymbol{A}$ 的两两不同特征值的特征向量组一定是线性无关向量组.

属于对称方阵 $\boldsymbol{A}$ 的两两不同特征值的特征向量组一定是正交向量组(见本章 §3).

1. 求出以下方阵的特征值:

(1) $\boldsymbol{A}=\begin{pmatrix}6&-2&2\\-2&3&4\\2&4&3\end{pmatrix}$;(2) $\boldsymbol{A}=\begin{pmatrix}5&4&2\\4&5&2\\2&2&2\end{pmatrix}$;

(3) $\boldsymbol{A}=\begin{pmatrix}-1&4&-2\\-3&4&0\\-3&1&3\end{pmatrix}$;(4) $\boldsymbol{A}=\begin{pmatrix}19&-9&-6\\25&-11&-9\\17&-9&-4\end{pmatrix}$;

(5) $\boldsymbol{A}=\begin{pmatrix}2&3&2\\1&8&2\\-2&-14&-3\end{pmatrix}$.

【解】 (1) $|\lambda\boldsymbol{I}_3-\boldsymbol{A}|=\begin{vmatrix}\lambda-6 & 2 & -2\\ 2 & \lambda-3 & -4\\ -2 & -4 & \lambda-3\end{vmatrix}$.

先把第二行加到第三行上去,再在第二列中减去第三列,再按第三行展开得

$$|\lambda\boldsymbol{I}_3-\boldsymbol{A}|=\begin{vmatrix}\lambda-6 & 2 & -2\\ 2 & \lambda-3 & -4\\ 0 & \lambda-7 & \lambda-7\end{vmatrix}=\begin{vmatrix}\lambda-6 & 4 & -2\\ 2 & \lambda+1 & -4\\ 0 & 0 & \lambda-7\end{vmatrix}$$
$$=(\lambda-7)^2(\lambda+2)=0$$

特征值为 $\lambda=-2,7,7$.

(2) $|\lambda\boldsymbol{I}_3-\boldsymbol{A}|=\begin{vmatrix}\lambda-5 & -4 & -2\\ -4 & \lambda-5 & -2\\ -2 & -2 & \lambda-2\end{vmatrix}$.

先在第一列中减去第二列,再把第一行加到第二行上去,再按第一列展开可求出

$$|\lambda\boldsymbol{I}_3-\boldsymbol{A}|=\begin{vmatrix}\lambda-1 & -4 & -2\\ 1-\lambda & \lambda-5 & -2\\ 0 & -2 & \lambda-2\end{vmatrix}=\begin{vmatrix}\lambda-1 & -4 & -2\\ 0 & \lambda-9 & -4\\ 0 & -2 & \lambda-2\end{vmatrix}$$
$$=(\lambda-1)^2(\lambda-10)=0$$

特征值为 $\lambda=1,1,10$.

(3) $|\lambda\boldsymbol{I}_3-\boldsymbol{A}|=\begin{vmatrix}\lambda+1 & -4 & 2\\ 3 & \lambda-4 & 0\\ 3 & -1 & \lambda-3\end{vmatrix}$.

把后两列都加到第一列上去,在第一列中提出公因式$(\lambda-1)$,再化简第一列可求出

$$|\lambda\boldsymbol{I}_3-\boldsymbol{A}|=\begin{vmatrix}\lambda-1 & -4 & 2\\ \lambda-1 & \lambda-4 & 0\\ \lambda-1 & -1 & \lambda-3\end{vmatrix}=(\lambda-1)\begin{vmatrix}1 & -4 & 2\\ 0 & \lambda & -2\\ 0 & 3 & \lambda-5\end{vmatrix}$$
$$=(\lambda-1)(\lambda-2)(\lambda-3)=0$$

特征值为 $\lambda=1,2,3$.

(4) $|\lambda\boldsymbol{I}_3-\boldsymbol{A}|=\begin{vmatrix}\lambda-19 & 9 & 6\\ -25 & \lambda+11 & 9\\ -17 & 9 & \lambda+4\end{vmatrix}$.

在第三行中减去第一行,再把第三列加到第一列上去,再按第三行展开可

求出

$$|\lambda I_3 - A| = \begin{vmatrix} \lambda-19 & 9 & 6 \\ -25 & \lambda+11 & 9 \\ 2-\lambda & 0 & \lambda-2 \end{vmatrix} = \begin{vmatrix} \lambda-13 & 9 & 6 \\ -16 & \lambda+11 & 9 \\ 0 & 0 & \lambda-2 \end{vmatrix}$$
$$= (\lambda-2)(\lambda-1)^2 = 0$$

特征值为 $\lambda = 1, 1, 2$.

$$(5)\ |\lambda I_3 - A| = \begin{vmatrix} \lambda-2 & -3 & -2 \\ -1 & \lambda-8 & -2 \\ 2 & 14 & \lambda+3 \end{vmatrix}.$$

在第一行中减去第二行，把第二行的两倍加到第三行上去，再提出公因数 $(\lambda-1)$，可求出

$$|\lambda I_3 - A| = \begin{vmatrix} \lambda-1 & 5-\lambda & 0 \\ -1 & \lambda-8 & -2 \\ 0 & 2\lambda-2 & \lambda-1 \end{vmatrix} = (\lambda-1)\begin{vmatrix} \lambda-1 & 5-\lambda & 0 \\ -1 & \lambda-8 & -2 \\ 0 & 2 & 1 \end{vmatrix}$$
$$= (\lambda-1)\begin{vmatrix} \lambda-1 & 5-\lambda & 0 \\ -1 & \lambda-4 & -2 \\ 0 & 0 & 1 \end{vmatrix} = (\lambda-1)(\lambda-3)^2 = 0$$

特征值为 $\lambda = 1, 3, 3$.

**【注】** 在求全体特征值时，需要找出 $n$ 次特征多项式 $|\lambda I_n - A|$ 的因式分解，当 $n$ 较大时往往很困难. 可先用代入试探法确定它的部分根，把次数降低，再完成特征多项式的因式分解. 但便捷的方法是利用行列式性质尽可能提出公因式. 实际上，这就是在实施因式分解.

2. 设 $A$ 为 $n$ 阶方阵. 已知 $Ap = \lambda p$，证明对于任意 $m$ 次多项式

$$f(x) = a_m x^m + a_{m-1} x^{m-1} + \cdots + a_1 x + a_0$$

一定有

$$f(A)p = f(\lambda)p$$

这里，$f(A) = a_m A^m + a_{m-1} A^{m-1} + \cdots + a_1 A + a_0 I_n$ 为 $A$ 的方阵多项式.

特别地，当 $f(A) = O$ 时，一定有 $f(\lambda) = 0$，即 $A$ 的特征值一定是 $f(x) = 0$ 的根.

**【证】** 可对正整数 $k$ 用归纳法容易证明

$$A^k p = A(A^{k-1}p) = A(\lambda^{k-1}p) = \lambda^{k-1}Ap = \lambda^k p$$

因此

$$f(A)p = (a_m A^m + a_{m-1} A^{m-1} + \cdots + a_1 A + a_0 I_n)p$$
$$= a_m A^m p + a_{m-1} A^{m-1} p + \cdots + a_1 Ap + a_0 I_n p$$

$$=(a_m\lambda^m+a_{m-1}\lambda^{m-1}+\cdots+a_1\lambda+a_0)\boldsymbol{p}=f(\lambda)\boldsymbol{p}$$

当$f(\boldsymbol{A})=\boldsymbol{O}$时，一定有$f(\lambda)\boldsymbol{p}=f(\boldsymbol{A})\boldsymbol{p}=\boldsymbol{0}$. 因为$\boldsymbol{p}\neq\boldsymbol{0}$，所以有$f(\lambda)=0$.

【注】 $f(x)=0$的根未必一定是$\boldsymbol{A}$的特征值. 例如，$\boldsymbol{A}=\begin{pmatrix}1&0\\0&1\end{pmatrix}$满足$\boldsymbol{A}^2=\boldsymbol{I}_2$，$\boldsymbol{A}^2-\boldsymbol{I}_2=\boldsymbol{O}$，$f(x)=x^2-1=0$的根$x=-1$就不是$\boldsymbol{A}$的特征值.

3. 设3阶矩阵$\boldsymbol{A}$满足$|\boldsymbol{A}-\boldsymbol{I}_3|=0$，$|\boldsymbol{A}-2\boldsymbol{I}_3|=0$，$|\boldsymbol{A}-3\boldsymbol{I}_3|=0$，求$|\boldsymbol{A}-4\boldsymbol{I}_3|$.

【解】 由条件知

$$|\boldsymbol{I}_3-\boldsymbol{A}|=-|\boldsymbol{A}-\boldsymbol{I}_3|=0,\ |2\boldsymbol{I}_3-\boldsymbol{A}|=-|\boldsymbol{A}-2\boldsymbol{I}_3|=0$$
$$|3\boldsymbol{I}_3-\boldsymbol{A}|=-|\boldsymbol{A}-3\boldsymbol{I}_3|=0$$

即$\boldsymbol{A}$的特征值为1，2，3. 所以，$\boldsymbol{A}-4\boldsymbol{I}_3$的特征值为$-3$，$-2$，$-1$，于是

$$|\boldsymbol{A}-4\boldsymbol{I}_3|=(-3)(-2)(-1)=-6$$

4. 设$n$阶可逆矩阵$\boldsymbol{A}$有特征值$\lambda$，证明$\left(\frac{|\boldsymbol{A}|}{\lambda}\right)^2+1$是$(\boldsymbol{A}^*)^2+\boldsymbol{I}_n$的特征值.

【证】 因为$\lambda$是$\boldsymbol{A}$的特征值，所以$\frac{1}{\lambda}$是$\boldsymbol{A}^{-1}$的特征值. 因为$\boldsymbol{A}^*=|\boldsymbol{A}|\boldsymbol{A}^{-1}$，所以$\frac{|\boldsymbol{A}|}{\lambda}$是$\boldsymbol{A}^*$的特征值. 于是，$\left(\frac{|\boldsymbol{A}|}{\lambda}\right)^2+1$是$(\boldsymbol{A}^*)^2+\boldsymbol{I}_n$的特征值.

5. 设3阶矩阵$\boldsymbol{A}$有特征值1，2，3，求$\boldsymbol{B}=\boldsymbol{A}^*+2\boldsymbol{A}+3\boldsymbol{I}_3$的特征值.

【解】 先求出$\boldsymbol{A}^*=|\boldsymbol{A}|\boldsymbol{A}^{-1}=(1\times2\times3)\boldsymbol{A}^{-1}=6\boldsymbol{A}^{-1}$. 因为$\boldsymbol{A}$特征值有1，2，3，所以$\boldsymbol{A}^{-1}$的特征值为1，$\frac{1}{2}$，$\frac{1}{3}$，$\boldsymbol{A}^*=6\boldsymbol{A}^{-1}$的特征值为6，3，2，$2\boldsymbol{A}$的特征值为2，4，6，$3\boldsymbol{I}_3$特征值为3，3，3，于是$\boldsymbol{B}$的特征值为

$$6+2+3=11,3+4+3=10,2+6+3=11$$

【注】 当$\boldsymbol{A}\boldsymbol{p}=\lambda\boldsymbol{p}$时，必有$\boldsymbol{A}^{-1}\boldsymbol{p}=\frac{1}{\lambda}\boldsymbol{p}$，于是据$\boldsymbol{A}^*=6\boldsymbol{A}^{-1}$可求出

$$\boldsymbol{B}\boldsymbol{p}=(\boldsymbol{A}^*+2\boldsymbol{A}+3\boldsymbol{I}_3)\boldsymbol{p}=6\boldsymbol{A}^{-1}\boldsymbol{p}+2\boldsymbol{A}\boldsymbol{p}+3\boldsymbol{p}=\left(\frac{6}{\lambda}+2\lambda+3\right)\boldsymbol{p}$$

据此就可求出$\boldsymbol{B}$的特征值.

6. 求出$s$，$t$的值使得$\boldsymbol{\alpha}=\begin{pmatrix}1\\-2\\3\end{pmatrix}$是$\boldsymbol{A}=\begin{pmatrix}3&2&-1\\t&-2&2\\3&s&-1\end{pmatrix}$的特征向量.

【解】　由$\begin{pmatrix}3 & 2 & -1\\ t & -2 & 2\\ 3 & s & -1\end{pmatrix}\begin{pmatrix}1\\ -2\\ 3\end{pmatrix}=\lambda\begin{pmatrix}1\\ -2\\ 3\end{pmatrix}$可求出

$$\begin{cases}\lambda=-4\\ t=8-10=-2\\ -2s=3\lambda=-12, s=6\end{cases}$$

7. 求 $k$ 的值使 $\boldsymbol{\alpha}=\begin{pmatrix}1\\ k\\ 1\end{pmatrix}$是 $\boldsymbol{A}=\begin{pmatrix}2 & 1 & 1\\ 1 & 2 & 1\\ 1 & 1 & 2\end{pmatrix}$的逆矩阵的特征向量.

【解】　设$\boldsymbol{A}^{-1}\boldsymbol{\alpha}=\lambda\boldsymbol{\alpha}$,则由$\boldsymbol{A}\boldsymbol{\alpha}=\dfrac{1}{\lambda}\boldsymbol{\alpha}$得

$$\begin{pmatrix}2 & 1 & 1\\ 1 & 2 & 1\\ 1 & 1 & 2\end{pmatrix}\begin{pmatrix}1\\ k\\ 1\end{pmatrix}=\frac{1}{\lambda}\begin{pmatrix}1\\ k\\ 1\end{pmatrix},\begin{cases}3+k=\dfrac{1}{\lambda}\\ 2+2k=\dfrac{k}{\lambda}\end{cases}$$

由$(3+k)k=2+2k$得$k^2+k-2=(k+2)(k-1)=0$,故$k=1$或$-2$.

【注】　当$k=1$时,$\lambda=0.25$;当$k=-2$时,$\lambda=1$.

8. 设$\boldsymbol{A}=\begin{pmatrix}2 & 1 & 1\\ 1 & 2 & 1\\ 1 & 1 & a\end{pmatrix}$为可逆矩阵,$\boldsymbol{\alpha}=\begin{pmatrix}1\\ b\\ 1\end{pmatrix}$. 如果$\boldsymbol{A}^*\boldsymbol{\alpha}=\lambda\boldsymbol{\alpha}$,求$a$,$b$和$\lambda$的值.

【解】　由$\boldsymbol{A}$是可逆矩阵知$\boldsymbol{A}^*$也是可逆矩阵,因而必有$\lambda\neq 0$.

据$\boldsymbol{A}^*\boldsymbol{\alpha}=\lambda\boldsymbol{\alpha}$知$\boldsymbol{A}\boldsymbol{A}^*\boldsymbol{\alpha}=\lambda\boldsymbol{A}\boldsymbol{\alpha}$,即$|\boldsymbol{A}|\boldsymbol{\alpha}=\lambda\boldsymbol{A}\boldsymbol{\alpha}$,于是,$\boldsymbol{A}\boldsymbol{\alpha}=\dfrac{|\boldsymbol{A}|}{\lambda}\boldsymbol{\alpha}$,即

$$\begin{pmatrix}2 & 1 & 1\\ 1 & 2 & 1\\ 1 & 1 & a\end{pmatrix}\begin{pmatrix}1\\ b\\ 1\end{pmatrix}=\frac{|\boldsymbol{A}|}{\lambda}\begin{pmatrix}1\\ b\\ 1\end{pmatrix}$$

据此得到
$$\begin{cases}3+b=\dfrac{|\boldsymbol{A}|}{\lambda}\\ 2+2b=\dfrac{|\boldsymbol{A}|}{\lambda}b\\ a+b+1=\dfrac{|\boldsymbol{A}|}{\lambda}\end{cases}$$

由第一、三两式即可定出$a=2$. 由前两式可得

$$3b+b^2=2+2b, b^2+b-2=(b-1)(b+2)=0$$

解得 $b=1$ 或 $b=-2$.

再由 $|\boldsymbol{A}|=\begin{vmatrix}2&1&1\\1&2&1\\1&1&2\end{vmatrix}=4$ 就可求出 $\lambda=\dfrac{|\boldsymbol{A}|}{3+b}=\dfrac{4}{3+b}=\begin{cases}1 & b=1\\4 & b=-2\end{cases}$.

9. 设 $\boldsymbol{A}=\begin{pmatrix}a&-1&c\\5&b&3\\1-c&0&-a\end{pmatrix}$, $|\boldsymbol{A}|=-1$. 已知 $\boldsymbol{\alpha}=\begin{pmatrix}-1\\-1\\1\end{pmatrix}$ 是 $\boldsymbol{A}^*$ 的属于某个特征值 $\lambda_0$ 的特征向量,求 $a$, $b$, $c$ 和 $\lambda_0$ 的值.

【解】 由条件知 $\boldsymbol{A}\boldsymbol{A}^*=|\boldsymbol{A}|\boldsymbol{I}_3=-\boldsymbol{I}_3$ 和 $\boldsymbol{A}^*\boldsymbol{\alpha}=\lambda_0\boldsymbol{\alpha}$. 左乘 $\boldsymbol{A}$ 得

$$\boldsymbol{A}\boldsymbol{A}^*\boldsymbol{\alpha}=\lambda_0\boldsymbol{A}\boldsymbol{\alpha},\ -\boldsymbol{\alpha}=\lambda_0\boldsymbol{A}\boldsymbol{\alpha}$$

即

$$\lambda_0\begin{pmatrix}a&-1&c\\5&b&3\\1-c&0&-a\end{pmatrix}\begin{pmatrix}-1\\-1\\1\end{pmatrix}=\begin{pmatrix}1\\1\\-1\end{pmatrix},\begin{cases}\lambda_0(-a+1+c)=1\\\lambda_0(-5-b+3)=1\\\lambda_0(-1+c-a)=-1\end{cases}$$

由第一式与第三式相减得 $\lambda_0=1$,将它代入第二式得 $b=-3$,代入第一式得 $a=c$. 再由

$$-1=\begin{vmatrix}a&-1&a\\5&-3&3\\1-a&0&-a\end{vmatrix}=\begin{vmatrix}a&-1&a\\5-3a&0&3-3a\\1-a&0&-a\end{vmatrix}=\begin{vmatrix}5-3a&3-3a\\1-a&-a\end{vmatrix}$$

$$=\begin{vmatrix}5-3a&-2\\1-a&-1\end{vmatrix}=a-3$$

最后可求出 $a=2=c$. 所以

$$a=2,\ b=-3,\ c=2 \text{ 和 } \lambda_0=1$$

10. 已知 12 是 $\boldsymbol{A}=\begin{pmatrix}7&4&-1\\4&7&-1\\-4&a&4\end{pmatrix}$ 的一个特征值,求出 $a$ 的值和另外两个特征值.

【解】 首先,由特征值的定义知

$$|12\boldsymbol{I}_3-\boldsymbol{A}|=\begin{vmatrix}5&-4&1\\-4&5&1\\4&-a&8\end{vmatrix}=\begin{vmatrix}5&-4&1\\-9&9&0\\-36&32-a&0\end{vmatrix}=\begin{vmatrix}0&9\\-4-a&32-a\end{vmatrix}=0$$

所以 $a=-4$.

设另外两个特征值为 $x$, $y$,则由 $\mathrm{tr}(\boldsymbol{A})=18=12+x+y$ 知 $x+y=6$,再由

$$|A| = \begin{vmatrix} 7 & 4 & -1 \\ 4 & 7 & -1 \\ -4 & -4 & 4 \end{vmatrix} = \begin{vmatrix} 6 & 3 & -1 \\ 3 & 6 & -1 \\ 0 & 0 & 4 \end{vmatrix} = 4 \times 27$$

知 $4 \times 27 = 12xy$，$xy = 9$，于是可求出 $x = y = 3$.

11. 设 $\boldsymbol{A}$ 是 $n$ 阶方阵，证明任意 $n$ 维非零列向量都是 $\boldsymbol{A}$ 的特征向量当且仅当 $\boldsymbol{A}$ 为数量矩阵.

【证】　设 $\boldsymbol{A} = a\boldsymbol{I}_n$，则对于任意 $n$ 维非零列向量 $\boldsymbol{p}$ 必有 $\boldsymbol{Ap} = a\boldsymbol{I}_n\boldsymbol{p} = a\,\boldsymbol{p}$.

反之，设任意 $n$ 维非零列向量都是 $\boldsymbol{A}$ 的特征向量，则依次取 $n$ 个标准单位列向量

$$\boldsymbol{e}_i,\ i = 1, 2, \cdots, n, \boldsymbol{e}_i \text{ 中第 } i \text{ 个分量为 } 1\text{，其余分量都为 } 0$$

设
$$\boldsymbol{A}\,\boldsymbol{e}_i = \lambda_i\,\boldsymbol{e}_i,\ i = 1, 2, \cdots, n$$

则有

$$\boldsymbol{A}(\boldsymbol{e}_1 \quad \boldsymbol{e}_2 \quad \cdots \quad \boldsymbol{e}_n) = (\boldsymbol{e}_1 \quad \boldsymbol{e}_2 \quad \cdots \quad \boldsymbol{e}_n)\begin{pmatrix} \lambda_1 & & & \\ & \lambda_2 & & \\ & & \ddots & \\ & & & \lambda_n \end{pmatrix}$$

即
$$\boldsymbol{A} = \begin{pmatrix} \lambda_1 & & & \\ & \lambda_2 & & \\ & & \ddots & \\ & & & \lambda_n \end{pmatrix}$$

如果 $\lambda_i \neq \lambda_j$，$i \neq j$. 根据假设，必有

$$\boldsymbol{A}(\boldsymbol{e}_i + \boldsymbol{e}_j) = \mu(\boldsymbol{e}_i + \boldsymbol{e}_j)$$

于是，由 $\boldsymbol{A}(\boldsymbol{e}_i + \boldsymbol{e}_j) = \lambda_i\,\boldsymbol{e}_i + \lambda_j\,\boldsymbol{e}_j$ 可得

$$\lambda_i\,\boldsymbol{e}_i + \lambda_j\,\boldsymbol{e}_j = \mu\,\boldsymbol{e}_i + \mu\,\boldsymbol{e}_j,\ (\lambda_i - \mu)\,\boldsymbol{e}_i + (\lambda_j - \mu)\,\boldsymbol{e}_j = \boldsymbol{0}$$

因为 $\lambda_i \neq \lambda_j$，$\boldsymbol{e}_i$，$\boldsymbol{e}_j$ 必线性无关，有 $\lambda_i = \mu = \lambda_j$，这与 $\lambda_i \neq \lambda_j$ 矛盾，所以必有

$$\lambda_1 = \lambda_2 = \cdots = \lambda_n = \lambda, \boldsymbol{A} \text{ 为数量矩阵}$$

12. 设 $n$ 阶矩阵 $\boldsymbol{A}$ 中的元素全为 1，求出 $\boldsymbol{A}$ 的全体特征值.

【解】　取 $n$ 维行向量 $\boldsymbol{\alpha} = (1, 1, \cdots, 1)$，则由条件知 $\boldsymbol{A} = \boldsymbol{\alpha}'\boldsymbol{\alpha}$，$\boldsymbol{\alpha}\boldsymbol{\alpha}' = n$，于是由

$$|\lambda\boldsymbol{I}_n - \boldsymbol{\alpha}'\boldsymbol{\alpha}| = \lambda^{n-1}|\lambda - \boldsymbol{\alpha}\boldsymbol{\alpha}'| = \lambda^{n-1}(\lambda - n) = 0$$

知 $\boldsymbol{A}$ 的全体特征值为单根 $n$ 和 $n-1$ 重根 0.

【注】　这里用到公式 $|\lambda\boldsymbol{I}_m - \boldsymbol{AB}| = \lambda^{m-n}|\lambda\boldsymbol{I}_n - \boldsymbol{BA}|$.

也可把 $|\lambda\boldsymbol{I}_n - \boldsymbol{A}|$ 的后 $n-1$ 列都加到第一列上去，提出公因式 $\lambda - n$，求

出

$$|\lambda \boldsymbol{I}_n - \boldsymbol{A}| = \begin{vmatrix} \lambda - 1 & -1 & \cdots & -1 \\ -1 & \lambda - 1 & \cdots & -1 \\ \vdots & \vdots & \ddots & \vdots \\ -1 & -1 & \cdots & \lambda - 1 \end{vmatrix}$$

$$= (\lambda - n)\begin{vmatrix} 1 & -1 & \cdots & -1 \\ 1 & \lambda - 1 & \cdots & -1 \\ \vdots & \vdots & \ddots & \vdots \\ 1 & -1 & \cdots & \lambda - 1 \end{vmatrix}$$

$$= (\lambda - n)\lambda^{n-1}$$

13. 设$\boldsymbol{A} = \boldsymbol{\alpha}\boldsymbol{\beta}'$，$\boldsymbol{\alpha} = (a_1, a_2, \cdots, a_n)'$，$\boldsymbol{\beta} = (b_1, b_2, \cdots, b_n)'$,求出$\boldsymbol{A}$的全体特征值.

**【解】** 由

$$|\lambda \boldsymbol{I}_n - \boldsymbol{A}| = |\lambda \boldsymbol{I}_n - \boldsymbol{\alpha}\boldsymbol{\beta}'| = \lambda^{n-1}|\lambda - \boldsymbol{\beta}'\boldsymbol{\alpha}| = \lambda^{n-1}(\lambda - \sum_{i=1}^{n} a_i b_i)$$

知$\boldsymbol{A}$的全体特征值为单根$\sum\limits_{i=1}^{n} a_i b_i$和$n-1$重根0.

14. 设$\boldsymbol{\alpha}$和$\boldsymbol{\beta}$是两个$n$维非零列向量,求$\boldsymbol{A} = \boldsymbol{I}_n - \boldsymbol{\alpha}\boldsymbol{\beta}'$的全体特征值.

**【解】** 因为

$$|\lambda \boldsymbol{I}_n - \boldsymbol{A}| = |(\lambda - 1)\boldsymbol{I}_n + \boldsymbol{\alpha}\boldsymbol{\beta}'| = (\lambda - 1)^{n-1}(\lambda - 1 + \boldsymbol{\beta}'\boldsymbol{\alpha}) = 0$$

所以,$\boldsymbol{A}$有单重特征值$1 - \boldsymbol{\beta}'\boldsymbol{\alpha}$和$n-1$重特征值1.

15. 设$\boldsymbol{\alpha}$是$n$维非零列向量,$\boldsymbol{\alpha}'\boldsymbol{\alpha} = 1$,证明$\boldsymbol{A} = \boldsymbol{I}_n - \boldsymbol{\alpha}\boldsymbol{\alpha}'$必是不可逆对称矩阵.

**【证一】** 由$\boldsymbol{A}' = (\boldsymbol{I}_n - \boldsymbol{\alpha}\boldsymbol{\alpha}')' = \boldsymbol{I}_n - \boldsymbol{\alpha}\boldsymbol{\alpha}' = \boldsymbol{A}$知$\boldsymbol{A}$是对称矩阵.由

$$|\lambda \boldsymbol{I}_n - \boldsymbol{A}| = |(\lambda - 1)\boldsymbol{I}_n + \boldsymbol{\alpha}'\boldsymbol{\alpha}| = (\lambda - 1)^{n-1}|\lambda - 1 + \boldsymbol{\alpha}\boldsymbol{\alpha}'|$$
$$= (\lambda - 1)^{n-1}\lambda = 0$$

知$\boldsymbol{A}$有特征值$\lambda = 0$,必有$|\boldsymbol{A}| = \prod\limits_{i=1}^{n}\lambda_i = 0$,所以$\boldsymbol{A}$是不可逆矩阵.

**【证二】** $\boldsymbol{A}^2 = (\boldsymbol{I}_n - \boldsymbol{\alpha}\boldsymbol{\alpha}')(\boldsymbol{I}_n - \boldsymbol{\alpha}\boldsymbol{\alpha}') = \boldsymbol{I}_n - 2\boldsymbol{\alpha}\boldsymbol{\alpha}' + \boldsymbol{\alpha}\boldsymbol{\alpha}'\boldsymbol{\alpha}\boldsymbol{\alpha}' = \boldsymbol{I}_n - 2\boldsymbol{\alpha}\boldsymbol{\alpha}' + (\boldsymbol{\alpha}'\boldsymbol{\alpha})\boldsymbol{\alpha}\boldsymbol{\alpha}' = \boldsymbol{A}$.

如果$\boldsymbol{A}$是可逆矩阵,则由$\boldsymbol{A}^2 = \boldsymbol{A}$知$\boldsymbol{A} = \boldsymbol{I}_n$,$\boldsymbol{\alpha}\boldsymbol{\alpha}' = \boldsymbol{O}$,这与$\boldsymbol{\alpha}$是$n$维非零列向量的假设矛盾,所以$\boldsymbol{A}$是不可逆矩阵.

16. 设$\boldsymbol{\alpha} = (a_1, a_2, \cdots, a_n)$满足$\boldsymbol{\alpha}\boldsymbol{\alpha}' = 1$.

(1) 求出$\boldsymbol{A} = \boldsymbol{I}_n - 2\boldsymbol{\alpha}'\boldsymbol{\alpha}$的全体特征值.

(2) 证明 $\boldsymbol{A}$ 是对称矩阵和正交矩阵,且 $\boldsymbol{A\alpha}' =-\boldsymbol{\alpha}'$.

【解】 (1) 计算特征方程

$$|\lambda \boldsymbol{I}_n - \boldsymbol{A}| = |(\lambda-1)\boldsymbol{I}_n + 2\boldsymbol{\alpha}'\boldsymbol{\alpha}| = (\lambda-1)^{n-1}|\lambda - 1 + 2\boldsymbol{\alpha\alpha}'|$$
$$=(\lambda-1)^{n-1}(\lambda+1)=0$$

所以,$\boldsymbol{A}$ 有单重特征值 $-1$ 和 $n-1$ 重特征值 1.

(2) 因为 $\boldsymbol{A}' = (\boldsymbol{I}_n - 2\boldsymbol{\alpha}'\boldsymbol{\alpha})' = \boldsymbol{I}_n - 2\boldsymbol{\alpha}'\boldsymbol{\alpha} = \boldsymbol{A}$,所以 $\boldsymbol{A}$ 是对称矩阵. 因为

$$\boldsymbol{AA}' = (\boldsymbol{I}_n - 2\boldsymbol{\alpha}'\boldsymbol{\alpha})(\boldsymbol{I}_n - 2\boldsymbol{\alpha}'\boldsymbol{\alpha}) = \boldsymbol{I}_n - 4\boldsymbol{\alpha}'\boldsymbol{\alpha} + 4\boldsymbol{\alpha}'\boldsymbol{\alpha}\boldsymbol{\alpha}'\boldsymbol{\alpha}$$
$$= \boldsymbol{I}_n - 4\boldsymbol{\alpha}'\boldsymbol{\alpha} + 4\boldsymbol{\alpha}'\boldsymbol{\alpha} = \boldsymbol{I}_n$$

所以 $\boldsymbol{A}$ 是正交矩阵. 可直接验证

$$\boldsymbol{A\alpha}' = (\boldsymbol{I}_n - 2\boldsymbol{\alpha}'\boldsymbol{\alpha})\boldsymbol{\alpha}' = \boldsymbol{\alpha}' - 2\boldsymbol{\alpha}'\boldsymbol{\alpha}\boldsymbol{\alpha}' = \boldsymbol{\alpha}' - 2\boldsymbol{\alpha}' = -\boldsymbol{\alpha}'$$

【注】 $n$ 阶方阵 $\boldsymbol{A}$ 是正交矩阵当且仅当满足 $\boldsymbol{AA}' = \boldsymbol{I}_n$.

因为 $\boldsymbol{\alpha}$ 是 $n$ 维行向量,$\boldsymbol{\alpha\alpha}'=1$,但 $\boldsymbol{\alpha}'\boldsymbol{\alpha}$ 却是 $n$ 阶对称矩阵,两者截然不同!所以不能说 $\boldsymbol{A} = \boldsymbol{I}_n - 2\boldsymbol{\alpha}'\boldsymbol{\alpha} = \boldsymbol{I}_n - 2$,也不能说 $\boldsymbol{A} = \boldsymbol{I}_n - 2\boldsymbol{\alpha}'\boldsymbol{\alpha} = \boldsymbol{I}_n - 2\boldsymbol{I}_n = -\boldsymbol{I}_n$.

如果把 $\boldsymbol{A}$ 看作一面镜子,站在镜子前面的人在镜中所成的像,正好是与镜面的距离相等但方向相反,这就是 $\boldsymbol{A\alpha}' = -\boldsymbol{\alpha}'$ 的含义,所以,常称 $\boldsymbol{A} = \boldsymbol{I}_n - 2\boldsymbol{\alpha}'\boldsymbol{\alpha}$ 为镜像矩阵.

17. 设 $\boldsymbol{A}$ 为 3 阶方阵,$\boldsymbol{\alpha}$,$\boldsymbol{A\alpha}$,$\boldsymbol{A}^2\boldsymbol{\alpha}$ 线性无关,$\boldsymbol{A}^3\boldsymbol{\alpha} = 3\boldsymbol{A\alpha} - 2\boldsymbol{A}^2\boldsymbol{\alpha}$,证明

$$|\boldsymbol{A}| = |\boldsymbol{A} + 3\boldsymbol{I}_3| = |\boldsymbol{A} - \boldsymbol{I}_3| = 0,\ |\boldsymbol{A} + \boldsymbol{I}_3| = -4$$

【证】 由 $\boldsymbol{A}^3\boldsymbol{\alpha} = 3\boldsymbol{A\alpha} - 2\boldsymbol{A}^2\boldsymbol{\alpha}$ 知 $\boldsymbol{A}(\boldsymbol{A}^2 + 2\boldsymbol{A} - 3\boldsymbol{I}_3)\boldsymbol{\alpha} = \boldsymbol{0}$,即有

$$\boldsymbol{A}(\boldsymbol{A} + 3\boldsymbol{I}_3)(\boldsymbol{A} - \boldsymbol{I}_3)\boldsymbol{\alpha} = \boldsymbol{0}$$

如果 $|\boldsymbol{A}| \neq 0$,则 $\boldsymbol{A}$ 为可逆矩阵,必有

$$(\boldsymbol{A} + 3\boldsymbol{I}_3)(\boldsymbol{A} - \boldsymbol{I}_3)\boldsymbol{\alpha} = \boldsymbol{A}^2\boldsymbol{\alpha} + 2\boldsymbol{A\alpha} - 3\boldsymbol{\alpha} = \boldsymbol{0}$$

如果 $|\boldsymbol{A} + 3\boldsymbol{I}_3| \neq 0$,同理由 $(\boldsymbol{A} + 3\boldsymbol{I}_3)\boldsymbol{A}(\boldsymbol{A} - \boldsymbol{I}_3)\boldsymbol{\alpha} = \boldsymbol{0}$ 知 $\boldsymbol{A}^2\boldsymbol{\alpha} - \boldsymbol{A\alpha} = \boldsymbol{0}$;

如果 $|\boldsymbol{A} - \boldsymbol{I}_3| \neq 0$,同理由 $(\boldsymbol{A} - \boldsymbol{I}_3)(\boldsymbol{A} + 3\boldsymbol{I}_3)\boldsymbol{A\alpha} = \boldsymbol{0}$ 知 $\boldsymbol{A}^2\boldsymbol{\alpha} - 3\boldsymbol{A\alpha} = \boldsymbol{0}$.

它们都与 $\boldsymbol{\alpha}$,$\boldsymbol{A\alpha}$,$\boldsymbol{A}^2\boldsymbol{\alpha}$ 线性无关的假设矛盾,所以必有

$$|\boldsymbol{A}| = |\boldsymbol{A} + 3\boldsymbol{I}_3| = |\boldsymbol{A} - \boldsymbol{I}_3| = 0$$

即 $$|0\cdot\boldsymbol{I}_3 - \boldsymbol{A}| = 0,\ |-3\boldsymbol{I}_3 - \boldsymbol{A}| = 0,\ |\boldsymbol{I}_3 - \boldsymbol{A}| = 0$$

$\boldsymbol{A}$ 有特征值 0,$-3$,1,$\boldsymbol{A} + \boldsymbol{I}_3$ 有特征值 1,$-2$,2,据此可求出

$$|\boldsymbol{A} + \boldsymbol{I}_3| = -2\times 1\times 2 = -4$$

18. 设 4 阶方阵 $\boldsymbol{A}$ 满足 $|3\boldsymbol{I}_4 + \boldsymbol{A}| = 0$,$\boldsymbol{AA}' = 2\boldsymbol{I}_4$ 和 $|\boldsymbol{A}| < 0$,证明 $\dfrac{4}{3}$ 和 6 必是 $\boldsymbol{A}^*$ 的特征值.

【证】 由 $|-3\boldsymbol{I}_4 - \boldsymbol{A}| = (-1)^4|3\boldsymbol{I}_4 + \boldsymbol{A}| = 0$ 知 $-3$ 是 $\boldsymbol{A}$ 和 $\boldsymbol{A}'$ 的特征

值，$-\frac{1}{3}$ 是 $\boldsymbol{A}^{-1}$ 的特征值.

因为 $\boldsymbol{A}\boldsymbol{A}'=2\boldsymbol{I}_4$ 和 $|\boldsymbol{A}|<0$，所以 $|\boldsymbol{A}|^2=16$，$|\boldsymbol{A}|=-4$. 再由 $\boldsymbol{A}\boldsymbol{A}^*=|\boldsymbol{A}|\boldsymbol{I}_4=-4\boldsymbol{I}_4$ 知

$$\boldsymbol{A}^*=-4\boldsymbol{A}^{-1} \text{ 和 } \boldsymbol{A}^*=-4\boldsymbol{A}^{-1}=-4(\frac{1}{2}\boldsymbol{A}')=-2\boldsymbol{A}'$$

于是，$-4\left(-\frac{1}{3}\right)=\frac{4}{3}$ 和 $(-2)(-3)=6$ 必是 $\boldsymbol{A}^*$ 的特征值.

19. 设 $\boldsymbol{A}$ 是 $n$ 阶实方阵，$\lambda$，$\mu$ 是实数，$\boldsymbol{\xi}$ 是 $n$ 维非零实列向量.

(1) 若 $\boldsymbol{A\xi}=\lambda\boldsymbol{\xi}$，证明 $\boldsymbol{\xi}$ 必是 $\boldsymbol{A}^2$ 的特征向量.

(2) 若 $\boldsymbol{A}^2\boldsymbol{\xi}=\lambda\boldsymbol{\xi}$，问 $\boldsymbol{\xi}$ 是否必是 $\boldsymbol{A}$ 的特征向量？

(3) 若 $\boldsymbol{A}$ 是可逆矩阵，且满足 $\boldsymbol{A}^3\boldsymbol{\xi}=\lambda\boldsymbol{\xi}$，$\boldsymbol{A}^5\boldsymbol{\xi}=\mu\boldsymbol{\xi}$，证明 $\boldsymbol{\xi}$ 必是 $\boldsymbol{A}$ 的特征向量.

**【证】** (1) 由 $\boldsymbol{A\xi}=\lambda\boldsymbol{\xi}$ 即得 $\boldsymbol{A}^2\boldsymbol{\xi}=\lambda^2\boldsymbol{\xi}$，这说明 $\boldsymbol{\xi}$ 是 $\boldsymbol{A}^2$ 的属于特征值 $\lambda^2$ 的特征向量.

(2) 已知 $\boldsymbol{A}^2\boldsymbol{\xi}=\lambda\boldsymbol{\xi}$. 如果 $\boldsymbol{A\xi}=\mu\boldsymbol{\xi}$，$\mu$ 是实数，则有

$$\boldsymbol{A}^2\boldsymbol{\xi}=\mu^2\boldsymbol{\xi}, \lambda\boldsymbol{\xi}=\mu^2\boldsymbol{\xi}$$

因为 $\boldsymbol{\xi}\neq\boldsymbol{0}$，所以必有 $\lambda=\mu^2$，$\mu=\pm\sqrt{\lambda}$. 因为 $\lambda$ 可能为负数，所以，$\boldsymbol{\xi}$ 未必是 $\boldsymbol{A}$ 的特征向量.

(3) 因为 $\boldsymbol{A}$ 是可逆矩阵，所以，$\boldsymbol{A}^3$ 和 $\boldsymbol{A}^5$ 都是可逆矩阵，它们的特征值都不为零.

由 $\boldsymbol{A}^3\boldsymbol{\xi}=\lambda\boldsymbol{\xi}$ 知 $\boldsymbol{A}^6\boldsymbol{\xi}=\lambda\boldsymbol{A}^3\boldsymbol{\xi}=\lambda^2\boldsymbol{\xi}$；由 $\boldsymbol{A}^5\boldsymbol{\xi}=\mu\boldsymbol{\xi}$ 知 $\boldsymbol{A}^6\boldsymbol{\xi}=\mu\boldsymbol{A\xi}$. 于是，由 $\lambda^2\boldsymbol{\xi}=\mu\boldsymbol{A\xi}$ 知

$$\boldsymbol{A\xi}=\frac{\lambda^2}{\mu}\boldsymbol{\xi}$$

这就证明了 $\boldsymbol{\xi}$ 必是 $\boldsymbol{A}$ 的属于特征值 $\frac{\lambda^2}{\mu}$ 的特征向量.

20. 设 $\boldsymbol{A}$，$\boldsymbol{B}$ 同为 $n$ 阶方阵. 如果 $\boldsymbol{B}$ 的特征多项式为 $f(\lambda)$，证明方阵多项式 $f(\boldsymbol{A})$ 为可逆矩阵当且仅当 $\boldsymbol{B}$ 的任一特征值都不是 $\boldsymbol{A}$ 的特征值(即 $\boldsymbol{A}$ 和 $\boldsymbol{B}$ 无共同的特征值).

**【证】** 由条件可设 $f(\lambda)=\prod_{i=1}^{n}(\lambda-\lambda_i)$，其中 $\lambda_1,\lambda_2,\cdots,\lambda_n$ 为 $\boldsymbol{B}$ 的特征值.

由方阵多项式的定义和行列式乘法规则知

$$f(\boldsymbol{A})=\prod_{i=1}^{n}(\boldsymbol{A}-\lambda_i\boldsymbol{I}_n),\ |f(\boldsymbol{A})|=\prod_{i=1}^{n}|\boldsymbol{A}-\lambda_i\boldsymbol{I}_n|$$

所以,$f(\boldsymbol{A})$ 为可逆矩阵当且仅当

$$|f(\boldsymbol{A})|\neq 0\Leftrightarrow|\boldsymbol{A}-\lambda_i\boldsymbol{I}_n|\neq 0\Leftrightarrow|\lambda_i\boldsymbol{I}_n-\boldsymbol{A}|\neq 0,\ i=1,2,\cdots,n$$

这就是说,$\boldsymbol{B}$ 的任一特征值 $\lambda_i$ 都不是 $\boldsymbol{A}$ 的特征值.

21. 设 $\boldsymbol{A}$,$\boldsymbol{B}$ 同为 $n$ 阶方阵. 如果 $R(\boldsymbol{A})+R(\boldsymbol{B})<n$,证明 $\boldsymbol{A}$ 与 $\boldsymbol{B}$ 必有共同的特征值和共同的特征向量.

**【证】** 由 $R(\boldsymbol{A})+R(\boldsymbol{B})<n$ 知 $\boldsymbol{A}$ 与 $\boldsymbol{B}$ 都是不可逆矩阵,$\lambda=0$ 就是 $\boldsymbol{A}$ 与 $\boldsymbol{B}$ 共同的特征值.

$\boldsymbol{A}$ 的属于特征值 $\lambda=0$ 的特征向量就是齐次线性方程组 $\boldsymbol{Ax}=\boldsymbol{0}$ 的非零解;

$\boldsymbol{B}$ 的属于特征值 $\lambda=0$ 的特征向量就是齐次线性方程组 $\boldsymbol{Bx}=\boldsymbol{0}$ 的非零解.

因为 $R\begin{pmatrix}\boldsymbol{A}\\ \boldsymbol{B}\end{pmatrix}\leqslant R(\boldsymbol{A})+R(\boldsymbol{B})<n$,所以 $n$ 元齐次线性方程组 $\begin{pmatrix}\boldsymbol{A}\\ \boldsymbol{B}\end{pmatrix}\boldsymbol{x}=\boldsymbol{0}$ 必有非零解,这说明 $\boldsymbol{Ax}=\boldsymbol{0}$ 与 $\boldsymbol{Bx}=\boldsymbol{0}$ 有共同的非零解,它们就是 $\boldsymbol{A}$ 与 $\boldsymbol{B}$ 共同的属于特征值 $\lambda=0$ 的特征向量.

22. 设 $\boldsymbol{A}$ 是对角元全是 1 的实方阵. 如果 $\boldsymbol{A}$ 的特征值都是非负实数,证明 $|\boldsymbol{A}|\leqslant 1$.

**【证】** 由条件知 $\boldsymbol{A}$ 的迹 $\operatorname{tr}(\boldsymbol{A})=\sum_{i=1}^{n}\lambda_i=n$,行列式 $|\boldsymbol{A}|=\prod_{i=1}^{n}\lambda_i\geqslant 0$. 于是由

$$\sqrt[n]{\prod_{i=1}^{n}\lambda_i}\leqslant\frac{\sum_{i=1}^{n}\lambda_i}{n}=1\ \text{知}\ |\boldsymbol{A}|=\prod_{i=1}^{n}\lambda_i\leqslant 1$$

**【注】** 非负实数 $\lambda_1,\lambda_2,\cdots,\lambda_n$ 的几何平均值必不大于算术平均值.

23. 设 $\lambda$ 是 $n$ 阶实方阵 $\boldsymbol{A}$ 的特征值,证明下述关于特殊实方阵的特征值的命题:

(1) 若 $\boldsymbol{A}$ 是实对称矩阵,则 $\lambda$ 必是实数.

(2) 若 $\boldsymbol{A}$ 是实反对称矩阵,则 $\lambda$ 必是纯虚数或零.

(3) 若 $\boldsymbol{A}$ 是正交矩阵,则 $\lambda$ 必是模为 1 的复数,且复特征值 $\lambda$ 与 $\lambda^{-1}$ 必共轭成对出现.

(4) 若 $\boldsymbol{A}$ 是实对称矩阵和正交矩阵,则 $\lambda=\pm 1$.

(5) 若 $\boldsymbol{A}$ 是实反对称矩阵和正交矩阵,则 $\lambda=\pm\sqrt{-1}$.

(6) 若 $\boldsymbol{A}$ 是 $m$ 次幂零矩阵,即存在最小正整数 $m$ 使 $\boldsymbol{A}^m=\boldsymbol{O}$,则 $\lambda=0$.

(7) 若 $\boldsymbol{A}$ 是 $m$ 次幂等矩阵,即存在最小正整数 $m$ 使 $\boldsymbol{A}^m=\boldsymbol{A}$,则 $\lambda=1$ 或 $\lambda$

为 $m-1$ 次单位根.

(8) 若 $\boldsymbol{A}$ 是 $m$ 次幂幺矩阵,即存在最小正整数 $m$ 使 $\boldsymbol{A}^m=\boldsymbol{I}_n$,则 $\lambda$ 必是 $m$ 次单位根.

**【证】** 设 $\boldsymbol{Ap}=\lambda\boldsymbol{p}$, $\boldsymbol{p}\neq\boldsymbol{0}$,则由 $\boldsymbol{p}=(z_1,z_2,\cdots,z_n)'\neq\boldsymbol{0}$ 知必有

$$\bar{\boldsymbol{p}}'\boldsymbol{p}=\sum_{i=1}^{n}\bar{z}_iz_i=\sum_{i=1}^{n}|z_i|^2>0$$

(1) 显然有复数等式 $\bar{\boldsymbol{p}}'(\boldsymbol{Ap})=\bar{\boldsymbol{p}}'(\lambda\boldsymbol{p})=\lambda\bar{\boldsymbol{p}}'\boldsymbol{p}$.

因为 $\bar{\boldsymbol{A}}'=\boldsymbol{A}$,所以又有

$$(\bar{\boldsymbol{p}}'\boldsymbol{A})\boldsymbol{p}=(\bar{\boldsymbol{p}}'\bar{\boldsymbol{A}}')\boldsymbol{p}=(\overline{\boldsymbol{Ap}})'\boldsymbol{p}=(\overline{\lambda\boldsymbol{p}})'\boldsymbol{p}=\bar{\lambda}\bar{\boldsymbol{p}}'\boldsymbol{p}$$

因为 $\bar{\boldsymbol{p}}'(\boldsymbol{Ap})=(\bar{\boldsymbol{p}}'\boldsymbol{A})\boldsymbol{p}$,所以必有

$$\lambda\bar{\boldsymbol{p}}'\boldsymbol{p}=\bar{\lambda}\bar{\boldsymbol{p}}'\boldsymbol{p},(\bar{\lambda}-\lambda)\bar{\boldsymbol{p}}'\boldsymbol{p}=0$$

再由 $\bar{\boldsymbol{p}}'\boldsymbol{p}>0$ 知 $\bar{\lambda}-\lambda=0$, $\bar{\lambda}=\lambda$,$\lambda$ 为实数.

(2) 显然有复数等式

$$\bar{\boldsymbol{p}}'\boldsymbol{Ap}=\bar{\boldsymbol{p}}'\lambda\boldsymbol{p}=\lambda\bar{\boldsymbol{p}}'\boldsymbol{p}$$

因为 $\bar{\boldsymbol{A}}'=-\boldsymbol{A}$,所以又有

$$\bar{\boldsymbol{p}}'\boldsymbol{Ap}=-\bar{\boldsymbol{p}}'\bar{\boldsymbol{A}}'\boldsymbol{p}=-(\overline{\boldsymbol{Ap}})'\boldsymbol{p}=-(\overline{\lambda\boldsymbol{p}})'\boldsymbol{p}=-\bar{\lambda}\bar{\boldsymbol{p}}'\boldsymbol{p}$$

于是必有

$$\lambda\bar{\boldsymbol{p}}'\boldsymbol{p}=-\bar{\lambda}\bar{\boldsymbol{p}}'\boldsymbol{p},(\bar{\lambda}+\lambda)\bar{\boldsymbol{p}}'\boldsymbol{p}=0$$

再由 $\bar{\boldsymbol{p}}'\boldsymbol{p}>0$ 知 $\bar{\lambda}+\lambda=0$, $\bar{\lambda}=-\lambda$.

设 $\lambda=a+b\sqrt{-1}$,则必有 $a-b\sqrt{-1}=-a-b\sqrt{-1}$, $a=0$,$\lambda$ 必为纯虚数或零.

(3) 因为 $\boldsymbol{A}$ 是正交矩阵:$\boldsymbol{AA}'=\boldsymbol{I}_n$,必有

$$(\overline{\boldsymbol{Ap}})'(\boldsymbol{Ap})=\bar{\boldsymbol{p}}'\bar{\boldsymbol{A}}'\boldsymbol{Ap}=\bar{\boldsymbol{p}}'\boldsymbol{A}'\boldsymbol{Ap}=\bar{\boldsymbol{p}}'\boldsymbol{p}$$

将 $\boldsymbol{Ap}=\lambda\boldsymbol{p}$ 代入左端可得

$$(\overline{\lambda\boldsymbol{p}})'(\lambda\boldsymbol{p})=\bar{\lambda}\lambda\bar{\boldsymbol{p}}'\boldsymbol{p}=\bar{\boldsymbol{p}}'\boldsymbol{p}$$

所以必有

$$(\bar{\lambda}\lambda-1)\bar{\boldsymbol{p}}'\boldsymbol{p}=0$$

再由 $\bar{\boldsymbol{p}}'\boldsymbol{p}>0$ 知 $\bar{\lambda}\lambda-1=0$, $\bar{\lambda}\lambda=1$, $|\lambda|=1$.

因为正交矩阵必是可逆矩阵,当 $\boldsymbol{Ap}=\lambda\boldsymbol{p}$ 时,必有

$$\boldsymbol{A}^{-1}\boldsymbol{p}=\lambda^{-1}\boldsymbol{p}, \boldsymbol{A}'\boldsymbol{p}=\lambda^{-1}\boldsymbol{p}$$

这说明 $\lambda^{-1}$ 必是 $\boldsymbol{A}'$ 的特征值,也是 $\boldsymbol{A}$ 的特征值.

如果 $\lambda$ 是实数,则由 $\lambda^{-1}=\bar{\lambda}=\lambda$, $\lambda^2=1$ 知必有 $\lambda=\pm1$. 这说明当 $\lambda\neq$

$\pm 1$ 时，必有 $\bar{\lambda} \neq \lambda$，因此复特征值 $\lambda = a + b\sqrt{-1}$ 与 $\lambda^{-1} = \bar{\lambda} = a - b\sqrt{-1}$ 必共轭成对出现.

(4) 若 $\boldsymbol{A}$ 是实对称矩阵和正交矩阵，则 $\lambda$ 必是实数，且 $\lambda^{-1} = \bar{\lambda} = \lambda$，$\lambda^2 = 1$，所以 $\lambda = \pm 1$.

(5) 若 $\boldsymbol{A}$ 是实反对称矩阵和正交矩阵，则 $\lambda$ 必为纯虚数或零. 但正交矩阵必是可逆矩阵，$\lambda \neq 0$，所以 $\lambda$ 必为纯虚数 $\lambda = \pm\sqrt{-1}$.

(6) 若 $\boldsymbol{A}$ 是 $m$ 次幂零矩阵，由 $\boldsymbol{A}^m = \boldsymbol{O}$ 即得 $\lambda^m = 0$，$\lambda = 0$.

(7) 若 $\boldsymbol{A}$ 是 $m$ 次幂等矩阵，由 $\boldsymbol{A}^m = \boldsymbol{A}$ 即得

$$\lambda^m = \lambda,\ \lambda(\lambda^{m-1} - 1) = 0,\ \lambda = 1 \text{ 或 } \lambda^{m-1} = 1$$

即 $\lambda = 1$ 或 $\lambda$ 为 $m-1$ 次单位根

$$\lambda_k = \cos\left(k\frac{2\pi}{m-1}\right) + \mathrm{i}\sin\left(k\frac{2\pi}{m-1}\right),\ k = 0, 1, \cdots, m-2,\ \mathrm{i} = \sqrt{-1}$$

它们是单位圆 $x^2 + y^2 = 1$ 上 $m-1$ 个等分点，而 $\lambda_0 = 1$.

(8) 若 $\boldsymbol{A}$ 是幂幺矩阵，由 $\boldsymbol{A}^m = \boldsymbol{I}_n$ 即得 $\lambda^m = 1$，所以，$\lambda$ 是 $m$ 次单位根

$$\lambda_k = \cos\left(k\frac{2\pi}{m}\right) + \mathrm{i}\sin\left(k\frac{2\pi}{m}\right),\ k = 0, 1, \cdots, m-1,\ \mathrm{i} = \sqrt{-1}$$

它们是单位圆 $x^2 + y^2 = 1$ 上 $m$ 个等分点，而 $\lambda_0 = 1$.

**【注】**　本题给出了那些特殊方阵的所有可能的特征值，但它们未必一定是它的特征值.

对于 $m \times n$ 复矩阵 $\boldsymbol{A} = (a_{ij})$，用记号 $\bar{\boldsymbol{A}}$ 表示它的共轭矩阵 $\bar{\boldsymbol{A}} = (\overline{a_{ij}})$，其中 $\overline{a_{ij}}$ 是 $a_{ij}$ 的共轭复数. 有以下性质

$$\overline{\boldsymbol{A} \pm \boldsymbol{B}} = \bar{\boldsymbol{A}} \pm \bar{\boldsymbol{B}},\ \overline{\boldsymbol{AB}} = \bar{\boldsymbol{A}}\bar{\boldsymbol{B}},\ \overline{k\boldsymbol{B}} = \bar{k}\bar{\boldsymbol{B}},\ (\overline{\boldsymbol{AB}})' = \bar{\boldsymbol{B}}'\bar{\boldsymbol{A}}'$$

24. 已知 $\boldsymbol{\alpha}_1 = \begin{pmatrix} 1 \\ 2 \\ 0 \end{pmatrix}$，$\boldsymbol{\alpha}_2 = \begin{pmatrix} 1 \\ 0 \\ 1 \end{pmatrix}$ 是矩阵 $\boldsymbol{A}$ 的属于特征值 $\lambda = 2$ 的特征向量，$\boldsymbol{\beta} = \begin{pmatrix} -1 \\ 2 \\ -2 \end{pmatrix}$，求向量 $\boldsymbol{A\beta}$.

**【解】**　需将 $\boldsymbol{\beta}$ 表成 $\boldsymbol{\alpha}_1$，$\boldsymbol{\alpha}_2$ 的线性组合. 由

$$(\boldsymbol{\alpha}_1\ \ \boldsymbol{\alpha}_2 \mid \boldsymbol{\beta}) = \left(\begin{array}{cc|c} 1 & 1 & -1 \\ 2 & 0 & 2 \\ 0 & 1 & -2 \end{array}\right) \to \left(\begin{array}{cc|c} 1 & 0 & 1 \\ 2 & 0 & 2 \\ 0 & 1 & -2 \end{array}\right) \to \left(\begin{array}{cc|c} 1 & 0 & 1 \\ 0 & 0 & 0 \\ 0 & 1 & -2 \end{array}\right)$$

知 $\boldsymbol{\beta} = \boldsymbol{\alpha}_1 - 2\boldsymbol{\alpha}_2$. 于是根据 $\boldsymbol{A}\boldsymbol{\alpha}_1 = 2\boldsymbol{\alpha}_1$，$\boldsymbol{A}\boldsymbol{\alpha}_2 = 2\boldsymbol{\alpha}_2$ 立得

$$A\boldsymbol{\beta}=A(\boldsymbol{\alpha}_1-2\boldsymbol{\alpha}_2)=2\boldsymbol{\alpha}_1-4\boldsymbol{\alpha}_2=\begin{pmatrix}2\\4\\0\end{pmatrix}-\begin{pmatrix}4\\0\\4\end{pmatrix}=\begin{pmatrix}-2\\4\\-4\end{pmatrix}$$

25. 设$\begin{cases}x_n=x_{n-1}+2y_{n-1}\\y_n=4x_{n-1}+3y_{n-1}\end{cases}$.

(1) 当$\begin{cases}x_0=1\\y_0=-1\end{cases}$时,求 $x_{100}, y_{100}$. (2) 当$\begin{cases}x_0=1\\y_0=1\end{cases}$时,求 $x_{100}, y_{100}$.

**【解】** 将已知条件改写成矩阵形式

$$\begin{pmatrix}x_n\\y_n\end{pmatrix}=\begin{pmatrix}1&2\\4&3\end{pmatrix}\begin{pmatrix}x_{n-1}\\y_{n-1}\end{pmatrix}$$

记$A=\begin{pmatrix}1&2\\4&3\end{pmatrix}$,则有$\begin{pmatrix}x_n\\y_n\end{pmatrix}=A^n\begin{pmatrix}x_0\\y_0\end{pmatrix}$.

先求出 $A$ 的特征值和特征向量

$$|\lambda I_2-A|=\begin{vmatrix}\lambda-1&-2\\-4&\lambda-3\end{vmatrix}=\lambda^2-4\lambda-5=(\lambda-5)(\lambda+1)=0$$

$$\lambda_1=-1,\ \lambda_2=5$$

对于$\lambda_1=1$,由$\begin{pmatrix}-2&-2\\-4&-4\end{pmatrix}\begin{pmatrix}x_1\\x_2\end{pmatrix}=\begin{pmatrix}0\\0\end{pmatrix}$,可求出解$\boldsymbol{p}_1=\begin{pmatrix}1\\-1\end{pmatrix}$.

对于$\lambda_2=5$,由$\begin{pmatrix}4&-2\\-4&2\end{pmatrix}\begin{pmatrix}x_1\\x_2\end{pmatrix}=\begin{pmatrix}0\\0\end{pmatrix}$,可求出解$\boldsymbol{p}_2=\begin{pmatrix}1\\2\end{pmatrix}$.

(1) 当$\boldsymbol{\eta}_0=\begin{pmatrix}x_0\\y_0\end{pmatrix}=\begin{pmatrix}1\\-1\end{pmatrix}$时,有

$$\begin{pmatrix}x_{100}\\y_{100}\end{pmatrix}=A^{100}\boldsymbol{\eta}_0=A^{100}\boldsymbol{p}_1=\lambda_1{}^{100}\boldsymbol{p}_1=\boldsymbol{p}_1=\begin{pmatrix}1\\-1\end{pmatrix}$$

(2) 当$\boldsymbol{\eta}_0=\begin{pmatrix}1\\1\end{pmatrix}$时,由

$$\boldsymbol{\eta}_0=\begin{pmatrix}1\\1\end{pmatrix}=\frac{1}{3}\left[\begin{pmatrix}1\\-1\end{pmatrix}+2\begin{pmatrix}1\\2\end{pmatrix}\right]=\frac{1}{3}[\boldsymbol{p}_1+2\boldsymbol{p}_2]$$

知

$$\begin{pmatrix}x_{100}\\y_{100}\end{pmatrix}=A^{100}\boldsymbol{\eta}_0=A^{100}\times\frac{1}{3}(\boldsymbol{p}_1+2\boldsymbol{p}_2)=\frac{1}{3}(\lambda_1{}^{100}\boldsymbol{p}_1+2\lambda_2{}^{100}\boldsymbol{p}_2)$$

$$=\frac{1}{3}\begin{pmatrix}1\\-1\end{pmatrix}+\frac{2}{3}\times5^{100}\begin{pmatrix}1\\2\end{pmatrix}=\frac{1}{3}\begin{pmatrix}1+2\times5^{100}\\-1+4\times5^{100}\end{pmatrix}$$

26. 设 $\lambda_1, \lambda_2, \cdots, \lambda_m$ 是 $n$ 阶矩阵 $\boldsymbol{A}$ 的两两互异特征值,对应的特征向量为 $\boldsymbol{p}_1, \boldsymbol{p}_2, \cdots, \boldsymbol{p}_m$. 令 $y = \boldsymbol{p}_1 + \boldsymbol{p}_2 + \cdots + \boldsymbol{p}_m$,证明向量组 $\boldsymbol{y}, \boldsymbol{A}\boldsymbol{y}, \boldsymbol{A}^2\boldsymbol{y}, \cdots, \boldsymbol{A}^{m-1}\boldsymbol{y}$ 必线性无关.

**【证一】** 由条件知 $\boldsymbol{A}\boldsymbol{p}_j = \lambda_j \boldsymbol{p}_j, j = 1, 2, \cdots, m$,则有

$$\boldsymbol{y} = \boldsymbol{p}_1 + \boldsymbol{p}_2 + \cdots + \boldsymbol{p}_m$$

$$\boldsymbol{A}\boldsymbol{y} = \lambda_1 \boldsymbol{p}_1 + \lambda_2 \boldsymbol{p}_2 + \cdots + \lambda_m \boldsymbol{p}_m$$

$$\boldsymbol{A}^2\boldsymbol{y} = \lambda_1^2 \boldsymbol{p}_1 + \lambda_2^2 \boldsymbol{p}_2 + \cdots + \lambda_m^2 \boldsymbol{p}_m$$

$$\vdots$$

$$\boldsymbol{A}^{m-1}\boldsymbol{y} = \lambda_1^{m-1} \boldsymbol{p}_1 + \lambda_2^{m-1} \boldsymbol{p}_2 + \cdots + \lambda_m^{m-1} \boldsymbol{p}_m$$

设
$$k_0\boldsymbol{y} + k_1\boldsymbol{A}\boldsymbol{y} + k_2\boldsymbol{A}^2\boldsymbol{y} + \cdots + k_{m-1}\boldsymbol{A}^{m-1}\boldsymbol{y} = \boldsymbol{0}$$

则将上述 $m$ 式代入可得

$$\left(\sum_{j=0}^{m-1} k_j\lambda_1^j\right)\boldsymbol{p}_1 + \left(\sum_{j=0}^{m-1} k_j\lambda_2^j\right)\boldsymbol{p}_2 + \cdots + \left(\sum_{j=0}^{m-1} k_j\lambda_m^j\right)\boldsymbol{p}_m = \boldsymbol{0}$$

因为 $\lambda_1, \lambda_2, \cdots, \lambda_m$ 两两不同,$\boldsymbol{p}_1, \boldsymbol{p}_2, \cdots, \boldsymbol{p}_m$ 必线性无关,所以 $k_0, k_1, k_2, \cdots, k_{m-1}$ 必是线性方程组

$$\sum_{j=0}^{m-1} k_j\lambda_1^j = 0, \sum_{j=0}^{m-1} k_j\lambda_2^j = 0, \cdots, \sum_{j=0}^{m-1} k_j\lambda_m^j = 0$$

的解. 这个齐次线性方程组的系数矩阵的行列式为 $m$ 阶范德蒙德行列式

$$V_m = \begin{vmatrix} 1 & 1 & 1 & \cdots & 1 \\ \lambda_1 & \lambda_2 & \lambda_3 & \cdots & \lambda_m \\ \lambda_1^2 & \lambda_2^2 & \lambda_3^2 & \cdots & \lambda_m^2 \\ \vdots & \vdots & \vdots & & \vdots \\ \lambda_1^{m-1} & \lambda_2^{m-1} & \lambda_3^{m-1} & \cdots & \lambda_m^{m-1} \end{vmatrix} = \prod_{1 \leqslant j < i \leqslant m} (\lambda_i - \lambda_j) \neq 0$$

所以必有 $k_0 = k_1 = k_2 = \cdots = k_{m-1} = 0$,$\boldsymbol{y}, \boldsymbol{A}\boldsymbol{y}, \boldsymbol{A}^2\boldsymbol{y}, \cdots, \boldsymbol{A}^{m-1}\boldsymbol{y}$ 线性无关.

**【证二】** 由已知条件可写出矩阵等式

$$(\boldsymbol{y} \quad \boldsymbol{A}\boldsymbol{y} \quad \boldsymbol{A}^2\boldsymbol{y} \quad \cdots \quad \boldsymbol{A}^{m-1}\boldsymbol{y}) = (\boldsymbol{p}_1 \quad \boldsymbol{p}_2 \quad \boldsymbol{p}_3 \quad \cdots \quad \boldsymbol{p}_m)\boldsymbol{V}$$

其中表出矩阵 $\boldsymbol{V}$ 为 $m$ 阶范德蒙德矩阵(转置形式)

$$\boldsymbol{V} = \begin{pmatrix} 1 & \lambda_1 & \lambda_1^2 & \cdots & \lambda_1^{m-1} \\ 1 & \lambda_2 & \lambda_2^2 & \cdots & \lambda_2^{m-1} \\ 1 & \lambda_3 & \lambda_3^2 & \cdots & \lambda_3^{m-1} \\ \vdots & \vdots & \vdots & & \vdots \\ 1 & \lambda_m & \lambda_m^2 & \cdots & \lambda_m^{m-1} \end{pmatrix}$$

因为 $\boldsymbol{V}_m = |\boldsymbol{V}| \neq 0$,$\boldsymbol{V}$ 是可逆矩阵,于是由 $\boldsymbol{p}_1, \boldsymbol{p}_2, \cdots, \boldsymbol{p}_m$ 必线性无关知 $\boldsymbol{y}$,

$\boldsymbol{Ay}$ , $\boldsymbol{A}^2\boldsymbol{y}$ , $\cdots$ , $\boldsymbol{A}^{m-1}\boldsymbol{y}$ 线性无关.

27. 设$\boldsymbol{p}_1$ 是 $n$ 阶矩阵 $\boldsymbol{A}$ 的属于特征值 $\lambda$ 的特征向量,如果向量组$\boldsymbol{p}_1$, $\boldsymbol{p}_2$, $\cdots$, $\boldsymbol{p}_m$ 满足

$$(\boldsymbol{A}-\lambda\boldsymbol{I}_n)\boldsymbol{p}_{j+1}=\boldsymbol{p}_j,\ j=1,2,\cdots,m-1$$

证明$\boldsymbol{p}_1$, $\boldsymbol{p}_2$, $\cdots$ , $\boldsymbol{p}_m$ 必线性无关.

**【证】** 设 $k_1\boldsymbol{p}_1+k_2\boldsymbol{p}_2+\cdots+k_m\boldsymbol{p}_m=\boldsymbol{0}$. 在此向量等式两侧同左乘$(\boldsymbol{A}-\lambda\boldsymbol{I}_n)$可得

$$(\boldsymbol{A}-\lambda\boldsymbol{I}_n)(k_1\boldsymbol{p}_1+k_2\boldsymbol{p}_2+\cdots+k_m\boldsymbol{p}_m)=\boldsymbol{0}$$

即

$$k_1(\boldsymbol{A}-\lambda\boldsymbol{I}_n)\boldsymbol{p}_1+k_2(\boldsymbol{A}-\lambda\boldsymbol{I}_n)\boldsymbol{p}_2+\cdots+k_m(\boldsymbol{A}-\lambda\boldsymbol{I}_n)\boldsymbol{p}_m=\boldsymbol{0}$$

根据$\boldsymbol{A}\boldsymbol{p}_1=\lambda\boldsymbol{p}_1$ 和$(\boldsymbol{A}-\lambda\boldsymbol{I}_n)\boldsymbol{p}_{j+1}=\boldsymbol{p}_j$, $j=1,2,\cdots,m-1$,可得

$$k_2\boldsymbol{p}_1+\cdots+k_m\boldsymbol{p}_{m-1}=\boldsymbol{0}$$

再在此向量等式两侧同左乘$(\boldsymbol{A}-\lambda\boldsymbol{I}_n)$,同理可得

$$k_3\boldsymbol{p}_1+\cdots+k_m\boldsymbol{p}_{m-2}=\boldsymbol{0}$$

……

如此下去,最后可得 $k_{m-1}\boldsymbol{p}_1+k_m\boldsymbol{p}_2=\boldsymbol{0}$ 和 $k_m\boldsymbol{p}_1=\boldsymbol{0}$.

据$\boldsymbol{p}_1$, $\boldsymbol{p}_2$, $\cdots$ , $\boldsymbol{p}_m$ 都是非零向量知 $k_1=k_2=\cdots=k_m=0$,$\boldsymbol{p}_1$, $\boldsymbol{p}_2$, $\cdots$ ,$\boldsymbol{p}_m$ 线性无关.

28. 设实数 $a_1$, $a_2$, $\cdots$ , $a_n$ 满足 $\sum\limits_{i=1}^{n}a_i=0$,求出以下方阵的全体特征值

$$\boldsymbol{A}=\begin{pmatrix} a_1^2+1 & a_1a_2+1 & \cdots & a_1a_n+1 \\ a_2a_1+1 & a_2^2+1 & \cdots & a_2a_n+1 \\ \vdots & \vdots & \ddots & \vdots \\ a_na_1+1 & a_na_2+1 & \cdots & a_n^2+1 \end{pmatrix}$$

**【解】** 改写 $\boldsymbol{A}=\begin{pmatrix} a_1 & 1 \\ a_2 & 1 \\ \vdots & \vdots \\ a_n & 1 \end{pmatrix}\begin{pmatrix} a_1 & a_2 & \cdots & a_n \\ 1 & 1 & \cdots & 1 \end{pmatrix}=\boldsymbol{BB}'$,则由

$$|\lambda\boldsymbol{I}_n-\boldsymbol{A}|=|\lambda\boldsymbol{I}_n-\boldsymbol{BB}'|=\lambda^{n-2}|\lambda\boldsymbol{I}_2-\boldsymbol{B}'\boldsymbol{B}| \quad 和 \quad \boldsymbol{B}'\boldsymbol{B}=\begin{pmatrix} \sum\limits_{i=1}^{n}a_i^2 & 0 \\ 0 & n \end{pmatrix}$$

知 $\boldsymbol{A}$ 的特征值为 $n-2$ 个零,单根 $n$ 和 $\sum\limits_{i=1}^{n}a_i^2$.

29. 求出以下方阵的全体特征值：

$$(1)\boldsymbol{A}=\begin{pmatrix} a_1^2+1 & a_1a_2 & \cdots & a_1a_n \\ a_2a_1 & a_2^2+1 & \cdots & a_2a_n \\ \vdots & \vdots & \ddots & \vdots \\ a_na_1 & a_na_2 & \cdots & a_n^2+1 \end{pmatrix};$$

$$(2)\boldsymbol{A}=\begin{pmatrix} a_1^2 & a_1a_2+1 & \cdots & a_1a_n+1 \\ a_2a_1+1 & a_2^2 & \cdots & a_2a_n+1 \\ \vdots & \vdots & \ddots & \vdots \\ a_na_1+1 & a_na_2+1 & \cdots & a_n^2 \end{pmatrix};$$

$$(3)\boldsymbol{A}=\begin{pmatrix} a_1^2+b_1^2 & a_1a_2+b_1b_2 & \cdots & a_1a_n+b_1b_n \\ a_2a_1+b_2b_1 & a_2^2+b_2^2 & \cdots & a_2a_n+b_2b_n \\ \vdots & \vdots & \ddots & \vdots \\ a_na_1+b_nb_1 & a_na_2+b_nb_2 & \cdots & a_n^2+b_n^2 \end{pmatrix}.$$

**【解】** (1) 令 $\boldsymbol{\alpha}=(a_1, a_2, \cdots, a_n)'$. 因为

$$\boldsymbol{A}=\begin{pmatrix} 1+a_1^2 & a_1a_2 & \cdots & a_1a_n \\ a_2a_1 & 1+a_2^2 & \cdots & a_2a_n \\ \vdots & \vdots & \ddots & \vdots \\ a_na_1 & a_na_2 & \cdots & 1+a_n^2 \end{pmatrix}=\boldsymbol{I}_n+\boldsymbol{\alpha\alpha}'$$

所以

$$\begin{aligned}|\lambda\boldsymbol{I}_n-\boldsymbol{A}| &= |\lambda\boldsymbol{I}_n-\boldsymbol{I}_n-\boldsymbol{\alpha\alpha}'|=|(\lambda-1)\boldsymbol{I}_n-\boldsymbol{\alpha\alpha}'| \\ &=(\lambda-1)^{n-1}|(\lambda-1)-\boldsymbol{\alpha}'\boldsymbol{\alpha}| \\ &=(\lambda-1)^{n-1}\left[\lambda-\left(1+\sum_{i=1}^{n}a_i^2\right)\right]=0\end{aligned}$$

据此求出 $\boldsymbol{A}$ 的特征值为 $n-1$ 重根 $\lambda=1$ 和单根 $\lambda=1+\sum_{i=1}^{n}a_i^2$.

(2) 令 $\boldsymbol{B}=\begin{pmatrix} a_1 & 1 \\ a_2 & 1 \\ \vdots & \vdots \\ a_n & 1 \end{pmatrix}$,有

$$BB' = \begin{pmatrix} a_1 & 1 \\ a_2 & 1 \\ \vdots & \vdots \\ a_n & 1 \end{pmatrix} \begin{pmatrix} a_1 & a_2 & \cdots & a_n \\ 1 & 1 & \cdots & 1 \end{pmatrix} = \begin{pmatrix} a_1^2+1 & a_1a_2+1 & \cdots & a_1a_n+1 \\ a_2a_1+1 & a_2^2+1 & \cdots & a_2a_n+1 \\ \vdots & \vdots & \ddots & \vdots \\ a_na_1+1 & a_na_2+1 & \cdots & a_n^2+1 \end{pmatrix}$$

因为

$$A = \begin{pmatrix} a_1^2 & a_1a_2+1 & a_1a_3+1 & \cdots & a_1a_n+1 \\ a_2a_1+1 & a_2^2 & a_2a_3+1 & \cdots & a_2a_n+1 \\ a_3a_1+1 & a_3a_2+1 & a_3^2 & \cdots & a_3a_n+1 \\ \vdots & \vdots & \vdots & \ddots & \vdots \\ a_na_1+1 & a_na_2+1 & a_na_3+1 & \cdots & a_n^2 \end{pmatrix} = -I_n + BB'$$

所以

$$|\lambda I_n - A| = |(\lambda+1)I_n - BB'| = (\lambda+1)^{n-2}|(\lambda+1)I_2 - B'B|$$

因为
$$B'B = \begin{pmatrix} \sum_{i=1}^n a_i^2 & \sum_{i=1}^n a_i \\ \sum_{i=1}^n a_i & n \end{pmatrix} = \begin{pmatrix} b & c \\ c & n \end{pmatrix}$$

其中 $b = \sum_{i=1}^n a_i^2$, $c = \sum_{i=1}^n a_i$,所以

$$\begin{aligned} |(\lambda+1)I_2 - B'B| &= \begin{vmatrix} \lambda+1-b & -c \\ -c & \lambda+1-n \end{vmatrix} \\ &= (\lambda+1-b)(\lambda+1-n) - c^2 \\ &= \lambda^2 + (2-b-n)\lambda + (1-b)(1-n) - c^2 \\ &= (\lambda-\lambda_1)(\lambda-\lambda_2) \end{aligned}$$

其中两个根为

$$\begin{aligned} \lambda &= \frac{1}{2}[b+n-2 \pm \sqrt{(2-b-n)^2 - 4(1-b)(1-n) + 4c^2}] \\ &= \frac{1}{2}[b+n-2 \pm \sqrt{(b-n)^2 + 4c^2}] \end{aligned}$$

据此求出 $A$ 的特征值为 $n-2$ 重根 $\lambda=-1$ 和单根 $\lambda_1$, $\lambda_2$.

**【注】** 特别地,当 $c = \sum_{i=1}^n a_i = 0$ 时,由

$$|(\lambda+1)I_2 - B'B| = \begin{vmatrix} \lambda+1-b & 0 \\ 0 & \lambda+1-n \end{vmatrix} = (\lambda+1-b)(\lambda+1-n)$$

知两个单根为 $\lambda_1 = b - 1 = \sum_{i=1}^{n} a_i^2 - 1$，$\lambda_2 = n - 1$.

(3) 令 $\boldsymbol{B} = \begin{pmatrix} a_1 & b_1 \\ a_2 & b_2 \\ \vdots & \vdots \\ a_n & b_n \end{pmatrix}$,有

$$\boldsymbol{BB}' = \begin{pmatrix} a_1 & b_1 \\ a_2 & b_2 \\ \vdots & \vdots \\ a_n & b_n \end{pmatrix}\begin{pmatrix} a_1 & a_2 & \cdots & a_n \\ b_1 & b_2 & \cdots & b_n \end{pmatrix} = \boldsymbol{A}$$

$$\boldsymbol{B}'\boldsymbol{B} = \begin{pmatrix} a_1 & a_2 & \cdots & a_n \\ b_1 & b_2 & \cdots & b_n \end{pmatrix}\begin{pmatrix} a_1 & b_1 \\ a_2 & b_2 \\ \vdots & \vdots \\ a_n & b_n \end{pmatrix} = \begin{pmatrix} \sum_{i=1}^{n} a_i^2 & \sum_{i=1}^{n} a_i b_i \\ \sum_{i=1}^{n} a_i b_i & \sum_{i=1}^{n} b_i^2 \end{pmatrix} = \begin{pmatrix} c & e \\ e & d \end{pmatrix}$$

其中

$$c = \sum_{i=1}^{n} a_i^2,\ d = \sum_{i=1}^{n} b_i^2,\ e = \sum_{i=1}^{n} a_i b_i$$

因为
$$|\lambda \boldsymbol{I}_n - \boldsymbol{A}| = |\lambda \boldsymbol{I}_n - \boldsymbol{BB}'| = \lambda^{n-2} |\lambda \boldsymbol{I}_2 - \boldsymbol{B}'\boldsymbol{B}|$$
即

$$\begin{vmatrix} \lambda - c & -e \\ -e & \lambda - d \end{vmatrix} = \lambda^2 - (c + d)\lambda + cd - e^2 = (\lambda - \lambda_1)(\lambda - \lambda_2)$$

其中两个根为

$$\lambda = \frac{1}{2}[(c + d) \pm \sqrt{(c + d)^2 - 4(cd - e^2)}]$$

$$= \frac{1}{2}[(c + d) \pm \sqrt{(c - d)^2 + 4e^2}]$$

据此求出 $\boldsymbol{A}$ 的特征值为 $n - 2$ 重根 $\lambda = 0$ 和单根 $\lambda_1$, $\lambda_2$.

特别地,当 $e = \sum_{i=1}^{n} a_i b_i = 0$ 时,两个单根 $\lambda_1 = c = \sum_{i=1}^{n} a_i^2$, $\lambda_2 = d = \sum_{i=1}^{n} b_i^2$.

30. 设 $\boldsymbol{A}$ 为 $m \times n$ 矩阵,$\boldsymbol{B}$ 为 $n \times m$ 矩阵,$m \geqslant n$.

(1) 如果 $\lambda$ 是 $\boldsymbol{AB}$ 的非零特征值,证明 $\lambda$ 必是 $\boldsymbol{BA}$ 的特征值.

(2) 当 $m = n$ 时,$\boldsymbol{AB}$ 和 $\boldsymbol{BA}$ 必有相同的特征值组.

(3) 必有迹等式 $\mathrm{tr}(\boldsymbol{AB}) = \mathrm{tr}(\boldsymbol{BA})$.

(4) 当 $\boldsymbol{A}$ 是方阵时,必有 $\mathrm{tr}(\boldsymbol{P}^{-1}\boldsymbol{AP})=\mathrm{tr}(\boldsymbol{A})$.

【证】 (1) 由

$$|\lambda \boldsymbol{I}_m-\boldsymbol{AB}|=\lambda^{m-n}|\lambda \boldsymbol{I}_n-\boldsymbol{BA}|=0 \text{ 和 } \lambda\neq 0$$

知必有 $|\lambda \boldsymbol{I}_n-\boldsymbol{BA}|=0$,所以 $\lambda$ 必是 $\boldsymbol{BA}$ 的特征值.

(2) 当 $m=n$ 时,$|\lambda \boldsymbol{I}_n-\boldsymbol{AB}|=|\lambda \boldsymbol{I}_n-\boldsymbol{BA}|$,$\boldsymbol{AB}$ 和 $\boldsymbol{BA}$ 有相同的特征值组.

(3) 已证 $\boldsymbol{AB}$ 和 $\boldsymbol{BA}$ 有相同的非零特征值,而方阵的迹即为所有的特征值之和,所以

$$\mathrm{tr}(\boldsymbol{AB})=\mathrm{tr}(\boldsymbol{BA})$$

(4) $\mathrm{tr}(\boldsymbol{P}^{-1}\boldsymbol{AP})=\mathrm{tr}(\boldsymbol{AP}\boldsymbol{P}^{-1})=\mathrm{tr}(\boldsymbol{A})$.

【注】 也可如此证明命题(1). 设 $(\boldsymbol{AB})\boldsymbol{p}=\lambda\boldsymbol{p}$,则 $(\boldsymbol{BA})(\boldsymbol{Bp})=\lambda(\boldsymbol{Bp})$. 如果 $\boldsymbol{Bp}=\boldsymbol{0}$,则 $\lambda\boldsymbol{p}=\boldsymbol{A}(\boldsymbol{Bp})=\boldsymbol{0}$. 但 $\lambda\neq 0$,$\boldsymbol{p}\neq\boldsymbol{0}$,这是不可能的,所以 $\boldsymbol{Bp}$ 就是 $\boldsymbol{BA}$ 的属于特征值 $\lambda$ 的特征向量.

命题(4) 就是:两个相似的方阵必有相同的迹(所有特征值之和).

31. 设 $\boldsymbol{A}$,$\boldsymbol{B}$ 同是 $n$ 阶方阵,且 $\mathrm{tr}(\boldsymbol{B})\neq 0$,证明矩阵方程 $\boldsymbol{AX}-\boldsymbol{XA}=\boldsymbol{B}$ 必无解.

【证】 如果 $\boldsymbol{AX}-\boldsymbol{XA}=\boldsymbol{B}$ 有解,则由 $\mathrm{tr}(\boldsymbol{AX})=\mathrm{tr}(\boldsymbol{XA})$ 知

$$\mathrm{tr}(\boldsymbol{B})=\mathrm{tr}(\boldsymbol{AX}-\boldsymbol{XA})=0$$

这与 $\mathrm{tr}(\boldsymbol{B})\neq 0$ 矛盾. 所以矩阵方程 $\boldsymbol{AX}-\boldsymbol{XA}=\boldsymbol{B}$ 必无解.

32. 设 $\boldsymbol{A}$,$\boldsymbol{B}$ 都是 $n$ 阶方阵,$\boldsymbol{C}=\boldsymbol{AB}-\boldsymbol{BA}$,如果 $\boldsymbol{AC}=\boldsymbol{CA}$,证明 $\boldsymbol{C}$ 的特征值都为零.

【证】 设 $\boldsymbol{C}$ 的特征值为 $x_1,x_2,\cdots,x_n$,则 $\boldsymbol{C}^m$ 的特征值为 $x_1^m,x_2^m,\cdots,x_n^m$. 因为 $\boldsymbol{C}=\boldsymbol{AB}-\boldsymbol{BA}$,且 $\boldsymbol{AC}=\boldsymbol{CA}$,必有

$$\boldsymbol{C}^m=\boldsymbol{C}^{m-1}(\boldsymbol{AB}-\boldsymbol{BA})=\boldsymbol{C}^{m-1}\boldsymbol{AB}-\boldsymbol{C}^{m-1}\boldsymbol{BA}=\boldsymbol{A}(\boldsymbol{C}^{m-1}\boldsymbol{B})-(\boldsymbol{C}^{m-1}\boldsymbol{B})\boldsymbol{A}$$

所以,对任何自然数 $m$,都有

$$\mathrm{tr}(\boldsymbol{C}^m)=\mathrm{tr}(\boldsymbol{A}(\boldsymbol{C}^{m-1}\boldsymbol{B}))-\mathrm{tr}((\boldsymbol{C}^{m-1}\boldsymbol{B})\boldsymbol{A})=0$$

取 $m=1,2,\cdots,n$ 就得到以下 $n$ 个齐次对称多项式都为零

$$\begin{cases} s_1=x_1+x_2+\cdots+x_n=0 \\ s_2=x_1^2+x_2^2+\cdots+x_n^2=0 \\ \vdots \\ s_n=x_1^n+x_2^n+\cdots+x_n^n=0 \end{cases}$$

其中，$s_k$ 是 $x_1, x_2, \cdots, x_n$ 的 $k$ 次和. 要证明必有 $x_1 = x_2 = \cdots = x_n = 0$.

为此，考虑 $\boldsymbol{C}$ 的特征多项式

$$\begin{aligned} f(x) &= (x - x_1)(x - x_2)\cdots(x - x_n) \\ &= x^n - \sigma_1 x^{n-1} + \sigma_2 x^{n-2} - \sigma_3 x^{n-3} + \cdots + (-1)^k \sigma_k x^{n-k} + \cdots + \\ &\quad (-1)^{n-1}\sigma_{n-1}x + (-1)^n \sigma_n \\ &= \sum_{k=0}^{n} (-1)^k \sigma_k x^{n-k},\ \sigma_0 = 1 \end{aligned}$$

其中，$\sigma_1, \sigma_2, \cdots, \sigma_n$ 是 $n$ 个变量 $x_1, x_2, \cdots, x_n$ 的 $n$ 个初等对称多项式

$$\sigma_k = \sum_{i_1 < i_2 < \cdots < i_k}^{1 \sim n} x_{i_1} x_{i_2} \cdots x_{i_k}$$

它是所有可能的 $k$ 个变量的乘积 $x_{i_1} x_{i_2} \cdots x_{i_k}$ 之和，它们的下标满足递增顺序.

同一个变量组 $x_1, x_2, \cdots, x_n$ 的初等对称多项式 $\{\sigma_k\}$ 与齐次对称多项式 $\{s_k\}$ 之间有 Newton 公式：对于 $k = 1, 2, \cdots, n$，有

$$s_k - s_{k-1}\sigma_1 + s_{k-2}\sigma_2 - s_{k-3}\sigma_3 + \cdots + (-1)^{k-1} s_1 \sigma_{k-1} + (-1)^k k \sigma_k = 0$$

因为已经证明由 $\boldsymbol{C}$ 的特征值 $x_1, x_2, \cdots, x_n$ 决定的 $n$ 个齐次对称多项式 $\{s_k\}$ 全为零，所以 $n$ 个初等对称多项式 $\{\sigma_k\}$ 必全为零，于是必有 $f(x) = x^n$，$x_1 = x_2 = \cdots = x_n = 0$.

## §2　方阵的相似标准形

### 一、定义

$n$ 阶方阵 $\boldsymbol{A}$ 与 $\boldsymbol{B}$ 相似当且仅当存在 $n$ 阶可逆矩阵 $\boldsymbol{P}$ 使得 $\boldsymbol{B} = \boldsymbol{P}^{-1}\boldsymbol{A}\boldsymbol{P}$. 记为 $\boldsymbol{A} \sim \boldsymbol{B}$.

同阶方阵之间的相似关系有反身性、对称性和传递性.

### 二、基本结论

（1）相似方阵一定有相同的特征多项式，因而一定有相同的特征值、迹和行列式. 反之并不成立，即两个有相同特征值组的方阵未必相似.

（2）$n$ 阶方阵 $\boldsymbol{A}$ 相似于对角矩阵 $\Leftrightarrow \boldsymbol{A}$ 有 $n$ 个线性无关的特征向量，即

$$\boldsymbol{P}^{-1}\boldsymbol{A}\boldsymbol{P} = \begin{pmatrix} \lambda_1 & & & \\ & \lambda_2 & & \\ & & \ddots & \\ & & & \lambda_n \end{pmatrix} = \boldsymbol{\Lambda}$$

成立当且仅当可逆矩阵 $\boldsymbol{P}=(\boldsymbol{p}_1,\boldsymbol{p}_2,\cdots,\boldsymbol{p}_n)$ 中列向量满足 $\boldsymbol{A}\boldsymbol{p}_j=\lambda_j\boldsymbol{p}_j$, $j=1,2,\cdots,n$.

对应于矩阵 $\boldsymbol{A}$ 的这种对角矩阵 $\boldsymbol{\Lambda}$ 称为 $\boldsymbol{A}$ 的相似标准形. 矩阵 $\boldsymbol{P}$ 的列向量表示中各列的排列次序与对角矩阵 $\boldsymbol{\Lambda}$ 中各个对角元($\boldsymbol{A}$ 的特征值) 的排列次序必须相对应.

(3) 属于方阵 $\boldsymbol{A}$ 的两两不同特征值的特征向量组一定是线性无关向量组.

(4) 任意一个没有重特征值的方阵一定相似于对角矩阵. 任意一个对角元两两互异的三角矩阵一定相似于对角矩阵;它们都是方阵相似于对角矩阵的充分条件,而不是必要条件. 例如,单位矩阵本身就是对角矩阵,但 $\lambda=1$ 却是它的 $n$ 重特征值.

### 三、求相似标准形的方法

(1) 求出 $n$ 阶方阵 $\boldsymbol{A}$ 的两两互异的特征值 $\lambda_1,\lambda_2,\cdots,\lambda_k$,$\lambda_i$ 的重数为 $r_i$,$i=1,2,\cdots,k$.

(2) 对于每一个特征值 $\lambda_i$,求出相应的齐次线性方程组 $(\lambda_i\boldsymbol{I}_n-\boldsymbol{A})\boldsymbol{x}=\boldsymbol{0}$ 的基础解系

$$\{\boldsymbol{p}_{i1},\boldsymbol{p}_{i2},\cdots,\boldsymbol{p}_{is_i}\}$$

其中 $s_i=n-R(\lambda_i\boldsymbol{I}_n-\boldsymbol{A})$,即 $(\lambda_i\boldsymbol{I}_n-\boldsymbol{A})\boldsymbol{x}=\boldsymbol{0}$ 的自由变量个数.

(3) 如果存在某个特征值 $\lambda_i$,有 $s_i<r_i$, 即属于特征值 $\lambda_i$ 的线性无关的特征向量的最大个数 $s_i$ 小于 $\lambda_i$ 的重数 $r_i$,那么,这个 $n$ 阶方阵 $\boldsymbol{A}$ 一定不相似于对角矩阵. 否则,一定可以求出 $n$ 阶可逆矩阵 $\boldsymbol{P}$,它由所求出的 $n$ 个线性无关的特征向量所拼成,使得 $\boldsymbol{P}^{-1}\boldsymbol{A}\boldsymbol{P}=\boldsymbol{\Lambda}$ 为对角矩阵.

(4) 为了避开矩阵求逆矩阵,验证矩阵等式 $\boldsymbol{P}^{-1}\boldsymbol{A}\boldsymbol{P}=\boldsymbol{\Lambda}$ 是否正确,可以改为检验矩阵等式 $\boldsymbol{A}\boldsymbol{P}=\boldsymbol{P}\boldsymbol{\Lambda}$. 由于 $\boldsymbol{\Lambda}$ 是对角矩阵,使得检验工作非常便捷.

1. 设 $\boldsymbol{A}$ 是行列式小于零的 2 阶实方阵,证明 $\boldsymbol{A}$ 必相似于对角矩阵.

【证】 $\boldsymbol{A}=\begin{pmatrix}a & b\\ c & d\end{pmatrix}$, $ad-bc<0$. 因为二次特征方程

$$|\lambda\boldsymbol{I}_2-\boldsymbol{A}|=\begin{vmatrix}\lambda-a & -b\\ -c & \lambda-d\end{vmatrix}=\lambda^2-(a+d)\lambda+ad-bc=0$$

的判别式

$$\Delta=(a+d)^2-4(ad-bc)>0$$

所以,$\boldsymbol{A}$ 有两个互异特征值,必相似于对角矩阵.

2. 设2 阶实矩阵 $\boldsymbol{A}$ 的特征多项式为 $x^2+ax+b$,证明 $\boldsymbol{A}$ 相似于实对角矩阵

当且仅当

$$a^2 > 4b \quad 或 \quad \boldsymbol{A} = -\frac{1}{2}a\boldsymbol{I}_2$$

【证】　因为实矩阵 $\boldsymbol{A}$ 的特征方程为实系数方程 $x^2 + ax + b = 0$，所以 $\boldsymbol{A}$ 的特征值为

$$\lambda = \frac{-a \pm \sqrt{a^2 - 4b}}{2}$$

如果 $\boldsymbol{A}$ 相似于实对角矩阵，则特征值必为实数，必有 $a^2 \geqslant 4b$.

如果 $a^2 = 4b$，则 $\boldsymbol{A}$ 的特征值为二重根 $\lambda = -\frac{a}{2}$. 此时，由

$$\boldsymbol{P}^{-1}\boldsymbol{A}\boldsymbol{P} = \boldsymbol{\Lambda} = \begin{pmatrix} -a/2 & 0 \\ 0 & -a/2 \end{pmatrix} = -\frac{1}{2}a\boldsymbol{I}_2$$

知 $\boldsymbol{A} = -\frac{1}{2}a\boldsymbol{I}_2$.

反之，如果 $\boldsymbol{A} = -\frac{1}{2}a\boldsymbol{I}_2$，则 $\boldsymbol{A}$ 本身就是实对角矩阵.

如果 $a^2 > 4b$，则 $\boldsymbol{A}$ 有两个互异实特征值，必有两个线性无关的实特征向量，所以 $\boldsymbol{A}$ 必实相似于实对角矩阵.

【注】　一般地说，实方阵的特征值未必是实数；可对角化的实方阵的相似标准形未必是实对角矩阵.

3. 设 4 阶方阵 $\boldsymbol{A}$ 与 $\boldsymbol{B}$ 相似，如果 $\boldsymbol{A}$ 的特征值为 2，3，4，5，求 $|\boldsymbol{B} - \boldsymbol{I}_4|$.

【解】　因为 $\boldsymbol{A}$ 与 $\boldsymbol{B}$ 相似，$\boldsymbol{B}$ 的特征值也为 2，3，4，5，$\boldsymbol{B} - \boldsymbol{I}_4$ 的特征值为 1，2，3，4，所以

$$|\boldsymbol{B} - \boldsymbol{I}_4| = 1 \times 2 \times 3 \times 4 = 24$$

4. 已知 $|\boldsymbol{A}| = 0$，$|2\boldsymbol{A} + \boldsymbol{I}_3| = 0$，$|2\boldsymbol{A} - 3\boldsymbol{I}_3| = 0$，$\boldsymbol{B} = 2\boldsymbol{A}^2 + 3\boldsymbol{A} - 4\boldsymbol{I}_3$，求 $\boldsymbol{B}$ 的相似标准形.

【解】　由条件知 $|\boldsymbol{A}| = 0$ 和

$$\left|-\frac{1}{2}\boldsymbol{I}_3 - \boldsymbol{A}\right| = \left(-\frac{1}{2}\right)^3 |2\boldsymbol{A} + \boldsymbol{I}_3| = 0, \quad \left|\frac{3}{2}\boldsymbol{I}_3 - \boldsymbol{A}\right| = \left(-\frac{1}{2}\right)^3 |2\boldsymbol{A} - 3\boldsymbol{I}_3| = 0$$

这说明 $\boldsymbol{A}$ 有特征值 0，$-\frac{1}{2}$，$\frac{3}{2}$.

因为 $\boldsymbol{B} = 2\boldsymbol{A}^2 + 3\boldsymbol{A} - 4\boldsymbol{I}_3$ 对应的多项式为 $f(x) = 2x^2 + 3x - 4$，所以 $\boldsymbol{B}$ 有特征值

$$f(0) = -4，f\left(-\frac{1}{2}\right) = 2 \times \frac{1}{4} - \frac{3}{2} - 4 = -5，f\left(\frac{3}{2}\right) = 2 \times \frac{9}{4} + \frac{9}{2} - 4 = 5$$

因为 $\boldsymbol{B}$ 的特征值两两互异,所以 $\boldsymbol{B}$ 相似于对角矩阵$\begin{pmatrix}-4 & & \\ & -5 & \\ & & 5\end{pmatrix}$.

5. 设 $\boldsymbol{A}=\begin{pmatrix}2&1&0\\1&2&0\\0&1&t\end{pmatrix}$,$\boldsymbol{B}=\begin{pmatrix}1&2&-1\\2&1&2\\3&3&1\end{pmatrix}$,$\boldsymbol{C}=\begin{pmatrix}2&3&-1\\0&2&0\\-1&3&2\end{pmatrix}$.

(1)$t$ 为何值时,$\boldsymbol{A}$ 与 $\boldsymbol{B}$ 等价? (2)$t$ 为何值时,$\boldsymbol{A}$ 与 $\boldsymbol{C}$ 相似?

**【解】** (1) 两个方阵等价当且仅当它们同秩. 由

$$\boldsymbol{B}=\begin{pmatrix}1&2&-1\\2&1&2\\3&3&1\end{pmatrix}\to\begin{pmatrix}1&2&-1\\0&-3&4\\0&-3&4\end{pmatrix}$$

知 $R(\boldsymbol{B})=2$,所以,$\boldsymbol{A}$ 与 $\boldsymbol{B}$ 等价当且仅当 $R(\boldsymbol{A})=2$,即 $t=0$.

(2) 相似方阵必有相同的特征值. 需求出 $\boldsymbol{A}$ 与 $\boldsymbol{C}$ 的特征值

$$|\lambda\boldsymbol{I}_3-\boldsymbol{C}|=\begin{vmatrix}\lambda-2&-3&1\\0&\lambda-2&0\\1&-3&\lambda-2\end{vmatrix}=(\lambda-2)[(\lambda-2)^2-1]$$

$$=(\lambda-1)(\lambda-2)(\lambda-3)$$

$$|\lambda\boldsymbol{I}_3-\boldsymbol{A}|=\begin{vmatrix}\lambda-2&-1&0\\-1&\lambda-2&0\\0&-1&\lambda-t\end{vmatrix}=(\lambda-1)(\lambda-t)(\lambda-3)$$

只有当 $t=2$ 时,$\boldsymbol{A}$ 和 $\boldsymbol{C}$ 有相同的且两两互异的特征值,它们相似于同一个对角矩阵,它们必相似.

**【注】** 两个有相同特征值组的同阶方阵未必相似,但当这些特征值两两互异时,就可确保它们有相同的相似标准形,因而它们必相似.

6. 设 $\boldsymbol{A}$ 是 $n$ 阶下三角矩阵. 如果 $n$ 个对角元同为 $a$,且至少有某个元素 $a_{ij}\neq 0$ , $i>j$,证明 $\boldsymbol{A}$ 必不相似于对角矩阵.

**【证】** 由已知条件知 $\boldsymbol{A}$ 的特征值为 $n$ 重根 $\lambda=a$. 如果 $\boldsymbol{A}$ 相似于对角矩阵 $\boldsymbol{\Lambda}$,则 $\boldsymbol{\Lambda}=a\boldsymbol{I}_n$,于是

$$\boldsymbol{P}^{-1}\boldsymbol{A}\boldsymbol{P}=\boldsymbol{\Lambda}=a\boldsymbol{I}_n,\ \boldsymbol{A}=a\boldsymbol{I}_n$$

这与已知条件矛盾,所以 $\boldsymbol{A}$ 不相似于对角矩阵.

7. 设 $\boldsymbol{A}\boldsymbol{\alpha}_1=\lambda_1\boldsymbol{\alpha}_1$, $\boldsymbol{A}\boldsymbol{\alpha}_2=\lambda_2\boldsymbol{\alpha}_2$, $\lambda_1\neq\lambda_2$,证明 $\boldsymbol{\alpha}_1+\boldsymbol{\alpha}_2$ 一定不是 $\boldsymbol{A}$ 的特征向量.

**【证】** 反证法. 设 $\boldsymbol{A}(\boldsymbol{\alpha}_1+\boldsymbol{\alpha}_2)=\mu(\boldsymbol{\alpha}_1+\boldsymbol{\alpha}_2)$,则

$$\boldsymbol{A}\boldsymbol{\alpha}_1+\boldsymbol{A}\boldsymbol{\alpha}_2=\mu\boldsymbol{\alpha}_1+\mu\boldsymbol{\alpha}_2,\ \lambda_1\boldsymbol{\alpha}_1+\lambda_2\boldsymbol{\alpha}_2=\mu\boldsymbol{\alpha}_1+\mu\boldsymbol{\alpha}_2$$

$$(\lambda_1-\mu)\boldsymbol{\alpha}_1+(\lambda_2-\mu)\boldsymbol{\alpha}_2=\mathbf{0}$$

因为$\boldsymbol{A}$的属于不同特征值的特征向量必线性无关,所以必有

$$\lambda_1-\mu=\lambda_2-\mu=0\ ,\ \lambda_1=\mu=\lambda_2$$

这与假设矛盾,所以$\boldsymbol{\alpha}_1+\boldsymbol{\alpha}_2$必不是$\boldsymbol{A}$的特征向量.

8. 设$\boldsymbol{A}\boldsymbol{\alpha}_1=\lambda_1\boldsymbol{\alpha}_1,\boldsymbol{A}\boldsymbol{\alpha}_2=\lambda_2\boldsymbol{\alpha}_2,\lambda_1\neq\lambda_2$,证明向量$\boldsymbol{\alpha}_1,\boldsymbol{A}(\boldsymbol{\alpha}_1+\boldsymbol{\alpha}_2)$线性无关当且仅当$\lambda_2\neq 0$.

**【证一】** 由$\boldsymbol{A}(\boldsymbol{\alpha}_1+\boldsymbol{\alpha}_2)=\boldsymbol{A}\boldsymbol{\alpha}_1+\boldsymbol{A}\boldsymbol{\alpha}_2=\lambda_1\boldsymbol{\alpha}_1+\lambda_2\boldsymbol{\alpha}_2$知

$$(\boldsymbol{\alpha}_1\quad \boldsymbol{A}(\boldsymbol{\alpha}_1+\boldsymbol{\alpha}_2))=(\boldsymbol{\alpha}_1\quad \lambda_1\boldsymbol{\alpha}_1+\lambda_2\boldsymbol{\alpha}_2)=(\boldsymbol{\alpha}_1\quad \boldsymbol{\alpha}_2)\begin{pmatrix}1&\lambda_1\\0&\lambda_2\end{pmatrix}$$

因为$\boldsymbol{A}$的属于不同特征值的特征向量必线性无关,所以由$\lambda_1\neq\lambda_2$知$\boldsymbol{\alpha}_1$与$\boldsymbol{\alpha}_2$线性无关,于是$\boldsymbol{\alpha}_1,\boldsymbol{A}(\boldsymbol{\alpha}_1+\boldsymbol{\alpha}_2)$线性无关$\Leftrightarrow\begin{vmatrix}1&\lambda_1\\0&\lambda_2\end{vmatrix}\neq 0\Leftrightarrow\lambda_2\neq 0$.

**【证二】** $\boldsymbol{\alpha}_1$与$\boldsymbol{A}(\boldsymbol{\alpha}_1+\boldsymbol{\alpha}_2)$线性无关当且仅当$\boldsymbol{\alpha}_1$与$\lambda_1\boldsymbol{\alpha}_1+\lambda_2\boldsymbol{\alpha}_2$线性无关.

若$\lambda_2=0$,则$\boldsymbol{\alpha}_1$与$\lambda_1\boldsymbol{\alpha}_1+\lambda_2\boldsymbol{\alpha}_2=\lambda_1\boldsymbol{\alpha}_1$必线性相关.

若$\lambda_2\neq 0$,如果

$$k_1\boldsymbol{\alpha}_1+k_2(\lambda_1\boldsymbol{\alpha}_1+\lambda_2\boldsymbol{\alpha}_2)=\mathbf{0}\ ,\ (k_1+\lambda_1k_2)\boldsymbol{\alpha}_1+\lambda_2k_2\boldsymbol{\alpha}_2=\mathbf{0}$$

因为$\boldsymbol{\alpha}_1$与$\boldsymbol{\alpha}_2$线性无关,必有$k_1+\lambda_1k_2=0\ ,\ \lambda_2k_2=0$. 于是必有$k_2=0\ ,\ k_1=0$,这就证明了$\boldsymbol{\alpha}_1$与$\lambda_1\boldsymbol{\alpha}_1+\lambda_2\boldsymbol{\alpha}_2$线性无关.

9. $\boldsymbol{A}=\begin{pmatrix}-1&1&0\\-4&3&0\\1&0&2\end{pmatrix}$是不是相似于对角矩阵?

**【解】** 计算特征方程

$$|\lambda\boldsymbol{I}_3-\boldsymbol{A}|=\begin{vmatrix}\lambda+1&-1&0\\4&\lambda-3&0\\-1&0&\lambda-2\end{vmatrix}=(\lambda-2)(\lambda^2-2\lambda+1)$$

$$=(\lambda-2)(\lambda-1)^2=0$$

因为对应2重特征值$\lambda=1$的特征矩阵

$$\boldsymbol{I}_3-\boldsymbol{A}=\begin{pmatrix}2&-1&0\\4&-2&0\\-1&0&-1\end{pmatrix}$$

的秩为2,使得$\boldsymbol{A}$的属于$\lambda=1$的线性无关的特征向量只有一个,所以$\boldsymbol{A}$不相似于对角矩阵.

10. 求出 $a$ 的值使得 $\boldsymbol{A}=\begin{pmatrix}2&2&0\\8&2&a\\0&0&6\end{pmatrix}$ 相似于对角矩阵 $\boldsymbol{\Lambda}$，并求出可逆矩阵 $\boldsymbol{P}$ 使得 $\boldsymbol{P}^{-1}\boldsymbol{AP}=\boldsymbol{\Lambda}$.

【解】 先求出特征多项式

$$|\lambda\boldsymbol{I}_3-\boldsymbol{A}|=\begin{vmatrix}\lambda-2&-2&0\\-8&\lambda-2&-a\\0&0&\lambda-6\end{vmatrix}=(\lambda-6)(\lambda^2-4\lambda-12)$$
$$=(\lambda-6)^2(\lambda+2)$$

因为 $\boldsymbol{A}$ 相似于对角矩阵，所以属于2重特征值 $\lambda=6$ 必须有两个线性无关的特征向量，即特征矩阵

$$\begin{pmatrix}6-2&-2&0\\-8&6-2&-a\\0&0&6-6\end{pmatrix}=\begin{pmatrix}4&-2&0\\-8&4&-a\\0&0&0\end{pmatrix}$$

的秩为1，即 $a=0$.

属于 $\lambda=6$ 的特征向量满足 $4x_1-2x_2=0$，$x_3$ 可任意取值. 可取两个线性无关特征向量

$$\boldsymbol{p}_1=\begin{pmatrix}1\\2\\0\end{pmatrix},\boldsymbol{p}_2=\begin{pmatrix}0\\0\\1\end{pmatrix}$$

属于 $\lambda_3=-2$ 的特征向量满足 $\begin{cases}-4x_1-2x_2=0\\-8x_1-4x_2=0\\-8x_3=0\end{cases}$，可取特征向量

$$\boldsymbol{p}_3=\begin{pmatrix}1\\-2\\0\end{pmatrix}$$

于是存在 $\boldsymbol{P}=\begin{pmatrix}1&0&1\\2&0&-2\\0&1&0\end{pmatrix}$ 使得 $\boldsymbol{P}^{-1}\boldsymbol{AP}=\begin{pmatrix}6&&\\&6&\\&&-2\end{pmatrix}$.

11. 求参数 $x$ 的值，使 $\boldsymbol{A}=\begin{pmatrix}0&0&1\\x&1&0\\1&0&0\end{pmatrix}$ 有三个线性无关的特征向量.

【解】 求出 $\boldsymbol{A}$ 的特征多项式

$$|\lambda \boldsymbol{I}_3-\boldsymbol{A}|=\begin{vmatrix}\lambda & 0 & -1\\ -x & \lambda-1 & 0\\ -1 & 0 & \lambda\end{vmatrix}=(\lambda-1)(\lambda^2-1)=(\lambda-1)^2(\lambda+1)$$

当 $\boldsymbol{A}$ 有三个线性无关的特征向量时,属于2重特征值 $\lambda=1$ 的线性无关特征向量必须有两个,即对应的特征矩阵

$$\boldsymbol{I}_3-\boldsymbol{A}=\begin{pmatrix}1 & 0 & -1\\ -x & 0 & 0\\ -1 & 0 & 1\end{pmatrix}\to\begin{pmatrix}1 & 0 & -1\\ -x & 0 & 0\\ 0 & 0 & 0\end{pmatrix}$$

的秩必须为 $3-2=1$,即 $x=0$.

12. 已知 $\boldsymbol{p}=\begin{pmatrix}1\\1\\-1\end{pmatrix}$ 是 $\boldsymbol{A}=\begin{pmatrix}2 & -1 & 2\\ 5 & a & 3\\ -1 & b & -2\end{pmatrix}$ 的特征向量,求出 $a$, $b$ 的值以及 $\boldsymbol{p}$ 对应的特征值 $\lambda$,问 $\boldsymbol{A}$ 是不是相似于对角矩阵?

**【解】** 由 $\begin{pmatrix}2 & -1 & 2\\ 5 & a & 3\\ -1 & b & -2\end{pmatrix}\begin{pmatrix}1\\1\\-1\end{pmatrix}=\lambda\begin{pmatrix}1\\1\\-1\end{pmatrix}$ 可得

$$\begin{cases}2-1-2=\lambda\\ 5+a-3=\lambda\\ -1+b+2=-\lambda\end{cases},\begin{cases}\lambda=-1\\ a=-3\\ b=0\end{cases}$$

因为

$$|\lambda \boldsymbol{I}_3-\boldsymbol{A}|=\begin{vmatrix}\lambda-2 & 1 & -2\\ -5 & \lambda+3 & -3\\ 1 & 0 & \lambda+2\end{vmatrix}=\begin{vmatrix}\lambda-2 & 1 & 2-\lambda^2\\ -5 & \lambda+3 & 5\lambda+7\\ 1 & 0 & 0\end{vmatrix}$$

$$=5\lambda+7-(2-\lambda^2)(\lambda+3)=\lambda^3+3\lambda^2+3\lambda+1=(\lambda+1)^3$$

所以 $\boldsymbol{A}$ 的特征值为三重根 $\lambda=-1$,可是对应的特征矩阵

$$\lambda \boldsymbol{I}_3-\boldsymbol{A}=\begin{pmatrix}-3 & 1 & -2\\ -5 & 2 & -3\\ 1 & 0 & 1\end{pmatrix}\to\begin{pmatrix}-3 & 1 & 1\\ -5 & 2 & 2\\ 1 & 0 & 0\end{pmatrix}$$

的秩为2,使得对应的线性无关的特征向量只有一个,所以 $\boldsymbol{A}$ 不相似于对角矩阵.

13. 若 $n$ 阶方阵 $\boldsymbol{A}$ 的秩为 $r$,证明 $\boldsymbol{A}$ 至少有 $n-r$ 重零特征值.

**【证】** 考虑等价标准形 $\boldsymbol{PAQ}=\begin{pmatrix}\boldsymbol{I}_r & \boldsymbol{O}\\ \boldsymbol{O} & \boldsymbol{O}\end{pmatrix}$. 设 $\boldsymbol{Q}^{-1}\boldsymbol{P}^{-1}=\begin{pmatrix}\boldsymbol{A}_1 & *\\ \boldsymbol{A}_2 & *\end{pmatrix}$,其中,$\boldsymbol{A}_1$ 为 $r$ 阶矩阵,则有

$$Q^{-1}AQ=(Q^{-1}P^{-1})(PAQ)=\begin{pmatrix}A_1 & * \\ A_2 & *\end{pmatrix}\begin{pmatrix}I_r & O \\ O & O\end{pmatrix}=\begin{pmatrix}A_1 & O \\ A_2 & O\end{pmatrix}$$

于是,$A$ 至少有 $n-r$ 重零特征值.

【注】 因为$A_1$ 可能有零特征值,所以当 $R(A)=r$ 时,不能断定 $A$ 恰有 $n-r$ 重零特征值.例如

$$A=\begin{pmatrix}1 & 0 & 0 \\ 0 & 0 & 0 \\ 0 & 1 & 0\end{pmatrix},\ |\lambda I_3-A|=\begin{vmatrix}\lambda-1 & 0 & 0 \\ 0 & \lambda & 0 \\ 0 & -1 & \lambda\end{vmatrix}=\lambda^2(\lambda-1)$$

3 阶下三角方阵 $A$ 的秩 $r=2$,却有二重零特征值.

14. 设$A$ 是 3 阶矩阵,已知 $A$ 的特征值为 1 , 2 , 3 ,$f(x)=x^3-6x^2+11x-10$,证明方阵多项式$f(A)=-4I_3$.

【证】 因为 3 阶矩阵 $A$ 的特征值互不相同,所以,$A$ 必相似于对角矩阵,即有

$$P^{-1}AP=\Lambda=\begin{pmatrix}1 & & \\ & 2 & \\ & & 3\end{pmatrix},A=P\Lambda P^{-1}$$

计算

$$f(\Lambda)=\Lambda^3-6\Lambda^2+11\Lambda-10I_3$$
$$=\begin{pmatrix}1 & & \\ & 8 & \\ & & 27\end{pmatrix}-6\begin{pmatrix}1 & & \\ & 4 & \\ & & 9\end{pmatrix}+11\begin{pmatrix}1 & & \\ & 2 & \\ & & 3\end{pmatrix}-10\begin{pmatrix}1 & & \\ & 1 & \\ & & 1\end{pmatrix}=-4I_3$$

于是,$f(A)=Pf(\Lambda)P^{-1}=-4I_3$.

15. 设$A=\begin{pmatrix}1 & -1 & 1 \\ x & 4 & y \\ -3 & -3 & 5\end{pmatrix}$有三个线性无关的特征向量,已知$\lambda=2$是$A$的二重特征值,求出 $x$ , $y$ 的值,并求出可逆矩阵 $P$ 使 $P^{-1}AP$ 为对角矩阵.

【解】 因为$A$ 有三个线性无关的特征向量,而$\lambda=2$是$A$ 的二重特征值,所以必有

$$R(2I_3-A)=n-2=3-2=1$$

由

$$2I_3-A=\begin{pmatrix}1 & 1 & -1 \\ -x & -2 & -y \\ 3 & 3 & -3\end{pmatrix}\to\begin{pmatrix}1 & 1 & -1 \\ 0 & x-2 & -x-y \\ 0 & 0 & 0\end{pmatrix}$$

知必有 $x=2$，$y=-x=-2$，所以 $A=\begin{pmatrix}1 & -1 & 1\\ 2 & 4 & -2\\ -3 & -3 & 5\end{pmatrix}$.

计算特征多项式

$$|\lambda I_3-A|=\begin{vmatrix}\lambda-1 & 1 & -1\\ -2 & \lambda-4 & 2\\ 3 & 3 & \lambda-5\end{vmatrix}=\begin{vmatrix}\lambda-2 & 1 & -1\\ 2-\lambda & \lambda-4 & 2\\ 0 & 3 & \lambda-5\end{vmatrix}$$

$$=\begin{vmatrix}\lambda-2 & 1 & 0\\ 2-\lambda & \lambda-4 & \lambda-2\\ 0 & 3 & \lambda-2\end{vmatrix}=(\lambda-2)^2\begin{vmatrix}1 & 1 & 0\\ -1 & \lambda-4 & 1\\ 0 & 3 & 1\end{vmatrix}$$

$$=(\lambda-2)^2\begin{vmatrix}1 & 1 & 0\\ 0 & \lambda-3 & 1\\ 0 & 3 & 1\end{vmatrix}$$

$$=(\lambda-2)^2(\lambda-6)$$

属于 $\lambda_1=\lambda_2=2$ 的特征向量满足：$x_1+x_2-x_3=0$. 可取两个线性无关特征向量

$$p_1=\begin{pmatrix}1\\0\\1\end{pmatrix},\ p_2=\begin{pmatrix}0\\1\\1\end{pmatrix}$$

属于 $\lambda_3=6$ 的特征向量满足：$\begin{cases}5x_1+x_2-x_3=0\\ -2x_1+2x_2+2x_3=0\\ 3x_1+3x_2+x_3=0\end{cases}$，$\begin{cases}x_2=-2x_1\\ x_3=3x_1\end{cases}$. 可取特征向量

$$p_3=\begin{pmatrix}1\\-2\\3\end{pmatrix}$$

于是有 $P=\begin{pmatrix}1 & 0 & 1\\ 0 & 1 & -2\\ 1 & 1 & 3\end{pmatrix}$，使得 $P^{-1}AP=\begin{pmatrix}2 & & \\ & 2 & \\ & & 6\end{pmatrix}$.

16. 设 $\alpha_1=\begin{pmatrix}1\\2\\2\end{pmatrix}$，$\alpha_2=\begin{pmatrix}2\\-2\\1\end{pmatrix}$，$\alpha_3=\begin{pmatrix}-2\\-1\\2\end{pmatrix}$ 都是 $A$ 的特征向量，分别属于特征值 $\lambda=1,2,3$，求出 3 阶矩阵 $A$.

【解】 令 $P=(\alpha_1\quad \alpha_2\quad \alpha_3)=\begin{pmatrix}1&2&-2\\2&-2&-1\\2&1&2\end{pmatrix}$,因为 $A$ 的三个特征值两两互异,$\alpha_1,\alpha_2,\alpha_3$ 线性无关,所以 $P$ 必是可逆矩阵. 直接计算出

$$PP'=\begin{pmatrix}1&2&-2\\2&-2&-1\\2&1&2\end{pmatrix}\begin{pmatrix}1&2&2\\2&-2&1\\-2&-1&2\end{pmatrix}=9I_3$$

即
$$P^{-1}=\frac{1}{9}P'$$

于是由$P^{-1}AP=\Lambda=\begin{pmatrix}1&&\\&2&\\&&3\end{pmatrix}$知

$$A=P\begin{pmatrix}1&&\\&2&\\&&3\end{pmatrix}P^{-1}=\frac{1}{9}P\begin{pmatrix}1&&\\&2&\\&&3\end{pmatrix}P'$$

$$=\frac{1}{9}\begin{pmatrix}1&4&-6\\2&-4&-3\\2&2&6\end{pmatrix}\begin{pmatrix}1&2&2\\2&-2&1\\-2&-1&2\end{pmatrix}=\frac{1}{3}\begin{pmatrix}7&0&-2\\0&5&-2\\-2&-2&6\end{pmatrix}$$

17. 求3阶矩阵$A$,使得属于它的三个特征值 $\lambda_1=1$,$\lambda_2=-1$,$\lambda_3=0$ 的特征向量为

$$p_1=\begin{pmatrix}1\\2\\1\end{pmatrix},p_2=\begin{pmatrix}0\\-2\\1\end{pmatrix},p_3=\begin{pmatrix}1\\1\\2\end{pmatrix}$$

【解】 令 $P=\begin{pmatrix}1&0&1\\2&-2&1\\1&1&2\end{pmatrix}$,求出$P^{-1}=\begin{pmatrix}5&-1&-2\\3&-1&-1\\-4&1&2\end{pmatrix}$,所以

$$A=P\begin{pmatrix}1&&\\&-1&\\&&0\end{pmatrix}P^{-1}=\begin{pmatrix}1&0&1\\2&-2&1\\1&1&2\end{pmatrix}\begin{pmatrix}1&&\\&-1&\\&&0\end{pmatrix}P^{-1}$$

$$=\begin{pmatrix}1&0&0\\2&2&0\\1&-1&0\end{pmatrix}\begin{pmatrix}5&-1&-2\\3&-1&-1\\-4&1&2\end{pmatrix}=\begin{pmatrix}5&-1&2\\16&-4&-6\\2&0&-1\end{pmatrix}$$

【注】 求逆矩阵的过程为

$$\begin{pmatrix}1&0&1&1&0&0\\2&-2&1&0&1&0\\1&1&2&0&0&1\end{pmatrix}\to\begin{pmatrix}1&0&1&1&0&0\\0&-2&-1&-2&1&0\\0&1&1&-1&0&1\end{pmatrix}$$

$$\to\begin{pmatrix}1&0&1&1&0&0\\0&0&1&-4&1&2\\0&1&1&-1&0&1\end{pmatrix}\to\begin{pmatrix}1&0&0&5&-1&-2\\0&0&1&-4&1&2\\0&1&0&3&-1&-1\end{pmatrix}$$

$$\to\begin{pmatrix}1&0&0&5&-1&-2\\0&1&0&3&-1&-1\\0&0&1&-4&1&2\end{pmatrix}$$

18. 已知 2 维非零列向量 $\boldsymbol{\alpha}$ 不是 2 阶方阵 $\boldsymbol{A}$ 的特征向量.

(1) 证明 $\boldsymbol{\alpha}$ , $\boldsymbol{A\alpha}$ 线性无关.

(2) 当 $\boldsymbol{A}^2\boldsymbol{\alpha}+\boldsymbol{A\alpha}-6\boldsymbol{\alpha}=\boldsymbol{0}$ 时,求出 $\boldsymbol{A}$ 的全部特征值,并问 $\boldsymbol{A}$ 能否相似于对角矩阵?

**【证】** (1) 设 $k\boldsymbol{\alpha}+l\boldsymbol{A\alpha}=\boldsymbol{0}$. 如果 $l\neq 0$,则 $\boldsymbol{A\alpha}=-\dfrac{k}{l}\boldsymbol{\alpha}$,$\boldsymbol{\alpha}$ 是 $\boldsymbol{A}$ 的特征向量,这与假设矛盾,所以 $l=0$. 再由 $\boldsymbol{\alpha}\neq\boldsymbol{0}$ 知 $k=0$,所以 $\boldsymbol{\alpha}$ , $\boldsymbol{A\alpha}$ 线性无关.

(2) 设 $\boldsymbol{Ap}=\lambda\boldsymbol{p}$. 因为 $\boldsymbol{\alpha}$ , $\boldsymbol{A\alpha}$ 为 2 维列向量空间 $\mathbf{R}^2$ 的基,所以可设 $\boldsymbol{p}=k_1\boldsymbol{\alpha}+k_2\boldsymbol{A\alpha}$,必有

$$(\boldsymbol{A}^2+\boldsymbol{A}-6\boldsymbol{I}_2)\boldsymbol{p}=k_1(\boldsymbol{A}^2\boldsymbol{\alpha}+\boldsymbol{A\alpha}-6\boldsymbol{\alpha})+k_2\boldsymbol{A}(\boldsymbol{A}^2\boldsymbol{\alpha}+\boldsymbol{A\alpha}-6\boldsymbol{\alpha})=\boldsymbol{0}$$

由

$$\boldsymbol{A}^2\boldsymbol{p}+\boldsymbol{Ap}-6\boldsymbol{p}=(\lambda^2+\lambda-6)\boldsymbol{p}=\boldsymbol{0}\ ,\ \boldsymbol{p}\neq\boldsymbol{0}$$

知 $\lambda^2+\lambda-6=0$,所以 $\lambda=-3$ , 2. 因为 $\boldsymbol{A}$ 有互异特征值,所以 $\boldsymbol{A}$ 必相似于对角矩阵.

19. 设 $n$ 阶方阵 $\boldsymbol{A}$ 与 $\boldsymbol{B}$ 相似,问它们的转置矩阵是不是必相似,伴随矩阵是不是必相似?

**【解】** 回答都是肯定相似. 设 $\boldsymbol{B}=\boldsymbol{P}^{-1}\boldsymbol{AP}$,则必有

$$\boldsymbol{B}'=(\boldsymbol{P}^{-1}\boldsymbol{AP})'=\boldsymbol{P}'\boldsymbol{A}'(\boldsymbol{P}')^{-1},\boldsymbol{B}^*=(\boldsymbol{P}^{-1}\boldsymbol{AP})^*=\boldsymbol{P}^*\boldsymbol{A}^*(\boldsymbol{P}^*)^{-1}$$

**【注】** 这里用到求伴随矩阵的反序律 $(\boldsymbol{AB})^*=\boldsymbol{B}^*\boldsymbol{A}^*$ 和 $(\boldsymbol{P}^{-1})^*=(\boldsymbol{P}^*)^{-1}$. 见第二章 §2 题 14,16.

20. 设 $\boldsymbol{A}$ 和 $\boldsymbol{B}$ 是两个有相同特征值组的 $n$ 阶方阵. 如果这 $n$ 个特征值两两互异,证明必存在 $n$ 阶可逆矩阵 $\boldsymbol{P}$ 和 $\boldsymbol{Q}$ 使得 $\boldsymbol{A}=\boldsymbol{PQ}$ , $\boldsymbol{B}=\boldsymbol{QP}$.

**【证】** 因为无重特征值的方阵必相似于对角矩阵,所以,可设

$$\boldsymbol{T}_1^{-1}\boldsymbol{A}\,\boldsymbol{T}_1=\boldsymbol{T}_2^{-1}\boldsymbol{B}\,\boldsymbol{T}_2=\boldsymbol{\Lambda},\boldsymbol{\Lambda}\ 为某对角矩阵$$

则有

$$A = T_1 T_2^{-1} B T_2 T_1^{-1}$$

令 $P = T_1 T_2^{-1}$，$Q = B T_2 T_1^{-1}$，就有

$$A = T_1 T_2^{-1} B T_2 T_1^{-1} = PQ,\ QP = B T_2 T_1^{-1} T_1 T_2^{-1} = B$$

21. 设 $n$ 阶矩阵 $A$ 有 $n$ 个不同的特征值，且 $AB = BA$，证明 $B$ 必相似于对角矩阵.

【证】 设 $A p_i = \lambda_i p_i$，$i = 1, 2, \cdots, n$. 由条件知

$$A(B p_i) = B(A p_i) = \lambda_i (B p_i),\ i = 1, 2, \cdots, n$$

这说明 $p_i$ 和 $B p_i$ 是 $A$ 的属于同一个特征值 $\lambda_i$ 的特征向量. 但 $\lambda_i$ 是单根，属于 $\lambda_i$ 的特征向量都是线性相关的，所以必有

$$B p_i = \mu_i p_i,\ i = 1, 2, \cdots, n$$

因为 $A$ 的 $n$ 个特征值两两不同，所以对应的 $n$ 个特征向量 $p_1, p_2, \cdots, p_n$ 必线性无关，但它们也是 $B$ 的 $n$ 个特征向量，所以，$B$ 必相似于对角矩阵.

22. 已知 $P^{-1}AP = \begin{pmatrix} 1 & 0 & 0 \\ 0 & 1 & 0 \\ 0 & 0 & 0 \end{pmatrix}$，$A\alpha_1 = \alpha_1$，$A\alpha_2 = \alpha_2$，$A\alpha_3 = \mathbf{0}$，证明这个矩阵 $P$ 不可能为

$$(\alpha_1 \quad \alpha_2 \quad \alpha_2 + \alpha_3)$$

【证一】 任意一个满足 $P^{-1}AP = \begin{pmatrix} 1 & 0 & 0 \\ 0 & 1 & 0 \\ 0 & 0 & 0 \end{pmatrix}$ 的可逆矩阵 $P = (p_1 \quad p_2 \quad p_3)$ 中的三个列向量必须是 $A$ 的三个线性无关的特征向量，且对应的特征值为 $\lambda_1 = \lambda_2 = 1$，$\lambda_3 = 0$. 但根据 $\lambda_2 \neq \lambda_3$ 知 $\alpha_2 + \alpha_3$ 决不是 $A$ 的特征向量，所以 $P$ 不可能为 $(\alpha_1 \quad \alpha_2 \quad \alpha_2 + \alpha_3)$.

【证二】 用反证法. 若这个可逆矩阵 $P = (\alpha_1 \quad \alpha_2 \quad \alpha_2 + \alpha_3)$，则有

$$AP = P\begin{pmatrix} 1 & 0 & 0 \\ 0 & 1 & 0 \\ 0 & 0 & 0 \end{pmatrix}$$

即

$$A(\alpha_1 \quad \alpha_2 \quad \alpha_2 + \alpha_3) = (\alpha_1 \quad \alpha_2 \quad \alpha_2 + \alpha_3)\begin{pmatrix} 1 & 0 & 0 \\ 0 & 1 & 0 \\ 0 & 0 & 0 \end{pmatrix} = (\alpha_1 \quad \alpha_2 \quad \mathbf{0})$$

这说明 $A(\alpha_2 + \alpha_3) = \mathbf{0}$，即 $A(\alpha_2 + \alpha_3) = A\alpha_2 + A\alpha_3 = \alpha_2 = \mathbf{0}$，$P$ 是不可逆矩阵，矛盾，所以 $P$ 不可能为 $(\alpha_1 \quad \alpha_2 \quad \alpha_2 + \alpha_3)$.

23. 已知3阶矩阵 $\boldsymbol{A}$ 的特征值为 $-1, 2, \frac{1}{3}$,对应的特征向量为$\boldsymbol{p}_1, \boldsymbol{p}_2, \boldsymbol{p}_3$. 取

$$\boldsymbol{P}=(2\boldsymbol{p}_2 \quad -\boldsymbol{p}_1 \quad 3\boldsymbol{p}_3)$$

求$\boldsymbol{P}^{-1}\boldsymbol{A}\boldsymbol{P}$.

【解】　由条件知 $\boldsymbol{A}\boldsymbol{p}_1=-\boldsymbol{p}_1, \boldsymbol{A}\boldsymbol{p}_2=2\boldsymbol{p}_2, \boldsymbol{A}\boldsymbol{p}_3=\frac{1}{3}\boldsymbol{p}_3$,且$\boldsymbol{p}_1, \boldsymbol{p}_2, \boldsymbol{p}_3$ 线性无关,于是

$$\boldsymbol{A}(2\boldsymbol{p}_2)=2(2\boldsymbol{p}_2),\ \boldsymbol{A}(-\boldsymbol{p}_1)=-(-\boldsymbol{p}_1),\ \boldsymbol{A}(3\boldsymbol{p}_3)=\frac{1}{3}(3\boldsymbol{p}_3)$$

这说明 $\boldsymbol{P}$ 中的三个线性无关列向量都是 $\boldsymbol{A}$ 的特征向量,对应的特征值为 $2, -1, \frac{1}{3}$, 所以必有

$$\boldsymbol{P}^{-1}\boldsymbol{A}\boldsymbol{P}=\begin{pmatrix}2 & & \\ & -1 & \\ & & 1/3\end{pmatrix}$$

24. 已知3阶方阵 $\boldsymbol{A}$ 的每行元素之和都为3,且满足 $\boldsymbol{A}\boldsymbol{B}=\boldsymbol{O}$,其中 $\boldsymbol{B}=\begin{pmatrix}1 & 2\\ 0 & 1\\ -2 & 0\end{pmatrix}$,证明 $\boldsymbol{A}$ 必相似于对角矩阵,并证明$\boldsymbol{A}^n=3^{n-1}\boldsymbol{A}$.

【证】　令$\boldsymbol{p}_1=\begin{pmatrix}1\\1\\1\end{pmatrix}, \boldsymbol{p}_2=\begin{pmatrix}1\\0\\-2\end{pmatrix}, \boldsymbol{p}_3=\begin{pmatrix}2\\1\\0\end{pmatrix}, \boldsymbol{P}=\begin{pmatrix}1 & 1 & 2\\ 1 & 0 & 1\\ 1 & -2 & 0\end{pmatrix}$. 由$|\boldsymbol{P}|=-1\neq 0$ 知 $\boldsymbol{P}$ 为可逆矩阵.

由条件知 $\boldsymbol{A}\boldsymbol{p}_1=3\boldsymbol{p}_1, \boldsymbol{A}\boldsymbol{p}_2=\boldsymbol{0}\boldsymbol{p}_2=\boldsymbol{0}, \boldsymbol{A}\boldsymbol{p}_3=0\boldsymbol{p}_3=\boldsymbol{0}$,这说明 $\boldsymbol{A}$ 有特征值 $3, 0, 0$,故有

$$\boldsymbol{P}^{-1}\boldsymbol{A}\boldsymbol{P}=\boldsymbol{\Lambda}=\begin{pmatrix}3 & & \\ & 0 & \\ & & 0\end{pmatrix}$$

$$\boldsymbol{A}=\boldsymbol{P}\boldsymbol{\Lambda}\boldsymbol{P}^{-1}=\begin{pmatrix}1 & 1 & 2\\ 1 & 0 & 1\\ 1 & -2 & 0\end{pmatrix}\begin{pmatrix}3 & & \\ & 0 & \\ & & 0\end{pmatrix}\begin{pmatrix}-2 & 4 & -1\\ -1 & 2 & -1\\ 2 & -3 & 1\end{pmatrix}=3\begin{pmatrix}-2 & 4 & -1\\ -2 & 4 & -1\\ -2 & 4 & -1\end{pmatrix}$$

记$\boldsymbol{\alpha}=\begin{pmatrix}1\\1\\1\end{pmatrix}, \boldsymbol{\beta}=(-2, 4, -1)$,则有

$$A=3\begin{pmatrix}1\\1\\1\end{pmatrix}(-2,4,-1)=3\alpha\beta,\beta\alpha=(-2,4,-1)\begin{pmatrix}1\\1\\1\end{pmatrix}=1$$

于是求出

$$A^n=(3\alpha\beta)^n=3^n(\alpha\beta)^n=3^n\alpha\beta\alpha\beta\cdots\alpha\beta=3^{n-1}\alpha\beta=3^{n-1}A$$

25. 设 $A$ 是 $n$ 阶矩阵,其第 $i$ 行、第 $j$ 列元素 $a_{ij}=i\times j,i,j=1,2,\cdots,n$,求 $A$ 的特征值和特征向量,并求出可逆矩阵 $P$ 使得 $P^{-1}AP$ 为对角矩阵.

【解】 令 $\alpha=(1,2,\cdots,n)$,则 $b=\alpha\alpha'=\sum\limits_{k=1}^{n}k^2=\frac{1}{6}n(n+1)(2n+1)$.

由 $A$ 的定义知

$$A=\begin{pmatrix}1&2&3&\cdots&n\\2&4&6&\cdots&2n\\3&6&9&\cdots&3n\\\vdots&\vdots&\vdots&&\vdots\\n&2n&3n&\cdots&nn\end{pmatrix}=\begin{pmatrix}1\\2\\3\\\vdots\\n\end{pmatrix}(1,2,3,\cdots,n)=\alpha'\alpha$$

且 $A^2=\alpha'\alpha\alpha'\alpha=b\alpha'\alpha=bA$.

由 $A^2-bA=O$ 知 $A$ 的特征值必为 $\lambda^2-b\lambda=0$ 的根 0 或 $b$.

由 $A\alpha'=\alpha'\alpha\alpha'=b\alpha'$ 知 $\alpha'$ 就是 $A$ 的属于特征值 $\lambda=b$ 的特征向量.

$A$ 的属于特征值 $\lambda=0$ 的特征向量就是齐次线性方程组 $Ax=0\cdot x=0$ 的非零解. 由 $R(A)=1$ 知 $Ax=0$ 仅有一个独立方程

$$x_1+2x_2+3x_3+\cdots+nx_n=0$$

它有 $n-1$ 个线性无关的解

$$p_1=\begin{pmatrix}-2\\1\\0\\\vdots\\0\end{pmatrix},p_2=\begin{pmatrix}-3\\0\\1\\\vdots\\0\end{pmatrix},\cdots,p_{n-1}=\begin{pmatrix}-n\\0\\0\\\vdots\\1\end{pmatrix}$$

于是存在可逆矩阵

$$P=\begin{pmatrix}-2&-3&\cdots&-n&1\\1&0&\cdots&0&2\\&1&\cdots&0&3\\&&\ddots&\vdots&\vdots\\&&&1&n\end{pmatrix}\text{ 使 }P^{-1}AP=\begin{pmatrix}0&&&&\\&0&&&\\&&\ddots&&\\&&&0&\\&&&&b\end{pmatrix}$$

【注】 由 $|\lambda I_n-A|=|\lambda I_n-\alpha'\alpha|=\lambda^{n-1}|\lambda-\alpha\alpha'|=\lambda^{n-1}|\lambda-b|=$

0 也可求出 $A$ 的特征值为单根 $b$ 和 $n-1$ 重根 0.

26. 已知 3 阶矩阵 $A$ 和 3 维列向量 $x$ 使得 $x$ , $Ax$ , $A^2x$ 线性无关,且满足 $A^3x=3Ax-2A^2x$.

(1) 记 $P=(x\quad Ax\quad A^2x)$ ,求矩阵 $B=P^{-1}AP$.

(2) 求行列式 $|A+I_3|$.

【解】 (1) 由 $B=P^{-1}AP$ 知 $AP=PB$,即

$$(Ax\quad A^2x\quad A^3x)=(x\quad Ax\quad A^2x)B$$

但

$$(Ax\quad A^2x\quad A^3x)=(x\quad Ax\quad A^2x)\begin{pmatrix}0&0&0\\1&0&3\\0&1&-2\end{pmatrix}$$

于是,由 $x$ , $Ax$ , $A^2x$ 线性无关和

$$(x\quad Ax\quad A^2x)B=(x\quad Ax\quad A^2x)\begin{pmatrix}0&0&0\\1&0&3\\0&1&-2\end{pmatrix}$$

知

$$B=\begin{pmatrix}0&0&0\\1&0&3\\0&1&-2\end{pmatrix}$$

(2) 由 $A=PBP^{-1}$ 知 $A+I_3=P(B+I_3)P^{-1}$,所以

$$|A+I_3|=|B+I_3|=\begin{vmatrix}1&0&0\\1&1&3\\0&1&-1\end{vmatrix}=-4$$

27. 设 $A$ 是 $n$ 阶方阵,证明以下结论:

(1) 当 $A^2=I_n$ 时,$A$ 必相似于对角矩阵.

(2) 当 $A^2=A$ 时,$A$ 必相似于对角矩阵.

(3) 当 $A^m=O$ 时,$A$ 相似于对角矩阵当且仅当 $A=O$.

【证】 (1) 由 $A^2=I_n$ 知 $R(I_n-A)+R(I_n+A)=n$,且 $A$ 的特征值为 $\lambda^2=1$ 的根 $\lambda=\pm1$.

对应于 $\lambda_1=1$,$(I_n-A)x=0$ 有

$$n-R(I_n-A)=R(I_n+A)$$

个线性无关的特征向量构成基础解系;

对应于 $\lambda_2=-1$,$(-I_n-A)x=(-1)^n(I_n+A)x=0$ 有

$$n-R(\boldsymbol{I}_n+\boldsymbol{A})=R(\boldsymbol{I}_n-\boldsymbol{A})$$

个线性无关的特征向量构成基础解系，这说明 $\boldsymbol{A}$ 必有 $n$ 个线性无关的特征向量，所以，$\boldsymbol{A}$ 必相似于对角矩阵.

(2) 由$\boldsymbol{A}^2=\boldsymbol{A}$ 知 $R(\boldsymbol{I}_n-\boldsymbol{A})+R(\boldsymbol{A})=n$. $\boldsymbol{A}$ 的特征值为 $\lambda^2=\lambda$ 的根 $\lambda=0,1$.

对应于 $\lambda_1=0$，$(0\times\boldsymbol{I}_n-\boldsymbol{A})\boldsymbol{x}=\boldsymbol{0}$ 有

$$n-R(\boldsymbol{A})=R(\boldsymbol{I}_n-\boldsymbol{A})$$

个线性无关的特征向量构成基础解系；

对应于 $\lambda_2=1$，$(\boldsymbol{I}_n-\boldsymbol{A})\boldsymbol{x}=\boldsymbol{0}$ 有

$$n-R(\boldsymbol{I}_n-\boldsymbol{A})=R(\boldsymbol{A})$$

个线性无关的特征向量构成基础解系，这说明 $\boldsymbol{A}$ 必有 $n$ 个线性无关的特征向量系，所以，$\boldsymbol{A}$ 必相似于对角矩阵.

(3) 由$\boldsymbol{A}^m=\boldsymbol{O}$ 知 $\boldsymbol{A}$ 的特征值全为0. 因此，当 $\boldsymbol{A}$ 相似于对角矩阵 $\boldsymbol{\Lambda}$ 时，$\boldsymbol{\Lambda}$ 必为零矩阵，于是，$\boldsymbol{A}$ 必为零矩阵. 零矩阵显然满足$\boldsymbol{A}^m=\boldsymbol{O}$.

**【注】** 关于对合矩阵和幂等矩阵的充分必要条件见第二章的 §6 题8 和题9.

28. (1) 设 $\boldsymbol{A}$ 是 $n$ 阶方阵，$\boldsymbol{B}=\boldsymbol{P}^{-1}\boldsymbol{AP}$. 如果 $\boldsymbol{A\alpha}=\lambda\boldsymbol{\alpha}$，求 $\boldsymbol{B}$ 的属于特征值 $\lambda$ 的特征向量.

(2) 设 $\boldsymbol{A}$ 是 $n$ 阶对称方阵，$\boldsymbol{B}=\boldsymbol{P}^{-1}\boldsymbol{AP}$. 如果 $\boldsymbol{A\alpha}=\lambda\boldsymbol{\alpha}$，求 $\boldsymbol{B}'$ 的属于特征值 $\lambda$ 的特征向量.

**【解】** (1) 由

$$\boldsymbol{B}(\boldsymbol{P}^{-1}\boldsymbol{\alpha})=(\boldsymbol{B}\boldsymbol{P}^{-1})\boldsymbol{\alpha}=(\boldsymbol{P}^{-1}\boldsymbol{A})\boldsymbol{\alpha}=\boldsymbol{P}^{-1}(\boldsymbol{A\alpha})=\lambda(\boldsymbol{P}^{-1}\boldsymbol{\alpha})$$

知$\boldsymbol{P}^{-1}\boldsymbol{\alpha}$ 就是 $\boldsymbol{B}$ 的属于特征值 $\lambda$ 的特征向量.

(2) 由 $\boldsymbol{B}'=(\boldsymbol{P}^{-1}\boldsymbol{AP})'=\boldsymbol{P}'\boldsymbol{A}'(\boldsymbol{P}')^{-1}=\boldsymbol{P}'\boldsymbol{A}(\boldsymbol{P}')^{-1}$ 得 $\boldsymbol{B}'\boldsymbol{P}'=\boldsymbol{P}'\boldsymbol{A}$，再由

$$\boldsymbol{B}'(\boldsymbol{P}'\boldsymbol{\alpha})=(\boldsymbol{B}'\boldsymbol{P}')\boldsymbol{\alpha}=(\boldsymbol{P}'\boldsymbol{A})\boldsymbol{\alpha}=\boldsymbol{P}'(\boldsymbol{A\alpha})=\lambda(\boldsymbol{P}'\boldsymbol{\alpha})$$

知 $\boldsymbol{P}'\boldsymbol{\alpha}$ 就是 $\boldsymbol{B}'$ 的属于特征值 $\lambda$ 的特征向量.

29. 设矩阵 $\boldsymbol{A}=\begin{pmatrix}3&2&2\\2&3&2\\2&2&3\end{pmatrix}$，$\boldsymbol{P}=\begin{pmatrix}0&1&0\\1&0&1\\0&0&1\end{pmatrix}$，$\boldsymbol{B}=\boldsymbol{P}^{-1}\boldsymbol{A}^*\boldsymbol{P}$，求 $\boldsymbol{B}+2\boldsymbol{I}_3$ 的特征值和三个线性无关的特征向量.

**【解】** 先求出伴随矩阵$\boldsymbol{A}^*=\begin{pmatrix}5&-2&-2\\-2&5&-2\\-2&-2&5\end{pmatrix}$.

(1) 由

$$|\lambda \boldsymbol{I}_3 - \boldsymbol{A}^*| = \begin{vmatrix} \lambda-5 & 2 & 2 \\ 2 & \lambda-5 & 2 \\ 2 & 2 & \lambda-5 \end{vmatrix} = (\lambda-1)\begin{vmatrix} 1 & 2 & 2 \\ 1 & \lambda-5 & 2 \\ 1 & 2 & \lambda-5 \end{vmatrix}$$

$$= (\lambda-1)(\lambda-7)^2$$

知 $\boldsymbol{B}$ 的特征值(就是$\boldsymbol{A}^*$ 的特征值)为 1 , 7 , 7 ,于是 $\boldsymbol{B}+2\boldsymbol{I}_3$ 的特征值为 3 , 9 , 9.

(2) 先求$\boldsymbol{A}^*$ 的线性无关特征向量. $\boldsymbol{A}^*$ 的特征矩阵为

$$\lambda \boldsymbol{I}_3 - \boldsymbol{A}^* = \begin{pmatrix} \lambda-5 & 2 & 2 \\ 2 & \lambda-5 & 2 \\ 2 & 2 & \lambda-5 \end{pmatrix}$$

属于 $\lambda_1 = 1$ 的特征向量满足:$\begin{cases} -4x_1+2x_2+2x_3=0 \\ 2x_1-4x_2+2x_3=0 \\ 2x_1+2x_2-4x_3=0 \end{cases}$ ,取解$\boldsymbol{p}_1 = \begin{pmatrix} 1 \\ 1 \\ 1 \end{pmatrix}$.

属于 $\lambda_2 = \lambda_3 = 7$ 的特征向量满足:$x_1+x_2+x_3=0$. 取线性无关解

$$\boldsymbol{p}_2 = \begin{pmatrix} -1 \\ 1 \\ 0 \end{pmatrix}, \boldsymbol{p}_3 = \begin{pmatrix} -1 \\ 0 \\ 1 \end{pmatrix}$$

由$\boldsymbol{A}^*\boldsymbol{p}_j = \lambda_j \boldsymbol{p}_j$ 和 $\boldsymbol{B}\boldsymbol{P}^{-1} = \boldsymbol{P}^{-1}\boldsymbol{A}^*$ 知 $\boldsymbol{B}(\boldsymbol{P}^{-1}\boldsymbol{p}_j) = \boldsymbol{P}^{-1}\boldsymbol{A}^*\boldsymbol{p}_j = \lambda_j(\boldsymbol{P}^{-1}\boldsymbol{p}_j)$ 和

$(\boldsymbol{B}+2\boldsymbol{I}_3)(\boldsymbol{P}^{-1}\boldsymbol{p}_j) = \boldsymbol{B}\boldsymbol{P}^{-1}\boldsymbol{p}_j + 2\boldsymbol{P}^{-1}\boldsymbol{p}_j = (\lambda_j+2)(\boldsymbol{P}^{-1}\boldsymbol{p}_j)$ ,$j = 1$ , 2 , 3

这说明$\boldsymbol{P}^{-1}\boldsymbol{p}_1$, $\boldsymbol{P}^{-1}\boldsymbol{p}_2$, $\boldsymbol{P}^{-1}\boldsymbol{p}_3$ 就是 $\boldsymbol{B}+2\boldsymbol{I}_3$ 的三个线性无关的特征向量. 由

$$\boldsymbol{P} = \begin{pmatrix} 0 & 1 & 0 \\ 1 & 0 & 1 \\ 0 & 0 & 1 \end{pmatrix} \text{ 知 } \boldsymbol{P}^{-1} = \begin{pmatrix} 0 & 1 & -1 \\ 1 & 0 & 0 \\ 0 & 0 & 1 \end{pmatrix}$$

于是,可求出 $\boldsymbol{B}+2\boldsymbol{I}_3$ 的三个线性无关的特征向量

$$\begin{pmatrix} 0 & 1 & -1 \\ 1 & 0 & 0 \\ 0 & 0 & 1 \end{pmatrix}\begin{pmatrix} 1 \\ 1 \\ 1 \end{pmatrix} = \begin{pmatrix} 0 \\ 1 \\ 1 \end{pmatrix}, \begin{pmatrix} 0 & 1 & -1 \\ 1 & 0 & 0 \\ 0 & 0 & 1 \end{pmatrix}\begin{pmatrix} -1 \\ 1 \\ 0 \end{pmatrix} = \begin{pmatrix} 1 \\ -1 \\ 0 \end{pmatrix}$$

$$\begin{pmatrix} 0 & 1 & -1 \\ 1 & 0 & 0 \\ 0 & 0 & 1 \end{pmatrix}\begin{pmatrix} -1 \\ 0 \\ 1 \end{pmatrix} = \begin{pmatrix} -1 \\ -1 \\ 1 \end{pmatrix}$$

30. 考虑三个矩阵:$\boldsymbol{A}_{m\times m}$, $\boldsymbol{B}_{n\times n}$, $\boldsymbol{C}_{m\times n}$, $m > n$. 如果 $\boldsymbol{AC} = \boldsymbol{CB}$,且 $R(\boldsymbol{C}) = r$,证明 $\boldsymbol{A}$ 和 $\boldsymbol{B}$ 至少有 $r$ 个相同的特征值.

【证】 (1) 先考虑 $\boldsymbol{C}=\begin{pmatrix}\boldsymbol{I}_r & \boldsymbol{O}\\ \boldsymbol{O} & \boldsymbol{O}\end{pmatrix}$ 情形. 设

$$\boldsymbol{A}=\begin{pmatrix}\boldsymbol{A}_1 & \boldsymbol{A}_2\\ \boldsymbol{A}_3 & \boldsymbol{A}_4\end{pmatrix},\boldsymbol{B}=\begin{pmatrix}\boldsymbol{B}_1 & \boldsymbol{B}_2\\ \boldsymbol{B}_3 & \boldsymbol{B}_4\end{pmatrix}$$

其中,$\boldsymbol{A}_1$, $\boldsymbol{B}_1$ 都是 $r$ 阶方阵,则由 $\boldsymbol{AC}=\boldsymbol{CB}$ 得

$$\begin{pmatrix}\boldsymbol{A}_1 & \boldsymbol{O}\\ \boldsymbol{A}_3 & \boldsymbol{O}\end{pmatrix}=\begin{pmatrix}\boldsymbol{B}_1 & \boldsymbol{B}_2\\ \boldsymbol{O} & \boldsymbol{O}\end{pmatrix}$$

必有

$$\boldsymbol{A}_1=\boldsymbol{B}_1,\ \boldsymbol{A}_3=\boldsymbol{O},\ \boldsymbol{B}_2=\boldsymbol{O}$$

显然,分块三角方阵 $\boldsymbol{A}=\begin{pmatrix}\boldsymbol{A}_1 & \boldsymbol{A}_2\\ \boldsymbol{O} & \boldsymbol{A}_4\end{pmatrix}$ 与 $\boldsymbol{B}=\begin{pmatrix}\boldsymbol{A}_1 & \boldsymbol{O}\\ \boldsymbol{B}_3 & \boldsymbol{B}_4\end{pmatrix}$ 至少有 $r$ 个相同的特征值($\boldsymbol{A}_1$ 的特征值).

(2) 再考虑一般的矩阵 $\boldsymbol{C}=\boldsymbol{P}\begin{pmatrix}\boldsymbol{I}_r & \boldsymbol{O}\\ \boldsymbol{O} & \boldsymbol{O}\end{pmatrix}\boldsymbol{Q}$. 由 $\boldsymbol{AC}=\boldsymbol{CB}$ 知

$$\boldsymbol{AP}\begin{pmatrix}\boldsymbol{I}_r & \boldsymbol{O}\\ \boldsymbol{O} & \boldsymbol{O}\end{pmatrix}\boldsymbol{Q}=\boldsymbol{P}\begin{pmatrix}\boldsymbol{I}_r & \boldsymbol{O}\\ \boldsymbol{O} & \boldsymbol{O}\end{pmatrix}\boldsymbol{QB},\boldsymbol{P}^{-1}\boldsymbol{AP}\begin{pmatrix}\boldsymbol{I}_r & \boldsymbol{O}\\ \boldsymbol{O} & \boldsymbol{O}\end{pmatrix}=\begin{pmatrix}\boldsymbol{I}_r & \boldsymbol{O}\\ \boldsymbol{O} & \boldsymbol{O}\end{pmatrix}\boldsymbol{QBQ}^{-1}$$

由(1)所证知 $\boldsymbol{P}^{-1}\boldsymbol{AP}$ 和 $\boldsymbol{QBQ}^{-1}$ 至少有 $r$ 个相同的特征值,因为相似方阵必有相同的特征值,所以 $\boldsymbol{A}$ 和 $\boldsymbol{B}$ 至少有 $r$ 个相同的特征值.

31. 设 $\boldsymbol{A}$ 是 3 阶矩阵,$\boldsymbol{b}=\begin{pmatrix}9\\18\\-18\end{pmatrix}$. 已知方程组 $\boldsymbol{Ax}=\boldsymbol{b}$ 有通解

$$\boldsymbol{\eta}=\begin{pmatrix}1\\2\\-2\end{pmatrix}+k_1\begin{pmatrix}-2\\1\\0\end{pmatrix}+k_2\begin{pmatrix}2\\0\\1\end{pmatrix},k_1,k_2\text{ 为任意实数}$$

求出矩阵 $\boldsymbol{A}$ 并证明 $\boldsymbol{A}^{100}=9^{99}\boldsymbol{A}$.

【解一】 由条件知 $\boldsymbol{Ax}=\boldsymbol{b}$ 的相伴方程组 $\boldsymbol{Ax}=\boldsymbol{0}$ 的基础解系

$$\boldsymbol{p}_1=\begin{pmatrix}-2\\1\\0\end{pmatrix},\boldsymbol{p}_2=\begin{pmatrix}2\\0\\1\end{pmatrix}$$

满足

$$\boldsymbol{A}\boldsymbol{p}_i=\boldsymbol{0}=0\times\boldsymbol{p}_i,\ i=1,2$$

这说明 $\boldsymbol{p}_1$ 和 $\boldsymbol{p}_2$ 是 $\boldsymbol{A}$ 的属于特征值 $\lambda_1=\lambda_2=0$ 的两个线性无关的特征向量.

再由$\boldsymbol{A}\begin{pmatrix}1\\2\\-2\end{pmatrix}=\begin{pmatrix}9\\18\\-18\end{pmatrix}=9\begin{pmatrix}1\\2\\-2\end{pmatrix}$知$\boldsymbol{p}_3=\begin{pmatrix}1\\2\\-2\end{pmatrix}$是$\boldsymbol{A}$的属于特征值$\lambda_3=9$的特征向量. 令

$$\boldsymbol{P}=(\boldsymbol{p}_1\quad \boldsymbol{p}_2\quad \boldsymbol{p}_3)=\begin{pmatrix}-2&2&1\\1&0&2\\0&1&-2\end{pmatrix}$$

求出$\boldsymbol{P}^{-1}=\frac{1}{9}\begin{pmatrix}-2&5&4\\2&4&5\\1&2&-2\end{pmatrix}$. 所以有

$$\boldsymbol{A}=\boldsymbol{P}\begin{pmatrix}0&&\\&0&\\&&9\end{pmatrix}\boldsymbol{P}^{-1}=\begin{pmatrix}-2&2&1\\1&0&2\\0&1&-2\end{pmatrix}\begin{pmatrix}0&&\\&0&\\&&9\end{pmatrix}\frac{1}{9}\begin{pmatrix}-2&5&4\\2&4&5\\1&2&-2\end{pmatrix}$$

$$=\begin{pmatrix}1&2&-2\\2&4&-4\\-2&-4&4\end{pmatrix}$$

$$\boldsymbol{A}^2=\begin{pmatrix}1&2&-2\\2&4&-4\\-2&-4&4\end{pmatrix}\begin{pmatrix}1&2&-2\\2&4&-4\\-2&-4&4\end{pmatrix}=\begin{pmatrix}9&18&-18\\18&36&-36\\-18&-36&36\end{pmatrix}=9\boldsymbol{A}$$

据此即得$\boldsymbol{A}^{100}=9^{99}\boldsymbol{A}$.

**【解二】** 由$\boldsymbol{Ax}=\boldsymbol{b}$的通解表示式知相伴方程组$\boldsymbol{Ax}=\boldsymbol{0}$的基础解系中含两个解向量,所以$\boldsymbol{Ax}=\boldsymbol{0}$仅有一个独立方程$ax_1+bx_2+cx_3=0$.

将它的基础解系$\{\boldsymbol{p}_1,\boldsymbol{p}_2\}$代入可知

$$\begin{cases}-2a+b=0\\2a+c=0\end{cases},b=2a\ ,\ c=-2a$$

故$\boldsymbol{Ax}=\boldsymbol{0}$为$x_1+2x_2-2x_3=0$.

对应的非齐次线性方程组为$\begin{cases}k_1(x_1+2x_2-2x_3)=9\\k_2(x_1+2x_2-2x_3)=18\\k_3(x_1+2x_2-2x_3)=-18\end{cases}$.

再将它的特解$\boldsymbol{p}_3=\begin{pmatrix}1\\2\\-2\end{pmatrix}$代入可求出$k_1=1$, $k_2=2$, $k_3=-2$. 将它们代入上述的$\boldsymbol{Ax}=\boldsymbol{b}$即得其系数矩阵

$$A=\begin{pmatrix}1 & 2 & -2\\ 2 & 4 & -4\\ -2 & -4 & 4\end{pmatrix}$$

再求出$A^2=9A$ 得$A^{100}=9^{99}A$.

32. 设三个 $n$ 阶非零方阵$A_i$, $i=1,2,3$ 满足$A_i^2=A_i$, $A_iA_j=O$, $i\neq j$,证明:

(1) 每个$A_i$ 既有特征值0,又有特征值1.

(2) 若$\boldsymbol{\alpha}$是$A_i$ 的属于特征值1的特征向量,则$\boldsymbol{\alpha}$必是$A_j$, $j\neq i$的属于特征值0的特征向量.

(3) 若$\boldsymbol{\alpha}_1$, $\boldsymbol{\alpha}_2$, $\boldsymbol{\alpha}_3$ 依次是$A_1$, $A_2$, $A_3$ 的属于特征值1的特征向量,则$\boldsymbol{\alpha}_1$, $\boldsymbol{\alpha}_2$, $\boldsymbol{\alpha}_3$ 必线性无关.

**【证】** (1) 由$A_i^2=A_i$ 知每个$A_i$ 的特征值为0或1,且幂等矩阵$A_i$ 必相似于对角矩阵.

如果$A_i$ 的特征值全为0,则$A_i$ 相似于零矩阵,必有$A_i=O$,矛盾.

如果$A_i$ 的特征值全为1,则$A_i$ 相似于单位矩阵,必有$A_i=I_n$. 此时,对 $i\neq j$ 有$A_iA_j=A_j\neq O$,矛盾. 所以每个$A_i$ 既有特征值0,又有特征值1.

(2) 若$\boldsymbol{\alpha}$是$A_i$ 的属于特征值1的特征向量,则有$A_i\boldsymbol{\alpha}=\boldsymbol{\alpha}$,此时必有

$$A_j\boldsymbol{\alpha}=A_jA_i\boldsymbol{\alpha}=O\boldsymbol{\alpha}=\mathbf{0}=0\times\boldsymbol{\alpha}$$

这说明$\boldsymbol{\alpha}$必是$A_j$, $j\neq i$ 的属于特征值0的特征向量.

(3) 设 $k_1\boldsymbol{\alpha}_1+k_2\boldsymbol{\alpha}_2+k_3\boldsymbol{\alpha}_3=\mathbf{0}$,则据(2)所证必有

$$A_1(k_1\boldsymbol{\alpha}_1+k_2\boldsymbol{\alpha}_2+k_3\boldsymbol{\alpha}_3)=k_1A_1\boldsymbol{\alpha}_1+k_2A_1\boldsymbol{\alpha}_2+k_3A_1\boldsymbol{\alpha}_3=k_1\boldsymbol{\alpha}_1=\mathbf{0}$$

$$A_2(k_1\boldsymbol{\alpha}_1+k_2\boldsymbol{\alpha}_2+k_3\boldsymbol{\alpha}_3)=k_1A_2\boldsymbol{\alpha}_1+k_2A_2\boldsymbol{\alpha}_2+k_3A_2\boldsymbol{\alpha}_3=k_2\boldsymbol{\alpha}_2=\mathbf{0}$$

$$A_3(k_1\boldsymbol{\alpha}_1+k_2\boldsymbol{\alpha}_2+k_3\boldsymbol{\alpha}_3)=k_1A_3\boldsymbol{\alpha}_1+k_2A_3\boldsymbol{\alpha}_2+k_3A_3\boldsymbol{\alpha}_3=k_3\boldsymbol{\alpha}_3=\mathbf{0}$$

因为$\boldsymbol{\alpha}_1$, $\boldsymbol{\alpha}_2$, $\boldsymbol{\alpha}_3$ 都不是零向量,所以必有

$$k_1=0, k_2=0, k_3=0$$

$\boldsymbol{\alpha}_1$, $\boldsymbol{\alpha}_2$, $\boldsymbol{\alpha}_3$ 必线性无关.

**【注】** 若$\boldsymbol{\alpha}$是$A_i$ 的属于特征值0的特征向量,则$\boldsymbol{\alpha}$未必是$A_j$, $j\neq i$ 的属于特征值1的特征向量.

幂等矩阵必相似于对角矩阵(见第二章的 §6 题8).

33. 设$A=\begin{pmatrix}0 & 1 & 1\\ 1 & 0 & 1\\ 1 & 1 & 0\end{pmatrix}$,求$A^n$.

**【解一】** $|\lambda I_3-A|=\begin{vmatrix}\lambda & -1 & -1\\ -1 & \lambda & -1\\ -1 & -1 & \lambda\end{vmatrix}=(\lambda-2)\begin{vmatrix}1 & -1 & -1\\ 1 & \lambda & -1\\ 1 & -1 & \lambda\end{vmatrix}=$

$(\lambda-2)(\lambda+1)^2$.

属于 $\lambda_1=\lambda_2=-1$ 的特征向量满足 $x_1+x_2+x_3=0$，可取线性无关解

$$\boldsymbol{p}_1=\begin{pmatrix}-1\\1\\0\end{pmatrix},\boldsymbol{p}_2=\begin{pmatrix}-1\\0\\1\end{pmatrix}$$

属于 $\lambda_3=2$ 的特征向量满足 $\begin{cases}2x_1-x_2-x_3=0\\-x_1+2x_2-x_3=0\\-x_1-x_2+2x_3=0\end{cases}$，可取解

$$\boldsymbol{p}_3=\begin{pmatrix}1\\1\\1\end{pmatrix}$$

令 $\boldsymbol{P}=\begin{pmatrix}-1&-1&1\\1&0&1\\0&1&1\end{pmatrix}$，求出 $\boldsymbol{P}^{-1}=\dfrac{1}{3}\begin{pmatrix}-1&2&-1\\-1&-1&2\\1&1&1\end{pmatrix}$. 于是

$$\boldsymbol{A}^n=\boldsymbol{P}\begin{pmatrix}-1&&\\&-1&\\&&2\end{pmatrix}^n\boldsymbol{P}^{-1}=\begin{pmatrix}-1&-1&1\\1&0&1\\0&1&1\end{pmatrix}\begin{pmatrix}(-1)^n&&\\&(-1)^n&\\&&2^n\end{pmatrix}\boldsymbol{P}^{-1}$$

$$=\frac{1}{3}\begin{pmatrix}(-1)^{n+1}&(-1)^{n+1}&2^n\\(-1)^n&0&2^n\\0&(-1)^n&2^n\end{pmatrix}\begin{pmatrix}-1&2&-1\\-1&-1&2\\1&1&1\end{pmatrix}=\frac{1}{3}\begin{pmatrix}a&b&b\\b&a&b\\b&b&a\end{pmatrix}$$

其中 $a=2(-1)^n+2^n$, $b=(-1)^{n+1}+2^n=a+3(-1)^{n+1}$.

**【解二】**　令 $\boldsymbol{\alpha}=\begin{pmatrix}1\\1\\1\end{pmatrix}$，则 $\boldsymbol{M}=\boldsymbol{\alpha}\boldsymbol{\alpha}'=\begin{pmatrix}1&1&1\\1&1&1\\1&1&1\end{pmatrix}=\boldsymbol{A}+\boldsymbol{I}_3$, $\boldsymbol{\alpha}'\boldsymbol{\alpha}=3$，有

$$\boldsymbol{M}^k=\boldsymbol{\alpha}\boldsymbol{\alpha}'\boldsymbol{\alpha}\boldsymbol{\alpha}'\cdots\boldsymbol{\alpha}\boldsymbol{\alpha}'=3^{k-1}\boldsymbol{\alpha}\boldsymbol{\alpha}'=3^{k-1}\boldsymbol{M}$$

据此就可求出一般公式

$$\boldsymbol{A}^n=(\boldsymbol{M}-\boldsymbol{I}_3)^n=\sum_{k=0}^{n}(-1)^k\mathrm{C}_n^k\boldsymbol{M}^{n-k}=\Big(\sum_{k=0}^{n-1}(-1)^k3^{n-k-1}\mathrm{C}_n^k\Big)\boldsymbol{M}+(-1)^n\boldsymbol{I}_3$$

例如

$$\boldsymbol{A}^2=(3-2)\boldsymbol{M}+\boldsymbol{I}_3=\boldsymbol{M}+\boldsymbol{I}_3$$

$$\boldsymbol{A}^3=(9-3\times3+3)\boldsymbol{M}-\boldsymbol{I}_3=3\boldsymbol{M}-\boldsymbol{I}_3$$

$$\boldsymbol{A}^4=(3^3-3^2\times4+3\times6-4)\boldsymbol{M}+\boldsymbol{I}_3=5\boldsymbol{M}+\boldsymbol{I}_3$$

$$A^5 = (3^4 - 3^3 \times 5 + 3^2 \times 10 - 3 \times 10 + 5)M - I_3 = 11M - I_3$$

$$\vdots$$

实际上，由 $A = M - I_3$ 可逐个求出

$$A^2 = (M - I_3)^2 = M^2 - 2M + I_3 = M + I_3$$

$$A^3 = AA^2 = (M - I_3)(M + I_3) = M^2 - I_3 = 3M - I_3$$

$$A^4 = AA^3 = (M - I_3)(3M - I_3) = 3M^2 - 4M + I_3 = (9 - 4)M + I_3 = 5M + I_3$$

$$A^5 = AA^4 = (M - I_3)(5M + I_3) = 5M^2 - 4M - I_3 = (15 - 4)M + I_3 = 11M + I_3$$

$$\vdots$$

34. 已知 3 阶矩阵 $A$ 的特征值为 $\lambda_1 = 1, \lambda_2 = 2, \lambda_3 = 3$，对应的特征向量为

$$p_1 = \begin{pmatrix} 1 \\ 1 \\ 1 \end{pmatrix}, p_2 = \begin{pmatrix} 1 \\ 2 \\ 4 \end{pmatrix}, p_3 = \begin{pmatrix} 1 \\ 3 \\ 9 \end{pmatrix}$$

对于 $\beta = \begin{pmatrix} 1 \\ 1 \\ 3 \end{pmatrix}$，求出 $A^n\beta$，$n$ 为任意正整数.

**【解一】** 令 $P = \begin{pmatrix} 1 & 1 & 1 \\ 1 & 2 & 3 \\ 1 & 4 & 9 \end{pmatrix}$. 先用初等行变换求出它的逆矩阵

$$\begin{pmatrix} 1 & 1 & 1 & 1 & 0 & 0 \\ 1 & 2 & 3 & 0 & 1 & 0 \\ 1 & 4 & 9 & 0 & 0 & 1 \end{pmatrix} \to \begin{pmatrix} 1 & 1 & 1 & 1 & 0 & 0 \\ 0 & 1 & 2 & -1 & 1 & 0 \\ 0 & 3 & 8 & -1 & 0 & 1 \end{pmatrix}$$

$$\to \begin{pmatrix} 1 & 0 & -1 & 2 & -1 & 0 \\ 0 & 1 & 2 & -1 & 1 & 0 \\ 0 & 0 & 2 & 2 & -3 & 1 \end{pmatrix} \to \begin{pmatrix} 1 & 0 & -1 & 2 & -1 & 0 \\ 0 & 1 & 2 & -1 & 1 & 0 \\ 0 & 0 & 1 & 1 & -3/2 & 1/2 \end{pmatrix}$$

$$\to \begin{pmatrix} 1 & 0 & 0 & 3 & -5/2 & 1/2 \\ 0 & 1 & 0 & -3 & 4 & -1 \\ 0 & 0 & 1 & 1 & -3/2 & 1/2 \end{pmatrix}$$

于是 $P^{-1} = \frac{1}{2}\begin{pmatrix} 6 & -5 & 1 \\ -6 & 8 & -2 \\ 2 & -3 & 1 \end{pmatrix}$，有 $A = P\Lambda P^{-1}$，$A^n = P\Lambda^n P^{-1}$.

据此即可求出

$$A^n\boldsymbol{\beta}=P\Lambda^nP^{-1}\boldsymbol{\beta}=\frac{1}{2}\begin{pmatrix}1&1&1\\1&2&3\\1&4&9\end{pmatrix}\begin{pmatrix}1&&\\&2^n&\\&&3^n\end{pmatrix}\begin{pmatrix}6&-5&1\\-6&8&-2\\2&-3&1\end{pmatrix}\begin{pmatrix}1\\1\\3\end{pmatrix}$$

$$=\begin{pmatrix}1&2^n&3^n\\1&2^{n+1}&3^{n+1}\\1&2^{n+2}&3^{n+2}\end{pmatrix}\begin{pmatrix}2\\-2\\1\end{pmatrix}=\begin{pmatrix}2-2^{n+1}+3^n\\2-2^{n+2}+3^{n+1}\\2-2^{n+3}+3^{n+2}\end{pmatrix}$$

**【解二】** 因为$A$的特征值两两互异,$p_1,p_2,p_3$线性无关,它们构成$\mathbf{R}^3$的基,所以必有

$$\boldsymbol{\beta}=k_1p_1+k_2p_2+k_3p_3$$

由

$$\begin{pmatrix}1\\1\\3\end{pmatrix}=k_1\begin{pmatrix}1\\1\\1\end{pmatrix}+k_2\begin{pmatrix}1\\2\\4\end{pmatrix}+k_3\begin{pmatrix}1\\3\\9\end{pmatrix}$$

可得线性方程组

$$\begin{cases}k_1+k_2+k_3=1\\k_1+2k_2+3k_3=1\\k_1+4k_2+9k_3=3\end{cases}$$

可解出

$$\begin{cases}k_1=2\\k_2=-2\\k_3=1\end{cases}$$

有
$$\boldsymbol{\beta}=2p_1-2p_2+p_3$$

于是利用$Ap_1=p_1,Ap_2=2p_2,Ap_3=3p_3$,可得

$$A^n\boldsymbol{\beta}=2A^np_1-2A^np_2+A^np_3=2p_1-2^{n+1}p_2+3^np_3=\begin{pmatrix}2-2^{n+1}+3^n\\2-2^{n+2}+3^{n+1}\\2-2^{n+3}+3^{n+2}\end{pmatrix}$$

# §3 向量内积与正交矩阵

## 一、定义

考虑$n$维实行向量空间$\mathbf{R}^n=\{\boldsymbol{\alpha}=(a_1,a_2,\cdots,a_n)\mid\forall\ a_i\in\mathbf{R}\}$.

(1) 对$\boldsymbol{\alpha}=(a_1,a_2,\cdots,a_n)$, $\boldsymbol{\beta}=(b_1,b_2,\cdots,b_n)\in\mathbf{R}^n$,它们的内积为一个实数

$$(\boldsymbol{\alpha},\boldsymbol{\beta})=\sum_{i=1}^{n}a_ib_i=\boldsymbol{\alpha\beta}'$$

它又可记为$\boldsymbol{\alpha}\cdot\boldsymbol{\beta}$或$(\boldsymbol{\alpha},\boldsymbol{\beta})$.

若$\boldsymbol{\alpha},\boldsymbol{\beta}$都是列向量,则它们的内积为$(\boldsymbol{\alpha},\boldsymbol{\beta})=\sum\limits_{i=1}^{n}a_ib_i=\boldsymbol{\alpha}'\boldsymbol{\beta}$.

(2) 对于$\boldsymbol{\alpha}=(a_1,a_2,\cdots,a_n)\in\mathbf{R}^n$定义它的长度

$$\|\boldsymbol{\alpha}\|=\sqrt{(\boldsymbol{\alpha},\boldsymbol{\alpha})}=\sqrt{\sum_{i=1}^{n}a_i^2}$$

$\boldsymbol{\alpha}=(a_1,a_2,\cdots,a_n)$为单位向量$\Leftrightarrow\|\boldsymbol{\alpha}\|=1\Leftrightarrow\sum\limits_{i=1}^{n}a_i^2=1$.

任意一个非零向量$\boldsymbol{\alpha}$都可以单位化:$\tilde{\boldsymbol{\alpha}}=\dfrac{1}{\|\boldsymbol{\alpha}\|}\times\boldsymbol{\alpha}$,即必有$\|\tilde{\boldsymbol{\alpha}}\|=1$.

对于$\boldsymbol{\beta}=k\boldsymbol{\alpha}$,当$k>0$时,必有$\tilde{\boldsymbol{\beta}}=\tilde{\boldsymbol{\alpha}}$;当$k<0$时,必有$\tilde{\boldsymbol{\beta}}=-\tilde{\boldsymbol{\alpha}}$.

(3) 设$\boldsymbol{\alpha}=(a_1,a_2,\cdots,a_n)$, $\boldsymbol{\beta}=(b_1,b_2,\cdots,b_n)\in\mathbf{R}^n$. 如果$\boldsymbol{\alpha}$与$\boldsymbol{\beta}$之间的夹角为$\theta$,则

$$\cos\theta=\frac{(\boldsymbol{\alpha},\boldsymbol{\beta})}{\|\boldsymbol{\alpha}\|\times\|\boldsymbol{\beta}\|}$$

当$(\boldsymbol{\alpha},\boldsymbol{\beta})=0$即$\sum\limits_{i=1}^{n}a_ib_i=0$时,称$\boldsymbol{\alpha}$与$\boldsymbol{\beta}$正交. 记为$\boldsymbol{\alpha}\perp\boldsymbol{\beta}$.

$\mathbf{R}^n$中的向量组$S=\{\boldsymbol{\alpha}_1,\boldsymbol{\alpha}_2,\cdots,\boldsymbol{\alpha}_m\}$, $m\leqslant n$,是标准正交向量组当且仅当它们满足

$$(\boldsymbol{\alpha}_i,\boldsymbol{\alpha}_j)=\delta_{ij}=\begin{cases}1 & i=j\\0 & i\neq j\end{cases}$$

即$S$是两两正交的单位向量组.

(4) 正交矩阵　若$n$阶矩阵$\boldsymbol{A}$满足$\boldsymbol{AA}'=\boldsymbol{I}_n$,则称$\boldsymbol{A}$是正交矩阵.

## 二、基本性质

(1) 内积

对称性:$(\boldsymbol{\alpha},\boldsymbol{\beta})=(\boldsymbol{\beta},\boldsymbol{\alpha})$.

线性性:对于$k,l\in\mathbf{R}$, $\boldsymbol{\alpha},\boldsymbol{\beta},\boldsymbol{\gamma}\in\mathbf{R}^n$有

$$(k\boldsymbol{\alpha}+l\boldsymbol{\beta},\boldsymbol{\gamma})=k(\boldsymbol{\alpha},\boldsymbol{\gamma})+l(\boldsymbol{\beta},\boldsymbol{\gamma})$$

正定性:$(\boldsymbol{\alpha},\boldsymbol{\alpha})\geqslant0$,而且$(\boldsymbol{\alpha},\boldsymbol{\alpha})=0\Leftrightarrow\boldsymbol{\alpha}=\mathbf{0}$.

许瓦兹(Schwarz)不等式:$(\boldsymbol{\alpha},\boldsymbol{\beta})^2\leqslant(\boldsymbol{\alpha},\boldsymbol{\alpha})(\boldsymbol{\beta},\boldsymbol{\beta})$,式中等号成立当

且仅当 $\boldsymbol{\alpha}$ 与 $\boldsymbol{\beta}$ 线性相关.

(2) 长度

非负性：$\|\boldsymbol{\alpha}\| \geqslant 0$，而且 $\|\boldsymbol{\alpha}\| = 0 \Leftrightarrow \boldsymbol{\alpha} = \mathbf{0}$.

齐次性：$\|k\boldsymbol{\alpha}\| = \sqrt{k^2(\boldsymbol{\alpha}, \boldsymbol{\alpha})} = |k| \times \|\boldsymbol{\alpha}\|$，这里，$|k|$ 是数 $k$ 的绝对值.

三角不等式：$\|\boldsymbol{\alpha} + \boldsymbol{\beta}\| \leqslant \|\boldsymbol{\alpha}\| + \|\boldsymbol{\beta}\|$.

(3) 正交性

某个 $n$ 维向量 $\boldsymbol{\alpha}$ 与 $\mathbf{R}^n$ 中的任意一个向量都正交当且仅当 $\boldsymbol{\alpha} = \mathbf{0}$.

两两正交的非零向量组一定是线性无关组，但线性无关组未必是正交向量组.

属于对称矩阵的不同特征值的特征向量必正交.

(4) 正交矩阵　设 $\boldsymbol{A}$ 是 $n$ 阶正交矩阵，则有 $|\boldsymbol{A}| = \pm 1$. 反之，未必成立.

$\boldsymbol{AA}' = \boldsymbol{I}_n \Leftrightarrow \boldsymbol{A}' = \boldsymbol{A}^{-1} \Leftrightarrow \boldsymbol{A}'\boldsymbol{A} = \boldsymbol{I}_n$.

$n$ 阶实方阵 $\boldsymbol{A}$ 是正交矩阵 $\Leftrightarrow \boldsymbol{A}$ 的 $n$ 个行(列)向量是标准正交向量组.

正交矩阵 $\boldsymbol{A}$ 的转置矩阵、逆矩阵和伴随矩阵 $\boldsymbol{A}^*$ 一定是正交矩阵.

对于任意 $n$ 维列向量 $\boldsymbol{\alpha}, \boldsymbol{\beta}$ 都有

$$(\boldsymbol{A\alpha}, \boldsymbol{A\beta}) = (\boldsymbol{A\alpha})'(\boldsymbol{A\beta}) = \boldsymbol{\alpha}'\boldsymbol{\beta} = (\boldsymbol{\alpha}, \boldsymbol{\beta})$$

因此　$\|\boldsymbol{A\alpha}\| = \|\boldsymbol{\alpha}\|, (\boldsymbol{\alpha}, \boldsymbol{\beta}) = 0 \Leftrightarrow (\boldsymbol{A\alpha}, \boldsymbol{A\beta}) = 0$

即正交矩阵一定把标准正交向量组变成标准正交向量组.

有限个同阶的正交矩阵的乘积一定是正交矩阵. 同阶正交矩阵的和未必是正交矩阵.

设 $\boldsymbol{A}$ 是 $n$ 阶正交矩阵，$\lambda$ 是 $\boldsymbol{A}$ 的任意一个特征值，则 $\lambda \neq 0$，$\dfrac{1}{\lambda}$ 也是 $\boldsymbol{A}$ 的特征值，且 $\lambda = a + b\sqrt{-1}$ 与其共轭复数 $\bar{\lambda} = a - b\sqrt{-1}$ 都是 $\boldsymbol{A}$ 的特征值.

1. 设 $\mathbf{R}^n$ 中的向量组 $S = \{\boldsymbol{\alpha}_1, \boldsymbol{\alpha}_2, \cdots, \boldsymbol{\alpha}_n\}$ 线性无关，$n$ 维向量 $\boldsymbol{\beta}$ 与 $S$ 中的每一个向量都正交，证明 $\boldsymbol{\beta} = \mathbf{0}$.

**【证】**　因为 $S = \{\boldsymbol{\alpha}_1, \boldsymbol{\alpha}_2, \cdots, \boldsymbol{\alpha}_n\}$ 是 $\mathbf{R}^n$ 的基，所以必有

$$\boldsymbol{\beta} = k_1\boldsymbol{\alpha}_1 + k_2\boldsymbol{\alpha}_2 + \cdots + k_n\boldsymbol{\alpha}_n$$

于是由 $(\boldsymbol{\beta}, \boldsymbol{\beta}) = (\boldsymbol{\beta}, k_1\boldsymbol{\alpha}_1 + k_2\boldsymbol{\alpha}_2 + \cdots + k_n\boldsymbol{\alpha}_n) = 0$ 知道 $\boldsymbol{\beta} = \mathbf{0}$.

2. 设 $\boldsymbol{v}_1, \boldsymbol{v}_2, \cdots, \boldsymbol{v}_n$ 是 $n$ 维向量空间 $\mathbf{R}^n$ 的基，$\boldsymbol{\alpha}, \boldsymbol{\beta} \in \mathbf{R}^n$，证明：对任何 $\boldsymbol{v} \in \mathbf{R}^n$ 都成立内积等式 $(\boldsymbol{\alpha}, \boldsymbol{v}) = (\boldsymbol{\beta}, \boldsymbol{v})$ 当且仅当 $\boldsymbol{\alpha} = \boldsymbol{\beta}$.

**【证】**　当 $\boldsymbol{\alpha} = \boldsymbol{\beta}$ 时，显然有 $(\boldsymbol{\alpha}, \boldsymbol{v}) = (\boldsymbol{\beta}, \boldsymbol{v})$.

反之，设对任何 $\boldsymbol{v} \in \mathbf{R}^n$ 都有 $(\boldsymbol{\alpha}, \boldsymbol{v}) = (\boldsymbol{\beta}, \boldsymbol{v})$，则取 $\boldsymbol{v} = \boldsymbol{\alpha} - \boldsymbol{\beta}$ 有

$$(\boldsymbol{\alpha} - \boldsymbol{\beta}, \boldsymbol{\alpha} - \boldsymbol{\beta}) = (\boldsymbol{\alpha}, \boldsymbol{\alpha} - \boldsymbol{\beta}) - (\boldsymbol{\beta}, \boldsymbol{\alpha} - \boldsymbol{\beta}) = 0$$

必有 $\boldsymbol{\alpha}-\boldsymbol{\beta}=\mathbf{0}$，$\boldsymbol{\alpha}=\boldsymbol{\beta}$.

【注】 实际上，$(\boldsymbol{\alpha},\boldsymbol{v})=(\boldsymbol{\beta},\boldsymbol{v})\Leftrightarrow(\boldsymbol{\alpha}-\boldsymbol{\beta},\boldsymbol{v})=0$，这说明 $\boldsymbol{\alpha}-\boldsymbol{\beta}$ 与基 $\boldsymbol{v}_1$，$\boldsymbol{v}_2,\cdots,\boldsymbol{v}_n$ 中任意向量都正交，所以 $\boldsymbol{\alpha}-\boldsymbol{\beta}=\mathbf{0}$，$\boldsymbol{\alpha}=\boldsymbol{\beta}$.

3. 设 $\boldsymbol{A}$ 为 $n$ 阶实反对称矩阵，$\boldsymbol{x}$ 为任一 $n$ 维实列向量，证明列向量 $\boldsymbol{x}$ 与 $\boldsymbol{Ax}$ 必正交.

【证】 因为 $a=\boldsymbol{x}'\boldsymbol{Ax}$ 为实数，所以，由

$$a=\boldsymbol{x}'\boldsymbol{Ax}=(\boldsymbol{x}'\boldsymbol{Ax})'=\boldsymbol{x}'\boldsymbol{A}'\boldsymbol{x}=-\boldsymbol{x}'\boldsymbol{Ax}=-a$$

知必有 $a=0$，即 $(\boldsymbol{x},\boldsymbol{Ax})=\boldsymbol{x}'\boldsymbol{Ax}=0$，$\boldsymbol{x}$ 与 $\boldsymbol{Ax}$ 必正交.

4. 设 $\boldsymbol{I}_n$ 是 $n$ 阶单位矩阵，证明以下结论：

(1) 设 $\boldsymbol{S}$ 是 $n$ 阶实反对称矩阵，则 $\boldsymbol{I}_n+\boldsymbol{S}$ 和 $\boldsymbol{I}_n-\boldsymbol{S}$ 必是可逆矩阵.

(2) 设 $\boldsymbol{S}$ 是 $n$ 阶实反对称矩阵，则 $\boldsymbol{A}=(\boldsymbol{I}_n-\boldsymbol{S})(\boldsymbol{I}_n+\boldsymbol{S})^{-1}$ 必是正交矩阵.

(3) 设 $\boldsymbol{A}$ 是 $n$ 阶正交矩阵，只要 $\boldsymbol{A}+\boldsymbol{I}_n$ 是可逆矩阵，则必存在 $n$ 阶实反对称矩阵 $\boldsymbol{S}$ 使得

$$\boldsymbol{A}=(\boldsymbol{I}_n-\boldsymbol{S})(\boldsymbol{I}_n+\boldsymbol{S})^{-1}$$

【证】 (1) 先证 $\boldsymbol{I}_n+\boldsymbol{S}$ 必是可逆矩阵. 考虑齐次线性方程组 $(\boldsymbol{I}_n+\boldsymbol{S})\boldsymbol{x}=\mathbf{0}$.

任取 $(\boldsymbol{I}_n+\boldsymbol{S})\boldsymbol{x}=\mathbf{0}$ 的解 $\boldsymbol{\xi}$：$(\boldsymbol{I}_n+\boldsymbol{A})\boldsymbol{\xi}=\mathbf{0}$. 因为当 $\boldsymbol{S}$ 是 $n$ 阶实反对称矩阵时，对任意 $n$ 维实列向量 $\boldsymbol{\xi}$，必有 $\boldsymbol{\xi}'\boldsymbol{S}\boldsymbol{\xi}=0$，所以有

$$\boldsymbol{\xi}'(\boldsymbol{I}_n+\boldsymbol{S})\boldsymbol{\xi}=\boldsymbol{\xi}'\boldsymbol{I}_n\boldsymbol{\xi}+\boldsymbol{\xi}'\boldsymbol{S}\boldsymbol{\xi}=\boldsymbol{\xi}'\boldsymbol{\xi}+0=0\text{，必有 }\boldsymbol{\xi}=\mathbf{0}$$

这说明 $(\boldsymbol{I}_n+\boldsymbol{S})\boldsymbol{x}=\mathbf{0}$ 只有零解，因此 $\boldsymbol{I}_n+\boldsymbol{S}$ 必是可逆矩阵.

同理可证 $\boldsymbol{I}_n-\boldsymbol{S}$ 也是可逆矩阵.

(2) 设 $\boldsymbol{S}$ 是 $n$ 阶实反对称矩阵：$\boldsymbol{S}'=-\boldsymbol{S}$. 由

$$(\boldsymbol{I}_n+\boldsymbol{S})(\boldsymbol{I}_n-\boldsymbol{S})=(\boldsymbol{I}_n-\boldsymbol{S})(\boldsymbol{I}_n+\boldsymbol{S})$$

知

$$(\boldsymbol{I}_n-\boldsymbol{S})(\boldsymbol{I}_n+\boldsymbol{S})^{-1}=(\boldsymbol{I}_n+\boldsymbol{S})^{-1}(\boldsymbol{I}_n-\boldsymbol{S})$$

据此可直接验证 $\boldsymbol{A}=(\boldsymbol{I}_n-\boldsymbol{S})(\boldsymbol{I}_n+\boldsymbol{S})^{-1}$ 必是正交矩阵

$$\begin{aligned}\boldsymbol{AA}'&=(\boldsymbol{I}_n-\boldsymbol{S})(\boldsymbol{I}_n+\boldsymbol{S})^{-1}[(\boldsymbol{I}_n-\boldsymbol{S})(\boldsymbol{I}_n+\boldsymbol{S})^{-1}]'\\&=(\boldsymbol{I}_n-\boldsymbol{S})(\boldsymbol{I}_n+\boldsymbol{S})^{-1}(\boldsymbol{I}_n-\boldsymbol{S})^{-1}(\boldsymbol{I}_n+\boldsymbol{S})\\&=(\boldsymbol{I}_n+\boldsymbol{S})^{-1}(\boldsymbol{I}_n-\boldsymbol{S})(\boldsymbol{I}_n-\boldsymbol{S})^{-1}(\boldsymbol{I}_n+\boldsymbol{S})=\boldsymbol{I}_n\end{aligned}$$

(3) 设 $\boldsymbol{A}$ 是 $n$ 阶正交矩阵，$\boldsymbol{A}+\boldsymbol{I}_n$ 是可逆矩阵. 令 $\boldsymbol{S}=(\boldsymbol{I}_n+\boldsymbol{A})^{-1}(\boldsymbol{I}_n-\boldsymbol{A})$，可证 $\boldsymbol{S}'=-\boldsymbol{S}$.

因为 $\boldsymbol{A}$ 是正交矩阵：$\boldsymbol{AA}'=\boldsymbol{I}_n$，所以有

$$(\boldsymbol{I}_n+\boldsymbol{A})(\boldsymbol{I}_n-\boldsymbol{A}')=\boldsymbol{I}_n-\boldsymbol{A}'+\boldsymbol{A}-\boldsymbol{AA}'=\boldsymbol{A}-\boldsymbol{A}'$$

$$(\boldsymbol{I}_n-\boldsymbol{A})(\boldsymbol{I}_n+\boldsymbol{A}')=\boldsymbol{I}_n-\boldsymbol{A}+\boldsymbol{A}'-\boldsymbol{AA}'=-(\boldsymbol{A}-\boldsymbol{A}')$$

因为 $\boldsymbol{I}_n+\boldsymbol{A}$ , $\boldsymbol{I}_n+\boldsymbol{A}'$ 都是可逆矩阵,所以由

$$(\boldsymbol{I}_n+\boldsymbol{A})(\boldsymbol{I}_n-\boldsymbol{A}')=-(\boldsymbol{I}_n-\boldsymbol{A})(\boldsymbol{I}_n+\boldsymbol{A}')$$

知
$$(\boldsymbol{I}_n-\boldsymbol{A}')(\boldsymbol{I}_n+\boldsymbol{A}')^{-1}=-(\boldsymbol{I}_n+\boldsymbol{A})^{-1}(\boldsymbol{I}_n-\boldsymbol{A})$$

于是

$$\boldsymbol{S}'=(\boldsymbol{I}_n-\boldsymbol{A}')(\boldsymbol{I}_n+\boldsymbol{A}')^{-1}=-(\boldsymbol{I}_n+\boldsymbol{A})^{-1}(\boldsymbol{I}_n-\boldsymbol{A})=-\boldsymbol{S}$$

由 $\boldsymbol{S}=(\boldsymbol{I}_n+\boldsymbol{A})^{-1}(\boldsymbol{I}_n-\boldsymbol{A})$ 得矩阵等式

$$(\boldsymbol{I}_n+\boldsymbol{A})\boldsymbol{S}=\boldsymbol{I}_n-\boldsymbol{A}\ ,\ \boldsymbol{A}+\boldsymbol{A}\boldsymbol{S}=\boldsymbol{I}_n-\boldsymbol{S}\ ,\ \boldsymbol{A}(\boldsymbol{I}_n+\boldsymbol{S})=\boldsymbol{I}_n-\boldsymbol{S}$$

因为 $\boldsymbol{I}_n+\boldsymbol{S}$ 必是可逆矩阵,所以 $\boldsymbol{A}=(\boldsymbol{I}_n-\boldsymbol{S})(\boldsymbol{I}_n+\boldsymbol{S})^{-1}$.

【注】　在(2)中,也可根据 $(\boldsymbol{I}_n+\boldsymbol{S})(\boldsymbol{I}_n-\boldsymbol{S})=(\boldsymbol{I}_n-\boldsymbol{S})(\boldsymbol{I}_n+\boldsymbol{S})$,即

$$(\boldsymbol{I}_n+\boldsymbol{S})^{-1}(\boldsymbol{I}_n-\boldsymbol{S})^{-1}=(\boldsymbol{I}_n-\boldsymbol{S})^{-1}(\boldsymbol{I}_n+\boldsymbol{S})^{-1}$$

直接计算

$$\begin{aligned}\boldsymbol{A}\boldsymbol{A}'&=(\boldsymbol{I}_n-\boldsymbol{S})(\boldsymbol{I}_n+\boldsymbol{S})^{-1}[(\boldsymbol{I}_n-\boldsymbol{S})(\boldsymbol{I}_n+\boldsymbol{S})^{-1}]'\\&=(\boldsymbol{I}_n-\boldsymbol{S})(\boldsymbol{I}_n+\boldsymbol{S})^{-1}(\boldsymbol{I}_n-\boldsymbol{S})^{-1}(\boldsymbol{I}_n+\boldsymbol{S})\\&=(\boldsymbol{I}_n-\boldsymbol{S})(\boldsymbol{I}_n-\boldsymbol{S})^{-1}(\boldsymbol{I}_n+\boldsymbol{S})^{-1}(\boldsymbol{I}_n+\boldsymbol{S})=\boldsymbol{I}_n\end{aligned}$$

5. 设 $\boldsymbol{\alpha}$ 和 $\boldsymbol{\beta}$ 是两个正交的 $n$ 维非零列向量,证明 $\boldsymbol{A}=\boldsymbol{\alpha}\boldsymbol{\beta}'$ 的特征值全为零,且不能相似于对角矩阵.

【证】　因为 $\boldsymbol{\alpha}$ 和 $\boldsymbol{\beta}$ 是两个正交的 $n$ 维非零列向量,$\boldsymbol{\beta}'\boldsymbol{\alpha}$ 是一个数零

$$\boldsymbol{A}^2=\boldsymbol{\alpha}\boldsymbol{\beta}'\boldsymbol{\alpha}\boldsymbol{\beta}'=(\boldsymbol{\beta}'\boldsymbol{\alpha})\boldsymbol{\alpha}\boldsymbol{\beta}'=\boldsymbol{O}$$

所以 $\boldsymbol{A}$ 的特征值全为零.

如果 $\boldsymbol{A}$ 相似于对角矩阵 $\boldsymbol{\Lambda}$,则 $\boldsymbol{\Lambda}=\boldsymbol{O}$,必有 $\boldsymbol{P}^{-1}\boldsymbol{A}\boldsymbol{P}=\boldsymbol{\Lambda}=\boldsymbol{O}$ , $\boldsymbol{A}=\boldsymbol{O}$. 但据 $\boldsymbol{\alpha}$ 和 $\boldsymbol{\beta}$ 是非零向量知 $\boldsymbol{A}\neq\boldsymbol{O}$,矛盾,所以 $\boldsymbol{A}$ 不相似于对角矩阵.

6. 设 $\boldsymbol{A}=\boldsymbol{\alpha}\boldsymbol{\beta}'+\boldsymbol{\beta}\boldsymbol{\alpha}'$,其中 $\boldsymbol{\alpha}$ , $\boldsymbol{\beta}$ 为正交的 3 维单位列向量,证明:

(1) $|\boldsymbol{A}|=0$.

(2) $\boldsymbol{\alpha}+\boldsymbol{\beta}$ , $\boldsymbol{\alpha}-\boldsymbol{\beta}$ 是 $\boldsymbol{A}$ 的特征向量.

(3) $\boldsymbol{A}$ 必相似于对角矩阵,并写出此对角矩阵.

【证一】　(1) 因为 $\boldsymbol{A}$ 为 3 阶矩阵,由 $\boldsymbol{\alpha}$ , $\boldsymbol{\beta}$ 都是非零向量知 $R(\boldsymbol{\alpha}\boldsymbol{\beta}')=R(\boldsymbol{\beta}\boldsymbol{\alpha}')=1$,于是

$$R(\boldsymbol{A})=R(\boldsymbol{\alpha}\boldsymbol{\beta}'+\boldsymbol{\beta}\boldsymbol{\alpha}')\leqslant R(\boldsymbol{\alpha}\boldsymbol{\beta}')+R(\boldsymbol{\beta}\boldsymbol{\alpha}')=2<3$$

这说明 $\boldsymbol{A}$ 不是可逆矩阵,必有 $|\boldsymbol{A}|=0$.

(2) 利用已知条件 $\boldsymbol{\alpha}'\boldsymbol{\alpha}=\boldsymbol{\beta}'\boldsymbol{\beta}=1$ , $\boldsymbol{\alpha}'\boldsymbol{\beta}=\boldsymbol{\beta}'\boldsymbol{\alpha}=0$ 可直接验证

$$\boldsymbol{A}(\boldsymbol{\alpha}+\boldsymbol{\beta})=(\boldsymbol{\alpha}\boldsymbol{\beta}'+\boldsymbol{\beta}\boldsymbol{\alpha}')(\boldsymbol{\alpha}+\boldsymbol{\beta})=\boldsymbol{\alpha}+\boldsymbol{\beta}$$

$$\boldsymbol{A}(\boldsymbol{\alpha}-\boldsymbol{\beta})=(\boldsymbol{\alpha}\boldsymbol{\beta}'+\boldsymbol{\beta}\boldsymbol{\alpha}')(\boldsymbol{\alpha}-\boldsymbol{\beta})=-\boldsymbol{\alpha}+\boldsymbol{\beta}=-(\boldsymbol{\alpha}-\boldsymbol{\beta})$$

这说明 $\boldsymbol{\alpha}+\boldsymbol{\beta}$ 是 $\boldsymbol{A}$ 的属于特征值 $\lambda_1=1$ 的特征向量,$\boldsymbol{\alpha}-\boldsymbol{\beta}$ 是 $\boldsymbol{A}$ 的属于特征值

$\lambda_1=-1$ 的特征向量.

(3) 再由 $|\boldsymbol{A}|=0$ 知 $\lambda_3=0$ 必是 $\boldsymbol{A}$ 的特征值. 因为3阶矩阵有三个互不相同的特征值,所以 $\boldsymbol{A}$ 必相似于对角矩阵 $\begin{pmatrix}1 & & \\ & -1 & \\ & & 0\end{pmatrix}$.

【证二】 因为 $\boldsymbol{\alpha}$ 和 $\boldsymbol{\beta}$ 正交,必线性无关,可把 $\boldsymbol{\alpha}$ 和 $\boldsymbol{\beta}$ 扩充成 $\mathbf{R}^3$ 的标准正交基 $\boldsymbol{\alpha}$ , $\boldsymbol{\beta}$ 和 $\boldsymbol{\gamma}$,则有

$$\boldsymbol{\alpha}'\boldsymbol{\alpha}=\boldsymbol{\beta}'\boldsymbol{\beta}=\boldsymbol{\gamma}'\boldsymbol{\gamma}=1\ ,\boldsymbol{\beta}'\boldsymbol{\alpha}=\boldsymbol{\gamma}'\boldsymbol{\beta}=\boldsymbol{\gamma}'\boldsymbol{\alpha}=\boldsymbol{\alpha}'\boldsymbol{\beta}=\boldsymbol{\beta}'\boldsymbol{\gamma}=\boldsymbol{\alpha}'\boldsymbol{\gamma}=0$$

根据

$$\boldsymbol{A}(\boldsymbol{\alpha}+\boldsymbol{\beta})=\boldsymbol{A\alpha}+\boldsymbol{A\beta}=(\boldsymbol{\alpha\beta}'+\boldsymbol{\beta\alpha}')\boldsymbol{\alpha}+(\boldsymbol{\alpha\beta}'+\boldsymbol{\beta\alpha}')\boldsymbol{\beta}=1\times(\boldsymbol{\alpha}+\boldsymbol{\beta})$$

$$\begin{aligned}\boldsymbol{A}(\boldsymbol{\alpha}-\boldsymbol{\beta})&=\boldsymbol{A\alpha}-\boldsymbol{A\beta}=(\boldsymbol{\alpha\beta}'+\boldsymbol{\beta\alpha}')\boldsymbol{\alpha}-(\boldsymbol{\alpha\beta}'+\boldsymbol{\beta\alpha}')\boldsymbol{\beta}\\&=\boldsymbol{\beta}-\boldsymbol{\alpha}=-1\times(\boldsymbol{\alpha}-\boldsymbol{\beta})\end{aligned}$$

$$\boldsymbol{A\gamma}=(\boldsymbol{\alpha\beta}'+\boldsymbol{\beta\alpha}')\boldsymbol{\gamma}=\mathbf{0}=0\times\boldsymbol{\gamma}$$

知 $\boldsymbol{A}$ 的特征值为 1 , -1 和 0,它们两两互异,所以 $\boldsymbol{A}$ 必相似于对角矩阵 $\boldsymbol{\Lambda}$.

7. 设 $n$ 维向量 $\boldsymbol{\alpha}_1,\boldsymbol{\alpha}_2$ 线性无关, $\boldsymbol{\alpha}_3,\boldsymbol{\alpha}_4$ 线性无关. 如果 $\boldsymbol{\alpha}_1,\boldsymbol{\alpha}_2$ 都与 $\boldsymbol{\alpha}_3$ 和 $\boldsymbol{\alpha}_4$ 正交,证明 $\boldsymbol{\alpha}_1,\boldsymbol{\alpha}_2,\boldsymbol{\alpha}_3,\boldsymbol{\alpha}_4$ 必为线性无关向量组.

【证】 设 $k_1\boldsymbol{\alpha}_1+k_2\boldsymbol{\alpha}_2+k_3\boldsymbol{\alpha}_3+k_4\boldsymbol{\alpha}_4=\mathbf{0}$. 利用向量正交性得齐次线性方程组

$$(k_1\boldsymbol{\alpha}_1+k_2\boldsymbol{\alpha}_2+k_3\boldsymbol{\alpha}_3+k_4\boldsymbol{\alpha}_4,\boldsymbol{\alpha}_3)=k_3(\boldsymbol{\alpha}_3,\boldsymbol{\alpha}_3)+k_4(\boldsymbol{\alpha}_4,\boldsymbol{\alpha}_3)=0$$

$$(k_1\boldsymbol{\alpha}_1+k_2\boldsymbol{\alpha}_2+k_3\boldsymbol{\alpha}_3+k_4\boldsymbol{\alpha}_4,\boldsymbol{\alpha}_4)=k_3(\boldsymbol{\alpha}_3,\boldsymbol{\alpha}_4)+k_4(\boldsymbol{\alpha}_4,\boldsymbol{\alpha}_4)=0$$

因为 $\boldsymbol{\alpha}_3,\boldsymbol{\alpha}_4$ 线性无关,根据向量内积的许瓦兹不等式知此线性方程组的系数行列式

$$\begin{vmatrix}(\boldsymbol{\alpha}_3,\boldsymbol{\alpha}_3) & (\boldsymbol{\alpha}_3,\boldsymbol{\alpha}_4)\\(\boldsymbol{\alpha}_4,\boldsymbol{\alpha}_3) & (\boldsymbol{\alpha}_4,\boldsymbol{\alpha}_4)\end{vmatrix}=(\boldsymbol{\alpha}_3,\boldsymbol{\alpha}_3)(\boldsymbol{\alpha}_4,\boldsymbol{\alpha}_4)-(\boldsymbol{\alpha}_3,\boldsymbol{\alpha}_4)^2>0$$

所以由 Cramer 法则知 $k_3=k_4=0$,得 $k_1\boldsymbol{\alpha}_1+k_2\boldsymbol{\alpha}_2=\mathbf{0}$. 再由 $\boldsymbol{\alpha}_1,\boldsymbol{\alpha}_2$ 线性无关知 $k_1=k_2=0$. 于是证得 $\boldsymbol{\alpha}_1,\boldsymbol{\alpha}_2,\boldsymbol{\alpha}_3,\boldsymbol{\alpha}_4$ 为线性无关向量组.

8. 设 $\mathbf{R}^n$ 中的向量组 $S=\{\boldsymbol{\alpha}_1,\boldsymbol{\alpha}_2,\cdots,\boldsymbol{\alpha}_s\}$ $(s<n)$ 是线性无关组.

(1) 若向量 $\boldsymbol{\alpha}$ 与 $S$ 中的每一个向量都线性无关,问向量组 $\boldsymbol{\alpha}_1,\boldsymbol{\alpha}_2,\cdots,\boldsymbol{\alpha}_s$, $\boldsymbol{\alpha}$ 是否必线性无关?

(2) 若非零向量 $\boldsymbol{\alpha}$ 与 $S$ 中的每一个向量都正交,问向量组 $\boldsymbol{\alpha}_1,\boldsymbol{\alpha}_2,\cdots,\boldsymbol{\alpha}_s$, $\boldsymbol{\alpha}$ 是否必线性无关?

【解】 (1) 未必. 例如, $\boldsymbol{\alpha}_1=\begin{pmatrix}1\\0\\0\end{pmatrix}$ , $\boldsymbol{\alpha}_2=\begin{pmatrix}0\\1\\0\end{pmatrix}$ ,取 $\boldsymbol{\alpha}=\boldsymbol{\alpha}_1+\boldsymbol{\alpha}_2=\begin{pmatrix}1\\1\\0\end{pmatrix}$ ,则 $\boldsymbol{\alpha}_1$,

$\boldsymbol{\alpha}$ 线性无关,$\boldsymbol{\alpha}_2$, $\boldsymbol{\alpha}$ 线性无关,但$\boldsymbol{\alpha}_1$, $\boldsymbol{\alpha}_2$, $\boldsymbol{\alpha}$ 线性相关.

(2) 设 $k_1\boldsymbol{\alpha}_1 + k_2\boldsymbol{\alpha}_2 + \cdots + k_s\boldsymbol{\alpha}_s + k\boldsymbol{\alpha} = \mathbf{0}$. 等式两边与 $\boldsymbol{\alpha}$ 作内积,由正交性和 $\boldsymbol{\alpha}$ 为非零向量知

$$(k\boldsymbol{\alpha}, \boldsymbol{\alpha}) = k(\boldsymbol{\alpha}, \boldsymbol{\alpha}) = 0, k = 0$$

再由$\boldsymbol{\alpha}_1, \boldsymbol{\alpha}_2, \cdots, \boldsymbol{\alpha}_s$ 线性无关知 $k_1 = k_2 = \cdots = k_s = 0$. 所以$\boldsymbol{\alpha}_1, \boldsymbol{\alpha}_2, \cdots, \boldsymbol{\alpha}_s, \boldsymbol{\alpha}$ 必线性无关.

9. 设 $\boldsymbol{A}$ 和 $\boldsymbol{B}$ 是 $n$ 阶正交矩阵. 如果 $|\boldsymbol{A}| = 1$, $|\boldsymbol{B}| = -1$,证明 $|\boldsymbol{A} + \boldsymbol{B}| = 0$.

【证】　由 $\boldsymbol{A}$ 和 $\boldsymbol{B}$ 是正交矩阵知 $\boldsymbol{A}(\boldsymbol{A}' + \boldsymbol{B}')\boldsymbol{B} = \boldsymbol{B} + \boldsymbol{A}$,有行列式等式

$$|\boldsymbol{A}| \times |\boldsymbol{A} + \boldsymbol{B}| \times |\boldsymbol{B}| = |\boldsymbol{A} + \boldsymbol{B}|$$

于是由 $|\boldsymbol{A}| = 1$, $|\boldsymbol{B}| = -1$ 得 $|\boldsymbol{A} + \boldsymbol{B}| = -|\boldsymbol{A} + \boldsymbol{B}|$,必有 $|\boldsymbol{A} + \boldsymbol{B}| = 0$.

10. 设 $\boldsymbol{A}$ 是行列式为正值的奇数阶正交矩阵,证明 1 一定是 $\boldsymbol{A}$ 的特征值.

【证】　由 $\boldsymbol{A}\boldsymbol{A}' = \boldsymbol{I}_n$, $|\boldsymbol{A}|^2 = 1$ 知 $|\boldsymbol{A}| = 1$. 计算

$$\begin{aligned}|\boldsymbol{I}_n - \boldsymbol{A}| &= |\boldsymbol{A}\boldsymbol{A}' - \boldsymbol{A}| = |\boldsymbol{A}(\boldsymbol{A}' - \boldsymbol{I}_n)| = |\boldsymbol{A}| \times |\boldsymbol{A}' - \boldsymbol{I}_n| = |\boldsymbol{A} - \boldsymbol{I}_n| \\ &= (-1)^n |\boldsymbol{I}_n - \boldsymbol{A}| = -|\boldsymbol{I}_n - \boldsymbol{A}|\end{aligned}$$

因为 $|\boldsymbol{I}_n - \boldsymbol{A}|$ 为数,必有 $|\boldsymbol{I}_n - \boldsymbol{A}| = 0$,所以 1 一定是 $\boldsymbol{A}$ 的特征值.

11. 证明 2 阶正交矩阵必为$\begin{pmatrix} \cos\theta & \sin\theta \\ -\sin\theta & \cos\theta \end{pmatrix}$ 或$\begin{pmatrix} \cos\theta & \sin\theta \\ \sin\theta & -\cos\theta \end{pmatrix}$.

【证】　设 $\boldsymbol{A} = \begin{pmatrix} x & y \\ z & w \end{pmatrix}$ 为正交矩阵,则由

$$\boldsymbol{A}\boldsymbol{A}' = \begin{pmatrix} x & y \\ z & w \end{pmatrix}\begin{pmatrix} x & z \\ y & w \end{pmatrix} = \begin{pmatrix} 1 & 0 \\ 0 & 1 \end{pmatrix}$$

知

$$\begin{cases} x^2 + y^2 = 1 \\ z^2 + w^2 = 1 \\ xz + yw = 0 \end{cases}$$

设 $x = \cos\theta$, $y = \sin\theta$,则有 $z\cos\theta + w\sin\theta = 0$. 将 $z = -\tan\theta \times w$ 代入 $z^2 + w^2 = 1$ 得

$$1 = (1 + \tan^2\theta)w^2 = \frac{w^2}{\cos^2\theta}, w = \pm\cos\theta, z = \mp\sin\theta$$

于是必有 $z = \sin\theta$, $w = -\cos\theta$ 或 $z = -\sin\theta$, $w = \cos\theta$.

12. 设 $\boldsymbol{A}$ 是 $n$ 阶矩阵,证明:

(1)$\boldsymbol{A}$ 是正交矩阵当且仅当$\boldsymbol{A}^{-1}$ 是正交矩阵.

(2)$\boldsymbol{A}$ 是正交矩阵当且仅当$\boldsymbol{A}^*$ 是正交矩阵.

【证】　(1) 当 $\boldsymbol{A}$ 是正交矩阵时,必有 $\boldsymbol{A}\boldsymbol{A}' = \boldsymbol{I}_n$, $\boldsymbol{A}' = \boldsymbol{A}^{-1}$, $\boldsymbol{A}'\boldsymbol{A} = \boldsymbol{I}_n$,这说明

$A^{-1}=A'$ 必是正交矩阵. 反之,当$A^{-1}$ 是正交矩阵时,$A=(A^{-1})^{-1}$ 必是正交矩阵.

(2) 当 $A$ 是正交矩阵时,$A'$ 是正交矩阵,且必有$|A|^2=1$. 由

$$A^*=|A|A^{-1}=|A|A'$$

得

$$A^*(A^*)'=|A|^2A'A=I_n$$

这说明$A^*$ 是正交矩阵.

反之,当$A^*$ 是正交矩阵时,$(A^*)^{-1}$ 也是正交矩阵. 由$A=|A|(A^*)^{-1}$ 知 $A$ 必是正交矩阵.

13. 证明:两个$n$维实向量$\boldsymbol{\alpha}$ 与$\boldsymbol{\beta}$ 线性相关当且仅当由内积构成的Cramer行列式

$$G(\boldsymbol{\alpha},\boldsymbol{\beta})=\begin{vmatrix}(\boldsymbol{\alpha},\boldsymbol{\alpha}) & (\boldsymbol{\alpha},\boldsymbol{\beta})\\(\boldsymbol{\beta},\boldsymbol{\alpha}) & (\boldsymbol{\beta},\boldsymbol{\beta})\end{vmatrix}=0$$

并把这个结论推广到 $m$ 个向量的情形.

**【证】** 由关于向量内积的许瓦兹不等式知

$$G(\boldsymbol{\alpha},\boldsymbol{\beta})=(\boldsymbol{\alpha},\boldsymbol{\alpha})(\boldsymbol{\beta},\boldsymbol{\beta})-(\boldsymbol{\alpha},\boldsymbol{\beta})^2\geqslant 0$$

且 $G(\boldsymbol{\alpha},\boldsymbol{\beta})=0\Leftrightarrow(\boldsymbol{\alpha},\boldsymbol{\alpha})(\boldsymbol{\beta},\boldsymbol{\beta})=(\boldsymbol{\alpha},\boldsymbol{\beta})^2$,当且仅当$\boldsymbol{\alpha}$ 与$\boldsymbol{\beta}$ 线性相关.

设$\boldsymbol{\alpha}_1,\boldsymbol{\alpha}_2,\cdots,\boldsymbol{\alpha}_m$ 是 $m$ 个 $n$ 维实行向量,令

$$A=\begin{pmatrix}\boldsymbol{\alpha}_1\\\boldsymbol{\alpha}_2\\\vdots\\\boldsymbol{\alpha}_m\end{pmatrix}_{m\times n}$$

$$G(\boldsymbol{\alpha}_1,\boldsymbol{\alpha}_2,\cdots,\boldsymbol{\alpha}_m)=|AA'|=\begin{vmatrix}(\boldsymbol{\alpha}_1,\boldsymbol{\alpha}_1) & \cdots & (\boldsymbol{\alpha}_1,\boldsymbol{\alpha}_m)\\\vdots & & \vdots\\(\boldsymbol{\alpha}_m,\boldsymbol{\alpha}_1) & \cdots & (\boldsymbol{\alpha}_m,\boldsymbol{\alpha}_m)\end{vmatrix}_m$$

则由 $R(AA')=R(A)$ 立可证得

$$\boldsymbol{\alpha}_1,\boldsymbol{\alpha}_2,\cdots,\boldsymbol{\alpha}_m\text{ 线性相关}\Leftrightarrow R(A)<m\Leftrightarrow R(AA')<m\Leftrightarrow|AA'|=0$$

14. 设$A=(\boldsymbol{\beta}_1\quad\boldsymbol{\beta}_2\quad\cdots\quad\boldsymbol{\beta}_n)$ 是$n$阶可逆矩阵,$\boldsymbol{b}$ 是$n$维非零列向量. 如果 $\boldsymbol{b}$ 与 $A$ 中的 $n$ 个列向量都正交,证明 $B=(\boldsymbol{\beta}_1\quad\boldsymbol{\beta}_2\quad\cdots\quad\boldsymbol{\beta}_{n-1}\quad\boldsymbol{b})$ 必是可逆矩阵.

**【证】** 要证明 $B$ 是可逆矩阵,只要证明 $B$ 中的 $n$ 个列向量线性无关. 设

$$k_1\boldsymbol{\beta}_1+k_2\boldsymbol{\beta}_2+\cdots+k_{n-1}\boldsymbol{\beta}_{n-1}+k_n\boldsymbol{b}=\boldsymbol{0}$$

用行向量 $\boldsymbol{b}'$ 左乘此向量等式的两边,根据

$$\boldsymbol{b}'\boldsymbol{\beta}_1=0,\ \boldsymbol{b}'\boldsymbol{\beta}_2=0,\ \cdots,\ \boldsymbol{b}'\boldsymbol{\beta}_{n-1}=0$$

知必有 $k_n\boldsymbol{b}'\boldsymbol{b}=0$. 再据 $\boldsymbol{b}$ 是非零列向量知 $\boldsymbol{b}'\boldsymbol{b}>0$,所以必有 $k_n=0$,于是有

$$k_1\boldsymbol{\beta}_1+k_2\boldsymbol{\beta}_2+\cdots+k_{n-1}\boldsymbol{\beta}_{n-1}=\mathbf{0}$$

再由 $\boldsymbol{A}$ 是可逆矩阵知它的列向量线性无关,所以必有

$$k_1=k_2=\cdots=k_{n-1}=0$$

这就证明了 $\boldsymbol{B}$ 是可逆矩阵.

15. 设$\boldsymbol{\alpha}_i=(a_{i1},a_{i2},\cdots,a_{in})'$, $i=1,2,\cdots,m$,是$m$个线性无关的$n$维列向量. 已知$\boldsymbol{\beta}=(b_1,b_2,\cdots,b_n)'$是齐次线性方程组

$$\begin{cases}a_{11}x_1+a_{12}x_2+\cdots+a_{1n}x_n=0\\a_{21}x_1+a_{22}x_2+\cdots+a_{2n}x_n=0\\\qquad\vdots\\a_{m1}x_1+a_{m2}x_2+\cdots+a_{mn}x_n=0\end{cases}$$

的非零解,证明$\boldsymbol{\alpha}_1,\boldsymbol{\alpha}_2,\cdots,\boldsymbol{\alpha}_m,\boldsymbol{\beta}$ 必线性无关.

**【证】** 设 $k_1\boldsymbol{\alpha}_1+k_2\boldsymbol{\alpha}_2+\cdots+k_m\boldsymbol{\alpha}_m+k\boldsymbol{\beta}=\mathbf{0}$. 因为列向量$\boldsymbol{\beta}$ 是所述线性方程组的解,必有

$$\boldsymbol{\alpha}'_i\boldsymbol{\beta}=0,\ i=1,2,\cdots,m$$

即$\boldsymbol{\beta}'\boldsymbol{\alpha}_i=0$, $i=1,2,\cdots,m$ 所以用行向量$\boldsymbol{\beta}'$ 左乘上述向量等式可得 $k\boldsymbol{\beta}'\boldsymbol{\beta}=0$. 再由$\boldsymbol{\beta}\neq\mathbf{0}$ 知必有 $k=0$. 于是必有

$$k_1\boldsymbol{\alpha}_1+k_2\boldsymbol{\alpha}_2+\cdots+k_m\boldsymbol{\alpha}_m=\mathbf{0}$$

再由$\boldsymbol{\alpha}_1,\boldsymbol{\alpha}_2,\cdots,\boldsymbol{\alpha}_m$ 线性无关又得 $k_1=k_2=\cdots=k_m=0$,所以$\boldsymbol{\alpha}_1,\boldsymbol{\alpha}_2,\cdots,\boldsymbol{\alpha}_m,\boldsymbol{\beta}$ 线性无关.

**【注】** 从本质上说,题14和题15是同一个命题,仅仅是叙述方法不同而已.

16. (1) 设$\boldsymbol{\alpha},\boldsymbol{\beta}\in\mathbf{R}^n$,证明内积公式

$$(\boldsymbol{\alpha},\boldsymbol{\beta})=\frac{1}{2}[\,\|\boldsymbol{\alpha}\|^2+\|\boldsymbol{\beta}\|^2-\|\boldsymbol{\alpha}-\boldsymbol{\beta}\|^2]$$

(2) 如果某个线性变换 $\boldsymbol{y}=\boldsymbol{A}\boldsymbol{x}$ 保持向量的长度不变,证明它必保持两个向量之间的夹角的余弦值不变. 问反之是不是正确? 给出理由.

(3) 设某个线性变换 $\boldsymbol{y}=\boldsymbol{A}\boldsymbol{x}$ 保持向量的长度不变,证明 $\boldsymbol{A}$ 必是正交矩阵.

**【证】** (1) 因为$\|\boldsymbol{\alpha}\|^2=(\boldsymbol{\alpha},\boldsymbol{\alpha})$, $\|\boldsymbol{\beta}\|^2=(\boldsymbol{\beta},\boldsymbol{\beta})$,所以

$$\begin{aligned}\|\boldsymbol{\alpha}-\boldsymbol{\beta}\|^2&=(\boldsymbol{\alpha}-\boldsymbol{\beta},\boldsymbol{\alpha}-\boldsymbol{\beta})=(\boldsymbol{\alpha},\boldsymbol{\alpha})+(\boldsymbol{\beta},\boldsymbol{\beta})-2(\boldsymbol{\alpha},\boldsymbol{\beta})\\&=\|\boldsymbol{\alpha}\|^2+\|\boldsymbol{\beta}\|^2-2(\boldsymbol{\alpha},\boldsymbol{\beta})\end{aligned}$$

即

$$(\boldsymbol{\alpha},\boldsymbol{\beta})=\frac{1}{2}[\,\|\boldsymbol{\alpha}\|^2+\|\boldsymbol{\beta}\|^2-\|\boldsymbol{\alpha}-\boldsymbol{\beta}\|^2]$$

(2) 因为$\boldsymbol{\alpha},\boldsymbol{\beta}\in\mathbf{R}^3$之间的夹角$\theta$满足$\cos\theta=\dfrac{(\boldsymbol{\alpha},\boldsymbol{\beta})}{\|\boldsymbol{\alpha}\|\times\|\boldsymbol{\beta}\|}$,所以,当$\boldsymbol{y}=\boldsymbol{A}\boldsymbol{x}$保持向量的长度不变时,由(1)所证知,它也保持向量的内积不变,于是必保持两个向量之间的夹角的余弦不变.

反之,当线性变换$\boldsymbol{y}=\boldsymbol{A}\boldsymbol{x}$保持两个向量之间的夹角的余弦不变时,未必保持向量的长度不变.

例如,考虑线性变换$\boldsymbol{y}=\boldsymbol{A}\boldsymbol{x}=2\boldsymbol{x}$,有

$$\|\boldsymbol{y}\|^2=(\boldsymbol{y},\boldsymbol{y})=4\|\boldsymbol{x}\|^2,\ \|\boldsymbol{y}\|=2\|\boldsymbol{x}\|$$

可是却有

$$\cos\tilde{\theta}=\frac{(\boldsymbol{A\alpha},\boldsymbol{A\beta})}{\|\boldsymbol{A\alpha}\|\times\|\boldsymbol{A\beta}\|}=\frac{(2\boldsymbol{\alpha},2\boldsymbol{\beta})}{\|2\boldsymbol{\alpha}\|\times\|2\boldsymbol{\beta}\|}=\frac{4(\boldsymbol{\alpha},\boldsymbol{\beta})}{2\|\boldsymbol{\alpha}\|\times2\|\boldsymbol{\beta}\|}$$
$$=\cos\theta$$

这里,$\theta$是$\boldsymbol{\alpha}$与$\boldsymbol{\beta}$之间的夹角,$\tilde{\theta}$是$\boldsymbol{A\alpha}$与$\boldsymbol{A\beta}$之间的夹角.

(3) 当某个线性变换$\boldsymbol{y}=\boldsymbol{A}\boldsymbol{x}$保持向量的长度不变时,它也保持向量的内积不变,必有

$$(\boldsymbol{Ax},\boldsymbol{Ay})=(\boldsymbol{x},\boldsymbol{y}),\ \forall\boldsymbol{x},\boldsymbol{y}\in\mathbf{R}^n$$

即

$$(\boldsymbol{Ax})'(\boldsymbol{Ay})=\boldsymbol{x}'\boldsymbol{y},\boldsymbol{x}'\boldsymbol{A}'\boldsymbol{A}\boldsymbol{x}=\boldsymbol{x}'\boldsymbol{y},\boldsymbol{x}'(\boldsymbol{A}'\boldsymbol{A}-\boldsymbol{I}_n)\boldsymbol{y}=0,\ \forall\boldsymbol{x},\boldsymbol{y}\in\mathbf{R}^n$$

特别地,取$\boldsymbol{x}=\boldsymbol{y}$,有

$$\boldsymbol{x}'(\boldsymbol{A}'\boldsymbol{A}-\boldsymbol{I}_n)\boldsymbol{x}=0,\ \forall x\in\mathbf{R}^n$$

于是必有$\boldsymbol{A}'\boldsymbol{A}-\boldsymbol{I}_n=\boldsymbol{O}$,$\boldsymbol{A}'\boldsymbol{A}=\boldsymbol{I}_n$,$\boldsymbol{A}$是正交矩阵.

# 第六章　对称矩阵与二次型

## §1　对称矩阵

### 一、定义

$n$ 阶实方阵 $\boldsymbol{A}=(a_{ij})$ 是对称矩阵 $\Leftrightarrow \boldsymbol{A}'=\boldsymbol{A}$，即 $a_{ij}=a_{ji}$，$\forall\ i,j=1,2,\cdots,n$.

### 二、性质

(1) 实对称矩阵的特征值一定是实数，特征向量一定是实向量.

(2) 实对称矩阵 $\boldsymbol{A}$ 的属于不同特征值的特征向量一定是正交向量.

### 三、实对称矩阵基本定理

对于任意一个 $n$ 阶实对称矩阵 $\boldsymbol{A}$，一定存在 $n$ 阶正交矩阵 $\boldsymbol{P}$，使得

$$\boldsymbol{P}^{-1}\boldsymbol{A}\boldsymbol{P}=\boldsymbol{P}'\boldsymbol{A}\boldsymbol{P}=\begin{pmatrix}\lambda_1&&&\\&\lambda_2&&\\&&\ddots&\\&&&\lambda_n\end{pmatrix}=\boldsymbol{\Lambda}$$

其中 $\boldsymbol{\Lambda}$ 中 $n$ 个对角元 $\lambda_1,\lambda_2,\cdots,\lambda_n$ 就是 $\boldsymbol{A}$ 的 $n$ 个特征值. 这个 $n$ 阶对角矩阵 $\boldsymbol{\Lambda}$ 称为 $\boldsymbol{A}$ 的正交相似标准形. 反之，凡是正交相似于实对角矩阵的实方阵一定是对称矩阵.

因此，(1) $n$ 阶实方阵 $\boldsymbol{A}$ 正交相似于实对角矩阵当且仅当 $\boldsymbol{A}$ 是对称矩阵.

(2) 两个有相同特征值的同阶对称矩阵一定是正交相似矩阵.

### 四、正交相似标准形的求法

(1) 求出 $n$ 阶对称矩阵 $\boldsymbol{A}$ 的两两互异的特征值 $\lambda_1,\lambda_2,\cdots,\lambda_k$，$\lambda_i$ 的重数为

$$r_i, i=1,2,\cdots,k, \sum_{i=1}^{k} r_i = n$$

(2) 对于每一个特征值 $\boldsymbol{\lambda}_i$，必可求出相应的齐次线性方程组$(\boldsymbol{\lambda}_i\boldsymbol{I}_n - \boldsymbol{A})\boldsymbol{x}=\boldsymbol{0}$ 的基础解系

$$\{\boldsymbol{\xi}_{i1},\boldsymbol{\xi}_{i2},\cdots,\boldsymbol{\xi}_{ir_i}\}$$

其中 $r_i = n - R(\boldsymbol{\lambda}_i\boldsymbol{I}_n - \boldsymbol{A})$，即$(\boldsymbol{\lambda}_i\boldsymbol{I}_n - \boldsymbol{A})\boldsymbol{x}=\boldsymbol{0}$ 的自由变量个数，也就是 $\boldsymbol{\lambda}_i$ 的重数.

(3) 把线性无关向量组$\{\boldsymbol{\xi}_{i1},\boldsymbol{\xi}_{i2},\cdots,\boldsymbol{\xi}_{ir_i}\}$两两正交化和单位化，产生标准正交向量组

$$\{\boldsymbol{p}_{i1},\boldsymbol{p}_{i2},\cdots,\boldsymbol{p}_{ir_i}\}, i=1,2,\cdots,k$$

(4) 把求出的 $n$ 个两两正交的单位特征向量拼成正交矩阵 $\boldsymbol{P}$，则$\boldsymbol{P}^{-1}\boldsymbol{A}\boldsymbol{P}=\boldsymbol{\Lambda}$ 一定是对角矩阵，其中 $n$ 个对角元素就是 $\boldsymbol{A}$ 的 $n$ 个特征值.

(5) 验证矩阵等式$\boldsymbol{P}^{-1}\boldsymbol{A}\boldsymbol{P}=\boldsymbol{\Lambda}$ 是否正确，可以改为检验较为简单的矩阵等式 $\boldsymbol{A}\boldsymbol{P}=\boldsymbol{P}\boldsymbol{\Lambda}$ 是否正确.

(6) 通常是用施密特正交化方法，把已经求出的线性无关向量组$\{\boldsymbol{\xi}_{i1},\boldsymbol{\xi}_{i2},\cdots,\boldsymbol{\xi}_{ir_i}\}$改造成与之等价的正交向量组$\{\boldsymbol{p}_{i1},\boldsymbol{p}_{i2},\cdots,\boldsymbol{p}_{ir_i}\}$，$i=1,2,\cdots,k$. 有时可用以下直观方法便捷地直接求出$(\boldsymbol{\lambda}_i\boldsymbol{I}_n - \boldsymbol{A})\boldsymbol{x}=\boldsymbol{0}$ 的两两正交的解向量组：

当 $abc \neq 0$ 时，可直接写出三元方程 $ax+by+cz=0$ 的两个正交解

$$\boldsymbol{p}_1=\begin{pmatrix}-b\\a\\0\end{pmatrix}, \boldsymbol{p}_2=\begin{pmatrix}ac\\bc\\-a^2-b^2\end{pmatrix}$$

当 $abcd \neq 0$ 时，可直接写出四元方程 $ax+by+cz+dw=0$ 的三个两两正交解

$$\boldsymbol{p}_1=\begin{pmatrix}-b\\a\\0\\0\end{pmatrix}, \boldsymbol{p}_2=\begin{pmatrix}0\\0\\-d\\c\end{pmatrix}, \boldsymbol{p}_3=\begin{pmatrix}a(c^2+d^2)\\b(c^2+d^2)\\-c(a^2+b^2)\\-d(a^2+b^2)\end{pmatrix}$$

1. 设 $\boldsymbol{A}$ 是 $n$ 阶实对称矩阵，证明：

(1) $\boldsymbol{A}$ 的特征值一定是实数，特征向量一定是实向量.

(2) $\boldsymbol{A}$ 的属于不同特征值的特征向量一定是正交向量.

【证】 (1) 设 $\boldsymbol{A}\boldsymbol{p}=\lambda\boldsymbol{p}$，$\boldsymbol{p}\neq\boldsymbol{0}$，则有

$$\bar{\boldsymbol{p}}'\boldsymbol{A}\boldsymbol{p}=\bar{\boldsymbol{p}}'(\boldsymbol{A}\boldsymbol{p})=\bar{\boldsymbol{p}}'\lambda\boldsymbol{p}=\lambda\bar{\boldsymbol{p}}'\boldsymbol{p}$$

因为 $\bar{\boldsymbol{A}}' = \boldsymbol{A}$，所以又有

$$\bar{\boldsymbol{p}}'\boldsymbol{A}\boldsymbol{p} = \bar{\boldsymbol{p}}'\bar{\boldsymbol{A}}'\boldsymbol{p} = (\overline{\boldsymbol{A}\boldsymbol{p}})'\boldsymbol{p} = (\overline{\lambda \boldsymbol{p}})'\boldsymbol{p} = \bar{\lambda}\,\bar{\boldsymbol{p}}'\boldsymbol{p}$$

于是必有 $\lambda\,\bar{\boldsymbol{p}}'\boldsymbol{p} = \bar{\lambda}\,\bar{\boldsymbol{p}}'\boldsymbol{p}$，$(\bar{\lambda} - \lambda)\bar{\boldsymbol{p}}'\boldsymbol{p} = 0$. 可是由 $\boldsymbol{p} = (z_1, z_2, \cdots, z_n)' \neq \boldsymbol{0}$ 知必有

$$\bar{\boldsymbol{p}}'\boldsymbol{p} = \sum_{i=1}^{n} |z_i|^2 > 0$$

所以必有 $\bar{\lambda} - \lambda = 0$，$\bar{\lambda} = \lambda$，$\lambda$ 为实数.

(2) 设 $\boldsymbol{A}\boldsymbol{p}_1 = \lambda_1\boldsymbol{p}_1$，$\boldsymbol{A}\boldsymbol{p}_2 = \lambda_2\boldsymbol{p}_2$，$\lambda_1 \neq \lambda_2$，计算

$$\boldsymbol{p}'_1\boldsymbol{A}\boldsymbol{p}_2 = \boldsymbol{p}'_1(\boldsymbol{A}\boldsymbol{p}_2) = \lambda_2\boldsymbol{p}'_1\boldsymbol{p}_2$$

$$\boldsymbol{p}'_1\boldsymbol{A}\boldsymbol{p}_2 = \boldsymbol{p}'_1\boldsymbol{A}'\boldsymbol{p}_2 = (\boldsymbol{A}\boldsymbol{p}_1)'\boldsymbol{p}_2 = \lambda_1\boldsymbol{p}'_1\boldsymbol{p}_2$$

得

$$\lambda_1\boldsymbol{p}'_1\boldsymbol{p}_2 = \lambda_2\boldsymbol{p}'_1\boldsymbol{p}_2，(\lambda_1 - \lambda_2)\boldsymbol{p}'_1\boldsymbol{p}_2 = 0$$

由 $\lambda_1 \neq \lambda_2$ 知 $\boldsymbol{p}'_1\boldsymbol{p}_2 = 0$，$\boldsymbol{p}_1 \perp \boldsymbol{p}_2$.

**【注】** 对于 $m \times n$ 复矩阵 $\boldsymbol{A} = (a_{ij})$，用记号 $\bar{\boldsymbol{A}}$ 表示它的共轭矩阵 $\bar{\boldsymbol{A}} = (\overline{a_{ij}})$，其中 $\overline{a_{ij}}$ 是 $a_{ij}$ 的共轭复数. 有以下性质

$$\overline{\boldsymbol{A} \pm \boldsymbol{B}} = \bar{\boldsymbol{A}} \pm \bar{\boldsymbol{B}}，\overline{\boldsymbol{A}\boldsymbol{B}} = \bar{\boldsymbol{A}}\bar{\boldsymbol{B}}$$

$$\overline{k\boldsymbol{B}} = \bar{k}\,\bar{\boldsymbol{B}}，(\overline{\boldsymbol{A}\boldsymbol{B}})' = \bar{\boldsymbol{B}}'\bar{\boldsymbol{A}}'$$

2. 证明满足 $\boldsymbol{A}^3 = \boldsymbol{I}_n$ 的实对称矩阵 $\boldsymbol{A}$ 必为单位矩阵.

**【证】** $\boldsymbol{A}$ 的特征值必是 $x^3 - 1 = 0$ 的实根，即 $\boldsymbol{A}$ 有三重特征值1，于是 $\boldsymbol{A}$ 必相似于单位矩阵，因而 $\boldsymbol{A}$ 必为单位矩阵.

3. 设 $\boldsymbol{A}$ 是特征值为 $\pm 1$ 的实对称矩阵，证明 $\boldsymbol{A}$ 必是正交矩阵.

**【证】** 因为 $\boldsymbol{A}$ 是特征值为 $\pm 1$ 的实对称矩阵，所以必存在正交矩阵 $\boldsymbol{P}$ 使得

$$\boldsymbol{P}^{-1}\boldsymbol{A}\boldsymbol{P} = \begin{pmatrix} \lambda_1 & & & \\ & \lambda_2 & & \\ & & \ddots & \\ & & & \lambda_n \end{pmatrix} = \boldsymbol{\Lambda}，\lambda_i = \pm 1$$

因为 $\boldsymbol{P}$ 和 $\boldsymbol{\Lambda}$ 都是正交矩阵，所以 $\boldsymbol{A} = \boldsymbol{P}\boldsymbol{\Lambda}\boldsymbol{P}^{-1}$ 必是正交矩阵.

4. 证明秩为 $r$ 的对称矩阵 $\boldsymbol{A}$ 一定可以表成 $r$ 个秩为 1 的对称矩阵之和.

**【证】** 对于秩为 $r$ 的对称矩阵 $\boldsymbol{A}$，必存在正交矩阵 $\boldsymbol{P}$ 使得 $\boldsymbol{A} = \boldsymbol{P}\boldsymbol{\Lambda}\boldsymbol{P}'$，其中对角矩阵

$$\boldsymbol{\Lambda}=\begin{pmatrix}\lambda_1&&&&&&\\&\ddots&&&&&\\&&\lambda_i&&&&\\&&&\ddots&&&\\&&&&\lambda_r&&\\&&&&&0&\\&&&&&&\ddots\\&&&&&&&0\end{pmatrix}=\sum_{i=1}^{r}\begin{pmatrix}0&&&&&&\\&\ddots&&&&&\\&&\lambda_i&&&&\\&&&\ddots&&&\\&&&&0&&\\&&&&&0&\\&&&&&&\ddots\\&&&&&&&0\end{pmatrix}$$

$$=\sum_{i=1}^{r}\boldsymbol{\Lambda}_i$$

于是$\boldsymbol{A}=\sum\limits_{i=1}^{r}\boldsymbol{P}\boldsymbol{\Lambda}_i\boldsymbol{P}'=\sum\limits_{i=1}^{r}\boldsymbol{A}_i$,其中$\boldsymbol{A}_i=\boldsymbol{P}\boldsymbol{\Lambda}_i\boldsymbol{P}'$, $1\leqslant i\leqslant r$都是秩为1的对称矩阵.

5. 已知3阶实对称矩阵$\boldsymbol{A}$的特征值为1,2,3,$\boldsymbol{p}_1=\begin{pmatrix}-1\\-1\\1\end{pmatrix}$,$\boldsymbol{p}_2=\begin{pmatrix}1\\-2\\-1\end{pmatrix}$分别是属于$\lambda_1=1$和$\lambda_2=2$的特征向量,求出属于$\lambda_3=3$的特征向量$\boldsymbol{p}_3$和矩阵$\boldsymbol{A}$.

**【解一】** 因为$\boldsymbol{A}$是对称矩阵,属于$\lambda_3=3$的特征向量必与$\boldsymbol{p}_1$, $\boldsymbol{p}_2$正交,所以其三个分量必满足

$$\begin{cases}-x_1-x_2+x_3=0\\x_1-2x_2-x_3=0\end{cases},\ x_2=0$$

可取

$$\boldsymbol{p}_3=\begin{pmatrix}1\\0\\1\end{pmatrix}$$

于是得到可逆矩阵

$$\boldsymbol{P}=(\boldsymbol{p}_1\quad\boldsymbol{p}_2\quad\boldsymbol{p}_3)=\begin{pmatrix}-1&1&1\\-1&-2&0\\1&-1&1\end{pmatrix}$$

使得

$$\boldsymbol{P}^{-1}\boldsymbol{A}\boldsymbol{P}=\begin{pmatrix}1&&\\&2&\\&&3\end{pmatrix}=\boldsymbol{\Lambda}$$

先求出$P^{-1}=\frac{1}{6}\begin{pmatrix}-2&-2&2\\1&-2&-1\\3&0&3\end{pmatrix}$，于是

$$A=P\Lambda P^{-1}=\begin{pmatrix}-1&1&1\\-1&-2&0\\1&-1&1\end{pmatrix}\begin{pmatrix}1&&\\&2&\\&&3\end{pmatrix}P^{-1}$$

$$=\frac{1}{6}\begin{pmatrix}-1&2&3\\-1&-4&0\\1&-2&3\end{pmatrix}\begin{pmatrix}-2&-2&2\\1&-2&-1\\3&0&3\end{pmatrix}$$

$$=\frac{1}{6}\begin{pmatrix}13&-2&5\\-2&10&2\\5&2&13\end{pmatrix}$$

**【解二】**　为了避开矩阵求逆矩阵，可把所求出的两两正交的三个特征向量

$$p_1=\begin{pmatrix}-1\\-1\\1\end{pmatrix},p_2=\begin{pmatrix}1\\-2\\-1\end{pmatrix},p_3=\begin{pmatrix}1\\0\\1\end{pmatrix}$$

单位化构成正交矩阵

$$P=\begin{pmatrix}-\frac{1}{\sqrt{3}}&\frac{1}{\sqrt{6}}&\frac{1}{\sqrt{2}}\\-\frac{1}{\sqrt{3}}&-\frac{2}{\sqrt{6}}&0\\\frac{1}{\sqrt{3}}&-\frac{1}{\sqrt{6}}&\frac{1}{\sqrt{2}}\end{pmatrix}=\frac{1}{\sqrt{6}}\begin{pmatrix}-\sqrt{2}&1&\sqrt{3}\\-\sqrt{2}&-2&0\\\sqrt{2}&-1&\sqrt{3}\end{pmatrix}$$

于是可直接求出

$$A=P\Lambda P^{-1}=P\Lambda P'=\frac{1}{6}\begin{pmatrix}-\sqrt{2}&1&\sqrt{3}\\-\sqrt{2}&-2&0\\\sqrt{2}&-1&\sqrt{3}\end{pmatrix}\begin{pmatrix}1&&\\&2&\\&&3\end{pmatrix}\begin{pmatrix}-\sqrt{2}&-\sqrt{2}&\sqrt{2}\\1&-2&-1\\\sqrt{3}&0&\sqrt{3}\end{pmatrix}$$

$$=\frac{1}{6}\begin{pmatrix}-\sqrt{2}&2&3\sqrt{3}\\-\sqrt{2}&-4&0\\\sqrt{2}&-2&3\sqrt{3}\end{pmatrix}\begin{pmatrix}-\sqrt{2}&-\sqrt{2}&\sqrt{2}\\1&-2&-1\\\sqrt{3}&0&\sqrt{3}\end{pmatrix}=\frac{1}{6}\begin{pmatrix}13&-2&5\\-2&10&2\\5&2&13\end{pmatrix}$$

6. 设 3 阶实对称矩阵$A$的特征值为$\lambda_1=-1$，$\lambda_2=\lambda_3=1$，已知$A$的属于

$\lambda_1=-1$ 的特征向量为$\boldsymbol{\alpha}_1=\begin{pmatrix}0\\1\\1\end{pmatrix}$,求出矩阵 $\boldsymbol{A}$.

**【解一】** 因为属于对称矩阵的不同特征值的特征向量必正交,所以,属于 $\lambda_2=\lambda_3=1$ 的特征向量必与$\boldsymbol{\alpha}_1=\begin{pmatrix}0\\1\\1\end{pmatrix}$正交,即其分量必满足 $x_2+x_3=0$,$x_1$ 为自由变量. 可取两个线性无关解

$$\boldsymbol{\alpha}_2=\begin{pmatrix}1\\0\\0\end{pmatrix},\ \boldsymbol{\alpha}_3=\begin{pmatrix}0\\1\\-1\end{pmatrix}$$

令 $\boldsymbol{P}=(\boldsymbol{\alpha}_1\quad\boldsymbol{\alpha}_2\quad\boldsymbol{\alpha}_3)=\begin{pmatrix}0&1&0\\1&0&1\\1&0&-1\end{pmatrix}$,求出

$$\boldsymbol{P}^{-1}=\frac{1}{|\boldsymbol{P}|}\boldsymbol{P}^*=\frac{1}{2}\begin{pmatrix}0&1&1\\2&0&0\\0&1&-1\end{pmatrix}$$

于是

$$\boldsymbol{A}=\boldsymbol{P}\begin{pmatrix}-1&&\\&1&\\&&1\end{pmatrix}\boldsymbol{P}^{-1}=\begin{pmatrix}0&1&0\\-1&0&1\\-1&0&-1\end{pmatrix}\begin{pmatrix}0&1&1\\2&0&0\\0&1&-1\end{pmatrix}\frac{1}{2}=\begin{pmatrix}1&0&0\\0&0&-1\\0&-1&0\end{pmatrix}$$

**【解二】** 先求出正交矩阵 $\boldsymbol{P}=\frac{1}{\sqrt{2}}\begin{pmatrix}0&\sqrt{2}&0\\1&0&1\\1&0&-1\end{pmatrix}$,也可得

$$\boldsymbol{A}=\boldsymbol{P}\begin{pmatrix}-1&&\\&1&\\&&1\end{pmatrix}\boldsymbol{P}'=\frac{1}{\sqrt{2}}\begin{pmatrix}0&\sqrt{2}&0\\1&0&1\\1&0&-1\end{pmatrix}\begin{pmatrix}-1&&\\&1&\\&&1\end{pmatrix}\begin{pmatrix}0&1&1\\\sqrt{2}&0&0\\0&1&-1\end{pmatrix}$$

$$=\begin{pmatrix}1&0&0\\0&0&-1\\0&-1&0\end{pmatrix}$$

7. 设 3 阶实对称矩阵 $\boldsymbol{A}$ 的秩为 2,已知$\boldsymbol{p}_1=\begin{pmatrix}1\\1\\0\end{pmatrix}$,$\boldsymbol{p}_2=\begin{pmatrix}2\\1\\1\end{pmatrix}$是 $\boldsymbol{A}$ 的属于二重特征值$\lambda=6$ 的两个线性无关的特征向量,求出 $\boldsymbol{A}$ 的另一个特征值和对应的

特征向量,并求出 $\boldsymbol{A}$.

【解】　首先由 $\boldsymbol{A}$ 的秩为2知 $|\boldsymbol{A}|=0$,所以必有特征值 $\lambda_3=0$. 因为 $\boldsymbol{A}$ 是对称矩阵,所以 $\lambda_3=0$ 对应的特征向量必与 $\boldsymbol{p}_1$, $\boldsymbol{p}_2$ 正交,其分量必满足

$$\begin{cases}x_1+x_2=0\\2x_1+x_2+x_3=0\end{cases},\ x_1+x_3=0\ ,\ x_2=-x_1$$

可取解

$$\boldsymbol{p}_3=\begin{pmatrix}-1\\1\\1\end{pmatrix}$$

于是可取可逆矩阵

$$\boldsymbol{P}=(\boldsymbol{p}_1\quad\boldsymbol{p}_2\quad\boldsymbol{p}_3)=\begin{pmatrix}1&2&-1\\1&1&1\\0&1&1\end{pmatrix}$$

并求出

$$\boldsymbol{P}^{-1}=\frac{1}{3}\begin{pmatrix}0&3&-3\\1&-1&2\\-1&1&1\end{pmatrix}$$

据此可求出

$$\boldsymbol{A}=\boldsymbol{P}\boldsymbol{\Lambda}\boldsymbol{P}^{-1}=\begin{pmatrix}1&2&-1\\1&1&1\\0&1&1\end{pmatrix}\begin{pmatrix}6&&\\&6&\\&&0\end{pmatrix}\boldsymbol{P}^{-1}=\frac{1}{3}\begin{pmatrix}6&12&0\\6&6&0\\0&6&0\end{pmatrix}\begin{pmatrix}0&3&-3\\1&-1&2\\-1&1&1\end{pmatrix}$$

$$=\begin{pmatrix}2&4&0\\2&2&0\\0&2&0\end{pmatrix}\begin{pmatrix}0&3&-3\\1&-1&2\\-1&1&1\end{pmatrix}=\begin{pmatrix}4&2&2\\2&4&-2\\2&-2&4\end{pmatrix}$$

8. 设3阶实对称矩阵 $\boldsymbol{A}$ 的特征值为 $\lambda_1=0$, $\lambda_2=3$, $\lambda_3=3$. 已知属于 $\lambda_1=0$ 的特征向量为 $\boldsymbol{p}_1=\begin{pmatrix}1\\1\\1\end{pmatrix}$,属于 $\lambda_2=3$ 的一个特征向量为 $\boldsymbol{p}_2=\begin{pmatrix}-1\\1\\0\end{pmatrix}$,求出矩阵 $\boldsymbol{A}$.

【解】　因为 $\boldsymbol{A}$ 是3阶对称矩阵,必有三个两两正交的特征向量,所以属于 $\lambda_2=3$ 的另一个特征向量必与 $\boldsymbol{p}_1$, $\boldsymbol{p}_2$ 正交,其分量必满足

$$\begin{cases}x_1+x_2+x_3=0\\-x_1+x_2=0\end{cases}$$

可取解

$$p_3 = \begin{pmatrix} 1 \\ 1 \\ -2 \end{pmatrix}$$

再把这三个两两正交的特征向量单位化求得正交矩阵

$$P = \begin{pmatrix} \frac{1}{\sqrt{3}} & -\frac{1}{\sqrt{2}} & \frac{1}{\sqrt{6}} \\ \frac{1}{\sqrt{3}} & \frac{1}{\sqrt{2}} & \frac{1}{\sqrt{6}} \\ \frac{1}{\sqrt{3}} & 0 & \frac{-2}{\sqrt{6}} \end{pmatrix}, \text{有} P^{-1}AP = \begin{pmatrix} 0 & 0 & 0 \\ 0 & 3 & 0 \\ 0 & 0 & 3 \end{pmatrix} = \Lambda$$

于是

$$A = \begin{pmatrix} \frac{1}{\sqrt{3}} & -\frac{1}{\sqrt{2}} & \frac{1}{\sqrt{6}} \\ \frac{1}{\sqrt{3}} & \frac{1}{\sqrt{2}} & \frac{1}{\sqrt{6}} \\ \frac{1}{\sqrt{3}} & 0 & \frac{-2}{\sqrt{6}} \end{pmatrix} \begin{pmatrix} 0 & 0 & 0 \\ 0 & 3 & 0 \\ 0 & 0 & 3 \end{pmatrix} P' = \begin{pmatrix} 0 & -\frac{3}{\sqrt{2}} & \frac{3}{\sqrt{6}} \\ 0 & \frac{3}{\sqrt{2}} & \frac{3}{\sqrt{6}} \\ 0 & 0 & \frac{-6}{\sqrt{6}} \end{pmatrix} \begin{pmatrix} \frac{1}{\sqrt{3}} & \frac{1}{\sqrt{3}} & \frac{1}{\sqrt{3}} \\ -\frac{1}{\sqrt{2}} & \frac{1}{\sqrt{2}} & 0 \\ \frac{1}{\sqrt{6}} & \frac{1}{\sqrt{6}} & \frac{-2}{\sqrt{6}} \end{pmatrix}$$

$$= \begin{pmatrix} 2 & -1 & -1 \\ -1 & 2 & -1 \\ -1 & -1 & 2 \end{pmatrix}$$

9. 求 $A = \begin{pmatrix} 4 & 2 & 2 \\ 2 & 4 & 2 \\ 2 & 2 & 4 \end{pmatrix}$ 的正交相似标准形.

【解】 计算同行和行列式可求出

$$|\lambda I_3 - A| = \begin{vmatrix} \lambda-4 & -2 & -2 \\ -2 & \lambda-4 & -2 \\ -2 & -2 & \lambda-4 \end{vmatrix} = (\lambda-8)\begin{vmatrix} 1 & -2 & -2 \\ 1 & \lambda-4 & -2 \\ 1 & -2 & \lambda-4 \end{vmatrix}$$

$$= (\lambda-8)\begin{vmatrix} 1 & -2 & -2 \\ 0 & \lambda-2 & 0 \\ 0 & 0 & \lambda-2 \end{vmatrix}$$

$$= (\lambda-8)(\lambda-2)^2$$

属于 $\lambda_1 = 8$ 的特征向量满足$\begin{cases} 4x_1 - 2x_2 - 2x_3 = 0 \\ -2x_1 + 4x_2 - 2x_3 = 0 \\ -2x_1 - 2x_2 + 4x_3 = 0 \end{cases}$,求出单位特征向量

$$\boldsymbol{p}_1=\frac{1}{\sqrt{3}}\begin{pmatrix}1\\1\\1\end{pmatrix}$$

属于 $\lambda_2=\lambda_3=2$ 的特征向量满足 $x_1+x_2+x_3=0$. 可用直观方法求出两个正交单位特征向量

$$\boldsymbol{p}_2=\frac{1}{\sqrt{2}}\begin{pmatrix}1\\-1\\0\end{pmatrix},\boldsymbol{p}_3=\frac{1}{\sqrt{6}}\begin{pmatrix}1\\1\\-2\end{pmatrix}$$

于是得正交矩阵 $\boldsymbol{P}=\begin{pmatrix}\frac{1}{\sqrt{3}}&\frac{1}{\sqrt{2}}&\frac{1}{\sqrt{6}}\\\frac{1}{\sqrt{3}}&-\frac{1}{\sqrt{2}}&\frac{1}{\sqrt{6}}\\\frac{1}{\sqrt{3}}&0&\frac{-2}{\sqrt{6}}\end{pmatrix}$ 使得 $\boldsymbol{P}^{-1}\boldsymbol{A}\boldsymbol{P}=\begin{pmatrix}8&&\\&2&\\&&2\end{pmatrix}$.

**【注】** 所谓直观方法指的是这样一个方法:例如,对于 $x_1+x_2+x_3=0$,只要取

$$x_1=1,x_2=-1,x_3=0$$

则很容易求出与它正交的一个解 $x_1=1,x_2=1,x_3=-2$.

一般地,可任意取定某个变量为零,再求出与它正交的一个解. 据此可容易求出以下三组正交解

$$\begin{pmatrix}1\\-1\\0\end{pmatrix},\begin{pmatrix}1\\1\\-2\end{pmatrix};\quad\begin{pmatrix}1\\0\\-1\end{pmatrix},\begin{pmatrix}1\\-2\\1\end{pmatrix};\quad\begin{pmatrix}0\\1\\-1\end{pmatrix},\begin{pmatrix}-2\\1\\1\end{pmatrix}$$

得到的是三个不同的正交矩阵.

10. 求 $\boldsymbol{A}=\begin{pmatrix}1&-2&2\\-2&4&-4\\2&-4&4\end{pmatrix}$ 的正交相似标准形.

**【解】** $|\lambda\boldsymbol{I}_3-\boldsymbol{A}|=\begin{vmatrix}\lambda-1&2&-2\\2&\lambda-4&4\\-2&4&\lambda-4\end{vmatrix}=\begin{vmatrix}\lambda-1&2&0\\2&\lambda-4&\lambda\\-2&4&\lambda\end{vmatrix}$

$$=\lambda\begin{vmatrix}\lambda-1&2&0\\2&\lambda-4&1\\-2&4&1\end{vmatrix}$$

$$=\lambda\begin{vmatrix}\lambda-1 & 2 & 0\\ 4 & \lambda-8 & 0\\ -2 & 4 & 1\end{vmatrix}=\lambda(\lambda^2-9\lambda)$$

$$=\lambda^2(\lambda-9)=0$$

属于 $\lambda=0$ 的特征向量满足 $-x_1+2x_2-2x_3=0$，$x_1=2(x_2-x_3)$. 可用直观方法求出两个正交单位特征向量

$$\boldsymbol{p}_1=\frac{1}{\sqrt{2}}\begin{pmatrix}0\\1\\1\end{pmatrix},\ \boldsymbol{p}_2=\frac{1}{3\sqrt{2}}\begin{pmatrix}4\\1\\-1\end{pmatrix}$$

属于 $\lambda_3=9$ 的特征向量满足 $\begin{cases}8x_1+2x_2-2x_3=0\\ 2x_1+5x_2+4x_3=0\\ -2x_1+4x_2+5x_3=0\end{cases}$. 可取单位解

$$\boldsymbol{p}_3=\frac{1}{3}\begin{pmatrix}1\\-2\\2\end{pmatrix}$$

于是得到正交矩阵 $\boldsymbol{P}=\begin{pmatrix}0 & \frac{4}{3\sqrt{2}} & \frac{1}{3}\\ \frac{1}{\sqrt{2}} & \frac{1}{3\sqrt{2}} & -\frac{2}{3}\\ \frac{1}{\sqrt{2}} & \frac{-1}{3\sqrt{2}} & \frac{2}{3}\end{pmatrix}$，使得 $\boldsymbol{P}^{-1}\boldsymbol{A}\boldsymbol{P}=\begin{pmatrix}0 & & \\ & 0 & \\ & & 9\end{pmatrix}$.

11. 已知 $\boldsymbol{A}=\begin{pmatrix}a & 1 & 1 & -1\\ 1 & a & -1 & 1\\ 1 & -1 & a & 1\\ -1 & 1 & 1 & a\end{pmatrix}$ 有单重特征值 $\lambda_1=-3$，求出 $a$ 的值和正交矩阵 $\boldsymbol{P}$ 使得 $\boldsymbol{P}^{-1}\boldsymbol{A}\boldsymbol{P}$ 为对角矩阵.

【解】 计算同行和行列式可求出

$$|\lambda\boldsymbol{I}_4-\boldsymbol{A}|=\begin{vmatrix}\lambda-a & -1 & -1 & 1\\ -1 & \lambda-a & 1 & -1\\ -1 & 1 & \lambda-a & -1\\ 1 & -1 & -1 & \lambda-a\end{vmatrix}$$

$$=(\lambda-a-1)\begin{vmatrix}1 & -1 & -1 & 1\\ 1 & \lambda-a & 1 & -1\\ 1 & 1 & \lambda-a & -1\\ 1 & -1 & -1 & \lambda-a\end{vmatrix}$$

$$=(\lambda-a-1)\begin{vmatrix}\lambda-a+1 & 2 & -2\\ 2 & \lambda-a+1 & -2\\ 0 & 0 & \lambda-a-1\end{vmatrix}$$

$$=(\lambda-a-1)^2\begin{vmatrix}\lambda-a+1 & 2\\ 2 & \lambda-a+1\end{vmatrix}$$

$$=(\lambda-a-1)^2(\lambda-a+3)\begin{vmatrix}1 & 2\\ 1 & \lambda-a+1\end{vmatrix}$$

$$=(\lambda-a-1)^3(\lambda-a+3)$$

因为 $\boldsymbol{A}$ 有单重特征值 $\lambda_1=-3$，所以 $a=0$，$\boldsymbol{A}$ 有 3 重特征值 $\lambda_2=\lambda_3=\lambda_4=1$. 于是

$$\boldsymbol{A}=\begin{pmatrix}0 & 1 & 1 & -1\\ 1 & 0 & -1 & 1\\ 1 & -1 & 0 & 1\\ -1 & 1 & 1 & 0\end{pmatrix},\lambda\boldsymbol{I}_4-\boldsymbol{A}=\begin{pmatrix}\lambda & -1 & -1 & 1\\ -1 & \lambda & 1 & -1\\ -1 & 1 & \lambda & -1\\ 1 & -1 & -1 & \lambda\end{pmatrix}$$

属于 $\lambda_2=\lambda_3=\lambda_4=1$ 的特征向量满足

$$x_1-x_2-x_3+x_4=0\ ,\ x_1+x_4=x_2+x_3$$

用直观方法求出三个正交单位特征向量

$$\boldsymbol{p}_1=\frac{1}{\sqrt{2}}\begin{pmatrix}1\\1\\0\\0\end{pmatrix},\boldsymbol{p}_2=\frac{1}{\sqrt{2}}\begin{pmatrix}0\\0\\1\\1\end{pmatrix},\boldsymbol{p}_3=\frac{1}{2}\begin{pmatrix}1\\-1\\1\\-1\end{pmatrix}$$

属于 $\lambda_1=-3$ 的特征向量满足 $\begin{cases}-3x_1-x_2-x_3+x_4=0\\ -x_1-3x_2+x_3-x_4=0\\ -x_1+x_2-3x_3-x_4=0\\ x_1-x_2-x_3-3x_4=0\end{cases}$，$\begin{cases}x_1=-x_2\\ x_3=-x_4\\ x_2=x_3\end{cases}$，可取

$$\boldsymbol{p}_4=\frac{1}{2}\begin{pmatrix}1\\-1\\-1\\1\end{pmatrix}$$

所求的正交矩阵为 $\boldsymbol{P}=\begin{pmatrix}1/\sqrt{2} & 0 & 1/2 & 1/2\\ 1/\sqrt{2} & 0 & -1/2 & -1/2\\ 0 & 1/\sqrt{2} & 1/2 & -1/2\\ 0 & 1/\sqrt{2} & -1/2 & 1/2\end{pmatrix}$,有

$$\boldsymbol{P}^{-1}\boldsymbol{A}\boldsymbol{P}=\begin{pmatrix}1 & & & \\ & 1 & & \\ & & 1 & \\ & & & -3\end{pmatrix}$$

12. 设 $\boldsymbol{A}=\begin{pmatrix}0 & 0 & 2 & 1\\ 0 & 0 & 1 & 2\\ 2 & 1 & 0 & 0\\ 1 & 2 & 0 & 0\end{pmatrix}$, $\boldsymbol{\alpha}=\begin{pmatrix}1\\0\\0\\0\end{pmatrix}$, $n$ 为自然数,求 $\boldsymbol{\alpha}'\boldsymbol{A}^n\boldsymbol{\alpha}$.

【解】 用分块行列式计算公式 $\begin{vmatrix}\boldsymbol{A} & \boldsymbol{B}\\ \boldsymbol{B} & \boldsymbol{A}\end{vmatrix}=|\boldsymbol{A}+\boldsymbol{B}|\times|\boldsymbol{A}-\boldsymbol{B}|$ 可求出特征方程

$$|\lambda\boldsymbol{I}_4-\boldsymbol{A}|=\left|\begin{array}{cc:cc}\lambda & 0 & -2 & -1\\ 0 & \lambda & -1 & -2\\ \hdashline -2 & -1 & \lambda & 0\\ -1 & -2 & 0 & \lambda\end{array}\right|=\begin{vmatrix}\lambda-2 & -1\\ -1 & \lambda-2\end{vmatrix}\times\begin{vmatrix}\lambda+2 & 1\\ 1 & \lambda+2\end{vmatrix}$$

$$=(\lambda^2-4\lambda+3)(\lambda^2+4\lambda+3)$$
$$=(\lambda+3)(\lambda+1)(\lambda-1)(\lambda-3)$$

属于 $\lambda_1=-3$ 的特征向量满足 $\begin{cases}-3x_1-2x_3-x_4=0\\ -3x_2-x_3-2x_4=0\\ -2x_1-x_2-3x_3=0\\ -x_1-2x_2-3x_4=0\end{cases}$,可取单位解

$$\boldsymbol{p}_1=\frac{1}{2}\begin{pmatrix}-1\\-1\\1\\1\end{pmatrix}$$

属于 $\lambda_2=-1$ 的特征向量满足 $\begin{cases}-x_1-2x_3-x_4=0\\ -x_2-x_3-2x_4=0\\ -2x_1-x_2-x_3=0\\ -x_1-2x_2-x_4=0\end{cases}$,可取单位解

$$p_2=\frac{1}{2}\begin{pmatrix}-1\\1\\1\\-1\end{pmatrix}$$

属于 $\lambda_3=1$ 的特征向量满足$\begin{cases}x_1-2x_3-x_4=0\\x_2-x_3-2x_4=0\\-2x_1-x_2+x_3=0\\-x_1-2x_2+x_4=0\end{cases}$,可取单位解

$$p_3=\frac{1}{2}\begin{pmatrix}1\\-1\\1\\-1\end{pmatrix}$$

属于 $\lambda_4=3$ 的特征向量满足$\begin{cases}3x_1-2x_2-x_4=0\\3x_2-x_3-2x_4=0\\-2x_1-x_2+3x_3=0\\-x_1-2x_2+3x_4=0\end{cases}$,可取单位解

$$p_4=\frac{1}{2}\begin{pmatrix}1\\1\\1\\1\end{pmatrix}$$

找到正交矩阵 $P=\frac{1}{2}\begin{pmatrix}-1&-1&1&1\\-1&1&-1&1\\1&1&1&1\\1&-1&-1&1\end{pmatrix}$使得

$$P^{-1}AP=\begin{pmatrix}-3&&&\\&-1&&\\&&1&\\&&&3\end{pmatrix}=\Lambda$$

于是由 $A=P\Lambda P^{-1}=P\Lambda P'$ 求出

$$A^n=\frac{1}{4}\begin{pmatrix}-1&-1&1&1\\-1&1&-1&1\\1&1&1&1\\1&-1&-1&1\end{pmatrix}\begin{pmatrix}(-3)^n&&&\\&(-1)^n&&\\&&1&\\&&&3^n\end{pmatrix}\begin{pmatrix}-1&-1&1&1\\-1&1&1&-1\\1&-1&1&-1\\1&1&1&1\end{pmatrix}$$

$$=\frac{1}{4}\begin{pmatrix}-(-3)^n & -(-1)^n & 1 & 3^n\\ * & * & * & *\\ * & * & * & *\\ * & * & * & *\end{pmatrix}\begin{pmatrix}-1 & -1 & 1 & 1\\ -1 & 1 & 1 & -1\\ 1 & -1 & 1 & -1\\ 1 & 1 & 1 & 1\end{pmatrix}$$

找出$\boldsymbol{A}^n$ 的第一行、第一列元素即得 $\boldsymbol{\alpha}'\boldsymbol{A}^n\boldsymbol{\alpha}=\frac{1}{4}[(-3)^n+(-1)^n+1+3^n]$.

**【注】** (1) 也可直接计算同行和行列式

$$|\lambda\boldsymbol{I}_4-\boldsymbol{A}|=\begin{vmatrix}\lambda & 0 & -2 & -1\\ 0 & \lambda & -1 & -2\\ -2 & -1 & \lambda & 0\\ -1 & -2 & 0 & \lambda\end{vmatrix}=(\lambda-3)\begin{vmatrix}1 & 0 & -2 & -1\\ 1 & \lambda & -1 & -2\\ 1 & -1 & \lambda & 0\\ 1 & -2 & 0 & \lambda\end{vmatrix}$$

$$=(\lambda-3)\begin{vmatrix}\lambda & 1 & -1\\ -1 & \lambda+2 & 1\\ -2 & 2 & \lambda+1\end{vmatrix}$$

$$=(\lambda-3)\begin{vmatrix}0 & 1 & 0\\ -\lambda^2-2\lambda-1 & \lambda+2 & \lambda+3\\ -2(\lambda+1) & 2 & \lambda+3\end{vmatrix}$$

$$=-(\lambda-3)\begin{vmatrix}-(\lambda+1)^2 & \lambda+3\\ -2(\lambda+1) & \lambda+3\end{vmatrix}$$

$$=(\lambda-3)(\lambda+3)(\lambda+1)\begin{vmatrix}\lambda+1 & 1\\ 2 & 1\end{vmatrix}$$

$$=(\lambda+3)(\lambda+1)(\lambda-1)(\lambda-3)$$

(2) 在求出四个特征向量以后,可先求出线性表出式

$$\frac{1}{4}(-\boldsymbol{p}_1-\boldsymbol{p}_2+\boldsymbol{p}_3+\boldsymbol{p}_4)=\frac{1}{4}\left[-\begin{pmatrix}-1\\-1\\1\\1\end{pmatrix}-\begin{pmatrix}-1\\1\\1\\-1\end{pmatrix}+\begin{pmatrix}1\\-1\\1\\-1\end{pmatrix}+\begin{pmatrix}1\\1\\1\\1\end{pmatrix}\right]=\begin{pmatrix}1\\0\\0\\0\end{pmatrix}=\boldsymbol{\alpha}$$

利用$\boldsymbol{A}\boldsymbol{p}_1=-3\boldsymbol{p}_1,\boldsymbol{A}\boldsymbol{p}_2=-\boldsymbol{p}_2,\boldsymbol{A}\boldsymbol{p}_3=\boldsymbol{p}_3,\boldsymbol{A}\boldsymbol{p}_4=3\boldsymbol{p}_4$ 就可求出

$$\boldsymbol{A}^n\boldsymbol{\alpha}=\frac{1}{4}(-\boldsymbol{A}^n\boldsymbol{p}_1-\boldsymbol{A}^n\boldsymbol{p}_2+\boldsymbol{A}^n\boldsymbol{p}_3+\boldsymbol{A}^n\boldsymbol{p}_4)$$

$$=\frac{1}{4}(-(3)^n\boldsymbol{p}_1-(-1)^n\boldsymbol{p}_2+\boldsymbol{p}_3+3^n\boldsymbol{p}_4)$$

再考虑第一个分量即得

$$\boldsymbol{\alpha}'\boldsymbol{A}^n\boldsymbol{\alpha}=\frac{1}{4}[(-3)^n+(-1)^n+1+3^n]$$

# §2　实二次型

## 一、定义

(1) $n$ 元实二次型指的是含有 $n$ 个变量 $x_1, x_2, \cdots, x_n$ 的实系数二次齐次多项式

$$f(x_1, x_2, \cdots, x_n) = \sum_{i=1}^{n}\sum_{j=1}^{n} a_{ij}x_ix_j = \boldsymbol{x}'\boldsymbol{A}\boldsymbol{x}$$

其中

$$\boldsymbol{x} = \begin{pmatrix} x_1 \\ x_2 \\ \vdots \\ x_n \end{pmatrix}, \boldsymbol{A} = \begin{pmatrix} a_{11} & a_{12} & \cdots & a_{1n} \\ a_{12} & a_{22} & \cdots & a_{2n} \\ \vdots & \vdots & & \vdots \\ a_{1n} & a_{2n} & \cdots & a_{nn} \end{pmatrix} \text{为 } n \text{ 阶实对称矩阵}$$

对于取定的变量组 $x_1, x_2, \cdots, x_n$ 来说，$n$ 元实二次型 $f(x_1, x_2, \cdots, x_n) = \boldsymbol{x}'\boldsymbol{A}\boldsymbol{x}$ 与 $n$ 阶实对称矩阵 $\boldsymbol{A} = (a_{ij})_{n\times n}$ 是互相唯一确定的. 称 $\boldsymbol{A}$ 是二次型 $f$ 的矩阵，称 $f$ 是以 $\boldsymbol{A}$ 为矩阵的二次型.

(2) 只有平方项 $x_i^2$ 而没有交叉项 $x_ix_j, i \neq j$ 的二次型，称为 $n$ 元标准二次型

$$f(x_1, x_2, \cdots, x_n) = d_1x_1^2 + d_2x_2^2 + \cdots + d_nx_n^2 = \boldsymbol{x}'\boldsymbol{\Lambda}\boldsymbol{x}$$

其中

$$\boldsymbol{\Lambda} = \begin{pmatrix} d_1 & & & \\ & d_2 & & \\ & & \ddots & \\ & & & d_n \end{pmatrix}$$

(3) 如果对于 $n$ 阶方阵 $\boldsymbol{A}$ 和 $\boldsymbol{B}$，存在 $n$ 阶可逆矩阵 $\boldsymbol{P}$ 使 $\boldsymbol{B} = \boldsymbol{P}'\boldsymbol{A}\boldsymbol{P}$，则称 $\boldsymbol{A}$ 与 $\boldsymbol{B}$ 合同. 记为 $\boldsymbol{A} \simeq \boldsymbol{B}$. 矩阵之间的合同关系有反身性、对称性和传递性.

(4) 所有平方项的系数为 $\pm 1$ 或 0 的标准二次型称为规范二次型

$$f = z_1^2 + \cdots + z_k^2 - z_{k+1}^2 - \cdots - z_r^2 = \boldsymbol{z}'\boldsymbol{\Lambda}\boldsymbol{z}$$

其中

$$\boldsymbol{\Lambda} = \begin{pmatrix} \boldsymbol{I}_k & & \\ & -\boldsymbol{I}_{r-k} & \\ & & \boldsymbol{O} \end{pmatrix}$$

$r$是二次型的秩,$k$为二次型的正惯性指数,$r-k$为二次型的负惯性指数,$k-(r-k)=2k-r$为二次型的符号差.

## 二、基本结论

(1) 对于任何变量值$x_1,x_2,\cdots,x_n$,二次型$f(x_1,x_2,\cdots,x_n)=\boldsymbol{x}'\boldsymbol{A}\boldsymbol{x}$的值恒为$0\Leftrightarrow \boldsymbol{A}=\boldsymbol{O}$.

(2) $n$阶方阵$\boldsymbol{A}$和$\boldsymbol{B}$等价指的是存在$n$阶可逆矩阵$\boldsymbol{P}$和$\boldsymbol{Q}$使得$\boldsymbol{B}=\boldsymbol{PAQ}$,记为$\boldsymbol{A}\cong\boldsymbol{B}$.

$n$阶方阵$\boldsymbol{A}$和$\boldsymbol{B}$相似指的是存在$n$阶可逆矩阵$\boldsymbol{P}$使得$\boldsymbol{B}=\boldsymbol{P}^{-1}\boldsymbol{AP}$,记为$\boldsymbol{A}\sim\boldsymbol{B}$.

$n$阶方阵$\boldsymbol{A}$和$\boldsymbol{B}$合同指的是存在$n$阶可逆矩阵$\boldsymbol{P}$使得$\boldsymbol{B}=\boldsymbol{P}'\boldsymbol{AP}$,记为$\boldsymbol{A}\simeq\boldsymbol{B}$.

两个相似的矩阵一定是等价的,两个合同的矩阵也一定是等价的. 但是,反之并不成立,即等价的矩阵未必相似,也未必合同. 矩阵相似与矩阵合同是两个不同的概念. 只有当$\boldsymbol{B}=\boldsymbol{P}^{-1}\boldsymbol{AP}$中的$\boldsymbol{P}$是正交矩阵时,才同时有$\boldsymbol{B}=\boldsymbol{P}'\boldsymbol{AP}$. 所以,两个矩阵正交相似与正交合同是一回事.

(3) 对于任意一个$n$元实二次型$f=\boldsymbol{x}'\boldsymbol{A}\boldsymbol{x}$,必存在正交变换$\boldsymbol{x}=\boldsymbol{P}\boldsymbol{y}$,这里$\boldsymbol{P}$是$n$阶正交矩阵,把它化为标准形

$$f(x_1,x_2,\cdots,x_n)=\boldsymbol{x}'\boldsymbol{A}\boldsymbol{x}=(\boldsymbol{P}\boldsymbol{y})'\boldsymbol{A}(\boldsymbol{P}\boldsymbol{y})=\boldsymbol{y}'\boldsymbol{P}'\boldsymbol{A}\boldsymbol{P}\boldsymbol{y}=\boldsymbol{y}'\boldsymbol{\Lambda}\boldsymbol{y}=\sum_{i=1}^{n}\lambda_i\boldsymbol{y}_i^2$$

其中,$\lambda_1,\lambda_2,\cdots,\lambda_n$就是对称矩阵$\boldsymbol{A}$的$n$个特征值.

(4) 对于任意一个$n$元实二次型$f=\boldsymbol{x}'\boldsymbol{A}\boldsymbol{x}$,必存在可逆线性变换$\boldsymbol{x}=\boldsymbol{Q}\boldsymbol{y}$,这里$\boldsymbol{Q}$是$n$阶可逆矩阵,把它化为标准形

$$f(x_1,x_2,\cdots,x_n)=\boldsymbol{x}'\boldsymbol{A}\boldsymbol{x}=(\boldsymbol{Q}\boldsymbol{y})'\boldsymbol{A}(\boldsymbol{Q}\boldsymbol{y})=\boldsymbol{y}'\boldsymbol{Q}'\boldsymbol{A}\boldsymbol{Q}\boldsymbol{y}=\boldsymbol{y}'\boldsymbol{\Lambda}\boldsymbol{y}=\sum_{i=1}^{n}d_i\boldsymbol{y}_i^2$$

其中,$d_1,d_2,\cdots,d_n$未必是对称矩阵$\boldsymbol{A}$的特征值.

(5) 惯性定理　对于任意一个$n$元实二次型$f=\boldsymbol{x}'\boldsymbol{A}\boldsymbol{x}$,必存在可逆线性变换$\boldsymbol{x}=\boldsymbol{R}\boldsymbol{z}$,这里$\boldsymbol{R}$是$n$阶可逆矩阵,把它化为规范形

$$f(x_1,x_2,\cdots,x_n)=\boldsymbol{x}'\boldsymbol{A}\boldsymbol{x}=z_1^2+\cdots+z_k^2-z_{k+1}^2-\cdots-z_r^2$$

其中$k$和$r$是由$\boldsymbol{A}$唯一确定的(与所采用的变换的选择无关).

惯性定理的矩阵形式. 对于任意一个$n$阶对称矩阵$\boldsymbol{A}$,一定存在$n$阶可逆矩阵$\boldsymbol{R}$使得

$$\boldsymbol{R}'\boldsymbol{A}\boldsymbol{R}=\begin{pmatrix}\boldsymbol{I}_k & & \\ & -\boldsymbol{I}_{r-k} & \\ & & \boldsymbol{O}\end{pmatrix}$$,其中 $k$ 和 $r$ 是由 $\boldsymbol{A}$ 唯一确定的

(6) 合同判别法　当 $\boldsymbol{A}$ 与 $\boldsymbol{B}$ 是同阶对称矩阵时,它们合同当且仅当它们有相同的秩和相同的正惯性指数. 因为对称矩阵的秩就是它的正惯性指数和负惯性指数之和,所以,两个同阶对称矩阵 $\boldsymbol{A}$ 与 $\boldsymbol{B}$ 合同当且仅当它们有相同的正惯性指数和相同的负惯性指数.

## 三、方法

(1) 求二次型的标准形

所谓求实二次型 $f=\boldsymbol{x}'\boldsymbol{A}\boldsymbol{x}$ 的标准形,就是把二次型 $f=\boldsymbol{x}'\boldsymbol{A}\boldsymbol{x}$ 化为标准二次型.

① 正交变换法. 求出对称矩阵 $\boldsymbol{A}$ 的 $n$ 个两两正交的单位特征向量,那么,由它们拼成的正交矩阵 $\boldsymbol{P}$ 就是所需要求出的变换矩阵 $\boldsymbol{P}$. 经正交变换 $\boldsymbol{x}=\boldsymbol{P}\boldsymbol{y}$ 以后,把 $f=\boldsymbol{x}'\boldsymbol{A}\boldsymbol{x}$ 化为标准形

$$f(x_1,x_2,\cdots,x_n)=g(y_1,y_2,\cdots,y_n)=\lambda_1y_1^2+\lambda_2y_2^2+\cdots+\lambda_ny_n^2$$

此时,其中的 $n$ 个系数必是 $\boldsymbol{A}$ 的 $n$ 个特征值.

② 配方法. 用二次方公式 $(a+b)^2=a^2+2ab+b^2$,把 $f=\boldsymbol{x}'\boldsymbol{A}\boldsymbol{x}$ 改写成若干个平方项之和,再据此构造一个可逆线性变换 $\boldsymbol{x}=\boldsymbol{Q}\boldsymbol{y}$,其中 $\boldsymbol{Q}$ 是可逆矩阵,把 $f=\boldsymbol{x}'\boldsymbol{A}\boldsymbol{x}$ 变成标准形

$$f(x_1,x_2,\cdots,x_n)=g(y_1,y_2,\cdots,y_n)=d_1y_1^2+d_2y_2^2+\cdots+d_ny_n^2$$

此时,其中的 $n$ 个系数 $d_1,d_2,\cdots,d_n$ 未必是 $\boldsymbol{A}$ 的特征值.

(2) 求二次型的规范形

所谓求实二次型 $f=\boldsymbol{x}'\boldsymbol{A}\boldsymbol{x}$ 的规范形,就是把二次型 $f=\boldsymbol{x}'\boldsymbol{A}\boldsymbol{x}$ 化为规范二次型.

对于不管是用什么方法得到的标准形

$$f=d_1y_1^2+\cdots+d_ky_k^2+d_{k+1}y_{k+1}^2+\cdots+d_ry_r^2+d_{r+1}y_{r+1}^2+\cdots+d_ny_n^2$$

其中,$d_1,\cdots,d_k$ 都是正数,$d_{k+1},\cdots,d_r$ 都是负数,$d_{r+1}=\cdots=d_n=0$,则无需任何计算,可根据所得到的标准形直接写出规范形

$$f=z_1^2+\cdots+z_k^2-z_{k+1}^2-\cdots-z_r^2$$

实际上,所用的可逆变换为

$$z_i=\sqrt{d_i}\,y_i,\ i=1,\cdots,k$$

$$z_j=\sqrt{-d_j}\,y_j,\ j=k+1,\cdots,r$$

$$z_l = y_l, l = r+1, \cdots, n$$

1. $n$ 阶实对称矩阵 $\boldsymbol{A}$ 是否必与其伴随矩阵$\boldsymbol{A}^*$ 合同?

【解】 对于 $n=2$,$\boldsymbol{A}=\begin{pmatrix} a & b \\ b & d \end{pmatrix}$ 与$\boldsymbol{A}^*=\begin{pmatrix} d & -b \\ -b & a \end{pmatrix}$ 必合同

$$\begin{pmatrix} 0 & 1 \\ -1 & 0 \end{pmatrix}\begin{pmatrix} a & b \\ b & d \end{pmatrix}\begin{pmatrix} 0 & -1 \\ 1 & 0 \end{pmatrix}=\begin{pmatrix} b & d \\ -a & -b \end{pmatrix}\begin{pmatrix} 0 & -1 \\ 1 & 0 \end{pmatrix}=\begin{pmatrix} d & -b \\ -b & a \end{pmatrix}$$

对于 $n \geqslant 3$,因为

$$R(\boldsymbol{A}^*)=\begin{cases} n, R(\boldsymbol{A})=n \\ 1, R(\boldsymbol{A})=n-1 \\ 0, R(\boldsymbol{A})<n-1 \end{cases}$$

所以,当 $\boldsymbol{A}=\boldsymbol{O}$ 时,必有$\boldsymbol{A}^*=\boldsymbol{O}$,$\boldsymbol{A}=\boldsymbol{I}_n \times \boldsymbol{O} \times \boldsymbol{I}_n=\boldsymbol{O}$,$\boldsymbol{A}$ 与$\boldsymbol{A}^*$ 必合同.

当 $1=R(\boldsymbol{A})$ 时,必有 $R(\boldsymbol{A})<n-1$, $R(\boldsymbol{A}^*)=0$,$\boldsymbol{A}$ 与$\boldsymbol{A}^*$ 的秩不相同,所以必不合同.

当 $1<R(\boldsymbol{A}) \leqslant n-1$ 时,必有 $R(\boldsymbol{A}^*) \leqslant 1$,$\boldsymbol{A}$ 与$\boldsymbol{A}^*$ 的秩不相同,所以必不合同.

当 $R(\boldsymbol{A})=n$ 时,$\boldsymbol{A}$ 与$\boldsymbol{A}^*$ 未必合同,但也可能合同. 例如

$$\boldsymbol{A}=\begin{pmatrix} 1 & & \\ & 1 & \\ & & -1 \end{pmatrix} \text{ 与 } \boldsymbol{A}^*=\begin{pmatrix} -1 & & \\ & -1 & \\ & & 1 \end{pmatrix}=-\boldsymbol{A} \text{ 不合同}$$

$$\boldsymbol{A}=\boldsymbol{I}_3 \text{ 与 } \boldsymbol{A}^*=\boldsymbol{I}_3 \text{ 合同}$$

当 $\boldsymbol{A}$ 是 $n$ 阶正定矩阵时,$\boldsymbol{A}$ 与$\boldsymbol{A}^*$ 是同阶正定矩阵,必合同.

2. 问 $\boldsymbol{A}=\begin{pmatrix} 1 & 1 & 1 & 1 \\ 1 & 1 & 1 & 1 \\ 1 & 1 & 1 & 1 \\ 1 & 1 & 1 & 1 \end{pmatrix}$ 与 $\boldsymbol{B}=\begin{pmatrix} 4 & 0 & 0 & 0 \\ 0 & 0 & 0 & 0 \\ 0 & 0 & 0 & 0 \\ 0 & 0 & 0 & 0 \end{pmatrix}$ 是否相似? 是否合同?

【解】 因为 $\boldsymbol{A}=\begin{pmatrix} 1 & 1 & 1 & 1 \\ 1 & 1 & 1 & 1 \\ 1 & 1 & 1 & 1 \\ 1 & 1 & 1 & 1 \end{pmatrix}=\boldsymbol{\alpha}'\boldsymbol{\alpha}$, $\boldsymbol{\alpha}=(1\ \ 1\ \ 1\ \ 1)$, $\boldsymbol{\alpha}\boldsymbol{\alpha}'=4$,所以用行列式降阶公式求出

$$|\lambda \boldsymbol{I}_4-\boldsymbol{A}|=|\lambda \boldsymbol{I}_4-\boldsymbol{\alpha}'\boldsymbol{\alpha}|=\lambda^3(\lambda-\boldsymbol{\alpha}\boldsymbol{\alpha}')=\lambda^3(\lambda-4)=0$$

$\boldsymbol{A}$ 的特征值为4, 0, 0, 0. 因为$\boldsymbol{A}$ 与 $\boldsymbol{B}$ 有相同的特征值,且 $\boldsymbol{A}$ 与 $\boldsymbol{B}$ 都为对称矩阵,所以,$\boldsymbol{A}$ 与 $\boldsymbol{B}$ 必正交相似和正交合同.

3. 设 $\boldsymbol{A}$ 与 $\boldsymbol{B}$ 都是 $n$ 阶实对称矩阵,现有以下四个命题:

(1) $\boldsymbol{A}$ 与 $\boldsymbol{B}$ 相似 $\Leftrightarrow |\lambda \boldsymbol{I}_n - \boldsymbol{A}| = |\lambda \boldsymbol{I}_n - \boldsymbol{B}|$.

(2) $n$ 元二次型 $\boldsymbol{x}'\boldsymbol{A}\boldsymbol{x}$ 与 $\boldsymbol{x}'\boldsymbol{B}\boldsymbol{x}$ 有相同规范形 $\Leftrightarrow |\lambda \boldsymbol{I}_n - \boldsymbol{A}| = |\lambda \boldsymbol{I}_n - \boldsymbol{B}|$.

(3) 若 $\boldsymbol{A}$ 与 $\boldsymbol{B}$ 相似,则 $\boldsymbol{A}$ 与 $\boldsymbol{B}$ 合同.

(4) 若 $\boldsymbol{A}$ 与 $\boldsymbol{B}$ 合同,则 $\boldsymbol{A}$ 与 $\boldsymbol{B}$ 相似.

则其中正确的是(　　).

(A) (1) 与(2)　　　(B) (2) 与(3)

(C) (1) 与(3)　　　(D) (1) 与(4)

**【解】** 同阶实对称矩阵相似当且仅当它们有相同的正交相似标准形,也就是它们有相同的特征值组,因此,命题(1) 正确. 两个相似的对称阵必正交相似,也就是正交合同,因此,命题(3) 正确. 所以应选(C).

**【说明】** 一般地说,有相同特征值组的两个同阶方阵未必相似. 可是对于对称矩阵来说,有相同特征值组的两个同阶方阵必相似于同一个标准形,所以必相似,而且必正交相似.

一般地说,相似的两个同阶方阵未必合同. 可是相似的两个同阶对称矩阵必正交相似,因而必正交合同.

二次型 $\boldsymbol{x}'\boldsymbol{A}\boldsymbol{x}$ 与 $\boldsymbol{x}'\boldsymbol{B}\boldsymbol{x}$ 有相同规范形当且仅当它们有相同的正惯性指数和负惯性指数.

当 $|\lambda \boldsymbol{I}_n - \boldsymbol{A}| = |\lambda \boldsymbol{I}_n - \boldsymbol{B}|$ 时,$\boldsymbol{A}$ 与 $\boldsymbol{B}$ 必相似,$\boldsymbol{x}'\boldsymbol{A}\boldsymbol{x}$ 与 $\boldsymbol{x}'\boldsymbol{B}\boldsymbol{x}$ 必有相同规范形. 反之,当 $\boldsymbol{x}'\boldsymbol{A}\boldsymbol{x}$ 与 $\boldsymbol{x}'\boldsymbol{B}\boldsymbol{x}$ 有相同规范形时,$\boldsymbol{A}$ 与 $\boldsymbol{B}$ 未必有相同的特征值组. 命题(2) 不正确.

若对称矩阵 $\boldsymbol{A}$ 与 $\boldsymbol{B}$ 合同,只能断言存在可逆矩阵 $\boldsymbol{P}$ 和 $\boldsymbol{Q}$ 使得

$$\boldsymbol{P}'\boldsymbol{A}\boldsymbol{P} = \boldsymbol{Q}'\boldsymbol{B}\boldsymbol{Q} = \begin{pmatrix} \boldsymbol{I}_k & & \\ & -\boldsymbol{I}_{r-k} & \\ & & \boldsymbol{O} \end{pmatrix}$$

并不能断言 $\boldsymbol{A}$ 与 $\boldsymbol{B}$ 相似($\boldsymbol{A}$ 与 $\boldsymbol{B}$ 的特征值未必相同). 命题(4) 不正确.

4. 设 $\boldsymbol{M}_1 = \begin{pmatrix} 1 & 1 & 0 \\ 1 & 1 & 0 \\ 0 & 0 & 3 \end{pmatrix}$, $\boldsymbol{M}_2 = \begin{pmatrix} 1 & 0 & 0 \\ 0 & 1 & 1 \\ 0 & 1 & 3 \end{pmatrix}$, $\boldsymbol{M}_3 = \begin{pmatrix} 1 & 0 & 0 \\ 0 & 1 & 0 \\ 0 & 0 & 0 \end{pmatrix}$, $\boldsymbol{M}_4 = \begin{pmatrix} 0 & 0 & 0 \\ 0 & 1 & 0 \\ 0 & 0 & -3 \end{pmatrix}$,则 $\boldsymbol{M}_2, \boldsymbol{M}_3, \boldsymbol{M}_4$ 中与 $\boldsymbol{M}_1$ 合同的是(　　).

(A) $\boldsymbol{M}_2$　　(B) $\boldsymbol{M}_3$　　(C) $\boldsymbol{M}_4$　　(D) 没有

**【解】** 由

$$|\lambda \boldsymbol{I}_3 - \boldsymbol{M}_1| = \begin{vmatrix} \lambda - 1 & -1 & 0 \\ -1 & \lambda - 1 & 0 \\ 0 & 0 & \lambda - 3 \end{vmatrix} = \lambda(\lambda - 2)(\lambda - 3) = 0$$

知$\boldsymbol{M}_1$的特征值为$\lambda = 0, 2, 3$. 这说明$\boldsymbol{M}_1$的秩和正惯性指数都为2,这与$\boldsymbol{M}_3$一致,$\boldsymbol{M}_1$和$\boldsymbol{M}_3$合同. 所以应选(B).

【注】 由$|\lambda \boldsymbol{I}_3 - \boldsymbol{M}_2| = \begin{vmatrix} \lambda - 1 & 0 & 0 \\ 0 & \lambda - 1 & -1 \\ 0 & -1 & \lambda - 3 \end{vmatrix} = (\lambda - 1)(\lambda^2 - 4\lambda + 2) = 0$知$\boldsymbol{M}_2$的特征值为

$$\lambda = 1, \frac{4 \pm \sqrt{16 - 8}}{2} = 2 \pm \sqrt{2}$$

三个特征值都是正数,所以$\boldsymbol{M}_2$的秩和正惯性指数都为3,$\boldsymbol{M}_2$与$\boldsymbol{M}_1$不合同.

$\boldsymbol{M}_4$的正惯性指数为1,所以$\boldsymbol{M}_4$与$\boldsymbol{M}_1$不合同.

5. 设$\boldsymbol{M}_1 = \begin{pmatrix} 1 & -1 & 0 \\ -1 & 1 & 0 \\ 0 & 0 & -1 \end{pmatrix}$, $\boldsymbol{M}_2 = \begin{pmatrix} -1 & 0 & 0 \\ 0 & 1 & 1 \\ 0 & 1 & 1 \end{pmatrix}$, $\boldsymbol{M}_3 = \begin{pmatrix} 1 & 0 & 1 \\ 0 & 1 & 0 \\ 1 & 0 & 1 \end{pmatrix}$, $\boldsymbol{M}_4 = \begin{pmatrix} 1 & 0 & 0 \\ 0 & 1 & 0 \\ 0 & 0 & 0 \end{pmatrix}$,则结论(　　)正确.

(A) $\boldsymbol{M}_1$与$\boldsymbol{M}_2$合同,$\boldsymbol{M}_3$与$\boldsymbol{M}_4$合同

(B) $\boldsymbol{M}_2$与$\boldsymbol{M}_3$合同,$\boldsymbol{M}_1$与$\boldsymbol{M}_4$合同

(C) $\boldsymbol{M}_1$与$\boldsymbol{M}_2$合同,$\boldsymbol{M}_2$与$\boldsymbol{M}_3$合同

(D) $\boldsymbol{M}_3$与$\boldsymbol{M}_4$合同,$\boldsymbol{M}_1$与$\boldsymbol{M}_4$合同

【解】 两个对称矩阵合同当且仅当它们同秩且有相同的正惯性指数. 所给出的四个矩阵的秩都是2. 为了确定正惯性指数,可用配方法分别写出它们的标准形

$$\boldsymbol{M}_1: f(x_1, x_2, x_3) = x_1^2 + x_2^2 - 2x_1x_2 - x_3^2 = (x_1 - x_2)^2 - x_3^2$$

$$\boldsymbol{M}_2: f(x_1, x_2, x_3) = -x_1^2 + x_2^2 + x_3^2 + 2x_2x_3 = -x_1^2 + (x_2 + x_3)^2$$

$$\boldsymbol{M}_3: f(x_1, x_2, x_3) = x_1^2 + x_2^2 + x_3^2 + 2x_1x_3 = (x_1 + x_3)^2 + x_2^2$$

$$\boldsymbol{M}_4: f(x_1, x_2, x_3) = x_1^2 + x_2^2$$

由这四个标准形可知,$\boldsymbol{M}_1$与$\boldsymbol{M}_2$合同,$\boldsymbol{M}_3$与$\boldsymbol{M}_4$合同,所以应选(A).

【注】 也可考虑特征值. 依次求出它们的特征方程

$$|\lambda \boldsymbol{I}_3 - \boldsymbol{M}_1| = \begin{vmatrix} \lambda - 1 & 1 & 0 \\ 1 & \lambda - 1 & 0 \\ 0 & 0 & \lambda + 1 \end{vmatrix}$$

$$=(\lambda+1)(\lambda^2-2\lambda)=\lambda(\lambda+1)(\lambda-2)=0$$

$$|\lambda \boldsymbol{I}_3-\boldsymbol{M}_2|=\begin{vmatrix}\lambda+1 & 0 & 0\\ 0 & \lambda-1 & -1\\ 0 & -1 & \lambda-1\end{vmatrix}=\lambda(\lambda+1)(\lambda-2)=0$$

$$|\lambda \boldsymbol{I}_3-\boldsymbol{M}_3|=\begin{vmatrix}\lambda-1 & 0 & -1\\ 0 & \lambda-1 & 0\\ -1 & 0 & \lambda-1\end{vmatrix}=\lambda(\lambda-1)(\lambda-2)=0$$

$$|\lambda \boldsymbol{I}_3-\boldsymbol{M}_4|=\begin{vmatrix}\lambda-1 & 0 & 0\\ 0 & \lambda-1 & 0\\ 0 & 0 & \lambda\end{vmatrix}=\lambda(\lambda-1)^2=0$$

因为$\boldsymbol{M}_1$与$\boldsymbol{M}_2$有相同的特征值组，所以$\boldsymbol{M}_1$与$\boldsymbol{M}_2$必正交相似即正交合同. $\boldsymbol{M}_3$与$\boldsymbol{M}_4$有不同的特征值组，它们并不相似，但它们都有两个正特征值和一个零特征值，所以它们必合同.

6. 下列四对 3 元二次型中，不合同的二次型对是(　　).

(A) $f_1=x_1^2+x_2^2+x_3^2+4x_1x_2, g_1=y_1^2+y_2^2-y_3^2$

(B) $f_2=x_1x_2, g_2=y_2^2-y_3^2$

(C) $f_3=\lambda_1x_1^2+\lambda_2x_2^2+\lambda_3x_3^2, g_3=\lambda_2y_1^2+\lambda_3y_2^2+\lambda_1y_3^2$

(D) $f_4=x_1^2+x_2^2-x_3^2-4x_2x_3, g_4=y_1^2-y_2^2-y_3^2$

**【解】**　两个二次型合同当且仅当它们有相同的正惯性指数和负惯性指数. 用配方法都化成规范形.

(A) $f_1=(x_1+2x_2)^2+x_3^2-3x_2^2$ 与 $g_1=y_1^2+y_2^2-y_3^2$ 合同.

(B) $f_2=x_1x_2=(z_1-z_2)(z_1+z_2)=z_1^2-z_2^2$ 与 $g_2=y_2^2-y_3^2$合同.

(C) $f_3=\lambda_1x_1^2+\lambda_2x_2^2+\lambda_3x_3^2$ 与 $g_3=\lambda_2y_1^2+\lambda_3y_2^2+\lambda_1y_3^2$ 合同.

(D) $f_4=x_1^2+(x_2-2x_3)^2-5x_3^2$与 $g_4=y_1^2-y_2^2-y_3^2$显然不合同.

所以应选(D).

7. 设$\boldsymbol{A}=(a_{ij})$是$n$阶可逆实对称矩阵，$A_{ij}$是$a_{ij}$在$|\boldsymbol{A}|$中的代数余子式，考虑以下两个二次型

$$f(x_1,x_2,\cdots,x_n)=\boldsymbol{x}'\boldsymbol{A}\boldsymbol{x},\ g(x_1,x_2,\cdots,x_n)=\sum_{i=1}^n\sum_{j=1}^n\frac{A_{ij}}{|\boldsymbol{A}|}x_ix_j.$$

(1) 写出 $g(x_1,x_2,\cdots,x_n)$ 的矩阵表示式.

(2) $f(x_1,x_2,\cdots,x_n)$ 与 $g(x_1,x_2,\cdots,x_n)$ 是否有相同的规范标准形？

**【解】**　(1) 考虑对称矩阵 $\boldsymbol{A}=(a_{ij})$ 的伴随矩阵$\boldsymbol{A}^*=(A_{ij})$，它也是对称矩阵. 由$\boldsymbol{A}^{-1}=\dfrac{1}{|\boldsymbol{A}|}\boldsymbol{A}^*$ 知

$$g(x_1, x_2, \cdots, x_n) = x' \frac{1}{|A|} A^* x = x' A^{-1} x$$

(2) 由 $A = A' A^{-1} A$ 知 $A$ 与 $A^{-1}$ 合同，所以 $f$ 与 $g$ 必有相同的规范标准形.

8. 已知实二次型 $f(x_1, x_2, x_3) = a(x_1^2 + x_2^2 + x_3^2) + 4(x_1x_2 + x_1x_3 + x_2x_3)$ 经正交变换后可化成标准形 $f = 6y_1^2$，求出 $a$ 的值.

【解】 由条件知此二次型的矩阵 $A = \begin{pmatrix} a & 2 & 2 \\ 2 & a & 2 \\ 2 & 2 & a \end{pmatrix}$ 的正交相似标准形为

$$\Lambda = \begin{pmatrix} 6 & & \\ & 0 & \\ & & 0 \end{pmatrix}.$$

由 $R(A) = R(\Lambda) = 1$ 知必有 $a = 2$.

【注】 也可据 $\operatorname{tr}(A) = 3a = \lambda_1 + \lambda_2 + \lambda_3 = 6$ 立得 $a = 2$.

9. 已知 $f(x_1, x_2, x_3) = 2x_1^2 + x_2^2 + ax_3^2 - 4x_1x_2 + 2bx_2x_3 (b > 0)$，经正交变换 $x = Py$ 变为 $f(y_1, y_2, y_3) = y_1^2 - 2y_2^2 + 4y_3^2$，求出 $a$，$b$ 的值和正交矩阵 $P$.

【解】 由题意知存在正交矩阵 $P$ 使得

$$P^{-1}AP = P^{-1} \begin{pmatrix} 2 & -2 & 0 \\ -2 & 1 & b \\ 0 & b & a \end{pmatrix} P = \begin{pmatrix} 1 & 0 & 0 \\ 0 & -2 & 0 \\ 0 & 0 & 4 \end{pmatrix}$$

$A$ 的特征值为 1，-2，4，考虑方阵的迹知 $3 + a = 3$，$a = 0$. 再考虑行列式知 $-2b^2 = -8$，$b = 2$. 于是 $A$ 的特征矩阵为

$$\lambda I_3 - A = \begin{pmatrix} \lambda - 2 & 2 & 0 \\ 2 & \lambda - 1 & -2 \\ 0 & -2 & \lambda \end{pmatrix}$$

属于 $\lambda_2 = 1$ 的特征向量满足 $\begin{cases} -x_1 + 2x_2 = 0 \\ -2x_2 + x_3 = 0 \end{cases}$，可取单位解 $p_1 = \frac{1}{3}\begin{pmatrix} 2 \\ 1 \\ 2 \end{pmatrix}$.

属于 $\lambda_1 = -2$ 的特征向量满足 $\begin{cases} -4x_1 + 2x_2 = 0 \\ -2x_2 - 2x_3 = 0 \end{cases}$，可取单位解

$$p_2 = \frac{1}{3}\begin{pmatrix} 1 \\ 2 \\ -2 \end{pmatrix}$$

属于$\lambda_3=4$的特征向量满足$\begin{cases}2x_1+2x_2=0\\-2x_2+4x_3=0\end{cases}$，可取单位解$\boldsymbol{p}_3=\frac{1}{3}\begin{pmatrix}-2\\2\\1\end{pmatrix}$.

所求正交矩阵为$\boldsymbol{P}=\frac{1}{3}\begin{pmatrix}2&1&-2\\1&2&2\\2&-2&1\end{pmatrix}$，使得$\boldsymbol{P}^{-1}\boldsymbol{AP}=\begin{pmatrix}1&&\\&-2&\\&&4\end{pmatrix}$.

10. 已知二次型

$$f(x_1,x_2,x_3)=2x_1^2+ax_2^2+bx_3^2+4x_1x_2-4x_1x_2-8x_2x_3$$

经正交变换$\boldsymbol{x}=\boldsymbol{Py}$变为$f(y_1,y_2,y_3)=y_1^2+y_2^2+10y_3^2$，求出$a$，$b$的值和正交矩阵$\boldsymbol{P}$.

**【解】**　由题意知存在正交矩阵$\boldsymbol{P}$使得

$$\boldsymbol{P}^{-1}\boldsymbol{AP}=\boldsymbol{P}^{-1}\begin{pmatrix}2&2&-2\\2&a&-4\\-2&-4&b\end{pmatrix}\boldsymbol{P}=\begin{pmatrix}1&0&0\\0&1&0\\0&0&10\end{pmatrix}$$

$\boldsymbol{A}$的特征值为1，1，10.

考虑方阵的迹知$2+a+b=12$，$a+b=10$. 再考虑行列式知

$$\begin{vmatrix}2&2&-2\\2&a&-4\\-2&-4&b\end{vmatrix}=\begin{vmatrix}2&2&-2\\0&a-2&-2\\0&-2&b-2\end{vmatrix}=2(ab-2a-2b)=2[ab-2(a+b)]$$

$$=2[ab-20]=10,\ ab=25$$

于是求出$a=b=5$.

$\boldsymbol{A}$的特征矩阵为$\lambda\boldsymbol{I}_3-\boldsymbol{A}=\begin{pmatrix}\lambda-2&-2&2\\-2&\lambda-5&4\\2&4&\lambda-5\end{pmatrix}$.

属于$\lambda_2=1$的特征向量满足$\begin{cases}-x_1-2x_2+2x_3=0\\-2x_1-4x_2+4x_3=0\\2x_1+4x_2-4x_3=0\end{cases}$，可取

$$\boldsymbol{p}_1=\frac{1}{\sqrt{2}}\begin{pmatrix}0\\1\\1\end{pmatrix},\ \boldsymbol{p}_2=\frac{1}{\sqrt{18}}\begin{pmatrix}-4\\1\\-1\end{pmatrix}$$

属于$\lambda_3=10$的特征向量满足$\begin{cases}8x_1-2x_2+2x_3=0\\-2x_1+5x_2+4x_3=0\\2x_1+4x_2+5x_3=0\end{cases}$，$\begin{cases}x_2+x_3=0\\-2x_1+x_2=0\end{cases}$，

可取$\boldsymbol{p}_3=\frac{1}{3}\begin{pmatrix}1\\2\\-2\end{pmatrix}$.

于是正交矩阵为$\boldsymbol{P}=\begin{pmatrix}0 & -\frac{4}{\sqrt{18}} & \frac{1}{3}\\ \frac{1}{\sqrt{2}} & \frac{1}{\sqrt{18}} & \frac{2}{3}\\ \frac{1}{\sqrt{2}} & -\frac{1}{\sqrt{18}} & -\frac{2}{3}\end{pmatrix}$，$\boldsymbol{P}^{-1}\boldsymbol{AP}=\begin{pmatrix}1 & & \\ & 1 & \\ & & 10\end{pmatrix}$.

11. 已知$f(x_1,x_2,x_3)=x_1^2+x_2^2+x_3^2+2ax_1x_2+2x_1x_3+2bx_2x_3$经正交变换$\boldsymbol{x}=\boldsymbol{Py}$变为$f(y_1,y_2,y_3)=y_2^2+2y_3^2$,求出$a$，$b$的值和正交矩阵$\boldsymbol{P}$.

**【解】** 由条件知

$$\boldsymbol{P}^{-1}\boldsymbol{AP}=\boldsymbol{P}^{-1}\begin{pmatrix}1 & a & 1\\ a & 1 & b\\ 1 & b & 1\end{pmatrix}\boldsymbol{P}=\begin{pmatrix}0 & 0 & 0\\ 0 & 1 & 0\\ 0 & 0 & 2\end{pmatrix}$$

这说明$\boldsymbol{A}$的特征值为0，1，2. 依次将它们代入特征多项式

$$|\lambda\boldsymbol{I}_3-\boldsymbol{A}|=\begin{vmatrix}\lambda-1 & -a & -1\\ -a & \lambda-1 & -b\\ -1 & -b & \lambda-1\end{vmatrix}$$

将$\lambda_1=0$代入得$|-\boldsymbol{A}|=\begin{vmatrix}-1 & -a & -1\\ -a & -1 & -b\\ -1 & -b & -1\end{vmatrix}=(a-b)^2=0$，$a=b$.

将$\lambda_2=1$代入得$|\boldsymbol{I}_3-\boldsymbol{A}|=\begin{vmatrix}0 & -a & -1\\ -a & 0 & -a\\ -1 & -a & 0\end{vmatrix}=-2a^2=0$. 于是求出$a=b=0$.

属于$\lambda_1=0$的特征向量满足$\begin{cases}-x_1-x_3=0\\ x_2=0\end{cases}$,可取单位解$\boldsymbol{p}_1=\frac{1}{\sqrt{2}}\begin{pmatrix}1\\0\\-1\end{pmatrix}$.

属于$\lambda_2=1$的特征向量满足$\begin{cases}x_1=0\\ x_3=0\end{cases}$,可取单位解$\boldsymbol{p}_2=\begin{pmatrix}0\\1\\0\end{pmatrix}$.

属于 $\lambda_3=2$ 的特征向量满足 $\begin{cases}x_1-x_3=0\\x_2=0\end{cases}$，可取单位解 $\boldsymbol{p}_3=\frac{1}{\sqrt{2}}\begin{pmatrix}1\\0\\1\end{pmatrix}$.

于是求出正交矩阵 $\boldsymbol{P}=\begin{pmatrix}1/\sqrt{2} & 0 & 1/\sqrt{2}\\0 & 1 & 0\\-1/\sqrt{2} & 0 & 1/\sqrt{2}\end{pmatrix}$ 使得 $\boldsymbol{P}^{-1}\boldsymbol{AP}=\begin{pmatrix}0 & & \\ & 1 & \\ & & 2\end{pmatrix}$.

12. 设二次型 $f(x_1,x_2,x_3)=\boldsymbol{x}'\boldsymbol{A}\boldsymbol{x}=ax_1^2+2x_2^2-2x_3^2+2bx_1x_3\,(b>0)$. 已知二次型的矩阵 $\boldsymbol{A}$ 的特征值之和为 1，特征值之积为 $-12$.

(1) 求 $a$ 和 $b$ 的值.

(2) 利用正交变换把它化为标准形，并写出所用的正交变换的正交矩阵.

**【解】** (1) 设 $\boldsymbol{A}=\begin{pmatrix}a & 0 & b\\0 & 2 & 0\\b & 0 & -2\end{pmatrix}$ 的特征值为 $\lambda_1$，$\lambda_2$ 和 $\lambda_3$. 由条件知

$$\sum_{i=1}^{3}\lambda_i=a+2-2=a=1,\quad \prod_{i=1}^{3}\lambda_i=\begin{vmatrix}1 & 0 & b\\0 & 2 & 0\\b & 0 & -2\end{vmatrix}=-4-2b^2=-12,\quad b=2$$

(2) $\boldsymbol{A}$ 的特征方程为

$$|\lambda\boldsymbol{I}_3-\boldsymbol{A}|=\begin{vmatrix}\lambda-1 & 0 & -2\\0 & \lambda-2 & 0\\-2 & 0 & \lambda+2\end{vmatrix}=(\lambda-2)^2(\lambda+3)=0$$

属于 $\lambda_3=-3$ 的特征向量满足：$\begin{cases}-4x_1-2x_3=0\\-5x_2=0\\-2x_1-x_3=0\end{cases}$. 可取单位特征向量

$$\boldsymbol{p}_1=\frac{1}{\sqrt{5}}\begin{pmatrix}1\\0\\-2\end{pmatrix}$$

属于 $\lambda_1=\lambda_2=2$ 的特征向量满足：$x_1-2x_3=0$. 可取两个正交的单位特征向量

$$\boldsymbol{p}_2=\frac{1}{\sqrt{5}}\begin{pmatrix}2\\0\\1\end{pmatrix},\boldsymbol{p}_3=\begin{pmatrix}0\\1\\0\end{pmatrix}$$

于是所求的正交矩阵为

$$P=\begin{pmatrix}1/\sqrt{5} & 2/\sqrt{5} & 0\\ 0 & 0 & 1\\ -2/\sqrt{5} & 1/\sqrt{5} & 0\end{pmatrix},P^{-1}AP=\begin{pmatrix}-3 & & \\ & 2 & \\ & & 2\end{pmatrix}$$

所求的标准形为$f(y_1,y_2,y_3)=-3y_1^2+2y_2^2+2y_3^2$.

13. 已知二次曲面方程 $x^2+ay^2+z^2+2bxy+2xz+2yz=4$ 经某个正交变换

$$\begin{pmatrix}x\\ y\\ z\end{pmatrix}=P\begin{pmatrix}u\\ v\\ w\end{pmatrix}$$

化成椭圆柱方程 $v^2+4w^2=4$,求出 $a$ 和 $b$ 的值和正交矩阵 $P$.

**【解】** 据条件知 $A=\begin{pmatrix}1 & b & 1\\ b & a & 1\\ 1 & 1 & 1\end{pmatrix}$与 $\Lambda=\begin{pmatrix}0 & & \\ & 1 & \\ & & 4\end{pmatrix}$相似. 由 $\mathrm{tr}(A)=2+a=1+4$ 知 $a=3$.

由 $|A|=|\Lambda|=0$ 知

$$\begin{vmatrix}1 & b & 1\\ b & 3 & 1\\ 1 & 1 & 1\end{vmatrix}=\begin{vmatrix}0 & b-1 & 0\\ b-1 & 2 & 0\\ 1 & 1 & 1\end{vmatrix}=-(b-1)^2=0,b=1$$

于是特征方阵为 $\lambda I_3-A=\begin{pmatrix}\lambda-1 & -1 & -1\\ -1 & \lambda-3 & -1\\ -1 & -1 & \lambda-1\end{pmatrix}$.

属于 $\lambda_1=0$ 的特征向量满足:$\begin{cases}-x_1-x_2-x_3=0\\ -x_1-3x_2-x_3=0\end{cases}$, $\begin{cases}x_2=0\\ x_1+x_3=0\end{cases}$,可取单位解$p_1=\frac{1}{\sqrt{2}}\begin{pmatrix}1\\ 0\\ -1\end{pmatrix}$.

属于 $\lambda_2=1$ 的特征向量满足:$\begin{cases}-x_2-x_3=0\\ -x_1-2x_2-x_3=0\\ -x_1-x_2=0\end{cases}$, $\begin{cases}x_1=x_3\\ x_2=-x_3\end{cases}$,可取单位解$p_2=\frac{1}{\sqrt{3}}\begin{pmatrix}1\\ -1\\ 1\end{pmatrix}$.

属于$\lambda_3=4$的特征向量满足：$\begin{cases}3x_1-x_2-x_3=0\\-x_1+x_2-x_3=0\\-x_1-x_2+3x_3=0\end{cases}$，$\begin{cases}x_1=x_3\\x_2=2x_3\end{cases}$，可取单位解

$$p_3=\frac{1}{\sqrt{6}}\begin{pmatrix}1\\2\\1\end{pmatrix}.$$

所求的正交矩阵为$P=\begin{pmatrix}1/\sqrt{2}&1/\sqrt{3}&1/\sqrt{6}\\0&-1/\sqrt{3}&2/\sqrt{6}\\-1/\sqrt{2}&1/\sqrt{3}&1/\sqrt{6}\end{pmatrix}$，有$P^{-1}AP=\Lambda$.

14. 已知二次型$f(x_1,x_2,x_3)=5x_1^2+5x_2^2+tx_3^2-2x_1x_2+6x_1x_3-6x_2x_3$的秩为2.

(1) 求$t$的值和此二次型的矩阵$A$的特征值.

(2) 方程$f(x_1,x_2,x_3)=1$表示何种二次曲面？

【解】 (1) 二次型的矩阵

$$A=\begin{pmatrix}5&-1&3\\-1&5&-3\\3&-3&t\end{pmatrix}\to\begin{pmatrix}4&-1&3\\4&5&-3\\0&-3&t\end{pmatrix}\to\begin{pmatrix}4&-1&3\\0&6&-6\\0&-3&t\end{pmatrix}$$

由其秩为2知$t=3$. 计算特征方程

$$|\lambda I_3-A|=\begin{vmatrix}\lambda-5&1&-3\\1&\lambda-5&3\\-3&3&\lambda-3\end{vmatrix}=\begin{vmatrix}\lambda-4&1&-3\\\lambda-4&\lambda-5&3\\0&3&\lambda-3\end{vmatrix}$$

$$=\begin{vmatrix}\lambda-4&1&-3\\0&\lambda-6&6\\0&3&\lambda-3\end{vmatrix}$$

$$=\lambda(\lambda-4)(\lambda-9)=0$$

$A$的特征值为$\lambda=0,4,9$.

(2) 对称矩阵$A$的正交相似标准形为

$$P^{-1}AP=\begin{pmatrix}0&&\\&4&\\&&9\end{pmatrix}$$

经空间坐标变换$x=Py$后，$f(x_1,x_2,x_3)=1$化成

$$f(y_1,y_2,y_3)=4y_2^2+9y_3^3=1，它是椭圆柱面$$

【注】 由$A$的秩为2知

$$\begin{vmatrix} 5 & -1 & 3 \\ -1 & 5 & -3 \\ 3 & -3 & t \end{vmatrix} = 25t + 9 + 9 - 45 - t - 45 = 24t - 72 = 0$$

可直接推出 $t = 3$.

15. 已知实二次型 $f(x_1, x_2, x_3) = \boldsymbol{x}'\boldsymbol{A}\boldsymbol{x}$ 的矩阵 $\boldsymbol{A}$ 满足 $|\boldsymbol{A} - 6\boldsymbol{I}_3| = 0$, $\boldsymbol{AB} = \boldsymbol{C}$,其中

$$\boldsymbol{B} = \begin{pmatrix} 1 & 1 \\ 2 & -1 \\ 1 & 1 \end{pmatrix}, \boldsymbol{C} = \begin{pmatrix} 0 & -12 \\ 0 & 12 \\ 0 & -12 \end{pmatrix}$$

(1) 利用正交变换将此二次型化为标准形,并写出所用的正交变换和所得的标准形.

(2) 写出二次型 $f(x_1, x_2, x_3) = \boldsymbol{x}'\boldsymbol{A}\boldsymbol{x}$.

**【解】** (1) 记 $\boldsymbol{B} = (\boldsymbol{b}_1 \quad \boldsymbol{b}_2)$. 由 $\boldsymbol{AB} = \boldsymbol{C}$ 知

$$\boldsymbol{A}(\boldsymbol{b}_1 \quad \boldsymbol{b}_2) = \boldsymbol{A}\begin{pmatrix} 1 & 1 \\ 2 & -1 \\ 1 & 1 \end{pmatrix} = \begin{pmatrix} 0 & -12 \\ 0 & 12 \\ 0 & -12 \end{pmatrix} = -12\begin{pmatrix} 0 & 1 \\ 0 & -1 \\ 0 & 1 \end{pmatrix} = -12(\boldsymbol{0} \quad \boldsymbol{b}_2)$$

即 $\boldsymbol{A}\boldsymbol{b}_1 = \boldsymbol{0} = 0 \times \boldsymbol{b}_1$, $\boldsymbol{A}\boldsymbol{b}_2 = -12\boldsymbol{b}_2$,这说明 $\boldsymbol{A}$ 有特征值 $\lambda_1 = 0$, $\lambda_2 = -12$.

由 $|6\boldsymbol{I}_3 - \boldsymbol{A}| = -|\boldsymbol{A} - 6\boldsymbol{I}_3| = 0$ 知 $\boldsymbol{A}$ 的第三个特征值为 $\lambda_3 = 6$.

再由 $\boldsymbol{A}$ 为对称矩阵知,属于 $\lambda_3 = 6$ 的特征向量 $\boldsymbol{b}_3$ 必与 $\boldsymbol{b}_1$ 和 $\boldsymbol{b}_2$ 正交,即它的分量是

$$\begin{cases} x_1 + 2x_2 + x_3 = 0 \\ x_1 - x_2 + x_3 = 0 \end{cases}$$

的解. 可取 $b_3 = \begin{pmatrix} 1 \\ 0 \\ -1 \end{pmatrix}$.

再把这三个向量单位化得标准正交向量组

$$\boldsymbol{p}_1 = \frac{1}{\sqrt{6}}\begin{pmatrix} 1 \\ 2 \\ 1 \end{pmatrix}, \boldsymbol{p}_2 = \frac{1}{\sqrt{3}}\begin{pmatrix} 1 \\ -1 \\ 1 \end{pmatrix}, \boldsymbol{p}_3 = \frac{1}{\sqrt{2}}\begin{pmatrix} 1 \\ 0 \\ -1 \end{pmatrix}$$

则找到正交矩阵

$$\boldsymbol{P} = (\boldsymbol{p}_1 \quad \boldsymbol{p}_2 \quad \boldsymbol{p}_3) = \begin{pmatrix} 1/\sqrt{6} & 1/\sqrt{3} & 1/\sqrt{2} \\ 2/\sqrt{6} & -1/\sqrt{3} & 0 \\ 1/\sqrt{6} & 1/\sqrt{3} & -1/\sqrt{2} \end{pmatrix}$$

使得

$$P^{-1}AP=\Lambda=\begin{pmatrix}0&&\\&-12&\\&&6\end{pmatrix}$$

所需的正交变换为 $\boldsymbol{x}=\boldsymbol{P}\boldsymbol{y}$. 标准形为 $f(y_1,y_2,y_3)=-12y_2^2+6y_3^2$.

(2) 求出

$$A=P\Lambda P^{-1}=\begin{pmatrix}1/\sqrt{6}&1/\sqrt{3}&1/\sqrt{2}\\2/\sqrt{6}&-1/\sqrt{3}&0\\1/\sqrt{6}&1/\sqrt{3}&-1/\sqrt{2}\end{pmatrix}\begin{pmatrix}0&&\\&-12&\\&&6\end{pmatrix}P'$$

$$=\begin{pmatrix}0&-12/\sqrt{3}&6/\sqrt{2}\\0&12/\sqrt{3}&0\\0&-12/\sqrt{3}&-6/\sqrt{2}\end{pmatrix}\begin{pmatrix}1/\sqrt{6}&2/\sqrt{6}&1/\sqrt{6}\\1/\sqrt{3}&-1/\sqrt{3}&1/\sqrt{3}\\1/\sqrt{2}&0&-1/\sqrt{2}\end{pmatrix}$$

$$=\begin{pmatrix}-1&4&-7\\4&-4&4\\-7&4&-1\end{pmatrix}$$

原二次型为 $f=-x_1^2-4x_2^2-x_3^2+8x_1x_2-14x_1x_3+8x_2x_3$.

16. 已知实二次型 $f(x_1,x_2,x_3)=\boldsymbol{x}'A\boldsymbol{x}$ 通过正交变换 $\boldsymbol{x}=P\boldsymbol{y}$ 化为标准形 $y_1^2-y_2^2+2y_3^2$.

(1) 求出行列式 $|A^*|$ 和 $|2A^{-1}-A^*|$.

(2) 求出矩阵 $A^3-2A^2-A+2I_3$.

**【解】** 由标准形知 $A$ 的特征值为 $1,-1,2$, 有

$$|A|=1\times(-1)\times 2=-2, AA^*=-2I_3, 2A^{-1}=-A^*$$

(1) $|A^*|=|A|^{3-1}=(-2)^2=4$.

$$|2A^{-1}-A^*|=|-2A^*|=(-2)^3|A^*|=(-8)\times 4=-32.$$

(2) 因为 $A=P\Lambda P^{-1}$, $\Lambda=\begin{pmatrix}1&&\\&-1&\\&&2\end{pmatrix}$, 易证 $\Lambda^3-2\Lambda^2-\Lambda+2I_3=O$,

所以

$$A^3-2A^2-A+2I_3=P(\Lambda^3-2\Lambda^2-\Lambda+2I_3)P^{-1}=O$$

17. 设 $A$ 是实对称矩阵, 证明必存在正实数 $k$, 使得对任意实向量 $\boldsymbol{\alpha}$, 都有 $|\boldsymbol{\alpha}'A\boldsymbol{\alpha}|\leqslant k\boldsymbol{\alpha}'\boldsymbol{\alpha}$.

**【证】** 对于对称矩阵 $A$, 必存在正交矩阵 $P$ 使得

$$P'AP=\Lambda=\begin{pmatrix}\lambda_1&&&\\&\lambda_2&&\\&&\ddots&\\&&&\lambda_n\end{pmatrix}$$

设 $P=(p_1\quad p_2\quad\cdots\quad p_n)$，其中，$p_1,p_2,\cdots,p_n$ 是 $\mathbf{R}^n$ 的标准正交基.

对任意实向量 $\alpha$，令 $y=P^{-1}\alpha=P'\alpha$，$\alpha=Py$，必有

$$y'y=\alpha'PP'\alpha=\alpha'\alpha$$

于是，取 $k=\max\limits_{1\leqslant i\leqslant n}\{|\lambda_i|\}$ 即证得

$$|\alpha'A\alpha|=|y'P'APy|=|y'\Lambda y|=|\sum_{i=1}^{n}\lambda_i y_i^2|\leqslant ky'y=k\alpha'\alpha$$

18. 设 $n$ 阶对称矩阵 $A$ 的最小特征值为 $\lambda$，最大特征值为 $\mu$. 证明对所有 $x\in\mathbf{R}^n$ 必有

$$\lambda x'x\leqslant x'Ax\leqslant\mu x'x$$

【证】 对于对称矩阵 $A$，必存在正交变换 $x=Py$，使

$$P'AP=\begin{pmatrix}\lambda_1&&&\\&\lambda_2&&\\&&\ddots&\\&&&\lambda_n\end{pmatrix}=\Lambda$$

于是，有 $x'Ax=y'P'APy=y'\Lambda y=\sum\limits_{i=1}^{n}\lambda_i y_i^2$. 再由

$$\lambda\sum_{i=1}^{n}y_i^2\leqslant\sum_{i=1}^{n}\lambda_i y_i^2\leqslant\mu\sum_{i=1}^{n}y_i^2\quad 和\quad x'x=y'P'Py=y'y=\sum_{i=1}^{n}y_i^2$$

立得

$$\lambda x'x\leqslant x'Ax\leqslant\mu x'x$$

19. 用配方法求出以下二次型的标准形.

(1)$f(x_1,x_2)=x_1^2-4x_1x_2+x_2^2$ 的标准形.

(2)$f=2x_1x_2-x_1x_3+x_1x_4-x_2x_3+x_2x_4-2x_3x_4$.

【解】 (1) 把所给的二次型改写成

$$f(x_1,x_2)=x_1^2-4x_1x_2+x_2^2=(x_1-2x_2)^2-3x_2^2$$

作可逆线性变换 $\begin{cases}y_1=x_1-2x_2\\y_2=x_2\end{cases}$. 即

$$\begin{pmatrix}y_1\\y_2\end{pmatrix}=\begin{pmatrix}1&-2\\0&1\end{pmatrix}\begin{pmatrix}x_1\\x_2\end{pmatrix}$$

立刻得到标准形$f=y_1^2-3y_2^2$.

(2)$f=2x_1x_2-(x_1+x_2)x_3+(x_1+x_2)x_4-2x_3x_4$.

为了产生平方项，需要先作可逆线性变换

$$\begin{pmatrix}x_1\\x_2\\x_3\\x_4\end{pmatrix}=\begin{pmatrix}1&1&0&0\\1&-1&0&0\\0&0&1&0\\0&0&0&1\end{pmatrix}\begin{pmatrix}y_1\\y_2\\y_3\\y_4\end{pmatrix}$$

即
$$\begin{cases}x_1=y_1+y_2\\x_2=y_1-y_2\\x_3=y_3\\x_4=y_4\end{cases}$$

它把原二次型化为

$$\begin{aligned}f&=2y_1^2-2y_2^2-2y_1y_3+2y_1y_4-2y_3y_4\\&=2(y_1^2-y_1y_3+y_1y_4)-2y_2^2-2y_3y_4\\&=2\left(y_1-\frac{1}{2}y_3+\frac{1}{2}y_4\right)^2-\frac{1}{2}y_3^2-\frac{1}{2}y_4^2+y_3y_4-2y_2^2-2y_3y_4\\&=2\left(y_1-\frac{1}{2}y_3+\frac{1}{2}y_4\right)^2-2y_2^2-\frac{1}{2}(y_3+y_4)^2\end{aligned}$$

再经可逆线性变换

$$\begin{cases}z_1=y_1-0.5y_3+0.5y_4\\z_2=y_2\\z_3=y_3+y_4\\z_4=y_4\end{cases}$$

就可得到标准形$f=2z_1^2-2z_2^2-0.5z_3^2$.

# §3　正定矩阵与正定二次型

## 一、定义

(1) 如果对任何非零列向量$\boldsymbol{x}$，都有$f=\boldsymbol{x}'\boldsymbol{A}\boldsymbol{x}>0$，则称$f$为正定二次型，称$\boldsymbol{A}$为正定矩阵.

注意：如果仅对所有分量都不为零的向量$\boldsymbol{x}=(x_1,x_2,\cdots,x_n)'$都有$\boldsymbol{x}'\boldsymbol{A}\boldsymbol{x}>0$，那么还不能说$\boldsymbol{A}$是正定矩阵和$f=\boldsymbol{x}'\boldsymbol{A}\boldsymbol{x}$是正定二次型.

（2）如果对任何列向量$\boldsymbol{x}$，都有$f=\boldsymbol{x}'\boldsymbol{A}\boldsymbol{x}\geqslant 0$，则称$f$为半正定二次型，称$\boldsymbol{A}$为半正定矩阵.

## 二、基本结论

（1）对角矩阵$\boldsymbol{A}$为正定矩阵当且仅当$\boldsymbol{A}$中所有对角元全大于零. 单位矩阵一定是正定矩阵.

（2）设$\boldsymbol{A}$是正定矩阵，则$\boldsymbol{A}$必是可逆矩阵，而且$\boldsymbol{A}$的逆矩阵和伴随矩阵必是正定矩阵.

（3）同阶正定矩阵$\boldsymbol{A}$与$\boldsymbol{B}$之和$\boldsymbol{A}+\boldsymbol{B}$一定是正定矩阵.

同阶正定矩阵$\boldsymbol{A}$与$\boldsymbol{B}$之积$\boldsymbol{AB}$是正定矩阵$\Leftrightarrow\boldsymbol{AB}$是对称矩阵$\Leftrightarrow\boldsymbol{AB}=\boldsymbol{BA}$.

（4）设$\boldsymbol{A}$与$\boldsymbol{B}$是两个合同的对称矩阵，则$\boldsymbol{A}$为正定矩阵当且仅当$\boldsymbol{B}$为正定矩阵，即正定矩阵的合同矩阵一定是正定矩阵.

（5）任意两个同阶的正定矩阵一定是合同矩阵.

## 三、判别法

（1）$n$阶实对称矩阵$\boldsymbol{A}=(a_{ij})$是正定矩阵

$\Leftrightarrow$对于所有$n$维列向量$\boldsymbol{x}\neq\boldsymbol{0}$都有$\boldsymbol{x}'\boldsymbol{A}\boldsymbol{x}>0$

$\Leftrightarrow\boldsymbol{A}$的$n$个特征值全大于零

$\Leftrightarrow$存在$n$阶可逆矩阵$\boldsymbol{P}$使得$\boldsymbol{P}'\boldsymbol{A}\boldsymbol{P}=\boldsymbol{I}_n$，即$\boldsymbol{A}$合同于单位矩阵

$\Leftrightarrow$存在$n$阶可逆矩阵$\boldsymbol{R}$使得$\boldsymbol{A}=\boldsymbol{R}'\boldsymbol{R}$

$\Leftrightarrow\boldsymbol{A}$的正惯性指数为$n$

$$\Leftrightarrow\boldsymbol{A}\text{的}n\text{个顺序主子式}D_k=\begin{vmatrix} a_{11} & a_{12} & a_{13} & \cdots & a_{1k} \\ a_{21} & a_{22} & a_{23} & \cdots & a_{2k} \\ a_{31} & a_{32} & a_{33} & \cdots & a_{3k} \\ \vdots & \vdots & \vdots & & \vdots \\ a_{k1} & a_{k2} & a_{k3} & \cdots & a_{kk} \end{vmatrix}>0,k=1,2,\cdots,n$$

$\Rightarrow\boldsymbol{A}$中所有对角元$a_{ii}>0,i=1,2,\cdots,n$，行列式$|\boldsymbol{A}|>0$.

注意：当$\boldsymbol{A}$中所有对角元$a_{ii}>0,i=1,2,\cdots,n$，且行列式$|\boldsymbol{A}|>0$时，$\boldsymbol{A}$未必是正定矩阵.

（2）$n$阶实对称矩阵$\boldsymbol{A}=(a_{ij})$是半正定矩阵

$\Leftrightarrow\boldsymbol{A}$的$n$个特征值都是非负实数

$\Leftrightarrow$存在$n$阶矩阵$\boldsymbol{R}$使得$\boldsymbol{A}=\boldsymbol{R}'\boldsymbol{R}$

$\Leftrightarrow\boldsymbol{A}$的$n$个顺序主子式都是非负实数.

1. 在下列二次型中,(　　)是正定二次型.

(A) $f(x_1,x_2,x_3,x_4)=(x_1-x_2)^2+(x_2-x_3)^2+(x_3-x_4)^2+(x_4-x_1)^2$

(B) $f(x_1,x_2,x_3,x_4)=(x_1+x_2)^2+(x_2+x_3)^2+(x_3+x_4)^2+(x_4+x_1)^2$

(C) $f(x_1,x_2,x_3,x_4)=(x_1-x_2)^2+(x_2+x_3)^2+(x_3-x_4)^2+(x_4+x_1)^2$

(D) $f(x_1,x_2,x_3,x_4)=(x_1-x_2)^2+(x_2+x_3)^2+(x_3+x_4)^2+(x_4+x_1)^2$

**【解】**　在(A)中取$(x_1,x_2,x_3,x_4)=(1,1,1,1)$,$f=0$,$f$不是正定二次型.

在(B)中取$(x_1,x_2,x_3,x_4)=(1,-1,1,-1)$,$f=0$,$f$不是正定二次型.

在(C)中取$(x_1,x_2,x_3,x_4)=(1,1,-1,-1)$,$f=0$,$f$不是正定二次型.

写出二次型(D)

$$f(x_1,x_2,x_3,x_4)=2x_1^2+2x_2^2+2x_3^2+2x_4^2-2x_1x_2+2x_2x_3+2x_3x_4+2x_1x_4$$

它的矩阵 $\boldsymbol{A}=\begin{pmatrix}2&-1&0&1\\-1&2&1&0\\0&1&2&1\\1&0&1&2\end{pmatrix}$,四个顺序主子式都大于零

$$D_1=2,D_2=\begin{vmatrix}2&-1\\-1&2\end{vmatrix}=3,D_3=\begin{vmatrix}2&-1&0\\-1&2&1\\0&1&2\end{vmatrix}=4$$

$$D_4=\begin{vmatrix}2&-1&0&1\\-1&2&1&0\\0&1&2&1\\1&0&1&2\end{vmatrix}=\begin{vmatrix}2&-1&0&1\\2&2&1&0\\4&1&2&1\\4&0&1&2\end{vmatrix}=\begin{vmatrix}2&-1&0&1\\0&3&1&-1\\0&3&2&-1\\0&2&1&0\end{vmatrix}=2\times2=4$$

所以应选(D).

2. 二次型$f=x_1^2+x_2^2+x_3^2+4x_1x_2$的正惯性指数为(　　).

(A) 0　　(B) 1　　(C) 2　　(D) 3

**【解】**　因为 $\boldsymbol{A}=\begin{pmatrix}1&2&0\\2&1&0\\0&0&1\end{pmatrix}$ 的特征方程为

$$|\lambda \boldsymbol{I}_3-\boldsymbol{A}|=\begin{vmatrix}\lambda-1 & -2 & 0\\ -2 & \lambda-1 & 0\\ 0 & 0 & \lambda-1\end{vmatrix}=(\lambda-1)(\lambda^2-2\lambda-3)$$

$$=(\lambda-1)(\lambda-3)(\lambda+1)=0$$

它的正特征值的个数为2,即正惯性指数为2,所以应选(C).

3. 证明满足$\boldsymbol{A}^3-4\boldsymbol{A}^2+5\boldsymbol{A}-2\boldsymbol{I}_n=\boldsymbol{O}$的$n$阶实对称矩阵必是正定矩阵.

【证】 因为$\boldsymbol{A}$的特征值必是

$$f(x)=x^3-4x^2+5x-2=(x-1)(x^2-3x+2)=(x-1)^2(x-2)=0$$

的根,它们都是正数,所以$\boldsymbol{A}$必是正定矩阵.

4. 已知$f=x_1^2+4x_2^2+4x_3^2+2kx_1x_2-2x_1x_3+4x_2x_3$为正定二次型,则必有(　　).

(A) $-2<k<1$　　(B) $-2<k<2$　　(C) $k<-2$　　(D) $k>2$

【解】 因为对于矩阵$\boldsymbol{A}=\begin{pmatrix}1 & k & -1\\ k & 4 & 2\\ -1 & 2 & 4\end{pmatrix}$,必有

$$D_2=4-k^2>0$$

即

$$-2<k<2$$

再据

$$|\boldsymbol{A}|=\begin{vmatrix}1 & k & -1\\ k & 4 & 2\\ -1 & 2 & 4\end{vmatrix}=\begin{vmatrix}0 & 0 & -1\\ k+2 & 4+2k & 2\\ 3 & 2+4k & 4\end{vmatrix}=-2(k+2)\begin{vmatrix}1 & 1\\ 3 & 1+2k\end{vmatrix}$$

$$=-4(k-1)(k+2)>0$$

即$-2<k<1$. 所以应选(A).

5. 下述推理是否正确:因为3元二次型

$$x_1^2+x_2^2+x_3^2-x_1x_2-x_2x_3-x_1x_3$$

$$=\frac{1}{2}(x_1-x_2)^2+\frac{1}{2}(x_2-x_3)^2+\frac{1}{2}(x_1-x_3)^2$$

可化成3项正系数平方和,所以它是正定二次型.

【解】 不正确. 因为所用的线性变换不是可逆线性变换

$$\begin{cases}y_1=x_1-x_2\\ y_2=x_2-x_3,\\ y_3=x_1-x_3\end{cases}\begin{vmatrix}1 & -1 & 0\\ 0 & 1 & -1\\ 1 & 0 & -1\end{vmatrix}=-1+1=0$$

6. 证明$n$阶矩阵$\boldsymbol{A}$既是正交矩阵又是正定矩阵当且仅当$\boldsymbol{A}$为单位矩阵.

【证】　对于正定矩阵 $\boldsymbol{A}$，必存在正交矩阵 $\boldsymbol{P}$ 使得

$$\boldsymbol{P}^{-1}\boldsymbol{A}\boldsymbol{P}=\boldsymbol{P}'\boldsymbol{A}\boldsymbol{P}=\begin{pmatrix}\lambda_1 & & & \\ & \lambda_2 & & \\ & & \ddots & \\ & & & \lambda_n\end{pmatrix}=\boldsymbol{\Lambda},\lambda_1,\lambda_2,\cdots,\lambda_n \text{ 都是正数}$$

再由 $\boldsymbol{A}$ 是正交矩阵和正定矩阵知对角矩阵 $\boldsymbol{\Lambda}$ 必是正交矩阵和正定矩阵，必有 $\lambda_1=\lambda_2=\cdots=\lambda_n=1$，于是 $\boldsymbol{\Lambda}$ 和 $\boldsymbol{A}$ 都是单位矩阵.

7. 设 $\boldsymbol{A}$ 是 $n$ 阶正定矩阵，$\boldsymbol{\alpha}_1,\boldsymbol{\alpha}_2,\cdots,\boldsymbol{\alpha}_m(m\leqslant n)$ 是 $m$ 个非零列向量. 如果它们满足

$$\boldsymbol{\alpha}'_i\boldsymbol{A}\,\boldsymbol{\alpha}_j=0\ ,\ 1\leqslant i\neq j\leqslant n$$

证明$\boldsymbol{\alpha}_1,\boldsymbol{\alpha}_2,\cdots,\boldsymbol{\alpha}_m$ 必线性无关.

【证】　设 $k_1\boldsymbol{\alpha}_1+k_2\boldsymbol{\alpha}_2+\cdots+k_m\boldsymbol{\alpha}_m=\boldsymbol{0}$，在向量等式两侧同左乘$\boldsymbol{\alpha}'_i\boldsymbol{A}$ 可得

$$k_i\,\boldsymbol{\alpha}'_i\boldsymbol{A}\,\boldsymbol{\alpha}_i=0\ ,\ 1\leqslant i\leqslant n$$

因为$\boldsymbol{A}$ 是正定矩阵，$\boldsymbol{\alpha}_1,\boldsymbol{\alpha}_2,\cdots,\boldsymbol{\alpha}_m$ 都是非零列向量，必有$\boldsymbol{\alpha}'_i\boldsymbol{A}\boldsymbol{\alpha}_i>0$，所以必有 $k_i=0\ ,\ 1\leqslant i\leqslant n$. 这就证明了$\boldsymbol{\alpha}_1,\boldsymbol{\alpha}_2,\cdots,\boldsymbol{\alpha}_m$ 必线性无关.

8. 设 $\boldsymbol{A}$ 是 $n$ 阶正定矩阵，$\boldsymbol{B}$ 是 $m\times n$ 实矩阵，证明 $R(\boldsymbol{B}'\boldsymbol{A}\boldsymbol{B})=R(\boldsymbol{B})$.

【证】　因为正定矩阵 $\boldsymbol{A}$ 必可表成 $\boldsymbol{A}=\boldsymbol{R}'\boldsymbol{R}$，$\boldsymbol{R}$ 是 $n$ 阶可逆矩阵，所以

$$\boldsymbol{B}'\boldsymbol{A}\boldsymbol{B}=\boldsymbol{B}'\boldsymbol{R}'\boldsymbol{R}\boldsymbol{B}=(\boldsymbol{R}\boldsymbol{B})'(\boldsymbol{R}\boldsymbol{B})$$

于是

$$R(\boldsymbol{B}'\boldsymbol{A}\boldsymbol{B})=R((\boldsymbol{R}\boldsymbol{B})'(\boldsymbol{R}\boldsymbol{B}))=R(\boldsymbol{R}\boldsymbol{B})=R(\boldsymbol{B})$$

【注】　用到结论 $R(\boldsymbol{A}'\boldsymbol{A})=R(\boldsymbol{A})$.

9. 设 $\boldsymbol{A}$ 为 $m$ 阶正定矩阵，$\boldsymbol{B}$ 为 $m\times n$ 实矩阵，证明 $\boldsymbol{B}'\boldsymbol{A}\boldsymbol{B}$ 为正定矩阵 $\Leftrightarrow R(\boldsymbol{B})=n$.

【证】　必要性：设 $\boldsymbol{B}'\boldsymbol{A}\boldsymbol{B}$ 为正定矩阵，则对任意 $n$ 维列向量 $\boldsymbol{x}\neq\boldsymbol{0}$ 必有

$$\boldsymbol{x}'\boldsymbol{B}'\boldsymbol{A}\boldsymbol{B}\boldsymbol{x}=(\boldsymbol{B}\boldsymbol{x})'\boldsymbol{A}(\boldsymbol{B}\boldsymbol{x})>0$$

因此，必有 $\boldsymbol{B}\boldsymbol{x}\neq\boldsymbol{0}$. 这说明 $\boldsymbol{B}\boldsymbol{x}=\boldsymbol{0}$ 只有零解，$R(\boldsymbol{B})=n$.

充分性：设 $R(\boldsymbol{B})=n$，则 $\boldsymbol{B}$ 为列满秩矩阵，当 $\boldsymbol{x}\neq\boldsymbol{0}$ 时，必有 $\boldsymbol{B}\boldsymbol{x}\neq\boldsymbol{0}$，于是，由 $\boldsymbol{A}$ 的正定性知必有

$$\boldsymbol{x}'\boldsymbol{B}'\boldsymbol{A}\boldsymbol{B}\boldsymbol{x}=(\boldsymbol{B}\boldsymbol{x})'\boldsymbol{A}(\boldsymbol{B}\boldsymbol{x})>0$$

这说明对称阵 $\boldsymbol{B}'\boldsymbol{A}\boldsymbol{B}$ 为正定矩阵.

10. 设 $\boldsymbol{A}$ 和 $\boldsymbol{B}$ 同是 $n$ 阶对称矩阵，证明：

(1) 当 $\boldsymbol{A}$ 是正定矩阵时，$\boldsymbol{A}\boldsymbol{B}$ 的特征值全为实数.

(2) 当 $\boldsymbol{A}$ 和 $\boldsymbol{B}$ 同是正定矩阵时，$\boldsymbol{A}\boldsymbol{B}$ 的特征值全为正数.

【证】 对于正定矩阵 $\boldsymbol{A}$,必存在 $n$ 阶可逆矩阵 $\boldsymbol{P}$ 使得 $\boldsymbol{A}=\boldsymbol{PP}'$,于是

$$\boldsymbol{AB}=\boldsymbol{PP}'\boldsymbol{BP}\,\boldsymbol{P}^{-1}=\boldsymbol{P}(\boldsymbol{P}'\boldsymbol{BP})\,\boldsymbol{P}^{-1}\sim\boldsymbol{P}'\boldsymbol{BP}$$

两个相似的矩阵必有相同的特征值.

(1) 对称矩阵 $\boldsymbol{B}$ 的合同矩阵 $\boldsymbol{P}'\boldsymbol{BP}$ 也是对称矩阵,它的特征值全为实数,所以 $\boldsymbol{AB}$ 的特征值全为实数.

(2) 正定矩阵 $\boldsymbol{B}$ 的合同矩阵 $\boldsymbol{P}'\boldsymbol{BP}$ 也是正定矩阵,它的特征值全为正数,所以 $\boldsymbol{AB}$ 的特征值全为正数.

11. 设 3 阶实对称阵 $\boldsymbol{A}$ 满足 $\boldsymbol{A}^2+2\boldsymbol{A}=\boldsymbol{O}$,且 $R(\boldsymbol{A})=2$.

(1) 求 $\boldsymbol{A}$ 的全体特征值.

(2) 当 $a$ 为何值时,$a\boldsymbol{I}_3+\boldsymbol{A}$ 必为正定矩阵?

【解】 (1)$\boldsymbol{A}$ 的特征值为 $x^2+2x=0$ 的根 $x=0$ 或 $x=-2$. 因为 $R(\boldsymbol{A})=2$,所以必有

$$\boldsymbol{A}\sim\begin{pmatrix}-2 & & \\ & -2 & \\ & & 0\end{pmatrix}$$

$\boldsymbol{A}$ 的特征值为 $-2$, $-2$ 和 0.

(2) 因为 $a\boldsymbol{I}_3+\boldsymbol{A}$ 的特征值 $a-2$, $a-2$ 和 $a$,所以 $a\boldsymbol{I}_3+\boldsymbol{A}$ 为正定矩阵当且仅当 $a>2$.

12. 设 $\boldsymbol{A}$ 是 $n$ 阶实对称矩阵,证明:

(1) 存在实数 $a\geqslant 0$ 使得 $a\boldsymbol{I}_n+\boldsymbol{A}$ 为正定矩阵.

(2) 存在实数 $b>0$ 使得 $\boldsymbol{I}_n+b\boldsymbol{A}$ 为正定矩阵.

【证】 对于对称矩阵 $\boldsymbol{A}$,必存在正交矩阵 $\boldsymbol{P}$ 使得

$$\boldsymbol{P}^{-1}\boldsymbol{AP}=\begin{pmatrix}\lambda_1 & & & \\ & \lambda_2 & & \\ & & \ddots & \\ & & & \lambda_n\end{pmatrix}=\boldsymbol{\Lambda}$$

其中,$\lambda_1$, $\lambda_2$, $\cdots$, $\lambda_n$ 为 $\boldsymbol{A}$ 的特征值.

(1) 易见 $a\boldsymbol{I}_n+\boldsymbol{A}$ 的特征值为 $a+\lambda_i$, $i=1,2,\cdots,n$,可取充分大的 $a$ 使得 $a+\lambda_i>0$, $i=1,2,\cdots,n$,所以 $a\boldsymbol{I}_n+\boldsymbol{A}$ 为正定矩阵.

(2) 易见 $\boldsymbol{I}_n+b\boldsymbol{A}$ 的特征值为 $1+b\lambda_i$, $i=1,2,\cdots,n$,可取充分大的 $b$ 使得 $1+b\lambda_i>0$, $i=1,2,\cdots,n$,所以 $\boldsymbol{I}_n+b\boldsymbol{A}$ 为正定矩阵.

13. 证明实二次型

$$f(x_1,x_2,\cdots,x_n)=\sum_{i=1}^{n}x_i^2+\sum_{1\leqslant i<j\leqslant n}2bx_ix_j\,(n>1)$$

是正定二次型的充要条件是 $\dfrac{1}{1-n}<b<1$.

**【证】** 此二次型对应的对称矩阵的 $k$ 阶顺序主子式

$$D_k=\begin{vmatrix}1 & b & b & \cdots & b\\ b & 1 & b & \cdots & b\\ b & b & 1 & \cdots & b\\ \vdots & \vdots & \vdots & & \vdots\\ b & b & b & \cdots & 1\end{vmatrix}=[1+(k-1)b]\begin{vmatrix}1 & b & b & \cdots & b\\ 1 & 1 & b & \cdots & b\\ 1 & b & 1 & \cdots & b\\ \vdots & \vdots & \vdots & & \vdots\\ 1 & b & b & \cdots & 1\end{vmatrix}$$

$$=[1+(k-1)b](1-b)^{k-1}>0\Leftrightarrow\frac{1}{1-k}<b<1$$

取 $k=n$ 就有 $\dfrac{1}{1-n}<b<1$.

反之,当 $\dfrac{1}{1-n}<b<1$ 成立时,对 $1<k\leqslant n$ 必有 $\dfrac{1}{1-k}\leqslant\dfrac{1}{1-n}<b<1$,

$D_k>0$.

14. 设 $\boldsymbol{A}=\begin{pmatrix}1 & 0 & 1\\ 0 & 2 & 0\\ 1 & 0 & 1\end{pmatrix}$, $\boldsymbol{B}=(a\boldsymbol{I}_3+\boldsymbol{A})^2$, $a$ 为实数,求 $\boldsymbol{B}$ 的正交相似标准形,并求出 $\boldsymbol{B}$ 是正定矩阵的充分必要条件.

**【解一】** 先求出 $\boldsymbol{A}$ 的特征方程

$$|\lambda\boldsymbol{I}_3-\boldsymbol{A}|=\begin{vmatrix}\lambda-1 & 0 & -1\\ 0 & \lambda-2 & 0\\ -1 & 0 & \lambda-1\end{vmatrix}=(\lambda-2)(\lambda^2-\lambda)$$

$$=\lambda(\lambda-2)^2=0$$

因为对称矩阵 $\boldsymbol{A}$ 的特征值为 0 , 2 , 2,所以必存在正交矩阵 $\boldsymbol{P}$ 使得

$$\boldsymbol{P}^{-1}\boldsymbol{A}\boldsymbol{P}=\begin{pmatrix}0 & & \\ & 2 & \\ & & 2\end{pmatrix}=\boldsymbol{\Lambda},\boldsymbol{P}^{-1}(a\boldsymbol{I}_3+\boldsymbol{A})\boldsymbol{P}=\begin{pmatrix}a & & \\ & a+2 & \\ & & a+2\end{pmatrix}$$

所以得 $\boldsymbol{B}$ 的正交相似标准形

$$\boldsymbol{P}^{-1}\boldsymbol{B}\boldsymbol{P}=\boldsymbol{P}^{-1}(a\boldsymbol{I}_3+\boldsymbol{A})^2\boldsymbol{P}=(\boldsymbol{P}^{-1}(a\boldsymbol{I}_3+\boldsymbol{A})\boldsymbol{P})^2=\begin{pmatrix}a^2 & & \\ & (a+2)^2 & \\ & & (a+2)^2\end{pmatrix}$$

$\boldsymbol{B}$ 为正定矩阵当且仅当 $a\neq-2$ 且 $a\neq0$.

**【解二】** 根据 $\boldsymbol{A}$ 的互异特征值为 0 , 2 知 $\boldsymbol{B}=(a\boldsymbol{I}_3+\boldsymbol{A})^2=\boldsymbol{A}^2+2a\boldsymbol{A}+$

$a^2I_3$ 的互异特征值为 $a^2, 4+4a+a^2=(a+2)^2$，于是，$B$ 是正定矩阵当且仅当 $a\neq 0$ 且 $a\neq -2$.

【解三】 先直接求出 $B$，再判定它的正定性条件

$$B=\begin{pmatrix} a+1 & 0 & 1 \\ 0 & a+2 & 0 \\ 1 & 0 & a+1 \end{pmatrix}^2=\begin{pmatrix} 1+(a+1)^2 & 0 & 2(a+1) \\ 0 & (a+2)^2 & 0 \\ 2(a+1) & 0 & 1+(a+1)^2 \end{pmatrix}$$

$B$ 是正定矩阵当且仅当 $a$ 满足

$$\begin{cases} D_1=1+(a+1)^2>0 \\ D_2=(a+2)^2[1+(a+1)^2]>0 \\ D_3=a^2(a+2)^4>0 \end{cases}$$

即 $a\neq 0$ 且 $a\neq -2$.

实际上

$$D_3=|B|=\begin{vmatrix} a+1 & 0 & 1 \\ 0 & a+2 & 0 \\ 1 & 0 & a+1 \end{vmatrix}^2=[(a+2)(a^2+2a)]^2$$

$$=a^2(a+2)^4$$

【解四】 先证明一个非常实用的简单命题：

设 $A$ 是 $n$ 阶实对称矩阵，则 $A^2$ 是正定矩阵当且仅当 $|A|\neq 0$. 证明如下：

设 $A$ 的全体特征值为 $\lambda_1, \lambda_2, \cdots, \lambda_n$，则 $A^2$ 的全体特征值为 $\lambda_1^2, \lambda_2^2, \cdots, \lambda_n^2$. 于是 $A^2$ 是正定矩阵当且仅当所有 $\lambda_i^2>0$，$i=1, 2, \cdots, n$，即所有 $\lambda_i$ 都不是零，即 $|A|\neq 0$.

实际上，更简单的证明是：$A^2=A'A$ 是正定矩阵当且仅当 $A$ 是可逆矩阵，即 $|A|\neq 0$.

应用到本题，$B$ 是正定矩阵当且仅当 $|aI_3+A|=a(a+2)^2\neq 0$，当且仅当 $a\neq 0$ 且 $a\neq -2$.

15. 问实数 $a_1, a_2, \cdots, a_n$ 满足什么条件时，以下 $n$ 元实二次型

$$f=(x_1+a_1x_2)^2+(x_2+a_2x_3)^2+\cdots+(x_{n-1}+a_{n-1}x_n)^2+(x_n+a_nx_1)^2$$

为正定二次型？

【解】 因为此二次型是 $n$ 个平方和，所以由正定二次型的定义知 $f(x_1, x_2, \cdots, x_n)$ 为正定二次型当且仅当以下齐次线性方程组只有零解

$$\begin{cases}x_1+a_1x_2=0\\x_2+a_2x_3=0\\\vdots\\x_{n-1}+a_{n-1}x_n=0\\x_n+a_nx_1=0\end{cases}$$

即

$$\begin{pmatrix}1 & a_1 & & & & \\ & 1 & a_2 & & & \\ & & 1 & a_3 & & \\ & & & \ddots & \ddots & \\ & & & & 1 & a_{n-1}\\ a_n & & & & & 1\end{pmatrix}\begin{pmatrix}x_1\\x_2\\x_3\\\vdots\\x_{n-1}\\x_n\end{pmatrix}=\begin{pmatrix}0\\0\\0\\\vdots\\0\\0\end{pmatrix}$$

把它记为 $\boldsymbol{Ax}=\boldsymbol{0}$，所求条件为

$$|\boldsymbol{A}|=1+(-1)^{n+1}\prod_{i=1}^{n}a_i\neq 0$$

即 $\prod_{i=1}^{n}a_i\neq(-1)^n$.

16. 设 $\boldsymbol{A}$ 是 $n$ 阶正定矩阵，$\boldsymbol{B}$ 是 $n$ 阶对称矩阵，证明必存在 $n$ 阶可逆矩阵 $\boldsymbol{T}$ 使得

$$\boldsymbol{T}'\boldsymbol{A}\boldsymbol{T}=\boldsymbol{I}_n \text{ 和 } \boldsymbol{T}'\boldsymbol{B}\boldsymbol{T}=\begin{pmatrix}\lambda_1 & & & \\ & \lambda_2 & & \\ & & \ddots & \\ & & & \lambda_n\end{pmatrix}=\boldsymbol{\Lambda}$$

而且其中，$\lambda_1,\lambda_2,\cdots,\lambda_n$ 就是 $\boldsymbol{A}^{-1}\boldsymbol{B}$ 的特征值.

**【证】** 首先，对于正定矩阵 $\boldsymbol{A}$，必存在可逆矩阵 $\boldsymbol{P}$ 使得 $\boldsymbol{P}'\boldsymbol{A}\boldsymbol{P}=\boldsymbol{I}_n$.

其次，对于对称矩阵 $\boldsymbol{P}'\boldsymbol{B}\boldsymbol{P}$，必存在正交矩阵 $\boldsymbol{Q}$ 使得

$$\boldsymbol{Q}'\boldsymbol{P}'\boldsymbol{B}\boldsymbol{P}\boldsymbol{Q}=\begin{pmatrix}\lambda_1 & & & \\ & \lambda_2 & & \\ & & \ddots & \\ & & & \lambda_n\end{pmatrix}=\boldsymbol{\Lambda}$$

于是，由 $\boldsymbol{Q}$ 是正交矩阵知 $\boldsymbol{T}=\boldsymbol{P}\boldsymbol{Q}$ 即为所求的可逆矩阵

$$\boldsymbol{T}'\boldsymbol{A}\boldsymbol{T}=(\boldsymbol{P}\boldsymbol{Q})'\boldsymbol{A}(\boldsymbol{P}\boldsymbol{Q})=\boldsymbol{Q}'\boldsymbol{P}'\boldsymbol{A}\boldsymbol{P}\boldsymbol{Q}=\boldsymbol{Q}'\boldsymbol{I}_n\boldsymbol{Q}=\boldsymbol{I}_n$$

和

$$T'BT=(PQ)'B(PQ)=Q'P'BPQ=\Lambda$$

进一步,由

$$Q'P'(\lambda A-B)PQ=\lambda Q'P'APQ-Q'P'BPQ=\lambda I_n-\Lambda$$

$$=\begin{pmatrix}\lambda-\lambda_1 & & & \\ & \lambda-\lambda_2 & & \\ & & \ddots & \\ & & & \lambda-\lambda_n\end{pmatrix}$$

知

$$|P|^2\times|\lambda A-B|=\prod_{i=1}^{n}(\lambda-\lambda_i)$$

再由

$$|\lambda A-B|=|A(\lambda I_n-A^{-1}B)|=|A|\times|\lambda I_n-A^{-1}B|$$

得

$$\prod_{i=1}^{n}(\lambda-\lambda_i)=|P|^2\times|A|\times|\lambda I_n-A^{-1}B|$$

于是由 $|P|\neq 0$ 和 $|A|\neq 0$ 知 $\lambda_1,\lambda_2,\cdots,\lambda_n$ 就是 $A^{-1}B$ 的特征值.

17. 设 $A$ 和 $B$ 同是 $n$ 阶正定矩阵,证明 $AB$ 是正定矩阵 $\Leftrightarrow AB=BA$.

【证】 必要性:设 $AB$ 是正定矩阵,则 $AB$ 必是对称矩阵. 因为正定矩阵 $A$ 和 $B$ 必是对称矩阵,既然它们的乘积 $AB$ 是对称矩阵,那么必有 $AB=BA$.

充分性:当 $AB=BA$ 时,$AB$ 必是对称矩阵. 对于正定矩阵 $A^{-1}$ 和对称矩阵 $B$,必存在可逆矩阵 $P$ 使得

$$P'A^{-1}P=I_n \quad \text{和} \quad P'BP=\begin{pmatrix}\lambda_1 & & \\ & \ddots & \\ & & \lambda_n\end{pmatrix}=\Lambda$$

且其中,$\lambda_1,\lambda_2,\cdots,\lambda_n$ 都是 $(A^{-1})^{-1}B=AB$ 的特征值. 再由 $B$ 是正定矩阵知它的合同矩阵 $\Lambda$ 也是正定矩阵,它的对角元 $\lambda_1,\lambda_2,\cdots,\lambda_n$ 都为正数,所以 $AB$ 是正定矩阵.

18. 设 $A$ 和 $B$ 同是 $n$ 阶实矩阵. 如果 $A$ 是正定矩阵,$AB$ 是对称矩阵,证明 $AB$ 是正定矩阵当且仅当 $B$ 的特征值全为正数.

【证】 对于正定矩阵 $A$ 和对称矩阵 $AB$,必存在可逆矩阵 $P$ 使得

$$P'AP=I_n,P'ABP=\begin{pmatrix}\lambda_1 & & & \\ & \lambda_2 & & \\ & & \ddots & \\ & & & \lambda_n\end{pmatrix}=\Lambda$$

其中，$\lambda_1, \lambda_2, \cdots, \lambda_n$ 必是 $\boldsymbol{A}^{-1}(\boldsymbol{AB})=\boldsymbol{B}$ 的特征值. 因此，$\boldsymbol{AB}$ 是正定矩阵当且仅当对角矩阵 $\boldsymbol{\Lambda}$ 为正定矩阵 $\Leftrightarrow \forall \lambda_i > 0$.

19. 设 $\boldsymbol{A}$ 是 $n$ 阶正定矩阵，$\boldsymbol{B}$ 是 $n$ 阶反对称矩阵，证明以下结论：

(1) $\boldsymbol{A}$ 是可逆矩阵.　　(2) $\boldsymbol{A}^{-1}$ 是正定矩阵.

(3) $\boldsymbol{A}^*$ 是正定矩阵.　　(4) $\boldsymbol{A}-\boldsymbol{B}^2$ 是正定矩阵.

【证】　$\boldsymbol{A}^{-1}, \boldsymbol{A}^*$ 和 $\boldsymbol{A}-\boldsymbol{B}^2$ 都是对称矩阵.

(1) 因为 $\boldsymbol{A}$ 的 $n$ 阶顺序主子式 $|\boldsymbol{A}|>0$，所以 $\boldsymbol{A}$ 是可逆矩阵.

(2) 设 $\boldsymbol{A}^{-1}\boldsymbol{p}=\lambda\boldsymbol{p}$，由 $\boldsymbol{A}^{-1}$ 是可逆矩阵知 $\lambda\neq 0$，$\boldsymbol{Ap}=\dfrac{1}{\lambda}\boldsymbol{p}$. 因为 $\boldsymbol{A}$ 为正定矩阵，必有 $\lambda>0$，所以，$\boldsymbol{A}^{-1}$ 是正定矩阵.

(3) 因为 $\boldsymbol{A}\boldsymbol{A}^*=|\boldsymbol{A}|\boldsymbol{I}_n$，$\boldsymbol{A}^*=|\boldsymbol{A}|\boldsymbol{A}^{-1}$，而 $\boldsymbol{A}^{-1}$ 是正定矩阵，$|\boldsymbol{A}|>0$，对任何 $n$ 维非零列向量 $\boldsymbol{x}$ 都有 $\boldsymbol{x}'\boldsymbol{A}^*\boldsymbol{x}=|\boldsymbol{A}|\boldsymbol{x}'\boldsymbol{A}^{-1}\boldsymbol{x}>0$，所以，$\boldsymbol{A}^*$ 是正定矩阵.

(4) 因为 $\boldsymbol{B}'=-\boldsymbol{B}$，所以 $\boldsymbol{A}-\boldsymbol{BB}=\boldsymbol{A}+\boldsymbol{BB}'$. 因为 $\boldsymbol{A}$ 为正定矩阵，$\boldsymbol{BB}'$ 为半正定矩阵，所以对任何 $n$ 维非零列向量 $x$，都有

$$\boldsymbol{x}'(\boldsymbol{A}-\boldsymbol{B}^2)\boldsymbol{x}=\boldsymbol{x}'(\boldsymbol{A}+\boldsymbol{BB}')\boldsymbol{x}=\boldsymbol{x}'\boldsymbol{Ax}+\boldsymbol{x}'\boldsymbol{BB}'\boldsymbol{x}=\boldsymbol{x}'\boldsymbol{Ax}+(\boldsymbol{x}'\boldsymbol{B})(\boldsymbol{x}'\boldsymbol{B})'>0$$

所以 $\boldsymbol{A}-\boldsymbol{B}^2$ 必是正定矩阵.

20. 证明 $n$ 阶实对称矩阵 $\boldsymbol{A}$ 是半正定矩阵当且仅当存在 $n$ 阶矩阵 $\boldsymbol{R}$ 使得 $\boldsymbol{A}=\boldsymbol{RR}'$.

【证】　设 $\boldsymbol{A}$ 是半正定矩阵，则 $\boldsymbol{A}$ 的特征值 $\lambda_i\geqslant 0$，$i=1,2,\cdots,n$，且存在正交矩阵 $\boldsymbol{P}$ 使得

$$\boldsymbol{P}^{-1}\boldsymbol{AP}=\begin{pmatrix}\sqrt{\lambda_1}&&&\\&\sqrt{\lambda_2}&&\\&&\ddots&\\&&&\sqrt{\lambda_n}\end{pmatrix}\begin{pmatrix}\sqrt{\lambda_1}&&&\\&\sqrt{\lambda_2}&&\\&&\ddots&\\&&&\sqrt{\lambda_n}\end{pmatrix}=\boldsymbol{\Lambda}^2$$

于是 $\boldsymbol{A}=(\boldsymbol{P\Lambda})\boldsymbol{\Lambda}'\boldsymbol{P}'=(\boldsymbol{P\Lambda})(\boldsymbol{P\Lambda})'=\boldsymbol{RR}'$，其中 $\boldsymbol{R}=\boldsymbol{P\Lambda}$ 即为所求的 $n$ 阶矩阵.

21. 设 $\boldsymbol{A}$ 是 $n$ 阶实对称幂等矩阵：$\boldsymbol{A}'=\boldsymbol{A}$，$\boldsymbol{A}^2=\boldsymbol{A}$，$R(\boldsymbol{A})=r$，$0<r<n$，证明 $\boldsymbol{x}'\boldsymbol{Ax}$ 是半正定二次型，并证明行列式 $|\boldsymbol{I}_n+\boldsymbol{A}+\boldsymbol{A}^2+\cdots+\boldsymbol{A}^n|=(1+n)^r$.

【证】　由 $\boldsymbol{A}^2=\boldsymbol{A}$ 知 $\boldsymbol{A}$ 的特征值为 0 或 1，所以 $\boldsymbol{A}$ 有正交相似标准形

$$\boldsymbol{P}^{-1}\boldsymbol{AP}=\boldsymbol{P}'\boldsymbol{AP}=\begin{pmatrix}\boldsymbol{I}_r&\boldsymbol{O}\\\boldsymbol{O}&\boldsymbol{O}\end{pmatrix}=\boldsymbol{\Lambda}$$

于是经正交变换 $\boldsymbol{x}=\boldsymbol{Py}$ 得

$$\boldsymbol{x}'\boldsymbol{A}\boldsymbol{x}=\boldsymbol{y}'\boldsymbol{P}'\boldsymbol{A}\boldsymbol{P}\boldsymbol{y}=\boldsymbol{y}'\boldsymbol{\Lambda}\boldsymbol{y}=\sum_{i=1}^{r}y_i^2\geqslant 0$$

这里$\boldsymbol{y}=(y_1,y_2,\cdots,y_n)'$,所以$\boldsymbol{x}'\boldsymbol{A}\boldsymbol{x}$是半正定二次型.将$\boldsymbol{A}^2=\boldsymbol{A}$代入即可求出

$$\begin{aligned}|\boldsymbol{I}_n+\boldsymbol{A}+\boldsymbol{A}^2+\cdots+\boldsymbol{A}^n|&=|\boldsymbol{I}_n+n\boldsymbol{A}|=|\boldsymbol{P}^{-1}(\boldsymbol{I}_n+n\boldsymbol{A})\boldsymbol{P}|\\&=|\boldsymbol{I}_n+n\boldsymbol{\Lambda}|=(1+n)^r\end{aligned}$$

22. 设$\boldsymbol{A}$和$\boldsymbol{B}$同是$n$阶实对称矩阵.如果$\boldsymbol{A}$是正定矩阵,$\boldsymbol{B}$是非零半正定矩阵,证明

$$|\boldsymbol{A}+\boldsymbol{B}|>|\boldsymbol{A}|$$

【证】 先证明$|\boldsymbol{I}_n+\boldsymbol{B}|>1$.因为非零半正定矩阵$\boldsymbol{B}$的特征值可设为

$$\lambda_1>0,\lambda_i\geqslant 0,i=2,3,\cdots,n$$

且存在正交矩阵$\boldsymbol{P}$使得

$$\boldsymbol{P}'\boldsymbol{B}\boldsymbol{P}=\begin{pmatrix}\lambda_1&&&\\&\lambda_2&&\\&&\ddots&\\&&&\lambda_n\end{pmatrix}=\boldsymbol{\Lambda}$$

所以必有

$$|\boldsymbol{I}_n+\boldsymbol{B}|=|\boldsymbol{P}|\times|\boldsymbol{I}_n+\boldsymbol{P}'\boldsymbol{B}\boldsymbol{P}|\times|\boldsymbol{P}'|=|\boldsymbol{I}_n+\boldsymbol{\Lambda}|=\prod_{i=1}^{n}(1+\lambda_i)>1$$

再证明$|\boldsymbol{A}+\boldsymbol{B}|>|\boldsymbol{A}|$.对正定矩阵$\boldsymbol{A}$,必存在可逆矩阵$\boldsymbol{R}$使得$\boldsymbol{A}=\boldsymbol{R}'\boldsymbol{R}$,于是

$$\begin{aligned}|\boldsymbol{A}+\boldsymbol{B}|&=|\boldsymbol{R}'|\times|\boldsymbol{I}_n+(\boldsymbol{R}')^{-1}\boldsymbol{B}\boldsymbol{R}^{-1}|\times|\boldsymbol{R}|\\&=|\boldsymbol{A}|\times|\boldsymbol{I}_n+(\boldsymbol{R}^{-1})'\boldsymbol{B}\boldsymbol{R}^{-1}|>|\boldsymbol{A}|\end{aligned}$$

【注】 这里用到半正定矩阵$\boldsymbol{B}$的合同矩阵$(\boldsymbol{R}^{-1})'\boldsymbol{B}\boldsymbol{R}^{-1}$也是半正定矩阵.

# 第七章　线性空间

## §1　线性空间及其子空间

1. 复数集 $\mathbf{C}$ 的一个子集合 $P$ 称为一个数域,如果 $P$ 关于数的加、减、乘和除(除数不为零)是封闭的(即 $P$ 中的数经过这些运算以后仍在 $P$ 中).

我们用 $\mathbf{C}$, $\mathbf{R}$, $\mathbf{Q}$ 分别表示复数域,实数域和有理数域. 用 $\mathbf{N}$ 表示正整数(自然数)全体,$\mathbf{Z}$ 是整数全体(它们都不是数域).

任意一个数域 $P$ 必满足 $\mathbf{Q} \subseteq P \subseteq \mathbf{C}$,即 $\mathbf{Q}$ 是最小数域,$\mathbf{C}$ 是最大数域.

2. 设 $P$ 是某个数域,$V$ 是一个某种对象的非空集合,在 $V$ 中定义了加法和数乘两个代数运算:

对 $\boldsymbol{\alpha}, \boldsymbol{\beta} \in V$, $k \in P$,有 $\boldsymbol{\alpha} + \boldsymbol{\beta} \in V$, $k\boldsymbol{\alpha} \in V$.

如果它们满足以下运算律:

(1) 加法交换律:$\boldsymbol{\alpha} + \boldsymbol{\beta} = \boldsymbol{\beta} + \boldsymbol{\alpha}$, $\forall \boldsymbol{\alpha}, \boldsymbol{\beta} \in V$;

(2) 加法结合律:$(\boldsymbol{\alpha} + \boldsymbol{\beta}) + \boldsymbol{\gamma} = \boldsymbol{\alpha} + (\boldsymbol{\beta} + \boldsymbol{\gamma})$, $\forall \boldsymbol{\alpha}, \boldsymbol{\beta}, \boldsymbol{\gamma} \in V$;

(3) 加法零元:存在 $\mathbf{0} \in V$,有 $\mathbf{0} + \boldsymbol{\alpha} = \mathbf{0}$, $\forall \boldsymbol{\alpha} \in V$;

(4) 加法负元:对任意一个 $\boldsymbol{\alpha} \in V$,必存在 $\boldsymbol{\beta} \in V$,使得 $\boldsymbol{\alpha} + \boldsymbol{\beta} = \mathbf{0}$. 记为 $\boldsymbol{\beta} = -\boldsymbol{\alpha}$;

(5) 乘法单位元:对 $\forall \boldsymbol{\alpha} \in V$, $1\boldsymbol{\alpha} = \boldsymbol{\alpha}$;

(6) 数乘结合律:$k(l\boldsymbol{\alpha}) = (kl)\boldsymbol{\alpha}$, $\forall k, l \in P$, $\boldsymbol{\alpha} \in V$;

(7) 数乘分配律:$k(\boldsymbol{\alpha} + \boldsymbol{\beta}) = k\boldsymbol{\alpha} + k\boldsymbol{\beta}$, $\forall k \in P$, $\boldsymbol{\alpha}, \boldsymbol{\beta} \in V$;

(8) 数乘分配律:$(k + l)\boldsymbol{\alpha} = k\boldsymbol{\alpha} + l\boldsymbol{\alpha}$, $\forall k, l \in P$, $\boldsymbol{\alpha} \in V$,则称 $V$ 是数域 $P$ 上的一个线性空间. 常把 $V$ 中的元素称为向量,线性空间又称为向量空间.

线性空间中的零向量 $\mathbf{0}$ 和向量 $\boldsymbol{\alpha}$ 的负向量 $-\boldsymbol{\alpha}$ 必是唯一的.

3. 设 $V$ 是数域 $P$ 上的一个线性空间,如果 $V$ 的非空子集 $U$ 关于 $V$ 中的加法与数乘也成线性空间,则称 $U$ 是 $V$ 的子空间.

$U$ 是 $V$ 的子空间当且仅当 $k\boldsymbol{\alpha} + l\boldsymbol{\beta} \in U$, $\forall k, l \in P$, $\boldsymbol{\alpha}, \boldsymbol{\beta} \in U$.

$V$ 中的零空间 $\{\mathbf{0}\}$ 和 $V$ 本身称为 $V$ 的平凡子空间. 不是平凡子空间的子空间称为真子空间.

4. 设 $V$ 是数域 $P$ 上的一个线性空间,取定 $\boldsymbol{\alpha}_1,\boldsymbol{\alpha}_2,\cdots,\boldsymbol{\alpha}_m\in V$,则向量集

$$L=L(\boldsymbol{\alpha}_1,\boldsymbol{\alpha}_2,\cdots,\boldsymbol{\alpha}_m)=\left\{\sum_{i=1}^{m}k_i\boldsymbol{\alpha}_i \mid k_i\in P\right\}$$

必是 $V$ 的子空间,称 $L$ 是由生成元集 $\boldsymbol{\alpha}_1,\boldsymbol{\alpha}_2,\cdots,\boldsymbol{\alpha}_m\in V$ 生成(张成)的线性空间.

1. 以下数集是不是数域?

(1) $P=\{a+b\sqrt{2}\mid a,b\in\mathbf{Z}\}$

(2) $P=\{a+b\sqrt{2}\mid a,b\in\mathbf{Q}\}$

(3) $P=\{a+b\sqrt{-1}\mid a,b\in\mathbf{Q}\}$

(4) $P=\{a+b\sqrt{-1}\mid a,b\in\mathbf{R}\}$

(5) $P=\{a\sqrt[3]{2}\mid a\in\mathbf{Q}\}$

(6) $P=\{a+b\sqrt[3]{2}+c\sqrt[3]{4}\mid a,b,c\in\mathbf{Q}\}$

(7) $P=\{a+b\sqrt{2}+c\sqrt{3}+d\sqrt{6}\mid a,b,c,d\in\mathbf{Q}\}$

(8) $P=\left\{\dfrac{f(x)}{g(x)}=\dfrac{a_0+a_1x+a_2x^2+\cdots+a_nx^n}{b_0+b_1x+b_2x^2+\cdots+b_mx^m}\mid a_i,b_i\in\mathbf{Q},g(x)\neq 0\right\}$

其中 $x$ 是任意取定的一个超越数,即

$$b_0+b_1x+b_2x^2+\cdots+b_mx^m=0\Leftrightarrow b_0=b_1=b_2=\cdots=b_m=0$$

**【解】** 检验四个运算的封闭性:

(1) $P=\{a+b\sqrt{2}\mid a,b\in\mathbf{Z}\}$ 关于除法不封闭,它不是数域

$$\frac{a+b\sqrt{2}}{c+d\sqrt{2}}=\frac{(a+b\sqrt{2})(c-d\sqrt{2})}{(c+d\sqrt{2})(c-d\sqrt{2})}=\frac{ac-2bd}{c^2-2d^2}+\frac{bc-ad}{c^2-2d^2}\sqrt{2}\notin P$$

(2) $P=\{a+b\sqrt{2}\mid a,b\in\mathbf{Q}\}$ 关于四个运算都封闭,$P$ 是数域

$$(a+b\sqrt{2})\pm(c+d\sqrt{2})=(a\pm c)+(b\pm d)\sqrt{2}\in P$$

$$(a+b\sqrt{2})\times(c+d\sqrt{2})=(ac+2bd)+(ad+bc)\sqrt{2}\in P$$

$$\frac{a+b\sqrt{2}}{c+d\sqrt{2}}=\frac{(a+b\sqrt{2})(c-d\sqrt{2})}{(c+d\sqrt{2})(c-d\sqrt{2})}=\frac{ac-2bd}{c^2-2d^2}+\frac{bc-ad}{c^2-2d^2}\sqrt{2}\in P$$

**【注】** 因为 $c,d$ 都是有理数,所以当 $c+d\sqrt{2}\neq 0$ 时,必有 $c^2-2d^2\neq 0$. $P$ 是有理数域的扩域、实数域 $\mathbf{R}$ 的子域:$\mathbf{Q}\subset P\subset\mathbf{R}$.

(3) $P=\{a+b\sqrt{-1}\mid a,b\in\mathbf{Q}\}$ 关于加、减与乘法运算显然封闭,关于除法也有

$$\frac{a+b\sqrt{-1}}{c+d\sqrt{-1}}=\frac{ac-2bd}{c^2-2d^2}+\frac{bc-ad}{c^2-2d^2}\sqrt{-1}\in P$$

所以 $P$ 是数域.

(4) $P=\{a+b\sqrt{-1} \mid a, b\in \mathbf{R}\}$ 就是复数域 $\mathbf{C}$.

(5) $P=\{a\sqrt[3]{2} \mid a\in \mathbf{Q}\}$ 关于乘法运算不封闭,$P$ 不是数域

$$a\sqrt[3]{2}\times b\sqrt[3]{2}=ab\times\sqrt[3]{4}\notin P$$

(6) $P=\{a+b\sqrt[3]{2}+c\sqrt[3]{4} \mid a, b, c\in \mathbf{Q}\}$ 关于四个运算都封闭,$P$ 是数域.

记 $\lambda=\sqrt[3]{2}$,则 $\lambda^2=\sqrt[3]{4}$ , $\lambda^3=2$ , $\lambda^4=2\lambda$ , $a+b\sqrt[3]{2}+c\sqrt[3]{4}=a+b\lambda+c\lambda^2$. 于是

$$(a_1+b_1\lambda+c_1\lambda^2)\pm(a_2+b_2\lambda+c_2\lambda^2)$$
$$=(a_1\pm a_2)+(b_1\pm b_2)\lambda+(c_1\pm c_2)\lambda^2\in P$$

$$(a_1+b_1\lambda+c_1\lambda^2)\times(a_2+b_2\lambda+c_2\lambda^2)$$
$$=a_1a_2+a_1b_2\lambda+a_1c_2\lambda^2+a_2b_1\lambda+b_1b_2\lambda^2+b_1c_2\lambda^3+a_2c_1\lambda^2+b_2c_1\lambda^3+c_1c_2\lambda^4$$
$$=a_1a_2+a_1b_2\lambda+a_1c_2\lambda^2+a_2b_1\lambda+b_1b_2\lambda^2+2b_1c_2+a_2c_1\lambda^2+2b_2c_1+2c_1c_2\lambda$$
$$=(a_1a_2+2b_1c_2+2b_2c_1)+(a_1b_2+a_2b_1+2c_1c_2)\lambda+(a_1c_2+b_1b_2+a_2c_1)\lambda^2\in P$$

为了验证除法的封闭性,我们计算

$$(x+y\lambda+z\lambda^2)\times(a_2+b_2\lambda+c_2\lambda^2)$$
$$=(xa_2+2yc_2+2zb_2)+(xb_2+ya_2+2zc_2)\lambda+(xc_2+yb_2+za_2)\lambda^2$$

对于 $P$ 中的实数 $a_2+b_2\lambda+c_2\lambda^2\neq 0$,建立以下有两个方程、三个变量的有理系数齐次线性方程组

$$xb_2+ya_2+2zc_2=0 , xc_2+yb_2+za_2=0$$

因为方程个数小于变量个数,它必有非零实数解 $x+y\lambda+z\lambda^2\in P$,所以

$(x+y\lambda+z\lambda^2)\times(a_2+b_2\lambda+c_2\lambda^2)=xa_2+2yc_2+2zb_2=q\in\mathbf{Q}$ , $q\neq 0$

于是

$$\frac{a_1+b_1\lambda+c_1\lambda^2}{a_2+b_2\lambda+c_2\lambda^2}=\frac{1}{q}(a_1+b_1\lambda+c_1\lambda^2)(x+y\lambda+z\lambda^2)\in P$$

(7) $P=\{a+b\sqrt{2}+c\sqrt{3}+d\sqrt{6} \mid a, b, c, d\in\mathbf{Q}\}$ 关于四个运算都封闭,$P$ 是数域.

记 $\lambda=\sqrt{2}$ , $\mu=\sqrt{3}$ , $\lambda\mu=\sqrt{6}$,则

$$\lambda^2=2 , \mu^2=3 , a+b\sqrt{2}+c\sqrt{3}+d\sqrt{6}=a+b\lambda+c\mu+d\lambda\mu$$
$$(a_1+b_1\lambda+c_1\mu+d_1\lambda\mu)\pm(a_2+b_2\lambda+c_2\mu+d_2\lambda\mu)$$
$$=(a_1\pm a_2)+(b_1\pm b_2)\lambda+(c_1\pm c_2)\mu+(d_1\pm d_2)\lambda\mu\in P$$

$$(a_1+b_1\lambda+c_1\mu+d_1\lambda\mu)\times(a_2+b_2\lambda+c_2\mu+d_2\lambda\mu)$$
$$=(a_1a_2+2b_1b_2+3c_1c_2+6d_1d_2)+(a_1b_2+a_2b_1+3c_1d_2+3c_2d_1)\lambda+$$
$$(a_1c_2+a_2c_1+2b_1d_2+2b_2d_1)\mu+(a_1d_2+a_2d_1+b_1c_2+b_2c_1)\lambda\mu\in P$$

由 $P$ 中两个数相乘的结果表示式知道对于 $a_2+b_2\lambda+c_2\mu+d_2\lambda\mu\neq 0$,必可求出非零实数 $x+y\lambda+z\mu+w\lambda\mu\in P$ 使得

$$\begin{cases}b_2x+a_2y+3d_2z+3c_2w=0\\c_2x+a_2z+2d_2y+2b_2w=0\\d_2x+a_2w+c_2y+b_2z=0\end{cases}$$

这是一个有三个方程、四个变量的有理系数齐次线性方程组,它必有非零有理数解,所以由

$$(x+y\lambda+z\mu+w\lambda\mu)\times(a_2+b_2\lambda+c_2\mu+d_2\lambda\mu)$$
$$=xa_2+2yb_2+3zc_2+6wd_2=q\in\mathbf{Q},q\neq 0$$

知

$$\frac{a_1+b_1\lambda+c_1\mu+d_1\lambda\mu}{a_2+b_2\lambda+c_2\mu+d_2\lambda\mu}=\frac{(a_1+b_1\lambda+c_1\mu+d_1\lambda\mu)(x+y\lambda+z\mu+w\lambda\mu)}{q}\in P$$

(8) $P=\left\{\dfrac{f(x)}{g(x)}=\dfrac{a_0+a_1x+a_2x^2+\cdots+a_nx^n}{b_0+b_1x+b_2x^2+\cdots+b_mx^m}\mid a_i,b_i\in\mathbf{Q},g(x)\neq 0\right\}$ 是有理系数有理分式全体,它关于加、减与乘法运算显然是封闭的,关于除法也有

$$\frac{f_1(x)}{g_1(x)}\div\frac{f_2(x)}{g_2(x)}=\frac{f_1(x)g_2(x)}{f_2(x)g_1(x)}\in P$$

所以 $P$ 是数域.

2. 以下数域 $P$ 上一元多项式集合,关于多项式的加法和数与多项式的乘法是不是线性空间?若是线性空间,求出它的一个基和维数.

(1) 数域 $P$ 上一元多项式全体加上零多项式

$$P[x]=\{f(x)=\sum_{k=0}^{n}a_kx^k\mid\forall a_k\in P,n\in\mathbf{N}\}$$

(2) 取定一个自然数 $n$,所有次数不超过 $n$ 的 $P$ 上一元多项式全体加上零多项式

$$P_n[x]=\{f(x)=\sum_{k=0}^{n}a_kx^k\mid\forall a_k\in P\}$$

(3) 取定一个自然数 $n$,所有次数为 $n$ 的 $P$ 上一元多项式全体加上零多项式

$$\tilde{P}_n[x]=\{f(x)=\sum_{k=0}^{n}a_kx^k\mid\forall a_k\in P,a_n\neq 0\}$$

(4) $V=\{f(x)=\sum_{k=0}^{n}a_kx^k \mid \forall a_k\in P, a_0\neq 0\}$,$n$ 是任意自然数.

(5) 只有 $x$ 的偶次幂的多项式全体加上零多项式组成的集合 $U$.

(6) 只有 $x$ 的奇次幂的多项式全体加上零多项式组成的集合 $W$.

**【解】** (1)$P[x]$ 关于多项式的加法和数与多项式的乘法,显然都是封闭的,且满足八条运算律,所以 $P[x]$ 是 $P$ 上线性空间. 可取一个基

$$S=\{1, x, x^2, x^3, \cdots, x^n, \cdots\}$$

所以 $P[x]$ 是 $P$ 上的无限维线性空间.

(2) 因为两个次数不超过 $n$ 的一元多项式相加,仍是次数不超过 $n$ 的一元多项式;一个次数不超过 $n$ 的一元多项式与一个数相乘,仍是次数不超过 $n$ 的一元多项式,$P_n[x]$ 是 $P[x]$ 的子集合,所以 $P_n[x]$ 是 $P[x]$ 的子空间. 可取一个基

$$S=\{1, x, x^2, x^3, \cdots, x^n\}$$

所以 $P_n[x]$ 是 $P$ 上的 $n+1$ 维线性空间.

(3) 因为两个 $n$ 次幂同系数的 $n$ 次多项式之差不属于 $\tilde{P}_n[x]$,所以 $\tilde{P}_n[x]$ 不是 $P$ 上线性空间.

(4) 因为零多项式 $0\notin V$,所以 $V$ 不是 $P$ 上线性空间.

(5) 零多项式也可看作是只有偶次幂的多项式. 两个只有偶次幂的多项式之和,数与一个只有偶次幂的多项式之积,仍是只有偶次幂的多项式,所以 $U$ 是 $P[x]$ 的无限维子空间,它有基

$$S=\{1, x^2, x^4, \cdots, x^{2n}, \cdots\}$$

(6) 因为零多项式 $0\notin W$,所以 $W$ 不是 $P$ 上线性空间.

**【注】** 关于线性空间的基与维数见本章 §2.

3. 取定两个自然数 $m, n$,数域 $P$ 上的所有 $m\times n$ 矩阵全体记为 $M_{m\times n}(P)$,证明 $M_{m\times n}(P)$ 关于矩阵加法和数与矩阵乘法成线性空间,并求出它的一个基和维数.

**【证】** 两个 $m\times n$ 矩阵相加,数与一个 $m\times n$ 矩阵相乘,仍是 $m\times n$ 矩阵,且满足八条运算律,所以 $M_{m\times n}(P)$ 是 $P$ 上线性空间.

因为

$$\boldsymbol{A}=(a_{ij})_{m\times n}=\sum_{i=1}^{m}\sum_{j=1}^{n}a_{ij}\boldsymbol{E}_{ij}$$

其中 $\boldsymbol{E}_{ij}$ 是 $m\times n$ 基础矩阵,它的位于 $(i, j)$ 位置的元素为1;其他元素全为零,所以可取一个基

$$S=\{\boldsymbol{E}_{ij}, i=1, 2, \cdots, m; j=1, 2, \cdots, n\}$$

$M_{m\times n}(P)$ 是 $P$ 上 $mn$ 维线性空间.

**【注】** 特别地,数域 $P$ 上的 $n$ 阶方阵全体是 $P$ 上 $n^2$ 维线性空间,记为 $M_n(P)$.

4. 证明以下 $n$ 阶方阵集合是线性空间 $M_n(P)$ 的子空间,并求出它的一个基和维数:

(1)$n$ 阶对称方阵全体 $Su=\{\boldsymbol{A}_{n\times n}\mid \boldsymbol{A}'=\boldsymbol{A}\}$.

(2)$n$ 阶反对称方阵全体 $Sk=\{\boldsymbol{A}_{n\times n}\mid \boldsymbol{A}'=-\boldsymbol{A}\}$.

(3)$n$ 阶上三角方阵全体 $T=\{\boldsymbol{A}=(a_{ij})_{n\times n}\mid a_{ij}=0,\ \forall i>j\}$.

(4)$n$ 阶对角方阵全体 $D=\{\boldsymbol{A}=(a_{ij})_{n\times n}\mid a_{ij}=0,\ \forall i\neq j\}$.

(5) 迹为零的 $n$ 阶方阵全体 $Tr=\left\{\boldsymbol{A}=(a_{ij})_{n\times n}\,\middle|\,\sum_{i=1}^{n}a_{ii}=0\right\}$.

(6) 证明 $M_n(P)$ 必有一个基,每个基向量或者是对称矩阵,或者是反对称矩阵.

**【证】** (1) 两个 $n$ 阶对称方阵之和,数与 $n$ 阶对称方阵之积,仍为 $n$ 阶对称方阵,所以 $Su$ 是 $M_n(P)$ 的子空间. 它有一个基

$$\boldsymbol{E}_{ii},\ i=1,2,\cdots,n;\boldsymbol{E}_{ij}+\boldsymbol{E}_{ji},\ 1\leqslant i<j\leqslant n$$

所以 $Su$ 的维数为 $n+\dfrac{(n-1)n}{2}=\dfrac{(n+1)n}{2}$.

事实上,$\boldsymbol{A}=(a_{ij})_{n\times n}$ 中可任意取值的元素就是上三角(包括对角) 元素,其个数为

$$\sum_{1}^{n}k=\frac{(n+1)n}{2}$$

(2) 两个 $n$ 阶反对称方阵之和,数与 $n$ 阶反对称方阵之积,仍为 $n$ 阶反对称方阵,所以 $Sk$ 是 $M_n(P)$ 的子空间. 它有一个基

$$\boldsymbol{E}_{ij}-\boldsymbol{E}_{ji},\ 1\leqslant i<j\leqslant n$$

所以 $Sk$ 的维数为$\dfrac{(n-1)n}{2}$.

事实上,$\boldsymbol{A}=(a_{ij})_{n\times n}$ 中可任意取值的元素就是上三角(不包括对角) 元素,其个数为

$$\sum_{1}^{n-1}k=\frac{(n-1)n}{2}$$

(3) 两个 $n$ 阶上三角方阵之和,数与 $n$ 阶上三角方阵之积,仍为 $n$ 阶上三角方阵,所以 $T$ 是 $M_n(P)$ 的子空间. 它有一个基

$$\boldsymbol{E}_{ii},\ i=1,2,\cdots,n;\boldsymbol{E}_{ij},\ 1\leqslant i<j\leqslant n$$

所以 $Su$ 的维数为 $\sum_{1}^{n}k=\dfrac{(n+1)n}{2}$.

(4) 两个 $n$ 阶对角方阵之和,数与 $n$ 阶对角方阵之积,仍为 $n$ 阶对角方阵,所以 $D$ 是 $M_n(P)$ 的子空间. 它有一个基

$$\boldsymbol{E}_{ii},\ i=1,2,\cdots,n$$

所以 $D$ 的维数为 $n$.

(5) 任取 $\boldsymbol{A},\boldsymbol{B}\in Tr$, $\mathrm{tr}(\boldsymbol{A})=\mathrm{tr}(\boldsymbol{B})=0$,则由

$$\mathrm{tr}(\boldsymbol{A}+\boldsymbol{B})=\mathrm{tr}(\boldsymbol{A})+\mathrm{tr}(\boldsymbol{B})=0,\ \mathrm{tr}(k\boldsymbol{A})=k\times\mathrm{tr}(\boldsymbol{A})=0$$

知 $Tr$ 是 $M_n(P)$ 的子空间.

因为 $\boldsymbol{A}=(a_{ij})_{n\times n}$ 中的 $n^2$ 个元素仅需满足一个约束条件 $\sum_{i=1}^{n}a_{ii}=0$,而 $M_n(P)$ 的维数为 $n^2$,所以 $Tr$ 的维数为 $n^2-1$.

(6) 任取 $n$ 阶方阵 $\boldsymbol{A}$,必存在唯一的一对 $n$ 阶对称矩阵 $\boldsymbol{X}=\frac{1}{2}(\boldsymbol{A}+\boldsymbol{A}')$ 和 $n$ 阶反对称矩阵 $\boldsymbol{Y}=\frac{1}{2}(\boldsymbol{A}-\boldsymbol{A}')$ 使得 $\boldsymbol{A}=\boldsymbol{X}+\boldsymbol{Y}$. 这说明 $M_n(P)=Su+Sk$.

因为 $n$ 阶对称矩阵全体 $Su$ 是 $M_n(P)$ 的子空间,维数为 $\frac{(n+1)n}{2}$,它有一个基

$$\boldsymbol{E}_{ii},\ i=1,2,\cdots,n;\boldsymbol{E}_{ij}+\boldsymbol{E}_{ji},\ 1\leqslant i<j\leqslant n$$

$n$ 阶反对称矩阵全体 $Sk$ 是 $M_n(P)$ 的子空间,维数为 $\frac{(n-1)n}{2}$,它有一个基

$$\boldsymbol{E}_{ij}-\boldsymbol{E}_{ji},\ 1\leqslant i<j\leqslant n$$

而这两个子空间的维数之和为

$$\frac{(n+1)n}{2}+\frac{(n-1)n}{2}=n^2$$

它就是 $M_n(P)$ 的维数. 进一步,矩阵集合

$$S=\{\boldsymbol{E}_{ii},\ i=1,2,\cdots,n;\boldsymbol{E}_{ij}+\boldsymbol{E}_{ji},\ 1\leqslant i<j\leqslant n;\boldsymbol{E}_{ij}-\boldsymbol{E}_{ji},\ 1\leqslant i<j\leqslant n\}$$

是 $n+\frac{(n-1)n}{2}+\frac{(n-1)n}{2}=n^2$ 个线性无关的矩阵,所以必有

$$M_n(P)=Su\oplus Sk\text{(直和概念见本章 §3)}$$

这就证明了 $S$ 就是所需求的 $M_n(P)$ 的基.

5. 设 $\{a_n\}$ 表示一个实数无限数列,如下定义加法与实数乘法

$$\{a_n\}+\{b_n\}=\{a_n+b_n\},k\{a_n\}=\{ka_n\}$$

问以下两个集合是不是线性空间?

(1) $V_1=\{\{a_n\}\mid \lim\limits_{n\to+\infty}a_n=0\}$.

(2) $V_2=\{\{a_n\}\mid \lim\limits_{n\to+\infty}a_n=\lambda\}$, $\lambda$ 为某个取定的实数.

【解】 (1) $V_1 = \{\{a_n\} \mid \lim\limits_{n\to+\infty} a_n = 0\}$ 是线性空间. 由

$\lim\limits_{n\to+\infty}\{a_n + b_n\} = \lim\limits_{n\to+\infty}\{a_n\} + \lim\limits_{n\to+\infty}\{b_n\} = 0, \lim\limits_{n\to+\infty} k\{a_n\} = k \times \lim\limits_{n\to+\infty}\{a_n\} = 0$

知 $V_1$ 关于这两个运算封闭. 进一步可验证满足八个运算律:

$\{a_n\} + \{b_n\} = \{b_n\} + \{a_n\}$;

$[\{a_n\} + \{b_n\}] + \{c_n\} = \{a_n\} + [\{b_n\} + \{c_n\}] = \{a_n\} + \{b_n\} + \{c_n\}$;

$\{a_n\} + \{0\} = \{a_n\}$,这里$\{0\}$ 表示零数列;

$\{a_n\} + \{-a_n\} = \{0\}$,这里$\{-a_n\}$ 表示$\{a_n\}$ 的负数列;

$1 \times \{a_n\} = \{a_n\}$,数 1 是乘法单位元;

$k \times [l \times \{a_n\}] = kl\{a_n\}$;

$k \times [\{a_n\} + \{b_n\}] = k \times \{a_n\} + k \times \{b_n\}$;

$(k + l) \times \{a_n\} = k\{a_n\} + l\{a_n\}$.

(2) 因为 $\lambda$ 为取定的实数,$V_2$ 关于这两个运算不封闭,所以 $V_2$ 不是线性空间.

6. 用 $\mathbf{R}^+$ 表示正实数全体,证明 $\mathbf{R}^+$ 关于如下定义的"加法 $\oplus$"与"数乘 $\odot$"成线性空间

$$a \oplus b = ab, \ k \odot a = a^k, \ \forall\ a, b \in \mathbf{R}^+, k \in \mathbf{R}$$

并求出它的一个基和维数.

【证】 首先,两个正实数相乘仍是正实数,一个正实数的实数次方仍是正实数,所以 $\mathbf{R}^+$ 关于如此定义的"加法"与"数乘"是封闭的.

其次,需验证八个运算律:

(1) 因为 $ab = ba$,所以 $a \oplus b = b \oplus a$.

(2) 因为$(ab)c = a(bc)$,所以$(a \oplus b) \oplus c = a \oplus (b \oplus c)$.

(3) 因为 $1 \times a = a$,所以 $1 \oplus a = 1 \times a = a$,1 是加法零元.

(4) $aa^{-1} = 1$,所以 $a \oplus a^{-1} = 1$,$a$ 的负元是 $a$ 的倒数.

(5) $1 \odot a = a^1 = a$,1 也是乘法单位元.

(6) $k \odot (l \odot a) = a^{lk} = (kl) \odot a$.

(7) $k \odot (a \oplus b) = (ab)^k = a^k b^k = (k \odot a) \oplus (k \odot b)$.

(8) $(k + l) \odot a = a^{k+l} = a^k a^l = (k \odot a) \oplus (l \odot a)$.

所以 $\mathbf{R}^+$ 是 $\mathbf{R}$ 上的线性空间.

任意取定一个正实数 $a \neq 1$. 因为任意一个正实数 $x$,都可写成

$$x = a^{\log_a x} = (\log x) \odot a$$

所以任意一个正实数 $a \neq 1$ 都是 $\mathbf{R}^+$ 的基,于是 $\dim \mathbf{R}^+ = 1$.

7. $\mathbf{R}^2 = \{(x, y) \mid x, y \in \mathbf{R}\}$ 关于如下定义的加法与数乘

$$(x_1, y_1) \oplus (x_2, y_2) = (|x_1 + x_2|, |y_1 + y_2|)$$
$$k \odot (x, y) = (|kx|, |ky|)$$

是不是线性空间?

**【解】** 不是线性空间. 因为不存在零元

$$(x_1, y_1) \oplus (0, 0) = (|x_1|, |y_1|) \neq (x_1, y_1)$$

**【注】** 因为 $|x_1 + x_2| + |x_3| \neq |x_1| + |x_2 + x_3|$,所以加法结合律也不满足.

8. 证明 $\mathbf{R}^2 = \{(x, y) \mid x, y \in \mathbf{R}\}$ 关于如下定义的加法与数乘是线性空间

$$(x_1, y_1) \oplus (x_2, y_2) = (x_1 + x_2, x_1x_2 + y_1 + y_2)$$
$$k \odot (x, y) = \left(kx, ky + \frac{k(k-1)}{2}x^2\right)$$

**【证】** 显然有两个封闭性,还可验证八个运算律:

(1) $(x_1, y_1) \oplus (x_2, y_2) = (x_2, y_2) \oplus (x_1, y_1) = (x_1 + x_2, x_1x_2 + y_1 + y_2)$.

(2) $[(x_1, y_1) \oplus (x_2, y_2)] \oplus (x_3, y_3) = (x_1 + x_2, x_1x_2 + y_1 + y_2) \oplus (x_3, y_3) = (x_1 + x_2 + x_3, a)$,其中

$$a = (x_1 + x_2)x_3 + x_1x_2 + y_1 + y_2 + y_3$$
$$(x_1, y_1) \oplus [(x_2, y_2) \oplus (x_3, y_3)] = (x_1, y_1) \oplus (x_2 + x_3, x_2x_3 + y_2 + y_3) = (x_1 + x_2 + x_3, b)$$

其中 $b = x_1(x_2 + x_3) + x_2x_3 + y_1 + y_2 + y_3$

因为 $a = b$,所以

$$[(x_1, y_1) \oplus (x_2, y_2)] \oplus (x_3, y_3) = (x_1, y_1) \oplus [(x_2, y_2) \oplus (x_3, y_3)]$$

(3) $(x, y) \oplus (0, 0) = (x, y)$.

(4) $(x, y) \oplus (-x, x^2 - y) = (0, -x^2 + y + x^2 - y) = (0, 0)$.

(5) $1 \odot (x, y) = (x, y)$.

(6) 
$$k \odot [l \odot (x, y)] = k \odot \left(lx, ly + \frac{l(l-1)}{2}x^2\right)$$
$$= \left(klx, kly + \frac{kl(l-1)}{2}x^2 + \frac{k(k-1)}{2}(lx)^2\right)$$
$$= \left(klx, kly + \frac{kl(kl-1)}{2}x^2\right) = (kl) \odot (x, y)$$

(7) $(k + l) \odot (x, y) = \left((k + l)x, (k + l)y + \frac{(k + l)((k + l) - 1)}{2}x^2\right) = ((k + l)x, a)$.

$[k\odot(x,y)]\oplus[l\odot(x,y)]=\left(kx,ky+\frac{k(k-1)}{2}x^2\right)\oplus\left(lx,ly+\frac{l(l-1)}{2}x^2\right)=(kx+lx,klx^2+ky+\frac{k(k-1)}{2}x^2+ly+\frac{l(l-1)}{2}x^2)=(kx+lx,b)$.

因为

$$a=(k+l)y+\frac{(k+l)((k+l)-1)}{2}x^2$$
$$=(k+l)y+klx^2+\frac{(k^2+l^2)-(k+l)}{2}x^2=b$$

所以$(k+l)\odot(x,y)=[k\odot(x,y)]\oplus[l\odot(x,y)]$.

(8)$k\odot[(x_1,y_1)\oplus(x_2,y_2)]=k\odot(x_1+x_2,x_1x_2+y_1+y_2)=(k(x_1+x_2),k(x_1x_2+y_1+y_2)+\frac{k(k-1)}{2}(x_1+x_2)^2)=(k(x_1+x_2),a)$.

$[k\odot(x_1,y_1)]\oplus[k\odot(x_2,y_2)]=\left(kx_1,ky_1+\frac{k(k-1)}{2}x_1^2\right)\oplus\left(kx_2,ky_2+\frac{k(k-1)}{2}x_2^2\right)=(kx_1+kx_2,k^2x_1x_2+ky_1+\frac{k(k-1)}{2}x_1^2+ky_2+\frac{k(k-1)}{2}x_2^2)=(k(x_1+x_2),b)$.

因为$a=b$,所以

$$k\odot[(x_1,y_1)\oplus(x_2,y_2)]=[k\odot(x_1,y_1)]\oplus[k\odot(x_2,y_2)]$$

9.(1)设$k\in\mathbf{R}$,证明

$$U_k=\{(x_1,x_2,x_3)\in\mathbf{R}^3\mid x_1+x_2+x_3=k\}$$

是$\mathbf{R}^3$的子空间当且仅当$k=0$.

(2)$U=\{(x_1,x_2,x_3,x_4)\in\mathbf{R}^4\mid x_1^2=2x_2$且$x_1+x_2=x_3+x_4\}$是不是$\mathbf{R}^4$的子空间?

**【证】** (1)当$k=0$时,$U_0=\{(x_1,x_2,x_3)\in\mathbf{R}^3\mid x_1+x_2+x_3=0\}$是$\mathbf{R}^3$中过原点的一个平面,它是$\mathbf{R}^3$的子空间.

若$k\neq0$,则$U_k$中不含零向量,所以$U_k$不是$\mathbf{R}^3$的子空间. $U_k$关于向量加法和乘法也不封闭.

(2)任取$\boldsymbol{u}=(x_1,x_2,x_3,x_4)\in U$,$x_1^2=2x_2$且$x_1+x_2=x_3+x_4$,则对任取的$k\in\mathbf{R}$,有

$$k\boldsymbol{u}=(kx_1,kx_2,kx_3,kx_4),\ (kx_1)^2=k^2x_1^2=2k^2x_2\neq2(kx_2)$$

所以$U$不是$\mathbf{R}^4$的子空间.

10. 设 $V$ 是实线性空间，$U$ 和 $W$ 都是 $V$ 的子空间，给出集合之并集 $U\cup W$ 是 $V$ 的子空间的充分必要条件，并给出证明.

【证】　可证 $U\cup W$ 是 $V$ 的子空间的充分必要条件是

$$U\subset W \text{ 或 } U\supset W$$

即

$$U\cup W=W \text{ 或 } U\cup W=U$$

事实上，当 $U\cup W=W$ 或 $U\cup W=U$ 时，$U\cup W$ 显然是 $V$ 的子空间.

反之，若 $U\subset W$ 或 $U\supset W$ 都不成立，则必存在 $\boldsymbol{u}\in U$，$\boldsymbol{u}\notin W$；$\boldsymbol{w}\in W$，$\boldsymbol{w}\notin U$，则必有 $\boldsymbol{u}+\boldsymbol{w}\notin U\cup W$，$U\cup W$ 必不是 $V$ 的子空间.

## §2　线性空间的基与维数

(1) 设 $V$ 是数域 $P$ 上的一个线性空间，任取有限向量组 $S=\{\boldsymbol{\alpha}_1,\boldsymbol{\alpha}_2,\cdots,\boldsymbol{\alpha}_m\}\subset V$.

$S$ 为线性相关组当且仅当存在不全为零的数 $k_1,k_2,\cdots,k_m\in P$ 使得

$$k_1\boldsymbol{\alpha}_1+k_2\boldsymbol{\alpha}_2+\cdots+k_m\boldsymbol{\alpha}_m=\mathbf{0}$$

如果仅当 $k_1=k_2=\cdots=k_m=0$ 时，才有

$$k_1\boldsymbol{\alpha}_1+k_2\boldsymbol{\alpha}_2+\cdots+k_m\boldsymbol{\alpha}_m=\mathbf{0}$$

则称 $S$ 为线性无关组.

任取(有限或无限)向量组 $T\subseteq V$. 如果 $T$ 中有某个线性相关的有限子组，则称 $T$ 是线性相关组. 如果 $T$ 中所有有限子组都是线性无关的，则称 $T$ 是线性无关组.

显然，线性无关组的子向量组必是线性无关组；线性相关组的扩充向量组必是线性相关组.

(2) 设 $V$ 是数域 $P$ 上的一个线性空间，向量组 $S\subseteq T\subseteq V$. 如果 $S$ 是线性无关组，而添加任取的一个 $\boldsymbol{\beta}\in T$，必成线性相关组，则称 $S$ 为 $T$ 中的一个极大无关组.

此时，必存在 $\boldsymbol{\alpha}_1,\boldsymbol{\alpha}_2,\cdots,\boldsymbol{\alpha}_n\in S$，对于任一个 $\boldsymbol{\beta}\in T$，必有唯一的线性表示式

$$\boldsymbol{\beta}=k_1\boldsymbol{\alpha}_1+k_2\boldsymbol{\alpha}_2+\cdots+k_n\boldsymbol{\alpha}_n$$

考虑任意一个向量组 $T\subseteq V$. $T$ 中的任意一个极大无关组中所含的向量个数必相等(相等的有限数或同为无穷大)，称为向量组 $T$ 的秩，记为 $R(T)$.

实际上，向量组 $T$ 的秩就是向量组 $T$ 中线性无关向量的最大个数(可以是无穷大).

设 $T_1,T_2\subseteq V$，如果 $T_1$ 可用 $T_2$ 线性表出，则 $R(T_1)\leqslant R(T_2)$.

$V$ 中两个可以互相线性表出的向量组称为等价. 两个等价的向量组必有相同的秩. 反之不然.

(3) 设 $V$ 是数域 $P$ 上的一个线性空间,$V$ 中的任意一个极大无关组称为 $V$ 的一个基,基中的向量称为基向量,基中基向量个数称为线性空间 $V$ 的维数,记为 $\dim V$,它就是向量组 $V$ 的秩,也就是 $V$ 中线性无关向量的最大个数.

$\dim V=0 \Leftrightarrow V=\{0\}$. 此时线性空间 $V$ 中没有基.

当 $\dim V=n$ 是有限数时,称 $V$ 是 $n$ 维(有限维)线性空间;否则称 $V$ 是无限维线性空间.

关于线性空间的基和维数,有以下等价定义:

设 $V$ 是数域 $P$ 上的一个线性空间,如果存在 $\boldsymbol{\alpha}_1,\boldsymbol{\alpha}_2,\cdots,\boldsymbol{\alpha}_n \in V$,使得任意一个 $\boldsymbol{v} \in V$,都可唯一地表为 $\boldsymbol{v}=k_1\boldsymbol{\alpha}_1+k_2\boldsymbol{\alpha}_2+\cdots+k_n\boldsymbol{\alpha}_n$,则称 $\boldsymbol{\alpha}_1,\boldsymbol{\alpha}_2,\cdots,\boldsymbol{\alpha}_n$ 是 $V$ 的基,并称 $V$ 是 $n$ 维线性空间. 如果不存在这种有限基,则称 $V$ 是无限维线性空间.

(4) 设 $V$ 是数域 $P$ 上的一个线性空间,由 $\boldsymbol{\alpha}_1,\boldsymbol{\alpha}_2,\cdots,\boldsymbol{\alpha}_m \in V$ 生成的线性空间

$$L=L(\boldsymbol{\alpha}_1,\boldsymbol{\alpha}_2,\cdots,\boldsymbol{\alpha}_m)=\{\sum_{i=1}^{m}k_i\boldsymbol{\alpha}_i \mid k_i \in P\}$$

的维数 $\dim L=R\{\boldsymbol{\alpha}_1,\boldsymbol{\alpha}_2,\cdots,\boldsymbol{\alpha}_m\}$.

两个等价的向量组必生成同一个线性空间.

1. 设 $V$ 是数域 $P$ 上 $n$ 维线性空间,$S=\{\boldsymbol{\alpha}_1,\boldsymbol{\alpha}_2,\cdots,\boldsymbol{\alpha}_n\} \subset V$,证明:

(1) 当 $S$ 是线性无关组时,$S$ 必是 $V$ 的基.

(2) 当任意一个 $\boldsymbol{v} \in V$ 都可用 $S$ 线性表出时,$S$ 必是 $V$ 的基.

**【证】** 线性空间 $V$ 的基就是 $V$ 中的极大无关组.

(1) 任取 $\boldsymbol{v} \in V$. 因为 $\dim V=n$,$V$ 中线性无关向量的最大个数为 $n$,而 $S$ 是线性无关组,所以在 $S$ 中添加向量 $\boldsymbol{v}$ 以后,必成线性相关组,这就证明了 $S$ 必是 $V$ 的极大无关组,也就是 $V$ 的基.

(2) 任取 $V$ 的基 $T=\{\boldsymbol{\beta}_1,\boldsymbol{\beta}_2,\cdots,\boldsymbol{\beta}_n\}$,由条件知 $T$ 可用 $S$ 线性表出,必有

$$n=R(T)\leqslant R(S)\leqslant n,\ R(S)=n$$

这就证明了 $S$ 必是 $V$ 的极大无关组,也就是 $V$ 的基.

2. 考虑实函数线性空间 $V=\{f(x) \mid x \in \mathbf{R}\}$,问以下向量组是不是线性无关?

(1) $f(x)=5x^2+x+1$, $g(x)=2x+3$, $h(x)=x^2-1$.

(2) $f(x)=\cos^2(x)$, $g(x)=\cos(2x)$, $h(x)=1$.

**【解】** (1) 因为 $(f(x),g(x),h(x))=(1,x,x^2)\begin{pmatrix}1&3&-1\\1&2&0\\5&0&1\end{pmatrix}$ 中表出

矩阵的行列式

$$\begin{vmatrix} 1 & 3 & -1 \\ 1 & 2 & 0 \\ 5 & 0 & 1 \end{vmatrix} = 9 \neq 0$$

而由 $x$ 是未定元知 $1, x, x^2$ 线性无关,所以 $\{f(x), g(x), h(x)\}$ 线性无关.

(2) 因为 $2\cos^2(x) - \cos(2x) - 1 = 0$,所以 $\{f(x), g(x), h(x)\}$ 线性相关.

3. (1) 设 $R[x]$ 是一元实系数多项式全体. 取定一个 $\boldsymbol{A} \in M_n(R)$,问 $\boldsymbol{A}$ 的方阵多项式集合

$$F = \{f(\boldsymbol{A}) \mid f(x) \in R[x]\}$$

是不是 $M_n(R)$ 的子空间.

(2) 取 $\boldsymbol{A} = \begin{pmatrix} 1 & & \\ & \omega & \\ & & \omega^2 \end{pmatrix}$, $\omega = \dfrac{-1 + \sqrt{-3}}{2}$,求 $F = \{f(\boldsymbol{A}) \mid f(x) \in R[x]\}$ 的基和维数.

**【解】** (1) 任取 $f(\boldsymbol{A}), g(\boldsymbol{A}) \in F, k \in \mathbf{R}$,显然有

$$f(\boldsymbol{A}) + g(\boldsymbol{A}) \in F, kf(\boldsymbol{A}) \in F$$

所以 $F$ 是 $M_n(R)$ 的子空间.

(2) 因为 $\omega = \dfrac{-1 + \sqrt{-3}}{2}$ 是三次单位根:$\omega^3 = 1$,所以

$$\boldsymbol{A} = \begin{pmatrix} 1 & & \\ & \omega & \\ & & \omega^2 \end{pmatrix}, \boldsymbol{A}^2 = \begin{pmatrix} 1 & & \\ & \omega^2 & \\ & & \omega \end{pmatrix}, \boldsymbol{A}^3 = \begin{pmatrix} 1 & & \\ & 1 & \\ & & 1 \end{pmatrix} = \boldsymbol{I}_3$$

于是 $\dim F = 3$, $\boldsymbol{I}_3, \boldsymbol{A}, \boldsymbol{A}^2$ 为基.

4. 取定 $\boldsymbol{A} = \begin{pmatrix} 3 & 0 & 0 \\ 1 & 1 & 0 \\ -2 & 0 & 1 \end{pmatrix}$,问与 $\boldsymbol{A}$ 相乘可交换的 3 阶实方阵全体

$$V = \{\boldsymbol{X} \mid \boldsymbol{XA} = \boldsymbol{AX}\}$$

是不是 $M_3(R)$ 的子空间,并求出它的维数和基.

**【解】** 任取 $\boldsymbol{X}, \boldsymbol{Y} \in V, k \in \mathbf{R}$,由

$$(\boldsymbol{X} + \boldsymbol{Y})\boldsymbol{A} = \boldsymbol{A}(\boldsymbol{X} + \boldsymbol{Y}), (k\boldsymbol{X})\boldsymbol{A} = \boldsymbol{A}(k\boldsymbol{X})$$

知 $V$ 是 $M_3(R)$ 的子空间.

令 $\boldsymbol{B} = \boldsymbol{A} - \boldsymbol{I}_3 = \begin{pmatrix} 2 & 0 & 0 \\ 1 & 0 & 0 \\ -2 & 0 & 0 \end{pmatrix}$,则 $\boldsymbol{XA} = \boldsymbol{AX} \Leftrightarrow \boldsymbol{XB} = \boldsymbol{BX}$.

设 $\boldsymbol{X}=\begin{pmatrix}a_1 & a_2 & a_3\\ b_1 & b_2 & b_3\\ c_1 & c_2 & c_3\end{pmatrix}$,则由

$$\begin{pmatrix}a_1 & a_2 & a_3\\ b_1 & b_2 & b_3\\ c_1 & c_2 & c_3\end{pmatrix}\begin{pmatrix}2 & 0 & 0\\ 1 & 0 & 0\\ -2 & 0 & 0\end{pmatrix}=\begin{pmatrix}2 & 0 & 0\\ 1 & 0 & 0\\ -2 & 0 & 0\end{pmatrix}\begin{pmatrix}a_1 & a_2 & a_3\\ b_1 & b_2 & b_3\\ c_1 & c_2 & c_3\end{pmatrix}$$

知

$$\begin{pmatrix}2a_1+a_2-2a_3 & 0 & 0\\ 2b_1+b_2-2b_3 & 0 & 0\\ 2c_1+c_2-2c_3 & 0 & 0\end{pmatrix}=\begin{pmatrix}2a_1 & 2a_2 & 2a_3\\ a_1 & a_2 & a_3\\ -2a_1 & -2a_2 & -2a_3\end{pmatrix}$$

即

$$a_2=a_3=0,\ 2b_1+b_2-2b_3=a_1,\ 2c_1+c_2-2c_3=-2a_1$$

于是必有

$$\boldsymbol{X}=\begin{pmatrix}a_1 & 0 & 0\\ b_1 & 2(b_3-b_1)+a_1 & b_3\\ c_1 & 2(c_3-c_1)-2a_1 & c_3\end{pmatrix}$$

$$=a_1\begin{pmatrix}1 & 0 & 0\\ 0 & 1 & 0\\ 0 & -2 & 0\end{pmatrix}+b_1\begin{pmatrix}0 & 0 & 0\\ 1 & -2 & 0\\ 0 & 0 & 0\end{pmatrix}+c_1\begin{pmatrix}0 & 0 & 0\\ 0 & 0 & 0\\ 1 & -2 & 0\end{pmatrix}+$$

$$b_3\begin{pmatrix}0 & 0 & 0\\ 0 & 2 & 1\\ 0 & 0 & 0\end{pmatrix}+c_3\begin{pmatrix}0 & 0 & 0\\ 0 & 0 & 0\\ 0 & 2 & 1\end{pmatrix}$$

于是 $\dim V=5$,基为

$$\begin{pmatrix}1 & 0 & 0\\ 0 & 1 & 0\\ 0 & -2 & 0\end{pmatrix},\begin{pmatrix}0 & 0 & 0\\ 1 & -2 & 0\\ 0 & 0 & 0\end{pmatrix},\begin{pmatrix}0 & 0 & 0\\ 0 & 0 & 0\\ 1 & -2 & 0\end{pmatrix},\begin{pmatrix}0 & 0 & 0\\ 0 & 2 & 1\\ 0 & 0 & 0\end{pmatrix},\begin{pmatrix}0 & 0 & 0\\ 0 & 0 & 0\\ 0 & 2 & 1\end{pmatrix}$$

5. 证明:(1)$\left\{\begin{pmatrix}1 & 0\\ 0 & 1\end{pmatrix},\begin{pmatrix}0 & 1\\ 1 & 0\end{pmatrix},\begin{pmatrix}1 & 0\\ 1 & 0\end{pmatrix},\begin{pmatrix}0 & 1\\ 1 & -1\end{pmatrix}\right\}$是2阶实方阵空间 $M_2(R)$ 的基.

(2)$\{1,1+x,1+x+x^2,\cdots,1+x+x^2+\cdots+x^n\}$ 是次数 $\leqslant n$ 的一元实多项式空间 $R_n[x]$ 的基.

**【证】** (1) 设 $k_1\begin{pmatrix}1 & 0\\ 0 & 1\end{pmatrix}+k_2\begin{pmatrix}0 & 1\\ 1 & 0\end{pmatrix}+k_3\begin{pmatrix}1 & 0\\ 1 & 0\end{pmatrix}+k_4\begin{pmatrix}0 & 1\\ 1 & -1\end{pmatrix}=\begin{pmatrix}0 & 0\\ 0 & 0\end{pmatrix}$,

则必有

$$\begin{cases}k_1+k_3=0\\k_2+k_4=0\\k_2+k_3+k_4=0\\k_1-k_4=0\end{cases},\quad\begin{cases}k_1=0\\k_2=0\\k_3=0\\k_4=0\end{cases}$$

这说明$\begin{pmatrix}1&0\\0&1\end{pmatrix}$，$\begin{pmatrix}0&1\\1&0\end{pmatrix}$，$\begin{pmatrix}1&0\\1&0\end{pmatrix}$，$\begin{pmatrix}0&1\\1&-1\end{pmatrix}$线性无关. 因为$M_2(R)$是4维线性空间,所以它们构成$M_2(R)$的基.

(2)$R_n[x]$是$n+1$维线性空间,记

$$f_k(x)=1+x+x^2+\cdots+x^k,\ k=0,1,2,\cdots,n$$

有

$$(f_0(x),f_1(x),f_2(x),\cdots,f_n(x))=(1,x,x^2,\cdots,x^n)\begin{pmatrix}1&1&1&\cdots&1\\0&1&1&\cdots&1\\0&0&1&\cdots&1\\\vdots&\vdots&\vdots&\ddots&\vdots\\0&0&0&\cdots&1\end{pmatrix}$$

因为$1,x,x^2,\cdots,x^n$线性无关,而表出矩阵是可逆矩阵,所以

$$1,1+x,1+x+x^2,\cdots,1+x+x^2+\cdots+x^n$$

线性无关,所以它们构成$R_n[x]$的基.

6. 记$f_i(x)=\dfrac{\prod\limits_{k=1}^{n}(x-a_k)}{(x-a_i)}$，$i=1,2,\cdots,n$，$a_1,a_2,\cdots,a_n$是$n$个两两不同的数,证明这$n$个$n-1$次多项式是次数不超过$n-1$的多项式线性空间$R_{n-1}[x]$的基.

**【证】** 只要证明这$n$个$n-1$次多项式线性无关. 设

$$k_1f_1(x)+\cdots+k_if_i(x)+\cdots+k_nf_n(x)=0$$

把$x=a_i$，$1\leqslant i\leqslant n$代入,因为$a_1,a_2,\cdots,a_n$两两不同,必有

$$f_i(a_i)\neq 0,\ f_j(a_i)=0,\ \forall j\neq i$$

所以由$k_if_i(a_i)=0$知必有$k_i=0$,这就证明了这$n$个$n-1$次多项式必为$R_{n-1}[x]$的基.

7. 设$V$是实线性空间,$\boldsymbol{v}_1,\boldsymbol{v}_2,\cdots,\boldsymbol{v}_n\in V$,定义如下$n$个向量

$$\boldsymbol{w}_1=\boldsymbol{v}_1,\ \boldsymbol{w}_2=\boldsymbol{v}_1+\boldsymbol{v}_2,\ \cdots,\ \boldsymbol{w}_i=\boldsymbol{v}_1+\boldsymbol{v}_2+\cdots+\boldsymbol{v}_i,\ \cdots,\ \boldsymbol{w}_n=\boldsymbol{v}_1+\boldsymbol{v}_2+\cdots+\boldsymbol{v}_n$$

(1) 证明$L(\boldsymbol{v}_1,\boldsymbol{v}_2,\cdots,\boldsymbol{v}_n)=L(\boldsymbol{w}_1,\boldsymbol{w}_2,\cdots,\boldsymbol{w}_n)$.

(2) 证明 $\boldsymbol{v}_1, \boldsymbol{v}_2, \cdots, \boldsymbol{v}_n$ 线性无关当且仅当 $\boldsymbol{w}_1, \boldsymbol{w}_2, \cdots, \boldsymbol{w}_n$ 线性无关.

【证】 由条件知

$$(\boldsymbol{w}_1, \boldsymbol{w}_2, \cdots, \boldsymbol{w}_i, \cdots, \boldsymbol{w}_n) = (\boldsymbol{v}_1, \boldsymbol{v}_2, \cdots, \boldsymbol{v}_i, \cdots, \boldsymbol{v}_n)\boldsymbol{P}$$
$$(\boldsymbol{v}_1, \boldsymbol{v}_2, \cdots, \boldsymbol{v}_i, \cdots, \boldsymbol{v}_n) = (\boldsymbol{w}_1, \boldsymbol{w}_2, \cdots, \boldsymbol{w}_i, \cdots, \boldsymbol{w}_n)\boldsymbol{P}^{-1}$$

其中表出矩阵为可逆矩阵 $\boldsymbol{P} = \begin{pmatrix} 1 & 1 & 1 & \cdots & 1 & 1 \\ 0 & 1 & 1 & \cdots & 1 & 1 \\ 0 & 0 & 1 & \cdots & 1 & 1 \\ \vdots & \vdots & \vdots & \ddots & \vdots & \vdots \\ 0 & 0 & 0 & \cdots & 1 & 1 \\ 0 & 0 & 0 & \cdots & 0 & 1 \end{pmatrix}$.

(1) 任取 $\boldsymbol{x} \in L(\boldsymbol{v}_1, \boldsymbol{v}_2, \cdots, \boldsymbol{v}_n)$,则 $\boldsymbol{x}$ 可用 $\boldsymbol{v}_1, \boldsymbol{v}_2, \cdots, \boldsymbol{v}_n$ 线性表出,$\boldsymbol{x}$ 也可用 $\boldsymbol{w}_1, \boldsymbol{w}_2, \cdots, \boldsymbol{w}_n$ 线性表出,所以 $\boldsymbol{x} \in L(\boldsymbol{w}_1, \boldsymbol{w}_2, \cdots, \boldsymbol{w}_n)$,即必有

$$L(\boldsymbol{v}_1, \boldsymbol{v}_2, \cdots, \boldsymbol{v}_n) \subseteq L(\boldsymbol{w}_1, \boldsymbol{w}_2, \cdots, \boldsymbol{w}_n)$$

反之,同理可证 $L(\boldsymbol{w}_1, \boldsymbol{w}_2, \cdots, \boldsymbol{w}_n) \subseteq L(\boldsymbol{v}_1, \boldsymbol{v}_2, \cdots, \boldsymbol{v}_n)$,所以

$$L(\boldsymbol{w}_1, \boldsymbol{w}_2, \cdots, \boldsymbol{w}_n) = L(\boldsymbol{v}_1, \boldsymbol{v}_2, \cdots, \boldsymbol{v}_n)$$

(2) 如果 $\boldsymbol{w}_1, \boldsymbol{w}_2, \cdots, \boldsymbol{w}_n$ 线性相关,则存在不全为零的 $k_1, k_2, \cdots, k_n$ 使得

$$(\boldsymbol{w}_1, \cdots, \boldsymbol{w}_i, \cdots, \boldsymbol{w}_n)\begin{pmatrix} k_1 \\ \vdots \\ k_i \\ \vdots \\ k_n \end{pmatrix} = \boldsymbol{0}$$

必有

$$(\boldsymbol{v}_1, \cdots, \boldsymbol{v}_i, \cdots, \boldsymbol{v}_n)\boldsymbol{P}\begin{pmatrix} k_1 \\ \vdots \\ k_i \\ \vdots \\ k_n \end{pmatrix} = \boldsymbol{0}$$

因为表出矩阵 $\boldsymbol{P}$ 是可逆矩阵,必有 $\boldsymbol{P}\begin{pmatrix} k_1 \\ \vdots \\ k_i \\ \vdots \\ k_n \end{pmatrix} \neq \boldsymbol{0}$,这说明 $\boldsymbol{v}_1, \boldsymbol{v}_2, \cdots, \boldsymbol{v}_n$ 线性相

关.

反之,利用

$$(\boldsymbol{v}_1, \boldsymbol{v}_2, \cdots, \boldsymbol{v}_i, \cdots, \boldsymbol{v}_n) = (\boldsymbol{w}_1, \boldsymbol{w}_2, \cdots, \boldsymbol{w}_i, \cdots, \boldsymbol{w}_n)\boldsymbol{P}^{-1}$$

同理可证,当 $\boldsymbol{v}_1, \boldsymbol{v}_2, \cdots, \boldsymbol{v}_n$ 线性相关时,$\boldsymbol{w}_1, \boldsymbol{w}_2, \cdots, \boldsymbol{w}_n$ 必线性相关.

8.(1) 设 $\boldsymbol{A} = \begin{pmatrix} 1 & 3 & 2 \\ 0 & 1 & 1 \\ 1 & 3 & 2 \end{pmatrix}, \boldsymbol{B} = \begin{pmatrix} 1 & 3 & 2 \\ 0 & 1 & 1 \\ 0 & 0 & 0 \end{pmatrix}$.

① 找出 $\boldsymbol{A}$ 和 $\boldsymbol{B}$ 两个列向量空间的基.

② 找出 $\boldsymbol{A}$ 和 $\boldsymbol{B}$ 两个行向量空间的基.

③ 找出 $\boldsymbol{A}$ 和 $\boldsymbol{B}$ 两个零空间的基.

(2) 设 $V = L(\boldsymbol{v}_1, \cdots, \boldsymbol{v}_i, \cdots, \boldsymbol{v}_j, \cdots, \boldsymbol{v}_n)$,证明必有

$$V = L(\boldsymbol{v}_1, \cdots, \boldsymbol{v}_i + \lambda \boldsymbol{v}_j, \cdots, \boldsymbol{v}_j, \cdots, \boldsymbol{v}_n), \lambda \in \mathbf{R}, i \neq j$$

**【解】** (1) 找极大线性无关组.

①设 $\boldsymbol{A} = \begin{pmatrix} 1 & 3 & 2 \\ 0 & 1 & 1 \\ 1 & 3 & 2 \end{pmatrix} = (\boldsymbol{\alpha}_1 \quad \boldsymbol{\alpha}_2 \quad \boldsymbol{\alpha}_3), \boldsymbol{B} = \begin{pmatrix} 1 & 3 & 2 \\ 0 & 1 & 1 \\ 0 & 0 & 0 \end{pmatrix} = (\boldsymbol{\beta}_1 \quad \boldsymbol{\beta}_2 \quad \boldsymbol{\beta}_3)$.

因为 $\boldsymbol{A}$ 和 $\boldsymbol{B}$ 都是不可逆矩阵,三个列向量线性相关,其中任意两个列向量都线性无关,所以对应的两个列向量空间都是 3 维列向量空间 $\mathbf{R}^3$ 的 2 维子空间,它们分别是

$$V_1 = L(\boldsymbol{\alpha}_1, \boldsymbol{\alpha}_2) = L(\boldsymbol{\alpha}_1, \boldsymbol{\alpha}_3) = L(\boldsymbol{\alpha}_2, \boldsymbol{\alpha}_3)$$

$$V_2 = L(\boldsymbol{\beta}_1, \boldsymbol{\beta}_2) = L(\boldsymbol{\beta}_1, \boldsymbol{\beta}_3) = L(\boldsymbol{\beta}_2, \boldsymbol{\beta}_3)$$

② 设 $\boldsymbol{A} = \begin{pmatrix} 1 & 3 & 2 \\ 0 & 1 & 1 \\ 1 & 3 & 2 \end{pmatrix} = \begin{pmatrix} \boldsymbol{\alpha}_1 \\ \boldsymbol{\alpha}_2 \\ \boldsymbol{\alpha}_3 \end{pmatrix}, \boldsymbol{B} = \begin{pmatrix} 1 & 3 & 2 \\ 0 & 1 & 1 \\ 0 & 0 & 0 \end{pmatrix} = \begin{pmatrix} \boldsymbol{\beta}_1 \\ \boldsymbol{\beta}_2 \\ \boldsymbol{\beta}_3 \end{pmatrix}$.

由前面的两个行向量生成的是 3 维行向量空间 $\mathbf{R}^3$ 的 2 维子空间,它们是

$$V_1 = L(\boldsymbol{\alpha}_1, \boldsymbol{\alpha}_2) = V_2 = L(\boldsymbol{\beta}_1, \boldsymbol{\beta}_2)$$

③ 矩阵 $\boldsymbol{A}$ 的零空间就是齐次线性方程组 $\boldsymbol{Ax} = \boldsymbol{0}$ 的解空间.

齐次线性方程组为 $\boldsymbol{Ax} = \boldsymbol{0}$,即

$$\begin{pmatrix} 1 & 3 & 2 \\ 0 & 1 & 1 \\ 1 & 3 & 2 \end{pmatrix} \begin{pmatrix} x_1 \\ x_2 \\ x_3 \end{pmatrix} = \begin{pmatrix} 0 \\ 0 \\ 0 \end{pmatrix}, \begin{cases} x_1 + 3x_2 + 2x_3 = 0 \\ x_2 + x_3 = 0 \end{cases}$$

可取解

$$\boldsymbol{\xi}=\begin{pmatrix}1\\-1\\1\end{pmatrix}$$

$\boldsymbol{A}$ 的零空间为

$$N_1=L(\boldsymbol{\xi})=\left\{k\begin{pmatrix}1\\-1\\1\end{pmatrix}\middle|\,k\in\mathbf{R}\right\}$$

齐次线性方程组为 $\boldsymbol{Bx}=\mathbf{0}$,即

$$\begin{pmatrix}1&3&2\\0&1&1\\0&0&0\end{pmatrix}\begin{pmatrix}x_1\\x_2\\x_3\end{pmatrix}=\begin{pmatrix}0\\0\\0\end{pmatrix},\ \begin{cases}x_1+3x_2+2x_3=0\\x_2+x_3=0\end{cases}$$

可取解

$$\boldsymbol{\xi}=\begin{pmatrix}1\\-1\\1\end{pmatrix}$$

$\boldsymbol{B}$ 的零空间为

$$N_2=L(\boldsymbol{\xi})=\left\{k\begin{pmatrix}1\\-1\\1\end{pmatrix}\middle|\,k\in\mathbf{R}\right\}$$

**【注】** 实际上,由 $\boldsymbol{A}=\begin{pmatrix}1&3&2\\0&1&1\\1&3&2\end{pmatrix}\rightarrow\boldsymbol{B}=\begin{pmatrix}1&3&2\\0&1&1\\0&0&0\end{pmatrix}$ 知必有 $N_1=N_2$.

(2) 因为

$(\boldsymbol{v}_1,\cdots,\boldsymbol{v}_i+\lambda\boldsymbol{v}_j,\cdots,\boldsymbol{v}_j,\cdots,\boldsymbol{v}_n)=(\boldsymbol{v}_1,\cdots,\boldsymbol{v}_i,\cdots,\boldsymbol{v}_j,\cdots,\boldsymbol{v}_n)\boldsymbol{P}$
中的表出矩阵

$$\boldsymbol{P}=\begin{pmatrix}1&&&&&&\\&\ddots&&&&&\\&&1&&\lambda&&\\&&&\ddots&&&\\&&&&1&&\\&&&&&\ddots&\\&&&&&&1\end{pmatrix}$$

是可逆矩阵,所以$\{v_1,\cdots,v_i+\lambda v_j,\cdots,v_j,\cdots,v_n\}$与$\{v_1,\cdots,v_i,\cdots,v_j,\cdots,v_n\}$是两个等价的线性无关组,它们必生成同一个向量空间.

9. 设向量组$E=\{(1,-2,6,4),(2,-6,15,8),(0,2,-9,-8),(3,-8,21,7)\}$,$S=\{(0,0,1,0),(0,0,0,1)\}$.

(1) 证明$E$是$\mathbf{R}^4$的生成元集.

(2) 找出$\mathbf{R}^4$的基$B$满足$S\subseteq B\subseteq S\cup E$.

**【解】** (1) 因为

$$\begin{vmatrix}1&-2&6&4\\2&-6&15&8\\0&2&-9&-8\\3&-8&21&7\end{vmatrix}=\begin{vmatrix}1&-2&6&4\\0&-2&3&0\\0&2&-9&-8\\0&-2&3&-5\end{vmatrix}=\begin{vmatrix}1&-2&6&4\\0&-2&3&0\\0&0&-6&-8\\0&0&0&-5\end{vmatrix}\neq 0$$

所以$E$是线性无关组. 因为$\dim\mathbf{R}^4=4$,所以$E$是$\mathbf{R}^4$的基,必是$\mathbf{R}^4$的生成元集.

(2) 取$B=\{(0,0,1,0),(0,0,0,1),(1,-2,6,4),(2,-6,15,8)\}$. 由于

$$\begin{vmatrix}1&-2&6&4\\2&-6&15&8\\0&0&1&0\\0&0&0&1\end{vmatrix}\neq 0$$

所以$B$是$\mathbf{R}^4$的基,且$S\subseteq B\subseteq S\cup E$.

10. 考虑数域$P$上一元多项式线性空间$P[x]$,取$f_1(x),f_2(x),f_3(x)\in P[x]$. 如果这三个多项式互素(即它们不存在次数不为零的公因式),但任意两个多项式都有次数不为零的公因式,证明$\dim L(f_1(x),f_2(x),f_3(x))=3$.

**【证】** 只要证明$f_1(x),f_2(x),f_3(x)$线性无关. 设它们线性相关,不妨设

$$f_3(x)=k_1f_1(x)+k_2f_2(x)$$

则$f_1(x),f_2(x)$的最大公因式$d(x)\neq 1$必整除$f_3(x)$,这与$f_1(x),f_2(x),f_3(x)$互素的假设矛盾,所以它们线性无关,必有

$$\dim L(f_1(x),f_2(x),f_3(x))=3$$

11. 设$V,W$是两个有限维实线性空间. 考虑它们的笛卡儿积

$$V\times W=\{(v,w)\mid v\in V,w\in W\}$$

定义运算

$$(v_1,w_1)+(v_2,w_2)=(v_1+v_2,w_1+w_2),v_1,v_2,w_1,w_2\in \mathbf{V}$$

$$\lambda(v,w)=(\lambda v,\lambda w),v,w\in V,\lambda\in\mathbf{R}$$

如果 $S$ 是 $V$ 的基,$T$ 是 $W$ 的基,给出 $V\times W$ 的基,并求出 $V\times W$ 的维数公式.

**【解】** 设 $S=\{\boldsymbol{v}_1,\boldsymbol{v}_2,\cdots,\boldsymbol{v}_s\}$,$T=\{\boldsymbol{w}_1,\boldsymbol{w}_2,\cdots,\boldsymbol{w}_t\}$,它们分别是 $V$ 和 $W$ 的极大无关组,有

$$V=L(S),\ W=L(T)$$

易证

$$M=\{(\boldsymbol{v}_i,\boldsymbol{w}_j)\mid i=1,2,\cdots,s;j=1,2,\cdots,t\}$$

必是 $V\times W$ 的极大无关组(它是线性无关组,而且 $V\times W$ 中任意一个向量都可用 $M$ 线性表出),因而 $M$ 是 $V\times W$ 的基,必有 $V\times W=L(M)$,$\dim(V\times W)=\dim(V)\times\dim(W)$.

12. 设 $V$ 是数域 $P$ 上线性空间,$V_1,V_2,\cdots,V_m$ 都是 $V$ 的真子空间,证明必存在 $\boldsymbol{v}\in V$,满足

$$\boldsymbol{v}\notin V_i,\ i=1,2,\cdots,m$$

**【证一】** 对真子空间个数 $m$ 用归纳法.

对 $m=1$,结论显然成立.

设当 $m=k$ 时,结论成立,要证当 $m=k+1$ 时,结论也成立.

根据归纳假设,必存在 $\boldsymbol{\alpha}\in V$,满足 $\boldsymbol{\alpha}\notin V_i$,$i=1,2,\cdots,k$.

如果 $\boldsymbol{\alpha}\notin V_{k+1}$,则 $\boldsymbol{\alpha}$ 即为所求的向量,结论成立.

如果 $\boldsymbol{\alpha}\in V_{k+1}$. 此时,因为 $V_{k+1}$ 是 $V$ 的真子空间,必可取出 $\boldsymbol{\beta}\notin V_{k+1}$.

区别考虑以下两种可能性:

(1) 如果 $\boldsymbol{\beta}\notin V_i$,$i=1,2,\cdots,k$,则 $\boldsymbol{\beta}$ 即为所求的向量,结论成立.

(2) 如果 $\boldsymbol{\beta}\in\bigcup\limits_{i=1}^{k}V_i$. 考虑以下无限向量集

$$M=\{t\boldsymbol{\alpha}+\boldsymbol{\beta}\mid t\in P\}$$

首先,必有 $M\cap V_{k+1}=\varnothing$. 因为当某个 $t\boldsymbol{\alpha}+\boldsymbol{\beta}\in V_{k+1}$ 时,由 $\boldsymbol{\alpha}\in V_{k+1}$ 知必有 $\boldsymbol{\beta}\in V_{k+1}$,矛盾.

其次,任意取定一个 $V_i$,$1\leqslant i\leqslant k$. 如果存在两个向量 $t_1\boldsymbol{\alpha}+\boldsymbol{\beta}$,$t_2\boldsymbol{\alpha}+\boldsymbol{\beta}\in V_i$,则

$$(t_1-t_2)\boldsymbol{\alpha}\in V_i$$

因为 $\boldsymbol{\alpha}\notin V_i$,$i=1,2,\cdots,k$,所以必有 $t_1=t_2$,$t_1\boldsymbol{\alpha}+\boldsymbol{\beta}=t_2\boldsymbol{\alpha}+\boldsymbol{\beta}$. 这说明无限向量集 $M=\{t\boldsymbol{\alpha}+\boldsymbol{\beta}\mid t\in P\}$ 与每一个 $V_i$,$1\leqslant i\leqslant k$ 最多只有一个公共向量,所以必存在某个向量 $\boldsymbol{v}\in M$,不属于所有的子空间 $V_i$,$i=1,2,\cdots,k+1$,于是这个 $\boldsymbol{v}$ 即为所求的向量,结论成立.

**【证二】** 先证对于 $m=2$ 结论成立. 因为 $V_1$,$V_2$ 是 $V$ 的真子空间,必存在

$$\boldsymbol{v}_1\in V_1,\ \boldsymbol{v}_1\notin V_2;\ \boldsymbol{v}_2\in V_2,\ \boldsymbol{v}_2\notin V_1$$

如果 $\boldsymbol{v}=\boldsymbol{v}_1+\boldsymbol{v}_2\in V_1$,则 $\boldsymbol{v}_2=\boldsymbol{v}-\boldsymbol{v}_1\in V_1$,矛盾;如果 $\boldsymbol{v}=\boldsymbol{v}_1+\boldsymbol{v}_2\in V_2$,则 $\boldsymbol{v}_1=\boldsymbol{v}-\boldsymbol{v}_2\in V_2$,矛盾.

所以 $\boldsymbol{v}=\boldsymbol{v}_1+\boldsymbol{v}_2\notin V_1$, $\boldsymbol{v}=\boldsymbol{v}_1+\boldsymbol{v}_2\notin V_2$.

设当 $m=k$ 时,结论成立,要证当 $m=k+1$ 时,结论也成立.

根据归纳假设,必存在 $\boldsymbol{\alpha}\in V$,满足 $\boldsymbol{\alpha}\notin V_i$, $i=1,2,\cdots,k$.

如果 $\boldsymbol{\alpha}\notin V_{k+1}$,则 $\boldsymbol{\alpha}$ 即为所求;如果 $\boldsymbol{\alpha}\in V_{k+1}$,则可取 $\boldsymbol{\beta}\in V$,满足 $\boldsymbol{\beta}\notin V_{k+1}$.

(1) 如果 $\boldsymbol{\beta}\notin V_i$, $i=1,2,\cdots,k$,则 $\boldsymbol{\beta}$ 即为所求.

(2) 如果 $\boldsymbol{\beta}\in\bigcup_{i=1}^{k}V_i$,可设 $\boldsymbol{\beta}\in V_1$,则必有 $\boldsymbol{\alpha}+\boldsymbol{\beta}\notin V_1\cup V_{k+1}$.

① 如果 $\boldsymbol{\alpha}+\boldsymbol{\beta}\notin\bigcup_{i=2}^{k}V_i$,则 $\boldsymbol{\alpha}+\boldsymbol{\beta}$ 即为所求.

② 如果 $\boldsymbol{\alpha}+\boldsymbol{\beta}\in V_2$,则必有 $2\boldsymbol{\alpha}+\boldsymbol{\beta}\notin V_1\cup V_2\cup V_{k+1}$.

如果 $2\boldsymbol{\alpha}+\boldsymbol{\beta}\in V_3$,则必有 $3\boldsymbol{\alpha}+\boldsymbol{\beta}\notin V_1\cup V_2\cup V_3\cup V_{k+1}$.

如果 $3\boldsymbol{\alpha}+\boldsymbol{\beta}\in V_4$,则必有 $4\boldsymbol{\alpha}+\boldsymbol{\beta}\notin V_1, V_2\cup V_3\cup V_4\cup V_{k+1}$.

……

如此下去,必存在 $m\leqslant k+1$ 使得 $(m-1)\boldsymbol{\alpha}+\boldsymbol{\beta}\notin\bigcup_{i=1}^{k+1}V_i$. 结论得证.

13. 设 $V_1$, $V_2$ 是数域 $P$ 上 $n$ 维线性空间 $V$ 的两个真子空间,证明必存在 $V$ 的一个基

$$B=\{\boldsymbol{v}_1,\boldsymbol{v}_2,\cdots,\boldsymbol{v}_n\}$$

其中所有基向量 $\boldsymbol{v}_1,\boldsymbol{v}_2,\cdots,\boldsymbol{v}_n\notin V_1\cup V_2$.

**【证】**　分以下两步完成证明.

(1) 因为 $V_1$ 是 $V$ 的真子空间, $\dim V_1=r<\dim V=n$,所以必可把 $V_1$ 的基 $\{\boldsymbol{\eta}_1,\boldsymbol{\eta}_2,\cdots,\boldsymbol{\eta}_r\}$ 扩展成 $V$ 的一个基

$$B_0=\{\boldsymbol{\eta}_1,\boldsymbol{\eta}_2,\cdots,\boldsymbol{\eta}_r,\boldsymbol{\eta}_{r+1},\cdots,\boldsymbol{\eta}_n\},\boldsymbol{\eta}_{r+1},\cdots,\boldsymbol{\eta}_n\notin V_1$$

取

$$\boldsymbol{\varepsilon}_i=\boldsymbol{\eta}_i+\boldsymbol{\eta}_n,\ i=1,2,\cdots,r;\ \boldsymbol{\varepsilon}_j=\boldsymbol{\eta}_j,\ j=r+1,\cdots,n$$

则由 $\boldsymbol{\eta}_n\notin V_1$ 知必有 $\boldsymbol{\varepsilon}_i\notin V_1$, $i=1,2,\cdots,n$, $B_1=\{\boldsymbol{\varepsilon}_1,\boldsymbol{\varepsilon}_2,\cdots,\boldsymbol{\varepsilon}_n\}$ 必为 $V$ 的基.

(2) 考虑 $V$ 的这个基 $B_1=\{\boldsymbol{\varepsilon}_1,\boldsymbol{\varepsilon}_2,\cdots,\boldsymbol{\varepsilon}_n\}$, $\boldsymbol{\varepsilon}_i\notin V_1$, $i=1,2,\cdots,n$.

① 如果所有 $\boldsymbol{\varepsilon}_1,\boldsymbol{\varepsilon}_2,\cdots,\boldsymbol{\varepsilon}_n\notin V_2$,则 $B_1=\{\boldsymbol{\varepsilon}_1,\boldsymbol{\varepsilon}_2,\cdots,\boldsymbol{\varepsilon}_n\}$ 即为所求的基.

② 存在某些 $\boldsymbol{\varepsilon}_i\in V_2$, $1\leqslant i\leqslant n$,因为 $V_2$ 是 $V$ 的真子空间,不可能所有 $\boldsymbol{\varepsilon}_i\in V_2$, $1\leqslant i\leqslant n$,所以可不妨假设

$$\boldsymbol{\varepsilon}_i \in V_2, i = 1, 2, \cdots, s; \boldsymbol{\varepsilon}_j \notin V_2, j = s + 1, \cdots, n$$

考虑以下向量组

$$\boldsymbol{v}_1 = \boldsymbol{\varepsilon}_1 + \lambda_1\boldsymbol{\varepsilon}_n, \cdots, \boldsymbol{v}_s = \boldsymbol{\varepsilon}_s + \lambda_s\boldsymbol{\varepsilon}_n, \boldsymbol{v}_{s+1} = \boldsymbol{\varepsilon}_{s+1}, \cdots, \boldsymbol{v}_n = \boldsymbol{\varepsilon}_n$$

其中,$\lambda_1, \lambda_2, \cdots, \lambda_s$ 为任意常数. $\boldsymbol{v}_1, \boldsymbol{v}_2, \cdots, \boldsymbol{v}_n$ 必是 $V$ 的基.

任意取定的一个 $1 \leqslant i \leqslant s$. 如果有两个向量 $\boldsymbol{\varepsilon}_i + c_i\boldsymbol{\varepsilon}_n, \boldsymbol{\varepsilon}_i + d_i\boldsymbol{\varepsilon}_n \in V_1$,则必有

$$(\boldsymbol{\varepsilon}_i + c_i\boldsymbol{\varepsilon}_n) - (\boldsymbol{\varepsilon}_i + d_i\boldsymbol{\varepsilon}_n) = (c_i - d_i)\boldsymbol{\varepsilon}_n \in V_1$$

因为 $\boldsymbol{\varepsilon}_n \notin V_1$,所以必有 $c_i = d_i$, $\boldsymbol{\varepsilon}_i + c_i\boldsymbol{\varepsilon}_n = \boldsymbol{\varepsilon}_i + d_i\boldsymbol{\varepsilon}_n$. 这说明必存在无限多个

$$\boldsymbol{\varepsilon}_i + \lambda_i\boldsymbol{\varepsilon}_n \notin V_1$$

同理,如果有两个向量 $\boldsymbol{\varepsilon}_i + c_i\boldsymbol{\varepsilon}_n, \boldsymbol{\varepsilon}_i + d_i\boldsymbol{\varepsilon}_n \in V_2$,则必有

$$(\boldsymbol{\varepsilon}_i + c_i\boldsymbol{\varepsilon}_n) - (\boldsymbol{\varepsilon}_i + d_i\boldsymbol{\varepsilon}_n) = (c_i - d_i)\boldsymbol{\varepsilon}_n \in V_2$$

因为 $\boldsymbol{\varepsilon}_n \notin V_2$,所以必有 $c_i = d_i$, $\boldsymbol{\varepsilon}_i + c_i\boldsymbol{\varepsilon}_n = \boldsymbol{\varepsilon}_i + d_i\boldsymbol{\varepsilon}_n$. 这说明必存在无限多个

$$\boldsymbol{\varepsilon}_i + \lambda_i\boldsymbol{\varepsilon}_n \notin V_2$$

综上所证可知,必存在 $n$ 个线性无关向量组(因而必是 $V$ 的基)

$$\boldsymbol{v}_1 = \boldsymbol{\varepsilon}_1 + \lambda_1\boldsymbol{\varepsilon}_n, \cdots, \boldsymbol{v}_s = \boldsymbol{\varepsilon}_s + \lambda_s\boldsymbol{\varepsilon}_n, \boldsymbol{v}_{s+1} = \boldsymbol{\varepsilon}_{s+1}, \cdots, \boldsymbol{v}_n = \boldsymbol{\varepsilon}_n$$

满足 $\boldsymbol{v}_1, \boldsymbol{v}_2, \cdots, \boldsymbol{v}_n \notin V_1 \cup V_2$.

14. 设 $V_1, V_2, \cdots, V_m$ 是数域 $P$ 上 $n$ 维线性空间 $V$ 的 $m$ 个真子空间,记

$$U = \bigcup_{i=1}^{m} V_i = V_1 \cup V_2 \cup \cdots \cup V_m$$

证明必存在 $V$ 的一个基 $B = \{\boldsymbol{v}_1, \boldsymbol{v}_2, \cdots, \boldsymbol{v}_n\}$,其中每一个基向量 $\boldsymbol{v}_i \notin U$, $i = 1, 2, \cdots, n$.

**【证】** 对真子空间的个数 $m$ 用归纳法.

当 $m = 1$ 时,因为 $V_1$ 是 $V$ 的真子空间,必可把 $V_1$ 的基 $\{\boldsymbol{\eta}_1, \boldsymbol{\eta}_2, \cdots, \boldsymbol{\eta}_r\}$ 扩展成 $V$ 的一个基

$$B_0 = \{\boldsymbol{\eta}_1, \boldsymbol{\eta}_2, \cdots, \boldsymbol{\eta}_r, \boldsymbol{\eta}_{r+1}, \cdots, \boldsymbol{\eta}_n\}, \boldsymbol{\eta}_{r+1}, \cdots, \boldsymbol{\eta}_n \notin V_1$$

取

$$\boldsymbol{\varepsilon}_i = \boldsymbol{\eta}_i + \boldsymbol{\eta}_n, i = 1, 2, \cdots, r; \boldsymbol{\varepsilon}_j = \boldsymbol{\eta}_j, j = r + 1, \cdots, n$$

则必有 $\boldsymbol{\varepsilon}_i \notin V_1$, $i = 1, 2, \cdots, n$,于是 $B = \{\boldsymbol{\varepsilon}_1, \boldsymbol{\varepsilon}_2, \cdots, \boldsymbol{\varepsilon}_n\}$ 即为所求的基.

设当 $m = k$ 时,结论成立,要证当 $m = k + 1$ 时,结论也成立.

据归纳假设,可设在 $V$ 中已找到一个基 $B_1 = \{\boldsymbol{\varepsilon}_1, \boldsymbol{\varepsilon}_2, \cdots, \boldsymbol{\varepsilon}_n\}$,满足

$$\boldsymbol{\varepsilon}_i \notin \bigcup_{i=1}^{k} V_i, i = 1, 2, \cdots, n$$

(1) 如果所有 $\boldsymbol{\varepsilon}_i \notin V_{k+1}$, $i = 1, 2, \cdots, n$,则 $B_1 = \{\boldsymbol{\varepsilon}_1, \boldsymbol{\varepsilon}_2, \cdots, \boldsymbol{\varepsilon}_n\}$ 即为所求的基.

(2) 如果存在某些 $\boldsymbol{\varepsilon}_i \in V_{k+1}$, $1 \leqslant i \leqslant n$,因为 $V_{k+1}$ 是 $V$ 的真子空间,不可

能所有 $\boldsymbol{\varepsilon}_i \in V_{k+1}, 1 \leqslant i \leqslant n$,所以可不妨假设

$$\boldsymbol{\varepsilon}_i \in V_{k+1}, i = 1, 2, \cdots, r; \boldsymbol{\varepsilon}_j \notin V_{k+1}, j = r+1, \cdots, n$$

对于任意取定的一个 $1 \leqslant i \leqslant r$,如果 $\boldsymbol{\varepsilon}_i + c_i\boldsymbol{\varepsilon}_n, \boldsymbol{\varepsilon}_i + d_i\boldsymbol{\varepsilon}_n$ 属于某个 $V_j, 1 \leqslant j \leqslant k+1$, 则必有 $(c_i - d_i)\boldsymbol{\varepsilon}_n \in V_j$. 因为 $\boldsymbol{\varepsilon}_n \notin V_j$, $1 \leqslant j \leqslant k+1$,所以必有 $c_i = d_i$, $\boldsymbol{\varepsilon}_i + c_i\boldsymbol{\varepsilon}_n = \boldsymbol{\varepsilon}_i + d_i\boldsymbol{\varepsilon}_n$. 这说明无限集合

$$M_i = \{\boldsymbol{\varepsilon}_i + \lambda_i\boldsymbol{\varepsilon}_n \mid \lambda_i \in P\}$$

中最多有一个向量属于 $V_j$, $1 \leqslant j \leqslant k+1$.

于是取遍 $i = 1, 2, \cdots, r; j = 1, 2, \cdots, k, k+1$,就必可找到数 $\lambda_1, \lambda_2, \cdots, \lambda_r$ 使得

$$\boldsymbol{\varepsilon}_i + \lambda_i\boldsymbol{\varepsilon}_n \notin V_j, j = 1, 2, \cdots, k, k+1$$

于是取

$$\boldsymbol{v}_i = \boldsymbol{\varepsilon}_i + \lambda_i\boldsymbol{\varepsilon}_n, i = 1, 2, \cdots, r; \boldsymbol{v}_j = \boldsymbol{\varepsilon}_j, j = r+1, \cdots, n$$

必有 $\boldsymbol{v}_i \notin \bigcup_{j=1}^{k+1} V_j$, $i = 1, 2, \cdots, n$. 于是 $B = \{\boldsymbol{v}_1, \boldsymbol{v}_2, \cdots, \boldsymbol{v}_n\}$ 即为所求的基.

15. 设 $\boldsymbol{A}$ 是秩为 $r$ 的 $n$ 阶半正定矩阵,证明

$$U = \{\boldsymbol{\alpha} \mid \boldsymbol{\alpha} \in \mathbf{R}^n, \boldsymbol{\alpha}'\boldsymbol{A}\boldsymbol{\alpha} = 0\}$$

是 $n$ 维列向量空间 $\mathbf{R}^n$ 的 $n-r$ 维子空间.

【证】 (1) 先考虑 $\boldsymbol{A} = \begin{pmatrix} \boldsymbol{I}_r & \boldsymbol{O} \\ \boldsymbol{O} & \boldsymbol{O} \end{pmatrix}$ 情形. 设 $\boldsymbol{\alpha} = \begin{pmatrix} \boldsymbol{\alpha}_1 \\ \boldsymbol{\alpha}_2 \end{pmatrix} \in U$. 因为

$$\boldsymbol{\alpha}'\boldsymbol{A}\boldsymbol{\alpha} = 0 \Leftrightarrow (\boldsymbol{\alpha}'_1 \quad \boldsymbol{\alpha}'_2) \begin{pmatrix} \boldsymbol{I}_r & \boldsymbol{O} \\ \boldsymbol{O} & \boldsymbol{O} \end{pmatrix} \begin{pmatrix} \boldsymbol{\alpha}_1 \\ \boldsymbol{\alpha}_2 \end{pmatrix} = \boldsymbol{0} \Leftrightarrow \boldsymbol{\alpha}'_1 \boldsymbol{\alpha}_1 = 0 \Leftrightarrow \boldsymbol{\alpha}_1 = \boldsymbol{0}$$

所以

$$U = \left\{\boldsymbol{\alpha} = \begin{pmatrix} \boldsymbol{0} \\ \boldsymbol{\alpha}_2 \end{pmatrix} \middle| \boldsymbol{\alpha}_2 \in \mathbf{R}^{n-r}\right\}$$

显然,$U$ 关于向量加法和数与向量乘法都是封闭的,所以 $U$ 是 $\mathbf{R}^n$ 的子空间,且

$$\dim U = n - r$$

(2) 对于半正定矩阵 $\boldsymbol{A}$,必存在 $n$ 阶可逆矩阵 $\boldsymbol{P}$ 使得

$$\boldsymbol{P}'\boldsymbol{A}\boldsymbol{P} = \begin{pmatrix} \boldsymbol{I}_r & \boldsymbol{O} \\ \boldsymbol{O} & \boldsymbol{O} \end{pmatrix} = \boldsymbol{\Lambda}$$

考虑 $\mathbf{R}^n$ 的两个子空间

$$U_1 = \{\boldsymbol{\alpha} \mid \boldsymbol{\alpha} \in \mathbf{R}^n, \boldsymbol{\alpha}'\boldsymbol{A}\boldsymbol{\alpha} = 0\}$$

$$U_2 = \{\boldsymbol{P}\boldsymbol{\alpha} \mid \boldsymbol{\alpha} \in \mathbf{R}^n, (\boldsymbol{P}\boldsymbol{\alpha})'\boldsymbol{A}\boldsymbol{P}\boldsymbol{\alpha} = 0\}$$

因为 $(\boldsymbol{P}\boldsymbol{\alpha})'\boldsymbol{A}(\boldsymbol{P}\boldsymbol{\alpha}) = 0 \Leftrightarrow \boldsymbol{\alpha}'\boldsymbol{P}'\boldsymbol{A}\boldsymbol{P}\boldsymbol{\alpha} = \boldsymbol{\alpha}'\boldsymbol{\Lambda}\boldsymbol{\alpha} = 0$

所以这两个子空间同构

$$U_1=\{\boldsymbol{\alpha}\mid\boldsymbol{\alpha}\in\mathbf{R}^n,\boldsymbol{\alpha}'\boldsymbol{A}\boldsymbol{\alpha}=0\}\cong U_2=\{\boldsymbol{P}\boldsymbol{\alpha}\mid\boldsymbol{\alpha}\in\mathbf{R}^n,(\boldsymbol{P}\boldsymbol{\alpha})'\boldsymbol{A}\boldsymbol{P}\boldsymbol{\alpha}=0\}$$

同构映射为$f:\boldsymbol{\alpha}\mapsto\boldsymbol{P}\boldsymbol{\alpha}$. 因为已证 $U_2$ 是 $\mathbf{R}^n$ 的 $n-r$ 子空间,所以 $U_1$ 也是 $\mathbf{R}^n$ 的 $n-r$ 子空间.

**【注】** 两个线性空间同构概念见第八章 §3.

16. 设 $n$ 元二次型$f=\boldsymbol{\alpha}'\boldsymbol{A}\boldsymbol{\alpha}$,其正惯性指数和负惯性指数分别为 $p$ 和 $q$,满足 $p+q=n$,证明必存在 $\mathbf{R}^n$ 的子空间 $V$,其维数

$$k=\dim V=\frac{1}{2}(n-|s|),\ s=p-q\text{ 为符号差}$$

使得对任意 $\boldsymbol{\alpha}\in V$ 有 $f=\boldsymbol{\alpha}'\boldsymbol{A}\boldsymbol{\alpha}=0$.

**【证】** 首先

$$k=\frac{1}{2}(n-|s|)=\frac{1}{2}(p+q-|p-q|)=\begin{cases}q & p\geqslant q\\ p, & p<q\end{cases}=\min\{p,q\}$$

(1) 先考虑 $\boldsymbol{A}=\begin{pmatrix}\boldsymbol{I}_p & \boldsymbol{O}\\ \boldsymbol{O} & -\boldsymbol{I}_q\end{pmatrix}$ 情形.

① 如果 $p\geqslant q$,设 $\boldsymbol{\alpha}=\begin{pmatrix}\boldsymbol{\alpha}_1\\ \boldsymbol{\alpha}_2\\ \boldsymbol{\alpha}_3\end{pmatrix}$,其中$\boldsymbol{\alpha}_1$ 为 $p-q$ 维列向量,$\boldsymbol{\alpha}_2$ 与$\boldsymbol{\alpha}_3$ 同为 $q$ 维列向量. 因为

$$\boldsymbol{\alpha}'\boldsymbol{A}\boldsymbol{\alpha}=0\Leftrightarrow(\boldsymbol{\alpha}'_1\quad\boldsymbol{\alpha}'_2\quad\boldsymbol{\alpha}'_3)\begin{pmatrix}\boldsymbol{I}_{p-q} & & \\ & \boldsymbol{I}_p & \\ & & -\boldsymbol{I}_q\end{pmatrix}\begin{pmatrix}\boldsymbol{\alpha}_1\\ \boldsymbol{\alpha}_2\\ \boldsymbol{\alpha}_3\end{pmatrix}=0$$

$$\Leftrightarrow\boldsymbol{\alpha}'_1\boldsymbol{\alpha}_1+\boldsymbol{\alpha}'_2\boldsymbol{\alpha}_2-\boldsymbol{\alpha}'_3\boldsymbol{\alpha}_3=0$$

所以易见

$$V=\left\{\boldsymbol{\alpha}=\begin{pmatrix}\boldsymbol{0}\\ \boldsymbol{\alpha}_2\\ \boldsymbol{\alpha}_2\end{pmatrix}\right\}$$

即为所求的 $q$ 维子空间.

② 如果 $q\geqslant p$,设 $\boldsymbol{\alpha}=\begin{pmatrix}\boldsymbol{\alpha}_1\\ \boldsymbol{\alpha}_2\\ \boldsymbol{\alpha}_3\end{pmatrix}$,其中$\boldsymbol{\alpha}_1$ 与$\boldsymbol{\alpha}_2$ 同为 $p$ 维列向量,$\boldsymbol{\alpha}_3$ 为 $q-p$ 维列向量. 因为

$$\boldsymbol{\alpha}'\boldsymbol{A}\boldsymbol{\alpha}=0\Leftrightarrow(\boldsymbol{\alpha}'_1\quad\boldsymbol{\alpha}'_2\quad\boldsymbol{\alpha}'_3)\begin{pmatrix}\boldsymbol{I}_p&&\\&-\boldsymbol{I}_p&\\&&-\boldsymbol{I}_{q-p}\end{pmatrix}\begin{pmatrix}\boldsymbol{\alpha}_1\\\boldsymbol{\alpha}_2\\\boldsymbol{\alpha}_3\end{pmatrix}=0$$

$$\Leftrightarrow\boldsymbol{\alpha}'_1\boldsymbol{\alpha}_1-\boldsymbol{\alpha}'_2\boldsymbol{\alpha}_2-\boldsymbol{\alpha}'_3\boldsymbol{\alpha}_3=0$$

所以易见

$$V=\left\{\boldsymbol{\alpha}=\begin{pmatrix}\boldsymbol{\alpha}_1\\\boldsymbol{\alpha}_1\\\boldsymbol{0}\end{pmatrix}\right\}$$

即为所求的 $p$ 维子空间.

(2) 对于任意一个可逆对称矩阵 $\boldsymbol{A}$,必存在正交矩阵 $\boldsymbol{P}$ 使得

$$\boldsymbol{P}'\boldsymbol{A}\boldsymbol{P}=\begin{pmatrix}\boldsymbol{I}_p&\boldsymbol{O}\\\boldsymbol{O}&-\boldsymbol{I}_q\end{pmatrix}=\boldsymbol{\Lambda}$$

令 $\boldsymbol{\alpha}=\boldsymbol{P}\boldsymbol{\beta}$,有 $f=\boldsymbol{\alpha}'\boldsymbol{A}\boldsymbol{\alpha}=(\boldsymbol{P}\boldsymbol{\beta})'\boldsymbol{A}\boldsymbol{P}\boldsymbol{\beta}=\boldsymbol{\beta}'\boldsymbol{P}'\boldsymbol{A}\boldsymbol{P}\boldsymbol{\beta}=\boldsymbol{\beta}'\boldsymbol{\Lambda}\boldsymbol{\beta}$.

① 如果 $p\geqslant q$,则存在 $q$ 维子空间

$$V=\left\{\boldsymbol{\beta}=\begin{pmatrix}\boldsymbol{0}\\\boldsymbol{\beta}_2\\\boldsymbol{\beta}_2\end{pmatrix}\right\}$$

对任意 $\boldsymbol{\beta}\in V$ 有 $f=\boldsymbol{\beta}'\boldsymbol{\Lambda}\boldsymbol{\beta}=0$. 于是存在 $q$ 维子空间

$$\boldsymbol{P}V=\{\boldsymbol{\alpha}=\boldsymbol{P}\boldsymbol{\beta}\mid\boldsymbol{\beta}\in V\}$$

对任意 $\boldsymbol{\alpha}\in\boldsymbol{P}V$ 有 $f=\boldsymbol{\alpha}'\boldsymbol{A}\boldsymbol{\alpha}=0$.

② 如果 $q\geqslant p$,则存在 $p$ 维子空间

$$V=\left\{\boldsymbol{\beta}=\begin{pmatrix}\boldsymbol{\beta}_1\\\boldsymbol{\beta}_1\\\boldsymbol{0}\end{pmatrix}\right\}$$

对任意 $\boldsymbol{\beta}\in V$ 有 $f=\boldsymbol{\beta}'\boldsymbol{\Lambda}\boldsymbol{\beta}=0$. 于是存在 $p$ 维子空间

$$\boldsymbol{P}V=\{\boldsymbol{\alpha}=\boldsymbol{P}\boldsymbol{\beta}\mid\boldsymbol{\beta}\in V\}$$

对任意 $\boldsymbol{\alpha}\in\boldsymbol{P}V$ 有 $f=\boldsymbol{\alpha}'\boldsymbol{A}\boldsymbol{\alpha}=0$.

17. (3 阶实幻方阵线性空间)

一个 3 阶实方阵 $\boldsymbol{A}=\begin{pmatrix}a_{11}&a_{12}&a_{13}\\a_{21}&a_{22}&a_{23}\\a_{31}&a_{32}&a_{33}\end{pmatrix}$ 称为幻方矩阵,如果它的元素的三个行和、三个列和以及两个对角和都同为一个实数 $m$. 这个实数 $m$ 称为幻方矩

阵 $\boldsymbol{A}$ 的幻方数.

(1) 证明 3 阶实幻方矩阵全体

$$M=\left\{\begin{pmatrix}a_{11}&a_{12}&a_{13}\\a_{21}&a_{22}&a_{23}\\a_{31}&a_{32}&a_{33}\end{pmatrix}\left|\begin{array}{l}\sum_{j=1}^{3}a_{ij}=m,\ i=1,2,3\\\sum_{i=1}^{3}a_{ij}=m,\ j=1,2,3,\ m\in\mathbf{R}\\a_{11}+a_{22}+a_{33}=m\\a_{13}+a_{22}+a_{31}=m\end{array}\right.\right\}$$

关于矩阵加法和数与矩阵乘法成实数域上的线性空间.

(2) 证明每个幻方矩阵 $\boldsymbol{A}=(a_{ij})$ 的幻方数 $m=3a_{22}$.

(3) 求出线性空间 $M$ 的基和维数.

**【证】** (1) 设 $\boldsymbol{A}$ 是幻方数为 $m$ 的 3 阶幻方矩阵, $\boldsymbol{B}$ 是幻方数为 $n$ 的 3 阶幻方矩阵,根据矩阵加法和数乘矩阵定义易知, $\boldsymbol{A}+\boldsymbol{B}$ 是幻方数为 $m+n$ 的 3 阶幻方矩阵; $k\boldsymbol{A}$ 是幻方数为 $km$ 的 3 阶幻方矩阵,所以 $M$ 是实线性空间.

(2) 记 $\sigma=\sum_{i=1}^{3}\sum_{j=1}^{3}a_{ij}$. 考虑过 $a_{22}$ 的四条直线上的所有元素之和即得

$$4m=\sigma+3a_{22}=3m+3a_{22}$$

所以

$$m=3a_{22}$$

(3) 先考虑幻方数 $m=3$ 情形. 容易求出这种幻方矩阵 $\boldsymbol{A}=(a_{ij})$ 所满足的线性方程组为

$$\begin{cases}x_{11}+x_{12}+x_{13}=3\\x_{11}+x_{21}+x_{31}=3\\x_{11}+x_{22}+x_{33}=3\\x_{12}+x_{22}+x_{32}=3\\x_{13}+x_{23}+x_{33}=3\\x_{13}+x_{22}+x_{31}=3\\x_{21}+x_{22}+x_{23}=3\\x_{31}+x_{32}+x_{33}=3\end{cases}\qquad \text{记 }\boldsymbol{x}=\begin{pmatrix}x_{11}\\x_{12}\\x_{13}\\x_{21}\\x_{22}\\x_{23}\\x_{31}\\x_{32}\\x_{33}\end{pmatrix}$$

求出它的通解

$$\boldsymbol{\eta}=\boldsymbol{\eta}^*+k\boldsymbol{\xi}_1+l\boldsymbol{\xi}_2=\begin{pmatrix}1\\1\\1\\1\\1\\1\\1\\1\\1\end{pmatrix}+k\begin{pmatrix}0\\-1\\1\\1\\0\\-1\\-1\\1\\0\end{pmatrix}+l\begin{pmatrix}-1\\0\\1\\2\\0\\-2\\-1\\0\\1\end{pmatrix},k,l\text{ 为任意实数}$$

据此就可确定对应的三个幻方矩阵

$$\boldsymbol{A}^*=\begin{pmatrix}1&1&1\\1&1&1\\1&1&1\end{pmatrix},\boldsymbol{B}_1=\begin{pmatrix}0&-1&1\\1&0&-1\\-1&1&0\end{pmatrix},\boldsymbol{B}_2=\begin{pmatrix}-1&0&1\\2&0&-2\\-1&0&1\end{pmatrix}$$

任意幻方数 $m=3$ 的 3 阶幻方矩阵都可写成 $\boldsymbol{A}=\boldsymbol{A}^*+k\boldsymbol{B}_1+l\boldsymbol{B}_2$, $k$, $l$ 为任意实数.

任意一个幻方数为 $k$ 的 3 阶幻方矩阵乘以 $(3/k)$ 都成为某个幻方数为 3 的 3 阶幻方矩阵，所以 $\boldsymbol{A}^*$, $\boldsymbol{B}_1$, $\boldsymbol{B}_2$ 就是 3 阶幻方矩阵线性空间 $M$ 的基. $\dim M=3$.

【注 1】　在中国的《易经》等古书中记载，早在几千年前，在黄河上有“龙马”和“神龟”出现. 在神龟的龟背上有一个自然数幻方矩阵

$$\begin{pmatrix}4&3&8\\9&5&1\\2&7&6\end{pmatrix}$$

它可表成

$$\begin{pmatrix}4&3&8\\9&5&1\\2&7&6\end{pmatrix}=5\begin{pmatrix}1&1&1\\1&1&1\\1&1&1\end{pmatrix}+2\begin{pmatrix}0&-1&1\\1&0&-1\\-1&1&0\end{pmatrix}+\begin{pmatrix}-1&0&1\\2&0&-2\\-1&0&1\end{pmatrix}$$
$$=5\boldsymbol{A}^*+2\boldsymbol{B}_1+\boldsymbol{B}_2$$

【注 2】上述含 9 个变量、8 个方程的线性方程组的解法如下：因为幻方数 $m=3$ 的 3 阶幻方阵的所有元素之和 $\sigma=\sum\limits_{i=1}^{3}\sum\limits_{j=1}^{3}x_{ij}=9$，所以由最后两个方程可得第一个方程，而其余七个方程是独立的，于是它有两个可任意取值的自由变量.

可取特解 $\boldsymbol{\eta}^*=(1,1,1,1,1,1,1,1,1)'$，它对应的 3 阶幻方阵的

幻方数 $m = 3$.

因为相伴方程组是齐次线性方程组,它对应的幻方阵的幻方数为零,必有 $a_{22} = 0$. 依次取

$$a_{23} = 1 \ , \ a_{33} = 0 \text{ 和 } a_{23} = 0 \ , \ a_{33} = 1$$

很容易求出对应的 3 阶幻方阵

$$\boldsymbol{B}_1 = \begin{pmatrix} 0 & -1 & 1 \\ 1 & 0 & -1 \\ -1 & 1 & 0 \end{pmatrix}, \boldsymbol{B}_2 = \begin{pmatrix} -1 & 0 & 1 \\ 2 & 0 & -2 \\ -1 & 0 & 1 \end{pmatrix}$$

它们必线性无关.

**【注3】** 把上述含9个变量、8个方程的线性方程组的增广矩阵用初等行变换化简,得到同解方程组

$$\begin{cases} x_{11} + x_{33} = 1 \\ x_{12} + x_{32} = 2 \\ x_{13} - x_{32} - x_{33} = -1 \\ x_{21} - x_{32} - 2x_{33} = -2 \\ x_{22} = 1 \\ x_{23} + x_{32} + 2x_{33} = 4 \\ x_{31} + x_{32} + x_{33} = 3 \end{cases}$$

把 $x_{23}$ 和 $x_{33}$ 取作自由变量就可求出通解.

# §3 子空间的交空间与和空间

(1) 设 $V$ 是数域 $P$ 上的一个 $n$ 维线性空间. 若 $U$ 是 $V$ 的子空间,则必有

$$\dim U \leqslant \dim V, \text{且} \dim U = \dim V \Leftrightarrow U = V$$

若 $U$ 和 $W$ 都是 $V$ 的子空间,则向量集合

$$U \cap W = \{\boldsymbol{v} \mid \boldsymbol{v} \in U \text{且} \boldsymbol{v} \in W\} \text{ 和 } U + W = \{\boldsymbol{u} + \boldsymbol{w} \mid \boldsymbol{u} \in U, \boldsymbol{w} \in W\}$$

都是 $V$ 的子空间(分别称为交空间与和空间),并有维数公式

$$\dim U + \dim W = \dim (U + W) + \dim (U \cap W)$$

若 $U$ 和 $W$ 都是 $V$ 的子空间,如果对任意一个 $\boldsymbol{v} \in V$,都可唯一地表为

$$\boldsymbol{v} = \boldsymbol{u} + \boldsymbol{w}, \text{其中 } \boldsymbol{u} \in U, \boldsymbol{w} \in W$$

则称 $V = U + W$ 是直和,记为 $U \oplus W$. 此时,称 $U$ 和 $W$ 在 $V$ 中是两个互补的子空间

$$\dim U + \dim W = \dim (U + W) \Leftrightarrow U \cap W = \{0\} \Leftrightarrow U + W = U \oplus W$$

(2) 设 $\boldsymbol{A}$ 是 $n$ 阶实方阵,它的两两互异的特征值组为 $\lambda_1, \lambda_2, \cdots, \lambda_m$,$\boldsymbol{A}$ 的属于特征值 $\lambda_i$ 的特征子空间为 $V_i, i=1,2,\cdots,m$,则 $\boldsymbol{A}$ 相似于对角矩阵当且仅当

$$\mathbf{R}^n = V_1 \oplus V_2 \oplus \cdots \oplus V_m$$

1. 证明 3 维实向量空间 $\mathbf{R}^3$ 中过原点的两个不同的平面的交是直线.

**【证】** $\mathbf{R}^3$ 中过原点的两个平面可设为

$$U = L(\boldsymbol{u}_1, \boldsymbol{u}_2),\ W = L(\boldsymbol{w}_1, \boldsymbol{w}_2)$$

则必有

$$\dim U = \dim W = 2$$

如果 $\{\boldsymbol{u}_1, \boldsymbol{u}_2, \boldsymbol{w}_1\}$ 和 $\{\boldsymbol{u}_1, \boldsymbol{u}_2, \boldsymbol{w}_2\}$ 都是线性相关组,则由 $\{\boldsymbol{u}_1, \boldsymbol{u}_2\}$ 为线性无关组知必有 $U=W$,这与假设矛盾,所以必有 $\dim(U+W)=3$,$U+W=\mathbf{R}^3$,于是

$$\dim(U\cap W) = \dim U + \dim W - \dim(U+W) = 2+2-3 = 1$$

这就证明了两个不同的平面的交 $U\cap W$ 是直线.

2. 设 $S$ 和 $T$ 是实线性空间 $V$ 的两个子集合,问以下关于生成子空间的哪个叙述是正确的? 并说明理由.

(1) $L(S\cap T) = L(S)\cap L(T)$;

(2) $L(S\cup T) = L(S)\cup L(T)$;

(3) $L(S\cup T) = L(S) + L(T)$.

**【解】** 可设

$$S = \{\boldsymbol{\alpha}_1, \boldsymbol{\alpha}_2, \cdots, \boldsymbol{\alpha}_s\},\ T = \{\boldsymbol{\beta}_1, \boldsymbol{\beta}_2, \cdots, \boldsymbol{\beta}_t\}$$

$$S\cap T = \{\boldsymbol{\alpha}_1, \boldsymbol{\alpha}_2, \cdots, \boldsymbol{\alpha}_r\} = \{\boldsymbol{\beta}_1, \boldsymbol{\beta}_2, \cdots, \boldsymbol{\beta}_r\}$$

其中,$\boldsymbol{\alpha}_i = \boldsymbol{\beta}_i, i=1,2,\cdots,r, r\leqslant \min\{s,t\}$,则

$$L(S) = \{\sum_{i=1}^{s} k_i\boldsymbol{\alpha}_i \mid k_i \in \mathbf{R}\}$$

$$L(T) = \{\sum_{i=1}^{t} l_i\boldsymbol{\beta}_i \mid l_i \in \mathbf{R}\}$$

$$L(S\cap T) = \{\sum_{i=1}^{r} k_i\boldsymbol{\alpha}_i \mid k_i \in \mathbf{R}\} = \{\sum_{i=1}^{r} k_i\boldsymbol{\beta}_i \mid k_i \in \mathbf{R}\}$$

(1) 任取 $\boldsymbol{v} \in L(S\cap T)$,则

$$\boldsymbol{v} = \sum_{i=1}^{r} k_i\boldsymbol{\alpha}_i = \sum_{i=1}^{r} k_i\boldsymbol{\beta}_i \in L(S)\cap L(T)$$

必有 $L(S\cap T) \subseteq L(S)\cap L(T)$.

反之,任取 $\boldsymbol{v}\in L(S)\cap L(T)$,仅可设 $\boldsymbol{v} = \sum_{i=1}^{s} k_i\boldsymbol{\alpha}_i = \sum_{i=1}^{t} l_i\boldsymbol{\beta}_i$. 因为 $S, T$ 为

任意向量组,未必有

$$v = \sum_{i=1}^{r} k_i \boldsymbol{\alpha}_i = \sum_{i=1}^{r} k_i \boldsymbol{\beta}_i \in L(S \cap T)$$

所以(1) 不正确.

例如:当 $S \cap T = \varnothing$ 时,$L(S \cap T) = L(S) \cap L(T)$ 必不成立.

(2) 因为集合之并集 $L(S) \cup L(T)$ 未必是线性空间(除非有包含关系),所以(2) 不正确.

(3) 可证必有 $L(S \cup T) = L(S) + L(T)$.

任取 $\boldsymbol{v} \in L(S) + L(T)$,必有 $\boldsymbol{v} = \boldsymbol{v}_1 + \boldsymbol{v}_2$,其中

$$\boldsymbol{v}_1 = \sum_{i=1}^{s} k_i \boldsymbol{\alpha}_i \in L(S) \subseteq L(S \cup T) \text{ , } \boldsymbol{v}_2 = \sum_{i=1}^{t} k_i \boldsymbol{\beta}_i \in L(T) \subseteq L(S \cup T)$$

于是必有 $L(S) + L(T) \subseteq L(S \cup T)$. 反之,任取 $\boldsymbol{v} \in L(S \cup T)$,必有

$$\boldsymbol{v} = \sum_{i=1}^{s} k_i \boldsymbol{\alpha}_i + \sum_{i=1}^{t} l_i \boldsymbol{\beta}_i = \boldsymbol{v}_1 + \boldsymbol{v}_2 \in L(S) + L(T)$$

于是又有 $L(S \cup T) \subseteq L(S) + L(T)$. 所以(3) 正确.

或者,根据 $L(S \cup T)$ 和 $L(S) + L(T)$ 都是包含 $S$ 和 $T$ 的最小子空间知必有

$$L(S \cup T) = L(S) + L(T)$$

3. 设 $X$ , $Y$ , $Z$ 是线性空间 $V$ 的子空间,以下叙述是否正确? 证明或给出反例.

(1) 补集合 $V \backslash X$ 决不是 $V$ 的子空间.

(2) $X \cap (Y + Z) = (X \cap Y) + (X \cap Z)$.

(3) 如果 $Y \subseteq X$,则 $X \cap (Y + Z) = Y + (X \cap Z)$.

(4) $X + (Y \cap Z) = (X + Y) \cap (X + Z)$.

**【解】** (1) 正确. 因为线性空间 $X$ 中必有零向量,在 $V$ 中去掉 $X$ 中所有向量后,在 $V \backslash X$ 中就不含零向量了,所以它决不是 $V$ 的子空间.

(2) 不正确. 例如,在 $\mathbf{R}^2$ 中取向量 $\boldsymbol{x} = (1,1)$ , $\boldsymbol{y} = (1,0)$ , $\boldsymbol{z} = (0,1)$,考虑子空间

$$X = L(\boldsymbol{x}) \text{ , } Y = L(\boldsymbol{y}) \text{ , } Z = L(\boldsymbol{z})$$

必有

$$X \cap Y = \{0\} \text{ , } X \cap Z = \{0\} \text{ , } (X \cap Y) + (X \cap Z) = \{0\}$$

可是

$$Y + Z = \mathbf{R}^2 , \ X \cap (Y + Z) = X \neq \{0\}$$

所以

$$X \cap (Y+Z) \neq (X \cap Y) + (X \cap Z)$$

但可证必有$(X \cap Y) + (X \cap Z) \subseteq X \cap (Y+Z)$. 任取

$\boldsymbol{v} = \boldsymbol{x} + \boldsymbol{y} \in (X \cap Y) + (X \cap Z)$,其中$\boldsymbol{x} \in (X \cap Y)$,$\boldsymbol{y} \in (X \cap Z)$

必有

$$\boldsymbol{x}, \boldsymbol{y} \in X, \boldsymbol{x} + \boldsymbol{y} \in X \text{ 和 } \boldsymbol{x} + \boldsymbol{y} \in Y + Z$$

于是$\boldsymbol{v} = \boldsymbol{x} + \boldsymbol{y} \in X \cap (Y+Z)$. 这就证明了

$$(X \cap Y) + (X \cap Z) \subseteq X \cap (Y+Z)$$

更简单的证明方法如下：

因为$(X \cap Y) \subseteq X \cap (Y+Z)$,$(X \cap Z) \subseteq X \cap (Y+Z)$,而$X \cap (Y+Z)$是线性空间,所以

$$(X \cap Y) + (X \cap Z) \subseteq X \cap (Y+Z)$$

(3) 正确. 当$Y \subseteq X$时,可证必有$X \cap (Y+Z) = Y + (X \cap Z)$,即同时成立

$$Y + (X \cap Z) \subseteq X \cap (Y+Z) \text{ 和 } X \cap (Y+Z) \subseteq Y + (X \cap Z)$$

由 $Y \subseteq X$和$X \cap Z \subseteq X$知$Y + (X \cap Z) \subseteq X$. 显然有$Y + (X \cap Z) \subseteq Y + Z$,所以必有

$$Y + (X \cap Z) \subseteq X \cap (Y+Z)$$

任取$\boldsymbol{v} \in X \cap (Y+Z)$,则$\boldsymbol{v} \in X$,$\boldsymbol{v} = \boldsymbol{y} + \boldsymbol{z} \in Y + Z$. 因为$Y \subseteq X$,必有$\boldsymbol{z} = \boldsymbol{v} - \boldsymbol{y} \in X$,所以$\boldsymbol{z} \in X \cap Z$,于是$\boldsymbol{v} = \boldsymbol{y} + \boldsymbol{z} \in Y + (X \cap Z)$,必有$X \cap (Y + Z) \subseteq Y + (X \cap Z)$.

**【注】**　当$Y \subseteq X$时,另法证明$Y + (X \cap Z) \subseteq X \cap (Y+Z)$.

任取$\boldsymbol{v} \in Y + (X \cap Z)$,则$\boldsymbol{v} = \boldsymbol{y} + \boldsymbol{w}$,$\boldsymbol{y} \in Y$,$\boldsymbol{w} \in X \cap Z$,$\boldsymbol{w} \in X$,$\boldsymbol{w} \in Z$. 因为$Y \subseteq X$,必有$\boldsymbol{v} = \boldsymbol{y} + \boldsymbol{w} \in X$. 于是$Y + (X \cap Z) \subseteq X$.

当$\boldsymbol{v} \in Y + (X \cap Z)$时,必有$\boldsymbol{v} \in Y + Z$,所以$Y + (X \cap Z) \subseteq (Y + Z)$.

因为$X \cap (Y+Z)$是线性空间,所以$Y + (X \cap Z) \subseteq X \cap (Y+Z)$.

(4) 不正确. 例如,仍取$\boldsymbol{x} = (1,1)$,$\boldsymbol{y} = (1,0)$,$\boldsymbol{z} = (0,1)$,考虑子空间

$$X = L(\boldsymbol{x}),\ Y = L(\boldsymbol{y}),\ Z = L(\boldsymbol{z})$$

必有

$$X + Y = \mathbf{R}^2,\ X + Z = \mathbf{R}^2,\ Y \cap Z = \{0\}$$

可是

$$(X+Y) \cap (X+Z) = \mathbf{R}^2, X + (Y \cap Z) = X \neq \mathbf{R}^2$$

所以

$$X + (Y \cap Z) \neq (X+Y) \cap (X+Z)$$

但可证必有 $X+(Y\cap Z)\subseteq(X+Y)\cap(X+Z)$. 因为

$$X\subseteq(X+Y)\cap(X+Z)\ ,\ (Y\cap Z)\subseteq(X+Y)\cap(X+Z)$$

而 $(X+Y)\cap(X+Z)$ 是线性空间,所以

$$X+(Y\cap Z)\subseteq(X+Y)\cap(X+Z)$$

4. (1) 设 $U$ 和 $V$ 是 $\mathbf{R}^{2n-1}$ 的两个 $n$ 维子空间,证明 $U\cap V\neq\varnothing$.

(2) 设 $X$ , $Y$ , $Z$ 是向量空间 $V$ 的三个子空间,是不是有以下维数等式

$$\dim(X+Y+Z)=\dim X+\dim Y+\dim Z-\dim(X\cap Y)-\dim(Y\cap Z)-\dim(X\cap Z)+\dim(X\cap Y\cap Z)$$

【证】 (1) 因为 $U$ 和 $V$ 是 $\mathbf{R}^{2n-1}$ 的两个子空间,必有 $\dim(U+V)\leqslant 2n-1$,所以

$$\dim(U\cap V)=\dim(U)+\dim(V)-\dim(U+V)\geqslant 2n-(2n-1)=1,U\cap V\neq\varnothing$$

(2) 不正确. 例如,在 $\mathbf{R}^2$ 中取向量 $\boldsymbol{x}=(1,1)$ , $\boldsymbol{y}=(1,0)$ , $\boldsymbol{z}=(0,1)$. 考虑子空间

$$X=L(x)\ ,\ Y=L(y)\ ,\ Z=L(z)$$

有

$$X\cap Y=\{0\}\ ,\ X\cap Z=\{0\}\ ,\ Y\cap Z=\{0\},X+Y+Z=\mathbf{R}^2$$

却有

$$\dim(X+Y+Z)=2<\dim X+\dim Y+\dim Z=3$$

5. (1) 找出向量 $\boldsymbol{\alpha}_1,\boldsymbol{\alpha}_2;\boldsymbol{\beta}_1,\boldsymbol{\beta}_2\in\mathbf{R}^3$ 使得 $U=L(\boldsymbol{\alpha}_1,\boldsymbol{\alpha}_2)$ , $W=L(\boldsymbol{\beta}_1,\boldsymbol{\beta}_2)$ ,满足

$$U+W=\mathbf{R}^3,U\cap W=L(\boldsymbol{\gamma}),\text{其中 }\boldsymbol{\gamma}=(1,1,1)$$

(2) 找出向量 $\boldsymbol{\alpha}_1,\boldsymbol{\alpha}_2;\boldsymbol{\beta}_1,\boldsymbol{\beta}_2\in\mathbf{R}^3$ 使得 $U=L(\boldsymbol{\alpha}_1,\boldsymbol{\alpha}_2)$ , $W=L(\boldsymbol{\beta}_1,\boldsymbol{\beta}_2)$ ,满足

$$U+W=\{(x,y,z)\mid x+2y+3z=0\}$$

$$U\cap W=L(\boldsymbol{\gamma},\boldsymbol{\delta}),\text{其中 }\boldsymbol{\gamma}=(1,1,-1)\ ,\ \boldsymbol{\delta}=(5,-1,-1)$$

【解】 (1) 取 $\boldsymbol{\alpha}_1=(1,0,1)$ , $\boldsymbol{\alpha}_2=(0,1,0)$ ; $\boldsymbol{\beta}_1=(0,1,1)$ , $\boldsymbol{\beta}_2=(1,0,0)$, 则

$$U=L(\boldsymbol{\alpha}_1,\boldsymbol{\alpha}_2)=\{(k,l,k)\mid k,l\in\mathbf{R}\}$$

$$W=L(\boldsymbol{\beta}_1,\boldsymbol{\beta}_2)=\{(l,k,k)\mid k,l\in\mathbf{R}\}$$

是两个不同的 2 维平面. 显然有

$$U+W=\mathbf{R}^3,U\cap W=\{(k,k,k)\mid k\in\mathbf{R}\}=L(\boldsymbol{\gamma})$$

(2) 由题设条件知两个 2 维平面 $U$ 与 $W$ 的和 $U+W$ 与交 $U\cap W$ 都是 2 维平面,所以 $U$ 与 $W$ 必是同一个 2 维平面,即

$$L(\boldsymbol{\alpha}_1,\boldsymbol{\alpha}_2)=L(\boldsymbol{\beta}_1,\boldsymbol{\beta}_2)=L(\boldsymbol{\gamma},\boldsymbol{\delta})$$

任取 $x+2y+3z=0$ 的两个线性无关的解,例如

$$\boldsymbol{\alpha}_1=(-2,1,0),\boldsymbol{\alpha}_2=(-3,0,1)$$

则用解非齐次线性方程组的方法可求出线性表出式

$$\boldsymbol{\gamma}=(1,1,-1)=\boldsymbol{\alpha}_1-\boldsymbol{\alpha}_2,\boldsymbol{\delta}=(5,-1,-1)=-\boldsymbol{\alpha}_1-\boldsymbol{\alpha}_2$$

有

$$\boldsymbol{\alpha}_1=\frac{1}{2}(\boldsymbol{\gamma}-\boldsymbol{\delta}),\boldsymbol{\alpha}_2=-\frac{1}{2}(\boldsymbol{\gamma}+\boldsymbol{\delta})$$

于是令 $\boldsymbol{\beta}_1=\boldsymbol{\gamma},\boldsymbol{\beta}_2=\boldsymbol{\delta}$ 和 $U=L(\boldsymbol{\alpha}_1,\boldsymbol{\alpha}_2),W=L(\boldsymbol{\gamma},\boldsymbol{\delta})$ 必有

$$U=W$$

且确有

$$U+W=\{(x,y,z)\mid x+2y+3z=0\},U\cap W=L(\boldsymbol{\gamma},\boldsymbol{\delta})$$

**【注】** 满足条件的向量有无穷多组,这里给出的是较简单的取法.

6. 设

$$\boldsymbol{\alpha}_1=\begin{pmatrix}1\\1\\3\\2\end{pmatrix},\boldsymbol{\beta}_1=\begin{pmatrix}0\\1\\0\\2\end{pmatrix};\boldsymbol{\alpha}_2=\begin{pmatrix}2\\2\\4\\0\end{pmatrix},\boldsymbol{\beta}_2=\begin{pmatrix}2\\-1\\3\\1\end{pmatrix},\boldsymbol{\gamma}_2=\begin{pmatrix}2\\1\\1\\1\end{pmatrix}$$

$$U_1=L(\boldsymbol{\alpha}_1,\boldsymbol{\beta}_1),U_2=L(\boldsymbol{\alpha}_2,\boldsymbol{\beta}_2,\boldsymbol{\gamma}_2)$$

(1) 找出 $U_1\cap U_2$ 的基 $B$.

(2) 把 $U_1\cap U_2$ 的基 $B$ 扩展成 $U_1$ 的基 $B_1$ 和扩展成 $U_2$ 的基 $B_2$.

(3) 证明 $U_1+U_2=\mathbf{R}^4$.

**【解】** (1) $U_1\cap U_2$ 的基向量必须满足

$$\begin{pmatrix}x_1\\x_2\\x_3\\x_4\end{pmatrix}=k_1\begin{pmatrix}1\\1\\3\\2\end{pmatrix}+k_2\begin{pmatrix}0\\1\\0\\2\end{pmatrix}=l_1\begin{pmatrix}2\\2\\4\\0\end{pmatrix}+l_2\begin{pmatrix}2\\-1\\3\\1\end{pmatrix}+l_3\begin{pmatrix}2\\1\\1\\1\end{pmatrix}$$

即需求解线性方程组

$$\left(\begin{array}{ccc:c}2&2&2&k_1\\2&-1&1&k_1+k_2\\4&3&1&3k_1\\0&1&1&2k_1+2k_2\end{array}\right)\to\left(\begin{array}{ccc:c}2&2&2&k_1\\0&-3&-1&k_2\\0&-1&-3&k_1\\0&1&1&2k_1+2k_2\end{array}\right)$$

$$\left(\begin{array}{ccc|c}2 & 2 & 2 & k_1 \\ 0 & -3 & -1 & k_2 \\ 0 & -4 & -4 & k_1+k_2 \\ 0 & 1 & 1 & 2k_1+2k_2\end{array}\right)$$

它有解当且仅当 $k_1+k_2=0$，$k_2=-k_1$. 于是 $U_1 \cap U_2$ 的基向量只有一个

$$\boldsymbol{\xi}=\boldsymbol{\alpha}_1-\boldsymbol{\beta}_1=\begin{pmatrix}1\\1\\3\\2\end{pmatrix}-\begin{pmatrix}0\\1\\0\\2\end{pmatrix}=\begin{pmatrix}1\\0\\3\\0\end{pmatrix}$$

即 $$U_1 \cap U_2=\{k\boldsymbol{\xi} \mid k \in \boldsymbol{R}\}=L(\boldsymbol{\xi})$$

(2) 由 $U_1=L(\boldsymbol{\alpha}_1,\boldsymbol{\beta}_1)$，$U_2=L(\boldsymbol{\alpha}_2,\boldsymbol{\beta}_2,\boldsymbol{\gamma}_2)$ 和$\boldsymbol{\alpha}_1,\boldsymbol{\beta}_1$ 和$\boldsymbol{\alpha}_2,\boldsymbol{\beta}_2,\boldsymbol{\gamma}_2$ 都是线性无关组知

$$\dim U_1=2, \dim U_2=3$$

把 $U_1 \cap U_2$ 的基$\boldsymbol{\xi}$ 扩展成 $U_1$ 的基 $B_1=\{\boldsymbol{\xi},\boldsymbol{\alpha}_1\}$，$\{\boldsymbol{\xi},\boldsymbol{\alpha}_1\}$ 的确线性无关.

把 $U_1 \cap U_2$ 的基$\boldsymbol{\xi}$ 扩展成 $U_2$ 的基 $B_2=\{\boldsymbol{\xi},\boldsymbol{\alpha}_2,\boldsymbol{\beta}_2\}$，因为

$$\begin{pmatrix}1 & 0 & 3 & 0 \\ 2 & 2 & 4 & 0 \\ 2 & -1 & 3 & 1\end{pmatrix}$$

的秩为 3，所以$\{\boldsymbol{\xi},\boldsymbol{\alpha}_2,\boldsymbol{\beta}_2\}$ 的确线性无关.

(3) 因为

$$\begin{aligned}\dim(U_1+U_2) &= \dim(U_1)+\dim(U_2)-\dim(U_1 \cap U_2) \\ &= 2+3-1=4=\dim \mathbf{R}^4\end{aligned}$$

所以 $U_1+U_2=\mathbf{R}^4$.

**【注】** 若把 $k_1+k_2=0$ 代入线性方程组的增广矩阵可进一步化简

$$\left(\begin{array}{ccc|c}2 & 2 & 2 & k_1 \\ 0 & -3 & -1 & k_2 \\ 0 & -4 & -4 & k_1+k_2 \\ 0 & 1 & 1 & 2k_1+2k_2\end{array}\right) \to \left(\begin{array}{ccc|c}2 & 2 & 2 & k_1 \\ 0 & -3 & -1 & -k_1 \\ 0 & 0 & 0 & 0 \\ 0 & 1 & 1 & 0\end{array}\right)$$

$$\to \left(\begin{array}{ccc|c}2 & 0 & 0 & k_1 \\ 0 & 0 & 2 & -k_1 \\ 0 & 0 & 0 & 0 \\ 0 & 1 & 1 & 0\end{array}\right) \to \left(\begin{array}{ccc|c}2 & 0 & 0 & k_1 \\ 0 & 0 & 1 & -k_1/2 \\ 0 & 0 & 0 & 0 \\ 0 & 1 & 1 & 0\end{array}\right)$$

$$\rightarrow\left(\begin{array}{ccc:c}1 & 0 & 0 & k_1/2 \\ 0 & 0 & 1 & -k_1/2 \\ 0 & 0 & 0 & 0 \\ 0 & 1 & 0 & k_1/2\end{array}\right)$$

求出 $l_1 = l_2 = -l_3 = k_1/2$,于是求出 $U_1 \cap U_2$ 的基向量

$$\boldsymbol{\eta} = \boldsymbol{\alpha}_2 + \boldsymbol{\beta}_2 - \boldsymbol{\gamma}_2 = \begin{pmatrix}2\\2\\4\\0\end{pmatrix} + \begin{pmatrix}2\\-1\\3\\1\end{pmatrix} - \begin{pmatrix}2\\1\\1\\1\end{pmatrix} = \begin{pmatrix}2\\0\\6\\0\end{pmatrix} = 2\boldsymbol{\xi}$$

仍得

$$U_1 \cap U_2 = \{k\boldsymbol{\eta} \mid k \in \mathbf{R}\} = \{k\boldsymbol{\xi} \mid k \in \mathbf{R}\} = L(\boldsymbol{\xi})$$

7. 设 $V$ 是 $\mathbf{R}$ 上的 $n$ 维线性空间.

(1) 证明对于任意一个 $1 \leqslant r \leqslant n$,必有 $V$ 的 $r$ 维子空间.

(2) 设 $U$ 和 $W$ 是 $V$ 的两个子空间,$U \subseteq W$,证明必存在 $V$ 的子空间 $W'$ 使得

$$W \cap W' = U,\ W + W' = V$$

**【证】** (1) 设 $V = L(S)$, $S = \{\boldsymbol{v}_1, \boldsymbol{v}_2, \cdots, \boldsymbol{v}_n\}$ 是 $V$ 的基,则

$$U = L(\boldsymbol{v}_1, \boldsymbol{v}_2, \cdots, \boldsymbol{v}_r)$$

必是 $V$ 的 $r$ 维子空间.

(2) 因为 $U$ 和 $W$ 是 $V$ 的两个子空间,且 $U \subseteq W$,所以由 $U \subseteq W \subseteq V$ 知可设

$$U = L(\boldsymbol{u}_1, \boldsymbol{u}_2, \cdots, \boldsymbol{u}_r), W = L(\boldsymbol{u}_1, \boldsymbol{u}_2, \cdots, \boldsymbol{u}_r, \boldsymbol{w}_1, \cdots, \boldsymbol{w}_s)$$

$$V = L(\boldsymbol{u}_1, \boldsymbol{u}_2, \cdots, \boldsymbol{u}_r, \boldsymbol{w}_1, \cdots, \boldsymbol{w}_s, \boldsymbol{v}_1, \cdots, \boldsymbol{v}_t), r + s + t = n$$

于是 $W' = L(\boldsymbol{u}_1, \boldsymbol{u}_2, \cdots, \boldsymbol{u}_r, \boldsymbol{v}_1, \cdots, \boldsymbol{v}_t)$ 即为所求的子空间.

8. 设 $V = U \oplus W$, $U = U_1 \oplus U_2$,证明 $V = U_1 \oplus U_2 \oplus W$.

**【证】** 由 $V = U + W$, $U = U_1 + U_2$ 知 $V = U_1 + U_2 + W$. 进一步,由

$$\dim V = \dim U + \dim W = \dim U_1 + \dim U_2 + \dim W$$

知 $V = U_1 \oplus U_2 \oplus W$.

9. 设 $V_1$ 和 $V_2$ 是线性空间 $V$ 的两个子空间,证明以下诸命题等价:

(1) $V_1 + V_2$ 是直和.

(2) $V_1 + V_2$ 中零向量可唯一地表为 $0 = 0 + 0$.

(3) $V_1 \cap V_2 = \{0\}$.

(4) $\dim(V_1 + V_2) = \dim V_1 + \dim V_2$.

(5) $V_1$ 的任意一个基 $S_1$ 与 $V_2$ 的任意一个基 $S_2$ 之并集 $S = S_1 \cup S_2$ 必是 $V_1 + V_2$ 的基.

**【证】** (1)⇒(2). 就是直和的定义所要求满足的.

(2)⇒(3). 任取 $\boldsymbol{v} \in V_1 \cap V_2$,由 $\boldsymbol{0} = \boldsymbol{v} + (-\boldsymbol{v})$, $\boldsymbol{v} \in V_1$, $-\boldsymbol{v} \in V_2$ 知必有 $\boldsymbol{v} = \boldsymbol{0}$.

(3)⇒(4). $\dim(V_1 + V_2) = \dim V_1 + \dim V_2 - \dim(V_1 \cap V_2) = \dim V_1 + \dim V_2$.

(4)⇒(5). 设 $S_1 = \{\boldsymbol{\alpha}_1, \boldsymbol{\alpha}_2, \cdots, \boldsymbol{\alpha}_s\}$, $S_2 = \{\boldsymbol{\beta}_1, \boldsymbol{\beta}_2, \cdots, \boldsymbol{\beta}_t\}$,则

$$V_1 = L(S_1), V_2 = L(S_2), V_1 + V_2 = L(S_1 \cup S_2)$$

这说明任一 $\boldsymbol{v} \in V_1 + V_2$ 必可用 $S = S_1 \cup S_2$ 线性表出. 再据

$$\dim(V_1 + V_2) = \dim V_1 + \dim V_2 = s + t$$

知 $S = S_1 \cup S_2$ 必是 $V_1 + V_2$ 的基.

(5)⇒(1). 设 $S_1 = \{\boldsymbol{\alpha}_1, \boldsymbol{\alpha}_2, \cdots, \boldsymbol{\alpha}_s\}$, $S_2 = \{\boldsymbol{\beta}_1, \boldsymbol{\beta}_2, \cdots, \boldsymbol{\beta}_t\}$. 任取 $\boldsymbol{v} \in V_1 + V_2$. 如果有

$$\boldsymbol{v} = \boldsymbol{v}_1 + \boldsymbol{v}_2 = \boldsymbol{w}_1 + \boldsymbol{w}_2, \text{其中 } \boldsymbol{v}_1, \boldsymbol{w}_1 \in V_1, \boldsymbol{v}_2, \boldsymbol{w}_2 \in V_2$$

可设

$$\boldsymbol{v}_1 = \sum_{i=1}^{s} k_i \boldsymbol{\alpha}_i, , \boldsymbol{w}_1 = \sum_{i=1}^{s} l_i \boldsymbol{\alpha}_i; \boldsymbol{v}_2 = \sum_{i=j}^{t} \lambda_j \boldsymbol{\beta}_j, \boldsymbol{w}_2 = \sum_{j=1}^{t} \mu_j \boldsymbol{\beta}_j$$

则有

$$\sum_{i=1}^{s} k_i \boldsymbol{\alpha}_i + \sum_{i=j}^{t} \lambda_j \boldsymbol{\beta}_j = \sum_{i=1}^{s} l_i \boldsymbol{\alpha}_i + \sum_{j=1}^{t} \mu_j \boldsymbol{\beta}_j$$

$$\sum_{i=1}^{s} (k_i - l_i) \boldsymbol{\alpha}_i + \sum_{j=1}^{t} (\lambda_j - \mu_j) \boldsymbol{\beta}_j = \boldsymbol{0}$$

因为 $S = S_1 \cup S_2$ 必是 $V_1 + V_2$ 的基,必线性无关,所以必有

$$k_i = l_i, i = 1, 2, \cdots, s; \lambda_j = \mu_j, j = 1, 2, \cdots, t$$

这就证明了 $V_1 + V_2$ 是直和.

**【注】** 以上是整体循环证明方法,也可局部证明等价性.

例如,可证明(3)⇒(1):如果有

$$\boldsymbol{v} = \boldsymbol{v}_1 + \boldsymbol{v}_2 = \boldsymbol{w}_1 + \boldsymbol{w}_2, \text{其中}, \boldsymbol{v}_1, \boldsymbol{w}_1 \in V_1, \boldsymbol{v}_2, \boldsymbol{w}_2 \in V_2$$

则

$$\boldsymbol{v}_1 - \boldsymbol{w}_1 = \boldsymbol{w}_2 - \boldsymbol{v}_2 \in V_1 \cap V_2 = \{0\}$$

必有 $\boldsymbol{v}_1 = \boldsymbol{w}_1$, $\boldsymbol{v}_2 = \boldsymbol{w}_2$, $V_1 + V_2$ 是直和. 这就证明了(1)、(2) 与(3) 两两等价.

再易证(4) 与(5) 等价,(3) 与(4) 等价.

10. 设 $V_1, V_2, \cdots, V_m$ 是线性空间 $V$ 的 $m$ 个子空间, 如果对任意一个 $\boldsymbol{v} \in V$, 都可唯一地表为

$$\boldsymbol{v} = \boldsymbol{v}_1 + \boldsymbol{v}_2 + \cdots + \boldsymbol{v}_m, \text{其中}, \boldsymbol{v}_1 \in V_1, \boldsymbol{v}_2 \in V_2, \cdots, \boldsymbol{v}_m \in V_m$$

则称 $V_1, V_2, \cdots, V_m$ 的和空间 $V_1 + V_2 + \cdots + V_m$ 是直和,记为

$$V_1 \oplus V_2 \oplus \cdots \oplus V_m$$

证明以下诸命题等价:

(1) $V_1 + V_2 + \cdots + V_m$ 是直和.

(2) $V_1 + V_2 + \cdots + V_m$ 中零向量可唯一地表为 $0 = 0 + 0 + \cdots + 0$.

(3) $V_i \cap [V_1 + \cdots + V_{i-1} + V_{i+1} + \cdots + V_m] = \{0\}$, $\forall i = 1, 2, \cdots, m$.

(4) $V_i \cap [V_1 + \cdots + V_{i-1}] = \{0\}$, $\forall i = 1, 2, \cdots, m$.

(5) $m$ 个子空间 $V_i$ 的基 $S_i$ 之并集 $S = S_1 \cup S_2 \cup \cdots \cup S_m$ 是 $V_1 + V_2 + \cdots + V_m$ 的基.

(6) $\dim(V_1 + V_2 + \cdots + V_m) = \dim V_1 + \dim V_2 + \cdots + \dim V_m$.

**【证】** (1)⇒(2). 就是直和的定义所要求满足的.

(2)⇒(3). 任取 $\boldsymbol{v} \in V_i \cap [V_1 + \cdots + V_{i-1} + V_{i+1} + \cdots + V_m]$,由

$$\boldsymbol{v} = \boldsymbol{v}_i = \boldsymbol{v}_1 + \cdots + \boldsymbol{v}_{i-1} + \boldsymbol{v}_{i+1} + \boldsymbol{v}_m, \boldsymbol{v}_i \in V_i, i = 1, 2, \cdots, m$$

知必有

$$\boldsymbol{v}_1 + \cdots + \boldsymbol{v}_{i-1} - \boldsymbol{v}_i + \boldsymbol{v}_{i+1} + \boldsymbol{v}_m = \boldsymbol{0}$$

由零向量的表法唯一性知必有 $\boldsymbol{v}_i = \boldsymbol{0}$,即 $\boldsymbol{v} = \boldsymbol{0}$.

(3)⇒(4). $V_i \cap [V_1 + \cdots + V_{i-1}] \subseteq V_i \cap [V_1 + \cdots + V_{i-1} + V_{i+1} \cdots + V_m] = \{0\}$.

(4)⇒(5). 记子空间 $V_i$ 的基 $S_i = \{\boldsymbol{v}_{i1}, \boldsymbol{v}_{i2}, \cdots, \boldsymbol{v}_{ir_i}\}$, $i = 1, 2, \cdots, m$. 可证

$$S = S_1 \cup S_2 \cup \cdots \cup S_m$$

必是线性无关组. 设

$$\sum_{j=1}^{r_1} k_{1j}\boldsymbol{v}_{1j} + \sum_{j=1}^{r_2} k_{2j}\boldsymbol{v}_{2j} + \cdots + \sum_{j=1}^{r_m} k_{mj}\boldsymbol{v}_{mj} = \boldsymbol{0}$$

则由

$$\sum_{j=1}^{r_m} k_{mj}\boldsymbol{v}_{mj} = -\sum_{j=1}^{r_1} k_{1j}\boldsymbol{v}_{1j} - \cdots - \sum_{j=1}^{r_{m-1}} k_{m-1,j}\boldsymbol{v}_{m-1,j} \in V_m \cap [V_1 + \cdots + V_{m-1}] = \{0\}$$

知 $\sum_{j=1}^{r_m} k_{mj}\boldsymbol{v}_{mj} = \{0\}$. 因为 $S_m$ 为线性无关组,所以必有

$$k_{m1} = k_{m2} = \cdots = k_{mr_m} = 0$$

再由

$$\sum_{j=1}^{r_1} k_{1j}\boldsymbol{v}_{1j} + \sum_{j=1}^{r_2} k_{2j}\boldsymbol{v}_{2j} + \cdots + \sum_{j=1}^{r_{m-1}} k_{m-1,j}\boldsymbol{v}_{m-1,j} = \boldsymbol{0}$$

和

$$V_{m-1} \cap [V_1 + \cdots + V_{m-2}] = \{0\}$$

知

$$k_{m-1,1} = k_{m-1,2} = \cdots = k_{m-1,r_{m-1}} = 0$$

如此下去,可证得所有系数

$$k_{ij} = 0, \ \forall j = 1, 2, \cdots, r_i; \ i = 1, 2, \cdots, m$$

这就证明了 $S = S_1 \cup S_2 \cup \cdots \cup S_m$ 是线性无关组,也就是 $V_1 + V_2 + \cdots + V_m$ 的基.

(5)⇒(6). 因为 $S = S_1 \cup S_2 \cup \cdots \cup S_m$ 是 $V_1 + V_2 + \cdots + V_m$ 的基,所以必有

$$\dim (V_1 + V_2 + \cdots + V_m) = \dim V_1 + \dim V_2 + \cdots + \dim V_m$$

(6)⇒(1). 取 $V_i$ 的基

$$S_i = \{\boldsymbol{v}_{i1}, \boldsymbol{v}_{i2}, \cdots, \boldsymbol{v}_{ir_i}\}, \ V_i = L\{\boldsymbol{v}_{i1}, \boldsymbol{v}_{i2}, \cdots, \boldsymbol{v}_{ir_i}\}, \ i = 1, 2, \cdots, m$$

任取 $\boldsymbol{v} \in V_1 + V_2 + \cdots + V_m$,如果

$$\boldsymbol{v} = \boldsymbol{v}_1 + \boldsymbol{v}_2 + \cdots + \boldsymbol{v}_m = \boldsymbol{w}_1 + \boldsymbol{w}_2 + \cdots + \boldsymbol{w}_m, \ \boldsymbol{v}_i, \boldsymbol{w}_i \in V_i$$

$$(\boldsymbol{v}_1 - \boldsymbol{w}_1) + (\boldsymbol{v}_2 - \boldsymbol{w}_2) + \cdots + (\boldsymbol{v}_m - \boldsymbol{w}_m) = \mathbf{0}$$

将这 $m$ 个向量 $\boldsymbol{v}_i - \boldsymbol{w}_i$ 表为 $S_i = \{\boldsymbol{v}_{i1}, \boldsymbol{v}_{i2}, \cdots, \boldsymbol{v}_{ir_i}\}$ 的线性组合,再由 $S = S_1 \cup S_2 \cup \cdots \cup S_m$ 是线性无关组知必有 $\boldsymbol{v}_i = \boldsymbol{w}_i$, $i = 1, 2, \cdots, m$. 这就证明了 $V_1 + V_2 + \cdots + V_m$ 是直和.

**【注】** 即便 $V_1, V_2, V_3$ 中任意两个的交都是零空间,也不能断言 $V_1 + V_2 + V_3$ 是直和.

例如,在 $\mathbf{R}^2$ 中任取三个两两不共线的向量 $\boldsymbol{\alpha}, \boldsymbol{\beta}, \boldsymbol{\gamma}$,记子空间

$$V_1 = L(\boldsymbol{\alpha}), \ V_2 = L(\boldsymbol{\beta}), \ V_3 = L(\boldsymbol{\gamma})$$

显然有

$$V_1 \cap V_2 = \{0\}, \ V_1 \cap V_3 = \{0\}, \ V_2 \cap V_3 = \{0\}$$

可是由 $\boldsymbol{\alpha}, \boldsymbol{\beta}, \boldsymbol{\gamma}$ 必线性相关知

$$R^2 = V_1 + V_2 + V_3 \neq V_1 \oplus V_2 \oplus V_3$$

11. 设 $M_n(P)$ 是数域 $P$ 上 $n$ 阶方阵线性空间,它有两个子空间:

$V_1$ 是 $n$ 阶对称方阵线性空间,$V_2$ 是 $n$ 阶反对称方阵线性空间,证明 $M_n(P) = V_1 \oplus V_2$.

**【证】** 任取 $\boldsymbol{A} \in M_n(P)$,必有 $\boldsymbol{A} = \boldsymbol{X} + \boldsymbol{Y}$,其中

$$\boldsymbol{X} = \frac{1}{2}(\boldsymbol{A} + \boldsymbol{A}'), \ \boldsymbol{Y} = \frac{1}{2}(\boldsymbol{A} - \boldsymbol{A}')$$

分别为对称方阵与反对称方阵,所以 $M_n(P) = V_1 + V_2$.

任取 $\boldsymbol{A} \in V_1 \cap V_2$，则必有 $\boldsymbol{A}' = \boldsymbol{A}$，$\boldsymbol{A}' = -\boldsymbol{A}$，于是

$$\boldsymbol{A} = \boldsymbol{O}, V_1 \cap V_2 = \{\boldsymbol{O}\}, M_n(P) = V_1 \oplus V_2$$

12. 设 $M_n(P)$ 是数域 $P$ 上 $n$ 阶方阵线性空间，它有两个子空间

$$V_1 = \{a\boldsymbol{I}_n \mid a \in P\} \text{ 是 } n \text{ 阶数量方阵线性空间}$$

$$V_2 = \left\{\boldsymbol{A} = (a_{ij})_{n\times n} \,\middle|\, \sum_{i=1}^{n} a_{ii} = 0\right\} \text{ 是迹为零的 } n \text{ 阶方阵线性空间}$$

证明 $M_n(P) = V_1 \oplus V_2$.

**【证】**　任取 $\boldsymbol{A} = (a_{ij}) \in M_n(P)$，记 $a = \mathrm{tr}(\boldsymbol{A}) = \sum_{i=1}^{n} a_{ii}$，则

$$\boldsymbol{A} = (a_{ij}) = a\begin{pmatrix} 1 & & & \\ & 1 & & \\ & & \ddots & \\ & & & 1 \end{pmatrix} + \begin{pmatrix} a_{11} - a & a_{12} & \cdots & a_{1n} \\ a_{21} & a_{22} - a & \cdots & a_{2n} \\ \vdots & \vdots & \ddots & \vdots \\ a_{n1} & a_{n2} & \cdots & a_{nn} - a \end{pmatrix} = a\boldsymbol{I}_n + \boldsymbol{B}$$

其中，$a\boldsymbol{I}_n \in V_1$，$\boldsymbol{B} \in V_2$，所以 $M_n(P) = V_1 + V_2$.

进一步，当 $a\boldsymbol{I}_n \in V_2$ 时，必有 $a = 0$，$a\boldsymbol{I}_n = \boldsymbol{O}$，这就是说

$$V_1 \cap V_2 = \{\boldsymbol{O}\}, \quad M_n(P) = V_1 \oplus V_2$$

13. 设 $\boldsymbol{A} = (a_{ij}) \in M_n(P)$，$\lambda_1, \lambda_2, \cdots, \lambda_m$ 是 $\boldsymbol{A}$ 的两两不同的特征值，$\lambda_i$ 的重数为 $l_i$，$i = 1, 2, \cdots, m$，$\sum_{i=1}^{m} l_i = n$，$\boldsymbol{A}$ 的属于特征值 $\lambda_i$ 的特征子空间为 $V_i$，$i = 1, 2, \cdots, m$，证明 $\boldsymbol{A}$ 相似于对角矩阵当且仅当

$$\mathbf{R}^n = V_1 \oplus V_2 \oplus \cdots \oplus V_m$$

**【证】**　必要性：当 $\boldsymbol{A}$ 相似于对角矩阵时，$\boldsymbol{A}$ 有 $n$ 个线性无关的特征向量 $\boldsymbol{p}_1, \boldsymbol{p}_2, \cdots, \boldsymbol{p}_n$，它们必构成 $\mathbf{R}^n$ 的基，$\mathbf{R}^n = L(\boldsymbol{p}_1, \boldsymbol{p}_2, \cdots, \boldsymbol{p}_n)$. $\boldsymbol{A}$ 的属于同一特征值 $\lambda_i$ 的任意两个极大无关特征向量组都是等价的向量组，它们必生成同一个特征子空间 $V_i$，所以由 $\dim V_i = r_i = l_i$，$i = 1, 2, \cdots, m$ 知必有

$$\dim V_1 + \dim V_2 + \cdots + \dim V_m = \sum_{i=1}^{m} l_i = n$$

于是必有

$$\mathbf{R}^n = V_1 \oplus V_2 \oplus \cdots \oplus V_m$$

充分性：当 $\mathbf{R}^n = V_1 \oplus V_2 \oplus \cdots \oplus V_m$ 时，必有

$$\dim V_1 + \dim V_2 + \cdots + \dim V_m = \sum_{i=1}^{m} l_i = n$$

和

$$\dim V_i = r_i = l_i, \ i = 1, 2, \cdots, m$$

于是 $\boldsymbol{A}$ 必相似于对角矩阵.

【注】 已知以下结论：

(1)$n$ 阶方阵 $\boldsymbol{A}$ 相似于对角矩阵当且仅当 $\boldsymbol{A}$ 有 $n$ 个线性无关的特征向量 $\boldsymbol{p}_1, \boldsymbol{p}_2, \cdots, \boldsymbol{p}_n$，此时，存在可逆矩阵 $\boldsymbol{P}=(\boldsymbol{p}_1, \boldsymbol{p}_2, \cdots, \boldsymbol{p}_n)$ 使得 $\boldsymbol{P}^{-1}\boldsymbol{A}\boldsymbol{P}=\boldsymbol{\Lambda}$ 为对角矩阵.

(2) 设 $\boldsymbol{A}$ 的属于特征值 $\lambda_i$ 的特征子空间为

$$V_i = L\{\boldsymbol{p}_{i1}, \boldsymbol{p}_{i2}, \cdots, \boldsymbol{p}_{ir_i}\}, \ \dim V_i = r_i \leqslant l_i, \ i=1, 2, \cdots, m$$

其中

$$S_i = \{\boldsymbol{p}_{i1}, \boldsymbol{p}_{i2}, \cdots, \boldsymbol{p}_{ir_i}\}, \ i=1, 2, \cdots, m$$

是 $V_i$ 的线性无关生成元集，则它们的并集

$$S = S_1 \cup S_2 \cup \cdots \cup S_m$$

必为线性无关组.

(3)$n$ 阶方阵 $\boldsymbol{A}$ 相似于对角矩阵当且仅当 $\dim V_i = r_i = l_i, i=1, 2, \cdots, m$.

14. 考虑以下两个 $n$ 元齐次线性方程组：

(1)$x_1+x_2+\cdots+x_n=0$；(2)$x_1=x_2=\cdots=x_n$.

它们的解空间分别为 $V_1$ 和 $V_2$，证明 $\mathbf{R}^n = V_1 \oplus V_2$.

【证一】 记 $\boldsymbol{\alpha}_1=\begin{pmatrix}-1\\1\\0\\\vdots\\0\end{pmatrix}, \boldsymbol{\alpha}_2=\begin{pmatrix}-1\\0\\1\\\vdots\\0\end{pmatrix}, \cdots, \boldsymbol{\alpha}_{n-1}=\begin{pmatrix}-1\\0\\0\\\vdots\\1\end{pmatrix}, \boldsymbol{\beta}=\begin{pmatrix}1\\1\\1\\\vdots\\1\end{pmatrix}$.

易见

$$V_1 = L(\boldsymbol{\alpha}_1, \boldsymbol{\alpha}_2, \cdots, \boldsymbol{\alpha}_{n-1}), V_2 = L(\boldsymbol{\beta})$$

因为 $\boldsymbol{\alpha}_1, \boldsymbol{\alpha}_2, \cdots, \boldsymbol{\alpha}_{n-1}, \boldsymbol{\beta}$ 是 $n$ 个线性无关的 $n$ 维向量，所以必有 $\mathbf{R}^n = V_1 \oplus V_2$.

【证二】 显然有 $\dim V_1 = n-1$，$\dim V_2 = 1$. 任取 $\boldsymbol{\alpha} \in V_1 \cap V_2$，由

$$x_1+x_2+\cdots+x_n=0 \quad 和 \quad x_1=x_2=\cdots=x_n$$

知必有 $x_1=x_2=\cdots=x_n=0$，$\boldsymbol{\alpha}=\mathbf{0}$. 于是由

$$\dim V_1 + \dim V_2 = n = \dim \mathbf{R}^n$$

知 $\mathbf{R}^n = V_1 \oplus V_2$.

15. (1) 设 $\boldsymbol{\alpha}_1=\begin{pmatrix}1\\-2\\5\\-3\end{pmatrix}, \boldsymbol{\alpha}_2=\begin{pmatrix}2\\3\\1\\-4\end{pmatrix}, \boldsymbol{\alpha}_3=\begin{pmatrix}3\\8\\-3\\-5\end{pmatrix}$，确定 $V=L(\boldsymbol{\alpha}_1, \boldsymbol{\alpha}_2, \boldsymbol{\alpha}_3)$ 的基.

（2）问向量组

$$S=\left\{\boldsymbol{\beta}_1=\begin{pmatrix}2\\5\\-3\\-2\end{pmatrix},\boldsymbol{\beta}_2=\begin{pmatrix}-2\\-3\\2\\-5\end{pmatrix},\boldsymbol{\beta}_3=\begin{pmatrix}1\\3\\-2\\2\end{pmatrix},\boldsymbol{\beta}_4=\begin{pmatrix}-1\\-6\\4\\3\end{pmatrix}\right\}$$

是不是 $\mathbf{R}^4$ 的基?

（3）以下线性空间的和是不是直和?

① 设$\boldsymbol{\gamma}_1=\begin{pmatrix}3\\-2\\-5\\4\end{pmatrix},\boldsymbol{\gamma}_2=\begin{pmatrix}-5\\2\\8\\-5\end{pmatrix};\boldsymbol{\gamma}_3=\begin{pmatrix}-2\\4\\7\\-3\end{pmatrix},\boldsymbol{\gamma}_4=\begin{pmatrix}2\\-3\\-5\\8\end{pmatrix}$.

$L(\boldsymbol{\gamma}_1,\boldsymbol{\gamma}_2)+L(\boldsymbol{\gamma}_3,\boldsymbol{\gamma}_4)$.

② 设$\boldsymbol{\delta}_1=\begin{pmatrix}1\\-2\\5\\-3\end{pmatrix},\boldsymbol{\delta}_2=\begin{pmatrix}4\\-4\\6\\-3\end{pmatrix};\boldsymbol{\delta}_3=\begin{pmatrix}3\\4\\0\\1\end{pmatrix},\boldsymbol{\delta}_4=\begin{pmatrix}-3\\8\\-2\\1\end{pmatrix}$.

$L(\boldsymbol{\delta}_1,\boldsymbol{\delta}_2)+L(\boldsymbol{\delta}_3,\boldsymbol{\delta}_4)$.

**【解】**　（1）求生成元集的秩

$$\begin{pmatrix}1&2&3\\-2&3&8\\5&1&-3\\-3&-4&-5\end{pmatrix}\to\begin{pmatrix}1&2&3\\0&7&14\\0&-9&-18\\0&2&4\end{pmatrix}\to\begin{pmatrix}1&2&3\\0&1&2\\0&0&0\\0&0&0\end{pmatrix}$$

因为 $V$ 的生成元集的秩为 2，所以 $V$ 是 2 维平面，可从中任取两个线性无关的向量构成基

$$S=\{\boldsymbol{\alpha}_1,\boldsymbol{\alpha}_2\}\text{ 或 }S=\{\boldsymbol{\alpha}_2,\boldsymbol{\alpha}_3\}\text{ 或 }S=\{\boldsymbol{\alpha}_1,\boldsymbol{\alpha}_3\}$$

（2）由

$$\begin{pmatrix}1&-1&-2&2\\3&-6&-3&5\\-2&4&2&-3\\2&3&-5&-2\end{pmatrix}\to\begin{pmatrix}1&-1&-2&2\\0&-3&3&-1\\0&2&-2&1\\0&5&-1&-6\end{pmatrix}\to\begin{pmatrix}1&-1&-2&2\\0&-1&1&0\\0&2&-2&1\\0&5&-1&-6\end{pmatrix}$$

$$\to\begin{pmatrix}1&-1&-2&2\\0&-1&1&0\\0&0&0&1\\0&0&4&-6\end{pmatrix}$$

知向量组 $S$ 的秩为 4，所以 $S$ 是 $\mathbf{R}^4$ 的基.

(3) $V_1+V_2=V_1\oplus V_2 \Leftrightarrow V_1\cap V_2=\{0\} \Leftrightarrow \dim(V_1+V_2)=\dim(V_1)+\dim(V_2)$.

① 记 $V_1=L(\boldsymbol{\gamma}_1,\boldsymbol{\gamma}_2)$，$V_2=L(\boldsymbol{\gamma}_3,\boldsymbol{\gamma}_4)$. 因为

$$\begin{vmatrix}3&-5&-2&2\\-2&2&4&-3\\-5&8&7&-5\\4&-5&-3&8\end{vmatrix}=\begin{vmatrix}1&-3&2&-1\\-2&2&4&-3\\-5&8&7&-5\\4&-5&-3&8\end{vmatrix}=\begin{vmatrix}1&-3&2&-1\\0&-4&8&-5\\0&-7&17&-10\\0&7&-11&12\end{vmatrix}\neq 0$$

所以这四个基向量线性无关，据

$$\dim V_1+\dim V_2=2+2=4=\dim \mathbf{R}^4$$

知 $\mathbf{R}^4=V_1\oplus V_2$.

【注】 任取 $\boldsymbol{v}\in V_1\cap V_2$，因为成立

$$\boldsymbol{v}=k_1\begin{pmatrix}3\\-2\\-5\\4\end{pmatrix}+k_2\begin{pmatrix}-5\\2\\8\\-5\end{pmatrix}=l_1\begin{pmatrix}-2\\4\\7\\-3\end{pmatrix}+l_2\begin{pmatrix}2\\-3\\-5\\8\end{pmatrix}$$

时，必有 $k_1=k_2=l_1=l_2=0$，必有 $\boldsymbol{v}=\mathbf{0}$，所以 $V_1\cap V_2=\{0\}$.

② 因为

$$\begin{vmatrix}1&4&3&-3\\-2&-4&4&8\\5&6&0&-2\\-3&-3&1&1\end{vmatrix}=\begin{vmatrix}1&4&3&-3\\0&4&10&2\\0&-14&-15&13\\0&9&10&-8\end{vmatrix}=\begin{vmatrix}4&10&2\\-14&-15&13\\1&-10&-12\end{vmatrix}$$

$$=\begin{vmatrix}5&0&-10\\-14&-15&13\\1&-10&-12\end{vmatrix}=5\begin{vmatrix}1&0&-2\\-13&-25&1\\1&-10&-12\end{vmatrix}=25\begin{vmatrix}1&0&-2\\-13&-5&1\\0&-2&-10\end{vmatrix}=0$$

所以存在非零向量 $\boldsymbol{v}=k_1\begin{pmatrix}1\\-2\\5\\-3\end{pmatrix}+k_2\begin{pmatrix}4\\-4\\6\\-3\end{pmatrix}=l_1\begin{pmatrix}3\\4\\0\\1\end{pmatrix}+l_2\begin{pmatrix}-3\\8\\-2\\1\end{pmatrix}\in V_1\cap V_2$，这说明

$V_1+V_2$ 不是直和，有

$$\dim(V_1+V_2)<4=\dim(V_1)+\dim(V_2)$$

# 第八章　线性变换

## §1　线性变换

1. 设 $V$ 是数域 $P$ 上的线性空间,$V$ 中一个变换,指的是 $V$ 中的元素之间的一个对应法则 $f$,对于任意一个 $\boldsymbol{v}\in V$,必有确定的一个 $\boldsymbol{v}'\in V$ 与之对应,记为 $\boldsymbol{v}'=f(\boldsymbol{v})$. 称 $\boldsymbol{v}'$ 为 $\boldsymbol{v}$ 在 $f$ 下的象,$\boldsymbol{v}$ 为 $\boldsymbol{v}'$ 在 $f$ 下的一个原象.

线性空间 $V$ 中的一个变换常记为 $f:V\to V$ 或 $f:\boldsymbol{v}\to f(\boldsymbol{v})$ , $\boldsymbol{v}\in V$.

若对任意一个 $\boldsymbol{v}'\in V$,都有某个 $\boldsymbol{v}\in V$ 使得 $\boldsymbol{v}'=f(\boldsymbol{v})$,则称 $f$ 是满变换.

若当 $f(\boldsymbol{v}_1)=f(\boldsymbol{v}_2)$ 时必有 $\boldsymbol{v}_1=\boldsymbol{v}_2$,则称 $f$ 是单变换.

若 $f$ 既是满变换,又是单变换,则称为一一变换或一一对应. 此时,对任一 $\boldsymbol{v}'\in V$,都有唯一的 $\boldsymbol{v}\in V$ 使得 $\boldsymbol{v}'=f(\boldsymbol{v})$.

2. 设 $V$ 是数域 $P$ 上线性空间,$f:V\to V$ 和 $g:V\to V$ 是两个变换,$k\in P$,定义如下两个乘积运算和一个加法运算:

(1) $(kf):V\to V:(kf)(\boldsymbol{v})=k(f(\boldsymbol{v}))$ , $\forall\boldsymbol{v}\in V$ , $k\in P$.

(2) $(f\circ g):V\to V:(f\circ g)(\boldsymbol{v})=f(g(\boldsymbol{v}))$ , $\forall\boldsymbol{v}\in V$.

$(f\circ g):V\to V$ 可简写成 $(fg):V\to V:(fg)(\boldsymbol{v})=f(g(\boldsymbol{v}))$ , $\forall\boldsymbol{v}\in V$.

(3) $(f+g):V\to V:(f+g)(\boldsymbol{v})=f(\boldsymbol{v})+g(\boldsymbol{v})$ , $\forall\boldsymbol{v}\in V$.

3. 线性空间 $V$ 中的一个变换 $f$ 称为线性变换,如果它满足:

(1) $f(\boldsymbol{v}_1+\boldsymbol{v}_2)=f(\boldsymbol{v}_1)+f(\boldsymbol{v}_2)$ , $\forall\boldsymbol{v}_1,\boldsymbol{v}_2\in V$.

(2) $f(k\boldsymbol{v})=kf(\boldsymbol{v})$ , $\forall k\in P$ , $\boldsymbol{v}\in V$.

这两个条件可合并为

$$f(k_1\boldsymbol{v}_1+k_2\boldsymbol{v}_2)=k_1f(\boldsymbol{v}_1)+k_2f(\boldsymbol{v}_2)\ ,\ \forall k_1,k_2\in P\ ,\ \boldsymbol{v}_1,\boldsymbol{v}_2\in V$$

线性空间 $V$ 中的一个线性变换 $f$ 的数乘变换 $kf$ 仍为线性变换.

两个线性变换 $f$ 与 $g$ 的和变换 $f+g$ 与积变换 $f\circ g$ 仍为线性变换.

若对任意一个 $\boldsymbol{v}\in V$ 都有 $f(\boldsymbol{v})=0$,则称 $f$ 为 $V$ 中的零变换,记为 $0_V$.

若对任意一个 $\boldsymbol{v}\in V$ 都有 $f(\boldsymbol{v})=\boldsymbol{v}$,则称 $f$ 为 $V$ 中的恒等变换,记为 $I_V$.

如果对于线性变换 $f:V\to V$,存在线性变换 $g:V\to V$,使得

$$(f\circ g)=I_V\text{且}(g\circ f)=I_V$$

则称 $f$ 是可逆变换.

线性变换 $f:V\to V$ 是一一变换当且仅当 $f$ 是可逆变换.

4. 设 $f$ 是线性空间 $V$ 中的一个线性变换,称

$$f(V)=\{f(\boldsymbol{v})\mid \boldsymbol{v}\in V\}\subseteq V$$

为 $V$ 在 $f$ 下的象,记为 $\mathrm{Im}(f)$ 或 $\mathrm{Im}\,f$.

$V$ 中的零元 0 在 $f$ 下的原象全体

$$f^{-1}(0)=\{\boldsymbol{v}\in V\mid f(\boldsymbol{v})=\}\subseteq V$$

称为 $f$ 的核,记为 $\ker(f)$ 或 $\ker f$($f$ 未必是可逆变换).

$\mathrm{Im}(f)$ 必是 $V$ 的子空间,称为 $f$ 的象空间.

线性变换 $f$ 的秩 $R(f)=\dim\ (\mathrm{Im}\,f)$.

$\ker(f)$ 必是 $V$ 的子空间,称为 $f$ 的零空间(核空间).

线性变换 $f$ 的零度 $N(f)=\dim\ (\ker f)$.

线性变换的秩与零度定理:设 $f$ 是线性空间 $V$ 中的线性变换,则

$$\dim V=N(f)+R(f)$$

设 $f$ 是有限维线性空间 $V$ 上的线性变换,则 $f$ 是单变换当且仅当 $f$ 是满变换.

5. 线性变换的变换矩阵

设 $V$ 是数域 $P$ 上的线性空间,$f:V\to V$ 是线性变换,$\dim V=n$. 在 $V$ 中取基

$$B=\{\boldsymbol{v}_1,\boldsymbol{v}_2,\cdots,\boldsymbol{v}_n\},V=L(B)$$

把线性空间 $V$ 中的抽象向量都看成形式列向量,可得线性变换的矩阵形式表示式

$$f(\boldsymbol{v}_1,\boldsymbol{v}_2,\cdots,\boldsymbol{v}_n)=(f(\boldsymbol{v}_1),f(\boldsymbol{v}_2),\cdots,f(\boldsymbol{v}_n))=(\boldsymbol{v}_1,\boldsymbol{v}_2,\cdots,\boldsymbol{v}_n)\boldsymbol{A}_{n\times n}$$

称 $\boldsymbol{A}_{n\times n}$ 是线性变换 $f$ 的关于 $V$ 的基 $B$ 的变换矩阵,或称 $f$ 在基 $B$ 下的变换矩阵,记为 $\boldsymbol{A}=M_B^B(f)$. 在不会引起混淆时可简记为 $\boldsymbol{A}=M(f)$.

6. 变换矩阵的线性运算和乘积

设 $f:V\to V$ 和 $g:V\to V$ 是两个线性变换,$k\in P$. 取定 $V$ 的基

$$B=\{\boldsymbol{v}_1,\boldsymbol{v}_2,\cdots,\boldsymbol{v}_n\}$$

必有线性表示式

$$f(\boldsymbol{v}_1,\boldsymbol{v}_2,\cdots,\boldsymbol{v}_n)=(\boldsymbol{v}_1,\boldsymbol{v}_2,\cdots,\boldsymbol{v}_n)\boldsymbol{A}$$
$$g(\boldsymbol{v}_1,\boldsymbol{v}_2,\cdots,\boldsymbol{v}_n)=(\boldsymbol{v}_1,\boldsymbol{v}_2,\cdots,\boldsymbol{v}_n)\boldsymbol{B}$$

且

$$\begin{aligned}(f+g)(\boldsymbol{v}_1,\boldsymbol{v}_2,\cdots,\boldsymbol{v}_n)&=f(\boldsymbol{v}_1,\boldsymbol{v}_2,\cdots,\boldsymbol{v}_n)+g(\boldsymbol{v}_1,\boldsymbol{v}_2,\cdots,\boldsymbol{v}_n)\\&=(\boldsymbol{v}_1,\boldsymbol{v}_2,\cdots,\boldsymbol{v}_n)(\boldsymbol{A}+\boldsymbol{B})\end{aligned}$$

$$(kf)(\boldsymbol{v}_1,\boldsymbol{v}_2,\cdots,\boldsymbol{v}_n)=k[f(\boldsymbol{v}_1,\boldsymbol{v}_2,\cdots,\boldsymbol{v}_n)]=k(\boldsymbol{v}_1,\boldsymbol{v}_2,\cdots,\boldsymbol{v}_n)\boldsymbol{A}$$

$$= (\boldsymbol{v}_1, \boldsymbol{v}_2, \cdots, \boldsymbol{v}_n)(k\boldsymbol{A})$$

$$(f \circ g)(\boldsymbol{v}_1, \boldsymbol{v}_2, \cdots, \boldsymbol{v}_n) = f[g(\boldsymbol{v}_1, \boldsymbol{v}_2, \cdots, \boldsymbol{v}_n)]$$
$$= f(\boldsymbol{v}_1, \boldsymbol{v}_2, \cdots, \boldsymbol{v}_n)B = (\boldsymbol{v}_1, \boldsymbol{v}_2, \cdots, \boldsymbol{v}_n)\boldsymbol{AB}$$

$$(g \circ f)(\boldsymbol{v}_1, \boldsymbol{v}_2, \cdots, \boldsymbol{v}_n) = g[f(\boldsymbol{v}_1, \boldsymbol{v}_2, \cdots, \boldsymbol{v}_n)]$$
$$= g(\boldsymbol{v}_1, \boldsymbol{v}_2, \cdots, \boldsymbol{v}_n)\boldsymbol{A} = (\boldsymbol{v}_1, \boldsymbol{v}_2, \cdots, \boldsymbol{v}_n)\boldsymbol{BA}$$

设$f: V \to V$是可逆线性变换,则由

$$f(\boldsymbol{v}_1, \boldsymbol{v}_2, \cdots, \boldsymbol{v}_n) = (\boldsymbol{v}_1, \boldsymbol{v}_2, \cdots, \boldsymbol{v}_n)\boldsymbol{A}$$

知

$$(\boldsymbol{v}_1, \boldsymbol{v}_2, \cdots, \boldsymbol{v}_n) = f(\boldsymbol{v}_1, \boldsymbol{v}_2, \cdots, \boldsymbol{v}_n)\boldsymbol{A}^{-1}$$

$$f^{-1}(\boldsymbol{v}_1, \boldsymbol{v}_2, \cdots, \boldsymbol{v}_n) = (f^{-1} \circ f)(\boldsymbol{v}_1, \boldsymbol{v}_2, \cdots, \boldsymbol{v}_n)\boldsymbol{A}^{-1} = (\boldsymbol{v}_1, \boldsymbol{v}_2, \cdots, \boldsymbol{v}_n)\boldsymbol{A}^{-1}$$

7. 线性变换的不变子空间

设$V$是数域$\boldsymbol{P}$上的线性空间,$f: V \to V$是线性变换,$V$的子空间$U$称为$f$不变子空间,如果$f(U) \subseteq U$,简记为$f$－子空间.

1. 以下哪一个变换$f: \mathbf{R}^3 \to \mathbf{R}^3$是线性变换?

(1)$f(x, y, z) = (y, z, 0)$;

(2)$f(x, y, z) = (|x|, -z, 0)$;

(3)$f(x, y, z) = (x-1, x, y)$.

**【解】**　任取$(x_1, y_1, z_1), (x_2, y_2, z_2) \in \mathbf{R}^3$, $k \in P$.

$$(1) f[(x_1, y_1, z_1) + (x_2, y_2, z_2)] = f(x_1 + x_2, y_1 + y_2, z_1 + z_2)$$
$$= (y_1 + y_2, z_1 + z_2, 0)$$
$$= (y_1, z_1, 0) + (y_2, z_2, 0)$$
$$= f(x_1, y_1, z_1) + f(x_2, y_2, z_2)$$

$$f[k(x_1, y_1, z_1)] = f(kx_1, ky_1, kz_1) = (ky_1, kz_1, 0) = k(y_1, z_1, 0)$$
$$= kf(x_1, y_1, z_1)$$

$f$是$\mathbf{R}^3$中的线性变换.

(2)$f[k(x_1, y_1, z_1)] = f(kx_1, ky_1, kz_1) = (|kx_1|, -kz_1, 0)$.

$kf(x_1, y_1, z_1) = k[f(x_1, y_1, z_1)] = k(|x_1|, -z_1, 0)$.

因为$|kx_1| = k|x_1|$未必成立,所以$f$不是$\mathbf{R}^3$中的线性变换.

(3)$f[k(x_1, y_1, z_1)] = f(kx_1, ky_1, kz_1) = (kx_1 - 1, kx_1, ky_1)$.

$kf(x_1, y_1, z_1) = k[f(x_1, y_1, z_1)] = k(x_1 - 1, x_1, y_1)$.

因为$k(x_1 - 1) = kx_1 - 1$未必成立,所以$f$不是$\mathbf{R}^3$中的线性变换.

2. 设$B = \{\boldsymbol{\varepsilon}_1, \boldsymbol{\varepsilon}_2, \boldsymbol{\varepsilon}_3, \boldsymbol{\varepsilon}_4\}$是4维线性空间$V$的基,已知$V$中线性变换$f$在基$B$下的矩阵为

$$A=\begin{pmatrix}1&-2&0&0\\0&2&-1&1\\3&-1&1&-2\\0&1&-1&3\end{pmatrix}$$

求$f(\boldsymbol{\varepsilon}_1+2\boldsymbol{\varepsilon}_2+3\boldsymbol{\varepsilon}_3+4\boldsymbol{\varepsilon}_4)$.

**【解】** 由条件

$$f(\boldsymbol{\varepsilon}_1,\boldsymbol{\varepsilon}_2,\boldsymbol{\varepsilon}_3,\boldsymbol{\varepsilon}_4)=(\boldsymbol{\varepsilon}_1,\boldsymbol{\varepsilon}_2,\boldsymbol{\varepsilon}_3,\boldsymbol{\varepsilon}_4)\begin{pmatrix}1&-2&0&0\\0&2&-1&1\\3&-1&1&-2\\0&1&-1&3\end{pmatrix}$$

知

$$f(\boldsymbol{\varepsilon}_1)=\boldsymbol{\varepsilon}_1+3\boldsymbol{\varepsilon}_3$$
$$f(\boldsymbol{\varepsilon}_2)=-2\boldsymbol{\varepsilon}_1+2\boldsymbol{\varepsilon}_2-\boldsymbol{\varepsilon}_3+\boldsymbol{\varepsilon}_4$$
$$f(\boldsymbol{\varepsilon}_3)=-\boldsymbol{\varepsilon}_2+\boldsymbol{\varepsilon}_3-\boldsymbol{\varepsilon}_4$$
$$f(\boldsymbol{\varepsilon}_4)=\boldsymbol{\varepsilon}_2-2\boldsymbol{\varepsilon}_3+3\boldsymbol{\varepsilon}_4$$

于是

$$\begin{aligned}&f(\boldsymbol{\varepsilon}_1+2\boldsymbol{\varepsilon}_2+3\boldsymbol{\varepsilon}_3+4\boldsymbol{\varepsilon}_4)\\&=(\boldsymbol{\varepsilon}_1+3\boldsymbol{\varepsilon}_3)+2(-2\boldsymbol{\varepsilon}_1+2\boldsymbol{\varepsilon}_2-\boldsymbol{\varepsilon}_3+\boldsymbol{\varepsilon}_4)+3(-\boldsymbol{\varepsilon}_2+\boldsymbol{\varepsilon}_3-\boldsymbol{\varepsilon}_4)+\\&\quad 4(\boldsymbol{\varepsilon}_2-2\boldsymbol{\varepsilon}_3+3\boldsymbol{\varepsilon}_4)\\&=-3\boldsymbol{\varepsilon}_1+5\boldsymbol{\varepsilon}_2-4\boldsymbol{\varepsilon}_3+11\boldsymbol{\varepsilon}_4\end{aligned}$$

3. 设$V$是4维线性空间,$B=\{\boldsymbol{\varepsilon}_1,\boldsymbol{\varepsilon}_2,\boldsymbol{\varepsilon}_3,\boldsymbol{\varepsilon}_4\}$为$V$的基. 已知$V$中线性变换$f$在基$B$下的矩阵为

$$A=\begin{pmatrix}1&0&1&0\\1&-1&2&1\\2&-1&3&1\\-1&2&-3&-2\end{pmatrix}$$

求出:(1) 核空间$\ker(f)$的基、维数和$f$的零度.

(2) 象空间$\mathrm{Im}(f)$的基、维数和$f$的秩.

**【解】** (1) 任取

$$\boldsymbol{\alpha}=x_1\boldsymbol{\varepsilon}_1+x_2\boldsymbol{\varepsilon}_2+x_3\boldsymbol{\varepsilon}_3+x_4\boldsymbol{\varepsilon}_4=(\boldsymbol{\varepsilon}_1,\boldsymbol{\varepsilon}_2,\boldsymbol{\varepsilon}_3,\boldsymbol{\varepsilon}_4)\boldsymbol{x}\in\ker(f)$$

由

$$f(\boldsymbol{\varepsilon}_1,\boldsymbol{\varepsilon}_2,\boldsymbol{\varepsilon}_3,\boldsymbol{\varepsilon}_4)=(\boldsymbol{\varepsilon}_1,\boldsymbol{\varepsilon}_2,\boldsymbol{\varepsilon}_3,\boldsymbol{\varepsilon}_4)A$$

和

$$f(\boldsymbol{\alpha})=f(\boldsymbol{\varepsilon}_1,\boldsymbol{\varepsilon}_2,\boldsymbol{\varepsilon}_3,\boldsymbol{\varepsilon}_4)\boldsymbol{x}=(\boldsymbol{\varepsilon}_1,\boldsymbol{\varepsilon}_2,\boldsymbol{\varepsilon}_3,\boldsymbol{\varepsilon}_4)A\boldsymbol{x}$$

知 $f(\boldsymbol{\alpha})=0 \Leftrightarrow \boldsymbol{A x}=\mathbf{0}$. 所以,只需求解齐次线性方程组 $\boldsymbol{A x}=\mathbf{0}$.

用初等行变换把系数矩阵化简

$$\begin{pmatrix}1 & 0 & 1 & 0\\ 1 & -1 & 2 & 1\\ 2 & -1 & 3 & 1\\ -1 & 2 & -3 & -2\end{pmatrix} \to \begin{pmatrix}1 & 0 & 1 & 0\\ 0 & -1 & 1 & 1\\ 0 & -1 & 1 & 1\\ 0 & 2 & -2 & -2\end{pmatrix} \to \begin{pmatrix}1 & 0 & 1 & 0\\ 0 & 1 & -1 & -1\\ 0 & 0 & 0 & 0\\ 0 & 0 & 0 & 0\end{pmatrix}$$

同解方程组为

$$\begin{cases}x_1=-x_3\\ x_2=x_3+x_4\end{cases}$$

取基础解系

$$\boldsymbol{\xi}_1=\begin{pmatrix}-1\\ 1\\ 1\\ 0\end{pmatrix},\ \boldsymbol{\xi}_2=\begin{pmatrix}0\\ 1\\ 0\\ 1\end{pmatrix}$$

所以 $B_1=\{-\boldsymbol{\varepsilon}_1+\boldsymbol{\varepsilon}_2+\boldsymbol{\varepsilon}_3, \boldsymbol{\varepsilon}_2+\boldsymbol{\varepsilon}_4\}$ 为 $\ker(f)$ 的基,零度

$$N(f)=\dim\ker(f)=2$$

(2)$R(f)=\dim\operatorname{Im}(f)=R(\boldsymbol{A})=2$. 因为 $B=\{\boldsymbol{\varepsilon}_1, \boldsymbol{\varepsilon}_2, \boldsymbol{\varepsilon}_3, \boldsymbol{\varepsilon}_4\}$ 是 $V$ 的基,必有

$$\operatorname{Im}(f)=L\{f(\boldsymbol{\varepsilon}_1), f(\boldsymbol{\varepsilon}_2), f(\boldsymbol{\varepsilon}_3), f(\boldsymbol{\varepsilon}_4)\}$$

因为

$$\boldsymbol{A}=\begin{pmatrix}1 & 0 & 1 & 0\\ 1 & -1 & 2 & 1\\ 2 & -1 & 3 & 1\\ -1 & 2 & -3 & -2\end{pmatrix}=(\boldsymbol{\beta}_1\quad \boldsymbol{\beta}_2\quad \boldsymbol{\beta}_3\quad \boldsymbol{\beta}_4)$$

其中,$\boldsymbol{\beta}_4=-\boldsymbol{\beta}_2, \boldsymbol{\beta}_3=\boldsymbol{\beta}_1-\boldsymbol{\beta}_2, \boldsymbol{\beta}_1$ 与 $\boldsymbol{\beta}_2$ 线性无关,所以由

$$(f(\boldsymbol{\varepsilon}_1), f(\boldsymbol{\varepsilon}_2), f(\boldsymbol{\varepsilon}_3), f(\boldsymbol{\varepsilon}_4))=(\boldsymbol{\varepsilon}_1, \boldsymbol{\varepsilon}_2, \boldsymbol{\varepsilon}_3, \boldsymbol{\varepsilon}_4)(\boldsymbol{\beta}_1\quad \boldsymbol{\beta}_2\quad \boldsymbol{\beta}_3\quad \boldsymbol{\beta}_4)$$

知 $B_2=\{f(\boldsymbol{\varepsilon}_1), f(\boldsymbol{\varepsilon}_2)\}$ 为 $\operatorname{Im}(f)$ 的基.

**【注】**　根据矩阵 $\boldsymbol{A}$,可具体求出

$$f(\boldsymbol{\varepsilon}_1)=\boldsymbol{\varepsilon}_1+\boldsymbol{\varepsilon}_2+2\boldsymbol{\varepsilon}_3-\boldsymbol{\varepsilon}_4$$
$$f(\boldsymbol{\varepsilon}_2)=-\boldsymbol{\varepsilon}_2-\boldsymbol{\varepsilon}_3+2\boldsymbol{\varepsilon}_4$$
$$f(\boldsymbol{\varepsilon}_3)=\boldsymbol{\varepsilon}_1+2\boldsymbol{\varepsilon}_2+3\boldsymbol{\varepsilon}_3-3\boldsymbol{\varepsilon}_4=f(\boldsymbol{\varepsilon}_1)-f(\boldsymbol{\varepsilon}_2)$$
$$f(\boldsymbol{\varepsilon}_4)=\boldsymbol{\varepsilon}_2+\boldsymbol{\varepsilon}_3-2\boldsymbol{\varepsilon}_4=-f(\boldsymbol{\varepsilon}_2)$$

所以 $B_2=\{f(\boldsymbol{\varepsilon}_1), f(\boldsymbol{\varepsilon}_2)\}$ 为 $\operatorname{Im}(f)$ 的基.

4. 设 $V$ 是 $n$ 维线性空间,$f$ 是 $V$ 上的线性变换,证明 $f$ 是单变换当且仅当 $f$

是满变换.

【证】 $f$是单变换当且仅当$\ker(f)=\{0\}$, $\dim\ker(f)=0$;$f$是满变换当且仅当$\mathrm{Im}(f)=V$, $\dim\mathrm{Im}(f)=n$. 因为

$$\dim\mathrm{Im}(f)+\dim\ker(f)=n$$

所以,$f$是单变换当且仅当$f$是满变换.

5. 设$f$是$n$维线性空间$V$上的满线性变换,$U$是$V$的$r$维子空间,证明$f(U)$也是$r$维子空间.

【证】 因为$f$是满变换,所以$f$必是单变换,因而必是可逆变换.

任取$U$的基$B=\{\boldsymbol{u}_1,\boldsymbol{u}_2,\cdots,\boldsymbol{u}_r\}$,$U=L(B)$. 因为$f$是可逆变换

$$B'=\{f(\boldsymbol{u}_1),f(\boldsymbol{u}_2),\cdots,f(\boldsymbol{u}_r)\}$$

就是$f(U)$的基,所以$f(U)=L(B')$也是$r$维子空间.

【注】 若$f$是$n$维线性空间$V$上的单线性变换,$U$是$V$的$r$维子空间,则$f(U)$也是$r$维子空间.

6. 设$f$是$n$维线性空间$V$上的线性变换,证明$f$不是满变换当且仅当,对$f$在$V$的任意一个基下的变换矩阵$\boldsymbol{A}$,齐次线性方程组$\boldsymbol{Ax}=\boldsymbol{0}$都有非零解.

【证】 $f$不是满射$\Leftrightarrow\dim\mathrm{Im}(f)<n\Leftrightarrow R(\boldsymbol{A})<n$,即$\boldsymbol{Ax}=\boldsymbol{0}$有非零解.

7. 设$V$是数域$P$上的线性空间.

(1) 若$f_1,f_2,\cdots,f_m$是$V$上的两两不同的线性变换,证明必存在$\boldsymbol{v}\in V$使得

$$f_1(\boldsymbol{v}),f_2(\boldsymbol{v}),\cdots,f_m(\boldsymbol{v})$$

两两不同.

(2) 若$f_1,f_2,\cdots,f_m$都是$V$上非零线性变换,证明必存在$\boldsymbol{v}\in V$使得

$$f_i(\boldsymbol{v})\neq 0,\ i=1,2,\cdots,m$$

【证】 (1) 对于任意一对$1\leqslant i\neq j\leqslant m$,令

$$V_{ij}=\{\boldsymbol{v}\mid\boldsymbol{v}\in V,f_i(\boldsymbol{v})=f_j(\boldsymbol{v})\}$$

显然,$V_{ij}$都是$V$的子空间. 再由$f_1,f_2,\cdots,f_m$是$V$上的两两不同的线性变换知$V_{ij}$都是$V$的真子空间,它们共有有限个,于是必存在$\boldsymbol{v}\in V$使得

$$\boldsymbol{v}\notin\cup V_{ij}$$

这就是说,$f_1(\boldsymbol{v}),f_2(\boldsymbol{v}),\cdots,f_m(\boldsymbol{v})$两两不同.

(2) 令

$$V_i=\ker(f_i),\ i=1,2,\cdots,m$$

因为$f_i\neq 0$, $i=1,2,\cdots,m$,所以$V_i$是$V$的有限个真子空间,于是必存在$\boldsymbol{v}\in V$使得

$$\boldsymbol{v} \notin \bigcup_{i=1}^{m} V_i$$

这就是说,$f_i(\boldsymbol{v}) \neq 0$ , $i = 1$ , $2$ , $\cdots$ , $m$.

【注】　在第七章 §2 题12已证结论:设 $V_1$, $V_2$, $\cdots$ , $V_m$ 是线性空间 $V$ 的 $m$ 个真子空间,则必存在

$$\boldsymbol{v} \in V, \text{而}\ \boldsymbol{v} \notin V_i,\ i = 1, 2, \cdots, m$$

8. 设 $V$ 是 $n$ 维非零实线性空间,如果 $f: V \to V$ 是线性变换,证明下述两个命题等价:

(1) $\mathrm{Im}(f) = \ker(f)$ ;(2) $f^2 = 0$ , $R(f) = \dfrac{n}{2}$ , $n$ 是偶数.

【证】　设(1) 成立,即 $\mathrm{Im}(f) = \ker(f)$ ,则对于任取的 $\boldsymbol{v} \in V$ 都有

$$f(\boldsymbol{v}) \in \mathrm{Im}(f) = \ker(f)\ ,\ f^2(\boldsymbol{v}) = f(f(\boldsymbol{v})) = 0$$

这说明 $f^2 = 0$. 因为

$$n = \dim V = \dim \ker(f) + \dim \mathrm{Im}(f) = 2\dim \mathrm{Im}(f) = 2R(f)$$

所以 $R(f) = \dfrac{n}{2}$ , $n$ 是偶数.

设(2) 成立. 任取 $\boldsymbol{v} = f(\boldsymbol{u}) \in \mathrm{Im}(f)$ , $\boldsymbol{u} \in V$,则由 $f^2 = 0$ 知

$$f(\boldsymbol{v}) = f^2(\boldsymbol{u}) = 0\ ,\ \boldsymbol{v} \in \ker(f)$$

这说明必有 $\mathrm{Im}(f) \subseteq \ker(f)$.

进一步,因为

$$R(f) = \dim \mathrm{Im}(f) = \frac{n}{2}$$

$$N(f) = \dim \ker(f) = \dim V - R(f) = n - \frac{n}{2} = \frac{n}{2}$$

所以 $\dim \ker(f) = \dim \mathrm{Im}(f)$. 再由 $\mathrm{Im}(f) \subseteq \ker(f)$ 知必有 $\mathrm{Im}(f) = \ker(f)$.

9. 设 $f: V \to V$ 是线性变换,证明必有

$$\mathrm{Im}(f^2) \subseteq \mathrm{Im}(f)\ ,\ \ker(f) \subseteq \ker(f^2)$$

并证明以下三个命题是等价的:

① $V = \ker(f) \oplus \mathrm{Im}(f)$ ;② $\ker(f) = \ker(f^2)$ ;③ $\mathrm{Im}(f) = \mathrm{Im}(f^2)$.

【证】　任取 $\boldsymbol{\alpha} \in \mathrm{Im}(f^2)$ ,则存在 $\boldsymbol{\beta} \in V$ 使得 $\boldsymbol{\alpha} = f^2(\boldsymbol{\beta})$. 记 $\boldsymbol{\gamma} = f(\boldsymbol{\beta})$ ,则

$$\boldsymbol{\alpha} = f(\boldsymbol{\gamma}) \in \mathrm{Im}(f)$$

所以

$$\mathrm{Im}(f^2) \subseteq \mathrm{Im}(f)$$

任取 $\boldsymbol{\alpha} \in \ker(f)$ ,则 $f(\boldsymbol{\alpha}) = 0$ , $f^2(\boldsymbol{\alpha}) = 0$,这说明 $\boldsymbol{\alpha} \in \ker(f^2)$ ,所以

$$\ker(f) \subseteq \ker(f^2)$$

(1) 证明 ① 与 ② 等价.

由 ① 推出 ②. 设 $V = \ker(f) \oplus \operatorname{Im}(f)$ 成立,则 $\ker(f) \cap \operatorname{Im}(f) = \{0\}$.

任取 $\boldsymbol{\alpha} \in \ker(f^2)$,则 $f^2(\boldsymbol{\alpha}) = 0$ , $f(f(\boldsymbol{\alpha})) = 0$. 这说明 $f(\boldsymbol{\alpha}) \in \ker(f) \cap \operatorname{Im}(f)$,必有 $f(\boldsymbol{\alpha}) = 0$ , $\boldsymbol{\alpha} \in \ker(f)$,必有 $\ker(f^2) \subseteq \ker(f)$.

因为 $\ker(f) \subseteq \ker(f^2)$ 总是成立的,所以必有 $\ker(f) = \ker(f^2)$,② 成立.

由 ② 推出 ①. 设 $\ker(f) = \ker(f^2)$ 成立. 任取 $\boldsymbol{\alpha} \in \ker(f) \cap \operatorname{Im}(f)$,则

$$f(\boldsymbol{\alpha}) = 0 \text{ 且 } \boldsymbol{\alpha} = f(\boldsymbol{\beta}) \text{ , } \boldsymbol{\beta} \in V$$

因为 $\ker(f^2) \subseteq \ker(f)$,由 $f^2(\boldsymbol{\beta}) = f(\boldsymbol{\alpha}) = 0$ 知 $\boldsymbol{\beta} \in \ker(f^2) \subseteq \ker(f)$,所以必有

$$\boldsymbol{\alpha} = f(\boldsymbol{\beta}) = 0$$

于是证得 $\ker(f) \cap \operatorname{Im}(f) = \{0\}$.

因为 $\dim V = \dim \ker(f) + \dim \operatorname{Im}(f)$,$\ker(f) \cap \operatorname{Im}(f) = \{0\}$,所以必有

$$V = \ker(f) \oplus \operatorname{Im}(f)$$

(2) 证明 ② 与 ③ 等价.

因为 $\dim V = \dim \ker(f) + \dim \operatorname{Im}(f) = \dim \ker(f^2) + \dim \operatorname{Im}(f^2)$,所以

$$\dim \ker(f) = \dim \ker(f^2) \Leftrightarrow \dim \operatorname{Im}(f) = \dim \operatorname{Im}(f^2)$$

于是由

$$\operatorname{Im}(f^2) \subseteq \operatorname{Im}(f) \text{ , } \ker(f) \subseteq \ker(f^2)$$

知

$$\operatorname{Im}(f^2) = \operatorname{Im}(f) \Leftrightarrow \ker(f) = \ker(f^2)$$

**【注】** 由此可见,若 $f$ 是线性空间 $V$ 上的幂等线性变换:$f^2 = f$,则必有

$$V = \ker(f) \oplus \operatorname{Im}(f)$$

10. 取定两个实函数 $v_1 = \mathrm{e}^{ax}\cos bx$ , $v_2 = \mathrm{e}^{ax}\sin bx$,它们生成实函数空间的 2 维子空间

$$V = L(v_1, v_2)$$

求 $V$ 中的求导数线性变换 $d:f(x) \to f'(x)$ 在基 $B = \{v_1, v_2\}$ 下的矩阵 $\boldsymbol{A} = M_B^B(d)$.

**【解】** 因为

$$d(v_1) = a\mathrm{e}^{ax}\cos bx - b\mathrm{e}^{ax}\sin bx = av_1 - bv_2$$

$$d(v_2) = a\mathrm{e}^{ax}\sin bx + b\mathrm{e}^{ax}\cos bx = bv_1 + av_2$$

$$d(v_1, v_2) = (v_1, v_2)\begin{pmatrix} a & b \\ -b & a \end{pmatrix}$$

所以 $\boldsymbol{A} = \begin{pmatrix} a & b \\ -b & a \end{pmatrix}$.

11. 取定六个实函数

$$v_1 = e^{ax}\cos bx\ ,\ v_2 = e^{ax}\sin bx\ ,\ v_3 = xe^{ax}\cos bx\ ,\ v_4 = xe^{ax}\sin bx$$

$$v_5 = \frac{1}{2}x^2e^{ax}\cos bx\ ,\ v_6 = \frac{1}{2}x^2e^{ax}\sin bx$$

它们生成实函数空间的 6 维子空间

$$V = L(v_1, v_2, v_3, v_4, v_5, v_6)$$

求 $V$ 中的求导数线性变换

$$d: f(x) \to f'(x)$$

在基 $B = \{v_1, v_2, v_3, v_4, v_5, v_6\}$ 下的矩阵 $\boldsymbol{A} = M_B^B(d)$.

**【解】** 依次求出

$$d(v_1) = ae^{ax}\cos bx - be^{ax}\sin bx = av_1 - bv_2$$

$$d(v_2) = ae^{ax}\sin bx + be^{ax}\cos bx = bv_1 + av_2$$

$$d(v_3) = (xe^{ax}\cos bx)' = e^{ax}\cos bx + axe^{ax}\cos bx - bxe^{ax}\sin bx = v_1 + av_3 - bv_4$$

$$d(v_4) = (xe^{ax}\sin bx)' = e^{ax}\sin bx + axe^{ax}\sin bx + bxe^{ax}\cos bx = v_2 + bv_3 + av_4$$

$$d(v_5) = \left(\frac{1}{2}x^2e^{ax}\cos bx\right)' = xe^{ax}\cos bx + \frac{1}{2}ax^2e^{ax}\cos bx - \frac{1}{2}bx^2e^{ax}\sin bx$$

$$= v_3 + av_5 - bv_6$$

$$d(v_6) = \left(\frac{1}{2}x^2e^{ax}\sin bx\right)' = xe^{ax}\sin bx + \frac{1}{2}ax^2e^{ax}\sin bx + \frac{1}{2}bx^2e^{ax}\cos bx$$

$$= v_4 + bv_5 + av_6$$

所以

$$\boldsymbol{A} = \left(\begin{array}{cc:cc:cc} a & b & 1 & 0 & 0 & 0 \\ -b & a & 0 & 1 & 0 & 0 \\ \hdashline 0 & 0 & a & b & 1 & 0 \\ 0 & 0 & -b & a & 0 & 1 \\ \hdashline 0 & 0 & 0 & 0 & a & b \\ 0 & 0 & 0 & 0 & -b & a \end{array}\right)$$

12. 考虑 2 阶方阵线性空间 $M_2(P)$. 取定 $\boldsymbol{A} = \begin{pmatrix} a & b \\ c & d \end{pmatrix} \in M_2(P)$,可定义如下四个线性变换:

(1) $f: \boldsymbol{X} \mapsto \boldsymbol{AX}$;　　(2) $g: \boldsymbol{X} \mapsto \boldsymbol{XA}$;

(3) $h: \boldsymbol{X} \mapsto \boldsymbol{AXA}$;　　(4) $k: \boldsymbol{X} \mapsto \boldsymbol{AX} - \boldsymbol{XA}$.

分别求出它们在 $M_2(P)$ 的由基础矩阵组成的基 $B = \{\boldsymbol{E}_{11}, \boldsymbol{E}_{12}, \boldsymbol{E}_{21}, \boldsymbol{E}_{22}\}$ 下的矩阵.

**【解】** (1) 因为

$$f(\boldsymbol{E}_{11})=\begin{pmatrix}a&b\\c&d\end{pmatrix}\begin{pmatrix}1&0\\0&0\end{pmatrix}=\begin{pmatrix}a&0\\c&0\end{pmatrix}=a\boldsymbol{E}_{11}+c\boldsymbol{E}_{21}$$

$$f(\boldsymbol{E}_{12})=\begin{pmatrix}a&b\\c&d\end{pmatrix}\begin{pmatrix}0&1\\0&0\end{pmatrix}=\begin{pmatrix}0&a\\0&c\end{pmatrix}=a\boldsymbol{E}_{12}+c\boldsymbol{E}_{22}$$

$$f(\boldsymbol{E}_{21})=\begin{pmatrix}a&b\\c&d\end{pmatrix}\begin{pmatrix}0&0\\1&0\end{pmatrix}=\begin{pmatrix}b&0\\d&0\end{pmatrix}=b\boldsymbol{E}_{11}+d\boldsymbol{E}_{21}$$

$$f(\boldsymbol{E}_{22})=\begin{pmatrix}a&b\\c&d\end{pmatrix}\begin{pmatrix}0&0\\0&1\end{pmatrix}=\begin{pmatrix}0&b\\0&d\end{pmatrix}=b\boldsymbol{E}_{12}+d\boldsymbol{E}_{22}$$

所以 $f$ 在基 $B$ 下的矩阵 $M(f)=\begin{pmatrix}a&0&b&0\\0&a&0&b\\c&0&d&0\\0&c&0&d\end{pmatrix}$.

(2) 因为

$$f(\boldsymbol{E}_{11})=\begin{pmatrix}1&0\\0&0\end{pmatrix}\begin{pmatrix}a&b\\c&d\end{pmatrix}=\begin{pmatrix}a&b\\0&0\end{pmatrix}=a\boldsymbol{E}_{11}+b\boldsymbol{E}_{12}$$

$$f(\boldsymbol{E}_{12})=\begin{pmatrix}0&1\\0&0\end{pmatrix}\begin{pmatrix}a&b\\c&d\end{pmatrix}=\begin{pmatrix}c&d\\0&0\end{pmatrix}=c\boldsymbol{E}_{11}+d\boldsymbol{E}_{12}$$

$$f(\boldsymbol{E}_{21})=\begin{pmatrix}0&0\\1&0\end{pmatrix}\begin{pmatrix}a&b\\c&d\end{pmatrix}=\begin{pmatrix}0&0\\a&b\end{pmatrix}=a\boldsymbol{E}_{21}+b\boldsymbol{E}_{22}$$

$$f(\boldsymbol{E}_{22})=\begin{pmatrix}0&0\\0&1\end{pmatrix}\begin{pmatrix}a&b\\c&d\end{pmatrix}=\begin{pmatrix}0&0\\c&d\end{pmatrix}=c\boldsymbol{E}_{21}+d\boldsymbol{E}_{22}$$

所以 $g$ 在基 $B$ 下的矩阵 $M(g)=\begin{pmatrix}a&c&0&0\\b&d&0&0\\0&0&a&c\\0&0&b&d\end{pmatrix}$.

(3) 因为 $h(\boldsymbol{X})=\boldsymbol{A}(\boldsymbol{XA})=\boldsymbol{A}(g(\boldsymbol{X}))=f(g(\boldsymbol{X}))$,所以 $h=f\circ g$ 在基 $\boldsymbol{B}$ 下的矩阵

$$M(h)=M(f)M(g)$$

$$=\begin{pmatrix}a&0&b&0\\0&a&0&b\\c&0&d&0\\0&c&0&d\end{pmatrix}\begin{pmatrix}a&c&0&0\\b&d&0&0\\0&0&a&c\\0&0&b&d\end{pmatrix}=\begin{pmatrix}a^2&ac&ab&bc\\ab&ad&b^2&bd\\ac&c^2&ad&cd\\bc&cd&bd&d^2\end{pmatrix}$$

(4) 因为 $k(\boldsymbol{X})=\boldsymbol{AX}-\boldsymbol{XA}=f(\boldsymbol{X})-g(\boldsymbol{X})$,所以 $k=f-g$ 在基 $B$ 下的矩

阵

$$M(k)=M(f)-M(g)$$
$$=\begin{pmatrix}a&0&b&0\\0&a&0&b\\c&0&d&0\\0&c&0&d\end{pmatrix}-\begin{pmatrix}a&c&0&0\\b&d&0&0\\0&0&a&c\\0&0&b&d\end{pmatrix}=\begin{pmatrix}0&-c&b&0\\-b&a-d&0&b\\c&0&d-a&-c\\0&c&-b&0\end{pmatrix}$$

**【注】** 因为又有 $h(\boldsymbol{X})=(\boldsymbol{AX})\boldsymbol{A}=(f(\boldsymbol{X}))\boldsymbol{A}=g(f(\boldsymbol{X}))$，所以 $h=g\circ f$ 在基 $B$ 下的矩阵

$$M(h)=M(g)M(f)$$

可直接验证 $M(h)=M(g)M(f)=\boldsymbol{M}(f)M(g)$.

13. 考虑 2 阶方阵线性空间 $M_2(P)$. 取定

$$\boldsymbol{A}=\begin{pmatrix}1&2\\3&4\end{pmatrix},\boldsymbol{B}=\begin{pmatrix}4&3\\2&1\end{pmatrix}\in M_2(P)$$

求出线性变换 $f:\boldsymbol{X}\mapsto\boldsymbol{AXB}$ 在基 $B=\{\boldsymbol{E}_{11},\boldsymbol{E}_{12},\boldsymbol{E}_{21},\boldsymbol{E}_{22}\}$ 下的矩阵.

**【解】** 依次求出

$$f(\boldsymbol{E}_{11})=\begin{pmatrix}1&2\\3&4\end{pmatrix}\begin{pmatrix}1&0\\0&0\end{pmatrix}\begin{pmatrix}4&3\\2&1\end{pmatrix}=\begin{pmatrix}1&0\\3&0\end{pmatrix}\begin{pmatrix}4&3\\2&1\end{pmatrix}=\begin{pmatrix}4&3\\12&9\end{pmatrix}$$
$$=4\boldsymbol{E}_{11}+3\boldsymbol{E}_{12}+12\boldsymbol{E}_{21}+9\boldsymbol{E}_{22}$$
$$f(\boldsymbol{E}_{12})=\begin{pmatrix}1&2\\3&4\end{pmatrix}\begin{pmatrix}0&1\\0&0\end{pmatrix}\begin{pmatrix}4&3\\2&1\end{pmatrix}=\begin{pmatrix}0&1\\0&3\end{pmatrix}\begin{pmatrix}4&3\\2&1\end{pmatrix}=\begin{pmatrix}2&1\\6&3\end{pmatrix}$$
$$=2\boldsymbol{E}_{11}+\boldsymbol{E}_{12}+6\boldsymbol{E}_{21}+3\boldsymbol{E}_{22}$$
$$f(\boldsymbol{E}_{21})=\begin{pmatrix}1&2\\3&4\end{pmatrix}\begin{pmatrix}0&0\\1&0\end{pmatrix}\begin{pmatrix}4&3\\2&1\end{pmatrix}=\begin{pmatrix}2&0\\4&0\end{pmatrix}\begin{pmatrix}4&3\\2&1\end{pmatrix}=\begin{pmatrix}8&6\\16&12\end{pmatrix}$$
$$=8\boldsymbol{E}_{11}+6\boldsymbol{E}_{12}+16\boldsymbol{E}_{21}+12\boldsymbol{E}_{22}$$
$$f(\boldsymbol{E}_{22})=\begin{pmatrix}1&2\\3&4\end{pmatrix}\begin{pmatrix}0&0\\0&1\end{pmatrix}\begin{pmatrix}4&3\\2&1\end{pmatrix}=\begin{pmatrix}0&2\\0&4\end{pmatrix}\begin{pmatrix}4&3\\2&1\end{pmatrix}=\begin{pmatrix}4&2\\8&4\end{pmatrix}$$
$$=4\boldsymbol{E}_{11}+2\boldsymbol{E}_{12}+8\boldsymbol{E}_{21}+4\boldsymbol{E}_{22}$$

所求的矩阵为

$$\boldsymbol{A}=\begin{pmatrix}4&2&8&4\\3&1&6&2\\12&6&16&8\\9&3&12&4\end{pmatrix}$$

14. 考虑 $n$ 阶方阵线性空间 $M_n(P)$. 取定 $\boldsymbol{A},\boldsymbol{B}\in M_n(P)$，证明线性变换

$$f:\boldsymbol{X}\mapsto\boldsymbol{AXB}$$

是可逆变换当且仅当 $\boldsymbol{A}$，$\boldsymbol{B}$ 都是可逆矩阵.

【证】 充分性：当 $\boldsymbol{A}$，$\boldsymbol{B}$ 都是可逆矩阵时，以下线性变换

$$g:\boldsymbol{X}\mapsto \boldsymbol{A}^{-1}\boldsymbol{X}\boldsymbol{B}^{-1}$$

就是 $f:\boldsymbol{X}\mapsto \boldsymbol{A}\boldsymbol{X}\boldsymbol{B}$ 的逆变换

$$(f\circ g)(\boldsymbol{X})=f[g(\boldsymbol{X})]=f(\boldsymbol{A}^{-1}\boldsymbol{X}\boldsymbol{B}^{-1})=\boldsymbol{A}\boldsymbol{A}^{-1}\boldsymbol{X}\boldsymbol{B}^{-1}\boldsymbol{B}=\boldsymbol{X},\ \forall \boldsymbol{X}\in M_n(P)$$

必要性：用反证法. 如果 $\boldsymbol{A}$，$\boldsymbol{B}$ 中有不可逆矩阵，那么 $f(\boldsymbol{X})=\boldsymbol{A}\boldsymbol{X}\boldsymbol{B}$ 必不是可逆矩阵，因而 $f$ 不是满变换，当然不是可逆变换.

15. 考虑 $n$ 阶方阵线性空间 $M_n(P)$. 取定 $\boldsymbol{A}\in M_n(P)$，证明线性变换

$$f:\boldsymbol{X}\mapsto \boldsymbol{A}\boldsymbol{X}-\boldsymbol{X}\boldsymbol{A}$$

一定不是可逆变换.

【证】 由迹 $\mathrm{tr}(\boldsymbol{A}\boldsymbol{X}-\boldsymbol{X}\boldsymbol{A})=0$ 知 $f$ 不是满变换，必不是可逆变换.

16. 考虑数域 $P$ 上一元多项式无限维线性空间

$$V=P[x]=\{f(x)=\sum_{k=0}^{+\infty}a_kx^k \mid a_k\in P\}$$

中的以下两个变换

$$t:f(x)=\sum_{i=0}^{+\infty}a_ix^i\mapsto xf(x)=\sum_{i=0}^{+\infty}a_ix^{i+1}$$

$$d:f(x)=\sum_{i=0}^{+\infty}a_ix^i\mapsto f'(x)=\sum_{i=1}^{+\infty}ia_ix^{i-1}$$

证明：(1) $t$ 与 $d$ 都是线性变换.

(2) $d\circ t-t\circ d=\boldsymbol{I}_V$.

【证】 (1) 任取 $f(x)$，$g(x)\in V$，$k$，$l\in P$，必有

$t:kf(x)+lg(x)\mapsto$

$x[kf(x)]+x[lg(x)]=k[xf(x)]+l[xg(x)]=k[t(f(x))]+l[t(g(x))]$

所以 $t$ 是线性变换. 由

$$(kf(x)+lg(x))'=kf'(x)+lg'(x)$$

知 $d$ 是线性变换.

(2) 计算

$$(d\circ t)(f(x))=d[t(f(x))]=d[xf(x)]=f(x)+xf'(x)$$

$$(t\circ d)(f(x))=t[d(f(x))]=t[f'(x)]=xf'(x)$$

所以

$$(d\circ t-t\circ d)(f(x))=(d\circ t)(f(x))-(t\circ d)(f(x))=f(x)$$

这就证明了 $d\circ t-t\circ d=\boldsymbol{I}_V$.

17. 设 $f$ 和 $g$ 是线性空间 $V$ 上的两个线性变换，满足 $f\circ g-g\circ f=\boldsymbol{I}_V$，证明

$$f^k \circ g - g \circ f^k = kf^{k-1},\ k \geqslant 2$$

【证】　对 $k$ 用第二数学归纳法.

因为 $f \circ g - g \circ f = I_V$,必有

$$f \circ g = I_V + g \circ f \quad 和 \quad g \circ f = f \circ g - I_V$$

于是由

$$f^2 \circ g = f \circ (f \circ g) = f \circ (I_V + g \circ f) = f + f \circ g \circ f$$

和

$$g \circ f^2 = (g \circ f) \circ f = (f \circ g - I_V) \circ f = f \circ g \circ f - f$$

得

$$f^2 \circ g - g \circ f^2 = 2f$$

结论对 $k = 2$ 成立.

设 $f^k \circ g - g \circ f^k = kf^{k-1}$ 对所有 $k < m$ 成立,要证对 $k = m$ 也成立.

由 $f^k \circ g - g \circ f^k = kf^{k-1}$ 知必有

$$f^k \circ g = kf^{k-1} + g \circ f^k 和 g \circ f^k = f^k \circ g - kf^{k-1}$$

于是有

$$f^{k+1} \circ g = kf^k + f \circ g \circ f^k \quad 和 \quad g \circ f^{k+1} = f^k \circ g \circ f - kf^k$$

两式相减得

$$\begin{aligned} f^{k+1} \circ g - g \circ f^{k+1} &= 2kf^k + f \circ g \circ f^k - f^k \circ g \circ f \\ &= 2kf^k + f \circ (g \circ f^{k-1} - f^{k-1} \circ g) \circ f \end{aligned}$$

由归纳假设必有

$$g \circ f^{k-1} - f^{k-1} \circ g = -(k-1)f^{k-2} = (1-k)f^{k-2}$$

将它代入即得

$$f^{k+1} \circ g - g \circ f^{k+1} = 2kf^k + f \circ ((1-k)f^{k-2}) \circ f = (k+1)f^k$$

18. 考虑全体实函数所成的线性空间 $W$. 取函数组

$$B = \{\sin x,\ \cos x,\ \sin x\cos x,\ \sin^2 x,\ \cos^2 x\} \subset W$$

记生成子空间 $V = L(B) \subseteq W$. 考虑求一阶导数运算

$$d: V \to V,\ f(x) \mapsto f'(x)$$

(1) 证明 $B$ 是 $V$ 的基.

(2) 确定变换矩阵 $M_B^B(d)$.

(3) 给出 $\ker(d)$ 和 $\mathrm{Im}(d)$ 的基以及 $N(d)$ 与 $R(d)$.

【解】 (1) 设

$$k_1 \sin x + k_2 \cos x + k_3 \sin x\cos x + k_4 \sin^2 x + k_5 \cos^2 x = 0$$

取 $x = 0$ 得 $k_2 + k_5 = 0$;取 $x = \pi$ 得 $-k_2 + k_5 = 0$,于是必有 $k_2 = k_5 = 0$.

取 $x=\frac{\pi}{2}$ 得 $k_1+k_4=0$;取 $x=-\frac{\pi}{2}$ 得 $-k_1+k_4=0$,于是必有 $k_1=k_4=0$.

由 $k_3\sin x\cos x=0$ 得 $k_3=0$. 于是证得 $B$ 是线性无关组,因而是 $V$ 的基.

(2) $f(\sin x, \cos x, \sin x\cos x, \sin^2 x, \cos^2 x)$

$$=(\cos x, -\sin x, \cos^2 x-\sin^2 x, 2\sin x\cos x, -2\sin x\cos x)$$

$$=(\sin x, \cos x, \sin x\cos x, \sin^2 x, \cos^2 x)\begin{pmatrix}0 & -1 & 0 & 0 & 0\\ 1 & 0 & 0 & 0 & 0\\ 0 & 0 & 0 & 2 & -2\\ 0 & 0 & -1 & 0 & 0\\ 0 & 0 & 1 & 0 & 0\end{pmatrix}$$

所以变换矩阵 $M_B^B(d)=\begin{pmatrix}0 & -1 & 0 & 0 & 0\\ 1 & 0 & 0 & 0 & 0\\ 0 & 0 & 0 & 2 & -2\\ 0 & 0 & -1 & 0 & 0\\ 0 & 0 & 1 & 0 & 0\end{pmatrix}$. 它不是可逆矩阵,$f$ 不是双射.

(3) 分别求出 $\ker(d)$ 和 $\operatorname{Im}(d)$ 的基.

① 任取

$$v=k_1\sin x+k_2\cos x+k_3\sin x\cos x+k_4\sin^2 x+k_5\cos^2 x\in\ker(d)$$

则

$$f(v)=k_1\cos x-k_2\sin x+k_3\cos 2x+k_4\sin 2x-k_5\sin 2x=0$$

取 $x=0$ 得 $k_1+k_3=0$;取 $x=\pi$ 得 $-k_1+k_3=0$,于是必有 $k_1=k_3=0$.

取 $x=\frac{\pi}{2}$ 得 $-k_2=0$;取 $x=\frac{\pi}{4}$ 得 $k_4=k_5$.

于是必有 $k_1=k_2=k_3=0$, $k_4=k_5$,即

$$v=k(\sin^2 x+\cos^2 x)=k$$

这就是说 $\ker(d)=R=L(1)$, $N(d)=1$.

② 由

$$f(\sin x, \cos x, \sin x\cos x, \sin^2 x, \cos^2 x)$$
$$=(\cos x, -\sin x, \cos^2 x-\sin^2 x, 2\sin x\cos x, -2\sin x\cos x)$$
$$=(\cos x, -\sin x, \cos 2x, \sin 2x, -\sin 2x)$$

知

$$\operatorname{Im}(d)=L(\sin x, \cos x, \cos 2x, \sin 2x)$$

再证 $S=\{\sin x,\cos x,\cos 2x,\sin 2x\}$ 为线性无关组. 设

$$k_1\sin x+k_2\cos x+k_3\cos 2x+k_4\sin 2x=0$$

取 $x=0$ 得 $k_2+k_3=0$;取 $x=\pi$ 得 $-k_2+k_3=0$,于是必有 $k_2=k_3=0$.

取 $x=\dfrac{\pi}{2}$ 得 $k_1=0$. 取 $x=\dfrac{\pi}{4}$ 得 $k_4=0$.

于是 $S$ 为线性无关组. $\mathrm{Im}(d)=L(S)$,$R(d)=4$.

**【注】** 确有 $N(d)+N(d)=5=\dim V$.

不能根据 $\cos(2x)=(\cos x)^2-(\sin x)^2$, $\sin 2x=2\sin x\cos x$ 说

$$S=\{\sin x,\cos x,\cos 2x,\sin 2x\}$$

是线性相关组,因为它们不是线性表出式.

19. 设 $f:V\to V$ 是 $n$ 维线性空间 $V$ 中的线性变换,如果对于任意一个 $\boldsymbol{\alpha}\in V$,都存在自然数 $m$(可以随 $\boldsymbol{\alpha}$ 不同而不同) 使得 $f^m(\boldsymbol{\alpha})=0$,证明 $I_V-f$ 必是可逆线性变换,并求出它的逆变换.

**【证】** 取定 $V$ 的一个基 $B=\{\boldsymbol{\varepsilon}_1,\boldsymbol{\varepsilon}_2,\cdots,\boldsymbol{\varepsilon}_n\}$. 设

$$f^{m_i}(\boldsymbol{\varepsilon}_i)=0,\ i=1,2,\cdots,n$$

令 $m=\max\{m_1,m_2,\cdots,m_n\}$,则必有 $f^m(\boldsymbol{\varepsilon}_i)=0$, $i=1,2,\cdots,n$.

于是,对于任意一个 $\boldsymbol{\alpha}=k_1\boldsymbol{\varepsilon}_1+k_2\boldsymbol{\varepsilon}_2+\cdots+k_n\boldsymbol{\varepsilon}_n\in V$ 必有 $f^m(\boldsymbol{\alpha})=0$,这说明 $f^m=0$, $f$ 是幂零变换. 由

$$(I_V-f)(I_V+f+f^2+\cdots+f^{m-2}+f^{m-1})=I_V-f^m=I_V$$

知 $I_V-f$ 必是可逆线性变换,它的逆变换为

$$I_V+f+f^2+\cdots+f^{m-2}+f^{m-1}$$

20. 求出所有的线性变换 $p:\mathbf{R}^3\to\mathbf{R}^3$,使得 $\mathrm{Im}\,p=L(\boldsymbol{\varepsilon}_1,\boldsymbol{\varepsilon}_3)$,其中

$$\boldsymbol{\varepsilon}_1=\begin{pmatrix}1\\0\\0\end{pmatrix},\ \boldsymbol{\varepsilon}_3=\begin{pmatrix}0\\0\\1\end{pmatrix}$$

**【解】** 易见

$$\mathrm{Im}\,p=\left\{\begin{pmatrix}x\\0\\z\end{pmatrix}\middle|\ x,z\in\mathbf{R}\right\}$$

即 $p$ 把 $\mathbf{R}^3$ 变换到 $\{xOz\}$ 平面上. 这就是说,只要取变换矩阵为

$$\boldsymbol{A}=\begin{pmatrix}a_1&a_2&a_3\\0&0&0\\b_1&b_2&b_3\end{pmatrix}$$

就有

$$\begin{pmatrix} a_1 & a_2 & a_3 \\ 0 & 0 & 0 \\ b_1 & b_2 & b_3 \end{pmatrix}\begin{pmatrix} x \\ y \\ z \end{pmatrix} = \begin{pmatrix} k \\ 0 \\ l \end{pmatrix}, \text{其中}\begin{cases} k = a_1x + a_2y + a_3z \\ l = b_1x + b_2y + b_3z \end{cases}$$

所求的线性变换为 $p(\boldsymbol{\varepsilon}_1, \boldsymbol{\varepsilon}_2, \boldsymbol{\varepsilon}_3) = (\boldsymbol{\varepsilon}_1, \boldsymbol{\varepsilon}_2, \boldsymbol{\varepsilon}_3)\boldsymbol{A}$.

21. 设 $V$ 是数域 $P$ 上 $n$ 维线性空间,如果存在 $V$ 上的某个线性变换 $f$ 和某个向量 $\boldsymbol{v} \in V$ 使得

$$f^n(\boldsymbol{v}) = 0, f^{n-1}(\boldsymbol{v}) \neq 0$$

证明必存在 $V$ 中的一个基 $B$,使得 $f$ 在基 $B$ 下的矩阵为 Jordan 标准形矩阵

$$\boldsymbol{J} = \begin{pmatrix} 0 & 1 & 0 & \cdots & 0 & 0 \\ 0 & 0 & 1 & \cdots & 0 & 0 \\ 0 & 0 & 0 & \ddots & 0 & 0 \\ \vdots & \vdots & \vdots & \ddots & \ddots & \vdots \\ 0 & 0 & 0 & \cdots & 0 & 1 \\ 0 & 0 & 0 & \cdots & 0 & 0 \end{pmatrix}$$

**【证】** 取 $B = \{f^{n-1}(\boldsymbol{v}), f^{n-2}(\boldsymbol{v}), \cdots, f^2(\boldsymbol{v}), f(\boldsymbol{v}), \boldsymbol{v}\}$. 设

$$k_{n-1}f^{n-1}(\boldsymbol{v}) + k_{n-2}f^{n-2}(\boldsymbol{v}) + \cdots + k_2f^2(\boldsymbol{v}) + k_1f(\boldsymbol{v}) + k_0\boldsymbol{v} = 0$$

利用 $f^n(\boldsymbol{v}) = 0$,依次左乘 $f^{n-1}, f^{n-2}, \cdots, f^2, f$,可得

$$k_0 = k_1 = k_2 = \cdots = k_{n-2} = k_{n-1} = 0$$

这说明 $B$ 为 $V$ 的基,且有

$$\begin{aligned} & f(f^{n-1}(\boldsymbol{v}), f^{n-2}(\boldsymbol{v}), \cdots, f^2(\boldsymbol{v}), f(\boldsymbol{v}), \boldsymbol{v}) \\ &= (0, f^{n-1}(\boldsymbol{v}), \cdots, f^3(\boldsymbol{v}), f^2(\boldsymbol{v}), f(\boldsymbol{v})) \\ &= (f^{n-1}(\boldsymbol{v}), f^{n-2}(\boldsymbol{v}), \cdots, f^2(\boldsymbol{v}), f(\boldsymbol{v}), \boldsymbol{v})\boldsymbol{J} \end{aligned}$$

22. 设 $V$ 是 $n$ 维线性空间,$f$ 和 $g$ 是 $V$ 上的两个线性变换.

(1) 证明 $N(f \circ g) \leqslant N(f) + N(g)$.

(2) 如果 $f^n = 0, f^{n-1} \neq 0$,确定 $N(f)$.

**【证】** (1) 设 $V = L(S)$, $S = \{\boldsymbol{v}_1, \boldsymbol{v}_2, \cdots, \boldsymbol{v}_n\}$ 为 $V$ 的基.

记 $V$ 上的两个线性变换 $f$ 和 $g$ 的变换矩阵分别为

$$\boldsymbol{A} = M_S^S(f), \boldsymbol{B} = M_S^S(g)$$

则变换矩阵

$$M_S^S(f \circ g) = M_S^S(f) \times M_S^S(g) = \boldsymbol{AB}$$

据关于矩阵乘积的秩的 Sylvester 公式知

$$R(\boldsymbol{AB}) \geqslant R(\boldsymbol{A}) + R(\boldsymbol{B}) - n$$

可得

$$n - R(\boldsymbol{AB}) \leqslant [n - R(\boldsymbol{A})] + [n - R(\boldsymbol{B})]$$

由此可证得

$$N(f\circ g) = n - R(\boldsymbol{AB}) \leqslant [n - R(\boldsymbol{A})] + [n - R(\boldsymbol{B})] = N(f) + N(g)$$

(2) 记线性变换$f$的变换矩阵为$\boldsymbol{A} = M_S^S(f)$

$$f(\boldsymbol{v}_1, \boldsymbol{v}_2, \cdots, \boldsymbol{v}_n) = (\boldsymbol{v}_1, \boldsymbol{v}_2, \cdots, \boldsymbol{v}_n)\boldsymbol{A}$$

则$f^n = 0$，$f^{n-1} \neq 0$表示$\boldsymbol{A}^n = \boldsymbol{O}$，$\boldsymbol{A}^{n-1} \neq \boldsymbol{O}$.

满足$\boldsymbol{A}^n = \boldsymbol{O}$，$\boldsymbol{A}^{n-1} \neq \boldsymbol{O}$的矩阵$\boldsymbol{A}$的 Jordan 标准形必为

$$\boldsymbol{P}^{-1}\boldsymbol{AP} = \begin{pmatrix} 0 & 1 & 0 & \cdots & 0 & 0 \\ 0 & 0 & 1 & \cdots & 0 & 0 \\ 0 & 0 & 0 & \ddots & 0 & 0 \\ \vdots & \vdots & \vdots & \ddots & \ddots & \vdots \\ 0 & 0 & 0 & \cdots & 0 & 1 \\ 0 & 0 & 0 & \cdots & 0 & 0 \end{pmatrix} = \boldsymbol{J}$$

所以$R(\boldsymbol{A}) = R(\boldsymbol{J}) = n - 1$，$N(f) = 1$.

**【注】** 因为$f^n = 0$，$f^{n-1} \neq 0$,必存在$\boldsymbol{v}_0 \in V$使得$f^{n-1}(\boldsymbol{v}_0) \neq 0$，$f^n(\boldsymbol{v}_0) = 0$. 设

$$k_0\boldsymbol{v}_0 + k_1 f(\boldsymbol{v}_0) + k_2 f^2(\boldsymbol{v}_0) + \cdots + k_{n-2}f^{n-2}(\boldsymbol{v}_0) + k_{n-1}f^{n-1}(\boldsymbol{v}_0) = 0$$

利用$f^n = 0$,依次左乘$f^{n-1}, f^{n-2}, \cdots, f$,可得

$$k_0 = k_1 = k_2 = \cdots = k_{n-2} = k_{n-1} = 0$$

这说明$\{\boldsymbol{v}_0, f(\boldsymbol{v}_0), \cdots, f^{n-1}(\boldsymbol{v}_0)\}$为$V$的基,有

$$V = L(\boldsymbol{v}_0, f(\boldsymbol{v}_0), \cdots, f^{n-2}(\boldsymbol{v}_0), f^{n-1}(\boldsymbol{v}_0))$$

且

$$\mathrm{Im}(f) = f(V) = L(f(\boldsymbol{v}_0), f^2(\boldsymbol{v}_0), \cdots, f^{n-1}(\boldsymbol{v}_0)), R(f) = n - 1$$

$$\ker(f) = L(f^{n-1}(\boldsymbol{v}_0)), N(f) = 1$$

23. 设$V$是$n$维线性空间,$f:V \to V$是对合线性变换:$f^2 = I_V$, $f \neq I_V$. 令

$$U = \{\boldsymbol{v} \in V \mid f(\boldsymbol{v}) = \boldsymbol{v}\}, W = \{\boldsymbol{v} \in V \mid f(\boldsymbol{v}) = -\boldsymbol{v}\}$$

证明$U$和$W$都是$V$的子空间,且$V = U \oplus W$.

**【证】** 显然,$U$和$W$关于$V$中向量加法和数乘都是封闭的,所以都是$V$的子空间.

任取$\boldsymbol{v} \in V$,记

$$\boldsymbol{u} = \frac{1}{2}(\boldsymbol{v} + f(\boldsymbol{v})), \boldsymbol{w} = \frac{1}{2}(\boldsymbol{v} - f(\boldsymbol{v}))$$

因为$f^2 = I_V$, $f \neq I_V$,所以

$$f(\boldsymbol{u})=\frac{1}{2}(f(\boldsymbol{v})+\boldsymbol{v})=\boldsymbol{u}\ ,f(\boldsymbol{w})=\frac{1}{2}(f(\boldsymbol{v})-\boldsymbol{v})=-\boldsymbol{w}$$

于是由 $\boldsymbol{v}=\boldsymbol{u}+\boldsymbol{w}$ 知 $V=U+W$.

任取 $\boldsymbol{x}\in U\cap W$,由 $f(\boldsymbol{x})=\boldsymbol{x}$ ,$f(\boldsymbol{x})=-\boldsymbol{x}$ 知 $\boldsymbol{x}=\boldsymbol{0}$,即 $U\cap W=\{\boldsymbol{0}\}$,所以

$$V=U\oplus W$$

**【注】** 当 $f=-I_V$ 时,$U=\{\boldsymbol{0}\}$,$W=V$,也有 $V=U\oplus W$.

24. 设 $p:V\to V$ 是线性空间 $V$ 中的幂等变换(射影变换),即满足 $p^2=p$ 的线性变换,$I_V$ 与 $0_V$ 分别是 $V$ 中的恒等变换和零变换,对以下命题,正确的给出证明,错误的举出反例.

(1) 如果 $\lambda$ 是 $p$ 的特征值,则必有 $\lambda=0$ 或 $\lambda=1$.

(2) 必有 $p=I_V$或 $p=0_V$.

(3) $I_V-p$ 也是线性空间 $V$ 中的幂等变换.

(4) $\boldsymbol{v}\in V,\boldsymbol{v}\in \operatorname{Im} p$ 当且仅当 $p\boldsymbol{v}=\boldsymbol{v}$.

(5) 设 $p:\mathbf{R}^4\to\mathbf{R}^4$ 在标准基 $E=\{\boldsymbol{\varepsilon}_1,\boldsymbol{\varepsilon}_2,\boldsymbol{\varepsilon}_3,\boldsymbol{\varepsilon}_4\}$ 下的变换矩阵为

$$\boldsymbol{A}=\frac{1}{6}\begin{pmatrix}6&-3&0&3\\2&0&-2&6\\6&-3&0&3\\2&0&-2&6\end{pmatrix}$$

找出核 $\ker p$ 和象 $\operatorname{Im} p$ 以及它们的基.

**【解】** 取定 $V$ 的基 $S=\{\boldsymbol{v}_1,\boldsymbol{v}_2,\cdots,\boldsymbol{v}_n\}$ ,$V=L(S)$,有变换矩阵公式

$$p(\boldsymbol{v}_1,\boldsymbol{v}_2,\cdots,\boldsymbol{v}_n)=(\boldsymbol{v}_1,\boldsymbol{v}_2,\cdots,\boldsymbol{v}_n)\boldsymbol{P}$$

(1) 由 $p^2=p$ 知$\boldsymbol{P}^2=\boldsymbol{P}$,所以 $p$ 的特征值满足 $\lambda^2=\lambda$,必有 $\lambda=0$ 或 $\lambda=1$.

(2) 未必有 $p=I_V$或 $p=0_V$.

例如,以 $\boldsymbol{A}=\begin{pmatrix}1&0\\0&0\end{pmatrix}$ 为变换矩阵的变换 $p:\mathbf{R}^2\to\mathbf{R}^2$,是幂等变换,它既不是恒等变换,也不是零变换.

(3) 因为

$$(I_V-p)^2=I_V-2p+p^2=I_V-2p+p=I_V-p$$

所以 $I_V-p$ 必是线性空间 $V$ 中的幂等变换.

(4) 设 $\boldsymbol{v}\in \operatorname{Im} p$ ,$\boldsymbol{v}=p\boldsymbol{u}$ ,$\boldsymbol{u}\in V$,则 $p\boldsymbol{v}=p^2\boldsymbol{u}=p\boldsymbol{u}=\boldsymbol{v}$. 反之,若 $p\boldsymbol{v}=\boldsymbol{v}$,显然 $\boldsymbol{v}\in \operatorname{Im} p$. 所以 $\boldsymbol{v}\in \operatorname{Im} p\Leftrightarrow p\boldsymbol{v}=\boldsymbol{v}$.

(5) 由条件知 $p(\boldsymbol{\varepsilon}_1,\boldsymbol{\varepsilon}_2,\boldsymbol{\varepsilon}_3,\boldsymbol{\varepsilon}_4)=(\boldsymbol{\varepsilon}_1,\boldsymbol{\varepsilon}_2,\boldsymbol{\varepsilon}_3,\boldsymbol{\varepsilon}_4)\boldsymbol{A}$. 因为

$$\boldsymbol{A}^2=\frac{1}{36}\begin{pmatrix}6&-3&0&3\\2&0&-2&6\\6&-3&0&3\\2&0&-2&6\end{pmatrix}\begin{pmatrix}6&-3&0&3\\2&0&-2&6\\6&-3&0&3\\2&0&-2&6\end{pmatrix}$$

$$=\frac{1}{36}\begin{pmatrix}36&-18&0&18\\12&0&-12&36\\36&-18&0&18\\12&0&-12&36\end{pmatrix}=\boldsymbol{A}$$

所以 $p$ 必是幂等变换.

设 $\boldsymbol{v}=(\boldsymbol{\varepsilon}_1,\boldsymbol{\varepsilon}_2,\boldsymbol{\varepsilon}_3,\boldsymbol{\varepsilon}_4)\boldsymbol{x}\in V$,因为 $E=\{\boldsymbol{\varepsilon}_1,\boldsymbol{\varepsilon}_2,\boldsymbol{\varepsilon}_3,\boldsymbol{\varepsilon}_4\}$ 是标准基,必有

$$\boldsymbol{v}=\boldsymbol{x}$$

$$p\boldsymbol{v}=(\boldsymbol{\varepsilon}_1,\boldsymbol{\varepsilon}_2,\boldsymbol{\varepsilon}_3,\boldsymbol{\varepsilon}_4)\boldsymbol{A}\boldsymbol{x}=(\boldsymbol{\varepsilon}_1,\boldsymbol{\varepsilon}_2,\boldsymbol{\varepsilon}_3,\boldsymbol{\varepsilon}_4)\boldsymbol{A}\boldsymbol{v}$$

① 任取 $\boldsymbol{v}\in\ker p$ , $p\boldsymbol{v}=\boldsymbol{0}$,必有 $\boldsymbol{A}\boldsymbol{v}=\boldsymbol{0}$,$\boldsymbol{v}$ 是齐次线性方程组 $\boldsymbol{A}\boldsymbol{x}=\boldsymbol{0}$ 的解,即核空间 $\ker p$ 就是 $\boldsymbol{A}\boldsymbol{x}=\boldsymbol{0}$ 的解空间.

把系数矩阵化简

$$\boldsymbol{A}=\begin{pmatrix}1&-1/2&0&1/2\\1/3&0&-1/3&1\\1&-1/2&0&1/2\\1/3&0&-1/3&1\end{pmatrix}\to\begin{pmatrix}1&-1/2&0&1/2\\1/3&0&-1/3&1\\0&0&0&0\\0&0&0&0\end{pmatrix}$$

$$\to\begin{pmatrix}1&-1/2&0&1/2\\0&1/6&-1/3&5/6\\0&0&0&0\\0&0&0&0\end{pmatrix}\to\begin{pmatrix}1&-1/2&0&1/2\\0&1&-2&5\\0&0&0&0\\0&0&0&0\end{pmatrix}$$

$$\to\begin{pmatrix}1&0&-1&3\\0&1&-2&5\\0&0&0&0\\0&0&0&0\end{pmatrix}$$

可取两个线性无关解

$$\boldsymbol{\xi}_1=\begin{pmatrix}1\\2\\1\\0\end{pmatrix},\boldsymbol{\xi}_2=\begin{pmatrix}-3\\-5\\0\\1\end{pmatrix}$$

所以 $\ker p=L(\boldsymbol{\xi}_1,\boldsymbol{\xi}_2)$.

② 任取 $\boldsymbol{v}\in\operatorname{Im}p$ , $\boldsymbol{v}=p\boldsymbol{u}$ , $\boldsymbol{u}\in V=\mathbf{R}^4$,必有

$$p\boldsymbol{v}=p^2\boldsymbol{u}=p\boldsymbol{u}=\boldsymbol{v}\text{，即 }\boldsymbol{A}\boldsymbol{v}=\boldsymbol{v}$$

这说明 $\boldsymbol{v}$ 是齐次线性方程组 $(\boldsymbol{A}-\boldsymbol{I}_4)\boldsymbol{x}=\boldsymbol{0}$ 的解，象空间 $\mathrm{Im}\,p$ 就是 $(\boldsymbol{A}-\boldsymbol{I}_4)\boldsymbol{x}=\boldsymbol{0}$ 的解空间.

化简系数矩阵

$$\boldsymbol{A}-\boldsymbol{I}_4=\begin{pmatrix}0&-1/2&0&1/2\\1/3&-1&-1/3&1\\1&-1/2&-1&1/2\\1/3&0&-1/3&0\end{pmatrix}\to\begin{pmatrix}0&-1/2&0&1/2\\0&-1&0&1\\1&-1/2&-1&1/2\\0&1/6&0&-1/6\end{pmatrix}$$

$$\to\begin{pmatrix}0&0&0&0\\0&-1&0&1\\1&0&-1&0\\0&0&0&0\end{pmatrix}$$

可取两个线性无关解 $\boldsymbol{\eta}_1=\begin{pmatrix}1\\0\\1\\0\end{pmatrix}$，$\boldsymbol{\eta}_2=\begin{pmatrix}0\\1\\0\\1\end{pmatrix}$，所以 $\mathrm{Im}\,p=L(\boldsymbol{\eta}_1,\boldsymbol{\eta}_2)$.

**【注】** 当 $p\boldsymbol{v}=\lambda\boldsymbol{v}$，$\boldsymbol{v}\neq\boldsymbol{0}$ 时，称 $\boldsymbol{v}$ 是线性变换 $p$ 的属于特征值 $\lambda$ 的特征向量.

25. 设 $V$ 是 $n$ 维线性空间，$f:V\to V$ 是幂等变换：$f^2=f$，证明：

(1) 必存在 $V$ 的子空间 $U$ 和 $W$ 使得 $V=U\oplus W$ 满足

$$f(\boldsymbol{u})=\boldsymbol{u}\text{，}\forall\boldsymbol{u}\in U\text{，}f(W)=\{0\}$$

(2) 必存在 $V$ 的基 $B$ 和某个自然数 $r\leqslant n$ 使得变换矩阵 $M_B^B(f)=\begin{pmatrix}\boldsymbol{I}_r&\boldsymbol{O}\\\boldsymbol{O}&\boldsymbol{O}\end{pmatrix}$.

**【证】** 取 $U=\mathrm{Im}(f)$，$W=\ker(f)$.

(1) 任取 $\boldsymbol{x}\in U\cap W$. 由 $\boldsymbol{x}\in U$ 知 $\boldsymbol{x}=f(\boldsymbol{v})$，$\boldsymbol{v}\in V$；由 $\boldsymbol{x}\in W$ 知 $f(\boldsymbol{x})=0$，所以必有

$$\boldsymbol{x}=f(\boldsymbol{v})=f^2(\boldsymbol{v})=f(f(\boldsymbol{v}))=f(\boldsymbol{x})=0$$

这说明 $U\cap W=\{0\}$.

任取 $\boldsymbol{v}\in V$，必有

$$\boldsymbol{v}=f(\boldsymbol{v})+(\boldsymbol{v}-f(\boldsymbol{v}))=\boldsymbol{u}+\boldsymbol{w}$$

其中 $\boldsymbol{u}=f(\boldsymbol{v})$，$\boldsymbol{w}=\boldsymbol{v}-f(\boldsymbol{v})$. 因为

$$\boldsymbol{u}=f(\boldsymbol{v})\in\mathrm{Im}(f),f(\boldsymbol{w})=f(\boldsymbol{v})-f^2(\boldsymbol{v})=f(\boldsymbol{v})-f(\boldsymbol{v})=0\text{，}\boldsymbol{w}\in\ker(f)$$

所以 $V\subseteq U+W$. 但显然有 $U+W\subseteq V$，所以必有 $V=U+W$.

于是证得 $V=U\oplus W$，而且

$$f(\boldsymbol{u})=f(f(\boldsymbol{v}))=f^2(\boldsymbol{v})=f(\boldsymbol{v})=\boldsymbol{u},\ \forall \boldsymbol{u}\in U;f(W)=0$$

(2) 设$\{\boldsymbol{u}_1,\boldsymbol{u}_2,\cdots,\boldsymbol{u}_r\}$是$U$的基

$$U=L(\boldsymbol{u}_1,\boldsymbol{u}_2,\cdots,\boldsymbol{u}_r)$$

$\{\boldsymbol{w}_1,\boldsymbol{w}_2,\cdots,\boldsymbol{w}_s\}$是$W$的基

$$W=L(\boldsymbol{w}_1,\boldsymbol{w}_2,\cdots,\boldsymbol{w}_s)$$

则必有$r+s=\dim V=n$.

因为$U\cap W=\{0\}$,所以

$$B=\{\boldsymbol{u}_1,\boldsymbol{u}_2,\cdots,\boldsymbol{u}_r,\boldsymbol{w}_1,\boldsymbol{w}_2,\cdots,\boldsymbol{w}_s\}$$

线性无关,就是$V$的基,且由

$$f(\boldsymbol{u})=\boldsymbol{u},\ \forall \boldsymbol{u}\in U,f(W)=0$$

知变换矩阵$M_B^B(f)=\begin{pmatrix}I_r & \boldsymbol{O}\\ \boldsymbol{O} & \boldsymbol{O}\end{pmatrix}$.

26. 设$V$是$n$维线性空间,$f:V\to V$是线性变换,$U=\mathrm{Im}(f)$,且$f(\boldsymbol{u})=\boldsymbol{u}$,$\forall \boldsymbol{u}\in U$,证明:(1) 必存在$V$的子空间$W$使得$V=U\oplus W$,且$f(W)=\{0\}$;

(2) 必存在$V$上的线性变换$g:V\to V$使得$g(U)=\{0\}$,且

$$R(f)+R(g)=n$$

**【证】** (1) 令$W=\ker(f)$. 任取$\boldsymbol{v}\in V$,必有

$$\boldsymbol{v}=f(\boldsymbol{v})+(\boldsymbol{v}-f(\boldsymbol{v}))=\boldsymbol{u}+\boldsymbol{w},\text{其中 }\boldsymbol{u}=f(\boldsymbol{v}),\ \boldsymbol{w}=\boldsymbol{v}-f(\boldsymbol{v})=\boldsymbol{v}-\boldsymbol{u}$$

因为

$$\boldsymbol{u}=f(\boldsymbol{v})\in \mathrm{Im}(f)=U$$

$$f(\boldsymbol{w})=f(\boldsymbol{v})-f(\boldsymbol{u})=\boldsymbol{u}-\boldsymbol{u}=\boldsymbol{0},\ \boldsymbol{w}\in\ker(f)=W$$

所以$V\subseteq U+W$. 但显然有$U+W\subseteq V$,所以必有$V=U+W$.

任取$\boldsymbol{x}\in U\cap W$. 由$\boldsymbol{x}\in U=\mathrm{Im}(f)$知$f(\boldsymbol{x})=\boldsymbol{x}$;再由$\boldsymbol{x}\in W$知$f(\boldsymbol{x})=0$,所以必有$\boldsymbol{x}=\boldsymbol{0}$.

这说明$U\cap W=\{0\}$. 于是必有$V=U\oplus W$,且$f(W)=\{0\}$.

(2) 因为$V=U\oplus W$,所以任意一个$\boldsymbol{v}\in V$必可唯一地写成

$$\boldsymbol{v}=\boldsymbol{u}+\boldsymbol{w},\text{其中 }\boldsymbol{u}=f(\boldsymbol{v})\in U,\ \boldsymbol{w}=\boldsymbol{v}-\boldsymbol{u}=\boldsymbol{v}-f(\boldsymbol{v})\in W$$

定义$V$上的线性变换

$$g(\boldsymbol{v})=\boldsymbol{w},\text{其中 }\boldsymbol{v}=\boldsymbol{u}+\boldsymbol{w}\in V$$

显然有$g(U)=\{0\}$,且$\mathrm{Im}(g)=W$,于是由

$$\dim U+\dim W=\dim V$$

知

$$\mathrm{Im}(f)+\mathrm{Im}(g)=\dim V=n$$

即$R(f)+R(g)=n$.

27. 设 $V=U\oplus W$ 是数域 $P$ 上线性空间 $V$ 的直和分解,对任意一个 $\boldsymbol{v}\in V$ 必有唯一表示式

$$\boldsymbol{v}=\boldsymbol{u}+\boldsymbol{w},\text{其中 }\boldsymbol{u}\in U,\boldsymbol{w}\in W$$

由此分解式的唯一性,可定义如下两个变换:

$$f:V\to U,\boldsymbol{v}\mapsto\boldsymbol{u},\ \forall\boldsymbol{v}=\boldsymbol{u}+\boldsymbol{w}\in V$$

$$g:V\to W,\boldsymbol{v}\mapsto\boldsymbol{w},\ \forall\boldsymbol{v}=\boldsymbol{u}+\boldsymbol{w}\in V$$

证明:(1)$f$ 与 $g$ 都是线性变换.

(2)$f(\boldsymbol{v})=\begin{cases}\boldsymbol{v},\text{当 }\boldsymbol{v}\in U\\0,\text{当 }\boldsymbol{v}\in W\end{cases}$;$g(\boldsymbol{v})=\begin{cases}0,\text{当 }\boldsymbol{v}\in U\\\boldsymbol{v},\text{当 }\boldsymbol{v}\in W\end{cases}$.

(3)$f^2=f$, $g^2=g$, $f+g=I_V$, $f\circ g=0_V$, $g\circ f=0_V$.

【证】 (1) 任取 $\boldsymbol{v}_1=\boldsymbol{u}_1+\boldsymbol{w}_1$, $\boldsymbol{v}_2=\boldsymbol{u}_2+\boldsymbol{w}_2\in V$, $k\in P$,则由

$$\boldsymbol{v}_1+\boldsymbol{v}_2=(\boldsymbol{u}_1+\boldsymbol{u}_2)+(\boldsymbol{w}_1+\boldsymbol{w}_2)\text{ 和 }k\boldsymbol{v}_1=k\boldsymbol{u}_1+k\boldsymbol{w}_1$$

知

$$f(\boldsymbol{v}_1+\boldsymbol{v}_2)=\boldsymbol{u}_1+\boldsymbol{u}_2=f(\boldsymbol{v}_1)+f(\boldsymbol{v}_2),f(k\boldsymbol{v}_1)=k\boldsymbol{u}_1=kf(\boldsymbol{v}_1)$$

$$g(\boldsymbol{v}_1+\boldsymbol{v}_2)=\boldsymbol{w}_1+\boldsymbol{w}_2=g(\boldsymbol{v}_1)+g(\boldsymbol{v}_2),g(k\boldsymbol{v}_1)=k\boldsymbol{w}_1=kg(\boldsymbol{v}_1)$$

所以 $f$ 与 $g$ 都是线性变换.

(2) 当 $\boldsymbol{v}\in U$ 时,必有唯一表示式 $\boldsymbol{v}=\boldsymbol{v}+\boldsymbol{0}\in U$;

当 $\boldsymbol{v}\in W$ 时,必有唯一表示式 $\boldsymbol{v}=\boldsymbol{0}+\boldsymbol{v}\in W$,所以

$$f(\boldsymbol{v})=\begin{cases}\boldsymbol{v},\text{当 }\boldsymbol{v}\in U\\0,\text{当 }\boldsymbol{v}\in W\end{cases};g(\boldsymbol{v})=\begin{cases}0,\text{当 }\boldsymbol{v}\in U\\\boldsymbol{v},\text{当 }\boldsymbol{v}\in W\end{cases}.$$

(3) 任取 $\boldsymbol{v}=\boldsymbol{u}+\boldsymbol{w}\in V$,其中 $\boldsymbol{u}\in U$, $\boldsymbol{w}\in W$,则有 $f(\boldsymbol{v})=\boldsymbol{u}$, $g(\boldsymbol{v})=\boldsymbol{w}$.

因为 $f^2(\boldsymbol{v})=f(f(\boldsymbol{v}))=f(\boldsymbol{u})=\boldsymbol{u}=f(\boldsymbol{v})$, $\forall\boldsymbol{v}\in V$,所以 $f^2=f$.

因为 $g^2(\boldsymbol{v})=g(g(\boldsymbol{v}))=g(\boldsymbol{w})=\boldsymbol{w}=g(\boldsymbol{v})$, $\forall\boldsymbol{v}\in V$,所以 $g^2=g$.

因为 $(f+g)(\boldsymbol{v})=f(\boldsymbol{v})+g(\boldsymbol{v})=\boldsymbol{u}+\boldsymbol{w}=\boldsymbol{v}$, $\forall\boldsymbol{v}\in V$,所以 $f+g=I_V$.

因为 $(f\circ g)(\boldsymbol{v})=f[g(\boldsymbol{v})]=f(\boldsymbol{w})=0$, $\forall\boldsymbol{v}\in V$,所以 $f\circ g=0_V$.

因为 $(g\circ f)(\boldsymbol{v})=g[f(\boldsymbol{v})]=g(\boldsymbol{u})=0$, $\forall\boldsymbol{v}\in V$,所以 $g\circ f=0_V$.

【注】 称 $f$ 是 $V$ 中的平行于 $W$ 的在 $U$ 上的投影.

称 $g$ 是 $V$ 中的平行于 $U$ 的在 $W$ 上的投影.

28. 设 $V$ 是 $n$ 维线性空间,$f$ 和 $g$ 是 $V$ 上的两个幂等变换:$f^2=f$, $g^2=g$,证明:

(1)$\mathrm{Im}(f)=\mathrm{Im}(g)\Leftrightarrow f\circ g=g$, $g\circ f=f$.

(2)$\ker(f)=\ker(g)\Leftrightarrow f\circ g=f$, $g\circ f=g$.

【证】 (1) 必要性:设 $\mathrm{Im}(f)=\mathrm{Im}(g)$. 任取 $\boldsymbol{v}\in V$,有

$$g(\boldsymbol{v})\in\mathrm{Im}(g)=\mathrm{Im}(f)$$

必存在 $\boldsymbol{u}\in V$ 使得 $g(\boldsymbol{v})=f(\boldsymbol{u})$，于是由 $f^2=f$ 知

$$(f\circ g)(\boldsymbol{v})=f(g(\boldsymbol{v}))=f(f(\boldsymbol{u}))=f(\boldsymbol{u})=g(\boldsymbol{v}),\forall \boldsymbol{v}\in V$$

所以 $f\circ g=g$.

由 $f$ 与 $g$ 的地位的对称性知必有 $g\circ f=f$.

充分性：设 $f\circ g=g$，任取 $\boldsymbol{x}\in \mathrm{Im}(g)$，必有 $\boldsymbol{x}=g(\boldsymbol{v})$，$\boldsymbol{v}\in V$. 由 $f\circ g=g$ 知

$$\boldsymbol{x}=g(\boldsymbol{v})=(f\circ g)(\boldsymbol{v})=f(g(\boldsymbol{v}))\in \mathrm{Im}(f)$$

这说明必有 $\mathrm{Im}(g)\subseteq \mathrm{Im}(f)$.

同理，由 $g\circ f=f$ 知 $\mathrm{Im}(f)\subseteq \mathrm{Im}(g)$.

于是必有 $\mathrm{Im}(f)=\mathrm{Im}(g)$.

(2) 必要性：设 $\ker(f)=\ker(g)$. 任取 $\boldsymbol{v}\in V$，有

$$g(\boldsymbol{v}-g(\boldsymbol{v}))=g(\boldsymbol{v})-g(\boldsymbol{v})=0,\ \boldsymbol{v}-g(\boldsymbol{v})\in \ker(g)=\ker(f)$$

必有

$$f(\boldsymbol{v}-g(\boldsymbol{v}))=0,\ f(\boldsymbol{v})=(f\circ g)(\boldsymbol{v}),\ \forall \boldsymbol{v}\in V$$

所以 $f\circ g=f$.

由 $f$ 与 $g$ 的地位的对称性知必有 $g\circ f=g$.

充分性：设 $f\circ g=f$. 任取 $\boldsymbol{x}\in \ker(g)$，必有 $g(\boldsymbol{x})=0$. 由 $f\circ g=f$ 必有

$$(f\circ)g(\boldsymbol{x})=f(g(\boldsymbol{x}))=0，即 f(\boldsymbol{x})=0，即 \boldsymbol{x}\in \ker(f)$$

这说明必有 $\ker(g)\subseteq \ker(f)$.

同理，由 $g\circ f=g$ 知 $\ker(f)\subseteq \ker(g)$.

于是必有 $\mathrm{Im}(f)=\mathrm{Im}(g)$.

29. 设 $V$ 是 $n$ 维线性空间，$f$ 和 $g$ 是 $V$ 上的两个幂等线性变换：$f^2=f$，$g^2=g$，证明：

(1) $(f+g)^2=f+g\Leftrightarrow f\circ g=g\circ f=0_V$.

(2) $(f-g)^2=f-g\Leftrightarrow f\circ g=g\circ f=g$.

(3) 如果 $f\circ g=g\circ f$，则 $(f+g-f\circ g)^2=f+g-f\circ g$.

**【证】** (1) 证明 $(f+g)^2=f+g\Leftrightarrow f\circ g=g\circ f=0_V$.

因为

$$(f+g)^2=(f+g)\circ(f+g)=f^2+g^2+f\circ g+g\circ f=f+g+f\circ g+g\circ f$$

所以当 $f\circ g=g\circ f=0_V$ 时，必有 $(f+g)^2=f+g$. 充分性正确.

现证必要性. 当 $(f+g)^2=f+g$ 时，必有

$$f\circ g+g\circ f=0_V,f\circ g=-g\circ f$$

由此可得

$$f\circ f\circ g=-f\circ g\circ f$$

即
$$f\circ g=-f\circ g\circ f$$
和
$$f\circ g\circ f=-g\circ f\circ f=-g\circ f$$
即
$$g\circ f=-f\circ g\circ f$$
于是必有$f\circ g=g\circ f$. 代入$f\circ g=-g\circ f$得$f\circ g=0_V$,也有$g\circ f=0_V$.

(2) 证明$(f-g)^2=f-g\Leftrightarrow f\circ g=g\circ f=g$.

因为
$$(f-g)^2=(f-g)\circ(f-g)=f^2+g^2-f\circ g-g\circ f=f+g-f\circ g-g\circ f$$
所以当$f\circ g=g\circ f=g$时,必有$(f-g)^2=f-g$. 充分性正确.

现证必要性. 当$(f-g)^2=f-g$时,必有$f\circ g+g\circ f=2g$和
$$f\circ g\circ f+g\circ f=2g\circ f, f\circ g\circ f=g\circ f$$
和
$$f\circ g+f\circ g\circ f=2f\circ g, f\circ g\circ f=f\circ g$$
于是必有$f\circ g=g\circ f$. 所以由$f\circ g+g\circ f=2g$知$f\circ g=g\circ f=g$.

(3) 因为$f\circ g=g\circ f$,所以
$$\begin{aligned}(f+g-f\circ g)^2&=(f+g-f\circ g)\circ(f+g-f\circ g)\\&=f+f\circ g-f\circ g+g\circ f+g-g\circ f\circ g-f\circ g\circ f-f\circ g+\\&\quad f\circ g\circ f\circ g\\&=f+f\circ g-f\circ g+f\circ g+g-f\circ g\circ g-f\circ f\circ g-f\circ g+\\&\quad f\circ f\circ g\circ g\\&=f+g-f\circ g\end{aligned}$$

30. 向量空间$V$上的线性变换$f$称为幂等变换,如果满足$f^2=f$.

(1) 证明$f$是幂等变换当且仅当$I-f$是幂等变换,这里$I$是$V$中恒等变换.

(2) 设$f_1,f_2,f_3$是$V$上满足$f_1+f_2+f_3=I$的幂等变换,证明
$$f_i\circ f_j=0\ ,\ \forall i\neq j,\text{且 } V=\operatorname{Im}f_1\oplus\operatorname{Im}f_2\oplus\operatorname{Im}f_3$$

【**证**】 (1) $(I-f)^2=I-2f+f^2=I-f\Leftrightarrow f^2=f$.

(2) 证明分以下四步完成.

① 证明$f_i\circ f_j=0\ ,\ \forall i\neq j$.

由$f_1+f_2+f_3=I$知$f_1+f_2=I-f_3$. 因为$I-f_3$必是幂等变换,所以$f_1+f_2$也是幂等变换,在29题中已证必有$f_1\circ f_2=0$和$f_2\circ f_1=0$.

同理可证$f_i\circ f_j=0\ ,\ \forall i\neq j$.

② 证明$\ker(f_1)\cap\ker(f_2)\cap\ker(f_3)=\{0\}$.

任取$\boldsymbol{v}\in\ker(f_1)\cap\ker(f_2)\cap\ker(f_3)$,则由$f_j(\boldsymbol{v})=0\ ,\ j=1\ ,2\ ,3$知
$$\boldsymbol{v}=I(\boldsymbol{v})=f_1(\boldsymbol{v})+f_2(\boldsymbol{v})+f_3(\boldsymbol{v})=0$$

③ 证明 $V=\mathrm{Im}(f_1)+\mathrm{Im}(f_2)+\mathrm{Im}(f_3)$.

任取 $\boldsymbol{v}\in V$,记

$$\boldsymbol{u}=f_1(\boldsymbol{v})+f_2(\boldsymbol{v})+f_3(\boldsymbol{v})$$

由 $f_j^2=f_j,\ \forall 1\leqslant j\leqslant 3$ ,$f_j\circ f_i=0$ ,$\forall i\neq j$ 知必有

$$f_j(\boldsymbol{u})=f_j(\boldsymbol{v}),f_j(\boldsymbol{v}-\boldsymbol{u})=f_j(\boldsymbol{v})-f_j(\boldsymbol{u})=0\ ,\ \forall 1\leqslant j\leqslant 3$$

即

$$(\boldsymbol{v}-\boldsymbol{u})\in\ker(f_1)\cap\ker(f_2)\cap\ker(f_3)=\{0\}\ \text{于是必有}$$

$$\boldsymbol{v}=\boldsymbol{u}=f_1(\boldsymbol{v})+f_2(\boldsymbol{v})+f_3(\boldsymbol{v})\in\mathrm{Im}(f_1)+\mathrm{Im}(f_2)+\mathrm{Im}(f_3)$$

这就证明了 $V=\mathrm{Im}(f_1)+\mathrm{Im}(f_2)+\mathrm{Im}(f_3)$.

④ 证明 $\mathrm{Im}(f_1)\cap[\mathrm{Im}(f_2)+\mathrm{Im}(f_3)]=\{0\}$.

任取 $\boldsymbol{x}\in\mathrm{Im}(f_1)\cap[\mathrm{Im}(f_2)+\mathrm{Im}(f_3)]$ 由 $\boldsymbol{x}\in\mathrm{Im}(f_1)$ 知 $\boldsymbol{x}=f_1(\boldsymbol{v}_1)$ ,$\boldsymbol{v}_1\in V$, 有

$$f_1(\boldsymbol{x})=f_1^2(\boldsymbol{v}_1)=f_1(\boldsymbol{v}_1)=\boldsymbol{x}$$

再由 $\boldsymbol{x}\in\mathrm{Im}(f_2)+\mathrm{Im}(f_3)$ 知可设

$$\boldsymbol{x}=f_2(\boldsymbol{v}_2)+f_3(\boldsymbol{v}_3)\ ,\ \boldsymbol{v}_2,\boldsymbol{v}_3\in V$$

于是由 $f_i\circ f_j=0$ ,$\forall i\neq j$ 知必有

$$f_1(\boldsymbol{x})=f_1\circ f_2(\boldsymbol{v}_2)+f_1\circ f_3(\boldsymbol{v}_3)=0,\text{即 }\boldsymbol{x}=\boldsymbol{0}$$

类似可证

$\mathrm{Im}(f_2)\cap[\mathrm{Im}(f_1)+\mathrm{Im}(f_3)]=\{0\}$ 和 $\mathrm{Im}(f_3)\cap[\mathrm{Im}(f_1)+\mathrm{Im}(f_2)]=\{0\}$

综合上述证明,必有 $V=\mathrm{Im}(f_1)\oplus\mathrm{Im}(f_1)\oplus\mathrm{Im}(f_3)$.

31. 设 $V$ 是 $n$ 维线性空间,$f_1,f_2,\cdots,f_m$ 是 $V$ 上的 $m$ 个幂等变换

$$f_i^2=f_i,\ i=1\ ,2\ ,\cdots\ ,m$$

如果

$$f_i\circ f_j=0\ ,\ \forall i\neq j,\ker f_1\cap\cdots\cap\ker f_m=\{0\}$$

证明 $V=\mathrm{Im}(f_1)\oplus\cdots\oplus\mathrm{Im}(f_m)$.

**【证】** (1) 先证 $V=\mathrm{Im}(f_1)+\cdots+\mathrm{Im}(f_m)$. 任取 $\boldsymbol{v}\in V$,记

$$\boldsymbol{u}=f_1(\boldsymbol{v})+\cdots+f_j(\boldsymbol{v})+\cdots+f_m(\boldsymbol{v})$$

由 $f_j^2=f_j,\ \forall 1\leqslant j\leqslant m$ ,$f_j\circ f_i=0$ ,$\forall i\neq j$ 知必有

$$f_j(\boldsymbol{u})=f_j(\boldsymbol{v}),f_j(\boldsymbol{v}-\boldsymbol{u})=f_j(\boldsymbol{v})-f_j(\boldsymbol{u})=0\ ,\ \forall 1\leqslant j\leqslant m$$

即

$$(\boldsymbol{v}-\boldsymbol{u})\in\ker(f_1)\cap\cdots\cap\ker(f_m)=\{0\}$$

于是必有

$$\boldsymbol{v}=\boldsymbol{u}=f_1(\boldsymbol{v})+\cdots+f_m(\boldsymbol{v})\in\mathrm{Im}(f_1)+\cdots+\mathrm{Im}(f_m)$$

这就证明了 $V=\mathrm{Im}(f_1)+\cdots+\mathrm{Im}(f_m)$.

(2) 记 $\sum_{k\neq j}^{1\sim m}\operatorname{Im}(f_k)=\operatorname{Im}(f_1)+\cdots+\operatorname{Im}(f_{j-1})+\operatorname{Im}(f_{j+1})+\cdots+\operatorname{Im}(f_m)$

再证 $\operatorname{Im}(f_j)\cap\sum_{k\neq j}^{1\sim m}\operatorname{Im}(f_k)=\{0\}$.

任意取定一个 $1\leqslant j\leqslant m$. 任取 $x\in\operatorname{Im}(f_j)\cap\sum_{k\neq j}^{1\sim m}\operatorname{Im}(f_k)$.

由 $\boldsymbol{x}\in\operatorname{Im}(f_j)$ 知 $\boldsymbol{x}=f_j(\boldsymbol{v})$, $\boldsymbol{v}\in V$, $f_j(\boldsymbol{x})=f_j^2(\boldsymbol{v})=f_j(\boldsymbol{v})=\boldsymbol{x}$.

由 $\boldsymbol{x}\in\sum_{k\neq j}^{1\sim m}\operatorname{Im}(f_k)$ 知

$$\boldsymbol{x}=f_1(\boldsymbol{v}_1)+\cdots+f_{j-1}(\boldsymbol{v}_{j-1})+f_{j+1}(\boldsymbol{v}_{j+1})+\cdots+f_m(\boldsymbol{v}_m)$$

再由 $f_i\circ f_j=0$, $\forall i\neq j$ 知必有 $f_j(\boldsymbol{x})=0$,即 $\boldsymbol{x}=\boldsymbol{0}$.

这就证明了 $V=\operatorname{Im}(f_1)\oplus\cdots\oplus\operatorname{Im}(f_m)$.

32. 设 $V$ 是 $n$ 维线性空间,$f_1,f_2,\cdots,f_m$ 是 $V$ 上的 $m$ 个线性变换. 如果

$$\sum_{i=1}^{m}f_i=\boldsymbol{I}_V,\ \sum_{i=1}^{m}R(f_i)=n$$

记 $V_i=\operatorname{Im}(f_i)=f_i(V)$, $i=1,2,\cdots,m$,证明:

(1) $V=V_1\oplus V_2\oplus\cdots\oplus V_m$.

(2) $f_1,f_2,\cdots,f_m$ 都是幂等变换,且 $f_i\circ f_j=0$, $\forall i\neq j$.

**【证】** (1) 任取 $\boldsymbol{v}\in V$,由 $\sum_{i=1}^{m}f_i=\boldsymbol{I}_V$ 知

$$\boldsymbol{v}=(f_1+f_2+\cdots+f_m)\boldsymbol{v}=f_1(\boldsymbol{v})+f_2(\boldsymbol{v})+\cdots+f_m(\boldsymbol{v})$$

据此即得

$$V=V_1+V_2+\cdots+V_m$$

再由 $\dim V=n=\sum_{i=1}^{m}R(f_i)=\sum_{i=1}^{m}\operatorname{Im}(f_i)=\sum_{i=1}^{m}\dim V_i$ 知

$$V=V_1\oplus V_2\oplus\cdots\oplus V_m$$

(2) 任取 $\boldsymbol{v}\in V$,由 $\sum_{i=1}^{m}f_i=\boldsymbol{I}_V$ 知对任意一个 $1\leqslant i\leqslant m$ 有

$$\begin{aligned}f_i(\boldsymbol{v})&=(f_1+\cdots+f_i+\cdots+f_m)(f_i(\boldsymbol{v}))\\&=f_1\circ f_i(\boldsymbol{v})+\cdots+f_i\circ f_i(\boldsymbol{v})+\cdots+f_m\circ f_i(\boldsymbol{v})\end{aligned}$$

$$f_i(\boldsymbol{v})-f_i\circ f_i(\boldsymbol{v})=f_1\circ f_i(\boldsymbol{v})+\cdots+f_{i-1}\circ f_i(\boldsymbol{v})+f_{i+1}\circ f_i(\boldsymbol{v})+\cdots+f_m\circ f_i(\boldsymbol{v})\in V_i\cap\sum_{j\neq i}^{1\sim m}V_j$$

因为 $V=V_1\oplus V_2\oplus\cdots\oplus V_m$,必有 $V_i\cap\sum_{j\neq i}^{1\sim m}V_j=\{0\}$,于是必有

$$f_i \circ f_i(\boldsymbol{v}) = f_i(\boldsymbol{v}) \ , f_j \circ f_i(\boldsymbol{v}) = 0 \ , \ \forall j \neq i \ , \ \forall \boldsymbol{v} \in V$$

这就证明了$f_i^2 = f_i, f_j \circ f_i = 0 \ , \ \forall j \neq i$.

33. 设$f$是线性空间$V$的线性变换,如果

$$\dim \operatorname{Im}(f) + \dim \ker(f) = \dim V$$

问是不是必有$V = \operatorname{Im}(f) \oplus \ker(f)$?

**【解】** 因为未必有$V = \operatorname{Im}(f) + \ker(f)$,所以未必有$V = \operatorname{Im}(f) \oplus \ker(f)$.

**【注】** 反例. $V = R_{n-1}[x]$为次数小于$n$的实系数多项式线性空间,$f$是求导数变换,则

$$\operatorname{Im}(f) = R_{n-2}[x] \ , \ \ker(f) = R$$

有维数等式

$$\dim \operatorname{Im}(f) + \dim \ker(f) = (n-1) + 1 = n = \dim V$$

可是

$$\operatorname{Im}(f) \cap \ker(f) = R \neq \{0\}, \operatorname{Im}(f) + \ker(f) = R_{n-2}[x] \neq R_{n-1}[x]$$

34. 设$f$是线性空间$V$中的线性变换,$W$是$V$的子空间,证明

$$\dim f(W) + \dim [\ker(f) \cap W] = \dim W$$

**【证】** 把$V$中的线性变换$f$限制在子空间$W$中的线性变换记为$f_W$,则

$$\operatorname{Im}(f_W) = f(W) \ , \ \ker(f_W) = \ker(f) \cap W$$

所以在线性空间$W$中用维数公式得

$$\dim \operatorname{Im}(f_W) + \dim \ker(f_W) = \dim f(W) + \dim [\ker(f) \cap W] = \dim W$$

35. 设$\boldsymbol{A}$是$m \times n$矩阵,$\boldsymbol{B}$是$n \times k$矩阵,证明:

(1) $W = \{\boldsymbol{B\alpha} \mid \boldsymbol{AB\alpha} = \boldsymbol{0} \ , \boldsymbol{\alpha} \in \mathbf{R}^k\}$是$n$维列向量空间$\mathbf{R}^n$的子空间.

(2) $\dim W = R(\boldsymbol{B}) - R(\boldsymbol{AB})$.

**【证】** (1) 任取$\boldsymbol{B\alpha}, \boldsymbol{B\beta} \in W, \lambda, \mu \in \mathbf{R}$,则

$$\boldsymbol{A}(\lambda \boldsymbol{B\alpha} + \mu \boldsymbol{B\beta}) = \lambda \boldsymbol{AB\alpha} + \mu \boldsymbol{AB\beta} = \boldsymbol{0}$$

所以$W$是$\mathbf{R}^n$的子空间.

(2) 考虑$k$维列向量空间$\mathbf{R}^k$的子空间

$$U = \{\boldsymbol{\alpha} \mid \boldsymbol{B\alpha} = \boldsymbol{0}\} \ , \ V = \{\boldsymbol{\alpha} \mid \boldsymbol{AB\alpha} = \boldsymbol{0}\}$$

据齐次线性方程组的解空间的维数公式知必有

$$\dim U = k - R(\boldsymbol{B}), \dim V = k - R(\boldsymbol{AB})$$

引进$\mathbf{R}^k$中的线性变换$g: \boldsymbol{\alpha} \mapsto \boldsymbol{B\alpha}$.

① 显然有$g(V) = \{g(\boldsymbol{\alpha}) \mid \boldsymbol{AB\alpha} = \boldsymbol{0}\} = \{\boldsymbol{B\alpha} \mid \boldsymbol{AB\alpha} = \boldsymbol{0}\} = W$.

② 证明$\ker(g) \cap V = U$.

任取$\boldsymbol{x} \in \ker(g) \cap V$,则由$g(\boldsymbol{x}) = \boldsymbol{Bx} = \boldsymbol{0}$知$\boldsymbol{x} \in U, \ker(g) \cap V \subseteq U$.

反之,任取$\boldsymbol{x} \in U$,必有$g(\boldsymbol{x}) = \boldsymbol{Bx} = \boldsymbol{0} \ , \boldsymbol{x} \in \ker(g)$. 再由$\boldsymbol{Bx} = \boldsymbol{0}$知

$\boldsymbol{ABx}=\mathbf{0}$,必有 $\boldsymbol{x}\in V$,又有 $U\subseteq \ker(g)\cap V$. 于是证得 $\boldsymbol{x}\in\ker(g)\cap V$.

③ 把题 34 的结论用于子空间 $V$ 上即得

$$\dim g(V)+\dim[\ker(g)\cap V]=\dim V$$

即

$$\dim W+\dim U=\dim V$$

于是

$$\begin{aligned}\dim W&=\dim V-\dim U=[k-R(\boldsymbol{AB})]-[k-R(\boldsymbol{B})]\\&=R(\boldsymbol{B})-R(\boldsymbol{AB})\end{aligned}$$

36. 设 $f$ 是线性空间 $V$ 中的线性变换,证明:

(1) $V$ 和 $\{0\}$ 都是 $f$ - 子空间.

(2) $\mathrm{Im}(f)$ 和 $\ker(f)$ 都是 $f$ - 子空间.

(3) 若 $f$ 和 $g$ 是 $V$ 中两个可交换的线性变换,则 $\mathrm{Im}(f)$ 和 $\ker(f)$ 都是 $g$ - 子空间;$\mathrm{Im}(g)$ 和 $\ker(g)$ 都是 $f$ - 子空间.

**【证】** (1) 由 $f(V)\subseteq V$ 和 $f(0)=0$ 知 $V$ 和 $\{0\}$ 都是 $f$ - 子空间.

(2) 显然,对 $x\in\mathrm{Im}(f)$ 必有 $f(\boldsymbol{x})\in\mathrm{Im}(f)$,所以 $\mathrm{Im}(f)$ 是 $f$ - 子空间.

对 $\boldsymbol{x}\in\ker(f)$ 必有 $f(x)=0\in\ker(f)$,所以 $\ker(f)$ 是 $f$ - 子空间.

(3) 已知 $f\circ g=g\circ f$.

任取 $\boldsymbol{x}\in\mathrm{Im}(f)$,必有 $\boldsymbol{x}=f(\boldsymbol{v})$, $\boldsymbol{v}\in V$. 因为

$$g(\boldsymbol{x})=(g\circ f)(\boldsymbol{v})=(f\circ g)(\boldsymbol{v})=f(g(\boldsymbol{v}))\in\mathrm{Im}(f)$$

所以,$\mathrm{Im}(f)$ 是 $g$ - 子空间.

任取 $\boldsymbol{x}\in\ker(f)$,必有 $f(\boldsymbol{x})=0$. 因为

$$f(g(\boldsymbol{x}))=(f\circ g)(\boldsymbol{x})=(g\circ f)(\boldsymbol{x})=g(f(\boldsymbol{x}))=g(0)=0$$

所以,$g(\boldsymbol{x})\in\mathrm{Im}(f)$,$\ker(f)$ 是 $g$ - 子空间.

根据 $f$ 与 $g$ 的平等地位知,$\mathrm{Im}(g)$ 和 $\ker(g)$ 都是 $f$ - 子空间.

37. 设 $V$ 是复数域上 $n$ 维线性空间,$f$ 与 $g$ 是 $V$ 中两个可交换的线性变换:$f\circ g=g\circ f$.

(1) 如果 $\lambda_0$ 是 $f$ 的特征值,即存在非零向量 $\boldsymbol{p}\in V$ 使得 $f(\boldsymbol{p})=\lambda_0\boldsymbol{p}$(称 $\boldsymbol{p}$ 是 $f$ 的属于 $\lambda_0$ 的特征向量),证明属于 $\lambda_0$ 的特征子空间

$$V_{\lambda_0}=\{\boldsymbol{p}\mid f(\boldsymbol{p})=\lambda_0\boldsymbol{p}\}$$

必是 $g$ - 子空间.

(2) 证明 $f$ 与 $g$ 至少有一个公共的特征向量.

**【证】** (1) 任取 $\boldsymbol{p}\in V_{\lambda_0}$,必有

$$f(g(\boldsymbol{p}))=g(f(\boldsymbol{p}))=g(\lambda_0\boldsymbol{p})=\lambda_0 g(\boldsymbol{p})$$

这说明 $g(\boldsymbol{p})\in V_{\lambda_0}$,$V_{\lambda_0}$ 必是 $g$ - 子空间

(2) 因为 $V_{\lambda_0}$ 是 $g$ - 子空间:$g(V_{\lambda_0})\subseteq V_{\lambda_0}$,所以可把 $g$ 限制在 $V_{\lambda_0}$ 中考虑,

把 $g$ 看作线性空间 $V_{\lambda_0}$ 中的线性变换,必有非零向量 $\boldsymbol{q} \in V_{\lambda_0}$ 使得 $g(\boldsymbol{q})=\mu \boldsymbol{q}$,所以这个 $\boldsymbol{q}$ 就是 $f$ 与 $g$ 的一个公共的特征向量.

38. 设 $V$ 是复数域上 $n$ 维线性空间,$V$ 中的线性变换 $f$ 在基 $B=\{\boldsymbol{v}_1,\boldsymbol{v}_2,\cdots,\boldsymbol{v}_n\}$ 下的矩阵为

$$\boldsymbol{J}=\begin{pmatrix} \lambda & 1 & 0 & \cdots & 0 & 0 \\ 0 & \lambda & 1 & \cdots & 0 & 0 \\ 0 & 0 & \lambda & \ddots & 0 & 0 \\ \vdots & \vdots & \vdots & \ddots & \ddots & \vdots \\ 0 & 0 & 0 & \cdots & \lambda & 1 \\ 0 & 0 & 0 & \cdots & 0 & \lambda \end{pmatrix}$$

它是一个 Jordan 块.

证明:(1) 若 $U$ 是一个 $f$ - 子空间,如果 $\boldsymbol{v}_n \in U$,则 $U=V$.

(2) 若 $U$ 是一个 $f$ - 子空间,则必有 $\boldsymbol{v}_1 \in U$.

(3) $V$ 不可能分解成两个真不变子空间的直和.

**【证】** 由

$$f(\boldsymbol{v}_1,\boldsymbol{v}_2,\cdots,\boldsymbol{v}_n)=(\boldsymbol{v}_1,\boldsymbol{v}_2,\cdots,\boldsymbol{v}_n)\boldsymbol{J}$$

知必有

$$f(\boldsymbol{v}_1)=\lambda\boldsymbol{v}_1,f(\boldsymbol{v}_j)=\lambda\boldsymbol{v}_j+\boldsymbol{v}_{j-1},j=2,3,\cdots,n$$

(1) 因为 $f(U)\subseteq U$,所以当 $\boldsymbol{v}_n \in U$ 时必有

$$f(\boldsymbol{v}_n)=\lambda\boldsymbol{v}_n+\boldsymbol{v}_{n-1}\in U,\ \boldsymbol{v}_{n-1}\in U$$
$$f(\boldsymbol{v}_{n-1})=\lambda\boldsymbol{v}_{n-1}+\boldsymbol{v}_{n-2}\in U,\ \boldsymbol{v}_{n-2}\in U$$
$$\vdots$$
$$f(\boldsymbol{v}_2)=\lambda\boldsymbol{v}_2+\boldsymbol{v}_1\in U,\ \boldsymbol{v}_1\in U$$

这说明 $B=\{\boldsymbol{v}_1,\boldsymbol{v}_2,\cdots,\boldsymbol{v}_n\}\subseteq U$,于是必有 $U=V$.

(2) 任取 $\boldsymbol{\alpha}=k_1\boldsymbol{v}_1+k_2\boldsymbol{v}_2+\cdots+k_n\boldsymbol{v}_n\in U,\ \boldsymbol{\alpha}\neq\boldsymbol{0}$,则

$$\begin{aligned} f(\boldsymbol{\alpha}) &= k_1f(\boldsymbol{v}_1)+k_2f(\boldsymbol{v}_2)+\cdots+k_nf(\boldsymbol{v}_n) \\ &= k_1\lambda\boldsymbol{v}_1+k_2[\boldsymbol{v}_1+\lambda\boldsymbol{v}_2]+\cdots+k_n[\boldsymbol{v}_{n-1}+\lambda\boldsymbol{v}_n] \\ &= \lambda\boldsymbol{\alpha}+[k_2\boldsymbol{v}_1+\cdots+k_n\boldsymbol{v}_{n-1}]\in U \end{aligned}$$

必有 $\boldsymbol{\beta}=k_2\boldsymbol{v}_1+\cdots+k_n\boldsymbol{v}_{n-1}\in U$.

如果 $\boldsymbol{\beta}=k_2\boldsymbol{v}_1+\cdots+k_n\boldsymbol{v}_{n-1}=\boldsymbol{0}$,则 $k_2=\cdots=k_n=0$,$\boldsymbol{\alpha}=k_1\boldsymbol{v}_1\in U,\ \boldsymbol{v}_1\in U$,结论正确.

如果 $\boldsymbol{\beta}=k_2\boldsymbol{v}_1+\cdots+k_n\boldsymbol{v}_{n-1}\neq\boldsymbol{0}$,则由 $\boldsymbol{\beta}\in U$ 知 $f(\boldsymbol{\beta})\in U$,仿上所证可知必有

$$\boldsymbol{\gamma}=k_3\boldsymbol{v}_1+\cdots+k_n\boldsymbol{v}_{n-2}\in U$$

如此下去,可证必有 $\boldsymbol{v}_1 \in U$.

(3) 设 $V = U \oplus W$,$U$ 和 $W$ 是两个真不变子空间,则据(2)所证必有 $\mathbf{0} \neq \boldsymbol{v}_1 \in U \cap W$,矛盾,所以 $V$ 不可能分解成两个真不变子空间的直和.

## §2 坐标变换

(1) 设 $V$ 是数域 $P$ 上 $n$ 维线性空间,$S = \{\boldsymbol{v}_1, \boldsymbol{v}_2, \cdots, \boldsymbol{v}_n\}$ 为 $V$ 的一个基,则任意一个 $\boldsymbol{v} \in V$,必可唯一地表为

$$\boldsymbol{v} = k_1\boldsymbol{v}_1 + k_2\boldsymbol{v}_2 + \cdots + k_n\boldsymbol{v}_n$$

此时 $n$ 维列向量 $(k_1, k_2, \cdots, k_n)'$ 称为 $\boldsymbol{v}$ 在基 $S$ 下的坐标向量,数组 $\{k_1, k_2, \cdots, k_n\}$ 称为 $\boldsymbol{v}$ 在基 $S$ 下的坐标.

(2) 设 $B_1 = \{\boldsymbol{v}_1, \boldsymbol{v}_2, \cdots, \boldsymbol{v}_n\}$ , $B_2 = \{\boldsymbol{w}_1, \boldsymbol{w}_2, \cdots, \boldsymbol{w}_n\}$ 是线性空间 $V$ 中的两个基,必有

$$(\boldsymbol{v}_1, \boldsymbol{v}_2, \cdots, \boldsymbol{v}_n) = (\boldsymbol{w}_1, \boldsymbol{w}_2, \cdots, \boldsymbol{w}_n)\boldsymbol{P}, \boldsymbol{P} \text{ 必是可逆矩阵}$$

称 $n$ 阶方阵 $\boldsymbol{P}$ 是基 $B_1$ 到 $B_2$ 的过渡矩阵,或称为基变换矩阵.

在有些教材中,把满足此关系式的 $n$ 阶方阵 $\boldsymbol{P}$ 称为基 $B_2$ 到 $B_1$ 的过渡矩阵. 术语可有不同定义,重要的是要记住过渡矩阵 $\boldsymbol{P}$ 满足的上述定义式.

(3) 若 $f$ 是线性空间 $V$ 中的线性变换,任取 $V$ 的两个基

$$B_1 = \{\boldsymbol{v}_1, \boldsymbol{v}_2, \cdots, \boldsymbol{v}_n\}, B_2 = \{\boldsymbol{w}_1, \boldsymbol{w}_2, \cdots, \boldsymbol{w}_n\}$$

若

$$f(\boldsymbol{v}_1, \boldsymbol{v}_2, \cdots, \boldsymbol{v}_n) = (\boldsymbol{v}_1, \boldsymbol{v}_2, \cdots, \boldsymbol{v}_n)\boldsymbol{A}, \boldsymbol{A} \text{ 是 } f \text{ 的变换矩阵}$$

$$(\boldsymbol{v}_1, \boldsymbol{v}_2, \cdots, \boldsymbol{v}_n) = (\boldsymbol{w}_1, \boldsymbol{w}_2, \cdots, \boldsymbol{w}_n)\boldsymbol{P}, \boldsymbol{P} \text{ 是基的过渡矩阵}$$

则必有

$$f(\boldsymbol{v}_1, \boldsymbol{v}_2, \cdots, \boldsymbol{v}_n) = (\boldsymbol{w}_1, \boldsymbol{w}_2, \cdots, \boldsymbol{w}_n)\boldsymbol{PA}$$

(4) 设 $B_1 = \{\boldsymbol{v}_1, \boldsymbol{v}_2, \cdots, \boldsymbol{v}_n\}$ , $B_2 = \{\boldsymbol{w}_1, \boldsymbol{w}_2, \cdots, \boldsymbol{w}_n\}$ 是线性空间 $V$ 中的两个基,基变换公式为

$$(\boldsymbol{v}_1, \boldsymbol{v}_2, \cdots, \boldsymbol{v}_n) = (\boldsymbol{w}_1, \boldsymbol{w}_2, \cdots, \boldsymbol{w}_n)\boldsymbol{P}$$

若对 $\boldsymbol{v} \in V$ 有

$$\boldsymbol{v} = (\boldsymbol{v}_1, \boldsymbol{v}_2, \cdots, \boldsymbol{v}_n)\boldsymbol{x} = (\boldsymbol{w}_1, \boldsymbol{w}_2, \cdots, \boldsymbol{w}_n)\boldsymbol{y}$$

则

$$\boldsymbol{v} = (\boldsymbol{v}_1, \boldsymbol{v}_2, \cdots, \boldsymbol{v}_n)\boldsymbol{x} = (\boldsymbol{w}_1, \boldsymbol{w}_2, \cdots, \boldsymbol{w}_n)\boldsymbol{Px} = (\boldsymbol{w}_1, \boldsymbol{w}_2, \cdots, \boldsymbol{w}_n)\boldsymbol{y}$$

因为 $B_2 = \{\boldsymbol{w}_1, \boldsymbol{w}_2, \cdots, \boldsymbol{w}_n\}$ 是线性无关组,所以有坐标变换公式

$$\boldsymbol{y} = \boldsymbol{Px}$$

1. 设 $f: V \to V$ 是线性变换,$\dim V = n$,在 $V$ 中取两个基

$$B_1=\{\boldsymbol{v}_1,\boldsymbol{v}_2,\cdots,\boldsymbol{v}_n\},\ B_2=\{\boldsymbol{w}_1,\boldsymbol{w}_2,\cdots,\boldsymbol{w}_n\}$$

若

$$f(\boldsymbol{v}_1,\boldsymbol{v}_2,\cdots,\boldsymbol{v}_n)=(\boldsymbol{v}_1,\boldsymbol{v}_2,\cdots,\boldsymbol{v}_n)\boldsymbol{A}$$
$$f(\boldsymbol{w}_1,\boldsymbol{w}_2,\cdots,\boldsymbol{w}_n)=(\boldsymbol{w}_1,\boldsymbol{w}_2,\cdots,\boldsymbol{w}_n)\boldsymbol{B}$$
$$(\boldsymbol{v}_1,\boldsymbol{v}_2,\cdots,\boldsymbol{v}_n)=(\boldsymbol{w}_1,\boldsymbol{w}_2,\cdots,\boldsymbol{w}_n)\boldsymbol{P}$$

证明 $\boldsymbol{B}=\boldsymbol{PAP}^{-1}$.

**【证】** 因为 $(\boldsymbol{w}_1,\boldsymbol{w}_2,\cdots,\boldsymbol{w}_n)=(\boldsymbol{v}_1,\boldsymbol{v}_2,\cdots,\boldsymbol{v}_n)\boldsymbol{P}^{-1}$

所以

$$\begin{aligned}f(\boldsymbol{w}_1,\boldsymbol{w}_2,\cdots,\boldsymbol{w}_n)&=f(\boldsymbol{v}_1,\boldsymbol{v}_2,\cdots,\boldsymbol{v}_n)\boldsymbol{P}^{-1}\\&=(\boldsymbol{v}_1,\boldsymbol{v}_2,\cdots,\boldsymbol{v}_n)\boldsymbol{AP}^{-1}=(\boldsymbol{w}_1,\boldsymbol{w}_2,\cdots,\boldsymbol{w}_n)\boldsymbol{PAP}^{-1}\end{aligned}$$

于是由 $f(\boldsymbol{w}_1,\boldsymbol{w}_2,\cdots,\boldsymbol{w}_n)=(\boldsymbol{w}_1,\boldsymbol{w}_2,\cdots,\boldsymbol{w}_n)\boldsymbol{B}$ 知

$$(\boldsymbol{w}_1,\boldsymbol{w}_2,\cdots,\boldsymbol{w}_n)\boldsymbol{PAP}^{-1}=(\boldsymbol{w}_1,\boldsymbol{w}_2,\cdots,\boldsymbol{w}_n)\boldsymbol{B}$$

因为 $\{\boldsymbol{w}_1,\boldsymbol{w}_2,\cdots,\boldsymbol{w}_n\}$ 是线性无关组，所以 $\boldsymbol{B}=\boldsymbol{PAP}^{-1}$.

**【注】** 如果从基 $B_1=\{\boldsymbol{v}_1,\boldsymbol{v}_2,\cdots,\boldsymbol{v}_n\}$ 到基 $B_2=\{\boldsymbol{w}_1,\boldsymbol{w}_2,\cdots,\boldsymbol{w}_n\}$ 的过渡矩阵指的是满足

$$(\boldsymbol{w}_1,\boldsymbol{w}_2,\cdots,\boldsymbol{w}_n)=(\boldsymbol{v}_1,\boldsymbol{v}_2,\cdots,\boldsymbol{v}_n)P$$

的矩阵 $\boldsymbol{P}$，此时有 $\boldsymbol{B}=\boldsymbol{P}^{-1}\boldsymbol{AP}$.

2. 设 $B_1=\{\boldsymbol{\varepsilon}_1,\boldsymbol{\varepsilon}_2,\boldsymbol{\varepsilon}_3\}$ 与 $B_2=\{\boldsymbol{\varepsilon}_1-\boldsymbol{\varepsilon}_3,\boldsymbol{\varepsilon}_2,\boldsymbol{\varepsilon}_3\}$ 是线性空间 $V$ 的两个基，$f$ 是 $V$ 中的线性变换. 如果已知 $f$ 在基 $B_1=\{\boldsymbol{\varepsilon}_1,\boldsymbol{\varepsilon}_2,\boldsymbol{\varepsilon}_3\}$ 下的矩阵为

$$\boldsymbol{A}=\begin{pmatrix}a_{11}&a_{12}&a_{13}\\a_{21}&a_{22}&a_{23}\\a_{31}&a_{32}&a_{33}\end{pmatrix}$$

求 $f$ 在基 $B_2$ 下的矩阵 $\boldsymbol{B}$.

**【解】** 先求出两个基之间的过渡矩阵

$$(\boldsymbol{\varepsilon}_1-\boldsymbol{\varepsilon}_3,\boldsymbol{\varepsilon}_2,\boldsymbol{\varepsilon}_3)=(\boldsymbol{\varepsilon}_1,\boldsymbol{\varepsilon}_2,\boldsymbol{\varepsilon}_3)\begin{pmatrix}1&0&0\\0&1&0\\-1&0&1\end{pmatrix}=(\boldsymbol{\varepsilon}_1,\boldsymbol{\varepsilon}_2,\boldsymbol{\varepsilon}_3)\boldsymbol{P}$$

则由

$$\begin{aligned}f(\boldsymbol{\varepsilon}_1-\boldsymbol{\varepsilon}_3,\boldsymbol{\varepsilon}_2,\boldsymbol{\varepsilon}_3)&=f(\boldsymbol{\varepsilon}_1,\boldsymbol{\varepsilon}_2,\boldsymbol{\varepsilon}_3)\boldsymbol{P}=(\boldsymbol{\varepsilon}_1,\boldsymbol{\varepsilon}_2,\boldsymbol{\varepsilon}_3)\boldsymbol{AP}\\&=(\boldsymbol{\varepsilon}_1-\boldsymbol{\varepsilon}_3,\boldsymbol{\varepsilon}_2,\boldsymbol{\varepsilon}_3)\boldsymbol{P}^{-1}\boldsymbol{AP}\end{aligned}$$

知 $f$ 在基 $B_2$ 下的矩阵

$$\boldsymbol{B}=\boldsymbol{P}^{-1}\boldsymbol{AP}=\begin{pmatrix}1&0&0\\0&1&0\\-1&0&1\end{pmatrix}^{-1}\begin{pmatrix}a_{11}&a_{12}&a_{13}\\a_{21}&a_{22}&a_{23}\\a_{31}&a_{32}&a_{33}\end{pmatrix}\begin{pmatrix}1&0&0\\0&1&0\\-1&0&1\end{pmatrix}$$

$$=\begin{pmatrix}1&0&0\\0&1&0\\1&0&1\end{pmatrix}\begin{pmatrix}a_{11}-a_{13}&a_{12}&a_{13}\\a_{21}-a_{23}&a_{22}&a_{23}\\a_{31}-a_{33}&a_{32}&a_{33}\end{pmatrix}$$

$$=\begin{pmatrix}a_{11}-a_{13}&a_{12}&a_{13}\\a_{21}-a_{23}&a_{22}&a_{23}\\a_{11}-a_{13}+a_{31}-a_{33}&a_{12}+a_{32}&a_{13}+a_{33}\end{pmatrix}$$

3. 在 $\mathbf{R}^3$ 中取两个基

$$B_1=\left\{\boldsymbol{\varepsilon}_1=\begin{pmatrix}1\\0\\0\end{pmatrix},\boldsymbol{\varepsilon}_2=\begin{pmatrix}0\\1\\0\end{pmatrix},\boldsymbol{\varepsilon}_3=\begin{pmatrix}0\\0\\1\end{pmatrix}\right\}$$

$$B_2=\left\{\boldsymbol{\eta}_1=\begin{pmatrix}2\\3\\1\end{pmatrix},\boldsymbol{\eta}_2=\begin{pmatrix}3\\4\\1\end{pmatrix},\boldsymbol{\eta}_3=\begin{pmatrix}1\\2\\2\end{pmatrix}\right\}$$

已知 $\mathbf{R}^3$ 中某线性变换 $f$ 在基 $B_1$ 下的矩阵为

$$\boldsymbol{A}=\begin{pmatrix}15&-11&5\\20&-15&8\\8&-7&6\end{pmatrix}$$

求 $f$ 在基 $B_2$ 下的矩阵 $\boldsymbol{B}$.

【解】 先求出基 $B_1$ 到 $B_2$ 的过渡矩阵 $\boldsymbol{P}$. 由

$$(\boldsymbol{\varepsilon}_1,\boldsymbol{\varepsilon}_2,\boldsymbol{\varepsilon}_3)=(\boldsymbol{\eta}_1,\boldsymbol{\eta}_2,\boldsymbol{\eta}_3)\boldsymbol{P}$$

知

$$\boldsymbol{P}=(\boldsymbol{\eta}_1,\boldsymbol{\eta}_2,\boldsymbol{\eta}_3)^{-1}=\begin{pmatrix}2&3&1\\3&4&2\\1&1&2\end{pmatrix}^{-1}=\begin{pmatrix}-6&5&-2\\4&-3&1\\1&-1&1\end{pmatrix}$$

所以 $f$ 在基 $B_2$ 下的矩阵

$$\boldsymbol{B}=\boldsymbol{PA}\,\boldsymbol{P}^{-1}=\begin{pmatrix}-6&5&-2\\4&-3&1\\1&-1&1\end{pmatrix}\begin{pmatrix}15&-11&5\\20&-15&8\\8&-7&6\end{pmatrix}\begin{pmatrix}2&3&1\\3&4&2\\1&1&2\end{pmatrix}$$

$$=\begin{pmatrix}-6&5&-2\\8&-6&2\\3&-3&3\end{pmatrix}\begin{pmatrix}2&3&1\\3&4&2\\1&1&2\end{pmatrix}=\begin{pmatrix}1&0&0\\0&2&0\\0&0&3\end{pmatrix}$$

4. 考虑次数小于 $n$ 的实系数多项式线性空间 $R_{n-1}[x]$. 取定 $n$ 个两两不同的数

$$a_1, a_2, \cdots, a_n$$

(1) 记 $f_i = \prod_{k\neq i}^{1\sim n}(x-a_k)$, $i=1,2,\cdots,n$,证明 $B_1=\{f_1,f_2,\cdots,f_n\}$ 是 $R_{n-1}[x]$ 的基.

(2) 当 $a_1, a_2, \cdots, a_n$ 为 $n$ 个 $n$ 次单位根时,求

基 $B_1=\{f_1,f_2,\cdots,f_n\}$ 到基 $B_2=\{1, x, x^2, \cdots, x^{n-1}\}$

的过渡矩阵.

**【解】** (1) 设

$$k_1f_1+\cdots+k_if_i+\cdots+k_nf_n=0$$

即

$$k_1\prod_{k\neq 1}^{1\sim n}(x-a_k)+\cdots+k_i\prod_{k\neq i}^{1\sim n}(x-a_k)+\cdots+k_n\prod_{k\neq n}^{1\sim n}(x-a_k)=0$$

因为 $a_1, a_2, \cdots, a_n$ 为两两不同的数,所以把 $x=a_i$ 代入,根据

$$\prod_{k\neq j}^{1\sim n}(a_i-a_k)=0,\ \forall j\neq i \text{ 和 } \prod_{k\neq i}^{1\sim n}(a_i-a_k)\neq 0$$

得 $k_i=0$, $i=1,2,\cdots,n$,所以 $B_1=\{f_1,f_2,\cdots,f_n\}$ 是 $R_{n-1}[x]$ 的基.

(2) 因为 $a_1, a_2, \cdots, a_n$ 为 $n$ 个 $n$ 次单位根,所以必有

$$(x-a_1)\cdots(x-a_i)\cdots(x-a_n)=x^n-1=x^n-a_i^n$$
$$=(x-a_i)(x^{n-1}+a_ix^{n-2}+a_i^2x^{n-3}+\cdots+a_i^{n-2}x+a_i^{n-1})$$

据此就可求出

$$f_i=\prod_{k\neq i}^{1\sim n}(x-a_k)=(x-a_1)\cdots(x-a_{i-1})(x-a_{i+1})\cdots(x-a_n)$$
$$=a_i^{n-1}+a_i^{n-2}x+\cdots+a_i^2x^{n-3}+a_ix^{n-2}+x^{n-1},\ i=1,2,\cdots,n$$

于是得到

$$(f_1,f_2,f_3,\cdots,f_n)=(1, x, x^2, \cdots, x^{n-1})\boldsymbol{P}$$

其中过渡矩阵为

$$\boldsymbol{P}=\begin{pmatrix} a_1^{n-1} & a_2^{n-1} & \cdots & a_{n-1}^{n-1} & a_n^{n-1} \\ a_1^{n-2} & a_2^{n-2} & \cdots & a_{n-1}^{n-2} & a_n^{n-2} \\ \vdots & \vdots & & \vdots & \vdots \\ a_1 & a_2 & \cdots & a_{n-1} & a_n \\ 1 & 1 & \cdots & 1 & 1 \end{pmatrix}$$

5. 在次数不超过 $n-1$ 的实系数多项式线性空间 $R_{n-1}[x]$ 中取两个基

$$B_1=\{1, x, x^2, x^3, \cdots, x^{n-1}\}$$
$$B_2=\{1, (x-a), (x-a)^2, (x-a)^3, \cdots, (x-a)^{n-1}\}$$

$a$ 为任意取定的实数,求任意一个 $f(x) \in R_{n-1}[x]$ 在这两个基下的坐标向量.

【解】 设 $f(x) = a_0 + a_1x + a_2x^2 + a_3x^3 + \cdots + a_{n-1}x^{n-1}$,则 $f(x)$ 在基 $B_1$ 下的坐标向量就是

$$\boldsymbol{\xi} = (a_0, a_1, a_2, a_3, \cdots, a_{n-1})'$$

由泰勒展开公式

$$f(x) = f(a) + f'(a)(x-a) + \frac{1}{2!}f''(a)(x-a)^2 + \frac{1}{3!}f'''(a)(x-a)^3 + \cdots + \frac{1}{(n-1)!}f^{(n-1)}(a)(x-a)^{n-1}$$

知 $f(x)$ 在基 $B_2$ 下的坐标向量为

$$\boldsymbol{\eta} = \left(f(a), f'(a), \frac{1}{2!}f''(a), \frac{1}{3!}f'''(a), \cdots, \frac{1}{(n-1)!}f^{(n-1)}(a)\right)'$$

6. 考虑二阶实方阵线性空间 $V = M_2(R)$.

(1) 证明以下两个方阵组都是 $V$ 的基

$$B_1 = \left\{\boldsymbol{\alpha}_1 = \begin{pmatrix}1 & 0\\0 & 0\end{pmatrix}, \boldsymbol{\alpha}_2 = \begin{pmatrix}1 & 1\\0 & 0\end{pmatrix}, \boldsymbol{\alpha}_3 = \begin{pmatrix}1 & 1\\1 & 0\end{pmatrix}, \boldsymbol{\alpha}_4 = \begin{pmatrix}1 & 1\\1 & 1\end{pmatrix}\right\}$$

$$B_2 = \left\{\boldsymbol{\beta}_1 = \begin{pmatrix}-1 & 1\\1 & 1\end{pmatrix}, \boldsymbol{\beta}_2 = \begin{pmatrix}1 & -1\\1 & 1\end{pmatrix}, \boldsymbol{\beta}_3 = \begin{pmatrix}1 & 1\\-1 & 1\end{pmatrix}, \boldsymbol{\beta}_4 = \begin{pmatrix}1 & 1\\1 & -1\end{pmatrix}\right\}$$

(2) 求出基 $B_1$ 到 $B_2$ 的过渡矩阵 $\boldsymbol{P}$ 和 $B_2$ 到 $B_1$ 的过渡矩阵 $\boldsymbol{Q}$.

(3) 分别求出 $\boldsymbol{A} = \begin{pmatrix}a_{11} & a_{12}\\a_{21} & a_{22}\end{pmatrix} \in M_2(R)$ 在这两个基之下的坐标向量.

【证】 (1) 设

$$x_1\begin{pmatrix}1 & 0\\0 & 0\end{pmatrix} + x_2\begin{pmatrix}1 & 1\\0 & 0\end{pmatrix} + x_3\begin{pmatrix}1 & 1\\1 & 0\end{pmatrix} + x_4\begin{pmatrix}1 & 1\\1 & 1\end{pmatrix} = \begin{pmatrix}0 & 0\\0 & 0\end{pmatrix}$$

得

$$\begin{pmatrix}x_1 + x_2 + x_3 + x_4 & x_2 + x_3 + x_4\\x_3 + x_4 & x_4\end{pmatrix} = \begin{pmatrix}0 & 0\\0 & 0\end{pmatrix}$$

必有 $x_1 = x_2 = x_3 = x_4 = 0$,所以 $B_1$ 是 $V$ 的基.

设

$$x_1\begin{pmatrix}-1 & 1\\1 & 1\end{pmatrix} + x_2\begin{pmatrix}1 & -1\\1 & 1\end{pmatrix} + x_3\begin{pmatrix}1 & 1\\-1 & 1\end{pmatrix} + x_4\begin{pmatrix}1 & 1\\1 & -1\end{pmatrix} = \begin{pmatrix}0 & 0\\0 & 0\end{pmatrix}$$

必有

$$\begin{cases}-x_1+x_2+x_3+x_4=0\\ x_1-x_2+x_3+x_4=0\\ x_1+x_2-x_3+x_4=0\\ x_1+x_2+x_3-x_4=0\end{cases}$$

将四式相加得 $x_1+x_2+x_3+x_4=0$,再与各式相减即得 $x_1=x_2=x_3=x_4=0$,所以 $B_2$ 是 $V$ 的基.

(2) 先由

$$x_1\begin{pmatrix}1&0\\0&0\end{pmatrix}+x_2\begin{pmatrix}1&1\\0&0\end{pmatrix}+x_3\begin{pmatrix}1&1\\1&0\end{pmatrix}+x_4\begin{pmatrix}1&1\\1&1\end{pmatrix}=\begin{pmatrix}a_{11}&a_{12}\\a_{21}&a_{22}\end{pmatrix}$$

得

$$\begin{cases}x_1+x_2+x_3+x_4=a_{11}\\ x_2+x_3+x_4=a_{12}\\ x_3+x_4=a_{21}\\ x_4=a_{22}\end{cases}$$

解为

$$\begin{cases}x_1=a_{11}-a_{12}\\ x_2=a_{12}-a_{21}\\ x_3=a_{21}-a_{22}\\ x_4=a_{22}\end{cases}$$

据此即可依次求出

$$\boldsymbol{\beta}_1=\begin{pmatrix}-1&1\\1&1\end{pmatrix}=-2\begin{pmatrix}1&0\\0&0\end{pmatrix}+\begin{pmatrix}1&1\\1&1\end{pmatrix}=-2\boldsymbol{\alpha}_1+\boldsymbol{\alpha}_4$$

$$\boldsymbol{\beta}_2=\begin{pmatrix}1&-1\\1&1\end{pmatrix}=2\begin{pmatrix}1&0\\0&0\end{pmatrix}-2\begin{pmatrix}1&1\\0&0\end{pmatrix}+\begin{pmatrix}1&1\\1&1\end{pmatrix}=2\boldsymbol{\alpha}_1-2\boldsymbol{\alpha}_2+\boldsymbol{\alpha}_4$$

$$\boldsymbol{\beta}_3=\begin{pmatrix}1&1\\-1&1\end{pmatrix}=2\begin{pmatrix}1&1\\0&0\end{pmatrix}-2\begin{pmatrix}1&1\\1&0\end{pmatrix}+\begin{pmatrix}1&1\\1&1\end{pmatrix}=2\boldsymbol{\alpha}_2-2\boldsymbol{\alpha}_3+\boldsymbol{\alpha}_4$$

$$\boldsymbol{\beta}_4=\begin{pmatrix}1&1\\1&-1\end{pmatrix}=2\begin{pmatrix}1&1\\1&0\end{pmatrix}-\begin{pmatrix}1&1\\1&1\end{pmatrix}=2\boldsymbol{\alpha}_3-\boldsymbol{\alpha}_4$$

这就是说,有变换式

$$(\boldsymbol{\beta}_1,\boldsymbol{\beta}_2,\boldsymbol{\beta}_3,\boldsymbol{\beta}_4)=(\boldsymbol{\alpha}_1,\boldsymbol{\alpha}_2,\boldsymbol{\alpha}_3,\boldsymbol{\alpha}_4)\boldsymbol{Q}$$

其中

$$Q=\begin{pmatrix}-2&2&0&0\\0&-2&2&0\\0&0&-2&2\\1&1&1&-1\end{pmatrix}$$

于是 $$P=Q^{-1}=\begin{pmatrix}-2&2&0&0\\0&-2&2&0\\0&0&-2&2\\1&1&1&-1\end{pmatrix}^{-1}=\frac{1}{4}\begin{pmatrix}-1&0&1&2\\1&0&1&2\\1&2&1&2\\1&2&3&2\end{pmatrix}$$

(3) 前已求出 $A=\begin{pmatrix}a_{11}&a_{12}\\a_{21}&a_{22}\end{pmatrix}$ 在基 $B_1$ 下的坐标向量为

$$\xi=(a_{11}-a_{12},a_{12}-a_{21},a_{21}-a_{22},a_{22})'$$

由

$$(\alpha_1,\alpha_2,\alpha_3,\alpha_4)=(\beta_1,\beta_2,\beta_3,\beta_4)P$$

知 $A$ 在基 $B_2$ 下的坐标向量为

$$\eta=P\xi=\frac{1}{4}\begin{pmatrix}-1&0&1&2\\1&0&1&2\\1&2&1&2\\1&2&3&2\end{pmatrix}\begin{pmatrix}a_{11}-a_{12}\\a_{12}-a_{21}\\a_{21}-a_{22}\\a_{22}\end{pmatrix}=\frac{1}{4}\begin{pmatrix}-a_{11}+a_{12}+a_{21}+a_{22}\\a_{11}-a_{12}+a_{21}+a_{22}\\a_{11}+a_{12}-a_{21}+a_{22}\\a_{11}+a_{12}+a_{21}-a_{22}\end{pmatrix}$$

7. 在次数不超过 4 的实系数多项式线性空间 $R_4[x]$ 中取两个基

$$B_1=\{f_1,f_2,f_3,f_4,f_5\}$$
$$B_2=\{g_1,g_2,g_3,g_4,g_5\}$$

其中

$$f_1=1,f_2=x,f_3=x^2,f_4=x^3,f_5=x^4$$
$$g_1=1,g_2=1+x,g_3=1+x+x^2,g_4=1+x+x^2+x^3$$
$$g_5=1+x+x^2+x^3+x^4$$

求任意一个 $f(x)\in R_4[x]$ 在这两个基下的坐标向量.

**【解】** $f(x)=a_0+a_1x+a_2x^2+a_3x^3+a_4x^4$ 在基 $B_1$ 下的坐标向量为

$$\xi=(a_0,a_1,a_2,a_3,a_4)'$$

因为基 $B_2$ 可表为

$$(g_1,g_2,g_3,g_4,g_5)=(x_1,x_2,x_3,x_4,x_5)\begin{pmatrix}1&1&1&1&1\\0&1&1&1&1\\0&0&1&1&1\\0&0&0&1&1\\0&0&0&0&1\end{pmatrix}$$

$$=(f_1, f_2, f_3, f_4, f_5)\boldsymbol{P}$$

即
$$(f_1, f_2, f_3, f_4, f_5)=(g_1, g_2, g_3, g_4, g_5)\boldsymbol{P}^{-1}$$

所以 $f(x)=a_0+a_1x+a_2x^2+a_3x^3+a_4x^4$ 在基 $B_2$ 下的坐标向量为

$$\boldsymbol{\eta}=\boldsymbol{P}^{-1}\boldsymbol{\xi}=\begin{pmatrix}1&1&1&1&1\\0&1&1&1&1\\0&0&1&1&1\\0&0&0&1&1\\0&0&0&0&1\end{pmatrix}^{-1}\boldsymbol{\xi}=\begin{pmatrix}1&-1&0&0&0\\0&1&-1&0&0\\0&0&1&-1&0\\0&0&0&1&-1\\0&0&0&0&1\end{pmatrix}\begin{pmatrix}a_0\\a_1\\a_2\\a_3\\a_4\end{pmatrix}$$

$$=\begin{pmatrix}a_0-a_1\\a_1-a_2\\a_2-a_3\\a_3-a_4\\a_4\end{pmatrix}$$

8. 在 $\mathbf{R}^4$ 中取两个基

$$B_1=\left\{\boldsymbol{\varepsilon}_1=\begin{pmatrix}1\\0\\0\\0\end{pmatrix}, \boldsymbol{\varepsilon}_2=\begin{pmatrix}0\\1\\0\\0\end{pmatrix}, \boldsymbol{\varepsilon}_3=\begin{pmatrix}0\\0\\1\\0\end{pmatrix}, \boldsymbol{\varepsilon}_4=\begin{pmatrix}0\\0\\0\\1\end{pmatrix}\right\}$$

$$B_2=\left\{\boldsymbol{\eta}_1=\begin{pmatrix}2\\1\\-1\\1\end{pmatrix}, \boldsymbol{\eta}_2=\begin{pmatrix}0\\3\\1\\0\end{pmatrix}, \boldsymbol{\eta}_3=\begin{pmatrix}5\\3\\2\\1\end{pmatrix}, \boldsymbol{\eta}_4=\begin{pmatrix}6\\6\\1\\3\end{pmatrix}\right\}$$

求出所有的向量 $\boldsymbol{\alpha}\in\mathbf{R}^4$,使得它在这两个基下的坐标向量相同.

**【解】** $\boldsymbol{\alpha}=(x_1, x_2, x_3, x_4)'$ 在基 $B_1$ 下的坐标向量就是 $(x_1, x_2, x_3, x_4)'$.
由

$$(\boldsymbol{\eta}_1\quad\boldsymbol{\eta}_2\quad\boldsymbol{\eta}_3\quad\boldsymbol{\eta}_4)=(\boldsymbol{\varepsilon}_1\quad\boldsymbol{\varepsilon}_2\quad\boldsymbol{\varepsilon}_3\quad\boldsymbol{\varepsilon}_4)\begin{pmatrix}2&0&5&6\\1&3&3&6\\-1&1&2&1\\1&0&1&3\end{pmatrix}$$

$$=(\boldsymbol{\varepsilon}_1\quad\boldsymbol{\varepsilon}_2\quad\boldsymbol{\varepsilon}_3\quad\boldsymbol{\varepsilon}_4)\boldsymbol{P}$$

知 $\boldsymbol{\alpha}=(x_1, x_2, x_3, x_4)'$ 在基 $B_2$ 下的坐标向量为 $\boldsymbol{\eta}=\boldsymbol{P}^{-1}\boldsymbol{\alpha}$.

所以要求出 $\boldsymbol{\alpha}=(x_1, x_2, x_3, x_4)'$ 满足 $\boldsymbol{P}^{-1}\boldsymbol{\alpha}=\boldsymbol{\alpha}$,即 $\boldsymbol{\alpha}=\boldsymbol{P}\boldsymbol{\alpha}$,即求解齐次线

性方程组

$$(\boldsymbol{P}-\boldsymbol{I}_4)\boldsymbol{\alpha}=\boldsymbol{0}$$

$$\begin{pmatrix}1&0&5&6\\1&2&3&6\\-1&1&1&1\\1&0&1&2\end{pmatrix}\begin{pmatrix}x_1\\x_2\\x_3\\x_4\end{pmatrix}=\begin{pmatrix}0\\0\\0\\0\end{pmatrix}$$

用初等行变换化简系数矩阵

$$\begin{pmatrix}1&0&5&6\\1&2&3&6\\-1&1&1&1\\1&0&1&2\end{pmatrix}\to\begin{pmatrix}1&0&5&6\\0&2&-2&0\\0&1&6&7\\0&0&-4&-4\end{pmatrix}\to\begin{pmatrix}1&0&5&6\\0&0&-14&-14\\0&1&6&7\\0&0&1&1\end{pmatrix}$$

$$\to\begin{pmatrix}1&0&0&1\\0&0&0&0\\0&1&0&1\\0&0&1&1\end{pmatrix}$$

求出基础解系

$$\boldsymbol{\xi}=\begin{pmatrix}1\\1\\1\\-1\end{pmatrix}$$

所以所求的向量为

$$\boldsymbol{\alpha}=a\begin{pmatrix}1\\1\\1\\-1\end{pmatrix},\ a\neq 0$$

9. 设 $B=\{\boldsymbol{\varepsilon}_1,\boldsymbol{\varepsilon}_2\}$ 是线性空间 $V$ 的基,$f$ 是 $V$ 中的线性变换. 如果已知

$$f(\boldsymbol{\varepsilon}_1-2\boldsymbol{\varepsilon}_2)=3\boldsymbol{\varepsilon}_1+2\boldsymbol{\varepsilon}_2, f(3\boldsymbol{\varepsilon}_1-\boldsymbol{\varepsilon}_2)=-\boldsymbol{\varepsilon}_1+\boldsymbol{\varepsilon}_2$$

求 $f$ 在基 $B$ 下的矩阵 $\boldsymbol{A}$ 和 $f(2\boldsymbol{\varepsilon}_1-3\boldsymbol{\varepsilon}_2)$ 在基 $B$ 下的坐标向量.

【解】 由条件 $f(\boldsymbol{\varepsilon}_1-2\boldsymbol{\varepsilon}_2)=3\boldsymbol{\varepsilon}_1+2\boldsymbol{\varepsilon}_2, f(3\boldsymbol{\varepsilon}_1-\boldsymbol{\varepsilon}_2)=-\boldsymbol{\varepsilon}_1+\boldsymbol{\varepsilon}_2$ 可得

$$f(\boldsymbol{\varepsilon}_1)-2f(\boldsymbol{\varepsilon}_2)=3\boldsymbol{\varepsilon}_1+2\boldsymbol{\varepsilon}_2, 3f(\boldsymbol{\varepsilon}_1)-f(\boldsymbol{\varepsilon}_2)=-\boldsymbol{\varepsilon}_1+\boldsymbol{\varepsilon}_2$$

即

$$(f(\boldsymbol{\varepsilon}_1), f(\boldsymbol{\varepsilon}_2))\begin{pmatrix}1&3\\-2&-1\end{pmatrix}=(\boldsymbol{\varepsilon}_1,\boldsymbol{\varepsilon}_2)\begin{pmatrix}3&-1\\2&1\end{pmatrix}$$

据此可得

$$\begin{aligned}(f(\boldsymbol{\varepsilon}_1),f(\boldsymbol{\varepsilon}_2))&=(\boldsymbol{\varepsilon}_1,\boldsymbol{\varepsilon}_2)\begin{pmatrix}3&-1\\2&1\end{pmatrix}\begin{pmatrix}1&3\\-2&-1\end{pmatrix}^{-1}\\&=(\boldsymbol{\varepsilon}_1,\boldsymbol{\varepsilon}_2)\begin{pmatrix}3&-1\\2&1\end{pmatrix}\begin{pmatrix}-1&-3\\2&1\end{pmatrix}\frac{1}{5}\\&=\frac{1}{5}(\boldsymbol{\varepsilon}_1,\boldsymbol{\varepsilon}_2)\begin{pmatrix}-5&-10\\0&-5\end{pmatrix}\\&=(\boldsymbol{\varepsilon}_1,\boldsymbol{\varepsilon}_2)\begin{pmatrix}-1&-2\\0&-1\end{pmatrix}\end{aligned}$$

这就是说,$f$ 在基 $B=\{\boldsymbol{\varepsilon}_1,\boldsymbol{\varepsilon}_2\}$ 下的矩阵 $\boldsymbol{A}=\begin{pmatrix}-1&-2\\0&-1\end{pmatrix}$.

根据 $(f(\boldsymbol{\varepsilon}_1),f(\boldsymbol{\varepsilon}_2))=(\boldsymbol{\varepsilon}_1,\boldsymbol{\varepsilon}_2)\begin{pmatrix}-1&-2\\0&-1\end{pmatrix}$ 可直接求出

$$f(2\boldsymbol{\varepsilon}_1-3\boldsymbol{\varepsilon}_2)=2f(\boldsymbol{\varepsilon}_1)-3f(\boldsymbol{\varepsilon}_2)=2(-\boldsymbol{\varepsilon}_1)-3(-2\boldsymbol{\varepsilon}_1-\boldsymbol{\varepsilon}_2)=4\boldsymbol{\varepsilon}_1+3\boldsymbol{\varepsilon}_2$$

这说明 $f(2\boldsymbol{\varepsilon}_1-3\boldsymbol{\varepsilon}_2)$ 在基 $B$ 下的坐标向量为 $(4,3)'$.

## §3　线性映射

(1) 设 $V$ 和 $V'$ 是同一个数域 $P$ 上的两个线性空间,所谓 $f$ 是 $V$ 到 $V'$ 中的一个(单值)映射,指的是一个对应法则:对任意一个 $\boldsymbol{v}\in V$,必有确定的一个 $\boldsymbol{v}'\in V'$ 与之对应,记为 $\boldsymbol{v}'=f(\boldsymbol{v})$. 称 $\boldsymbol{v}'$ 为 $\boldsymbol{v}$ 在 $f$ 下的象,$\boldsymbol{v}$ 为 $\boldsymbol{v}'$ 在 $f$ 下的一个原象.

线性空间 $V$ 到 $V'$ 中的一个映射常记为 $f:V\to V'$,或 $f:\boldsymbol{v}\mapsto\boldsymbol{v}'$, $\boldsymbol{v}\in V$.

(2) 若对任意一个 $\boldsymbol{v}'\in V'$,都有某个 $\boldsymbol{v}\in V$ 使得 $\boldsymbol{v}'=f(\boldsymbol{v})$,则称 $f$ 是 $V$ 到 $V'$ 的一个满射.

若当 $f(\boldsymbol{v}_1)=f(\boldsymbol{v}_2)$ 时必有 $\boldsymbol{v}_1=\boldsymbol{v}_2$,则称 $f$ 是 $V$ 到 $V'$ 的一个单射.

若 $f$ 既是满射,又是单射,则称为双射,或一一对应. 此时,对任一 $\boldsymbol{v}'\in V'$,都有唯一的 $\boldsymbol{v}\in V$ 使得 $\boldsymbol{v}'=f(\boldsymbol{v})$.

特别地,$V$ 到 $V$ 自身的映射称为变换. 可相应定义满变换、单变换和一一变换(可逆变换).

(3) 设 $U$, $V$, $W$ 都是数域 $P$ 上线性空间.

若 $f:U\to V$ 和 $g:U\to V$ 是同一对线性空间 $U$ 到 $V$ 的两个映射,定义如下加法运算

$$(f+g)(\boldsymbol{u})=f(\boldsymbol{u})+g(\boldsymbol{u}),\ \forall\boldsymbol{u}\in U$$

若 $f:U\to V$ 是映射，$k\in P$，定义如下数乘运算

$$(kf):U\to V:(kf)(\boldsymbol{u})=k(f(\boldsymbol{u}))\ ,\ \forall \boldsymbol{u}\in U\ ,\ k\in P$$

若 $f:U\to V$ 和 $g:V\to W$ 是两个映射，定义如下乘积运算

$$(g\circ f):U\to W:(g\circ f)(\boldsymbol{u})=g(f(\boldsymbol{u}))\ ,\ \forall \boldsymbol{u}\in U$$

(4) 线性空间 $V$ 到 $V'$ 中的一个映射 $f$ 称为线性映射，如果它满足：

①$f(\boldsymbol{v}_1+\boldsymbol{v}_2)=f(\boldsymbol{v}_1)+f(\boldsymbol{v}_2)\ ,\ \forall \boldsymbol{v}_1,\boldsymbol{v}_2\in V$；

②$f(k\boldsymbol{v})=kf(\boldsymbol{v})\ ,\ \forall k\in P\ ,\ \boldsymbol{v}\in V$.

线性空间 $V$ 到 $V'$ 中的一个线性映射 $f$ 的数乘映射 $kf$ 仍为线性映射；两个线性映射 $f$ 与 $g$ 的和映射 $f+g$ 仍为线性映射.

两个线性映射 $f:U\to V$ 和 $g:V\to W$ 的乘积映射 $(g\circ f):U\to W$ 仍是线性映射.

由 $f:U\to V$ 和 $g:V\to W$ 的定义知，当 $W$ 不等于 $U$ 时，$f\circ g$ 无定义.

数域 $P$ 上线性空间 $V$ 到数域 $P$ 的线性映射称为线性函数.

如果对于线性映射 $f:V\to V'$，存在线性映射 $g:V'\to V$，使得 $(g\circ f)=I_V$ 且 $(f\circ g)=I_{V'}$，这里，$I_V$ 与 $I_{V'}$ 分别是 $V$ 和 $V'$ 中的恒等变换，则称 $f$ 是可逆映射.

线性映射 $f:V\to V'$ 是双射当且仅当 $f$ 是可逆映射.

当数域 $P$ 上的两个线性空间 $V$ 与 $V'$ 之间存在双射时，称它们同构，记为 $V\cong V'$.

因为数域 $P$ 上的两个有限维线性空间 $V$ 与 $V'$ 之间存在双射当且仅当它们的维数相等. 所以，数域 $P$ 上的两个有限维线性空间 $V$ 和 $V'$ 同构当且仅当它们的维数相等.

(5) 设 $f$ 是线性空间 $V$ 到 $V'$ 中的一个线性映射，称

$$f(V)=\{f(\boldsymbol{v})\mid \boldsymbol{v}\in V\}\subseteq V'$$

为 $V$ 在 $f$ 下的象，记为 $\mathrm{Im}(f)$ 或 $\mathrm{Im}\,f$.

$V'$ 中的零元 $0'$ 在 $f$ 下的原象

$$f^{-1}(0')=\{\boldsymbol{v}\mid \boldsymbol{v}\in V\ ,\ f(\boldsymbol{v})=0'\}\subseteq V$$

称为 $f$ 的核，记为 $\ker(f)$ 或 $\ker f$. ($f$ 未必是可逆映射)

$\mathrm{Im}(f)$ 必是 $V'$ 的子空间，称为 $f$ 的象空间.

线性映射 $f$ 的秩 $R(f)=\dim(\mathrm{Im}\,f)$.

$\ker(f)$ 必是 $V$ 的子空间，称为 $f$ 的零空间(或核空间).

线性映射 $f$ 的零度 $N(f)=\dim(\ker f)$.

线性映射的秩与零度定理：设 $f$ 是线性空间 $U$ 到 $V$ 的线性映射，则

$$\dim U=\dim\ker f+\dim\mathrm{Im}\,f=N(f)+R(f)$$

(6) 线性映射的变换矩阵　设 $V$ 和 $W$ 都是数域 $P$ 上的线性空间，$f:V\to$

$W$ 是线性映射, $\dim V = n$ , $\dim W = m$.

在 $V$ 和 $W$ 中分别取基

$$B_1 = \{\boldsymbol{v}_1, \boldsymbol{v}_2, \cdots, \boldsymbol{v}_n\}, B_2 = \{\boldsymbol{w}_1, \boldsymbol{w}_2, \cdots, \boldsymbol{w}_m\}$$

把线性空间中的抽象向量都看成形式列向量,可得线性映射的矩阵形式表示式

$$f(\boldsymbol{v}_1, \boldsymbol{v}_2, \cdots, \boldsymbol{v}_n) = (f(\boldsymbol{v}_1), f(\boldsymbol{v}_2), \cdots, f(\boldsymbol{v}_n)) = (\boldsymbol{w}_1, \boldsymbol{w}_2, \cdots, \boldsymbol{w}_m)\boldsymbol{A}_{m\times n}$$

称$\boldsymbol{A}_{m\times n}$ 是线性映射 $f$ 的从 $V$ 的基 $B_1$ 到 $W$ 的基 $B_2$ 的变换矩阵,记为

$$\boldsymbol{A} = M_{B_2}^{B_1}(f)$$

特别地,当 $f$ 是 $n$ 维线性空间 $V$ 中的线性变换时,在线性空间 $V$ 中取两个基

$$B_1 = \{\boldsymbol{v}_1, \boldsymbol{v}_2, \cdots, \boldsymbol{v}_n\}, B_2 = \{\boldsymbol{w}_1, \boldsymbol{w}_2, \cdots, \boldsymbol{w}_n\}$$

满足

$$f(\boldsymbol{v}_1, \boldsymbol{v}_2, \cdots, \boldsymbol{v}_n) = (\boldsymbol{v}_1, \boldsymbol{v}_2, \cdots, \boldsymbol{v}_n)\boldsymbol{A}$$

中的矩阵 $\boldsymbol{A} = M_{B_1}^{B_1}(f)$ 就是 $f$ 在基 $B_1 = \{\boldsymbol{v}_1, \boldsymbol{v}_2, \cdots, \boldsymbol{v}_n\}$ 下的变换矩阵.

满足

$$f(\boldsymbol{w}_1, \boldsymbol{w}_2, \cdots, \boldsymbol{w}_n) = (\boldsymbol{w}_1, \boldsymbol{w}_2, \cdots, \boldsymbol{w}_n)\boldsymbol{B}$$

中的矩阵 $\boldsymbol{B} = M_{B_2}^{B_2}(f)$ 就是 $f$ 在基 $B_2 = \{\boldsymbol{w}_1, \boldsymbol{w}_2, \cdots, \boldsymbol{w}_n\}$ 下的变换矩阵.

特别地,当 $f = I_V$ 是线性空间 $V$ 中的恒等变换: $I_V(\boldsymbol{v}) = \boldsymbol{v}$ , $\forall \boldsymbol{v} \in V$ 时,满足

$$(\boldsymbol{v}_1, \boldsymbol{v}_2, \cdots, \boldsymbol{v}_n) = (\boldsymbol{w}_1, \boldsymbol{w}_2, \cdots, \boldsymbol{w}_n)\boldsymbol{P}$$

中的矩阵 $\boldsymbol{P} = M_{B_2}^{B_1}(I_V)$ ,就是 $V$ 中的基 $B_1$ 到 $B_2$ 的过渡矩阵.

(7) 变换矩阵的线性运算　设 $f: V \to W$ 和 $g: V \to W$ 都是线性映射, $k \in P$. 如果

$$f(\boldsymbol{v}_1, \boldsymbol{v}_2, \cdots, \boldsymbol{v}_n) = (\boldsymbol{w}_1, \boldsymbol{w}_2, \cdots, \boldsymbol{w}_m)\boldsymbol{A}$$
$$g(\boldsymbol{v}_1, \boldsymbol{v}_2, \cdots, \boldsymbol{v}_n) = (\boldsymbol{w}_1, \boldsymbol{w}_2, \cdots, \boldsymbol{w}_m)\boldsymbol{B}$$

则

$$\begin{aligned}(f+g)(\boldsymbol{v}_1, \boldsymbol{v}_2, \cdots, \boldsymbol{v}_n) &= f(\boldsymbol{v}_1, \boldsymbol{v}_2, \cdots, \boldsymbol{v}_n) + g(\boldsymbol{v}_1, \boldsymbol{v}_2, \cdots, \boldsymbol{v}_n)\\ &= (\boldsymbol{w}_1, \boldsymbol{w}_2, \cdots, \boldsymbol{w}_m)(\boldsymbol{A} + \boldsymbol{B})\end{aligned}$$

$$\begin{aligned}(kf)(\boldsymbol{v}_1, \boldsymbol{v}_2, \cdots, \boldsymbol{v}_n) &= k[f(\boldsymbol{v}_1, \boldsymbol{v}_2, \cdots, \boldsymbol{v}_n)]\\ &= k(\boldsymbol{w}_1, \boldsymbol{w}_2, \cdots, \boldsymbol{w}_m)\boldsymbol{A}\\ &= (\boldsymbol{w}_1, \boldsymbol{w}_2, \cdots, \boldsymbol{w}_m)(k\boldsymbol{A})\end{aligned}$$

(8) 变换矩阵的乘积　设 $U$ , $V$ , $W$ 都是数域 $P$ 上的线性空间, $f: U \to V$ 和 $g: V \to W$ 都是线性映射,考虑线性映射

$$(g \circ f): U \to W: (g \circ f)(\boldsymbol{u}) = g(f(\boldsymbol{u})), \ \forall \boldsymbol{u} \in U$$

在 $U$ , $V$ , $W$ 中分别取基

$B_1 = \{\boldsymbol{u}_1, \boldsymbol{u}_2, \cdots, \boldsymbol{u}_l\}$ , $B_2 = \{\boldsymbol{v}_1, \boldsymbol{v}_2, \cdots, \boldsymbol{v}_m\}$ , $B_3 = \{\boldsymbol{w}_1, \boldsymbol{w}_2, \cdots, \boldsymbol{w}_n\}$

如果

$$f(B_1) = (B_2)\boldsymbol{A},\ g(B_2) = (B_3)\boldsymbol{B}$$

则

$$(g \circ f)(B_1) = g(f(B_1)) = g((B_2)\boldsymbol{A}) = g(B_2)\boldsymbol{A} = (B_3)\boldsymbol{BA}$$

(9) 可逆线性映射的逆映射的变换矩阵　设 $f: U \to V$ 是可逆线性映射，则由

$$f(\boldsymbol{u}_1, \boldsymbol{u}_2, \cdots, \boldsymbol{u}_n) = (\boldsymbol{v}_1, \boldsymbol{v}_2, \cdots, \boldsymbol{v}_m)\boldsymbol{A}$$

知

$$(\boldsymbol{v}_1, \boldsymbol{v}_2, \cdots, \boldsymbol{v}_m) = f(\boldsymbol{u}_1, \boldsymbol{u}_2, \cdots, \boldsymbol{u}_n)\boldsymbol{A}^{-1}$$

$$\begin{aligned} f^{-1}(\boldsymbol{v}_1, \boldsymbol{v}_2, \cdots, \boldsymbol{v}_m) &= (f^{-1} \circ f)(\boldsymbol{u}_1, \boldsymbol{u}_2, \cdots, \boldsymbol{u}_n)\boldsymbol{A}^{-1} \\ &= (\boldsymbol{u}_1, \boldsymbol{u}_2, \cdots, \boldsymbol{u}_n)\boldsymbol{A}^{-1} \end{aligned}$$

1. 设 $f$ 和 $g$ 是 $P$ 上的线性空间 $U$ 到 $V$ 的两个线性映射，$k \in P$，证明 $kf$ 和 $f+g$ 都是 $U$ 到 $V$ 的线性映射.

**【证】**　任取 $\boldsymbol{u}, \boldsymbol{u}_1, \boldsymbol{u}_2 \in U$, $k, \lambda \in P$.

(1) $(kf)(\boldsymbol{u}_1 + \boldsymbol{u}_2) = k[f(\boldsymbol{u}_1 + \boldsymbol{u}_2)] = k[f(\boldsymbol{u}_1) + f(\boldsymbol{u}_2)] = (kf)(\boldsymbol{u}_1) + (kf)(\boldsymbol{u}_2)$;

$(kf)(\lambda \boldsymbol{u}) = k[f(\lambda \boldsymbol{u})] = k[\lambda f(\boldsymbol{u})] = \lambda[k(f(\boldsymbol{u}))] = \lambda((kf)(\boldsymbol{u}))$.

所以 $kf$ 是 $U$ 到 $V$ 的线性映射.

(2) $(f+g)(\boldsymbol{u}_1 + \boldsymbol{u}_2) = f(\boldsymbol{u}_1 + \boldsymbol{u}_2) + g(\boldsymbol{u}_1 + \boldsymbol{u}_2) = f(\boldsymbol{u}_1) + f(\boldsymbol{u}_2) + g(\boldsymbol{u}_1) + g(\boldsymbol{u}_2) = (f+g)(\boldsymbol{u}_1) + (f+g)(\boldsymbol{u}_2)$; $(f+g)(\lambda \boldsymbol{u}) = f(\lambda \boldsymbol{u}) + g(\lambda \boldsymbol{u}) = \lambda f(\boldsymbol{u}) + \lambda g(\boldsymbol{u}) = \lambda[f(\boldsymbol{u}) + g(\boldsymbol{u})] = \lambda(f+g)(\boldsymbol{u})$.

所以 $f+g$ 是 $U$ 到 $V$ 的线性映射.

2. 设 $U$, $V$, $W$ 都是数域 $P$ 上线性空间.

(1) 设 $f: U \to V$ 和 $g: V \to W$ 是两个线性映射，证明 $(g \circ f): U \to W$ 也是线性映射.

(2) 设 $f: U \to V$ 是可逆线性映射，证明 $f^{-1}: V \to U$ 也是可逆线性映射.

**【证】**　(1) 任取 $\boldsymbol{u}, \boldsymbol{u}_1, \boldsymbol{u}_2 \in U$, $k \in P$. 由映射乘积的定义直接验证线性性

$$(g \circ f)(k\boldsymbol{u}) = g(f(k\boldsymbol{u})) = g(kf(\boldsymbol{u})) = kg(f(\boldsymbol{u})) = k(g \circ f)(\boldsymbol{u})$$

$$\begin{aligned} (g \circ f)(\boldsymbol{u}_1 + \boldsymbol{u}_2) &= g(f(\boldsymbol{u}_1 + \boldsymbol{u}_2)) = g(f(\boldsymbol{u}_1) + f(\boldsymbol{u}_2)) = g(f(\boldsymbol{u}_1)) + g(f(\boldsymbol{u}_2)) \\ &= (g \circ f)(\boldsymbol{u}_1) + g(\circ f)(\boldsymbol{u}_2) \end{aligned}$$

(2) 任取 $\boldsymbol{v}, \boldsymbol{v}_1, \boldsymbol{v}_2 \in V$, $k \in P$. 由逆映射的定义知存在唯一的 $\boldsymbol{u}, \boldsymbol{u}_1, \boldsymbol{u}_2 \in U$ 使得

$$f(\boldsymbol{u})=\boldsymbol{v}\ ,f(\boldsymbol{u}_1)=\boldsymbol{v}_1,f(\boldsymbol{u}_2)=\boldsymbol{v}_2$$

$$\boldsymbol{u}=f^{-1}(\boldsymbol{v}),\boldsymbol{u}_1=f^{-1}(\boldsymbol{v}_1),\boldsymbol{u}_2=f^{-1}(\boldsymbol{v}_2)$$

于是有

$$f^{-1}(k\boldsymbol{v})=f^{-1}(kf(\boldsymbol{u}))=f^{-1}(f(k\boldsymbol{u}))=(f^{-1}\circ f)(k\boldsymbol{u})=k\boldsymbol{u}=kf^{-1}(\boldsymbol{v})$$

$$\begin{aligned}f^{-1}(\boldsymbol{v}_1+\boldsymbol{v}_2)&=f^{-1}(f(\boldsymbol{u}_1)+f(\boldsymbol{u}_2))=f^{-1}(f(\boldsymbol{u}_1+\boldsymbol{u}_2))\\&=(f^{-1}\circ f)(\boldsymbol{u}_1)+(f^{-1}\circ f)(\boldsymbol{u}_2)=\boldsymbol{u}_1+\boldsymbol{u}_2=f^{-1}(\boldsymbol{v}_1)+f^{-1}(\boldsymbol{v}_2)\end{aligned}$$

3. 设$f:U\to V$是数域$P$上两个线性空间$U$到$V$之间的线性映射,证明$\mathrm{Im}(f)$是$V$的子空间,$\ker(f)$是$U$的子空间.

**【证】**　象空间$\mathrm{Im}(f)=\{\boldsymbol{v}\mid \boldsymbol{v}=f(\boldsymbol{u}),\boldsymbol{u}\in U\}\subseteq V$.

任取$\boldsymbol{v}_1,\boldsymbol{v}_2\in\mathrm{Im}(f)$,$k\in P$,必存在$\boldsymbol{u}_1,\boldsymbol{u}_2\in U$使得$\boldsymbol{v}_1=f(\boldsymbol{u}_1)$,$\boldsymbol{v}_2=f(\boldsymbol{u}_2)$. 由

$$\boldsymbol{v}_1+\boldsymbol{v}_2=f(\boldsymbol{u}_1)+f(\boldsymbol{u}_2)=f(\boldsymbol{u}_1+\boldsymbol{u}_2)\in\mathrm{Im}(f)$$

$$k\boldsymbol{v}_1=kf(\boldsymbol{u}_1)=f(k\boldsymbol{u}_1)\in\mathrm{Im}(f)$$

知$\mathrm{Im}(f)$是$V$的子空间.

核空间$\ker(f)=\{\boldsymbol{u}\mid\boldsymbol{u}\in U,f(\boldsymbol{u})=0\}\subseteq U$.

任取$\boldsymbol{u}_1,\boldsymbol{u}_2\in\ker(f)$,$k\in\boldsymbol{P}$,必有$f(\boldsymbol{u}_1)=f(\boldsymbol{u}_2)=0$. 由

$$f(\boldsymbol{u}_1+\boldsymbol{u}_2)=f(\boldsymbol{u}_1)+f(\boldsymbol{u}_2)=0\ ,f(k\boldsymbol{u}_1)=kf(\boldsymbol{u}_1)=0$$

知$\boldsymbol{u}_1+\boldsymbol{u}_2\in\ker(f)$,$k\boldsymbol{u}_1\in\ker(f)$,所以$\ker(f)$是$U$的子空间.

4. 求出如下线性变换$f$的核与象,并求出$f$的零度与秩.

(1)$\boldsymbol{A}=\begin{pmatrix}1&-1&1&1\\1&2&-1&1\\0&3&-2&0\end{pmatrix}$. $f:\boldsymbol{x}\mapsto\boldsymbol{A}x$, $\boldsymbol{x}\in\mathbf{R}^4$.

(2)$V=R_n[x]=\left\{f(x)=\sum_{i=0}^{n}a_ix^i\mid\ \forall a_i\in\mathbf{R}\right\}$. $f:f(x)\mapsto f'(x)$, $f(x)\in V$.

(3)$V=M_n(R)=\{\boldsymbol{A}=(a_{ij})_{n\times n}\mid\ \forall a_{ij}\in\mathbf{R}\}$. $f:\boldsymbol{A}\mapsto\mathrm{tr}(\boldsymbol{A})$, $\boldsymbol{A}\in V$.

**【解】**　(1)$f$的核就是齐次线性方程组$\boldsymbol{Ax}=\boldsymbol{0}$的解空间. 用初等行变换把系数矩阵化简

$$\begin{pmatrix}1&-1&1&1\\1&2&-1&1\\0&3&-2&0\end{pmatrix}\to\begin{pmatrix}1&-1&1&1\\0&3&-2&0\\0&0&0&0\end{pmatrix}\to\begin{pmatrix}1&-1&1&1\\0&1&-2/3&0\\0&0&0&0\end{pmatrix}$$

$$\to\begin{pmatrix}1&0&1/3&1\\0&1&-2/3&0\\0&0&0&0\end{pmatrix}$$

得同解方程组$\begin{cases} x_1 = -\dfrac{1}{3}x_3 - x_4 \\ x_2 = \dfrac{2}{3}x_3 \end{cases}$,求出基础解系$\boldsymbol{\xi}_1 = \begin{pmatrix} -1 \\ 2 \\ 3 \\ 0 \end{pmatrix}$,$\boldsymbol{\xi}_2 = \begin{pmatrix} -1 \\ 0 \\ 0 \\ 1 \end{pmatrix}$.

于是$\ker(f) = L(\boldsymbol{\xi}_1, \boldsymbol{\xi}_2)$.零度$N(f) = 2$.

由上述初等行变换式

$$\boldsymbol{A} = (\boldsymbol{\alpha}_1 \quad \boldsymbol{\alpha}_2 \quad \boldsymbol{\alpha}_3 \quad \boldsymbol{\alpha}_4) = \begin{pmatrix} 1 & -1 & 1 & 1 \\ 1 & 2 & -1 & 1 \\ 0 & 3 & -2 & 0 \end{pmatrix} \to \begin{pmatrix} 1 & 0 & 1/3 & 1 \\ 0 & 1 & -2/3 & 0 \\ 0 & 0 & 0 & 0 \end{pmatrix}$$

知$\boldsymbol{\alpha}_3 = \dfrac{1}{3}\boldsymbol{\alpha}_1 - \dfrac{2}{3}\boldsymbol{\alpha}_2$,$\boldsymbol{\alpha}_4 = \boldsymbol{\alpha}_1$,$\boldsymbol{\alpha}_1$,$\boldsymbol{\alpha}_2$线性无关,所以由

$$\boldsymbol{Ax} = (\boldsymbol{\alpha}_1 \quad \boldsymbol{\alpha}_2 \quad \boldsymbol{\alpha}_3 \quad \boldsymbol{\alpha}_4)\begin{pmatrix} x_1 \\ x_2 \\ x_3 \\ x_4 \end{pmatrix} = \sum_{i=1}^{4} x_i \boldsymbol{\alpha}_i$$

知

$$\mathrm{Im}(f) = \{\boldsymbol{Ax} \mid \boldsymbol{x} \in \mathbf{R}^4\} = L(\boldsymbol{\alpha}_1, \boldsymbol{\alpha}_2)$$

秩$R(f) = \dim \mathbf{R}^4 - N(f) = 4 - 2 = 2$.

(2) 根据多项式求导数公式知

$$\ker(f) = \mathbf{R}, N(f) = 1, \mathrm{Im}(f) = R_{n-1}[x], R(f) = n - 1$$

(3) 由$f$的定义知

$$\ker(f) = \{\boldsymbol{A} = (a_{ij}) \mid \sum_{i=1}^{n} a_{ii} = 0\}, N(f) = n^2 - 1$$

$$\mathrm{Im}(f) = \mathbf{R}, R(f) = 1$$

5. 设$V$和$W$是数域$P$上的线性空间,$f: V \to W$是线性映射,$\dim V = n$,$\dim W = m$.

在$V$和$W$中各取两个基

$$B_1 = \{\boldsymbol{v}_1, \boldsymbol{v}_2, \cdots, \boldsymbol{v}_n\}, B'_1 = \{\boldsymbol{v}'_1, \boldsymbol{v}'_2, \cdots, \boldsymbol{v}'_n\}$$

$$B_2 = \{\boldsymbol{w}_1, \boldsymbol{w}_2, \cdots, \boldsymbol{w}_m\}, B'_2 = \{\boldsymbol{w}'_1, \boldsymbol{w}'_2, \cdots, \boldsymbol{w}'_m\}$$

记 $\boldsymbol{A} = M_{B_2}^{B_1}(f), \boldsymbol{B} = M_{B'_2}^{B'_1}(f), \boldsymbol{Q} = M_{B'_1}^{B_1}(I_V), \boldsymbol{P} = M_{B'_2}^{B_2}(I_W)$

其中$I_V$与$I_W$分别是$V$和$W$中的恒等变换,证明$\boldsymbol{B} = \boldsymbol{PAQ}^{-1}$.

**【证】** 由条件知

$$f(\boldsymbol{v}_1, \boldsymbol{v}_2, \cdots, \boldsymbol{v}_n) = (\boldsymbol{w}_1, \boldsymbol{w}_2, \cdots, \boldsymbol{w}_m)\boldsymbol{A}$$

$$f(\boldsymbol{v}'_1,\boldsymbol{v}'_2,\cdots,\boldsymbol{v}'_n)=(\boldsymbol{w}'_1,\boldsymbol{w}'_2,\cdots,\boldsymbol{w}'_m)\boldsymbol{B}$$

$$(\boldsymbol{v}_1,\boldsymbol{v}_2,\cdots,\boldsymbol{v}_n)=(\boldsymbol{v}'_1,\boldsymbol{v}'_2,\cdots,\boldsymbol{v}'_n)\boldsymbol{Q}$$

$$(\boldsymbol{w}_1,\boldsymbol{w}_2,\cdots,\boldsymbol{w}_m)=(\boldsymbol{w}'_1,\boldsymbol{w}'_2,\cdots,\boldsymbol{w}'_m)\boldsymbol{P}$$

因为
$$(\boldsymbol{v}'_1,\boldsymbol{v}'_2,\cdots,\boldsymbol{v}'_n)=(\boldsymbol{v}_1,\boldsymbol{v}_2,\cdots,\boldsymbol{v}_n)\boldsymbol{Q}^{-1}$$

所以

$$\begin{aligned}f(\boldsymbol{v}'_1,\boldsymbol{v}'_2,\cdots,\boldsymbol{v}'_n)&=f(\boldsymbol{v}_1,\boldsymbol{v}_2,\cdots,\boldsymbol{v}_n)\boldsymbol{Q}^{-1}=(\boldsymbol{w}_1,\boldsymbol{w}_2,\cdots,\boldsymbol{w}_m)\boldsymbol{A}\boldsymbol{Q}^{-1}\\&=(\boldsymbol{w}'_1,\boldsymbol{w}'_2,\cdots,\boldsymbol{w}'_m)\boldsymbol{P}\boldsymbol{A}\boldsymbol{Q}^{-1}\end{aligned}$$

这就证明了 $\boldsymbol{B}=\boldsymbol{P}\boldsymbol{A}\boldsymbol{Q}^{-1}$.

6. 设 $\boldsymbol{A},\boldsymbol{B}\in M_{m\times n}(R)$,证明齐次线性方程组 $\boldsymbol{Ax}=\boldsymbol{0}$,$\boldsymbol{Bx}=\boldsymbol{0}$ 同解当且仅当存在 $m$ 阶可逆矩阵 $\boldsymbol{P}$ 使得 $\boldsymbol{B}=\boldsymbol{PA}$.

**【证一】** 用矩阵理论证明.

充分性. 当 $\boldsymbol{B}=\boldsymbol{PA}$ 时,由于 $\boldsymbol{P}$ 是可逆矩阵,$\boldsymbol{Ax}=\boldsymbol{0}$ 与 $\boldsymbol{Bx}=\boldsymbol{PAx}=\boldsymbol{0}$ 显然是同解方程组.

必要性. 设 $\boldsymbol{Ax}=\boldsymbol{0}$ 与 $\boldsymbol{Bx}=\boldsymbol{0}$ 同解,则必有

$$R(\boldsymbol{A})=R(\boldsymbol{B})=r$$

必存在 $m$ 阶可逆矩阵 $\boldsymbol{P}_1,\boldsymbol{Q}_1$ 使得

$$\boldsymbol{P}_1\boldsymbol{A}=\begin{pmatrix}\boldsymbol{A}_1\\\boldsymbol{O}\end{pmatrix},\ \boldsymbol{Q}_1\boldsymbol{B}=\begin{pmatrix}\boldsymbol{B}_1\\\boldsymbol{O}\end{pmatrix}$$

其中 $\boldsymbol{A}_1$ 与 $\boldsymbol{B}_1$ 都是秩为 $r$ 的行满秩矩阵.

因为 $\boldsymbol{Ax}=\boldsymbol{0}$ 与 $\boldsymbol{P}_1\boldsymbol{Ax}=\boldsymbol{0}$ 必同解;$\boldsymbol{Bx}=\boldsymbol{0}$ 与 $\boldsymbol{Q}_1\boldsymbol{Bx}=\boldsymbol{0}$ 必同解,所以当 $\boldsymbol{Ax}=\boldsymbol{0}$ 与 $\boldsymbol{Bx}=\boldsymbol{0}$ 同解时,$\boldsymbol{P}_1\boldsymbol{Ax}=\boldsymbol{0}$ 与 $\boldsymbol{Q}_1\boldsymbol{Bx}=\boldsymbol{0}$ 必同解,即 $\boldsymbol{A}_1\boldsymbol{x}=\boldsymbol{0}$ 与 $\boldsymbol{B}_1\boldsymbol{x}=\boldsymbol{0}$ 必同解. 由此可知

$$\begin{pmatrix}\boldsymbol{A}_1\\\boldsymbol{B}_1\end{pmatrix}\boldsymbol{x}=\boldsymbol{0}\text{ 与 }\boldsymbol{A}_1\boldsymbol{x}=\boldsymbol{0}\text{ 必同解},\begin{pmatrix}\boldsymbol{A}_1\\\boldsymbol{B}_1\end{pmatrix}\boldsymbol{x}=\boldsymbol{0}\text{ 与 }\boldsymbol{B}_1\boldsymbol{x}=\boldsymbol{0}\text{ 必同解}$$

必有

$$R\begin{pmatrix}\boldsymbol{A}_1\\\boldsymbol{B}_1\end{pmatrix}=R(\boldsymbol{A}_1)=R(\boldsymbol{B}_1)=r$$

于是存在 $r$ 阶矩阵 $\boldsymbol{P}_2,\boldsymbol{Q}_2$ 使得 $\boldsymbol{B}_1=\boldsymbol{P}_2\boldsymbol{A}_1$ 和 $\boldsymbol{A}_1=\boldsymbol{Q}_2\boldsymbol{B}_1$,必有 $\boldsymbol{B}_1=\boldsymbol{P}_2\boldsymbol{Q}_2\boldsymbol{B}_1$. 因为 $\boldsymbol{B}_1$ 是行满秩矩阵,所以必有 $\boldsymbol{P}_2\boldsymbol{Q}_2=\boldsymbol{I}_r$,$\boldsymbol{P}_2,\boldsymbol{Q}_2$ 都是可逆矩阵,于是

$$\boldsymbol{Q}_1\boldsymbol{B}=\begin{pmatrix}\boldsymbol{B}_1\\\boldsymbol{O}\end{pmatrix}=\boldsymbol{P}_2\begin{pmatrix}\boldsymbol{A}_1\\\boldsymbol{O}\end{pmatrix}=\boldsymbol{P}_2\boldsymbol{P}_1\boldsymbol{A}$$

$$\boldsymbol{B}=(\boldsymbol{Q}_1^{-1}\boldsymbol{P}_2\boldsymbol{P}_1)\boldsymbol{A}=\boldsymbol{PA}$$

**【证二】** 用线性映射理论证明.

充分性. 当 $\boldsymbol{B}=\boldsymbol{PA}$ 时,由于 $\boldsymbol{P}$ 是可逆矩阵,$\boldsymbol{Ax}=\boldsymbol{0}$ 与 $\boldsymbol{Bx}=\boldsymbol{PAx}=\boldsymbol{0}$ 显然是同解方程组.

必要性. 设 $\boldsymbol{Ax}=\boldsymbol{0}$ 与 $\boldsymbol{Bx}=\boldsymbol{0}$ 是同解方程组,则必有

$$R(\boldsymbol{A})=R(\boldsymbol{B})=r$$

它们共同的解空间记为 $W$,必有 $\dim W=n-r$. 取 $W$ 的基

$$\{\boldsymbol{e}_1,\boldsymbol{e}_2,\cdots,\boldsymbol{e}_{n-r}\}$$

记列向量空间 $V=\mathbf{R}^n$ 和 $U=\mathbf{R}^m$.

因为解空间 $W$ 是 $V=\mathbf{R}^n$ 的子空间,所以可把 $W$ 的这个基扩展成 $V=\mathbf{R}^n$ 的基

$$S=\{\boldsymbol{e}_1,\cdots,\boldsymbol{e}_{n-r},\boldsymbol{e}_{n-r+1},\cdots,\boldsymbol{e}_n\}$$

考虑由 $\boldsymbol{A}$ 和 $\boldsymbol{B}$ 确定的两个线性映射

$$f:V\to U,\ \boldsymbol{x}\mapsto\boldsymbol{Ax},g:V\to U,\ \boldsymbol{x}\mapsto\boldsymbol{Bx}$$

因为

$$\dim\operatorname{Im}(f)=R(\boldsymbol{A})=r,\dim\operatorname{Im}(g)=R(\boldsymbol{B})=r$$

而 $f(\boldsymbol{e}_1)=f(\boldsymbol{e}_2)=\cdots=f(\boldsymbol{e}_{n-r})=\boldsymbol{0},g(\boldsymbol{e}_1)=g(\boldsymbol{e}_2)=\cdots=g(\boldsymbol{e}_{n-r})=\boldsymbol{0}$,所以

$\{f(\boldsymbol{e}_{n-r+1}),\cdots,f(\boldsymbol{e}_n)\}$ 必是 $U=\mathbf{R}^m$ 的子空间 $\operatorname{Im}(f)$ 的基

$\{g(\boldsymbol{e}_{n-r+1}),\cdots,g(\boldsymbol{e}_n)\}$ 必是 $U=\mathbf{R}^m$ 的子空间 $\operatorname{Im}(g)$ 的基

分别把这两个线性无关组扩展成 $U=\mathbf{R}^m$ 的基

$$S_1=\{f_1,\cdots,f_{m-r},f(\boldsymbol{e}_{n-r+1}),\cdots,f(\boldsymbol{e}_n)\}$$
$$S_2=\{g_1,\cdots,g_{m-r},g(\boldsymbol{e}_{n-r+1}),\cdots,g(\boldsymbol{e}_n)\}$$

定义 $U=\mathbf{R}^m$ 中的如下线性变换 $h:U\to U$

$$h(f_1,\cdots,f_{m-r},f(\boldsymbol{e}_{n-r+1}),\cdots,f(\boldsymbol{e}_n))=(g_1,\cdots,g_{m-r},g(\boldsymbol{e}_{n-r+1}),\cdots,g(\boldsymbol{e}_n))$$

则由 $h$ 把 $U$ 的基变为 $U$ 的基知 $h$ 必是可逆变换.

进一步,注意到 $\{\boldsymbol{e}_1,\boldsymbol{e}_2,\cdots,\boldsymbol{e}_{n-r}\}\subset W$,根据 $h:U\to U$ 的定义,对于 $V$ 的基

$$S=\{\boldsymbol{e}_1,\cdots,\boldsymbol{e}_{n-r},\boldsymbol{e}_{n-r+1},\cdots,\boldsymbol{e}_n\}$$

必有

$$\begin{aligned}&(h\circ f)(\boldsymbol{e}_1,\cdots,\boldsymbol{e}_{n-r},\boldsymbol{e}_{n-r+1},\cdots,\boldsymbol{e}_n)\\=&h[f(\boldsymbol{e}_1,\cdots,\boldsymbol{e}_{n-r},\boldsymbol{e}_{n-r+1},\cdots,\boldsymbol{e}_n)]\\=&h[(0,\cdots,0,f(\boldsymbol{e}_{n-r+1}),\cdots,f(\boldsymbol{e}_n))]\\=&(0,\cdots,0,g(\boldsymbol{e}_{n-r+1}),\cdots,g(\boldsymbol{e}_n))\\=&g(\boldsymbol{e}_1,\cdots,\boldsymbol{e}_{n-r},\boldsymbol{e}_{n-r+1},\cdots,\boldsymbol{e}_n)\end{aligned}$$

这就证明了必有

$$h\circ f=g$$

在 $V=\mathbf{R}^n$ 和 $U=\mathbf{R}^m$ 中分别取标准基

$$E=\{\boldsymbol{\varepsilon}_1,\boldsymbol{\varepsilon}_2,\cdots,\boldsymbol{\varepsilon}_n\}\text{ 和 }D=\{\boldsymbol{\delta}_1,\boldsymbol{\delta}_2,\cdots,\boldsymbol{\delta}_m\}$$

则由 $f:V\to U,\ \boldsymbol{x}\longmapsto \boldsymbol{Ax}$ 和 $g:V\to U,\ \boldsymbol{x}\longmapsto \boldsymbol{Bx}$ 知

$$f(\boldsymbol{e}_1,\boldsymbol{e}_2,\cdots,\boldsymbol{e}_n)=(\boldsymbol{\delta}_1,\boldsymbol{\delta}_2,\cdots,\boldsymbol{\delta}_m)\boldsymbol{A}$$
$$g(\boldsymbol{e}_1,\boldsymbol{e}_2,\cdots,\boldsymbol{e}_n)=(\boldsymbol{\delta}_1,\boldsymbol{\delta}_2,\cdots,\boldsymbol{\delta}_m)\boldsymbol{B}$$

设

$$h(\boldsymbol{\delta}_1,\boldsymbol{\delta}_2,\cdots,\boldsymbol{\delta}_m)=(\boldsymbol{\delta}_1,\boldsymbol{\delta}_2,\cdots,\boldsymbol{\delta}_m)\boldsymbol{P}$$

则由 $h\circ f=g$ 知必有 $\boldsymbol{B}=\boldsymbol{PA}$.

7. 考虑 $V=\mathbf{R}^3$ 的两个基

$$E_3=\left\{\boldsymbol{\delta}_1=\begin{pmatrix}1\\0\\0\end{pmatrix},\boldsymbol{\delta}_2=\begin{pmatrix}0\\1\\0\end{pmatrix},\boldsymbol{\delta}_3=\begin{pmatrix}0\\0\\1\end{pmatrix}\right\}$$

$$B=\left\{\boldsymbol{\alpha}_1=\begin{pmatrix}1\\1\\0\end{pmatrix},\boldsymbol{\alpha}_2=\begin{pmatrix}1\\-1\\1\end{pmatrix},\boldsymbol{\alpha}_3=\begin{pmatrix}1\\1\\1\end{pmatrix}\right\}$$

和 $W=\mathbf{R}^2$ 的两个基

$$E_2=\left\{\boldsymbol{\varepsilon}_1=\begin{pmatrix}1\\0\end{pmatrix},\boldsymbol{\varepsilon}_2=\begin{pmatrix}0\\1\end{pmatrix}\right\},C=\left\{\boldsymbol{\beta}_1=\begin{pmatrix}1\\1\end{pmatrix},\boldsymbol{\beta}_2=\begin{pmatrix}1\\-1\end{pmatrix}\right\}$$

(1) ① 确定 $\mathbf{R}^3$ 中的基 $E_3$ 到 $B$ 的过渡矩阵和基 $B$ 到 $E_3$ 的过渡矩阵.

② 确定 $\mathbf{R}^2$ 中的基 $E_2$ 到 $C$ 的过渡矩阵和基 $C$ 到 $E_2$ 的过渡矩阵.

(2) 定义如下两个映射

$$f:\mathbf{R}^2\to\mathbf{R}^3,f\begin{pmatrix}x\\y\end{pmatrix}=\begin{pmatrix}x+2y\\x-y\\2x+y\end{pmatrix};\ g:\mathbf{R}^3\to\mathbf{R}^2,g\begin{pmatrix}x\\y\\z\end{pmatrix}=\begin{pmatrix}x-2y+3z\\2y-3z\end{pmatrix}$$

确定变换矩阵 $M_B^C(f)$, $M_C^B(g)$, $M_C^C(g\circ f)$ 和 $M_B^B(f\circ g)$.

**【解】** (1) 直接运用同一个线性空间的两个基之间的过渡矩阵的公式.

① 因为

$$\boldsymbol{\alpha}_1=\boldsymbol{\delta}_1+\boldsymbol{\delta}_2,\boldsymbol{\alpha}_2=\boldsymbol{\delta}_1-\boldsymbol{\delta}_2+\boldsymbol{\delta}_3,\boldsymbol{\alpha}_3=\boldsymbol{\delta}_1+\boldsymbol{\delta}_2+\boldsymbol{\delta}_3$$

即

$$(\boldsymbol{\alpha}_1\quad\boldsymbol{\alpha}_2\quad\boldsymbol{\alpha}_3)=(\boldsymbol{\delta}_1\quad\boldsymbol{\delta}_2\quad\boldsymbol{\delta}_3)\boldsymbol{P},\text{其中 }\boldsymbol{P}=\begin{pmatrix}1&1&1\\1&-1&1\\0&1&1\end{pmatrix}$$

且有 $\boldsymbol{P}^{-1}=\begin{pmatrix}1&1&1\\1&-1&1\\0&1&1\end{pmatrix}^{-1}=-\dfrac{1}{2}\begin{pmatrix}-2&0&2\\-1&1&0\\1&-1&-2\end{pmatrix}=\dfrac{1}{2}\begin{pmatrix}2&0&-2\\1&-1&0\\-1&1&2\end{pmatrix}$

所以过渡矩阵为 $M_{E_3}^{B}(I_V)=\boldsymbol{P}$,和 $M_{B}^{E_3}(I_V)=\boldsymbol{P}^{-1}$.

② 因为 $$\boldsymbol{\beta}_1=\boldsymbol{\varepsilon}_1+\boldsymbol{\varepsilon}_2,\boldsymbol{\beta}_2=\boldsymbol{\varepsilon}_1-\boldsymbol{\varepsilon}_2$$

即$(\boldsymbol{\beta}_1\quad\boldsymbol{\beta}_2)=(\boldsymbol{\varepsilon}_1\quad\boldsymbol{\varepsilon}_2)\boldsymbol{Q}$,其中

$$\boldsymbol{Q}=\begin{pmatrix}1&1\\1&-1\end{pmatrix},\boldsymbol{Q}^{-1}=\frac{1}{2}\begin{pmatrix}1&1\\1&-1\end{pmatrix}$$

所以过渡矩阵为

$$M_{E_2}^{C}(I_W)=\boldsymbol{Q}\quad\text{和}\quad M_{C}^{E_2}(I_W)=\boldsymbol{Q}^{-1}$$

(2) 依次求出四个变换矩阵.

① $f\begin{pmatrix}x\\y\end{pmatrix}=\begin{pmatrix}x+2y\\x-y\\2x+y\end{pmatrix}$.

因为

$$f(\boldsymbol{\beta}_1)=f\begin{pmatrix}1\\1\end{pmatrix}=\begin{pmatrix}3\\0\\3\end{pmatrix}=(\boldsymbol{\delta}_1\quad\boldsymbol{\delta}_2\quad\boldsymbol{\delta}_3)\begin{pmatrix}3\\0\\3\end{pmatrix}$$

$$f(\boldsymbol{\beta}_2)=f\begin{pmatrix}1\\-1\end{pmatrix}=\begin{pmatrix}-1\\2\\1\end{pmatrix}=(\boldsymbol{\delta}_1\quad\boldsymbol{\delta}_2\quad\boldsymbol{\delta}_3)\begin{pmatrix}-1\\2\\1\end{pmatrix}$$

所以

$$\begin{aligned}f(\boldsymbol{\beta}_1,\boldsymbol{\beta}_2)=(f(\boldsymbol{\beta}_1),f(\boldsymbol{\beta}_2))&=(\boldsymbol{\delta}_1\quad\boldsymbol{\delta}_2\quad\boldsymbol{\delta}_3)\begin{pmatrix}3&-1\\0&2\\3&1\end{pmatrix}\\&=(\boldsymbol{\alpha}_1\quad\boldsymbol{\alpha}_2\quad\boldsymbol{\alpha}_3)\boldsymbol{P}^{-1}\begin{pmatrix}3&-1\\0&2\\3&1\end{pmatrix}\\&=(\boldsymbol{\alpha}_1\quad\boldsymbol{\alpha}_2\quad\boldsymbol{\alpha}_3)\frac{1}{2}\begin{pmatrix}2&0&-2\\1&-1&0\\-1&1&2\end{pmatrix}\begin{pmatrix}3&-1\\0&2\\3&1\end{pmatrix}\\&=(\boldsymbol{\alpha}_1\quad\boldsymbol{\alpha}_2\quad\boldsymbol{\alpha}_3)\frac{1}{2}\begin{pmatrix}0&-4\\3&-3\\3&5\end{pmatrix}\end{aligned}$$

于是求出

$$M_B^C(f)=\frac{1}{2}\begin{pmatrix}0 & -4\\ 3 & -3\\ 3 & 5\end{pmatrix}$$

②$g\begin{pmatrix}x\\ y\\ z\end{pmatrix}=\begin{pmatrix}x-2y+3z\\ 2y-3z\end{pmatrix}$.

因为

$$g(\boldsymbol{\alpha}_1)=g\begin{pmatrix}1\\ 1\\ 0\end{pmatrix}=\begin{pmatrix}-1\\ 2\end{pmatrix}=(\boldsymbol{\varepsilon}_1\quad\boldsymbol{\varepsilon}_2)\begin{pmatrix}-1\\ 2\end{pmatrix}$$

$$g(\boldsymbol{\alpha}_2)=g\begin{pmatrix}1\\ -1\\ 1\end{pmatrix}=\begin{pmatrix}6\\ -5\end{pmatrix}=(\boldsymbol{\varepsilon}_1\quad\boldsymbol{\varepsilon}_2)\begin{pmatrix}6\\ -5\end{pmatrix}$$

$$g(\boldsymbol{\alpha}_3)=g\begin{pmatrix}1\\ 1\\ 1\end{pmatrix}=\begin{pmatrix}2\\ -1\end{pmatrix}=(\boldsymbol{\varepsilon}_1\quad\boldsymbol{\varepsilon}_2)\begin{pmatrix}2\\ -1\end{pmatrix}$$

所以

$$g(\boldsymbol{\alpha}_1,\boldsymbol{\alpha}_2,\boldsymbol{\alpha}_3)=(g(\boldsymbol{\alpha}_1),g(\boldsymbol{\alpha}_2),g(\boldsymbol{\alpha}_3))=(\boldsymbol{\varepsilon}_1\quad\boldsymbol{\varepsilon}_2)\begin{pmatrix}-1 & 6 & 2\\ 2 & -5 & -1\end{pmatrix}$$

$$=(\boldsymbol{\beta}_1\quad\boldsymbol{\beta}_2)\boldsymbol{Q}^{-1}\begin{pmatrix}-1 & 6 & 2\\ 2 & -5 & -1\end{pmatrix}$$

$$=(\boldsymbol{\beta}_1\quad\boldsymbol{\beta}_2)\frac{1}{2}\begin{pmatrix}1 & 1\\ 1 & -1\end{pmatrix}\begin{pmatrix}-1 & 6 & 2\\ 2 & -5 & -1\end{pmatrix}$$

$$=(\boldsymbol{\beta}_1\quad\boldsymbol{\beta}_2)\frac{1}{2}\begin{pmatrix}1 & 1 & 1\\ -3 & 11 & 3\end{pmatrix}$$

于是求出

$$M_C^B(g)=\frac{1}{2}\begin{pmatrix}1 & 1 & 1\\ -3 & 11 & 3\end{pmatrix}$$

③ $M_C^C(g\circ f)=M_C^B(g)\times M_B^C(f)=\frac{1}{4}\begin{pmatrix}1 & 1 & 1\\ -3 & 11 & 3\end{pmatrix}\begin{pmatrix}0 & -4\\ 3 & -3\\ 3 & 5\end{pmatrix}=$

$\frac{1}{4}\begin{pmatrix}6 & -2\\ 42 & -6\end{pmatrix}$.

④$M_B^B(f\circ g)=M_B^C(f)\times M_C^B(g)=\frac{1}{4}\begin{pmatrix}0&-4\\3&-3\\3&5\end{pmatrix}\begin{pmatrix}1&1&1\\-3&11&3\end{pmatrix}=$

$\frac{1}{4}\begin{pmatrix}12&-44&-12\\12&-30&-6\\-12&58&18\end{pmatrix}$.

8. 在 $\mathbf{R}^2$ 和 $\mathbf{R}^3$ 中分别取标准基

$$E_2=\left\{\boldsymbol{\varepsilon}_1=\begin{pmatrix}1\\0\end{pmatrix},\boldsymbol{\varepsilon}_2=\begin{pmatrix}0\\1\end{pmatrix}\right\};E_3=\left\{\boldsymbol{\delta}_1=\begin{pmatrix}1\\0\\0\end{pmatrix},\boldsymbol{\delta}_2=\begin{pmatrix}0\\1\\0\end{pmatrix},\boldsymbol{\delta}_3=\begin{pmatrix}0\\0\\1\end{pmatrix}\right\}$$

定义如下两个映射

$$f:\mathbf{R}^2\to\mathbf{R}^3:f\begin{pmatrix}x\\y\end{pmatrix}=\begin{pmatrix}x+2y\\x-y\\2x+y\end{pmatrix},g:\mathbf{R}^3\to\mathbf{R}^2:g\begin{pmatrix}x\\y\\z\end{pmatrix}=\begin{pmatrix}x-2y+3z\\2y-3z\end{pmatrix}$$

（1）求出以下变换矩阵：$M_{E_3}^{E_2}(f)$，$M_{E_2}^{E_3}(g)$.

（2）求出以下变换矩阵：$M_{E_2}^{E_2}(g\circ f)$，$M_{E_3}^{E_3}(f\circ g)$.

（3）证明 $g\circ f$ 是双射，并确定变换矩阵 $M_{E_2}^{E_2}((g\circ f)^{-1})$. 问 $f\circ g$ 是不是双射？

**【解】**（1）① 由 $f\begin{pmatrix}x\\y\end{pmatrix}=\begin{pmatrix}x+2y\\x-y\\2x+y\end{pmatrix}$ 知

$$f(\boldsymbol{\varepsilon}_1)=f\begin{pmatrix}1\\0\end{pmatrix}=\begin{pmatrix}1\\1\\2\end{pmatrix}=\boldsymbol{\delta}_1+\boldsymbol{\delta}_2+2\boldsymbol{\delta}_3$$

$$f(\boldsymbol{\varepsilon}_2)=f\begin{pmatrix}0\\1\end{pmatrix}=\begin{pmatrix}2\\-1\\1\end{pmatrix}=2\boldsymbol{\delta}_1-\boldsymbol{\delta}_2+\boldsymbol{\delta}_3$$

即
$$f(\boldsymbol{\varepsilon}_1,\boldsymbol{\varepsilon}_2)=(f(\boldsymbol{\varepsilon}_1),f(\boldsymbol{\varepsilon}_2))=(\boldsymbol{\delta}_1\quad\boldsymbol{\delta}_2\quad\boldsymbol{\delta}_3)\begin{pmatrix}1&2\\1&-1\\2&1\end{pmatrix}$$

故
$$M_{E_3}^{E_2}(f)=\begin{pmatrix}1&2\\1&-1\\2&1\end{pmatrix}$$

② 由 $g\begin{pmatrix}x\\y\\z\end{pmatrix}=\begin{pmatrix}x-2y+3z\\2y-3z\end{pmatrix}$ 知

$$g(\boldsymbol{\delta}_1)=g\begin{pmatrix}1\\0\\0\end{pmatrix}=\begin{pmatrix}1\\0\end{pmatrix}=\boldsymbol{\varepsilon}_1$$

$$g(\boldsymbol{\delta}_2)=g\begin{pmatrix}0\\1\\0\end{pmatrix}=\begin{pmatrix}-2\\2\end{pmatrix}=-2\boldsymbol{\varepsilon}_1+2\boldsymbol{\varepsilon}_2$$

$$g(\boldsymbol{\delta}_3)=g\begin{pmatrix}0\\0\\1\end{pmatrix}=\begin{pmatrix}3\\-3\end{pmatrix}=3\boldsymbol{\varepsilon}_1-3\boldsymbol{\varepsilon}_2$$

即 $g(\boldsymbol{\delta}_1,\boldsymbol{\delta}_2,\boldsymbol{\delta}_3)=(g(\boldsymbol{\delta}_1),g(\boldsymbol{\delta}_2),g(\boldsymbol{\delta}_3))=(\boldsymbol{\varepsilon}_1\quad\boldsymbol{\varepsilon}_2)\begin{pmatrix}1&-2&3\\0&2&-3\end{pmatrix}$

故 $$M_{E_2}^{E_3}(g)=\begin{pmatrix}1&-2&3\\0&2&-3\end{pmatrix}$$

(2) 已知两个变换矩阵为

$$f(\boldsymbol{\varepsilon}_1,\boldsymbol{\varepsilon}_2)=(\boldsymbol{\delta}_1\quad\boldsymbol{\delta}_2\quad\boldsymbol{\delta}_3)M_{E_3}^{E_2}(f)$$
$$g(\boldsymbol{\delta}_1,\boldsymbol{\delta}_2,\boldsymbol{\delta}_3)=(\boldsymbol{\varepsilon}_1\quad\boldsymbol{\varepsilon}_2)M_{E_2}^{E_3}(g)$$

①$M_{E_2}^{E_2}(g\circ f)=M_{E_2}^{E_3}(g)\times M_{E_3}^{E_2}(f)$

$$=\begin{pmatrix}1&-2&3\\0&2&-3\end{pmatrix}\begin{pmatrix}1&2\\1&-1\\2&1\end{pmatrix}=\begin{pmatrix}5&7\\-4&-5\end{pmatrix}$$

②$M_{E_3}^{E_3}(f\circ g)=M_{E_3}^{E_2}(f)\times M_{E_2}^{E_3}(g)$

$$=\begin{pmatrix}1&2\\1&-1\\2&1\end{pmatrix}\begin{pmatrix}1&-2&3\\0&2&-3\end{pmatrix}=\begin{pmatrix}1&2&-3\\1&-4&6\\2&-2&3\end{pmatrix}$$

(3) 因为 $M_{E_2}^{E_2}(g\circ f)$ 是可逆矩阵,所以 $g\circ f$ 是双射,且

$$M_{E_2}^{E_2}((g\circ f)^{-1})=\begin{pmatrix}5&7\\-4&-5\end{pmatrix}^{-1}=\frac{1}{3}\begin{pmatrix}-5&-7\\4&5\end{pmatrix}$$

因为 $M_{E_3}^{E_3}(f\circ g)$ 的秩为 2,不是可逆矩阵,所以 $f\circ g$ 不是双射.

9. 考虑次数不超过 $n$ 的实系数一元多项式线性空间 $R_n[x]$，$n$ 是取定的自然数. 令

$$B_n = \{1, x, x^2, x^3, \cdots, x^n\} \text{ 和 } B_{n-1} = \{1, x, x^2, x^3, \cdots, x^{n-1}\}$$

它们分别是 $V = R_n[x]$ 和 $W = R_{n-1}[x]$ 的基. 考虑求一阶导数变换

$$f: R_n[x] \to R_{n-1}[x]: f(x) \longmapsto f'(x)$$

(1) 证明 $f$ 是线性映射.

(2) 确定变换矩阵 $M_{B_{n-1}}^{B_n}(f)$.

(3) 证明存在一个线性映射 $g: R_{n-1}[x] \to R_n[x]$，使得 $f \circ g = I_W$，其中 $I_W$ 为 $W = R_{n-1}[x]$ 中的恒等变换. 并确定变换矩阵 $M_{B_n}^{B_{n-1}}(g)$.

**【证】** (1) 对

$$f(x) = a_n x^n + a_{n-1}x^{n-1} + \cdots + a_k x^k + \cdots + a_1 x + a_0 \in R_n[x]$$

有

$$f'(x) = na_n x^{n-1} + (n-1)a_{n-1}x^{n-2} + \cdots + ka_k x^{k-1} + \cdots + 2a_2 x + a_1 \in R_{n-1}[x]$$

且求导数运算是线性运算

$$(kf(x) + lg(x))' = kf'(x) + lg'(x), \ \forall k, l \in \mathbf{R}, f(x), g(x) \in R_n[x]$$

所以 $f$ 是线性映射.

(2) 因为

$$f(1, x, x^2, \cdots, x^{n-1}, x^n) = (1, x, x^2, \cdots, x^{n-2}, x^{n-1})\mathbf{P}$$

其中

$$\boldsymbol{P} = \begin{pmatrix} 0 & 1 & & & & \\ & 0 & 2 & & & \\ & & 0 & \ddots & & \\ & & & \ddots & \ddots & \\ & & & & \ddots & n-1 & \\ & & & & & 0 & n \end{pmatrix}_{n, n+1}$$

所以

$$M_{B_{n-1}}^{B_n}(f) = \boldsymbol{P}$$

(3) 定义不定积分运算

$$g: R_{n-1}[x] \to R_n[x]: f(x) \longmapsto \int f(x)\,\mathrm{d}x, \ \forall f(x) \in R_{n-1}[x]$$

它是线性映射：对任取 $k, l \in \mathbf{R}$，$f(x), g(x) \in R_{n-1}[x]$，有

$$\int (kf(x) + lg(x))\,\mathrm{d}x = k\int f(x)\,\mathrm{d}x + l\int g(x)\,\mathrm{d}x$$

而且对于任意一个 $f(x) \in R_{n-1}[x]$，必有

$$\frac{\mathrm{d}}{\mathrm{d}x}\left(\int f(x)\,\mathrm{d}x\right)=f(x)$$

即

$$f\circ g=I_W$$

因为

$$g(1,x,x^2,\cdots,x^{n-1})=(1,x,x^2,\cdots,x^{n-1},x^n)\boldsymbol{Q}$$

其中

$$\boldsymbol{Q}=\begin{pmatrix}0 & & & & \\ 1 & 0 & & & \\ & 1/2 & 0 & & \\ & & 1/3 & \ddots & \\ & & & \ddots & \ddots \\ & & & & \ddots & 0 \\ & & & & & 1/n\end{pmatrix}_{n+1,n}$$

所以

$$M_{B_n}^{B_{n-1}}(g)=\boldsymbol{Q}$$

【注】 $f\circ g$ 的变换矩阵确为 $M_{B_{n-1}}^{B_n}(f)M_{B_n}^{B_{n-1}}(g)=\boldsymbol{PQ}=\boldsymbol{I}_n$. $\boldsymbol{QP}$ 是 $n+1$ 阶不可逆矩阵.

10. 设 $V=R_3[x]$,基为 $B=\{1,x,x^2,x^3\}$. 考虑如下两个映射

$$f:V\to\mathbf{R}:p(x)\longmapsto\int_{-1}^{1}p(x)\,\mathrm{d}x,\ \forall p(x)\in R_3[x]$$

$$g:V\to\mathbf{R}^3:p(x)\longmapsto(p(-1),p(0),p(1)),\ \forall p(x)\in R_3[x]$$

(1) 证明 $f$ 和 $g$ 都是线性映射.

(2) 取 $E_1=\{(1)\}$, $E_3=\{\boldsymbol{\varepsilon}_1=(1,0,0),\boldsymbol{\varepsilon}_2=(0,1,0),\boldsymbol{\varepsilon}_3=(0,0,1)\}$ 分别是 $\mathbf{R}$ 和 $\mathbf{R}^3$ 的标准正交基,确定变换矩阵 $M_{E_1}^{B}(f)$ 和 $M_{E_3}^{B}(g)$.

(3) 证明 $\ker(g)\subseteq\ker(f)$.

(4) 证明存在线性映射 $h:\mathbf{R}^3\to\mathbf{R}$ 满足 $h\circ g=f$.

【证】 (1) 直接验证线性性.

① 任取 $p(x),q(x)\in V$, $k,l\in\mathbf{R}$,必有

$$\int_{-1}^{1}(k\,p(x)+l\,q(x))\,\mathrm{d}x=k\int_{-1}^{1}p(x)\,\mathrm{d}x+l\int_{-1}^{1}q(x)\,\mathrm{d}x$$

所以 $f$ 是线性映射.

② 设

$$p(x)=a_0+a_1x+a_2x^2+a_3x^3\longmapsto(\lambda_1,\lambda_2,\lambda_3)$$

$$q(x)=b_0+b_1x+b_2x^2+b_3x^3\longmapsto(\mu_1,\mu_2,\mu_3)$$

其中

$$\begin{cases}\lambda_1=f(-1)=a_0-a_1+a_2-a_3\\ \lambda_2=f(0)=a_0\\ \lambda_3=f(1)=a_0+a_1+a_2+a_3\end{cases},\quad \begin{cases}\mu_1=g(-1)=b_0-b_1+b_2-b_3\\ \mu_2=g(0)=b_0\\ \mu_3=g(1)=b_0+b_1+b_2+b_3\end{cases}$$

显然有

$$p(x)+q(x)=(a_0+b_0)+(a_1+b_1)x+(a_2+b_2)x^2+(a_3+b_3)x^3$$
$$\mapsto(\lambda_1+\mu_1,\lambda_2+\mu_2,\lambda_3+\mu_3)$$
$$kp(x)=ka_0+ka_1x+ka_2x^2+ka_3x^3\mapsto(k\lambda_1,k\lambda_2,k\lambda_3)$$

所以 $g$ 是线性映射.

(2) 求两个变换矩阵.

① 因为 $f:V\to\mathbf{R}:p(x)\mapsto\int_{-1}^{1}p(x)\mathrm{d}x$，$\forall p(x)\in R_3[x]$,有

$$\int_{-1}^{1}1\mathrm{d}x=2,\ \int_{-1}^{1}x\mathrm{d}x=\frac{1}{2}x^2\Big|_{x=-1}^{x=1}=0$$
$$\int_{-1}^{1}x^2\mathrm{d}x=\frac{1}{3}x^3\Big|_{x=-1}^{x=1}=\frac{2}{3},\ \int_{-1}^{1}x^3\mathrm{d}x=0$$

所以

$$f(1,x,x^2,x^3)=(1)\times\left(2,0,\frac{2}{3},0\right),\ M_{E_1}^{B}(f)=\left(2,0,\frac{2}{3},0\right)$$

② 因为 $g:V\to\mathbf{R}^3:p(x)\mapsto(p(-1),p(0),p(1))$，$\forall p(x)\in R_3[x]$，有

$g:1\mapsto(1,1,1)$，$x\mapsto(-1,0,1)$，$x^2\mapsto(1,0,1)$，$x^3\mapsto(-1,0,1)$

所以

$$g(1,x,x^2,x^3)=(\boldsymbol{\varepsilon}_1\ \ \boldsymbol{\varepsilon}_2\ \ \boldsymbol{\varepsilon}_3)\begin{pmatrix}1&-1&1&-1\\1&0&0&0\\1&1&1&1\end{pmatrix}$$
$$M_{E_3}^{B}(g)=\begin{pmatrix}1&-1&1&-1\\1&0&0&0\\1&1&1&1\end{pmatrix}$$

(3) 任取 $p(x)=a_0+a_1x+a_2x^2+a_3x^3\in\ker(g)$,则

$$p(x)=a_0+a_1x+a_2x^2+a_3x^3\mapsto(\lambda_1,\lambda_2,\lambda_3)=(0,0,0)$$

其中

$$\lambda_1=p(-1)=a_0-a_1+a_2-a_3=0$$
$$\lambda_2=p(0)=a_0=0$$
$$\lambda_3=p(1)=a_0+a_1+a_2+a_3=0$$

可求出 $a_0=0$，$a_2=0$，$a_1+a_3=0$，即 $p(x)=a(x-x^3)$.

因为

$$f:p(x)=a(x-x^3)\longmapsto a\int_{-1}^{1}(x-x^3)\,\mathrm{d}x=0$$

所以必有 $p(x)\in\ker(f)$. 这就证明了 $\ker(g)\subseteq\ker(f)$.

(4) 若线性映射 $h:\mathbf{R}^3\to\mathbf{R}$

$$h(\boldsymbol{\varepsilon}_1,\boldsymbol{\varepsilon}_2,\boldsymbol{\varepsilon}_3)=(1)M_{E_1}^{E_3}(h)\text{，其中 }M_{E_1}^{E_3}(h)=(x_1,x_2,x_3)$$

满足 $h\circ g=f$，则必有

$$M_{E_1}^{E_3}(h)\times M_{E_3}^{B}(g)=M_{E_1}^{B}(f)$$

即

$$(x_1,x_2,x_3)\begin{pmatrix}1&-1&1&-1\\1&0&0&0\\1&1&1&1\end{pmatrix}=\left(2,0,\frac{2}{3},0\right)$$

据此可解出 $M_{E_1}^{E_3}(h)=(x_1,x_2,x_3)=\left(\frac{1}{3},\frac{4}{3},\frac{1}{3}\right)$，于是所求的线性映射 $h$：$\mathbf{R}^3\to\mathbf{R}$ 为

$$h(\boldsymbol{\varepsilon}_1,\boldsymbol{\varepsilon}_2,\boldsymbol{\varepsilon}_3)=(1)\left(\frac{1}{3},\frac{4}{3},\frac{1}{3}\right)=\left(\frac{1}{3},\frac{4}{3},\frac{1}{3}\right)$$

11. 设

$$\boldsymbol{\alpha}_1=\begin{pmatrix}1\\0\\0\end{pmatrix},\boldsymbol{\alpha}_2=\begin{pmatrix}0\\1\\0\end{pmatrix},\boldsymbol{\alpha}_3=\begin{pmatrix}0\\0\\1\end{pmatrix},\boldsymbol{\alpha}_4=\begin{pmatrix}2\\1\\3\end{pmatrix}$$

$$\boldsymbol{\beta}_1=\begin{pmatrix}1\\2\\4\\1\end{pmatrix},\boldsymbol{\beta}_2=\begin{pmatrix}1\\1\\0\\1\end{pmatrix},\boldsymbol{\beta}_3=\begin{pmatrix}-1\\0\\4\\-1\end{pmatrix},\boldsymbol{\beta}_4=\begin{pmatrix}0\\5\\20\\0\end{pmatrix}$$

记 $V_1=L(\boldsymbol{\alpha}_1,\boldsymbol{\alpha}_2,\boldsymbol{\alpha}_3,\boldsymbol{\alpha}_4)$，$V_2=L(\boldsymbol{\beta}_1,\boldsymbol{\beta}_2,\boldsymbol{\beta}_3,\boldsymbol{\beta}_4)$.

(1) 证明存在唯一的线性映射 $f:V_1\to V_2$ 满足 $f(\boldsymbol{\alpha}_i)=\boldsymbol{\beta}_i$，$i=1,2,3,4$.

(2) 定出 $\ker(f)$，$\mathrm{Im}(f)$，$R(f)$ 和 $N(f)$.

**【证】** $\{\boldsymbol{\alpha}_1,\boldsymbol{\alpha}_2,\boldsymbol{\alpha}_3\}$ 显然是 $V_1$ 的基. 因为

$$(\boldsymbol{\beta}_1\quad\boldsymbol{\beta}_2\quad\boldsymbol{\beta}_3\quad\boldsymbol{\beta}_4)=\begin{pmatrix}1&1&-1&0\\2&1&0&5\\4&0&4&20\\1&1&-1&0\end{pmatrix}\to\begin{pmatrix}1&1&-1&0\\0&-1&2&5\\0&-4&8&20\\0&0&0&0\end{pmatrix}$$

$$\to\begin{pmatrix}1&0&1&5\\0&-1&2&5\\0&0&0&0\\0&0&0&0\end{pmatrix}$$

所以$\{\boldsymbol{\beta}_1,\boldsymbol{\beta}_2\}$是$V_2$的基.

(1) 因为线性映射$f:V_1\to V_2$是由基向量的象唯一确定的,所以可定义

$$f:\begin{pmatrix}1\\0\\0\end{pmatrix}\mapsto\begin{pmatrix}1\\2\\4\\1\end{pmatrix},\begin{pmatrix}0\\1\\0\end{pmatrix}\mapsto\begin{pmatrix}1\\1\\0\\1\end{pmatrix},\quad\begin{pmatrix}0\\0\\1\end{pmatrix}\mapsto\begin{pmatrix}-1\\0\\4\\-1\end{pmatrix}$$

且确有

$$f:\begin{pmatrix}2\\1\\3\end{pmatrix}=2\begin{pmatrix}1\\0\\0\end{pmatrix}+\begin{pmatrix}0\\1\\0\end{pmatrix}+3\begin{pmatrix}0\\0\\1\end{pmatrix}\mapsto2\begin{pmatrix}1\\2\\4\\1\end{pmatrix}+\begin{pmatrix}1\\1\\0\\1\end{pmatrix}+3\begin{pmatrix}-1\\0\\4\\-1\end{pmatrix}=\begin{pmatrix}0\\5\\20\\0\end{pmatrix}$$

(2) 若$f:\begin{pmatrix}x\\y\\z\end{pmatrix}=x\begin{pmatrix}1\\0\\0\end{pmatrix}+y\begin{pmatrix}0\\1\\0\end{pmatrix}+z\begin{pmatrix}0\\0\\1\end{pmatrix}\mapsto\begin{pmatrix}0\\0\\0\\0\end{pmatrix}$,则由线性映射必把零向量映为零向量,必有

$$x\begin{pmatrix}1\\2\\4\\1\end{pmatrix}+y\begin{pmatrix}1\\1\\0\\1\end{pmatrix}+z\begin{pmatrix}-1\\0\\4\\-1\end{pmatrix}=\begin{pmatrix}x+y-z\\2x+y\\4x+4z\\x+y-z\end{pmatrix}=\begin{pmatrix}0\\0\\0\\0\end{pmatrix},\begin{cases}x+y-z=0\\2x+y=0\\4x+4z=0\end{cases},\begin{cases}y=-2x\\z=-x\end{cases}$$

可求出通解$\boldsymbol{\xi}=k\begin{pmatrix}-1\\2\\1\end{pmatrix}$,于是

$$\ker(f)=L(\boldsymbol{\xi}),零度\ N(f)=1$$

因为$\dim\operatorname{Im}(f)=\dim V_1-N(f)=3-1=2$,所以由$\boldsymbol{\beta}_1,\boldsymbol{\beta}_2$线性无关知

$$\operatorname{Im}(f)=L(\boldsymbol{\beta}_1,\boldsymbol{\beta}_2)=V_2,秩\ R(f)=2$$

12. 设$f:U\to V$是两个有限维线性空间$U$到$V$的线性映射. 取向量集

$$S=\{\boldsymbol{u}_1,\boldsymbol{u}_2,\cdots,\boldsymbol{u}_s\}\subset U,记\ \boldsymbol{v}_i=f(\boldsymbol{u}_i),\ i=1,2,\cdots,s$$

如果

$$S_1=\{\boldsymbol{u}_1,\boldsymbol{u}_2,\cdots,\boldsymbol{u}_t\}\ 和\ S_2=\{\boldsymbol{v}_{t+1},\boldsymbol{v}_{t+2},\cdots,\boldsymbol{v}_s\}$$

分别是 $\ker f$ 和 $\mathrm{Im}\, f$ 的基，证明 $S$ 必是线性无关组，而且必是 $U$ 的基.

**【证】** 设

$$k_1\boldsymbol{u}_1+\cdots+k_t\boldsymbol{u}_t+k_{t+1}\boldsymbol{u}_{t+1}+\cdots+k_s\boldsymbol{u}_s=\boldsymbol{0}$$

因为 $S_1=\{\boldsymbol{u}_1,\boldsymbol{u}_2,\cdots,\boldsymbol{u}_t\}\subset\ker(f)$，所以求此式在 $f$ 下的象必有

$$k_{t+1}\boldsymbol{v}_{t+1}+\cdots+k_s\boldsymbol{v}_s=\boldsymbol{0}$$

因为 $S_2=\{\boldsymbol{v}_{t+1},\boldsymbol{v}_{t+2},\cdots,\boldsymbol{v}_s\}$ 是线性无关组，必有 $k_{t+1}=\cdots=k_s=0$.

再由 $k_1\boldsymbol{u}_1+\cdots+k_t\boldsymbol{u}_t=\boldsymbol{0}$ 和 $S_1=\{\boldsymbol{u}_1,\boldsymbol{u}_2,\cdots,\boldsymbol{u}_t\}$ 是线性无关组知 $k_1=\cdots=k_t=0$，所以 $S=\{\boldsymbol{u}_1,\boldsymbol{u}_2,\cdots,\boldsymbol{u}_s\}$ 必是线性无关组.

由秩与零度定理

$$\dim U=\dim\ker f+\dim\mathrm{Im}\, f=t+(s-t)=s$$

知 $S=\{\boldsymbol{v}_1,\boldsymbol{v}_2,\cdots,\boldsymbol{v}_s\}$ 是 $U$ 的基.

13. 设 $f:U\to V$ 是线性空间 $U$ 到 $V$ 的线性映射，证明 $f$ 是单射 $\Leftrightarrow\ker f=\{0\}$.

**【证】** 因为

$$f(\boldsymbol{u}_1)=f(\boldsymbol{u}_2)\Leftrightarrow f(\boldsymbol{u}_1-\boldsymbol{u}_2)=0\Leftrightarrow\boldsymbol{u}_1-\boldsymbol{u}_2\in\ker f$$

所以 $f$ 是单射当且仅当 $f(\boldsymbol{u}_1)=f(\boldsymbol{u}_2)\Leftrightarrow\boldsymbol{u}_1=\boldsymbol{u}_2$，当且仅当 $\ker f=\{0\}$.

**【注】** $f$ 是满射 $\Leftrightarrow\mathrm{Im}\, f=V$. 但未必有“$f$ 是单射当且仅当 $f$ 是满射”.

14. 设 $f:V\to W$ 是线性映射，$\dim V=n$，$\dim W=m$，在 $V$ 和 $W$ 中分别取基

$$B_1=\{\boldsymbol{v}_1,\boldsymbol{v}_2,\cdots,\boldsymbol{v}_n\},\ B_2=\{\boldsymbol{w}_1,\boldsymbol{w}_2,\cdots,\boldsymbol{w}_m\}$$

如果

$$f(\boldsymbol{v}_1,\boldsymbol{v}_2,\cdots,\boldsymbol{v}_n)=(\boldsymbol{w}_1,\boldsymbol{w}_2,\cdots,\boldsymbol{w}_m)\boldsymbol{A}_{m\times n}$$

则 $R(f)=R(\boldsymbol{A})$.

**【证】** 已知 $R(f)=\dim\mathrm{Im}(f)$.

(1) 先考虑 $\boldsymbol{A}=\begin{pmatrix}\boldsymbol{I}_r & \boldsymbol{O}\\ \boldsymbol{O} & \boldsymbol{O}\end{pmatrix}$，$r=R(\boldsymbol{A})$ 的情形. 由

$$f(\boldsymbol{v}_1,\boldsymbol{v}_2,\cdots,\boldsymbol{v}_n)=(\boldsymbol{w}_1,\boldsymbol{w}_2,\cdots,\boldsymbol{w}_m)\begin{pmatrix}\boldsymbol{I}_r & \boldsymbol{O}\\ \boldsymbol{O} & \boldsymbol{O}\end{pmatrix}$$

知

$$f(\boldsymbol{v}_i)=\boldsymbol{w}_i,\ i=1,2,\cdots,r$$
$$f(\boldsymbol{v}_i)=\boldsymbol{0},\ i=r+1,r+2,\cdots,n$$

这说明

$$V_1=L(\boldsymbol{v}_{r+1},\boldsymbol{v}_{r+2},\cdots,\boldsymbol{v}_n)\subseteq\ker(f),\ \dim\ker(f)\geqslant n-r$$
$$W_1=L(\boldsymbol{w}_1,\boldsymbol{w}_2,\cdots,\boldsymbol{w}_r)\subseteq\mathrm{Im}(f),\ \dim\mathrm{Im}(f)\geqslant r$$

因为 $\dim\ker(f)+\dim\mathrm{Im}(f)=n=\dim V$，所以必有

$$\dim\ker(f)=n-r,\ \dim\mathrm{Im}(f)=r$$

这就证明了 $R(f)=\dim \mathrm{Im}(f)=r=R(\boldsymbol{A})$

(2) 对于任意一个$\boldsymbol{A}_{m\times n}$,必存在可逆矩阵$\boldsymbol{P}_{m\times m}$和 $\boldsymbol{Q}_{n\times n}$ 使得

$$\boldsymbol{PAQ}=\begin{pmatrix}\boldsymbol{I}_r & \boldsymbol{O}\\ \boldsymbol{O} & \boldsymbol{O}\end{pmatrix}=\boldsymbol{\Lambda}$$

在 $V$ 中取基

$$(\boldsymbol{v}'_1,\boldsymbol{v}'_2,\cdots,\boldsymbol{v}'_n)=(\boldsymbol{v}_1,\boldsymbol{v}_2,\cdots,\boldsymbol{v}_n)\boldsymbol{Q}$$

在 $W$ 中取基

$$(\boldsymbol{w}'_1,\boldsymbol{w}'_2,\cdots,\boldsymbol{w}'_m)=(\boldsymbol{w}_1,\boldsymbol{w}_2,\cdots,\boldsymbol{w}_m)\boldsymbol{P}^{-1}$$

则

$$\begin{aligned}f(\boldsymbol{v}'_1,\boldsymbol{v}'_2,\cdots,\boldsymbol{v}'_n)&=f(\boldsymbol{v}_1,\boldsymbol{v}_2,\cdots,\boldsymbol{v}_n)\boldsymbol{Q}=(\boldsymbol{w}_1,\boldsymbol{w}_2,\cdots,\boldsymbol{w}_m)\boldsymbol{AQ}\\&=(\boldsymbol{w}'_1,\boldsymbol{w}'_2,\cdots,\boldsymbol{w}'_m)\boldsymbol{PAQ}\\&=(\boldsymbol{w}'_1,\boldsymbol{w}'_2,\cdots,\boldsymbol{w}'_m)\boldsymbol{\Lambda}\end{aligned}$$

所以 $R(f)=R(\boldsymbol{\Lambda})=r=R(\boldsymbol{A})$.

15. 设$f:V\to U$是 $n$ 维线性空间 $V$ 到 $m$ 维 $U$ 之间的线性映射,设

$$V=L(\boldsymbol{\varepsilon}_1,\boldsymbol{\varepsilon}_2,\cdots,\boldsymbol{\varepsilon}_n),U=L(\boldsymbol{\eta}_1,\boldsymbol{\eta}_2,\cdots,\boldsymbol{\eta}_m)$$

$$f(\boldsymbol{\varepsilon}_1,\boldsymbol{\varepsilon}_2,\cdots,\boldsymbol{\varepsilon}_n)=(\boldsymbol{\eta}_1,\boldsymbol{\eta}_2,\cdots,\boldsymbol{\eta}_m)\boldsymbol{A},\boldsymbol{A}\text{ 为 }m\times n\text{ 矩阵}$$

证明:(1)$f$是单射$\Leftrightarrow R(\boldsymbol{A})=n$.

(2)$f$是满射$\Leftrightarrow R(\boldsymbol{A})=m$.

【证】 已知 $\dim V=\dim \mathrm{Im}(f)+\dim \ker(f)=R(f)+N(f)=n$ 和

$$R(f)=\dim \mathrm{Im}(f)=R(\boldsymbol{A})$$

(1)$f$是单射$\Leftrightarrow\ker(f)=\{0\}\Leftrightarrow N(f)=0\Leftrightarrow\dim \mathrm{Im}(f)=R(\boldsymbol{A})=n$.

(2)$f$是满射$\Leftrightarrow\mathrm{Im}(f)=U\Leftrightarrow\dim \mathrm{Im}(f)=m\Leftrightarrow R(\boldsymbol{A})=m$.

【注】 当 $n=m$ 时,$f$是单射当且仅当$f$是满射.

16. 证明一个线性映射$f:V\to V'$是单射当且仅当,只要$\{\boldsymbol{v}_1,\boldsymbol{v}_2,\cdots,\boldsymbol{v}_r\}\subseteq V$是线性无关组,则$\{f(\boldsymbol{v}_1),f(\boldsymbol{v}_2),\cdots,f(\boldsymbol{v}_r)\}$必是线性无关组.

【证】 必要性:设$f:V\to V$是单射,$\{\boldsymbol{v}_1,\boldsymbol{v}_2,\cdots,\boldsymbol{v}_r\}$是线性无关组. 当

$$\sum_{i=1}^{r}k_if(\boldsymbol{v}_i)=\boldsymbol{0}\text{ 时,必有 }f\Big(\sum_{i=1}^{r}k_i\boldsymbol{v}_i\Big)=\boldsymbol{0}$$

因为$f(\boldsymbol{0})=\boldsymbol{0}$,而$f$是单射,所以必有

$$\sum_{i=1}^{r}k_i\boldsymbol{v}_i=\boldsymbol{0}$$

因为$\{\boldsymbol{v}_1,\boldsymbol{v}_2,\cdots,\boldsymbol{v}_r\}$是线性无关组,必有 $k_i=0$ , $i=1,2,\cdots,r$,所以

$$\{f(\boldsymbol{v}_1),f(\boldsymbol{v}_2),\cdots,f(\boldsymbol{v}_r)\}$$

必是线性无关组.

充分性：设当$\{\boldsymbol{v}_1, \boldsymbol{v}_2, \cdots, \boldsymbol{v}_r\}$是线性无关组时，$\{f(\boldsymbol{v}_1), f(\boldsymbol{v}_2), \cdots, f(\boldsymbol{v}_r)\}$必是线性无关组.

特别可考虑$\{\boldsymbol{v}_1, \boldsymbol{v}_2, \cdots, \boldsymbol{v}_r\}$是$V$的基，设

$$\boldsymbol{u} = \sum_{i=1}^{r} \lambda_i \boldsymbol{v}_i, \boldsymbol{v} = \sum_{i=1}^{r} \mu_i \boldsymbol{v}_i$$

则

$$f(\boldsymbol{u}) = \sum_{i=1}^{r} \lambda_i f(\boldsymbol{v}_i), f(\boldsymbol{v}) = \sum_{i=1}^{r} \mu_i f(\boldsymbol{v}_i)$$

当$f(\boldsymbol{u}) = f(\boldsymbol{v})$时，必有

$$\sum_{i=1}^{r} (\lambda_i - \mu_i) f(\boldsymbol{v}_i) = \boldsymbol{0}$$

因为$\{f(\boldsymbol{v}_1), f(\boldsymbol{v}_2), \cdots, f(\boldsymbol{v}_r)\}$是线性无关组，所以必有

$$\lambda_i = \mu_i, i = 1, 2, \cdots, r, \text{即 } \boldsymbol{u} = \boldsymbol{v}$$

所以$f$是单射.

17. 设$V \neq \{0\}$，证明一个线性映射$f: V \to V'$是单射当且仅当存在$g: V' \to V$，使得

$$(g \circ f) = I_V$$

**【证】**　必要性：设$f: V \to V'$是单射. 任取$\boldsymbol{v}' \in V'$，区分以下两种可能性：

(1) 如果$\boldsymbol{v}' \in \mathrm{Im}\, f$，则由$f$是单射知，必存在唯一的$\boldsymbol{v} \in V$使得$f(\boldsymbol{v}) = \boldsymbol{v}'$. 据此可定义(单值)映射$g: V' \to V, g(\boldsymbol{v}') = \boldsymbol{v}$.

(2) 如果$\boldsymbol{v}' \notin \mathrm{Im}\, f$，则可任意取定某个向量$\boldsymbol{v}_0 \in V$，此时令$g(\boldsymbol{v}') = \boldsymbol{v}_0$.

对于如此构造的映射$g: V' \to V$，必有

$$(g \circ f)(\boldsymbol{v}) = g(f(\boldsymbol{v})) = g(\boldsymbol{v}') = \boldsymbol{v}, \ \forall \boldsymbol{v} \in V$$

所以$(g \circ f) = I_V$.

充分性：若对$f: V \to V'$，存在$g: V' \to V$，使得$(g \circ f) = I_V$.

若$f(\boldsymbol{v}_1) = f(\boldsymbol{v}_2)$，则

$$g(f(\boldsymbol{v}_1)) = g(f(\boldsymbol{v}_2)), \ (g \circ f)(\boldsymbol{v}_1) = (g \circ f)(\boldsymbol{v}_2)$$

因为$(g \circ f) = I_V$，所以必有$\boldsymbol{v}_1 = \boldsymbol{v}_2$，这说明$f: V \to V'$是单射.

**【注】**　当$f(V) \neq V'$时，由于上述向量$\boldsymbol{v}_0 \in V$可任取，所以满足条件的映射$g: V' \to V$不唯一.

如果满足条件的映射$g: V' \to V$是唯一的，则$f: V \to V'$必是满射，因而必是双射.

18. 已知$f: V \to V'$是单射. 如果存在两个映射$g_1: V' \to V$和$g_2: V' \to V$满足

$$(f \circ g_1) = I_{V'}, (f \circ g_2) = I_{V'}$$

则必有 $g_1=g_2$.

**【证】** 对任意一个 $\boldsymbol{v}'\in V'$,记 $\boldsymbol{v}_1=g_1(\boldsymbol{v}')$, $\boldsymbol{v}_2=g_2(\boldsymbol{v}')$. 由

$$(f\circ g_1)=I_{V'},\ (f\circ g_2)=I_{V'}$$

知

$$f(\boldsymbol{v}_1)=f(g_1(\boldsymbol{v}'))=(f\circ g_1)(\boldsymbol{v}')=\boldsymbol{v}'$$
$$f(\boldsymbol{v}_2)=f(g_2(\boldsymbol{v}'))=(f\circ g_2)(\boldsymbol{v}')=\boldsymbol{v}'$$

于是由 $f(\boldsymbol{v}_1)=f(\boldsymbol{v}_2)=\boldsymbol{v}'$ 和 $f:V\to V'$ 是单射知必有 $\boldsymbol{v}_1=\boldsymbol{v}_2$,这就证明了

$$g_1(\boldsymbol{v}')=g_2(\boldsymbol{v}'),\ \forall\boldsymbol{v}'\in V',g_1=g_2$$

19. 证明一个线性映射 $f:V\to V'$ 是满射当且仅当存在 $g:V'\to V$,使得

$$(f\circ g)=I_{V'}$$

**【证】** 必要性:设 $f:V\to V'$ 是满射. 任取 $\boldsymbol{v}'\in V'$,可任意取定 $\boldsymbol{v}'$ 的一个原象 $\boldsymbol{v}\in V$ 使得 $f(\boldsymbol{v})=\boldsymbol{v}'$. 据此可定义映射 $g:V'\to V,g(\boldsymbol{v}')=\boldsymbol{v}$.

对于如此构造的映射 $g:V'\to V$,因为有

$$(f\circ g)(\boldsymbol{v}')=f(g(\boldsymbol{v}'))=f(\boldsymbol{v})=\boldsymbol{v}',\ \forall\boldsymbol{v}'\in V'$$

所以 $(f\circ g)=I_{V'}$.

充分性:若对 $f:V\to V'$,存在 $g:V'\to V$,使得 $(f\circ g)=I_{V'}$,则对任意一个 $\boldsymbol{v}'\in V'$,记 $\boldsymbol{v}=g(\boldsymbol{v}')$,必有

$$f(\boldsymbol{v})=f(g(\boldsymbol{v}'))=(f\circ g)(\boldsymbol{v}')=I_{V'}(\boldsymbol{v}')=\boldsymbol{v}'$$

这就证明了 $f:V\to V'$ 是满射.

**【注】** 当 $f:V\to V'$ 不是单射时,$\boldsymbol{v}'$ 的原象 $\boldsymbol{v}\in V$ 不唯一,所以满足条件的映射 $g:V'\to V$ 不唯一. 如果满足条件的映射 $g:V'\to V$ 是唯一的,则 $f:V\to V'$ 必是单射,因而必是双射.

20. 证明一个线性映射 $f:V\to V'$ 是双射当且仅当存在 $g:V'\to V$,使得

$$(f\circ g)=I_{V'}\text{且}(g\circ f)=I_V$$

**【证】** 必要性:设 $f:V\to V'$ 是双射. 任取 $\boldsymbol{v}'\in V'$. 因为 $f$ 是满射而且是单射,所以存在唯一的 $\boldsymbol{v}\in V$ 使得 $f(\boldsymbol{v})=\boldsymbol{v}'$. 据此可如此定义(单值)映射

$$g:V'\to V,g(\boldsymbol{v}')=\boldsymbol{v}$$

于是必有

$$(g\circ f)(\boldsymbol{v})=g(f(\boldsymbol{v}))=g(\boldsymbol{v}')=\boldsymbol{v},\ \forall\boldsymbol{v}\in V$$

即

$$(g\circ f)=I_V$$
$$(f\circ g)(\boldsymbol{v}')=f(g(\boldsymbol{v}'))=f(\boldsymbol{v})=\boldsymbol{v}',\ \forall\boldsymbol{v}'\in V'$$

即

$$(f\circ g)=I_{V'}$$

充分性：设存在 $g:V'\to V$，使得

$$(f\circ g)=I_{V'} \text{ 且 } (g\circ f)=I_V$$

要证 $f:V\to V'$ 是满射和单射.

任取 $\boldsymbol{v}'\in V'$，记 $\boldsymbol{v}=g(\boldsymbol{v}')$，则由

$$f(\boldsymbol{v})=f(g(\boldsymbol{v}'))=(f\circ g)(\boldsymbol{v}')=I_{V'}(\boldsymbol{v}')=\boldsymbol{v}'$$

知 $f:V\to V'$ 是满射.

若 $f(\boldsymbol{v}_1)=f(\boldsymbol{v}_2)$，则

$$g(f(\boldsymbol{v}_1))=g(f(\boldsymbol{v}_2)),\ (g\circ f)(\boldsymbol{v}_1)=(g\circ f)(\boldsymbol{v}_2)$$

因为 $(g\circ f)=I_V$，所以必有 $\boldsymbol{v}_1=\boldsymbol{v}_2$，这说明 $f:V\to V'$ 是单射.

**【注】** 满足 $(f\circ g)=I_{V'}$ 且 $(g\circ f)=I_V$ 的一对映射 $f:V\to V'$ 和 $g:V'\to V$，称为互逆映射.

记为 $g=f^{-1}$，$f=g^{-1}$.

21. 证明可逆映射的逆映射必是唯一的.

**【证】** 设对映射 $f:V\to V'$，存在两个映射 $g_1:V'\to V$ 和 $g_2:V'\to V$ 满足

$$(f\circ g_1)=I_{V'} \text{且} (g_1\circ f)=I_V;(f\circ g_2)=I_{V'} \text{且} (g_2\circ f)=I_V$$

考虑映射 $(g_1\circ f\circ g_2):V'\to V$. 因为

$$(g_1\circ f\circ g_2)=g_1\circ(f\circ g_2)=g_1\circ I_{V'}=g_1$$

$$(g_1\circ f\circ g_2)=(g_1\circ f)=I_V\circ g_2=g_2$$

而映射乘积满足结合律

$$(g_1\circ f\circ g_2)=g_1\circ(f\circ g_2)=(g_1\circ f)\circ g_2$$

所以必有 $g_1=g_2$.

22. 给定一个有限维线性空间序列 $\{V_i\mid i=1,2,\cdots,n\}$，$V_0=V_{n+1}=\{\mathbf{0}\}$ 和线性映射序列

$$f_i:V_i\to V_{i+1},\ i=0,1,\cdots,n$$

如下所示

$$\{0\}\xrightarrow{f_0}V_1\xrightarrow{f_1}V_2\xrightarrow{f_2}V_3\to\cdots\xrightarrow{f_i}V_{i+1}\xrightarrow{f_{i+1}}V_{i+2}\xrightarrow{f_{i+2}}\cdots\xrightarrow{f_{n-2}}V_{n-1}$$

$$\xrightarrow{f_{n-1}}V_n\xrightarrow{f_n}\{0\}$$

如果 $\operatorname{Im}f_i=\ker f_{i+1}$，$i=0,1,\cdots,n-1$，证明 $f_1$ 必是单射，$f_{n-1}$ 必是满射，而且

$$\sum_{i=1}^{n}(-1)^i\dim V_i=0$$

**【证】** 因为 $\ker f_1=\operatorname{Im}f_0$，而 $f_0(V_0)=f_0(0)=0$，所以 $\ker f_1=\operatorname{Im}f_0=\{0\}$，$f_1$ 必是单射.

因为 $\operatorname{Im} f_{n-1} = \ker f_n$，而 $\ker f_n = V_n = \{0\}$，所以 $\operatorname{Im} f_{n-1} = V_n = \{0\}$，$f_{n-1}$ 必是满射.

用秩与零度定理计算（注意到 $\dim \operatorname{Im} f_i = \dim \ker f_{i+1}$, $i = 0, 1, \cdots, n-1$）

$$
\begin{aligned}
& -\dim V_1 + \dim V_2 - \dim V_3 + \dim V_4 + \cdots + (-1)^{n-1}\dim V_{n-1} + \\
& (-1)^n \dim V_n \\
= & -[\dim \operatorname{Im} f_1 + \dim \ker f_1] + [\dim \operatorname{Im} f_2 + \dim \ker f_2] - \\
& [\dim \operatorname{Im} f_3 + \dim \ker f_3] + \cdots + (-1)^{n-1}[\dim \operatorname{Im} f_{n-1} + \dim \ker f_{n-1}] + \\
& (-1)^n[\dim \operatorname{Im} f_n + \dim \ker f_n] \\
= & -\dim \ker f_1 + (-1)^n \dim \operatorname{Im} f_n = \mathbf{0} + \mathbf{0} = \mathbf{0}
\end{aligned}
$$

**【注】** 由 $\operatorname{Im} f_i = \ker f_{i+1}$, $i = 0, 1, \cdots, n-1$ 知必有 $f_{i+1} f_i = 0$, $i = 0, 1, \cdots, n-1$.

23.（1）证明二阶实矩阵集合

$$U = \left\{ \begin{pmatrix} a & b \\ -b & a \end{pmatrix} \middle| a, b \in \mathbf{R} \right\}$$

是二阶实矩阵线性空间 $M_n(R) = \left\{ \begin{pmatrix} a & b \\ c & d \end{pmatrix} \middle| a, b, c, d \in \mathbf{R} \right\}$ 的子空间.

（2）证明复数域 $\mathbf{C} = \{a + b\sqrt{-1} \mid a, b \in \mathbf{R}\}$ 是 2 维实线性空间.

（3）证明有线性空间同构 $\mathbf{C} \cong U$.

**【证】**（1）任取 $\begin{pmatrix} a & b \\ -b & a \end{pmatrix}, \begin{pmatrix} c & d \\ -d & c \end{pmatrix} \in U$，$k \in \mathbf{R}$，必有

$$\begin{pmatrix} a & b \\ -b & a \end{pmatrix} + \begin{pmatrix} c & d \\ -d & c \end{pmatrix} = \begin{pmatrix} a+c & b+d \\ -(b+d) & a+c \end{pmatrix} \in U$$

$$k\begin{pmatrix} a & b \\ -b & a \end{pmatrix} = \begin{pmatrix} ka & kb \\ -kb & ka \end{pmatrix} \in U$$

所以 $U$ 是 $M_n(R)$ 的子空间.

（2）因为

$$(a + b\sqrt{-1}) + (c + d\sqrt{-1}) = (a+c) + (b+d)\sqrt{-1} \in \mathbf{C}$$

$$k(a + b\sqrt{-1}) = ka + kb\sqrt{-1} \in \mathbf{C}$$

且 1 与 $\sqrt{-1}$ 线性无关，所以 $\mathbf{C}$ 是 $\mathbf{R}$ 上的 2 维实线性空间.

（3）显然

$$f: a + b\sqrt{-1} \longmapsto \begin{pmatrix} a & b \\ -b & d \end{pmatrix}$$

是线性空间 $\mathbf{C}$ 到 $U$ 上的一一对应（满射与单射）.

# 第九章　欧氏空间

## §1　内积与度量矩阵

1. 设 $V$ 是实数域 $\mathbf{R}$ 上线性空间. 在 $V$ 上定义一个二元函数

$$f: V \times V \to \mathbf{R}$$

对 $\boldsymbol{\alpha}, \boldsymbol{\beta} \in V$,对应于一个确定的数$(\boldsymbol{\alpha}, \boldsymbol{\beta}) \in \mathbf{R}$.

如果它满足以下条件:对 $\boldsymbol{\alpha}, \boldsymbol{\beta}, \boldsymbol{\gamma} \in V, k, l \in \mathbf{R}$,有:

(1) 对称性:$(\boldsymbol{\alpha}, \boldsymbol{\beta}) = (\boldsymbol{\beta}, \boldsymbol{\alpha})$;

(2) 线性性:$(k\boldsymbol{\alpha} + l\boldsymbol{\beta}, \boldsymbol{\gamma}) = k(\boldsymbol{\alpha}, \boldsymbol{\gamma}) + l(\boldsymbol{\beta}, \boldsymbol{\gamma})$;

(3) 正定性:$(\boldsymbol{\alpha}, \boldsymbol{\alpha}) \geqslant 0, (\boldsymbol{\alpha}, \boldsymbol{\alpha}) = 0 \Leftrightarrow \boldsymbol{\alpha} = \mathbf{0}$.

则称此二元函数为内积,用$(\boldsymbol{\alpha}, \boldsymbol{\beta})$表示. 称 $V$ 是欧几里得空间,简称为欧氏空间.

2. 设 $V$ 是欧氏空间. 任取 $\boldsymbol{\alpha}, \boldsymbol{\beta}, \boldsymbol{\gamma} \in V, k, l \in \mathbf{R}$.

(1) 许瓦兹不等式

$$(\boldsymbol{\alpha}, \boldsymbol{\beta})^2 \leqslant (\boldsymbol{\alpha}, \boldsymbol{\alpha})(\boldsymbol{\beta}, \boldsymbol{\beta})$$

即

$$|(\boldsymbol{\alpha}, \boldsymbol{\beta})| \leqslant \|\boldsymbol{\alpha}\| \times \|\boldsymbol{\beta}\|$$

(2) 向量 $\boldsymbol{\alpha}$ 的长度(模)$\|\boldsymbol{\alpha}\| = \sqrt{(\boldsymbol{\alpha}, \boldsymbol{\alpha})}$. 它有以下性质:

① 非负性:$\|\boldsymbol{\alpha}\| \geqslant 0$, $\|\boldsymbol{\alpha}\| = 0 \Leftrightarrow \boldsymbol{\alpha} = \mathbf{0}$.

② 齐次性:$\|k\boldsymbol{\alpha}\| = |k| \times \|\boldsymbol{\alpha}\|$, $|k|$ 是实数 $k$ 的绝对值.

③ 三角不等式:$\|\boldsymbol{\alpha} + \boldsymbol{\beta}\| \leqslant \|\boldsymbol{\alpha}\| + \|\boldsymbol{\beta}\|$.

$\boldsymbol{\alpha}$ 为单位向量当且仅当 $\|\boldsymbol{\alpha}\| = \sqrt{(\boldsymbol{\alpha}, \boldsymbol{\alpha})} = 1 \Leftrightarrow (\boldsymbol{\alpha}, \boldsymbol{\alpha}) = 1$.

任意一个 $\boldsymbol{\alpha} \neq \mathbf{0}$,都可单位化(标准化):$\tilde{\boldsymbol{\alpha}} = \dfrac{1}{\|\boldsymbol{\alpha}\|}\boldsymbol{\alpha}$,必有 $\|\tilde{\boldsymbol{\alpha}}\| = 1$.

对 $\boldsymbol{\beta} = k\boldsymbol{\alpha} \neq \mathbf{0}$,有 $\tilde{\boldsymbol{\beta}} = \begin{cases} \tilde{\boldsymbol{\alpha}} & k > 0 \\ -\tilde{\boldsymbol{\alpha}} & k < 0 \end{cases}$.

(3) 向量 $\boldsymbol{\alpha}$ 与 $\boldsymbol{\beta}$ 之间的距离 $d = \|\boldsymbol{\alpha} - \boldsymbol{\beta}\|$,或记为

$$d(\boldsymbol{\alpha}, \boldsymbol{\beta}) = \|\boldsymbol{\alpha} - \boldsymbol{\beta}\|$$

(4) 向量 $\boldsymbol{\alpha}$ 与 $\boldsymbol{\beta}$ 的夹角 $\theta$ 的余弦 $\cos\theta = \dfrac{(\boldsymbol{\alpha}, \boldsymbol{\beta})}{\|\boldsymbol{\alpha}\| \times \|\boldsymbol{\beta}\|}$.

$\boldsymbol{\alpha}$ 与 $\boldsymbol{\beta}$ 正交当且仅当 $\cos\theta = 0$,当且仅当$(\boldsymbol{\alpha}, \boldsymbol{\beta}) = 0$. 记为 $\boldsymbol{\alpha} \perp \boldsymbol{\beta}$.

勾股定理 $\|\boldsymbol{\alpha} + \boldsymbol{\beta}\|^2 = \|\boldsymbol{\alpha}\|^2 + \|\boldsymbol{\beta}\|^2 \Leftrightarrow (\boldsymbol{\alpha}, \boldsymbol{\beta}) = 0$.

3. 设 $V$ 是 $n$ 维欧氏空间,$B = \{\boldsymbol{v}_1, \boldsymbol{v}_2, \cdots, \boldsymbol{v}_n\}$ 是 $V$ 的基,$n$ 阶对称方阵

$$\boldsymbol{A} = \begin{pmatrix} (\boldsymbol{v}_1, \boldsymbol{v}_1) & (\boldsymbol{v}_1, \boldsymbol{v}_2) & \cdots & (\boldsymbol{v}_1, \boldsymbol{v}_n) \\ (\boldsymbol{v}_2, \boldsymbol{v}_1) & (\boldsymbol{v}_2, \boldsymbol{v}_2) & \cdots & (\boldsymbol{v}_2, \boldsymbol{v}_n) \\ \vdots & \vdots & & \vdots \\ (\boldsymbol{v}_n, \boldsymbol{v}_1) & (\boldsymbol{v}_n, \boldsymbol{v}_2) & \cdots & (\boldsymbol{v}_n, \boldsymbol{v}_n) \end{pmatrix}$$

称为基 $B = \{\boldsymbol{v}_1, \boldsymbol{v}_2, \cdots, \boldsymbol{v}_n\}$ 的度量矩阵. 度量矩阵必是正定矩阵.

在一个欧氏空间中,对应不同的基的度量矩阵是合同的.

当 $\boldsymbol{\alpha} = (\boldsymbol{v}_1, \boldsymbol{v}_2, \cdots, \boldsymbol{v}_n)\boldsymbol{x}$, $\boldsymbol{\beta} = (\boldsymbol{v}_1, \boldsymbol{v}_2, \cdots, \boldsymbol{v}_n)\boldsymbol{y}$ 时,必有

$$(\boldsymbol{\alpha}, \boldsymbol{\beta}) = \boldsymbol{x}'\boldsymbol{A}\boldsymbol{y}$$

这里,$\boldsymbol{A}$ 为基$\{\boldsymbol{v}_1, \boldsymbol{v}_2, \cdots, \boldsymbol{v}_n\}$ 的度量矩阵.

4. 如果 $V$ 的基 $B = \{\boldsymbol{v}_1, \boldsymbol{v}_2, \cdots, \boldsymbol{v}_n\}$ 满足

$$(\boldsymbol{v}_i, \boldsymbol{v}_i) = \begin{cases} 1 & i = j \\ 0 & i \neq j \end{cases}$$

则称 $B$ 为标准正交基. 它由 $n$ 个两两正交的单位向量组成.

$B = \{\boldsymbol{v}_1, \boldsymbol{v}_2, \cdots, \boldsymbol{v}_n\}$ 为标准正交基当且仅当它的度量矩阵为单位矩阵.

设 $B = \{\boldsymbol{v}_1, \boldsymbol{v}_2, \cdots, \boldsymbol{v}_n\}$ 是 $n$ 维欧氏空间 $V$ 的标准正交基,则任意一个 $\boldsymbol{v} \in V$,都有

$$\boldsymbol{v} = k_1\boldsymbol{v}_1 + k_2\boldsymbol{v}_2 + \cdots + k_n\boldsymbol{v}_n$$

其中坐标 $k_i = (\boldsymbol{v}, \boldsymbol{v}_i)$, $i = 1, 2, \cdots, n$.

当 $\boldsymbol{\alpha} = (\boldsymbol{v}_1, \boldsymbol{v}_2, \cdots, \boldsymbol{v}_n)\boldsymbol{x}$, $\boldsymbol{\beta} = (\boldsymbol{v}_1, \boldsymbol{v}_2, \cdots, \boldsymbol{v}_n)\boldsymbol{y}$ 时,必有

$$(\boldsymbol{\alpha}, \boldsymbol{\beta}) = \boldsymbol{x}'\boldsymbol{y} = (\boldsymbol{x}, \boldsymbol{y})$$

这里$(\boldsymbol{x}, \boldsymbol{y}) = \boldsymbol{x}'\boldsymbol{y}$ 是 $n$ 维列向量空间 $\mathbf{R}^n$ 中的向量内积.

5. 设 $V$ 是 $n$ 维欧氏空间,$V_1$ 和 $V_2$ 是 $V$ 的两个子空间. 如果有

$$(\boldsymbol{\alpha}, \boldsymbol{\beta}) = 0, \ \forall \boldsymbol{\alpha} \in V_1, \boldsymbol{\beta} \in V_2$$

则称 $V_1$ 和 $V_2$ 是两个正交的子空间,记为 $V_1 \perp V_2$.

任取 $V$ 的子空间 $U$,则存在子空间

$$U^{\perp} = \{\boldsymbol{v} \mid \boldsymbol{v} \in V, (\boldsymbol{v}, \boldsymbol{u}) = 0, \ \forall \boldsymbol{u} \in U\}$$

使得 $V = U \oplus U^{\perp}$,称 $U^{\perp}$ 为 $U$ 在 $V$ 中的正交补空间.

1. 设 $\boldsymbol{\alpha}$, $\boldsymbol{\beta}$ 是欧氏空间 $V$ 中的两个向量,证明:

(1) $\|\boldsymbol{\alpha} - \boldsymbol{\beta}\| \geqslant \|\boldsymbol{\alpha}\| - \|\boldsymbol{\beta}\|$;

(2) $\|\boldsymbol{\alpha}+\boldsymbol{\beta}\|^2+\|\boldsymbol{\alpha}-\boldsymbol{\beta}\|^2=2\|\boldsymbol{\alpha}\|^2+2\|\boldsymbol{\beta}\|^2$；

(3) $(\boldsymbol{\alpha},\boldsymbol{\beta})=\frac{1}{4}[\|\boldsymbol{\alpha}+\boldsymbol{\beta}\|^2-\|\boldsymbol{\alpha}-\boldsymbol{\beta}\|^2]$；

(4) $\boldsymbol{\alpha}\perp\boldsymbol{\beta}\Leftrightarrow\|\boldsymbol{\alpha}+\boldsymbol{\beta}\|=\|\boldsymbol{\alpha}-\boldsymbol{\beta}\|$.

**【证】** (1) 因为 $\|\boldsymbol{\alpha}\|=\|(\boldsymbol{\alpha}-\boldsymbol{\beta})+\boldsymbol{\beta}\|\leqslant\|\boldsymbol{\alpha}-\boldsymbol{\beta}\|+\|\boldsymbol{\beta}\|$

所以
$$\|\boldsymbol{\alpha}-\boldsymbol{\beta}\|\geqslant\|\boldsymbol{\alpha}\|-\|\boldsymbol{\beta}\|$$

(2) 直接计算

$$\begin{aligned}\|\boldsymbol{\alpha}+\boldsymbol{\beta}\|^2+\|\boldsymbol{\alpha}-\boldsymbol{\beta}\|^2&=(\boldsymbol{\alpha}+\boldsymbol{\beta},\boldsymbol{\alpha}+\boldsymbol{\beta})+(\boldsymbol{\alpha}-\boldsymbol{\beta},\boldsymbol{\alpha}-\boldsymbol{\beta})\\&=2(\boldsymbol{\alpha},\boldsymbol{\alpha})+2(\boldsymbol{\beta},\boldsymbol{\beta})+2(\boldsymbol{\alpha},\boldsymbol{\beta})-2(\boldsymbol{\alpha},\boldsymbol{\beta})\\&=2\|\boldsymbol{\alpha}\|^2+2\|\boldsymbol{\beta}\|^2\end{aligned}$$

(3) 直接计算

$$\|\boldsymbol{\alpha}+\boldsymbol{\beta}\|^2-\|\boldsymbol{\alpha}-\boldsymbol{\beta}\|^2=(\boldsymbol{\alpha}+\boldsymbol{\beta},\boldsymbol{\alpha}+\boldsymbol{\beta})-(\boldsymbol{\alpha}-\boldsymbol{\beta},\boldsymbol{\alpha}-\boldsymbol{\beta})$$
$$=(\boldsymbol{\alpha},\boldsymbol{\alpha})+(\boldsymbol{\beta},\beta)-(\boldsymbol{\alpha},\boldsymbol{\alpha})-(\boldsymbol{\beta},\boldsymbol{\beta})+4(\boldsymbol{\alpha},\boldsymbol{\beta})=4(\boldsymbol{\alpha},\boldsymbol{\beta})$$

所以
$$(\boldsymbol{\alpha},\boldsymbol{\beta})=\frac{1}{4}[\|\boldsymbol{\alpha}+\boldsymbol{\beta}\|^2-\|\boldsymbol{\alpha}-\boldsymbol{\beta}\|^2]$$

(4) 因为 $(\boldsymbol{\alpha},\boldsymbol{\beta})=\frac{1}{4}[\|\boldsymbol{\alpha}+\boldsymbol{\beta}\|^2-\|\boldsymbol{\alpha}-\boldsymbol{\beta}\|^2]$

所以
$$\|\boldsymbol{\alpha}+\boldsymbol{\beta}\|=\|\boldsymbol{\alpha}-\boldsymbol{\beta}\|\Leftrightarrow(\boldsymbol{\alpha},\boldsymbol{\beta})=0\Leftrightarrow\boldsymbol{\alpha}\perp\boldsymbol{\beta}$$

**【注】** 公式 $\|\boldsymbol{\alpha}+\boldsymbol{\beta}\|^2+\|\boldsymbol{\alpha}-\boldsymbol{\beta}\|^2=2\|\boldsymbol{\alpha}\|^2+2\|\boldsymbol{\beta}\|^2$ 称为平行四边形公式. 其几何意义是：在任意一个平行四边形中，两条对角线长度的平方和等于四条边的长度的平方和. 可直接用余弦公式证明此公式.

2. 设 $V=R_n[x]=\{f(x)\mid \deg f(x)\leqslant n\}$ 是实系数多项式线性空间. 在 $V$ 中定义二元运算

$$(f,g)=\int_{-1}^{1}f(x)g(x)\mathrm{d}x$$

证明它是 $V$ 中的内积.

**【证】** 验证内积四个条件

$$(f,g)=\int_{-1}^{1}f(t)g(t)\mathrm{d}t=\int_{-1}^{1}g(t)f(t)\mathrm{d}t=(g,f)$$

$$\begin{aligned}(f+g,h)&=\int_{-1}^{1}[f(t)+g(t)]h(x)\mathrm{d}t=\int_{-1}^{1}[f(t)+g(t)]h(t)\mathrm{d}t\\&=\int_{-1}^{1}f(t)h(t)\mathrm{d}t+\int_{-1}^{1}g(t)h(t)\mathrm{d}t=(f,h)+(g,h)\end{aligned}$$

$$(kf,g)=\int_{-1}^{1}kf(t)g(t)\mathrm{d}t=k\int_{-1}^{1}f(t)g(t)\mathrm{d}t=k(f,g)$$

$$(f,f)=\int_{-1}^{1}f(t)f(t)\mathrm{d}t\geqslant 0,\ (f,f)=0\Leftrightarrow f(x)\equiv 0$$

3. 在 $n$ 阶实方阵线性空间 $M_{n\times n}(R)$ 中,定义一个二元函数:对 $\boldsymbol{A},\boldsymbol{B}\in M_{n\times n}(R)$,有

$$(\boldsymbol{A},\boldsymbol{B})=\mathrm{tr}(\boldsymbol{AB})$$

问它是不是内积?(这里,$\mathrm{tr}\,\boldsymbol{A}$ 是方阵 $\boldsymbol{A}$ 的迹,即对角线元素之和)

【解】 因为当$(\boldsymbol{A},\boldsymbol{A})=\mathrm{tr}(\boldsymbol{A}^2)=0$时,未必有$\boldsymbol{A}=\boldsymbol{O}$,不满足正定性,所以它不是内积.

【注】 因为$\mathrm{tr}(\boldsymbol{AB})=\mathrm{tr}(\boldsymbol{BA})$,所以$(\boldsymbol{A},\boldsymbol{B})=(\boldsymbol{B},\boldsymbol{A})$,对称性满足.也有线性性

$$\begin{aligned}(k\boldsymbol{A}+l\boldsymbol{B},\boldsymbol{C})&=\mathrm{tr}((k\boldsymbol{A}+l\boldsymbol{B})\boldsymbol{C})=k\times\mathrm{tr}(\boldsymbol{AC})+l\times\mathrm{tr}(\boldsymbol{BC})\\&=k(\boldsymbol{A},\boldsymbol{C})+l(\boldsymbol{B},\boldsymbol{C})\end{aligned}$$

4. 在2阶实方阵线性空间 $V=M_{2\times2}(R)$ 中,定义一个二元函数:对 $\boldsymbol{A},\boldsymbol{B}\in V$,有

$$(\boldsymbol{A},\boldsymbol{B})=\mathrm{tr}(\boldsymbol{A}'\boldsymbol{B})$$

(1) 证明它必是内积.

(2) 关于这个内积,证明任意一个对称矩阵必与任意一个反对称矩阵正交;单位矩阵必与任意一个迹为零的矩阵正交.

(3) 找出 $V$ 的一个正交基.

【证】 (1) 验证内积四个条件:

因为 $\mathrm{tr}(\boldsymbol{A}'\boldsymbol{B})=\mathrm{tr}(\boldsymbol{A}'\boldsymbol{B})'=\mathrm{tr}(\boldsymbol{B}'\boldsymbol{A})$,所以$(\boldsymbol{A},\boldsymbol{B})=(\boldsymbol{B},\boldsymbol{A})$.

因为 $\mathrm{tr}((\boldsymbol{A}+\boldsymbol{B})'\boldsymbol{C})=\mathrm{tr}(\boldsymbol{A}'\boldsymbol{C}+\boldsymbol{B}'\boldsymbol{C})=\mathrm{tr}(\boldsymbol{A}'\boldsymbol{C})+\mathrm{tr}(\boldsymbol{B}'\boldsymbol{C})$,所以

$$(\boldsymbol{A}+\boldsymbol{B},\boldsymbol{C})=(\boldsymbol{A},\boldsymbol{C})+(\boldsymbol{B},\boldsymbol{C})$$

因为 $\mathrm{tr}((k\boldsymbol{A})'\boldsymbol{B})=\mathrm{tr}(k\boldsymbol{A}'\boldsymbol{B})=k\times\mathrm{tr}(\boldsymbol{A}'\boldsymbol{B})$,所以$(k\boldsymbol{A},\boldsymbol{B})=k(\boldsymbol{A},\boldsymbol{B})$.

设 $\boldsymbol{A}=(a_{ij})_{2\times2}$. 因为

$$\mathrm{tr}(\boldsymbol{A}'\boldsymbol{A})=\sum_{i=1}^{2}\sum_{j=1}^{2}a_{ij}^2\geqslant0,\ \mathrm{tr}(\boldsymbol{A}'\boldsymbol{A})=\sum_{i=1}^{2}\sum_{j=1}^{2}a_{ij}^2=0\Leftrightarrow\boldsymbol{A}=\boldsymbol{O}$$

所以

$$(\boldsymbol{A},\boldsymbol{A})\geqslant0,\ (\boldsymbol{A},\boldsymbol{A})=0\Leftrightarrow\boldsymbol{A}=\boldsymbol{O}$$

于是证得$(\boldsymbol{A},\boldsymbol{B})=\mathrm{tr}(\boldsymbol{A}'\boldsymbol{B})$ 是 $V$ 上的内积.

(2) 设 $\boldsymbol{A}'=\boldsymbol{A},\boldsymbol{B}'=-\boldsymbol{B}$,则由 $\mathrm{tr}(\boldsymbol{A}'\boldsymbol{B})=\mathrm{tr}(\boldsymbol{A}'\boldsymbol{B})'=\mathrm{tr}(\boldsymbol{B}'\boldsymbol{A})$ 知

$$\mathrm{tr}(\boldsymbol{AB})=\mathrm{tr}(-\boldsymbol{BA})=-\mathrm{tr}(\boldsymbol{BA})=-\mathrm{tr}(\boldsymbol{AB})$$

所以$(\boldsymbol{A},\boldsymbol{B})=\mathrm{tr}(\boldsymbol{AB})=0$,$\boldsymbol{A}$ 与 $\boldsymbol{B}$ 正交.

显然有$(\boldsymbol{E},\boldsymbol{A})=\mathrm{tr}(\boldsymbol{A})=0$,$\boldsymbol{E}$ 与 $\boldsymbol{A}$ 正交.

(3) 考虑线性无关基

$$\left\{\boldsymbol{A}_1=\begin{pmatrix}1&0\\0&0\end{pmatrix},\boldsymbol{A}_2=\begin{pmatrix}0&1\\0&0\end{pmatrix},\boldsymbol{A}_3=\begin{pmatrix}0&0\\1&0\end{pmatrix},\boldsymbol{A}_4=\begin{pmatrix}0&0\\0&1\end{pmatrix}\right\}$$

根据内积定义$(\boldsymbol{A},\boldsymbol{B})=\mathrm{tr}(\boldsymbol{A}'\boldsymbol{B})$知

$$\boldsymbol{A}'_1\boldsymbol{A}_2=\begin{pmatrix}1&0\\0&0\end{pmatrix}\begin{pmatrix}0&1\\0&0\end{pmatrix}=\begin{pmatrix}0&1\\0&0\end{pmatrix},\boldsymbol{A}'_1\boldsymbol{A}_3=\begin{pmatrix}1&0\\0&0\end{pmatrix}\begin{pmatrix}0&0\\1&0\end{pmatrix}=\begin{pmatrix}0&0\\0&0\end{pmatrix}$$

$$\boldsymbol{A}'_1\boldsymbol{A}_4=\begin{pmatrix}1&0\\0&0\end{pmatrix}\begin{pmatrix}0&0\\0&1\end{pmatrix}=\begin{pmatrix}0&0\\0&0\end{pmatrix},\boldsymbol{A}'_2\boldsymbol{A}_3=\begin{pmatrix}0&0\\1&0\end{pmatrix}\begin{pmatrix}0&0\\1&0\end{pmatrix}=\begin{pmatrix}0&0\\0&0\end{pmatrix}$$

$$\boldsymbol{A}'_2\boldsymbol{A}_4=\begin{pmatrix}0&0\\1&0\end{pmatrix}\begin{pmatrix}0&0\\0&1\end{pmatrix}=\begin{pmatrix}0&0\\0&0\end{pmatrix},\boldsymbol{A}'_3\boldsymbol{A}_4=\begin{pmatrix}0&1\\0&0\end{pmatrix}\begin{pmatrix}0&0\\0&1\end{pmatrix}=\begin{pmatrix}0&1\\0&0\end{pmatrix}$$

它们的迹全为零,这说明$\{\boldsymbol{A}_1,\boldsymbol{A}_2,\boldsymbol{A}_3,\boldsymbol{A}_4\}$就是正交基. 再有

$$\boldsymbol{A}'_1\boldsymbol{A}_1=\begin{pmatrix}1&0\\0&0\end{pmatrix}\begin{pmatrix}1&0\\0&0\end{pmatrix}=\begin{pmatrix}1&0\\0&0\end{pmatrix},\boldsymbol{A}'_2\boldsymbol{A}_2=\begin{pmatrix}0&0\\1&0\end{pmatrix}\begin{pmatrix}0&1\\0&0\end{pmatrix}=\begin{pmatrix}0&0\\0&1\end{pmatrix}$$

$$\boldsymbol{A}'_3\boldsymbol{A}_3=\begin{pmatrix}0&1\\0&0\end{pmatrix}\begin{pmatrix}0&0\\1&0\end{pmatrix}=\begin{pmatrix}1&0\\0&0\end{pmatrix},\boldsymbol{A}'_4\boldsymbol{A}_4=\begin{pmatrix}0&0\\0&1\end{pmatrix}\begin{pmatrix}0&0\\0&1\end{pmatrix}=\begin{pmatrix}0&0\\0&1\end{pmatrix}$$

它们的迹全为1,这说明它们的长度都是1.

所以$\{\boldsymbol{A}_1,\boldsymbol{A}_2,\boldsymbol{A}_3,\boldsymbol{A}_4\}$是标准正交基,它的度量矩阵为单位矩阵.

5. 设$\boldsymbol{A}=(a_{ij})$是$n$阶正定矩阵,在$n$维列向量空间$\mathbf{R}^n$中定义二元函数对

$$\boldsymbol{\alpha}=(a_1,a_2,\cdots,a_n)',\boldsymbol{\beta}=(b_1,b_2,\cdots,b_n)'\in\mathbf{R}^n$$

定义$(\boldsymbol{\alpha},\boldsymbol{\beta})=\boldsymbol{\alpha}'\boldsymbol{A}\boldsymbol{\beta}$.

(1) 证明$(\boldsymbol{\alpha},\boldsymbol{\beta})=\boldsymbol{\alpha}'\boldsymbol{A}\boldsymbol{\beta}$是内积,因而$\mathbf{R}^n$是欧氏空间.

(2) 求$\mathbf{R}^n$的标准正交基

$$E=\{\boldsymbol{\varepsilon}_1,\boldsymbol{\varepsilon}_2,\cdots,\boldsymbol{\varepsilon}_n\},\boldsymbol{\varepsilon}_i=(0,\cdots,0,1,0,\cdots,0)',i=1,2,\cdots,n$$

关于这个内积的度量矩阵.

(3) 证明$\left(\sum\limits_{i,j=1}^{n}a_{ij}a_ib_j\right)^2\leqslant\left(\sum\limits_{i,j=1}^{n}a_{ij}a_ia_j\right)\left(\sum\limits_{i,j=1}^{n}a_{ij}b_ib_j\right)$.

**【证】** (1) 验证内积的四条性质:

因为$\boldsymbol{A}$是对称矩阵,所以必有

$$(\boldsymbol{\alpha},\boldsymbol{\beta})=\boldsymbol{\alpha}'\boldsymbol{A}\boldsymbol{\beta}=\boldsymbol{\beta}'\boldsymbol{A}'\boldsymbol{\alpha}=\boldsymbol{\beta}'\boldsymbol{A}\boldsymbol{\alpha}=(\boldsymbol{\beta},\boldsymbol{\alpha})$$

$$(k\boldsymbol{\alpha},\boldsymbol{\beta})=(k\boldsymbol{\alpha})'\boldsymbol{A}\boldsymbol{\beta}=k(\boldsymbol{\alpha}'\boldsymbol{A}\boldsymbol{\beta})=k(\boldsymbol{\alpha},\boldsymbol{\beta})$$

$$(\boldsymbol{\alpha}+\boldsymbol{\beta},\boldsymbol{\gamma})=(\boldsymbol{\alpha}+\boldsymbol{\beta})'\boldsymbol{A}\boldsymbol{\gamma}=\boldsymbol{\alpha}'\boldsymbol{A}\boldsymbol{\gamma}+\boldsymbol{\beta}'\boldsymbol{A}\boldsymbol{\gamma}=(\boldsymbol{\alpha},\boldsymbol{\gamma})+(\boldsymbol{\beta},\boldsymbol{\gamma})$$

因为$\boldsymbol{A}$是正定矩阵,所以必有

$$(\boldsymbol{\alpha},\boldsymbol{\alpha})=\boldsymbol{\alpha}'\boldsymbol{A}\boldsymbol{\alpha}\geqslant0,(\boldsymbol{\alpha},\boldsymbol{\alpha})=0\Leftrightarrow\boldsymbol{\alpha}=\mathbf{0}$$

(2) 因为

$$(\boldsymbol{\varepsilon}_i,\boldsymbol{\varepsilon}_j)=\boldsymbol{\varepsilon}'_i\boldsymbol{A}\boldsymbol{\varepsilon}_j=a_{ij},\ \forall\ i,j=1,2,\cdots,n$$

所以基$E$关于这个内积的度量矩阵即为正定矩阵$\boldsymbol{A}$.

(3) 写出许瓦兹不等式$(\boldsymbol{\alpha},\boldsymbol{\beta})^2\leqslant(\boldsymbol{\alpha},\boldsymbol{\alpha})(\boldsymbol{\beta},\boldsymbol{\beta})$. 因为

$$\boldsymbol{\alpha}=(\boldsymbol{\varepsilon}_1,\boldsymbol{\varepsilon}_2,\cdots,\boldsymbol{\varepsilon}_n)\boldsymbol{\alpha},\ \boldsymbol{\beta}=(\boldsymbol{\varepsilon}_1,\boldsymbol{\varepsilon}_2,\cdots,\boldsymbol{\varepsilon}_n)\boldsymbol{\beta}$$

所以

$$(\boldsymbol{\alpha}'\boldsymbol{A}\boldsymbol{\beta})^2\leqslant(\boldsymbol{\alpha}'\boldsymbol{A}\boldsymbol{\alpha})(\boldsymbol{\beta}'\boldsymbol{A}\boldsymbol{\beta})$$

即

$$\left(\sum_{i,j=1}^{n}a_{ij}a_ib_j\right)^2\leqslant\left(\sum_{i,j=1}^{n}a_{ij}a_ia_j\right)\left(\sum_{i,j=1}^{n}a_{ij}b_ib_j\right)$$

6. 设 $a_1,a_2,\cdots,a_n$ 是 $n$ 个正实数,证明

$$\left|\sum_{i=1}^{n}a_i\right|\times\left|\sum_{i=1}^{n}\frac{1}{a_i}\right|\geqslant n^2$$

**【证】** 取 $\boldsymbol{\alpha}=(\sqrt{a_1},\sqrt{a_2},\cdots,\sqrt{a_n})$, $\boldsymbol{\beta}=\left(\frac{1}{\sqrt{a_1}},\frac{1}{\sqrt{a_2}},\cdots,\frac{1}{\sqrt{a_n}}\right)$

则由

$$(\boldsymbol{\alpha},\boldsymbol{\alpha})(\boldsymbol{\beta},\boldsymbol{\beta})\geqslant(\boldsymbol{\alpha},\boldsymbol{\beta})^2$$

即得

$$\left|\sum_{i=1}^{n}a_i\right|\times\left|\sum_{i=1}^{n}\frac{1}{a_i}\right|\geqslant n^2$$

7. 设 $a_1,a_2,\cdots,a_n;b_1,b_2,\cdots,b_n$ 是 $2n$ 个实数,证明

$$\left|\sum_{i=1}^{n}a_ib_i\right|\leqslant\sqrt{\sum_{i=1}^{n}a_i^2}\times\sqrt{\sum_{i=1}^{n}b_i^2}$$

**【证】** 令 $\boldsymbol{\alpha}=(a_1,a_2,\cdots,a_n)$, $\boldsymbol{\beta}=(b_1,b_2,\cdots,b_n)$,则由

$$(\boldsymbol{\alpha},\boldsymbol{\beta})^2\leqslant(\boldsymbol{\alpha},\boldsymbol{\alpha})(\boldsymbol{\beta},\boldsymbol{\beta})$$

知

$$\left(\sum_{i=1}^{n}a_ib_i\right)^2\leqslant\left(\sum_{i=1}^{n}a_i^2\right)\times\left(\sum_{i=1}^{n}b_i^2\right)$$

即

$$\left|\sum_{i=1}^{n}a_ib_i\right|\leqslant\sqrt{\sum_{i=1}^{n}a_i^2}\times\sqrt{\sum_{i=1}^{n}b_i^2}$$

8. 设 $f(x)$ 和 $g(x)$ 是区间 $[a,b]$ 上的实连续函数,证明

$$\left|\int_a^b f(x)g(x)\mathrm{d}x\right|\leqslant\sqrt{\int_a^b f^2(x)\mathrm{d}x}\times\sqrt{\int_a^b g^2(x)\mathrm{d}x}$$

**【证】** 在区间 $[a,b]$ 上的实连续函数全体关于内积

$$(f(x),g(x))=\int_a^b f(x)g(x)\mathrm{d}x$$

成欧氏空间,由

$$(f(x),g(x))^2\leqslant(f(x),f(x))\times(g(x),g(x))$$

得

$$\left|\int_a^b f(x)g(x)\mathrm{d}x\right| \leqslant \sqrt{\int_a^b f^2(x)\mathrm{d}x} \times \sqrt{\int_a^b g^2(x)\mathrm{d}x}$$

9. 设 $B=\{\boldsymbol{v}_1,\boldsymbol{v}_2,\cdots,\boldsymbol{v}_n\}$ 是欧氏空间 $V$ 的基,度量矩阵为 $\boldsymbol{A}=(a_{ij})$,证明:

(1) 对

$$\boldsymbol{\alpha}=x_1\boldsymbol{v}_1+x_2\boldsymbol{v}_2+\cdots+x_n\boldsymbol{v}_n=(\boldsymbol{v}_1,\boldsymbol{v}_2,\cdots,\boldsymbol{v}_n)\boldsymbol{x}$$
$$\boldsymbol{\beta}=y_1\boldsymbol{v}_1+y_2\boldsymbol{v}_2+\cdots+y_n\boldsymbol{v}_n=(\boldsymbol{v}_1,\boldsymbol{v}_2,\cdots,\boldsymbol{v}_n)\boldsymbol{y}$$

必有
$$(\boldsymbol{\alpha},\boldsymbol{\beta})=\boldsymbol{x}'\boldsymbol{A}\boldsymbol{y}$$

(2) 度量矩阵必是正定矩阵.

**【证】** (1) 直接计算内积得

$$(\boldsymbol{\alpha},\boldsymbol{\beta})=\left(\sum_{i=1}^n x_i\boldsymbol{v}_i,\ \sum_{j=1}^n y_j\boldsymbol{v}_j\right)=\sum_{i=1}^n\sum_{j=1}^n x_i(\boldsymbol{v}_i,\boldsymbol{v}_j)y_j=\sum_{i=1}^n\sum_{j=1}^n a_{ij}x_iy_j=\boldsymbol{x}'\boldsymbol{A}\boldsymbol{y}$$

(2) 度量矩阵 $\boldsymbol{A}$ 必是对称矩阵. 对任意一个 $\boldsymbol{x}\neq\boldsymbol{0}$,因为 $\{\boldsymbol{v}_1,\boldsymbol{v}_2,\cdots,\boldsymbol{v}_n\}$ 是线性无关组,必有 $\boldsymbol{\alpha}=(\boldsymbol{v}_1,\boldsymbol{v}_2,\cdots,\boldsymbol{v}_n)\boldsymbol{x}\neq\boldsymbol{0}$,$\boldsymbol{x}'\boldsymbol{A}\boldsymbol{x}=(\boldsymbol{\alpha},\boldsymbol{\alpha})>0$,所以 $\boldsymbol{A}$ 必是正定矩阵.

10. 设 $B=\{\boldsymbol{v}_1,\boldsymbol{v}_2,\boldsymbol{v}_3\}$ 是欧氏空间 $V$ 的基,度量矩阵为

$$\boldsymbol{A}=\begin{pmatrix}1&-1&2\\-1&2&-1\\2&-1&6\end{pmatrix}$$

(1) 证明 $\boldsymbol{\alpha}=\boldsymbol{v}_1+\boldsymbol{v}_2$ 必是单位向量.

(2) 求 $k$ 的值使 $\boldsymbol{\alpha}=\boldsymbol{v}_1+\boldsymbol{v}_2$ 与 $\boldsymbol{\beta}=\boldsymbol{v}_1+\boldsymbol{v}_2+k\boldsymbol{v}_3$ 正交.

**【证】** (1) 因为 $\boldsymbol{\alpha}=\boldsymbol{v}_1+\boldsymbol{v}_2=(\boldsymbol{v}_1,\boldsymbol{v}_2,\boldsymbol{v}_2)\begin{pmatrix}1\\1\\0\end{pmatrix}$,所以

$$\|\boldsymbol{\alpha}\|^2=(\boldsymbol{\alpha},\boldsymbol{\alpha})=(1,1,0)\begin{pmatrix}1&-1&2\\-1&2&-1\\2&-1&6\end{pmatrix}\begin{pmatrix}1\\1\\0\end{pmatrix}=(0,1,1)\begin{pmatrix}1\\1\\0\end{pmatrix}=1$$

$\boldsymbol{\alpha}=\boldsymbol{v}_1+\boldsymbol{v}_2$ 是单位向量.

(2)$\boldsymbol{\alpha}=\boldsymbol{v}_1+\boldsymbol{v}_2$ 与 $\boldsymbol{\beta}=\boldsymbol{v}_1+\boldsymbol{v}_2+k\boldsymbol{v}_3$ 正交当且仅当

$$(\boldsymbol{\alpha},\boldsymbol{\beta})=(1\quad 1\quad 0)\begin{pmatrix}1&-1&2\\-1&2&-1\\2&-1&6\end{pmatrix}\begin{pmatrix}1\\1\\k\end{pmatrix}=(0\quad 1\quad 1)\begin{pmatrix}1\\1\\k\end{pmatrix}=1+k=0$$

$$k=-1$$

11. 设 $B_1=\{\boldsymbol{v}_1,\boldsymbol{v}_2,\cdots,\boldsymbol{v}_n\}$ 和 $B_2=\{\boldsymbol{w}_1,\boldsymbol{w}_2,\cdots,\boldsymbol{w}_n\}$ 是欧氏空间 $V$ 的两

个基,对应的度量矩阵分别为 $\boldsymbol{A}$ 和 $\boldsymbol{B}$. 如果

$$(\boldsymbol{w}_1, \boldsymbol{w}_2, \cdots, \boldsymbol{w}_n) = (\boldsymbol{v}_1, \boldsymbol{v}_2, \cdots, \boldsymbol{v}_n)\boldsymbol{P}$$

则 $\boldsymbol{B} = \boldsymbol{P}'\boldsymbol{A}\boldsymbol{P}$.

**【证一】** 任取

$$\boldsymbol{\alpha} = (\boldsymbol{v}_1, \boldsymbol{v}_2, \cdots, \boldsymbol{v}_n)\boldsymbol{x} = (\boldsymbol{w}_1, \boldsymbol{w}_2, \cdots, \boldsymbol{w}_n)\boldsymbol{u} \in V,\text{其中 } \boldsymbol{x} = \boldsymbol{P}\boldsymbol{u}$$

$$\boldsymbol{\beta} = (\boldsymbol{v}_1, \boldsymbol{v}_2, \cdots, \boldsymbol{v}_n)\boldsymbol{y} = (\boldsymbol{w}_1, \boldsymbol{w}_2, \cdots, \boldsymbol{w}_n)\boldsymbol{v} \in V,\text{其中 } \boldsymbol{y} = \boldsymbol{P}\boldsymbol{v}$$

必有

$$(\boldsymbol{\alpha}, \boldsymbol{\beta}) = \boldsymbol{x}'\boldsymbol{A}\boldsymbol{y} = \boldsymbol{u}'\boldsymbol{B}\boldsymbol{v}$$

即

$$(\boldsymbol{P}\boldsymbol{u})'\boldsymbol{A}(\boldsymbol{P}\boldsymbol{v}) = \boldsymbol{u}'\boldsymbol{B}\boldsymbol{v},\ \boldsymbol{u}'(\boldsymbol{P}'\boldsymbol{A}\boldsymbol{P})\boldsymbol{v} = \boldsymbol{u}'\boldsymbol{B}\boldsymbol{v}$$

因为这里的 $\boldsymbol{u}$, $\boldsymbol{v}$ 是任取的,所以必有 $\boldsymbol{B} = \boldsymbol{P}'\boldsymbol{A}\boldsymbol{P}$.

**【证二】** $\boldsymbol{A} = ((\boldsymbol{v}_i, \boldsymbol{v}_j))_{n\times n}$, $\boldsymbol{B} = ((\boldsymbol{w}_i, \boldsymbol{w}_j))_{n\times n}$.

设 $\boldsymbol{P} = (\boldsymbol{p}_1 \quad \boldsymbol{p}_2 \quad \cdots \quad \boldsymbol{p}_n)$,则对任意一对 $1 \leqslant i, j \leqslant m$,有

$$\boldsymbol{w}_i = (\boldsymbol{v}_1, \boldsymbol{v}_2, \cdots, \boldsymbol{v}_n)\boldsymbol{p}_i,\ \boldsymbol{w}_j = (\boldsymbol{v}_1, \boldsymbol{v}_2, \cdots, \boldsymbol{v}_n)\boldsymbol{p}_j$$

$$(\boldsymbol{w}_i, \boldsymbol{w}_j) = \left(\sum_{k=1}^{n} x_k \boldsymbol{v}_k, \sum_{l=1}^{n} y_l \boldsymbol{v}_l\right) = \sum_{k=1}^{n}\sum_{l=1}^{n} x_k(\boldsymbol{v}_k, \boldsymbol{v}_l)y_l = \sum_{k=1}^{n}\sum_{l=1}^{n} x_k a_{kl} y_l = \boldsymbol{p}'_i\boldsymbol{A}\boldsymbol{p}_j$$

据此即得

$$\boldsymbol{B} = \begin{pmatrix} (\boldsymbol{w}_1, \boldsymbol{w}_1) & (\boldsymbol{w}_1, \boldsymbol{w}_2) & \cdots & (\boldsymbol{w}_1, \boldsymbol{w}_n) \\ (\boldsymbol{w}_2, \boldsymbol{w}_1) & (\boldsymbol{w}_2, \boldsymbol{w}_2) & \cdots & (\boldsymbol{w}_2, \boldsymbol{w}_n) \\ \vdots & \vdots & & \vdots \\ (\boldsymbol{w}_n, \boldsymbol{w}_1) & (\boldsymbol{w}_n, \boldsymbol{w}_2) & \cdots & (\boldsymbol{w}_n, \boldsymbol{w}_n) \end{pmatrix}$$

$$= \begin{pmatrix} \boldsymbol{p}'_1 \\ \boldsymbol{p}'_2 \\ \vdots \\ \boldsymbol{p}'_n \end{pmatrix} \begin{pmatrix} (\boldsymbol{v}_1, \boldsymbol{v}_1) & (\boldsymbol{v}_1, \boldsymbol{v}_2) & \cdots & (\boldsymbol{v}_1, \boldsymbol{v}_n) \\ (\boldsymbol{v}_2, \boldsymbol{v}_1) & (\boldsymbol{v}_2, \boldsymbol{v}_2) & \cdots & (\boldsymbol{v}_2, \boldsymbol{v}_n) \\ \vdots & \vdots & & \vdots \\ (\boldsymbol{v}_n, \boldsymbol{v}_1) & (\boldsymbol{v}_n, \boldsymbol{v}_2) & \cdots & (\boldsymbol{v}_n, \boldsymbol{v}_n) \end{pmatrix} (\boldsymbol{p}_1 \quad \boldsymbol{p}_2 \quad \cdots \quad \boldsymbol{p}_n) = \boldsymbol{P}'\boldsymbol{A}\boldsymbol{P}$$

**【注】** 本题证明了以下重要结论:欧氏空间 $V$ 的两个基的度量矩阵 $\boldsymbol{A}$ 和 $\boldsymbol{B}$ 必是合同矩阵,$\boldsymbol{B} = \boldsymbol{P}'\boldsymbol{A}\boldsymbol{P}$,其中 $\boldsymbol{P}$ 为两个基之间的过渡矩阵.

12. $n$ 维欧氏空间 $V$ 中的任意 $m$ 个向量 $\boldsymbol{\alpha}_1, \boldsymbol{\alpha}_2, \cdots, \boldsymbol{\alpha}_m$ 可确定一个 $m$ 阶对称矩阵

$$\boldsymbol{G} = G(\boldsymbol{\alpha}_1, \boldsymbol{\alpha}_2, \cdots, \boldsymbol{\alpha}_m) = \begin{pmatrix} (\boldsymbol{\alpha}_1, \boldsymbol{\alpha}_1) & (\boldsymbol{\alpha}_1, \boldsymbol{\alpha}_2) & \cdots & (\boldsymbol{\alpha}_1, \boldsymbol{\alpha}_m) \\ (\boldsymbol{\alpha}_2, \boldsymbol{\alpha}_1) & (\boldsymbol{\alpha}_2, \boldsymbol{\alpha}_2) & \cdots & (\boldsymbol{\alpha}_2, \boldsymbol{\alpha}_m) \\ \vdots & \vdots & & \vdots \\ (\boldsymbol{\alpha}_m, \boldsymbol{\alpha}_1) & (\boldsymbol{\alpha}_m, \boldsymbol{\alpha}_2) & \cdots & (\boldsymbol{\alpha}_m, \boldsymbol{\alpha}_m) \end{pmatrix}$$

称为向量组$\boldsymbol{\alpha}_1,\boldsymbol{\alpha}_2,\cdots,\boldsymbol{\alpha}_m$的 Cramer 矩阵. 它的行列式$|\boldsymbol{G}|$称为 Cramer 行列式.

证明:(1)$\boldsymbol{\alpha}_1,\boldsymbol{\alpha}_2,\cdots,\boldsymbol{\alpha}_m$线性相关的充分必要条件是$|\boldsymbol{G}|=0$.

(2) 若$\boldsymbol{\alpha}_1,\boldsymbol{\alpha}_2,\cdots,\boldsymbol{\alpha}_m$是正交向量组,证明$|\boldsymbol{G}|=\prod\limits_{i=1}^{m}\|\boldsymbol{\alpha}_i\|^2$.

(3) 若$\boldsymbol{\alpha}_1,\boldsymbol{\alpha}_2,\cdots,\boldsymbol{\alpha}_m$是任意向量组,证明$|\boldsymbol{G}|\leqslant\prod\limits_{i=1}^{m}\|\boldsymbol{\alpha}_i\|^2$.

**【证】** (1) 记$a_{ij}=(\boldsymbol{\alpha}_i,\boldsymbol{\alpha}_j)$, $1\leqslant i,j\leqslant m$, $\boldsymbol{G}=(a_{ij})_{m\times m}$. 有内积公式

$$(\boldsymbol{\alpha}_i,\sum_{j=1}^{m}k_j\boldsymbol{\alpha}_j)=\sum_{j=1}^{m}k_j(\boldsymbol{\alpha}_i,\boldsymbol{\alpha}_j)=\sum_{j=1}^{m}a_{ij}k_j,\ i=1,2,\cdots,m$$

考虑齐次线性方程组$\boldsymbol{Gx}=\boldsymbol{0}$,即

$$\sum_{j=1}^{m}a_{ij}x_j=0,\ i=1,2,\cdots,m$$

必要性. 设$\boldsymbol{\alpha}_1,\boldsymbol{\alpha}_2,\cdots,\boldsymbol{\alpha}_m$线性相关,则存在不全为零的$k_1,k_2,\cdots,k_m$使得

$$\sum_{j=1}^{m}k_j\boldsymbol{\alpha}_j=\boldsymbol{0}$$

必有

$$\sum_{j=1}^{m}a_{ij}k_j=(\boldsymbol{\alpha}_i,\sum_{j=1}^{m}k_j\boldsymbol{\alpha}_j)=(\boldsymbol{\alpha}_i,\boldsymbol{0})=\boldsymbol{0},\ i=1,2,\cdots,m$$

这说明$\boldsymbol{Gx}=\boldsymbol{0}$有非零解,必有$|\boldsymbol{G}|=0$.

充分性. 设$|\boldsymbol{G}|=0$,则$\boldsymbol{Gx}=\boldsymbol{0}$必有非零解,即存在不全为零的$k_1,k_2,\cdots,k_m$使得

$$\sum_{j=1}^{m}a_{ij}k_j=0,\ i=1,2,\cdots,m$$

即

$$(\boldsymbol{\alpha}_i,\sum_{j=1}^{m}k_j\boldsymbol{\alpha}_j)=\sum_{j=1}^{m}a_{ij}k_j=0,\ i=1,2,\cdots,m$$

$$(\sum_{i=1}^{m}k_i\boldsymbol{\alpha}_i,\sum_{j=1}^{m}k_j\boldsymbol{\alpha}_j)=\sum_{i=1}^{m}k_i(\boldsymbol{\alpha}_i,\sum_{j=1}^{m}k_j\boldsymbol{\alpha}_j)=0$$

必有$\sum\limits_{j=1}^{m}k_j\boldsymbol{\alpha}_j=\boldsymbol{0}$,这说明$\boldsymbol{\alpha}_1,\boldsymbol{\alpha}_2,\cdots,\boldsymbol{\alpha}_m$线性相关.

(2) 因为$\boldsymbol{\alpha}_1,\boldsymbol{\alpha}_2,\cdots,\boldsymbol{\alpha}_m$是正交向量组,所以必有

$$|G| = \begin{pmatrix} \|\boldsymbol{\alpha}_1\|^2 & & & \\ & \|\boldsymbol{\alpha}_2\|^2 & & \\ & & \ddots & \\ & & & \|\boldsymbol{\alpha}_m\|^2 \end{pmatrix} = \prod_{i=1}^{m} \|\boldsymbol{\alpha}_i\|^2$$

(3) 若$\{\boldsymbol{\alpha}_1, \boldsymbol{\alpha}_2, \boldsymbol{\alpha}_3, \cdots, \boldsymbol{\alpha}_m\}$为线性相关向量组,则必有

$$|G| = 0 \leqslant \prod_{i=1}^{m} \|\boldsymbol{\alpha}_i\|^2$$

若$\{\boldsymbol{\alpha}_1, \boldsymbol{\alpha}_2, \boldsymbol{\alpha}_3, \cdots, \boldsymbol{\alpha}_m\}$为线性无关向量组,则必可用施密特正交化方法得到正交向量组

$$(\boldsymbol{\beta}_1, \boldsymbol{\beta}_2, \boldsymbol{\beta}_3, \cdots, \boldsymbol{\beta}_m) = (\boldsymbol{\alpha}_1, \boldsymbol{\alpha}_2, \boldsymbol{\alpha}_3, \cdots, \boldsymbol{\alpha}_m)\boldsymbol{T}$$

其中 $m$ 阶三角方阵

$$\boldsymbol{T} = \begin{pmatrix} 1 & -t_{21} & -t_{31} & \cdots & -t_{m1} \\ 0 & 1 & -t_{32} & \cdots & -t_{m2} \\ 0 & 0 & 1 & \cdots & -t_{m3} \\ \vdots & \vdots & \vdots & \ddots & \vdots \\ 0 & 0 & 0 & \cdots & 1 \end{pmatrix}$$

中元素都可用

$$a_{kj} = \frac{(\boldsymbol{\alpha}_k, \boldsymbol{\beta}_j)}{(\boldsymbol{\beta}_j, \boldsymbol{\beta}_j)}, 1 \leqslant j < k \leqslant m$$

求出.

记

$$\boldsymbol{B} = G(\boldsymbol{\beta}_1, \boldsymbol{\beta}_2, \cdots, \boldsymbol{\beta}_m) = (b_{ij}), \text{其中 } b_{ij} = (\boldsymbol{\beta}_i, \boldsymbol{\beta}_j)$$
$$\boldsymbol{A} = G(\boldsymbol{\alpha}_1, \boldsymbol{\alpha}_2, \cdots, \boldsymbol{\alpha}_m) = (a_{ij}), \text{其中 } a_{ij} = (\boldsymbol{\alpha}_i, \boldsymbol{\alpha}_j)$$

由

$$(\boldsymbol{\beta}_1, \boldsymbol{\beta}_2, \boldsymbol{\beta}_3, \cdots, \boldsymbol{\beta}_m) = (\boldsymbol{\alpha}_1, \boldsymbol{\alpha}_2, \boldsymbol{\alpha}_3, \cdots, \boldsymbol{\alpha}_m)\boldsymbol{T}$$

仿题 11 的证法可得到矩阵等式 $\boldsymbol{B} = \boldsymbol{T}'\boldsymbol{A}\boldsymbol{T}$. 再由 $|\boldsymbol{T}| = 1$ 可得行列式等式 $|\boldsymbol{B}| = |\boldsymbol{A}|$.

因为$\{\boldsymbol{\beta}_1, \boldsymbol{\beta}_2, \cdots, \boldsymbol{\beta}_m\}$为正交向量组,所以

$$|\boldsymbol{A}| = |\boldsymbol{B}| = \prod_{i=1}^{m} \|\boldsymbol{\beta}_i\|^2$$

因为

$$\boldsymbol{\beta}_i = \boldsymbol{\alpha}_i - \sum_{j=1}^{i-1} a_{ij}\boldsymbol{\beta}_j, i = 1, 2, \cdots, m$$

且$\boldsymbol{\beta}_i$与$\boldsymbol{\beta}_1,\boldsymbol{\beta}_2,\cdots,\boldsymbol{\beta}_{i-1}$都正交,即$\boldsymbol{\beta}_i$与$\boldsymbol{v}=\sum\limits_{j=1}^{i-1}a_{ij}\boldsymbol{\beta}_j$正交,所以由$\boldsymbol{\alpha}_i=\boldsymbol{\beta}_i+\boldsymbol{v}$知

$$\|\boldsymbol{\alpha}_i\|=\|\boldsymbol{\beta}_i\|+\|\boldsymbol{v}\|\geqslant\|\boldsymbol{\beta}_i\|$$

于是

$$|\boldsymbol{A}|=\prod_{i=1}^{m}\|\boldsymbol{\beta}_i\|^2\leqslant\prod_{i=1}^{m}\|\boldsymbol{\alpha}_i\|^2$$

13. 设$\boldsymbol{\alpha}=\begin{pmatrix}a_1\\a_2\\a_3\end{pmatrix},\boldsymbol{\beta}=\begin{pmatrix}b_1\\b_2\\b_3\end{pmatrix},\boldsymbol{\gamma}=\begin{pmatrix}c_1\\c_2\\c_3\end{pmatrix}$是欧氏空间$\mathbf{R}^3$中的三个线性无关向量,以$\boldsymbol{\alpha},\boldsymbol{\beta},\boldsymbol{\gamma}$为“棱”的平行六面体$T$的体积为$V$,证明:

(1)Cramer 行列式$|\boldsymbol{G}|=\begin{vmatrix}(\boldsymbol{\alpha},\boldsymbol{\alpha}) & (\boldsymbol{\alpha},\boldsymbol{\beta}) & (\boldsymbol{\alpha},\boldsymbol{\gamma})\\(\boldsymbol{\beta},\boldsymbol{\alpha}) & (\boldsymbol{\beta},\boldsymbol{\beta}) & (\boldsymbol{\beta},\boldsymbol{\gamma})\\(\boldsymbol{\gamma},\boldsymbol{\alpha}) & (\boldsymbol{\gamma},\boldsymbol{\beta}) & (\boldsymbol{\gamma},\boldsymbol{\gamma})\end{vmatrix}=V^2$.

(2)$V\leqslant\|\boldsymbol{\alpha}\|\times\|\boldsymbol{\beta}\|\times\|\boldsymbol{\gamma}\|$,其中等号成立当且仅当$T$是长方体.

**【证】**　以$\boldsymbol{\alpha},\boldsymbol{\beta},\boldsymbol{\gamma}$为“棱”的平行六面体$T$的体积为$\boldsymbol{\alpha},\boldsymbol{\beta},\boldsymbol{\gamma}$的混合积

$$V=((\boldsymbol{\alpha}\times\boldsymbol{\beta}),\boldsymbol{\gamma})=\begin{vmatrix}a_1 & b_1 & c_1\\a_2 & b_2 & c_2\\a_3 & b_3 & c_3\end{vmatrix}\text{(这里 }\boldsymbol{\alpha}\times\boldsymbol{\beta}\text{ 是向量矢积)}$$

的绝对值.

$$(1)\ V^2=\left|\begin{pmatrix}a_1 & b_1 & c_1\\a_2 & b_2 & c_2\\a_3 & b_3 & c_3\end{pmatrix}\right|^2=\left|\begin{pmatrix}a_1 & a_2 & a_3\\b_1 & b_2 & b_3\\c_1 & c_2 & c_3\end{pmatrix}\begin{pmatrix}a_1 & b_1 & c_1\\a_2 & b_2 & c_2\\a_3 & b_3 & c_3\end{pmatrix}\right|$$

$$=\left|\begin{pmatrix}\boldsymbol{\alpha}'\\\boldsymbol{\beta}'\\\boldsymbol{\gamma}'\end{pmatrix}(\boldsymbol{\alpha}\quad\boldsymbol{\beta}\quad\boldsymbol{\gamma})\right|=\begin{vmatrix}(\boldsymbol{\alpha},\boldsymbol{\alpha}) & (\boldsymbol{\alpha},\boldsymbol{\beta}) & (\boldsymbol{\alpha},\boldsymbol{\gamma})\\(\boldsymbol{\beta},\boldsymbol{\alpha}) & (\boldsymbol{\beta},\boldsymbol{\beta}) & (\boldsymbol{\beta},\boldsymbol{\gamma})\\(\boldsymbol{\gamma},\boldsymbol{\alpha}) & (\boldsymbol{\gamma},\boldsymbol{\beta}) & (\boldsymbol{\gamma},\boldsymbol{\gamma})\end{vmatrix}=|\boldsymbol{G}|$$

(2) 因为$\boldsymbol{\alpha},\boldsymbol{\beta},\boldsymbol{\gamma}$的混合积

$$(\boldsymbol{\alpha},\boldsymbol{\beta},\boldsymbol{\gamma})=((\boldsymbol{\alpha}\times\boldsymbol{\beta}),\boldsymbol{\gamma})=\|\boldsymbol{\alpha}\times\boldsymbol{\beta}\|\times\|\boldsymbol{\gamma}\|\times\cos\theta$$

其中$\theta$为向量$\boldsymbol{\alpha}\times\boldsymbol{\beta}$与$\boldsymbol{\gamma}$之间的夹角

$$\boldsymbol{\alpha}\times\boldsymbol{\beta}=\|\boldsymbol{\alpha}\|\times\|\boldsymbol{\beta}\|\times\sin\theta_0$$

其中$\theta_0$为向量$\boldsymbol{\alpha}$与$\boldsymbol{\beta}$之间的夹角,所以

$$|(\boldsymbol{\alpha},\boldsymbol{\beta},\boldsymbol{\gamma})|\leqslant\|\boldsymbol{\alpha}\times\boldsymbol{\beta}\|\times\|\boldsymbol{\gamma}\|\leqslant\|\boldsymbol{\alpha}\|\times\|\boldsymbol{\beta}\|\times\|\boldsymbol{\gamma}\|$$

其中等号成立当且仅当$\theta=0$且$\theta_0=\dfrac{\pi}{2}$,即$\boldsymbol{\alpha}\perp\boldsymbol{\beta},\boldsymbol{\beta}\perp\boldsymbol{\gamma}$和$\boldsymbol{\alpha}\perp\boldsymbol{\gamma}$,$T$是长方

体.

14. 设 $\boldsymbol{\alpha}_1, \boldsymbol{\alpha}_2, \boldsymbol{\alpha}_3$ 是欧氏空间 $V$ 中任意三个线性无关向量,记 $a_{ij} = (\boldsymbol{\alpha}_i, \boldsymbol{\alpha}_j)$ , $i, j = 1, 2, 3$,证明以下矩阵都是正定矩阵.

(1) $\boldsymbol{A}_1 = \begin{pmatrix} a_{11} & a_{12} & a_{13} \\ a_{21} & a_{22} & a_{23} \\ a_{31} & a_{32} & a_{33} \end{pmatrix}$.

(2) $\boldsymbol{A}_2 = \begin{pmatrix} a_{11}^2 & a_{12}^2 & a_{13}^2 \\ a_{21}^2 & a_{22}^2 & a_{23}^2 \\ a_{31}^2 & a_{32}^2 & a_{33}^2 \end{pmatrix}$.

(3) $\boldsymbol{A}_k = \begin{pmatrix} a_{11}^k & a_{12}^k & a_{13}^k \\ a_{21}^k & a_{22}^k & a_{23}^k \\ a_{31}^k & a_{32}^k & a_{33}^k \end{pmatrix}$ , $k$ 为任意正整数.

**【证】** 显然这些由内积的方次组成的矩阵必为对称矩阵.

(1) 令 $\boldsymbol{x} = \begin{pmatrix} x_1 \\ x_2 \\ x_3 \end{pmatrix}$. 计算

$$\boldsymbol{x}'\boldsymbol{A}_1\boldsymbol{x} = \boldsymbol{x}'\begin{pmatrix} a_{11} & a_{12} & a_{13} \\ a_{21} & a_{22} & a_{23} \\ a_{31} & a_{32} & a_{33} \end{pmatrix}\boldsymbol{x} = \sum_{i=1}^{3}\sum_{j=1}^{3} x_i(\boldsymbol{\alpha}_i, \boldsymbol{\alpha}_j)x_j$$

$$= \left(\sum_{i=1}^{3} x_i\boldsymbol{\alpha}_i, \sum_{j=1}^{3} x_j\boldsymbol{\alpha}_j\right) \geqslant 0$$

$$\boldsymbol{x}'\boldsymbol{A}_1\boldsymbol{x} = 0 \Leftrightarrow \sum_{i=1}^{3} x_i\boldsymbol{\alpha}_i = \boldsymbol{0}$$

因为 $\boldsymbol{\alpha}_1, \boldsymbol{\alpha}_2, \boldsymbol{\alpha}_3$ 线性无关,所以 $\boldsymbol{x}'\boldsymbol{A}_1\boldsymbol{x} = 0 \Leftrightarrow \boldsymbol{x} = \boldsymbol{0}$. 这就证明了 $\boldsymbol{A}_1$ 是正定矩阵.

(2) 正定矩阵 $\boldsymbol{A}_1$ 必可表成 $\boldsymbol{A}_1 = \boldsymbol{G}'\boldsymbol{G}$,其中 $\boldsymbol{G} = (g_{ij})$ 为 3 阶可逆矩阵,有

$$\boldsymbol{A}_1 = \begin{pmatrix} a_{11} & a_{12} & a_{13} \\ a_{21} & a_{22} & a_{23} \\ a_{31} & a_{32} & a_{33} \end{pmatrix} = \begin{pmatrix} g_{11} & g_{21} & g_{31} \\ g_{12} & g_{22} & g_{32} \\ g_{13} & g_{23} & g_{33} \end{pmatrix}\begin{pmatrix} g_{11} & g_{12} & g_{13} \\ g_{21} & g_{22} & g_{23} \\ g_{31} & g_{32} & g_{33} \end{pmatrix}$$

即

$$a_{ij} = \sum_{k=1}^{3} g_{ki}g_{kj}, \ i, j = 1, 2, 3$$

令

$$y_i^{(k)} = g_{ki}x_i, \ i, k = 1, 2, 3$$

$$\boldsymbol{y}_{(k)}=\begin{pmatrix} y_1^{(k)} \\ y_2^{(k)} \\ y_3^{(k)} \end{pmatrix},\ k=1,2,3$$

则

$$\boldsymbol{x}'\boldsymbol{A}_2\boldsymbol{x}=\boldsymbol{x}'\begin{pmatrix} a_{11}^2 & a_{12}^2 & a_{13}^2 \\ a_{21}^2 & a_{22}^2 & a_{23}^2 \\ a_{31}^2 & a_{32}^2 & a_{33}^2 \end{pmatrix}\boldsymbol{x}=\sum_{i=1}^{3}\sum_{j=1}^{3}x_i a_{ij}^2 x_j=\sum_{i=1}^{3}\sum_{j=1}^{3}x_i a_{ij}\left(\sum_{k=1}^{3}g_{ki}g_{kj}\right)x_j$$

$$=\sum_{k=1}^{3}\sum_{i=1}^{3}\sum_{j=1}^{3}g_{ki}x_i a_{ij}g_{kj}x_j=\sum_{k=1}^{3}\sum_{i=1}^{3}\sum_{j=1}^{3}y_i^{(k)}a_{ij}y_j^{(k)}=\sum_{k=1}^{3}\boldsymbol{y}'_{(k)}\boldsymbol{A}_1\boldsymbol{y}_{(k)}$$

因为

$$(\boldsymbol{y}_{(1)},\boldsymbol{y}_{(2)},\boldsymbol{y}_{(3)})=\begin{pmatrix} y_1^{(1)} & y_1^{(2)} & y_1^{(3)} \\ y_2^{(1)} & y_2^{(2)} & y_2^{(3)} \\ y_3^{(1)} & y_3^{(2)} & y_3^{(3)} \end{pmatrix}=\begin{pmatrix} x_1g_{11} & x_1g_{21} & x_1g_{31} \\ x_2g_{12} & x_2g_{22} & x_2g_{32} \\ x_3g_{13} & x_3g_{23} & x_3g_{33} \end{pmatrix}$$

$$=\begin{pmatrix} x_1 & & \\ & x_2 & \\ & & x_3 \end{pmatrix}\begin{pmatrix} g_{11} & g_{21} & g_{31} \\ g_{12} & g_{22} & g_{32} \\ g_{13} & g_{23} & g_{33} \end{pmatrix}=\begin{pmatrix} x_1 & & \\ & x_2 & \\ & & x_3 \end{pmatrix}\boldsymbol{G}'$$

$\boldsymbol{G}$为可逆矩阵，当$x_1,x_2,x_3$不全为零时，至少存在某个$\boldsymbol{y}_{(k)}\neq\boldsymbol{0}$，所以由$\boldsymbol{A}_1$是正定矩阵知

$$\boldsymbol{y}'_{(k)}\boldsymbol{A}_1\boldsymbol{y}_{(k)}>0$$

于是必有

$$\boldsymbol{x}'\boldsymbol{A}_2\boldsymbol{x}=\sum_{k=1}^{3}\boldsymbol{y}'_{(k)}\boldsymbol{A}_1\boldsymbol{y}_{(k)}>0$$

$\boldsymbol{A}_2$是正定矩阵.

(3) 以上是由$\boldsymbol{A}_1$是正定矩阵证明$\boldsymbol{A}_2$是正定矩阵. 用类似方法可由$\boldsymbol{A}_2$是正定矩阵证明$\boldsymbol{A}_3$是正定矩阵. 如此下去可证得$\boldsymbol{A}_k$是正定矩阵.

15. 设$V$是$n$维欧氏空间，$V_1$和$V_2$是$V$的两个子空间，证明：

(1) $(V_1+V_2)^{\perp}=V_1^{\perp}\cap V_2^{\perp}$；(2) $(V_1\cap V_2)^{\perp}=V_1^{\perp}+V_2^{\perp}$.

**【证】** (1) 任取$\boldsymbol{x}\in(V_1+V_2)^{\perp}$，则$(\boldsymbol{x},\boldsymbol{v}_1+\boldsymbol{v}_2)=0$，$\forall\boldsymbol{v}_1\in V_1$，$\boldsymbol{v}_2\in V_2$，特别地，必有

$$(\boldsymbol{x},\boldsymbol{v}_1)=0,\ \forall\boldsymbol{v}_1\in V_1,\ (\boldsymbol{x},\boldsymbol{v}_2)=0,\ \forall\boldsymbol{v}_2\in V_2$$

这说明必有$\boldsymbol{x}\in V_1^{\perp}\cap V_2^{\perp}$. 反之，若$\boldsymbol{x}\in V_1^{\perp}\cap V_2^{\perp}$，则有

$$(\boldsymbol{x},\boldsymbol{v}_1)=0,\ \forall\boldsymbol{v}_1\in V_1,\ (\boldsymbol{x},\boldsymbol{v}_2)=0,\ \forall\boldsymbol{v}_2\in V_2$$

显然有

$$(\boldsymbol{x},\boldsymbol{v}_1+\boldsymbol{v}_2)=(\boldsymbol{x},\boldsymbol{v}_1)+(\boldsymbol{x},\boldsymbol{v}_2)=0,\ \forall\boldsymbol{v}_1\in V_1,\ \forall\boldsymbol{v}_2\in V_2$$

必有 $\boldsymbol{x}\in(V_1+V_2)^{\perp}$. 于是$(V_1+V_2)^{\perp}=V_1^{\perp}\cap V_2^{\perp}$.

(2) 既然对 $V$ 的任意两个子空间 $V_1$ 和 $V_2$,都有$(V_1+V_2)^{\perp}=V_1^{\perp}\cap V_2^{\perp}$,那么当然有

$$(V_1^{\perp}+V_2^{\perp})^{\perp}=V_1\cap V_2$$

再求正交补即得 $V_1^{\perp}+V_2^{\perp}=(V_1\cap V_2)^{\perp}$.

16. 设 $V$ 是 $n$ 维欧氏空间,$V_1,V_2,\cdots,V_m$ 是 $V$ 的两两正交的子空间,则 $V_1+V_2+\cdots+V_m$ 必是直和 $V_1\oplus V_2\oplus\cdots\oplus V_m$.

【证】 若 $\boldsymbol{\alpha}_1+\boldsymbol{\alpha}_2+\cdots+\boldsymbol{\alpha}_m=\boldsymbol{0}$, $\boldsymbol{\alpha}_i\in V_i$, $i=1,2,\cdots,m$,则由

$$(\boldsymbol{\alpha}_i,\boldsymbol{\alpha}_1+\cdots+\boldsymbol{\alpha}_i+\cdots+\boldsymbol{\alpha}_m)=(\boldsymbol{\alpha}_i,\boldsymbol{\alpha}_i)=0$$

知 $\boldsymbol{\alpha}_i=\boldsymbol{0}$, $i=1,2,\cdots,m$,这就证明了 $V_1+V_2+\cdots+V_m$ 必是 $V_1\oplus V_2\oplus\cdots\oplus V_m$.

【注】 $V_1+V_2+\cdots+V_m=V_1\oplus V_2\oplus\cdots\oplus V_m$ 当且仅当

$$\boldsymbol{\alpha}_1+\boldsymbol{\alpha}_2+\cdots+\boldsymbol{\alpha}_m=\boldsymbol{0}\Leftrightarrow\boldsymbol{\alpha}_i\in V_i,\ i=1,2,\cdots,m$$

17. 设 $S$ 是欧氏空间 $V$ 中的子集,证明:

(1) $S^{\perp}=\{\boldsymbol{\alpha}\in V\mid(\boldsymbol{\alpha},S)=0\}$ 是 $V$ 的子空间.

(2) $(S^{\perp})^{\perp}=L(S)$.

【证】 (1) 任取 $\boldsymbol{\alpha},\boldsymbol{\beta}\in S^{\perp}$, $k\in\mathbf{R}$,必有

$$(\boldsymbol{\alpha}+\boldsymbol{\beta},S)=(\boldsymbol{\alpha},S)+(\boldsymbol{\beta},S)=0,\ (k\boldsymbol{\alpha},S)=k(\boldsymbol{\alpha},S)=0$$

所以 $S^{\perp}$ 是 $V$ 的子空间.

(2) 记 $U=L(S)$,要证$(S^{\perp})^{\perp}=U$,即 $S^{\perp}=U^{\perp}$.

因为 $S\subseteq U$, $U^{\perp}=\{\boldsymbol{\alpha}\in V\mid(\boldsymbol{\alpha},U)=0\}$,所以必有 $U^{\perp}\subseteq S^{\perp}$.

反之,任取 $\boldsymbol{\alpha}\in S^{\perp}$, $\boldsymbol{u}\in U=L(S)$,可设

$$\boldsymbol{u}=\sum_{i=1}^{m}k_i\boldsymbol{w}_i,\ \boldsymbol{w}_i\in S$$

则由 $\boldsymbol{\alpha}\in S^{\perp}$ 知

$$(\boldsymbol{\alpha},\boldsymbol{u})=\Big(\boldsymbol{\alpha},\sum_{i=1}^{m}k_i\boldsymbol{w}_i\Big)=\sum_{i=1}^{m}k_i(\boldsymbol{\alpha},\boldsymbol{w}_i)=0$$

这就证明了 $\boldsymbol{\alpha}\in U^{\perp}$. 所以必有 $S^{\perp}=U^{\perp}$, $(S^{\perp})^{\perp}=L(S)$.

18. 设 $\boldsymbol{A}$ 是 $n$ 阶实对称矩阵,$\boldsymbol{\alpha},\boldsymbol{\beta}$ 是 $n$ 维实列向量,证明:

(1) 当 $\boldsymbol{A}$ 是半正定矩阵时,必有$(\boldsymbol{\alpha}'\boldsymbol{A}\boldsymbol{\beta})^2\leqslant(\boldsymbol{\alpha}'\boldsymbol{A}\boldsymbol{\alpha})(\boldsymbol{\beta}'\boldsymbol{A}\boldsymbol{\beta})$.

(2) 当 $\boldsymbol{A}$ 是正定矩阵时,必有$(\boldsymbol{\alpha}'\boldsymbol{\beta})^2\leqslant(\boldsymbol{\alpha}'\boldsymbol{A}\boldsymbol{\alpha})(\boldsymbol{\beta}'\boldsymbol{A}^{-1}\boldsymbol{\beta})$.

【证】 (1) 设 $\boldsymbol{A}$ 是半正定矩阵.

① 先考虑 $\boldsymbol{A}=\begin{pmatrix}\lambda_1 & & & & & \\ & \ddots & & & & \\ & & \lambda_r & & & \\ & & & 0 & & \\ & & & & \ddots & \\ & & & & & 0\end{pmatrix}=\boldsymbol{\Lambda}$ 情形,其中,$\lambda_1,\lambda_2,\cdots,\lambda_r$ 全为正数.

任取 $\boldsymbol{\alpha}=\begin{pmatrix}a_1\\ \vdots\\ a_r\\ a_{r+1}\\ \vdots\\ a_n\end{pmatrix}$,$\boldsymbol{\beta}=\begin{pmatrix}b_1\\ \vdots\\ b_r\\ b_{r+1}\\ \vdots\\ b_n\end{pmatrix}\in\mathbf{R}^n$,令 $\tilde{\boldsymbol{\alpha}}=\begin{pmatrix}\sqrt{\lambda_1}a_1\\ \vdots\\ \sqrt{\lambda_r}a_r\\ 0\\ \vdots\\ 0\end{pmatrix}$,$\tilde{\boldsymbol{\beta}}=\begin{pmatrix}\sqrt{\lambda_1}b_1\\ \vdots\\ \sqrt{\lambda_r}b_r\\ 0\\ \vdots\\ 0\end{pmatrix}\in\mathbf{R}^n$.

计算

$$(\boldsymbol{\alpha}'\boldsymbol{A}\boldsymbol{\alpha})(\boldsymbol{\beta}'\boldsymbol{A}\boldsymbol{\beta})=\left(\sum_{i=1}^{r}(\sqrt{\lambda_i}a_i)^2\right)\left(\sum_{i=1}^{r}(\sqrt{\lambda_i}b_i)^2\right)=(\tilde{\boldsymbol{\alpha}},\tilde{\boldsymbol{\alpha}})(\tilde{\boldsymbol{\beta}},\tilde{\boldsymbol{\beta}})$$

和

$$(\tilde{\boldsymbol{\alpha}},\tilde{\boldsymbol{\beta}})^2=(\tilde{\boldsymbol{\alpha}}'\tilde{\boldsymbol{\beta}})^2=\left(\sum_{i=1}^{r}\sqrt{\lambda_i}a_i\sqrt{\lambda_i}b_i\right)^2=\left(\sum_{i=1}^{r}\lambda_ia_ib_i\right)^2=(\boldsymbol{\alpha}'\boldsymbol{A}\boldsymbol{\beta})^2$$

根据内积为$(\boldsymbol{\alpha},\boldsymbol{\beta})=\boldsymbol{\alpha}'\boldsymbol{\beta}$ 的欧氏空间 $\mathbf{R}^n$ 中的许瓦兹不等式

$$(\tilde{\boldsymbol{\alpha}},\tilde{\boldsymbol{\alpha}})(\tilde{\boldsymbol{\beta}},\tilde{\boldsymbol{\beta}})\geqslant(\tilde{\boldsymbol{\alpha}},\tilde{\boldsymbol{\beta}})^2$$

即得$(\boldsymbol{\alpha}'\boldsymbol{A}\boldsymbol{\beta})^2\leqslant(\boldsymbol{\alpha}'\boldsymbol{A}\boldsymbol{\alpha})(\boldsymbol{\beta}'\boldsymbol{A}\boldsymbol{\beta})$.

② 对于半正定矩阵 $\boldsymbol{A}$,必存在正交矩阵 $\boldsymbol{Q}$,使得

$$\boldsymbol{Q}'\boldsymbol{A}\boldsymbol{Q}=\begin{pmatrix}\lambda_1 & & & & & \\ & \ddots & & & & \\ & & \lambda_r & & & \\ & & & 0 & & \\ & & & & \ddots & \\ & & & & & 0\end{pmatrix}=\boldsymbol{\Lambda}\text{,其中,}\lambda_1,\lambda_2,\cdots,\lambda_r\text{ 全为正数}$$

令 $\boldsymbol{\alpha}=\boldsymbol{Q}\hat{\boldsymbol{\alpha}}$,$\boldsymbol{\beta}=\boldsymbol{Q}\hat{\boldsymbol{\beta}}$,即 $\hat{\boldsymbol{\alpha}}=\boldsymbol{Q}'\boldsymbol{\alpha}$,$\hat{\boldsymbol{\beta}}=\boldsymbol{Q}'\boldsymbol{\beta}$,则有

$$\hat{\boldsymbol{\alpha}}\boldsymbol{A}\boldsymbol{\alpha}=\hat{\boldsymbol{\alpha}}'\boldsymbol{Q}'\boldsymbol{A}\boldsymbol{Q}\boldsymbol{\alpha}=\hat{\boldsymbol{\alpha}}'\boldsymbol{\Lambda}\hat{\boldsymbol{\alpha}},\boldsymbol{\beta}'\boldsymbol{A}\boldsymbol{B}=\hat{\boldsymbol{\beta}}'\boldsymbol{Q}'\boldsymbol{A}\boldsymbol{Q}\hat{\boldsymbol{\beta}}=\hat{\boldsymbol{\beta}}\boldsymbol{\Lambda}\hat{\boldsymbol{\beta}}$$

于是据 ① 所证必有

$$(\boldsymbol{\alpha}'\boldsymbol{A}\boldsymbol{\alpha})(\boldsymbol{\beta}'\boldsymbol{A}\boldsymbol{\beta})=(\hat{\boldsymbol{\alpha}}'\boldsymbol{\Lambda}\hat{\boldsymbol{\alpha}})(\hat{\boldsymbol{\beta}}'\boldsymbol{\Lambda}\hat{\boldsymbol{\beta}})\geqslant(\hat{\boldsymbol{\alpha}}'\boldsymbol{\Lambda}\hat{\boldsymbol{\beta}})^2$$

$$=[(\boldsymbol{Q}'\boldsymbol{\alpha})'\boldsymbol{\Lambda}(\boldsymbol{Q}'\boldsymbol{\beta})]^2=(\boldsymbol{\alpha}'\boldsymbol{A}\boldsymbol{\beta})^2$$

(2)$\boldsymbol{A}$ 是正定矩阵,特征值为 $\lambda_1,\lambda_2,\cdots,\lambda_n$ 全为正数.

① 先考虑 $\boldsymbol{A}=\begin{pmatrix}\lambda_1&&&\\&\lambda_2&&\\&&\ddots&\\&&&\lambda_n\end{pmatrix}=\boldsymbol{\Lambda}$ 的情形.

任取

$$\boldsymbol{\alpha}=\begin{pmatrix}a_1\\a_2\\\vdots\\a_n\end{pmatrix},\boldsymbol{\beta}=\begin{pmatrix}b_1\\b_2\\\vdots\\b_n\end{pmatrix}\in\mathbf{R}^n$$

令
$$\hat{\boldsymbol{\alpha}}=\begin{pmatrix}\sqrt{\lambda_1}a_1\\\sqrt{\lambda_2}a_2\\\vdots\\\sqrt{\lambda_n}a_n\end{pmatrix},\hat{\boldsymbol{\beta}}=\begin{pmatrix}b_1/\sqrt{\lambda_1}\\b_2/\sqrt{\lambda_2}\\\vdots\\b_n/\sqrt{\lambda_n}\end{pmatrix}\in\mathbf{R}^n$$

根据内积为$(\boldsymbol{\alpha},\boldsymbol{\beta})=\boldsymbol{\alpha}'\boldsymbol{\beta}$ 的欧氏空间 $\mathbf{R}^n$ 中的许瓦兹不等式即得

$$\begin{aligned}(\boldsymbol{\alpha}'\boldsymbol{A}\boldsymbol{\alpha})(\boldsymbol{\beta}'\boldsymbol{A}^{-1}\boldsymbol{\beta})&=\Big(\sum_{i=1}^n\lambda_ia_i^2\Big)\Big(\sum_{i=1}^n\frac{1}{\lambda_i}b_i^2\Big)\\&=\Big(\sum_{i=1}^n(\sqrt{\lambda_i}a_i)^2\Big)\Big(\sum_{i=1}^n\Big(\frac{1}{\sqrt{\lambda_i}}b_i\Big)^2\Big)\\&=(\hat{\boldsymbol{\alpha}},\hat{\boldsymbol{\alpha}})(\hat{\boldsymbol{\beta}},\hat{\boldsymbol{\beta}})\geqslant(\hat{\boldsymbol{\alpha}},\hat{\boldsymbol{\beta}})^2=(\boldsymbol{\alpha},\boldsymbol{\beta})^2=(\boldsymbol{\alpha}'\boldsymbol{\beta})^2\end{aligned}$$

② 对于正定矩阵 $\boldsymbol{A}$,必存在正交矩阵 $\boldsymbol{Q}$,使得

$$\boldsymbol{Q}'\boldsymbol{A}\boldsymbol{Q}=\begin{pmatrix}\lambda_1&&&\\&\lambda_2&&\\&&\ddots&\\&&&\lambda_n\end{pmatrix}=\boldsymbol{\Lambda},\boldsymbol{Q}'\boldsymbol{A}^{-1}\boldsymbol{Q}=\boldsymbol{\Lambda}^{-1}$$

令 $\boldsymbol{\alpha}=\boldsymbol{Q}\hat{\boldsymbol{\alpha}},\boldsymbol{\beta}=\boldsymbol{Q}\hat{\boldsymbol{\beta}}$,则有

$$\hat{\boldsymbol{\alpha}}\boldsymbol{A}\boldsymbol{\alpha}=\hat{\boldsymbol{\alpha}}'\boldsymbol{Q}'\boldsymbol{A}\boldsymbol{Q}\boldsymbol{\alpha}=\hat{\boldsymbol{\alpha}}'\boldsymbol{\Lambda}\hat{\boldsymbol{\alpha}},\boldsymbol{\beta}'\boldsymbol{A}^{-1}\boldsymbol{B}=\hat{\boldsymbol{\beta}}'\boldsymbol{Q}'\boldsymbol{A}^{-1}\boldsymbol{Q}\hat{\boldsymbol{\beta}}=\hat{\boldsymbol{\beta}}'\boldsymbol{\Lambda}^{-1}\hat{\boldsymbol{\beta}}$$

于是据 ① 所证必有

$$(\boldsymbol{\alpha}'\boldsymbol{A}\boldsymbol{\alpha})(\boldsymbol{\beta}'\boldsymbol{A}^{-1}\boldsymbol{\beta})=(\hat{\boldsymbol{\alpha}}'\boldsymbol{\Lambda}\hat{\boldsymbol{\alpha}})(\hat{\boldsymbol{\beta}}'\boldsymbol{\Lambda}^{-1}\hat{\boldsymbol{\beta}})\geqslant(\hat{\boldsymbol{\alpha}}'\hat{\boldsymbol{\beta}})^2=(\boldsymbol{\alpha}'\boldsymbol{\beta})^2$$

19. 设 $V$ 是一个欧氏空间,内积为$(\boldsymbol{u},\boldsymbol{v})$. $\{\boldsymbol{e}_1,\boldsymbol{e}_2,\cdots,\boldsymbol{e}_k\}$ 是 $V$ 中的一个正交单位向量集,证明以下不等式,问何时其中等号成立?

(1) $\sum_{i=1}^{k}(\boldsymbol{v},\boldsymbol{e}_i)^2\leqslant\|\boldsymbol{v}\|^2$;

(2) $\left(\sum_{i=1}^{k}(\boldsymbol{u},\boldsymbol{e}_i)(\boldsymbol{v},\boldsymbol{e}_i)\right)^2\leqslant\|\boldsymbol{u}\|^2\|\boldsymbol{v}\|^2$.

**【证】** $\{\boldsymbol{e}_1,\boldsymbol{e}_2,\cdots,\boldsymbol{e}_k\}$ 是 $V$ 中的一个正交单位向量集.

(1) 考虑

$$\boldsymbol{w}=\boldsymbol{v}-\sum_{i=1}^{k}\lambda_i\boldsymbol{e}_i\in V,\text{其中 }\lambda_i=(\boldsymbol{v},\boldsymbol{e}_i)$$

注意到

$$(\boldsymbol{e}_i,\boldsymbol{e}_j)=\begin{cases}1 & i=j\\0 & i\neq j\end{cases}$$

计算

$$\begin{aligned}(\boldsymbol{w},\boldsymbol{w})&=\left(\boldsymbol{v}-\sum_{i=1}^{k}\lambda_i\boldsymbol{e}_i,\boldsymbol{v}-\sum_{j=1}^{k}\lambda_j\boldsymbol{e}_j\right)\\&=(\boldsymbol{v},\boldsymbol{v})-\left(\boldsymbol{v},\sum_{j=1}^{k}\lambda_j\boldsymbol{e}_j\right)-\left(\sum_{i=1}^{k}\lambda_i\boldsymbol{e}_i,\boldsymbol{v}\right)+\left(\sum_{i=1}^{k}\lambda_i\boldsymbol{e}_i,\sum_{j=1}^{k}\lambda_j\boldsymbol{e}_j\right)\\&=(\boldsymbol{v},\boldsymbol{v})-\sum_{j=1}^{k}\lambda_j(\boldsymbol{v},\boldsymbol{e}_j)-\sum_{i=1}^{k}\lambda_i(\boldsymbol{e}_i,\boldsymbol{v})+\sum_{i=1}^{k}\sum_{j=1}^{k}\lambda_i\lambda_j(\boldsymbol{e}_i,\boldsymbol{e}_j)\\&=\|\boldsymbol{v}\|^2-\sum_{j=1}^{k}\lambda_j^2-\sum_{i=1}^{k}\lambda_i^2+\sum_{j=1}^{k}\lambda_i^2=\|\boldsymbol{v}\|^2-\sum_{i=1}^{k}\lambda_i^2\geqslant 0\end{aligned}$$

所以

$$\sum_{i=1}^{k}(\boldsymbol{v},\boldsymbol{e}_i)^2\leqslant\|\boldsymbol{v}\|^2$$

(2) 记 $a_i=(\boldsymbol{u},\boldsymbol{e}_i)$, $b_i=(\boldsymbol{v},\boldsymbol{e}_i)$, $i=1,2,\cdots,k$,则代入公式

$$\left(\sum_{i=1}^{n}a_ib_i\right)^2\leqslant\left(\sum_{i=1}^{n}a_i^2\right)\times\left(\sum_{i=1}^{n}b_i^2\right)$$

并利用

$$\sum_{i=1}^{k}(\boldsymbol{u},\boldsymbol{e}_i)^2\leqslant\|\boldsymbol{u}\|^2,\sum_{i=1}^{k}(\boldsymbol{v},\boldsymbol{e}_i)^2\leqslant\|\boldsymbol{v}\|^2$$

即得

$$\left(\sum_{i=1}^{k}(\boldsymbol{u},\boldsymbol{e}_i)(\boldsymbol{v},\boldsymbol{e}_i)\right)^2\leqslant\left(\sum_{i=1}^{k}(\boldsymbol{u},\boldsymbol{e}_i)^2\right)\left(\sum_{i=1}^{k}(\boldsymbol{v},\boldsymbol{e}_i)^2\right)\leqslant\|\boldsymbol{u}\|^2\|\boldsymbol{v}\|^2$$

## §2 对称变换和正交变换

设 $V$ 是 $n$ 维欧氏空间,$f$ 是 $V$ 中的线性变换,如果成立内积等式

$$(f(\boldsymbol{\alpha}),\boldsymbol{\beta})=(\boldsymbol{\alpha},f(\boldsymbol{\beta})),\ \forall\boldsymbol{\alpha},\boldsymbol{\beta}\in V$$

则称 $f$ 是对称变换. 如果成立内积等式

$$(f(\boldsymbol{\alpha}),\boldsymbol{\beta})=-(\boldsymbol{\alpha},f(\boldsymbol{\beta})),\ \forall\boldsymbol{\alpha},\boldsymbol{\beta}\in V$$

则称 $f$ 是反对称变换. 如果成立内积等式

$$(f(\boldsymbol{\alpha}),f(\boldsymbol{\beta}))=(\boldsymbol{\alpha},\boldsymbol{\beta}),\ \forall\boldsymbol{\alpha},\boldsymbol{\beta}\in V$$

则称 $f$ 是正交变换. 正交变换必是可逆变换.

1. 设 $\mathbf{R}^3$ 是欧氏空间,内积为 $(\boldsymbol{\alpha},\boldsymbol{\beta})$. 取定 $\boldsymbol{\alpha}\in\mathbf{R}^3$,证明以下变换都是 $\mathbf{R}^3$ 中的线性变换,并定出 $\ker(f)$ 和 $\mathrm{Im}(f)$ 以及它们的维数.

(1) $\mathbf{R}^3$ 到直线 $L(\boldsymbol{\alpha})$ 上的投影:$f(\boldsymbol{x})=\dfrac{(\boldsymbol{x},\boldsymbol{\alpha})}{(\boldsymbol{\alpha},\boldsymbol{\alpha})}\boldsymbol{\alpha},\ \boldsymbol{x}\in\mathbf{R}^3$.

(2) $\mathbf{R}^3$ 到以 $\boldsymbol{\alpha}$ 为法方向的平面 $\pi$ 上的投影:$g(\boldsymbol{x})=\boldsymbol{x}-\dfrac{(\boldsymbol{x},\boldsymbol{\alpha})}{(\boldsymbol{\alpha},\boldsymbol{\alpha})}\boldsymbol{\alpha}$.

(3) $\mathbf{R}^3$ 到以 $\boldsymbol{\alpha}$ 为法方向的平面 $\pi$ 上的反射:$h(\boldsymbol{x})=\boldsymbol{x}-2\dfrac{(\boldsymbol{x},\boldsymbol{\alpha})}{(\boldsymbol{\alpha},\boldsymbol{\alpha})}\boldsymbol{\alpha}$.

【解】 (1) 任取 $\boldsymbol{x},\boldsymbol{y}\in\mathbf{R}^3$, $k,l\in\boldsymbol{R}$. 用内积的线性性立得

$$f(k\boldsymbol{x}+l\boldsymbol{y})=\frac{(k\boldsymbol{x}+l\boldsymbol{y},\boldsymbol{\alpha})}{(\boldsymbol{\alpha},\boldsymbol{\alpha})}\boldsymbol{\alpha}=\frac{k(\boldsymbol{x},\boldsymbol{\alpha})}{(\boldsymbol{\alpha},\boldsymbol{\alpha})}\boldsymbol{\alpha}+\frac{l(\boldsymbol{y},\boldsymbol{\alpha})}{(\boldsymbol{\alpha},\boldsymbol{\alpha})}\boldsymbol{\alpha}=kf(\boldsymbol{x})+lf(\boldsymbol{y})$$

所以 $f$ 是 $\mathbf{R}^3$ 中线性变换

$$\mathrm{Im}(f)=\{f(x)\mid x\in\mathbf{R}^3\}=L(\boldsymbol{\alpha}),\dim\mathrm{Im}(f)=1$$

对于 $\boldsymbol{x}=\lambda\boldsymbol{\alpha}\in L(\boldsymbol{\alpha})$,有 $f(\lambda\boldsymbol{\alpha})=\lambda\dfrac{(\boldsymbol{\alpha},\boldsymbol{\alpha})}{(\boldsymbol{\alpha},\boldsymbol{\alpha})}\boldsymbol{\alpha}=\lambda\boldsymbol{\alpha}$,$f$ 限制在 $L(\boldsymbol{\alpha})$ 中是恒等变换.

因为 $\qquad f(\boldsymbol{x})=\dfrac{(\boldsymbol{x},\boldsymbol{\alpha})}{(\boldsymbol{\alpha},\boldsymbol{\alpha})}\boldsymbol{\alpha}=\boldsymbol{0}\Leftrightarrow(\boldsymbol{x},\boldsymbol{\alpha})=0\Leftrightarrow\boldsymbol{x}\perp\boldsymbol{\alpha}$

所以 $\qquad \ker(f)=\{\boldsymbol{x}\mid(\boldsymbol{x},\boldsymbol{\alpha})=0\},\dim\ker(f)=2$

它是过原点且与 $\boldsymbol{\alpha}$ 正交的子空间(平面),也就是直线 $L(\boldsymbol{\alpha})$ 在 $\mathbf{R}^3$ 中的正交补空间. (图 1)

(2) $g(\boldsymbol{x})=\boldsymbol{x}-\dfrac{(\boldsymbol{x},\boldsymbol{\alpha})}{(\boldsymbol{\alpha},\boldsymbol{\alpha})}\boldsymbol{\alpha}=\boldsymbol{x}-f(\boldsymbol{x})$ 显然是线性变换

$$\mathrm{Im}(g)=\{g(\boldsymbol{x})\mid\boldsymbol{x}\in\mathbf{R}^3\}=\pi,\dim\mathrm{Im}(g)=2$$

$$\ker(g)=\{\boldsymbol{x}\mid g(\boldsymbol{x})=\boldsymbol{0}\}=\{\boldsymbol{x}\mid\boldsymbol{x}=f(\boldsymbol{x})\}=L(\boldsymbol{\alpha}),\dim\ker(g)=1$$

事实上,对于 $\boldsymbol{x}=\lambda\boldsymbol{\alpha}\in L(\boldsymbol{\alpha})$,必有 $g(\lambda\boldsymbol{\alpha})=\lambda\boldsymbol{\alpha}-\lambda\dfrac{(\boldsymbol{\alpha},\boldsymbol{\alpha})}{(\boldsymbol{\alpha},\boldsymbol{\alpha})}\boldsymbol{\alpha}=\boldsymbol{0}$. (图 2)

(3) $h(\boldsymbol{x})=\boldsymbol{x}-2\dfrac{(\boldsymbol{x},\boldsymbol{\alpha})}{(\boldsymbol{\alpha},\boldsymbol{\alpha})}\boldsymbol{\alpha}=\boldsymbol{x}-2f(\boldsymbol{x})$ 显然是线性变换

$$\ker(h)=\{x\mid h(\boldsymbol{x})=\boldsymbol{0}\}=\{\boldsymbol{x}\mid\boldsymbol{x}=2f(\boldsymbol{x})\}=\{\boldsymbol{0}\},\dim\ker(h)=0$$

事实上,当 $\boldsymbol{x}=2f(\boldsymbol{x})$ 时,因为 $\mathrm{Im}(f)=L(\boldsymbol{\alpha})$,所以必有 $\boldsymbol{x}\in L(\boldsymbol{\alpha})$. 因为 $f$ 限制在 $L(\boldsymbol{\alpha})$ 中是恒等变换,所以必有 $\boldsymbol{x}=2\boldsymbol{x}$, $\boldsymbol{x}=\boldsymbol{0}$.

因为 $\dim \mathrm{Im}(h)=3-\dim \ker(h)=3$,所以 $\mathrm{Im}(h)=\mathbf{R}^3$. (图 2)

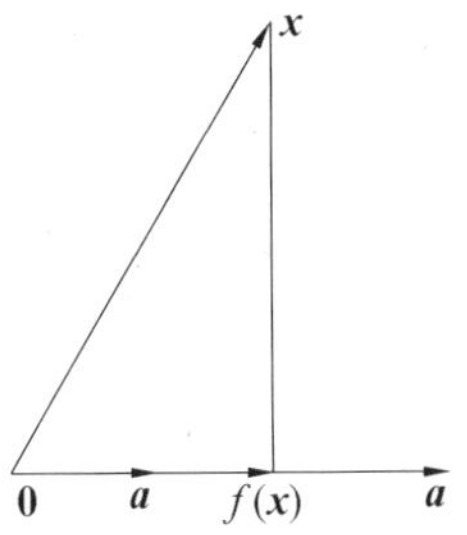


图 1

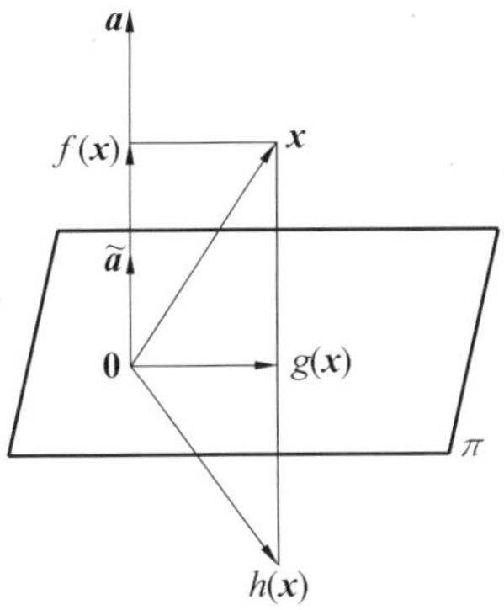


图 2

2. 设 $V$ 是 $n$ 维欧氏空间,$U$ 是 $V$ 的真子空间. 取定 $\boldsymbol{\alpha}\in V$,证明 $U$ 中向量 $\boldsymbol{\beta}$ 是 $\boldsymbol{\alpha}$ 在 $U$ 上的正交投影当且仅当 $\boldsymbol{\beta}$ 与 $\boldsymbol{\alpha}$ 的距离最小,即

$$d(\boldsymbol{\alpha},\boldsymbol{\beta})\leqslant d(\boldsymbol{\alpha},\boldsymbol{\gamma}),\ \forall \boldsymbol{\gamma}\in U$$

**【证】** 见图 3. 考虑 $V$ 的正交补分解式 $V=U\oplus U^{\perp}$.

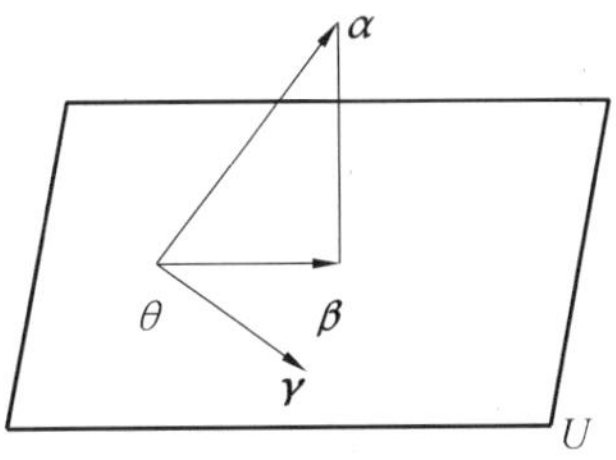


图 3

必要性. 设 $\boldsymbol{\beta}\in U$ 是 $\boldsymbol{\alpha}$ 在 $U$ 上的正交投影,则必有

$$(\boldsymbol{\alpha}-\boldsymbol{\beta},\boldsymbol{\gamma})=0,\ \forall \boldsymbol{\gamma}\in U$$

这说明 $\boldsymbol{\alpha}-\boldsymbol{\beta}\in U^{\perp}$,由 $\boldsymbol{\beta}\in U$ 和 $\boldsymbol{\gamma}\in U$ 知 $\boldsymbol{\beta}-\boldsymbol{\gamma}\in U$,必有

$$(\boldsymbol{\alpha}-\boldsymbol{\beta})\perp(\boldsymbol{\beta}-\boldsymbol{\gamma})$$

于是

$$\|\boldsymbol{\alpha}-\boldsymbol{\beta}\|^2+\|\boldsymbol{\beta}-\boldsymbol{\gamma}\|^2=\|\boldsymbol{\alpha}-\boldsymbol{\beta}+\boldsymbol{\beta}-\boldsymbol{\gamma}\|^2=\|\boldsymbol{\alpha}-\boldsymbol{\gamma}\|^2 \geqslant \|\boldsymbol{\alpha}-\boldsymbol{\beta}\|^2$$

即

$$d(\boldsymbol{\alpha},\boldsymbol{\beta})\leqslant d(\boldsymbol{\alpha},\boldsymbol{\gamma}),\ \forall \boldsymbol{\gamma}\in U$$

充分性. 设 $\boldsymbol{\alpha}$ 在 $U$ 上的正交投影是 $\boldsymbol{\delta}$,则由上述必要性所证必有

$$d(\boldsymbol{\alpha},\boldsymbol{\delta}) \leqslant d(\boldsymbol{\alpha},\boldsymbol{\gamma}),\ \forall \boldsymbol{\gamma} \in U$$

如果$d(\boldsymbol{\alpha},\boldsymbol{\beta}) \leqslant d(\boldsymbol{\alpha},\boldsymbol{\gamma}),\ \forall \boldsymbol{\gamma} \in U$成立,则由$\boldsymbol{\beta},\boldsymbol{\delta} \in U$知同时有

$$d(\boldsymbol{\alpha},\boldsymbol{\delta}) \leqslant d(\boldsymbol{\alpha},\boldsymbol{\beta}),\ d(\boldsymbol{\alpha},\boldsymbol{\beta}) \leqslant d(\boldsymbol{\alpha},\boldsymbol{\delta})$$

于是必有$d(\boldsymbol{\alpha},\boldsymbol{\delta}) = d(\boldsymbol{\alpha},\boldsymbol{\beta})$.

因为$\boldsymbol{\alpha}-\boldsymbol{\delta} \in U^{\perp}$,$\boldsymbol{\beta}-\boldsymbol{\delta} \in U$,必有

$$\|\boldsymbol{\alpha}-\boldsymbol{\beta}\|^2 = \|\boldsymbol{\alpha}-\boldsymbol{\delta}+\boldsymbol{\delta}-\boldsymbol{\beta}\|^2 = \|\boldsymbol{\alpha}-\boldsymbol{\delta}\|^2 + \|\boldsymbol{\delta}-\boldsymbol{\beta}\|^2$$

于是由$d(\boldsymbol{\alpha},\boldsymbol{\delta}) = d(\boldsymbol{\alpha},\boldsymbol{\beta})$知$\|\boldsymbol{\delta}-\boldsymbol{\beta}\|^2 = 0$,$\boldsymbol{\beta}=\boldsymbol{\delta}$.

3. 设$V$是$n$维欧氏空间,$B=\{\boldsymbol{v}_1,\boldsymbol{v}_2,\cdots,\boldsymbol{v}_n\}$是$V$的标准正交基,$f$是$V$中的线性变换

$$f(\boldsymbol{v}_1,\boldsymbol{v}_2,\cdots,\boldsymbol{v}_n) = (\boldsymbol{v}_1,\boldsymbol{v}_2,\cdots,\boldsymbol{v}_n)\boldsymbol{P}$$

证明:(1)$f$是对称变换当且仅当$\boldsymbol{P}$是对称矩阵.

(2)$f$是反对称变换当且仅当$\boldsymbol{P}$是反对称矩阵.

(3)$f$是正交变换当且仅当$\boldsymbol{P}$是正交矩阵.

**【证】** 对

$$\boldsymbol{\alpha} = a_1\boldsymbol{v}_1 + a_2\boldsymbol{v}_2 + \cdots + a_n\boldsymbol{v}_n = (\boldsymbol{v}_1,\boldsymbol{v}_2,\cdots,\boldsymbol{v}_n)\boldsymbol{x}$$
$$\boldsymbol{\beta} = b_1\boldsymbol{v}_1 + b_2\boldsymbol{v}_2 + \cdots + b_n\boldsymbol{v}_n = (\boldsymbol{v}_1,\boldsymbol{v}_2,\cdots,\boldsymbol{v}_n)\boldsymbol{y}$$

有

$$f(\boldsymbol{\alpha}) = (\boldsymbol{v}_1,\boldsymbol{v}_2,\cdots,\boldsymbol{v}_n)\boldsymbol{P}\boldsymbol{x},\ f(\boldsymbol{\beta}) = (\boldsymbol{v}_1,\boldsymbol{v}_2,\cdots,\boldsymbol{v}_n)\boldsymbol{P}\boldsymbol{y}$$

标准正交基$B=\{\boldsymbol{v}_1,\boldsymbol{v}_2,\cdots,\boldsymbol{v}_n\}$的度量矩阵为单位矩阵$\boldsymbol{I}_n$.

(1) 设$f$是对称变换,有

$$(f(\boldsymbol{\alpha}),\boldsymbol{\beta}) = (\boldsymbol{\alpha},f(\boldsymbol{\beta})),\ \forall \boldsymbol{\alpha},\boldsymbol{\beta} \in V$$

由基$B$的度量矩阵为单位矩阵$\boldsymbol{I}_n$知

$$(\boldsymbol{P}\boldsymbol{x})'\boldsymbol{y} = \boldsymbol{x}'(\boldsymbol{P}\boldsymbol{y}),\ \boldsymbol{x}'\boldsymbol{P}'\boldsymbol{y} = \boldsymbol{x}'\boldsymbol{P}\boldsymbol{y},\ \forall \boldsymbol{x},\boldsymbol{y} \in \mathbf{R}^n$$

必有$\boldsymbol{P}'=\boldsymbol{P}$,$\boldsymbol{P}$是对称矩阵. 反之,当$\boldsymbol{P}$是对称矩阵时,由上式知必有

$$(f(\boldsymbol{\alpha}),\boldsymbol{\beta}) = (\boldsymbol{\alpha},f(\boldsymbol{\beta})),\ \forall \boldsymbol{\alpha},\boldsymbol{\beta} \in V$$

$f$必是对称变换.

(2) 设$f$是反对称变换,有

$$(f(\boldsymbol{\alpha}),\boldsymbol{\beta}) = -(\boldsymbol{\alpha},f(\boldsymbol{\beta})),\ \forall \boldsymbol{\alpha},\boldsymbol{\beta} \in V$$

即

$$(\boldsymbol{P}\boldsymbol{x})'\boldsymbol{y} = -\boldsymbol{x}'(\boldsymbol{P}\boldsymbol{y}),\ \boldsymbol{x}'\boldsymbol{P}'\boldsymbol{y} = -\boldsymbol{x}'\boldsymbol{P}y,\ \forall \boldsymbol{x},\boldsymbol{y} \in \mathbf{R}^n$$

必有$\boldsymbol{P}'=-\boldsymbol{P}$,$\boldsymbol{P}$必是反对称矩阵. 反之,当$\boldsymbol{P}$是反对称矩阵时,由上式知必有

$$(f(\boldsymbol{\alpha}),\boldsymbol{\beta}) = -(\boldsymbol{\alpha},f(\boldsymbol{\beta})),\ \forall \boldsymbol{\alpha},\boldsymbol{\beta} \in V$$

$f$必是反对称变换.

(3) 设$f$是正交变换,有

$$(f(\boldsymbol{\alpha}),f(\boldsymbol{\beta}))=(\boldsymbol{\alpha},\boldsymbol{\beta}),\ \forall\boldsymbol{\alpha},\boldsymbol{\beta}\in V$$

即
$$(\boldsymbol{Px})'(\boldsymbol{Py})=\boldsymbol{x}'\boldsymbol{y},\ \boldsymbol{x}'\boldsymbol{P}'\boldsymbol{Py}=\boldsymbol{x}'\boldsymbol{y},\ \forall\boldsymbol{x},\boldsymbol{y}\in\mathbf{R}^n$$

必有$\boldsymbol{P}'\boldsymbol{P}=\boldsymbol{I}_n$,$\boldsymbol{P}$必是正交矩阵. 反之,当$\boldsymbol{P}$是正交矩阵时,由上式知必有

$$(f(\boldsymbol{\alpha}),f(\boldsymbol{\beta}))=(\boldsymbol{\alpha},\boldsymbol{\beta}),\ \forall\boldsymbol{\alpha},\boldsymbol{\beta}\in V$$

$f$必是正交变换.

**【注】**　$n$维欧氏空间$V$中的线性变换$f$,在$V$的不同标准正交基下的变换矩阵必是(正交)合同的,所以,它们同为对称矩阵、反对称矩阵或正交矩阵.

4. 设$f$是$n$维欧氏空间$V$中的线性变换,$U$是$V$的$f$不变子空间,$U$在$V$中的正交补空间为$U^{\perp}$,证明:

(1) 若$f$是对称变换,则$U^{\perp}$也是$V$的$f$不变子空间.

(2) 若$f$是反对称变换,则$U^{\perp}$也是$V$的$f$不变子空间.

(3) 若$f$是正交变换,则$U^{\perp}$也是$V$的$f$不变子空间.

**【证】**　任取$\boldsymbol{\alpha}\in U^{\perp}=\{\boldsymbol{\alpha}\mid\boldsymbol{\alpha}\in V,(\boldsymbol{\alpha},\boldsymbol{\beta})=0,\ \forall\boldsymbol{\beta}\in U\}$. 因为$U$是$V$的$f$不变子空间,必有

$$f(U)\subseteq U$$

(1) 由$f$是对称变换知

$$(f(\boldsymbol{\alpha}),\boldsymbol{\beta})=(\boldsymbol{\alpha},f(\boldsymbol{\beta}))=0,\ \forall\boldsymbol{\beta}\in U$$

这就是说,$f(\boldsymbol{\alpha})\in U^{\perp}$,所以$U^{\perp}$是$V$的$f$不变子空间.

(2) 由$f$是反对称变换知

$$(f(\boldsymbol{\alpha}),\boldsymbol{\beta})=-(\boldsymbol{\alpha},f(\boldsymbol{\beta}))=0,\ \forall\boldsymbol{\beta}\in U$$

这就是说,$f(\boldsymbol{\alpha})\in U^{\perp}$,所以$U^{\perp}$是$V$的$f$不变子空间.

(3) 因为正交变换$f$必是可逆变换,$U$是有限维线性空间,所以当$f(U)\subseteq U$时,必有

$$f(U)=U,\ f^{-1}(U)=U$$

于是对任取的$\boldsymbol{\beta}\in U$,必有$\boldsymbol{\beta}=f(\boldsymbol{\gamma}),\ \boldsymbol{\gamma}\in U$,于是由

$$(f(\boldsymbol{\alpha}),\boldsymbol{\beta})=(f(\boldsymbol{\alpha}),f(\boldsymbol{\gamma}))=(\boldsymbol{\alpha},\boldsymbol{\gamma})=0$$

知$f(\boldsymbol{\alpha})\in U^{\perp}$,所以$U^{\perp}$是$V$的$f$不变子空间.

**【注】**　当$f$是正交变换时,$f$在不变子空间$U$中的限制变换也是正交变换,它是可逆变换,必有$f^{-1}(\boldsymbol{\beta})\in U,\boldsymbol{\beta}\in U$,所以有

$$(f(\boldsymbol{\alpha}),\boldsymbol{\beta})=(\boldsymbol{\alpha},f^{-1}(\boldsymbol{\beta}))=0,\ \forall\boldsymbol{\beta}\in U$$

这就是说,$f(\boldsymbol{\alpha})\in U^{\perp}$,所以$U^{\perp}$是$V$的$f$不变子空间.

5. 设$V$是$n$维欧氏空间,取定单位向量$\boldsymbol{\eta}\in V$,定义$V$中线性变换

$$f(\boldsymbol{\nu})=\boldsymbol{\nu}-2(\boldsymbol{\eta},\boldsymbol{\nu})\boldsymbol{\eta},\ \forall\boldsymbol{\nu}\in V$$

证明:(1)$f$必是对称变换.

(2) $f$ 必是正交变换.

(3) $f(\boldsymbol{\eta})=-\boldsymbol{\eta}$.

(4) $f$ 在 $V$ 的任意一个标准正交基下的变换矩阵的行列式必为 $-1$.

**【证】** 任取 $\boldsymbol{\alpha},\boldsymbol{\beta}\in V$,有

$$f(\boldsymbol{\alpha})=\boldsymbol{\alpha}-2(\boldsymbol{\eta},\boldsymbol{\alpha})\boldsymbol{\eta} \quad 和 \quad f(\boldsymbol{\beta})=\boldsymbol{\beta}-2(\boldsymbol{\eta},\boldsymbol{\beta})\boldsymbol{\eta}$$

(1) 计算

$$(f(\boldsymbol{\alpha}),\boldsymbol{\beta})=(\boldsymbol{\alpha}-2(\boldsymbol{\eta},\boldsymbol{\alpha})\boldsymbol{\eta},\boldsymbol{\beta})=(\boldsymbol{\alpha},\boldsymbol{\beta})-2(\boldsymbol{\eta},\boldsymbol{\alpha})(\boldsymbol{\eta},\boldsymbol{\beta})$$

$$(\boldsymbol{\alpha},f(\boldsymbol{\beta}))=(\boldsymbol{\alpha},\boldsymbol{\beta}-2(\boldsymbol{\eta},\boldsymbol{\beta})\boldsymbol{\eta})=(\boldsymbol{\alpha},\boldsymbol{\beta})-2(\boldsymbol{\eta},\boldsymbol{\beta})(\boldsymbol{\alpha},\boldsymbol{\eta})$$

显然有

$$(f(\boldsymbol{\alpha}),\boldsymbol{\beta})=(\boldsymbol{\alpha},f(\boldsymbol{\beta})),\ \forall\boldsymbol{\alpha},\boldsymbol{\beta}\in V$$

这就证明了 $f$ 是对称变换.

(2) 计算

$$\begin{aligned}&(f(\boldsymbol{\alpha}),f(\boldsymbol{\beta}))=(\boldsymbol{\alpha}-2(\boldsymbol{\eta},\boldsymbol{\alpha})\boldsymbol{\eta},\boldsymbol{\beta}-2(\boldsymbol{\eta},\boldsymbol{\beta})\boldsymbol{\eta})\\&=(\boldsymbol{\alpha},\boldsymbol{\beta})-2(\boldsymbol{\eta},\boldsymbol{\beta})(\boldsymbol{\alpha},\boldsymbol{\eta})-2(\boldsymbol{\eta},\boldsymbol{\alpha})(\boldsymbol{\eta},\boldsymbol{\beta})+4(\boldsymbol{\eta},\boldsymbol{\alpha})(\boldsymbol{\eta},\boldsymbol{\beta})(\boldsymbol{\eta},\boldsymbol{\eta})\\&=(\boldsymbol{\alpha},\boldsymbol{\beta})\end{aligned}$$

这就证明了 $f$ 是正交变换.

(3) 由 $f(\boldsymbol{v})=\boldsymbol{v}-2(\boldsymbol{\eta},\boldsymbol{v})\boldsymbol{\eta},\ \forall\boldsymbol{v}\in V$ 直接可得

$$f(\boldsymbol{\eta})=\boldsymbol{\eta}-2(\boldsymbol{\eta},\boldsymbol{\eta})\boldsymbol{\eta}=\boldsymbol{\eta}-2\boldsymbol{\eta}=-\boldsymbol{\eta}$$

(4) 把所取的单位向量 $\boldsymbol{\eta}$(改记为 $\boldsymbol{\eta}_1$) 扩充成 $V$ 的标准正交基 $\{\boldsymbol{\eta}_1,\boldsymbol{\eta}_2,\cdots,\boldsymbol{\eta}_n\}$,则有

$$f(\boldsymbol{\eta}_1)=\boldsymbol{\eta}_1-2(\boldsymbol{\eta}_1,\boldsymbol{\eta}_1)\boldsymbol{\eta}_1=-\boldsymbol{\eta}_1$$

$$f(\boldsymbol{\eta}_i)=\boldsymbol{\eta}_i-2(\boldsymbol{\eta}_i,\boldsymbol{\eta}_1)\boldsymbol{\eta}_1=\boldsymbol{\eta}_i,\ i=2,3,\cdots,n$$

于是由

$$(f(\boldsymbol{\eta}_1),f(\boldsymbol{\eta}_2),\cdots,f(\boldsymbol{\eta}_n))=(\boldsymbol{\eta}_1,\boldsymbol{\eta}_2,\cdots,\boldsymbol{\eta}_n)\begin{pmatrix}-1&&&\\&1&&\\&&\ddots&\\&&&1\end{pmatrix}$$

知 $f$ 在标准正交基 $\{\boldsymbol{\eta}_1,\boldsymbol{\eta}_2,\cdots,\boldsymbol{\eta}_n\}$ 下的变换矩阵的行列式为 $-1$.

因为线性空间 $V$ 中线性变换在不同的基下的矩阵是相似的,所以 $f$ 在任意标准正交基下的变换矩阵的行列式都为 $-1$.

**【注】** 线性空间 $V$ 中线性变换在不同的基下的矩阵是相似的证明见第八章 §2 题1.

称 $f(\boldsymbol{v})=\boldsymbol{v}-2(\boldsymbol{\eta},\boldsymbol{v})\boldsymbol{\eta},\ \forall\boldsymbol{v}\in V$ 为镜面反射或镜像变换.

6. 设 $V$ 是 $n$ 维欧氏空间,取定单位向量 $\boldsymbol{\eta}\in V$. 定义 $V$ 中线性变换

$$f(\boldsymbol{v})=\boldsymbol{v}-2(\boldsymbol{\eta},\boldsymbol{v})\boldsymbol{\eta},\ \forall\boldsymbol{v}\in V$$

证明:(1)$f$ 在 $V$ 的任意标准正交基下的矩阵必为镜像矩阵 $\boldsymbol{A}=\boldsymbol{I}_n-2zz'$,其中 $z$ 为某个 $n$ 维单位列向量.

(2)$f$ 既是对称变换又是正交变换,有 $f(\boldsymbol{\eta})=-\boldsymbol{\eta}$,且 $f$ 必有单重特征值 $\lambda_1=-1$ 和 $n-1$ 重特征值 $\lambda_2=1$.

(3) 如果 $f$ 是 $n$ 维欧氏空间 $V$ 中的正交变换,已知 $f$ 的属于特征值 $\lambda=1$ 的特征子空间 $V_1$ 的维数为 $n-1$,证明 $f$ 必是某个镜面反射.

**【证】** (1) 在 $V$ 中任取标准正交基 $B=\{\boldsymbol{v}_1,\boldsymbol{v}_2,\cdots,\boldsymbol{v}_n\}$,$f$ 的变换矩阵 $\boldsymbol{A}$ 满足

$$f(\boldsymbol{v}_1,\boldsymbol{v}_2,\cdots,\boldsymbol{v}_n)=(\boldsymbol{v}_1,\boldsymbol{v}_2,\cdots,\boldsymbol{v}_n)\boldsymbol{A}$$

设 $\boldsymbol{\eta}=(\boldsymbol{v}_1,\boldsymbol{v}_2,\cdots,\boldsymbol{v}_n)z$,则有

$$\|\boldsymbol{\eta}\|^2=(\boldsymbol{\eta},\boldsymbol{\eta})=z'z=1$$

因为 $B=\{\boldsymbol{v}_1,\boldsymbol{v}_2,\cdots,\boldsymbol{v}_n\}$ 是标准正交基,对于 $\boldsymbol{v}=(\boldsymbol{v}_1,\boldsymbol{v}_2,\cdots,\boldsymbol{v}_n)\boldsymbol{x}$,有

$$(\boldsymbol{\eta},\boldsymbol{v})=z'\boldsymbol{x}$$

所以由

$$f(\boldsymbol{v})=\boldsymbol{v}-2(\boldsymbol{\eta},\boldsymbol{v})\boldsymbol{\eta},\ \forall\boldsymbol{v}\in V$$

知

$$(\boldsymbol{v}_1,\boldsymbol{v}_2,\cdots,\boldsymbol{v}_n)\boldsymbol{A}=(\boldsymbol{v}_1,\boldsymbol{v}_2,\cdots,\boldsymbol{v}_n)\boldsymbol{x}-2z'\boldsymbol{x}(\boldsymbol{v}_1,\boldsymbol{v}_2,\cdots,\boldsymbol{v}_n)z$$

并注意到 $z'\boldsymbol{x}$ 是一个数,$\{\boldsymbol{v}_1,\boldsymbol{v}_2,\cdots,\boldsymbol{v}_n\}$ 为线性无关组,可得

$$\boldsymbol{A}\boldsymbol{x}=\boldsymbol{x}-2(z'\boldsymbol{x})z=\boldsymbol{x}-2z(z'\boldsymbol{x})=\boldsymbol{x}-2(zz')\boldsymbol{x}=(I_n-2zz')\boldsymbol{x},\ \forall\boldsymbol{x}\in\mathbf{R}^n$$

于是必有 $\boldsymbol{A}=\boldsymbol{I}_n-2zz'$.

(2) 由

$$\boldsymbol{A}'=(\boldsymbol{I}_n-2zz')'=\boldsymbol{I}_n-2zz'=\boldsymbol{A}$$

知 $\boldsymbol{A}$ 是对称矩阵,$f$ 是对称变换.

由

$$\boldsymbol{A}\boldsymbol{A}'=(\boldsymbol{I}_n-2zz')(\boldsymbol{I}_n-2zz')=\boldsymbol{I}_n-4zz'+4zz'zz'=\boldsymbol{I}_n$$

知 $\boldsymbol{A}$ 是正交矩阵,$f$ 是正交变换.

由 $\boldsymbol{\eta}=(\boldsymbol{v}_1,\boldsymbol{v}_2,\cdots,\boldsymbol{v}_n)z$ 可得

$$\boldsymbol{A}z=(\boldsymbol{I}_n-2zz')z=z-2zz'=z-2z=-z$$

即 $f(\boldsymbol{\eta})=-\boldsymbol{\eta}$.

由 $\boldsymbol{A}=\boldsymbol{I}_n-2zz'$ 知

$$\begin{aligned}|\lambda\boldsymbol{I}_n-\boldsymbol{A}|&=|\lambda\boldsymbol{I}_n-(\boldsymbol{I}_n-2zz')|=|(\lambda-1)\boldsymbol{I}_n+2zz'|\\&=(\lambda-1)^{n-1}[(\lambda-1)+2z'z]=(\lambda-1)^{n-1}(\lambda+1)\end{aligned}$$

于是 $f$ 必有单重特征值 $\lambda_1=-1$ 和 $n-1$ 重特征值 $\lambda_2=1$.

(3) 把$f$的属于特征值$\lambda=1$的$n-1$维特征子空间

$$V_1=\{\boldsymbol{p}\mid f(\boldsymbol{p})=\boldsymbol{p}\}$$

的标准正交基$\{\boldsymbol{p}_1,\boldsymbol{p}_2,\cdots,\boldsymbol{p}_{n-1}\}$扩充为$V$的标准正交基

$$B=\{\boldsymbol{p}_1,\boldsymbol{p}_2,\cdots,\boldsymbol{p}_{n-1},\boldsymbol{p}_n\}$$

则必有正交直和分解

$$V=V_1\oplus V_1^{\perp}$$

因为$V_1=\{\boldsymbol{p}\mid f(\boldsymbol{p})=\boldsymbol{p}\}$是$f$的不变子空间,$V_1^{\perp}$也是$f$的不变子空间:$f(V_1^{\perp})\subseteq V_1^{\perp}$,所以有

$$V_1^{\perp}=\{\boldsymbol{p}\mid f(\boldsymbol{p})=\boldsymbol{\lambda}_n\boldsymbol{p}\}=L(\boldsymbol{p}_n)$$

因为$f$是$V$中的正交变换,$f$的变换矩阵$\boldsymbol{A}$为正交矩阵. 已知$f$的属于特征值$\lambda=1$的特征子空间的维数为$n-1$,所以$\lambda=1$是正交矩阵$\boldsymbol{A}$的$n-1$重特征值,再由

$$|\boldsymbol{A}|=\prod_{i=1}^{n}\boldsymbol{\lambda}_i=\boldsymbol{\lambda}_n\text{和}\ |\boldsymbol{A}|=-1$$

知$\boldsymbol{\lambda}_n=-1$.

于是得

$$f(\boldsymbol{p}_1,\boldsymbol{p}_2,\cdots,\boldsymbol{p}_{n-1},\boldsymbol{p}_n)=(\boldsymbol{p}_1,\boldsymbol{p}_2,\cdots,\boldsymbol{p}_{n-1},\boldsymbol{p}_n)\begin{pmatrix}\boldsymbol{I}_{n-1} & \boldsymbol{O}\\ \boldsymbol{O} & -1\end{pmatrix}$$

其中变换矩阵为镜像矩阵

$$\boldsymbol{A}=\begin{pmatrix}1 &&&&\\ & 1 &&&\\ && \ddots &&\\ &&& 1 &\\ &&&& -1\end{pmatrix}=\begin{pmatrix}1 &&&&\\ & 1 &&&\\ && \ddots &&\\ &&& 1 &\\ &&&& 1\end{pmatrix}-2\begin{pmatrix}0\\0\\ \vdots\\0\\1\end{pmatrix}(0,0,\cdots,0,1)$$

$$=\boldsymbol{I}_n-2\boldsymbol{\varepsilon}_n\boldsymbol{\varepsilon}'_n$$

这就证明了$f$必是某个镜面反射.

**【注】** 这里用到求行列式的降阶公式

$$|\lambda\boldsymbol{I}_m+\boldsymbol{AB}|=\lambda^{m-n}|\lambda\boldsymbol{I}_n+\boldsymbol{BA}|,\ m\geqslant n$$

7. 设$\boldsymbol{A}=\boldsymbol{I}_n-2zz'$是$n$阶镜像矩阵,证明准对角矩阵

$$\boldsymbol{B}=\begin{pmatrix}\boldsymbol{I}_m & \boldsymbol{O}\\ \boldsymbol{O} & \boldsymbol{A}\end{pmatrix}$$

必是镜像矩阵.

**【证】** $\boldsymbol{B}=\begin{pmatrix}\boldsymbol{I}_m & O\\ \boldsymbol{O} & \boldsymbol{A}\end{pmatrix}=\begin{pmatrix}\boldsymbol{I}_m & \boldsymbol{O}\\ \boldsymbol{O} & \boldsymbol{I}_n-2zz'\end{pmatrix}=\begin{pmatrix}\boldsymbol{I}_m & \boldsymbol{O}\\ \boldsymbol{O} & \boldsymbol{I}_n\end{pmatrix}-2\begin{pmatrix}\boldsymbol{O} & \boldsymbol{O}\\ \boldsymbol{O} & zz'\end{pmatrix}$

$$=\begin{pmatrix}\boldsymbol{I}_m & \boldsymbol{O}\\ \boldsymbol{O} & \boldsymbol{I}_n\end{pmatrix}-2\begin{pmatrix}\boldsymbol{0}\\ z\end{pmatrix}\begin{pmatrix}\boldsymbol{0}\\ z\end{pmatrix}'=\begin{pmatrix}\boldsymbol{I}_m & \boldsymbol{O}\\ \boldsymbol{O} & \boldsymbol{I}_n\end{pmatrix}-2\boldsymbol{uu}'$$

$$\boldsymbol{u}=\begin{pmatrix}\boldsymbol{0}\\ z\end{pmatrix}\text{为单位向量}$$

所以 $\boldsymbol{B}$ 必是镜像矩阵.

8. 把 $\boldsymbol{A}=\begin{pmatrix}\cos\theta & \sin\theta\\ -\sin\theta & \cos\theta\end{pmatrix}$，$\boldsymbol{B}=\begin{pmatrix}\cos\theta & \sin\theta\\ \sin\theta & -\cos\theta\end{pmatrix}$ 分别表成镜像矩阵之乘积.

**【解】** 分别用 $c$ 和 $s$ 表示 $\cos\theta$ 和 $\sin\theta$.

(1) $\boldsymbol{A}=\begin{pmatrix}c & s\\ -s & c\end{pmatrix}=\begin{pmatrix}c & -s\\ -s & -c\end{pmatrix}\begin{pmatrix}1 & 0\\ 0 & -1\end{pmatrix}=\boldsymbol{H}_1\boldsymbol{H}_2$，其中

$$\boldsymbol{H}_1=\begin{pmatrix}c & -s\\ -s & -c\end{pmatrix}=\begin{pmatrix}1 & 0\\ 0 & 1\end{pmatrix}-\begin{pmatrix}1-c & s\\ s & 1+c\end{pmatrix}$$

$$=\begin{pmatrix}1 & 0\\ 0 & 1\end{pmatrix}-\frac{1}{1-c}\begin{pmatrix}1-c\\ s\end{pmatrix}(1-c,s)$$

$$=\begin{pmatrix}1 & 0\\ 0 & 1\end{pmatrix}-2\frac{1}{2(1-c)}\boldsymbol{uu}'$$

其中 $\boldsymbol{u}=\begin{pmatrix}1-c\\ s\end{pmatrix}$，$\|\boldsymbol{u}\|^2=(1-c)^2+s^2=2(1-c)$，$\tilde{\boldsymbol{u}}=\frac{1}{\sqrt{2(1-c)}}\boldsymbol{u}$ 必是单位列向量，这就证明了 $\boldsymbol{H}_1=\boldsymbol{I}_2-2\tilde{\boldsymbol{u}}\tilde{\boldsymbol{u}}'$ 是镜像矩阵

$$\boldsymbol{H}_2=\begin{pmatrix}1 & 0\\ 0 & -1\end{pmatrix}=\begin{pmatrix}1 & 0\\ 0 & 1\end{pmatrix}-2\begin{pmatrix}0 & 0\\ 0 & 1\end{pmatrix}=\begin{pmatrix}1 & 0\\ 0 & 1\end{pmatrix}-2\begin{pmatrix}0\\ 1\end{pmatrix}(0,1)$$

显然是镜像矩阵.

(2) $\boldsymbol{B}=\begin{pmatrix}c & s\\ s & -c\end{pmatrix}=\begin{pmatrix}1 & 0\\ 0 & 1\end{pmatrix}-\begin{pmatrix}1-c & -s\\ -s & 1+c\end{pmatrix}$

$$=\begin{pmatrix}1 & 0\\ 0 & 1\end{pmatrix}-\frac{1}{1-c}\begin{pmatrix}1-c\\ -s\end{pmatrix}(1-c,-s)$$

$$=\begin{pmatrix}1 & 0\\ 0 & 1\end{pmatrix}-2\frac{1}{2(1-c)}\boldsymbol{uu}'$$

其中 $\boldsymbol{u}=\begin{pmatrix}1-c\\ -s\end{pmatrix}$，$\|\boldsymbol{u}\|^2=(1-c)^2+s^2=2(1-c)$，$\tilde{\boldsymbol{u}}=\frac{1}{\sqrt{2(1-c)}}\boldsymbol{u}$ 必是单位列向量，所以，$\boldsymbol{B}$ 本身就是一个镜像矩阵.

9. 证明任意一个 $n$ 阶正交矩阵 $\boldsymbol{A}$ 必可表成若干个 $n$ 阶镜像矩阵的乘积.

**【证】** 因为正交矩阵的相似标准形必为如下准对角矩阵

$$P^{-1}AP=\begin{pmatrix} A_1 & & & & & & & \\ & \ddots & & & & & & \\ & & A_r & & & & & \\ & & & B_1 & & & & \\ & & & & \ddots & & & \\ & & & & & B_s & & \\ & & & & & & I_t & \\ & & & & & & & -I_k \end{pmatrix}=\Lambda$$

其中

$$A_i=\begin{pmatrix} \cos\theta_i & \sin\theta_i \\ -\sin\theta_i & \cos\theta_i \end{pmatrix},1\leqslant i\leqslant r$$

都是两个镜像矩阵的乘积

$$B_i=\begin{pmatrix} \cos\theta_i & \sin\theta_i \\ \sin\theta_i & -\cos\theta_i \end{pmatrix},1\leqslant i\leqslant s$$

都是镜像矩阵

$$I_t=\begin{pmatrix} I_{t-1} & O \\ O & -1 \end{pmatrix}\begin{pmatrix} I_{t-1} & O \\ O & -1 \end{pmatrix}$$

显然是两个镜像矩阵的乘积

$$-I_k=\begin{pmatrix} 1 & & & & \\ & 1 & & & \\ & & \ddots & & \\ & & & 1 & \\ & & & & -1 \end{pmatrix}\begin{pmatrix} 1 & & & & \\ & 1 & & & \\ & & \ddots & & \\ & & & -1 & \\ & & & & 1 \end{pmatrix}\times\cdots\times\begin{pmatrix} -1 & & & & \\ & 1 & & & \\ & & \ddots & & \\ & & & 1 & \\ & & & & 1 \end{pmatrix}$$

显然是 $k$ 个镜像矩阵之乘积.

综上所证,正交矩阵必为有限个镜像矩阵之乘积.

10. $\mathbf{R}^n$ 是 $n$ 维列向量欧氏空间.

(1) 取定两个不同的单位向量 $\boldsymbol{\xi},\boldsymbol{\eta}\in\mathbf{R}^n$,证明必存在一个镜面反射 $f$ 使得

$$f(\boldsymbol{\xi})=\boldsymbol{\eta} \text{ 和 } f(\boldsymbol{\eta})=\boldsymbol{\xi}$$

(2) 取定两个不同的向量 $\boldsymbol{\xi},\boldsymbol{\eta}\in\mathbf{R}^n$,如果 $\|\boldsymbol{\xi}\|=\|\boldsymbol{\eta}\|$,证明必存在一个镜面反射 $f$ 使得

$$f(\boldsymbol{\xi})=\boldsymbol{\eta} \text{ 和 } f(\boldsymbol{\eta})=\boldsymbol{\xi}$$

(3) 取定两个不同的向量 $\boldsymbol{\xi},\boldsymbol{\eta}\in\mathbf{R}^n$,证明必存在一个镜面反射 $f$ 使得

$$f\left(\frac{1}{\|\boldsymbol{\xi}\|}\boldsymbol{\xi}\right)=\frac{1}{\|\boldsymbol{\eta}\|}\boldsymbol{\eta},f\left(\frac{1}{\|\boldsymbol{\eta}\|}\boldsymbol{\eta}\right)=\frac{1}{\|\boldsymbol{\xi}\|}\boldsymbol{\xi}$$

**【证】**　(1) 在 $\mathbf{R}^n$ 中取定标准正交基 $B=\{\boldsymbol{v}_1,\boldsymbol{v}_2,\cdots,\boldsymbol{v}_n\}$，设两个不同的单位向量为

$$\boldsymbol{\xi}=(\boldsymbol{v}_1,\boldsymbol{v}_2,\cdots,\boldsymbol{v}_n)\boldsymbol{x},\boldsymbol{x}'\boldsymbol{x}=1;\boldsymbol{\eta}=(\boldsymbol{v}_1,\boldsymbol{v}_2,\cdots,\boldsymbol{v}_n)\boldsymbol{y},\boldsymbol{y}'\boldsymbol{y}=1$$

取单位向量 $\boldsymbol{z}=\frac{1}{a}(\boldsymbol{x}-\boldsymbol{y})$，其中

$$a^2=\|\boldsymbol{x}-\boldsymbol{y}\|^2=(\boldsymbol{x}-\boldsymbol{y})'(\boldsymbol{x}-\boldsymbol{y})=\boldsymbol{x}'\boldsymbol{x}+\boldsymbol{y}'\boldsymbol{y}-2\boldsymbol{x}'\boldsymbol{y}=2(1-\boldsymbol{x}'\boldsymbol{y})$$
$$=2(1-\boldsymbol{y}'\boldsymbol{x})$$

则镜面反射 $\boldsymbol{A}=\boldsymbol{I}_n-2zz'$ 即为所求. 事实上，确有

$$\boldsymbol{A}\boldsymbol{x}=\boldsymbol{I}_n\boldsymbol{x}-2zz'\boldsymbol{x}=\boldsymbol{x}-\frac{2}{a^2}(\boldsymbol{x}-\boldsymbol{y})(\boldsymbol{x}'-\boldsymbol{y}')\boldsymbol{x}$$

$$=\boldsymbol{x}-\frac{2}{a^2}(\boldsymbol{x}-\boldsymbol{y})(1-\boldsymbol{y}'\boldsymbol{x})=\boldsymbol{x}-\frac{2}{a^2}(\boldsymbol{x}-\boldsymbol{y})\times\frac{a^2}{2}=\boldsymbol{y}$$

这就证明了 $f(\boldsymbol{\xi})=\boldsymbol{\eta}$.

由 $\boldsymbol{A}$ 是对称矩阵和正交矩阵，由 $\boldsymbol{A}\boldsymbol{x}=\boldsymbol{y}$ 即得

$$\boldsymbol{A}\boldsymbol{y}=\boldsymbol{A}'\boldsymbol{y}=\boldsymbol{A}^{-1}\boldsymbol{y}=\boldsymbol{x}$$

这就证明了必有 $f(\boldsymbol{\xi})=\boldsymbol{\eta}$ 和 $f(\boldsymbol{\eta})=\boldsymbol{\xi}$.

(2) 考虑两个单位向量 $\tilde{\boldsymbol{\xi}}=\frac{1}{\|\boldsymbol{\xi}\|}\boldsymbol{\xi}$，$\tilde{\boldsymbol{\eta}}=\frac{1}{\|\boldsymbol{\eta}\|}\boldsymbol{\eta}$，则必存在一个镜面反射 $f$ 使得

$$f(\tilde{\boldsymbol{\xi}})=\tilde{\boldsymbol{\eta}}\quad 和\quad f(\tilde{\boldsymbol{\eta}})=\tilde{\boldsymbol{\xi}}$$

即

$$\frac{1}{\|\boldsymbol{\xi}\|}f(\boldsymbol{\xi})=\frac{1}{\|\boldsymbol{\eta}\|}\boldsymbol{\eta},f(\boldsymbol{\xi})=\boldsymbol{\eta}\ 和\ \frac{1}{\|\boldsymbol{\eta}\|}f(\boldsymbol{\eta})=\frac{1}{\|\boldsymbol{\xi}\|}\boldsymbol{\xi},f(\boldsymbol{\eta})=\boldsymbol{\xi}$$

(3) 因为 $\frac{1}{\|\boldsymbol{\xi}\|}\boldsymbol{\xi}$ 和 $\frac{1}{\|\boldsymbol{\eta}\|}\boldsymbol{\eta}$ 都是单位向量，所以必存在一个镜面反射 $f$ 使得

$$f\left(\frac{1}{\|\boldsymbol{\xi}\|}\boldsymbol{\xi}\right)=\frac{1}{\|\boldsymbol{\eta}\|}\boldsymbol{\eta},f\left(\frac{1}{\|\boldsymbol{\eta}\|}\boldsymbol{\eta}\right)=\frac{1}{\|\boldsymbol{\xi}\|}\boldsymbol{\xi}$$

11. 设 $\boldsymbol{A}$ 是 $n$ 阶实矩阵，证明必存在 $n$ 阶正交矩阵 $\boldsymbol{Q}$ 和主对角元为非负实数的上三角矩阵 $\boldsymbol{R}$ 使得 $\boldsymbol{A}=\boldsymbol{Q}\boldsymbol{R}$，称为实方阵的 $\boldsymbol{Q}\boldsymbol{R}$ 分解.

**【证】**　考虑 $\boldsymbol{A}$ 的列向量表示

$$\boldsymbol{A}=(\boldsymbol{\beta}_1\quad\boldsymbol{\beta}_2\quad\cdots\quad\boldsymbol{\beta}_n)$$

对 $n$ 用数学归纳法证明.

对 $n=1$,显然有 $\boldsymbol{A}=(a)=\begin{cases}1\times(a) & a\geqslant 0\\(-1)\times(-a) & a<0\end{cases}$,(1) 和(-1) 都是一阶正交矩阵. 结论正确.

设对 $n-1$ 阶实矩阵结论正确,要证对 $n$ 阶实矩阵结论也正确. 区别两种可能性:

(1) $\boldsymbol{\beta}_1=\boldsymbol{0}$,即 $\boldsymbol{A}=\begin{pmatrix}0 & *\\ \boldsymbol{0} & \boldsymbol{A}_1\end{pmatrix}$. 由归纳假设知

$$\boldsymbol{A}_1=\boldsymbol{Q}_1\boldsymbol{R}_1$$

其中$\boldsymbol{Q}_1$ 为正交矩阵,$\boldsymbol{R}_1$ 为主对角元为非负实数的上三角矩阵,于是

$$\boldsymbol{A}=\begin{pmatrix}0 & *\\ \boldsymbol{0} & \boldsymbol{A}_1\end{pmatrix}=\begin{pmatrix}0 & *\\ \boldsymbol{0} & \boldsymbol{Q}_1\boldsymbol{R}_1\end{pmatrix}=\begin{pmatrix}1 & \boldsymbol{0}\\ \boldsymbol{0} & \boldsymbol{Q}_1\end{pmatrix}\begin{pmatrix}0 & *\\ \boldsymbol{0} & \boldsymbol{R}_1\end{pmatrix}=\boldsymbol{QR}$$

其中 $\boldsymbol{Q}$ 为正交矩阵,$\boldsymbol{R}$ 为主对角元为非负实数的上三角矩阵.

(2) $\boldsymbol{\beta}_1\neq\boldsymbol{0}$. 取 $n$ 维列向量

$$\boldsymbol{\alpha}_1=\begin{pmatrix}\|\boldsymbol{\beta}_1\|\\0\\\vdots\\0\end{pmatrix}$$

因为 $\|\boldsymbol{\alpha}_1\|=\|\boldsymbol{\beta}_1\|$,必存在镜像矩阵 $\boldsymbol{H}$ 使得 $\boldsymbol{H\beta}_1=\boldsymbol{\alpha}_1$,所以

$$\boldsymbol{HA}=(\boldsymbol{H\beta}_1\quad\boldsymbol{H\beta}_2\quad\cdots\quad\boldsymbol{H\beta}_n)=(\boldsymbol{\alpha}_1\quad\boldsymbol{H\beta}_2\quad\cdots\quad\boldsymbol{H\beta}_n)=\begin{pmatrix}\|\boldsymbol{\beta}_1\| & *\\ 0 & \boldsymbol{A}_1\end{pmatrix}$$

由归纳假设知

$$\boldsymbol{A}_1=\boldsymbol{Q}_1\boldsymbol{R}_1$$

其中$\boldsymbol{Q}_1$ 为正交矩阵,$\boldsymbol{R}_1$ 为主对角元为非负实数的上三角矩阵,于是

$$\boldsymbol{HA}=\begin{pmatrix}\|\boldsymbol{\beta}_1\| & *\\ \boldsymbol{0} & \boldsymbol{A}_1\end{pmatrix}=\begin{pmatrix}\|\boldsymbol{\beta}_1\| & *\\ \boldsymbol{0} & \boldsymbol{Q}_1\boldsymbol{R}_1\end{pmatrix}=\begin{pmatrix}1 & \boldsymbol{0}\\ \boldsymbol{0} & \boldsymbol{Q}_1\end{pmatrix}\begin{pmatrix}\|\boldsymbol{\beta}_1\| & *\\ \boldsymbol{0} & \boldsymbol{R}_1\end{pmatrix}$$

再据$\boldsymbol{H}^{-1}=\boldsymbol{H}$ 知

$$\boldsymbol{A}=\boldsymbol{H}\begin{pmatrix}1 & \boldsymbol{0}\\ \boldsymbol{0} & \boldsymbol{Q}_1\end{pmatrix}\begin{pmatrix}\|\boldsymbol{\beta}_1\| & *\\ \boldsymbol{0} & \boldsymbol{R}_1\end{pmatrix}=\boldsymbol{QR}$$

其中 $\boldsymbol{Q}=\boldsymbol{H}\begin{pmatrix}1 & \boldsymbol{0}\\ \boldsymbol{0} & \boldsymbol{Q}_1\end{pmatrix}$ 为正交矩阵,$\boldsymbol{R}=\begin{pmatrix}\|\boldsymbol{\beta}_1\| & *\\ \boldsymbol{0} & \boldsymbol{R}_1\end{pmatrix}$ 为主对角元为非负实数的上三角矩阵.

12. 设 $\boldsymbol{A}$ 是 $n$ 阶可逆矩阵,证明必存在 $n$ 阶正交矩阵 $\boldsymbol{Q}$ 和可逆上三角矩阵 $\boldsymbol{R}$ 使得 $\boldsymbol{A}=\boldsymbol{QR}$.

【证】　考虑 $\boldsymbol{A}$ 的列向量表示 $\boldsymbol{A}=(\boldsymbol{\alpha}_1\quad\boldsymbol{\alpha}_2\quad\boldsymbol{\alpha}_3\quad\cdots\quad\boldsymbol{\alpha}_n)$.

因为 $\boldsymbol{A}$ 是可逆矩阵，$\{\boldsymbol{\alpha}_1,\boldsymbol{\alpha}_2,\boldsymbol{\alpha}_3,\cdots,\boldsymbol{\alpha}_n\}$ 为线性无关向量组，必可用施密特正交化方法得到正交向量组 $\{\boldsymbol{\beta}_1,\boldsymbol{\beta}_2,\boldsymbol{\beta}_3,\cdots,\boldsymbol{\beta}_n\}$ 满足

$$(\boldsymbol{\beta}_1\quad\boldsymbol{\beta}_2\quad\boldsymbol{\beta}_3\quad\cdots\quad\boldsymbol{\beta}_n)=(\boldsymbol{\alpha}_1\quad\boldsymbol{\alpha}_2\quad\boldsymbol{\alpha}_3\quad\cdots\quad\boldsymbol{\alpha}_n)\boldsymbol{T}=\boldsymbol{A}\boldsymbol{T}$$

其中

$$\boldsymbol{T}=\begin{pmatrix}1 & -t_{21} & -t_{31} & \cdots & -t_{n1}\\ 0 & 1 & -t_{32} & \cdots & -t_{n2}\\ 0 & 0 & 1 & \cdots & -t_{n3}\\ \vdots & \vdots & \vdots & \ddots & \vdots\\ 0 & 0 & 0 & \cdots & 1\end{pmatrix}$$

中元素都可用

$$a_{kj}=\frac{(\boldsymbol{\alpha}_k,\boldsymbol{\beta}_j)}{(\boldsymbol{\beta}_j,\boldsymbol{\beta}_j)},1\leqslant j<k\leqslant n$$

求出.

再把正交向量组 $\{\boldsymbol{\beta}_1,\boldsymbol{\beta}_2,\boldsymbol{\beta}_3,\cdots,\boldsymbol{\beta}_n\}$ 中向量都单位化，即可得标准正交向量组 $\{\boldsymbol{\gamma}_1,\boldsymbol{\gamma}_2,\boldsymbol{\gamma}_3,\cdots,\boldsymbol{\gamma}_n\}$ 满足

$$(\boldsymbol{\gamma}_1\quad\boldsymbol{\gamma}_2\quad\boldsymbol{\gamma}_3\quad\cdots\quad\boldsymbol{\gamma}_n)=(\boldsymbol{\beta}_1\quad\boldsymbol{\beta}_2\quad\boldsymbol{\beta}_3\quad\cdots\quad\boldsymbol{\beta}_n)\boldsymbol{\Lambda}$$

其中

$$\boldsymbol{\Lambda}=\begin{pmatrix}1/\|\boldsymbol{\beta}_1\| & & & & \\ & 1/\|\boldsymbol{\beta}_2\| & & & \\ & & 1/\|\boldsymbol{\beta}_3\| & & \\ & & & \ddots & \\ & & & & 1/\|\boldsymbol{\beta}_n\|\end{pmatrix}$$

于是

$$\boldsymbol{Q}=(\boldsymbol{\gamma}_1\quad\boldsymbol{\gamma}_2\quad\boldsymbol{\gamma}_3\quad\cdots\quad\boldsymbol{\gamma}_n)=(\boldsymbol{\beta}_1\quad\boldsymbol{\beta}_2\quad\boldsymbol{\beta}_3\quad\cdots\quad\boldsymbol{\beta}_n)\boldsymbol{\Lambda}=\boldsymbol{A}\boldsymbol{T}\boldsymbol{\Lambda}$$

$$\boldsymbol{A}=\boldsymbol{Q}(\boldsymbol{T}\boldsymbol{\Lambda})^{-1}=\boldsymbol{Q}\boldsymbol{R}$$

其中 $\boldsymbol{Q}$ 是正交矩阵，$\boldsymbol{R}$ 是主对角元全为正数的上三角矩阵.

【注】　用题 11 的结论立刻得到本题结论. 这里提供了一个不同的证明方法.

13. $V$ 是 $n$ 维欧氏空间，证明 $V$ 中任意一个正交变换都可表成若干个镜像矩阵的乘积.

【证】 只要证明任意一个 $n$ 阶正交矩阵 $\boldsymbol{A}$ 必可表成若干个镜像矩阵的乘积.

因为正交矩阵 $\boldsymbol{A}$ 必为可逆矩阵,所以仿题 11 所用方法可证,必存在若干个镜像矩阵

$$\boldsymbol{H}_1, \boldsymbol{H}_2, \cdots, \boldsymbol{H}_s, s \leqslant n$$

使得

$$\boldsymbol{H}_s \cdots \boldsymbol{H}_2 \boldsymbol{H}_1 \boldsymbol{A} = \begin{pmatrix} \|\boldsymbol{\gamma}_1\| & * & \cdots & * \\ & \|\boldsymbol{\gamma}_2\| & \cdots & * \\ & & \ddots & \vdots \\ & & & \|\boldsymbol{\gamma}_n\| \end{pmatrix} = \boldsymbol{\Lambda}$$

因为 $\boldsymbol{\Lambda}$ 必为正交矩阵,它又是主对角元都是正数的三角矩阵,必有 $\boldsymbol{\Lambda} = \boldsymbol{I}_n$,所以

$$\boldsymbol{A} = \boldsymbol{H}_1^{-1} \boldsymbol{H}_2^{-1} \cdots \boldsymbol{H}_s^{-1} = \boldsymbol{H}_1 \boldsymbol{H}_2 \cdots \boldsymbol{H}_s$$

【注】 本题用镜像矩阵简洁地证明了题 9 之结论.

14. 设 $f$ 是 $n$ 维欧氏空间 $V$ 中的一个变换. 如果

$$(f(\boldsymbol{\alpha}), f(\boldsymbol{\beta})) = (\boldsymbol{\alpha}, \boldsymbol{\beta}), \ \forall\ \boldsymbol{\alpha}, \boldsymbol{\beta} \in V$$

证明 $f$ 必是线性变换,因而必是正交变换.

【证】 任取 $\boldsymbol{\alpha}, \boldsymbol{\beta} \in V$, $k \in \mathbf{R}$. 利用内积的性质和已知条件可求出

$$\begin{aligned}
&(f(k\boldsymbol{\alpha}) - kf(\boldsymbol{\alpha}), f(k\boldsymbol{\alpha}) - kf(\boldsymbol{\alpha})) \\
&= (f(k\boldsymbol{\alpha}), f(k\boldsymbol{\alpha})) - 2(f(k\boldsymbol{\alpha}), kf(\boldsymbol{\alpha})) + (kf(\boldsymbol{\alpha}), kf(\boldsymbol{\alpha})) \\
&= (k\boldsymbol{\alpha}, k\boldsymbol{\alpha}) - 2k(f(k\boldsymbol{\alpha}), f(\boldsymbol{\alpha})) + k \times k(f(\boldsymbol{\alpha}), f(\boldsymbol{\alpha})) \\
&= k \times k(\boldsymbol{\alpha}, \boldsymbol{\alpha}) - 2k(k\boldsymbol{\alpha}, \boldsymbol{\alpha}) + k \times k(\boldsymbol{\alpha}, \boldsymbol{\alpha}) \\
&= k \times k(\boldsymbol{\alpha}, \boldsymbol{\alpha}) - 2k \times k(\boldsymbol{\alpha}, \boldsymbol{\alpha}) + k \times k(\boldsymbol{\alpha}, \boldsymbol{\alpha}) = 0
\end{aligned}$$

必有

$$f(k\boldsymbol{\alpha}) = kf(\boldsymbol{\alpha})$$

$$\begin{aligned}
&(f(\boldsymbol{\alpha}+\boldsymbol{\beta}) - [f(\boldsymbol{\alpha}) + f(\boldsymbol{\beta})], f(\boldsymbol{\alpha}+\boldsymbol{\beta}) - [f(\boldsymbol{\alpha}) + f(\boldsymbol{\beta})]) \\
&= (f(\boldsymbol{\alpha}+\boldsymbol{\beta}), f(\boldsymbol{\alpha}+\boldsymbol{\beta})) - 2(f(\boldsymbol{\alpha}+\boldsymbol{\beta}), [f(\boldsymbol{\alpha}) + f(\boldsymbol{\beta})]) + \\
&\quad ([f(\boldsymbol{\alpha}) + f(\boldsymbol{\beta})], [f(\boldsymbol{\alpha}) + f(\boldsymbol{\beta})]) \\
&= (\boldsymbol{\alpha}+\boldsymbol{\beta}, \boldsymbol{\alpha}+\boldsymbol{\beta}) - 2(f(\boldsymbol{\alpha}+\boldsymbol{\beta}), f(\boldsymbol{\alpha})) - 2(f(\boldsymbol{\alpha}+\boldsymbol{\beta}), f(\boldsymbol{\beta})) + \\
&\quad (f(\boldsymbol{\alpha}), f(\boldsymbol{\alpha})) + 2(f(\boldsymbol{\alpha}), f(\boldsymbol{\beta})) + (f(\boldsymbol{\beta}), f(\boldsymbol{\beta})) \\
&= (\boldsymbol{\alpha}+\boldsymbol{\beta}, \boldsymbol{\alpha}+\boldsymbol{\beta}) - 2(\boldsymbol{\alpha}+\boldsymbol{\beta}, \boldsymbol{\alpha}) - 2(\boldsymbol{\alpha}+\boldsymbol{\beta}, \boldsymbol{\beta}) + (\boldsymbol{\alpha}, \boldsymbol{\alpha}) +
\end{aligned}$$

$2(\boldsymbol{\alpha},\boldsymbol{\beta})+(\boldsymbol{\beta},\boldsymbol{\beta})$

$=(\boldsymbol{\alpha}+\boldsymbol{\beta},\boldsymbol{\alpha}+\boldsymbol{\beta})-2(\boldsymbol{\alpha}+\boldsymbol{\beta},\boldsymbol{\alpha}+\boldsymbol{\beta})+(\boldsymbol{\alpha}+\boldsymbol{\beta},\boldsymbol{\alpha}+\boldsymbol{\beta})=0$

必有$f(\boldsymbol{\alpha}+\boldsymbol{\beta})=f(\boldsymbol{\alpha})+f(\boldsymbol{\beta})$.

这就证明了$f$是线性变换.

于是由

$$(f(\boldsymbol{\alpha}),f(\boldsymbol{\beta}))=(\boldsymbol{\alpha},\boldsymbol{\beta}),\ \forall\ \boldsymbol{\alpha},\boldsymbol{\beta}\in V$$

知$f$必是正交变换.

# 参考文献

[1] 北京大学数学力学系. 高等代数[M]. 北京:人民教育出版社,1978.
[2] 屠伯埙,徐诚浩,王芬. 高等代数[M]. 上海:科学技术出版社,1987.
[3] 姚慕生,高汝熹. 高等数学(二)第一分册,线性代数[M]. 武汉:武汉大学出版社,1989.
[4] 徐诚浩. 高等数学(二),线性代数与概率统计[M]. 上海:复旦大学出版社,2000.
[5] 姚慕生. 高等代数[M]. 上海:复旦大学出版社,2002.
[6] 丘维声. 简明线性代数[M]. 北京:北京大学出版社,2002.
[7] 姚慕生. 线性代数[M]. 上海:复旦大学出版社,2004.
[8] 郑广平,裘祖干,陆章基. 线性代数与解析几何[M]. 上海:复旦大学出版社,2004.
[9] 卢刚. 线性代数[M]. 北京:高等教育出版社,2004.
[10] 刘吉佑,徐诚浩. 自学考试指定教材,线性代数(经管类)[M]. 武汉:武汉大学出版社,2006.
[11] 刘吉佑,徐诚浩. 自学考试题典,线性代数(经管类)[M]. 长春:吉林大学出版社,2006.
[12] 刘吉佑,徐诚浩. 线性代数(经管类)习题详解[M]. 北京:清华大学出版社,2007.